国家规划重点图书

水工设计手册

（第2版）

主　编　索丽生　刘　宁

副主编　高安泽　王柏乐　刘志明　周建平

第10卷　边坡工程与地质灾害防治

主编单位　水电水利规划设计总院

主　　编　冯树荣　彭土标

主　　审　朱建业　万宗礼

中国水利水电出版社
www.waterpub.com.cn

内容提要

《水工设计手册》（第2版）共11卷。本卷为第10卷——《边坡工程与地质灾害防治》，分为5章。主要内容为：岩质边坡，土质边坡，支挡结构，边坡工程动态设计与地质灾害防治等。

本卷除将第1版《水工设计手册》第7卷第36章"挡土墙"作为第3章的3.1节保留下来并作了适当修编外，其余均为《水工设计手册》（第2版）新编章节。

本手册可作为水利水电工程规划、勘测、设计、科研、施工、管理等专业的工程技术人员和科研人员的常备工具书，同时也可作为大专院校相关专业师生的重要参考书。

图书在版编目（CIP）数据

水工设计手册. 第10卷，边坡工程与地质灾害防治/冯树荣，彭土标主编. —2版. —北京：中国水利水电出版社，2013. 1（2021. 10 重印）
ISBN 978-7-5170-0032-7

Ⅰ.①水… Ⅱ.①冯…②彭… Ⅲ.①水利水电工程-工程设计-技术手册②边坡-道路工程-工程设计-技术手册 Ⅳ.①TV222-62

中国版本图书馆 CIP 数据核字（2012）第 169142 号

书　　名	水工设计手册（第2版） **第10卷　边坡工程与地质灾害防治**
主编单位	水电水利规划设计总院
主　　编	冯树荣　彭土标
出版发行	中国水利水电出版社 （北京市海淀区玉渊潭南路1号D座　100038） 网址：www. waterpub. com. cn E-mail：sales@ waterpub. com. cn 电话：（010）68367658（营销中心）
经　　售	北京科水图书销售中心（零售） 电话：（010）88383994、63202643、68545874 全国各地新华书店和相关出版物销售网点
排　　版	中国水利水电出版社微机排版中心
印　　刷	北京市密东印刷有限公司
规　　格	184mm×260mm　16开本　27.75印张　940千字
版　　次	1983年10月第1版第1次印刷 2013年1月第2版　2021年10月第3次印刷
印　　数	5001—7000册
定　　价	**230.00元**

《水工设计手册》（第2版）

编 委 会

技 术 委 员 会

组 织 单 位

水利部水利水电规划设计总院

水电水利规划设计总院

中国水利水电出版社

《水工设计手册》（第2版）

各卷卷目、主编单位、主编、主审人员

	卷　目	主 编 单 位	主编	主　审
第1卷	基础理论	水利部水利水电规划设计总院 河海大学	刘志明 王德信 汪德爟	张楚汉　陈祖煜 陈德基
第2卷	规划、水文、地质	水利部水利水电规划设计总院	梅锦山 侯传河 司富安	陈德基　富曾慈 曾肇京　韩其为 雷志栋
第3卷	征地移民、环境保护与水土保持	水利部水利水电规划设计总院	陈　伟 朱党生	朱尔明　董哲仁
第4卷	材料、结构	水电水利规划设计总院	白俊光 张宗亮	张楚汉　石瑞芳 王亦锥
第5卷	混凝土坝	水电水利规划设计总院	周建平 党林才	石瑞芳　朱伯芳 蒋效忠
第6卷	土石坝	水利部水利水电规划设计总院	关志诚	林　昭　曹克明 蒋国澄
第7卷	泄水与过坝建筑物	水利部水利水电规划设计总院	刘志明 温续余	郑守仁　徐麟祥 林可冀
第8卷	水电站建筑物	水电水利规划设计总院	王仁坤 张春生	曹楚生　李佛炎
第9卷	灌排、供水	水利部水利水电规划设计总院	董安建 李现社	茆　智　汪易森
第10卷	边坡工程与地质灾害防治	水电水利规划设计总院	冯树荣 彭土标	朱建业　万宗礼
第11卷	水工安全监测	水电水利规划设计总院	张秀丽 杨泽艳	吴中如　徐麟祥

《水工设计手册》
第 1 版组织和主编单位及有关人员

组织单位　　水利电力部水利水电规划设计院

主　持　人　　张昌龄　奚景岳　潘家铮

　　　　　　（工作人员有李浩钧、郑顺炜、沈义生）

主编单位　　华东水利学院

主　编　人　　左东启　顾兆勋　王文修

　　　　　　（工作人员有商学政、高渭文、刘曙光）

《水工设计手册》

第 1 版各卷（章）目、编写、审订人员

卷　目	章　目		编　写　人	审　订　人
第 1 卷 基础理论	第 1 章	数学	张敦穆	潘家铮
	第 2 章	工程力学	李咏偕　张宗尧 王润富	徐芝纶　谭天锡
	第 3 章	水力学	陈肇和	张昌龄
	第 4 章	土力学	王正宏	钱家欢
	第 5 章	岩石力学	陶振宇	葛修润
第 2 卷 地质　水文 建筑材料	第 6 章	工程地质	冯崇安　王惊谷	朱建业
	第 7 章	水文计算	陈家琦　朱元甡	叶永毅　刘一辛
	第 8 章	泥沙	严镜海　李昌华	范家骅
	第 9 章	水利计算	方子云　蒋光明	叶秉如　周之豪
	第 10 章	建筑材料	吴仲瑾	吕宏基
第 3 卷 结构计算	第 11 章	钢筋混凝土结构	徐积善　吴宗盛	周　氏
	第 12 章	砖石结构	周　氏	顾兆勋
	第 13 章	钢木结构	孙良伟　周定荪	俞良正　王国周 许政谐
	第 14 章	沉降计算	王正宏	蒋彭年
	第 15 章	渗流计算	毛昶熙　周保中	张蔚榛
	第 16 章	抗震设计	陈厚群　汪闻韶	刘恢先
第 4 卷 土石坝	第 17 章	主要设计标准和荷载计算	郑顺炜　沈义生	李浩钧
	第 18 章	土坝	顾淦臣	蒋彭年
	第 19 章	堆石坝	陈明致	柳长祚
	第 20 章	砌石坝	黎展眉	李津身　上官能

卷 目	章 目		编写人	审订人
第5卷 混凝土坝	第21章	重力坝	苗琴生	邹思远
	第22章	拱坝	吴凤池　周允明	潘家铮　裘允执
	第23章	支墩坝	朱允中	戴耀本
	第24章	温度应力与温度控制	朱伯芳	赵佩钰
第6卷 泄水与过 坝建筑物	第25章	水闸	张世儒　潘贤德 沈潜民　孙尔超 屠　本	方福均　孔庆义 胡文昆
	第26章	门、阀与启闭设备	夏念凌	傅南山　俞良正
	第27章	泄水建筑物	陈肇和　韩　立	陈椿庭
	第28章	消能与防冲	陈椿庭	顾兆勋
	第29章	过坝建筑物	宋维邦　刘党一 王俊生　陈文洪 张尚信　王亚平	王文修　呼延如琳 王麟璠　涂德威
	第30章	观测设备与观测设计	储海宁　朱思哲	经萱禄
第7卷 水电站 建筑物	第31章	深式进水口	林可冀　潘玉华 袁培义	陈道周
	第32章	隧洞	姚慰城	翁义孟
	第33章	调压设施	刘启钊　刘蕴琪 陆文祺	王世泽
	第34章	压力管道	刘启钊　赵震英 陈霞龄	潘家铮
	第35章	水电站厂房	顾鹏飞	赵人龙
	第36章	挡土墙	甘维义　干　城	李士功　杨松柏
第8卷 灌区建 筑物	第37章	灌溉	郑遵民　岳修恒	许志方　许永嘉
	第38章	引水枢纽	张景深　种秀贤 赵伸义	左东启
	第39章	渠道	龙九范	何家濂
	第40章	渠系建筑物	陈济群	何家濂
	第41章	排水	韩锦文　张法思	瞿兴业　胡家博
	第42章	排灌站	申怀珍　田家山	沈日迈　余春和

水利水电建设的宝典

——《水工设计手册》（第2版）序

　　《水工设计手册》（第2版）在广大水利工作者的热切期盼中问世了，这是我国水利水电建设领域中的一件大事，也是我国水利发展史上的一件喜事。3年多来，参与手册编审工作的专家、学者、工程技术人员和出版工作者，花费了大量心血，付出了艰辛努力。在此，我向他们表示衷心的感谢，致以崇高的敬意！

　　为政之要，其枢在水。兴水利、除水害，历来是治国安邦的大事。在我国悠久的治水历史中，积累了水利工程建设的丰富经验。特别是新中国成立后，揭开了我国水利水电事业发展的新篇章，建设了大量关系国计民生的水利水电工程，极大地促进了水工技术的发展。1983年，第1版《水工设计手册》应运而生，成为我国第一部大型综合性水工设计工具书，在指导水利水电工程设计、培养水工技术和管理人才、提高水利水电工程建设水平等方面发挥了十分重要的作用。

　　第1版《水工设计手册》面世28年来，我国水利水电事业发展迈上了一个新的台阶，取得了举世瞩目的伟大成就。一大批技术复杂、规模宏大的水利水电工程建成运行，新技术、新材料、新方法和新工艺广泛应用，水利水电建设信息化和现代化水平显著提升，我国水工设计技术、设计水平已跻身世界先进行列。特别是近年来，随着科学发展观的深入贯彻落实，我国治水思路正在发生着深刻变化，推动着水工设计需求、设计理念、设计理论、设计方法、设计手段和设计标准规范不断发展与完善。因此，迫切需要对《水工设计手册》进行修订完善。2008年2月水利部成立了《水工设计手册》（第2版）编委会，正式启动了修编工作。在编委会的组织领导下，水利水电规划设计总院、水电水利规划设计总院和中国水利水电出版社3家单位，联合邀请全国4家水利水电科学研究院、3所重点高等学校、15个资质优秀的水利水电勘测设计研究院（公司）等单位的数百位专家、学者和技术骨干参与，经过3年多的艰苦努力，《水工设计手册》（第2版）现已付梓。

《水工设计手册》（第 2 版）以科学发展观为统领，按照可持续发展治水思路要求，在继承前版成果中开拓创新，全面总结了现代水工设计的理论和实践经验，系统介绍了现代水工设计的新理念、新材料、新方法，有效协调了水利工程和水电工程设计标准，充分反映了当前国内外水工设计领域的重要科研成果。特别是增加了计算机技术在现代水工设计方法中应用等卷章，充实了在现代水工设计中必须关注的生态、环保、移民、安全监测等内容，使手册结构更趋合理，内容更加完整，更切合实际需要，充分体现了科学性、时代性、针对性和实用性。《水工设计手册》（第 2 版）的出版必将对进一步提升我国水利水电工程建设软实力，推动水工设计理念更新，全面提高水工设计质量和水平产生重大而深远的影响。

当前和今后一个时期，是加强水利重点薄弱环节建设、加快发展民生水利的关键时期，是深化水利改革、加强水利管理的攻坚时期，也是推进传统水利向现代水利、可持续发展水利转变的重要时期。2011 年中央 1 号文件《关于加快水利改革发展的决定》和不久前召开的中央水利工作会议，进一步明确了新形势下水利的战略地位，以及水利改革发展的指导思想、目标任务、基本原则、工作重点和政策举措。《国家可再生能源中长期发展规划》、《中国应对气候变化国家方案》对水电开发建设也提出了具体要求。水利水电事业发展面临着重要的战略机遇，迎来了新的春天。

《水工设计手册》（第 2 版）集中体现了近 30 年来我国水利水电工程设计与建设的优秀成果，必将成为广大水利水电工作者的良师益友，成为水利水电建设的盛世宝典。广大水利水电工作者，要紧紧抓住战略机遇，深入贯彻落实科学发展观，坚持走中国特色水利现代化道路，积极践行可持续发展治水思路，充分利用好这本工具书，不断汲取学识和真知，不断提高设计能力和水平，以高度负责的精神、科学严谨的态度、扎实细致的作风，奋力拼搏，开拓进取，为推动我国水利水电事业发展新跨越、加快社会主义现代化建设作出新的更大贡献。

是为序。

水利部部长 陈雷

2011 年 8 月 8 日

序

经过 500 多位专家学者历时 3 年多的艰苦努力，《水工设计手册》（第 2 版）即将问世。这是一件期待已久和值得庆贺的事。借此机会，我谨向参与《水工设计手册》修编的专家学者，向支持修编工作的领导同志们表示敬意。

30 年前，为了提高设计水平，促进水利水电事业的发展，在许多专家、教授和工程技术人员的共同努力下，一部反映当时我国水利水电建设经验和科研成果的《水工设计手册》应运而生。《水工设计手册》深受广大水利水电工程技术工作者的欢迎，成为他们不可或缺的工具书和一位无言的导师，在指导设计、提高建设水平和保证安全等方面发挥了重要作用。

30 年来，我国水利水电工程设计和建设成绩卓著，工程规模之大、建设速度之快、技术创新之多居世界前列。当然，在建设中我们面临一系列问题，其难度之大世界罕见。通过长期的艰苦努力，我们成功地建成了一大批世界规模的水利水电工程，如长江三峡水利枢纽、黄河小浪底水利枢纽、二滩、水布垭、龙滩等大型水电站，以及正在建设的锦屏一级、小湾和溪洛渡等具有 300 米级高拱坝的巨型水电站和南水北调东中线大型调水工程，解决了无数关键技术难题，积累了大量成功的设计经验。这些关系国计民生和具有世界影响力的大型水利水电工程在国民经济和社会发展中发挥了巨大的防洪、发电、灌溉、除涝、供水、航运、渔业、改善生态环境等综合作用。《水工设计手册》（第 2 版）正是对我国改革开放 30 多年来水利水电工程建设经验和创新成果的总结与提炼。特别是在当前全国贯彻落实中央水利工作会议精神、掀起新一轮水利水电工程建设高潮之际，出版发行《水工设计手册》（第 2 版）意义尤其重大。

在陈雷部长的高度重视和索丽生、刘宁同志的具体领导下，各主编单位和编写的同志以第 1 版《水工设计手册》为基础，全面搜集资料，做了大量归纳总结和精选提炼工作，剔除陈旧内容，补充新的知识。《水工设计手册》（第2版）体现了科学性、实用性、一致性和延续性，强调落实科学发展观和人与自然和谐的设计理念，浓墨重彩地突出了生态环境保护和征地移民的要求，彰显了与时俱进精神和可持续发展的理念。手册质量总体良好，技术水平高，是一部权威的、综合性和实用性强的一流设计手册，一部里程碑式的出版物。相信它将为21世纪的中国书写治水强国、兴水富民的不朽篇章，为描绘辉煌灿烂的画卷作出贡献。

我认为《水工设计手册》（第2版）另一明显的特色在于：它除了提供各种先进适用的理论、方法、公式、图表和经验之外，还突出了工程技术人员的设计任务、关键和难点，指出设计因素中哪些是确定性的，哪些是不确定的，从而使工程技术人员能够更好地掌握全局，有所抉择，不致于陷入公式和数据中去不能自拔；它还指出了设计技术发展的趋势与方向，有利于启发工程技术人员的思考和创新精神，这对工程技术创新是很有益处的。

工程是技术的体现和延续，它推动着人类文明的发展。从古至今，不同时期留下的不朽经典工程，就是那段璀璨文明的历史见证。2000多年前的都江堰和现代的三峡水利枢纽就是代表。在人类文明的发展过程中，从工程建设中积累的经验、技术和智慧被一代一代地传承下来。但是，我们必须在继承中发展，在发展中创新，在创新中跨越，才能大大地提高现代水利水电工程建设的技术水平。现在的年轻工程师们一如他们的先辈，正在不断克服各种困难，探索新的技术高度，创造前人无法想象的奇迹，为水利水电工程的经济效益、社会效益和环境效益的协调统一，为造福人类、推动人类文明的发展锲而不舍地奉献着自己的聪明才智。《水工设计手册》（第2版）的出版正值我国水利水电建设事业新高潮到来之际，我衷心希望广大水利水电工程技术人员精心规划，精心设计，精心管理，以一流设计促一流工程，为我国的经济社会可持续发展作出划时代的贡献。

中国科学院院士
中国工程院院士　潘家铮

2011 年 8 月 18 日

第 2 版 前 言

《水工设计手册》是一部大型水利工具书。自 20 世纪 80 年代初问世以来，在我国水利水电建设中起到了不可估量的作用，深受广大水利水电工程技术人员的欢迎，已成为勘测设计人员必备的案头工具书。近 30 年来，我国水利水电工程建设有了突飞猛进的发展，取得了巨大的成就，技术水平总体处于世界领先地位。为适应我国水利水电事业的发展，迫切需要对《水工设计手册》进行修订。现在，《水工设计手册》（第 2 版）经 10 年孕育，即将问世。

——

《水工设计手册》修订的必要性，主要体现在以下五个方面：

第一是满足工程建设的需要。为满足西部大开发、中部崛起、振兴东北老工业基地和东部地区率先发展的国家发展战略的要求，尤其是 2011 年中共中央国务院作出了《关于加快水利改革发展的决定》，我国水利水电事业又迎来了新的发展机遇，即将掀起大规模水利水电工程建设的新高潮，迫切需要对已往水利水电工程建设的经验加以总结，更好地将水工设计中的新观念、新理论、新方法、新技术、新工艺在水利水电工程建设中广泛推广和应用，以提高设计水平，保障工程质量，确保工程安全。

第二是创新设计理念的需要。30 年前，我国水利水电工程设计的理念是以开发利用为主，强调"多快好省"，而现在的要求是开发与保护并重，做到"又好又快"。当前，随着我国经济社会的发展和生产生活水平的不断提高，不仅要注重水利水电工程的安全性和经济性，也更要注重生态环境保护和移民安置，做到统筹兼顾，处理好开发与保护的关系，以实现人与自然和谐相处，保障水资源可持续利用。

第三是更新设计手段的需要。计算机技术、网络技术和信息技术已在水利水电工程建设和管理中取得了突飞猛进的发展。计算机辅助工程

（CAE）技术已经广泛应用于工程设计和运行管理的各个方面，为广大工程技术人员在工程计算分析、模拟仿真、优化设计、施工建设等方面提供了先进的手段和工具，使许多原来难以处理的复杂的技术问题迎刃而解。现代遥感（RS）技术、地理信息系统（GIS）及全球定位系统（GPS）技术（即"3S"技术）的应用，突破了许多传统的地球物理方法及技术，使工程勘探深度不断加大、勘探分辨率（精度）不断提高，使人们对自然现象和规律的认识得以提高。这些先进技术的应用提高了工程勘测水平、设计质量和工作效率。

第四是总结建设经验的需要。自20世纪90年代以来，我国建设了一大批具有防洪、发电、航运、灌溉、调水等综合利用效益的水利水电工程。在大量科学研究和工程实践的基础上，成功破解了工程建设过程中遇到的许多关键性技术难题，建成了举世瞩目的三峡水利枢纽工程，建成了世界上最高的面板堆石坝（水布垭）、碾压混凝土坝（龙滩）和拱坝（小湾）等。这些规模宏大、技术复杂的工程的建设，在设计理论、技术、材料和方法等方面都有了很大的提高和改进，所积累的成功设计和建设经验需要总结。

第五是满足读者渴求的需要。我国水利水电工程技术人员对《水工设计手册》十分偏爱，第1版《水工设计手册》中有些内容已经过时，需要删减，亟待补充新的技术和基础资料，以进一步提高《水工设计手册》的质量和应用价值，满足水利水电工程设计人员的渴求。

二

修订《水工设计手册》遵循的原则：一是科学性原则，即系统、科学地总结国内外水工设计的新观念、新理论、新方法、新技术、新工艺，体现我国当前水利水电工程科学研究和工程技术的水平；二是实用性原则，即全面分析总结水利水电工程设计经验，发挥各编写单位技术优势，适应水利水电工程设计新的需要；三是一致性原则，即协调水利、水电行业的设计标准，对水利与水电技术标准体系存在的差异，必要时作并行介绍；四是延续性原则，即以第1版《水工设计手册》框架为基础，修订、补充有关章节内容，保持《水工设计手册》的延续性和先进性。

三

为切实做好修订工作，水利部成立了《水工设计手册》（第2版）编委会和技术委员会，水利部部长陈雷担任编委会主任，中国科学院院士、中国工程院院士潘家铮担任技术委员会主任，索丽生、刘宁任主编，高安泽、王柏乐、刘志明、周建平任副主编，对各卷、章的修编工作实行各卷、章主编负责制。在修编过程中，为了充分发挥水利水电工程设计、科研和教学等单位的技术优势，在各单位申报承担修编任务的基础上，由水利部水利水电规划设计总院和水电水利规划设计总院讨论确定各卷、章的主编和参编单位以及各卷、章的主要编写人员。主要参与修编的单位有25家，参加人员约500人。全书及各卷的审稿人员由技术委员会的专家担任。

第1版《水工设计手册》共8卷42章，656万字。修编后的《水工设计手册》（第2版）共分为11卷65章，字数约1400万字。增加了第3卷征地移民、环境保护与水土保持，第10卷边坡工程与地质灾害防治和第11卷水工安全监测等3卷，主要增加的内容包括流域综合规划、征地移民、环境保护、水土保持、水工结构可靠度、碾压混凝土坝、沥青混凝土防渗体土石坝、河道整治与堤防工程、抽水蓄能电站、潮汐电站、鱼道工程、边坡工程、地质灾害防治、水工安全监测和计算机应用等。

第1、2、3、6、7、9卷和第4、5、8、10、11卷分别由水利部水利水电规划设计总院和水电水利规划设计总院负责组织协调修编、咨询和审查工作。全书经编委会与技术委员会逐卷审查定稿后，由中国水利水电出版社负责编辑、出版和发行。

四

修订和编辑出版《水工设计手册》（第2版）是一项组织策划复杂、技术含量高、作者众多、历时较长的工作。

1999年3月，中国水利水电出版社致函原主编单位华东水利学院（现河海大学），表达了修订《水工设计手册》的愿望，河海大学及原主编左东启表示赞同。有关单位随即开展了一些前期工作。

2002 年 7 月，中国水利水电出版社向时任水利部副部长的索丽生提出了"关于组织编纂《水工设计手册》（第 2 版）的请示"。水利部给予了高度重视，但因工作机制及资金不落实等原因而搁置。

2004 年 8 月，水利部水利水电规划设计总院、水电水利规划设计总院和中国水利水电出版社三家单位，在北京召开了三方有关人员会议，讨论修订《水工设计手册》事宜，就修编经费、组织形式和工作机制等达成一致意见：即三方共同投资、共担风险、共同拥有著作权，共同组织修编工作。

2006 年 6 月，水利部水利水电规划设计总院、水电水利规划设计总院和中国水利水电出版社的有关人员再次召开会议，研究推动《水工设计手册》的修编工作，并成立了筹备工作组。在此之后，工作组积极开展工作，经反复讨论和修改，草拟了《水工设计手册》修编工作大纲，分送有关领导和专家审阅。水利部水利水电规划设计总院和水电水利规划设计总院分别于 2006 年 8 月、2006 年 12 月和 2007 年 9 月联合向有关单位下发文件，就修编《水工设计手册》有关事宜进行部署，并广泛征求意见，得到了有关设计单位、科研机构和大学院校的大力支持。经过充分酝酿和讨论，并经全书主编索丽生两次主持审查，提出了《水工设计手册》修编工作大纲。

2008 年 2 月，《水工设计手册》（第 2 版）编委会扩大会议在北京召开，标志着修编工作全面启动。水利部部长陈雷亲自到会并作重要讲话，要求各有关方面通力合作，共同努力，把《水工设计手册》修编工作抓紧、抓实、抓好，使《水工设计手册》（第 2 版）"真正成为广大水利工作者的良师益友，水利水电工程建设的盛世宝典，传承水文明的时代精品"。

修订和编纂《水工设计手册》（第 2 版）工作得到了有关设计、科研、教学等单位的热情支持和大力帮助。全国包括 13 位中国科学院、中国工程院院士在内的 500 多位专家、学者和专业编辑直接参与组织、策划、撰稿、审稿和编辑工作，他们殚精竭虑，字斟句酌，付出了极大的心血，克服了许多困难，他们将修编工作视为时代赋予的神圣责任，3 年多来，一直是苦并快乐地工作着。

鉴于各卷修编工作内容和进度不一，按成熟一卷出版一卷的原则，逐步完成全手册的修编出版工作。随着 2011 年中共中央 1 号文件的出台和新中国成立以来的首次中央水利工作会议的召开，全国即将掀起水利水电工程建设的新高潮，修编出版后的《水工设计手册》，必将在水利水电工程建设中发挥作用，为我国经济社会可持续发展作出新的贡献。

本套手册可供从事水利水电工程规划、设计、施工、管理的工程技术人员和相关专业的大专院校师生使用和参考。

在《水工设计手册》（第 2 版）即将陆续出版之际，谨向所有关怀、支持和参与修订和编纂出版工作的领导、专家和同志们，表示诚挚的感谢，并祈望广大读者批评指正。

《水工设计手册》（第 2 版）编委会

2011 年 8 月

第 1 版 前 言

我国幅员辽阔，河流众多，流域面积在 1000km² 以上的河流就有 1500 多条。全国多年平均径流量达 27000 多亿 m³，水能蕴藏量约 6.8 亿 kW，水利水电资源十分丰富。

众多的江河，使中华民族得以生息繁衍。至少在 2000 多年前，我们的祖先就在江河上修建水利工程。著名的四川灌县都江堰水利工程，建于公元前 256 年，至今仍在沿用。由此可见，我国人民建设水利工程有悠久的历史和丰富的知识。

中华人民共和国成立，揭开了我国水利水电建设的新篇章。30 余年来，在党和人民政府的领导下，兴修水利，发展水电，取得了伟大成就。根据 1981 年统计（台湾省暂未包括在内），我国已有各类水库 86000 余座（其中库容大于 1 亿 m³ 的大型水库有 329 座），总库容 4000 余亿 m³，30 万亩以上的大灌区 137 处，水电站总装机容量已超过 2000 万 kW（其中 25 万 kW 以上的大型水电站有 17 座）。此外，还修建了许多堤防、闸坝等。这些工程不仅使大江大河的洪涝灾害受到控制，而且提供的水源、电力，在工农业生产和人民生活中发挥了十分重要的作用。

随着我国水利水电资源的开发利用，工程建设实践大大促进了水工技术的发展。为了提高设计水平和加快设计速度，促进水利水电事业的发展，编写一部反映我国建设经验和科研成果的水工设计手册，作为水利水电工程技术人员的工具书，是大家长期以来的迫切愿望。

早在 60 年代初期，汪胡桢同志就倡导并着手编写我国自己的水工设计手册，后因十年动乱，被迫中断。粉碎"四人帮"以后不久，为适应我国四化建设的需要，由水利电力部规划设计管理局和水利电力出版社共同发起，重新组织编写水工设计手册。1977 年 11 月在青岛召开了手册的编写工作会议，到会的有水利水电系统设计、施工、科研和高等学校共 26 个单位、53 名代表，手册编写工作得到与会单位和代表的热情支持。这次会议讨论了手册编写的指导思想和原则，全书的内容体系，任务分工，计划进度和要求，以及编写体例等方面的问题，并作出了相应的决定。会后，又委托华东水利学院为主编单位，具体担负手册的编审任务。随着编写单位和编写人员的逐步落实，各章的初稿也陆续写出。1980年4月，由组织、主编和出版三个单位在南京召开了第1卷审稿会。同年8月，三个单位又在北京召开了与坝工有关各章内容协调会。根据议定的程序，手册各章写出以后，一般均打印分发有关单位，采用多种形式广泛征求意见，有的编写单位还召开了范围较广的审稿会。初稿经编写单位自审修改后，又经专门聘请的审订人详细审阅修订，最后由主编单位定稿。在各协作单位大力支持下，经过编写、审订和主编同志们的辛勤劳动，现在，《水工设计手册》终于与读者见面了，这是一件值得庆贺的事。

本手册共有42章，拟分8卷陆续出版，预计到1985年全书出齐，还将出版合订本。

本手册主要供从事大中型水利水电工程设计的技术人员使用，同时也可供地县农田水利工程技术人员和从事水利水电工程施工、管理、科研的人员，以及有关高校、中专师生参考使用。本手册立足于我国的水工设计经验和科研成果，内容以水工设计中经常使用的具体设计计算方法、公式、图表、数据为主，对于不常遇的某些专门问题，比较笼统的设计原则，尽量从简；力求与我国颁布的现行规范相一致，同时还收入了可供参考的有关规程、规范。

这是我国第一部大型综合性水工设计工具书，它具有如下特色：

（1）内容比较完整。本手册不仅包括了水利水电工程中所有常见的水工建筑物，而且还包括了基础理论知识和与水工专业有关的各专业知识。

（2）内容比较实用。各章中除给出常用的基本计算方法、公式和设计步骤外，还有较多的工程实例。

（3）选编的资料较新。对一些较成熟的科研成果和技术革新成果尽量吸收，对国外先进的技术经验和有关规定，凡认为可资参考或应用的，也多作了扼要介绍。

（4）叙述简明扼要。在表达方式上多采用公式、图表，文字叙述也力求精练，查阅方便。

我们相信，这部手册的问世将对我国从事水利水电工作的同志有一定的帮助。

本手册编成之后，我们感到仍有许多不足之处，例如：个别章的设置和顺序安排不尽恰当；有的章字数偏多，内容上难免存在某些重复；对现代化的设计方法如系统工程、优化设计等，介绍得不够；在文字、体例、繁简程度等方面也不尽一致。所有这些，都有待于再版时加以改进。

本手册自筹备编写至今，历时已近5年，前后参加编写、审订工作的有30多个单位100多位同志。接受编写任务的单位和执笔同志都肩负繁重的设计、科研、教学等工作，他们克服种种困难，完成了手册编写任务，为手册的顺利出版作出了贡献。在此，我们向所有参加手册工作的单位、编写人、审订人表示衷心的感谢，并致以诚挚的慰问。已故水力发电建设总局副总工程师奚景岳同志和水利出版社社长林晓同志，他们生前参加手册发起并做了大量工作，谨在此表示深切的怀念。

最后，我们诚恳地欢迎读者对手册中的疏漏和错误给予批评指正。

水利电力部水利水电规划设计院

华东水利学院

1982 年 5 月

目　　录

第3章 支挡结构

第4章 边坡工程动态设计

第 5 章　地质灾害防治

第 1 章

岩 质 边 坡

为了更好地总结边坡设计经验，反映设计中涌现出的各种新科技、新成果、新技术，《水工设计手册》（第 2 版）修编增加了第 10 卷《边坡工程与地质灾害防治》。本章为新编第 10 卷中的第 1 章岩质边坡，共分 6 节。

1.1 节为岩质边坡分级与设计安全系数；1.2 节为岩质边坡分类及破坏特征，归纳了不同岩体结构边坡的稳定特征以及破坏分类及特征；1.3 节为岩质边坡上的作用及作用组合，列出了边坡稳定计算分析中各种荷载作用的计算方法、作用组合，归纳了地应力、地震、爆破作用在不同数值计算中的模拟方法；1.4 节为岩体计算力学参数，内容包括：力学参数选取原则，岩体变形破坏过程与力学参数选取的关系，力学参数的反演，基于霍克—布朗准则的岩体力学参数取值方法，力学参数的经验取值方法，边坡岩体分类（分级）与岩体力学参数；1.5 节为岩质边坡稳定分析，简述了各种稳定分析方法的理论基础、适用条件，纳入了近年来涌现出的新的数值分析方法；1.6 节为岩质边坡设计，主要包括基础资料、设计原则、治理措施选择、开挖、排水、减载与反压、锚杆、坡面交通、安全拦网、绿色设计等，本节中纳入了近年来岩质边坡设计中涌现出的先锚后挖、坡内排水先行、基于可靠度分析确定开挖坡型设计方法等新的技术方法，也纳入了有倾向坡外结构面的岩质边坡开挖设计方法，提出了绿色设计的基本思路、方法。岩质边坡的其他治理措施（抗滑桩、预应力锚索、锚固洞等）以及动态设计等见本卷第 3 章、第 4 章。

本章编者都是多年从事边坡设计、科研的工程技术人员和高等学校的教师，在编写过程中，旨在贯彻执行国家当前的有关设计标准、规范，全面吸取有益的新科技、新成果、新技术、新方法，力求全面、系统地介绍岩质边坡设计的理论知识、设计原则、设计方法。虽然编者们尽了很大努力，但限于现有设计水平和编者的学识水平，错误之处在所难免，敬请读者批评指正。

章主编　赵红敏　李学政　夏宏良

章主审　朱建业　万宗礼

本章各节编写及审稿人员

节次	编 写 人	审稿人
1.1	赵红敏　刘要来　李庆生	朱建业 杜伯辉 万宗礼 杨柱华
1.2	李学政　许长红	
1.3	蒋中明　许长红　刘要来	
1.4	夏宏良　赵红敏　刘要来	
1.5	汪卫明　陈胜宏　赵海斌 胡向阳　赵红敏	
1.6	赵红敏　奉伟清　周海慧 邓向阳　周　英　李庆生	

第1章 岩 质 边 坡

1.1 岩质边坡分级与设计安全系数

1.1.1 概述

由于修建水利水电工程形成的及与水利水电工程有关的天然或人工开挖边坡统称为水利水电工程边坡，其失稳破坏对水利水电工程安全有影响。坡体由岩体组成的边坡称为岩质边坡。

自20世纪80年代以后，随着大中型水利水电工程的大量建设，工程边坡问题对水利水电工程建设的影响也越来越突出，边坡安全的重要性越来越受到水利水电工程界的重视，对边坡技术问题进行较全面深入的研究也是从这一时期开始的。随后，我国成功地治理了一批岩质工程高边坡，如五强溪左岸船闸边坡、漫湾左岸边坡、天生桥二级厂房后边坡、三峡船闸边坡、龙滩左岸进水口高边坡、小湾左岸高边坡、拉西瓦左右岸高边坡、小浪底进水口边坡、天荒坪边坡、大岗山边坡等，积累了丰富的工程实践经验和研究成果。

在总结此前边坡研究和治理经验的基础上，2006年和2007年我国先后颁布了《水电水利工程边坡设计规范》（DL/T 5353—2006）和《水利水电工程边坡设计规范》（SL 386—2007），规定了水利水电枢纽主要建筑物边坡、近坝库岸边坡设计的安全级别、设计安全标准、稳定分析方法、综合治理措施以及安全监测、预警等内容。

岩质边坡的分级与设计安全系数标准，依据前述规范规定，结合枢纽工程实际情况选取。特别重要的边坡，或相关水工建筑物对边坡岩体变形要求较高的岩质边坡，经论证后选取，如龙滩水电站左岸进水口高边坡、三峡船闸边坡，属特别重要边坡，电站进水口和船闸运行对边坡岩体变形要求高，其正常运行（持久状态）工况均采用了1.5的设计安全系数。

1.1.2 水电水利工程边坡分级与设计安全系数

1.1.2.1 水电水利工程边坡的分级

《水电水利工程边坡设计规范》（DL/T 5353—2006）中规定，水电水利工程边坡按其所属枢纽工程等别、建筑物级别、边坡所处位置、边坡重要性和失事后的危害程度，划分边坡类别和安全级别，见表1.1-1。

表 1.1-1　水电水利工程边坡类别和安全级别划分表

类别 \ 级别	A 类（枢纽工程区边坡）	B 类（水库边坡）
I	影响1级水工建筑物安全的边坡	滑坡产生危害性涌浪或滑坡灾害可能危及1级建筑物安全的边坡
II	影响2级、3级水工建筑物安全的边坡	可能发生滑坡并危及2级、3级建筑物安全的边坡
III	影响4级、5级水工建筑物安全的边坡	要求整体稳定而允许部分失稳或缓慢滑落的边坡

注　水工建筑物等级划分参见《水电枢纽工程等级划分及设计安全标准》（DL 5180—2003）。

《水电水利工程边坡设计规范》（DL/T 5353—2006）还规定了工程边坡级别降低的条件：

（1）枢纽工程区边坡失事仅对建筑物正常运行有影响而不危害建筑物安全和人身安全的，经论证，该边坡级别可以降低一级。

（2）经研究，确认水库滑坡或潜在不稳定岸坡属于蠕变破坏类型，通过安全监测可以预测、预报其稳定性变化，并能够采取措施对其失稳进行防范的，该边坡或滑坡体级别可以降低一级或二级。

1.1.2.2 水电水利工程边坡的设计安全系数

《水电水利工程边坡设计规范》（DL/T 5353—2006）中的安全系数定义为：设计要求的抗滑力或抗滑力矩与滑动力或滑动力矩的比值。表征边坡抗滑稳定程度的指标，是抗滑力与滑动力之比，严格说是假定岩土体沿特定滑面达到极限平衡状态时，抗剪强度参数应缩减的倍数，即强度储备安全系数。稳定系数定义为：边坡自身已存在的抗滑力或抗滑力矩与滑动力或滑动力矩的比值。

《水电水利工程边坡设计规范》（DL/T 5353—2006）中规定，水电水利工程边坡稳定分析应区分不同的荷载组合或运用状况，采用极限平衡方法中的下限解法时，其设计安全系数不应低于表 1.1-2 中规定的数值。

（1）针对具体边坡工程所采用的设计安全标准，应根据对边坡与建筑物关系、边坡工程规模、工程地质条件复杂程度以及边坡稳定分析的不确定性等因素的分析，从表 1.1-2 中所给范围内选取。对于失稳风险度大的边坡或稳定分析中不确定因素较多的边坡，设计安全系数宜取上限值，反之可取下限值。

表 1.1-2　　　　　　　　　　　水电水利工程边坡设计安全系数表

工程类别及工况　　　级别	A 类（枢纽工程区边坡）			B 类（水库边坡）		
	持久状况	短暂状况	偶然状况	持久状况	短暂状况	偶然状况
Ⅰ	1.30～1.25	1.20～1.15	1.10～1.05	1.25～1.15	1.15～1.05	1.05
Ⅱ	1.25～1.15	1.15～1.05	1.05	1.15～1.05	1.10～1.05	1.05～1.00
Ⅲ	1.15～1.05	1.10～1.05	1.05	1.10～1.05	1.05～1.00	≤1.00

（2）对于特别重要或有变形极限要求的边坡，应经过边坡应力变形分析论证确定设计安全系数，通常高于表 1.1-2 中的规定。

（3）设计安全系数，指为了使边坡达到预期安全程度所需的允许最低安全系数。稳定系数是说明边坡抗滑稳定性状态的指标，两者不应混淆。抗滑稳定安全系数不适用于边坡的其他破坏型式。

（4）作为边坡设计的目标安全系数，其规定仅适用于一般意义的水电水利工程边坡，不包括作为大坝组成部分或大坝地基部分的边坡（例如土石坝边坡、拱坝坝肩的抗力体等），后者的安全系数应遵循相应水工建筑物设计规范确定。

（5）边坡稳定安全系数按极限平衡法确定。要根据边坡的地质条件和岩土特性选择平面或三维解法、上限或下限解法。这些计算方法应符合边坡的实际破坏机理，除方法本身问题外（例如采用瑞典圆弧法计算的稳定安全系数一般应提高 10% 以上等），边坡的稳定安全系数不应随计算方法改变。

（6）边坡岩土采用材料储备安全系数，抗剪强度的 c、f（$\tan\varphi$）值采用同一安全系数，不采用超载安全系数。

（7）稳定分析计算以实际抗剪强度参数为基础按有关规范选择参数，不套用工程界大坝设计为计算坝基或坝肩抗滑稳定时的纯摩和剪摩的概念，稳定安全系数不随参数选择方法改变。

（8）在稳定分析中边坡加固的预应力作为增加的抗滑力处理，而不作为减少的下滑力处理。

（9）稳定安全系数只作为边坡本身稳定裕度的指标，不包括抗滑结构物应该具有的安全裕度，例如极限状态分析中的结构系数和抗滑结构材料强度系数、安全系数不随加固措施改变。

（10）水电水利工程中专项工程边坡安全系数的确定，如铁路、公路或库区一般工民建边坡应同时符合其相应的行业规范。

1.1.3　水利水电工程边坡设计安全系数

1.1.3.1　水利水电工程边坡的级别

根据《水利水电工程边坡设计规范》（SL 386—2007）的规定，水利水电工程边坡的级别应根据相关水工建筑物的级别及边坡与水工建筑物的相互间关系，并对边坡破坏造成的影响进行论证后按表 1.1-3 的规定确定。

表 1.1-3　　　边坡的级别与水工建筑物
级别的对照关系表

建筑物级别	对水工建筑物的危害程度			
	严重	较严重	不严重	较轻
	边坡级别			
1	1	2	3	4、5
2	2	3	4	5
3	3	4	5	
4	4	5		

注　1. 严重：相关水工建筑物完全破坏或功能完全丧失。
　　2. 较严重：相关水工建筑物遭到较大的破坏或功能受到较大的影响，需进行专门的除险加固后才能投入正常运行。
　　3. 不严重：相关水工建筑物遭到一些破坏或功能受到一定影响，及时修复后仍能使用。
　　4. 较轻：相关水工建筑物仅受到很小的影响或间接地受到影响。

（1）若边坡的破坏与两座及以上水工建筑物的安全有关，应以最高的边坡级别为准。

（2）对于长度较大的边坡，应根据不同区段与水工建筑物的关系和各段建筑物的重要性，分段确定边坡级别。

（3）对仅施工期临空，当相关水工建筑物建成后没有发生破坏或超常变形的边界条件的临时边坡，其级别可以定为5级。

（4）对于与水工建筑物安全和运用不相关的水利水电工程边坡，应考虑水利水电工程的特点，进行技术、经济比较论证后确定边坡级别。

1.1.3.2 水利水电工程边坡抗滑稳定安全系数标准

按照《水利水电工程边坡设计规范》（SL 386—2007）的规定，水利水电工程边坡抗滑稳定安全系数标准见表1.1-4。

表1.1-4　水利水电工程边坡抗滑稳定安全系数标准表

运用条件	边坡级别				
	1	2	3	4	5
正常运用条件	1.30~1.25	1.25~1.20	1.20~1.15	1.15~1.10	1.10~1.05
非常运用条件Ⅰ	1.25~1.20	1.20~1.15	1.15~1.10	1.10~1.05	
非常运用条件Ⅱ	1.15~1.10	1.10~1.05		1.05~1.00	

《水利水电工程边坡设计规范》（SL 386—2007）对表1.1-4的取值和运用条件有以下规定：

（1）水利水电工程边坡的最小安全系数应综合考虑边坡的级别、运用条件、治理和加固费用等因素，在表1.1-4规定范围内选定。

（2）采用极限平衡法计算的边坡抗滑稳定安全系数应满足表1.1-4的规定。经论证，破坏后对社会、经济和环境造成重大影响的1级边坡，在正常运用条件下的抗滑稳定安全系数可取1.30~1.50。

（3）若边坡仅发生变形而未发生失稳就可能导致建筑物破坏或功能丧失，抗滑稳定最小安全系数应取表1.1-4规定范围内的大值。

（4）若采取加固措施对抗滑稳定安全系数增加不敏感，使得增加加固措施不经济时，抗滑稳定最小安全系数可取表1.1-4规定范围内的小值。

（5）若边坡的破坏风险或其他不确定的因素难以确定和查明，抗滑稳定最小安全系数应取表1.1-4规定范围内的大值，反之可取小值。

（6）正常运用条件应包括以下工况。

1）临水边坡应符合以下规定：水库水位处于正常蓄水位和设计洪水位与死水位之间的各种水位及其经常性降落；除宣泄校核洪水以外的各种情况下的水库下游水位及其经常性降落；水库边坡的正常高水位与最低水位之间的各种水位及其经常性降落。

2）不临水边坡工程投入运用后经常发生和持续时间长的情况。

（7）非常运用条件Ⅰ应包括以下工况。

1）施工期。

2）临水边坡的水位非常降落。

3）校核洪水位及其水位降落。

4）由于降雨、泄水雨雾和其他原因引起的边坡体饱和及相应的地下水变化。

5）正常运用条件下，边坡体排水失效。

（8）非常运用条件Ⅱ应为正常运用条件下遭遇地震。

1.2　岩质边坡分类及破坏特征

1.2.1　水利水电工程边坡分类

水利水电工程边坡是指修建水工建筑物及场地上其他建筑物形成的边坡以及对水利水电工程安全有影响的边坡。按成因可分为自然边坡和开挖边坡。边坡在形成过程中，内部岩体、土体应力状态会发生改变，边坡形成后，在各种自然和人为因素的影响下，岩体、土体内部的应力状态也会发生变化。当这一变化达到一定程度时，将影响边坡的稳定、造成边坡的破坏，这对工程的危害往往是非常严重的。

在修建各类水电水利工程，如大坝、厂房、溢洪道、隧洞、渠道、桥梁等时，常因建筑区域内山坡岩体失稳而给工程造成困难和破坏。因此，在工程建设时，要注意以下问题：①对已存在的天然岩质边坡的稳定性要作分析评定；②各类水工建筑物、场地辅助工程是否会破坏或影响天然边坡的稳定性；③开挖边坡，则需分析设计其合理坡度和坡高。为此，需对边坡的岩体性质、岩体中的软弱结构面分布、岩体风化卸荷程度及地下水对岩体的影响等情况进行了解、分析及评价。

由于我国水利水电工程勘察手段的快速发展和勘察新技术的应用研究，对水电水利工程边坡分类也日渐完善。《水电水利工程边坡设计规范》（DL/T 5353—2006）中，根据边坡所处位置的地形、地质条件和边坡开挖体形，进行边坡结构和变形滑动破坏型式等的分类研究，分析和评价边坡稳定条件，对水利水电工程边坡进行分类，详见表1.2-1。

表 1.2 - 1　　　　水利水电工程边坡分类表

分类依据	分类名称	分类特征说明
成因类型	自然边坡	天然存在，由自然营力形成的边坡
	工程边坡	经人工改造形成的或受工程影响的边坡
组成物质	岩质边坡	由各种结构面切割的岩体组成的边坡
	土质边坡	由土体或松散堆积物组成的边坡
	岩土混合边坡	由岩体和土体组成的边坡
坡体结构	顺向坡	层状结构面平行河谷倾向坡外
	反向坡	层状结构面平行河谷倾向坡里
	横向坡	层状结构面与河谷正交倾向上游或下游
	斜向坡	层状结构面与河谷斜交倾向上游或下游
	水平层状坡	层状结构面为水平产状
与建筑物的关系	建筑物地基边坡	必须满足稳定和有限变形要求的边坡
	建筑物周边边坡	必须满足稳定要求的边坡
	水库或河道边坡	要求稳定或允许有一定限度破坏的边坡
存在时间	永久边坡	工程寿命期内需保持稳定的边坡
	临时边坡	施工期内需保持稳定的边坡
稳定状态	稳定边坡	能保持稳定和有限变形的边坡
	潜在不稳定边坡	有明确不稳定因素存在但暂时稳定的边坡
	变形边坡	有变形或蠕变迹象的边坡
	不稳定边坡	处于整体滑动状态或时有崩塌的边坡
	失稳后的边坡	已发生过滑动的边坡
边坡高度	特高边坡	坡高 >300m
	超高边坡	坡高 100~300m
	高边坡	坡高 30~100m
	中边坡	坡高 10~30m
	低边坡	坡高 <10m

1.2.2　水利水电工程岩质边坡结构分类

岩体结构是影响边坡稳定的重要因素之一。岩质边坡的稳定性研究中，岩石本身往往不是研究的主要对象，而岩体中各种成因的结构面类型、产状、性质、规模、连通及其组合情况，与边坡的稳定性关系更为密切。

岩体中的结构面包括层理面、假整合面、不整合面、断层面、节理面、劈理面、风化界面、覆盖层和基岩接触面、岩体中的软弱结构面等。在进行边坡稳定研究时，首先要了解结构面的类型、产状、性质、长度、充填物质、胶结情况及延伸分布等，同时分析结构面的组合关系，找出影响边坡变形的控制结构面，进行计算和稳定性预测。

根据《水电水利工程边坡设计规范》（DL/T 5353—2006），岩质边坡岩体结构分类见表 1.2 - 2。

1.2.3　边坡变形破坏分类及特征

边坡的变形是一种自然动力地质现象，一般发生在山体斜坡的表部，因重力或震动作用使山体或斜坡岩体自上而下的松动、坠落、滑动趋向长期稳定状态。边坡变形的孕育时间较长，但是剧烈的破坏时间相对短暂，常常是突然发生，因此危害性很大。边坡变形具有下列一些特征：

（1）由不稳定向稳定变化，边坡变形总的发展趋势是斜坡经过剥蚀作用，使山体由高变矮，斜坡由陡变缓，达到长期稳定。

（2）破坏和稳定交替进行。自然边坡的剥蚀作用有一个过程，变形速度有时快，有时慢，暂时稳定和局部破坏反复交替进行，相对稳定和突然破坏交替发生，相对稳定时间较长，突然破坏时间较短。在大规模的破坏之前，有许多迹象，如沉陷、裂纹、座落、掉块等。这些前兆缓慢变形时期称为蠕动变形阶段。边坡的变形经常呈逐渐发展的趋势。

（3）变形的范围大小不一，多数是局部的，规模较小，少数是整体的，规模较大。

（4）变形有时具连锁反应，表现在滑动体内的局部变形，以及滑动体后山坡的变形两个方面。有些滑坡体因处理不当，出现多次连续滑动，形成新的临空面，使周围岩体失去支撑保护，孕育新的边坡变形，所以大滑坡发生后常有小滑坡发生。

（5）边坡变形具有复杂的发展过程。每一种边坡破坏类型的发展过程具有各自的特点，从发展阶段来说，一般具有微量变形、破坏性变形、暂时稳定三个阶段。

根据《水电水利工程边坡设计规范》（DL/T 5353—2006），边坡变形破坏类型可按表 1.2 - 3 划分。依据《水利水电工程边坡设计规范》（SL 386—2007），不同失稳模式的破坏特征机制和破坏面形态可按照表 1.2 - 4 确定。

表 1.2-2   水利水电工程岩质边坡岩体结构分类表

序号	边坡结构		岩石类型	岩体特征	边坡稳定特征
1	块体结构		岩浆岩、中深变质岩、厚层沉积岩、厚层火山岩	结构面不发育，多为刚性结构面，软弱面较少	边坡破坏以崩塌和块体滑动为主，稳定性受断裂结构面控制
2	层状结构	层状同向结构		边坡与层面同向，走向夹角一般小于30°，层面裂隙或层间错动带发育	坡脚易发生滑动破坏，坡脚切断后易产生滑动，在岩层较薄倾角较陡时易发生溃屈或倾倒破坏。层面、软弱夹层或顺层结构面常形成滑动面
		层状反向结构	各种厚层的沉积岩、层状变质岩、多轮回喷发火山岩	边坡与层面反向，走向夹角一般小于30°，层面裂隙或层间错动带发育	岩层较陡时易产生倾倒破坏，千枚岩或薄层状岩石表层倾倒比较普遍。抗滑稳定性好，稳定性受断裂结构面控制
		层状横向结构		边坡与层面走向夹角一般大于60°，层面裂隙或层间错动带发育	边坡稳定性好，稳定性受断裂结构面控制
		层状斜向结构		边坡与层面走向夹角一般大于30°、小于60°，层面裂隙或层间错动带发育	边坡稳定性较好，斜向同向坡一般在浅表层易发生楔形体滑动，稳定性受顺层结构面与断裂结构面组合控制
		层状平叠结构		岩层近水平状，多为沉积岩，层间错动带一般不发育	边坡稳定性好，沿软弱夹层可能发生侧向拉张或流动
3	碎裂结构		一般为断层构造带、劈理带、裂隙密集带	断裂结构面或原生节理、风化裂隙发育，岩体较破碎	边坡稳定性较差，易发生崩塌、剥落，抗滑稳定性受断裂结构面控制
4	散体结构		一般为未胶结的断层破碎带、全风化带、松动岩体	由岩块、岩屑和泥质物组成	边坡稳定性差，易发生弧面形滑动和沿其底面滑动

表 1.2-3   边坡变形破坏分类表

变形破坏		变形破坏特征
崩塌		边坡岩体坠落或滑动
滑动	平面形	边坡岩体沿某一结构面滑动
	弧面形	散体结构、碎裂结构的岩质边坡或土质边坡沿圆弧滑动面滑动
	楔形体	结构面组合的楔形体，沿滑动面交线方向滑动
蠕变	倾倒	层状结构边坡，表部岩层逐渐向外弯曲、倾倒
	溃屈	层状同向结构边坡，岩层倾角与坡角大致相似，边坡沿层面滑移，下部岩层逐渐向外鼓起，产生层面拉裂和脱开，继续发展可发生后缘顺层前缘切层的滑动
	侧向拉张	双层结构的边坡，下部软岩产生塑性变形或流动，使上部岩层发生扩展、移动张裂和下沉
流动		崩塌碎屑类堆积向坡脚流动，形成碎屑流

表 1.2－4　　　　　　　　　　　边坡失稳特性和破坏机制表

失稳模式		失稳特征	破坏机制	破坏面形态
崩塌		边坡局部岩体松动、脱落，主要运动型式为自由落体或滚动	拉裂破坏。岩体存在临空面，在结合力小于重力时发生崩塌	—
滑动	平面形	边坡岩体沿某一结构面整体向下滑动，折线形滑动面	剪切—滑移破坏，结构面临空，坡脚岩层被切断，或坡脚岩层挤压剪切	层面或贯通性结构面形成滑动面
	曲面形	散体结构、碎裂结构的岩质边坡或土坡沿曲面滑动面滑动，坡脚隆起	剪切—滑移破坏。内摩擦角偏低，坡高、坡角偏大	圆弧形滑动面
	楔形体	结构面组合的楔形体，沿滑动面交线方向滑动	剪切—滑移破坏。结构面临空	两个以上滑动面组合
弯曲倾倒		层状反向结构的边坡，表部岩层逐渐向外弯曲倾倒等现象，少数层状同向边坡也可出现弯曲倾倒	弯曲—拉裂破坏、劈楔。由于层面密度大，强度低，表部岩层在风化及重力作用下产生弯矩	沿软弱层面与反倾向节理面追踪形成
溃屈		层状结构顺层边坡，岩层倾角与坡角大致相似，上部坡体沿软弱面蠕滑，由于下部受阻而发生岩层鼓起，拉裂等现象	滑移—弯曲破坏。顺坡向剪力，过大层面间的结合力偏小，上部坡体软弱面蠕滑，由于下部受阻而发生纵向弯曲	层面拉裂，局部滑移
拉裂		边坡岩体沿平缓面向临空方向产生蠕变滑移，局部应力集中而发生拉裂、扩展、移动等现象	塑流—拉裂破坏。重力作用下，软岩变形流动使上部岩体失稳	软岩中变形带
流动		在重力作用下，崩塌碎屑类堆积向坡脚或峡谷内流动，形成碎屑流滑坡，多发生在具有较大自然坡降的峡谷地区	流动破坏。碎屑体饱水后在重力作用下，产生流动	碎屑体内流动，无明显滑动面

1.3　岩质边坡上的作用及作用组合

1.3.1　岩质边坡上的作用

1.3.1.1　岩体的自重作用

（1）在地下水位以上时，岩体、土体的自重采用天然重度；在地下水位以下时，则应根据计算方法正确选择。在边界上和计算的分条、分块面上以面力计算水压时应采用饱和重度；以体力法计算水压力时采用浮重度，同时在滑面上扣除自坡外水位起算的静水压力；降雨情况下的非饱和岩体、土体采用具一定含水量的重度，根据测试或估算确定。上述各种重度应取平均值。

（2）坡体上的建筑物，包括加固治理结构物，应作为坡体自重考虑。

1.3.1.2　地下水作用

地下水对边坡的作用计算相对复杂一些。地下水的作用主要表现为孔隙水压力、渗透动水压力、降雨形成的暂态水压力。地下水作用关键在于合理确定边坡中的地下水位线。自然界中边坡的地下水位总是处在不停地变化过程之中，根据设计要求，地下水位线一般考虑持久状态水位和短暂状态水位两种情况。

持久状态水位是指根据水文地质资料和地下水位长期观测资料确定的边坡各部位孔隙水、裂隙水或层间承压水的压力对应的地下水位。一般采用地下水最高水位作为持久状态水位。

短暂状态水位是指在特大暴雨或久雨或可能的泄流雾雨条件下发生的暂态高水位。将局部排水失效和施工期排水设施不完善作为短暂工况。

1．地下水位线的确定方法

（1）无雨时，按实测雨季最高地下水位作为基准值或初始值。

（2）当边坡具有疏排地下水设施时，应首先确定经疏排作用后的地下水位线，再确定地下水压力。

（3）当地下水位以下的岩体内存在贯通性结构面和强卸荷裂隙带时，地下水位线图按内插或外延确定。

（4）水库蓄水位后岸坡内地下水位宜根据实测值确定；当缺少实测值或水库尚未蓄水时，可根据水库浸没计算确定。

（5）当出现降水或泄流雨雾引起地下水位短暂壅高情况，以及水库水位骤降情况时，地下水位宜按不稳定渗流估算确定。

2. 边坡设计水荷载计算

《水电水利工程边坡设计规范》（DL/T 5353—2006）附录 F 中给出的边坡设计水荷载计算示意参见图 1.3-1。下面分别给出持久设计状况和短暂设计状况下水荷载的计算方法。

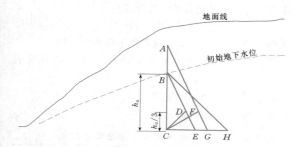

图 1.3-1 降雨在边坡内产生最不利暂态水压力分布示意图

（1）持久设计状况。

1）水荷载的初始值应按地下水位产生的静水压力乘以折减系数 β。折减系数大小根据不同情况在 $0\sim1$ 范围内选择。有条件时可在同一钻孔不同高程埋设渗压计，按实测水压或水位求得 β 值；也可进行初始渗压场分析求取 β 值。即静水压力按图 1.3-1 中 $\triangle BCE$ 计算。

2）在有反坡向卸荷裂隙发育而雨水不易排走时，降雨暂态水压力可按 $\beta=1$ 取值，即按图 1.3-1 中 $\triangle BCH$ 计算。

3）当坡内在地下水位以下深度为 h_0 处有排水措施时，认为该处静水压力为 0，其上部作用的静水压力按图 1.3-1 中 $\triangle BCD$ 计算，即：以深度为 $\frac{2}{3}h_0$ 处为界，其上方静水压力按正置的直角三角形分布，其下方静水压力按倒置的直角三角形分布。

4）岩质边坡深部潜在不稳定体界面并非完全贯通时，裂隙水压力可以相应折减。折减系数可参照隧道设计工程采用的折减数值，即 $\beta=0.25\sim1.0$。

（2）短暂设计状况。降雨时，临时地下水位高出地下水位 Δh，其以下各深度静水压力均按叠加一增量 $\beta\gamma\Delta h$ 计算。

1）无排水措施时，按图 1.3-1 中 $\triangle ACG$ 计算。

2）当坡内在地下水位以下深度为 h_0 处有排水措

施时，认为该处静水压力为 0，作用的静水压力按图 1.3-1 中 $\triangle ACF$ 计算，即：以深度为 $\frac{2}{3}h_0$ 处为界，其上方静水压力按正置的直角三角形分布，其下方静水压力按倒置的直角三角形分布。

3）对南方多雨地区，或气象记录有连续大雨 5h 以上，且地面未设防渗层时，地下水位可升至地面。对北方干旱地区，或地面加设防渗层，地下水面应适当低于地面。

4）当地下排水设施不能有效排水时，该深度静水压力应大于 0，可根据分析判断设定。

由上述分析可知，无论是短暂工况还是持久工况，边坡设计水荷载确定的关键在于合理确定出折减系数 β，但 β 的确定相对较为困难。《水利水电工程边坡设计规范》（SL 386—2007）中给出了一些水利水电边坡工程边坡设计时的折减系数 β，如图 1.3-2 所示。其中漫湾水电站采用的折减系数为 0.4，五强溪水电站采用类似 Hoek 建议图形，但其取值较 Hoek 建议值小，三峡工程曾采用折减系数 0.3，目前采用强排水体系而不考虑暂态孔隙压力。由此可见，不同方法采用的边坡暂态孔隙压力分布彼此差别极大，且缺少理论分析和实测数据的支持。

鉴于岩体结构的复杂性，折减系数的选定比较困难，建议工程中根据不同入渗、排水条件和坡体渗透性能，经工程类比后设计者自行选定折减系数。

此外，需要注意的是，《水利水电工程边坡设计规范》（SL 386—2007）认为边坡因降雨历时长，地下水位上升到地表面，降雨引起的静水压力进行折减处理后作为水荷载。图 1.3-2 中的地表线与降雨所达到的地下水深线之间的区域实际上是边坡的暂态饱和区。

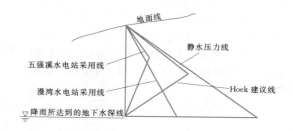

图 1.3-2 各工程采用的因降雨而形成的孔隙水压力分布

3. 动水压力水荷载的计算

对于有地下水渗流的水下岩土体，当采用体力法以浮重度计算时，应考虑渗透水压力作用，对于没有被河水完全淹没的滑体部分，其渗透水压力或动水压力值 P_{wi} 的计算公式为

$$P_{wi} = \gamma_w V_i J_i \qquad (1.3-1)$$

其中

$$V_i = n V_m$$

式中　　γ_w——水的重度，kN/m³；

V_i——第 i 计算条块单位宽度岩体中的流动水体的体积，m³/m；

n——孔隙度，无量纲；

V_m——岩体中渗流部分的体积，m³/m；

J_i——第 i 计算条块地下水水力梯度。

1.3.1.3　加固力作用

加固力指采用加固措施将不稳定岩体或潜在不稳定岩体固定到稳定岩体上所施加在滑动面上的抗滑力。计算安全系数时加固力应按增加的抗滑力考虑。边坡表层系统锚固措施属于坡面保护措施，不视为加固力，所以计算边坡安全系数时不予考虑。

1. 非预应力锚杆的加固力计算

非预应力锚杆不是表层系统锚杆时，锚杆的加固力按锚杆的抗拉强度在滑动面上的切向分量考虑。考虑到非预应力锚杆属于被动支护，加固力对边坡作用的贡献体现在减少下滑力上。若锚杆的合力在滑动面上分量为 T_s，边坡安全系数表达式修改为

$$K = \frac{\text{阻滑力}}{\text{下滑力} - T_s} \qquad (1.3-2)$$

式中　　K——安全系数；

T_s——计算条块非预应力锚杆或锚索的合力在滑动面上的分量。

2. 预应力锚杆和锚索的加固力计算

目前规范为与水电工程预应力锚固设计标准一致，推荐预应力按采用增加抗滑力进行计算，即

$$K = \frac{\text{阻滑力} + T}{\text{下滑力}} \qquad (1.3-3)$$

式中　　K——安全系数；

T——设计锚固力。

3. 抗滑桩的加固力计算

抗滑桩的加固力按抗滑桩能提供的抗剪强度计算，当采用钢筋混凝土抗滑桩时，抗滑桩的加固力计算公式为

$$P = \frac{0.07 f_c b h_0 + 1.5 f_{sv} A_{sv} h_0 / s}{S} \qquad (1.3-4)$$

式中　　P——抗滑桩加固力；

f_c——混凝土的轴心抗压强度；

f_{sv}——箍筋抗拉强度设计值；

A_{sv}——箍筋面积；

b——抗滑桩的宽度；

h_0——抗滑桩截面有效高度；

s——箍筋间距；

S——抗滑桩间距。

抗滑桩提供的加固力按抗滑力考虑，即在安全系数公式分子中加上抗滑桩的加固力

$$K = \frac{\text{阻滑力} + P}{\text{下滑力}} \qquad (1.3-5)$$

1.3.1.4　地震作用

在地震基本烈度为Ⅶ度和Ⅷ度以上地区，应计算地震作用力的影响。地震对边坡的作用有两种考虑方法：拟静力法和动力分析法。

1. 拟静力法

极限平衡计算时，一般情况下可以忽略地震垂直力对边坡的作用，只考虑地震水平力的影响。作用在条块上的水平地震力的计算公式为

$$P_i = C_H g W_i \qquad (1.3-6)$$

式中　　P_i——条块上的地震水平作用力；

C_H——水平向地震加速度系数，取值见表 1.3-1；

g——重力加速度；

W_i——条块的重力。

表 1.3-1　　　水平向地震加速度系数表

设计烈度（度）	7	8	9
C_H	0.1	0.2	0.4

地震作用在稳定性分析时按下滑力考虑，即在安全系数公式分母中加上地震引起的水平力

$$K = \frac{\text{阻滑力}}{\text{下滑力} + P_i} \qquad (1.3-7)$$

式中　　K——安全系数；

P_i——条块上的地震水平作用力。

2. 动力分析法

拟静力法对地震荷载的处理，是一种极端情况，即认为边坡不同高程滑动块体地震峰值加速度均为设计拟定值。而实际地震荷载作用过程中，边坡不同高程滑块地震加速度并非同时达到极值。滑块分析法（例如美国陆军工程兵团的 Newmark 法）首先假定滑动面并确定其屈服加速度值，然后通过动力分析判定是否产生滑移，并可估计其永久滑移位移。这一方法是刚块模型假定，比较简单。动力有限元法需要输入地震时程曲线（图 1.3-3 为四川汶川地震地震波），要求的地震参数较多，但其适于解决边界及介质参数复杂的动力问题，可以获得地震荷载作用过程中边坡的动力响应特征和变化规律以及稳定性系数的波动过程，是近年来应用较广、发展较快的方法。

（1）Newmark 法。美国陆军工程兵团的 Newmark 法分析的基本情况，可参见图 1.3-4。该方法应用常规极限平衡稳定分析方法对边坡进行稳定性计

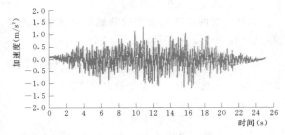

图 1.3 - 3 四川汶川地震地震波

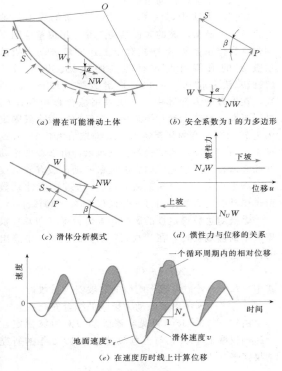

（a）潜在可能滑动土体 　　（b）安全系数为 1 的力多边形

（c）滑体分析模式 　　（d）惯性力与位移的关系

（e）在速度历时线上计算位移

图 1.3 - 4 美国陆军工程兵团的 Newmark 法变形分析

算，在安全系数恰为 1.0 的临界状态下，计算拟静力 NW，得临界加速度系数 N。计算时采用静力分析抗剪强度，用 R 和 S 的最小强度包线进行总应力分析。N_g 为坡体都向左加速的情况下滑体可能产生的一个加速度，其量值受到滑动面上的剪力限制而处于临界状态，若滑动面下的加速度再增大，滑体即发生向下的坍滑。考虑到最危险的 α 角度并不大，NW 力的方向多设为水平。

据力多边形知，可将滑体简化成图 1.3 - 4（c）模式。假设滑体向上滑的阻力足够大，则只能产生相对下滑的位移。对地震的加速度历时曲线积分可得速度历时曲线，在此线上用积分方法计算基岩面速度与滑体速度之间的面积，即可得到相对位移。计算一系列脉冲所引起的相对位移；即可得地震引起的滑体永久位移 u。将滑体视作刚体，不能反映滑动面以下基岩运动引起的上部滑体运动随高度放大的趋势。为此，采用黏弹性剪切量来估算滑体内的地面放大运动，确定滑体各个高程上的地震动力放大系数，加速度和速度均按此系数放大。滑体各高程上的最大加速度都是地面最大加速度乘以此高程上的放大系数。滑体潜在滑动面所引用的基面最大加速度为滑动面底部高程上的最大加速度，而滑体的临界加速度 N_g 为根据此最大加速度计算得到的一个相应的平均加速度。

（2）动力有限元法。动力有限元法通常采用两种方法求解：一种是反应谱方法，这种方法先求解无阻尼自由振动的方程获得边坡体系的自振频率与振型，通过模态分析与反应谱方法，求得边坡的动力响应，确定动位移、动应力的分布；另一种方法，直接用数值积分的方法求解方程，得到边坡动力响应的时间过程，是一种动力时程分析法，但计算工作量大得多，计算结果的后处理也比较复杂。反应谱法与时程分析法结果是一致的，时程法更真实地显示边坡受震的时间过程。

1.3.1.5 地应力作用

地应力是控制边坡岩体卸荷节理裂隙发育及边坡变形特征的重要因素。此外，地应力尚可直接引起边坡岩体的变形破坏。例如葛洲坝水电站，基岩为下白垩纪红色粉砂岩、黏土岩、细砂岩，为一单斜构造，岩层倾角 5°～8°，厂房基础开挖深达 45～50m。由于厂房基坑的开挖，上下游坑壁出现临空，应力释放，遂使基坑人工边坡内地应力重新调整分布，引起基坑边坡岩体沿软弱夹层发生位移变形。岩体沿层面发生错位拉开，急剧变形期延续达三个月，原大口径钻孔孔壁错位达 80mm，平均每月变形约 20mm。岩体的位移错动方向和实测最大主应力方向相同，但不受岩层倾向控制，甚至沿与岩层倾向相反的方向错位。实测最大主应力为 3MPa，也远大于由自重引起的水平分量。由此可以判定，基坑边坡岩体的逆倾向变形错位现象，主要是地应力作用的结果。在深仅数十米的基坑岩体中，尚残留有高达 3MPa 的地应力这一事实，对研究边坡的稳定性，特别是人工边坡的稳定问题值得参考。此外，山西汾河二库坝基开挖边坡和小浪底水利枢纽电站尾水渠开挖边坡在施工期均有类似情况发生。为此，在评价边坡的稳定性时，常需要实测地应力资料。

目前，边坡地应力作用分别按自重地应力场和反演初始地应力场进行考虑。极限平衡方法中如何考虑

11

地应力对安全系数的影响，目前尚缺乏此类研究。当边坡初始地应力明显大于自重应力场时，建议采用有限元方法研究初始地应力场对边坡稳定性的影响。

1.3.1.6 爆破作用

在开挖过程中岩质边坡所受到的爆破作用对大型高边坡而言也是不可忽视的，有时开挖爆破作用甚至会成为影响边坡施工期稳定性的关键因素之一。如漫湾水电站左坝肩施工期 10 万 m³ 的滑坡，就是由于开挖时炸药爆破所诱发的。目前边坡爆破作用对稳定性影响一般采用与地震作用类似的处理方法，即拟静力法、动力有限元法等。然而不管何种方法，最关键的就是要确定爆破所产生的动力荷载。

确定爆破荷载大致有两种方法：一种是半经验半理论的统计分析方法，即根据爆破施工中的大量监测资料，采用统计回归的方法，求得不同药量作用下的加速度峰值沿空间的分布及典型的加速度时程曲线；另一种是理论分析方法（如清华大学水工抗震研究组提出的爆破荷载正反演理论分析方法）。

西北勘测设计研究院专家结合"八五"攻关专题"岩质高边坡开挖及加固技术研究"，建议岩质边坡质点在一确定方向（水平或垂直）上爆破振动响应的拟合方程为

$$X = \sum_k X_k(Q, R, t) \qquad (1.3-8)$$

其中
$$X_k(Q, R, t) =$$
$$U(t-t_0) K_k (Q/R^3)^{a_k} \times$$
$$\exp[-\xi_k(t-t_0)] \sin[\omega_k(t-t_0)] =$$
$$A_{mk} U(t-t_0) \exp[-\xi_k(t-t_0)] \times$$
$$\sin[\omega_k(t-t_0)]$$

$$t_0 = t_{0r} + \frac{R}{u} \qquad (1.3-9)$$

$$A_{mk} = K_k \left(\frac{Q}{R^3}\right)^{a_k}$$

$$U(t-t_0) = \begin{cases} 0 & t < t_0 \\ 1 & t \geqslant t_0 \end{cases} \qquad (1.3-10)$$

式中　ξ_k、ω_k——岩体在计算点 k 处的振动衰减系数和圆频率；

$\quad\quad t_{0r}$——爆破延时时间；

$\quad\quad A_{mk}$——爆破振动波的幅度随着爆破药量 Q 的增加而增加、随着传播距离 R 的增加而减小的系数；

$\quad\quad K_k$、a_k——拟合参数；

$\quad\quad U(t-t_0)$——阶跃函数。

由于响应频率特征为 1～2 个主值，故 k 一般取 2 即可。根据式（1.3-8）可以算出由 n 孔爆破或 n 个若干孔组成的单响爆破边坡岩体质点振动响应的位移、速度、加速度全历程响应。

拟静力法的爆破振动等效荷载计算式为（卢文波，1996；朱传云等，1997）

$$F_i = \beta_i \frac{a_i}{g} W_i \qquad (1.3-11)$$

式中　F_i——爆破振动荷载的静力等效值；

$\quad\quad \beta_i$——爆破动力折减系数；

$\quad\quad W_i$——第 i 条块岩体重量；

$\quad\quad a_i$——第 i 条块岩体中爆破振动的峰值质点振动加速度；

$\quad\quad a_i/g$——爆破振动系数。

在拟静力法中，仅考虑了某一条块的峰值加速度，至于爆破振动波的频谱结构差异、相位差等因素均包含在修正系数 β_i 中。对于上述的爆破动力折减系数 β_i 的取值目前未有明确的依据。朱传云等（1997）认为取 0.1～0.3；据舒大强（1996）的研究，在爆破动力计算中，一般采用综合影响系数 C_z 进行折减，将动态参数静态化，据经验一般将其限定为 1/7～1/5，有的甚至达 1/10，即取值为 0.1～0.2。据王思敬（1978）的试验及研究成果，由于爆破振动波的衰减，在边坡范围内影响失稳的动荷载有效值仅为动态力本身的 0.4～0.6；对高大边坡稳定性系数由于爆破振动力的作用可能降低仅 10%～20%。

爆破对边坡稳定性的影响，朱传云等（1997）根据大量的实践资料，在"八五"攻关课题结论中提出的评价公式为

$$K = F_s(1 - 10\%) \qquad (1.3-12)$$

式中　K——考虑爆破影响后的边坡安全系数；

$\quad\quad F_s$——未考虑爆破动力影响的综合安全系数。

由式（1.3-12）可见，爆破动力对边坡稳定性的影响仅降低 10%，与王思敬院士在 1978 年的研究结果接近。

1.3.1.7 边坡上的其他作用

当需要对边坡进行有限元等数值分析时，也可以考虑边坡的开挖卸载以及环境气温等因素对边坡稳定性影响的作用。

对边坡进行有限元数值计算时，边坡的开挖卸载作用根据初始地应力计算获得的开挖边界上的节点力反向施加进行考虑。

对边坡进行有限元数值计算时，环境气温对边坡的作用可根据当地日平均气温变化过程线对边坡进行非稳定温度场计算，也可以按边坡极端温变值进行稳定温度场计算。

1.3.2 岩质边坡设计作用组合

1.3.2.1 边坡施工、运行与作用组合的关系

根据边坡在施工期和运行期所遭遇各种荷载的概

率以及边坡上荷载作用时间的长短,将边坡上的设计作用组合分为基本组合、短暂组合和偶然组合三种。各种作用组合情况下荷载组合关系见表 1.3-2。

基本组合为水利水电工程正常运行期的作用组合。自重和地下水压力均为正常年雨季和汛期的状况,因为雨季地下水位升高和汛期库水位变动是每年都有的,应视为基本组合;加固力为满足设计要求的正常作用。

短暂组合为边坡施工期受到爆破振动作用情况下的荷载组合。短暂组合的目的是验算边坡在动态开挖过程中(或设计开挖程序情况)受爆破作用下的稳定性。实际工程中,暴雨也常作为短暂工况之一。

偶然组合为边坡在运行期遭遇设计地震作用情况下的荷载组合。

表 1.3-2 荷载组合关系表

组合关系	自重	外水压力	地下水压力	加固力	爆破作用	地震作用
基本组合	√	√	√	√		
短暂组合	√	√	√	√	√	
偶然组合	√	√	√	√		√

1.3.2.2 设计作用组合

边坡设计作用组合工况应分别按持久设计工况、短暂设计工况和偶然设计工况三种情况进行设计。短暂设计工况又分为两种:一是施工状况;二是水利水电工程运行期的非常状况。后者包括非正常年的雨季与汛期带来的非常荷载作用,可以根据边坡的重要性选择 50 年一遇或 100 年一遇的降雨量或降雨强度以及同样概率的地下水位作为短暂状况的作用;或者以最大泄量放空调节库容时的水库水位骤降情况。偶然设计工况指水文气象正常年遭遇地震的情况,地震不与短暂状况组合。不同设计工况下的荷载组合见表 1.3-3。

表 1.3-3 设计工况表

工况	组合类型	荷载
持久设计工况	基本组合	自重、外水压力、地下水压力、加固力
短暂设计工况	基本组合	自重、外水压力、排水失效或施工用水引起的地下水位增高+加固力
	基本组合	自重、外水压力、降雨引起的地下水位增高、加固力
	基本组合	自重、水库水位骤降、地下水压力、加固力
	短暂组合	自重、外水压力、地下水压力、加固力、爆破作用
偶然设计工况	偶然组合	自重、外水压力、地下水压力、加固力、地震作用

(1) 持久设计工况。此工况主要为边坡正常运用工况,此时应采用基本组合设计,即作用在边坡上的荷载按自重+岸边外水压力+地下水压力+加固力进行组合设计。

(2) 短暂设计工况。此工况包括施工期缺少或部分缺少加固力;缺少排水设施或施工用水形成地下水位增高;运行期暴雨或久雨或可能的泄流雾化雨,以及地下水失效形成的地下水位增高;水库水位骤降等情况。此时应采用基本组合设计。

当对边坡进行动态施工过程稳定性分析时,应采用短暂组合设计。此时,预应力锚索加固力按滞后 2 个台阶考虑;非预应力锚杆的加固作用按滞后 1 个台阶考虑。

(3) 偶然设计工况。此工况主要为遭遇地震、水库紧急放空等情况。此时应采用偶然组合设计。

1.4 岩体计算力学参数

1.4.1 力学参数选取原则

岩体及其结构面的力学参数主要为岩体抗压(拉)强度、抗剪强度、岩体的变形模量和弹性模量。极限平衡分析方法以及楔体稳定分析是边坡稳定分析的基本方法,适用于滑动破坏类型的边坡,而边坡实际发生变形与破坏时并不完全是沿某一理想结构面发生滑动,而往往是拉裂(或压缩)→剪断→滑动(或流动)的复杂过程,实际工作中,正确评价与选择岩体及其结构面的力学强度参数是工程地质与岩体(石)力学工作者的重要工作,也是工作的难点;它不仅受试验条件(包括其破坏模式的假定)的影响,也包括外部因素对其性状改变的影响,边坡稳定分析成果正确与否的关键因素不仅仅是某一特定软弱结构面的抗剪（断）强度指标的选取，还包括了岩体（或岩块、岩桥）及其结构面的抗剪（断）强度参数的选取。

因此，岩体及其结构面的力学强度参数的选取，不仅需要大量的试验成果作为依据，还应当对其所处的工程环境（包括人为因素和自然因素）进行研究，并评价工程环境对其力学性状及其强度改变的影响，故岩质边坡稳定计算中岩体及其结构面的力学参数取值应遵循的原则是：岩体及其结构面的抗剪强度、岩体的抗压（拉）强度、变形模量和弹性模量，应根据试验成果统计标准值，再根据试验时的环境、边界条件，具体边坡岩体及其结构面性状，可能破坏模式，提出岩体、结构面、复合结构面的地质建议值。

根据水利水电工程地质勘察规范的规定，岩石（体）及其结构面的试验成果标准值（标准值是试验值经过统计修正或考虑保证率、强度破坏准则等经验修正后确定。强度破坏是指试件的破坏型式属脆性破坏、弹塑性破坏或塑性破坏，根据抗剪试验时的剪切位移曲线确定）应按下列原则选取：

（1）对均质岩体的单轴抗压（拉）强度、点荷载强度可采用测试成果的算术平均值，或采用概率分布的 0.2 分位值作为标准值。

（2）对非均质的各向异性的岩体，可划分成若干小的均质体或按不同岩性分别试验取值。

（3）岩体变形模量或弹性模量有条件时可根据岩体实际承受工程作用力方向和大小进行原位试验，并采用压力—变形曲线上建筑物预计最大荷载下相应的变形关系选取标准值；弹性模量、泊松比也可采用概率分布的 0.5 分位值作为标准值；各试验的标准值应结合实测的动、静弹性模量相关关系、岩体结构、岩体地应力进行调整。

（4）岩体抗剪断强度或抗剪强度参数取值应符合下列规定：①潜在的滑动面抗剪强度可取峰值强度；古滑坡或多次滑动的滑动面的抗剪强度可取残余强度；②具有整体块状结构、层状结构的硬质岩体试件呈脆性破坏时，抗剪强度应采用比例极限强度作为标准值；③当具有无充填、闭合的镶嵌碎裂结构、碎裂结构及隐微裂隙发育的岩体，试件呈塑性破坏或弹塑性破坏时，应采用屈服强度作为标准值，标准值应根据裂隙充填情况、试验时剪切变形量和岩体地应力等因素进行调整。

（5）结构面的抗剪断强度参数取值。依据《水利水电工程地质勘察规范》（GB 50287—99），结构面的抗剪断强度参数取值应符合下列规定：①当结构面试件的凸起部分被啃断或胶结充填物被剪断时，应采用峰值强度的小值平均值作为标准；②当结构面试件呈摩擦破坏时，应采用比例极限强度作为标准值；③标准值应根据结构面的粗糙度、起伏差、张开度、结构面壁强度等因素进行调整。

（6）软弱层、断层的抗剪断强度参数取值应符合下列规定：①软弱层、断层应根据岩块岩屑型、岩屑夹泥型、泥夹岩屑型和泥型四类分别取值；②当试件呈塑性破坏时，应采用屈服强度或流变强度作为标准值；③当试件黏粒含量大于 30％或有泥化镜面或黏土矿物以蒙脱石为主时，应采用流变强度作为标准值；④根据试验条件与实际边坡宏观地质条件对比分析提出岩体、结构面的力学参数地质建议值，再结合具体边坡可能破坏的模式、规模、可能遭受外部环境（如施工爆破松动、开挖卸荷对参数的影响）恶化影响程度，计算分析模式，提出具体边坡段岩体、结构面以及岩体与结构面联合组成的复合结构面的力学参数设计采用值。

对于 3 组及其以上复杂结构面或复合结构面组合的巨大块体、高边坡滑动破坏边界条件或破坏模式不明确时，应选择多种分析评价方法，相互验证力学参数及稳定性。

1.4.2 岩体变形破坏过程与力学参数选取的关系

岩质边坡特别是岩质工程边坡的变形破坏、整体与局部滑移，大部分情况下，并不完全是沿某一两个特定结构面滑动破坏，而许多情况下是通过胶结结构面与岩桥的破坏而形成多个或一组与多组结构面贯通的过程，即拉断（或压缩）→剪断→滑动（或流动）的复杂过程。因此，除了结构面内的泥质充填物的挤压剪切变形、闭合面的摩擦滑移以外，在从非胶结面至胶结面的过渡带内以及相邻断层或节理之间的岩桥部位，所发生的局部挤压或拉张及剪切的变形、流变与破坏，对岩体的变形破坏过程，特别是流变过程，有着很强的控制作用。由此可见，简单地通过平均或加权平均取值的方法，确定这类结构面的力学参数，即抗剪强度与刚度系数或剪切模量等，具有很大的随意性，难以避免过高或过低地估计岩体的稳定性，因此具体边坡稳定分析取值可参考下列一些取值方法。

1. 边坡中典型楔体破坏结构面强度参数取值

楔体的稳定性不仅与楔体体形、大小和结构面的力学强度有关，而且还与施工环境等因素有关，通过对部分边坡段已破坏楔体或顺单一结构面的塌滑变形体的观察和计算验证，认为结构面的黏聚力（c 值）

受施工期的爆破振动、地表水的冲刷、变形张开影响明显，一些中小型楔体按一般地质建议值计算时，安全系数较大，而实际上稳定性很差。

以龙滩工程为例，说明典型楔体破坏结构面强度参数取值方法[18,30]。

龙滩工程坝址区边坡中，一般规模较小的楔体（高度约小于 8m 或体积小于 500m³ 的楔体）一旦开挖切脚，随即就失稳，而其稳定性分析中，若计滑面的黏聚力，往往稳定系数较高，其失稳原因通常是由于施工扰动使其失去部分黏聚力，因此在楔体的支护处理设计中，结合施工环境，在利用初步设计阶段地质建议值时，提出了参数修正方法，具体如下：$h<8m$ 时，$c=0$；$8m \leqslant h < 15m$ 时，c 值为建议值的 50%；$15m \leqslant h < 20m$ 时，取 c 为建议值的 70%，$h \geqslant 20m$ 时取地质建议值。

2. 复杂岩土体边坡剪切破坏计算中的抗剪强度取值

在已有的工程边坡变形破坏实例中，边坡的变形破坏不仅有楔体破坏和均质岩质边坡沿某一结构面的滑动破坏或土质边坡的滑弧破坏，也常见在同一边坡中既有岩土体的强度破坏，也有沿一个或多个结构面滑动破坏。因此，它们既不能用楔体稳定分析成果，也不能用均质体滑弧（或滑面）稳定分析成果作为设计依据。在平面刚体稳定性分析时，若全部取岩土体的抗剪强度，稳定系数比实际的偏大；而全部取结构面的抗剪强度时往往比实际的偏小。对于这类岩土体边坡，用平面剪切破坏计算成果来判断其稳定状态时，若要较实际地反映边坡的稳定状态，则必须在对破坏机制作出较准确判断的基础上，将岩体中结构面（产生滑动或变形的控制性结构面）的力学强度等效地反映到计算剖面上。

通过龙滩水电站部分边坡试算[30]，若破坏型式为拉断或剪断部分岩体＋部分沿两个结构面滑动（结构面倾角及性状差别不大），结构面抗剪强度中的摩擦系数取 $f=(f_1+f_2)/2$，黏聚力取 $c=c_1+(0.8 \sim 0.5)c_2$（c_2 为两滑面中强度较高的值）时，计算结果与实际稳定状态较接近。

3. 大型或复杂块体稳定计算中的结构面及复合结构面抗剪强度取值

构成大型或复杂块体的同一结构面其抗剪强度在不同的部位也可能不相同（主要是受埋深的影响），复合结构面往往是由一组节理裂隙与岩桥构成，故其力学强度也不同，这种块体的失稳破坏往往是上部卸荷张开，下部压剪破坏，而最终的失稳或破坏表现为滑移（蠕滑）。但块体稳定分析时不能

模拟此工况，因此只能在单一结构面抗剪强度取值上进行考虑[30]：①当强度指标差别不大时可采用面积加权计算，可不计荷载松弛带的 c 值；②当强度指标差别大于 1 倍（主要是岩桥），且大值的面积占 50% 以上的，可不计强度低的结构面的 c 值，若大值的面积仅占 20% 或以下时，仅适当考虑大值的强度。

1.4.3 力学参数的反演

《水电水利工程边坡设计规范》（DL/T 5353—2006）中规定，对于变形边坡和已失稳边坡可以反演其临界状态的滑动面力学参数，在使用这些参数对边坡进行分析时应适当进行折减，一般可乘以 0.8 的折减系数，以二维分析方法反演得到的参数不能用于三维分析计算，反之亦然。

反演时，稳定系数宜在 $0.95 \sim 1.05$ 之间取值，具体可参考表 1.4-1，并对破坏时的工况应假定合理：如地表水冲刷的影响、地下水、开挖卸荷及爆破振动的影响。

对于小规模滑坡或浅层滑坡 c 值宜取 0，或取较小值，对摩擦系数 f 进行敏感性分析，当稳定系数取低值时得到的 f、c 值可以不折减或取 0.9 的折减系数。对于大规模和中、深层滑坡，摩擦系数 f 可在小范围取值或取定值，对 c 值进行敏感性分析，当稳定系数取低值时得到的 f、c 值可以不折减。

当利用小规模滑坡或浅层滑坡得到的某一类（种）滑动面（或结构面）强度参数，使用到由此类（种）结构面（滑动面）构成大规模滑坡或深层滑坡时，应详细分析对比它们的环境因素差别，选择一组环境因素相同或相近的反演参数作为大规模或深层滑坡的滑面参数。

参数反演的方法大都建立在极限平衡理论的基础上，其基本思路是通过确定滑坡体的边界条件、边坡发育状况等因素来反演岩土体力学参数。反分析步骤如下：

（1）反分析状态确定。反分析状态主要依据滑坡变形发展状况而定，可参照表 1.4-1 选取。评估指标具有一定的先验性，应综合考虑滑坡变形的发展阶段，特别需要详细勘察滑坡前后缘变形量和变形的发展趋势，以便正确选择稳定性评估指标。对于有明显滑动迹象的滑坡，应分析滑坡外观变形监测资料，以此作为反分析计算的约束状态。

（2）反分析方法。对滑坡进行分析时选取主滑线或平行于主滑线的实测剖面进行，运用基于极限平衡原理的稳定系数法计算公式反算出 c、φ 之间的关系，计算模型如图 1.4-1 所示。

表 1.4 - 1　　　　　　　　　　**滑坡发育阶段与稳定系数关系表**

序号	发育阶段		主 要 特 征	稳定系数
1	蠕动阶段		滑坡某一部分（常是中部主滑段）处于封闭条件下的软弱带，由于种种原因，抗剪强度降低，产生蠕动变形阶段。此时软弱带并未形成连续的剪切面，但由于中部滑体向前移动，引起后部岩（土）体产生破坏。反映在地表上，滑坡后缘处出现一些不连续的弧形拉张裂缝，呈张开微下错状。滑坡微地貌特征不明显	1.05～1
2	挤压阶段		滑坡的中部、后部继续向前移动，致使前端的抗滑部分受挤压，产生破裂面的阶段（没有抗滑阶段的滑坡无此阶段）。此时，除抗滑段外，中、后部软弱带的剪切面已贯通，滑带业已形成。在地面上反映为后缘的弧形拉裂隙，并有局部塌滑现象，滑坡微地貌特征相继出现	1.05～1
3	滑动阶段	初滑阶段	整个滑坡沿滑动面作缓慢移动阶段。当抗滑段滑动带一旦形成，滑坡的整个滑动带即已全部贯通。随着滑坡的缓慢移动，地面变形加剧，滑坡体结构松弛，地表纵向平均坡度降低，后部张开裂缝距增大，后部反倾裂缝逐渐清晰，两侧羽毛状裂纹已被错断，前缘隆起，产生放射状裂缝，并出现小量坍塌。滑坡微地貌特征比较明显。有时，在滑坡出口一带会出现带状分布的泉水和湿地。如滑坡区有树木，则会出现醉汉林	1～0.95
		剧滑阶段	滑坡作加速移动至急剧滑动阶段。此时，滑坡体结构进一步松弛，地表纵向更趋平缓。后缘错壁高陡，擦痕鲜明，并出现封闭洼地。前缘斜坡产生大量坍塌。滑坡微地貌特征更加清楚。有的滑坡常因舌部移动而带大量浊水。如滑动速度很大，前部可产生气浪，并伴随有声响。当滑坡中前部移动速度有差异时，则纵横裂缝错开并扩大，滑坡前缘一带可能形成垄状堆积	<1
4	固结阶段		滑坡停止移动后，逐渐压实，滑带亦因排水而逐渐固结，强度也相应地有所增加。地表裂缝逐渐闭合，斜坡表面台坎变缓而稳定，滑壁坍塌变缓，擦痕逐渐趋模糊，有的新生了植被，大部分滑坡微地貌特征逐渐不清晰	>1
5	重复滑移阶段（复活阶段）		稳定固结后的滑坡，当地形、地质条件发生变化，如河流的冲刷、下切，滑动面物质的风化、崩解，地震、降水以及人类活动因素的影响都可能促使滑坡复活	1～0.95

注　摘自《水电水利工程边坡工程地质勘察技术规程》（DL/T 5337—2006）中的表 C.2。

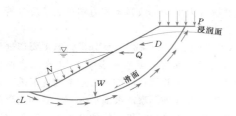

图 1.4 - 1　滑坡稳定性分析力学模型

P—建筑物荷载；D—渗透压力；Q—水平地震力；

W—滑坡体自重；N—静水压力；

cL—土体黏聚力形成的抗滑力

根据图 1.4 - 1，采用传递系数法可得滑坡的安全系数计算公式为

$$F_s = \frac{\sum\limits_{i=1}^{n-1}\left(R_i \prod\limits_{j=i}^{n-1} \psi_i\right) + R_n}{\sum\limits_{i=1}^{n-1}\left(T_i \prod\limits_{j=i}^{n-1} \psi_i\right) + T_n} \qquad (1.4-1)$$

抗滑分力为

$$R_i = [W_i\cos\alpha_i - Q_i\sin\alpha_i + D_i\sin(\beta_i - \alpha_i)]\tan\varphi_i + c_i L_i \qquad (1.4-2)$$

下滑分力为

$$T_i = W_i\sin\alpha_i + Q_i\cos\alpha_i + D_i\cos(\beta_i - \alpha_i) \qquad (1.4-3)$$

传递系数为

$$\psi_i = \cos(\alpha_i - \alpha_{i+1}) - \sin(\alpha_i - \alpha_{i+1})\tan\varphi_{i+1} \qquad (j = i \text{ 时}) \qquad (1.4-4)$$

$$\prod_{j=i}^{n-1} \psi_j = \psi_i \cdot \psi_{i+1} \cdots \psi_{n-1} \qquad (1.4-5)$$

为了计算简便，令

$$A_i = W_i \cos\alpha_i - Q_i \sin\alpha_i + D_i \sin(\beta_i - \alpha_i) \qquad (1.4-6)$$

$$B_i = W_i \sin\alpha_i + Q_i \cos\alpha_i + D_i \cos(\beta_i - \alpha_i) \qquad (1.4-7)$$

将式（1.4-6）和式（1.4-7）代入式（1.4-1）得

$$F_s = \frac{\sum\limits_{i=1}^{n-1}\left[(A_i \tan\varphi_i + c_i l_i)\prod\limits_{j=i}^{n-1}\psi_j\right] + A_n \tan\varphi_n + c_n l_n}{\sum\limits_{i=1}^{n-1}\left(B_i\prod\limits_{j=i}^{n-1}\psi_j\right) + B_n} \qquad (1.4-8)$$

反演分析时，假定滑动面抗剪强度参数均为 c、φ，由式（1.4-8）可知：

$$c = \frac{F\sum\limits_{i=1}^{n-1}\left(B_i\prod\limits_{j=i}^{n-1}\psi_j\right) + F_s B_n - \sum\limits_{i=1}^{n-1}A_i\tan\varphi\prod\limits_{j=i}^{n-1}\psi_j - A_n\tan\varphi}{\sum\limits_{i=1}^{n-1}\left(l_i\prod\limits_{j=i}^{n-1}\psi_j\right) + l_n} \qquad (1.4-9)$$

式中　F_s——滑坡稳定性系数；

ψ_i——传递系数；

R_i——第 i 条计算条块滑体抗滑力，kN/m；

T_i——第 i 条计算条块抗滑下滑力，kN/m；

c_i——第 i 条计算条块滑动面上岩土体的黏结强度标准值，kPa；

φ_i——第 i 条计算条块滑带土的内摩擦角标准值，（°）；

α_i——第 i 条计算条块地下水流线平均倾角，（°）；

W_i——第 i 条计算条块自重与建筑物等地面荷载之和，kN/m；

c——反演滑动面上岩土体的黏结强度标准值，kPa；

φ——反演滑带土的内摩擦角标准值，（°）。

若对某一剖面进行计算，φ 的变化为（φ_1,φ_2），可以根据式（1.4-9）计算相应的 c 值，构成一条 $c-\varphi$ 曲线，同时对另外的剖面进行类似计算，得出该剖面的 $c-\varphi$ 曲线。若该两条曲线相较于一点 $M(c_0,\varphi_0)$，说明其共同满足式（1.4-9），则交点的坐标即为所求的 c、φ 值。

1.4.4 基于霍克—布朗准则的岩体力学参数取值方法

霍克（E. Hoek）和布朗（E. T. Brown）根据自己在岩石性态方面的理论和实践经验，通过大量岩石三轴试验资料和岩体现场试验成果的统计分析，提出了基于岩石单轴压缩试验强度的岩体力学参数取值方法。

1.4.4.1 基于 GSI 法的广义霍克—布朗准则

对于节理岩体，广义霍克—布朗破坏准则定义为

$$\sigma_1' = \sigma_3' + \sigma_{ci}\left(m_b\frac{\sigma_3'}{\sigma_{ci}} + s\right)^a \qquad (1.4-10)$$

其中

$$m_b = m_i e^{\frac{GSI-100}{28-14D}} \qquad (1.4-11)$$

$$s = e^{\frac{GSI-100}{9-3D}} \qquad (1.4-12)$$

$$a = \frac{1}{2} + \frac{1}{6}\left(e^{\frac{-GSI}{15}} - e^{\frac{-20}{3}}\right) \qquad (1.4-13)$$

式中　σ_1'、σ_3'——破坏时最大和最小有效主应力；

m_b——岩体的霍克—布朗常数；

s——与岩体特性有关的材料常数；

a——表征节理岩体的常数；

σ_{ci}——完整岩块的单轴抗压强度；

m_i——完整岩块的材料常数；

GSI——地质强度指标；

D——岩体开挖时的扰动系数，取值 0~1。

单轴抗压强度为

$$\sigma_c = \sigma_{ci} s^a \qquad (1.4-14)$$

抗拉强度为

$$\sigma_t = -\frac{s\sigma_{ci}}{m_b} \qquad (1.4-15)$$

式（1.4-15）为双轴受拉的情况，对于脆性岩体材料，单轴抗拉强度等于双轴抗拉强度。

1.4.4.2 霍克—布朗准则中经验参数的确定

由式（1.4-10）~式（1.4-13）可知，为了使用霍克—布朗准则评价节理岩体的强度性质，必须对岩体的4个参数作出评估，它们分别是：①完整岩块的单轴抗压强度 σ_{ci}；②完整岩块的霍克—布朗常数 m_i；③岩体的地质强度指标 GSI；④扰动系数 D。其中岩体的地质强度指标 GSI 是联系节理岩体与完整岩块力学性质的关键所在。

1. 室内三轴实验

通过岩块的三轴实验获得5组或5组以上实验数据（霍克建议 σ_3' 的范围值最好满足 $0<\sigma_3'<0.5\sigma_{ci}$，或至少有5组数据在此范围内），根据这些数据，通过数理统计理论中的回归分析可得到材料常数 m_i、岩块单轴抗压强度 σ_{ci} 的估计值，具体步骤如下：

构成岩体的完整岩块在破坏时有效主应力之间满足的关系式为

$$y = m_i\sigma_{ci}x + \sigma_{ci}^2 \qquad (1.4-16)$$

其中

$$x = \sigma_3'$$

$$y = (\sigma_1' - \sigma_3')^2$$

则 m_i、σ_{ci} 可以表示为

$$\sigma_{ci}^2 = \frac{\sum y}{n} - \left[\frac{\sum xy - \sum x \sum y/n}{\sum x^2 - (\sum x)^2/n}\right]\frac{\sum x}{n}$$

$$(1.4-17)$$

$$m_i = \frac{1}{\sigma_{ci}}\left[\frac{\sum xy - \sum x \sum y/n}{\sum x^2 - (\sum x)^2/n}\right] \quad (1.4-18)$$

线性分析中 x 和 y 的相关系数 r 表示为

$$r^2 = \frac{\left[\sum xy - (\sum x \sum y/n)\right]^2}{\left[\sum x^2 - (\sum x)^2/n\right]\left[\sum y^2 - (\sum y)^2/n\right]}$$

$$(1.4-19)$$

式中　n——用于回归分析的试验数据组数。

一般 $r^2 > 0.9$，则表明经验方程与三轴实验数据拟合程度比较好。

2. 查表法

在许多情况下无法获得实验数据时，霍克建议使用表 1.4-2 及表 1.4-3 分别来估计 σ_{ci}、m_i 的值。

3. GSI 的确定

GSI 的确定主要基于岩体岩性、结构与不连续面的条件。GSI 的取值见表 1.4-4。

4. 扰动系数 D 的确定

岩体开挖时，爆破以及卸荷会对岩体产生一定的扰动。霍克（2002）列出了扰动系数建议值，见表 1.4-5。研究表明，对 D 值的评估存在很高的离散性，从而导致估计出的岩体强度准确性较低，而对于表 1.4-5 中建议的方法，其取值原则比较模糊，可操作性不强仍需进一步完善。

表 1.4-2　　　　　　　　完整岩块单轴抗压强度 σ_{ci} 的现场估计

分级[①]	术语	单轴抗压强度 σ_{ci}（MPa）	点荷载指标（MPa）	强度的现场评估	举　　例
R6	极强	＞250	＞10	只能用地质锤敲击出豁口	新鲜玄武岩、燧石、辉绿岩、片麻岩、花岗岩、石英岩
R5	很强	100～250	4～10	需用地质锤敲击多次才能敲碎	角闪岩、砂岩、玄武岩、辉长岩、片麻岩、花岗岩、花岗闪长岩、橄榄岩、流纹岩、凝灰岩
R4	强	50～100	2～4	用地质锤敲击一次以上可破裂	石灰岩、大理岩、砂岩、片岩
R3	中等强度	25～50	1～2	不能用小刀刻划或剥落，用地质锤敲击一次即可碎裂	千枚岩、片岩、粉砂岩
R2	弱	5～25	[②]	用小刀难以剥落，用地质锤尖可刻出浅凹痕	黏土岩、碳酸岩、粉砂岩、页岩、盐岩
R1	很弱	1～5	[②]	用地质锤尖敲击可致粉碎，可用小刀剥落	强风化或蚀变岩、页岩
R0	极弱	0.25～1	[②]	可用拇指甲刻划	坚硬断层泥

① 依据布朗（1981）进行等级划分。
② 由岩石的点荷载试验测得的单轴抗压强度小于 25MPa 时，其产生结果的准确性可能很差。

表 1.4-3　　　　　　　　按岩组确定完整岩块常数 m_i 的值

岩石类型	等级	岩组	岩　石　结　构			
			粗　粒	中　粒	细　粒	极细粒
沉积岩	碎屑岩类		砾岩[①] 角砾岩[①]	砂岩 17±4	粉砂岩 7±2 杂砂岩（18±3）	黏土岩 4±2 页岩（6±2） 泥灰岩（7±2）
	非碎屑岩类	碳酸盐岩	结晶质石灰岩（12±3）	亮晶石灰岩（10±2）	微晶石灰岩（9±2）	白云岩（9±3）
		化学岩	—	石膏 8±2	硬石膏 12±2	
		有机质岩	—	—	—	白垩 7±2
变质岩	块状构造		大理岩 9±3	角页岩（19±4） 变质砂岩（19±3）	石英岩 20±3	
	弱片理构造		混合岩（29±3）	角闪岩 26±6	片麻岩 28±5	
	片理构造[②]			片岩 12±3	千枚岩（7±3）	板岩 7±4

岩石类型	等级	岩组	岩 石 结 构			
			粗 粒	中 粒	细 粒	极细粒
岩浆岩	深成岩	浅色	花岗岩 32±3	闪长岩 25±5	—	—
			花岗闪长岩（29±3）			
		深色	辉长岩 27±3	粗粒玄岩（16±5）		
			长岩 20±5			
	浅成岩		斑岩（20±5）		辉绿岩（15±5）	橄榄岩（25±5）
	喷出岩	熔岩	—	流纹岩（25±5）	石英安山岩（25±3）	
				安山岩 25±5	玄武岩（25±5）	
		火山碎屑岩	集块岩（19±3）	角砾岩（19±5）	凝灰岩（13±5）	—

注 表中括号内的值为估计值，不同材料的取值范围取决于结晶构造的粒度和咬合状态，一般取值越高，对应的结晶颗粒咬合越紧密且摩擦越大。

① 砾岩、角砾岩的 m_i 取值范围很宽，取决于胶结成分的性质和胶结程度，其值变化范围可从砂岩的取值至细粒沉积物的取值（甚至可能小于 10）。

② 该组数据是在完整岩石试样上垂直于层面或片理面试验得到。若沿弱面破坏，则 m_i 值将明显不同。

表 1.4-4　　　　　　　　　　**常见 GSI 的取值**

节理岩体地质强度指标（Hoek and Marinos，2000）。从岩性、岩体结构和结构面表面特征确定平均 GSI 值。不必试图太精确，引用范围值 GSI＝33～37 比取 GSI＝35 更切合实际。此表不适用于由结构面控制破坏的情形。那些与开挖面具有不利组合平直的软弱结构面将控制岩体特性。有地下水存在的岩体中抗剪强度会因含水状态的变化趋向恶化，在非常差的岩类中进行岩体开挖时，遇潮湿条件，GSI 取值应在图中往右移，水压力的作用通过有效应力分析解决或处理	结构面表面特征	很好：十分粗糙，新鲜未风化的结构面	好：粗糙，微风化，结构面有铁质渲染	中等：光滑，中等风化，有蚀变现象的结构面	差：表面有擦痕，强风化，泥膜覆盖或棱角碎块	很差：有擦痕，强风化，黏土覆盖或充填的结构面
岩 体 结 构		结构面表面质量由强至弱→				
①完整或整体结构。完整岩体或野外大体积范围内分布有极少的间距大的结构面		90　80			N/A	N/A
②块状结构。紧密结合未扰动岩体，三组节理相互切割形成立方块体			70　60			
③镶嵌结构。结构体相互咬合，由四组或更多的节理形成多面棱角块体，部分扰动				50		
④块状、扰动、裂缝。褶曲（扰曲）由棱角块体（结构体）组成，结构体由许多相互切割的节理切割而成，层面或片理面连续				40　30		
⑤风化岩体。块体间结合程度差，由棱角状或圆状岩块组成的严重碎裂结构岩体					20	
⑥层状、剪切带。由于密集片理或剪切面作用，只有极少的块体组成的岩体		N/A	N/A			10

注 N/A 为不可能出现的情况。

表 1.4-5　　　　　　　　　　　扰动系数 D 估算指南

出露岩体外观	岩 体 描 述	D 的建议值
	在极好的岩体中采用控制爆破或岩石掘进机开挖，对隧道围岩产生轻微扰动	0
	对质量较差的岩体采用人工撬挖或机械开挖（不使用爆破），对围岩产生轻微扰动	0
	当隧道处于挤压地层发生底鼓现象且未设置临时仰拱（左图中已设置）时，扰动严重	0.5（未设置仰拱）
	在硬岩隧道中爆破施工质量很差，对围岩产生严重的局部损伤，影响深度达 2～3m	0.8
	岩石边坡的小规模爆破开挖，对边坡岩体的损伤一般，尤其是采用左图中的控制爆破施工；但应力释放会产生一定的扰动	0.7（爆破效果较好） 1.0（爆破效果差）
	大规模露天采矿形成的高边坡，由于采用大规模梯段生产爆破以及开挖卸荷产生的应力释放，其围岩扰动程度一般较高	1.0（生产爆破）
	对一些软质岩，可能采用机械开挖，对边坡的损伤程度相对较低	0.7（机械开挖）

1.4.4.3 霍克—布朗参数与莫尔—库仑参数的转换

1. 瞬时莫尔—库仑强度参数的确定

在边坡的极限平衡法稳定性分析中，材料强度通常是以剪应力和正应力的形式作用在破坏面上，因此，若采用非线性霍克—布朗破坏准则进行边坡稳定性分析，必须将式（1.4-10）中的主应力转换成正应力和剪应力的形式，从而拟合出真实的莫尔包络线以确定抗剪强度参数。

正应力和剪应力以主应力的形式可表示为

$$\sigma'_n = \frac{\sigma'_1 + \sigma'_3}{2} - \frac{\sigma'_1 - \sigma'_3}{2} \left| \frac{\frac{d\sigma'_1}{d\sigma'_3} - 1}{\frac{d\sigma'_1}{d\sigma'_3} + 1} \right| \quad (1.4-20)$$

$$\tau = (\sigma'_1 - \sigma'_3) \frac{\sqrt{\frac{d\sigma'_1}{d\sigma'_3}}}{\frac{d\sigma'_1}{d\sigma'_3} + 1} \quad (1.4-21)$$

其中　　$\dfrac{d\sigma'_1}{d\sigma'_3} = 1 + am_b \left(\dfrac{m_b \sigma'_3}{\sigma_{ci}} + s \right)^{a-1}$ （1.4-22）

岩体的抗拉强度可表示为

$$\sigma_{tm} = \frac{\sigma_{ci}}{2}(m_b - \sqrt{m_b^2 + 4s}) \quad (1.4-23)$$

$$\sigma'_1 = \sigma'_3 + \sqrt{m_i \sigma_{ci} \sigma'_3 + \sigma_{ci}^2} \quad (1.4-24)$$

由式（1.4-24）可产生一系列三轴试验值 (σ'_3, σ'_1) 以模拟大型原位试验，进而由式（1.4-20）、式（1.4-21）可将其转换为 (σ'_n, τ) 数据对，根据这些统计数据再以等效莫尔包络线的形式进行曲线拟合，可表示为

$$\tau = A\sigma_{ci} \left(\frac{\sigma'_n - \sigma_{tm}}{\sigma_{ci}} \right)^B \quad (1.4-25)$$

式中　A、B——材料常数。

A、B 的确定方法是：将式（1.4-23）写成 $Y = \lg A + BX$ 的形式，其中 $X = \lg[(\sigma'_n - \sigma_{tm})/\sigma_{ci}]$，$Y = \lg(\tau/\sigma_{ci})$，将拟合数据进行线性回归分析，可得

$$B = \frac{\sum XY - (\sum X \sum Y)/T}{\sum X^2 - (\sum X)^2/T} \quad (1.4-26)$$

$$A = 10^{\sum Y/T - B(\sum X/T)} \quad (1.4-27)$$

式中　T——回归分析中数据对的总数。

岩体中对应某个给定的法向应力 σ'_{ni} 的抗剪强度参数为

$$\varphi'_i = \arctan\left[AB \left(\frac{\sigma'_{ni} - \sigma_{tm}}{\sigma_{ci}} \right)^{B-1} \right] \quad (1.4-28)$$

$$c'_i = A\sigma_{ci} \left(\frac{\sigma'_{ni} - \sigma_{tm}}{\sigma_{ci}} \right)^B - \sigma'_{ni} \tan\varphi'_i \quad (1.4-29)$$

广义正应力 σ_n^* 及剪应力 τ^* 的表达式为

$$\tau^* = \frac{\tau}{\rho_a} = \cos\varphi'_i \left(\frac{1 - \sin\varphi'_i}{\sin\varphi'_i} \right)^{\frac{a}{1-a}} \quad (1.4-30)$$

$$\sigma_n^* = \frac{\sigma_n}{\rho_a} + \zeta_a = a \left(1 + \frac{\sin\varphi'_i}{a}\right) \left(\frac{1 - \sin\varphi'_i}{\sin\varphi'_i}\right)^{\frac{1}{1-a}}$$

$$(1.4-31)$$

其中　　　　$\rho_a = \frac{\sigma_{ci}}{2} \left(\frac{am_b}{2} \right)^{\frac{1}{1-a}}$

$$\zeta_a = as \left(\frac{am_b}{2} \right)^{\frac{1}{a-1}}$$

若已知 σ_n、σ_{ci}、m_b、s 以及 a，则可根据式（1.4-30）、式（1.4-31）计算出 φ'_i 和 τ，并相应计算出黏聚力 c'_i。

2. 等效莫尔—库仑强度参数的确定

大多数岩土工程软件要求提供的莫尔—库仑强度参数 c、φ 一般是定值，而不是随正应力的变化而变化，因此，有必要确定岩体在实际应力变化范围内的等效强度参数 c'、φ'，其方法是将式（1.4-24）近似拟合成线性关系，即

$$\sigma'_1 = k\sigma'_3 + \sigma'_{cm} \quad (1.4-32)$$

由莫尔—库仑强度准则可得

$$\sigma'_1 = \frac{1 + \sin\varphi'}{1 - \sin\varphi'}\sigma'_3 + \frac{2c'\cos\varphi'}{1 - \sin\varphi'} \quad (1.4-33)$$

由式（1.4-32）与式（1.4-33）对比可知

$$k = \frac{1 + \sin\varphi'}{1 - \sin\varphi'} \quad (1.4-34)$$

$$\sigma'_{cm} = \frac{2c'\cos\varphi'}{1 - \sin\varphi'} \quad (1.4-35)$$

从而可反求出

$$c = \frac{\sigma_{cm}}{2\sqrt{k}} \quad (1.4-36)$$

$$\varphi = \arcsin\left(\frac{k-1}{k+1} \right) \quad (1.4-37)$$

因此，只要求出霍克—布朗近似线性表达式中的常量 σ'_{cm}、k，便可求出等效的 c'、φ' 值。σ'_{cm}、k 可采用类似于瞬时莫尔—库仑强度参数的方法确定，即根据式（1.4-10）生成一系列数据点 (σ'_3, σ'_1)，以模拟大型原位试验，然后将得到的数据进行线性拟合，求得 σ'_{cm}、k，再利用式（1.4-36）和式（1.4-37），便可得到等效的 c'、φ'。但是，利用这种方法产生的 c'、φ' 对最小主应力 σ'_3 的取值范围特别敏感，根据霍克教授的研究成果，在满足一定的围岩应力条件下，线性拟合得到的 c'、φ' 可表示为

$$\varphi' = \sin^{-1}\left[\frac{6am_b(s + m_b\sigma_{3n})^{a-1}}{2(1+a)(2+a) + 6am_b(s + m_b\sigma_{3n})^{a-1}} \right]$$

$$(1.4-38)$$

$$c' = \frac{\sigma_{ci}[(1+2a)s + (1-a)m_b\sigma_{3n}](s + m_b\sigma_{3n})^{a-1}}{(1+a)(2+a)\sqrt{1 + [6am_b(s + m_b\sigma_{3n})^{a-1}]/[(1+a)(2+a)]}}$$

$$(1.4-39)$$

其中 $\sigma_{3n} = \sigma'_{3max}/\sigma_{ci}$

式中 σ'_{3max}——考虑霍克—布朗准则与莫尔—库仑准则之间关系的限制应力的上限值，即有 $\sigma_t < \sigma'_3 < \sigma'_{3max}$。

当 $\sigma_t < \sigma'_3 < \sigma_{ci}/4$ 时，有

$$\sigma'_{cm} = \sigma_{ci} \frac{[m_b + 4s - a(m_b - 8s)](m_b/4 + s)^{a-1}}{2(1+a)(2+a)}$$

$$(1.4-40)$$

式中 σ'_{cm}——岩体整体强度；

其余符号意义同前。

值得注意的是 σ'_{3max} 取值依照具体情况而定，就边坡稳定性分析而言，其与破坏面的形状和位置有关。通过对大量岩质边坡采用 Bishop 圆弧法进行稳定性分析，霍克得出的关系为

$$\frac{\sigma'_{3max}}{\sigma'_{cm}} = 0.72 \left(\frac{\sigma'_{cm}}{\gamma H} \right)^{-0.91} \quad (1.4-41)$$

式中 H——坡高；

γ——岩体容重。

1.4.5 力学参数的经验取值方法

（1）规划、预可行性研究阶段，当结构面、软弱层、断层等的抗剪断强度或抗剪强度试验资料不足时，可结合边坡的地质条件，根据表 1.4-6 或表 1.4-7，进行折减，选择地质建议值或设计采用值。

（2）规划、预可行性研究阶段，当边坡岩体的力学参数试验资料不足时，可结合边坡的地质条件及其岩体综合分类（分级）成果、参数（c、φ 值）对计算成果的敏感性等，参考表 1.4-8 和表 1.4-9 选择地质建议值或设计采用值。

表 1.4-6 结构面、软弱层和断层的抗剪断强度与抗剪强度表

类　　型	抗 剪 断 强 度		抗 剪 强 度	
	f'	c'（MPa）	f	c（MPa）
胶结的结构面	0.80~0.60	0.250~0.100	0.80~0.60	0
无充填的结构面	0.70~0.45	0.150~0.050	0.70~0.50	0
岩块岩屑型	0.55~0.45	0.250~0.100	0.50~0.40	0
岩屑夹泥型	0.45~0.35	0.100~0.050	0.40~0.30	0
泥夹岩屑型	0.35~0.25	0.050~0.010	0.30~0.25	0
泥	0.25~0.18	0.001~0.002	0.25~0.15	0

注 1. 摘自《水力发电工程地质勘察规范》（GB 50287—2006）中表 D.0.5，表中参数限于硬质岩中胶结或无充填的结构面。

2. 软质岩中的结构面应进行折减。

3. 胶结或无充填的结构面抗剪断强度，应根据结构面的粗糙程度选取大值或小值。

表 1.4-7 岩体结构面抗剪断峰值强度

序号	两侧岩体的坚硬程度及结构面的结合程度	内摩擦角 φ（°）	黏聚力 c（MPa）
1	坚硬岩，结合好	>37	>0.22
2	坚硬~较坚硬岩，结合一般；较软岩，结合好	37~29	0.22~0.12
3	坚硬~较坚硬岩，结合差；较软岩、软岩，结合一般	28~19	0.12~0.08
4	较坚硬~较软岩，结合差~结合很差；软岩结合差，软质岩的泥化面	19~13	0.08~0.05
5	较坚硬岩及全部软质岩，结合很差；软质岩泥化层本身	<13	<0.05

注 摘自《工程岩体分级标准》（GB 50218—94）中的表 C.0.2。

表 1.4-8 工程岩体分级标准中的岩体物理力学参数经验值

岩体基本质量级别	重度（kN/m³）	抗剪断峰值强度		变形模量 E（GPa）	泊松比 ν
		内摩擦角 φ（°）	黏聚力 c（MPa）		
Ⅰ	>26.5	>60	>2.1	>33	<0.2
Ⅱ		60~50	2.1~1.5	33~20	0.2~0.25
Ⅲ	26.5~24.5	50~39	1.5~0.7	20~6	0.25~0.3
Ⅳ	24.5~22.5	39~27	0.7~0.2	6~1.3	0.3~0.35
Ⅴ	<22.5	<27	<0.2	<1.3	>0.35

注 摘自《工程岩体分级标准》（GB 50218—94）中的表 C.0.1。

表 1.4-9 　　　　　水力发电工程地质勘察规范中的坝基岩体力学参数经验值

岩体分类		I	II	III	IV	V
混凝土与岩体	f'	$1.50 \geqslant f' > 1.30$	$1.30 \geqslant f' > 1.10$	$1.10 \geqslant f' > 0.90$	$0.90 \geqslant f' > 0.70$	$0.70 \geqslant f' > 0.40$
	c'（MPa）	$1.50 \geqslant c' > 1.30$	$1.30 \geqslant c' > 1.10$	$1.10 \geqslant c' > 0.70$	$0.70 \geqslant c' > 0.30$	$0.30 \geqslant c' > 0.05$
	f	$0.90 \geqslant f > 0.75$	$0.75 \geqslant f > 0.65$	$0.65 \geqslant f > 0.55$	$0.55 \geqslant f > 0.40$	$0.40 \geqslant f > 0.30$
	c（MPa）	0	0	0	0	0
岩体	f'	$1.60 \geqslant f' > 1.40$	$1.40 \geqslant f' > 1.20$	$1.20 \geqslant f' > 0.80$	$0.80 \geqslant f' > 0.55$	$0.55 \geqslant f' > 0.40$
	c'（MPa）	$2.50 \geqslant c' > 2.00$	$2.00 \geqslant c' > 1.50$	$1.50 \geqslant c' > 0.70$	$0.70 \geqslant c' > 0.30$	$0.30 \geqslant c' > 0.05$
	f	$0.95 \geqslant f > 0.80$	$0.80 \geqslant f > 0.70$	$0.70 \geqslant f > 0.60$	$0.60 \geqslant f > 0.45$	$0.45 \geqslant f > 0.35$
	c（MPa）	0	0	0	0	0
变形模量	E_0（GPa）	>20.0	$20.0 \geqslant E_0 > 10.0$	$10.0 \geqslant E_0 > 5.0$	$5.0 \geqslant E_0 > 2.0$	$2.0 \geqslant E_0 > 0.2$

注 1. 摘自《水力发电工程地质勘察规范》（GB 50287—2006）中的表 D.0.3-2；参考此表时，应考虑坝基岩体与边坡岩体受力条件等差异因素。

2. 表中岩体即坝基基岩，用于边坡时应予以折减。

3. f'、c' 为抗剪断强度，f、c 为抗剪强度。

4. 表中参数限于硬质岩，软质岩应根据软化系数进行折减。

1.4.6 边坡岩体分类（分级）与岩体力学参数

1. 岩体基本质量分级

岩体基本质量分级是《工程岩体分级标准》（GB 50218—94）中规定的岩体分级，见表 1.4-10。

表 1.4-10 　　岩体基本质量分级

岩体基本质量级别	岩体基本质量的定性特征	岩体基本质量指标 BQ
I	坚硬岩，岩体完整	>550
II	坚硬岩，岩体较完整； 较坚硬岩，岩体完整	$550 \sim 451$
III	坚硬岩，岩体较破碎； 较坚硬岩或软硬岩互层，岩体较完整； 较软岩，岩体完整	$450 \sim 351$
IV	坚硬岩，岩体破碎； 较坚硬岩，岩体较破碎～破碎； 较软岩或软硬岩互层，且以软岩为主，岩体较完整～较破碎； 软岩，岩体完整～较完整	$350 \sim 251$
V	较软岩，岩体破碎； 软岩，岩体较破碎～破碎； 全部极软岩及全部极破碎岩	$\leqslant 250$

岩体基本质量指标 BQ 的计算公式为

$$BQ = 90 + 3R_c + 250K_v \qquad (1.4-42)$$

式中　R_c——岩石单轴饱和抗压强度，MPa；

K_v——岩体完整性指数。

当 $R_c > 90K_v + 30$ 时，应以 $R_c = 90K_v + 30$ 和 K_v 代入式（1.4-42）计算 BQ 值；当 $K_v > 0.04R_c + 0.4$ 时，应以 $K_v = 0.04R_c + 0.4$ 和 R_c 代入式（1.4-42）计算 BQ 值。

边坡工程岩体详细定级时，应按不同坡高考虑地下水、地表水、初始应力场、结构面的组合、结构面的产状与边坡坡面间的关系等因素对边坡岩体级别的影响进行修正。

2. CSMR 边坡岩体质量分类

CSMR 分类是岩质边坡的稳定性分类，即根据边坡的岩体质量和影响边坡的各种因素进行综合测评，然后对其稳定性进行分类，半定量地进行稳定性评价。

CSMR 分类因素基本上分为两部分：一部分是岩体基本质量（RMR），由岩石强度、岩石质量指标（RQD）、结构面间距、结构面条件及地下水等因素综合确定；另一部分是各种边坡影响因素的修正，包括边坡高度系数（ξ）、结构面方位系数（F_1、F_2、F_3）、结构面条件系数（λ）及边坡开挖方法系数（F_4）。采用积差评分模型，其表达式为

$$CSMR = \xi RMR - \lambda F_1 F_2 F_3 + F_4 \qquad (1.4-43)$$

（1）坡高系数 ξ 的计算公式为

$$\xi = 0.57 + \frac{34.4}{H} \qquad (1.4-44)$$

式中　H——边坡高度，m。

（2）RMR 值的确定方法。RMR 值是对岩体的 5 个因素，即岩石强度（单轴抗压强度或点荷载强度）、RQD 值、结构面间距、结构面特征、地下水状况按权重给予评分，再对各因素的评分求和，得到总评分，总评分最高为 100 分，最低为 0 分，RMR 取值见表 1.4-11。

表 1.4-11　　　　　岩体基本质量（RMR）分类参数及评分标准表

	参　数		评　分　标　准				
1	岩石强度（MPa）	点荷载强度	>10	4~10	2~4	1~2	<1（不宜采用）
		单轴抗压强度	250~100	100~60	60~30	30~15	15~5
	评　分		15~10	8	5	3	2~0
2	岩石质量指标 RQD（%）		90~100	75~90	50~75	25~50	<25
	评　分		20	17	13	8	3
3	结构面间距（cm）		200~100	100~50	50~30	30~5	<5
	评　分		20~15	13	10	8	5
4	结构面条件	粗糙度	很粗糙	粗糙	较粗糙	光滑	擦痕、镜面
		评　分	6	4	2	1	0
		充填物	无	<5mm（硬）	>5mm（硬）	<5mm（软）	>5mm（软）
		评　分	6	4	2	2	0
		张开度	未张开	<0.1mm	0.1~1mm	1~5mm	>5mm
		评　分	6	5	4	1	0
		结构面长度	<1m	1~3m	3~10m	10~20m	>20m
		评　分	6	4	2	1	0
		岩石风化程度	未风化	微风化	弱风化	强风化	全风化
		评　分	6	5	3	1	0
5	地下水条件	状　态	干燥	湿润	潮湿	滴水	流水
		透水率（Lu）	<0.1	0.1~1	1~10	10~100	>100
		评　分	15	10	7	4	0

（3）F_1、F_2、F_3 的确定方法。F_1 反映结构面倾向与边坡倾向间关系的系数；F_2 与结构面倾角相关的系数；F_3 反映边坡倾角与结构面倾角关系的系数。F_1、F_2、F_3 的取值见表 1.4-12。

表 1.4-12　　　　　结 构 面 方 向 修 正

破坏机制	情　况	非常有利	有　利	一　般	不　利	非常不利
P T	$\gamma_1 = \|a_j - a_s\|$ $\gamma_1 = \|a_j - a_s - 180°\|$	>30°	30°~20°	20°~10°	10°~5°	<5°
P，T	F_1	0.15	0.40	0.70	0.85	1.00
P	$\gamma_2 = \|\beta_j\|$	<20°	20°~30°	30°~35°	35°~45°	>45°
P T	F_2 F_2	0.15 1	0.40 1	0.70 1	0.85 1	1.00 1
P	$\gamma_3 = \beta_j - \beta_s$	>10°	10°~0	0	0~-10°	<-10°
T	$\gamma_3 = \beta_j + \beta_s$	<110°	110°~120°	>120°	—	—
P，T	F_3	0	5	25	50	60

注　P 为滑动；a_s 为边坡倾向；a_j 为结构面倾向；T 为倾倒；β_s 为边坡倾角；β_j 为结构面倾角。

（4）结构面条件系数 λ 的取值见表 1.4－13。

表 1.4－13　结构面条件系数 λ

结构面条件	λ
断层、夹泥层	1.0
层面、贯穿裂隙	0.8～0.9
节　理	0.7

（5）开挖方法系数 F_4 的取值见表 1.4－14。

表 1.4－14　边坡开挖方法修正

方法	自然边坡	预裂爆破	光面爆破	常规爆破	无控制爆破
F_4	+5	+10	+8	0	−8

通过上述的边坡岩体质量评分和各项边坡工程因素的修正后，求得 CSMR 总分，即可根据表 1.4－15 确定边坡岩体类别，半定量地评价岩体质量和稳定性。

表 1.4－15　根据 CSMR 评价边坡稳定性

类　别	V	IV	III	II	I
CSMR	0～20	21～40	41～60	61～80	81～100
岩体质量	很差	差	中等	好	很好
稳定性	很不稳定	不稳定	基本稳定	稳定	很稳定

3．岩体质量级别与岩体力学强度

根据岩体质量级别或类别，可参照表 1.4－8 和表 1.4－9 选取岩体的抗剪断强度、岩体变形模量或弹性模量。

1.5　岩质边坡稳定分析

1.5.1　分析方法及判据概述

有关边坡稳定性分析的基本理论、方法及判据很多，本节仅概要介绍，实际应用中可参考有关章节或专著。

1.5.1.1　边坡稳定性分析方法

边坡稳定性分析方法大致可以分为两大类，即定性分析方法和定量分析方法。此外，近年来，人们在前面两种分析方法的基础上，又引进了一些新的学科、理论等，逐渐发展起来一些新的边坡稳定性分析方法，如可靠性分析法、模糊分级评判法、系统工程地质分析法、灰色系统理论分析法等，这里暂且称之为非确定性分析方法。另外，还有地质力学模型等物理模型方法和现场监测分析方法等。

1．定性分析方法

定性分析方法主要是通过工程地质勘察，对影响边坡稳定性的主要因素、可能的变形破坏方式及失稳的力学机制等进行分析，对已变形地质体的成因及其演化史进行分析，从而给出被评价边坡的一个稳定性状况及其可能发展趋势的定性说明和解释。其优点是能综合考虑影响边坡稳定性的多种因素，快速地对边坡的稳定状况及其发展趋势作出评价。常用的方法主要有：自然（成因）历史分析法、工程类比法、边坡稳定性分析数据库和专家系统、图解法、SMR 与 CSMR 方法。

（1）自然（成因）历史分析法。该方法主要根据边坡发育的地质环境、边坡发育历史中的各种变形破坏迹象及其基本规律和稳定性影响因素等的分析，追溯边坡演变的全过程，对边坡稳定性的总体状况、趋势和区域性特征作出评价和预测，对已发生滑坡的边坡，判断其能否复活或转化。它主要用于天然斜坡的稳定性评价。

（2）工程类比法。该方法实质上就是利用已有的自然边坡或人工边坡的稳定性状况及其影响因素、有关设计等方面的经验，并把这些经验应用到类似需要研究的边坡中，进行边坡的稳定性分析和设计。它需要对已有的边坡和目前的研究对象进行广泛的调查分析，全面研究工程地质等因素的相似性和差异性，分析影响边坡变形破坏的各主导因素及发展阶段的相似性和差异性，分析它们可能的变形破坏机制、方式等的相似性和差异性，兼顾工程的等级、类别等特殊要求。通过这些分析，来类比分析和判断研究对象的稳定状况、发展趋势、加固处理设计等。在工程实践中，既可以进行自然边坡间的类比，也可以进行人工边坡之间的类比，还可以在自然边坡和人工边坡之间进行类比。因而，可以说它是目前应用最广泛的一种边坡稳定性分析方法。

（3）边坡稳定性分析数据库和专家系统。边坡工程数据库是收集已有的多个自然斜坡、人工边坡实例的计算机软件。它按照一定的格式，把各个边坡实例的发育地点、地质特征（工程地质图、钻孔柱状图、岩土力学参数等）、变形破坏影响因素、破坏型式、破坏过程、加固设计，以及边坡的坡形、坡高、坡角等收录进来，并有机地组织在一起。建立边坡工程数据库的目的主要仍是进行工程类比、信息交流。它可以直接根据不同设计阶段的要求和相关的类比依据，方便快捷地从中查得相似程度最高的实例进行类比，从而能更好地指导实践、节约费用。我国在"八五"国家科技攻关期间，已初步建立了"水电工程高边坡数据库"。

专家系统就是一种按某学科及相关学科专家的水平进行推理和解决问题，并能说明其缘由的计算机程序。边坡稳定性分析设计专家系统就是进行边坡工程稳定性分析与设计的智能化计算机程序。它把某一位或多位边坡工程专家的知识、工程经验、理论分析、数值分析、物理模拟、现场监测等行之有效的知识和方法有机地组织起来，建成一个边坡工程知识库，然后利用智能化的推理机（一个控制整个系统的计算机程序）来模拟并再现人（专家）脑的思维（推理与决策）过程，吸收其合理的知识结构，寻求优化的技术路径。同时，它又能建立计算机模型，结合相关学科不同专家的知识进行推理和决策，对所研究的对象（边坡）进行稳定性评价。利用良好的边坡工程专家系统，运用专家的知识水平，模拟其思维方式和决策过程，以提高设计人员的决策水平，并最大限度地降低费用、节省时间，达到更加优化的目的和效果。

（4）图解法。图解法可以分为诺模图法和赤平投影图法。

1）诺模图法是利用一定的诺模图或关系曲线来表征与边坡稳定有关参数之间的关系，并由此求出边坡稳定安全系数，或根据要求的安全系数及一些参数来反分析其他参数（φ，c，结构面倾角，坡角，坡高等）的方法。它实际上是数理分析方法的一种简化方法，如 Taylor 图解等。它目前主要用于土质或全强风化的有弧形破坏面的边坡稳定性分析。

2）赤平投影图法是利用赤平极射投影的原理，通过作图来直观地表示出边坡变形破坏的边界条件，分析不连续面的组合关系，可能失稳岩土体形态及其滑动方向等，进而评价边坡的稳定性，并为力学计算提供信息。常用的有赤平极射投影图法、实体比例投影图法、J. J. Markland 投影图法等。它目前主要用于岩质边坡岩体的稳定性分析。

（5）SMR 与 CSMR 方法。M. Romana 在 Z. T. Biniawski 的 RMR（Rock Mass Rating）岩体质量评价方法的基础上，综合考虑边坡工程中不连续面产状与坡面间的组合关系以及边坡的开挖方式等，提出了SMR（Slope Mass Rating）方法，其计算公式为

$$SMR = RMR - F_1 F_2 F_3 + F_4$$

式中　　SMR——边坡岩体质量的最终得分值；

RMR——岩体质量得分值；

F_1、F_2 和 F_3——岩体不连续面与坡面间产状组合关系调整值；

F_4——边坡开挖方式调整值。

利用 SMR 方法来评价边坡岩体质量，方便快捷，且能够综合反映各种因素对边坡稳定性的影响，因此 SMR 体系在国际上获得广泛应用。它综合考虑了岩体的单轴抗压强度、RQD、节理条件、结构面倾向、倾角与坡面倾角的相互关系、地下水等方面的

因素对边坡稳定性的影响。但在应用的过程中也发现了该方法的一些不足，如它没能考虑边坡坡高等因素，对大型的岩质边坡的整体稳定性的状况还不能够作出有效的分析，各个参数的具体取值过程中，还会带有很大的经验性，常会因人而异。

在此基础上，我国学者提出并引入了边坡高度和结构面条件因素的修正，形成 CSMR（Chinese Slope Mass Rating）体系。CSMR 体系依据 Romana 建议的方法，建立边坡稳定状态的评价经验公式为

$$CSMR = \xi RMR - \lambda F_1 F_2 F_3 + F_4$$

式中　　$CSMR$——岩石边坡稳定性综合评价值；

RMR——RMR 体系的评分；

F_1、F_3——边坡面对控制结构面的倾向与倾角之间差别的修正系数；

F_2——结构面的倾角修正系数；

F_4——爆破开挖方法修正系数；

ξ——高度修正系数；

λ——结构面条件系数。

各参数的取值方法详见有关文献。

2. 定量分析方法

常用的边坡稳定性定量分析方法主要有极限平衡分析法、极限分析法、滑移线场法、数值分析法〔有限单元法（FEM）、边界单元法（BEM）、快速拉格朗日分析法（FLAC）、离散单元法（DEM）、块体理论（BT）、不连续变形分析法（DDA）、无界元法（IDEM）、流形元法（NMM）、界面元法、无单元法等方法〕。

（1）极限平衡分析法。极限平衡分析法是工程实践中应用最早、也是目前普遍使用的一种定量分析方法。极限平衡分析法是根据斜坡上的滑体或滑体分块的力学平衡原理（即静力平衡原理）分析斜坡各种破坏模式下的受力状态，以及斜坡体上的抗滑力和下滑力之间的关系来评价斜坡的稳定性。

极限平衡分析法的基本思路是：假定岩土体破坏是由于滑体在滑动面上发生滑动而造成的，滑动面服从破坏条件。假设滑动面已知，其形状可以是平面、圆弧面、对数螺旋或其他不规则曲面，通过考虑由滑动面形成的隔离体的静力平衡，确定沿这一滑面发生滑动时的破坏荷载。极限平衡分析法的一个主要优点是它能方便地处理复杂的岩土剖面、渗流和外荷载条件等，它假定土体破坏时服从理想塑性莫尔—库仑定理，条分法与滑楔模型是极限平衡分析法的主要数值离散分析技术。

目前已有了多种极限平衡分析方法，如：瑞典（Fellenius）法、毕肖普（Bishop）法、詹布（Janbu）法、摩根斯坦—普莱斯（Morgenstern - Price）法、

剩余推力法、萨尔玛（Sarma）法、楔体极限平衡分析法等。对于不同的破坏方式存在不同的滑动面型式，因此采用不同的分析方法及计算公式来分析其稳定状态。圆弧滑坡可选择瑞典法和毕肖普法来计算；复合破坏面滑坡可采用詹布法、摩根斯坦—普莱斯法、斯宾塞（Spencer）法等来计算；对于折线型的滑坡可以采用剩余推力法、詹布法等来分析计算；对于楔形四面体岩质边坡可以采用楔形体法来计算；对于受岩体结构面控制而产生的滑坡可选择萨尔玛法来计算；此外还可以采用 Hovland 法和 Leshchinsky 法等对滑坡进行三维极限平衡分析。近年来，人们都已经把这些方法程序化了。

极限平衡分析法的优点是：该方法抓住了问题的主要方面，且简易直观，并有多年的使用经验，应用较为广泛，易于掌握，计算工作量小。若使用得当，将得到比较满意的结果。特别是当滑动面为单一面时，极限平衡法能较合理地评价其稳定性；但对于复杂的滑动面，必须引入若干假定，因此所得的成果就存在一定的近似性，且该方法不考虑岩体的变形与应力，不能够确定相应的变形和应力分布，因而不能模拟系统的破坏过程和探索边坡的渐进破坏机理。极限平衡分析法的缺点是：在力学上作了一些简化假设，它们均假定破坏的岩土体可以划分为若干条块，这必然引起有关条块间力方向的假定以及关于力、力矩平衡的假定。

（2）极限分析法（LAM）。极限分析法是应用理想塑性体或刚塑性（体）处于极限状态的普通原理——上限定理和下限定理，求解理想塑性体（或刚塑性体）的极限荷载的一种分析方法，极限分析方法建立至今虽然只有 30 年左右的历史，但它在岩土力学中得到了广泛的应用。在上限和下限分析中，其各自的关键是运动许可速度场和静力许可应力场的构造技术及其优化分析。

根据上限定理，假如一组外荷载作用在破坏机构上，外力在位移增量上做的功等于内应力做的功，由此得到的外荷载不小于实际的极限荷载，应该注意到，外荷载不必要与内应力平衡，而且破坏机构不一定是实际的破坏机构，通过考察不同的机动场，可以得到最优的（最小的）上限值。根据下限定理，若一个包含整个物体的静力场可以得到，而且它与作用在应力边界上的外荷载平衡，处处不违反材料的破坏准则，由此得到的外荷载不比实际的极限荷载大，在下限定理中，不考虑应变和位移，而且应力状态不必要是破坏时的实际应力状态，考察不同的静力场，最优的（最大的）下限值就可以得到。极限分析的上、下限定理特别有用，当上、下限解均能得

到时，真正的极限荷载将位于上、下限解之内，这个性质尤其适用于那些不能确定精确解的情况（如边坡稳定问题）。

（3）滑移线场法（SLM）。滑移线场法包括由 Sokofovskii 等人提出的静力学理论和 Hansen 等人提出的运动学理论，它是一种分别采用速度和应力滑移线场的几何特性求解极限平衡偏微分方程组的数学方法。但是由于其数学算法上的困难，对于一般的边坡问题限制了其应用范围。

（4）数值分析法。数值分析法是目前岩土力学计算中普遍使用的分析方法。

1）有限单元法（FEM）。有限单元法（Finite Element Method，以下简称有限元法）是 20 世纪 60 年代出现的一种数值计算方法。它的基础是变分原理和加权余量法，其基本求解思想是把计算域划分为有限个互不重叠的单元，在每个单元内，选择一些合适的节点作为求解函数的插值点，将微分方程中的变量改写成由各变量或其导数的节点值与所选用的插值函数组成的线性表达式，借助于变分原理或加权余量法，将微分方程离散求解，得到问题的近似解。由于大多数实际问题难以得到准确解，而有限元法不仅计算精度高，而且能适应各种复杂形状，因而成为行之有效的工程分析手段。

有限元法是目前使用最广泛的一种数值分析方法，它全面满足了静力许可、应变相容和应力、应变之间的本构关系。同时因为是采用数值分析方法，可以不受边坡几何形状的不规则和材料的不均匀性的限制，因此，应该是比较理想的分析边坡应力、变形和稳定性态的手段。

2）边界单元法（BEM）。边界单元法（Boundary Element Method，以下简称边界元法）是 20 世纪 70 年代兴起的另一种重要的工程数值方法。经过近 40 年的研究和发展，边界元法已经成为一种精确高效的工程数值分析方法。在数学方面，不仅在一定程度上克服了由于积分奇异性造成的困难，同时又对收敛性、误差分析以及各种不同的边界元法型式进行了统一的数学分析，为边界元法的可行性和可靠性提供了理论基础。

边界元法的主要特点是把数值方法和解析解结合在一起，只在边界上剖分单元，通过基本解把域内未知量化为边界未知量来求解，这就使自由度数目大大减少，而且由于基本解本身的奇异性特点，使得边界元法在解决奇异问题时精度较高，特别是对于边界变量变化梯度较大的问题，如应力集中问题，或边界变量出现奇异性的裂纹问题，边界元法被公认为比有限元法更加精确高效。由于边界元法所利用的微分算子

基本解能自动满足无限远处的条件，因而边界元法特别适合于处理无限域以及半无限域问题。另外，基本解可以根据实际问题的特点适当选择，以达到最大限度地节约的功效，甚至可以避免直接处理无限边界问题。再者，边界元法的降维作用，使得问题简化许多，减少了计算量。而将其与有限元耦合的算法则可以解决一些具有复杂边界条件的问题。

边界元法的缺点：通常由它建立的求解代数方程组的系数阵是非对称满阵，对解题规模产生较大限制；当计算区域包括有多种不同性质的介质时，要划分为若干个分区，增加了各分区交界面上的未知数；当存在域内作用源，以及进行弹塑性分析，塑性影响要化为体力作用时，往往还要把计算区域（或其中一部分）划分成单元，以进行域内的数值积分计算，这种积分在奇异点附近有强烈的奇异性，从而部分抵消了边界元法只要离散边界的优点，使求解遇到困难。边界元法的另一个主要缺点是它的应用范围以存在相应微分算子的基本解为前提，在处理材料的非线性、不均匀性、模拟分步开挖等方面还远不如有限元法，它同样不能求解大变形问题。因而，边界元法目前在边坡岩体稳定性分析中的应用还远不如在地下洞室中广泛。

3）快速拉格朗日分析（FLAC）法。快速拉格朗日分析（Fast Lagrangian Analysis of Continua）法，是由 P. A. Cundall 提出的一种显式时间差分分析法，由美国 ITASCA 公司于 1986 年首次推出。可用于进行有关边坡、坝体、隧道、洞室等岩土介质的应力、变形模拟与分析，是一种专门求解岩土力学非线性大变形问题的拉格朗日法程序，但由于其单元节点的位移连续，因此本质上仍属于求解连续介质范畴的方法。

FLAC 的基本原理类似于离散单元法，但它却能像有限元法那样适用于多种材料模式与边界条件的非规则区域的连续问题求解；拉格朗日法与离散单元法一样，是按时步采用动力松弛的方法来求解。FLAC 采用了显式拉格朗日算法及混合离散单元划分技术，使得该程序能精确地模拟材料的塑性流动和破坏；对静态系统模型也采用动态方程来进行求解，不需要形成刚度矩阵，不必求解大型联立方程组，占用内存小，便于微机求解较大的工程问题；与有限元法相比，FLAC 解线性问题较慢，而解非线性问题较快。

其缺点是同有限元法一样，计算边界、单元网格的划分带有很大的随意性。

4）离散单元法（DEM）。自从 1970 年 Cundall 首次提出离散单元 DEM（Distinct Elemet Method）模型以来，这一方法已在数值模拟理论与工程应用方面取得了长足的进展。离散单元法（以下简称离散元法）的单元，从性质上分可以是刚性的，也可以是非刚性的。这一方法最初是用来解决二维的岩体力学问题的，但已经扩展到了粒状介质、分子流研究、混凝土和岩石中裂隙的发育、节理化介质中流体的流动和热传导、地下开挖和支护、动力问题以及三维分析。该方法的基本特征在于允许各离散块体发生平动和转动，甚至相互分离，弥补了有限元法或边界元法的介质连续和小变形的限制，因而特别适合块裂介质的大变形及破坏问题的分析。

离散元法的基本原理是：将所研究的区域划分成一个个分立的多边形块体单元，假定单元块体是刚体（目前已可以考虑块体的弹性变形），以牛顿第二运动定律为基础，结合不同本构关系，考虑块体受力后的运动及由此导致的受力状态和块体运动随时间的变化。块体单元通过角和边相接触，其力学行为由物理方程和运动方程控制，而且随着单元的平移和转动，允许调整各个单元之间的接触关系。它允许块体间发生平动、转动，甚至脱离母体下落，结合 CAD 技术可以在计算机上形象地反映出计算区域的应力场、位移及速度等力学参量的全程变化。该法适用于不连续介质、大变形、低应力水平，比较适合应用于块状结构、层状破裂或一般碎裂结构岩体。离散元法及与其他数值方法的耦合已成功地应用于工程的各个方面，具有广阔的应用前景。

离散元法的一个突出功能是它在反映岩块之间接触面的滑移、分离与倾翻等大位移的同时，又能计算岩块内部的变形与应力分布。因此，任何一种岩体材料的本构模型都可引入到模型中，例如弹性、黏弹性、弹塑性或断裂等均可考虑。该方法的另一个优点是它利用显式时间差分解法（动态松弛法）求解动力平衡方程，这一方法用于求解非线性大变形与动力稳定问题具有先天的本能，运用此法，线弹性问题与静力稳定问题的求解仅为两个简单特例而已。用离散元法解决边坡稳定问题时，可以不考虑介质的变形连续性问题，只要满足力和力矩的平衡方程，至于力和位移的关系，可以是线性的也可以是非线性的，需要依具体情况而定。离散元法目前的商用程序主要有 UDEC、3DEC 等。

5）块体理论（BT）。1982 年 Richard、E. Goodman 与石根华正式提出了块体理论（Block Theory），标志着块体理论基本成熟。随着国内外学者认识和研究的深入，块体理论日益被广泛接受。块体理论实际上是一种几何学的方法，它利用拓扑学和群论的原理，以赤平投影和解析计算为基础，来分析三维不连续岩体稳定性。在计算时，它根据岩体中实际存在的不连续面倾角及其方位，利用块体间的相互作用条件找出具有移动可能的块体及其位置，故也常被称为关键块（KB）理论。

块体理论的精髓在于几何拓扑学方法在岩体稳定性分析中的应用。通过严格的数学证明，建立块体的"有界性定理"（Finiteness Theorem）和"可移动性定理"（Removability Theorem），通过这两个定理，就可在由结构面和开挖面形成的向量空间中，通过求解向量空间的全部交集（即向量不等式方程组）得到有限或无限块体，并得到所有几何可移动块体。块体理论用于分析不同产状的结构面切割能否形成块体，块体能否在不同的开挖面上出现，以及块体的形态特征、失稳模式等；在块体稳定性力学分析中，根据极限平衡分析思想，计算块体的稳定性安全系数，探讨相应的工程支护措施。块体理论已成为工程岩体稳定分析的一种有效方法，在国内外已得到较为广泛的应用，例如在地下洞室、边坡、坝基岩体稳定性分析中已得到应用。

块体理论有别于连续或非连续的数值分析方法，并不研究介质的变形、应力分布问题，同时也和极限平衡分析方法、解析方法等不同。块体理论不是从力的平衡、应力应变关系、介质的变形破坏准则等出发，通过分析岩体内的应力应变场，塑性区分布等来评价岩体的稳定性；块体理论将工程岩体看作被结构面（节理、断层、弱面等）和工程开挖面共同切割下形成的块体所组成的群体；各块体因几何形态差异、所处的位置不同，导致它们对岩体稳定性所起的作用不同，一些块体是不稳定的，而另一些是稳定的。块体理论根据几何拓扑学原理，运用矢量分析和全空间赤平投影方法，从块体群中找出一切几何可移动块体，因而只需对几何可移动块体进行稳定性分析和相应的锚固支护分析。

采用块体理论进行岩体稳定性分析，可以研究岩体在结构面切割情况下，能否在特定的开挖面上形成可移动块体和关键块体。当结构面切割能够形成对岩体稳定造成不利影响的块体时，就需要对块体进行分析，并针对块体进行支护，然后再采用其他方法，如数值分析方法，分析较大范围的岩体是否稳定。

块体理论的缺点是：它通常只考虑不连续面的抗剪强度，不考虑其变形，不计力矩的作用，且通常假定其无限长，这些都在一定的程度上与实际情况不符。另外，块体理论在块体的划分方面，还存在一定的随意性，针对复杂块体几何构形问题，尤其是凹形块体构形问题，不能很好地解决大变形问题。

6）不连续变形分析（DDA）法。不连续变形分析（Discontinuous Deformation Analysis）法由石根华与 Goodman 于 1988 年提出，是基于岩体介质非连续性，利用最小位能原理发展起来的一种崭新的数值分析方法，该方法能充分考虑岩体的不连续特性，可以模拟块状结构岩体的非连续变形、大位移运动情形，可模拟出岩石块体的移动、转动、张开、闭合等全过程，据此可判断出岩体的破坏程度、破坏范围，从而对岩体的整体和局部的稳定性作出评价，特别适合于极限状态的设计计算。

不连续变形分析理论的基本思想是：以自然存在的节理面（或断层等）切割岩体形成不同的块体单元，单元的形状可以是常见的规则形状，也可以是形状较为复杂的多面体，甚至可以是其内部有空洞的多连通多面体；以各个块体的位移为未知量，通过块体间的接触（接触形式多样化）和几何约束形成一个块体系统；单元体受不连续面的控制，在单元块体运动的过程中单元之间可以接触，也可以分离，单元体之间的力通过块体接触作用而相互传递，其大小可以根据"力—位移"关系求解；在块体运动的过程中，严格满足块体间不侵入和无拉伸条件，将边界条件和接触条件等一同施加到总体平衡方程；总体平衡方程是由系统的最小势能原理求得；求解方程组即可得到块体当前时步的位移场、应力场、应变场及块体间的作用力。反复形成和求解总体平衡方程式，即可得到多个时步后块体的位移应力及变形情况。通过如此实施计算，也可求得块体系统最终达到平衡时的应力场及位移场等情况以及运动过程中各块体的相对位置及接触关系。

不连续变形分析法的优点是：①以非连续力学的方法研究各单元之间的相互作用和相互接触，以自然存在的非连续面切割岩体形成不同的块体单元，可比较有效地模拟节理岩体；②在计算中充分考虑到非连续面的控制作用，并结合不同的本构关系，可形象直观地计算并显示出各块体的位移和转动及应变，块体界面上的滑动、张开、闭合等。不连续变形分析法可以反映岩体连续和不连续的具体部位，考虑了变形的不连续性和时间因素，既可计算静力问题，又可计算动力问题，既可计算破坏前的小位移，也可计算破坏后的大位移，特别适合于边坡极限状态的设计计算。

不连续变形分析法不仅与离散元法（DEM）有许多相似之处，而且与有限元法（FEM）也有不少相同的特点。其一个时步内的求解过程更像有限元法，而在块体运动学求解方面更类似于离散元法。因此，不连续变形分析法是兼有限元法与离散元法两者的部分优点的一种数值计算方法。

其不足之处主要表现在：①在通常情况下，非连续岩体的力学行为表现为非均质、各向异性、非线性等复杂的特性，使得非连续变形分析在对岩体力学参数取值时带来麻烦，岩体参数的取值直接影响到计算结果的正确性。目前，非连续变形分析的数值计算中，一般假定岩体是弹性体，并加以强度条件约束，对塑性、黏性体等尚不适用。②非连续变形分析法比较适合模拟硬岩，对于软岩或软硬相间的情况在判定块体接触时会遇到困难，也就是说非连续变形分析比较适合于块体自身小变形的情况。

7) 无界元法（IDEM）。为了克服有限元法在计算时其计算范围和边界条件不易确定的这一缺点，P. Bettess 于 1977 年提出了无界元法。它可以看作是有限元法的推广，它采用了一种特殊的形函数及位移插值函数，能够反映在无穷远处的边界条件，近年来已比较广泛地应用于非线性问题、动力问题和不连续问题等的求解。其优点是：有效地解决了有限元法的"边界效应"及人为确定边界的缺点，在动力问题中尤为突出；显著地减小了解题规模，提高了求解精度和计算效率，这一点对三维问题尤为显著。它目前常常与有限元法联合使用，互取所长。

8) 流形元法（NMM）。流形元法（Numerical Manifold Method）是石根华通过研究不连续变形分析与有限元的数学基础于 1995 年提出的，是不连续变形分析与有限元的统一形式。流形元法以最小位能原理和流形分析中的有限覆盖技术为基础，吸收有限元法与不连续变形分析法各自的优点，统一解决了连续与非连续变形的力学问题，该方法被用来计算结构体的位移和变形，在积分方法上采用与传统数值方法不同的单纯形解析积分形式。该法不仅可以计算不连续体的大变形，块体接触和运动，也可以像有限元那样提供单元应力和应变的计算结果，并且可有效地计算连续体的小变形到不连续体大变形的发展过程，可以统一解决有限元法、不连续变形分析法和其他数值方法耦合的计算问题。

9) 界面元法。界面应力元模型源于 Kawai 教授提出的适用于均质弹性问题的刚体——弹簧元模型。基于累积单元变形于界面的界面应力元模型是不连续介质变形体的新模型，界面元法建立了适用于分析不连续、非均质、各向异性和各向非线性问题、场问题以及能够完全模拟各类锚杆复杂空间布局和开挖扰动的界面元理论和方法，为复杂岩体的仿真计算提供了一种新的有效方法。

10) 无单元法。无单元法又称无网格法（Meshless Method），是有限元法的一种推广，近来已得到广泛的应用。此法采用滑动最小二乘法所产生的光滑函数近似场函数。它保留了有限元的一些特点，但摆脱了单元限制，克服了有限元的不足。无单元法只需节点信息而不需单元信息，处理简单，计算精度高，收敛速度快，提供了场函数的连续可导近似解。基于这些优点，无单元法具有广阔的应用前景。

目前，在岩质边坡工程应用的数值分析方法，除了上述几种常用的之外，还有如日本学者川井忠彦（1981）提出的刚—弹法等。另外，上述几种方法间的耦合应用，如有限元与无界元、边界元、离散元等的耦合，边界元与离散元的耦合，以及数值解与解析解间的耦合，模糊数学与有限元等数值方法的耦合等，这些方法的耦合应用能在一定的程度上彼此取长补短，以适应岩体的非均质、不连续、无限域等特征，使计算变得高效、合理与经济。

3. 非确定性分析方法

(1) 可靠性分析法。理论与实践均证明，影响岩质边坡工程稳定性的诸多因素常常都具有一定的随机性，它们多是具有一定概率分布的随机变量。20 世纪 70 年代中后期，加拿大能源与矿业中心和美国亚利桑那大学等开始把概率统计理论引入到边坡岩体的稳定性分析中来。

可靠性分析法的原理是首先通过现场调查，以获得影响边坡稳定性影响因素的多个样本，然后进行统计分析，求出它们各自的概率分布及其特征参数，再利用某种可靠性分析方法，如 Monte - Carlo 法、可靠指标法、统计矩法、随机有限元法等来求解边坡岩体的破坏概率即可靠度。祝玉学（1993）把在规定的条件下和规定的实用期限内，安全系数或安全储备大于或等于某一规定值的概率，即边坡保持稳定的概率定义为可靠度。可见，用可靠度比用安全系数在一定程度上更能客观、定量地反映边坡的安全性。我国的《岩土工程勘察规范》（GB 50021—2001）已明确指出，大型边坡设计除按边坡稳定系数值计算边坡的稳定性外，尚宜进行边坡稳定的可靠性分析，并对影响边坡稳定性的因素进行敏感性分析。只要求出的可靠度足够大，也即破坏概率足够小，小到人们可以接受的程度，就认为边坡工程的设计是可靠的。近年来，该方法在岩土工程中的研究与应用发展很快，为边坡稳定性评价指明了一个新的方向。

可靠性分析法的缺点是：计算前所需的大量统计资料难于获取，各因素的概率模型及其数字特征等的合理选取问题还没有得到很好的解决。另外，其计算通常也较一般的极限平衡方法显得困难和复杂。

(2) 模糊分级评判法。影响边坡稳定性的诸因素除了具有前述的随机不确定性外，还具有一定的模糊不确定性。采用模糊分级评判或模糊聚类方法对边坡的稳定性作出分级评判，其具体做法通常是先找出影响边坡稳定性的各个因素，并赋予它们不同的权值，然后根据最大隶属度原则来判定边坡的稳定性。实践证明，模糊分级评判方法为多变量、多因素影响的边坡稳定性分析提供了一种行之有效的手段。这一方法主要应用于大型边坡的整体稳定性评价。

目前，除了以上两种常用的非确定性分析方法外，系统工程分析方法、灰色系统理论方法、突变理论方法、神经元方法、损伤断裂力学理论、分叉与混沌理论等也在边坡稳定性分析中得到了不同程度的应用，为边坡稳定性分析及预测提供了新的途径。

4. 物理模型方法

物理模型方法是一种发展较早、应用广泛、形象直观的边坡稳定性分析方法。它主要包括光弹模型、底摩擦试验、地质力学模型试验、平面框架模拟、离心模型试验等。这些方法通常能够形象地模拟边坡岩土体中的应力大小及其分布，边坡岩土体的变形破坏机制及其发展过程、加固措施的加固效果等。

离心模型试验是以离心机作为加载工具，把 $1/n$ 缩尺的模型放在以离心加速度运转的离心机中进行试验，测量其中的应力、变形，观察模型的变形破坏发展过程及加固措施的加固效果。由于离心力与重力保持等效，且加速度不会改变材料的性质，从而使模型与原型的应力应变相等、变形相似、破坏机理相同，能够再现原型的特性。该方法可以在同一模型上完成弹性、弹塑性乃至破坏失稳各个阶段（整个过程）的模拟，展示边坡岩土体变形破坏的机制与过程，且可以测量全过程的应力和位移，还可求得超载安全系数等。与其他模拟方法相比，离心模型具有模型材料弹性模量、容重多样，模型与原型材料的本构关系完全相似，模型尺寸的大小和精度要求较高，测量方法及其技术要求严格等特点，且费用较高。

5. 现场监测分析方法

边坡岩体的变形破坏是一个渐进过程。岩质边坡工程由稳定状态向不稳定状态的突变也必然具有某些前兆。捕捉这些前兆信息并对其进行分析和解释，可以更好地认识边坡岩土体变形的发展过程和失稳的征兆及其判据。人们在生产实践的过程中早已认识到这个问题，并对之越来越重视。人们在发展其他边坡稳定性分析理论与方法的同时，又开展了现场监测技术监测结果分析方法等的研究，力图通过现场监测所获得的信息如位移、位移速度、应力、声发射率、氡气-α、脉冲频率、地下水等有关特征量，来对边坡岩土体稳定性作出评价和预测，为加固处理设计提供服务，同时，又能对加固措施的加固效果进行检验，为施工的安全保障等提供信息。由于现场监测结果直观可靠，因而利用监测结果对边坡施工过程的稳定性进行分析，已成为目前边坡工程中稳定性评价极其重要的一种方法。

边坡稳定性评价是一个复杂的系统地质工程问题，不同的边坡工程常常赋存于不同的工程地质环境中，有极其复杂多变的特性，同时又有较强的隐蔽性。不同的边坡稳定性分析方法又各具特点，有一定的适用条件，分析结果、表示方式不一。如何根据具体的边坡工程地质条件，合理有效地选用与之相适应的边坡稳定性分析方法，是值得深思的问题。在实际工程中，应根据边坡工程的具体特点及使用目的，最好采用多种评价方法的综合动态评价进行综合分析验证，力求得出一个更加客观、可靠、合理的评价结果。

1.5.1.2　稳定性判据

在边坡稳定性评价中一般采用应力和位移作为判据，而在边坡溃屈破坏中，则采用压杆失稳的稳定判据。

（1）应力判据。用来表征岩石破坏应力条件的函数成为破坏判据或强度准则。强度准则的建立应能反映其破坏机理。在边坡稳定性分析评价中应用较广泛的准则有：最大正应变准则，莫尔强度准则和库仑准则等。最大正应变准则适用于无围压、低围压及脆性岩石条件，如边坡的浅表部、应力重分布强烈区域，在数值分析中均以该准则判别岩体是否产生拉破坏。莫尔强度准则是岩石力学中应用最普遍的准则，为方便计算，莫尔强度准则的包络线形状有双曲线形、抛物线形和直线形。

（2）位移判据。边坡上各点的位移是边坡稳定状态的最直观反映，也是边坡开挖过程中，各种因素共同作用的综合表现。位移监测信息获得比较简单方便。边坡位移判据有三类：最大位移判据、位移速率判据以及位移速率比值判据。由于边坡岩性、结构面性状、赋存环境和施工方法等复杂影响，目前还未获得普遍接受的准则和方法，但位移速率判据目前讨论最多。

（3）安全系数。边坡稳定安全系数是边坡稳定的重要判据，其定义有多种型式，目前有三种方法，即：强度储备安全系数、超载储备安全系数、下滑力超载储备安全系数。

1. 强度储备安全系数

1952 年，毕肖普提出了适用于圆弧滑动面的"简化毕肖普法"，该方法将边坡稳定安全系数定义为：土坡某一滑裂面上的抗剪强度指标按同一比例降低为 c/F_{s1} 和 $\tan\varphi/F_{s1}$，则土体将沿着此滑裂面处达到极限平衡状态，即

$$\tau = c' + \sigma\tan\varphi' \qquad (1.5-1)$$

其中

$$c' = \frac{c}{F_{s1}}$$

$$\tan\varphi' = \frac{\tan\varphi}{F_{s1}}$$

上述定义完全符合滑移面上抗滑力与下滑力相等为极限平衡的概念，其表达式为

$$F_{s1} = \frac{\int_0^l (c + \sigma\tan\varphi)\mathrm{d}l}{\int_0^l \tau\mathrm{d}l} \qquad (1.5-2)$$

将强度指标的储备作为安全系数定义的方法是经过多年实践而被国际工程界广泛认同的一种方法。这种安全系数只是降低抗滑力，而不改变下滑力。同时用强度折减法也比较符合工程实际情况，许多滑坡的发生常常是由于外界因素引起岩体强度降低而造成的。岩土体的强度参数有两个：c、$\tan\varphi$，但只有一个安全系数，这说明 c 与 $\tan\varphi$ 按同一比例衰减。此安全系数的物理意义更加明确，使用范围更加广泛，为滑动分析及土条分界面上条间力的各种考虑方式提供了更加有利的条件。

2. 超载储备安全系数

超载储备安全系数是将荷载（主要是自重）增大 F_{s2} 倍后，坡体达到极限平衡状态，按此定义有

$$1 = \frac{\int_0^l (c + F_{s2}\sigma\tan\varphi)\mathrm{d}l}{F_{s2}\int_0^l \tau\mathrm{d}l} = \frac{\int_0^l \left(\frac{c}{F_{s2}} + \sigma\tan\varphi\right)\mathrm{d}l}{\int_0^l \tau\mathrm{d}l} =$$

$$\frac{\int_0^l (c' + \sigma\tan\varphi)\mathrm{d}l}{\int_0^l \tau\mathrm{d}l} \qquad (1.5-3)$$

其中
$$c' = \frac{c}{F_{s2}}$$

从式（1.5-3）可以看出，超载储备安全系数相当于折减黏聚力 c 值的强度储备安全系数，对无黏性土（$c=0$）采用超载安全系数，并不能提高边坡稳定性。

3. 下滑力超载储备安全系数

增大下滑力的超载法是将滑裂面上的下滑力增大 F_{s3} 倍，使边坡达到极限状态，也就是增大荷载引起的下滑力项，而不改变荷载引起的抗滑力项，按此定义有

$$F_{s3} = \frac{\int_0^l (c + \sigma\tan\varphi)\mathrm{d}l}{\int_0^l \tau\mathrm{d}l} \qquad (1.5-4)$$

可见，式（1.5-3）与式（1.5-4）得到的安全系数在数值上相同，但含义不同，这种定义在国内采用传递系数法显式求解安全系数时采用。

式（1.5-4）表明，极限平衡状态时，下滑力增大 F_{s3} 倍，一般情况下也就是岩土体重力增大 F_{s3} 倍。

而实际上重力增大不仅使下滑力增大，也会使摩擦力增大，因此下滑力超载安全系数不符合工程实际，不宜采用。

1.5.2 岩质边坡分析基本规定

按照我国现行工程边坡设计规范的有关规定，在进行岩质边坡设计时，应依据岩质边坡的工程目的、工程地质条件和失稳破坏模式，确定边坡设计应该满足的稳定状态或变形限度，选择适当的稳定分析方法，通过对加固处理措施的多方案综合技术经济比较，选择处理措施。

岩质边坡稳定分析与评价方法主要包括极限平衡分析法、应力应变分析法、地质力学模型试验以及风险分析法等。岩质边坡稳定分析应按以下基本规定进行：

（1）对于滑动破坏类型的岩质边坡，稳定分析的基本方法是极限平衡分析法。对于层状岩体的倾倒变形和溃屈破坏，目前还没有成熟的分析计算方法。倾倒和溃屈都会形成岩层的折断，倾倒岩体不一定伴随有滑动，溃屈岩体一般伴随有滑动或崩塌。因此，对于倾倒和溃屈破坏，以工程地质定性和半定量分析为基础，研究确定边坡可能发生倾倒或溃屈的部位，再按发生倾倒或溃屈后的滑动破坏面进行抗滑稳定分析。对于崩塌破坏，根据地质资料，划定危岩和不稳定岩体范围，采取定性及半定量分析方法，评价其稳定状况。

（2）对于Ⅰ级、Ⅱ级边坡，采取两种或两种以上的计算分析方法，包括有限元、离散元等方法进行变形稳定分析，综合评价边坡变形与抗滑稳定安全性。对于特别重要的、地质条件复杂的高边坡工程，进行专门的应力变形分析或仿真分析，研究其失稳破坏机理、破坏类型和有效的加固处理措施，并根据工程需要开展岩质边坡的地质力学模型试验等工作。当需要进行边坡可靠度分析时，推荐采用简易可靠度分析方法。

（3）对于重要部位的边坡，除进行边坡自然状态、最终状态的稳定分析外，还要按边坡的开挖和锚固工程顺序，进行施工期间不同阶段的稳定分析，使其满足短暂状态的安全系数要求。按治理措施的实施步骤逐步对边坡稳定性作分析计算，可以减少处理量并解决好边坡的临时性支护和持久性稳定评价问题。

（4）对于正在进行工程施工的边坡，根据永久监测或临时监测系统反馈的信息进行稳定性复核。施工期间修改原有设计是正常的事，根据监测设施和地质、安全巡视获取的边坡信息，进行边坡稳定性复核，增减或改变处理措施可以使设计更加合理。

1.5.3　边坡岩体结构与失稳模式分析

在开展岩质边坡设计和定量计算分析之前，根据工程地质勘察报告中的工程地质分析和评价意见，从宏观上确定边坡的岩体结构类型，判定边坡稳定基本条件和可能发生变形、破坏的机理与破坏模式，确定开展稳定分析和治理设计的边坡范围。对需要综合治理的边坡，可结合地质勘察和边坡工程施工及早建立安全监测系统，进行监测分析，随时掌握边坡工程动态。

岩质边坡按岩体结构类型可以分为：块状结构、层状结构、碎裂结构和散体结构（详见表1.2-2）。对于不同结构类型的岩质边坡，采用以下基本原则进行失稳模式分析：

（1）对于块状结构的岩质边坡，根据地质资料分析岩体中各不同类型、不同规模结构面的组合情况，以空间投影或其他方法，分析在边坡内可能形成的规模不等的潜在不稳定岩体或块体。在有多条结构面组合的情况下，采用结构面由大到小进行分析的原则，首先分析由软弱结构面、软弱层带和贯穿性结构面组合形成的确定性块体；其次分析软弱结构面、软弱层带和贯穿性结构面与成组节理或层面裂隙组合构成的半确定性块体；在无软弱结构面和贯穿性结构面的岩体内，分析由成组结构面或层面裂隙构成的随机块体。

（2）对于层状结构的岩质边坡，根据层面产状与边坡坡面的相对关系，将其划分为层状同向、层状反向、层状横向、层状斜向、层状平叠等结构类型，从而判断其可能发生的变形与破坏型式（详见表1.2-2）。

（3）在滑动破坏类型的块状结构和层状结构岩质边坡中，按平面型滑动、楔形体滑动、复合滑面型滑动等滑动模式选取相应的抗滑稳定计算方法进行稳定分析。对于碎裂结构的岩质边坡，除对上述三种滑动模式进行分析外，还对弧面型滑动进行分析。散体结构岩质边坡的抗滑稳定分析可按土质边坡对待。

（4）对于岩质边坡中的双面滑动楔形岩体，应按三维计算。而对于一般滑坡体，其底面常大致呈弧面形、中间较厚、两侧和前缘较薄，加之岩体内部裂隙切割，三维效应不大明显，作为安全储备，一般按二维计算。

（5）在进行二维计算时，沿平行滑动方向选取边坡稳定计算的代表性剖面。滑动方向可根据实测的平均位移方向，或根据滑动面或楔形体底面交线的倾向确定。每个代表性剖面应有其明确代表的区段范围。一个大型边坡或滑坡，其各区段滑动方向不尽相同，代表性剖面也不尽平行。在边坡代表性剖面上详细标注边坡岩层、风化、卸荷、构造、地下水等工程地质和水文地质信息。作为平面应变模型的代表性剖面，纵剖面间距宜不大于30m。在与滑动位移方向正交的方向，做不少于两条的横剖面图。边坡代表性剖面图在垂直和水平方向上为等比例尺，比例尺不宜小于1:1000。

1.5.4　影响岩质边坡稳定性的因素分析

边坡在复杂的内外地应力作用下形成，又在各种因素作用下变化发展，因此，影响边坡稳定性的因素非常复杂且不易把握。为便于分析，将影响边坡稳定性的因素概括为两大类：内在因素和外在因素。内在因素主要包括：地层和岩性、地质构造、岩体结构、初始应力状态等。外在因素主要包括：边坡形态、工程作用、地震作用等。

在对影响岩质边坡稳定性的因素进行分析时，需要把握以下几个原则：

（1）对于同一边坡，上述诸多因素存在主次之分，其对边坡稳定性的影响程度不尽相同。

（2）对于不同边坡，影响其稳定性的主要影响因素也可能不尽相同。

（3）对于同一边坡的不同工程阶段，影响其稳定性的主要影响因素也可能不尽相同。

因此，在对边坡稳定性进行评价时，应当首先对上述诸多因素进行综合分析研究，作为定性或定量稳定性评价的基础。

1.5.4.1　内在因素

1. 地层和岩性

地层和岩性是影响边坡稳定的主要因素，主要表现在以下两个方面：

（1）不同地层有其常见的变形破坏型式。例如，有些地层中滑坡特别发育，这与该地层中含有特殊的矿物成分和风化物，易于形成滑带有关。如海相黏土，裂隙黏土，第三系、白垩系、侏罗系红色页岩、泥岩地层，二叠系煤系地层，以及古老的泥质变质岩系（千枚岩、片岩等）都是"易滑地层"。在黄土地区，边坡的变形破坏型式以滑坡为主，而在花岗岩和厚层石灰岩地区，则以崩塌为主。

（2）岩性包括组成岩石的物理、化学、水理和力学性质，其对边坡的变形破坏有直接影响。坚硬完整的块状或厚层状岩石，可以形成高达数百米的陡立边坡，例如长江三峡的石灰岩峡谷。由某些岩性组成的边坡在干燥或天然状态下是稳定的，但一经水浸，岩石强度大减，边坡出现失稳。

2. 地质构造

地质构造因素包括区域构造特点、边坡地段的褶皱形态、岩层产状、断层和节理裂隙发育特征以及区域新构造运动活动特点等。它对岩质边坡稳定的影响是十分明显的。主要表现在以下两个方面：

（1）在区域构造比较复杂、褶皱比较强烈，新构造运动比较活跃的地区，边坡的稳定性较差。例如中国西南部横断山脉地区、金沙江地区的深切峡谷，边坡的崩塌、滑动、流动极其发育，常出现超大型滑坡及滑坡群。在金沙江下游，滑坡、崩塌、泥石流新老堆积物到处可见，有的崩塌或滑动堆积体达数亿立方米。

（2）边坡地段的岩层褶皱形态和岩层产状直接控制边坡变形破坏的型式和规模。至于断层和节理裂隙对边坡变形破坏的影响则更为明显。某些断层或节理本身，就构成边坡的滑动面或拉裂面。

3. 岩体结构

对坚硬和半坚硬岩石而言，边坡岩体的破坏主要受岩体中不连续面（结构面）的控制。影响边坡稳定的岩体结构因素，主要包括以下几方面：

（1）结构面的倾向和倾角。一般来说，同向缓倾边坡（结构面倾向和边坡坡面倾向一致，倾角小于坡角）的稳定性较反向坡为差；同向缓倾坡中，岩层倾角愈陡，稳定性愈差；水平岩层稳定性较好。

（2）结构面的走向。结构面走向和边坡坡面走向之间的关系，决定了可能失稳边坡岩体运动的自由程度。当结构面走向和坡面平行且倾向坡外时，整个坡面都具有临空自由滑动的条件，对边坡的稳定最为不利。结构面走向与坡面走向夹角愈大，对边坡的稳定愈有利。

（3）结构面的组数和数量。当边坡受多组交切的结构面切割时，整个边坡岩体自由变形的余地更大一些，切割面、滑动面和临空面更多一些，因而组成可能滑动的块体的机会更多一些。边坡中多组交切的结构面也给地下水活动提供了更好的条件，而地下水的活动对边坡的稳定性显然是不利的。此外，结构面的数量直接影响到被切割的岩块的大小，从而影响到边坡变形破坏的型式及边坡的稳定性。岩体严重破碎的边坡，甚至会出现类似土质边坡那样的圆弧形滑动破坏。

（4）结构面的连续性。岩体中的成组结构面或层面裂隙常断续发育或者被一些微小的台坎所错开。但是在边坡稳定分析中，往往假定结构面连续，而通过参数等效来反映其断续发育的特点。因此，结构面的连续性将直接影响边坡的稳定性，在边坡稳定分析之前必须特别注意对结构面连续性的统计与分析。

（5）结构面的起伏差和表面性质。岩体中的很多结构面虽然连续，但其起伏和光滑程度对结构面的力学性质影响极大。同时，结构面中是否有充填物、充填物的力学性质也将直接影响结构面的抗剪强度。因此，在边坡稳定分析之前还必须注意对结构面的起伏差和表面性质进行详尽的分析。

4. 初始应力状态

岩体的初始应力是指在天然状态下所存在的内在应力，通常又称为地应力，是控制边坡岩体节理裂隙发育及边坡变形特征的重要因素。岩体的初始应力主要由岩体自重和地质构造运动引起。岩质边坡中的初始应力分布一般具有以下特征：边坡浅部以自重作用为主，深部以构造作用为主，中间过渡带则受自重作用和构造作用共同控制。边坡初始应力水平越高，则边坡开挖后指向临空面的变形越大，裂隙产生和扩展的可能性也越大，从而导致边坡岩体的宏观力学参数降低程度增大，并最终导致边坡稳定性降低。

实际工程中，由于岩质边坡中的初始应力状态非常复杂，而且受目前的地应力量测技术限制，尚不可能准确探明边坡中的初始应力状态，一般只能根据少量的地应力测试资料进行回归分析或者反演分析（详见 1.5 中的有限单元法部分）。

1.5.4.2 外在因素

1. 边坡形态

边坡形态系指边坡的高度、长度、剖面形态、平面形态以及边坡的临空条件等。边坡形态对边坡的稳定性有直接影响，主要表现在以下几个方面：

（1）边坡坡度越陡，坡高越大，稳定性越差。

（2）当边坡的稳定受同向缓倾结构面控制时，边坡的稳定性与边坡坡度关系不大，而主要决定于边坡高度。

（3）平面上呈凹形的边坡较呈凸形的边坡稳定。如果同是凹形边坡，则边坡等高线曲率半径越小，越有利于边坡稳定。

2. 工程作用

在水利水电工程中，对边坡的主要工程作用包括：施工爆破引起的岩体损伤和动力荷载；施工开挖引起的岩体变形和应力调整；库水位变化、降雨、泄洪雾化雨等引起的地下水位变化；拱坝坝肩传递至下游坡的拱端推力；锚杆、锚索等加固措施的作用。工程作用对边坡稳定性的影响巨大，主要表现在以下几个方面：

（1）施工爆破振动将引起爆源附近岩体裂隙产生和扩展，从而导致岩体宏观力学参数降低。岩体爆破损伤范围及损伤程度与岩性和爆破方式有关，可以采用声波测试来判定，目前的工程中一般可以将爆破损伤深度控制在 1～3m 范围以内。施工爆破引起的岩体损伤和动力荷载一般仅对边坡浅表部位的局部稳定性有较大影响。

（2）施工开挖对边坡稳定性的影响包括荷载和参

数两个方面。对于边坡浅表层的覆盖层、堆积体、强风化带等的开挖一般只是引起坡体荷载的变化。对于开挖深度较大的边坡，如拱肩槽边坡、石料场边坡等，施工开挖引起的应力释放可能会导致岩体内裂隙的产生和扩展，从而导致边坡岩体的宏观力学参数降低，并最终导致边坡稳定性降低。通常认为，由于施工开挖应力释放引起的岩体损伤深度远大于施工爆破震动引起的岩体损伤深度。据三峡永久船闸高边坡开挖后的岩体声波测试及变形试验成果，0～6m为卸荷带，6～15m为过渡带。

（3）地下水对边坡的稳定性有显著影响：处于地下水位以下的部分边坡将受水的浮托力作用；地下水的渗透流动，将对坡体产生动水压力；水对边坡岩体将产生软化作用（详见1.3中的岩质边坡上的作用部分）。在边坡稳定性计算中，边坡安全系数一般都对地下水位的取值非常敏感。事实上，受大气降雨条件变化的影响，边坡地下水位一般处于不断变化过程中，特别是暴雨和泄洪雾化雨往往导致地下水位的急剧变化，是大多数边坡变形、失稳的关键诱发因素。

（4）边坡浅表层加固措施，如喷混凝土和系统锚杆等，仅对浅表层的小块体稳定性影响较大，一般不参与边坡整体稳定性分析计算。预应力锚索能有效增加潜在滑动面上的法向应力，并通过控制边坡松弛变形来增加结构面的天然紧密程度和黏聚力；抗滑桩利用下伏基岩的整体性和有效传力特点，通过桩体的抗弯和抗剪能力，有效增加边坡的抗滑力；抗剪洞通过软弱结构面的混凝土置换，有效增加结构面的抗剪能力。上述加固措施对边坡稳定性影响较大，在边坡抗滑稳定分析中需要考虑其作用。

3. 地震作用

地震可能引起边坡应力的瞬时变化，对边坡稳定性的影响较大。地震的横波在地表引起周期性晃动，破坏力最大。纵波在地表引起上下颠簸，破坏力较小。在地震的作用下，首先使边坡岩体的结构发生破坏或变化，出现新结构面，或使原有结构面张裂、松弛，地下水状态也有较大变化；然后，在地震力的反复振动冲击下，边坡岩体沿结构面发生位移变形，直至破坏。边坡在地震作用下的稳定分析尚无成熟的计算方法。

1.5.5 边坡抗滑稳定分析

岩质边坡抗滑稳定分析的基本方法是平面极限平衡法。平面极限平衡法分为下限解法和上限解法。对于整体滑动破坏模式，如果沿滑面达到极限平衡，且假定滑体内的应力状态都在屈服面内，则相应的安全系数一定小于相应的真值，此即下限解。传统的圆弧法如瑞典法、简化毕肖普法，垂直条分法如詹布法、

摩根斯坦—普莱斯法、传递系数法等均属于下限解法。对于整体或解体滑动破坏模式，相应于某一机动许可的位移场，如果确保滑面上和滑体内错动面上每一点均达到极限平衡状态，则相应的安全系数一定不小于相应的真值，此即上限解。萨尔玛法、潘家铮分块极限平衡法和能量法（EMU法）均属于上限解法。

1.5.5.1 岩质边坡常用的极限平衡法

本章重点介绍岩质边坡中常用的不平衡推力传递法、萨尔玛法、潘家铮分块极限平衡法、能量法（EMU法）等平面极限平衡法和楔形体法。有关瑞典圆弧法、简化毕肖普法、詹布法、摩根斯坦—普莱斯法等平面极限平衡法的介绍参见2.4中的土质边坡稳定分析方法。

1. 不平衡推力传递法（传递系数法）

（1）计算假定。

1）滑面为多段折线，可以分析任意形状滑面的滑坡（图1.5-1）。

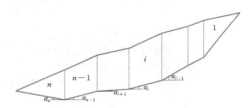

图 1.5-1　不平衡推力传递法滑动面示意图

2）条块间的作用力，亦即上一条块的剩余下滑力，其方向与上一条块的底面平行，条块间传压不传拉（图1.5-2）。

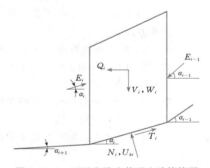

图 1.5-2　不平衡推力传递法计算简图

3）滑坡整体的剩余下滑力，即最后一个条块的剩余下滑力为0。

（2）计算原理。

1）把任意形状的滑面简化为多段折线，将滑体垂直分条自下而上进行编号（图1.5-1）。取第 i 号条块作为脱离刚体进行分析（图1.5-2）。对该条块

沿平行和垂直条块底部方向建立力平衡方程。根据强度储备安全系数的定义，在建立方程时，将滑面的抗剪强度指标（黏聚力、摩擦角）降低 K 倍。

2）假定一个 K 值，按照建立的平衡方程，自上而下逐条计算剩余下滑力，并将每一条块的剩余下滑力逐条下传，一直传到最后一个条块。需要注意的是，如果某个条块的剩余下滑力为负值，则不往下传递，即传压不拉。如果最后一个条块的剩余下滑力为 0，则 K 即为所求的抗滑稳定安全系数。

可采用式（1.5-5）～式（1.5-8）直接进行计算

$$K = \frac{\sum_{i=1}^{n-1} \left(R_i \prod_{j=i+1}^{n} \psi_j \right) + R_n}{\sum_{i=1}^{n-1} \left(T_i \prod_{j=i+1}^{n} \psi_j \right) + T_n} \quad (1.5-5)$$

$$R_i = \left[(W_i + V_i)\cos\alpha_i - U_{bi} - Q\sin\alpha_i \right]\tan\varphi_i' + c_i' l_i \quad (1.5-6)$$

$$T_i = (W_i + V_i)\sin\alpha_i + Q_i\cos\alpha_i \quad (1.5-7)$$

$$\psi_i = \cos(\alpha_{i-1} - \alpha_i) - \sin(\alpha_{i-1} - \alpha_i)\tan\varphi_i'/K \quad (1.5-8)$$

$$E_i = T_i - R_i/K + \psi_2 E_{i-1} \quad (1.5-9)$$

式中　R_i——第 i 滑动条块底面的抗滑力；

T_i——第 i 滑动条块底面的滑动力；

ψ_i——确定第 i 滑动条块界面推力的传递系数，$\psi_1 = 1$；

W_i——第 i 滑动条块自重；

Q_i、V_i——作用在第 i 条块上的外力（包括地震力、锚索和锚桩提供的加固力和表面荷载）在水平向和垂直向分力；

U_{bi}——第 i 滑动条块底面的孔隙压力；

E_{i-1}——第 $i-1$ 滑动条块作用于第 i 滑动条块的推力；

E_i——第 $i+1$ 滑动条块对第 i 滑动条块侧面的反作用力，与第 i 滑动条块的推力大小相等，方向相反；

α_i——第 i 滑动条块底面与水平面的夹角；

l_i——第 i 滑动条块底面长度；

c_i'、φ_i'——第 i 滑动条块底面的有效黏聚力和内摩擦角；

K——安全系数。

2. 萨尔玛法

（1）计算假定。

1）滑面为多段折线，可以分析任意形状滑面的滑坡（图 1.5-3）。

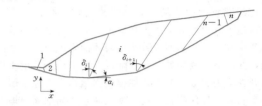

图 1.5-3　萨尔玛法滑动面示意图

2）可以按照边坡岩体地质特性及结构面构造，对边坡进行斜条分以及不等距条分，使各个条块尽量能够模拟实际岩体（图 1.5-3）。

3）边坡处于极限平衡状态时，不仅滑动面上的各种力达到了极限平衡，侧面上也达到了极限平衡。

（2）计算步骤。

1）选择典型的、重要的软弱夹层、节理面、破碎带等结构面，记录其产状。

2）根据滑裂面的形状以及结构面的产状，将边坡体划分为若干个条，其中也可以加入一些人工设定的条分界面。

3）取第 i 号条块作为脱离刚体进行分析（图 1.5-4）。对条块施加一个虚拟的水平向地震系数 K_c，然后建立水平向和竖直向的力平衡方程。

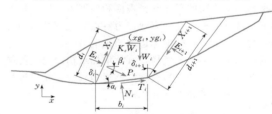

图 1.5-4　萨尔玛法计算简图

4）将条块底部和条块分界面上的岩体强度参数都降低 K 倍，建立两个抗剪极限平衡方程。

5）根据上述方程和边界条件，推导出水平向地震系数 K 的显式求解表达式。

6）假定一个 K 值，求得相应的 K_c。如果 $K_c = 0$，则 K 即为所求的安全系数；否则，按照一定的规则修改 K 值，再重复上述计算，直至 $K_c = 0$ 为止。

相应某一安全系数 K 值，使边坡处于极限平衡状态的临界水平力系数 K_c 按式（1.5-10）计算。安全系数 K 是使 K_c 为零的相应值，可通过迭代求解。

$$K_c = \frac{a_n + a_{n-1}e_n + a_{n-2}e_n e_{n-1} + \cdots + a_1 e_n e_{n-1} \cdots e_3 e_2 + E_1 e_n e_{n-1} \cdots e_1 - E_{n+1}}{P_n + P_{n-1}e_n + P_{n-2}e_n e_{n-1} + \cdots + P_1 e_n e_{n-1} \cdots e_3 e_2} \quad (1.5-10)$$

$$\alpha_i = \frac{R_i \cos\widetilde{\varphi}_{bi}' + W_i \sin(\widetilde{\varphi}_{bi}' - \alpha_i) + S_{i+1}\sin(\widetilde{\varphi}_{bi}' - \alpha_i - \delta_{i+1}) - S_i \sin(\widetilde{\varphi}_{bi}' - \alpha_i - \delta_i)}{\cos(\varphi_{bi} - \alpha_i + \widetilde{\varphi}_{si+1}' - \delta_{i+1})\sec\widetilde{\varphi}_{si+1}} \quad (1.5-11)$$

$$P_i = \frac{W_i \cos(\widetilde{\varphi}'_{bi} - \alpha_i)}{\cos(\widetilde{\varphi}'_{bi} - \alpha_i + \widetilde{\varphi}'_{si+1} - \delta_{i+1}) \sec \widetilde{\varphi}'_{si+1}}$$

$$(1.5 - 12)$$

$$e_i = \frac{\cos(\widetilde{\varphi}'_{bi} - \alpha_i + \widetilde{\varphi}'_{si} - \delta_i) \sec \widetilde{\varphi}'_{si}}{\cos(\widetilde{\varphi}'_{bi} - \alpha_i + \widetilde{\varphi}'_{si+1} - \delta_{i+1}) \sec \widetilde{\varphi}'_{si+1}}$$

$$(1.5 - 13)$$

$$R_i = \widetilde{c}_{bi} b_i \sec \alpha_i - U_{bi} \tan \widetilde{\varphi}'_{bi} \quad (1.5 - 14)$$

$$S_i = \widetilde{c}_{si} d_i - U_{si} \tan \widetilde{\varphi}'_{si} \quad (1.5 - 15)$$

$$S_{i+1} = \widetilde{c}_{si+1} d_{i+1} - U_{si+1} \tan \widetilde{\varphi}'_{si+1} \quad (1.5 - 16)$$

$$\tan \widetilde{\varphi}'_{bi} = \tan \widetilde{\varphi}'_{bi} / K \quad (1.5 - 17)$$

$$\widetilde{c}'_{bi} = c'_{bi} / K \quad (1.5 - 18)$$

$$\tan \widetilde{\varphi}'_{si} = \tan \varphi'_{si} / K \quad (1.5 - 19)$$

$$\widetilde{c}'_{si} = c'_{si} / K \quad (1.5 - 20)$$

$$\tan \widetilde{\varphi}'_{si+1} = \tan \varphi'_{si+1} / K \quad (1.5 - 21)$$

$$\widetilde{c}'_{si+1} = c'_{si+1} / K \quad (1.5 - 22)$$

式中 c'_{bi}、φ'_{bi}——第 i 条块底面上的有效黏聚力和内摩擦角；

c'_{si}、φ'_{si}——第 i 条块第 i 侧面上的有效黏聚力和内摩擦角；

c'_{si+1}、φ'_{si+1}——第 i 条块第 $i+1$ 侧面上的有效黏聚力和内摩擦角；

W_i——第 i 滑动条块自重；

U_{si}、U_{si+1}——第 i 条块第 i 侧面和第 $i+1$ 侧面上的孔隙压力；

U_{bi}——第 i 条块底面上的孔隙压力；

δ_i、δ_{i+1}——第 i 条块第 i 侧面和第 $i+1$ 侧面的倾角（以铅垂线为起始线，顺时针为正，反之为负）；

α_i——第 i 条块底面与水平面的夹角；

b_i——第 i 条块底面水平投影长度；

d_i、d_{i+1}——第 i 条块第 i 侧面和第 $i+1$ 侧面的长度；

K_c——地震（水平方向）临界加速度系数。

3. 潘家铮分块极限平衡法

(1) 计算假定。

1) 滑面为多段折线，可以分析任意形状滑面的滑坡（图 1.5 - 5）。

2) 可以按照边坡岩体地质特性及结构面构造，对边坡进行斜条分以及不等距条分，使各个条块尽量能够模拟实际岩体。

3) 边坡处于极限平衡状态时，不仅滑动面上的各种力达到了极限平衡，侧面上也达到了极限平衡。

(2) 计算方法。潘家铮分块极限平衡法有两种解法。

1) 解法一。自上而下研究每一块体的平衡，将

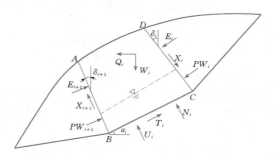

图 1.5 - 5 潘家铮分块极限平衡法计算简图

作用力分解为水平分力和垂直分力，按照这两个分力平衡的系统，写出包括未知的底面法向反力和对相邻下块侧面上的法向作用力的两个方程式，直到最后一块。当整体达到平衡时，作用于最后一块上的未知力只有底面法向反力。假定一系列安全系数，代入这两个方程式，求出最后一块的底面法向反力的若干个值。能使这两个方程式得出相同值的安全系数，就是所求的安全系数（图 1.5 - 5）。

根据图 1.5 - 5，取其中第 i 块为分离体，作用有垂直荷载 W_i 和水平荷载 Q_i，分条两侧面的孔隙压力 PW_i、PW_{i+1}，法向接触反力 E_i、E_{i+1}，剪力 X_i、X_{i+1}。底部滑面上作用着法向反力 N_i，剪力 T_i 和孔隙压力 U_i，再考虑剪切面及侧面的黏聚力，当每一分块均达到平衡时，可有以下等式

$$E_i \cos \delta_i - E_{i+1} \cos \delta_{i+1} - (X_i + C_{si} SL_i / K) \sin \delta_i +$$
$$(X_{i+1} + C_{si+1} SL_{i+1} / K) \sin \delta_{i+1} +$$
$$PW_i \cos \delta_i - PW_{i+1} \cos \delta_{i+1} +$$
$$U_i \sin \alpha_i - T_i \cos \alpha_i + N_i \sin \alpha_i -$$
$$C_{bi} BL_i \cos \alpha_i / K + Q_i = 0 \quad (1.5 - 23)$$

$$E_i \sin \delta_i - E_{i+1} \sin \delta_{i+1} + (X_i + C_{si} SL_i / K) \cos \delta_i -$$
$$(X_{i+1} + C_{si+1} SL_{i+1} / K) \cos \delta_{i+1} +$$
$$PW_i \sin \delta_i - PW_{i+1} \sin \delta_{i+1} -$$
$$U_i \cos \alpha_i - T_i \sin \alpha_i - N_i \cos \alpha_i -$$
$$C_{bi} BL_i \sin \alpha_i / K + W_i = 0 \quad (1.5 - 24)$$

其中
$$X_i = E_i \tan \varphi_{si} / K$$
$$X_{i+1} = E_{i+1} \tan \varphi_{si+1} / K$$
$$T_i = N_i \tan \varphi_{bi} / K$$

式中 δ_i、δ_{i+1}——分块两侧面倾角，侧面倾向坡上方向为正；

C_{bi}——分块底面黏聚力；

C_{si}、C_{si+1}——分块两侧面的黏聚力；

SL_i、SL_{i+1}——分块两侧面的长度；

K——稳定安全系数；

α_i——分块底面倾角，底面倾向坡下方向为正；

φ_{si}、φ_{si+1}——分块侧面的内摩擦角；

φ_{bi}——分块底面的内摩擦角；

BL_i——分块底面长度。

将以上各值分别代入式（1.5-23）、式（1.5-24），可得

$$E_i\cos\delta_i - E_{i+1}\cos\delta_{i+1} -$$
$$(E_i\tan\varphi_{si}/K + C_{si}SL_i/K)\sin\delta_i +$$
$$(E_{i+1}\tan\varphi_{si+1}/K + C_{si+1}SL/K)\sin\delta_{i+1} +$$
$$PW_i\cos\delta_i - PW_{i+1}\cos\delta_{i+1} - U_i\sin\alpha_i +$$
$$N_i(\sin\alpha_i - \cos\alpha_i\tan\varphi_{bi}/K) -$$
$$C_{bi}BL_i\cos\alpha_i/K + Q_i = 0 \qquad (1.5-25)$$
$$E_i\sin\delta_i - E_{i+1}\sin\delta_{i+1} +$$
$$(E_i\tan\varphi_{si}/K + C_{si}SL_i/K)\cos\delta_i -$$
$$(E_{i+1}\tan\varphi_{si+1}/K + C_{si+1}SL_{i+1}/K)\cos\delta_{i+1} +$$
$$PW_i\sin\delta_i - PW_{i+1}\sin\delta_{i+1} - U_i\cos\alpha_i -$$
$$N_i(\cos\alpha_i + \sin\alpha_i\tan\varphi_{bi}/K) -$$
$$C_{bi}BL_i\sin\alpha_i/K + W_i = 0 \qquad (1.5-26)$$

令 $A_i = \cos\alpha_i + \sin\alpha_i\tan\varphi_{bi}/K$，$B_i = \sin\alpha_i - \cos\alpha_i\tan\varphi_{bi}/K$，将这两个方程式中含有底面反力 N_i 的项，移到方程式的另一端，可求得按水平分力平衡方程解出的反力 N_iH 和按垂直分力平衡方程解出的反力 N_iV

$$N_iH = [E_i\cos\delta_i - E_{i+1}\cos\delta_{i+1} -$$
$$(E_i\tan\varphi_{si}/K + C_{si}SL_i/K)\sin\delta_i +$$
$$(E_{i+1}\tan\varphi_{si+1}/K + C_{si+1}SL/K)\sin\delta_{i+1} +$$
$$PW_i\cos\delta_i - PW_{i+1}\cos\delta_{i+1} + U_i\sin\alpha_i -$$
$$C_{bi}BL_i\cos\alpha_i/K + Q_i]/(-B_i) \qquad (1.5-27)$$
$$N_iV = [E_i\sin\delta_i - E_{i+1}\sin\delta_{i+1} +$$
$$(E_i\tan\varphi_{si}/K + C_{si}SL_i/K)\cos\delta_i -$$
$$(E_{i+1}\tan\varphi_{si+1}/K + C_{si+1}SL_{i+1}/K)\cos\delta_{i+1} +$$
$$PW_i\sin\delta_i - PW_{i+1}\sin\delta_{i+1} - U_i\cos\alpha_i -$$
$$C_{bi}BL_i\sin\alpha_i/K + W_i]/A_i \qquad (1.5-28)$$

N_iH 和 N_iV 应该相等。给稳定安全系数 K 一个初值，反复进行迭代计算，使最后一块满足 $2(N_nH - N_nV)/(N_nH + N_nV) \leqslant p$（例如可取 $p = 0.0001$），这时的 K 值即为所求稳定安全系数。

2）解法二。自上而下先研究第 1 个块体的平衡，再研究第 1、第 2 块的平衡，由此类推，直到从第 1 块到最后一块整体平衡。在逐次求解前若干块的整体平衡中，将作用力分解为水平分力和垂直分力，写出包括各块底面未知法向反力和摩擦力的合力的两个方程式。当整体达到平衡时，最后一块未知的力只有底面法向反力和底面摩擦力的合力。利用整体水平分力与整体垂直分力的比值和最后一块底面反力角的正切值相等的关系，可以得出唯一能满足该关系的安全系数。

4. 能量法

对于滑面为多段折线的滑坡（图 1.5-6），发生于 n 个条块底面和 $n-1$ 个条块界面的内能耗散，应该与外力所做的功相等，此即能量法的基本原理。能量法的计算公式中安全系数 K 隐含在式（1.5-29）～式（1.5-37）中，可通过迭代求解，式中上标 l 和 r 代表第 j 个界面左、右侧的相应量。

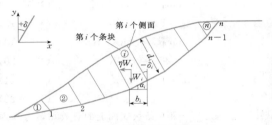

图 1.5-6 能量法计算简图

$$\sum_{i=1}^{n}\lambda_i\left[\left(\tilde{c}'_{bi}\cos\tilde{\varphi}'_{bi} - U_{bi}\sin\tilde{\varphi}'_{bi}\right)b_i\sec\alpha_i\right] +$$
$$\sum_{i=1}^{n-1}\lambda_{i+1}\left[\left(\tilde{c}'_{si}\cos\tilde{\varphi}'_{si} - U_{si}\sin\tilde{\varphi}'_{si}\right)\times\right.$$
$$\sec(\alpha_i + \delta_i - \tilde{\varphi}'_{bi} - \tilde{\varphi}'_{si})\times$$
$$\left.\sin(\Delta\alpha_i - \Delta\tilde{\varphi}'_{bi})d_i\right] =$$
$$\sum_{i=1}^{n}\lambda_i\left[(W_i + V_i)\sin(\alpha_i - \tilde{\varphi}'_{bi}) + Q_i\cos(\alpha_i - \tilde{\varphi}'_{bi})\right]$$
$$(1.5-29)$$

$$\lambda_i = \begin{cases} 1 & (i=1) \\ \displaystyle\prod_{k=2}^{i}\frac{\cos(\alpha_j + \delta_j - \tilde{\varphi}^l_{bj} - \tilde{\varphi}_{sj})}{\cos(\alpha_j + \delta_j - \tilde{\varphi}^r_{bj} - \tilde{\varphi}_{sj})} & (i=2,3,\cdots,n-1) \end{cases}$$
$$(1.5-30)$$

$$\tan\tilde{\varphi}'_{bi} = \frac{\tan\varphi'_{bi}}{K} \qquad (1.5-31)$$
$$\tilde{c}'_{bi} = \frac{c'_{bi}}{K} \qquad (1.5-32)$$
$$\tan\tilde{\varphi}'_{si} = \frac{\tan\varphi'_{si}}{K} \qquad (1.5-33)$$
$$\tilde{c}'_{si} = \frac{c'_{si}}{K} \qquad (1.5-34)$$
$$\tan\tilde{\varphi}^l_{bj} = \frac{\tan\varphi'^l_{bj}}{K} \qquad (1.5-35)$$
$$\tan\tilde{\varphi}^r_{bj} = \frac{\tan\varphi'^r_{bj}}{K} \qquad (1.5-36)$$
$$\tan\tilde{\varphi}_{sj} = \frac{\tan\varphi'_{sj}}{K} \qquad (1.5-37)$$

式中　W_i——第 i 个条块自重；

U_{bi}——第 i 个条块底面孔隙压力；

b_i——第 i 个条块底面水平投影长度；

d_i——第 i 个侧面的长度；

α_i——第 i 个条块底面的倾角；

δ_i、δ_j——第 i、第 j 个侧面的倾角（由正 Y 轴转向正 x 轴方向为正）；

c'_{bi}、φ'_{bi}——第 i 条块底面上的有效黏聚力和内摩擦角；

c'_{si}、φ'_{si}——第 i 条块侧面上的有效黏聚力和内摩擦角；

φ'^{1}_{bj}、φ'^{τ}_{bj}——第 j 个侧面左侧和右侧条块底面的有效内摩擦角；

φ'_{sj}——第 j 个侧面的内摩擦角；

α^{1}_{j}、α^{τ}_{j}——第 i 个侧面左侧和右侧条块底面的倾角；

$\Delta\alpha_i$、$\Delta\widetilde{\varphi}'_{bi}$——第 i 个侧面右侧条块相对左侧条块 α_i 和 $\widetilde{\varphi}'_{bi}$ 的增量。

5. 楔形体法

由两组不同倾向结构面构成的滑体呈楔状，由于两组结构面的倾向不同，且受切割面等边界条件限制，滑面的受力条件和滑动方向较为复杂。通常都假定滑体沿两结构面的交线（楔体棱线）方向滑动。

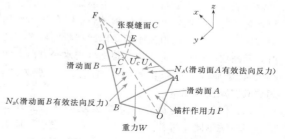

图 1.5-7 楔形体法计算简图

如图 1.5-7 所示，当滑动方向沿 CO 时，应采用式（1.5-38）～式（1.5-54）计算安全系数 K

$$K = \frac{c'_A A_A + c'_B A_B + (qW + rU_C + sP - U_A)\tan\varphi'_A + (xW + yU_C + zP - U_B)\tan\varphi'_B}{m_{WS}W + m_{CS}U_C + m_{RS}P} \quad (1.5-38)$$

$$q = (m_{AB}m_{WB} - m_{WA})/(1 - m_{AB}^2) \quad (1.5-39)$$

$$r = (m_{AB}m_{CB} - m_{CA})/(1 - m_{AB}^2) \quad (1.5-40)$$

$$s = (m_{AB}m_{PB} - m_{PA})/(1 - m_{AB}^2) \quad (1.5-41)$$

$$x = (m_{AB}m_{WA} - m_{WB})/(1 - m_{AB}^2) \quad (1.5-42)$$

$$y = (m_{AB}m_{CA} - m_{CB})/(1 - m_{AB}^2) \quad (1.5-43)$$

$$z = (m_{AB}m_{PA} - m_{PB})/(1 - m_{AB}^2) \quad (1.5-44)$$

$$m_{AB} = \sin\psi_A \sin\psi_B \cos(\alpha_A - \alpha_B) + \cos\psi_A \cos\psi_B \quad (1.5-45)$$

$$m_{WA} = -\cos\psi_A \quad (1.5-46)$$

$$m_{WB} = -\cos\psi_B \quad (1.5-47)$$

$$m_{CA} = \sin\psi_A \sin\psi_C \cos(\alpha_A - \alpha_C) + \cos\psi_A \cos\psi_C \quad (1.5-48)$$

$$m_{CB} = \sin\psi_B \sin\psi_C \cos(\alpha_B - \alpha_C) + \cos\psi_B \cos\psi_C \quad (1.5-49)$$

$$m_{PA} = \cos\psi_P \sin\psi_A \cos(\alpha_P - \alpha_A) - \sin\psi_P \cos\psi_A \quad (1.5-50)$$

$$m_{PB} = \sin\psi_P \sin\psi_B \cos(\alpha_P - \alpha_B) - \sin\psi_P \cos\psi_B \quad (1.5-51)$$

$$m_{WS} = \sin\psi_S \quad (1.5-52)$$

$$m_{CS} = \cos\psi_S \sin\psi_C \cos(\alpha_S - \alpha_C) - \sin\psi_S \cos\psi_C \quad (1.5-53)$$

$$m_{RS} = \cos\psi_S \sin\psi_P \cos(\alpha_S - \alpha_P) + \sin\psi_P \cos\psi_S \quad (1.5-54)$$

式中　A_A、c'_A、φ'_A——滑动面 A 的面积、有效黏聚力和内摩擦角；

A_B、c'_B、φ'_B——滑动面 B 的面积、有效黏聚力和内摩擦角；

ψ_A、α_A——滑动面 A 的倾角和倾向；

ψ_B、α_B——滑动面 B 的倾角和倾向；

ψ_C、α_C——张裂缝面 C 的倾角和倾向；

ψ_P、α_P——锚杆作用力 P 的倾角和倾向；

ψ_S、α_S——滑动面 A，B 交线 OC 的倾角和倾向；

U_A——滑动面 A 上的孔隙压力；

U_B——滑动面 B 上的孔隙压力；

U_C——张裂缝面 C 上的孔隙压力；

W——楔形体自重；

P——锚杆作用力。

图 1.5-7 中 N_A、N_B、U_C、W 的倾角和倾向如下：N_A 的倾角、倾向分别为 $\psi_A - 90°$、α_A；N_B 的倾角、倾向分别为 $\psi_B - 90°$、α_B；U_C 的倾角、倾向分别为 $\psi_C - 90°$、α_C；W 的倾角为 $90°$。

1.5.5.2 各种方法的比较及其适用范围

1. 各种岩质边坡稳定分析方法的比较

从计算假定及计算原理方面对前面介绍的几种岩质边坡稳定分析方法比较如下：

（1）传递系数法采用垂直条分，萨尔玛法、潘家铮分块极限平衡法和能量法均可以采用斜条分。

（2）传递系数法只要求滑面达到极限平衡，而萨尔玛法、潘家铮分块极限平衡法和能量法均要求滑面和条块侧面同时达到极限平衡。

（3）传递系数法在滑面后缘较陡时其计算的稳定系数可能偏高，需要特别注意。主要原因是该方法采用垂直条分，且假定上一条块传递到下一条块的作用力方向与上一条块的滑面平行，因此在滑面后缘较陡时，两条块间的作用力方向也很陡（与水平方向夹角很大），从而导致两条块间的法向压力小、剪力大，超过其实际抗剪能力。

（4）萨尔玛法与潘家铮分块极限平衡法原理相同，但解法不同，两者在文献上几乎同时发表，前者因有现成程序而得到较多的应用。已通过理论证明能量法和萨尔玛法是完全等效的。

2．各种岩质边坡稳定分析方法的适用范围

在选择岩质边坡稳定分析方法时，需要注意以下几点：

（1）上限解法必须满足滑动岩体内部也同时达到临界平衡的条件，得出安全系数可能偏高，应慎重使用；对于内部变形能耗可以忽略的滑动岩体一般采用偏于保守的下限解法较为可靠。

（2）对于新开挖形成的或长期处于稳定状态且岩体完整的自然边坡，可采用上限解法作稳定分析，条块侧面倾斜的萨尔玛法、潘家铮分块极限平衡法和能量法均可使用。在计算中，侧面的倾角应根据岩体中相应结构面的产状确定。

（3）对于风化、卸荷的自然边坡，开挖中无预裂和保护措施的边坡，岩体结构已经松动或发生变形迹象的边坡，宜采用下限解法做稳定分析，推荐采用摩根斯坦—普莱斯法，也可采用詹布法（这两种计算方法详见 2.4 节的"土质边坡稳定性分析方法"）。此外，传递系数法在我国铁路、建筑等行业使用广泛且积累了较丰富的工程经验，在规范中也允许使用。

（4）对于边坡上潜在不稳定楔形体，推荐采用楔形体稳定分析方法。

3．岩质边坡稳定计算要求

在进行岩质边坡稳定分析时，需要满足以下要求：

（1）具有次滑面的滑坡体，应计算分析沿不同滑面或滑面组合构成滑体的整体稳定性和局部稳定性。

（2）对于具有特定滑面的滑坡，经过处理已经满足设计安全系数后，应检验在滑体内部是否存在沿新的滑面发生破坏的可能性。

（3）同一边坡不同剖面计算出的安全系数不同，

不能简单平均求整体安全系数，否则可能导致安全系数偏大的误差；也不宜简单取计算剖面中安全系数最低值，导致工程处理量偏大。

（4）边坡稳定分析一般以平面应变二维分析为主，当三维效应明显时应在相同强度参数基础上作三维稳定性分析，其设计安全系数按标准规定不变。

（5）在二维分析中，当同一滑坡或潜在不稳定岩体各段代表性剖面用同一种计算方法得出的安全系数不同时，可以按各段岩体重量以加权平均法计算边坡整体安全系数，或以实际变化区间值表示之；当安全系数相差较大时，应研究其局部稳定安全性。

（6）岩质边坡内有多条控制岩体稳定性的软弱结构面时，应针对各种可能的结构面组合分别进行块体稳定性分析，评价边坡局部和整体稳定安全性。

（7）对于碎裂结构、散体结构和同倾角多滑面层状结构的岩质边坡，应采用试算法推求最危险滑面和相应安全系数。

1.5.6 边坡应力应变分析

对于重要的或工程地质条件复杂的边坡，必须采用应力应变分析方法，对边坡的变形与稳定进行研究。目前，可用于岩质边坡应力应变分析的主要方法包括有限元法、离散元法、块体元法和有限差分法等。上述方法中，有限元法比较成熟且已得到广泛使用，其他方法则因有过多的假定或难于确定的岩体力学参数，有待进一步研究和发展。本章重点介绍采用有限元法进行岩质边坡应力应变分析时应该注意的一些问题，有限元法的基本原理可以参考有关文献。

1．力学模型

根据岩质边坡的特性，将边坡岩体概化为各向同性或具有各向异性、正交异性等性质的连续单元。对于岩体中的软弱面或控制性结构面，一般将其概化为节理单元。按照岩体试验提供的应力应变关系，选择弹塑性或其他非线性本构关系。

2．力学参数

边坡岩体物理力学参数的选择应满足以下规定：

（1）对于特定岩层、结构面和抗滑结构体应选取符合标准的物理力学参数值。对于有多层分带的断层宜换算平均厚度和等效模量进行简化。

（2）抗滑桩、抗剪洞等被动抗滑结构应采用经过结构安全储备系数折减的抗剪强度参数。预应力锚索应采用设计吨位的抗拉强度。

3．几何模型

在建立几何模型时，可按照以下要求进行：

（1）应力应变分析的计算范围应根据边坡地形地质条件和边坡自重应力场分布情况确定。一般来说：

对峡谷区峻坡和悬崖，顶部应包括坡顶分水岭；对于斜坡、陡坡，可以取大致为所研究边坡的 1 倍坡高；顶部分水岭很远，边坡中部有较宽平缓地形而所研究坡体范围位于边坡下部时，计算范围顶部可以仅包括平缓地形部分；坡高小于 400m 时，分析范围应包括河谷底部以下所研究边坡 1/2 坡高的深度，当坡高大于 400m 时，可以按谷底以下 200m 确定；当所研究坡体范围达到谷底以下时，计算范围应包括对岸边坡，以研究河谷底部应力场和位移场的情况。

（2）有限元网格划分应满足对边坡岩层，控制性结构面，抗滑结构体，排水洞、井等的模拟要求，满足应力与位移计算的精度要求。对于不同的岩层、控制边坡整体稳定和局部稳定的滑动边界和软弱夹层及软弱结构面、几何尺寸较大的抗滑结构体，如抗滑桩、抗剪洞等应划分单元。对于成组出现的层面和断裂结构面，几何尺寸较小、成组布置的抗滑结构体，可按经过概化处理的几何特征，例如产状或方向、间距、深度等划分单元。对于应力或变形梯度变化大的部位，根据计算本身的精度要求划分单元。

4. 加载条件

在进行应力应变分析时，对于初始应力场及开挖加固过程的模拟应该满足以下要求：

（1）一般边坡应力场按自重应力场计算。在有残余构造应力时，宜以地应力测试回归得出的地应力作用于计算边界。

（2）加载或卸载应满足模拟施工开挖、加固和运行过程中荷载的变化规律。

5. 成果整理

有限元分析中整体安全系数的计算采用强度储备安全系数法，变形开始不收敛时的安全系数即为边坡安全系数。有限元分析计算成果应满足以下规定：

（1）边坡在天然条件下形成的初始位移场为零位移场。分析成果应是边坡及其荷载条件变化后的应力场和变位场。

（2）成果中应包括应力矢量图和等值线图、变位场的矢量图和等值线图以及点安全度分布图，塑性区、拉力区、裂缝和超常变形分布范围等。

（3）在滑面和控制稳定的结构面上计算点安全系数，点安全系数规定为该点抗剪强度与该点在滑动方向上的剪应力的比值。鉴于极限平衡法采用强度储备安全系数，且 c、f 值采用相同安全系数，为便于分析比较，有限元法也宜采用相同的处理方法。

1.5.7　地质力学模型试验

地质力学模型试验是根据一定的相似原理对特定工程地质问题进行缩尺研究的一种方法，主要用来研

究各种建筑物及其地基、高边坡及地下洞室等结构在外荷载作用下的变形形态、稳定安全度和破坏机理等。

1.5.7.1　地质力学模型的设计原则

（1）由于模型试验不可能也不必要将所有的地质构造复制下来，因此地质力学模型应着重模拟主要不连续构造，至于那些次要的不连续面，如节理、裂隙等，除非它们形成明显的各向异性，需单独考虑外，一般应在岩体性质中加以综合考虑。

（2）连续和非连续介质的复合体。从整体看，岩体是非连续介质。因为它被许多不连续结构面划分为若干不同力学性质的不规则块体；但是从每个不规则块体来说，又是连续、均质的，如果应力不超过弹性极限，则亦可认为是弹性的。总之，地质力学模型以弹塑性力学理论为基础，同时又考虑不连续面的客观存在。

（3）块体的不规则性。由于断层、破碎带等的几何多样性，因此模拟的块体也是形态各异的。

（4）考虑最不利因素的原则。由于岩体本身的复杂性，要了解岩体所有的力学性质资料是不可能的。即使现场原型观测，也会由于岩体本身的材料性质不稳定，受外界条件的影响，使试验数据产生很大的变化。因此在模型模拟时的条件绝不能比原型更为有利，而只能代表最不利情况。

1.5.7.2　地质力学模型的设计原理

地质力学模型与其他类型模型试验一样，要求满足原型与模型的相似规律。它必须满足：模型的几何尺寸，边界条件，荷载及模型材料的重度、强度及变形特性方面的相似。模型和原型在弹性应力状态、弹塑性应力状态、破坏状态均应符合相似条件。

（1）满足正常的结构试验相似条件，即

$$C_\varepsilon = 1 \tag{1.5-55}$$

$$C_\mu = 1 \tag{1.5-56}$$

$$\frac{\gamma_m}{\gamma_p} = \frac{C_L}{C_E} \tag{1.5-57}$$

（2）满足模型与原型的应力—应变关系曲线完全相似，即

$$\frac{\sigma_A}{\sigma'_A} = \frac{\sigma_B}{\sigma'_B} = \frac{\sigma_C}{\sigma'_C} = C_\sigma \tag{1.5-58}$$

（3）满足模型与原型的强度相似，即

$$\left(\frac{\sigma_p}{\sigma_m}\right)_压 = \left(\frac{\sigma_p}{\sigma_m}\right)_拉 = \left(\frac{\sigma_p}{\sigma_m}\right)_剪 = C_E$$

$$\tag{1.5-59}$$

试验中，要完全满足以上相似条件很困难。对于地质力学模型试验，由于它属于破坏试验，故对强度相似的要求较严格。

1.5.7.3 模拟技术

1. 各向异性材料的模拟

沉积岩体中一方面由于岩层不同，或构造使岩层的倾角不一致，或者裂隙发育的方向不一致等都会造成弹性模量的各向异性，在模拟时必须加以考虑。各向异性材料的模拟主要有以下两种方式：

(1) 通过概化，确定要模拟的裂隙间距，并在裂隙面中夹进若干层聚乙烯薄膜，从而有效降低垂直于裂隙方向的综合弹性模量。

(2) 压模成型的材料往往本身带有一定的各向异性（10%～30%），若在砌模时纵横交错地排列，在整体上可视为各向同性；若按相同的方向排列，则又可自然形成一定程度的各向异性，可以模拟两向弹性模量相差不大的情况。

2. 结构面的剪切刚度及黏聚力的模拟

岩体结构中对层面抗剪特性的模拟是地质力学模型试验中另一个重要的问题。抗剪特性主要包括摩擦系数 f 值、黏聚力 c 值及剪切刚度 K_s 值。一般按照以下原则进行模拟：

(1) 对 f 值的模拟要尽可能准确。

(2) 层面的 c 值经常被留作安全储备，在模拟中不予考虑，这对于层面黏聚力 c 本来就接近于零的软弱夹层作这样的处理是允许的。但在另一情况，如边坡的底滑面由部分连通的缓倾角裂隙组成时，边坡滑动首先要剪断裂隙不连通处的岩石，于是必须对裂隙不连通处的内摩擦角和 c 值进行模拟。

(3) 在模拟层面剪切刚度 K_s 值时，由于其受正应力 σ_n 的影响较大，一般采用经验公式，取某一正应力作用下剪应力—剪位移曲线上下峰值的 50% 处相对应的剪应力与剪位移之比为剪切刚度。

3. 岩体不连续层面渗透压力的模拟

渗透压力对岩质边坡的变形与稳定有重要影响，一般按以下原则模拟：

(1) 渗透压力中的浮托力部分应作体积力，一般在重度设计时予以考虑。

(2) 层面渗透压力往往是要模拟的。如果在层面上施加渗透压力，而不考虑层面 f 值对抗剪强度的影响，则比较容易解决；如果要同时模拟 f 值和渗透压力，模拟技术就十分复杂。可以考虑采用充气砂袋来模拟层面的渗透压力，用砂与砂之间的滑动来模拟层面的 f 值。长江科学院曾用一种气压袋来模拟渗透水压，并在铜街子厂房坝段地质力学模型试验中得到应用。

4. 地应力的模拟

对于开挖深度较大的岩质边坡，如果需要模拟地应力，可以采用以下方式：

(1) 在离心机中直接模拟，但要求模型比较小。

(2) 在离研究区域一定范围内采用面力模拟，面力作用位置应该不影响开挖部位的应力应变状态，面力可以采用气压、千斤顶等方法施加。

1.5.7.4 量测技术

模型观测的主要内容为应力、应变、位移、裂缝和破坏形态，测量的主要仪器和方法有电阻应变片和应变仪、位移传感器、激光散斑、云纹、摄像录像等。由于地质力学模型材料变形模量比较低，只有在修正刚化影响的基础上才能计算应力，所以位移是主要测量内容。外部位移可以采用各种类型的位移传感器测量。在三维模型中，地质构造（如断层或夹层）内部相对位移的测量十分重要，而内部位移传感器尚未现成的产品。在数据采集技术上，目前已实现自动采集、实时监测和自动绘图等全自动化流程。

1.5.8 边坡稳定可靠性分析

1.5.8.1 概述

在岩土工程中存在许多先天固有的不确定和无法预测的因素，边坡稳定分析中此类因素尤为突出（如边坡稳定分析模型的近似性、岩土体参数的变异性等）。在工程技术还没有发展到能准确确定这些因素时，风险在边坡工程实践中是先天存在的，应运用安全与经济相平衡的原则对工程失事的风险进行分析计算。

目前风险分析方法在工程结构设计中的应用已较广泛，已形成了基于可靠度分析理论的定量风险分析方法和评价标准。在边坡稳定的可靠度分析方面，已有许多学者从不同角度进行了研究，研究方法主要是将某种边坡稳定性分析的极限平衡条分法（如简化毕肖普法、摩根斯坦—普莱斯法、斯宾塞法等）与某种可靠度分析方法（如中心点法、验算点法、蒙特卡罗法等）相结合，从而进行边坡稳定的可靠度分析。由于地质体的复杂性，风险分析方法和评价标准在岩土工程的应用仍处于探索和研究阶段，在工程实践中的应用主要是定性风险分析方法，基于可靠度理论的定量分析方法应用远没有达到成熟的地步。但是，可靠度分析理论较传统确定性方法对岩土工程的评价更全面合理，已成为岩土工程（包括边坡工程）实践的发展趋势。

1.5.8.2 可靠度的计算方法

1. 可靠度（可靠指标）和破坏概率的定义

$$C_R = 1 - P_F \tag{1.5-60}$$

式中　C_R——可靠度（Coefficient of Reliability）；

P_F——破坏概率（Probability of Failure）。

采用可靠度是基于心理因素，即：可靠度99%比破坏概率1%更易于为业主所接受。但在实际评价中多采用破坏概率。后文中以 P_F 代表破坏概率。

2. 基于安全系数的可靠度的分析方法

基于安全系数的可靠度（或可靠系数）分析方法是在传统的安全系数计算的基础上，考虑计算安全系数的不确定性，计算边坡的可靠度和破坏概率，对边坡的失稳风险进行评价。在传统的确定性方法向可靠度分析方法过渡阶段，该法易于为广大工程技术人员接受，在《水电水利工程边坡设计规范》（DL/T 5353—2006）中，推荐该法作为边坡可靠度分析的基本方法。

（1）基于安全系数的可靠度分析法。在传统安全系数基础上定义功能函数，即

$$F(x_1, x_2, \cdots, x_n) - 1 = 0 \quad (1.5-61)$$

$$\ln F(x_1, x_2, \cdots, x_n) = 0 \quad (1.5-62)$$

式中　　　　F——安全系数；

$x_1, x_2, \cdots, x_n$——影响安全系数的因数，例如岩体自重、地下水压力、岩体抗剪强度参数等。

相应的可靠指标为

$$\beta = \frac{\mu_F - 1}{\sigma_F} \quad (1.5-63)$$

或

$$\beta = \frac{\mu_F - 1}{\mu_F V_F} \quad (1.5-64)$$

式中　μ_F——安全系数的平均值；

σ_F——安全系数的标准差；

V_F——安全系数的变异系数。

（2）采用 J. M. Duncan 的简易分析方法。J. M. Duncan 的简易分析方法求安全系数的标准差，其步骤如下：

1）确定影响边坡稳定性各有关因素的最可能值，并以常规的边坡稳定分析方法计算安全系数的最可能值 F_{MLV}。鉴于可靠度分析是基于统计概率基础上的评价方法，计算中岩土物理力学参数应取平均值。

2）以试验统计方法或采用经验的平均值和变异系数或以"3σ准则"方法，估算各不确定性参数的标准差。这些不确定性参数一般是地下水压力和岩体及滑面的抗剪强度参数 f（或内摩擦角 φ）、c 等。所谓"3σ准则"方法即：认为不确定性参数服从正态分布，则其平均值（在正态分布情况下即最可能值）加、减3倍标准差 σ 构成的分布范围将涵盖整个概率分布的99.73%，因此可凭专业人员的经验，估计参数变化可能的上、下限值，将其差值除以6，即可采用为该参数的标准差。例如对摩擦系数 f 即有如下关系

$$\sigma_f = \frac{f_{ub} - f_{1b}}{6} \quad (1.5-65)$$

$$\mu_f = f_{ub} - 3\sigma_f \quad (1.5-66)$$

或

$$\mu_f = f_{1b} + 3\sigma_f \quad (1.5-67)$$

式中　μ_f——摩擦系数的平均值；

σ_f——摩擦系数的标准差；

f_{1b}——摩擦系数的经验下限值；

f_{ub}——摩擦系数的经验上限值。

对其他不确定性参数也可由此类推，根据经验的上、下限值求出其标准差或平均值。

3）在保持其他参数为最可能值不变的情况下，将每一参数的最可能值加一个标准差和减一个标准差分别计算安全系数 F^+ 值和 F^- 值。若变化的参数一共有 n 个，就要进行 $2n$ 次计算。这将得出 n 个 F^+ 值和 n 个 F^- 值。根据每个参数的 F^+ 值和 F^- 值计算其 ΔF 值。按以下式计算安全系数的标准差 σ_F 和变异系数 V_F，即

$$\sigma_F = \left[\left(\frac{\Delta F_1}{2} \right)^2 + \left(\frac{\Delta F_2}{2} \right)^2 + \cdots + \left(\frac{\Delta F_n}{2} \right)^2 \right]^{1/2} \quad (1.5-68)$$

$$V_F = \frac{\sigma_F}{F_{MLV}} \quad (1.5-69)$$

$$\Delta F_1 = F_1^+ - F_1^- \quad (1.5-70)$$

式中　F_1^+——对第一个参数的最可能值增加一个标准差后计算出的安全系数；

F_1^-——对第一个参数的最可能值减少一个标准差后计算出的安全系数。

例如，某一滑坡稳定分析中，孔隙水压力 U 和滑面的摩擦系数 f、黏聚力 c 是不确定参数。安全系数的标准差可按以下步骤求出：

a. 首先保持摩擦系数和黏聚力平均值不变，即保持 μ_f 和 μ_c 不变，将孔隙水压力的平均值 μ_U 分别加、减孔隙水的标准差 σ_U，即：$\mu_U^+ = \mu_U + \sigma_U$，$\mu_U^- = \mu_U - \sigma_U$。分别与 μ_f 和 μ_c 一起代入稳定分析计算公式，求出相应两个安全系数 F_U^+ 和 F_U^-。将这两个安全系数相减，得出 $\Delta F_U = F_U^+ - F_U^-$。

b. 保持孔隙水压力和黏聚力平均值不变，即保持 μ_U 和 μ_c 不变，将摩擦系数的平均值 μ_f 分别加、减摩擦系数的标准差 σ_f，即：$\mu_f^+ = \mu_f + \sigma_f$，$\mu_f^- = \mu_f - \sigma_f$。分别与 μ_U 和 μ_c 一起代入稳定分析计算公式，求出相应两个安全系数 F_f^+ 和 F_f^-。将这两个安全系数相减，得出 $\Delta F_f = F_f^+ - F_f^-$。

c. 保持孔隙水压力和摩擦系数平均值不变，即保持 μ_U 和 μ_f 不变，将黏聚力的平均值 μ_c 分别加、减黏聚力的标准差 σ_c，即：$\mu_c^+ = \mu_c + \sigma_c$，$\mu_c^- = \mu_c - \sigma_c$。分别与 μ_U 和 μ_f 一起，代入稳定分析计算公式，求出相应两个安全系数 F_c^+ 和 F_c^-。将这两个安全系数相减，得出 $\Delta F_c = F_c^+ - F_c^-$。

d. 将上述求得的 ΔF_U、ΔF_f 和 ΔF_C 代入式 (1.5-71)，可求出安全系数的标准差为

$$\sigma_F = \left[\left(\frac{\Delta F_U}{2}\right)^2 + \left(\frac{\Delta F_f}{2}\right)^2 + \left(\frac{\Delta F_C}{2}\right)^2 \right]^{\frac{1}{2}}$$

(1.5-71)

e. 安全系数的变异系数计算公式为

$$V_F = \frac{\sigma_F}{\mu_F}$$

(1.5-72)

3. 可靠指标

若认为安全系数呈对数正态分布，其可靠指标写为 β_{LN}，则其计算公式为

$$\beta_{LN} = \frac{\dfrac{\ln F_{MLV}}{(1+V_F^2)^{\frac{1}{2}}}}{\ln(1+V_F^2)^{\frac{1}{2}}}$$

(1.5-73)

式中 F_{MLV}——安全系数最可能值；

V_F——安全系数的变异系数。

注意，J. M. Duncan 认为假设安全系数值按对数正态分布是较合理的近似。安全系数按对数正态分布并不意味各独立变量（γ_{ef}，$\tan\varphi$，γ_{bf}，γ_c）也按此类型分布。用这个方法没有必要对这些变量的分布做任何假定。

如果采用正态分布，则可以直接用式 (1.5-73) 计算。

4. 破坏概率

破坏概率用计算得到的 F_{MLV}、V_F 或 β_{LN} 和 β 可以计算破坏概率 P_F 值，即

$$P_F = 1 - \Phi(\beta)$$

(1.5-74)

式 (1.5-74) 中的 $\Phi(\beta)$ 为标准正态分布函数，可以查正态分布表求得 P_F 与 β 的关系。其主要对应值见表 1.5-1。

表 1.5-1　破坏概率 P_F 与相应的可靠度指标 β（据李天扶）

破坏概率 P_F	可靠度指标 β
0.50	0
0.25	0.67
0.10	1.28
0.05	1.65
0.01	2.33
0.001	3.10
0.0001	3.72
0.00001	4.25

在不同的变异系数 V_F 情况下安全系数 F 与相应的破坏概率可按表 1.5-2 内插得出，注意该安全系数是采用岩土力学强度平均值计算得出的。

表 1.5-2　边坡的安全系数 F 和破坏概率 P_F（据李天扶）　　　　　　　　%

安全系数 F	安全系数的变异系数[①] V_F									
	0.10		0.15		0.20		0.25		0.30	
	A	B	A	B	A	B	A	B	A	B
1.05	33.02	31.70	40.03	37.55	44.14	40.59	47.01	42.45	49.23	43.69
1.10	18.26	18.17	28.63	27.22	35.11	32.47	39.59	35.81	42.94	38.09
1.15	8.831	9.606	19.42	19.23	27.20	25.71	32.83	30.09	37.10	33.19
1.20	3.771	4.779	12.56	13.33	20.57	20.23	26.85	25.25	31.77	28.93
1.25	1.437	2.275	7.761	9.121	15.20	15.87	21.68	21.19	26.98	25.25
1.30	0.494	1.051	4.606	6.197	11.01	12.43	17.30	17.80	22.76	22.09
1.40	0.044	0.214	1.459	2.841	5.480	7.656	10.69	12.66	15.88	17.05
1.50	0.003	0.043	0.410	1.313	2.569	4.779	6.380	9.121	10.85	13.33
1.60	0	0.009	0.105	0.621	1.148	3.040	3.707	6.681	7.294	10.57
1.80		0	0.006	0.152	0.206	1.313	1.178	3.772	3.176	6.924
2.00			0	0.043	0.034	0.621	0.355	2.275	1.340	4.779
3.00			0	0	0	0.043	0.001	0.383	0.016	1.313

注　1. 表中 A 为按式 (1.5-63) 计算，认为安全系数为对数正态分布。

2. 表中 B 为按式 (1.5-62) 计算，认为安全系数为正态分布。

① 若岩土体自重变化可忽略不计，地下水压力取最大值并视为定量，则此变异系数即是岩土体抗剪强度的变异系数。

1.5.8.3 边坡工程可靠度分析评价标准的讨论

目前工程界在边坡工程可靠度分析的评价标准上没有统一的规定，国内外均有一些研究成果。国外流行的做法是对不同工程项目，根据其破坏造成人员伤亡数目后果，确定其年破坏概率的要求指标。例如，Whitman 在 1984 年给出了一些工程项目的风险程度示意图（图 1.5-8）。

图 1.5-8 中对于低层建筑物和交通量不大的桥，

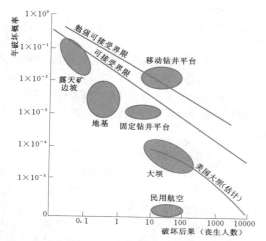

图 1.5-8 一些工程项目的风险程度
示意图（Whitman，1984）

失事死亡人员少于 5 人时，要求年破坏概率不超过 $1 \times 10^{-2} \sim 1 \times 10^{-3}$（$CR = 99\% \sim 99.9\%$），而对于失事可造成数百人死亡的大坝，其年破坏概率不得超过 $1 \times 10^{-4} \sim 1 \times 10^{-5}$（$CR = 99.99\% \sim 99.999\%$）。

（1）挪威潜在滑坡区建筑物与土木工程导则（SBE，1995）规定的安全等级及允许最大年破坏概率见表 1.5-3。

表 1.5-3 挪威潜在滑坡区建筑设计
导则安全等级规定

安全等级	滑动损失	最大年滑动概率
1	较小	1×10^{-2}
2	中等	1×10^{-3}
3	较大	$< 1 \times 10^{-4}$

注意，表 1.5-3 中最高的安全等级是 3 级，最低的是 1 级，例如挪威规定大坝安全等级为 3 级，这与我国的做法相反。总体来说，挪威的边坡设计标准比较适中，其设计基准期为 50 年，设计单项最大破坏概率相应为 50%、5% 和 0.5%（大致相当于安全系数等于 1.0、1.3～1.4 和 1.5～1.7）。

（2）中国香港规定的每个生命个体年允许风险：对新建边坡为 1×10^{-5}，对已有边坡为 1×10^{-4}。又提出社会风险对边坡要求的两个方案，其失稳概率的规定见表 1.5-4。

表 1.5-4 香港土木工程署关于滑坡的规定

预期滑坡死亡人数	不可接受风险区下限年失稳概率	第一方案年失稳概率		第二方案年失稳概率
		适当可行区	可接受风险区	适当可行区
1	1×10^{-3}	$1 \times 10^{-3} \sim 1 \times 10^{-5}$	$< 1 \times 10^{-5}$	$< 1 \times 10^{-3}$
10	1×10^{-4}	$1 \times 10^{-4} \sim 1 \times 10^{-6}$	$< 1 \times 10^{-6}$	$< 1 \times 10^{-4}$
100	1×10^{-5}	$1 \times 10^{-5} \sim 1 \times 10^{-7}$	$< 1 \times 10^{-7}$	$< 1 \times 10^{-5}$
1000	1×10^{-6}	$1 \times 10^{-6} \sim 1 \times 10^{-8}$	$< 1 \times 10^{-8}$	$< 1 \times 10^{-6}$
1000～5000	$1 \times 10^{-6} \sim 5 \times 10^{-7}$	高度关注区		

（3）根据我国《水利水电工程结构可靠度设计统一标准》（GB 50199—94）（以下简称水工标）规定，对于第一类破坏类型的结构物，其目标可靠指标及相应破坏概率见表 1.5-5。

边坡属于第一破坏类型，但是它不是建筑结构物，从后面的分析可知，这一标准对于边坡来说过于严格，因此不能用于边坡设计。

刘汉东、汪文英的《水电工程高边坡安全度标准研究》参照国内外工程结构统一设计标准，结合国内外边坡和坝工方面的研究，通过工程类比法给出水电工程高边坡在正常荷载情况下安全度标准建议值，见表 1.5-6。

表 1.5-5 《水利水电工程结构可靠度设计统一标准》（GB 50199—94）的相应要求

安全级别	目标可靠指标	可靠度	破坏概率	设计基准期（年）	年破坏概率
Ⅰ	3.7	0.9998922	$\approx 1 \times 10^{-4}$	100	1×10^{-6}
Ⅱ	3.2	0.9993129	$\approx 1 \times 10^{-3}$	50	2×10^{-5}
Ⅲ	2.7	0.996533	$\approx 1 \times 10^{-2}$	50	2×10^{-4}

表 1.5－6　　　　　水电工程高边坡在正常荷载情况下安全度标准建议值

重要性等级	建议可靠指标 β	相应破坏概率	相应年破坏概率
重要边坡	3.90	4.81×10^{-5}	4.81×10^{-3}
普通边坡	3.10	9.68×10^{-4}	9.68×10^{-2}
次要边坡	2.33	9.90×10^{-3}	9.90×10^{-1}

该建议值认为服务期为 100 年。按《建筑结构统一标准》（GBJ 68—84），其值介于延性与脆性破坏之间。

1.6　岩质边坡设计

1.6.1　设计内容

1.6.1.1　岩质边坡设计内容

岩质边坡设计（岩质边坡的治理和加固设计）的主要内容包括：确定边坡类别、级别，选定边坡设计安全系数、进行边坡稳定性计算分析、边坡开挖体型、边坡地表及地下截排水设计、边坡支挡结构设计以及边坡坡面保护、加固结构设计和景观绿化设计、坡面交通设计等，重要的岩质边坡应提出岩质边坡设计专题报告。

1.6.1.2　岩质边坡治理技术

在 20 世纪 50 年代，水利水电工程治理边坡主要采用地表排水（如浙江黄坛口水电站左坝肩滑坡处理采用地下排水洞）、清方减载、填土反压、抗滑挡墙及浆砌片（块）石防护处治等措施。但工程实践经验证明，采用地表排水、清方减载、填土反压仅能使边坡暂时处于稳定状态，如果外界条件发生改变，边坡仍然可能失稳。

20 世纪 60 年代末期，我国在铁路建设中首次采用抗滑桩技术并获得成功。随后在水利水电工程中开始使用。抗滑桩技术的诞生，使一些难度较大的边坡工程问题的治理成为现实，在全国范围内迅速得到推广应用，并从 20 世纪 70 年代开始逐步形成以抗滑桩支挡为主，结合清方减载、地表排水的边坡综合治理技术。

在 20 世纪 80 年代末期，由于锚固技术理论研究和凿岩机械突破性的发展，我国开始采用锚喷技术。锚喷技术的采用对高边坡提供了一种施工快速、简便、安全的治理手段，得到广泛采用。对于排水，人们也有了新的认识，主张以排水为主，结合抗滑桩、预应力锚索支挡综合治理。

在 20 世纪 90 年代，压力注浆技术、预应力锚固技术及框架锚固结构越来越多地用于边坡治理，尤其是用于高边坡的治理工程中。其是一种边坡的深层加固治理技术，能解决边坡的深层加固及稳定性问题，达到根治边坡的目的，因而是一种极具广泛应用前景的高边坡治理技术。

进入 21 世纪，水利水电工程边坡设计和治理技术得到了进一步发展和提高，2006 年和 2007 年《水电水利工程边坡设计规范》（DL/T 5353—2006）和《水利水电工程边坡设计规范》（SL 386—2007）先后颁布，工程边坡设计逐渐标准化。随着科学技术的发展，岩质边坡设计技术将得到进一步发展，并逐步趋向完善。

1.6.2　设计基础资料

边坡工程设计应在边坡工程地质勘察及室内试验和现场试验工作成果以及水工枢纽工程布置的基础上进行。一般应具备以下基本资料：

（1）工程地质。工程地质平面图、剖面图；边坡工程地质勘察报告；边坡抗震设计标准及动参数应与相关的水工建筑物抗震设计标准一致。

（2）水文地质。地下水位等值线图；地下水长期观测资料；各岩层和结构面渗透系数。

（3）岩体、断裂结构面的物理力学特性参数。边坡岩体的结构；岩体变形模量、弹性模量、抗剪强度参数等的试验标准值和地质建议值；软弱结构面的性状、抗剪强度参数等的试验标准值和地质建议值；节理、裂隙发育密度、分布规律和控制性结构面的连通率等。

（4）环境资料。水文、气象、降雨量、降雨强度和降雨过程资料；水电站施工期和运行期水库的特征水位；泄洪雾化范围和雨强等有关资料。

（5）枢纽布置。枢纽布置平面图；主要建筑物平面及剖面图。

1.6.3　岩质边坡设计原则

（1）确定边坡类型和安全级别。在进行边坡设计之前，应明确边坡失稳可能造成的危害，对建（构）筑物的影响程度，划分边坡类型和安全级别，确定设计标准。

（2）明确治理目标和标准。对需要治理的边坡应根据工程地质分区、岩土类型分区、变形和破坏型式分区等，划分不同区域，明确治理目标和治理标准，并据此作出治理的统一规划和基本方案。

（3）进行失稳风险评估。比较重要的边坡，对边坡可能失稳范围、破坏方式、失稳后堆积形态和可能造成的损失进行分析和失稳风险评估。

（4）应进行设计方案比较。对需加固治理的边坡应结合稳定分析进行桩、锚或其组合等加固方案比较，从施工、工期、费用及治理效果等方面作出预算和预测，进行效益与投资经济分析。

（5）优先考虑提高边坡自身稳定的增稳措施。当自然边坡的稳定和变形不能满足设计要求时，应优先考虑提高地质体自身稳定的增稳措施，主要为降低地下水压力（地面防水、地下排水等）和改变坡形（削头压脚等）。当这些措施难以实施或仍不能满足设计标准时，再考虑加固措施。稳定分析和变形分析应结合这些措施的实施步骤分阶段进行。

（6）分析边坡上部工程活动的影响。应对边坡上部工程活动带来的不利影响进行分析。当需要在潜在不稳定边坡上部进行高压灌浆等工作时，必须采取可靠的监测和预防边坡失稳措施。

（7）监测预报和预警。可采取避让方案或降低保护标准的治理方案，相应加强监测预报与预警措施，避免或减少破坏损失。

（8）边坡治理设计必须考虑环境保护，遵守国家和地方政府法令。

1.6.4 边坡工程设计的基本规定

《水电水利工程边坡设计规范》（DL/T 5353—2006）和《水利水电工程边坡设计规范》（SL 386—2007）对边坡设计作了基本规定。针对岩质边坡设计，有以下基本规定。

（1）边坡设计应与相应建筑物的设计深度相适应，使其达到安全可靠、经济合理、技术先进、符合实际的要求。

（2）边坡治理工程应根据地形地质条件，结合水工建筑物或其他建筑物的布置，结合施工条件，区分持久边坡和短暂边坡，因时、因地制宜进行设计。

（3）极限平衡分析法是边坡稳定分析的基本方法，适用于滑动破坏类型的边坡。对于1级、2级边坡，应采取两种或两种以上的计算分析方法，包括有限元等方法进行变形稳定分析，综合评价边坡变形与抗滑稳定安全性。

（4）对于特别重要的、地质条件复杂的高边坡工程，应进行专门的应力变形分析，研究其失稳破坏机理、破坏类型和有效的加固处理措施。必要时可进行可靠度分析。

（5）边坡需要的抗滑力应根据稳定分析计算成果

和边坡安全系数确定；应以条分法计算各条块达到设计安全系数所需平衡的剩余下滑力，结合地质条件和施工条件选择不同抗滑结构并确定其平面位置和深度，按力的合成原理计算不同抗滑结构提供的抗滑力。

（6）抗滑工程提供的抗滑力或预加锚固力应根据加固措施的类型、结构和使用材料，将边坡根据设计安全系数需要的抗滑力除以小于1的强度利用系数或乘以大于1的强度储备安全系数得出，后者即承载能力极限状态计算中的结构系数。

（7）作为加固边坡浅表层岩土体的系统或局部锚固结构，如系统锚杆或系统锚筋桩等，其锚固深度和锚固力，应根据情况，按经验判断和估算确定，必要时应进行稳定分析计算并按设计安全系数的要求确定。

（8）岩质边坡体型设计，应参考地质建议的开挖边坡坡比，综合考虑边坡的工程目的、边坡处理措施、马道设置和排水要求、交通和施工要求、方便维护和检修要求。

（9）边坡工程设计，应充分利用现场勘察和地质分析成果，包括边坡变形和地下水的动态监测成果。边坡工程施工中，还应结合地质预测预报、地质编录和监测分析反馈资料，根据工程实际，在边坡变形稳定分析的基础上，修改和调整边坡设计参数，实现边坡工程全过程动态设计法。

1.6.5 岩质边坡治理

1.6.5.1 岩质边坡治理措施

岩质边坡的治理可采用下列一种或多种措施：

（1）减载、边坡开挖和压坡。

（2）排水和防渗，排水包括坡面、坡顶以上地表排水、截水和边坡体内的地下排水。

（3）坡面防护，用于岩质边坡的喷混凝土、喷纤维混凝土、挂网喷混凝土和现浇混凝土。

（4）边坡锚固措施，包括锚杆、钢筋桩、预应力锚杆、预应力锚索。

（5）抗滑支挡结构，包括多种型式的挡土墙、抗滑桩、抗剪洞、锚固洞。

（6）组合加固措施，锚固与支挡措施的组合，包括预应力锚索（锚杆、预应力锚杆）抗滑桩、桩洞联合体、锚杆（锚索）挡墙等。

上述措施中，（1）～（3）为岩质边坡增稳措施，（4）～（6）为岩质边坡加固措施。

1.6.5.2 岩质边坡治理措施选择

（1）边坡治理措施的选择，应优先考虑增稳措施，当增稳措施不能满足要求时，再考虑加固措施。

（2）减载、边坡开挖、排水和防渗、坡面防护适用于各种结构的岩质边坡治理，是岩质边坡治理的常用措施。

（3）压坡适用于边坡坡脚部位有足够的场地，没有变形要求的岩质边坡，常与坡顶减载相结合，即减载与反压。

（4）锚杆适用于各种类型的岩质边坡加固，是水电水利工程边坡常用的加固措施，用于边坡表层风化岩体、节理裂隙岩体和小的潜在不稳定块体的加固。

（5）预应力锚杆用于表层岩体和中小潜在不稳定块体的加固。

（6）抗滑桩宜用于潜在滑动面明确、对边坡岩体变形控制要求不高的土石混合边坡和碎裂状、散体结构的岩质边坡。

（7）预应力锚索属于主动抗滑结构，适用于有条件加预应力的边坡和边坡加固，已普遍用于岩质边坡的加固中。

（8）抗剪洞又称抗剪键，主要用于坚硬完整岩体内可能发生沿软弱结构面剪切破坏时的加固。

（9）锚固洞宜用于岩体坚硬完整的边坡滑面较陡部位的加固。

（10）当岩质边坡不稳定下滑力较大、控制稳定的断裂结构面规模较大，边坡岩体破碎、软岩边坡、相关水工建筑物对边坡岩体变形控制有要求时，应采用多种组合加固措施，以保证边坡岩体稳定和控制边坡岩体变形。

（11）当水利水电工程岩质边坡加固条件复杂、规模较大时，一般采用多种措施，综合治理边坡。

1.6.6 开挖设计

岩质边坡开挖设计的主要内容包括：根据水工建筑物的布置需要，确定建筑物基础的开挖边界；根据地质专业的建议和类似工程经验，结合稳定性分析成果，确定典型断面（稳定控制断面）的开挖坡比和开挖坡型；根据地形地质资料，进行边坡平面、空间的体型设计。

1.6.6.1 设计原则

（1）在选择枢纽布置方案和建筑物设计时，应尽量避免形成人工高陡边坡。

（2）枢纽布置无法避免高边坡时，应根据地质条件和岩土特性，充分研究开挖边坡的稳定性，按照经验判断或稳定分析确定边坡坡型、坡度。

（3）边坡高度不大于 30m 时，结合实际经验按照工程类比的原则，并参考该地区已有的稳定边坡的坡率综合分析确定。

（4）重要的、规模较大的岩质边坡，应结合工程

区内节理裂隙的数理统计分析，进行边坡失稳风险分析和评估，在此基础上选择开挖坡型。

（5）人工边坡应尽量避开深厚堆积体、较大断层和顺坡向软弱层发育地段。在高地应力地区应研究边坡走向与地应力关系，采取措施避免或预防开挖引起的强卸荷现象。

（6）人工边坡的坡型、戗道宽度、梯段高度与坡度应参考地质建议，结合水工布置和施工条件，考虑监测、维护及检修需要以及拟采用的施工方法等研究确定。通常戗道（平台）宽度不宜小于 2m，梯段高度岩质边坡不宜大于 30m。

典型的台阶状开挖如图 1.6-1 所示。

图 1.6-1 边坡台阶式开挖

（7）总体上，人工边坡的开挖坡度在考虑排水条件下应能达到自稳条件。局部存在地质缺陷的边坡，也应保证在临时喷锚支护条件下达到自稳。

（8）对层状同向结构边坡和顺向边坡，开挖坡度应考虑层面和结构面的倾角，尽量避免切脚开挖。

（9）开挖边坡设计应考虑在清除边坡上方的危岩体、危石之后，根据岩土体特性、风化、卸荷、节理裂隙发育情况等，按照坡面自稳要求，确定边坡坡度，自上而下分层形成开挖坡面。

（10）开挖边坡应要求采用控制爆破施工工艺，对于有不利结构面组合，易于发生强烈卸荷开裂，进而可能引起滑动、倾倒或溃屈部位，边坡开挖线附近以及边坡洞口段的锁口部位，应采取超前锚杆、先固后挖或边挖边锚的施工顺序。

（11）边坡在开挖过程中或开挖完成后出现拉裂、局部滑动甚至失稳破坏情况时，应分析其原因，包括施工因素的影响等，据此，进一步研究治理措施，提出补充设计。

1.6.6.2 开挖坡型

1. 坡率法

按照《建筑边坡工程技术规范》（GB 50330—

2002）的规定，边坡高度不大于 30m 时，无外倾软弱结构面的边坡开挖坡比可按表 1.6-1 确定。

表 1.6-2 给出了国内部分已建成工程边坡实例。

《水电水利工程边坡设计规范》（DL/T 5353—2006）给出了在非结构面控制稳定条件下岩质边坡开挖坡度建议参考值，见表 1.6-3（略有调整）。

表 1.6-1　　　　　　　　　　坡高小于 30m 的岩质边坡开挖坡率

边坡岩体类型	风化程度	边 坡 坡 率	
		$H \leqslant 15m$	$15m \leqslant H < 30m$
I	未风化、微风化	1:0.1~1:0.3	1:0.1~1:0.3
	弱风化	1:0.1~1:0.3	1:0.3~1:0.5
II	未风化、微风化	1:0.1~1:0.3	1:0.3~1:0.5
	弱风化	1:0.3~1:0.5	1:0.5~1:0.75
III	未风化、微风化	1:0.3~1:0.5	
	弱风化	1:0.5~1:0.75	
IV	弱风化	1:0.5~1:1	
	强风化	1:0.75~1:1	

表 1.6-2　　　　　　　　　　岩质人工开挖边坡坡度

工程名称	岩石名称	边坡高度（m）	开挖坡角（°）	技 术 措 施	备　　注
天生桥二级	砂岩、泥页岩、灰岩	130	55~63	抗滑桩、锚索	高差 20~30m 设马道
三峡船闸	花岗闪长岩	100~170	78~84	锚索、排水	直立坡未设马道
龙滩左岸	砂岩、粉砂岩、泥板岩	340	53~79	排水、锚索、先锚后挖	高差 20m 设宽 5m 马道
小湾坝肩	片麻岩	400	45~50	锚索、抗滑桩、排水	高差 20~30m 设马道
向家坝左岸	砂岩	135~150	53~73	锚索、排水	高差 20m 设宽 3~5m 马道
五强溪左岸	砂质板岩、千枚岩	130~170	25~50	软弱带置换、锚固洞、排水	高差 20m 设宽 3~5m 马道
溪洛渡	玄武岩	100~200	70~80	锚索	高差 20~30m 设马道

表 1.6-3　　　　　　　　　　岩质边坡建议开挖坡度

岩体特征	建议开挖坡度	备　　注
散体结构岩体	不大于天然稳定坡	结合表层保护及拦石措施
全/强风化岩体	1:1~1:0.75	结合系统锚固或随机锚固
中（弱）风化岩体	1:0.5~1:0.25	结合随机锚固
微风化/新鲜岩体	1:0.3~直立（临时）	
整体/完整块状岩体	1:0.1~直立（临时）	
层状岩体逆向坡	1:0.15~1:0.25	逆向坡应防止倾倒破坏，结合系统锚固或随机锚固
层状岩体顺向坡	不大于层面坡度	

根据以上经验开挖坡比和地质建议开挖坡比，结合水工布置和施工条件，考虑监测、维护及检修需要以及拟采用的施工方法等研究确定基本开挖坡型。

有倾向坡外结构面的岩质边坡，其开挖坡型应与加固措施、施工条件一起进行综合经济、施工条件综合比较确定。一般有以下 3 种情况。

（1）经稳定性计算分析，当开挖边坡能保持临时稳定时，有时间对结构面进行及时加固，可按坡率法确定基本开挖坡型。

（2）按坡率法确定基本开挖坡型，经稳定性计算分析，当开挖边坡不能保持临时稳定时，有条件时，采用坡顶减载（或削坡）的方法，使开挖边坡达到临时稳定，并对结构面进行及时加固。

（3）按坡率法确定基本开挖坡型，经稳定性计算分析，当开挖边坡不能保持临时稳定时，在空间施工条件具备的条件下，可采用先锚后挖或提前加固的方法，对控制稳定的结构面构成的潜在不稳定体，进行加固，以达到结构面出露后稳定控制的要求。

这里以龙滩水电站进水口1号机引水洞进口开挖边坡为例[19,27-28]，介绍倾向坡外结构面控制的岩质边坡开挖设计。

龙滩水电站进水口1号机引水洞进口边坡，高程280.00～382.00m之间由 F_{138}、F_{58}、F_{26}、F_7 断层切割构成最大体积达7.4万 m^3、宽度65m、厚度约35m的镶嵌状不稳定块体，考虑高程382.00m施工主干道路已形成，亦无空间条件挖除，前期考虑主要采用超前钢筋桩、预应力锚索加固，确保块体稳定，开挖坡型基本按坡率法设计。该部位排水洞提前开挖形成后，进一步明确了 F_{138} 主滑面的产状和性状，同时也发现零星发育有倾向坡外的中缓倾裂隙性小断层，为安全考虑，避免坡表面局部小块体垮塌而影响边坡整体的稳定性，经分析，利用不同高程布置的马道，在平台上增设了多排竖直钢筋桩，并要求平台出露即实施，在下梯段开挖前完成。这一超前锚固措施，降低了下梯段爆破对表层小块体的影响，控制了裂隙性小断层的松动、变形；采用桩体自带注浆管、压力灌浆工艺，对裂隙起固结作用，维护和加强了结构面的抗剪强度，保证了表层岩体的完整性和局部小块体的稳定，为大块体的处理创造了条件、争取了时间。

1号机坝后坡在自然状态下为浅山谷地形，地势险峻，平均坡度42°～70°，属陡坡地段。该坡出露地层为板纳组 T_2b^{24}、T_2b^{25}、$T_2b^{26～27}$ 层，砂岩与泥板岩互层，层面、节理、断层较发育，岩体完整性较差。

在1号机坝后坡断层发育，主要有 F_{138}（N10°W，SW∠31°）、F_{135}（N10°W，SW∠50°～54°）、F_{56}（N60°～70°E，SE∠80°～82°）、F_{26}（N35°～60°E，NW∠76°～86°）、F_{27}（S8°W，SE∠78°）、F_{143}（N40°W，SE∠58°）、F_7（N88°E，NW∠79°）、F_1（N85°W，NE∠80°），纵横交错，相互切割形成一系列规模不等的块体群，彼此嵌套或邻接，一旦其中某一处块体失稳将会导致连锁反应，对边坡稳定不利，其界定结构面平面分布如图1.6-2所示。

根据界定1号机块体的断层 F_{138}、F_{26}、F_7 产状分析，楔体产状特征明显，其变形破坏模式应是以断层 F_{138} 为主滑面、F_{26} 为侧滑面、断层 F_7 为后缘切割面的楔体破坏，滑移剪出口位于引水洞洞脸坡，所以按楔体破坏模式进行计算分析。

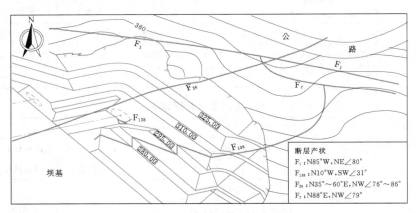

断层产状
F_1：N85°W，NE∠80°
F_{138}：N10°W，SW∠31°
F_{26}：N35°～60°E，NW∠76°～86°
F_7：N88°E，NW∠79°

图1.6-2 1号机开挖边坡平面图

经分析，保证块体在各工况下安全运行，须对该块体增加至少20.185万kN的有效深层锚固力。

块体的治理措施，从开挖轮廓设计考虑，能彻底挖除最为理想，但受地形限制与建筑物布置需要等方面考虑已不现实，只能从采取合适的加固措施以增加支护力方面考虑。

为加固块体，在块体范围内布置了10余排2000kN级的预应力端头型锚索，均穿过底滑面断层 F_{138}，经计算，预应力锚索给块体增加的支护力达到17.5万kN；另外，在高程310.00m、325.00m马道布置4排钢筋桩，每级2排，长度分25m、30m两种，同样要求穿过底滑面断层 F_{138}，据计算，块体范围内的钢筋桩能提供支护力7.4万kN，两者合计为24.9万kN，能满足块体的稳定要求。

支护措施的布置如图1.6-3所示。

根据该块体以 F_{138} 为主滑面的特点，对施工程序

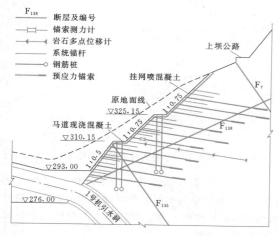

图例说明：
F_{138} 断层及编号
锚索测力计
岩石多点位移计
系统锚杆
钢筋桩
预应力锚索

图 1.6-3 1号机块体加固治理图

作了如下要求：边坡开挖至高程 325.00m，高程 325.00m 以上预应力锚索和平台上的超前钢筋桩完成后，再进行高程 325.00～310.00m 之间的开挖；高程 310.00m 以上预应力锚索和平台上的超前钢筋桩完成后，进行 310.00～295.00m 之间的开挖，待高程 295.00m 以上预应力锚索和洞口锁口锚杆完成后，再开挖至高程 276.00m。实现了先锚后挖，保证了施工期安全。

为了解、掌握块体的加固治理效果，针对性地布置了一个监测断面，布置的监测仪器有多点岩石位移计、锚索测力计与锚杆应力计及水位孔等。自块体加固治理措施与监测设施实施到位后，通过四年多的监测信息采集，从岩石变位计 M_{12-2}^4（图 1.6-4）与锚索测力计 D_{12-3}^P（图 1.6-5）的变化过程曲线来看，数据变化逐渐趋于平稳，块体稳定。

2. 基于可靠度分析确定开挖坡型

重要的、规模较大的岩质边坡，应结合工程区内节理裂隙的数理统计分析，从分析边坡岩体内优势节理发育规律着手，研究临界坡角与可靠度关系，进而分析研究不同风化程度的岩层在拟定可靠度条件下的开挖稳定坡角，结合水工建筑物结构需要、施工条件、监测、维护及检修需要，综合集成确定总体的基本开挖坡型。

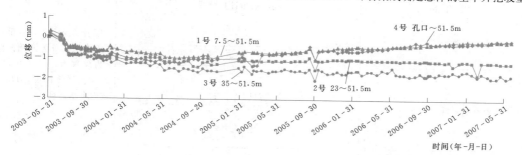

图 1.6-4 岩石变位计 M_{12-2}^4 位移过程曲线（左岸进水口边坡，高程 311.15m）

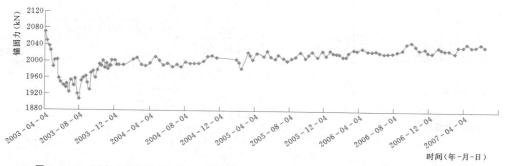

图 1.6-5 预应力锚索测力计 D_{12-3}^P 锚固力过程曲线（左岸进水口边坡，高程 302.00m，孔口）

这种方法确定的基本坡型，主要特点是有效地降低了节理楔体在边坡上的出露频度，减少了潜在危险楔体的数量，大幅度地降低了边坡楔体失稳的几率，达到了以较小的开挖工程量，取得较高的边坡整体稳定性，减少坡面不稳定楔体的加固处理工程量的目的。

这里以龙滩水电站坝址区岩质边坡开挖基本坡型

为例[20]，说明基于可靠度理论分析确定基本开挖坡型的方法和步骤。

（1）临界坡角与可靠度分析。赋存于边坡岩体中的地质结构面控制着边坡的稳定和开挖边坡的坡角，研究坡高与坡角的关系是确定开挖边坡的主要任务，边坡的总体坡角主要是由临界坡角计算确定。

边坡坡型的确定是在获得全区的裂隙测绘和统计分析资料，在确定裂隙的倾向、走向，裂隙的宽度、间距、裂隙率，裂隙两侧岩壁风化情况以及裂隙中的填充情况（充填物质充填程度）和求得岩体各区域的抗剪强度特性资料后，进行坡高与坡角的研究。假设某一边坡的坡高为 H，岩石重度为 γ，内摩擦角为 φ，c 为黏聚力，β 为潜在滑动面倾角，i 为开挖边坡坡角，以 $Y=\gamma H/c$ 为纵坐标，$X=2\sqrt{(i-\beta)(\beta-\varphi)}$ 为横坐标可建立起坡高与坡角的函数关系，如图 1.6-6 所示。

若边坡处于极限平衡状态，图 1.6-6 中的曲线近似一条双曲线，并用最小二乘法回归此双曲线，求得待定常数，则得

$$X=\frac{330}{Y}+16 \qquad (1.6-1)$$

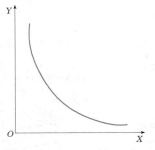

图 1.6-6 坡角与坡高关系曲线

若将不同组合情况下的 X、Y 值分别代入式 (1.6-1) 就可得到不同组合时维持边坡稳定的最陡坡角，即临界坡角 i_c 值。在边坡无裂缝的组合情况下的计算公式为

$$i_c=\beta+\frac{\left(\dfrac{165c}{\gamma H}+8\right)^2}{\beta-\varphi} \qquad (1.6-2)$$

表 1.6-4　　　　　　　　　　　　　不同组合临界坡角的计算公式

序号	组合情况	临界坡角计算公式	附 注
A	干坡无裂缝	$i_c=\beta+\dfrac{\left(\dfrac{165c}{\gamma H}+8\right)^2}{\beta-\varphi}$	式中，γ 为岩石容重；φ 为内摩擦角；β 为滑动面倾角；c 为黏聚力；H 为坡高；Z_0 为坡顶裂缝深度；H_w 为边坡地下水高度
B	干坡有张裂缝	$i_c=\beta+\dfrac{\left[\dfrac{165c}{\gamma H\left(1+\dfrac{Z_0}{H}\right)}+8\right]^2}{\beta-\varphi}$ $Z_0=\dfrac{2c}{\gamma}\left(\dfrac{1+\sin\varphi}{1-\sin\varphi}\right)$	
C	湿坡无裂缝	$i_c=\beta+\dfrac{\left(\dfrac{165c}{\gamma H}+8\right)^2}{\beta-\varphi\left[1-0.1\left(\dfrac{H_w}{H}\right)^2\right]}$	
D	湿坡有裂缝但裂缝无水	$i_c=\beta+\dfrac{\left[\dfrac{165c}{\gamma H\left(1+\dfrac{Z_0}{H}\right)}+8\right]^2}{\beta-\varphi\left[1-0.1\left(\dfrac{H_w}{H}\right)^2\right]}$	
E	湿坡有张裂缝且充水	$i_c=\beta+\dfrac{\left[\dfrac{165c}{\gamma H\left(1+\dfrac{3Z_0}{H}\right)}+8\right]^2}{\beta-\varphi\left[1-0.1\left(\dfrac{H_w}{H}\right)^2\right]}$	
F	湿坡有动水压力且有干张裂缝	$i_c=\beta+\dfrac{\left[\dfrac{165c}{\gamma H\left(1+\dfrac{Z_0}{H}\right)}+8\right]^2}{\beta-\varphi\left[1-0.5\left(\dfrac{H_w}{H}\right)^2\right]}$	
G	湿坡有动水压力且裂缝充水	$i_c=\beta+\dfrac{\left[\dfrac{165c}{\gamma H\left(1+\dfrac{3Z_0}{H}\right)}+8\right]^2}{\beta-\varphi\left[1-0.5\left(\dfrac{H_w}{H}\right)^2\right]}$	

计算不同组合时的 i_c 值公式见表 1.6-4，特殊情况计算公式及修正值表 1.6-4 未列出。计算该值所取的强度参数和几何参数，如岩体中各楔体交线倾角 α、滑动面内摩擦角 φ、黏聚力 c 等具有较大的不确定性，且按正态分布函数随机取值，而 i_c 值也服从正态分布，相应的边坡可靠度 P_r 或其相应的破坏概率 P_F 仍由正态分布函数求得。为求边坡的可靠度，需要计算临界坡角及其均方值，如以临界坡角作为设计坡角时，边坡仅有 50% 的可靠度。通常认为可靠度 P_r 大于 0.5 时，边坡的稳定性是比较可靠的，其值的计算公式为

$$P_r = 1 - \Phi\left(\frac{i - u_{ic}}{\sigma_{ic}}\right) \qquad (1.6-3)$$

式中 Φ——标准正态分布函数；

i——选定的某一坡角；

u_{ic}——临界坡角均值；

σ_{ic}——临界坡角均方值。

（2）临界坡角与极限坡高。岩体强度是控制边坡高度的重要因素。岩石（体）风化对边坡稳定有明显的影响，本区主要为砂岩与泥板岩互层，岩石强度较高，即使风化后的岩石强度亦能满足相应的工程需要。Tezaghi 和 Hoek 建议：如果不考虑岩体自身的某些力学缺陷，岩石（体）与边坡最大垂直坡高 H_c 的关系为

$$H_c = \frac{R_a}{\gamma_b k_b} \qquad (1.6-4)$$

式中 R_a、γ_b——岩石（体）强度和容重；

k_b——大于 10 的系数，一般取 10。

根据岩石力学参数，应用式（1.6-4）计算结果列于表 1.6-5，由此可见：强风化岩体的垂直坡高亦可达 50m，因而直立边坡的选择，受岩石（体）强度影响很小。

表 1.6-5 中 H_c 是理论最大值，实际上岩石（体）结构及岩石力学指标是随机变化的，岩体结构及其结构组合面是控制高边坡的稳定因素，根据该区 5 级结构面随机楔体组合统计（图 1.6-7）：大部分

楔体组合交线倾角在 30°~60° 之间，根据曲线拟合与数量统计，交线倾角在 47.5°±5° 范围内占 46%，为本区楔体代表性倾角，以此进行临界坡角与极限坡高计算。假设只考虑交线倾角 α_i、黏聚力 c 和滑动面内摩擦角 φ 的偏差影响，c、φ 值取节理复合结构面与断层面的中值，地下水取全水头，各随机变量的取值及偏差见表 1.6-6。

表 1.6-5 岩石（体）与边坡垂直临界坡高 H_c 关系表 单位：m

岩 性		风 化 程 度				
		新鲜	微风化	弱风化	强风化	全风化
板纳组	砂岩	513	513	370	118	26
	泥板岩	253	183	139	51	11

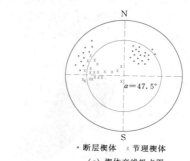

（a）楔体交线极点图

• 断层楔体 × 节理楔体

—— 断层楔体 - - - 节理楔体

（b）楔体交线倾角频率分布图

图 1.6-7 边坡楔形岩体交线倾角、倾向统计图

表 1.6-6 临界坡角 i_c 主要计算参数取值

参数	岩体风化程度		松散~全风化岩体	强风化岩体	弱风化岩体	微~新鲜岩体
交线倾角 α_i (°)		u_{ai}	47.5			
		σ_{ai}	1.5			
		p_{ai}	0.5			
黏聚力 c (kPa)		U_c	30	75	185	440
		σ_c	10	45	155	390
		P_c	0.5			

岩体风化程度 参数		松散～全风化岩体	强风化岩体	弱风化岩体	微～新鲜岩体
内摩擦角 φ （°）	u_φ	14	17.92	21.42	28.34
	σ_φ	5	3.88	7.38	8.24
	p_φ	0.5			
坡高—地下水位高度 $H-H_w$	U_H-H_w	随机取值 $H_w=H$			
	σ_H-H_w	0			
	P_H-H_w	1			

由表 1.6 - 6 所列数据即可求出各类风化岩石边坡的极限坡高 H 值。这种计算可用程序在计算机上得出各种组合情况的临界坡角及校正值。同时也可求得边坡开挖坡角所对应的边坡可靠度 P_r 或破坏概率 P_F，如取 $P_r=0.8/0.5$，则得各风化岩体开挖边坡坡角 i_c 与坡高 H 的关系如图 1.6 - 8 所示。

（3）基本开挖坡型的拟定。根据上述论证，对地质结构分析后，选取典型的人工高边坡开挖剖面，其坡高、坡角与可靠度之间的关系如表 1.6 - 7 和图 1.6 - 9 所示：由此确定边坡的总体倾角，由不同的子坡高、坡角构成阶梯状开挖边坡，这种措施在国内外应用较广，如鲁布革水电站溢洪道坡高超过 100m 的白云岩及白云质灰岩人工高边坡，坡高 170m 的五强溪左岸船闸高边坡，采用"阶梯状"方式获得成功。

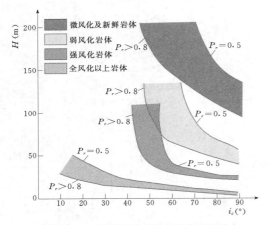

图 1.6 - 8　开挖边坡角度与坡高关系图

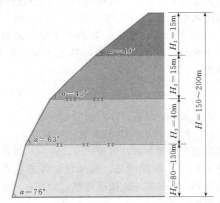

图 1.6 - 9　设计坡角与坡高关系图

表 1.6 - 7　　　　　　　　　　　　**典型剖面开挖坡角与可靠度表**

最大坡高（m）	岩　体	坡　角（°）		可靠度
$H_1=15$	强风化以上岩（土）体	α_1	46.9	0.5
			40①	0.734
$H_1+H_2=30$	强风化及其以上岩体	α_2	90	0.5
			45①	0.998
$H_1+H_2+H_3=70$	弱风化及其以上岩体	α_3	81	0.5
			63①	0.871
$H_1+H_2+H_3+H_4=150$	微风化～新鲜及其以上岩体	α_4	85	0.5
			76①	0.648
$H_1+H_2+H_3+H_4=200$		α_4	70	0.5
			76①	0.410

① 设计坡角值。

根据上述研究，拟定的基本坡型如下：

1）微风化～新鲜岩体。垂直坡高 20m，设置 3～5m 宽平台，多级综合坡为 1∶0.25，坡高 15m 时可靠度为 0.53。

2）弱风化岩体。斜坡坡高 15m，设 3～5m 宽平台，多级综合坡为 1∶0.5，坡高 70m 时可靠度为 0.63。

3）强风化岩体。斜坡坡高 10m，设 3～5m 宽平台，多级综合坡为 1∶1，坡高 30m 时可靠度为 0.92。

4）松散～全风化岩体。坡高 10m，设置 3～5m 宽平台，多级综合坡为 1∶1.2～1∶1.5，坡高 15m 时可靠度为 0.73～0.88。

上述设计坡型主要特点是：有效地控制了节理楔体在边坡上的出露频度，减少了危险楔体的数量，大幅度地降低了边坡楔体失稳的几率，做到了以较小的开挖工程量，取得边坡整体稳定性的可靠度，从而减少坡面不稳定楔体的加固处理工程量。但当坡高达 200m 时，在微风化和新鲜岩体区其可靠度为 0.41，稍偏低，其设计坡角较临界坡角高 4°，局部出现塑性区。按三维多面坡体的稳定分析成果，总体边坡坡角的变化和敏感性分析认为：边坡稳定性对边坡坡角变化的敏感性比对滑动面产状的敏感性低。其主要是块体稳定性差，因此，应从局部加固处理来解决，而不宜降低坡角。

龙滩水电站坝址区边坡开挖坡型即按上述基本坡型结合水工结构需要和施工条件进行设计，工程实践及运行实践表明：采用该种方法，有效地降低了块体在开挖边坡上的出露几率，保证了开挖边坡的整体稳定性。

1.6.7 减载与反压

1.6.7.1 基本原理

在岩质边坡的坡顶减载或在坡脚加载反压或两者兼用，是岩质边坡治理和加固设计中优先考虑的治理措施之一，因为减载反压措施简单易行，施工进度快，施工过程中不会对滑坡体产生扰动，质量和安全容易得到保证，通常也比较经济，所以应用广泛。减载对减缓滑坡变形有明显作用，对由结构面控制的岩质边坡，减载可作为边坡治理的主要手段之一，对规模较大的岩质边坡还可与其他工程措施配合。在紧急抢险情况时，如场地条件允许，应优先选择减载反压措施。

通过坡顶开挖、削坡挖除潜在的主滑岩体，使滑坡体重心下移，减少下滑力以达到滑坡体的力学平衡，使滑坡体趋于稳定，如图 1.6－10 所示。

反压是通过压实坡脚岩体后堆载或直接在坡脚

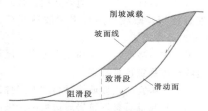

图 1.6－10　坡体减载

堆载反压。岩体经压实后可以增大坡脚滑动面的内摩擦角，从而提高滑动面上的摩擦阻力；堆载反压是通过静重提供侧向约束和增加正应力，以提高岩体强度和边坡的抗滑力，而使滑坡处于稳定的方法，如图 1.6－11 所示。

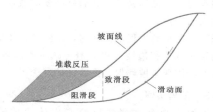

图 1.6－11　堆载反压

潜在滑动体按力学作用特征可分为牵引式滑坡和推移式滑坡。牵引式滑坡是下部岩土体先滑动，使上部失去支撑而变形滑动，一般速度较慢，可延续相当长时间，横向张性裂隙发育，表面多呈阶梯状或陡坎状。推移式滑坡是上部岩土体挤压下部岩土体产生变形，滑动速度较快，滑体表面波状起伏，多见于有堆积分布的斜坡地段。

减载与反压主要用于治理推移式滑坡或由错落转化的滑坡。当潜在滑动面上陡下缓，滑坡后缘及两侧的地层相当稳定，不致因减重开挖而引起滑坡向后缘和两侧发展时，或滑坡体后部的致滑段厚度比滑坡体前缘阻滑段厚度大很多时，减载的效果尤为显著。当滑坡体前缘有较长的抗滑段时，采取在滑坡体上部减重或脚部加载反压的办法，使滑坡的外形得以改变，重心得以降低，可以使滑坡的稳定性得到根本的改善。对于中小型滑坡，如果减载不会带来其他影响以及有容纳土石的空地时，可将部分或整个滑坡体挖除。

1.6.7.2 减载与反压设计

（1）减载措施宜用于松动变形和可能发生滑动、倾倒、崩塌等破坏情况下，潜在滑动面上陡下缓且滑体较厚的边坡治理。

（2）采用减载方法治理的边坡，应根据潜在滑动面的形状、位置、范围确定减载方式，并避免因减载开挖引起新的边坡失稳问题。

（3）当场地条件允许时，边坡开挖、减载和压坡措施宜配合使用，减载措施可采用坡顶开挖、削坡（放缓坡度）等方式。

（4）压坡体的高度、长度和坡度等应经压坡局部稳定和边坡整体稳定计算确定。

（5）压坡材料宜与边坡坡体材料的变形性能相协调。当采用土料和堆石料填筑岩质边坡的压坡时，对于需要严格限制变形的边坡，压坡体提供的抗力应按主动土压力计。

（6）减载范围应尽量在主滑段，压坡体应尽量在阻滑段。

（7）压脚填方体应保证坡脚地下排水的排泄通畅，否则，应以大块石、碎石或砂砾石料作透水层。各层填料应分层碾压密实，并做好必要的截水、排水措施和坡面保护。

（8）水电水利工程枢纽区内，压脚填方体应尽量采用建筑物开挖和边坡开挖弃渣，减少弃渣场占地，缩短运距，体现边坡环保、低碳设计理念[21]。

1.6.7.3 工程实例

以龙滩水电站左岸倾倒蠕变岩体边坡治理为例[22-24]，介绍减载与压脚设计。

1. 地形与地质条件

龙滩水电站倾倒蠕变岩体分布于大坝上游左岸，如图 1.6 - 12 所示。岩层走向与河谷岸坡近于平行，倾向山里，正常岩层倾角 60°，岸坡高程 400.00m 以上坡度为 40°～45°，高程 400.00m 以下较缓，一般为 28°～37°，呈圈椅状地貌。蠕变岩体边坡中上部地层为板纳组 T_2b^{1-41} 层砂岩、粉砂岩及泥板岩、层凝灰岩，下部为罗楼组 T_1l^{1-9} 层薄至中厚层泥板岩夹少量粉砂岩。

根据变形程度，倾倒蠕变体平面上可分为 A 区和 B 区。A 区边坡主要由板纳组地层构成，岩体倾倒蠕变后，岩层倾角由表及里逐步过渡到正常倾角，岩体中一般不存在连续的贯穿性弯曲折断面。A 区中部受断层、节理切割，岩体严重风化，完整性差，岩体严重倾倒变形；坡脚分布深 20～30m 的坍塌堆积体；上部为蠕变岩体与正常岩体接触边缘过渡带，岩体蠕变轻微。

蠕变岩体 B 区边坡坡脚由极易风化的罗楼组地层组成，岩体蠕变严重。在 F_{147} 断层南侧，蠕变岩体与正常岩体呈突变接触，已形成贯穿的锯齿状顺坡向折断错滑面和折断面。平面上，蠕变岩体 B 区可细分为 3 个亚区：B_1 区为强烈蠕变变形体的浅层滑坡体；B_2 区以连续的倾倒折断错滑面为其主要特征，沿折断错滑面顺坡向有明显的错位；B_3 区以倾倒、刚性

图 1.6 - 12 龙滩水电站倾倒蠕变岩体平面分区图

折断及挠曲变形为主要特征，其倾斜折断面与 B_2 区折断错滑面有明显差异，沿折断面及其破碎带内岩体有明显的架空现象，虽少量夹泥，但相互间多呈刚性接触，上、下岩层不连续。剖面上分为 3 个带（图 1.6 - 13）：① 带为倾倒松动带，岩层以倾倒变形为主，重力折断、张裂架空、错位明显，岩体呈全风化、强风化，节理裂隙充填次生泥；② 带为弯曲折断带，砂岩中仍有张裂、架空和重力错位，泥板岩中可见重力挤压现象，岩体呈强～弱风化，节理裂隙发育，充填次生泥；③ 带为过渡带，无明显的张裂面，为连续轻微的挠曲变形，岩体呈弱～微风化状。

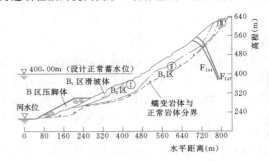

图 1.6 - 13 龙滩水电站倾倒蠕变岩体 B 区剖面分带及压脚图
①—倾倒松动带；②—弯曲折断带；③—过渡带

2. 稳定性分析

勘测设计阶段的监测资料表明，蠕变岩体边坡处于缓慢的蠕动变形阶段，工程地质分析其潜在的破坏模式（B 区）为：顺折断错滑面构成的复合潜在滑动整体滑出，或 B_2 区沿折断错滑面单独滑出，或 B_1 区

浅层滑坡体沿滑动面滑出。蠕变岩体 B 区，虽不直接涉及枢纽建筑物布置，但其稳定与否将直接威胁大坝与建筑物的安全。为此，对 B 区边坡稳定性采用三维块体极限平衡法、二维（SARMA 法、不平衡推力法）极限平衡法、非线性有限元法和离散元动、静法进行分析。

经综合分析表明，影响 B 区边坡稳定性的主要因素是地下水和折断面、折断错滑面及滑动面的力学参数。而边坡的整体稳定性主要取决于坡脚 B_1 滑体的稳定性。边坡的破坏将首先从坡脚开始，即 B_1 区或坡脚（B_1+B_2）失稳后，诱发 B_3 区不同规模的局部失稳或形成牵引式滑动。边坡治理措施上，采取削坡减载，其效果不明显；而排水和压脚对提高边坡安全度的作用较大。

倾倒蠕变岩体 A 区边坡，倾倒变形体①带、②带、③带无明显界限，亦不存在连续的折断面，与 B 区不同，但存在顺坡向的 F_{98}、F_{98-1} 断层，其上盘变形岩体构成潜在滑动体，如图 1.6-14 所示。极限平衡法分析表明，在蓄水过程中，可能失稳；有限元法分析表明，将高程 382.00m 以上潜在不稳定蠕变体挖除后，对进水口边坡和导流洞边坡具有明显减载效应，特殊荷载下 A 区边坡材料强度储备安全系数可提高至 1.2。

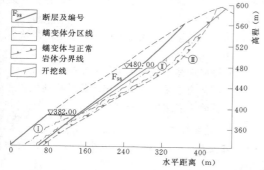

图 1.6-14　龙滩水电站倾倒蠕变岩体 A 区减载开挖处理图

①—倾倒松动带；②—弯曲折断带；③—过渡带

3. 压脚与减载设计

龙滩水电站倾倒蠕变岩 B 区自然边坡上陡下缓，坡脚河床有足够宽的漫滩，为压脚布置提供了有利的地形空间。压脚体从高程 220.00～300.00m，迎水面坡比 1:1.73（坡角 30°），每隔 15m 高差设宽 2m 平台，压脚体总方量 300 万 m³。迎水面高程 272.90m（导流期最高水位）以下设钢筋石笼护坡，以上干砌石护坡，压脚体与坡面接触处，清基形成台阶状，以保证石笼的稳定性。

压脚体透水性实际是压脚材料问题，考虑 B 区边坡距坝址处约 350～650m，选用进水口高边坡开挖的弱风化及以下弃渣料，其堆积重度可达 $\gamma \geqslant 16kN/m^3$，夹泥层少，具较强的透水性。压脚体与坡面接触面横、竖盲沟排水网，按设计 30m×30m 的间距人工开挖暗沟，沟内预埋直径 300mm 的透水软管，外铺人工碎石保护，盲沟顶面预压脚体边坡面齐平，盲沟网将收集的坡面渗水及时排入河床（施工期）。

龙滩水电站倾倒蠕变岩体 A 区边坡的减载，结合缆机平台修建和电站进水口边坡、导流洞边坡的开挖需要，将高程 382.00m 以上 A 区潜在滑体全部清除，开挖坡比 1:1.2～1:1.4，与天然边坡角相似（图 1.6-14）。

工程实施后的情况如图 1.6-15 所示。运行 5 年来的监测资料表明，压脚及减载设计是成功的。

图 1.6-15　龙滩倾倒蠕变岩体治理图

1.6.8　排水设计

岩质边坡排水包括地表排水和地下排水两部分。

地表排水建筑物工程措施，按其分布的相对位置可分为开挖区内的和开挖区外的两种。对在开挖区内的排水建筑物，为了使降落在开挖区上的雨水能迅速排走，防止渗入边坡内，应以防渗、汇集和尽快引出为原则。在开挖区外的地表排水建筑物，应使所有的水不流入开挖区，故以拦截、引离为原则。要求达到"水随人意，沟沟皆通，有水必流，涓涓不渗"。

地下排水的原则是"可疏而不可堵"。应该根据水文地质条件，特别是结构面、断裂带水分布类型，补给来源及方式，合理采用拦截、疏干、排引等排水措施，达到"追踪寻源，截断水流，降低水位，晾干土体，提高岩土抗剪强度，稳定边坡"的目的。

1.6.8.1　地表排水

边坡综合治理时，应根据地形地质条件因地制宜地进行边坡地表截水和排水系统设计。

1. 边坡地表截水、排水设计的主要内容

(1) 边坡开挖或治理边界以外的截水、排水沟。

(2) 边坡开挖或治理边界以内的截水、排水沟。

(3) 边坡防水措施，如跨缝构造、填缝夯实等。

2. 地表截水、排水沟的设计

应根据边坡的重要性、工程区降雨特点、集水面积大小、地表水下渗对边坡稳定影响程度等因素综合分析确定，一般按照 2～20 年一遇降雨强度计算排水流量。受泄洪雾化影响的边坡，对截水、排水沟排水流量设计标准应进行论证和研究。

截水、排水沟的断面尺寸和底坡应根据水力计算成果并结合地形条件分析确定。

进行截水、排水沟的布置时，宜将地表水引至附近的冲沟或河流中，并避免形成冲刷，必要时设置消能防冲设施。

边坡截水、排水沟宜采用梯形或矩形断面，护面材料可采用浆砌石或混凝土，浆砌石的砂浆或混凝土等级强度不宜低于 C15，护面厚度不宜小于 20～30mm。

当边坡表面存在渗水的断层、节理、裂隙（缝）时，宜采用黏土、砂浆、混凝土、沥青等填缝夯实，截水、排水沟跨过时，应设跨缝的结构措施。

储水、供水设施宜设在稳定边坡并具有良好排水条件的地段上，并做好防漏措施。储水、供水设施应有排水沟与边坡排水系统相连接，防止漏水或溢水进入边坡内。

坡顶开口线周边截水沟应在边坡开挖前形成[25,27]。

1.6.8.2 地下排水

应根据边坡所处位置、与建筑物关系、工程地质和水文地质条件，确定地下截水、排水系统的整体布置设计方案。

边坡地下截水、排水工程措施主要包括：截水渗沟、排水孔、排水井、排水洞。

对于重要边坡，宜设多层排水洞形成立体地下排水系统。必要时，在各层排水洞之间以排水孔形成排水帷幕，各层排水洞高差不宜超过 40m。坝肩边坡的防渗帷幕和排水系统设计应遵循大坝设计规范的规定。

边坡表层的喷锚支护、格构、挡墙等均应配套有系统布置的排水孔，必要时，设置反滤措施。岩质边坡表层系统排水孔孔径不应小于 50mm，深度不应小于 4m，钻孔上仰角度不宜小于 5°。

堆积层边坡和滑动体内地下水宜采用排水洞排出。排水洞的布置应考虑到隔水软弱层带、滑面或滑带上盘的上层滞水和下盘承压水的排泄通道。

排水洞尺寸不宜小于 1.5m×2m（宽×高），应设有巡视检查通道。排水洞洞底坡度不宜小于 1%，洞内一侧应设排水沟，尽量使地下水自流排出坡外。

排水洞宜由稳定岩体作为进口，平行滑面下盘布置主洞，垂直滑面的方向布置支洞穿过隔水软弱层带或滑带。当岩体渗透性弱，排水效果不良时，排水洞顶和洞壁应设辐射状排水孔，孔径不应小于 50mm，排水孔应作反滤保护。

排水洞通过破碎岩体和软弱层带时，应作必要的衬砌保护，排水孔应作反滤保护。

当排水洞低于地表排泄通道时，应在洞内布置有足够容量的集水井，用水泵集水排出洞外。

布置的排水洞应尽量与边坡地下安全监测用的监测洞和作为锚固用的锚固洞相结合，达到一洞多用的目的。

有条件的情况下，排水洞洞口应尽量布置在边坡开口线以外，具备边坡开挖前实施的条件，达到坡内排水先行和施工期补充勘探的目的[20-21,25,27]。

1.6.9 坡面保护和坡面表层加固

人工边坡经开挖后，其原有的稳态条件和环境受到影响或破坏，在自然营力作用下发生坡面局部变形、松动、塌滑等现象，应采取相应措施控制其扩大发展以免危及边坡整体安全，边坡的坡面保护与表层加固设计为此提出。

边坡的坡面保护与表层加固设计应重点解决以下 3 个方面的问题。

(1) 做好坡体上已经出现的松动带的处理。

(2) 不使边坡因人类活动出现新的松动域。

(3) 消除水对边坡的不利影响。

1.6.9.1 坡面保护

边坡坡面受损影响工程安全的边坡，应进行坡面保护设计。

岩质边坡坡面保护措施包括：喷混凝土、贴坡混凝土、模袋混凝土、钢筋笼、砌石、土工织物和植被覆盖等，应结合地形、地质、环境条件和环保要求，选择保护措施。

对于表面易风化、完整性差的岩质边坡，可采取喷混凝土并结合表层锚固等措施进行保护。

对于稳定性较好但表层有零星危岩或松动块石的高陡边坡，可采取局部清除、局部锚固和拦石网、拦石沟、挡土墙等措施进行保护。

植被保护的特点以坡面防冲刷、减轻风化作用的程度为主，兼有坡面景观的绿化作用，可用于岩质坡面，但应根据不同坡面具体情况选用适宜的防护形式。目前，随着环境保护意识的增强、绿色概念的加深，坡面增设植被越来越受到工程界的重视。

1.6.9.2 边坡浅表层加固

当边坡浅表层岩体存在不利的层理、片理、节理、裂隙和断层等结构面，组合成较普遍分布的不稳定块体和楔体，容易发生滑动、倾倒或溃屈等破坏时，应对边坡浅表层岩体进行稳定分析和加固处理。

边坡浅表层加固措施包括：锚杆、挂金属网、喷混凝土、贴坡混凝土、混凝土格构等，应根据岩土体力学特性、边坡结构、边坡变形与破坏机制，因地制宜选择加固措施，并提出设计参数。

边坡浅表层岩体完整度较好时，可采用系统锚杆或随机锚杆加固。

岩体表层强烈风化破碎时，应采用锚杆、挂金属网、喷混凝土或锚杆、贴坡混凝土或锚杆、混凝土格构等组合加固型式。

浅表层锚杆加固的深度可根据不稳定块体的埋藏深度、岩体风化程度、卸荷松动深度等确定。宜将锚杆布置为拉剪锚杆，应根据不稳定块体的滑动方向和施工条件等因素，选择锚固方向和最优锚固角。

锚杆的直径和间距应根据不稳定块体下滑力计算分析或通过工程类比确定。

当贴坡混凝土、混凝土格构参与抗滑作用时，应对其断面进行抗弯、抗剪计算。

贴坡混凝土、混凝土格构应能在边坡表面上保持自身稳定，并与所布置的系统锚固相连接。

1.6.9.3 常用坡面保护措施

1. 喷射混凝土

喷射混凝土（以下简称喷混凝土）是利用压缩空气或其他动力，将由水泥、骨料（砂和小石）、水和其他掺加料按一定配比拌制的混凝土混合物沿管路输送至喷头处，以较高速度垂直喷射于受喷面，依赖喷射过程中水泥与骨料的连续撞击，压密而形成的一种混凝土。其特点是以坡面防护为主，防止坡面的进一步风化、剥蚀、局部掉块等作用，多用于岩质边坡。

喷混凝土按施工工艺的不同，可分为干法喷混凝土、湿法喷混凝土和水泥裹砂喷混凝土。按照掺加料和性能的不同，还可细分为钢纤维喷混凝土、硅灰喷混凝土，以及其他特种喷混凝土等。

在岩土工程中，喷混凝土不仅能单独作为一种加固手段，而且能和锚杆支护紧密结合，已成为岩土锚固工程的核心技术。对于水利水电工程，喷混凝土主要应用于地下工程支护和边坡支护。

（1）喷混凝土的设计强度等级。喷混凝土的设计强度等级不应低于C15；对于立井及重要隧洞和斜井

工程，喷混凝土的设计强度等级不应低于C20；喷混凝土1d龄期的抗压强度不应低于5MPa。钢纤维喷混凝土的设计强度等级不应低于C20，其抗拉强度不应低于2MPa，抗弯强度不应低于6MPa。

不同强度等级喷混凝土的设计强度应按表1.6-8采用。

表 1.6-8　喷混凝土的设计强度值 单位：MPa

喷混凝土强度等级		C15	C20	C25	C30
强度种类	轴心抗压	7.5	10.0	12.5	15.0
	弯曲抗压	8.5	11.0	13.5	16.5
	抗　拉	0.9	1.1	1.3	1.5

（2）喷混凝土的体积密度及弹性模量。喷混凝土的体积密度可取 $2200kg/m^3$，弹性模量按表1.6-9采用。

表 1.6-9　喷混凝土的弹性模量

单位：万 MPa

喷混凝土强度等级	C15	C20	C25	C30
弹性模量	1.8	2.1	2.3	2.5

（3）喷混凝土与岩体的黏结强度。喷混凝土与坡面岩体的黏结强度：Ⅰ级、Ⅱ级岩体不应低于0.8MPa，Ⅲ级岩体不应低于0.5MPa。

（4）喷混凝土支护的厚度。喷混凝土支护的厚度，最小不应低于50mm，最大不应超过200mm。含水岩层中的喷混凝土支护厚度，最小不应低于80mm，喷混凝土的抗渗强度不应低于0.8MPa。

（5）钢纤维喷混凝土。钢纤维喷混凝土用的钢纤维应遵守下列规定：

普通碳素钢纤维的抗拉强度不得低于380MPa；钢纤维的直径宜为0.3~0.5mm；钢纤维的长度宜为20~25mm，且不得大于25mm；钢纤维掺量宜为混合料重量的3%~6%。

（6）钢筋网喷射混凝土。钢筋网宜采用Ⅰ级钢筋，钢筋直径宜为4~12mm，钢筋间距宜为150~300mm；钢筋网喷射混凝土支护的厚度不应小于100mm，且不应大于250mm，钢筋保护层厚度不应小于20mm。

2. 格架或面板

格架或面板对滑坡体表层坡体起保护作用并增强坡体的整体性，提高表层坡体的自稳能力，防止地表水渗入、坡面雨水冲刷等作用下出现局部及浅表层的破坏、坡体的风化等。格架护坡具有结构物轻，材料用量省，施工方便，适用面广，便于排水以及可与其

他措施结合使用的特点。

根据采用的材料可将格架或面板分为混凝土格架（或面板）、圬工格架（或面板）。护坡格架可根据景观需要设计成各种样式，如网格形、人字形、拱形等，格区可植草、植树或砌石。

当贴坡混凝土、混凝土格构参与抗滑作用时，应对其断面进行抗弯、抗剪计算。

贴坡混凝土、混凝土格构应能在边坡表面上保持其自身稳定，并与所布置的系统锚杆（或锚索）相连接。

【工程实例】

1. 天生桥二级水电站

天生桥二级水电站下山包滑坡治理采用混凝土护面框架，框架分两种型式。滑面附近框架，其节点设长锚杆穿过滑面，为设置在弹性基础上节点受集中力的框架系统；距滑面较远的坡面框架，节点设短锚杆，与强风化坡面在一定范围内形成整体。

下山包滑坡北段强风化坡面框架采用 50cm×50cm、节点中心 2m 的方形框架，节点处设置两种类型锚杆：在高程 550.00～560.00m 间坡面，滑面以上节点垂直于坡面设置 φ36 及 φ32、长 12m 砂浆锚杆，在高程 565.00～580.00m 间坡面则设垂直于坡面的 φ28、长 6m 的砂浆锚杆，相应地框架配筋为 8φ20 和 4φ20。框架要求在坡面挖深 30cm、宽 50cm 的槽，部分嵌入坡面内，表层填土并掺入耕植土，形成草本植被的永久护坡。

在岩性较好的部位采用锚杆和喷混凝土保护坡面。

2. 龙滩水电站

龙滩水电站右岸航道边坡地质条件差，岩层层面、断层与节理裂隙较为发育，岩体破碎，在开挖过程中出现塌滑与楔状变形、破坏现象，在加固治理时，结合预应力锚索布置，在坡面增设框架地梁与现浇混凝土面板，提高了边坡的整体稳定性，如图 1.6-16 所示。

（a）航道出口边坡　　　　　　（b）右坝肩边坡

图 1.6-16　龙滩边坡

1.6.10　锚杆

锚杆是岩质边坡加固中常用的加固措施，锚杆分预应力锚杆和非预应力锚杆，本节主要介绍非预应力锚杆。水电工程岩质边坡加固常用的是全长黏结式水泥砂浆锚杆。

锚杆设计的主要内容包括：锚杆结构型式选择、锚杆体钢筋直径选择、锚杆布设间距、入岩深度、方位，锚杆施工程序、工艺以及与坡面结构的连接要求。

特殊部位的锚杆，比如开口线、马道边缘的锁口锚杆以及需要超前加固的超前锚杆和保持断层、结构面上下盘岩体完整性的缝合锚杆[20,25]，应根据其作用，提出具体的设计要求。

1. 锚杆支护的作用

（1）节理裂隙发育、风化严重的岩质边坡的浅层锚固。

（2）碎裂和散体结构的岩质边坡的浅层锚固。

（3）边坡的松动岩块锚固。

（4）固定边坡坡面防护结构或构件的锚固。

2. 锚杆的锚固型式选择

（1）机械式锚固宜用于需要快速加固的硬岩临时边坡，锚固型式可采用楔缝式、倒楔式和胀壳式。

（2）全长黏结式锚固可用于变形不大的各种类型的边坡，黏结材料可采用水泥浆、水泥砂浆和树脂锚固剂。

（3）摩擦式锚固宜用于需要快速加固的软弱破碎、塑性流变和受动载作用的岩质临时边坡，锚固型式可采用缝管式、楔管式和水胀式。

3. 锚杆的设计

（1）锚杆材料、直径、防护技术要求应按照《锚杆喷射混凝土支护技术规范》（GB 50086—2001）的有关规定执行。

（2）应根据岩体节理裂隙的发育程度、产状、块体规模等布置系统锚杆，平面布置型式可采用梅花形或方形。对于系统锚杆不能兼顾的坡面随机不稳定块体，应布置随机锚杆。

（3）锚杆作为系统锚杆时，长度可为 3～15m，锚杆最大间距宜小于 5m，且不大于锚杆长度的 1/2，岩质边坡的系统锚杆孔向宜与主要结构面垂直或呈较大夹角，尽可能多地穿过结构面。

（4）锚杆加固边坡表层不稳定块体时，应按照《锚杆喷射混凝土支护技术规范》（GB 50086—2001）中的方法，计算需要锚杆的数量。

1.6.11 安全拦网、绿色、坡面交通设计[20,22,25]

1.6.11.1 安全拦网设计

1. 落石危害及拦网作用

国内外工程建设的实践表明：边坡施工和工程运行期因落石而造成工程施工被迫中断、停工、影响正常运行等事件屡有发生，情况严重的造成设备、财产损失和人身伤亡。近年来，工程建设逐渐重视了对落石的控制，三峡船闸高边坡，在不同的高程设置了混凝土结构拦石墙和铁栅栏，避免了落石对施工的危害，五强溪左岸船闸高边坡在高程 120.00m 设置了铁栅栏，保证了船闸运行期的安全。龙滩水电站左岸进水口高边坡在不同高程设置了 4 道混凝土结构拦石墙，保证了施工期和运行期的安全。

水利水电工程高边坡，虽然对全坡面进行了锚喷支护或防护，但施工期爆破振动、施工建筑材料和开挖弃渣的运输以及开挖支护的交叉作业，难免有块石滚落。由于坡高，块石的冲击作用和造成的危害是巨大的，施工期将直接危害边坡施工、人员、设备的安全，运行期落石也直接影响边坡下部水工结构、设备的安全，对运行人员的人身安全也构成威胁。因此，必须对落石进行控制。

设置安全拦网的主要作用如下：

（1）确保边坡施工期、运行期安全，避免落石对混凝土结构、设备和人身造成危害和伤害。

（2）将不同高程、范围的弃渣、灰尘及不明散落物集中，便于维修机械进入清除堆积物。

（3）对不同高程设置的拦网，进行色彩、结构型式的变化，增强景观环境效果。

2. 拦网结构型式

拦网结构型式主要有：定型拦石沟、钢丝拦石网（铁栅栏）、混凝土拦石墙以及各种型式的组合等。

根据岩质边坡开挖体型，以及在不同高程设有

马道、平台的有利条件，选择上述拦网结构型式。

3. 安全拦网设计

为了容纳足够的落石和避免块石弹跳出，混凝土拦石墙与边坡面形成拦石沟的深度、宽度和内侧边坡的坡度、蓄石容积是拦网设计的重要因素，其几何尺寸要考虑不同坡比的落石性状。美国学者 R.L. 舒斯特在分析不同边坡坡比落石的机理后（图 1.6-17），提出了不同边坡坡比与拦网结构的基本几何尺寸（表 1.6-10），并在已建边坡工程中取得了成功。

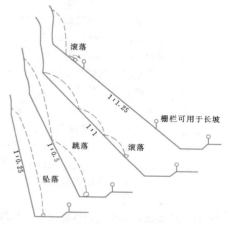

图 1.6-17 滚石模式及防护方法示意图

表 1.6-10 边坡参数与拦石沟几何尺寸关系表

岩石边坡参数		拦石区宽度	沟的深度
坡比	高度（m）	(m)	(m)
接近垂直	5～10	3.7	1.0
	10～20	4.6	1.2
	>20	6.1	1.2
1:4～ 1:3.3	5～10	3.7	1.0
	10～20	4.6	1.2
	20～30	6.1	1.8
	>30	7.6	1.8
1:2	5～10	3.7	1.2
	10～20	4.6	1.8
	20～30	6.1	1.8
	>30	7.6	2.7
1:1.25	0～10	3.7	1.0
	10～20	4.6	1.2
	>20	4.6	1.8
1:1	0～10	3.7	1.0
	10～20	3.7	1.5
	>20	4.6	1.8
备注	采用拦石栅栏时高度大于 1.5m 的均可采用 1.2m； 宽度增大时可适当降低高度		

根据表 1.6-10 中的经验尺寸，结合边坡开挖几何体形尺寸、马道、平台的设置和边坡内的施工公路布置情况，一般高差 80～100m 设置 1 道。

龙滩水电站左岸进水口高边坡，最大坡高 435m，开挖坡比：高程 382.00m 以上总体为 1:1.0；高程 382.00m 以下为 1:0.0（直立坡）～1:0.5。建设期坝顶高程 382.00m，后期坝顶高程 406.50m，根据开挖体形、马道平台、坝顶交通，在高程 500.00m、480.00m、406.50m、382.00m 马道、平台外侧，结合马道平台混凝土封闭，设置钢筋混凝土拦石墙，墙高 1.2m、厚 0.2m。为保证拦石墙的稳定性和抵御落石的冲击，在墙底部设置 $\phi25mm$、入岩深度 1m 的插筋。其他马道为保证施工期安全和运行期行人、监测、维护安全，均设置钢管铁栅栏。施工期，在作业区上部设置临时性的钢丝网或软质尼龙绳网。

1.6.11.2　绿色设计

对于水电枢纽工程整体景观和绿色设计，目前尚没有相关标准。根据国内外对岩质高边坡进行开发性治理的经验，提出以下设计要点，供设计时参考。

（1）满足工程对边坡区功能要求的前提下，注入现代景观设计和绿化设计内容。

（2）高边坡开挖、加固支护措施应在满足结构要求的情况下，使边坡本身各部位几何体型、尺寸尽量比例协调；加固支护措施外露实体结构型式多样，在不同地段形成不同的硬质景观体。

（3）结合自然环境、经济条件、高边坡构筑物的特点，因地制宜进行景观和绿化设计，形成同自然景观相协调的建筑群体，使人工改造物景观与自然融为一体。

（4）利用小品建筑亭、廊、台、纪念性标志、雕塑等硬质景观对高边坡区空间进行点缀、美化。如龙滩水电站左岸进水口高边坡利用高程 560.00m、480.00m、382.00m 大平台的条件，把高程 382.00m 平台设为观光广场；高程 480.00m 平台为观光长廊；在较为平坦的坡顶高程 560.00m 处设置具有现代气息的景亭或景台；在高程 382.00m 大平台处设置纪念性、标志性构筑物。

（5）利用马道、平台、拦石墙，进行平面植被绿化的同时，种植攀岩植物和下垂植物，空间上形成立体绿化。

（6）对高边坡区内构筑物拦石墙、栏杆、上下交通以及锚固支护措施的外露实体物、监测墩等，采用改变色彩、结构型式，达到美化、改善环境的目的，形成格调各异、结构型式多样的硬质景观体。

（7）采用景观设计"佳者收之，庶者避之"的基本手法，对高边坡区内影响视觉形象的实物体，进行遮挡、覆盖处理。

（8）在进行边坡景观绿化美化植物选择时，要因地制宜，选择在该地区气候条件下，植株死亡率低，能正常生长；抗病虫害能力较强，耐瘠薄和耐修剪；枝繁叶茂，没有季节性落叶；叶青绿色或多彩，花季较长；根系发达，抗雨水冲刷能力强，具有较强的固土能力，同时根系不会对边坡造成破坏的植物。在此基础上注重所选植物物种要符合边坡工程美化绿化目标的要求，体现本地区以及工程的特色，满足景观美化绿化工程建设的实际要求。

1.6.11.3　坡面交通设计

为便于边坡施工、运行期边坡巡视、仪器监测和坡面维护，结合边坡区施工公路和永久公路布置，在高边坡工程区内应布置沟通上下马道、平台，设置系统的坡面交通。

坡面交通设计，应以工程区内永久公路交通为主干道，沟通高边坡区上下交通。各级马道、平台均是边坡的主要通道，为沟通上下坡面及马道、平台，沿边坡走向，每隔 30～50m，设一爬梯和踏步，当坡面坡比在 1:0.75～1:1.0 时设置钢爬梯，缓于或接近于 1:1.0 时设置混凝土踏步，陡于 1:0.75 时应结合边坡开口线以外周边截水沟设置。为保证行人安全，钢爬梯和踏步均设置钢扶手，扶手高度不小于 1.2m。

参 考 文 献

[1]　陈祖煜，汪小刚. 岩质边坡稳定分析——原理·方法·程序 [M]. 北京：中国水利水电出版社，2005.

[2]　崔政权，李宁. 边坡工程——理论与实践最新发展 [M]. 北京：中国水利水电出版社，1999.

[3]　梁炯鎏，等. 锚固与注浆技术手册 [M]. 北京：中国电力出版社，1999.

[4]　程良奎，等. 岩土锚固 [M]. 北京：中国建筑工业出版社，2003.

[5]　闫莫明，等. 岩土锚固技术手册 [M]. 北京：人民交通出版社，2004.

[6]　郑颖人，等. 边坡与滑坡工程治理 [M]. 北京：人民交通出版社，2007.

[7]　陈胜宏，等. 水工建筑物 [M]. 北京：中国水利水电出版社，2004.

[8]　马惠民，王恭先，周德培. 山区高速公路高边坡病害防治实例 [M]. 北京：人民交通出版社，2006.

[9]　DL/T 5353—2006 水电水利工程边坡设计规范 [S]. 北京：中国电力出版社，2006.

[10]　SL 386—2007 水利水电工程边坡设计规范 [S]. 北京：中国水利水电出版社，2007.

[11] 周永江，王开云，何江达. 边坡动力作用效应及动安全系数分析方法 [J]. 中国地质灾害与防治学报，2005，16 (s0)：28-33.

[12] 刘汉龙，费康，高玉峰. 边坡地震稳定时程分析方法 [J]. 岩土力学，2003，24 (4)：553-556.

[13] 何蕴龙，陆述远. 岩石边坡地震作用近似计算方法 [J]. 岩土工程学报，1998，20 (2)：66-68.

[14] 阎坤，张云，郭晨，等. 岩质高边坡爆破动力稳定分析方法研究 [J]. 西北水电，1996，3：7-11.

[15] 胡益华，李宁，韩信，何敏. 岩石边坡爆破动力荷载计算方法初探 [J]. 水利与建筑工程学报，2005，3 (1)：49-52.

[16] 卢文波，陶振宇. 预裂爆破中炮孔压力变化历程的理论分析 [J]. 爆炸与冲击，1994，14 (4)：140-147.

[17] 徐艳杰，张楚汉，等. 三峡高边坡爆破荷载确定及动力稳定分析 [J]. 水利水电技术，1995，30 (5)：29-31.

[18] 夏宏良，蒋作范，李学政，陈卫红. 龙滩水电站枢纽区工程地质条件概述 [J]. 水力发电，2003，29 (10)：30-33.

[19] 奉伟清，赵红敏. 龙滩水电站1号机坝后坡不稳定块体的稳定分析与治理 [J]. 中南水力发电，2008 (3)：16-19.

[20] 赵红敏，冯树荣，等. 龙滩水电站左岸进水口高边坡设计专题报告 [R]. 长沙：国家电力公司中南勘测设计研究院，2000.

[21] 冯树荣，赵红敏，等. 龙滩水电站左岸进水口反倾向层状结构岩质高边坡稳定性与治理措施研究 [R]. 长沙：中国水电顾问集团中南勘测设计研究院，2010.

[22] 冯树荣，赵海斌，赵红敏，肖锋. 龙滩水电站进水口高边坡稳定研究与治理 [J]. 水力发电，2006，32 (7)：26-30.

[23] 赵红敏，戴谦训，刘松桥. 龙滩水电站左岸倾倒蠕变体B区边坡稳定及防治研究 [J]. 长沙：第二届水利和水电边坡工程信息网学术讨论会，1994.

[24] 周海慧，赵红敏，戴谦训. 龙滩水电站左岸坝肩蠕变体B区治理研究及实践 [J]. 三峡大学学报（自然科学版），2007，29 (6)：490-494.

[25] 赵红敏，戴谦训，邓向阳，奉伟清. 龙滩水电站地下厂房进水口高边坡加固支护设计 [J]. 红水河，2003，22 (1)：3-7.

[26] 赵红敏，戴谦训，邓向阳，周海慧，奉伟清. 龙滩水电站左岸地下厂房进水口高边坡处理动态设计 [J] // 湖南省水力发电学会，中南勘测设计研究院. 2007年湖南水电科普论坛论文集 [C]. 长沙：324-328.

[27] 周海慧，戴谦训，赵红敏. 龙滩水电站进水口高边坡排水系统设计 [J]. 红水河，2002，21 (1)：13-15.

[28] 奉伟清，戴谦训，赵红敏. 龙滩水电站1号机引水洞进口边坡不稳定块体分析与治理 [J]. 水力发电，2010，36 (5)：47-49.

[29] 赵红敏，冯树荣. 龙滩水电站地下厂房进水口高边坡设计 [J]. 红水河，2001，20 (2)：37-41.

[30] 夏宏良. 浅析岩体及结构面力学强度参数的选取 [J]. 水力发电，2006，32 (6)：50-52.

[31] 李天扶，王晓岚. 岩质边坡抗滑稳定分析中的潘家铮分块极限平衡法 [J]. 西北水电，2007 (2)：4-8.

第2章

土　质　边　坡

　　本章为《水工设计手册》（第2版）新编章节，共分7节。2.1节介绍了土质边坡的分类和分级，包括土质边坡分类、分级及稳定安全系数以及土质滑坡的类型和特征；2.2节介绍了土质边坡的作用及其组合，包括自重、地下水、地震、爆破振动及工程作用力；2.3节介绍了土质边坡稳定计算力学参数，包括力学参数的取值、边坡特征及设计标准与力学参数的关系、滑面力学参数反演及采用可靠度分析方法时的力学参数；2.4节介绍了土质边坡稳定分析方法，包括极限平衡分析法和数值分析法；2.5节介绍了水库边坡塌岸与滑坡速度，包括水库边坡塌岸的一般型式、预测方法和高速滑坡滑速计算等；2.6节介绍了水库滑坡涌浪计算中国内外常用的几种计算方法及两个涌浪模型试验；2.7节介绍了土质边坡工程治理设计，包括边坡坡率与坡型设计、支挡结构选择、排水设计及坡面保护等。

章主编　王志硕　胡向阳

章主审　朱建业　万宗礼

本章各节编写及审稿人员

节次	编　写　人	审稿人
2.1	王志硕	朱建业 万宗礼 杜伯辉
2.2	胡向阳　王志硕	
2.3	王志硕　胡向阳	
2.4	胡向阳	
2.5	王志硕	
2.6	王志硕	
2.7	王志硕	
注：赵成、刘军、韦佳参与了部分文字、图表的整理工作		

第2章 土 质 边 坡

2.1 土质边坡的分类和分级

边坡形成于不同的地质环境，处于不同的工程部位，并具有不同的型式和特征。根据研究目的和研究对象的不同，边坡分类的方式和方法各不相同。水利水电工程边坡分类的目的是为工程服务，主要侧重于边坡工程的设计与处理。边坡与滑坡的分类是对其进行认识的基础，多年来，国内外进行了广泛的研究，按照不同的分类指标，出现了多种分类方式，这同时也说明了分类问题的重要性和复杂性。

2.1.1 土质边坡分类

2.1.1.1 水电工程土质边坡分类的目的和原则

1. 分类的目的

（1）为工程实践服务，指导边坡的研究和治理。

（2）反映边坡的主要工程地质特征，指导边坡的勘察、分析和评价。

（3）有针对性地布置边坡监测。

（4）预测边坡的变形改造和发展趋势。

2. 分类的一般原则

（1）应与水电工程的相对区位相结合，如电站的枢纽区、水库区、施工布置区和移民安置区等。

（2）能反映边坡的岩土性质、物质组成、成因类型、形成过程及形成特点。

（3）应考虑边坡的存在时间及施工过程中的影响因素。

（4）应能表示地层岩性、岩土结构及其与边坡的关系等。

（5）应注重边坡的稳定状态、变形机制、特征、发展阶段及破坏趋势。

（6）应包含边坡的坡度和坡高。

2.1.1.2 土质边坡的一般分类

土质边坡分类需考虑众多因素，分类的方法也较为复杂。国内水电工程中，1985 年提出了按成因、岩性、运行时间、浸水、高程、坡度和稳定性 7 项因素的边坡分类，对其后 20 多年来的水电工程边坡勘察研究起到了积极作用。在此分类的基础上，根据水电工程勘察新的研究成果，以及对水电工程边坡分类的认识渐趋一致，在 2007 年颁布的《水电水利工程边坡设计规范》（DL/T 5353—2006）中提出了新的边坡分类，新增了坡体结构，与工程关系等内容。同时，在按坡高分类的基础上，作了进一步的细化，见表 2.1－1。

表 2.1－1　　　　　　　　水电工程土质边坡一般性分类表

分类依据	分类名称	分 类 特 征 说 明
土体性质	黏性土边坡	以黏性土为主组成的边坡
	砂性土边坡	以砂性土为主，结构较疏松，黏聚力低为特点
	黄土边坡	以粉粒为主，质地均一的边坡
	软土边坡	以淤泥、泥炭、淤泥质土等抗剪强度极低的土为主，塑流变形较大的边坡
	膨胀土边坡	以富含蒙脱石等易膨胀矿物，内摩擦角很小，干湿效应明显的边坡
	碎石土边坡	由坚硬岩石碎块和砂土颗粒或砾质土组成的边坡
	岩土混合边坡	上部为土层，下部为岩层，即所谓的二元结构的边坡
土层结构	类均质土边坡	由均质土体组成的边坡
	水平层状结构边坡	由近水平层状土体构成的边坡
	内斜层结构边坡	土层面倾向坡体内的边坡，也称反倾层状边坡
	外斜层结构边坡	土层面倾向坡体临空面方向的边坡，也称顺倾层状边坡

续表

分类依据	分类名称	分类特征说明
成因类型	自然边坡	未经人工改造的边坡
	人工边坡	人工开挖或堆积形成的边坡
	工程影响边坡	受工程影响改造的边坡
与工程关系	建筑物地基边坡	作为地基必须满足稳定和有限变形要求的边坡
	建筑物周边坡	必须满足稳定要求的边坡
	水库或河道边坡	允许有一定限度破坏的边坡
存在时间	永久边坡	工程寿命期内需保持稳定和（或）有限变形的边坡
	临时边坡	施工期需保持稳定和有限变形的边坡
浸水程度	水上边坡	地面水体以上的边坡
	水下边坡	地面水体以下的边坡
土质边坡高度	高边坡	坡高＞20m
	中边坡	15m＜坡高≤20m
	低边坡	坡高≤15m
边坡坡度	缓坡	边坡坡度≤10°
	斜坡	10°＜边坡坡度≤30°
	陡坡	30°＜边坡坡度≤45°
	峻坡	45°＜边坡坡度≤60°
	悬崖	60°＜边坡坡度≤90°

2.1.1.3　土质边坡的稳定性分类

1. 边坡稳定性分类

在《水电水利工程边坡设计规范》(DL/T 5353—2006) 中，根据边坡的稳定状态，分为稳定边坡、潜在不稳定边坡、变形边坡、不稳定边坡、失稳后边坡，见表 2.1-2。

表 2.1-2　　　　　边坡的稳定状态分类

分类依据	分类名称	分类特征说明
稳定状态	稳定边坡	已经或未经处理能保持稳定和有限变形的边坡
	潜在不稳定边坡	有明确不稳定因素存在的但暂时稳定的边坡
	变形边坡	有变形或蠕变迹象的边坡
	不稳定边坡	处于整体滑动状态或时有崩塌的边坡
	失稳后边坡	已经发生过滑动或大位移的边坡
发展阶段	初始稳定边坡	边坡形成后处于稳定状态的边坡
	初始变形边坡	初次进入变形状态或渐进破坏的边坡
	二次变形边坡	失稳后再次或多次进入变形状态的边坡

2. 土质边坡稳定特征分类

在《水电水利工程边坡设计规范》(DL/T 5353—2006) 中，根据土质边坡的物质组成、土体的基本特征和边坡稳定特征进行分类，论述影响边坡稳定的主要因素和主要变形破坏型式，见表 2.1-3。

2.1.2　土质滑坡的类型

2.1.2.1　土质边坡的破坏型式

土质边坡（含全风化岩体、碎裂结构岩体）的主要破坏型式为滑坡，常见的还有崩塌、坍塌、塌滑、座落等。

表 2.1-3　　　　　　　　　　水电水利工程土质边坡稳定特征分类表

序号	边坡类型	基 本 特 征	边坡稳定特征
1	黏性土边坡	以黏土颗粒为主，一般干时坚硬开裂，遇水膨胀崩解，干湿效应明显。某些黏土具大孔隙性（山西南部）；某些黏土甚坚固（南方网纹红土）；某些黏土呈半成岩状，但含可溶盐量高（黄河上游）；某些黏土具有水平层理（淮河下游）	影响边坡稳定的主要因素有：矿物成分，特别是亲水、膨胀、溶滤性矿物含量；节理裂隙的发育状况；水的作用；密实或固结程度；冻融作用。主要变形破坏型式有：滑动；因冻融产生剥落；坍塌
2	砂性土边坡	以砂性土为主，结构较疏松，黏聚力低为其特点，透水性较大，包括厚层全风化花岗岩残积层	影响边坡稳定的主要因素有：颗粒成分及均匀程度；含水情况；振动；外水及地下水作用；密实程度。饱和含水的均质砂性土边坡，在振动力作用下易产生液化滑动；其他变形破坏型式主要有：管涌、流土；坍塌；剥落
3	黄土边坡	以粉粒为主，质地均一。一般含钙量高，无层理，但柱状节理发育，天然含水量低，干时坚硬，部分黄土遇水湿陷；有些呈固结状，有时呈多元结构	边坡稳定主要受水的作用，因水湿陷，或水对边坡浸泡，水下渗使下垫隔水黏土层泥化等。主要变形破坏型式有崩塌、张裂、湿陷和滑坡等。密实或固结程度高的老黄土对水不敏感
4	软土边坡	以淤泥、泥炭、淤泥质土等抗剪强度极低的土为主，塑流变形严重	易产生滑坡、塑流变形、坍塌，边坡难以成形
5	膨胀土边坡	具有特殊物理力学特性，因富含蒙脱石等易膨胀矿物，内摩擦角很小，干湿效应明显	干湿变化和水的作用对此类边坡稳定影响较大。易产生浅层滑坡和浅层崩解
6	碎石土边坡	由坚硬岩石碎块和砂土颗粒或砾质土组成的边坡，可分为堆积、残坡积混合结构、多元结构	边坡稳定受黏土颗粒的含量及分布特征、坡体含水情况、胶结程度及下伏基岩面产状影响较大。易产生滑坡或坍塌
7	岩土混合边坡	边坡上部为土层下部为岩层，或上部为岩层下部为土层（全风化岩石），多层叠置	下伏基岩面产状、水对土层浸泡以及水渗入土体对此类边坡稳定影响较大。易产生沿下伏基岩面的土层滑动、土层局部坍塌以及上部岩体沿土层蠕动或错落

（1）滑坡是坡体沿某一倾斜角度的贯通的剪切破坏面或带（软弱面），以一定的速度整体向下滑动的现象。该剪切面（带）称为滑动面（带），下滑的岩土体称为滑坡体，滑动面以下的未动坡体称为滑坡床。土质边坡中形成的滑坡，基本以剪切破坏为主，滑裂面为弧形或圆弧与夹泥层的组合型。

（2）崩塌是土坡上的土体在重力和其他外力作用下，突然向下崩落的现象。

（3）坍塌是土层、堆积层或风化破碎岩层边坡，由于岩土体中水的作用、河流冲刷等，坡体土层逐层塌落的现象。这种现象较为普遍，一直塌落至边坡达到自稳。膨胀土体边坡由于不断受到胀缩交替作用，强度大幅降低，甚至坡度达到 1:5 时仍会坍塌。

（4）塌滑是土质边坡在重力和其他外力作用下，沿坡体内新形成的滑面整体或分块失稳的现象，水平和垂直位移均有。

（5）座落是土质陡边坡因坡脚受冲刷或人工开挖和震动，下伏软弱层不足以承受上部土体压力而被压缩，引起坡体以垂直下座（错）为主的变形现象。

关于边坡的变形类型，表 2.1-4 按边坡土体的种类及运动型式提出的分类，在国际上被广泛应用。

为了对边坡变形加固和治理，按照边坡变形（规模）、运动特征和物质种类，将其分为坡面变形、边坡变形（变形在人工边坡范围内）和坡体变形（变形超越人工边坡范围）三个大类（表 2.1-5）。

2.1.2.2　土质滑坡的类型

与边坡分类一样，按照不同的分类指标，土质滑坡有多种分类方法。

1. 滑坡体物质组成分类

最普遍使用的一种分类方式是按滑坡体物质组成分类，其能直观反映滑体的物质组成和滑面（滑带）特征，可分为黏性土滑坡、黄土滑坡、膨胀土滑坡、堆积土（崩积、坡积、洪积、冲积、冰碛等）滑坡和堆填土（包括堤坝堆填土和弃渣堆积）滑坡。

这里有两种过渡类型：一种是半成岩地层的滑坡，如共和层和昔格达层；另一种是上覆巨厚层土体连同下伏基岩一起滑动，如洒勒山滑坡。在水电工程

表 2.1-4　　　　　　　　　　　　　**边坡运动型式的简要分类**

运 动 型 式			土 质 类 型	
			粗粒为主	细粒为主
崩塌类			碎屑崩落	土崩落
倾倒类			碎屑倾倒	土倾倒
滑动类	旋转滑动	一单元	碎屑转动滑塌	土转动滑塌
	平移滑动	一单元	碎屑块体滑塌	土块体滑塌
		多单元	碎屑滑塌	土滑塌
	侧向扩展		碎屑扩展	土扩展
流动类			泥石流（土石蠕动）	泥流（土蠕动）
复合移动类			两个或两个以上主要运动型式的组合	

表 2.1-5　　　　**边坡变形的分类**

变形深度 H	运动特征	物 质 种 类
坡面变形 （$H \leqslant 2m$）	剥落	软岩剥落，土层剥落
	落石	岩块崩落
	坡面溜坍	堆积层溜坍，风化岩屑溜坍
边坡变形 （$2m < H < 10m$）	坍塌	堆积层坍塌，破碎岩块坍塌
	边坡滑塌	土层滑塌，风化破碎岩石滑塌
	小型崩塌	土崩塌，岩石崩塌
坡体变形 （$H \geqslant 10m$）	崩塌	岩体崩塌
	滑塌	岩体滑塌，土体滑塌
	座落	破碎岩体下座（错）

地质研究中，一般将这两种都归为土质滑坡。

2. 滑坡体受力状态分类

按滑坡体的受力状态分为牵引式（后退式）滑坡和推移式（前进式）滑坡两种基本型式。这种分类形象、简单、实用，在宏观上显现了边坡变形受力及发展方向。

牵引式滑坡是具有滑动条件的边坡由于受河流、海浪侵蚀或人工开挖，削弱了坡脚的支撑力，边坡下部的第一块体沿潜在滑动面先行滑动，边坡中上部的第二、第三等块体因失去支撑而跟着滑动，因此，也称为后退式滑坡。治理此类滑坡时应及时采取措施稳定第一块体，第二块体、第三块体等将不会发生滑动。

推移式滑坡是具有滑动条件的边坡，由于上部崩塌堆积、人工堆填加载或其他原因而引起边坡整体向下滑动，上部或后部向下或向前推挤，最终整体失稳。长江北岸的新滩滑坡就属于推移式滑坡。

3. 滑坡变形机制分类

根据边坡变形特征和力学条件，人们总结提出了蠕滑—拉裂、滑移—压致拉裂、弯曲—拉裂、塑流—拉裂和滑移—弯曲 5 种基本变形机制模式，表明了边坡演化过程中力的作用特点、内部应力状态的调整轨迹、途径和现象，反映了边坡的变形破坏机制。其中适应土质边坡的有蠕滑—拉裂、滑移—压致拉裂、塑流—拉裂。

蠕滑—拉裂一般发生在均质土坡中，坡体中可能发展为破坏面的潜在剪切面，受最大剪应力分布状况控制，该面以上实际为一自地表向下递减的剪切蠕变带（图 2.1-1）。

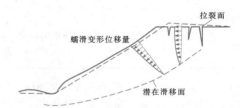

图 2.1-1　均质土坡中的蠕滑—拉裂变形

滑移—压致拉裂一般发生在黄土塬边坡中，平缓滑移面沿层面发育，陡倾拉裂面沿黄土中的垂直裂隙发育而成（图 2.1-2）。

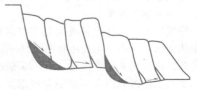

图 2.1-2　黄土塬边坡中的滑移—
压致拉裂变形迹象

塑流—拉裂是下伏软土在上覆土体压力下产生塑性流动并向临空方向挤出，导致上覆较坚硬的土层拉裂、解体和不均匀沉陷（图 2.1-3），多见于以软弱层（带）为其基座的软弱基座型边坡中。地下水对软弱基座的软化或溶蚀、潜蚀作用，是促进这类边坡变形破坏的主要因素。

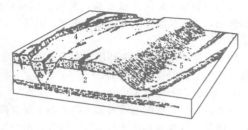

图 2.1-3 下伏软土产生的塑流—拉裂滑坡
1—软弱黏土；2—硬黏土；3—砂砾石土；
4—后缘陷落带；5—挤出的黏土

4. 滑坡发生的时代分类

根据滑坡发生的时代分为古滑坡、老滑坡和新滑坡。古滑坡指全新世以前发生的滑坡，即河流一级阶地形成期及以前发生的滑坡，现在河流冲刷对其稳定性不再起作用，如分布在河流一、二、三级阶地后缘的滑坡等。老滑坡指全新世以来发生的滑坡，即发生在河流岸边暂时稳定的滑坡，河流冲刷仍然对其稳定性有影响。新滑坡指目前正在活动的滑坡，一般指新发生的滑坡。

5. 滑坡体厚度分类

根据滑坡体的厚度，分为浅层滑坡（<6m）、中层滑坡（6～20m）、厚层滑坡（20～50m）、巨厚层滑坡（>50m）。按滑坡体积的大小分为小型、中型、大型和巨型滑坡。

还有一些其他分类，比较类似，在此不再赘述。土质滑坡单一指标分类见表2.1-6。

表 2.1-6　　　土质滑坡单一指标分类

序号	分类指标	类　型
1	按滑坡体物质组成	黏性土滑坡
		黄土滑坡
		堆积土滑坡
		堆填土滑坡
2	按滑坡体受力状态	牵引式（后退式）滑坡
		推移式（前进式）滑坡
3	按滑坡变形机制	蠕滑—拉裂
		滑移—压致拉裂
		塑流—拉裂
4	按滑坡发生时代	古滑坡（全新世以前发生的）
		老滑坡（全新世以来发生，现未活动）
		新滑坡（正在活动的）

续表

序号	分类指标	类　型
5	按主滑面与层面的关系	顺层滑坡（主滑面顺层面）
		切层滑坡（主滑面切割层面）
6	按滑坡的规模	小型滑坡（<10万 m³）
		中型滑坡（10万～50万 m³）
		大型滑坡（50万～100万 m³）
		特大型（巨型）滑坡（>100万 m³）
7	按滑坡体含水状态	一般滑坡
		塑性滑坡
		塑流性滑坡
8	按滑坡体的厚度	浅层滑坡（厚度 $H<6m$）
		中层滑坡（$6m\leqslant H<20m$）
		厚层滑坡（$20m\leqslant H\leqslant 50m$）
		巨厚层滑坡（$H>50m$）
9	按滑面剪出口位置	坡体滑坡（剪出口在边坡上出露）
		坡基滑坡（滑动面在边坡脚以下）
10	按滑坡滑动速度	缓慢滑坡（蠕滑）
		间歇性滑坡
		崩塌性滑坡
		高速滑坡
11	按滑坡发生与工程活动关系	自然滑坡
		工程滑坡

2.1.2.3　土质边（滑）坡的工程地质分类

在水利水电工程地质勘察中，根据土体性质，将土质边坡分为7类，根据土体结构，将土质边坡分为4类，如表2.1-7所示，主要反映了边坡的土体结构和变形特征。

表 2.1-7　　　土质边坡工程地质分类表

边坡岩土性质	边坡土体结构	边坡变形特征	
黏性土 砂性土 黄土 软土 膨胀土 碎石土 岩土混合	单元结构土质 多元结构土质 土石混合结构 岩土叠置结构	滑动变形	黏性土滑坡 黄土滑坡 砂性土滑坡 碎石土滑坡
		蠕动变形 崩塌变形 剥落变形 塌滑变形	

在铁路部门，为了反映特征滑坡的性质及便于治理，提出了综合分类，如表2.1-8所示，突出了主

动滑面的成因，可供参考。

表 2.1-8　　　滑坡综合分类表

按滑体物质	按主动面成因	按滑体厚度
黏性土滑坡 黄土滑坡 堆积土滑坡 堆填土滑坡 破碎岩石滑坡 岩石滑坡	层面滑坡 堆积面滑坡 构造面滑坡 同生面滑坡	浅层滑坡（厚度 $H<6m$） 中层滑坡（$6m\leq H<20m$） 厚层滑坡（$20m\leq H<50m$） 巨厚层滑坡（$H>50m$）

2.1.3　土质滑坡的特征

滑坡的特征主要指滑坡的滑体结构特征、滑面或滑带的特征。滑体结构主要指滑体的物质组成、土体结构、地下水位、几何参数（滑体的长度、宽度、厚度、体积）等。滑面特征指滑面的物质构成、几何形态、滑带厚度及其物理力学特性等。在进行滑坡稳定分析时，不同的滑体和滑面特征是选取稳定分析方法的主要依据。

1．滑面（带）的物质构成

滑面（带）对滑坡的产生起控制作用，其物理力学性质取决于其成因、物质组成、密度和含水状态。滑带土的分类见表 2.1-9。

表 2.1-9　　　滑带土的分类

按成因分	按物理性质分
堆积物	黏性土
残积物	粉质土

（1）堆积物。第四系的坡积、洪积、风积和冰碛等物质及崩积物的底部，其细粒含量较多、相对隔水，如黏土、黄土、坡积和洪积的砂黏土等，有时还含有岩屑、碎石和砾石等，含水量较其上下层高，常呈可塑至软塑状，强度低，常形成黏性土、黄土、堆积土和堆填土滑坡的滑动带。

（2）残积物。残积物主要指一些软岩（如泥岩、页岩、黏土岩、片岩、板岩、千枚岩、泥灰岩、凝灰岩等）顶面风化形成的一层残积土、多已黏土化，由于上覆堆积层的混入和地下水作用，相对隔水，含水量高，呈可塑至软塑状，强度低，常形成土质滑体沿基岩顶面滑动的滑带。

除上述外，滑面（带）的物质成分与滑面所经历的受力状态有关，同一条滑面（带）可能经历过不同的受力状态，如拉张段、长期剪切蠕滑段、快速剪断段等，物质成分不大一样，应注意区分。

2．滑带土的基本特征

（1）滑带土体结构被破坏，挤压揉皱强烈，多数

颜色混杂。

（2）一般黏土矿物含量较高，呈泥状或糜棱状，亲水性强，含水量高，呈可塑至软塑状，强度低，对水敏感。

（3）已滑动过的滑坡滑动面上有光滑镜面和滑动擦痕，与构造擦痕有明显区别。

3．滑面（带）形态

滑面（带）在滑坡主轴断面上的形态主要有圆弧形、平面形、折线形、连续曲面形、软岩挤出形及复合形。

（1）圆弧形。滑动面为圆弧面或螺旋曲面，它不受地质上先期形成的软弱面（层）控制，主要受控于坡体内的最大剪应力面，与滑动过程同时形成，因此也称其为同生面。滑坡发生前在坡脚附近出现应力集中，剪应力超过该部位土体的抗剪强度造成坡体蠕动，应力调整，坡顶则产生拉应力而出现张拉破坏裂缝，一旦滑面中段全部出现剪应力大于土体的抗剪强度，滑坡将发生整体滑移。由于滑动面为圆弧形，故以旋转滑动为主。在有地下水活动的情况下，滑动面的一部分常位于地下水位的波动线上，这类滑坡多出现在均质土坡和全强风化的破碎岩质边坡中。

（2）平面形。滑动面为一平直面，它常常是地质上先期已经存在的软弱结构面，如黏土层面、构造面、基岩顶面的剥蚀面、不整合面、不同成因的堆积（坡积、崩积、洪积物）分界面等。

（3）折线形。滑动面为若干个平直面的组合，它可以是基岩顶面的剥蚀面、不同成因或成分的堆积面。

（4）连续曲面形。滑动面为倾向河谷等临空面的上陡下缓逐渐变化的软弱岩层或层间错动带，常常是向斜的一翼，形成大型或特大型的岩石顺层滑坡。

（5）软土挤出形。下伏软土在上覆土体压力下产生塑性流动并向临空方向挤出，导致上覆较坚硬的土层拉裂、解体和不均匀沉陷（图 2.1-3）。多见于以软弱层（带）为其基座的软弱基座型边坡中。

（6）复合形。该类滑面既包括上述各种滑面类型的组合，又包括滑体在剖面结构上的组合。即在同一滑坡中，可能包含圆弧滑面、单一滑面、折线形滑面或属软土挤出性的变形，在滑坡剖面上也可以有多种组合型式。有多级滑坡、多层滑坡、叠置结构滑坡等。

根据滑坡的受力和变形特征，将滑坡分为蠕动阶段、挤压阶段、滑动阶段、剧滑阶段和稳定压密阶段，见表 2.1-10。在《水电水利工程边坡工程地质勘察技术规程》（DL/T 5337—2006）附录 C 中也有类似表述。

表 2.1－10   滑坡发育阶段划分表

变形阶段	滑动带（面）	滑坡后缘	滑坡前缘	滑坡两侧	滑坡体	稳定状态 F_s
蠕动阶段	主滑带剪应力超过其抗剪强度发生蠕动，逐渐扩大并使牵引段发生拉裂	地表或建筑物上出现一条或数条地裂缝，由断续分布而逐渐贯通	无明显变形	无明显变形	无明显变形	局部 $F_s<1.0$ 整体 $F_s>1.0$
挤压阶段	主滑段和牵引段滑面形成，滑体沿其下滑推挤抗滑段，抗滑段滑带逐渐形成	主拉裂缝贯通，加宽，外侧下错，并向两侧延长	地面有局部隆起，先出现平行滑动方向的放射状裂缝，再出现垂直滑动方向的鼓胀裂缝，有时有坍塌，泉水增多或减少	中、上部有羽状裂缝出现并变宽，两侧剪切裂缝向抗滑段延伸	中、上部下沉并向前移动，下部受挤压而抬升，变松	$F_s>1.0$
滑动阶段	抗滑段滑面贯通，从地面剪出，整个滑动面贯通，滑坡整体滑移	后缘裂缝增多，加宽，地面下陷，滑坡壁增高，建筑物倾斜	前缘坍塌明显，泉水增多并混浊，剪出口附近出现鼓丘	两侧裂缝与后缘张裂缝及前缘剪出口裂缝完全贯通，两侧壁出现	滑体开始整体向下滑移，重心逐渐降低	$F_s \leqslant 1.0$
剧滑阶段	随滑动距离增加，滑带土抗剪强度降低，滑坡加速滑动至破坏	后部形成裂缝带或陷落带、滑坡湖，反坡平台，出现高陡的滑坡壁并有擦痕	滑体滑出剪出口后覆盖在原地面上形成明显的滑坡舌，有时泉水增多形成湿地	两侧羽状裂缝被剪切裂缝错断并形成明显的侧壁，见有滑动擦痕	重心显著降低，坡度变缓，裂缝增多，变宽，建筑物倾斜，上下出现"醉汉林"	$F_s<1.0$
稳定压密阶段	滑动后滑动带因排水而逐渐固结	滑坡壁坍塌变缓，填塞滑坡洼地，裂缝逐渐闭合	抗滑段增大，滑坡停止滑动，裂缝逐渐闭合	侧壁坍塌变缓	滑体逐渐压密而沉实	$F_s>1.0$

2.1.4 土质边坡的分级及稳定安全系数

《水电水利工程边坡设计规范》（DL/T 5353—2006）和《水利水电工程边坡设计规范》（SL 386—2007）中，按土质边坡所属枢纽工程等级、建筑物级别、边坡所处位置、边坡重要性和失事后的危害程度，划分了边坡类别和安全级别。土质边坡的类别、安全级别划分及安全系数标准与岩石边坡相同，见1.1节相应内容。

在水电水利边坡的类别和安全级别划分中突出了与工程的关系，据此划分两类边坡以区分边坡的特性和事故风险类型，又根据对边坡变形与稳定的要求将边坡划分为三级，此分类、分级与设计原则和治理方法密切相关，特别是对 A 类边坡，划分三级的依据如下：

（1）Ⅰ级。必须满足稳定性和有限度变形要求的边坡，一般为影响 1 级水工建筑物的边坡，以及除大坝以外的建筑物地基边坡。例如：岸边引水或泄水建筑物地基边坡；通航建筑物边坡以及其他重要建筑物和移民住宅地基边坡等。拱坝抗力体边坡如在受力范围之内也可列入。这些边坡既要稳定，又要满足变形限度的要求。设计时除应采用极限平衡法外，必须

结合建筑物布置和荷载作用作应力—变形分析。在完工后建筑物运行期间要对边坡作相应的变形监测，作为分析判断建筑物稳定状态的依据。Ⅰ级边坡的重要性或安全等级应与其上的建筑物相同。

此外对具特殊重要意义的 B 类边坡，即：坝前区边坡、有城镇建筑的水库边坡、抽水蓄能水库边坡、特殊交通干线边坡等，由于其失稳风险程度和安全等级高于一般边坡，也列入Ⅰ级。

（2）Ⅱ级。必须满足稳定性要求，但是对变形无特定要求的边坡，一般为 2 级、3 级水工建筑物周边或邻近边坡。例如：大坝、厂房、引水和泄水建筑物，送电、变电建筑物以及交通道路、移民居住区、施工临时建筑物和施工场地等，其周边或邻近边坡不得发生塌滑崩落等失稳事故。此种边坡的分析方法以极限平衡法为主。其重要性或安全等级视具体情况可以等于或低于其下方的建筑物重要性或安全等级。

（3）Ⅲ级。允许有限度破坏的边坡，此类边坡一般为水库、河谷或沟壁岸坡。在水电工程施工和运行后，因环境因素的变化，如库水位抬升和地下水位壅高、挑流泄洪雨雾作用等，将导致边坡或岸坡失去原

有平衡，发生水库塌岸、滑坡和泥石流等。除与建筑物有关的边坡应分别归入前述两级边坡外，此级边坡可允许有限度的破坏发生。例如：水库滑坡以不产生危害性涌浪为准，下游河道边坡以不产生电站尾水抬高、河道或航道堵塞为准。有些活动的大型和巨型滑坡无法对其进行增稳加固，只能采取以避免或减少损失为目的的非常处理措施，在设计时应对其破坏型式和失稳风险作特殊研究分析。例如：边坡的整体或解体破坏的可能；一次性滑动的方量和滑动与堆积位置；水库、河道滑坡入水时最大滑速；水库不同位置和坝前的最大涌浪高度等。

2.2 土质边坡的作用及其组合

土质边坡的作用主要有土体的自重作用、地下水的作用、加固作用、地震力作用等，水电水利工程土质边坡的作用与一般工程边坡相比较，具有一般工程边坡的共性，也有其特殊性。

2.2.1 土体的自重作用

土体的自重作用在所有土质边坡中，自重力始终垂直向下，在抗滑力和滑动力中均有它的作用，是土质边坡的主要作用力。在地下水位以上，土体的自重采用天然重度；在地下水位以下，则应根据计算方法正确选择：在边界面上以面力计算水压时采用饱和重度；以体力法计算水压力时采用浮重度，同时在滑面上扣除自坡外水位起算的静水压；降雨情况下的非饱和土体采用具有一定含水量的重度，根据测试或估算确定。上述各种重度应取平均值。

坡体上的建筑物，包括加固治理结构物，应作为坡体自重计。

2.2.2 地下水作用

土质边坡中地下水的作用主要表现为孔隙水压力、渗透动水压力、降雨形成的暂态水压力。

2.2.2.1 孔隙水压力

有效应力原理认为：饱和土体中任何一点的总应力 σ 等于有效应力 σ' 和孔隙水压力 u 之和，即

$$\sigma = \sigma' + u \qquad (2.2-1)$$

其中有效应力 σ' 是通过土粒间的接触面传递的应力，因为它对土体的强度和变形特性起控制作用，它是土力学中最重要的一个参数。从严格的理论上讲，土力学中的所有力学分析只有使用有效应力计算才是正确合理的。

有效应力 σ' 不能直接量测到，只能通过量测总应力 σ 和孔隙水压力 u 计算得到。在总应力 σ（外荷载）不变的情况下，孔隙水压力 u 的变化会导致有效应力

σ' 的改变，从而会引起土体的变形并改变土体的强度，这无疑突显了孔隙水压力在土力学和工程评价中的重要性。

从上面的分析可以看出地下水作用下岩土问题的焦点就落在孔隙水压力的确定上，同样，如何确定地下水作用下边坡中孔隙水压力的问题，成为地下水作用下坡体稳定分析的关键。

从理论上讲，边坡中的孔隙水压力应该用有限元渗流分析或画流网的方法来确定，但是这样做比较复杂，不便于工程应用，因此工程中通常采用一些简化方法来计算孔隙水压力。常用的方法有孔隙压力比法、代替法、静水压力法等。

1. 孔隙压力比法

孔隙压力比法最早是人们在分析坡体中考虑水的一种方法，其目的是用孔隙压力比来减少土的重力，该法通常常用在瑞典法中，目前我国的某些规范中仍采用该方法。为了考虑水的作用，工程技术人员利用浮重的概念来确定有效应力。将孔隙压力比 r_u 定义为总的孔隙压力和总的上覆压力之比，或者水压力产生的总的向上力和自重之比。根据阿基米德原理，向上的浮力等于所排开水的重力，向下的力等于滑动土的重力。因此孔隙水压力比表示为

$$r_u = \frac{\text{水下滑动体的体积} \times \text{水的重度}}{\text{滑动体的体积} \times \text{土的重度}} \qquad (2.2-2)$$

由于水的重度大约等于土重度的一半，孔隙压力比可以近似地表示为

$$r_u = \frac{\text{水下滑动体的体积}}{2 \times \text{滑动体的体积}} \qquad (2.2-3)$$

图 2.2-1 表示破坏面为平面和圆弧面时，将浸润面转换为孔隙压力比的方法，其计算公式为

$$r_u（圆弧面）= \frac{Sabea}{2 \times Sabcdea}$$

$$r_u（平面）= \frac{Sabdea}{2 \times Sabcdea}$$

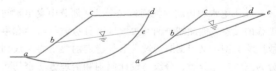

图 2.2-1 孔隙压力比的确定

用孔隙压力比表述的瑞典法的稳定系数公式为

$$F_s = \frac{\sum \left[c'_i l_i + (1 - r_u) W_i \cos\alpha_i \tan\varphi'_i \right]}{\sum W_i \sin\alpha_i} \qquad (2.2-4)$$

式中　φ'_i——第 i 条块的有效内摩擦角；

c'_i——第 i 条块的有效黏聚力；

W_i——第 i 条块的重力，水位以上取天然重，水位以下取饱和重；

l_i——第 i 条块的底边长度；

α_i——第 i 条滑面的倾角；

F_s——坡体的稳定系数。

孔隙压力比法是在计算技术尚不发达、边坡的分析主要靠手工和查表的情况下提出来的，它代表的是坡体中的平均孔隙压力比。

2. 代替法

代替法就是用滑动体周界上的水压力和滑动体范围内水重的作用来代替渗流力的作用。

如图 2.2-2 所示的土坡，ae 线表示渗流水面线，叫浸润线。滑动面以上、浸润面以下的滑动土体中的孔隙水体作为脱离体，在渗流情况下，其上的作用力如下：

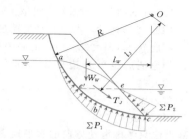

图 2.2-2　代替法计算渗流力的简图

（1）滑弧面 abc 上的水压力 $\sum P_1$，方向指向圆心。

（2）坡面 ce 上的水压力 $\sum P_2$，方向垂直于坡面。

（3）孔隙水的重力与浮反力的合力 W_w，方向垂直向下。

由于这三个力不能自相平衡，所以产生了渗流，即渗流力为以上 3 个力的合力，即

$$\vec{T}_J = \vec{W}_w + \sum \vec{P}_1 + \sum \vec{P}_2 \qquad (2.2-5)$$

式（2.2-5）为一个力系的矢量和，它表示：滑动体范围内渗流力的合力 $\vec{T}_J$ 等于所取脱离体范围内全部充满水时的水重 $\vec{W}_w$ 与脱离体周界上水压力 $\sum \vec{P}_1$、$\sum \vec{P}_2$ 的矢量和。此即为代替法的基本思想。

将式（2.2-5）中等式两侧的各力对圆心 O 取力矩，其力矩必相等。$\sum \vec{P}_1$ 的作用力方向指向圆心，其力矩为零，$\sum \vec{P}_2$ 与 ee' 面以下的水重对圆心 O 取矩后相互抵消，因而由式（2.2-5）可得到

$$T_J l_J = W_{wl} l_{wl} \qquad (2.2-6)$$

式中　T_J——渗透力；

l_J——T_J 对圆心 O 的力臂；

W_{wl}——下游水位 ee' 面以上、浸润线 ae 以下、滑弧 ae' 范围内全部充满水时的水重；

l_{wl}——W_{wl} 对圆心 O 的力臂。

因此，对于圆弧滑面，渗流力产生的力矩可以用下游水位以上、浸润线以下滑弧范围内全部充满水的水重对圆心 O 的力矩来代替。

3. 静水压力法

在代替法中，是将整个滑体作为研究对象的，如将该方法应用到滑体中的每一个条块上，就得到了工程中经常使用的静水压力法。

为了简化计算，通常假定土坡中任意一点处的孔隙水压力等于该点距地下水面的垂直距离乘以水的重度，这样，图 2.2-3 中土条周边的孔隙水压力可表示如下：

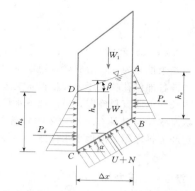

图 2.2-3　土条中水压力计算简图

AB 边界上

$$P_a = \frac{1}{2} \gamma_w h_a^2 \qquad (2.2-7)$$

CD 边界上

$$P_b = \frac{1}{2} \gamma_w h_b^2 \qquad (2.2-8)$$

滑弧面 CB 上

$$U_i = \frac{1}{2} \gamma_w (h_a + h_b) \frac{\Delta x}{\cos \alpha_i} \qquad (2.2-9)$$

用该法分析边坡时，将水土看做研究对象，用土条周边的水压力与土体的饱和容重相平衡。实际工程中为了简化计算，通常忽略土条两侧边界上的水压力 P_a、P_b，仅考虑土条底部的水压力 U_i。

用孔隙水压力表述的瑞典法的稳定系数公式为

$$F_s = \frac{\sum \left[c_i' l_i + (W_i \cos \alpha_i - U_i) \tan \varphi_i' \right]}{\sum W_i \sin \alpha_i} \qquad (2.2-10)$$

用孔隙水压力表述的简化毕肖普法的稳定系数公式为

$$F_s = \frac{\sum \dfrac{1}{m_{ai}} \left[c_i' l_i + (W_i - U_i \cos \alpha_i) W_i \tan \varphi_i' \right]}{\sum W_i \sin \alpha_i}$$

$$(2.2-11)$$

$$m_{ai} = \cos \alpha_i + \frac{\tan \varphi_i' \sin \alpha_i}{F_s}$$

式中　φ_i'——第 i 条块有效内摩擦角；

c_i'——第 i 条块有效黏聚力；

W_i——第 i 条块的重力，水位以上取天然重，水位以下取饱和重；

l_i——第 i 条块的底边长度；

U_i——第 i 条块底部的水压力；

F_s——坡体的稳定系数。

用孔隙水压力表述的不平衡推力法的稳定系数计算公式为

$$F_i = W_i \sin\alpha_i - \frac{1}{F_s}\left[c'_i l_i + (W_i \cos\alpha_i - U_i)\tan\varphi'_i\right] + F_{i-1}\varphi_i \qquad (2.2-12)$$

$$\varphi_i = \cos(\alpha_{i-1} - \alpha_i) - \frac{\tan\varphi'_i}{F_s}\sin(\alpha_{i-l} - \alpha_i) \qquad (2.2-13)$$

用式（2.2-12）和式（2.2-13）逐条计算，直到第 n 条的剩余推力为零，由此确定稳定系数 F_s。

土质边坡各部位孔隙水压力应根据水文地质资料和地下水位长期观测资料确定，采用地下水最高水位作为持久状态水位。对具有疏排地下水设施的边坡，应首先确定经疏排作用后的地下水位线，再确定地下水压力。

2.2.2.2　渗透动水压力

对于有地下水渗流的水下土体，当采用体力法以浮容重计算时，应考虑渗透水压力作用，在河（库）水位以上边坡部分，其渗透水压力或动水压力值 P_{ui} 的计算公式为

$$P_{ui} = \gamma_w V_i J_i \qquad (2.2-14)$$

式中　γ_w——水的重度，kN/m^3；

V_i——第 i 计算条块单位宽度土体的水下体积，m^3/m；

J_i——第 i 计算条块地下水渗透比降。

2.2.2.3　降雨形成的暂态水作用

降雨形成的暂态水压力分为持久设计状况和短暂设计状况，见 1.3 节相应内容及《水电水利工程边坡设计规范》（DL/T 5353—2006）。

2.2.3　地震作用

2.2.3.1　拟静力法

在地震基本烈度为Ⅶ度和Ⅶ度以上的地区，应计算地震作用力的影响。《水利水电工程边坡设计规范》（SL 386—2007）中规定，对处于设计地震加速度 $0.1g$ 及其以上地区的 1 级、2 级边坡和处于 $0.2g$ 及其以上地区的 3～5 级边坡，应按拟静力法进行抗震稳定分析。

1.《水利水电工程边坡设计规范》（SL 386—2007）方法

《水利水电工程边坡设计规范》（SL 386—2007）规定，在进行抗震稳定计算时，1 级边坡设计地震加速度宜与相应建筑物设计地震加速度取值一致，2 级及其以下级别的边坡设计地震加速度可与场地地震加速度值一致；设计地震加速度为 $0.2g$ 及其以上 1 级和 2 级边坡宜同时计入水平向和竖直向地震惯性力。

计算某质点的地震惯性力的公式为

$$F_{hi} = \alpha_h \xi W_i \alpha_i / g \qquad (2.2-15)$$

$$F_{ui} = \frac{1}{2} \times \frac{2}{3} F_{hi} \qquad (2.2-16)$$

式中　F_{hi}——质点 i 的水平向地震惯性力；

F_{ui}——质点 i 的竖直向地震惯性力；

α_h——设计地震加速度；

ξ——折减系数；

W_i——质点 i 的重量；

α_i——质点 i 的动态分布系数，可取 1，对于 1 级、2 级边坡，参照《水工建筑物抗震规范》（SL 203—97）的有关规定，经论证后也可自边坡底部向上进行放大；

g——重力加速度。

2.一般拟静力法

一般拟静力法只考虑滑动方向的水平地震力作用。拟静力法将大小和方向都随时间变化的地震惯性力看做是一个不随时间变化的静力荷载施加于边坡体上，然后用各种稳定计算方法，给出边坡在地震作用下的安全系数。在确定地震作用的等效静力时，一般是先定义地震系数，然后定义地震等效力等于地震系数与边坡重量的乘积。

其基本计算公式为

$$F = K_H m g \qquad (2.2-17)$$

式中　F——水平地震作用力；

K_H——水平地震系数，《水工建筑物抗震规范》（DL 5073—2000）规定了不同地震烈度的水平地震系数，见表 2.2-1；

m——土体质量；

g——重力加速度。

表 2.2-1　　水平地震系数

设计烈度	7	8	9
K_H	0.1	0.2	0.4

显然，在一般拟静力法中确定地震系数是一个关键问题。参照《水工建筑物抗震规范》（DL 5073—2000）和《碾压式土石坝设计规范》（DL/T 5395—2007），考虑地震作用的效应折减系数和动态分布系数，对设计地震加速度地震系数进行综合修正得到地震系数。这种方法在结构抗震设计和土石坝设计中已

经有了成熟的应用经验，但边坡在地震作用下的稳定分析尚无成熟的计算方法，特别是如何考虑地震加速度沿高度的放大效应，无论实际经验还是试验研究都还比较少。

2.2.3.2　动力分析法

动力分析法是对滑坡和边坡的地震反应分析，通常是用有限元法作时域等效线性迭代计算边坡，在基岩发生地震运动下所产生的动力效应，可用以确定坡体中各质点在各瞬时域中的加速度、速度、位移以及岩土体的动应力、动应变。在此基础上，计算出与地震加速度时程相对应的动稳定系数时程变化。图 2.2-4 是西北勘测设计研究院在川西强震区工程中对边坡动力计算的地震过程动安全系数 F_s 的时程变化结果。

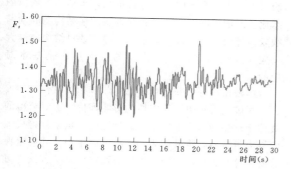

图 2.2-4　川西强震区某边坡 A 区整体动安全系数时程变化

对滑坡和边坡动力分析，还可参考土石坝的动力分析方法——Newmark 法。

Newmark 于 1965 年提出了应用于土石坝的永久变形分析，衡量土石坝抗震能力的方法。永久变形系指土石坝遭受地震影响而产生的不可恢复变形，累积了地震每个循环周期曾发生的所有塑性变形。故 Newmark 法，也称作永久变形法。

Newmark 利用 1940 年 5 月 18 日美国加利福尼亚州 El Centro 地震的南北向加速度分量，计算了此分量的速度和位移，如图 2.2-5 所示，并认为此地震也可以代表其他地震所具有的共同特性。最强的加速度高峰只有较短的周期或较高的频率，而最主要的速度高峰则有较长的周期或较低的频率，至于主要的位移高峰则有更显著的较长的周期或较低的频率，以此强调地震中速度和位移的效应。Newmark 提出的方法主要在于确定滑体的临界阻力系数与最大位移，现将确定此两者的方法及按其得到的经验关系分述如下。

1. 滑体的阻力系数

土石坝潜在滑动面上土体重量为 W，考虑一个

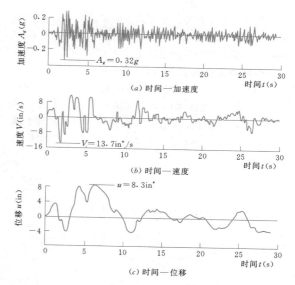

图 2.2-5　1940 年 5 月 18 日 El Centro 地震的南北分量（据王复来）

　※　$1\text{in}=2.54\times10^{-2}\text{m}$。

与水平向成 α 角的 NW 力，此力的等加速度是重力加速度 g 的 N 倍；若土体上等加速度小于 Ng，土体不会发生滑动；若大于 Ng，即发生滑动。现任意取一个地震加速度 $N'g$，都可得到一个相应的动力稳定安全系数 K_d；若 $N'=N$，则 $K_d=1$；若 $N'=0$，则 K_d 即相当于静力分析的稳定安全系数 K。

取一个圆弧滑动面如图 2.2-6 所示，在有一个任意的地震惯性力 $N'W$ 作用的情况下，滑动力与抗滑的力矩平衡条件为

$$R\sum S_q\,\mathrm{d}s/K_d = Wb + N'Wh \qquad (2.2-18)$$

而在 NW 力作用的临界状态下，平衡条件为

$$R\sum S_q\,\mathrm{d}s = Wb + NWh \qquad (2.2-19)$$

从这两个平衡条件，可知临界阻力系数为

$$N = N'K_d + (K_d-1)\frac{b}{h} \qquad (2.2-20)$$

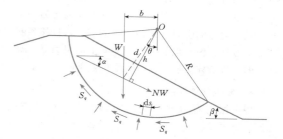

图 2.2-6　圆弧滑动面上的滑体作用力

2. 滑体的相对位移

设滑动面上滑体为刚塑性体，受到地震的单一脉冲，此地面的加速度为 A_g；滑体与地面存在有阻力的相对运动，阻力的加速度为 Ng。单一脉冲历时 t_0，在地面运动速度达到最大值 $V = A_g t_0$ 后，即维持不变，如图 2.2 - 7 (a) 所示。滑体阻力的速度为 Ngt，历时 t_m 后，与地面运动最大速度相等，滑体与地面即处于相对静止状态，相对速度为零。滑体相对于地面的最大相对位移 u_{max} 可由图 2.2 - 7 (b) 中阴影三角形面积算得

$$u_{max} = \frac{1}{2}Vt_m - \frac{1}{2}Vt_0 \qquad (2.2-21)$$

由于 $t_0 = \frac{V}{A_g}$，$t_m = \frac{V}{Ng}$，将之代入，则得

$$u_{max} = \frac{V^2}{2gN}\left(1 - \frac{N}{A}\right) \qquad (2.2-22)$$

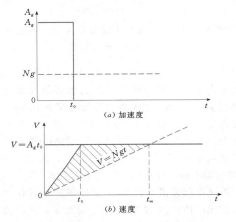

图 2.2 - 7 滑体与地面的加速度和速度

由于地震实际上是一系列无规律脉冲，且既有正的，也有负的。若第二次脉冲为负的，则无阻力也会使速度趋于零。用式 (2.2 - 22) 计算相对位移，未考虑反向脉冲，应该偏高，但是式 (2.2 - 22) 也说明相对位移是与最大地面速度的平方成正比的，确定的位移量应是合理的。

这也是考虑在地震的一系列脉冲中，物体在正反两个运动方向所受的阻力都是相同的，是匀称的阻力。若阻力在两个方向不同，一个方向高于另一方向，是非匀称的阻力，则物体运动应计入位移累积效应。土石坝边坡在地震中，滑体向上的阻力显然高于向下的，故滑体只能有向下坍滑的趋势。

2.2.4 爆破振动作用

爆破振动对边坡稳定性的影响表现在两方面：①因爆破振动荷载的反复作用，导致岩土体结构面抗剪强度指标的降低；②爆破振动本身引起的地震惯性

力可能导致坡体整体下滑力加大，该惯性力沿滑动面的切向分量达到一定量级后可导致整个坡体动力失稳。由于爆破振动对边坡稳定性影响理论上尚无很好的研究方法及成果，目前，对爆破作用的研究主要为两个方面：①以实测的爆破振动物理量（主要是质点振动速度）作为衡量指标，并根据大量的实际数据总结出一套相应的安全标准，现一般采用质点振动速度作为岩土体或建（构）筑物破坏程度的判据；②将爆破振动作用折算为等效静荷载，用极限平衡法计算边坡动态稳定安全系数。

边坡动力稳定分析常用的一种方法是将分布在坡体上的动态爆破振动惯性力拟静力化，然后作为一种致滑力参与静态稳定计算，该方法避免了爆破振动特有的复杂性。目前在地震工程的结构抗震设计中，一般引入一个综合影响系数进行折减，将动态参数拟静态化。所谓拟静态化就是将爆破振动在结构上的动载变为等效的静荷载，要求这种静荷载对结构的最大反应和爆破振动对结构产生的最大反应是基本对应的。

爆破振动等效荷载计算见 1.3 节相关内容。

爆破动力对边坡稳定性的影响评价：①对获得的坡体爆破振动响应加速度，通过综合影响系数将最大惯性力折减后，将其作为一个致滑因素加入到稳定性分析，这样，常用的滑（边）坡稳定性分析方法均可进行稳定性的动力分析；②直接对不同工况条件下的稳定性系数折减 10%，给定相应的稳定性。

2.2.5 工程作用力

工程作用力指影响边坡稳定的各种外力，包括边坡上建筑物的作用力、加固力、坡外外水压力等。

1. 加固力

加固力指采用加固结构将不稳定土体固定到滑面以下稳定土体的力。计算安全系数时加固力应按增加的抗滑力考虑。

2. 边坡作用组合

边坡设计一般按下列两类作用组合。

(1) 基本组合。基本组合指自重＋边坡上建筑物的作用力＋外水压力＋地下水压力＋加固力。

(2) 偶然组合。偶然组合指基本组合＋地震作用。

3. 边坡设计工况

边坡工程应按下列 3 种设计工况进行设计。

(1) 持久设计工况。持久设计工况主要为边坡正常运用工况，此时应采用基本组合设计。

(2) 短暂设计工况。短暂设计工况包括施工期缺少或部分缺少加固力；缺少排水设施或施工用水形成

地下水位增高。运行期暴雨或久雨或可能的泄流雾化雨，以及地下排水失效形成的地下水位增高；水库水位骤降等情况。此时应采用基本组合设计。

（3）偶然设计工况。偶然设计工况主要为遭遇地震、水库紧急放空等情况，此时应采用偶然组合设计。

2.3 土质边坡稳定计算力学参数

2.3.1 力学参数的取值

2.3.1.1 物理力学参数的试验方法

1. 土的物理性质试验

在进行边坡稳定分析和力学参数确定时，需要进行土的物理性质试验，一般性土的物理性质试验指标如下：

（1）砂土。颗粒级配、比重、天然含水量、天然密度、最大和最小密度。

（2）粉土。颗粒级配、比重、天然含水量、液限、塑限、天然密度和有机质含量。

（3）黏性土。比重、天然含水量、液限、塑限、天然密度和有机质含量。

试验方法应符合《土工试验方法标准》（GB/T 50123）。当需要进行渗流分析时，可进行渗透试验。砂土和碎石土可采用常水头试验，粉土和黏性土可采用变水头试验。透水性很低的软土可通过固结试验测定固结系数、体积压缩系数，计算渗透系数。土的渗透系数取值应与野外抽水试验或注水试验的成果比较后确定。

当需要对回填土质边坡稳定分析和质量评定时，应进行击实试验，测定土的干密度与含水量的关系，确定最大干密度和最优含水量。

2. 土的抗剪强度

在外力作用下，土体内剪切面单位面积上所能承受的最大剪应力称为土的抗剪强度。土的抗剪强度（即 c、φ 值）是进行土坡稳定分析的基础。黏性土和无黏性土都是松散颗粒的集合体，土的抗剪强度 τ_f 不是一个固定不变的值，它随剪切面上所受法向应力 σ 而变，这是土区别于其他材料的一个重要特性。

土的抗剪强度特征与许多因素有关，这些因素包括：土的成分，结构（组构及颗粒间相互连接方式），形成的历史和环境，应力和应变的历史和现状，以及试验方法（试验仪器、排水条件、加荷速率）等。

土的成分是最根本的因素，它包括颗粒本身的矿物组成、风化程度、土体中物质种类及含量、有机质含量、土中水成分及浓度、吸附离子的种类、气体种类及数量等。

土的结构不仅对黏性土的抗剪强度有重要影响，而且许多新近的资料表明，它对砂性土也极为重要。土的孔隙比 e 只能笼统地反映土的压实程度，而土的孔隙的大小和分布却更能说明土中的结构状况。黏性土土粒之间，尤其是土团之间的联结强度，往往是构成黏性土抗剪强度的主要部分。

土的历史包括土体整个生成和存在的历史，在这个历史过程中，土产生各种各样的变化，如成分变化、物理化学性质的变化、应力和应变方面的变化，以及含水率的变化（称饱和历史）。又如黏土抗剪强度的实效效应问题（似超固结特性、蠕变效应、触变效应、长期强度、老化问题、固化问题等），也属于这个研究范畴或与之有关。实际上就是以发展和变化的观点来研究土的抗剪强度特性。

上述主要因素大都与土中固相和液相有关，但土中的气相（如非饱和土）有时也会对土的抗剪强度产生重要影响。

（1）无黏性土的抗剪强度。反映无黏性土抗剪强度的库仑公式为

$$\tau_f = \sigma \tan\varphi \qquad (2.3-1)$$

其中

$$\varphi = \varphi_u + \varphi_D + \varphi_B \qquad (2.3-2)$$

式中　τ_f——土的抗剪强度，kPa；

σ——作用在剪切面上的法向应力，kPa；

φ——内摩擦角；

φ_u——颗粒的滑动摩擦角，（°），石英砂的 φ_u 一般为 $30° \sim 31°$；

φ_D——剪胀效应摩擦角分量，（°）；

φ_B——颗粒挤碎磨细和重新排列作用的摩擦角分量，（°）。

在不同的室压 σ_3 条件下，φ_u 基本无变化，但 φ_D 和 φ_B 所起的作用会产生变化。如图 2.3-1 所示，紧砂在较低的 σ_3 条件下，破坏时剪胀量很大，$\Delta V/V$ 为较大的负值，那么，φ_D 起的作用就很显著，使所得到的表观峰值 $(\sigma_1 - \sigma_3)_{fP}$ 较大，而峰后强度较低。在较大的 σ_3 条件下，则无论是紧砂还是松砂，颗粒

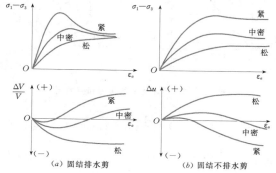

图 2.3-1 不同密度砂土的应力—应变曲线

都会在剪切中被挤碎磨细。这样，一方面会削弱剪胀效应，使 φ_D 的作用和分量减小；另一方面 φ_B 的作用会显著增大。最终结果是在高围压 σ_3 条件下，紧砂与松砂的内摩擦角渐趋于接近。

（2）黏性土的抗剪强度。反映黏性土抗剪强度的库仑公式为

$$\tau_f = c + \sigma\tan\varphi \qquad (2.3-3)$$

式中　c——土的黏聚力，kPa。

土的有效应力强度，饱和土的抗剪强度与土受剪前在法向应力作用下的固结度有关，而土只有在有效应力作用下才能固结。有效应力逐渐增大的过程，也就是土的抗剪强度逐渐增加的过程。

剪切面上的法向应力与有效应力之间的关系为

$$u + \sigma' = \sigma \qquad (2.3-4)$$

式中　u——剪切面上的孔隙水压力，kPa；

　　　σ'——剪切面上的有效应力，kPa；

　　　σ——剪切面上的法向应力，即总应力，kPa。

土的抗剪强度主要取决于有效应力的大小，故抗剪强度关系式应表示为

$$\tau_f = c' + \sigma'\tan\varphi' = c' + (\sigma - u)\tan\varphi' \qquad (2.3-5)$$

式中　c'——土的有效黏聚力，kPa；

　　　φ'——土的有效内摩擦角，（°）。

饱和黏性土中的孔隙水压力 u 是随时间变化的，在外荷载作用下，u 随着土体固结压缩从最大值逐渐消散为 0，土体的抗剪强度也随着固结压密而增大。

理想的抗剪强度试验是直接测定试样在剪切过程中 u 和 σ 的变化，而定量地应用有效应力强度指标研究工程实际中土体的稳定性。

（3）莫尔—库仑破坏标准。

1）单元体上的应力和应力圆（图 2.3-2）

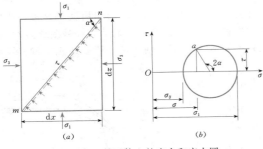

图 2.3-2　单元体上的应力和应力圆

$$\sigma = \frac{1}{2}(\sigma_1 + \sigma_3) + \frac{1}{2}(\sigma_1 - \sigma_3)\cos 2\alpha \qquad (2.3-6)$$

$$\tau = \frac{1}{2}(\sigma_1 - \sigma_3)\sin 2\alpha \qquad (2.3-7)$$

式中　σ——任一截面 $m-n$ 上的法向应力，kPa；

　　　τ——截面 $m-n$ 上的剪应力，kPa；

　　　σ_1——最大主应力，kPa；

　　　σ_3——最小主应力，kPa；

　　　α——截面 $m-n$ 与最小主应力作用方向的交角，（°）。

2）极限平衡条件（图 2.3-3）

$$\frac{\sigma_1 - \sigma_3}{2} = c\cos\varphi + \frac{\sigma_1 + \sigma_3}{2}\sin\varphi \qquad (2.3-8)$$

$$\sigma_1 = \sigma_3\tan^2\left(45° + \frac{\varphi}{2}\right) + 2c\tan\left(45° + \frac{\varphi}{2}\right) \qquad (2.3-9)$$

$$\sigma_3 = \sigma_1\tan^2\left(45° - \frac{\varphi}{2}\right) - 2c\tan\left(45° - \frac{\varphi}{2}\right) \qquad (2.3-10)$$

式中　σ_1——极限平衡状态的最大主应力，kPa；

　　　σ_3——极限平衡状态的最小主应力，kPa；

其余符号意义同前。

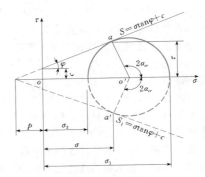

图 2.3-3　极限平衡条件应力

式（2.3-8）、式（2.3-9）和式（2.3-10）均可称为莫尔—库仑破坏标准的表达式。

土体处于极限平衡状态时，破坏面与大主应力作用面的夹角 α_{cr}，可由图 2.3-4 中的几何关系得到，即

$$\alpha_{cr} = \pm\frac{1}{2}(90° + \varphi) = \pm\left(45° + \frac{\varphi}{2}\right) \qquad (2.3-11)$$

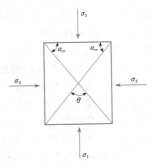

图 2.3-4　极限平衡状态时的一对剪切破裂面

（4）土的剪切试验方法。按剪切仪器分为直接剪切试验和三轴剪切试验；按排水条件分为快剪（不排水剪）、固结快剪（固结不排水剪）和慢剪（排水剪）。见表 2.3-1 和表 2.3-2。强度包线如图 2.3-5 所示。

表 2.3-1　　　　　　　　　　直接剪切试验方法

试验类别	适用范围	试验方法
快剪 （不排水剪，Q）	加荷速率快，排水条件差，如斜坡的稳定性，厚度很大的饱和黏地基等	试样在垂直压力施加后立即以 0.05mm/min 的剪切速度进行剪切至试验结束。使试样 3～5min 内剪损
固结快剪 （固结不排水剪，CQ）	一般建筑物地基的稳定性，施工期间具有一定的固结作用	试样在垂直压力施加后，每 1h 测读垂直变形一次。直至试样固结变形稳定（每小时变形不大于 0.005mm），再按快剪方法进行剪切
慢剪 （排水剪，S）	加荷速率慢，排水条件好，施工期长，如透水性好的低塑性土以及在软弱饱和土层上的高填方分层控制填筑等	试样在垂直压力施加后，按固结快剪的要求使试样固结，然后以小于 0.02mm/min 的剪切速度进行剪切至试验结束

表 2.3-2　　　　　　　　　　三轴剪切试验方法

试验类别	试验方法	控制方法
快剪 （不固结不排水剪，UU）	试样在完全不排水条件下施加周围压力后，快速增大轴向压力到试样破坏	应变控制式
固结快剪 （固结不排水剪，CU）	试样先在周围压力下进行固结，然后在不排水条件下，快速增大轴向压力到试样破坏	应变控制式
慢剪 （固结排水剪，CD）	试样先在周围压力下进行固结，然后继续在排水条件下，缓慢增大轴向压力到试样破坏	应力控制法

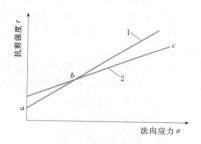

图 2.3-5　强度包线图

1—固结排水剪有效强度包线（CD）；2—固结不排水剪总强度包线（CU）或不固结不排水剪强度包线（UU）

直接剪切试验的结果采用总应力法剪切强度指标，它可近似地模拟工程可能出现的固结和排水情况。

三轴剪切试验可严格控制试验时试样的固结和剪切过程的排水条件。

《水利水电工程边坡设计规范》（SL 386—2007）对黏性土边坡以及抗剪强度指标的测定和应用，可按表 2.3-3 选用。同时指出，施工开挖和水位降落工况，宜采用有效应力法和总应力法同时计算抗剪强度，以计算较小的稳定安全系数为准。

抗剪强度指标采用总应力法计算时，施工开挖和

表 2.3-3　　　　　　　　　黏性土边坡以及抗剪强度指标的测定和应用

工况	抗剪强度指标	试验仪器	试验方法
施工开挖和水位降落	有效应力指标 （c'、φ'）	三轴仪	固结快剪（固结不排水剪，CU），测孔隙水压力
		直剪仪	慢剪（排水剪，S）
	总应力指标 （c_{cu}、φ_{cu}）	三轴仪	慢剪（固结排水剪，CD）
		直剪仪	固结快剪（固结不排水剪，CQ）
稳定渗流	有效应力指标 （c'、φ'）	三轴仪	慢剪（固结排水剪，CD）
		直剪仪	慢剪（排水剪，S）
填筑施工期	总应力指标 （c_{cu}、φ_{cu}）	三轴仪	快剪（不固结不排水剪，UU）
		直剪仪	快剪（不排水剪，Q）

水位降落期，应采用图 2.3-5 中的 CD 和 CU 的下包线 *abc*，填筑施工期应采用图 2.3-5 中的直线 2。

抗剪强度指标宜取小值平均值，对三轴试验应做应力圆，直径和圆心均应采用小值平均值。

2.3.1.2 力学参数的取值

土质边坡稳定分析的重要参数为土体的抗剪强度，即 c、φ 值。在《水电水利工程边坡设计规范》（DL/T 5353—2006）中，对土质边坡抗剪强度取值有明确规定：

（1）土质边坡稳定计算力学参数应以土体室内试验成果为依据。当土体具有明显的各向异性或边坡设计有特殊要求时，应以原位试验成果为依据。

（2）土的抗剪强度，直剪试验宜采用峰值。强度指标的标准值应取试验资料的小值平均值或概率分布的 0.2 分位值。

（3）除人工堆积土边坡可采用扰动土样外，土体试样应尽量采用原状样，当原状样难于取得时应采用模拟原状的扰动样。

（4）地下水浸润线以上土体采用天然原状土试验成果，地下水浸润线以下土体采用饱和原状土试验成果。

（5）砂性土质边坡，宜采用有效应力法计算抗滑稳定安全系数。抗剪强度参数试验方法可采用三轴固结排水剪（CD）和直剪仪慢剪（S）。

（6）黏性土质边坡，宜采用有效应力法计算抗滑稳定安全系数。抗剪强度参数试验方法可采用三轴固结排水剪（CD），或测孔隙水压力的固结不排水剪（CU），直剪仪慢剪（S）。当采用总应力法计算时，试验方法为：三轴固结不排水剪（CU），直剪仪固结快剪（CQ）。

（7）滑坡和大变形土体边坡的滑带土可采用扰动土样的残余强度小值平均值，应特别注意含水量变化对土体强度的影响，采用天然或饱和含水量。

（8）应根据边坡稳定状态采用相应抗剪强度参数：稳定边坡和变形边坡以峰值强度为基础；已失稳边坡以残余强度为基础。

（9）可根据边坡的临界稳定状态反算推求滑面的综合抗剪强度参数，一般来说，变形边坡抗滑稳定安全系数取 $1.05 \sim 1.00$，失稳边坡抗滑稳定安全系数取 $0.95 \sim 0.99$。

（10）具有流变特性的特殊土边坡，应采用流变强度。

2.3.2 边坡特征与力学参数的关系

2.3.2.1 边坡地质条件与力学参数的关系

1. 堆积体边坡

堆积体边坡应根据地下水情况采用天然状态强度或饱和强度。

2. 完整土体边坡

稳定性一般受土层结构控制，层面的力学特性除本身因素外，与其赋存环境，特别是边坡的地应力场和渗流场密切相关。必须了解边坡形成过程，掌握边坡土体地下水运动特性等，然后结合岩土试验成果，一般应以现场试验成果为基础提出分区或分带的力学参数。

边坡稳定分析中，岩土体和结构面参数的确定是重要的一部分。土体是天然地质体，有其发生、发展和改造的过程，其组成成分、结构和赋存环境复杂多变，很难有均匀的、连续的、有规律的或两者完全一致的土体。土体、层面的宏观力学参数的确定是非常困难的。

目前比较实际的解决方法是进行工程地质分区，使每个分区内的土体大致有相对均匀、相对有规律的力学特性；然后选择有代表性的土体和层面，进行室内和野外试验，对试验成果进行统计、分析，得出有代表性的数据，最后结合具体地质条件和工程效应，提出力学参数建议值。试验成果是提出力学参数的基础。

2.3.2.2 边坡稳定状态与力学参数的关系

土质边坡的破坏有其发生发展阶段。边坡的不同稳定状态应对应不同的力学参数。

1. 原始稳定边坡

边坡形成以来，除浅表层土体卸荷回弹外，没有出现明显变形的边坡。在控制其整体性稳定的剪切面上，剪应力尚未超过其比例极限强度。

2. 初始变形边坡

沿控制性剪切面开始有变形迹象的边坡，该剪切面上主滑段的剪应力已经超过比例极限，达到或超过屈服值强度。抗滑段的剪应力已经接近或达到屈服强度。

3. 大变形边坡

沿控制性剪切面发生大变形的边坡，该剪切面上主滑段的剪应力已经超过屈服强度，达到或超过峰值强度，抗滑段的剪应力已经接近或达到峰值强度。

4. 二次变形边坡

沿控制性剪切面已经发生过破坏，现在又发生二次变形的边坡，该剪切面（或滑面）剪应力已经接近或达到残余值强度。

5. 蠕滑边坡

沿控制性剪切面长期蠕滑的边坡，该剪切面（或滑面）的剪应力已经接近或达到长期强度。

当对边坡控制性剪切面的强度进行反演时，应按边坡的不同临界稳定状态确定其力学参数的性质。

2.3.3 边坡设计标准与力学参数的关系

边坡稳定设计标准要求不同时，应采用不同变形阶段的力学参数。

（1）对于受有限变形控制的边坡，应采用比例极限强度或与有限变形量相适应的屈服强度。

（2）对允许大变形且不拟处理或仅用被动锚固措施处理的边坡，应采用残余强度。

（3）对于原始稳定又有锚固措施的土质开挖边坡，可以采用峰值强度。

2.3.4 土质边坡滑面力学参数反演

2.3.4.1 滑动破坏过程中的稳定状态

李功伯、谢建清编著的《滑坡稳定性分析与工程治理》中，对基岩滑坡的主滑地段、牵引地段和抗滑地段的滑带土在不同滑动阶段的抗剪强度特征进行了分析总结（表2.3-4），其对土质滑坡同样具有参考意义。

表 2.3-4 滑带土在不同滑动阶段和地段的抗剪强度特征

滑动阶段	主滑地段	牵引地段	抗滑地段
蠕动阶段	已越过峰值强度	某些部分越过峰值	未超过峰值强度
挤压阶段	向软化点强度过渡	已全部越过峰值强度	开始受力，局部越过峰值强度而破坏
滑动阶段	向残余强度过渡	视具体情况，可能向残余强度过渡	已越过峰值强度向软化点强度和残余强度过渡
大滑动阶段	残余强度	可能为残余强度	主要部分为残余强度
固结阶段	强度有适当恢复		

实际上，各滑动阶段即相当于稳定状态。但蠕滑阶段易与蠕滑边坡混淆，因为有些滑坡的滑动方式就是整体性蠕滑，所以将此阶段划为初始变形阶段。在滑坡地段划分上，牵引地段一般位于滑坡体底部或前沿，范围较小，且基本处于临界稳定状态，否则就应划为主滑地段，因此可以忽略不计。这样就可以简化为主滑段和抗滑段，便于反算力学强度参数。

2.3.4.2 反算滑面力学参数时滑坡稳定系数的选择

反算滑面力学参数时稳定系数的选择问题在铁路建设系统内部曾有较多讨论，《水电水利工程边坡工程地质勘察技术规程》（DL/T 5337—2006）也有类似规定，见表2.3-5。

表 2.3-5 反算滑面力学参数时滑坡稳定系数的选择（据铁路部门等）

	滑坡发育阶段和稳定系数 K_0						提出者
阶段	蠕动	挤压	微动	滑动	大滑动	固结	徐邦栋
K_0	1.20～1.15	1.15～1.10	1.05～1.00	1.00～0.90	<0.90	>1.00～1.20	
阶段	蠕动	微动		滑动	剧动	稳定固结	付传元 刘光代
K_0	1.20～1.05	1.05～1.00		1.00～0.95	<0.90	>(1.00～1.20)	
阶段	蠕动	挤压		滑动	剧滑	固结	铁科院 西北所
K_0	1.10～1.00			1.00～0.95		>1.00	
阶段	局部变形阶段		整体滑移阶段		稳定固结阶段		杨宗介
	蠕动	微动	滑动	剧滑	固结		
K_0	1.10～1.05	1.05～1.00	1.00～0.90	<0.90	>(1.00～1.10)		
阶段	蠕动	挤压		滑动	剧滑	固结	《水电水利工程边坡工程地质勘察技术规程》（DL/T 5337—2006）
K_0	1.10～1.00			1.00～0.95		>1.00	

表2.3-5是一种专家基本认同的经验归纳。反算力学参数首先应确定滑坡相应临界状态。滑面一般属于软弱层带，其剪切变形破坏与软弱层带的大型原位剪切试验相似。软弱层带大剪试验中变形曲线一般有几个特征点，即：屈服点、峰值点和残余值点。这几个特征点对应着不同的临界状态。由此推测，以上各家都是以剪应力达到峰值强度为临界状态，此时安全系数取为1。剧滑时，强度降低到残余值强度，稳

定系数为 0.90～0.95，隐含之意是残余强度大致为峰值强度的 0.90～0.95 倍。蠕动挤压阶段，相当于开始大变形，稳定系数取为 1.05～1.20，此时强度相当于达到峰值以前的屈服强度，但是该强度常难于确切择定，这与当时临界位移量的选择有关，而后者又与塑性变形所占成分大小有关，因此各家选择范围变化较大。

从另一个角度分析，如果以各特征点对应的状态为临界状态，假定当时稳定系数为 1，则可以反求出相应特征点的强度。例如屈服点对应初始变形的发生，如果以安全系数为 1 反演，此时得出的强度相应于屈服强度。以长期处于蠕滑状态的滑坡稳定系数为 1，反演得到的将是长期强度或残余强度。

实际上，屈服值、峰值、残余值和长期强度等几个特征值强度之间的比例关系是随滑带组成物质的特性而变的。例如，滑坡的滑带若泥质含量较多，属于正常固结，各特征值的差值较小；以软弱层带为滑面，初次滑动的岩土体，其滑带组成若粗粒含量较多，又处于超固结状态时，各特征值差值较大。一个初次发生的滑坡，其稳定性以峰值强度控制，屈服强度一般为峰值强度的 85% 左右，则以峰值衡量的稳定系数应约为 1.18。一个多次滑动的老滑坡，其稳定性受残余值控制，其滑面屈服强度为残余值强度的 90%～95%，则以残余值强度衡量的稳定系数约为 1.11～1.05。因此，反演滑面力学参数时，应结合滑坡性质、区分稳定状态，类比相应的力学试验过程，选好临界状态的稳定系数。

复合型滑面一般由两段滑面组成，当超过两段时应简化为两段。然后选择其中力学参数把握较大者为定值，反演另一段的力学参数。

2.3.5 可靠度分析方法确定力学参数

对于一个具体的工程来说，试验数据常常是有限的，难于进行统计学处理。然而经验丰富的地质或岩土工程师，常常可以根据类似工程条件的经验，大致给出估计值。因此，把工程经验与现场试验数据结合进行数学处理给出计算使用的参数，是一个解决问题的途径。

2.3.5.1 贝叶斯概率法

把经验数据的概率分布作为先验概率，利用贝叶斯公式把试验数据的统计值代入，得出贝叶斯估计值。用这种方法可以扩大统计的基础，得出相对可靠的参数。

2.3.5.2 "3σ准则"的应用

1. "3σ准则"

"3σ准则"是 Dai & Wang（1992）根据正态分布的数据的 99.73% 都分布在其平均值两侧 3 倍标准差的范围内（图 2.3-6）的事实而提出的一个经验准则，即

$$\sigma = (HCV - LCV)/6$$

式中　HCV——参数的最高可设想值；

　　　LCV——参数的最低可设想值。

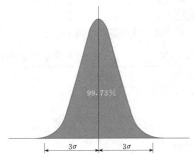

99.73%

3σ　3σ

图 2.3-6　"3σ准则"概率分布图

2. 对折减法取值的探讨

传统折减法取值时常用小值平均值，如果假定是正态分布，则小值平均值的概率应为 0.25。利用"3σ准则"可对此进行如下讨论。设平均值 μ 为

$$\mu = LCV + 3\sigma$$

设小值平均值 m 为

$$m = LCV + b\sigma$$

可以利用正态分布

$$P(x \leqslant m) = \Phi[(m - \mu)/\sigma]$$

已知

$$P(x \leqslant m) = 0.25$$

则有

$$0.25 = \Phi[(m - \mu)/\sigma] = \Phi[(LCV + b\sigma - LCV - 3\sigma)/\sigma]$$

$$0.25 = \Phi[(b\sigma - 3\sigma)/\sigma]$$

$$0.25 = \Phi(b - 3)$$

查正态分布表可得

$$b = 2.33$$

即

$$m = LCV + 2.33\sigma$$

由此可进行如下讨论：

（1）平均值与小值平均值的差值为 $\Delta\mu$，即

$$\Delta\mu = \mu - m = LCV + 3\sigma - LCV - 2.33\sigma = 0.67\sigma$$

即

$$\mu = m + 0.67\sigma$$

（2）小平均值与平均值的比值与变异系数有关，例如，假定摩擦系数平均值 $f_\mu = 0.4$，其小值平均值与变异系数的关系如表 2.3-6 所示。

由该例讨论可以看出，常规采用摩擦系数平均值折减 0.85 倍的做法大致适合于变异系数为 0.20 到 0.25 时的小值平均值。可以证明，这一关系只与变异

表 2.3－6 摩擦系数小值平均值与变异系数的关系

摩擦系数平均值 f_μ	变异系数 δ	标准差 σ	摩擦系数小值平均值 f_m	比值 f_m/f_μ
0.4	0.10	0.04	0.3732	0.9330
0.4	0.15	0.06	0.3598	0.8995
0.4	0.20	0.08	0.3464	0.8660
0.4	0.25	0.10	0.3330	0.8325
0.4	0.30	0.12	0.3196	0.7990

系数有关，与平均值的大小无关。

小值平均值与平均值之比还可以讨论如下，由于

$$m/\mu = (LCV + 2.33\sigma)/(LCV + 3\sigma)$$

当 LCV 足够小，可以忽略不计时

$$m/\mu = 2.33\sigma/3\sigma = 0.776$$

$$m = 0.776\mu$$

可见小值平均值最低时也不会小于 0.776 倍的平均值。

3. J. Michael Duncan 的建议

J. Michael Duncan 建议由有经验的工程师首先提出 HCV（参数的最高可设想值）和 LCV（参数的最低可设想值），然后根据"3σ 准则"求出相应的参数统计特征值；也可以利用已发表的参考文献中的统计特征值（例如变异系数）的经验值换算参数值。

2.3.5.3 关于岩土强度标准值

根据《水力发电工程地质勘察规范》（GB 50287—2006）附录 D"岩土物理力学性质参数取值"中的有关标准值取值的规定，总结出土的强度标准值取值，见表 2.3－7。

表 2.3－7 土的强度标准值取值

参 数 类 型		标 准 值	概 率 取 值	备 注
土的物理性质参数		算术平均值	概率分布 0.5 分位值	
基础底面/黏性土地基	内摩擦角	室内饱和固结快剪试验值的 90%		
	黏聚力	室内饱和固结快剪试验值的 20%～30%		
基础底面/砂性土地基	内摩擦角	内摩擦角试验值的 85%～90%		
	黏聚力	不计		
土的抗剪强度		试验峰值的小值平均值	概率分布的 0.1 分位值	有效应力法稳定分析三轴试验用平均值
土的压缩模量		从压力—沉降（P—S）曲线上以建筑物最大荷载下相应的变形关系取值，或按压缩试验的压缩性能，根据固结程度取值	概率分布的 0.5 分位值	对于高压缩性软土，宜以试验的压缩量的大值平均值作为标准值

2.4 土质边坡稳定分析方法

2.4.1 土质边坡极限平衡分析法

土质边坡极限平衡分析法是建立在摩尔—库仑强度准则基础上的，不考虑土体的本构特性，只考虑静力（力和力矩）平衡条件的稳定分析方法。也就是说，通过分析土体在破坏那一刻的静力（力和力矩）平衡来求解边坡的稳定问题。在大多数情况下，问题是静不定的。为解决这个问题，需要引入一些假定进行简化，使问题变得静定可解。引入假定虽然损害了方法的严密性，但对计算结果的精度影响并不大，可以满足绝大多数工程设计需要，由此带来的好处是使分析计算工作大为简化，物理力学概念通俗明确，易于为广大工程技术人员接受和掌握，因此在工程中获得广泛应用。

2.4.1.1 土质边坡中常用极限平衡分析法

为求解土质边坡稳定问题，必须作出简化假设，

才能使方程得解。由于简化假设条件的不同，就有不同的方法，对同一稳定问题，不同的解法有不同的结果。总的来说这些结果相差不大。一般认为：能同时满足力和力矩平衡的为严格解，否则为非严格解。下面介绍水利水电行业常用的土质边坡极限平衡分析方法。

1. 瑞典法

该方法的基本假定如下：

（1）剖面图上剪切面为圆弧。

（2）计算不考虑分条之间的相互作用力。边坡稳定系数定义为滑面上抗滑力矩之和与滑动力矩之和的比值。通过反复计算搜索稳定系数最小的滑面圆弧，得到边坡的稳定系数。

其计算如图 2.4-1 所示，稳定安全系数方程为

$$K = \frac{R\sum[c_i'l_i + (W_i\cos\alpha_i - Q_i\sin\alpha_i - U_i)\tan\varphi_i']}{R\sum W_i\sin\alpha_i + \sum Q_iZ_i}$$

$$(2.4-1)$$

式中　W_i——第 i 滑动条块重量；

　　Q_i——作用在第 i 滑动条块上的外力（包括地震力、锚索、锚桩提供的加固力和表面荷载）在水平向的分力（向下为正）；

　　U_i——第 i 滑动条块底面的孔隙水压力；

　　α_i——第 i 滑动条块底滑面的倾角；

　　l_i——第 i 滑动条块滑弧长度；

　　c_i'、φ_i'——第 i 滑动条块底面的有效黏聚力和内摩擦角；

　　R——圆弧半径；

　　Z_i——第 i 条块水平力 Q_i 的力矩；

　　K——安全系数。

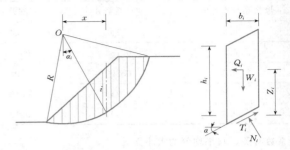

图 2.4-1　瑞典圆弧法的条块分析

由于瑞典法理论和其基本假定的局限性，应用经验证明，该法得到的稳定系数比其他方法偏低。当土坡中有较高的孔隙水压力时，由于把各个方向相同的孔隙水压力分解到滑面的法线方向，滑面上有效应力降低，使稳定系数降低较大，最大可达 60%。因此，许多专家不赞成采用该法。《水电水利工程边坡设计规范》（DL/T 5353—2006）和《碾压式土石坝设计规范》（SL 274—2001）中均未推荐瑞典法。但该法是最古老而又简单的方法，用来求解均质边坡安全系数初值非常方便，因此本手册也将其纳入。

2. 简化毕肖普法

简化毕肖普法的基本假定如下：

（1）剖面上剪切面是个圆弧。

（2）条间力的方向为水平方向。该法通过垂直方向力的平衡求条底反力，通过对同一点的力矩平衡求解安全系数。

其计算如图 2.4-2 所示，安全系数方程为

$$K = \frac{\sum\{[(W_i+V_i)\sec\alpha_i - u_ib_i\sec\alpha_i]\tan\varphi_i' + c_i'b_i\sec\alpha_i\}\frac{1}{1+\frac{\tan\varphi_i'}{K}\tan\alpha_i}}{\sum\left[(W_i+V_i)\sin\alpha_i + \frac{M_{Q_i}}{R}\right]} \qquad (2.4-2)$$

式中　W_i——第 i 滑动条块重量；

　　Q_i、V_i——作用在第 i 滑动条块上的外力（包括地震力、锚索、锚桩提供的加固力和表面荷载）在水平向和垂直向分力（向下为正）；

　　u_i——第 i 滑动条块底面的孔隙水压力；

　　α_i——第 i 滑动条块底滑面的倾角；

　　b_i——第 i 滑动条块宽度；

　　c_i'、φ_i'——第 i 滑动条块底面的有效黏聚力和内摩擦角；

　　M_{Q_i}——第 i 滑动条块水平向外力 Q_i 对圆心的力矩；

　　R——圆弧半径；

　　K——安全系数。

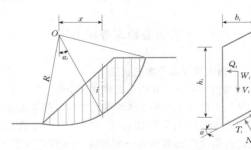

图 2.4-2　简化毕肖普法计算简图

简化毕肖普法的安全系数 K 出现在公式两侧，必须以迭代法求解。

迭代时，令公式右侧 $K=1$ [即为 Krey 法，参见潘家铮《建筑物的抗滑稳定和滑坡分析》（1980）]，计算左侧 K 值；若计算 K 值与假定 K 值不等，则将计算得到的 K 值代入右侧 K 值，重新计算，直到两侧 K 值之差小于给定的误差时，计算结束，此时的 K 值即为边坡的安全系数 K。

简化毕肖普法考虑力矩平衡和垂直力平衡，对于垂直条分之间的传力分布方式不敏感，其解接近严格解。对于产生圆弧形破坏的边坡，《水电水利工程边坡设计规范》（DL/T 5353—2006）中推荐采用该法。

3. 詹布法

詹布法假设条间作用力合力位置在滑面以上 $1/3$ 高度处，连接各作用点形成推力线。在条块侧面与作用力交点处作切线，求出作用力角度 α_i。各分条对其底面中点力矩总和平衡。

王复来曾对詹布法作过许多改进，根据《土石坝变形与稳定分析》中的阐述，现介绍如下：

与其他方法不一样的，詹布法考虑条块之间一个相当薄的条块上的力矩平衡条件，即在任何两个相邻条块之间，认为尚存在一个宽度无限小的 db_{n+1} 趋于 0 的薄条块（图 2.4-3）。假定其总法向力 N_{n+1} 作用在土体重力 W_{n+1} 与底面相交处，按其上作用力对条块底面中点取矩的平衡条件，可得此薄条块上的作用力存在以下关系

$$(E_{n+1}+dE_{n+1})\left(y_{n+1}+\frac{db_{n+1}}{2}\tan\theta_{n+1}-db_{n+1}\tan\delta_{n+1}\right)-$$
$$E_n\left(y_{n+1}+\frac{db_{n+1}}{2}\tan\theta_{n+1}\right)+(V_{n+1}+dV_{n+1})\frac{db_{n+1}}{2}+$$
$$V_{n+1}\frac{b_{n+1}}{2}-dQ_{n+1}a_{n+1}=0 \qquad (2.4-3)$$

在忽略二次微量，予以整理后，得 n 与 $n+1$ 号条块之间的侧面作用力的竖向分力为

$$V_{n+1}=E_{n+1}\tan\delta_{n+1}-\frac{dE_{n+1}}{db_{n+1}}y_{n+1}+\frac{dQ_{n+1}}{db_{n+1}}a_{n+1} \quad (2.4-4)$$

式（2.4-3）中 y_{n+1} 为 n 与 $n+1$ 号条块之间的推力线，即侧面作用力在滑动面上的高度。

$$\tan\delta_n\approx\frac{y_n+b_n\tan\theta_n+b_{n+1}\tan\theta_{n+1}-y_{n-2}}{b_n} \quad (2.4-5)$$

式（2.4-5）为 n 与 $n+1$ 号条块之间侧面上推力线的坡度。

$$\frac{dE_{n+1}}{db_{n+1}}\approx\frac{\Delta E_n+\Delta E_{n+1}}{b_n+b_{n+1}} \qquad (2.4-6)$$

式（2.4-6）为 n 与 $n+1$ 号条块之间侧面作用力的水平分力的微分变量。

$$\frac{dQ_{n+1}}{db_{n+1}}a_{n+1}\approx\frac{(q_{n+1}b_{n+1}-q_nb_n)(a_{n+1}+a_n)}{b_{n+1}+b_n} \quad (2.4-7)$$

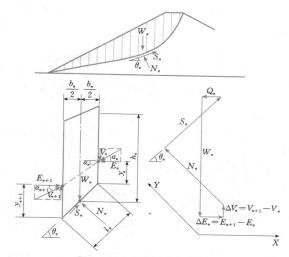

图 2.4-3 詹布法的条块分析

式（2.4-7）为 n 与 $n+1$ 号条块之间侧面上水平地震作用力对底部滑动面之矩的微分变量。

此法基于经典土力学理论中设定滑动土体的推力线位置，因而对于边界条件的合理性有严格要求，条块之间的侧面力不得为张拉力。为保证计算的迭代收敛，尚要求条分数 m 不能过大，须要控制 $m\leqslant15$；使任何一个条块的宽高比 b_n/h_n 都在一个适宜的范围内，通常所要求的标准是

$$1.5>\frac{b_n}{h_n}>0.4 \qquad (2.4-8)$$

只能应用整体平衡条件 $\sum\limits_{n=1}^{m}\Delta E_n=0$ 作迭代解，且必须用水平推力法算得的 K 和 ΔE_n 作初始迭代值，否则将难于迭代收敛得解。具体迭代过程也不难理解，是按设定的 K_0，反复计算条块之间作用力 E、V 与安全系数 K，直至 K 的迭代计算误差满足要求，获解为止。由于不能设 K_0 为 K 的逼近值，故其计算迭代次数要多于滑动稳定通用法。

4. 摩根斯坦—普莱斯法

摩根斯坦—普莱斯法要求的力学平衡条件为：分条底面的法向力平衡；分条底面的切向力平衡；关于分条底面中点的力矩平衡。该法假设条块的竖直切向力与水平推力之比为条间力函数 $f(x)$ 和待定常数 λ 的乘积。该法经陈祖煜和摩根斯坦改进，推导出具有普遍意义的极限平衡微分方程，有些文献称之为陈—摩根斯坦法，绝大部分条分法都可以看作是陈—摩根斯坦法的特殊情况解。

其计算如图 2.4-4 所示，计算公式为

$$\int_a^b p(x)s(x)\mathrm{d}x = 0 \qquad (2.4-9)$$

$$\int_a^b p(x)s(x)t(x)\mathrm{d}x - M_e = 0 \qquad (2.4-10)$$

其中

$$p(x) = \left(\frac{\mathrm{d}W}{\mathrm{d}x} + \frac{\mathrm{d}V}{\mathrm{d}x}\right)\sin(\widetilde{\varphi}' - \alpha) - u\sec\alpha\sin\widetilde{\varphi}' +$$

$$\widetilde{c}'\sec\alpha\cos\widetilde{\varphi}' - \frac{\mathrm{d}Q}{\mathrm{d}x}\cos(\widetilde{\varphi}' - \alpha) \qquad (2.4-11)$$

$$s(x) = \sec(\widetilde{\varphi}' - \alpha + \beta) \times$$

$$\exp\left[-\int_a^x \tan(\widetilde{\varphi}' - \alpha + \beta)\,\frac{\mathrm{d}\beta}{\mathrm{d}\zeta}\mathrm{d}\zeta\right] \qquad (2.4-12)$$

$$t(x) = \int_a^x (\sin\beta - \cos\beta\tan\alpha) \times$$

$$\exp\left[\int_a^\xi \tan(\widetilde{\varphi}' - \alpha + \beta)\,\frac{\mathrm{d}\beta}{\mathrm{d}\zeta}\mathrm{d}\zeta\right]\mathrm{d}\xi \qquad (2.4-13)$$

$$M_e = \int_a^b \frac{\mathrm{d}Q}{\mathrm{d}x}h_e\,\mathrm{d}x \qquad (2.4-14)$$

$$\widetilde{c}' = \frac{c'}{K} \qquad (2.4-15)$$

$$\tan\widetilde{\varphi}' = \frac{\tan\varphi'}{K} \qquad (2.4-16)$$

$$\tan\beta = \lambda f(x) \qquad (2.4-17)$$

式中 $\mathrm{d}x$——条块宽度；

c'、φ'——条块底面的有效黏聚力和内摩擦角；

$\mathrm{d}W$——条块重量；

u——作用于条块底面的孔隙压力；

α——条块底面与水平面的夹角；

$\mathrm{d}Q$、$\mathrm{d}V$——作用在条块上的外力（包括地震力、锚索和锚桩提供的加固力和表面荷载）在水平向和垂直向分力；

M_e——$\mathrm{d}Q$ 对条块中点的力矩；

h_e——$\mathrm{d}Q$ 的作用点到条块底面中点的垂直距离；

$f(x)$——$\tan\beta$ 在 x 方向的分布形状，一般可取 $f(x) = 1$；

λ——确定 $\tan\beta$ 值的待定系数。

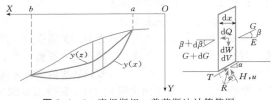

图 2.4-4 摩根斯坦—普莱斯法计算简图

式（2.4-9）和式（2.4-10）中包含两个未知数，安全系数 K 隐含于式（2.4-15）和式（2.4-16）中，另一待定系数 λ 隐含于式（2.4-17）中，可通过迭代求解这两个未知数。

I. B. Donald 等以实际算例证明，摩根斯坦—普莱斯法得出的安全系数是所有下限解法中最高的。该法可以应用于任何形状的滑面，虽然计算过程比较复杂，但已开发出现成的微机程序。因此，可以认为该法是令人满意的一种严格解法。《碾压式土石坝设计规范》（SL 274—2001）和《水电水利工程边坡设计规范》（DL/T 5353—2006）中，在任意形状滑裂面分析时，均推荐采用该法。

澳大利亚的 K. S. Li 在其《边坡稳定分析的统一解法》中，对于经陈祖煜改进的摩根斯坦—普莱斯法称为陈—摩根斯坦法，并论证常用的条分法几乎都是该法的特解。

5. 斯宾塞法

斯宾塞法是摩根斯坦—普莱斯法的一个特例。该法假定土条侧向力的倾角为一常数，即取 $f(x) = 1$ 和 $f_0(x) = 0$。在很多情况下，采用该法所得的安全系数从工程角度来看已足够精度。

2.4.1.2 土质边坡常用极限平衡法的比较及适用范围

1. 极限平衡法的基本假定

摩根斯坦（1995）把极限平衡法归纳为 4 点，具体如下：

（1）滑动机制引起边坡破坏。

（2）为平衡扰动机制而需要的抗力由静力学解出。

（3）为平衡而需要的抗剪力与实际抗剪强度以安全系数的型式进行对比。

（4）与最小安全系数对应的力学机制由反复计算得出。

早期以圆弧法计算时，定义安全系数为沿滑面全部抗滑力矩与滑动力矩之比。以后毕肖普等将安全系数定义为沿滑面抗剪强度与实际剪应力之比，并定义为强度储备安全系数。

陈祖煜（2000）在《土质边坡稳定分析的原理、方法、程序》中对土边坡稳定分析极限平衡法的发展作了概括与评价。在处理上，各种条分法还在以下几个方面引入简化条件：

（1）对滑裂面的形状作出假定，如假定滑裂面形状为折线、圆弧、对数螺旋线等。

（2）放松静力平衡要求，求解过程中仅满足部分力和力矩的平衡要求。

（3）对多余未知数的数值或分布形状作假定。

前两项假定只是早期人工计算的需要。随着计算机技术的发展，完全可以不再引入这方面的简化。边坡稳定分析的通用条分法就是在这样的背景下提出的。为了弥补条分法中对多余未知量作假定的任意性，摩根斯坦—普莱斯（1965），詹布（1973）等学者提出了土条侧向不应发生剪切和拉伸破坏的合理性要求。研究发现，在这个合理性要求的限制下，对超静定问题中多余未知量的假定被限制在一个很小的范围内。在这个范围内解得的安全系数都互相很接近。这样就在一定程度上弥补了这方面的缺陷。从工程实用的角度看，各种方法中引进假定并不影响最终求得的安全系数值。

在极限平衡理论体系形成的过程中，出现过一系列计算方法，诸如瑞典法、简化毕肖普法（1955）、斯宾塞法（1967）、詹布法（1973）等。摩根斯坦—普莱斯法是唯一在滑裂面的形状、静力平衡要求、多余未知数的选定各方面均不作任何假定的严格方法。

2. 各种条分法的比较

（1）S. C. Bandis（1999）将两个软件 SLOPE/W（Geoslope）和 SLOPE（Geosolve）中的极限平衡方法特点列于表 2.4－1。

表 2.4－1　　　　　　　　　　　极限平衡方法比较（S. C. Bandis）

方　　法	力　平　衡		力矩平衡	假　设　条　件
	D1[①]	D2[①]		
常规法（Ordinary）	是	否	是	忽略条间力
简化毕肖普法（Bishop's Simplified）	是	否	是	条间合力为水平
简化詹布法（Janbu's Simplified）	是	是	否	条间剪力用经验修正系数计算
通用詹布法（Janbu's Generalized）	是	是	—[②]	条间法向力位置按假设推力线确定
斯宾塞法（Spencer）	是	是	是	在滑体内条间合力坡度不变
摩根斯坦—普莱斯法（Morgenstern – Price）	是	是	是	条间合力方向用一任意函数确定
工程师兵团法（Corps of Engineers）	是	是	是	条间合力方向等于滑面起止点间平均坡度或平行地表
劳—卡拉菲亚斯法（Lowe – Karafiath）	是	是	否	条间合力方向等于各条块地表与底滑面平均坡度

①　力的求和可以选择任意两个正交的方向。

②　力矩平衡用来计算条间剪力。

（2）潘家铮在《建筑物的抗滑稳定和滑坡分析》（1980）中，对这些方法的基本假定及其适用性作过系统性分析，简括如下：

1）瑞典条分法。假定剪切面是圆弧，不考虑分条间作用力。

2）简化毕肖普法。不考虑分条间剪力，只考虑其间的水平作用力。

3）传递系数法。假定分条间推力方向平行于上一分条的底面。

4）詹布法。假定分条间推力作用点的位置（取在条块界面的下三分点）。

5）假定分条间剪力分布方式的分析法。毕肖普、摩根斯坦—普莱斯等都曾提出此类方法，潘家铮也提出了较为简单的计算方法。

6）分块极限平衡法。假定底滑面和分条间界面都达到极限平衡，潘家铮提出了简单情况的计算方法。萨尔玛法属此类。

（3）李功伯、谢建清在《滑坡稳定分析与工程治理》（1997）中将各方法进行了汇总，见表 2.4－2。

（4）河海大学《土工原理与计算》中引用的比较（表 2.4－3）。

（5）张在明《地下水与建筑基础工程》（2001）对各种极限平衡法做了系统的比较，也列出了比较表，其型式大致与上述相同。在以上介绍的方法之外，他还介绍了 Fredlund 的 GLE 法，即通用极限平衡法（General Limit Equilibrium method）。该法的基本假定与摩根斯坦—普莱斯法相同，即"条间力的合力在整个滑动区沿水平方向的变化用一个随水平坐标变化的任意函数 $f(x)$ 乘以一个固定的比例系数 λ 来描述。比例系数 λ 的大小由力系的平衡来确定"。该法能满足严格的力系平衡要求，因此也属于严格解法。

在几乎所有的严格解法中，作用在分条底面的法向力 P 都是从竖向力的平衡条件中得到的。在此基础上，可以得到两个相互独立的安全系数：一个是关于力矩平衡的安全系数 F_m；另一个是关于水平力平衡的安全系数 F_f。按摩根斯坦—普莱斯法的假定条间

表 2.4 - 2　　　　　　　　　　　　　**极限平衡法比较（据李功伯等）**

分析方法	假 设 条 件	力 学 分 析	适 用 范 围
Fellenius 法 （瑞典法）	(1) 滑动面为圆弧； (2) 不考虑条间作用力	(1) 整体力矩平衡； (2) 条间作用力大小相等 方向相反	(1) 用于黏性土等圆弧滑面滑坡； (2) 垂直条分滑体； (3) 可用手算
简化 Bishop 法	(1) 近似圆弧滑面； (2) 不考虑条间竖向作用力	(1) 整体力矩平衡； (2) 条间竖向作用力为零	(1) 用于黏性土或松散岩体形成 的圆弧滑面滑坡； (2) 垂直条分
简化 Janbu 法	条间作用力作用点位置在滑动面 上方 1/3 处	(1) 分块力矩平衡； (2) 分块力平衡； (3) 考虑条间作用力	(1) 垂直条分滑体； (2) 用于复合滑坡
Morgenstern - Price 法	(1) 条间剪切力 S 和法向力 E 存在比例关系 $S/E = \lambda f(x)$； (2) 条间力作用点位置与滑面倾 角存在关系	(1) 分块力矩平衡； (2) 分块力平衡	(1) 垂直条分滑体； (2) 用于任何滑面滑坡，但更适 合土坡
Sarma 法	(1) 滑体内部发生剪切； (2) 滑体作用有临界水平加速度	分块力平衡	(1) 不必垂直条分； (2) 用于任意滑面形状岩土滑 坡，但更适合岩质边坡
楔形体法	滑体受结构面控制形成空间楔形 体滑动	整体力平衡	(1) 岩质边坡； (2) 岩质楔形体破坏
平面直线法	(1) 滑坡为平面滑动； (2) 滑体作刚体滑动	整体力平衡	平面滑动，如岩质滑坡顺层滑动
传递系数法	(1) 条间作用力合力方向与滑面 倾角一致； (2) 条间作用力合力为零或负值 时传给下一条块力为零	各分块力平衡	(1) 任意形状滑面滑坡； (2) 垂直条分
Spencer 法	(1) 条间作用力推力线在高于滑 面 1/3 处； (2) $\tan\delta = K\tan\theta$	(1) 分块力平衡； (2) 分块力矩平衡	(1) 任何形状的滑面； (2) 垂直条分滑体
Baker - Garber 临界滑面法	最小稳定系数与滑面法向应力 无关	(1) 力平衡（水平、垂直）； (2) 坐标原点力矩平衡	(1) 任何形状的滑面，尤其适用 对数螺旋线滑面； (2) 垂直条分滑体

注　1. 力矩平衡是为了计算条间作用力并使其平衡。
　　　2. 各方法的来源：Fellenius（W. Fellenius，1936），Bishop（A. W. Bishop，1955），Janbu（N. Janbu，1954，1973），Morgenstern - Price（N. R. Morgenstern，V. E. Price，1965），Spencer（E. Spencer，1973），Sarma（Sarma，1979），Baker - Garber（Baker，Garber，1978）。

表 2.4 - 3　　　　　　　　　　　　　**极限平衡法比较（据钱家欢等）**

计算方法	所 满 足 平 衡 条 件				滑面型式	计 算 手 段	
	整体力矩	分条力矩	垂直力	水平力		手算	微机计算
瑞典圆弧法	√	*	*	*	圆弧	√	√
简化毕肖普法	√	*	√	*	圆弧	√	√
詹布法	√	√	√	√	任意	√	√ *
斯宾塞法	√	√	√	√	任意	*	√ *
摩根斯坦—普莱斯法	√	√	√	√	任意	*	√ *
萨尔玛法	√	√	√	√	任意		√

注　"*" 表示在某些情况下收敛可能有困难。

剪切力 X 与条间法向力 E 的关系表达为

$$X = \lambda f(x) E \qquad (2.4-18)$$

函数 $f(x)$ 由使用者根据经验或有限元分析成果设定。假定不同的系数 λ 进行计算，即可得到一系列的 F_m 和 F_f，能满足 $F = F_m = F_f$ 的安全系数 F 就是能满足严格力系平衡的解。

在分别用力平衡法（如简化的詹布法）和力矩平衡法（如简化毕肖普法）对不同的系数 λ 计算安全系数时，可以看出 F_m 对于 λ 的变化不敏感，而 F_f 对于 λ 的取值很敏感。因此考虑力矩平衡的简化毕肖普法得到的安全系数与严格解相差不大，得到较广泛的应用。

张在明认为，各类严格解得到的安全系数基本一致，只要条间力函数假定基本合理，各方法解的偏差不会大于 $\pm 5\%$；仅满足力平衡的方法，安全系数误差可达 15%，当假定条间力的作用方向与地面平行时，误差可能更大。此外，他也指出了瑞典圆弧法的严重缺陷。

2.4.2 数值分析法

数值分析法也即应力应变法，是目前岩土力学计算中使用较为普遍的一种分析方法。该方法起步于 20 世纪 70 年代，随着计算机技术的不断发展，数值分析法也不断完善，各种数值分析法和分析软件也层出不穷，归纳起来，数值分析法主要有有限元法（FEM）、有限差分法（FDM）、离散元法（DEM）、边界元法（BEM）、块体理论（BT）与不连续变形分析（DDA）、无界元法（IDEM）等。

2.4.2.1 有限元法（FEM）

该方法在边坡岩土体的稳定性分析中应用的较早，也是目前最广泛使用的一种数值分析方法。目前已经开发了多个二维及三维有限元分析程序，其中二维代表性的分析软件有 PHASE、2D—σ 等，三维代表性的分析软件有 MARC、3D—σ、ANSYS 等。有限元法可以用来求解弹性、弹塑性、黏弹塑性、黏塑性等问题。有限元法的基本思路是把连续体离散化为一系列的相邻单元，单元之间通过节点连接，把单元承受的外力通过静力等效原则转移到节点，并利用虚功原理建立起单元节点力 P 和节点位移 U 之间的关系

$$P = KU \qquad (2.4-19)$$

根据这个求出节点位移，再根据节点位移求出应变，然后根据广义胡克定律求得节点应力。

2.4.2.2 有限差分法（FDM）

有限差分法（Finite Difference Method），将求解微分方程问题转化为求解差分方程的一种数值解法。基本思想是把连续的定解区域用有限个离散点构成的网格来代替，这些离散点称作网格的节点；把连续定解区域上的连续变量的函数用在网格上定义的离散变量函数来近似；把原方程和定解条件中的微商用差商来近似，积分用积分和来近似，于是原微分方程和定解条件就近似地代之以代数方程组，即有限差分方程组，解此方程组就可以得到原问题在离散点上的近似解。然后再利用插值方法便可以从离散解得到定解问题在整个区域上的近似解。

2.5 水库边坡塌岸与滑坡速度

水库库岸稳定是水利水电工程建设中的主要工程地质问题之一，随着西部地区高坝大库的建设，水库土质库岸边坡稳定问题愈来愈显得突出。如黄河龙羊峡水电站坝库岸南岸距坝前 $1.5 \sim 15.8$km 的地段，由第四系中、下更新统河湖相超固结呈半成岩状的黏性土夹薄层砂土类地层组成，出露厚度 $400 \sim 550$m，产状近水平，相对坡高达 $300 \sim 500$m，坡度 $35° \sim 45°$，在黄河高漫滩侵蚀期至最近，该地段曾发生了一系列大型滑坡，这些滑坡的共同特点是规模大、滑速高、滑程远。水库蓄水以来，库岸失稳可能引起的涌浪对电站安全运行构成了重大影响，一直是龙羊峡电站安全监测的重点内容之一。黄河公伯峡、积石峡等大型水电站以及黄丰、康扬、苏只等中型水电站也有类似地层和黄土类土的库岸坍塌问题。早期修建的官厅水库、刘家峡水库、三门峡水库等，更是黄土和黄土类土库岸坍塌的典型。三峡水库松散层塌岸也较为突出，给库区移民安置和船只航行带来较大影响。因此，库岸坍塌问题的研究是水库地质勘察的重点之一。

2.5.1 水库边坡塌岸型式

2.5.1.1 水库边坡塌岸的一般型式

塌岸是指水库蓄水后，受水的浸湿及风浪、水流的冲蚀作用，发生在易崩解软岩、第四系半固结地层及松散堆积物库岸的崩塌、坍落和岸线后退现象。随着时间的延长，库岸不断的坍塌破坏，库岸线也逐渐后退，直到达到新的平衡状态为止。这一过程，称为水库的库岸再造。

在我国华北、西北地区，尤其是黄土和黄土类土的塌岸最为强烈。西部的软岩地层和半成岩地层，如昔格达层和共和层等，遇水易产生崩解，其塌岸也比较强烈。从塌岸发生和发展的过程来看，主要型式有剥落、崩塌、错落、滑塌和小型滑坡等。

（1）剥落。库岸多为致密的亚黏土、黏土或胶结及半胶结的砂层及砂砾层，耐水性和抗冲刷性较强，遇水较稳定，但在库水侵蚀和波浪的冲蚀作用下，胶结物质遭到破坏或风化岩层遇水软化，造成岸坡岩体

表面剥落。

（2）崩塌。多发生在由黄土状亚黏土、亚砂土的低岸，或下部为砂层，砂卵石层，上部为黄土状土所组成的高岸。黄土的粉土粒组含量大，孔隙率高，崩解速度快，浸水后土的结构改变，且柱状节理一般较发育。当与库水接触后，土体骤然变形而失去平衡，沿黄土的节理面迅速崩落；当下部为含水、透水性强的砂层或砂卵石层时，则大大加快崩塌的速度。崩塌的特点是速度快，频率大。

（3）错落。多发生在由砂层、砂砾层及黄土状亚黏土、亚砂土所组成的高岸陡坡上。下部的砂卵石层在波浪的作用下被淘空，使上部土体失去支撑，或者由于水库的回水，地下水水位相应抬高，黄土遇水湿陷，先沿岸顶产生裂缝，然后错落或座落坍塌。

（4）滑塌。土体沿某一层面滑移，常发生在由黄土状土及黏土所构成的双层结构的高岸陡坡上。下部的黏土层结构密实，黏聚力较大，耐水性强，遇水较稳定。上部的黄土柱状节理较发育，沿水平方向的渗透性较弱，垂直方向的渗透性较强。在库水的浸泡作用下，上部的黄土湿化，且在黄土与黏土的接触面上，黏土层受库水作用后，力学指标降低，黄土即沿黏土面向下滑移。滑移的速度慢，频率小，但造成的塌岸宽度和塌岸量一般较大。

除以上单一的塌岸型式外，还常出现两种或三种的复合型式。这都发生在由黏土、粉砂、砂砾石及黄土状土组成的多层结构的高岸陡坡上。根据触水部分岩层的上下排列关系及其透水性能，在岸壁不同部位，同时或先后发生局部的剥落、崩塌或滑塌。

2.5.1.2 几座水库的塌岸型式

1. 龙羊峡水库的塌岸型式

黄河龙羊峡水电站近坝库岸南岸距坝前 1.5～15.8km 的地段，由第四系中、下更新统河湖相超固结呈半成岩状的黏性土夹薄层砂土类地层（共和层）组成，可分为 7 大层（表 2.5-1）。岸坡下部主要为黏性土，有多次沉积韵律，夹有多层厚 0.3～3m 的薄砂层，是库水浸泡的主要地层；上部主要为砂性土。

表 2.5-1　　　　　　　　　　龙羊峡近坝库岸河湖相地层表

代　号	厚度（m）		岩 性 描 述	各类土所占比例（%）
L-Ⅶ Q₁-Q₂	18.5～165		灰黄色砂土，底部有深灰色砂土或薄层黏土	砂土 100
L-Ⅵ Q₁-Q₂	84		浅黄灰色砂壤土，局部夹砂层	砂壤土 100
L-Ⅴ Q₁-Q₂	108	33.4	上部为浅红色砂壤土夹灰色黏土条带	砂壤土 30
		74.6	下部为厚层红色黏土夹黄色黏土	黏土 70
L-Ⅳ Q₁-Q₂	117	51.1	上部为灰黄色砂壤土与砂互层，局部有薄层红色黏土条带	砂土 10，砂壤土、壤土共 20，黏土 70
		65.9	下部为杂色，灰黄色，红色黏土夹壤土，砂土，多呈互层状	
L-Ⅲ Q₁-Q₂	120		主要为灰黄色黏土，次为壤土、砂壤土、砂土，岩性复杂，多呈互层状	砂土 10，砂壤土 10，壤土 12，黏土 68
L-Ⅱ Q₁-Q₂	40		砖红色厚层黏土，上部夹薄层灰色黏土、壤土，底部有少量砂壤土	壤土、砂壤土共 5，黏土 95
L-Ⅰ Q₁-Q₂	＞18		红色厚层黏土，底部有薄层砂壤土	黏土 99，砂壤土 1

（1）完整地层岸坡坍塌型式。库岸可分为完整地层岸坡坍塌破坏和滑坡堆积体岸坡坍塌破坏两大类。

高陡岸坡坍塌破坏主要发生在水库蓄水过程中。在龙羊峡水库蓄水初期，对库岸高陡岸坡的坍塌规律进行了较深入的调查研究，基本特征是：当库水位上升至高于历次最高库水位而首次作用于岸坡时，高陡岸坡表现为浪蚀、崩解、崩塌破坏，岸坡因此而坍塌后退；在库水位低于历次最高库水位时，库水对岸坡不再直接作用，仅表现为对已形成的水下岸坡进行再改造，再造作用已明显弱于首次。

库水与湖相地层完整岸坡直接发生作用的岸坡有峡口、农场东侧，龙西、查东、查西西侧等地。塌岸方式以崩塌破坏为主。一般一次塌落厚度在 3～5m，坍塌方量在数百至上万立方米之间。一次崩塌完成后岸坡暂趋稳定，由于库水和风浪的持续作用，在库水边再次形成新的浪蚀龛（深度可达 2～2.5m），又开始第二个浪蚀、崩解、崩塌过程，这样岸坡就不断地渐次后退，直到本次库水位的上升期结束，如图 2.5-1 所示。

在库水首次作用下岸坡产生塌岸的同时，水下岸坡也在此过程中逐渐形成。水下岸坡由磨蚀坡（岸滩）、淘蚀坡和堆积坡三部分组成（图 2.5-1）。根据

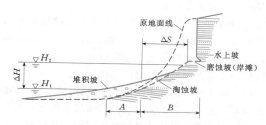

图 2.5-1 完整岸坡坍塌过程及岸坡形态示意图

调查实测，一般情况下磨蚀坡 5°～15°，淘蚀坡 28°～38°，堆积坡 15°～25°。其中磨蚀坡和淘蚀坡受土体性状、库水位在该处稳定时间长短及波浪高控制。

在库水位下降过程中，水库塌岸处在相对停止时期，一般无较大坍塌现象发生。经历过首次作用的岸坡，在库水位第二次上升过程中，由于库岸经首次作用后形成的水下坡度已较平缓，在库水位上升速率较缓慢时，波浪沿较缓的岸坡推进形成的击岸浪和激浪流已与波浪推进要消耗的能量基本平衡，因此造成的塌岸量较小，对岸坡地形的改变也较微小。在库水位上升速率较快时，波浪对岸坡的侵蚀、崩解、坍塌作用仍然较大。

（2）滑坡堆积体岸坡的塌岸型式。滑坡堆积体岸坡系指由老滑坡堆积物组成的岸坡，在低库水位时约占近坝岸坡地段的 80%，随着库水位的升高，老滑坡堆积岸坡逐渐减少，在高库水位条件下，堆积岸坡分布在龙羊滑坡、查纳滑坡前缘及查西陡边坡中部等。

滑坡堆积体岸坡的变形破坏型式主要是受库水的浸泡、浪蚀作用，产生压缩变形而崩塌、错落和小型滑坡等（图 2.5-2）。变形破坏过程中具有明显的分解趋势，一般规模较小。

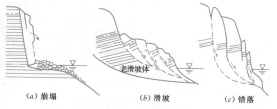

（a）崩塌　　　　（b）滑坡　　　　（c）错落

图 2.5-2 岸坡的塌岸型式示意图

2. 三峡水库的塌岸型式

三峡库区沿长江干流库岸长约 650km，跨越鄂西、川东不同的地貌单元。蓄水后，沿江 14 余县市、100 多个区、乡级集镇将会受到水库淹没和塌岸的影响。汤明高等人在对三峡库区两岸岸坡再造变形调查的基础上，总结出了三峡库区塌岸模式。

（1）冲蚀磨蚀型。在库水、风浪冲刷、地表水及其他外部营力的作用下，岸坡物质逐渐被冲刷、磨蚀，然后被搬运带走，从而使岸坡坡面缓慢后退的一种库岸再造型式。它是近似河岸再造、非淤积且稳定性较好的岸坡中存在的一种较普遍的岸坡变形改造方式。这种类型的塌岸模式一般发生在地形坡度较缓的土质岸坡及软岩岩质岸坡的残坡积层和强风化带。再造具有缓慢性及持久性，再造规模一般较小。

（2）坍塌型。土质岸坡坡脚在库水长期作用下，基座被软化或淘蚀，岸坡上部土体失去平衡，发生坍塌，之后被库水逐渐搬运带走的一种岸坡变形破坏模式。它的显著特点是垂直位移大于水平位移，与土体自重直接相关。这种类型的库岸再造在三峡库区分布范围大、涉及岸线长。一般发生在地形坡度较陡的土质岸坡内。该库岸再造模式具有突发性，特别容易发生在暴雨期和库水位急剧变化期。

1）冲刷浪蚀型。在水流冲刷、浪蚀等作用下，水边线附近小范围的岸坡土体发生破坏，随着水位及波浪的下移，下级水边线附近土体又会发生类似的破坏，最终表现为阶梯斜坡状。破坏高度与风浪爬高间有明显的对应关系。

2）坍塌后退型。在水流冲刷、侧蚀作用下，岸坡坡脚被淘蚀成凹槽状，随后在岸坡重力、地下水外渗等作用下发生条带状或窝状的座落、倾倒型破坏。形成这种塌岸模式的岸坡的土体抗冲刷能力差，在水流直接作用下，岸坡土体坍塌，坍塌体以垂直运动为主。这种塌岸具有坍塌后退速度快、后退幅度大、分布岸线长、持续时间长的特点。在三峡库区是一种最主要、最常见的坍塌型塌岸再造方式。

3）塌陷型。由于岸坡中下伏空洞或局部发生凹陷，土体在自重、地下水静水和动水压力作用下，周围土体由四周向中心发生变形破坏的一种库岸再造型式。

（3）崩塌（落）型。在陡坡型岩质岸坡中，岸坡岩体发育有不利于岩体稳定的裂隙时，坡体在库水、风浪冲刷、地表水和其他外部营力的作用下，裂面被软化后，岩体沿着裂隙面发生的崩塌或崩落现象。这种类型的破坏一般发生在岩质岸坡的强风化或强卸荷裂隙带内，具有突发性。

1）块状崩塌（落）型。当岩质岸坡中发育有不利于岩体稳定的节理裂隙时，在库水、风浪冲刷、地表水和其他外部营力的作用下，裂面被软化后，岩体沿着节理裂隙面发生的崩塌或崩落现象。

2）软弱基座型。岩层缓倾坡内的上硬下软结构岸坡，在库水长期作用下，由于下部软岩（基座）被软化，在自重作用下，岸坡产生压缩或压致拉裂变形，导致上部岩体失稳而产生塌岸。在三峡库岸存在上部为较坚硬的砂岩，其单层厚度较大，下部为较软的紫红色泥岩，多出现在岸边附近。紫红色泥岩遇水极易崩解或软化，在上覆厚层砂岩重力场的长期作用下，可能产生压缩变形，因此容易沿厚层砂岩陡倾角的结构面产生崩塌现象。

3）岩龛型。在近水平的砂、泥岩互层的结构岸坡中，由于易风化和遇水易崩解的紫红色泥岩，受库水的浪蚀作用，在泥岩层中易产生深度 1～2m 岩龛，致使上部砂岩相对外凸，成为悬壁梁结构，受重力作用沿着近直立的裂隙产生拉裂破坏，从而导致局部塌岸。这种现象在红层发育的长江库岸十分常见，容易出现渐退式的塌岸破坏现象。

（4）滑移型。滑移型指水库蓄水后，在库水作用下，岸坡岩土体向临空方向发生整体滑移的库岸再造型式。

1）古滑坡滑移型。蓄水前，处于稳定或者基本稳定的古滑坡体，受水库蓄水的影响，发生整体或局部复活而产生的滑移变形现象。

2）深厚松散堆积层浅表部滑移型。原处于稳定或基本稳定的各种成因的深厚层堆积体（如崩滑堆积体、残坡积物、冲洪积物、人工堆积物等），受库水的影响，出现浅表部蠕滑变形或前缘局部滑移变形的现象。

3）沿基岩—覆盖层界面滑移型。在堆积体厚度较薄、基岩—覆盖层界面埋深较浅的堆积体岸坡，受库水作用，堆积体沿着基岩—覆盖层界面发生整体性

滑移的岸坡破坏型式。

4）基岩顺层滑移型。在中等或中缓倾角的顺层基岩岸坡中，如果基岩中发育软弱夹层，水库蓄水后，软弱层在水流的浸泡下发生软化，其抗剪强度大大减低，从而出现沿软弱层的整体滑动。

（5）流土型。在库水涨落的情况下，岸坡土体吸水饱和后，由于土体的微膨胀性，岸坡土体在重力作用下沿坡向下发生塑性流动的变形现象，其规模一般较小。

三峡库区典型塌岸模式及演进示意图见表 2.5 - 2。

2.5.2 水库塌岸的预测方法

2.5.2.1 水库塌岸的主要影响因素

1. 地形地貌

首先，应区分水库所处的地貌单元。山区河谷型水库库岸一般比较高陡，水面较狭窄，盆地型水库库岸比较宽缓，水面宽阔。两者受风浪作用的强度差别较大，库岸坍塌的强度、频度、规模以及最终塌岸的宽度有很大差别。

其次，岸坡形态，包括岸高、岸的坡度、水下岸形、岸线的曲率及库岸的切割程度等对塌岸的型式、速度、塌岸量和浅滩的形态有很大的影响。

一般高岸陡坡塌岸量大，高岸缓坡塌岸量小，岸顶后退距离小，塌岸以岸腰部分为主。低岸陡坡地塌岸速度快，塌岸量小，塌岸型式常为崩塌，低岸缓坡常以水下坍塌为主。

表 2.5 - 2		三峡库区典型塌岸模式及演进示意图
塌 岸 模 式		**示 意 图**
冲蚀磨蚀型		
坍塌型	冲刷浪龛型	
	坍塌后退型	
	塌陷型	
崩塌（落）型	块状崩塌型	
	软弱基座型	
	岩龛型	

续表

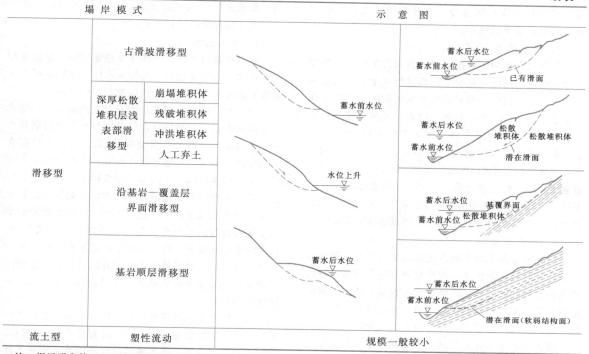

塌 岸 模 式			示 意 图
滑移型	古滑坡滑移型		
	深厚松散堆积层浅表部滑移型	崩塌堆积体	
		残破堆积体	
		冲洪堆积体	
		人工弃土	
	沿基岩—覆盖层界面滑移型		
	基岩顺层滑移型		
流土型	塑性流动		规模一般较小

注 据汤明高等《三峡库区典型塌岸模式研究》，略有修改。

　　水下岸形不仅影响塌岸的速度，而且还影响浅滩的宽度和坡角。一般岸前有浸没阶地或漫滩的库岸所形成的浅滩宽而缓，会大大地减弱波浪对库岸的磨蚀作用，减小塌岸的速度。而水下岸形陡直，岸前水深的库岸，波浪对岸壁的作用强烈，塌落物质被搬运的速度快，因此加速了水库塌岸的过程，形成的浅滩陡而窄。

　　河床形态及岸线的曲率不同，塌岸不同。一般凸岸三面临水，塌岸强烈，促使岸线后退的速度加快，所以在水库蓄水初期，岸线的曲直情况对塌岸有很大影响。

　　库岸的切割程度往往是塌岸范围和型式的制约条件，一般支沟发育，地形切割严重的库岸坍塌显著，而地形平整，阶面较宽，支沟部发育的库岸则反之。

2. 岩层结构和岩性

　　库岸的岩层结构和岩性指的是库岸岩层的产状、层厚、上下层序、各层的出露位置及其物质组成和性质。它们不仅直接控制岸壁坍塌的宽度、速度和型式，而且还决定了浅滩的形状、宽度和坡角。例如，密实的黏土黏聚力大，抗冲刷性较强，塌岸宽度不大或仅表现为岸坡表面风化土体的剥落，一般形成磨蚀浅滩或成陡坎与库水接触。黄土的粉土粒组含量大，孔隙率高，崩解速度快，浸水后土的胶体联结被破坏，大大降低土体的承载力，所以形成快速、强烈的坍塌。粉、细砂颗粒间具不联结特性，抗冲刷性弱，

遇水不稳定，所以亦造成大量的坍塌，并形成宽而缓的浅滩。胶结好的砂砾石层抗剪强度较大，抗冲刷性较强，遇水较稳定，因而常成为库岸的天然保护层，形成浅滩宽度较小，坡度较大。此外，岸壁极限平衡坡角及塌落堆积物的坡角亦因库岸岩性的不同而异；松软岩层的层位决定了塌岸起始点的高度等。

3. 水的作用

　　随着水库的回水，库岸地下水的埋藏条件及水位动态也相应地产生变化，因此库水及地下水的作用就成为塌岸的重要动力因素。

　　水库回水不仅只为波浪作用的发展提供基本条件，而且是促使土体物理、力学、水理性质改变的重要条件。

　　水库回水，促使地下水壅高，引起库岸土体的湿化，破坏了土体的结构，从而大大地降低了土体的抗剪强度和承载能力。

　　随着水库回水，地下水的坡降减缓，流速也随之减慢，导致土体内地下水的动力压力降低，这是对库岸稳定有利的。然而，这往往是暂时的现象，当库水再度降落时，却又增加了地下水的动压力，而大为降低土体的稳定性。

　　此外，库水的变化幅度与持续时间对浅滩的宽度，浅滩台阶的高度和浅滩的坡角有影响。在其他条

件都相同的情况下，库水的变化幅度越大，浅滩就越宽；库水的持续时间越长，波浪作用的或然率就越高，浅滩的坡角就越小。

4. 波浪作用

波浪对坍塌的影响作用主要表现为击岸浪对岸壁土体的淘刷与磨蚀，对塌落物质进行搬运，从而加速塌岸的过程。波浪作用下的强烈程度取决于对库岸作用的有效波能的大小，后者与波高、波速及波作用于岸的方向有关。对同一类岩性的库岸来说，波越高，作用时间越长，波能越大，波浪的淘刷与磨蚀作用越强，塌落堆积物被搬运的速度越快，被搬运物质的粒径就越大，搬运距离就越远，形成的浅滩宽而缓。反之，对岸壁淘刷与磨蚀作用的能力弱，塌落物质被搬运的速度则慢，被搬运物质的粒径亦小，形成的浅滩陡而窄。

5. 其他因素

沿岸流是由于风浪对岸边作用而产生的一种顺岸水流，具有一定的流速，对岸边物质进行搬运，对浅滩的稳定起一定的作用。沿岸流一方面对凸岸、岸嘴进行冲刷，加速坍塌的过程；另一方面则使岸线顺直化，有利于浅滩的稳定，减缓塌岸的过程。

北方水库多存在冻融现象。冻融作用破坏土层结构，使土体发生裂缝或坍塌。解冻时，使冻结土层的冰融化，造成土层松散而坍塌。

对于黄土地区修建的水库，水库蓄水后泥沙淤积，河床抬高，水深减小，波浪的淘刷作用减弱，可减小塌岸的宽度和速度。

库岸的物理地质作用，如风化作用、滑坡现象和地表水冲刷等，在一定程度上加速了塌岸的过程。

综上所述，库岸形态、岩层结构、岩性是控制塌岸的内在因素，它对塌岸的范围、速度和型式以及浅滩的形态起着决定性的作用。水的作用、波浪及沿岸流作用及冻融作用、水流冲刷及水库淤积等是塌岸的外在作用因素，它们只能通过内在因素起作用，对库岸稳定性产生影响。水库塌岸是反映内、外因素相互作用的过程。

2.5.2.2 塌岸预测方法

水库建成后，周期性的水位抬升、消落及波浪作用，致使原本趋于稳定的岸坡不断后退、坍塌最终发生库岸再造形成新的水库岸坡。塌岸不仅危害沿岸分布的乡镇、道路、桥涵及有关建筑物等，而且发生塌岸后的岩土体滑入水库，造成淤积，影响水库的有效运行。因此，进行水库塌岸预测可以为岸坡治理提供重要的依据。由于岸坡物质组成、结构特征、地下水位等不确定因素的复杂性，难以通过精确的数学公式进行定量分析。目前国内外大多数研究都是基于已建

成的水库，通过对塌岸的观测和分析，进行塌岸预测。预测方法包括类比图解法、计算图解法、动力法、统计法和模拟试验法等。

1. 类比图解法

利用现阶段不同岩土体水下稳定边坡、水位变幅带坡角和水上稳定边坡，与将来水库蓄水后不同库水条件下的库岸岸坡类比，从而进行塌岸预测。

(1) 类比图解法原理。由于天然河道的平均枯水位、河水涨幅带、平均洪水位分别与水库运行期低水位、调节水位（即水位变动带）、最高设计水位存在可类比性。因此，可通过地质调查，并统计现天然河道的平均枯水位以下、河水涨幅带以及平均洪水位以上三带内部相同岩土体的稳态坡角。以此作为该岩土层在不同库水位条件下的稳定坡角，进而类比图解水库蓄水运行时的库岸再造范围。根据实测岸坡剖面，自现河水枯水位起，首尾相连依次绘出在不同库水位条件下相应岩土层的稳定坡角，并以各段稳定坡脚连线代表最终库岸再造边界线，进而量取库岸再造的最终宽度与高程。

(2) 图解参数的获取。岩土体在不同库水位条件下稳定坡角的取值应切合实际、具有代表性。根据地质测绘与勘探资料，现场调查统计不同岩土体在天然河道的平均枯水位以下、河水涨幅带以及平均洪水位以上三带内岩土体的稳定坡角。

采用调查统计的数据，按式（2.5-1）计算各类岩土层在不同库水条件下的稳定坡角，即

$$\alpha = \sum \alpha_i \times L_i / \sum L_i \qquad (2.5-1)$$

式中　α——数个统计范围内该岩土层的稳定坡角；

α_i——单个统计点该岩土层的坡角；

L_i——单个统计顺坡向之间的平面距离。

由于枯水位以下岩土层稳态坡角无法量取，可将河水涨幅带稳态坡角按 0.8 的系数折减而得。

然后根据各岩土层自然岸坡坡度统计值与前述类比原则，得出各岩土层在不同枯水位状态下的稳定坡角建议值，最后采用图解法求得塌岸范围。

2. 计算图解法

(1) 卡丘金预测法。卡丘金法适用于松散沉积层，如黄土、砂土、砂壤土、黏性土岸坡，并且波浪较小的水库，如图 2.5-3 所示，其计算公式为

$$S_t = N[(A + h_p + h_b)\cot\alpha + (H - h_b)\cot\beta - (B + h_p)\cot\gamma] \qquad (2.5-2)$$

式中　S_t——塌岸带最终宽度，m；

N——与土颗粒大小有关的系数，黏土为 1.0，壤土为 0.8，黄土为 0.6，砂土为 0.5，砂卵石为 0.4，多种土质岸坡应取加权平均；

A——库水位变化幅度，m；

B——波浪冲刷高度至设计最低水位，m；

h_p——波浪冲刷深度，m，一般情况 $h_p = (1.5 \sim 2)h$（波高）；

h_b——波击高度或浪爬高，m；

H——正常蓄水位以上岸坡高度，m；

α——水下浅滩冲刷后稳定坡角，（°），可从图 2.5-4 查得；

β——岸坡水上稳定坡脚，（°），可查表 2.5-3；

γ——原始岸坡坡角，（°）。

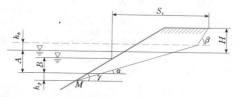

图 2.5-3 卡丘金预测法示意图

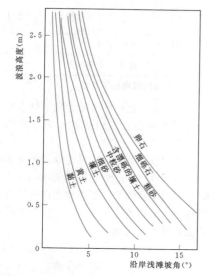

图 2.5-4 不同波高情况下几种松软土的 α 角

表 2.5-3 岸坡水上稳定坡脚 β 值表

岸坡岩层	β（°）
黏土	5～30
黄土	20～38
壤土	25～48
细砂	30～35
中砂	30～40
含漂砾的壤土	35～45
粗砂	38～45
砾石	＞45
卵石	＞45

（2）佐洛塔廖夫预测法。该方法是苏联学者于1955年提出的，认为库岸再造，波浪起主要作用，库岸再造后的岸坡可分为浅滩台阶、堆积浅滩面、浅滩的冲蚀部分、浪击带和水上稳定边坡 5 部分（图2.5-5）。该方法较适用于具有非均一地层结构的岸坡，主要指由黏土质的、较坚硬和半坚硬岩土组成的高岸水库边坡。

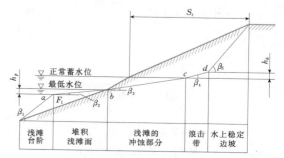

图 2.5-5 佐洛塔廖夫预测法示意图

具体预测步骤如下：

1）绘制预测岸坡的地质剖面。

2）标出水库正常高水位线与水库最低水位线。

3）从正常高水位向上标出波浪爬升高度线，高度（h_B）之值取为一个波高。

4）由最低水位向下，标出波浪影响深度线，影响深度黏性土取 1/3 浪波长，砂土取 1/4 波浪长。

5）波浪影响深度线上选取 a 点，使其堆积系数（k_a）达到预定值。堆积系数 $k_a = F_1 / F_2$（F_1 为堆积浅滩体积，F_2 为水上边坡被冲去部分的体积）。

6）由 a 点向下，根据浅滩堆积物绘出外陡坡线使之与原斜坡相交，其稳定坡度 β_1，粉细砂土和黏土采用 10°～20°，卵石层和粗砂采用 18°～20°；由 a 点向上绘出堆积浅滩坡的坡面线，与原斜坡线相交于 b 点；其稳定坡度 β_2，细粒砂土为 1°～1.5°，粗砂小砾石为 3°～5°。

7）以 b 点作为冲蚀浅滩的坡面线，与正常高水位线相交于 c 点，坡角为 β_3。

8）由 c 点作冲蚀爬升带的坡面线，与波浪爬升高度水位线相交于 d 点。其稳定坡脚 β_3、β_4 及 k_a 可按表 2.5-4 确定。

9）绘制水稳定坡，依自然坡脚确定。

10）检验堆积系数与预定值是否相符，如不相符，则向左或右移动 a 点并按上述步骤重新作图，直至合适为止。

（3）两段法。经过 10 年数十处水库塌岸的调查研究，王跃敏等（2000）提出了适用于我国南方山区峡谷型水库塌岸的预测法——"两段法"。具体原理为：预测塌岸线由水下稳定岸坡线和水上稳定岸坡线的连线组成时，水下稳定岸坡线由原河道多年最高洪水位及水下稳定坡脚 α 确定；水上稳定岸坡线由设计洪水位和毛细水上升高度 H' 及水上稳定坡脚 β 确定（图 2.5-6）。

表 2.5-4 　　　　　　　　　　　　　　　　　 β_3 、 β_4 、 k_a 值表

岩层名称	β_3	β_4	k_a	岩层泡软速度
粉砂、细砂、砂壤土、淤泥质壤土	$40'\sim1°$	$3°$	$5\%\sim20\%$（根据颗粒组成而定）	快，几分钟内
小卵石类粗砂，碎石土	$6°\sim8°$	$16°\sim18°$	30% 以下	
黄土质壤土	$1°\sim1.5°$	$4°$	冲蚀的	相当快，10~30min 内
松散的壤土	$1°\sim2°$	$4°$	冲蚀的	1~2h 内，水中分解
下白垩纪黏土	$2°\sim3°$	$6°$	$10\%\sim20\%$	不能泡软，在土样棱角上膨胀破坏
上白垩纪泥灰岩，蛋白岩（极软岩），有裂缝	$3°\sim10°$	$10°$	$10\%\sim30\%$	不能泡软
黏土，质极密，含钙质	$2°\sim3°$	$5°$	冲蚀的	一个月内不能泡软，部分分化淋蚀
黏土、黑色，深灰色，质密成层	$2°$	$6°$	冲蚀的	一个月内不能泡软，部分分化淋蚀
有节理的泥灰岩。石灰质黏土，密实的砂，松散砂岩	$2°\sim4°$	$10°$	$10\%\sim15\%$	一个月内不能泡软，部分分化淋蚀
石灰岩、白云岩	实际上不能冲刷，只是在碎石堆上发生冲刷			不能泡软
黄土和黄土质土	$1°\sim1.5°$	—	—	很快，全部分解

注 表列 β_3、β_4 值符合于波浪高为 2m 的情况，在库尾区因波浪高较小，可按表列数值增加 1.5 倍。

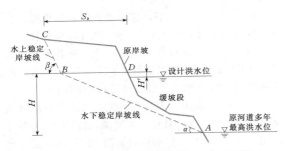

图 2.5-6 两段法塌岸预测示意图（据王跃敏）

两段法的具体图解为：以原河道多年最高洪水位与岸坡交点 A 为起点，以 α 为倾角绘出水下稳定岸坡线，该线延伸至设计洪水位加毛细水上升高度的高程点 B，再过 B 点以 β 为倾角绘出水上稳定岸坡线，与原岸坡交于 C，C 点即为水上稳定岸坡的终点。水上稳定岸坡线的起点 B 的高程所对应的原岸坡的 D 点，与该线终点 C 之间的水平距离即为预测的塌岸宽度 S_k（图 2.5-6）。

采用两段法进行塌岸预测，水下稳定岸坡的起点高程相当于原河道的历史最高洪水位，或蓄水后第一年的淤积高程，采用两者较高值。其数据可从当地水文部门或实地调查获得。

水下稳定岸坡角 α 的确定方法有两种。一种是工程地质调查法，该方法的作者通过数十处水库的地质调查，给出了不同岩土层组成的水下稳定岸坡角 α 值，见表 2.5-5。

另一种为综合计算法，它是在地质调查法的基础上总结出来的，对于砂性土及碎石类土，取 $\alpha=\varphi$（内摩擦角）；对于黏性土，则用增大内摩擦角的方法来考虑黏聚力 c 的影响，使 $\alpha=\varphi_0$（综合内摩擦角），用剪切力公式计算 φ_0，即

$$\varphi_0 = \arctan[\tan\varphi + c/(\gamma_s H)] \qquad (2.5-3)$$

式中　γ_s——水下岩土体的饱和容重；

　　　H——水下岸坡起点至岸坡终点的高度。

φ、c、γ_s 由试验获得，综合计算法与地质调查法所得结果基本吻合。

水上稳定岸坡角指塌岸后库岸在雨水冲刷、大气湿热、冻融破坏、地下水浸蚀等自然营力作用下，达到最终自然稳定的岸坡角。地质调查与式（2.5-3）计算结果相近，调查结果列于表 2.5-6。

毛细水上升高度 H' 一般通过试验与现场调查相结合来确定，其值与岸坡岩（土）体的颗粒直径有关，粗颗粒毛细水上升高度小，细颗粒相应较高。

"两段法"的适用条件为我国南方山区的峡谷型水库，库面较窄，风浪作用较小，岸坡地层为黏性土、砂性土、碎石类土、弃渣及岩石的全风化地层。

表 2.5 - 5 　　　　　　　　　　**水下稳定岸坡角值 α（地质调查法，据王跃敏）**

岩土体名称	颗粒组成及性质	α (°)
粉细砂 (Q_4^{al})	密实 $e<0.6$	18～21
	中密 $e=0.6\sim0.75$	15～18
	稍松 $e>0.75$	12～15
中粗砂夹角砾 (Q_4^{al})	密实 $e<0.6$	24～27
	中密 $e=0.6\sim0.9$	21～24
	稍松 $e>0.9$	18～21
黏土、砂黏土夹碎（卵）石、角（圆）砾 $(Q_4^{dl+pl+al})$	密实石质含量>35%	27～30
	中密石质含量20%～35%	24～27
	稍松石质含量<20%	21～24
碎（卵）石土 $(Q_4^{dl+pl+col})$	密实石质含量>70%	33～36
	中密石质含量60%～70%	30～33
	稍松石质含量<60%	27～30
漂（块）石、卵（碎）石土 (Q_4^{al+col})	全胶结	45～50
	半胶结	40～45
弃渣	粒径 3～30cm，含量>90%	34～36
石英云母片岩 W_4	粒径≥0.015mm，含量>80%	20～26
石英闪长岩 W_4	粒径≥0.015mm，含量>83%	26～32
晶屑流纹质凝灰熔岩 W_4	粒径≥0.015mm，含量>70%	28～36

注 e 为孔隙比。

表 2.5 - 6 　　　　　　　　　　**水上稳定岸坡角值 β（地质调查法，据王跃敏）**

岩土体名称	颗粒组成	β 实测值（°）	β 终止值（天然）（°）
黏土	粒径≤0.02mm 占 85%以上	58～80	60
砂黏土	粒径≤0.02mm 占 60%以上	55～70	55
砂夹卵石	含砂量≥70%，卵石含量≤30%	40～62	40
弃渣	粒径 3～30cm 占 90%以上	45	45～42
强风化石英云母片岩	粒径≥0.015mm 占 80%以上	32～35	25
强风化石英闪长岩	粒径≥0.015mm 占 83%以上	50～55	42
强风化流纹质凝灰熔岩	粒径≥0.015mm 占 70%以上	45～50	44

用两段法进行塌岸预测时可与卡丘金法比较，可靠性则更高一些。

（4）岸坡结构法。针对三峡库区冲（磨）蚀型和坍塌型库岸，提出适合三峡库区山区型水库塌岸预测的"岸坡结构法"。其主要原理是根据岸坡上各种不同物质的水下堆积坡角、冲磨蚀角、水上稳定坡角和水库的设计低水位、设计高水位来进行预测，也是一种图解法和类比法。

图 2.5 - 7 中，θ_1 与 θ_n 代表不同物质水下堆积坡角；α_1 与 α_n 代表不同物质的冲磨蚀坡角；β_1 与 β_n 代表不同物质的水上稳定坡角；A、B、C 为水位线与塌岸再造线的交点；D 为塌岸再造线与地形线之间的交点；E 为设计高水位与地形线之间的交点；L、M、N 为物质分界线与塌岸再造线的交点；b 为塌岸再造宽度。

特征角的确定：针对待预测库岸段各种不同物质的水下堆积坡角、冲磨蚀角和水上稳定坡角进行统计，求其加权平均值。

具体图解法：以死水位与岸坡交点 A 为起点，以不同物质的水下堆积坡角 θ_1，θ_2，…，θ_n 为倾角依

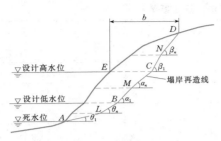

图 2.5-7 岸坡结构法预测塌岸图解

次作线，该线延伸至与设计低水位相交于 B 点；再以 B 点为起点以不同物质的冲磨蚀角 α_1，α_2，…，α_n 为倾角依次作线，该线延伸至与设计高水位线相交于点 C；又以 C 点为起点以不同物质的水上稳定坡脚 β_1，β_2，…，β_n 为倾角依次作线，该线延伸至与岸坡地形线相交于点 D，则 D 与 E 两点之间的水平距离即为预测塌岸宽度 b。

3. 动力法

动力法的计算依据塌岸量与波能和岩石抗冲刷强度之间的关系方程，即

$$Q = E k_p t^b \qquad (2.5-4)$$

式中 Q——库岸单位宽度内被冲刷的岩土体体积，m^3/m；

     E——波浪作用于单位库宽的动能，$t \cdot m$；

     k_p——岩土体的抗冲刷系数，m^3/t；

     t——水库运营年限；

     b——经验常数，取决于滨岸浅滩中堆积部分宽度，变幅为 $0.45 \sim 0.95$。

该方法有一定的依据，但"关系方程"的建立同时也需要一定量的观测样本。

2.5.3 高速滑坡滑速计算

2.5.3.1 高速滑坡形成机制

多年来，人们一直在探索高速滑坡的发生机理，提出许多高速滑坡运动机理假说，特别是 1963 年意大利瓦依昂水库滑坡之后，引发了高速滑坡的研究热潮。纵观多年来国内外研究成果，高速滑坡形成机制可归纳为三类，即高速滑坡有效应力降低机制、摩擦转化机制及滑体运动转化机制。

1. 高速滑坡有效应力降低机制

该机制认为滑坡在运动过程中，下滑时重力所作的功转化为滑面上而生热，使滑面附近的地下水汽化，或使碳酸盐类岩石在高压下产生 CO_2 而形成气垫，从而使有效应力降低，阻滑力减少，加速度变大，从而发生高速远程滑坡。如气垫层说、水汽垫说，孔隙压力说和水击机制说等。

2. 摩擦转化机制

这类假说认为滑体下滑时，伴随强烈的振动，使滑面附近的饱和砂土液化，甚至整个滑体液化，摩擦力降至很低，从而导致高速滑坡，如自我润滑说、滚动摩擦说、摩擦降低说等。

3. 滑体运动转化机制

这类假说主要的根据是滑坡体运动机制的转化，认为滑坡体在变形过程中，岩土体和滑面上的抗剪强度由峰值突降至残余值，而获得高速滑动，峰值与残余值的差值愈大，滑速愈高，在滑坡体前沿形成碎屑流。

西北勘测设计研究院在龙羊峡近坝库岸的高速滑坡研究中，对高速滑坡的形成过程和形成原因做了探索性研究，主要研究成果表明，高速滑坡是在蠕变—拉裂—剪断复合机制下形成的。滑坡发生前斜坡经过长期变形过程，滑坡发生时并没有明显的触发因素，在重力和残余构造地应力的作用下，岸坡自坡脚区前缘土体的强度破坏而开始的缓慢累进性破坏过程，是斜坡失稳的主要原因。其形成过程可分为 3 个阶段，如图 2.5-8 所示。

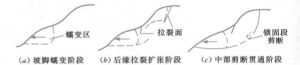

| (a) 坡脚蠕变阶段 | (b) 后缘拉裂扩张阶段 | (c) 中部剪断贯通阶段 |

图 2.5-8 龙羊峡高速滑坡形成过程示意图（据庆祖荫）

滑体失稳的瞬间，滑床或土体抗剪强度的下降幅度控制了滑体位能转换为动能的量值，从而决定了滑速的大小。通过对龙羊峡查纳滑坡的研究，认为滑体中部"锁固段"的半成岩黏性土的峰—残强度差值大，且呈脆性迅速剪切破坏，突然释放能量，导致滑坡产生高速下滑。类似滑坡还有 1983 年甘肃东乡的洒勒山高速滑坡等。查纳滑坡和洒勒山滑坡的计算滑速、重力模型试验滑速和调查滑速列于表 2.5-7。

表 2.5-7 查纳滑坡和洒勒山滑坡滑速表

单位：m/s

方 法	查纳滑坡		洒勒山滑坡	
	整体	碎屑流	整体	碎屑流
整体碎屑流法	38.2	45.3	15.5	28
质点滑速法	18.7		34.8	
重力模型试验	34.1~41.3		—	
调查平均滑速	22.5（最大滑速 45.0）		15.3~16.4	

2.5.3.2 高速滑坡滑速计算方法

为较合理预测滑坡滑速，近年来人们探索了多种

高速滑坡滑速的计算方法，主要有潘家铮法（1979）、条分法、能量法、美国土木工程师协会推荐的公式，针对龙羊峡近坝库岸滑坡，西北勘测设计研究院曾提出了质点滑速计算法等。

1. 潘家铮法

（1）平面滑动。当滑面为一平面，且滑体可视作刚体处理时，失稳后滑体在自重作用下沿滑面作直线加速运动（图 2.5－9）。

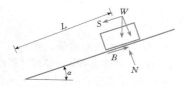

图 2.5－9　刚体平面滑动

根据加速度原理推导得出滑体下滑速度为

$$V_{max} = \sqrt{2aL} = \sqrt{2L\left(\sin\alpha - f\cos\alpha - \frac{C}{W}\right)g}$$

(2.5－5)

如果采用功能原理推导，可得到一致的结果，即

$$V_x = \sqrt{2L\left(\sin\alpha - f\cos\alpha - \frac{C}{W}\right)g} \cdot \cos\alpha \quad (2.5－6)$$

$$V_y = \sqrt{2L\left(\sin\alpha - f\cos\alpha - \frac{C}{W}\right)g} \cdot \sin\alpha \quad (2.5－7)$$

式中　V_{max}、V_x、V_y——最大滑速和水平、垂直方向的滑速，m/s；

$\quad\quad a$——滑体下滑加速度，m/s²；

$\quad\quad g$——重力加速度，m/s²；

$\quad\quad L$——滑距，m；

$\quad\quad f$——滑面摩擦系数；

$\quad\quad W$——滑体质量；

$\quad\quad C$——其他阻力；

$\quad\quad \alpha$——滑面角度，(°)。

如果滑坡体内有孔隙水压力，仿照静力平衡分析法，在计算下滑力时，W 用饱和重。但在计算法向反力时则用浮重 W'（$W' < W$），这样，在以上各式中，f 改为 $f\dfrac{W'}{W}$，其余相同。

（2）光滑缓变曲面的滑动。滑坡体沿着光滑缓曲面下滑是较为普遍的一种现象，假定问题仍为平面性质，取代表性剖面作为计算对象。

假定滑体中的垂直狭条滑动后仍为垂直，每一分条均视为刚体。取出一条块，设为第 i 块（图 2.5－10），其作用力如下：

滑体自重：W_i（地下水位以上用湿容重，以下用饱和容重）。

滑面上反力：法向力 N_i、切向力 $f_i N_i + C_i$。

垂直界面上反力：法向力 H_i、$H_i + \Delta H_i$；切向力 Q_i、$Q_i + \Delta Q_i$。

扬压力：U_i。

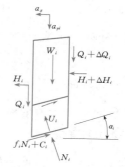

图 2.5－10　第 i 块作用力图

于是，第 i 条块的动力平衡方程为

$$\Delta H_i + (N_i + U_i)\sin\alpha_i - (f_i N_i + C_i)\cos\alpha_i = \frac{W_i}{g}a_x$$

(2.5－8)

$$\Delta Q_i + (W_i - U_i\cos\alpha_i) - N_i\cos\alpha_i - (f_i N_i + C_i)\sin\alpha_i = \frac{W_i}{g}a_{yi}$$

(2.5－9)

在式（2.5－8）、式（2.5－9）中 a_x、a_{yi} 分别为第 i 条块水平、垂直加速度。假定各条块水平加速度相同，用 a_x 表示；而各条块垂直加速度可以各不相同，用 a_{yi} 表示。

在式（2.5－8）、式（2.5－9）中，a_x 与 a_{yi} 存在一定关系。考虑一个刚体从某点 A 滑到 B 点的情况（图 2.5－11）。设刚体在 A 点的速度 V_0，到 B 点时为 V_0'。如果 A、B 两点距离很近，可按均匀加速度计算，即

$$\tan\alpha_0 = \frac{\Delta y}{\Delta x}$$

$$L = V_0 t + \frac{1}{2}at^2 \quad (2.5－10)$$

t 是从 A 点到 B 点的历时。取分值

$$\Delta x = V_{0x}t + \frac{1}{2}a_x t^2$$

$$\Delta y = V_{0y}t + \frac{1}{2}a_y t^2$$

则　$\dfrac{a_y}{a_x} = \dfrac{\Delta y - V_{0y}t}{\Delta x - V_{0x}t} = \dfrac{\dfrac{\Delta y}{\Delta x} - \dfrac{t}{\Delta x}V_{0x}\tan\alpha}{1 - \dfrac{t}{\Delta x}V_{0x}} =$

$$\frac{\Delta y}{\Delta x}\left[\frac{1 - \dfrac{t}{\Delta x}V_{0x}\dfrac{\tan\alpha}{\tan\alpha_0}}{1 - \dfrac{t}{\Delta x}V_{0t}}\right]$$

(2.5－11)

其中
$$\tan\alpha_0 = \frac{\Delta y}{\Delta x} \qquad (2.5-12)$$

因为 AB 距离很近，所以，$\tan\alpha \approx \tan\alpha_0$，于是

$$a_y / a_x = \tan\alpha_0$$

这样式（2.5-8）、式（2.5-9）可转化为

$$\Delta H_i + (N_i + U_i)\sin\alpha_i - (f_i N_i + C_i)\cos\alpha_i = \frac{W_i}{g}a_x \qquad (2.5-13)$$

$$\Delta Q_i + (W_i - U_i\cos\alpha_i) - N_i\cos\alpha_i - (f_i N_i + C_i)\sin\alpha_i = \frac{W_i}{g}a_x\tan\alpha_0 \qquad (2.5-14)$$

由式（2.5-14）可得

$$N_i = \frac{\Delta Q_i + (W_i - U_i\cos\alpha_i) - C_i\sin\alpha_i - \dfrac{W_i}{g}\tan\alpha_0 \cdot a_x}{\cos\alpha_i + f_i\sin\alpha_i} \qquad (2.5-15)$$

式（2.5-15）中的 a_x 尚为未知。将式（2.5-13）的所有条块求和，并注意到 $\sum_{i=1}^{n}\Delta H_i = 0$，则

$$\sum_{i=1}^{n} N_i\sin\alpha + \sum_{i=1}^{n} U_i\sin\alpha_i - \sum_{i=1}^{n} f_i N_i\cos\alpha_i - \sum_{i=1}^{n} C_i\cos\alpha_i = \frac{W}{g}a_x \qquad (2.5-16)$$

其中 $W = \sum W_i$，即滑体全部重量。将式（2.5-15）代入式（2.5-16），并略去 ΔQ_i，整理可解出 a_x 为

$$\frac{a_x}{g} = \frac{\sum\left(\dfrac{W_i - U_i\cos\alpha_i}{W}\right)D_i - \sum\dfrac{C_i}{W}(D_i\sin\alpha_i + \cos\alpha_i) + \sum\dfrac{U_i}{W}\sin\alpha_i}{1 + \sum\dfrac{W_i}{W}D_i\tan\alpha_0} \qquad (2.5-17)$$

其中
$$D_i = \frac{\sin\alpha_i - f_i\cos\alpha_i}{\cos\alpha_i + f_i\sin\alpha_i} \qquad (2.5-18)$$

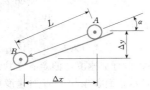

图 2.5-11 块体从 A 点滑到 B 点

实际计算步骤如下：

1）经过静力分析，在某些情况下滑坡体稳定安全系数已显然小于 1 时，就可分析这种情况下的滑速发展过程。

2）将滑坡体分为 n 块和垂直分条，各条宽度宜相等（以下记为 ΔL），以便计算。对分条进行编号，出口处编为 $i=1$，依次到顶部为第 n 号（图 2.5-12）。

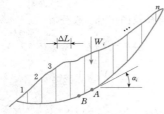

图 2.5-12 滑体垂直条分示意图

计算每一条的重量 W_i、渗透压力 U_i、滑面的平均坡角 α_i，以及 $\tan\alpha_i$、$\sin\alpha_i$、$\cos\alpha_i$ 等。另外计算每一条的 $\tan\alpha_0$，即这条滑面中点（图 2.5-12 中 A 点）与下面一条滑面中点（B 点）连线的坡度。从每一条

的 f_i、C_i，计算 D_i、$D_i\tan\alpha_0$、$D_i\sin\alpha_i$、$\dfrac{W_i}{W}$ 等值。

3）取滑坡开始急剧下滑的瞬间为时间原点 $t_0 = 0$，当滑坡体依次水平移位 ΔL 时，记为 t_1，t_2，…。

4）计算 t_0 时的加速度，即将在 2）中求得的各值代入式（2.5-17），计算 a_x，记为 a_{x0}，于是在此时段之末（$t = t_1$）的速度为

$$V_{x1} = \sqrt{2a_{x0}\Delta L} \qquad (2.5-19)$$

移过这一水平距 ΔL 所需的时间为

$$\Delta T_1 = \sqrt{\frac{2\Delta L}{a_{x0}}} \qquad (2.5-20)$$

且
$$t_1 = t_0 + \Delta T_1 \qquad (2.5-21)$$

5）在 $t = t_1$ 时，各分条已移动了一平距 ΔL，即已滑到前面一条的位置处，其中第 1 条已滑出 0 点以外。如果外面的山坡仍和滑床面能平顺衔接，则该条仍将和其后滑坡体连在一起共同滑动。如果外面坡面很陡，与滑床完全不相连接，则该条将与其后滑体断开脱离，沿坡面崩落。但如滑速已很高，则仍有可能和其后滑体一并移动。

现在计算在 t_1 时的水平加速度 a_{x1}。计算步骤和公式仍和原来一样，区别仅在于：在第 i 条上的重量要改用 W_{i+1}，第 $i-1$ 条上则用 W_i 等，余类推（第 n 条上已没有滑体）。

此外，如果 f_i、C_i 不是常数而是滑速 V 的函数，也可加以修改。

求出 a_{x1} 后

$$V_{x2} = \sqrt{V_{x1}^2 + 2a_{x1}\Delta L} \qquad (2.5-22)$$

$$\Delta T_2 = \frac{V_{x2} - V_{x1}}{\alpha_{x1}} \quad (2.5-23)$$

$$t_2 = t_1 + \Delta T_2 \quad (2.5-24)$$

6) 如此继续计算,直到所需时段为止。并可将 α_x、V_x 等沿时间绘成曲线。V_x 一般是逐渐增加的,但也可能达最大值后又有所减小。在滑面底部倾角改缓或有反坡时,就出现这种情况。这表示滑坡体滑到某一位置后,阻力已大于下滑力,从而产生减速作用,最后可使滑体静止。

2. 条分法

条分法是潘家铮法的改进。采用条分法对整个滑体进行分块,条块垂直划分,对于每个条块,其受力如图 2.5-13 所示。

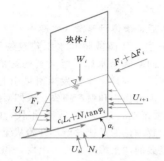

图 2.5-13 条块受力示意图

假定条块发生位移时按刚体运动,即条块内部不发生相对的位移,认为当前条块所受的前后块体相互作用力矢量和沿滑面方向及垂直滑面方向的加速度为 0,根据牛顿第二定律,可得到如下方程。

垂直滑面方向

$$W_i \cos\alpha_i - (U_{i+1} - U_i)\sin\alpha_i - U_{bi} - N_i = 0$$
$$(2.5-25)$$

沿滑面方向

$$W_i \sin\alpha_i + (U_{i+1} - U_i)\cos\alpha_i - (c_i L_i + N_i \tan\varphi_i) + \Delta F_i = M_i a_i \quad (2.5-26)$$

将式 (2.5-25) 和式 (2.5-26) 变形为

$$N_i = W_i \cos\alpha_i - (U_{i+1} - U_i)\sin\alpha_i - U_i = 0$$
$$(2.5-27)$$

$$\Delta F_i = -W_i \sin\alpha_i - (U_{i+1} - U_i)\cos\alpha_i + c_i L_i + M_i a_i + [W_i \cos\alpha_i - (U_{i+1} - U_i)\sin\alpha_i - U_{bi}]\tan\varphi_i$$
$$(2.5-28)$$

对于滑坡体整体而言,F_i 为内力,因而有

$$\sum_{i=1}^{n} F_i = 0 \quad (2.5-29)$$

解得

$$a_i = \frac{\sum_{i=1}^{n} W_i \sin\alpha_i + \sum_{i=1}^{n} \Delta U_i \cos\alpha_i - \sum_{i=1}^{n} c_i L_i}{\sum_{i=1}^{n} M_i} - \frac{\sum_{i=1}^{n}(W_i \cos\alpha_i + \Delta U_i \sin\alpha_i - U_{bi})\tan\varphi_i}{\sum_{i=1}^{n} M_i}$$
$$(2.5-30)$$

其中 $\quad \Delta U_i = U_{i+1} - U_i$

对于每一条块,设初速度为 V_{i1},末速度为 V_{i2},滑动距离为 L_i,滑动时间为 T_i,由物理学知识可得

$$V_{i2} = \sqrt{V_{i1}^2 + 2a_i L_i} \quad (2.5-31)$$

$$T_i = \frac{V_{i2} - V_{i1}}{a_i} \quad (2.5-32)$$

这样就可以求出滑体下滑速度及滑体运动的时间。

3. 能量法

一个滑坡的发展,一般要经历孕育、启动、加速、制动四个阶段。滑坡体系内主要存在以下几种功和能。

(1) 变形能 U。滑坡在滑动前,首先要经过蠕变和蠕滑两个阶段。滑坡在重力作用下,缓慢变形,因而积累了一定的变形能。

(2) 机械能。机械能指由于滑体的所处位置和速度而具有势能 E 和动能 D。

(3) 阻力功 A_f。阻力功是指滑坡所受阻力对滑坡所做的功。实际上由两部分组成的:一部分是克服滑面阻力所做的功,另一部分是克服介质(空、水)阻力所做的功。

(4) 外力功 A。外力功指的是由于滑坡体系以外的力,如地震、振动、爆破、掉块、塌方等传给滑体的能量。外力功的计算视情况而定。

(5) 碎屑能 U。碎屑能是指滑坡在运动过程中,由于块体间的碰撞、摩擦和破碎等消耗的能量,由于碎屑能与滑坡的运动状态有关,故其计算是非常复杂的。

根据以上分析,对于滑块体系,存在有以下几种功和能。

滑动前:势能 E_1、变形能 U、外力功 A。

滑动后:动能 D_2、碎屑能 U_2、阻力功 A_f、势能 E_2。

根据能量转换和守恒定律,可知:滑动前滑体系总能量=滑动后滑坡体系总能量,即

$$E_1 + U + A = D_2 + U_2 + A_f + E_2$$

改写为

$$\Delta D - \Delta E - \Delta U - \Delta A = 0 \quad (2.5-33)$$

其中

$$\Delta D = D_2 - D_1 \ (D_1 = 0)$$
$$\Delta E = E_1 - E_2$$
$$\Delta U = U - U_2$$
$$\Delta A = A - A_f$$

式中　ΔD——滑坡体系功能的变化；

$\quad\quad$ ΔE——滑坡体系势能的减少；

$\quad\quad$ ΔU——滑体中变形能和碎屑能之差；

$\quad\quad$ ΔA——滑坡体所受外力功和阻力功之差。

假设滑坡具有速度 V，则

$$\Delta D = D = \frac{1}{2}mV^2 \quad (2.5-34)$$

m 为滑体的质量，将式（2.5-34）代入式（2.5-33）得

$$V = \sqrt{\frac{2}{m}(\Delta E + \Delta U + \Delta A)} \quad (2.5-35)$$

4. 质点滑速计算法

质点滑速法是由西北勘测设计院张成琪（1984）提出的，在能量转换公式中引入了材料抗剪断强度试验残余值与峰值比的概念，其滑速计算公式为

$$V_{max} = \sqrt{2gh\left(1 - \frac{\tau_r}{\tau_f}s_n\right)} \quad (2.5-36)$$

式中　V_{max}——滑体重心在整体同步加速阶段的最大滑速；

$\quad\quad$ h——重心的最大垂直落差；

$\quad\quad$ $\dfrac{\tau_r}{\tau_f}$——在滑体应力范围内土体的残余值与峰值之比；

$\quad\quad$ s_n——滑床系数，滑坡下滑过程中滑体与滑床产生摩擦的滑道，一般为 0.75～0.85。

5. 美国土木工程师协会推荐公式

美国土木工程师协会推荐的公式假定滑体落于半无限水体中，且把滑体当作整体以重心作质点运动，按照牛顿第二定律和运动学公式推导出滑体下滑速度。滑体下滑的运动力等于下滑力与抗滑力之差（图2.5-14），即

$$F = W\sin\alpha - (W\cos\alpha\tan\varphi + cL)$$

根据 $F = ma$，$W = mg$，$S = \dfrac{H}{\sin\alpha}$则

$$a = g(\sin\alpha - \cos\alpha\tan\varphi) - \frac{cL}{m}$$

$$V = \sqrt{\left[\left(1 - \frac{\tan\varphi}{\tan\alpha}\right) - \frac{cL}{mg\sin\alpha}\right]}\sqrt{2gH} \quad (2.5-37)$$

式中　α——滑面倾角，(°)；

$\quad\quad$ W——滑体单宽质量；

$\quad\quad$ φ、c——滑面抗剪强度参数；

$\quad\quad$ H——滑体滑动前重心距水面的高度，m；

$\quad\quad$ L——滑体与滑面接触面长度，m；

$\quad\quad$ S——滑距。

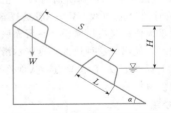

图 2.5-14　滑坡体各要素示意图

2.6　水库滑坡涌浪

滑坡发生后，滑体迅速滑入水库中，撞击水体可能产生巨大涌浪，从而威胁到水工建筑物和人员安全。阿拉斯加的梦醒湾水库、意大利的瓦依昂水库、秘鲁的亚那胡因湖等许多水库发生滑坡引起的涌浪，造成了大量的人员伤亡和财产损失。人们对涌浪的研究，始于 20 世纪初，到 20 世纪 80 年代，随着计算机技术及数值解理论的迅速发展，开始从流体力学的基本方程如经典的"圣维南方程"出发，利用计算机进行二元和三元有限差分法或有限单元法对滑坡涌浪进行计算，取得了较好的成果。但是，在涌浪分析中许多因素难以精确确定，对许多边界条件进行了假设，与实际有一定的偏离。因而，从 70 年代开始了模型试验，并取得一定经验，提出了相应较为精确的预测方法。

对于原型及模型滑坡涌浪的观察表明，涌浪可归入三种重力波：振动波、孤波和涌潮。具有研究意义的是冲击生浪的理论，即在有限距离内单宽水面上作用有一初始冲击产生的浪。此种浪的经典解要归于考基与泊松（Cauchy and Poisson）（Lamb，1945），其后的二维和三维解则由克兰采尔与凯勒（Kranzer and Keller）（1959）、Unoki 和 Nakano（1953）以及诺达（Noda.E，1970）提出。所有解法都以线形波浪理论为基础。理论界对于滑坡涌浪的理论预测方法研究主要基于两个方面：①从流体力学出发，通过物理力学定律导出数学模型；②通过常数与函数的量纲分析和经验归纳得出合适的理论公式。其主要有潘家铮方法、中国水利水电科学院方法（简称水科院方法）、诺达（Noda.E）方法、凯姆夫斯和包尔荣方法（Kamphis，J.W and Bowering，R.J 方法，1972）、R.L. Slingerland and B. volght 方法（1972）、瑞士方法（1982）、涌浪模型试验法等。

2.6.1 潘家铮方法

2.6.1.1 单向水流中的滑坡涌浪分析

在简单的"沿渠道单向流动"问题中，以变数 x 表示沿渠道的断面位置，以函数 V 表示断面的平均流速，A 表示其过水断面面积，$Q=VA$ 表示流量，T 和 y 表示水面宽度和水面深度等。在稳定流中，V、A、Q、T、y 等仅为 x 的函数；在非稳定流中，它们是 x 和时间 t 的函数。根据"圣维南原理"，单向水流要满足两个方程〔式（2.6-1）、式（2.6-2）〕，一个是连续方程，即

$$\frac{\partial Q}{\partial x} + \frac{\partial A}{\partial t} = 0 \qquad (2.6-1)$$

或

$$A\frac{\partial V}{\partial x} + \frac{\partial A}{\partial t} + V\frac{\partial A}{\partial x} = 0$$

另一个是动力平衡方程，即

$$\frac{\partial y}{\partial x} + \frac{1}{g}\frac{\partial V}{\partial t} + \frac{\partial\left(\frac{V^2}{2g}\right)}{\partial x} = s_f \qquad (2.6-2)$$

或

$$\frac{\partial V}{\partial t} + V\frac{\partial V}{\partial x} = -g\frac{\partial y}{\partial x} - gs_f$$

式中 s_f——能线的坡度，一般用曼宁公式等表示。

要在单向水流问题中引入滑坡影响时，可以在连续方程中引入过流断面瞬时改变的因素。令过水断面的水深为 y，由于涌浪，水面涌高 η。又令 A 为过流面积，T 为水宽，则连续条件可以改写为

$$A\frac{\partial V}{\partial x} + T\frac{\partial\eta}{\partial t} + \left[VT\frac{\partial(y+\eta)}{\partial x} + \int_0^{x+\eta}\frac{\partial\tau}{\partial t}\mathrm{d}\psi\right] = 0$$

$$(2.6-3)$$

式（2.6-3）中 $\tau(\psi,t)$ 是变动的断面宽。力的平衡条件为

$$\frac{\partial V}{\partial t} + V\frac{\partial V}{\partial x} = -g\frac{\partial\eta}{\partial x} - gs_f \qquad (2.6-4)$$

式（2.6-2）和式（2.6-3）就是描述单向水流中发生涌浪时的圣维南方程组，这些方程组在一般情况下没有简单的解析解，所以，在实际计算中通常利用近似的积分方法，例如有限差分法和有限元法等。

2.6.1.2 水库涌浪高程的近似估算法

潘家铮认为，在滑坡涌浪分析中有许多因素不能明确肯定，只能是估算值，过分精确的数学分析似无实际意义。因此，他利用单向流分析成果，再根据一些近似假定，提出了涌浪高程的近似估算法，来分析较为复杂的水库涌浪问题。

1. 近似估算法假定

（1）涌浪首先在滑坡入水处发生，产生初始波，然后向周围传播。在传播过程中，不断变形，但忽略

能量损耗，或假定损耗为已知。

（2）忽略边界条件的非线性影响，假定全部涌浪过程可以视为在一系列源点处产生的小波影响的线性叠加。所以对于水深较浅的水库，计算误差可能较大。

（3）每个小波成分都是孤立波，以涌浪形式在水面上传播。波速 c 为常数。

（4）假定涌浪到达库岸后发生全反射，或其反射系数 k 为已知值。

根据以上设想，计算滑坡涌浪的步骤如下：

（1）研究滑坡发展过程（亦即岸坡变形过程），确定一个反映这种过程的函数 $\frac{\mathrm{d}A}{\mathrm{d}t}$ 或 $v(t)$，其中 A 为滑坡体侵入水中的断面积，v 为滑速。

（2）确定由于 $\frac{\mathrm{d}A}{\mathrm{d}t}$ 或 v 所产生的初始波高 ζ_0，根据线性假定，可视需要将它分解为一系列的小波 $\sum\sum\Delta\zeta_{mn}$。这里双重求和是指将初始波沿坐标轴和沿时间轴的分解。

（3）计算每一小波 $\Delta\zeta$ 的生成和传播过程，确定它到达所规定地点的时间和浪高，将所有成分叠加后，即可求得该点处的波浪过程。

2. 库岸变形过程

在图 2.6-1 中实线 AOB 表示滑坡前的岸坡线，各虚线表示不同时间的岸坡变形位置。把每一时间滑坡体侵入水库断面面积 A 量出来，并依据时间 t 绘成曲线，如图 2.6-2（a）所示；取 A 对 t 的导数 $\frac{\mathrm{d}A}{\mathrm{d}t}$，也绘成曲线，如图 2.6-2（b）所示。$\frac{\mathrm{d}A}{\mathrm{d}t}$ 是确定初始浪高 ζ_0 的主要因素。但还有次要因素，即相同的 $\frac{\mathrm{d}A}{\mathrm{d}t}$，由于岸坡变形方式的不同，也将产生不同的 ζ_0。举两个极端情况：第一种情况是岸坡以一定的水平速度 v 向水库推进，此时 $\frac{\mathrm{d}A}{\mathrm{d}t}$ 就等于 hv，因而激起涌浪 ζ_0；第二种情况是厚度为 λ 的岩土体沿边坡以速度 v' 坠入水库中，此时，$\frac{\mathrm{d}A}{\mathrm{d}t} = \lambda v'$。当 $\lambda v' = hv$ 时，两种情况的 $\frac{\mathrm{d}A}{\mathrm{d}t}$ 是相同的，但激起的浪高却有所差异。第一种情况可以称为岸坡水平变形。第二种情况可以称为滑坡体垂直变形（图 2.6-3）。为了较好地估算 ζ_0 值，除应确定 $\frac{\mathrm{d}A}{\mathrm{d}t}$ 外，还应分析它属于哪一类变形。图 2.6-4 中表示三种滑坡情况，图 2.6-4（a）可认为基本上是垂直变形，按 $\frac{\mathrm{d}A}{\mathrm{d}t} = \lambda v'$ 计算，图 2.6-4

（b）基本是水平变形，$\dfrac{\mathrm{d}A}{\mathrm{d}t}=hv$，而在图 2.6 - 4（c）

中，两种变形成分都有，可以适当地估计其比例（即

令 $\dfrac{\mathrm{d}A}{\mathrm{d}t}=a\lambda v'+bhv$）。

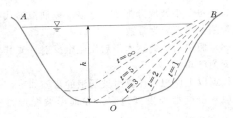

图 2.6 - 1 库岸线及其岸坡变形示意图

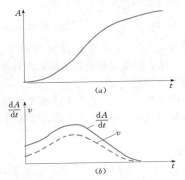

图 2.6 - 2 滑体入库断面面积与时间关系曲线图

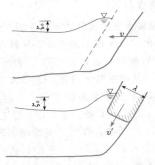

图 2.6 - 3 滑块入库示意图

3. 初始浪高的确定

根据单向流的分析成果，当岸坡以速度 v 作水平变形时，激起的初始浪高可以近似地表示为

$$\frac{\zeta_0}{h}=1.17v/\sqrt{gh} \qquad (2.6-5)$$

当岸坡上有一块厚度为 λ 的滑坡体，以速度 v' 进入水库中时，激起的初始浪高可表示为

$$\frac{\zeta_0}{h}=f(v'/\sqrt{gh}) \qquad (2.6-6)$$

其中，当 $0<v'/\sqrt{gh}<0.5$ 时，$f(v'/\sqrt{gh})\approx v'/\sqrt{gh}$，此时

$$\frac{\zeta_0}{h}=v'/\sqrt{gh} \qquad (2.6-7)$$

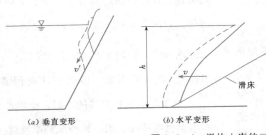

图 2.6 - 4 滑块入库的三种情况

当 $0.5<v'/\sqrt{gh}<2$ 时，$f(v'/\sqrt{gh})$ 呈曲线变化，

当 $v'/\sqrt{gh}>2$ 时，$f(v'/\sqrt{gh})\approx1$，即

$$\frac{\zeta_0}{h}=1 \qquad (2.6-8)$$

如图 2.6 - 5 所示，在大而深的水库中，$\sqrt{gh}$ 值较大，所以 $v'/\sqrt{gh}$ 常在 0.5 或 0.6 以下。此时，不论是水平还是垂直岸坡变形，$\zeta_0\sqrt{gh}=m\dfrac{\mathrm{d}A}{\mathrm{d}t}$，其中 $\dfrac{\mathrm{d}A}{\mathrm{d}t}$ 为岸坡变形率，$\sqrt{gh}$ 为水库中重力波波速，m 为数值系数，在水平变形时 m 为 1.17，垂直变形时 m 为 1.0。

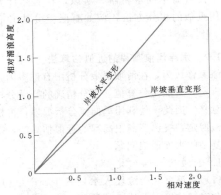

图 2.6 - 5 滑体相对滑速与相对涌浪高度曲线

4.涌浪计算

假定水库库岸为平行的陡壁，宽度为 B，滑坡范围 L 内的库岸断面一致，岸坡速率为常数，发生在时段 $0 < t < T$ 内（图 2.6-6）。在这种简单条件下，数值计算可用积分完成，从而得出如下计算公式：

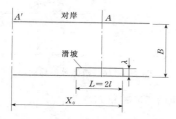

图 2.6-6 平行陡壁库岸滑体入库示意图

（1）对岸 A 点最高涌浪公式为

$$\zeta_{\max} = \frac{2\zeta_0}{\pi}(1+k)\sum_{n=1,3,5,\cdots}^{n}\left\{k^{2(n-1)}\ln\left[\frac{l}{(2n-1)B}+\sqrt{1+\left(\frac{l}{(2n-1)B}\right)^2}\right]\right\}$$

$$(2.6-9)$$

式中 ζ_0——初始波高，由式（2.6-5）～式（2.6-8）计算；

     k——反射系数，取 0.9～1.0；

     Σ——级数之和，该级数的项数取决于滑坡历时 T 及涌浪从本岸传播到对岸所需时间 $\Delta t = \frac{B}{c}$ 之比。

如果 L/B 不是太大，级数中采用的项数如下所示：

$T/\Delta t$	1～3	3～5	5～7	7～9	…
项数	1	2	3	4	…

波速 c 的计算公式为

$$c = \sqrt{gh}\sqrt{1+1.5\zeta/h+0.5\zeta^2/h^2} \quad (2.6-10)$$

其余符号意义如图 2.6-6 所示。

（2）对岸任意点（A'）处最高涌浪公式为

$$\zeta = \frac{\zeta_0}{\pi}\sum_{n=1,3,5,\cdots}(1+k\cos\theta_n)k^{n-1}\ln\left\{\frac{\sqrt{1+\left(\frac{nB}{x_0-L}\right)^2}-1}{\frac{x_0}{x_0-L}\left[\sqrt{1+\left(\frac{nB}{x_0}\right)^2}-1\right]}\right\}$$

$$(2.6-11)$$

式（2.6-11）中的 θ_n 为传到 A' 点的第 n 次入射线与岸坡法线的交角，可以这样计算：设河道宽为 B，滑坡区中心到 A' 点的水平距为 x，则

$$\tan\theta_1 = \frac{x}{B}$$

$$\tan\theta_3 = \frac{x}{3B}$$

$$\cdots$$

$$\tan\theta_n = \frac{x}{nB}$$

级数应取的项数，取决于 T、$\Delta t = \frac{B}{c}$ 及 $\frac{x_0}{B}$、$\frac{x_0-L}{B}$ 的值，可由图 2.6-7 确定，其步骤可参见图 2.6-8。先计算 $\frac{x_0}{B}$、$\frac{x_0-L}{B}$ 及 $\frac{T}{\Delta t}$。在图 2.6-8 的横坐标轴上，定下 a、b 两点，相当于 $\frac{x_0-L}{B}$ 及 $\frac{x_0}{B}$。引垂线和图中的"−0"波线相交，得点 a' 及 b'。再从 a' 及 b' 开始，向上量取时段 $\frac{T}{\Delta t}$，观察在这段垂直范围内所包括的负波个数，就是在级数中应取的项数。如图 2.6-8 所示，在 $\frac{T}{\Delta t}$ 范围内，共包括有 −0、−2、−4、−6 等 4 个波，故级数应取 4 项。

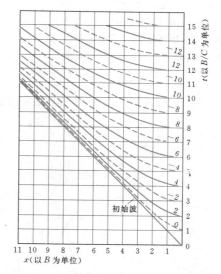

图 2.6-7 滑体中心点到对岸任意点的距离 x 与时间 t 的关系

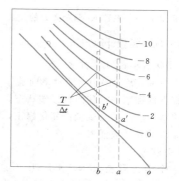

图 2.6-8 a 点 $\left(\frac{x_0-L}{B}\right)$—$b$ 点 $\left(\frac{x_0}{B}\right)$

应注意，这样求出的 A' 点浪高，是指涌浪可向下游继续自由进行时的值。如果涌浪到达 A' 点后受阻，例如 A' 处为一挡水坝，则涌浪将因反射而增高。又如涌浪到达 A' 点后释放，例如 A' 点处为一溢流坝，浪高超过堰顶下泄，则在 A' 处将出现一个负波反向上游传播，这和水锤波的传播有些相似之处，水库中水面将出现反复振荡现象。

2.6.2 中国水利水电科学研究院方法

中国水利水电科学研究院黄种为、董兴林等在对自己大量水工模型试验资料分析的基础上，又兼容柘溪水电站、白龙江水电站及美国利贝坝的原型和试验资料，得出以下经验公式：

对岸浪高为

$$\eta = K \frac{V^{1.85}}{2g} V_m^{0.5} \tag{2.6-12}$$

式中　K——系数，平均取 0.12；

　　　V——滑速，m/s；

　　　V_m——滑体体积，万 m³。

坝上浪高为

$$\eta = K_1 \frac{V^n}{2g} V_m^{0.5} \tag{2.6-13}$$

式（2.6-13）中 $n = 1.3 \sim 1.5$，K_1 由图 2.6-9 确定。

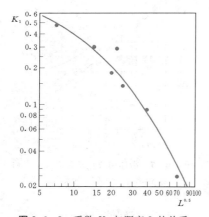

图 2.6-9　系数 K_1 与距离 L 的关系

2.6.3 国外几种经验计算方法

2.6.3.1　诺达（Noda. E）方法

美国人 Noda 等（1970）针对单向流情形，考虑滑坡体垂直下落和水平推移两种极端状态，得出引起涌浪的理论解，然后结合试验作简化修正，得出相应的应用图表以估算滑坡涌浪。

1. 水平移动

考虑一个半无限长水体，水深为 d，一端闭端（$x = 0$），突然发生刚体水平滑动，其速度为（图 2.6-10）

$$V(t) = \begin{cases} V_1 & 0 \leqslant t \leqslant T_1 \\ \vdots & \\ V_n & T_{n-1} \leqslant t \leqslant T_n \\ 0 & t > T_n \end{cases} \tag{2.6-14}$$

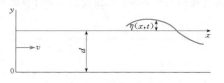

图 2.6-10　滑体水平移动

则相应产生的涌浪高 $\eta(x,t)$ 为

$$\frac{\eta(x,t)}{d} = \frac{-2}{\pi} \int_0^\infty \frac{\tanh u \cos ux}{u} \left[\sum_{n=1}^n \frac{V_n \sin \sigma(t-\tau)}{\sigma} \Big|_{T_{n-1}}^{T_n} \right] du \tag{2.6-15}$$

其中

$$\sigma = \sqrt{u \tanh u}$$

如果封闭端的位移简化为

$$\begin{cases} V(t) = V & (0 \leqslant t \leqslant T) \\ V(t) = 0 & (t > T) \end{cases} \tag{2.6-16}$$

则式（2.6-15）简化为

$$\frac{\eta(x,t)}{d} = \frac{-2}{\pi} \int_0^\infty \frac{\tanh u \cos ux}{u} \left[\frac{V \sin \sigma(t-\tau)}{\sigma} \Big|_0^T \right] du \tag{2.6-17}$$

对式（2.6-17）作近似计算后可知，最大涌浪发生在封闭端或附近，其值的估算公式为

$$\frac{\eta_{max}}{d} = 1.32 Fr \tag{2.6-18}$$

Noda 认为由式（2.6-18）计算的 η_{max} 偏大，如果合理一些，则估算公式为

$$Fr = \left(\frac{\eta_{max} + d}{d} \right) \left(\frac{\eta_{max} + d}{2\eta_{max}} \right)^{\frac{1}{2}} \tag{2.6-19}$$

或

$$\frac{\eta_{max}}{d} = 1.17 Fr \tag{2.6-20}$$

可见，最大涌浪高 η_{max} 与相对速度 Fr 成正比，这里 Fr 是一个无因次的相对值。

在离开封闭端（即发生滑坡处）较远的地方（以相对坐标 $\bar{x} = \frac{x}{d}$ 表示），最大涌浪高度 $\eta(x,t)_{max}$ 要比 $\eta(x,t)$ 小，$\bar{x}$ 越大，小得越多。另外，封闭端的移动速度一定时，持续的时间越长，涌浪也越高。

图 2.6-11 中表示 $\frac{\eta(x,t)_{max}}{d}$ 的值是相对位置 $\bar{x}$ 和相对运动时间 $\bar{T}$ 的函数（$\bar{T} = t \sqrt{g/d}$）。通常当 $\bar{x} > 10$ 后估算的涌浪高已不够准确。图 2.6-11 按相对滑速 $Fr = 1$ 绘制，故求得的 η_{max} 尚应乘以 Fr 校正。

上述理论分析，除对边界条件作了充分简化外，

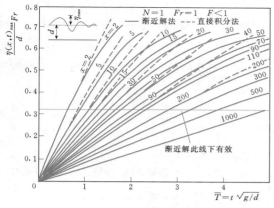

图 2.6-11 水平推移 $\frac{\eta_{max}}{d}$ 与 $\overline{T}$ 的关系

还假定流体为理想流体，波动为微波，问题为线性。实际上情况远非如此，特别是涌浪波不是微波，因而应遵循非线性方程。根据试验，当相对滑速 Fr 和相对滑距 $\bar{s}=s/d$ 较小时，滑坡将产生振荡性波动，这时用以上公式图表计算尚较合适，在 $\bar{x}$ 较远处，最高振幅逐渐减低。反之，当 t 和 $\bar{s}$ 较大时，呈移动水跃型式。这时，最高涌浪沿 x 传播时，其高度消减很慢。为了弥补这一缺陷，可将波浪特性按 Fr 和 $\bar{s}$ 划分为若干区，分别处理。如图 2.6-12 所示，靠左下角的就是振荡区，C、D 是孤立波区，最右侧是移动水跃区，而 A、B 则为过渡区。对于不同波浪特性分区的最大浪高计算法，可见表 2.6-1 的说明。

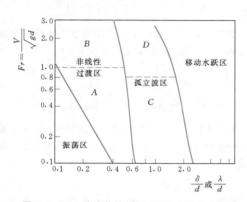

图 2.6-12 波浪特性按 Fr 和 $\bar{s}$ 分区示意图

表 2.6-1 相应于不同波浪特性分区的最大波高计算法

波浪分区	估算最大波高的方法
振荡区	用线性理论解
非线性过渡区 A	按 Fr 值在振荡区与非线性之内插
非线性过渡区 B	用线性解，无论 x 等于何值，均令 $x=5$

续表

波浪分区	估算最大波高的方法
波浪分区 C	用线性解，无论 x 等于何值，均令 $x=5$
孤立波区 D	用线性解，无论 x 等于何值，均令 $x=0$
移动水跃区	用线性解，无论 x 等于何值，均令 $x=0$

2. 垂直滑动

现在考虑另一种滑坡型式，即在水体的固定端有一垂直岩体，宽为 λ，垂直落入水中，如图 2.6-13 所示。

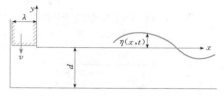

图 2.6-13 滑体垂直移动

设下落速度为 V，又令 $s(t)$ 表示滑坡底面在水面下的距离与水深之比。由于滑坡体进入水中，迫使水体向右流动，令在 $x=0$ 处的水平平均流速为 $F(t)$，则由连续条件得

$$\lambda V = F(t)[1-s(t)]d \qquad (2.6-21)$$

这样，可将问题转化为一条半无限长水体，在一端（$x=0$）给定一个流速分布条件 $F(t)$，求解相应的不稳定流问题。对于这种情况，可以求出一些理论解。在滑坡处（$x=0$）的最高涌浪 $\eta(0,t)_{max}$ 的相对值 $\frac{\eta(0,t)_{max}}{\lambda}$ 是滑坡体相对下滑速度 $\frac{V}{\sqrt{gd}}$ 的函数，如图 2.6-14 所示。由图 2.6-14 可知 $\eta(0,t)_{max}$ 不会超过 λ。

对于其他断面处的最大波高，一般小于 $\eta(0,t)_{max}$，并且取决于相对距离 $\bar{x}$ 和相对滑速 $\frac{V}{\sqrt{gd}}$，可由图 2.6-15 查估。

考虑到非线性影响，当 $\frac{V}{\sqrt{gd}}$ 和 $\frac{\lambda}{d}$ 值较大时，仍应加以修正。此时，仍可应用图 2.6-12，横坐标表示 $\frac{\lambda}{d}$。查出波浪特性后，按表 2.6-1 中的说明处理。

2.6.3.2 凯姆夫斯和包尔荣（Kamphis, J. W and Bowering, R. J）方法

两位学者（1972）曾进行过行试验研究，总结出影响浪高的无量纲组合模式，其表示型式为

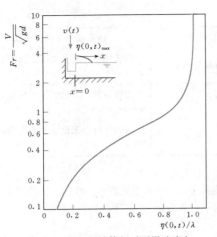

图 2.6－14 滑坡体相对下滑速度与
相对浪高的关系

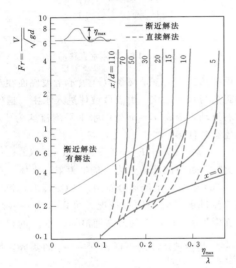

图 2.6－15 滑坡体相对下滑速度与
相对最大浪高的关系

$$\pi_A = \Phi\left(\frac{L_k}{d}, \frac{W_k}{d}, \frac{h_k}{d}, \frac{V}{\sqrt{gd}}, \beta, \alpha, p, \frac{\rho_s}{\rho}, \frac{\rho d \sqrt{gd}}{\mu}, \right.$$
$$\left. \frac{x}{d}, t\sqrt{\frac{g}{d}} \right) \qquad (2.6-22)$$

式中　L_k，W_k，h_k——滑体的长、宽、厚；
　　　　β——滑坡前沿倾角；
　　　　α——滑体前沿滑床倾角；
　　　　p——滑体孔隙率；
　　　　ρ_s——滑体密度；
　　　　ρ——流体密度；
　　　　μ——流体的动力黏滞系数；
　　　　d——水深；
　　　　t——滑坡滑动时间；

x——距滑坡点的距离。

通过试验，提出了相当于当 $x/d \sim 37$ 处的"稳定波高"为

$$\frac{h_{st}}{d} = Fr^{0.7}(0.31 + 0.21 \lg q) \qquad (2.6-23)$$

$$q = \left(\frac{L_k}{d} \right)\left(\frac{h_k}{d} \right)$$

其中
$$Fr = \frac{V}{\sqrt{gd}}$$

式中　q——滑坡能。

式（2.6－23）的适用范围是：$0.05 < q < 1.0$，$\frac{h_k}{d} \geqslant \frac{1}{2}$，$\theta \geqslant 30°$，$\beta \approx 90°$，$p = 0$。

所谓"稳定波高"是指波浪传播到一定的距离后，其高度随距离增加而不再减小的浪高。波浪从最大浪高衰减到稳定波高的表达式为

$$\frac{H}{d} = \frac{H_{st}}{d} + 0.35 e^{-0.08(x/d)} \qquad (2.6-24)$$

适用范围是：$0.1 < q < 1.0$，$10 \leqslant x/d \leqslant 48$。

2.6.3.3　斯兰热兰与沃尔特（R. L. Slingerland and B. Volght）方法

根据美国 WES 利比（Libby）坝和库卡纽沙（Koocasusa）湖模型试验资料（Davidson and Whaling, 1974）给出最大浪高的公式为

$$\lg\left(\frac{\eta_{max}}{d} \right) = a + b \lg(K_E) \qquad (2.6-25)$$

其中
$$K_E = \frac{1}{2}\left(\frac{L_k W_k h_k}{d^3} \right)\left(\frac{\rho_s}{\rho} \right)\left(\frac{V^2}{gd} \right)$$

综合上述试验和加拿大温斯顿水工实验室对麦卡坝（Mica）的模型试验成果得出，$a = -1.25$，$b = 0.71$（相应于 $\frac{x}{d} \sim 4$），即

$$\lg\left(\frac{\eta_{max}}{d} \right) = -1.25 + 0.71 \lg(K_E) \qquad (2.6-26)$$

K_E 同上，表示了滑坡产生涌浪的高度的主要因素是滑坡体动能，即滑坡体体积、密度和速度二次方的乘积。

2.6.3.4　瑞士方法

瑞士方法（1982）是在试验的基础上提出的。首先在一个 30m 长、0.5m 宽的水槽中作了 1000 组二维试验，用以确定位移量 $M\left(M = \frac{V}{W_k d^2} \right)$、滑坡弗劳德数（相当于滑坡相对速度）$Fr$、倾角 α、传播距离 $\frac{x}{d}$ 诸因素对波高 $\frac{\eta}{d}$、波长 $\frac{\lambda}{d}$、波速 $\frac{c^2}{gd}$、波时 $t\sqrt{\frac{g}{d}}$ 等参数的影响。然后在 6m 宽、10m 长的水池中作了 350 组三维的辅助试验，用以确定二维流向三

维流的转化关系，计算分两步进行。

1. 二维计算

$$\frac{\eta}{d} = aM^b \qquad (2.6-27)$$

式中　a、b——常数，与滑床倾角 α、传播距离 $\frac{x}{d}$ 有关，用表 2.6-2 确定。

2. 三维修正

$$\left(\frac{\eta}{d}\right)_{三维} = p\left(\frac{\eta}{d}\right)_{二维} \qquad (2.6-28)$$

式中　p——三维修正系数，与滑床倾角 α、滑坡相对速度 Fr 有关，按表 2.6-3 选用。

表 2.6-2　　常数 a、b 与滑床倾角 α 和传播距离 x/d 的关系

x/d		5	10	20	50	100
$\alpha=28°$	a	0.324	0.243	0.188	0.144	0.125
	b	0.509	0.509	0.513	0.522	0.564
$\alpha=30°$	a	0.365	0.355	0.242	0.197	0.174
	b	0.374	0.486	0.457	0.517	0.558
$\alpha=35°$	a	0.433	0.368	0.311	0.262	0.230
	b	0.282	0.381	0.478	0.598	0.594
$\alpha=40°$	a	0.562	0.466	0.395	0.362	0.290
	b	0.395	0.416	0.502	0.599	0.678
$\alpha=45°$	a	0.570	0.464	0.387	0.318	0.290
	b	0.268	0.492	0.560	0.681	0.732
$\alpha=60°$	a	0.676	0.575	0.482	0.394	0.347
	b	0.353	0.507	0.610	0.716	0.760

表 2.6-3　三维修正系数 p 与滑床倾角 α 和滑坡相对速度 Fr 的关系

α	Fr	x/d	p		
30°	1.06	5	0.43	0.23	0.13
	1.51		0.47	0.27	0.18
	1.84		0.53	0.38	0.29
45°	1.06	10	0.32	0.22	0.15
	1.51		0.67	0.48	0.32
	1.84		0.77	0.50	0.33
60°	1.06	20	0.22	0.23	0.20
	1.51		0.50	0.34	0.24
	1.84		0.67	0.56	0.36

2.6.4　涌浪模型试验法

由于问题的复杂性，滑坡涌浪计算很难准确，所以国内外都曾考虑利用模型试验来研究滑坡涌浪问题。但要是用模型试验来确定滑坡体的安全度和下滑速度是很困难的，因为滑面上的各种物理、力学、几何性质很难在模型中复制或模拟。通常只限于利用模型试验来研究在已定的滑坡体体积和滑速的条件下涌浪的发展过程，因为这个问题便于进行模型研究。模型试验可以方便地反映河道和滑坡体的断面形状，解决计算中的巨大困难，但需要花费较多的人力、物力和时间，一般只在重要的工程中进行此项试验。总之，理论分析和模型试验各有优缺点，它们是研究滑坡涌浪问题的两个互相补充的重要手段。

国内外都曾进行过有关滑坡涌浪的试验。中国水利水电科学研究院分别于 1974～1976 年和 1979～1984 年为某工程水库滑坡和龙羊峡水库滑坡进行了水库滑坡涌浪模型试验，规模较大，历时较久，工作细致深入，达到较先进的水平，为开展用模型试验解决滑坡涌浪问题奠定了基础。

2.6.4.1　某工程水库涌浪模型设计及其试验成果

1. 模型设计

模型试验按重力相似定律设计，比例尺采用 1：300。模型范围包括下游的坝址及上游的库区全长约 6km 地段。滑坡体以如下方式复制：先根据现场勘测资料（主滑面红泥层的分布及产状）用水泥砂浆做成滑床（为一倾角 15°的倾斜平面），在滑床上铺设一层直径为 2cm 的玻璃球，用穿有小孔的铁皮即塑料板固定这些玻璃球的相对位置，以模拟摩擦系数很低的滑面。在玻璃球上铺上一层钢板，作为滑坡体的底，钢板上铺滑体材料。因滑体很大，为了便于研究分区滑动，钢板分为三块，每块顶部用一根钢丝绳分别挂在一个电磁开关启动器上，试验时，按动电钮，开关脱开，钢板就连同其上的滑坡体沿玻璃球而下滑。

滑体材料选用 3～10cm 的卵石，孔隙率为 43%。也曾用过 4cm 的混凝土小方块，孔隙率 24%。试验比较后发现后者产生的涌浪稍低，但并无大的区别，

滑速记录设备包括安设在斜面左边的一排微动开关，每个开关间相距 13cm。钢板顶部接出一根滚轴，当滑坡体下滑时，滚轴陆续接触每个开关，发生讯号用示波仪记录，即可据以确定滑速。滑速的大小，本可通过调节钢板与玻璃球间的摩擦力或稍改变滑面坡度来达到，但在这次试验中用调节滑距（改变滑坡体前缘到对岸河底的距离）的方式来达到。实践结果表明，滑速变化范围可达 15～30m/s。

水库中的涌浪观测方式是在河道及坝顶设置 8 支电阻式浪高仪同步量测，浪高仪的感应器用两根金属丝按对数螺距绕在一根绝缘棒上制成，其中一根为 0.16Ω/cm 的电阻丝，另一根为普通的钢丝和不锈钢丝，每次试验前均进行率定。同时在水库两岸标上断面桩号，画上水尺，施测岸边涌浪水面线。在坝体上游面和隧洞进水塔处安装了 3 个渗压计，量测涌浪对建筑物的动水压力。

对于库内其他规模较小的滑坡体，可将滑坡体材料堆放在滑动小车上，沿着倾斜平面向下滑动，来模拟滑体的失稳下坠。

2. 试验成果

经过反复大量试验后，可得出如下认识：

（1）滑坡涌浪的流态。滑坡体以高速下滑时，位于滑体前面的水体被推向对岸涌高，并沿河道向上下游传播，沿程沿岸产生涌浪和爬高。涌浪到达坝区后，水面涌高并在坝顶溢流，同时受坝的阻拦后发生反射，使库水面反复振荡，一般可溢顶 2～3 次。但以后几次的过水流量与波峰都明显减弱。然后水面继续波动数分钟，逐渐静止。

（2）涌浪的传播速度约为 25m/s（而按 100m 水深的重力波速约为 31m/s）。滑坡发生后，约经历 1min，涌浪到达坝前。

（3）岸坡上的爬高远远大于河道中的浪高（例如达到 8 倍），这和计算假定有很大差别。河道中的涌浪高向上下游的衰减较慢，而岸坡上的最大涌浪高的沿程消减率较大。

（4）滑坡体对岸的最大涌浪高的量测成果和计算成果的比较，如表 2.6-4 所列。由于各次模型试验成果有一定分歧，表中所列值系指平均值。同时，计算条件和试验条件也完全不一致，所以成果仅供参考。

坝址处的计算值和试验值的比较，如表 2.6-5 所列。

表 2.6-4 滑坡对岸最大涌浪高（水面的最大爬高） 单位：m

滑速（m/s）	10	16	22.5	25	30
模型试验测定值	25	52	95	130	165
计算值	42.1	67.1	93.6	105	126

表 2.6-5 坝址处的最大涌浪高（水面的最大爬高） 单位：m

滑速（m/s）	10	16	22.5	25	30
模型试验测定值	4	14～15	16～18	19～25	23～25
计算值	7.16	11.4	16.1	17.8	21.5

从试验中还得知：要使涌浪不过坝，需将水库降低 25m，或将坝顶加高 40m。

（5）在坝面上以及隧洞进水塔上所受的动水压力图形与涌浪的波形基本一致。所以，如果已经测定或估计出涌浪的过程和高程，动水压力的值即可近似地按相应于浪高的静水压力确定，并不存在严重的冲击能力。

2.6.4.2 龙羊峡水库涌浪模型设计及试验成果

1. 模型设计

模型按重力相似定律设计，采用正态模型，比例尺为 1:500。模拟库区的范围由坝址上游 9.1km 至坝址下游 0.9km，模拟地形的最大标高为 2800m，库区地形均采用水泥砂浆抹面，其糙率约为 n=0.124（相当于原体 0.035）。

模型中拦河大坝及各泄水建筑物的外部轮廓均按重力相似条件模拟。库区左岸生活区的位置按比例绘在模型上，以便直接观察涌浪对生活区的影响范围。坝址下游设集水池，测量涌浪漫坝水量。

模型库区布置了 9 个水位测点，包括左、右岸坝肩及厂房顶水深，均采用 KGY—Z 型钽丝波高仪测量。

库区滑坡体按各滑坡区地质剖面及滑体方量模拟，滑体材料用混凝土，滑动时为刚体运动，滑入水库后保持原几何形状不变。

滑体置于滑车上，滑轴倾角为 20°，在立面上以半径为 0.6m 的圆弧段过渡到河床面，改变滑体的起滑高度以取得不同的滑速。用圆盘点触电式测速器测量滑速，其脉冲讯号送入 SC—18 型紫外线示波仪，与涌浪波高同步记录。

2. 主要试验成果分析

试验根据西北勘测设计研究院对库区岸坡稳定的分析和预测，对水库南岸可能产生滑坡的峡口、农场、龙西、查东、查纳和查西等 6 个滑坡区进行了水力学模型试验，为设计和运行部门采取处理和安全预防措施提供参考。主要试验成果分析如下：

（1）水深对坝前涌浪的影响。当滑体厚度小于水深时，滑体全部滑入水中，坝前涌浪波高，随水深的增加而减小，如农场滑坡 1000 万 m^3 滑体，库水位 2580.00m 较 2600.00m 坝前涌浪波高增大 20％左右。当滑体厚度大于水深，滑体整体下滑后，保持原滑体几何形状不变，水库水位抬高，阻水断面亦相应增大，水深对涌浪的影响较小。试验资料表明，坝前涌浪波高与滑体厚度 h 成正比，坝前涌浪波高与滑体入水处水深 H 成反比关系。

（2）滑体整体滑动和散体滑动的比较。选择距坝址较近，且滑动力量较大的农场滑坡区进行整体滑动和散体滑动的试验，采用滑体方量为 1000 万 m^3，宽度为 500m，最大阻水断面为 50000m^2 的滑坡体。当滑体整体滑动时，滑体材料用 20cm×20cm×20cm 的混凝土立方体，滑体滑入水库后，保持滑体几何形状不变。当滑体成散状滑动时，滑体材料用 4cm×4cm×4cm 的混凝土立方体，滑坡体滑入水库后滑体前沿松落，滑坡体坍落变形时，坝前产生的涌浪波高较整体滑动略有降低，当滑体前沿为矩形或为 45°斜坡形时，对坝前涌浪波高基本上无影响。坝前涌浪波高与滑速呈线性关系，如图 2.6－16 所示。

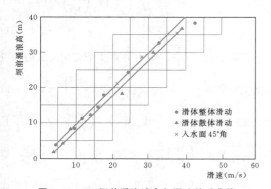

图 2.6－16 坝前涌浪波高与滑速关系曲线

（3）滑坡体几何形状对坝前涌浪的影响。农场滑坡区，当滑体为 1500 万 m^3 时，滑体最大宽度为 890m，最大阻水面积为 88000m^2；当滑体为 2000 万 m^3 时，滑体最大宽度 500m，最大阻水面积为 50000m^2。因滑体外部形状不同，滑体 1500 万 m^3 较 2000 万 m^3 的坝前涌浪反而增高 17％～28％。因此，

进行了滑体几何形状对坝前涌浪影响的研究。

采用滑体方量 V 为 1000 万 m^3，滑体厚度 h 为 100m，水库水深 H 为 120m，改变滑体的最大宽度 B 分别为 200m、300m、500m 和 800m，坝前涌浪波高随滑体宽度 B 的增加（亦即最大阻水断面的增加）而升高。但滑体宽度增加到一定值后，宽度的增加对坝前涌浪的影响逐渐减弱。若滑速 v 产生的坝前涌浪波高为 η_m，则用相对滑速 $\dfrac{v}{\sqrt{gd}}$ 与相对波高 $\dfrac{\eta_m}{H}$ 点绘于图 2.6－17 中。当滑体厚度为 100m，滑体宽度为 300m，滑体最大阻水断面不变，仅延长滑体长度 L 分别为 100m、200m、300m 和 500m，滑体方量及重量随之增加，坝前涌浪波高随滑体方量的增加而升高。不同滑体方量 V 产生的坝前涌浪波高，用相对滑速 $\dfrac{v}{\sqrt{gd}}$ 与相对波高 $\dfrac{\eta_m}{H}$ 点绘于图 2.6－18 中。

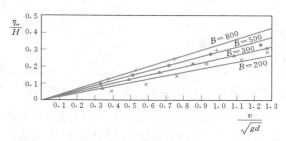

图 2.6－17 相对滑速 $\dfrac{v}{\sqrt{gd}}$ 与相对波高 $\dfrac{\eta_m}{H}$ 的关系

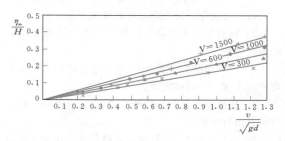

图 2.6－18 相对滑速 $\dfrac{v}{\sqrt{gd}}$ 与相对波高 $\dfrac{\eta_m}{H}$ 的关系

上述试验表明，滑体几何形状的改变与滑体方量的增减，对坝前涌浪波高亦有较大影响。当龙羊峡水库运行时，坝前产生的涌浪波高，将随滑体形态不同及滑体方量大小有所变化。

（4）滑坡体入水位置与坝前涌浪波高的关系。龙羊峡近坝库区为宽广的不对称谷地，位于龙羊峡峡口上游，北岸迅速扩宽，当库水位为 2600.00m 时，距坝址 6km 处的水面平均宽度约 7000m。因水面宽阔，滑坡产生的坝前最高涌浪是未经岸边反射的单驼峰形的孤立波。但由于水的黏滞性而产生的阻尼作用，使

其随距波源点的距离的增加而衰减，滑坡区距坝址愈远，坝前产生的涌浪愈小。

将农场、龙西、查纳、查西 4 个滑坡区坝前涌浪高与滑坡区距坝址距离的关系点绘于图 2.6-19 中（滑体方量为 2000 万 m^3，库水位为 2580.00m）。由图 2.6-19 可知，距坝址 8km 以上，若滑体方量小于 2000 万 m^3，滑速不超过 50m/s，坝前产生的涌浪波峰将小于 10m，对大坝及厂区基本上无影响。

（5）部分试验资料与计算比较。水库岸边滑坡产生的涌浪是一个非常复杂的问题。试验资料表明，库区发生滑坡时，坝前涌浪的大小与滑坡体距大坝的距离、滑体下滑速度、滑体滑动方向、滑体入水断面几何形状、滑体入水方量及水库水深等因素有很大关系。以农场滑坡区为例进行计算与试验比较，列于表 2.6-6。

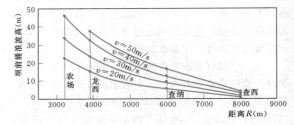

图 2.6-19 坝前涌浪高与滑坡区距坝址距离的关系

表 2.6-6 龙羊峡水库农场区滑坡涌浪计算值与试验值比较

试验和计算值　　　　　滑速（m/s）	4.3	11.5	17.6	24.2	33.1	备 注
试验值	3.9	11.1	17.8	24.4	32.7	库水位 2580.00m，$V=1000$ 万 m^3，$B=500m$
潘家铮法	2.5	6.6	10.1	13.9	19.0	
计算式	2.3	6.1	9.4	12.9	17.7	
水科院法	1.1	4.8	9.2	14.8	23.6	

注 计算式为 $\zeta_{max}=\dfrac{\zeta_0}{\pi R^n}\Delta L$，其中：$R$ 为滑坡体距测点距离，ΔL 为滑坡体宽，n 为因子。

表 2.6-6 表明，坝前涌浪高度计算值较试验值偏小，据了解大部分计算值较试验值都偏小，可能有以下几种原因：

1）计算公式简化了库区边界条件，使库岸为平行直线，与实际河床地形地貌有很大差异。

2）计算公式中未能全面概括滑坡产生涌浪的各种主要因素。

3）计算中某些参数的选择任意性比较大，如水库平均水深、平均河宽等。

4）坝前涌浪高度，因受坝面阻水的影响，涌浪波较自由行进波高。

（6）根据试验资料整理的经验公式。通过龙羊峡水库农场滑坡区进行的不同滑体几何形状及滑坡方量在坝前产生涌浪波高的试验，对各滑坡区滑体方量相同、坝前涌浪波高与滑坡区距坝址距离的关系进行分析，通过试验资料证明，在龙羊峡水库特定的边界条件下（不考虑岸边反射），影响坝前涌浪最大波高 η 的主要因素有：滑坡入水最大速度 v(m/s)，滑体入水处平均水深 H(m)，滑体最大阻水断面平均宽度 B(m)，滑体最大阻水断面平均入水厚度 h(m)，滑体入水方量 V(m^3)，滑体入水后滑体中心距坝址距离 R(m)。则滑坡涌浪的物理关系可写成函数式

$$f(r,g,\eta,v,H,B,h,V,R)=0 \qquad (2.6-29)$$

根据 π 定理可以写成无量纲式

$$\frac{h}{H}=F\left(\frac{v}{\sqrt{gH}},\frac{R}{H},\frac{h}{H},\frac{\sqrt[3]{V}}{H},\frac{B}{H}\right) \qquad (2.6-30)$$

假定式（2.6-30）右端为各无量纲参数函数的乘积，即

$$\frac{h}{H}=kf_1\left(\frac{B}{H}\right)f_2\left(\frac{\sqrt[3]{V}}{H}\right)f_3\left(\frac{h}{H}\right)f_4\left(\frac{R}{H}\right)f_5\left(\frac{v}{\sqrt{gH}}\right)$$
$$(2.6-31)$$

当固定 $\dfrac{B}{H}$、$\dfrac{\sqrt[3]{V}}{H}$、$\dfrac{h}{H}$、$\dfrac{R}{H}$ 等 4 个无量纲数时，可根据试验资料用作图法求得函数式 $f_5\left(\dfrac{v}{\sqrt{gH}}\right)$，以此类推，可以逐一求出 $f_4\left(\dfrac{R}{H}\right)$、$f_3\left(\dfrac{h}{H}\right)$、$f_2\left(\dfrac{\sqrt[3]{V}}{H}\right)$ 及 $f_1\left(\dfrac{B}{H}\right)$，最后以 $\dfrac{\eta_m}{H}$ 为纵坐标，以 $\left[f_1\left(\dfrac{B}{H}\right)f_2\left(\dfrac{\sqrt[3]{V}}{H}\right)f_3\left(\dfrac{h}{H}\right)f_4\left(\dfrac{R}{H}\right)f_5\left(\dfrac{v}{\sqrt{gH}}\right)\right]$ 为横坐标将全部试验点绘出，即可求出 K 值来。

根据上述步骤由图 2.6-20～图 2.6-24 求得

$$\frac{\eta_m}{H}=f_1\left(\frac{B}{H}\right)=k_1\left(\frac{B}{H}\right)^{0.35} \qquad (2.6-32)$$

$$\frac{\eta_m}{H}=f_2\left(\frac{\sqrt[3]{V}}{H}\right)=k_2\left(\frac{\sqrt[3]{V}}{H}\right) \qquad (2.6-33)$$

$$\frac{\eta_m}{H} = f_3\left(\frac{h}{H}\right) = k_3\left(\frac{h}{H}\right)^{1.5} \qquad (2.6-34)$$

$$\frac{\eta_m}{H} = f_4\left(\frac{R}{H}\right) = k_4\left(\frac{R}{H}\right)^{-1.9} \qquad (2.6-35)$$

$$\frac{\eta_m}{H} = f_5\left(\frac{v}{\sqrt{gH}}\right) = k_5\left(\frac{v}{\sqrt{gH}}\right) \qquad (2.6-36)$$

$k_1, k_2, \cdots, k_5$ 为常数，在作图时无需定出，可将其合并在常数 K 中，将式（2.6-32）～式（2.6-36）代入式（2.6-31）中得

$$\frac{\eta_m}{H} = K\left(\frac{B}{H}\right)^{0.35}\left(\frac{\sqrt[3]{V}}{H}\right)\left(\frac{h}{H}\right)^{1.5}\frac{v}{\sqrt{gH}}\left(\frac{R}{H}\right)^{-1.9}$$

$$(2.6-37)$$

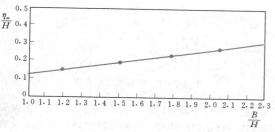

图 2.6-20　$\frac{\eta_m}{H}$—$\frac{B}{H}$ 的关系

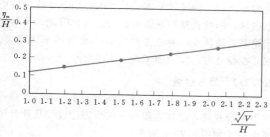

图 2.6-21　$\frac{\eta_m}{H}$—$\frac{\sqrt[3]{V}}{H}$ 的关系

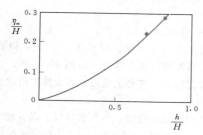

图 2.6-22　$\frac{\eta_m}{H}$—$\frac{h}{H}$ 的关系

以 $\frac{\eta_m}{H}$ 为纵坐标，以 $\sigma\left[\sigma = \left(\frac{B}{H}\right)^{0.35}\left(\frac{\sqrt[3]{V}}{H}\right)\left(\frac{h}{H}\right)^{1.5}\right.$

$\left.\times\frac{v}{\sqrt{gH}}\left(\frac{R}{H}\right)^{-1.9}\right]$ 为横坐标将全部试验点绘在图 2.6-25 中，通过这些点的平均位置绘直线，其斜率即为

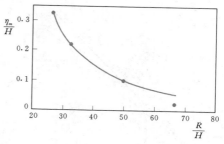

图 2.6-23　$\frac{\eta_m}{H}$—$\frac{R}{H}$ 的关系

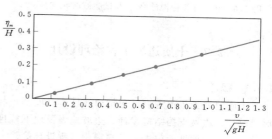

图 2.6-24　$\frac{\eta_m}{H}$—$\frac{v}{\sqrt{gH}}$ 的关系

K，从图 2.6-25 中得出 $K = 57.2$，将 K 代入式（2.6-37）中，简化后即可得出龙羊峡库区滑坡产生的坝前涌浪波高关系式，即

$$\frac{\eta_c}{H} = 57.2\left(\frac{B}{H}\right)^{0.35}\sqrt[3]{V}\left(\frac{h}{H}\right)^{1.5}\left(\frac{v}{\sqrt{gH}}\right)\left(\frac{R}{H}\right)^{-1.9}$$

$$(2.6-38)$$

式（2.6-38）基本上包括了龙羊峡库区不稳定体产生滑动时，坝前涌浪波高的试验点。根据式（2.6-38）计算涌浪波高 η_c 与试验波高 η_m 绘成散点图（图 2.6-26），可见，大部分点集中在 45°线左右，其正负误差约为 20%。故式（2.6-38）可用以预估龙羊峡水库区近坝库岸各种滑坡情况下的坝前涌浪波高。

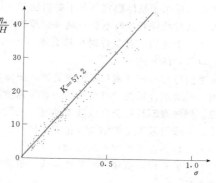

图 2.6-25　$\frac{\eta_m}{H}$—σ 的关系

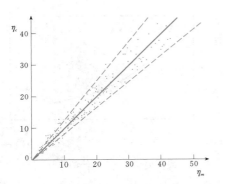

图 2.6 - 26 计算涌浪波高 η_c 与试验波高 η_m 的散点图

2.7 土质边坡工程治理设计

2.7.1 概述

土质边坡工程治理设计包括边坡坡率（坡度）与形状设计、边坡支挡结构设计、边坡地表及地下截排水设计以及边坡坡面保护和景观绿化工程设计等。

《水电水利边坡工程设计规范》（DL/T 5353—2006）和《水利水电边坡工程设计规范》（SL 386—2007）对边坡治理设计均有规定和要求，水利水电工程边坡设计中，应明确边坡危害或影响的对象，划分边坡类型和安全级别，确定设计安全系数，并进行失稳风险分析。土质边坡设计中遵循的设计原则、基本要求和基础资料与岩质边坡基本一致，可参见本卷1.6 节相关内容。

2.7.2 边坡坡率与坡型设计

2.7.2.1 概述

坡率法[1]是指控制边坡高度和坡度，无需对边坡整体进行加固而自身稳定的一种人工边坡设计方法。坡率法是一种比较经济、施工方便的方法，当工程条件许可时，应优先采用坡率法。

坡率法适用于整体稳定条件下的岩层和土层，在地下水位低且放坡开挖时不会对相邻建筑物产生不利影响的条件下使用。有条件时可结合坡顶削坡卸载、坡脚回填压脚的方法。

坡率法可与锚杆（索）或锚喷支护、护面墙等联合应用，形成组合边坡，或与植被护坡联合使用，美化环境。例如当不具备全高放坡条件时，上段可采用坡率法，下段可采用支护结构以稳定边坡。

下列边坡不应采用坡率法放坡：

（1）放坡开挖对拟建或相邻建（构）筑物有不利影响的边坡。

（2）地下水发育的边坡。

（3）稳定性差的边坡。

采用坡率法时应进行边坡环境整治，因势利导保持水系畅通。

高度较大的边坡应分级放坡，分级放坡时应验算边坡整体的和各级的稳定性。

边坡的坡度，用边坡高度 H 与边坡宽度的比值表示，并取 $H=1$，如图 2.7 - 1 所示，$H:b=1:0.5$（挖方边坡）或 $1:1.5$（填方边坡），通常用 $1:n$ 或 $1:m$ 表示其比率（m，n 称为边坡坡率），图2.7 - 1 中 $n=0.5$、$m=1.5$。

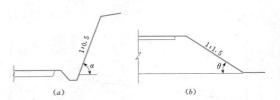

图 2.7 - 1 边坡坡度示意图

边坡坡度关系到边坡工程的稳定和投资。比如道路与铁路路基中的边坡，尤其是陡坡地段的路堤及较深路堑的挖方边坡，不仅工程量大，施工难度高，而且是路基稳定性的关键所在。如果地质条件较差，往往病害严重，持续年限很长，在水作用下导致边坡坍塌破坏，影响道路与铁路的正常运营。因此，合理确定路基边坡坡度，对路基稳定和断面经济至为重要。因此在设计时，要全面考虑，力求合理。

2.7.2.2 填方边坡

在水利水电工程中，场内临时或永久道路工程等挖填方较普遍，边坡地段的半填半挖边坡的几种常用断面型式如图 2.7 - 2 所示。

填方边坡坡度与填料类型和边坡高度有关，根据所用填料类型的不同，分为土质和石质两种填方边坡。

1. 土质填方边坡

一般土质填方边坡，均采用 $1:1.5$，但当边坡超过一定高度时，其下部边坡改用 $1:1.75$，以保证边坡工程的稳定。各类土质填方边坡坡度的取值如表2.7 - 1 所示。

对于浸水填方边坡，涉及水位以下部分视填料情况，边坡坡度采用 $1:1.75\sim1:2$，在常水位以下部分可采用 $1:2\sim1:3$，并视水流情况采取加固措施。

2. 石质填方边坡

当沿线有大量天然石料或开挖坡体所得的弃石时，可以用来填筑边坡。填石边坡应由不易风化的较大（大于 25cm）石块砌筑，边坡坡度一般可用 $1:1$。但当采用易风化的岩石填筑边坡时，边坡坡度应按风

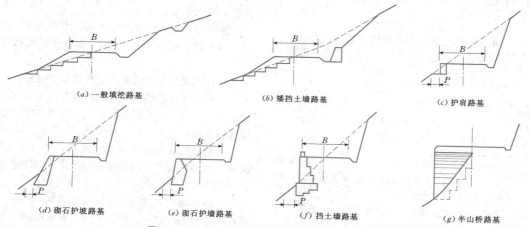

图 2.7-2 半填半挖边坡的几种常用横断面型式

表 2.7-1 **土质边坡坡度**

填料类别	边坡坡度	
	上部高度 ($H\leqslant 8m$)	下部高度 ($H\leqslant 12m$)
细粒土	1:1.5	1:1.75
粗粒土	1:1.5	1:1.75
巨粒土	1:1.3	1:1.5

化后的土质边坡设计。如风化成黏土或砂，则分别按黏性土或砂的边坡要求进行设计。

当填筑体全部用 25cm 左右的不易风化石块砌筑，且边坡采用码砌方式修筑，其边坡坡度应根据具体情况决定，亦可参考表 2.7-2 采用。

表 2.7-2 **填石边坡坡度**

填石料种类	边坡坡度	
	上部高度 ($H\leqslant 8m$)	下部高度 ($H\leqslant 12$)
硬质岩石	1:1.1	1:1.3
中硬岩石	1:1.3	1:1.5
软质岩石	1:1.5	1:1.75

注 填石料按单轴饱和抗压强度分为硬质岩石、中硬岩石和软质岩石，其单轴饱和抗压强度分别为大于 60MPa、30～60MPa 和 5～30MPa。

陡坡上的路基填方可采用砌石护坡路基［图 2.7-2（d）］。砌石应用当地不易风化的开山片石砌筑。砌石顶宽一律采用 0.8m，基底以 1:5 的坡率向路基内侧倾斜，砌石高度 H 一般为 2～15m，墙的内外坡度依砌石高度，按表 2.7-3 选定。

表 2.7-3 **砌石边坡坡度表**

序号	高度（m）	内坡坡度	外坡坡度
1	≤5	1:0.3	1:0.5
2	≤10	1:0.5	1:0.67
3	≤15	1:0.6	1:0.75

2.7.2.3 挖方边坡

挖方边坡包括建筑挖方边坡和道路路堑边坡。挖方边坡其坡度与边坡的高度、坡体岩土体性质、地质构造特征、岩石的风化和破碎程度、地面水和地下水等因素有关。挖方边坡的几种常用横断面型式如图 2.7-3 所示。

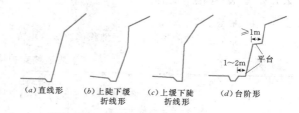

图 2.7-3 挖方边坡的几种常用横断面型式

土质（包括粗粒土）挖方边坡坡度，应根据边坡高度、土的密度程度、地下水和地表水情况、土的成因及生成时代等因素确定。一般情况下，具有一定黏性的土质挖方边坡坡度，取值为 1:0.5～1:1.5。个别情况下，可放缓至 1:1.75。不同高度、不同密度程度的土质路堑边坡坡度可参照表 2.7-4 确定。

《建筑边坡工程技术规范》（GB 50330—2002）规定，土质建筑边坡的坡率允许值应根据经验，按工程类比的原则并结合已有稳定边坡的坡率值分析确定。当无经验，且土质均匀良好、地下水贫乏、

117

无不良地质现象和地质环境条件简单时，可按表
2.7-5确定。

表 2.7-4　　土质挖方边坡坡度表

土 的 类 别	边坡坡度
黏土、粉质黏土、塑性指数大于3的粉土	1:1.0
中密以上的中砂、粗砂、砾砂	1:1.5
卵石土、碎石土、 圆砾土、角砾土　胶结密实	1:0.75
中密	1:1.0

注　1. 边坡较矮或土质比较干燥的路段，可采用较陡的
　　　边坡坡度；边坡较高或土质比较潮湿的路段，可
　　　采用较缓的边坡坡度。
　　2. 开挖后，密实程度很容易变松的砂类土及砾类土
　　　等路段，应采用较缓的边坡坡度。

表 2.7-5　　土质边坡坡度允许值

边坡土体 类别	状态	边坡坡度 允许值	
		坡高小于 5m	坡高 5~10m
碎石土	密实	1:0.35~1:0.5	1:0.5~1:0.75
	中密	1:0.5~1:0.75	1:0.75~1:1.00
	稍密	1:0.75~1:1.00	1:1.00~1:1.25
黏性土	坚硬	1:0.75~1:1.00	1:1.00~1:1.25
	硬塑	1:1.00~1:1.25	1:1.25~1:1.50

注　1. 表中碎石土的充填物为坚硬或硬塑状态的黏性土。
　　2. 对于砂石或充填物为砂土的碎石土，其边坡坡度
　　　允许值应按自然休止角确定。

2.7.3　边坡支挡结构选择

2.7.3.1　概述

工程区需要保护的土质边坡、堆积体边坡、填方

边坡和坡脚受水流冲刷、风化破碎或软岩构成的岩质
边坡，宜设置支挡结构。

支挡结构型式可分为重力式挡土墙、悬臂式及扶
壁式挡土墙、锚杆（索）挡墙、加筋土挡墙和加筋陡
坡等。

锚杆挡墙又分为板肋式锚杆挡墙、格构式锚杆挡
墙、排桩式锚杆挡墙、非预应力锚杆挡墙和预应力锚
杆（索）挡墙。应根据边坡组成与成因类型、边坡高
度和稳定性，选择支挡结构型式。

支挡结构应根据边坡稳定分析，结合考虑排水、
减载、加固等其他治理措施进行设计，以满足边坡整
体稳定性要求。

土质和堆积体进行边坡开挖或基坑开挖时，边坡
高度大、稳定性差的边坡宜采用排桩式锚杆（索）挡
墙；稳定性较好的边坡，可采用板肋式或格构式锚杆
挡墙。水下边坡宜考虑基础和墙体的抗冲刷保护
措施。

对填方边坡锚杆挡墙，在设计和施工时应采取有
效措施防止新填方土体造成的锚杆附加拉应力过大。
高度较大的新填方边坡不宜采用锚杆挡墙方案。

支挡结构所承受的岩土压力，应按滑坡剩余下滑
力和主动土压力分别计算，取其最大值。各种挡墙结
构应预留穿越墙体的排水孔。

水下边坡挡墙设计应考虑水位升降变化引起的边
坡内不利水压力的作用，应研究设置挡墙内侧排水降
压措施的必要性。

2.7.3.2　土质边坡支护结构型式的选用

土质边坡支护结构型式可根据场地地质和环境条
件、边坡高度以及边坡工程安全等级等因素，并参照
表 2.7-6选定。

表 2.7-6　　　　　　　　　　土质边坡支护结构常用型式表

条件 结构类型	边坡环境	边坡高度 H（m）	边坡工程 安全等级	说　　明
重力式挡墙	场地允许，坡顶无重 要建（构）筑物	$H \leqslant 8$	1、2、3级	土方开挖后边坡稳定较差时不应采用
护壁式挡墙	填方区	$H \leqslant 10$	1、2、3级	土质边坡
悬壁式挡墙	填方区	$H \leqslant 8$	1、2、3级	土层较差，或对挡墙变形要求较高时，不 宜采用
板肋式或格构 式锚杆挡墙		$H \leqslant 15$	1、2、3级	坡高较大或稳定性较差时宜采用逆作法施 工。对挡墙变形有较高要求的土质边坡，宜 采用预应力锚杆
排桩式锚杆挡墙	坡顶建（构）筑物需 要保护，场地狭窄	$H \leqslant 15$	1、2级	严格按逆作法施工。对挡墙变形有较高要 求的土质边坡，应采用预应力锚杆

续表

结构类型 \ 条件		边坡环境	边坡高度 H（m）	边坡工程安全等级	说　明
坡率法		坡顶无重要建（构）筑物，场地有放坡条件	$H \leq 10$	2、3级	不良地质段、地下水发育区、流塑状土时不应采用
加筋土技术	挡土墙	填方区	$H \leq 20$	1、2、3级	面直立，高度超过12m需要分台阶修筑
	土钉墙	原位边坡加固	$H \leq 15$	2、3级	坡度一般为1:0.6~1:0.3。对变形有严格要求的边坡工程不宜采用
注浆法			$H \leq 15$	1、2、3级	提高岩土的抗剪强度和边坡整体稳定性，解决岩层的渗水、涌水问题。使用时与其他加固措施联合使用

注　资料来源于《建筑边坡工程技术规范》（GB 50330—2002）及郑颖人等编著的《边坡与滑坡工程治理》，有删减。

2.7.4　边坡排水设计

2.7.4.1　地表排水

边坡综合治理时，应根据地形地质条件因地制宜地进行边坡地表截水和排水系统设计。

1. 边坡地表截水、排水设计的主要内容

（1）边坡开挖或治理边界以外的截水、排水沟。

（2）边坡开挖或治理边界以内的截水、排水沟。

（3）边坡防水措施，如跨缝构造、填缝夯实等。

2. 地表截水、排水沟的排水流量设计标准

应根据边坡的重要性、工程区降雨特点、集水面积大小、地表水下渗对边坡稳定影响程度等因素综合分析确定，一般按照2~20年一遇降雨强度计算排水流量。受泄洪雾化影响的边坡，对截水、排水沟排水流量设计标准应进行论证和研究。

截水、排水沟的断面尺寸和底坡应根据水力计算成果并结合地形条件分析确定。

进行截水、排水沟的布置时，宜将地表水引至附近的冲沟或河流中，并避免形成冲刷，必要时设置消能防冲设施。

边坡截水、排水沟宜采用梯形或矩形断面，护面材料可采用浆砌块石或混凝土，砂浆或混凝土强度等级不宜低于C15，护面厚度不宜小于20~30mm。

当边坡表面存在渗水的裂隙（缝）时，宜采用黏土、砂浆、混凝土、沥青等填缝夯实，截水、排水沟跨过时，应设跨缝的结构措施。

储水、供水设施宜设在稳定边坡并具有良好排水条件的地段上，并做好防漏措施。储水、供水设施，应有排水沟与边坡排水系统相连接，防止漏水或溢水进入边坡内。

2.7.4.2　地下排水

应根据边坡所处位置、与建筑物关系、工程地质和水文地质条件，确定地下截水、排水系统的整体布置设计方案。

边坡地下截水、排水工程措施主要包括：截水渗沟、排水孔、排水井、排水洞。

对于重要边坡，宜设多层排水洞形成立体地下排水系统。必要时，在各层排水洞之间以排水孔形成排水帷幕，各层排水洞高差不宜超过40m。

边坡表层的喷锚支护、格构、挡墙等均应配套有系统布置的排水孔，必要时，设置反滤措施。堆积层边坡和滑坡体内地下水宜采用排水洞排出。排水洞的布置应考虑到隔水软弱层带、滑面或滑带上盘的上层滞水和下盘承压水的排泄通道。

排水洞洞径不宜小于1.5m×2m（宽×高），应设有巡视检查通道。排水洞洞底坡度不宜小于1%，洞内一侧应设排水沟，尽量使地下水自流排出坡外。

排水洞宜从稳定岩土体进口，平行滑面下盘布置主洞，垂直滑面的方向布置支洞穿过隔水软弱层带或滑带。当岩土体渗透性弱，排水效果不良时，排水洞顶和洞壁应设辐射状排水孔，孔径不应小于50mm。排水洞一般应作必要的衬砌保护，排水孔应作反滤保护。

土质边坡或滑坡周边可采用渗沟截、排浅层地下水。渗沟深度不宜大于3m，沟内回填透水砂砾石，表部0.3m左右厚度以黏性土封填密实。

土质边坡或滑坡内可以用排水井降低地下水位，但施工中开挖、支护、排水和运行期间需设置抽排设施，多有较大难度，应慎重采用。

2.7.5　边坡坡面保护

2.7.5.1　坡面保护

边坡坡面受损影响工程安全的边坡，应进行坡面保护设计。土质边坡坡面保护措施包括：喷混凝土、贴坡混凝土、模袋混凝土、钢筋笼、砌石、土工织物和边坡绿化美化等。应结合地形、地质、环境条件和

环保要求，选择保护措施。所有表层保护结构均应保证自身在坡面上的稳定性。对于抽蓄电站上库和下库水位频繁升降变动的边坡，需做好边坡防护设计，特别是水位变幅带的边坡防护设计。

2.7.5.2　边坡浅表层加固

土质边坡在雨水冲刷、浸蚀等外营力作用下，常发生浅层坍塌、滑移等破坏现象，因此，应对土质边坡浅表层进行稳定分析和加固处理。

边坡浅表层加固措施包括：锚杆、挂金属网、喷混凝土、贴坡混凝土、混凝土格构锚固以及土钉墙、加筋土等，应根据岩土体力学特性、边坡结构、边坡变形与破坏机制，因地制宜选择加固措施，也可采用组合加固型式，并提出设计参数。

浅表层锚杆加固的深度，可采用极限平衡法计算搜索最危险滑面的可能产生深度确定。锚杆的间距、排距可根据不稳定土体下滑力计算分析或通过工程类比确定。

当贴坡混凝土、混凝土格构参与抗滑作用时，应对其断面进行抗弯、抗剪计算。贴坡混凝土、混凝土格构应能在边坡表面上保持其自身稳定，并与所布置的系统锚杆相连接。

参 考 文 献

［1］　郑颖人，王恭先．边坡与滑坡工程治理［M］．北京：人民交通出版社，2007．

［2］　张倬元，王士天，王兰生．工程地质分析原理［M］．北京：地质出版社，1981．

［3］　金德濂．水利水电工程边坡的工程地质分类（上）［J］．西北水电，2000（1）：10－15．

［4］　王复来，陈洪天．土石坝变形与稳定分析［M］．北京：中国水利水电出版社，2008．

［5］　陈祖煜，等．土质边坡稳定分析的原理和方法［M］．北京：中国水利水电出版社，2003．

［6］　潘家铮．建筑物的抗滑稳定和滑坡分析［M］．北京：中国水利水电出版社，1980．

［7］　张在明．地下水与建筑基础工程［M］．北京：中国建筑工业出版社，2001．

［8］　电力工业部西北勘测设计研究院．黄河龙羊峡水电站勘测设计重点技术问题总结［M］．北京：中国电力出版社，1998．

［9］　DL/T 5353—2006 水电水利工程边坡设计规范［S］．北京：中国电力出版社，2006．

［10］　SL 386—2007 水利水电工程边坡设计规范［S］．北京：中国水利水电出版社，2007．

［11］　汤明高，许强，黄润秋．三峡库区典型塌岸模式研究［J］．工程地质学报，2006，14（02）：172－177．

［12］　王跃敏，唐敬华，凌建明．水库塌岸预测方法研究［J］．岩土工程学报，2000，22（5）：569－571．

［13］　刘天翔，许强，等．三峡库区塌岸预测评价方法初步研究［J］．成都理工大学学报（自然科学版），2002，22（1）：77－83．

［14］　汪洋，刘波，汪为．滑坡速度的改进条分法［J］．安全与环境工程，2004，11（3）：68－70．

第3章

支 挡 结 构

　　本章是在第 1 版《水工设计手册》第 7 卷第 36 章挡土墙的基础上扩展而来的，除将"挡土墙"作为 3.1 节保留下来并作了适当修订外，又新增了水工建筑物边坡与地质灾害防治工程中常用的其他支挡结构型式，主要包括抗滑桩、预应力锚索、微型桩与锚固洞以及其他支挡结构，共分 5 节。3.1 节主要介绍挡土墙上的荷载、稳定验算、结构设计和细部构造；3.2 节介绍了抗滑桩的设计荷载、设计和计算方法；3.3 节介绍了预应力锚索的锚固设计、结构设计、防腐设计、失效及预防、试验与监测等；3.4 节介绍了微型桩、抗剪洞与锚固洞；3.5 节介绍了其他支挡结构中土钉墙、锚杆（索）挡墙、抗滑挡土墙、格构锚固、预应力锚索抗滑桩、柔性防护等结构的特点、类型、适用条件、设计内容、计算分析方法和构造要求等。

章主编　尉军耀　陈　旸

章主审　朱建业　万宗礼　潘江洋

本章各节编写及审稿人员

节次	编　写　人	审稿人
3.1	陈　旸	杨柱华 朱建业 万宗礼 潘江洋
3.2	宁华晚	
3.3	李洪斌	
3.4	宁华晚　陈　旸	
3.5	尉军耀	

第3章 支 挡 结 构

3.1 挡 土 墙

3.1.1 概述

挡土墙是常用的挡土建筑物,用来支承土或其他散粒材料(砂砾石、破碎岩石等)的侧压力,以防止土坡或不稳定岩体破裂和向下滑动。

本手册对挡土墙稳定和强度等验算的安全性是按满足规范规定的安全系数来要求的。关于按可靠度理论计算的有关分项系数参见《水工建筑物荷载设计规范》(DL 5077—1997)。

3.1.1.1 挡土墙的应用范围

在水利水电工程中,挡土墙的应用范围极为广泛,例如混凝土坝与土坝的连接结构、土坝与溢洪道的连接结构、水电站厂房的尾水渠边墙、水闸的两岸结构、渠道的边墙、桥梁的岸墩、库岸或河道边坡滑坡及崩塌的防治工程等。

水工挡土墙多在有水条件下应用,应用范围广泛和运用条件复杂是水工挡土墙的两个显著特点。

1. 各种挡土墙在水工建筑物中的应用

(1)水闸在水工建筑物中数量较多,水闸的进出口翼墙、岸墙都是由不同型式挡土墙构成的。在中小型水闸中,挡土墙的工程量约占整个水闸工程量的 $1/3\sim1/4$。

(2)在水库枢纽工程中土石坝与混凝土坝及溢流坝或溢洪道的连接结构都是由各种型式的挡土墙构成的。

(3)水电站及各种船闸中的翼墙及岸墙都是由各种型式的挡土墙构成的。

(4)在内河及海上的各种码头中的挡土墙是主要建筑物。

(5)渠系水工建筑物中的桥、涵洞、倒虹吸、渡槽等进出口连接结构都是由各种型式的挡土墙构成的。

(6)水库库岸、河道、渠道边坡滑坡及崩塌的防治工程有时也采用各种型式的挡土墙结构。

2. 水工挡土墙的运用和构造特点

水工挡土墙不但具有一般挡土墙的挡土作用,而且还具有岸边连接、挡水、导水及侧向防渗等多种功能,其在运用和构造上具有以下特点:

(1)在多种水位条件下运用。水工挡土墙在建成及运用期,在墙前后各种特征水位作用下,其作用于墙身的静水压力、土压力、作用于基底的扬压力、地基应力等都不相同,要求在设计洪水、校核洪水、完建和正常运用等各种情况下都应满足稳定和各部结构的强度要求。

(2)挡水导水要求及平面布置。水工建筑物的翼墙挡土墙,其实多半兼有挡水和导水作用,对进出口水流条件都有一定要求,因此水工挡土墙的平面布置除考虑两岸连接的挡土要求外,还应考虑进出口水流条件。

(3)浸水挡土墙及水对挡土墙的作用。水工挡土墙多在有水条件下应用,挡土墙浸水后,所受的影响如下:

1)填土料浸水后,因受水的浮力作用,土的重度降低,主动土压力将减少。

2)砂性土的内摩擦角受水的影响不大,一般可以认为浸水后不变,但黏性土浸水后其强度指标将会降低,从而增加主动土压力。

3)浸水挡土墙墙背和墙面受到静水压力作用,当墙前后水位一致时,两者相互平衡,而不一致有水位差时,则墙身受静水压力差的推力作用。浸水挡土墙基底受扬压力作用。

4)墙外水位骤降,或者墙后暴雨下渗,在墙后填料内出现渗流时,填料还将受到渗透动水压力作用。

(4)侧向防渗要求及回填土料。水闸等水工建筑物在上下游水头作用下,水将沿建筑物基础底部和侧向(岸墙和翼墙)向下游渗透。为满足底板和侧向抗渗稳定性的要求,要求基础底部和侧向有足够的防渗长度。在满足防渗长度要求以外的挡土墙可设排水孔,其后设反滤,用以增加出口的抗渗稳定性和降低墙后水位,进而起到减少静水压力的作用。

(5)构造特点。水工挡土墙在构造上具有以下特点:

1)墙身临水面多采用直立面、墙背多采用俯斜(重力式挡土墙)或近于直立(悬臂式挡土墙),墙前采用直立面是为了便于和闸室等主体建筑物的岸墙连接，便于设置止水和获得好的水流条件。

2）防渗止水。对有侧向防渗要求的挡土墙，各段挡土墙分缝之间应设置可靠的垂直止水设备，如塑料或紫铜片止水，并应与墙前防渗底板之间的水平止水构成封闭系统。

3）墙前底板支撑结构。水工挡土墙为满足过流、防冲或防渗要求，墙前多设有混凝土、钢筋混凝土刚性底板，这些墙前支撑结构有利于挡土墙的抗滑稳定。

4）冻胀力及冰压力作用。寒冷地区的挡土墙，墙后回填冻胀性土，当填土含水量大于起始冻胀力含水量，且有地下水补给条件时，墙后将产生大于主动土压力几倍的水平冻胀力，在水平冻胀力作用下，常使挡土墙产生稳定和强度破坏。

5）墙顶高程和基础埋深。水工挡土墙的墙顶高程应考虑两岸连接，墙前水位，风浪爬高，安全超高等条件加以确定。基础埋置深度要考虑地基岩性，冻层深度等条件加以确定。墙前无可靠的防冲设施，还应根据流速大小考虑冲刷深度。

3.1.1.2 挡土墙的常见型式

按照挡土墙断面设计的几何形状及其受力特点，常用的挡土墙型式有重力式、半重力式、衡重式、悬臂式、扶壁式（支墩式）、U 形槽结构、空箱式（孔格式）及板桩式等。

（1）重力式挡土墙。重力式挡土墙用墙体本身重量平衡外力以满足稳定要求，多采用混凝土和浆砌石建造，重力式挡土墙由于体积和重量较大，在土地基上往往由于受地基承载力的限制，不能太高；在岩基上虽然承载力不是控制条件，但高的重力式挡土墙由于断面大，材料耗费较多，亦不经济。一般高度在 6m 以下较为经济。由于重力式挡土墙多就地取材，构造简单，施工方便，经济效果较好，故在小型水工建筑物，特别是在渠系水工建筑物中应用广泛。

重力式挡土墙按其墙背的型式，主要分为俯斜、仰斜和直立三种（图 3.1－1）。俯斜挡土墙墙后填土易压实，利于防渗，且便于施工。仰斜挡土墙可降低土压力，但墙后填土不易压实，不便施工。当墙后允许开挖边坡较陡，或为获得好的水流条件，有时采用由俯斜到仰斜过渡的扭曲翼墙。仰斜挡土墙有时在渠道滑坡和崩塌防治工程中采用。

（2）半重力式挡土墙。半重力式挡土墙采用混凝土建造（图 3.1－2），与重力式挡土墙相比有以下两个特点：①立墙断面减少，前后底脚放大；②墙身和底脚混凝土强度满足要求处不配筋或配置少量构造筋，在强度不满足要求处有少量受力钢筋。半重力

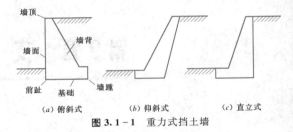

图 3.1－1　重力式挡土墙

（a）俯斜式　（b）仰斜式　（c）直立式

式挡土墙可分整体型半重力式［图 3.1－2（a）］和轻型半重力式［图 3.1－2（b）］两种。半重力式挡土墙断面一般比重力式挡土墙断面小 40%～50%，因而可充分利用混凝土的抗拉强度，与重力式挡土墙相比，同样高度的半重力式挡土墙地基应力小，且分布较均匀。因此在同样地基条件下其建筑高度可大于重力式挡土墙。

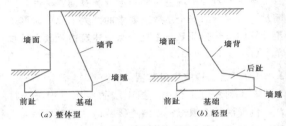

图 3.1－2　半重力式挡土墙

（a）整体型　（b）轻型

（3）衡重式挡土墙。衡重式挡土墙（图 3.1－3）由上墙、衡重台与下墙三部分组成，多采用混凝土或浆砌石建造。其稳定主要是靠墙身自重和衡重台上填土重来满足。墙背开挖，允许边坡较陡时，如坚硬黏土，其衡重台以下可直接在开挖边坡内浇筑混凝土，以节省模板费用。由于衡重台以下墙背为仰斜，其土压力值也大为减小，墙背靠岩石修建的挡土墙，也常采用衡重式，衡重台以下由于墙背与岩石接触此部分不受土压力作用。

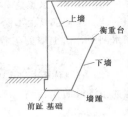

图 3.1－3　衡重式挡土墙

由于衡重式挡土墙衡重台有减少土压力作用，其断面一般比重力式小，因此其应用高度较重力式大，特别是修建在岩基上的衡重式挡土墙，由于允许承载力较高，有时挡土墙的高度大于 20m。

（4）悬臂式挡土墙。悬臂式挡土墙由断面较小的立墙和底板（前趾板和踵板）组成，属轻型钢筋混凝土结构（图 3.1－4）。其稳定性主要靠底板以上填土重来保证，可以在较高范围内应用。这种挡土墙在水工建筑物中应用广泛，8m 以下高度范围内应用较多。

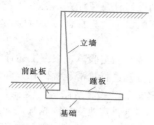

图 3.1－4 悬臂式挡土墙

（5）扶壁式挡土墙。扶壁式挡土墙由墙面板、底板（前趾板和踵板）和扶壁三部分组成，属轻型钢筋混凝土结构（图 3.1－5）。其稳定性也主要是靠底板以上填土重来保证。高度大于 10m 的高挡土墙多采用这种型式，这种挡土墙在大型水利水电工程中有较广泛的应用。

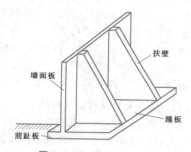

图 3.1－5 扶壁式挡土墙

（6）U 形槽结构。在小型涵洞等水工建筑物进出口及闸室部位，常采用 U 形槽结构，U 形槽结构分立墙和底板两部分（图 3.1－6）。在岩基上 U 形槽跨度一般在 20m 以内，在土地基上可达 30m。在上述跨度内一般底板与边墙采用整体式结构较经济，而且整体性强，受力条件好。

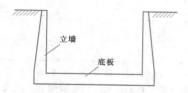

图 3.1－6 U 形槽结构

（7）空箱式挡土墙。空箱式挡土墙由底板（包括墙踵）、顶板、立墙（包括前墙、后墙和隔板）3 个部分构成，也属钢筋混凝土轻型结构（图 3.1－7）。这种挡土墙主要靠箱内填土或充水的重量以维持其稳定。其特点是作用于地基的单位压力小，且分布均匀，适于在墙的高度很大且地基承载力较低的情况下采用。空箱式挡土墙结构复杂，材料用量较大。由于墙后填土部位地基承受压力远大于空箱底部地基压

力，常使地基产生不均匀沉陷，致使空箱式挡土墙向填土方向倾斜。当水闸岸墙高度较大时，为使岸墙不受土压力，有时在岸墙外侧设置空箱式挡土墙。

（8）板桩式挡土墙。板桩式挡土墙分无锚碇和有锚碇两种，如图 3.1－8

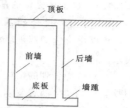

图 3.1－7 空箱式挡土墙

所示，无锚碇板桩由埋入土中部分和悬臂两部分组成；锚碇板桩由板桩、锚杆和锚碇板组成。板桩一般采用木板、钢板或混凝土板。板桩式挡土墙在码头工程中采用较多，在大型水利工程施工围堰中也有采用。

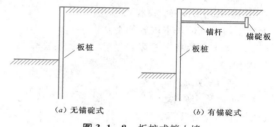

（a）无锚碇式　　　　（b）有锚碇式

图 3.1－8 板桩式挡土墙

（9）其他型式挡土墙。在水利工程中还有加筋土（图 3.1－9），连拱式（图 3.1－10），空心重力式等挡土墙。

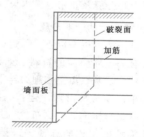

图 3.1－9 加筋土挡土墙

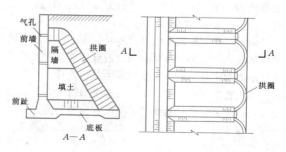

图 3.1－10 连拱式挡土墙

3.1.1.3 挡土墙设计的基本内容

1. 挡土墙设计的基本要求

为做出合理的挡土墙设计，应满足以下两项基本要求。

（1）选择合理的结构型式。挡土墙的结构型式应根据建筑物总体布置要求、墙的高度、地基条件、当地材料及施工条件等通过经济技术比较确定。

（2）合理的断面设计。为做出合理的断面设计，在挡土墙设计中，应考虑以下各种条件：

1）填土及地基强度指标的合理选取。

2）根据挡土墙的结构型式、填土性质、施工开挖边坡等条件选用合理的土压力计算公式。

3）根据正常运用、设计、校核、施工和建成等情况进行荷载计算和组合，并在稳定和强度验算中根据有关规范要求，确定合理的稳定和强度安全系数。

2. 挡土墙设计的基本内容

挡土墙设计的基本内容如下：

（1）挡土墙的稳定验算。挡土墙的稳定验算包括以下内容：

1）抗滑稳定验算。

2）抗倾稳定验算。

3）地基应力验算和应力大小比。

（2）挡土墙的结构设计。对于混凝土、浆砌石挡土墙应进行截面压应力、拉应力及剪应力验算，对于钢筋混凝土挡土墙各部分结构应进行强度验算和配筋验算。

（3）挡土墙的细部构造设计。挡土墙的细部构造设计主要包括合理分缝及止水、排水设计等。

3.1.1.4 挡土墙设计的一般步骤

挡土墙设计一般可以按以下步骤进行：

（1）收集有关设计必需的资料，如建筑物等级、设计标准、水位、地基及填土物理力学指标等。

（2）根据单体建筑物对两岸连接、挡土、水流、防渗排水等要求进行平面和立面布置。

（3）挡土墙结构型式的选择。根据挡土墙的运用、布置、墙高、地基岩土层结构、当地材料及施工等条件，通过经济技术比较选择挡土墙的结构型式。

（4）选择典型部位的设计断面。水工挡土墙不同部位其墙高、水位等条件不同，设计中通常在翼墙全长范围内选用几个有代表性的断面进行设计。

（5）初拟断面尺寸。为进行挡土墙设计，首先应根据建筑物总体要求及水位、填土和地基强度指标等条件，参考已有工程经验，初拟断面轮廓尺寸及各部分结构尺寸。

（6）根据正常运用、设计、校核、施工及建成等

各种情况分别进行外荷载计算，然后列表计算各种荷载组合情况下的水平力、垂直力及对前趾端点产生的力矩。

（7）挡土墙的稳定验算。根据上述计算结果，对各种设计情况分别进行抗滑、抗倾稳定和基底应力验算，要求稳定安全系数、基底应力等满足设计要求。如不满足上述要求，应改变断面轮廓尺寸或采用增加稳定措施，重新进行稳定验算，直到满足要求为止。

（8）截面强度验算和配筋计算。选择最不利的设计和荷载组合情况，对各部分截面强度进行验算或配筋计算。对混凝土、砌体结构挡土墙选择一两个截面进行强度验算，当不满足要求时应改变初拟尺寸重新进行稳定和强度验算。对钢筋混凝土挡土墙应对各部分进行结构内力计算，并选择控制截面进行强度验算和配筋计算，同时还要进行裂缝宽度验算。如初拟尺寸不满足要求，应改变局部结构尺寸，直到满足要求为止。由于钢筋混凝土挡土墙局部尺寸改变，对总体稳定性影响不大，故可不必重新进行稳定验算。

（9）细部构造设计。细部构造设计包括合理设置温度和沉陷缝、止水、排水和反滤等设计。

3.1.1.5 挡土墙级别划分与设计标准

《水工挡土墙设计规范》（SL 379—2007）对挡土墙级别划分与设计标准做出了明确规定，具体包括如下内容。

1. 级别划分

（1）水工建筑物中挡土墙的级别，应根据所属水工建筑物级别按表 3.1-1 确定。

表 3.1-1　水工建筑物中挡土墙级别划分[15]

所属水工建筑物级别	主要建筑物中挡土墙级别	次要建筑物中挡土墙级别
1	1	3
2	2	3
3	3	4

注　主要建筑物中挡土墙是指一旦失事直接危及所属水工建筑物安全或严重影响工程效益的挡土墙；次要建筑物中的挡土墙是指失事后不致直接危及所属水工建筑物安全或对工程效益影响不大并易于修复的挡土墙。

独立布置的挡土墙级别，应根据其重要性按《防洪标准》（GB 50201—94）及《水利水电工程等级划分及洪水标准》（SL 252—2000）的有关规定确定。

（2）城市防洪工程中水工挡土墙的级别，应按现行的行业标准《城市防洪工程设计规范》（CJJ 50—92）的规定确定。

（3）位于防洪（挡潮）堤上具有直接防洪（挡潮）作用的水工挡土墙，其级别不应低于所属防洪（挡潮）堤的级别。

（4）采用实践经验较少的新型结构的2～4级水工挡土墙，经论证后可提高一级设计。但洪水标准不应提高。

（5）与两个及两个以上不同级别建筑物相关的水工挡土墙，其级别可按较高级别建筑物确定。

2．设计标准

（1）水工挡土墙的洪水标准应与所属水工建筑物的洪水标准一致。

（2）不允许漫顶的水工挡土墙墙前有挡水或泄水要求时，墙顶的安全加高值不应小于表3.1-2规定的下限值。

表 3.1 - 2　水工挡土墙墙顶的安全加高下限值[15]　单位：m

运用情况		挡 土 墙 级 别			
		1	2	3	4
挡水	正常挡水	0.7	0.5	0.4	0.3
	最高挡水	0.5	0.4	0.3	0.2
泄水	设计洪水位	1.5	1.0	0.7	0.5
	校核洪水位	1.0	0.7	0.5	0.4

（3）城市防洪工程中水工挡土墙的洪水标准及安全加高值，应按《城市防洪工程设计规范》（CJJ 50—92）的规定确定。

（4）水工挡土墙的抗震设计应与所属水工建筑物的抗震设计标准相协调。

（5）对于砌石挡土墙，其结构构件强度安全系数应按《砌石坝设计规范》（SL 25—2006）的规定采用。

（6）混凝土及钢筋混凝土挡土墙结构构件强度安全系数，钢筋混凝土挡土墙结构构件抗裂安全系数以及最大裂缝宽度的允许值，应按《水工混凝土结构设计规范》（SL 191—2008）的规定采用。

（7）沿挡土墙基底面的抗滑稳定安全系数不应小于表3.1-3规定的允许值。

（8）当验算土质地基上的挡土墙沿软弱土体整体滑动时，按瑞典圆弧滑动法或折线滑动法计算的抗滑稳定安全系数不应小于表3.1-3规定的允许值。

（9）当验算岩石地基上的挡土墙沿软弱结构面整体滑动时，按式（3.1-66）计算的稳定安全系数允许值，可根据工程实际经验按表3.1-3中相应规定的允许值降低采用。

（10）设有锚碇墙的板桩式挡土墙，其锚碇墙抗滑稳定安全系数不应小于表3.1-4规定的允许值。

表 3.1 - 3　挡土墙抗滑稳定安全系数的允许值[15]

荷载组合		土 质 地 基				岩 石 地 基				
		挡 土 墙 级 别				按式（3.1-65）计算时				按式（3.1-66）计算时
						挡 土 墙 级 别				
		1	2	3	4	1	2	3	4	
基本组合		1.35	1.30	1.25	1.20	1.10	1.08	1.08	1.05	3.00
特殊组合	Ⅰ	1.20	1.15	1.10	1.05	1.05	1.03	1.03	1.00	2.50
	Ⅱ	1.10	1.05	1.05	1.00	1.00				2.30

注　特殊组合Ⅰ适用于施工情况及校核洪水位情况，特殊组合Ⅱ适用于地震情况。

表 3.1 - 4　锚碇墙抗滑稳定安全系数的允许值[15]

荷载组合	挡 土 墙 级 别			
	1	2	3	4
基本组合	1.50	1.40	1.40	1.30
特殊组合	1.40	1.30	1.30	1.20

（11）对于加筋式挡土墙，不论其级别，基本荷载组合条件下的抗滑稳定安全系数不应小于1.40，特殊荷载组合条件下的抗滑稳定安全系数不应小于1.30。

（12）土质地基上挡土墙的抗倾覆稳定安全系数不应小于表3.1-5规定的允许值。

表 3.1 - 5　挡土墙抗倾覆稳定安全系数的允许值[15]

荷载组合	挡 土 墙 级 别		
	1	2、3	4、5
基本组合	1.60	1.50	1.40
特殊组合	1.50	1.40	1.30

（13）岩质地基上1～3级水工挡土墙，在基本荷载组合条件下，抗倾覆安全系数不应小于1.50，4级

水工挡土墙抗倾覆安全系数不应小于1.40；在特殊组合条件下，不论挡土墙的级别，抗倾覆安全系数不应小于1.30。

（14）对于空箱式挡土墙，不论其级别和地基条件，基本荷载组合条件下的抗浮稳定安全系数不应小于1.10，特殊组合条件下的抗浮稳定安全系数不应小于1.05。

3.1.2 作用在挡土墙上的荷载

3.1.2.1 荷载的分类

在不同工作条件下，作用于挡土墙上的荷载如下：

（1）挡土墙及其底板以上填土自重。

（2）破裂体填土面上的各种有效荷载。

（3）土压力。

（4）水压力——静水压力和墙后渗透压力。

（5）扬压力——墙底面的浮托力和渗透压力。

（6）浪压力。

（7）淤沙压力。

（8）寒冷地区的冰压力和冻土膨胀压力。

（9）地震力。

（10）其他各种力——来自汽车，起重机和人群等的临时荷载。

3.1.2.2 荷载组合

挡土墙设计时，应将可能同时作用的各种荷载进行组合。荷载组合分为基本组合和特殊组合，可按表3.1-6采用。

表 3.1-6　　　　　　　　荷 载 组 合 表[15]

荷载组合	计算情况	荷 载												说　　明
		自重	附加荷载	水重	静水压力	扬压力	土压力	淤沙压力	风浪压力	冰压力	土的冻胀力	地震荷载	其他	
基本组合	完建情况	√	√	√	√	√	√	—	—	—	—	—	√	必要时，可考虑地下水产生的扬压力
	正常挡水位情况	√	√	√	√	√	√	√	√	—	—	—	√	按正常挡水位组合计算水重、静水压力、扬压力、土压力及风浪压力
	设计洪水位情况	√	√	√	√	√	√	√	√	—	—	—	—	按设计洪水位组合计算水重、静水压力、扬压力、土压力及风浪压力
	冰冻情况	√	√	√	√	√	√	—	√	√	—	—	√	按正常挡水位组合计算水重、静水压力、扬压力、土压力及冰压力
特殊组合	Ⅰ 施工情况	√	√	—	—	—	√	—	—	—	—	—	√	应考虑施工过程中各个阶段的临时荷载
	校核洪水位情况	√	√	√	√	√	√	√	√	—	—	—	—	按校核洪水位组合计算水重、静水压力、扬压力、土压力及风浪压力
	Ⅱ 地震情况	√	—	√	√	√	√	√	√	—	—	√	—	按正常挡水位组合计算水重、静水压力、扬压力、土压力及风浪压力

3.1.2.3 荷载计算

作用在挡土墙上的荷载的计算，除土压力和地震时的土压力在本节叙述外，其他各种荷载的计算可参见本手册其他相关部分。

1. 土压力计算

（1）土压力概论。土体对挡土墙产生的侧压力，

与挡土墙受力后产生位移的方向和大小有相当大的关系。因此，根据挡土墙的位移而有主动土压力、被动土压力和静止土压力的区别，如图3.1-11[1]所示。

当挡土墙因受土侧压力而向外逐渐移动，土体内发生相应的剪应力，直至向外移动到一个足够的数值，最后土体内产生剪切面（崩裂面），滑动土体（破坏棱体）向下、向前移动，此时作用在墙上的土

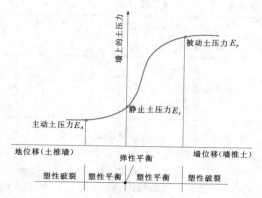

图 3.1-11 挡土墙位移对土侧压力的影响

侧压力称为主动土压力。

反之，如果挡土墙因受外力的作用而向后面的土体推压，达到一个足够的数值，土体最后产生剪切面（崩裂面），滑动土体（破坏棱体）向上、向后移动，此时作用在墙体上的土侧压力称为被动土压力。

如果挡土墙本身刚度很大，在土侧压力作用下，不向任何方向移动，墙后土体不产生剪切破裂，处于弹性平衡状态，此时作用在墙上的土侧压力称为静止土压力。

进行挡土墙土压力计算时，究竟采用哪种土压力为宜，应该根据挡土墙位移及压力传播情况而定，一般情况下本手册建议作用于挡土墙上的土侧压力，可按主动土压力计算。

（2）库仑土压力理论。

1）库仑土压力理论的基本假定：

a. 假定挡土墙是刚性的。

b. 假定墙后填土是无黏性砂土。即土是干的、均匀的、各向同性的散粒材料，有内摩擦力而无黏聚力，有抗压、抗剪能力的"理想土壤"。

c. 土壤的天然坡角与土壤性质有关，在某一坡角范围内土体不会破裂和下滑，并假定该坡角为土壤的内摩擦角。

d. 当墙身受土体的作用，产生塑性变形时，墙后回填土内出现裂缝，从静止土体中分裂出一块土楔形体（棱体）。如果土楔形体沿墙背和土破裂面向前、向下滑动，产生主动土压力；如果土楔形体沿墙背和土破裂面向后、向上滑动，产生被动土压力。

e. 假定通过墙后趾与水平面交角为 η 的破裂面为一平面。

f. 视滑动土楔形体本身是一个刚体。

g. 在滑动平面上（即破裂面上），摩擦力是均匀分布的。

h. 假定土压力 E 作用点位置距墙基底为 1/3 墙高，与墙背面法线成 δ 角，δ 为墙与土之间的摩擦角（或称墙摩擦角或外摩擦角）。

i. 库仑土压力理论是从滑动楔体处于极限平衡状态时，力的静力平衡条件出发而求解主动或被动土压力的。

j. 作为平面问题分析。

在使用库仑土压力理论的计算公式时，应特别注意上述假定，当土壤材料等不符合上述假定时，应对土压力计算公式作相应的修正和调整。本节下面列出了黏性土、超载和地下水等对土压力的影响。

库仑假定土压力如图 3.1-12 所示。

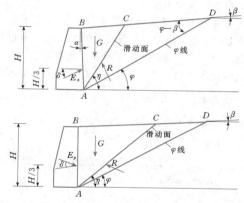

图 3.1-12 库仑假定土压力简图

2）主动土压力计算的一般公式。

当墙身向前转动或平移，使得墙后无黏性填土土楔 ABC（图 3.1-13）沿着墙背 AB 和滑动面 AC 向下、向前滑动时，在这破坏的瞬间滑动楔体 ABC 处于主动极限平衡状态。取 ABC 为隔离体，其自重为 G，则墙背对滑动楔体的反力为 E，其作用方向与墙背的法线成 δ 角。滑动面 AC 与水平面的夹角为 η，AC 面上的反力为 R，其作用方向与 AC 面上的法线成 φ 角（φ 为土的内摩擦角），并位于法线的下方，如图 3.1-13 所示。

作用在滑动楔体 ABC 上的力，一共有 G、E 和 R 三个力，其中 G 的大小及方向、E 和 R 的方向均为已知，由此可绘出封闭的力三角形。根据静力平衡条件，由正弦定律，可得

$$\frac{E}{G} = \frac{\sin(\eta - \varphi)}{\sin[180° - (\eta - \varphi + \psi)]} = \frac{\sin(\eta - \varphi)}{\sin(\eta - \varphi + \psi)}$$

$$(3.1-1)$$

即

$$E = G \frac{\sin(\eta - \varphi)}{\sin(\eta - \varphi + \psi)} \qquad (3.1-2)$$

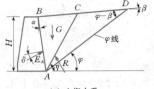

(a) 土楔力系　　　　(b) 土楔脱离体　　　　(c) 力三角形

图 3.1-13　主动土压力

其中 $\psi = 90° - \alpha - \delta$

其他符号意义如图 3.1-13 所示。

由于滑动面 AC 是任意选择的，所以，它不一定是所求的主动土压力。选定不同的滑动面，土压力 E 值也将随之不同。但是，挡土墙破坏时，填土土体内只能有一个真正的滑动面，与这个滑动面相应的土压力才是所求的主动土压力 E_A。

把 E 看作是滑动楔体在自重作用下克服了滑动面 AC 上的摩擦力以后，向前滑动的力。可见 E 值越大，楔体向下滑动的可能性也越大，当滑动面 AC 与水平面的夹角达到某一个 η 值时，E 值最大，这就是主动土压力 E_A。所以可以用 $\dfrac{\mathrm{d}E}{\mathrm{d}\eta} = 0$ 确定 η 值，就是真正滑动面的位置。求得 η 值后，再代入式（3.1-2）就可得出主动土压力 E_A，即

$$E_A = \frac{1}{2}\gamma H^2 \frac{\cos^2(\varphi - \alpha)}{\cos^2\alpha\cos(\delta+\alpha)\left[1+\sqrt{\dfrac{\sin(\delta+\varphi)\sin(\varphi-\beta)}{\cos(\delta+\alpha)\cos(\alpha-\beta)}}\right]^2}$$

（3.1-3）

令

$$K_A = \frac{\cos^2(\varphi - \alpha)}{\cos^2\alpha\cos(\delta+\alpha)\left[1+\sqrt{\dfrac{\sin(\delta+\varphi)\sin(\varphi-\beta)}{\cos(\delta+\alpha)\cos(\alpha-\beta)}}\right]^2}$$

（3.1-4）

则式（3.1-3）可改写成

$$E_A = \frac{1}{2}\gamma H^2 K_A \qquad (3.1-5)$$

式中　γ——挡土墙后填土的重度，kN/m^3；

φ——填土的内摩擦角，（°）；

H——土压力的计算高度，m；

α——挡土墙背面与铅直面的夹角，（°）；

β——挡土墙墙后填土表面坡角，（°）；

K_A——主动土压力系数；

δ——挡土墙墙后填土对墙背的摩擦角，（°），它与填土性质、墙背粗糙程度、排水条件、填土表面轮廓和它上面有无超载等因素有关，一般情况下可按表 3.1-7 取值。

表 3.1-7　　　　δ 值 表[15]

挡土墙墙背面排水状况	δ 值
墙背光滑而排水不良时	$(0.00\sim0.33)\varphi$
墙背粗糙且排水良好	$(0.33\sim0.50)\varphi$
墙背很粗糙且排水良好	$(0.50\sim0.67)\varphi$
墙背与填土之间不可能滑动	$(0.67\sim1.00)\varphi$

当其他条件相同时，φ 角越大，则 K_A 值越小；δ 角越大则 K_A（或 E_A）值越小；当 α 角为负（即仰斜墙）时，其绝对值越大，则 K_A（或 E_A）值越小；当 α 角为正（即俯斜墙）时，其值越大，则 K_A（或 E_A）值越大；β 角越大，K_A（或 E_A）越大。当 $\beta > \varphi$ 时，K_A 将出现虚根，表明式（3.1-4）已不适用。因此，必须控制使 $\beta \leqslant \varphi$。了解上述关系，将有助于在挡土墙设计中减小主动土压力。

a. 主动土压力强度及其作用点。当墙高为 z 时，沿墙高 z 的主动土压力 $E_A = \dfrac{1}{2}\gamma z^2 K_A$，沿墙高 z 的主动土压力强度 $e_A = \dfrac{\mathrm{d}E_A}{\mathrm{d}z} = \gamma z K_A$。可见当 $z=0$ 时，$e_{A0}=0$；$z=H$ 时，$e_{AH}=\gamma H K_A$，主动土压力强度沿墙高按直线分布，分布图形为三角形，如图 3.1-14 所示。主动土压力 E_A 的作用点距墙底为 $1/3H$。

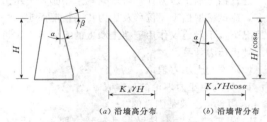

(a) 沿墙高分布　　　　(b) 沿墙背分布

图 3.1-14　主动土压力强度分布图

b. 当墙背垂直（$\alpha=0$），墙表面光滑（$\delta=0$），填土表面水平（$\beta=0$）且与墙顶齐平时，式（3.1-3）可以简化成

$$E_A = \frac{1}{2}\gamma H^2 \tan^2\left(45° - \frac{\varphi}{2}\right) \qquad (3.1-6)$$

3）被动土压力计算的一般公式。被动土压力与主动土压力计算的不同之处在于滑动楔体上的反力（即被动土压力）E_P 和 R 均在法线的另一侧，且相应于 E_P 为最小时的滑动面才是真正的滑动面。

被动土压力 E_P 的计算公式为

$$E_P = \frac{1}{2}\gamma H^2 \frac{\cos^2(\varphi + \alpha)}{\cos^2\alpha\cos(\alpha-\delta)\left[1-\sqrt{\dfrac{\sin(\delta+\varphi)\sin(\varphi+\beta)}{\cos(\alpha-\delta)\cos(\alpha-\beta)}}\right]^2}$$

（3.1-7）

$$E_P = \frac{1}{2}\gamma H^2 K_P \qquad (3.1-8)$$

式中 K_P——被动土压力系数；

其他符号意义同前。

被动土压力 E_P 的作用点在距墙底 $1/3H$ 处。

当墙背垂直（$\alpha=0$），墙表面光滑（$\delta=0$），填土表面水平（$\beta=0$）且与墙顶齐平时，式（3.1-7）可以简化成

$$E_P = \frac{1}{2}\gamma H^2 \tan^2\left(45° + \frac{\varphi}{2}\right) \qquad (3.1-9)$$

4）黏性填土的土压力计算。挡土墙背后为黏性填土时，可以用以下三种不同的方法计算土压力。

a. 认为黏性土的黏聚力是其抗剪强度的一部分，沿着滑动面上均匀分布。在考虑滑动楔体的静力平衡时，除了 G、E 及 R 三个力以外，又增加了一个沿滑动面并与滑动方向相反而作用着的总黏聚力 c，它的大小（等于单位黏聚力与滑动面长度的乘积）和方向都是已知的，根据前述方法，就可求得主动或被动土压力。

对于墙背垂直、光滑，填土表面水平且与墙顶齐平时，作用在墙背上的主动和被动土压力分别为

$$E_A = \frac{1}{2}\gamma H^2 \tan^2\left(45° - \frac{\varphi}{2}\right) - 2cH\tan\left(45° - \frac{\varphi}{2}\right) + \frac{2c^2}{\gamma}$$
$$(3.1-10)$$

$$E_P = \frac{1}{2}\gamma H^2 \tan^2\left(45° + \frac{\varphi}{2}\right) + 2cH\tan\left(45° + \frac{\varphi}{2}\right)$$
$$(3.1-11)$$

式中 c——土的黏聚力，kN/m^2；

其他符号意义同前。

b. 把填土的黏聚力折算成为等值内摩擦角 φ_d（适当加大土的内摩擦角把黏聚力包括进去），而后按式（3.1-3）计算主动土压力；按式（3.1-7）计算被动土压力。

这样计算较简单，关键在于怎样确定等值内摩擦角。实用上，对一般黏性土，地下水位以上的等值内摩擦角常取为 35°或 30°，地下水位以下为 30°～25°。但是等值内摩擦角并不是一个定值，随墙高而变化，墙高越小，等值内摩擦角越大。对于同一等值内摩擦角，高墙偏于不安全，低墙偏于保守。可以根据土的 c、φ 值来计算相应的 φ_d 值，每一种挡土墙的边界条件都可以求出一个等值内摩擦角 φ_d 值。参见表 3.1-8。

当挡土墙的墙背垂直光滑，填土表面水平并与墙顶齐平时，等值内摩擦角的计算公式为

$$\tan\left(45° - \frac{\varphi_d}{2}\right) = $$

$$\sqrt{\frac{\gamma H^2 \tan^2\left(45° - \frac{\varphi}{2}\right) - 4cH\tan\left(45° - \frac{\varphi}{2}\right) + \frac{4c^2}{\gamma}}{\gamma H^2}}$$

$$(3.1-12)$$

c. 不考虑土的黏聚力，仍按无黏性填土来计算。这样计算的主动土压力值偏大，偏于安全。

表 3.1-8 砂和黏土类土壤的 c 值及 φ 值[1]

分类	项目	土壤特性值	不同孔隙比 ε 时土壤的特性值											
			0.41～0.50		0.51～0.60		0.61～0.70		0.71～0.80		0.81～0.95		0.96～1.10	
			标准值	计算值	标准值	计算值	标准值	计算值	标准值	计算值	标准值	计算值	标准值	计算值
砂类土	砾砂和粗砂	c（$\times10^5$Pa）	0.02	—	0.01	—	—	—	—	—	—	—	—	—
		φ（°）	43	41	40	38	38	36	—	—	—	—	—	—
	中砂	c（$\times10^5$Pa）	0.03	—	0.02	—	0.01	—	—	—	—	—	—	—
		φ（°）	40	38	38	36	35	33	—	—	—	—	—	—
	细砂	c（$\times10^5$Pa）	0.06	0.01	0.04	—	0.02	—	—	—	—	—	—	—
		φ（°）	38	36	36	34	32	30	—	—	—	—	—	—
	粉砂	c（$\times10^5$Pa）	0.08	0.02	0.06	0.01	0.04	—	—	—	—	—	—	—
		φ（°）	36	34	34	32	30	28	—	—	—	—	—	—

分类	项目	土壤特性值	不同孔隙比 ε 时土壤的特性值											
			0.41~0.50		0.51~0.60		0.61~0.70		0.71~0.80		0.81~0.95		0.96~1.10	
			标准值	计算值	标准值	计算值	标准值	计算值	标准值	计算值	标准值	计算值	标准值	计算值
黏土类土塑限 ω_p (%)	9.5~12.4	c（×10⁵ Pa）	0.12	0.03	0.08	0.01	0.06	—	—	—	—	—	—	—
		φ（°）	25	23	24	22	23	21	—	—	—	—	—	—
	12.5~15.4	c（×10⁵ Pa）	0.42	0.14	0.21	0.07	0.14	0.04	0.07	0.02	—	—	—	—
		φ（°）	24	22	23	21	22	20	21	19	—	—	—	—
	15.5~18.4	c（×10⁵ Pa）	—	—	0.05	0.19	0.25	0.11	0.19	0.08	0.11	0.04	0.08	0.02
		φ（°）	—	—	22	20	21	19	20	18	19	17	18	16
	18.5~22.4	c（×10⁵ Pa）	—	—	—	—	0.68	0.28	0.34	0.19	0.28	0.10	0.19	0.06
		φ（°）	—	—	—	—	20	18	19	17	18	16	17	15
	22.5~26.4	c（×10⁵ Pa）	—	—	—	—	—	—	0.82	0.36	0.41	0.25	0.36	0.12
		φ（°）	—	—	—	—	—	—	18	16	17	15	16	14
	26.5~30.4	c（×10⁵ Pa）	—	—	—	—	—	—	—	—	0.94	0.40	0.47	0.22
		φ（°）	—	—	—	—	—	—	—	—	16	14	15	13

注　设计时应采用本表计算值。

5）集中荷载作用时的附加主动土压力计算。当墙背填土面上距挡土墙墙顶 a 处作用有线荷载 Q_L 时，附加主动土压力的计算公式为（图 3.1-15）

$$e'_h = \left(\frac{2Q_L}{h} \right) \sqrt{K_A} \qquad (3.1-13)$$

$$h = a(\tan\theta - \tan\varphi) \qquad (3.1-14)$$

$$\theta = 90° - \arctan \sqrt{K_A} \qquad (3.1-15)$$

式中　e'_h——h 范围内中点处附加主动土压力强度，kPa；

　　　h——附加主动土压力分布范围，m；

　　　Q_L——线荷载强度，kN/m；

　　　a——作用在墙顶填土面的线荷载至墙顶的水平距离，m；

　　　θ——墙后填土破裂面与水平面的夹角，（°），当墙背垂直光滑且填土面水平时，取 $\theta = 45° + \varphi/2$；

　　　φ——挡土墙后回填土的内摩擦角，（°）。

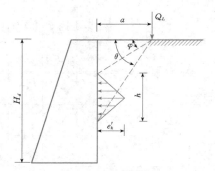

图 3.1-15　集中荷载作用时的附加主动土压力计算简图

6）条形均布荷载时附加主动土压力计算。当距挡土墙墙顶 a 处作用有宽度 b 的条形均布荷载 q_L 时，附加主动土压力计算公式为（图 3.1-16）

$$e_h = q_L K_A \qquad (3.1-16)$$

式中　e_h——h 范 围 内 最 大 附 加 主 动 土 压 力 强 度，kPa；

　　　　q_L——局 部 均 布 荷 载 强 度，kPa。

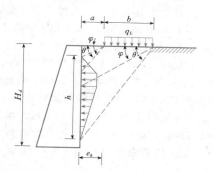

图 3.1－16　条形均布荷载时附加主动土压力计算

7) 连续均布超载作用时的土压力计算。当墙背填土表面上作用有连续均布超载 q（kN/m²）时，可把 q 的作用换算成一个高度为 h（m）、重度为 γ（kN/m³）的等代土层来考虑，即 $h = q/\gamma$。

a. 当墙背垂直光滑、填土面水平并与墙顶齐平，其上作用有连续均布超载 q 时，主动土压力为

$$E_A = \frac{1}{2}\gamma H^2 \tan^2\left(45° - \frac{\varphi}{2}\right) + qH\tan^2\left(45° - \frac{\varphi}{2}\right)$$
$$(3.1-17)$$

被动土压力为

$$E_P = \frac{1}{2}\gamma H^2 \tan^2\left(45° + \frac{\varphi}{2}\right) + qH\tan^2\left(45° + \frac{\varphi}{2}\right)$$
$$(3.1-18)$$

b. 当墙背倾斜粗糙，填土表面倾斜并作用有连续均布超载 q 时，主动土压力的一般公式为

$$E_A = \frac{1}{2}\gamma H^2 K_A + \frac{qHK_A}{1 - \tan\alpha\tan\beta} \quad (3.1-19)$$

式（3.1－19）中的符号意义与式（3.1－3）中相同。式（3.1－17）和式（3.1－18）中的第二项为连续均布超载对土压力的增量，为一个定值。

8) 墙后填土分层时的土压力计算。墙后填土如系分层，且各层的重度和内摩擦角有显著差别时，应分别用各自的重度和内摩擦角算出每层的土压力强度分布图，然后再计算土压力及其作用点。在两层分界面上，因为重度和内摩擦角有突变，所以土压力强度也突变，每层土压力分布线的梯度也不相同，如图 3.1－17 所示。

当墙背垂直（$\alpha=0$），填土表面水平（$\beta=0$），不考虑墙背和土之间摩擦力（$\delta=0$）的情况下，填土分层时，土压力的计算以图 3.1－17 为例加以说明。墙后填土分三层，表面有连续均布荷载 q，各层土的重度 γ 和内摩擦角 φ 如下：$\gamma_1 < \gamma_2$，$\gamma_2 > \gamma_3$；$\varphi_1 > \varphi_2$，$\varphi_2 < \varphi_3$，则土压力强度 e_a 的分布图由折线

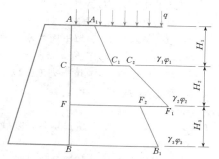

图 3.1－17　墙后填土分层时的土压力强度分布

$AA_1C_1C_2F_1F_2B_1B$ 构成。计算某层 e_a 时，可将该层土以上的土重和荷载一并作为连续均布荷载考虑。按此原则，计算各层土压力强度 e_a 的公式为

$$AA_1 = q\tan^2\left(45° - \frac{\varphi_1}{2}\right) \quad (3.1-20)$$

$$CC_1 = (q + \gamma_1 H_1)\tan^2\left(45° - \frac{\varphi_1}{2}\right) \quad (3.1-21)$$

$$CC_2 = (q + \gamma_1 H_1)\tan^2\left(45° - \frac{\varphi_2}{2}\right) \quad (3.1-22)$$

$$FF_1 = (q + \gamma_1 H_1 + \gamma_2 H_2)\tan^2\left(45° - \frac{\varphi_2}{2}\right)$$
$$(3.1-23)$$

$$FF_2 = (q + \gamma_1 H_1 + \gamma_2 H_2)\tan^2\left(45° - \frac{\varphi_3}{2}\right)$$
$$(3.1-24)$$

$$BB_1 = (q + \gamma_1 H_1 + \gamma_2 H_2 + \gamma_3 H_3)\tan^2\left(45° - \frac{\varphi_3}{2}\right)$$
$$(3.1-25)$$

求出 e_a 图后，土压力 E_A 就是 e_a 的面积。土压力的作用点在通过 e_a 图的形心的水平线上。

在墙不高或各层土的 γ 和 φ 差别不太大时，γ 和 φ 值可以近似地按其厚度加权平均值来计算，即

$$\gamma_m = \frac{\sum \gamma_i H_i}{\sum H_i}, \quad \varphi_m = \frac{\sum \varphi_i H_i}{\sum H_i} \quad (3.1-26)$$

式中　γ_m、φ_m——整个土层的重度和内摩擦角的加权平均值；

　　　　γ_i、φ_i——各土层的重度和内摩擦角；

　　　　H_i——各土层的高度。

求出 γ_m、φ_m 后，即可把分层土作为均质土来计算土压力。

9) 填土表面成折线时的土压力计算。当墙背填土表面成折线时，作用在挡土墙墙背上的主动土压力强度可近似计算为（图 3.1－18）

$$e_{a1} = \gamma H_d K_A \quad (3.1-27)$$

$$e_{a2} = \gamma H_0 K_A \quad (3.1-28)$$

$$e_{a3} = \gamma Z K_A \quad (3.1-29)$$

式中　e_{a1}——填土高度为 H_d、填土面为水平面时计算的主动土压力强度，kPa；

$\quad\ e_{a2}$——填土高度为 H_0、填土面为水平面时计算的主动土压力强度，kPa；

$\quad\ e_{a3}$——填土面坡角为 β、填土高度 z 以上的主动土压力强度，kPa；

$\quad\ H_d$——挡土墙高度，m；

$\quad\ H_0$——挡土墙的高度与超过墙顶的填土高度之和，m；

$\quad\ Z$——墙顶填土斜坡面与墙背连线交点至墙底的深度，m。

10）折线形墙背的土压力计算。为了减小墙背主动土压力，或达到工程的其他目的，常把挡土墙墙背做成折线形，如图 3.1-19 所示。

折线形墙背主动土压力的计算，常采用延长墙背法，依次计算各段墙背所受的土压力强度分布。先按 BC 段墙背的倾斜角 α_1 和填土表面的倾斜角 β，计算 BC 段沿墙高的主动土压力强度分布图形，如图 3.1-19（a）中 cbd 所示。如果墙土间摩擦角 $\delta >$ 0，则土压力方向与墙背 BC 的法线成 δ 角。然后，将墙背 AB 延长到填土表面，把 ABC' 视为一个假想的墙背，按 α_2 和 β 求出沿墙高 $C'a$ 的主动土压力强度分布图形 $C'afC'$。因为实际的墙背是 BC，而不是 BC'，土压力强度分布图形 $C'afC'$ 仅对墙的下段 AB 有效。所以，沿折线形墙背的整个墙高范围内的土压力是土压力强度图形 cbd 和 bafg 之和，即 cafgdc。

因为所延长的墙背 BC' 处在填土中，并非真正的

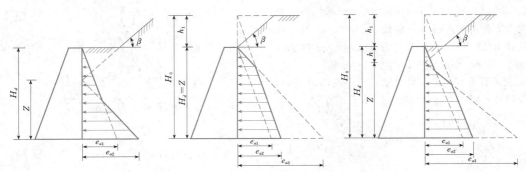

图 3.1-18 填土表面成折线时的土压力计算简图
（图中阴影线部分为相应假定情况下主动土压力的近似分布图形）

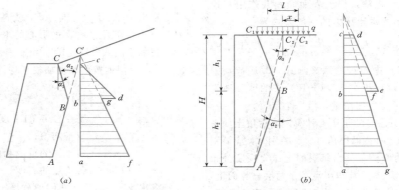

图 3.1-19 折线形墙背的土压力计算图

墙背，从而引起因忽视土楔 BCC' 的作用所带来的误差。所以，当折线形墙的上、下部分墙背的倾斜角相差 10°以上时，应进行校正。这时，折线形墙背的土压力可以用半图解半数解法（苏联 Г.K. 卡列恩法）来计算，如图 3.1-19（b）所示。具体步骤如下：

　　a. 先计算上部分墙背 BC_1 的土压力 E_1。

　　b. 计算校正重量 ΔG 的值。延长下墙墙背 AB 交地面于 C_3 点，量出 $\triangle C_1 BC_3$ 面积，即

$$\Delta G = \Delta G_1 - \Delta G_2 \qquad (3.1-30)$$

$$\Delta G_1 = \gamma \triangle C_1 BC_3 + ql \qquad (3.1-31)$$

$$\Delta G_2 = E_1 \frac{\sin(\psi_1 - \psi_2)}{\sin\psi_2} \qquad (3.1-32)$$

其中
$$\psi_1 = 90° - \alpha_1 - \delta_1$$
$$\psi_2 = 90° + \alpha_2 - \delta_2$$

式中　ΔG_1——延长墙背与实际墙背之间土楔及填土面上的荷载重量;

ΔG_2——考虑延长墙背与实际墙背上土压力作用方向不同而产生的附加垂直分力;

α_1、α_2——上墙、下墙墙背倾角(下墙仰斜时,α_2 为负值);

δ_1、δ_2——上墙、下墙墙背与填料之间的摩擦角。

c. 确定校正墙背的位置。作直线 C_2A,令 $x = C_2C_3$,则

$$x = \frac{\Delta G}{q + \gamma\left(\frac{h_1 + h_2}{2}\right)} \quad (3.1-33)$$

$$\tan\alpha_3 = \frac{l - x - h_1\tan\alpha_1 + h_2\tan\alpha_2}{h_1 + h_2} \quad (3.1-34)$$

$$\omega = \alpha_2 - \alpha_3 \quad (3.1-35)$$

d. 以 C_2A 为假想墙背,求出土压力即为所求下墙 BA 的土压力 E_2。

e. 沿折线形墙背的整个墙高的土压力强度分布图为 $cagfedc$。

11) 当墙背呈 L 形时的土压力计算。当墙背俯斜很缓,即墙背倾角 α 比较大,或墙背呈 L 形时(图 3.1-20),AB 连线为假想墙背,假想墙背的倾角也较大。当墙身向外移动,土体达到主动极限平衡状态时,破裂土楔体不沿墙背滑动,而是沿着在土中相交于墙后趾 B 点的两个破裂面滑动。离墙背较远的 BF 称为第一破裂面,而离墙背较近的 BC 称为第二破裂面。此时如仍用库仑理论的假定来计算土压力就不适用了,并将导致错误的结果。这时,应按破裂面出现的位置来求算土压力。在工程中,常把出现第二破裂面时计算土压力的方法称为第二破裂面法。

a. 确定第二破裂角

$$\alpha_E = \frac{1}{2}(90° - \varphi) - \frac{1}{2}(\delta - \beta) \quad (3.1-36)$$

$$\beta_E = \frac{1}{2}(90° - \varphi) + \frac{1}{2}(\varepsilon - \beta) \quad (3.1-37)$$

式中　α_E——第二破裂面与铅直线的夹角;

β_E——第一破裂面与铅直线的夹角。

$$\varepsilon = \arcsin\frac{\sin\beta}{\sin\varphi} \quad (3.1-38)$$

令 α_1 为墙顶 A 与墙后趾 B 两点的连线与铅直线的夹角。

当 $\alpha_1 > \alpha_E$ 时,则第二破裂面与墙后填土表面线相交;当 $\alpha_1 \leqslant \alpha_E$ 时,即以两点 AB 连线为第二破裂面。

b. 找出第二破裂面后,就可以按下列公式计算主动土压力,如图 3.1-20 所示。

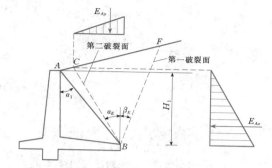

图 3.1-20 墙背呈 L 形时的土压力计算图

a) 墙后填土表面为水平,其上作用有连续均布荷载 q 时

$$E_{Ax} = \frac{1}{2}\gamma H^2\left(1 + \frac{2q}{\gamma H}\right)(1 - \tan\varphi\tan\beta_E)^2\cos^2\varphi \quad (3.1-39)$$

$$E_{Ay} = E_{Ax}\tan(\alpha_E + \varphi) \quad (3.1-40)$$

土压力强度分布图形为三角形,土压力作用点通过分布图形的形心。

b) 墙后填土表面倾斜时

$$E_{Ax} = \frac{1}{2}\gamma H_1^2\sec^2\alpha\cos^2(\alpha - \beta) \times$$
$$[1 - \tan(\varphi - \beta)\tan(\beta_E + \beta)]^2\cos^2(\varphi - \beta) \quad (3.1-41)$$

$$E_{Ay} = E_{Ax}\tan(\alpha_E + \varphi) \quad (3.1-42)$$

土压力强度分布图形为三角形,土压力作用点通过分布图形的形心。

12) 板桩墙的土压力计算。板桩式挡土墙、锚碇墙或锚杆式挡土墙,其墙后主动土压力仍可按前面介绍的方法计算,也可根据当地经验,对土压力进行修正计算或采用考虑墙体弯曲变形的其他土压力计算公式。当填土面为水平、墙背为垂直时,可按下列方法进行计算,如图 3.1-21 所示。

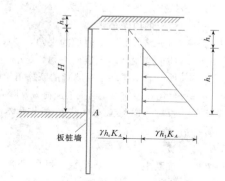

图 3.1-21 板桩墙的土压力计算图

a. 作用在挡土墙上的主动土压力计算

$$E_{Ax} = \frac{1}{2}\gamma h_1^2 K_A \cos\delta \qquad (3.1-43)$$

$$K_A = \frac{\cos^2\varphi}{\cos\delta\left[1+\sqrt{\dfrac{\sin(\varphi+\delta)\sin\varphi}{\cos\delta}}\right]^2} \qquad (3.1-44)$$

$$h_1 = H - h_c \qquad (3.1-45)$$

式中　E_{Ax}——主动土压力水平分力，kN/m；

φ——填土的内摩擦角，(°)；

δ——挡土墙墙后填土对墙背的摩擦角，(°)；

h_1——主动土压力为零处至墙前地面的高度，m；

H——墙前地面至墙顶的高度，m；

h_c——考虑墙后填土的黏聚力作用时，主动土压力为零处的深度，m，当墙顶水平面以上有超荷载作用时，填土面应按近似折算后的等代填土高度计算。

考虑墙后填土的黏聚力作用时，主动土压力为零处的深度 h_c 的计算公式为

$$h_c = 2c\frac{1+\sin(\varphi+\delta)}{\gamma\cos\varphi\cos\delta} \qquad (3.1-46)$$

b. 作用在挡土墙上的被动土压力计算。当墙后填土为均质无黏性土、填土面为非水平面、墙背为非垂直面时，被动土压力可按式（3.1-47）计算，被动土压力系数可按式（3.1-48）计算，即

$$E_{px} = \left(\frac{1}{2}\gamma H_t^2 K_P + q H_t K_P\right)\cos\delta \qquad (3.1-47)$$

$$K_P = k'\frac{\cos^2(\varphi+\alpha)}{\cos^2\alpha\cos(\delta-\alpha)\left[1-\sqrt{\dfrac{\sin(\varphi+\delta)\sin(\varphi+\beta)}{\cos(\delta-\alpha)\cos(\alpha-\beta)}}\right]^2} \qquad (3.1-48)$$

式中　E_{px}——被动土压力水平分力，kN/m；

γ——挡土墙后填土的重度，kN/m³；

φ——填土的内摩擦角，(°)；

α——挡土墙背面与铅直面的夹角，(°)；

β——挡土墙后填土表面坡角，(°)；

δ——挡土墙后填土对墙背的摩擦角，(°)；

q——作用在墙前填土面上的面荷载，kN/m²；

H_t——板桩、锚碇墙或沉井底置入土体的深度，m；

K_P——被动土压力系数；

k'——被动土压力折减系数，可由表 3.1-9 查得。

表 3.1-9　　　　　k' 值[15]

φ (°)	15	20	25	30	35	40
k'	0.75	0.64	0.55	0.47	0.41	0.35

当墙后填土为均质黏性土、填土面为水平面、墙背为垂直面时，被动土压力可按式（3.1-49）计算，被动土压力系数可按式（3.1-50）计算。也可采用等值内摩擦角按式（3.1-47）和式（3.1-48）进行简化计算。

$$E_{px} = \left(\frac{1}{2}\gamma H_t^2 K_P + q H_t K_P + 2c H_t\frac{\cos\varphi}{1-\sin(\varphi+\delta)}\right)\cos\delta \qquad (3.1-49)$$

$$K_P = \frac{\cos^2\varphi}{\cos\delta\left[1-\sqrt{\dfrac{\sin(\varphi+\delta)\sin\varphi}{\cos\delta}}\right]^2} \qquad (3.1-50)$$

当计算锚碇墙墙前被动土压力时，应不考虑墙前填土面上的面荷载 q 作用；所计算的被动土压力还应乘以折减系数 k''，k'' 可由表 3.1-10 查得。

表 3.1-10　　　　　k'' 值[15]

H_t/h	1.0	1.2	1.5	1.7	2.0	3.0
k''	1.00	0.95	0.88	0.86	0.83	0.78

注　h 为锚碇墙顶至地面的高度（m）。

13）带卸荷板（减压平台）时的土压力计算。为了减小作用在挡土墙背的主动土压力，除了可采用仰斜墙或选择摩擦角较大的回填土外，往往采用卸荷板（或称减压平台）的结构型式。

卸荷板一般设置在墙背中部附近，向墙后伸得越远，减压作用越大，以伸到墙后土楔滑动面上为最好，如图 3.1-22 所示。

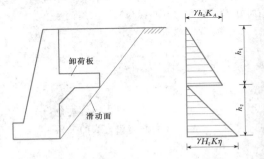

图 3.1-22 带卸荷板时的土压力计算

带卸荷板时的土压力计算，以卸荷板划分上、下两部分。卸荷板以上部分墙背所受的主动土压力可按一般库仑（或朗肯）主动土压力公式计算，卸荷板以下部分墙背所受的主动土压力只与平台以下填土的重

量有关。这时土压力计算公式为

$$E_A = E_{A1} + E_{A2} = \frac{1}{2}\gamma h_1^2 K_A + \frac{1}{2}\gamma h_2^2 K_A$$

$$(3.1-51)$$

土压力强度分布按上、下两个三角形分布，土压力的合力通过分布图形的形心。

14）有限范围填土的土压力计算。库仑土压力理论假定填土在墙后一定范围内都是均质的，而且在填土范围内产生滑动面。如果墙后不远有岩层坡面，而且岩体比较稳定，对墙无侧压力，或者墙后为修建挡土墙而开挖的稳定坡面。这些坡面比按库仑土压力理论所计算的滑动面要陡一些，这时计算滑动面将在稳定坡面以内，如图3.1-23所示。这就产生了所谓有限范围填土问题。

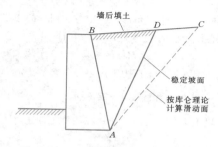

图 3.1－23 有限范围填土的土压力计算

计算有限范围填土的土压力，取上述岩层坡面或稳定坡面为墙后土楔的滑动面，以静力平衡条件并按墙后填土与稳定坡面（或岩层坡面）之间的抗剪强度来确定主动土压力。求得的主动土压力系数为

$$K_A = \frac{\sin(\alpha + \theta)\sin(\alpha + \beta)\sin(\theta - \delta_r)}{\sin^2\alpha\sin(\theta - \beta)\sin(\alpha - \delta + \theta - \delta_r)}$$

$$(3.1-52)$$

式中 θ——稳定坡面倾角；

α——挡土墙背面与铅直面的夹角，(°)；

β——挡土墙墙后填土表面坡角，(°)；

δ_r——稳定坡面与填土之间的摩擦角，根据试验确定，无试验资料时，可取 $\delta_r = 0.33\varphi$（φ 为填土内摩擦角）。

这样算出来的主动土压力自然要比按库仑土压力理论求得的主动土压力为小。

15）有地下水作用时的土压力计算。当墙后填土因排水不良而积有地下水时，水的浮力作用使土减重。因此计算土压力时应考虑水对土的减重作用，同时计算作用在墙背上的静水压力。有地下水时，还要考虑黏性土的抗剪强度将会显著地降低，主动土压力

系数会增大。砂性土的抗剪强度受浸水的影响较小，一般可认为内摩擦角不变。

a. 砂性土在地下水作用下，φ 值不变，只考虑浮力影响时的土压力计算。

在假设 φ 值不变的条件下，破裂角虽因浸水而略有变化，但对土压力的计算影响不大。为了简化计算，可以进一步假定破裂角不变。这样，水上部分土体的土压力计算同前；而水下部分应取土的有效重度进行计算，同时还应增加水位以下的静水压力。

作用于墙背上的主动土压力 E_A 的方向与墙背法线成 δ 角，其值为

$$E_A = \frac{1}{2}\gamma H_1^2 K_A + \gamma H_1 H_2 K_A + \frac{1}{2}\gamma_0 H_2^2 K_A$$

$$(3.1-53)$$

其中 $\gamma_0 = \gamma_{sat} - \gamma_w$

式中 H_1——水上部分填土高度，m；

H_2——水下部分填土高度，m；

γ_0——填土的有效重度；

γ_{sat}——饱和重度；

γ_w——水的重度。

b. 黏性土在地下水作用下，φ 值降低时的土压力计算。

因地下水作用，φ 值降低时，以计算水位为界，可以将回填土的上、下两部分视为不同性质的土层，按分层填土计算土压力。计算中，先求出计算水位以上填土的土压力，然后再将上层填土重量作为荷载，计算浸水部分的土压力。上述两部分土压力的向量和即为全墙土压力。同时还应计算作用在墙背上的水压力。

c. 考虑动水压力作用时的土压力计算。

在弱透水土体中，如果存在水的渗流，土压力的计算中应考虑动水压力的影响。这时可采用以下两种近似方法。

a）假设破裂角不受影响。计算中，先不考虑动水压力的影响，而按一般浸水情况求算破裂角和土压力。然后再单独计算动水压力 D，并认为它作用于滑动楔体浸水部分的形心，方向水平并指向土体滑动的方向。其计算公式为

$$D = \gamma_w I\Omega \qquad (3.1-54)$$

式中 γ_w——水的重度；

I——水力梯度，采用土体中渗流降落曲线的平均坡度，见表3.1-11；

Ω——滑动楔体浸水部分面积。

表 3.1-11　　　　　　　　　　渗流降落曲线平均坡度[2]

土壤类别	卵石粗砂	中砂	细砂	粉砂	黏砂土	砂黏土	黏土	重黏土	泥炭
渗流降落平均坡度	0.0025～0.005	0.005～0.015	0.015～0.02	0.015～0.05	0.02～0.05	0.05～0.12	0.12～0.15	0.15～0.20	0.02～0.12

b）考虑破裂角因渗流影响而发生变化。计算时，要考虑到挡土墙全部浸水，而墙前水位骤然降低这一最不利情况。这时破裂楔形体所受的体积力中，除自重 G 外，还有动水压力 D，两者的合力 G' 为

$$G' = \frac{G}{\cos\xi} \qquad (3.1-55)$$

式中　ξ——合力 G' 与铅垂线之间的夹角。

$$\xi = \arctan\frac{D}{G} = \arctan\frac{\gamma_w I}{\gamma} \qquad (3.1-56)$$

令　$\gamma'_u = \dfrac{\gamma_u}{\cos\xi}$，　$\delta' = \delta + \xi$，　$\varphi' = \varphi - \xi$

$$(3.1-57)$$

式中　γ_u——水中填土的浮重度。

以 γ'_u、δ'、φ' 代替 γ_u、δ、φ 就可按一般的库仑土压力公式计算有地下水并考虑动水压力影响时的土压力。

（3）朗肯土压力理论。朗肯土压力理论系假定墙背和填土间没有摩擦力（即 $\delta = 0$），然后按墙身的移动情况，根据填土体内任一点处于主动或被动极限平衡状态时，最大最小主应力间的关系，求得主动或被

动土压力强度以及主动或被动土压力（它等于土压力强度分布图形的面积）。由于没有考虑墙背和填土之间的摩擦力，这样求出的主动土压力值偏大，而被动土压力值偏小。因此，用朗肯土压力理论来设计挡土墙。总是偏于安全的，而且公式简单，便于记忆，所以也被广泛采用。

1）主动土压力计算的一般公式。朗肯研究了半无限均质土体中任意点的应力状态，导出了土压力理论，并认为可以用挡土墙来代替半无限土体的一部分，结果并不影响土体其他部分的应力状态。主动土压力强度分布图呈三角形，强度分布图形的面积即等于作用在墙背上的主动土压力 E_A，即

$$E_A = \frac{1}{2}\gamma H^2 \tan^2\left(45° - \frac{\varphi}{2}\right) \qquad (3.1-58)$$

其作用点位于土压力强度分布图形的形心，在墙底以上 $\frac{1}{3}H$ 处，如图 3.1-24 所示。

当填土为黏性土时，作用在墙背上的主动土压力 E_A 为

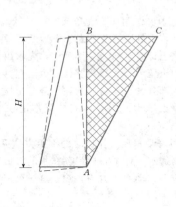

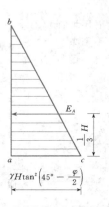

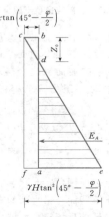

（a）主动土压力计算　　　　　（b）无黏性填土的主动土压力　　　　（c）黏性填土的主动土压力

图 3.1-24　朗肯主动土压力计算

$$E_A = \frac{1}{2}\gamma H^2 \tan^2\left(45° - \frac{\varphi}{2}\right) - 2cH\tan\left(45° - \frac{\varphi}{2}\right) + \frac{2c^2}{\gamma}$$

$$(3.1-59)$$

它的作用点在墙底以上 $\frac{1}{3}(H - z_0)$ 处，其中

$$z_0 = \frac{2c}{\gamma}\tan\left(45° + \frac{\varphi}{2}\right) \qquad (3.1-60)$$

2）被动土压力计算的一般公式。无黏性土作用在墙背上的被动土压力为

$$E_P = \frac{1}{2}\gamma H^2 \tan^2\left(45° + \frac{\varphi}{2}\right) \qquad (3.1-61)$$

当墙背填土为黏性土时，作用在墙背上的被动土压力为

$$E_P = \frac{1}{2}\gamma H^2 \tan^2\left(45° + \frac{\varphi}{2}\right) + 2cH\tan\left(45° + \frac{\varphi}{2}\right)$$

$$(3.1-62)$$

被动土压力强度分布如图 3.1-25 所示，其作用点就是压力强度分布图形的形心。

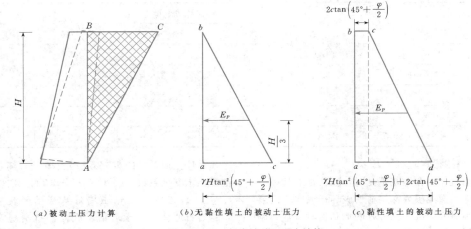

（a）被动土压力计算　　（b）无黏性填土的被动土压力　　（c）黏性填土的被动土压力

图 3.1-25 朗肯被动土压力计算

2. 地震时的土压力计算

地震时，因土压力增大会造成支挡结构的破坏。因此，在地震区建造挡土墙时应考虑地震力对土压力的影响。到目前为止，尚无符合实际的理论计算方法。本手册介绍两种国内常用的方法。

（1）用地震角加大墙背和填土表面坡角公式。假定在地震时，结构物（挡土墙）如同一个刚体固定在大地上，结构物上任意一点的加速度与地表加速度相同。土体产生的水平惯性力，作为一种附加力作用于滑动楔体上。

滑动楔体在地震力的作用下，其受力如图 3.1-26所示：G_1 是滑动楔体自重 G 和作用其上的水平惯性力 F

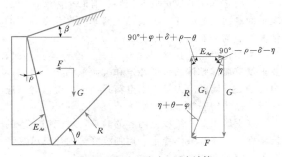

图 3.1-26 地震时土压力计算

的合力，它与竖直线之间的夹角 η 称为地震角。

则地震时的主动土压力计算公式为

$$E_{Ae} = \frac{\gamma H^2}{2\cos\eta} \frac{\left[\cos^2(\varphi-\rho-\eta)\right]}{\left\{\cos^2(\rho+\eta)\cos(\delta+\rho+\eta)\left[1+\sqrt{\dfrac{\sin(\delta+\varphi)\sin(\varphi-\beta-\eta)}{\cos(\delta+\rho+\eta)\cos(\rho-\beta)}}\right]^2\right\}} \quad (3.1-63)$$

式中　η——地震角，可按表 3.1-12 取值。

表 3.1-12　　地震角 η[2]

地震设计烈度（度）	7	8	9
非浸水	1°30′	3°	3°
水下	2°30′	5°	10°

（2）《水工建筑物抗震设计规范》（DL 5073—2000）建议水平地震作用下总土压力公式为

$$E = (1 \pm K_h C_z C_e \tan\varphi) E_s \quad (3.1-64)$$

式中　"+"和"-"——主动土压力和被动土压力；

K_h——水平向地震系数，查表 3.1-13；

C_z——综合影响系数，取 0.25；

C_e——地震动土压力系数，查表 3.1-14；

E_s——静主动土压力；

φ——填土内摩擦角。

表 3.1-13　　水平向地震系数 K_h[2]

地震设计烈度（度）	7	8	9
K_h	0.1	0.2	0.4
$K_h C_z$	0.025	0.050	0.100

表 3.1-14 地震动土压力系数 C_e[2]

动土压力	填土坡度	内摩擦角 φ				
		21°～25°	26°～30°	31°～35°	36°～40°	41°～45°
主动土压力	0°	4.0	3.5	3.0	2.5	2.0
	10°	5.0	4.0	3.5	3.0	2.5
	20°	—	5.0	4.0	3.5	3.0
	30°	—	—	—	4.0	3.5
被动土压力	0°～20°	3.0	2.5	2.0	1.5	1.0

3.1.3 挡土墙的稳定验算

挡土墙的破坏，在地基不良时，往往是沿基底面滑动；或在基底面浅层或深层剪切破坏；或向墙内或墙外过度的倾斜或下沉。在良好的地基上时，常为倾覆稳定性控制，绕墙趾而倾覆。挡土墙较高时，通常是倾覆稳定和基底应力同时控制。有时也因墙前土被大量冲刷而引起破坏，因而挡土墙基底尺寸在一定的情况下成为控制因素。

为避免发生上述各种破坏情况，设计挡土墙时，要求复核墙体整体的抗滑稳定和抗倾覆稳定、墙底压力的偏心、墙趾应力等。当空箱式挡土墙检修时，应进行抗浮稳定验算。

本手册主要介绍以上内容的验算，对于挡土墙的抗渗稳定、地基整体稳定、地基沉降等的计算可参考本手册相关章节内容。

3.1.3.1 抗滑稳定

水工挡土墙的抗滑稳定验算，应根据地基的岩土性质、地基强度指标及建筑物规模等条件采用不同的验算公式。

1. 土质地基上挡土墙沿基底面的抗滑稳定

土质地基上挡土墙沿基底面的抗滑稳定安全系数的计算公式为

$$K_c = \frac{f \sum G}{\sum H} \qquad (3.1-65)$$

或

$$K_c = \frac{\tan\varphi_0 \sum G + c_0 A}{\sum H} \qquad (3.1-66)$$

式中 K_c——挡土墙沿基底面的抗滑稳定安全系数；

f——挡土墙基底面与地基之间的摩擦系数，可由试验或根据类似地基的工程经验确定，也可按表 3.1-15 选用；

$\sum H$——作用在挡土墙上全部平行于基底面的荷载，kN；

φ_0——挡土墙基底面与土质地基之间的摩擦角，(°)，可按表 3.1-16 选用；

c_0——挡土墙基底面与土质地基之间的黏聚力，kPa，可按表 3.1-16 选用。

黏性土地基上的 1、2 级挡土墙，沿其基底面的抗滑稳定安全系数宜按式（3.1-66）计算。

2. 岩石地基上挡土墙沿基底面的抗滑稳定

岩石地基上挡土墙沿基底面的抗滑稳定安全系数，可按式（3.1-65）或式（3.1-67）计算，即

$$K_c = \frac{f' \sum G + c' A}{\sum H} \qquad (3.1-67)$$

式中 f'——挡土墙基底面与岩石地基之间的抗剪断摩擦系数，可按表 3.1-17 选用；

c'——挡土墙基底面与岩石地基之间的抗剪断黏聚力，kPa，可按表 3.1-17 选用。

按式（3.1-65）计算 f 值时，可按表 3.1-17 选用。

表 3.1-15 f 值[15]

地 基 类 别		f 值
黏土	软弱	0.20～0.25
	中等坚硬	0.25～0.35
	坚硬	0.35～0.45
壤土、粉质壤土		0.25～0.40
砂壤土、粉砂土		0.35～0.40
细砂、极细砂		0.40～0.45
中砂、粗砂		0.45～0.50
砂砾石		0.40～0.50
砾石、卵石		0.50～0.55
碎石土		0.40～0.50

表 3.1-16 φ_0、c_0 值[15]

土质地基类别	φ_0 值	c_0 值
黏性土	0.90φ	$(0.2～0.3)c$
砂性土	$(0.85～0.90)\varphi$	0

注 φ 为室内饱和固结快剪试验测得的内摩擦角，(°)；c 为室内饱和固结快剪试验测得的黏聚力，kPa。

表 3.1-17 f'、c'、f 值[15]

岩石地基类别		f' 值	c' 值（MPa）	f 值
硬质岩石	坚硬	1.5～1.3	1.5～1.3	0.65～0.70
	较坚硬	1.3～1.1	1.3～1.1	0.60～0.65
软质岩石	较软	1.1～0.9	1.1～0.7	0.55～0.60
	软	0.9～0.7	0.7～0.3	0.45～0.55
	极软	0.7～0.4	0.3～0.05	0.40～0.45

注　如岩石地基内存在结构面、软弱层（带）或断层的情况，f'、c' 值应按现行的国家标准《水力发电工程地质勘察规范》（GB 50287—2006）的规定选用。

3.1.3.2 抗倾覆稳定

挡土墙的抗倾覆稳定性是指挡土墙抵抗绕前趾向外转动倾覆的能力（力矩），用抗倾覆安全系数 K_0 表示，其计算公式为

$$K_0 = \frac{\sum M_V}{\sum M_H} \qquad (3.1-68)$$

式中　K_0——挡土墙抗倾覆稳定安全系数；

　　　M_V——对挡土墙基底前趾的抗倾覆力矩，kN·m；

　　　M_H——对挡土墙基底前趾的倾覆力矩，kN·m。

3.1.3.3 基底应力验算

1. 土质地基和软质岩石地基

土质地基和软质岩石地基上的挡土墙基底应力计算应满足下列要求：

（1）在各种计算情况下，挡土墙平均基底应力不大于地基允许承载力，最大基底应力不大于地基允许承载力的 1.2 倍。

（2）挡土墙基底应力的最大值与最小值之比不大于表 3.1-18 规定的允许值。

表 3.1-18　挡土墙基底应力的最大值与最小值之比的允许值[15]

地基土质	荷载组合	
	基本组合	特殊组合
松软	1.50	2.00
中等坚实	2.00	2.50
坚实	2.50	3.00

注　对于地震区的挡土墙，其基底应力最大值与最小值之比的允许值可按表列数值适当增大。

2. 硬质岩石地基

硬质岩石地基上的挡土墙基底应力计算应满足下列要求：

（1）在各种计算情况下，挡土墙最大基底应力不大于地基允许承载力。

（2）除施工期和地震情况外，挡土墙基底不应出现拉应力；在施工期和地震情况下，挡土墙基底拉应力不应大于 100kPa。

3. 挡土墙基底应力计算

挡土墙基底应力的计算公式为

$$P_{min}^{max} = \frac{\sum G}{A} \pm \frac{\sum M}{W} \qquad (3.1-69)$$

式中　P_{min}^{max}——挡土墙基底应力的最大值或最小值，kPa；

　　　$\sum G$——作用在挡土墙上全部垂直与水平面的荷载，kN；

　　　$\sum M$——作用在挡土墙上的全部荷载对于水平面平行前墙墙面方向形心轴的力矩之和，kN·m；

　　　A——挡土墙基底面的面积，m²；

　　　W——挡土墙基底面对于基底面平行前墙墙面方向形心轴的截面矩，m³。

3.1.4 挡土墙的结构设计

挡土墙设计在满足整体稳定要求的同时还应保证墙身具有足够的强度和刚度，使选择的设计断面满足经济合理的要求。为此应进行墙身结构设计，墙身结构设计的主要内容包括：选取控制计算情况及控制断面，进行外荷载和内力计算；对选取的控制断面进行强度和刚度验算或配筋计算。

3.1.4.1 重力式挡土墙

重力式挡土墙主要依靠自重来保证土压力作用下的稳定性，由于体积和重量都较大，在软基上往往受地基承载力的限制故其建筑高度不能太高，在岩基上虽不受地基承载力的限制，但太高了耗费材料太多，也不经济，因此常在挡土高度不大时采用这种挡土墙。

重力式挡土墙可用混凝土或砌石建成，一般做成简单的梯形截面，它的优点是可以就地取材，施工方便，经济效果好。

重力式挡土墙一般不配筋或只在局部范围内配以少量钢筋，墙高在 5～6m 以下时，经济效果好；如墙高在 6m 以上时，则采用半重力式或衡重式挡土墙更为经济。

重力式挡土墙可根据其墙背的坡度分为仰斜、垂直和俯斜三种型式。

下述原则，供选型时参考：

按土压力理论，仰斜墙的主动土压力最小，俯斜墙的主动土压力最大，垂直墙介于两者之间。

如挡土墙建造时需要开挖，因仰斜墙背可与开挖的临时边坡相结合，而俯斜墙则必须在墙背进行回填，因此，仰斜墙比较合理。反之，如果墙背本来就需要进行回填，则宜采用俯斜墙或垂直墙，以使填土易于夯实。

当墙前原有地形比较平坦［图 3.1－27（a）］用仰斜墙较合理；若原有地形较陡时［图 3.1－27（b）］用仰斜墙可能会使墙身加高很多［如图 3.1－27（b）中虚线所示］，此时宜采用垂直墙或俯斜墙。

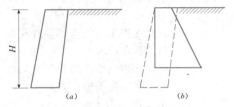

图 3.1－27　重力式挡土墙

综上所述，边坡需要开挖时，仰斜墙施工方便。土压力小，墙身截面经济。故设计时应优先选用仰斜墙。

在水闸、船闸的闸室岸墙及其他一些水利水电工程中，由于设置闸门和水流等条件限制挡土墙墙面需做成垂直时，就必须采用俯斜墙。俯斜墙可分为无底板和有底板两种。后者所耗材料较少，故水工建筑物中常采用后一种型式。

1. 结构布置

重力式挡土墙的尺寸随墙型、墙高而变。

仰斜墙坡度愈缓，主动土压力愈小，但为了避免施工困难，墙背坡仍不宜缓于 4∶1。墙面坡应尽量与墙背坡平行，设计时常采用 4∶1。

当墙身高度超过一定限度时，基底压应力往往是控制截面尺寸的重要因素。为了使地基压应力不超过地基许可承载力，可在墙底加设墙趾台阶（图 3.1－28）。加设墙趾台阶对挡土墙抗倾稳定也是有利的。

墙趾高 h 和墙趾宽 a 的比例取 h∶a＝2∶1，a 值常不小于 20cm。

对于俯斜墙，若墙后地下水位较低，墙底宽约为

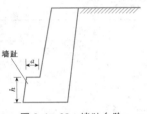

图 3.1－28　墙趾台阶

墙高的 0.6～0.7 倍，墙顶宽度按构造确定，一般用 30～50cm。

对于垂直墙，如原地面的坡度较陡时，墙面坡可用 20∶1～5∶1。对于中、高挡土墙且地形平坦时，墙面坡可较缓，但不宜缓于 2.5∶1。

2. 墙体材料

挡土墙墙身及基础，如采用混凝土，其标号一般不低于 C10；如采用砌石，石料抗压强度一般不小于 MU30 号。对地震区及寒冷地区，上述标准还应提高。石料重度不应小于 20kN/m³，经过 25 次冻融循环（温度为 ±15℃）以后，应无明显的破损。

挡土墙墙高不超过 6m 时，砂浆标号采用 M5 号；超过 6m 时，采用 M7.5 号。在寒冷地区或 9 度地震区采用 M10 号。

3. 结构计算

重力式挡土墙墙身应按构件偏心受压及受剪验算其水平剪应力。水平截面应力计算值应不大于墙身材料的允许值，否则应加大墙身断面重新计算或按钢筋混凝土构件配置钢筋。

墙身任意水平截面的弯矩可按式（3.1－70）计算，截面拉、压应力可按式（3.1－71）计算，剪应力可按式（3.1－72）计算，即

$$M = Gl_1 + Pl_2 \qquad (3.1-70)$$

$$\sigma_{\min}^{\max} = \frac{G}{A_0} \pm \frac{M}{W} \qquad (3.1-71)$$

$$\tau = \frac{P}{A_0} \qquad (3.1-72)$$

式中　M——墙身计算截面的弯矩，kN·m；

　　　G——墙身计算截面以上所有竖向荷载（包括自重）的总和，kN；

　　　P——墙身计算截面以上所有水平荷载的总和，kN；

　　　l_1——墙身计算截面以上竖向荷载的合力作用点至计算截面形心轴的距离，m；

　　　l_2——墙身计算截面以上水平向荷载的合力作用点至计算截面的距离，m；

　　　$\sigma_{\min}^{\max}$——墙身计算截面的正应力最大、最小值，kPa，正值为压应力，负值为拉应力；

A_0——计算截面的面积，m^2；

W——墙身计算截面的截面距，m^3；

τ——墙身计算截面的剪应力，kPa。

半重力式和衡重式挡土墙的结构计算与重力式挡土墙相同。

3.1.4.2　半重力式挡土墙

半重力式挡土墙是将重力式挡土墙的截面减小而底脚放大，这样就可以减小地基应力，以适应软弱地基的要求。半重力式挡土墙一般均采用标号不低于C10的混凝土结构，不用钢筋或仅在局部拉应力较大之处配置少量钢筋（图 3.1-29）。

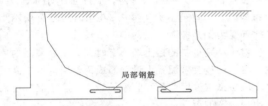

图 3.1-29　半重力式挡土墙的局部配筋

半重力式挡土墙主要由立板与底板组成，它的稳定性也依靠底板上的填土重量来保证。若墙后地下水位很高，水平方向土压力、水压力过大，要求利用墙后大量填土的重量才能保证稳定时，常在立板与底板间加设几个转折，将墙做成折线形截面，并加大底板尺寸。

1. 结构布置

设计半重力式挡土墙的关键是确定截面墙背转折点的位置。若墙的总高在 6～7m 以下，立板与底板之间加一个转折点即可，这时墙背由三个平面组成；若墙的总高大于 6～7m 时，则可多设一两个转折点，但不宜过多，以免增加模板工作量，从而影响施工进度。

在实际设计中，立板的第一个转折点，放在离墙顶 3～3.5m 之间是比较有利的。第一个转折点以下 1.5～2m 以内，可设第二个转折点。第二个转折点以下，一般属于底板范围，底板也可设一、两个转折点。底板的宽度可取 0.3～0.5 倍的墙高。

外底板的宽度宜控制在 1.5m 以内，否则将使混凝土的用量增加，或需配置较多的钢筋。

这种型式的立板顶部和底板边缘的厚度，常不小于 40cm，转折点处的截面厚度，应经过计算决定。若混凝土标号不低于 C10 时，在离墙顶 3.5m 以内的立板厚度和离基础内趾 3m 以内的底板厚度，常不大于 1m。

2. 主要优点

（1）充分利用混凝土的抗拉强度，体积约比重力

式挡土墙减小 40%～50%。

（2）施工简易，并可分期施工。

（3）地基应力小而且均匀，适用于软弱地基和地下水位较高的情况。

（4）底板尺寸大，故其抗滑稳定性要比衡重式挡土墙好。

（5）可采用较低标号的混凝土，不用或仅用少量钢筋，造价一般要比同高度的悬臂式挡土墙为低。

3.1.4.3　衡重式挡土墙

衡重式挡土墙由上墙、衡重台（或称卸荷台）与下墙三部分组成（图 3.1-3）。其主要特点是利用衡重台上的填土重量以增加挡土墙的稳定性，并使地基应力分布比较均匀，体积约比重力式挡土墙少 10%～20%。

1. 结构布置

设计这种型式挡土墙的关键是确定衡重台的高程。在衡重台以上，直墙可以做得比较单薄，在衡重台以下，则宜做成大体积的；或是将衡重台做成台板而在下面再做成直墙。前一种型式对施工比较方便，在衡重台以下的体积可以利用填土斜坡直接浇混凝土，体积虽大但节省了模板费用；后一种型式则相反。

衡重台面距墙底一般约为挡土高度的 0.5～0.6 倍，衡重台面的适当高程，应经过具体计算比较而定。衡重台面的宽度可取 0.25～0.35 倍的墙高。在一般情况下，衡重台距墙顶不宜大于 4m。墙顶厚度常不小于 30cm，若作为桥梁台座之用，则可取为 60cm 或更大。直墙与衡重台相交截面的厚度，由土压力产生的弯矩来决定。衡重台以下的尺寸，决定于地基的允许承载能力，如挡土墙设计是合理的，地基应力接近于均匀分布。

2. 计算原则

衡重式挡土墙计算有整体稳定计算和局部应力校核两部分。

在整体稳定计算中，不仅要计算运行期的稳定性，还须计算施工期的稳定性。运行期一般不存在倾覆稳定问题，地基应力的分布也比较均匀，主要是抗滑问题。特别是水下结构，虽在衡重台以下，可以减小部分土压力，但可能仍难满足抗滑要求。如挡土墙后加设阻滑板，以求获得更多的填土重量来满足稳定，则不如采用半重力式挡土墙更好。

至于施工期的稳定性计算，由于此时的墙后土压力不一定可靠，甚至填土工作尚未完成，故挡土墙有可能向墙内倾覆，更有可能引起墙后趾的地基应力过

大而不安全。若在设计中遇到这种情况，应特别提出随着挡土墙混凝土的升高，边回填土边夯实的施工措施。

在局部应力校核的计算中，只需校核各转折截面处的拉应力，以确定原拟定的截面尺寸是否足够。

3.1.4.4 悬臂式挡土墙

悬臂式挡土墙是钢筋混凝土挡土墙中的主要型式。墙体本身稳定性主要依靠底板上的填土重量来保证（图 3.1-4）。其主要特点是厚度小，自重轻，属轻型结构，挡土高度可以很高，而且经济指标也较好。根据一般经验，挡土高度在 8m 以下时采用这种型式较为有利；超过 8m 时，用扶壁式挡土墙更为经济。

1. 结构布置

悬臂式挡土墙由立墙与底板两部分组成。为了便于施工，立墙内侧（即墙背）做成垂直面，外侧（即墙面）可做成 15∶1～20∶1 坡面。挡土墙高度不大时，立墙也可做成等厚度，底板一般做成变厚度，底面做成水平，顶面则自立墙处向两边倾斜。

立墙顶部厚度一般不小于 15cm，以便浇筑混凝土；底部厚度由计算决定。底板靠立墙处的厚度常取为墙高的 1/10～1/12，底板前趾及后趾处厚度一般不小于 20cm。

底板宽度 B 由稳定计算决定，一般取挡土墙高度 H 的 0.6～0.8 倍。墙后地下水位很高且地基软弱时，B/H 之值可能达到 1 或更大。在墙后伸出的底板称内底板，在墙前伸出的底板称外底板。外底板的长度 D 也由稳定计算决定，一般 $D/B = 0.15～0.3$。设计时，可先参考已建成的挡土墙以估计各部分的尺寸，进行稳定计算，如假定的尺寸不能满足稳定要求或过于安全时，再予以修正并重新进行计算。

挡土墙的高度为挡土高度与埋置深度之和。悬臂式挡土墙属轻型结构，故其埋置深度决定于气候条件和地基的好坏，必须使底板底面位于冰冻线以下。在软基上，因表土常为耕地或松土，故基础埋置深度不宜小于 80～100cm。如基础土质较坚硬或在岩基上，则埋置深度可适当减少。

2. 立墙（墙身）计算

立墙为固定在底板上的悬臂板，主要承受墙后的主动土压力与地下水压力。墙前埋置部分的土压力在计算中多不考虑。立墙自重可略去不计，故在计算时，立墙按受弯构件计算，除强度计算外，立墙底部还应验算裂缝开展宽度。

墙身任意水平截面的弯矩可按式（3.1-73）计算，剪应力可按式（3.1-72）计算，即

$$M = Pl_2 \qquad (3.1-73)$$

式（3.1-73）中的符号意义与式（3.1-70）中相同。

立墙受力钢筋沿立墙内侧垂直放置，直径一般不宜小于 12mm，底部的钢筋间距一般采用 10～15cm，因立墙承受的弯矩越往上部越小，不必将全部受力钢筋都伸至顶端，当墙较高时，可将钢筋分别在不同高程分两次切断，仅将 1/4～1/3 的受力钢筋延伸至墙顶，伸到顶端的钢筋间距不应大于 50cm，钢筋切断部位，应在理论切断点以上再加钢筋锚固长度一般取为 25d～30d（d 为钢筋直径）。

在垂直于受力钢筋的方向，应配置不小于 $\phi 6$ 的分布钢筋，其间距不大于 40～50cm，截面面积不小于底部受力钢筋截面面积的 10%。

对于特别重要的挡土墙，有时在立墙靠墙面的一侧，也按构造要求配置少量钢筋或钢丝网，以提高混凝土表层抵抗温度变化和收缩的能力，防止混凝土表层出现过宽的裂缝。

3. 底板计算

底板的内底板与外底板都是以立墙底部为固定端的悬臂板。将地基反力、地下水浮托力和渗透压力、板上填土重和水重、板自重等荷载叠加，即可得出作用在底板上的荷载分布图形。一般情况下，底板的荷载分布如图 3.1-30 所示，即内底板所受的荷载向下，受力钢筋放在上侧；外底板则都相反。

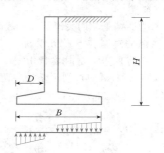

图 3.1-30 悬臂式挡土墙底板荷载分布

底板任意截面的弯矩计算公式为

$$M_1 = G_1 l \qquad (3.1-74)$$

式中　M_1——底板任意截面的弯矩，kN·m；

　　　G_1——底板末端至计算截面范围内所有竖向荷载（包括基底应力）的总和，kN；

　　　l——板末端至计算截面范围内所有竖向荷载的合力作用点至计算截面的距离，m。

为了便于施工，底板受力钢筋的间距最好取与立

墙的间距相同或为其整倍数。实践中往往将立墙底部受力钢筋的一半或全部弯曲作为外底板的受力钢筋。内底板钢筋可以在离固端一定距离后切断一半。立墙与内底板连接处应做成贴角加强，并配以构造钢筋，其直径和间距可与内底板钢筋一致。底板也应配置分布钢筋，其要求与立墙相同，但底板底部的钢筋保护层应不小于7cm。

3.1.4.5 扶壁式挡土墙

扶壁式挡土墙也是钢筋混凝土挡土墙中的主要型式，亦属轻型结构。挡土墙较高时，扶壁式挡土墙耗材要比悬臂式挡土墙省，一般墙高9～10m以上时，多采用这种型式。

1. 结构布置

扶壁式挡土墙由墙面板、底板及扶壁三部分组成，结构示意图如图3.1-5所示，墙面板与底板均以扶壁为支座而成为多跨连续板。为便于施工，扶壁间距一般为3～4.5m，厚度约30～40cm。墙面板与底板所需厚度均与扶壁间距成正比，故选择适当的扶壁间距极为重要。墙面板顶厚不小于20cm，下端由计算决定。底板厚度由计算确定，在水利水电工程中常不小于40cm。

扶壁式挡土墙的底宽B与挡土墙高度H之比，与悬臂式挡土墙一样，常在0.6～0.8之间，有地下水时则要适当加大。

2. 墙面板计算

作用于墙面板的主要荷载为水平方向的土压力与水压力。计算时，可在不同高程将墙面板划分为几个水平板带，以扶壁为支座按单向连续板计算，在每个板带上，取水平向压力强度的平均值作为均布荷载。这样计算，忽略了墙面板下部与底板固接的影响，配筋偏多，因此，将墙面板划分为上下两部分，在离底板顶面$1.5l_1$（图3.1-31）高度以上的部分仍按单向连续板计算。因墙面板厚度沿墙高变化，故为便于施工，建议采取按高程划分为几个区段，分别计算其受力钢筋面积。在垂直受力钢筋的方向，需布置分布钢筋，此处分布钢筋还起架立作用，故宜采用较大直径的钢筋，一般可选用10～12mm。

在离底板顶面$1.5l_1$高度以下的墙面板（图3.1-31），可改为按三边固定、一边自由的双向板计算，

计算如图3.1-32所示，梯形荷载可分解为三角形荷载和均布荷载，分别按式（3.1-75）～式（3.1-80）计算相应荷载作用下墙面板和底板的弯矩，即

$$M_x = m_x q L_x^2 \quad (3.1-75)$$

$$M_x^0 = m_x^0 q L_x^2 \quad (3.1-76)$$

$$M_y = m_y q L_x^2 \quad (3.1-77)$$

$$M_y^0 = m_y^0 q L_x^2 \quad (3.1-78)$$

$$M_{0x} = m_{0x} q L_x^2 \quad (3.1-79)$$

$$M_{0x}^0 = m_{0x}^0 q L_x^2 \quad (3.1-80)$$

式中　M_x、M_x^0——平行于L_x方向的跨中和固端弯矩，kN·m；

M_y、M_y^0——平行于L_y方向的跨中和固端弯矩，kN·m；

q——计算荷载强度，kPa，当计算三角形荷载时$q = q_2 - q_1$，当计算均布荷载时$q = q_1$；

L_x——计算长度，m；

m_x、m_x^0、m_y、m_y^0、m_{0x}、m_{0x}^0——相应弯矩的计算系数，可按表3.1-19查得。

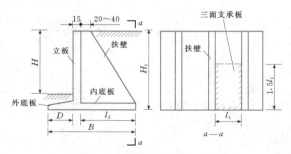

图 3.1-31 扶壁式挡土墙结构计算简图

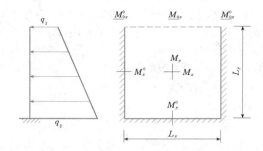

图 3.1-32 三边固支、一边自由双向板结构计算简图

表 3.1-19　　梯形荷载作用下三边固支、一边自由的双向板弯矩系数表[15]

荷载型式		三 角 形 荷 载						均 布 荷 载					
计算系数		m_x	m_x^0	m_y	m_y^0	m_{0x}	m_{0x}^0	m_x	m_x^0	m_y	m_y^0	m_{0x}	m_{0x}^0
$\dfrac{L_x}{L_y}$	0.30	0.0007	−0.0050	0.0001	−0.0122	0.0019	−0.0079	0.0018	−0.0135	−0.0039	−0.0344	0.0068	−0.0345
	0.35	0.0014	−0.0067	0.0008	−0.0149	0.0031	−0.0098	0.0039	−0.0179	−0.0026	−0.0406	0.0112	−0.0432

续表

荷载型式		三角形荷载						均布荷载					
计算系数		m_x	m_x^0	m_y	m_y^0	m_{0x}	m_{0x}^0	m_x	m_x^0	m_y	m_y^0	m_{0x}	m_{0x}^0
$\frac{L_x}{L_y}$	0.40	0.0022	−0.0085	0.0017	−0.0173	0.0044	−0.0112	0.0063	−0.0227	−0.0008	−0.0454	0.0160	−0.0506
	0.45	0.0031	−0.0104	0.0028	−0.0195	0.0056	−0.0121	0.0090	−0.0275	0.0014	−0.0489	0.0207	−0.0564
	0.50	0.0040	−0.0124	0.0038	−0.0215	0.0068	−0.0126	0.0116	−0.0322	0.0034	−0.0513	0.0250	−0.0607
	0.55	0.0050	−0.0144	0.0048	−0.0232	0.0078	−0.0126	0.0142	−0.0368	0.0054	−0.0530	0.0288	−0.0635
	0.60	0.0059	−0.0164	0.0057	−0.0249	0.0085	−0.0122	0.0166	−0.0412	0.0072	−0.0541	0.0320	−0.0652
	0.65	0.0069	−0.0183	0.0065	−0.0264	0.0091	−0.0116	0.0188	−0.0453	0.0087	−0.0548	0.0347	−0.0661
	0.70	0.0078	−0.0202	0.0071	−0.0279	0.0095	−0.0107	0.0209	−0.0490	0.0100	−0.0553	0.0368	−0.0663
	0.75	0.0087	−0.0220	0.0077	−0.0292	0.0098	−0.0098	0.0228	−0.0526	0.0111	−0.0557	0.0385	−0.0661
	0.80	0.0096	−0.0237	0.0081	−0.0305	0.0099	−0.0089	0.0246	−0.0558	0.0119	−0.0560	0.0339	−0.0656
	0.85	0.0105	−0.0254	0.0085	−0.0317	0.0099	−0.0079	0.0262	−0.0588	0.0125	−0.0562	0.0409	−0.0651
	0.90	0.0114	−0.0270	0.0087	−0.0329	0.0097	−0.0070	0.0277	−0.0615	0.0129	−0.0563	0.0417	−0.0644
	0.95	0.0122	−0.0284	0.0088	−0.0340	0.0096	−0.0061	0.0291	−0.0639	0.0132	−0.0564	0.0422	−0.0638
	1.00	0.0129	−0.0298	0.0089	−0.0350	0.0093	−0.0053	0.0304	−0.0662	0.0133	−0.0565	0.0427	−0.0632
	1.10	0.0144	−0.0323	0.0088	−0.0368	0.0088	−0.0040	0.0327	−0.0701	0.0133	−0.0566	0.0431	−0.0623
	1.20	0.0156	−0.0344	0.0085	−0.0384	0.0082	−0.0030	0.0345	−0.0732	0.0130	−0.0567	0.0433	−0.0617
	1.30	0.0167	−0.0361	0.0081	−0.0398	0.0075	−0.0023	0.0361	−0.0758	0.0125	−0.0568	0.0434	−0.0614
	1.40	0.0176	−0.0376	0.0076	−0.0410	0.0070	−0.0018	0.0374	−0.0778	0.0119	−0.0568	0.0433	−0.0614
	1.50	0.0184	−0.0387	0.0071	−0.0421	0.0065	−0.0015	0.0384	−0.0794	0.0113	0.0569	0.0433	−0.0616

注 表中系数适用于钢筋混凝土三边固支、一边自由的双向板（泊松比 $\mu=1/6$）的弯矩计算。

3. 底板计算

底板所受外力与悬臂式挡土墙的底板相同，底板分内外两部分，外底板按悬臂板计算，与悬臂式挡土墙的外底板相同。内底板计算应考虑两种情况：

(1) 内底板净宽 l_2 与扶壁净距 l_1 的比值 $l_2/l_1 \leqslant 1.5$ 时，按三边固定、一边自由的双向板计算。其荷载为梯形分布，可将它分为三角形荷载和均布荷载（图 3.1-33），计算方法与墙面板相同。

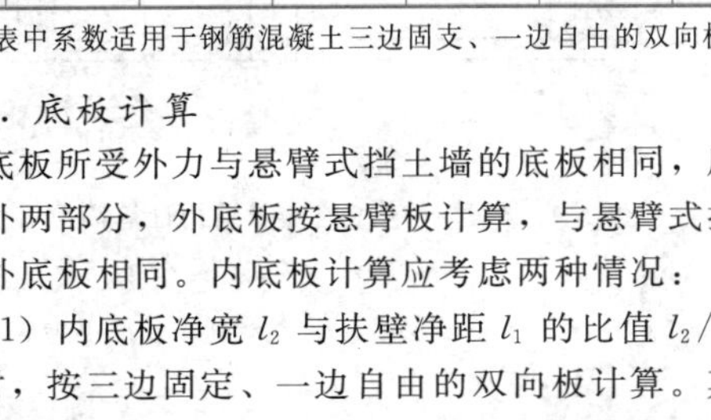

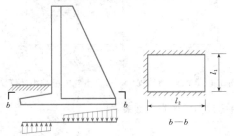

图 3.1-33 扶壁式挡土墙底板的荷载分布

(2) 若 $l_2/l_1 > 1.5$ 时，则自墙面板起至离墙面板 $1.5l_1$ 为止的部分，仍可按三边固定、一边自由的双向板计算；在此以外的部分，则应按单向连续板计算，为了简化计算，在这些板带上也可近似地取其荷载平均值作为均布荷载计算。

外底板的受力钢筋可利用墙面板靠填土面的分布钢筋弯伸过来，如钢筋截面积还不够，可以将内底板的下层钢筋延伸过来补足。配筋时墙面板与底板的钢筋间距宜协调。当底板较厚时，所需钢筋往往很少，不用弯筋。

4. 扶壁计算

扶壁与墙面板形成共同作用的整体结构，可按 T 形截面的悬臂梁进行计算，以承受水平土压力和水压力作用下的弯矩。T 形截面的高度和翼缘板厚度均沿墙高而变化，墙身自重和扶壁宽度上的土柱重量，常可略去不计，其所产生压力的影响往往比弯矩小得多，故一般不必按偏心受压构件进行核算。

取扶壁的中线距为一个计算单元（图 3.1-34），在计算 T 形截面 $c—c$ 的受力钢筋时，应将截面 $c—c$ 以上的水平土压力和水压力对截面 $c—c$ 取矩，其弯矩总和 M 和受力钢筋面积的计算公式为

$$M = \sum HL \qquad (3.1-81)$$

$$A_g = \frac{KM}{f_y \gamma_1 h_0} \sec\theta \qquad (3.1-82)$$

式中　$\sum H$——计算截面以上所有水平向荷载的总和，kN；

　　　　L——任意截面以上水平荷载的合力作用点至该任意截面的距离，m；

　　　　A_g——抗弯钢筋面积，cm^2；

　　　　K——安全系数，按《水工钢筋混凝土结构设计规范》（SDJ 20—78）的规定选用；

　　　　f_y——钢筋设计强度，MPa；

　　　　h_0——截面有效高度，m；

　　　　γ_1——受弯破坏时的内力偶臂计算系数，可近似取0.9；

　　　　θ——扶壁斜面与垂直面的夹角，（°）。

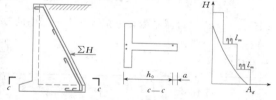

图 3.1-34　扶壁式挡土墙的配筋

依上述方法沿不同高程计算 2～3 个截面所需的钢筋，可绘出 A_g—H 关系曲线，按此即可在不同高程切断部分钢筋，但至少应保留两根钢筋延伸到顶端。受力钢筋沿扶壁斜面设置，钢筋直径不宜小于 16mm，并须伸至底板内，其伸入长度应不小于锚固长度 l_a。

扶壁作为悬臂梁还承受水平向剪力，当此剪力产生的主拉应力超过混凝土的允许拉应力时，则需计算水平箍筋用量。同时，墙面板受水平向压力后有与扶壁脱开的趋势（图3.1-35），因而扶壁与墙面板连接处，在水平向受到轴向拉力，这个拉力沿墙高随水平荷载强度而变化。在某一高程若水平压力强度为 p（kN/m^2），则一个扶壁在该高程附近单位高度（1m）上的拉力为 pl_1，在该高程上的每米所配的抗拉钢筋（连接钢筋）面积为

$$A_g = \frac{Kpl_1}{f_y} \qquad (3.1-83)$$

式中　K——受拉构件安全系数；

　　　　f_y——钢筋设计强度，MPa。

沿高程把扶壁分成若干区段，计算出连接钢筋及箍筋用量，并按较大的截面配置各段的水平箍筋，其直径一般可用 8～10mm，间距在 40～50cm 以内，应采用封闭式箍筋。

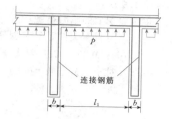

图 3.1-35　扶壁式挡土墙的连接钢筋

同样，内底板与扶壁也有脱开的趋势，需配置垂直向连接钢筋，计算方法同上。垂直向连接钢筋同时作为水平箍筋的架立筋，其直径宜选取较粗者。

3.1.4.6　空箱式（孔格式）挡土墙

空箱式挡土墙由内墙（或称隔墙）、外墙板和扶壁间隔开，形成若干孔格，在非岩基上时还设有底板。它的优点是底板宽度大，墙外水位剧烈变化时地基反力分布比较均匀等。但这种结构型式较复杂，施工较困难。

1. 结构布置

空箱式挡土墙是由相互垂直的竖墙构成的一系列矩形井式结构，井内通常用当地的砂土充填。它承受水平和垂直荷载，在岩基上可直接通过竖墙传至地基，在软基上则通过基础板传递。

空箱式挡土墙的前墙留有进水孔时，前墙上部应留有足够面积的排气孔。

空箱式挡土墙的材料，可用混凝土或钢筋混凝土，混凝土的隔墙厚度可用 70～100cm；钢筋混凝土的隔墙厚度可采用 15～40cm，高度越高厚度越大。一般情况下，外墙及基础板厚度取为隔墙厚度的 1.5～2.0 倍。

墙间孔格的尺寸，一般采用 3m×3m 至 5m×5m，较高的墙，空箱式挡土墙，孔格尺寸 b_1 和 b_2 可适当增加。

2. 计算要点

空箱式挡土墙孔格内填土的土重及墙上临时荷载，一部分通过填土本身直接传于地基，另一部分由填土与隔墙间的摩擦力通过隔墙传到地基（图3.1-36）。这样由孔格内填土直接传到地基的压力就应小于孔格内填的土柱重量。这里介绍一个简单的经验公式

$$p_1 = \frac{\gamma\omega}{kx}\left(1 - e^{-\frac{kx}{\omega}y}\right) + q_0 e^{-\frac{kx}{\omega}y} \qquad (3.1-84)$$

式中　p_1——深度 y 处由填土直接传到孔格地基上的压强；

　　　　ω——孔格面积（$b_1 \times b_2$）；

　　　　x——孔格内周边长，等于 $2(b_1+b_2)$；

γ——填土重度；

q_0——单位面积上的临时荷载；

k——与填土材料有关的系数，对于块石料 k $=0.16\sim0.20$，对于砂土 $k=0.20\sim$ 0.26，对于亚砂土 $k=0.25\sim0.30$，对 于黏土 $k=0.20\sim0.35$。

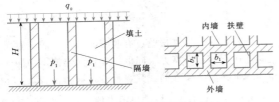

图 3.1-36　空箱式挡土墙构造图

一个孔格内距墙顶 y 处水平截面上由填土直接传递的全部压力为

$$P_1 = p_1\omega \qquad (3.1-85)$$

距墙顶 y 处水平截面上包括直接传递和通过隔墙传递的总压力为

$$P = P_1 + P_2 = (\gamma y + q_0)\omega \qquad (3.1-86)$$

则通过隔墙壁传递的压力为

$$P_2 = P - P_1 = (\gamma y + q_0 - p_1)\omega \qquad (3.1-87)$$

对于无基础板的空箱式挡土墙，计算其抗滑稳定时，要同时考虑直接由孔格内填土产生的摩擦力和隔墙底部产生的摩擦阻力。

对于有基础板的空箱式挡土墙，其计算抗滑稳定方法则与重力式挡土墙一样。

空箱式挡土墙的设计，主要是确定内墙、外墙和底板的厚度，验算其强度或配置钢筋。

外墙的厚度是根据施工期和运行期作用在墙上的最大荷载确定的。

作用在空箱外墙上的土压力可以采用朗肯土压力公式，并乘以折减系数。折减系数随填土高度 y 与孔格内隔墙净间距 b 的比值和土摩擦角 φ 而异，即

$$E_A = \xi \frac{1}{2}\gamma H^2 \tan^2\left(45° - \frac{\varphi}{2}\right) \qquad (3.1-88)$$

式中　ξ——压力折减系数，可按表 3.1-20 中的数据采用。

表 3.1-20　　　　　压 力 折 减 系 数 ξ[15]

φ \ y/b	0	1	2	3	4	5	6	7	8
25°	1	0.86	0.74	0.65	0.57	0.51	0.44	0.41	0.37
30°	1	0.87	0.76	0.67	0.59	0.52	0.46	0.42	0.38
35°	1	0.88	0.77	0.68	0.61	0.54	0.48	0.44	0.40

有底板的空箱式挡土墙的外墙，可作为嵌固在底板上的多跨板计算。由于外墙底部的嵌固作用，对离底板较远处的外墙断面的受力状态影响较小，所以建议只对靠近底板高度约等于隔墙净间距的范围内，作为沿三边嵌固的单独板计算；其上部外墙仍作为多跨板计算。计算方法与扶壁式挡土墙的墙面板相同。

隔墙（内墙）在挡土墙运用期间所承受的荷载很小，通常以施工期荷载作为计算荷载，要注意当一个孔格已填满土而相邻孔格尚未填满是最不利的情况。其厚度和外墙一样通过计算确定，按构造要求，不得小于 $15\sim20\text{cm}$。

底板承受浮托力、渗透压力、填土压力、水压力及地基反力等，把它作为四边固定的板计算。按构造要求，底板的厚度应当不小于外墙的厚度。梯形荷载作用下的四边固支板计算如图 3.1-37 所示，梯形荷载可分解为三角形荷载和均布荷载，分别按式（3.1-89）～式（3.1-92）计算，即

$$M_x = m'_x q L_x^2 \qquad (3.1-89)$$

$$M_x^0 = m'^0_x q L_x^2 \qquad (3.1-90)$$

$$M_y = m'_y q L_x^2 \qquad (3.1-91)$$

$$M_y^0 = m'^0_y q L_x^2 \quad (\text{或 } M_y^0 = m'^0_{y1} q L_x^2, \quad M_y^0 = m'^0_{y2} q L_x^2) \qquad (3.1-92)$$

式中　m'_x、m'^0_x、m'_y、m'^0_y、m'^0_{y1}、m'^0_{y2}——相应弯矩的计算系数，可由表 3.1-21 查得。

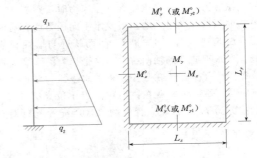

图 3.1-37　四边固支板计算简图

无底板空箱式挡土墙有效荷载的确定以及内外墙的计算也和有底板时的计算一样，所不同的是墙的全高都视为多跨梁计算。

在设计高度较大的混凝土挡土墙时，宜用弹性理论方法。

表 3.1－21　　　　　　梯形荷载作用下四边固支板弯矩计算系数表[15]

荷载型式	均 布 荷 载				三 角 形 荷 载						
计算系数	m'_x	m'^0_x	m'_y	m'^0_y	m'_x	m'^0_x	m'_{xmax}	m'_y	m'_{ymax}	m'^0_{y1}	m'^0_{y2}
$\dfrac{L_x}{L_y}$　0.50	0.0400	−0.0829	0.0038	−0.0570	0.0200	−0.0414	0.0225	0.0019	0.0088	−0.0458	−0.0112
0.55	0.0385	−0.0841	0.0056	−0.0571	0.0193	−0.0407	0.0210	0.0028	0.0092	−0.0447	−0.0123
0.60	0.0367	−0.0793	0.0076	−0.0571	0.0183	−0.0396	0.0195	0.0038	0.0094	−0.0436	−0.0135
0.65	0.0345	−0.0766	0.0095	−0.0571	0.0172	−0.0383	0.0181	0.0048	0.0094	−0.0425	−0.0146
0.70	0.0321	−0.0735	0.0113	−0.0569	0.0161	−0.0368	0.0166	0.0057	0.0096	−0.0413	−0.0156
0.75	0.0296	−0.0701	0.0130	−0.0565	0.0148	−0.0350	0.0152	0.0065	0.0097	−0.0401	−0.0164
0.80	0.0271	−0.0664	0.0144	−0.0559	0.0135	−0.0332	0.0138	0.0072	0.0098	−0.0389	−0.0171
0.85	0.0246	−0.0626	0.0156	−0.0551	0.0123	−0.0313	0.0125	0.0078	0.0100	−0.0376	−0.0175
0.90	0.0221	−0.0588	0.0165	−0.0541	0.0111	−0.0294	0.0112	0.0082	0.0100	−0.0362	−0.0178
0.95	0.0198	−0.0550	0.0172	−0.0528	0.0099	−0.0275	0.0100	0.0086	0.0100	−0.0348	−0.0179
1.00	0.0176	−0.0513	0.0176	−0.0513	0.0088	−0.0257	0.0088	0.0088	0.0100	−0.0334	−0.0179

注　表中系数适用于钢筋混凝土四边固支板（泊松比 $\mu=1/6$）的弯矩计算。

3. 连拱空箱式挡土墙

连拱空箱式挡土墙是由空箱式挡土墙发展而形成的（图 3.1－10），由前墙、隔墙、拱圈和底板组成，一般前墙和隔墙可采用砌石，拱圈采用预制混凝土拱，底板则可采用混凝土。它从结构上按各部位受力特点，合理地使用材料，因此空箱结构自重小，地基反力也小，对软基的适应性较大。

连拱空箱式挡土墙的底板宽度一般选用挡土高度的 0.7～0.8 倍，抗倾稳定均能满足要求，故只需验算其抗滑稳定性，计算方法与重力式挡土墙相同。

底板的强度计算，外底板可视为固定于前墙上的悬臂板计算；内底板与前墙、隔墙以及拱圈是整体连接的，因拱圈刚度较小，故内底板可近似按三边固定、一边自由的板计算。

前墙的强度计算，可按顶边自由、三边固定的板计算。

拱圈强度计算，一般按双铰拱计算为宜。

隔墙的强度计算，若横截面尺寸无突变，一般按偏心受压构件验算隔墙与底板交界面边缘的拉应力。

3.1.4.7　板桩式挡土墙

板桩式挡土墙可分为无锚碇墙结构和有锚碇墙结构两种。有锚碇墙的板桩式挡土墙由三个基本部分组成，在竖直方向有承受水平土压力的板桩，在墙顶附近有使板桩保持垂直的锚碇，锚碇的末端设锚碇墙，锚碇墙承担了大部分水平土压力。板桩式挡土墙一般用钢板桩或钢筋混凝土板桩组成，在非岩基或岩基条件下均可采用。在承载力小的软基条件下更为适宜。

采用这种挡土墙，在施工机械设备条件具备的情况下，可以加快施工速度，降低工程造价。

1. 结构布置

钢筋混凝土板桩的水平断面，一般可采用带有键槽的矩形断面，如图 3.1－38（a）所示。为了防止墙后土由桩间缝溢出，一般在填土侧设置盖缝条，或在墙后回填粗粒土料。当地基不宜或不易打入钢筋混凝土板桩时，可以先用钻孔机械造孔，而后就地浇筑混凝土。钢筋混凝土板桩墙形成后，桩的头部要找平，并用钢筋混凝土帽梁嵌固，如图 3.1－38（b）所示。为使钢筋混凝土板墙有较大的强度和耐久性，宜采用预应力钢筋混凝土板桩。

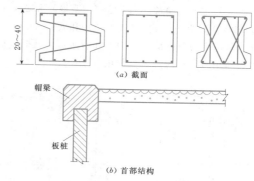

（a）截面

（b）首部结构

图 3.1－38　钢筋混凝土板桩

钢板桩墙可以由许多种不同型式的钢板组成，一般采用 Z 型和槽型两种，其材料特性，见本手册相关部分。

锚碇由圆形截面钢杆或缆索组成，钢杆可以通过螺栓连接，固定在锚碇墙上。为使锚碇的各段钢杆相互连接并在锚碇内预加拉力，一般在锚碇上设置拉紧套筒或其他拉紧装置。

为了保证板桩墙耐久性，必须采取金属结构防腐措施，一般在水位变化的地区更需防腐。打桩前在钢板链上涂沥青或其他防腐剂，钢锚碇可以涂沥青并缠绕浸油的布以防腐。

2. 板桩式挡土墙的结构设计

板桩式挡土墙的结构设计主要内容为求解板桩入土深度、板桩内力、板桩变位，计算锚碇墙的稳定性，确定锚碇墙至板桩墙之间拉杆的直径等。

（1）无锚碇墙结构计算。

1）无锚碇的板桩式挡土墙依靠插入土体的墙体维持结构稳定，其墙体的入土深度计算（图 3.1－39）公式为

$$t = t_0 + \Delta t \qquad (3.1-93)$$

$$\Delta t = \frac{E'_P}{2\gamma t_0 (K_P - K_A)} \qquad (3.1-94)$$

式中　t——墙体入土深度，m；

　　　t_0——墙体入土点至理论转动点 N 的深度，m；

　　　Δt——N 点以下的墙体深度，m；

　　　E'_P——主动和被动土压力作用下对 N 点以上墙体求矩，直至 N 点合力矩为零时的合力，kN/m；

　　　K_A——按式（3.1－44）计算的主动土压力系数；

　　　K_P——按式（3.1－48）或式（3.1－50）计算的被动土压力系数；

　　　γ——土的天然重度，kN/m³。

式（3.1－94）中的 t_0、Δt 和 E'_P 需通过试算求得，可先假定 t_0（通常取 1.2 倍挡土高度）和 Δt，计算至 $E'_P = 0$ 时为止。式（3.1－93）和式（3.1－94）未计入水压力及其他附加外力，在有水压力及其他附加外力作用时，还应计入其作用。

2）无锚碇的板桩式挡土墙的内力可采用材料力学的方法计算，但为了求得墙体的变位，仍应采用竖向弹性地基梁法计算。墙顶的水平变位计算（图 3.1－40）公式为

$$\Delta = x_0 + \varphi_0 H + x_1 \qquad (3.1-95)$$

式中　Δ——无锚碇板桩式挡土墙墙顶水平变位，m；

　　　x_0、φ_0——板桩式挡土墙入土点的水平变位、转角变位，m、rad，可按"m"法或其他的竖向弹性地基梁法计算；

　　　H——挡土高度，m；

　　　x_1——假定墙体为悬臂梁（入土点为固端）时的墙顶水平变位，m，可按材料力学方法计算。

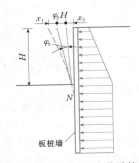

图 3.1－40　墙顶水平变位计算简图

（2）有锚碇墙结构计算。

1）有锚碇的板桩式挡土墙依靠插入土体的墙体和锚碇墙共同维持结构稳定，锚碇墙可根据需要选用单锚或多锚结构，并分别计算有锚碇板桩式挡土墙的整体稳定、锚碇墙沿基底面的抗滑稳定和锚碇墙至板桩墙的最小水平距离。

a. 计算有锚碇板桩式挡土墙的整体稳定时，可在无锚碇板桩式挡土墙受力的基础上，考虑锚碇结构的拉力作用，建立方程组试算至稳定时为止，计算如图 3.1－41 所示。

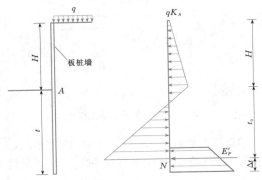

图 3.1－39　插入深度计算简图

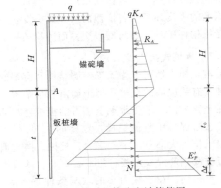

图 3.1－41　整体稳定计算简图

b. 有锚碇的板桩式挡土墙，其锚碇墙沿基底面的抗滑稳定安全系数应按式（3.1-96）计算，计算如图 3.1-42 所示。当锚碇墙前采用其他填料置换时，除应按式（3.1-96）计算外，还应按式（3.1-97）计算锚碇墙与填料一起沿滑动面 BCC' 的抗滑稳定性，即

$$K_m = \frac{E_{px}}{R_A + E_{ax}} \quad (3.1-96)$$

$$\frac{Gf}{K_c} + \frac{E'_{px}}{K_m} \geqslant R_A + E_{ax} \quad (3.1-97)$$

式中　K_m——锚碇墙抗滑稳定安全系数，其计算值不应小于表 3.1-4 规定的允许值；

　　　R_A——拉杆的拉力，kN/m；

　　　E_{ax}——作用在锚碇墙上的主动土压力，kN/m；

　　　E_{px}——作用在锚碇墙上的被动土压力，当锚碇墙前采用其他填料置换时，应以其他填料的物理力学性质指标计算，kN/m；

　　　E'_{px}——锚碇墙前作用于 $A'C$ 面上的被动土压力，kN/m；

　　　G——锚碇墙前基面 BC 以上填料的重力，kN/m；

　　　f——沿滑动面 BCC' 的摩擦系数；

　　　K_c——沿滑动面 BCC' 的抗滑稳定安全系数，可按表 3.1-3 的规定选用。

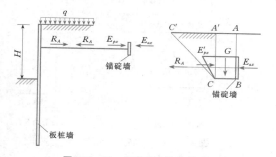

图 3.1-42　抗滑稳定计算简图

c. 有锚碇的板桩式挡土墙，其锚碇墙至板桩墙的最小水平距离计算公式为（图 3.1-43）

$$L_{min} = H_0 \tan\left(45° - \frac{\varphi_1}{2}\right) + H_t \tan\left(45° + \frac{\varphi_2}{2}\right)$$
$$(3.1-98)$$

式中　L_{min}——锚碇墙至板桩墙的最小水平距离，m；

　　　H_0——板桩式挡土墙墙顶至理论转动点 N 的深度，m；

　　　H_t——填土表面至锚碇墙墙底的深度，m；

　　　φ_1——板桩墙墙后土的内摩擦角，(°)；

　　　φ_2——锚碇墙墙前填料的内摩擦角，(°)。

2）单锚板桩式挡土墙的内力可采用弹性嵌固法（娄美尔法）或自由支承法计算。但为了求得墙体的

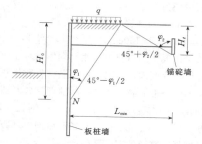

图 3.1-43　锚碇位置计算简图

变位，仍应采用竖向弹性地基梁法计算。多锚板桩式挡土墙的内力应采用竖向弹性地基梁法计算，该法可考虑多锚拉杆的拉伸及锚碇墙的水平变位。

3）对于有锚碇的板桩式挡土墙，其锚碇墙至板桩墙之间的拉杆可按中心受拉构件计算，拉杆直径的计算公式为

$$d = 20\sqrt{\frac{10 R_A \sec\alpha}{\pi[\sigma]}} + \delta_t T \quad (3.1-99)$$

式中　d——拉杆直径，mm；

　　　R_A——拉杆的拉力，kN；

　　　T——板桩式挡土墙的使用年限，一般可取 30～50 年；

　　　α——拉杆与水平面的夹角，(°)；

　　　δ_t——拉杆直径的年锈蚀量，可采用 0.04～0.05mm/a；

　　　$[\sigma]$——拉杆钢材的允许应力，kPa。

3.1.4.8　加筋土挡土墙

加筋土挡土墙由墙面板、拉筋和填料三部分组成。依靠填料与拉筋之间的摩擦力来平衡墙面所承受的水平土压力（加筋挡土墙的内部稳定）；并以拉筋和填料的复合结构抵抗拉筋尾部填料所产生的土压力（加筋挡土墙的外部稳定）。从而保证了挡土墙的稳定。

加筋土挡土墙的优点是墙可以做得很高；对地基承载力要求低，适合于软弱地基上建造；具有施工简便，施工速度快，造价低（节省投资 20%～65%），占地少，外形美观等优点。

1. 加筋土挡土墙构造

（1）墙面板。墙面板的主要作用是约束土体、防止拉筋间的填土从侧向挤出，并保证拉筋、填料、墙面板构成一个具有一定形状的整体。多采用混凝土和钢筋混凝土墙面板。其形状可用十字形、六角形、矩形、槽形、L形等。板边一般应设楔口和小孔，安装时使楔口互相衔接，并用短钢筋插入小孔，将每块墙面板从上下、左右串成整体墙面。墙面板应预留排水孔。当墙面板后填筑细粒土时，应设置反滤层。

面板的厚度由拉筋拉力对面板的作用计算而确定，长和宽要与筋带的铺设、施工方法相一致，厚度一般在 12~20cm，长以 150cm 左右为宜，高 50~120cm。

面板上的筋带结点，可采用预留钢拉环、钢板锚头或预留穿筋孔等型式。采用钢带加筋材料时用预埋钢锚头，用聚丙烯条带加筋材料时多用预埋钢拉环或在板上预留穿筋孔。钢锚板厚度不小于 5mm，钢拉环用I级钢筋，钢筋直径不小于 12mm。钢锚板和钢拉环露于混凝土外部分应作防腐蚀处理，聚丙烯加筋带应与钢筋面隔开，预留穿筋孔与加筋带接触部分宜做成圆弧形。

工程中常用的面板是钢筋混凝土面板，混凝土标号不低于 C20。为了施工安装方便，同时也增强墙面的整体性，可在面板中预留插孔，用钢筋连接插销。面板安装就位后用钢筋插入插销孔，再灌入水泥浆或水泥砂浆。插销孔直径 3cm，插筋直径 10~12mm。

（2）拉筋。拉筋应有较高抗拉强度，较好的柔性和韧性，变形小，与填土之间有较大的摩擦力，抗腐蚀性，便于制作，价格低廉等特性。目前多采用扁钢、钢筋混凝土、聚丙烯土工带等。

扁钢宜用 3 号钢轧制，宽度不小于 30mm，厚度不小于 3mm。表面应有镀锌或其他防锈措施，镀锌量不小于 $0.05g/cm^2$，应留有足够的锈蚀厚度。

钢筋混凝土拉筋板，混凝土强度不低于 C20，钢筋直径不小于 8mm。断面采用矩形，宽约 10~25cm，厚 6~10cm。目前通常采用有两种型式：整板式拉筋和串联式拉筋。其表面粗糙，与填料间有较大摩阻力，加之，板带较宽，故拉筋长度可以缩短，造价较低。10m 以下挡土墙，每平方米墙面内拉筋使用钢筋混凝土 0.15~0.2m³。一般水平间距为 0.5~1.0m，竖向间距为 0.3~0.75m。

聚丙烯土工带拉筋，由于其施工简便，为工程界所采用。但其模量低、蠕变高，且各地产品性质差异较大，应做抗断裂试验。容许应力可取断裂强度的 1/5~1/7，延伸率应控制在 4‰~5‰。断裂强度不宜小于 220kPa，断裂伸长率不应大于 10%。其厚度不宜小于 0.8mm，表面应有粗糙花纹。

（3）填料。填料必须易于填筑和压实，与拉筋之间有可靠的摩阻力，不应对拉筋有腐蚀性。通常，填料选择有一定级配、渗水的砂类土、砾石类土，随铺设拉筋，逐层压实。当采用黏性土或其他土料时，必须有相应的工程措施（如防水、压实等），保证结构的安全。

泥炭、淤泥、冻结土、盐渍土、垃圾白垩土及硅藻土禁止作为填料使用。填料中不应含有大量有机物。当采用聚丙烯土工带作为拉筋时，填料中不宜含有两价以上的铜、镁、铁离子及氧化钙、碳酸钠、硫化物等化学物质。

（4）基础。墙面板下基础的作用主要是便于安砌墙面板，起支托、定位的作用。基础可采用素混凝土或浆砌片石。一般为矩形，高为 0.25~0.4m，宽 0.3~0.5m。顶面可作一凹槽，以利于安装底层面板。对于土质地基基础埋深不小于 0.5m，还应考虑冻结程度、冲刷程度等。软弱地基除需作必要处理外，尚应考虑加大基础尺寸。土质斜坡地区，基础不能外露，其趾部到倾斜地面的水平距离应满足一定的要求。

2. 加筋土挡土墙结构设计[2]

（1）基本假定。

1）墙面板承受填料产生的主动土压力，每块面板承受其相应范围内的土压力，将由墙面板上拉筋有效摩阻力即抗拔力来平衡。

2）挡土墙内部加筋体分为滑动区和稳定区，这两区分界面为土体的破裂面。此破裂面与竖直面夹角小于非加筋土的主动破裂角。可按图 3.1-44 所示的 0.3H 折线法来确定。靠近面板的滑动区内的拉筋长度 L_f 为无效长度；作用于面板上的土压力由稳定区的拉筋与填料之间的摩阻力平衡，所以在稳定区内拉筋长度 L_a 为有效长度。

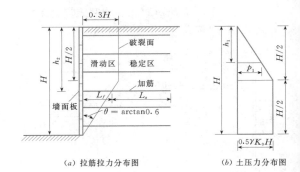

（a）拉筋拉力分布图　　（b）土压力分布图

图 3.1-44　加筋土挡土墙结构

3）拉筋与填料之间摩擦系数在拉筋全长范围内相同。

4）压在拉筋有效长度上的填料自重及荷载对拉筋均产生有效的摩阻力。

（2）墙面板设计。墙面板的形状、大小，通常根据施工条件和其他要求来确定。设计时，只计算强度。其方法是取墙面板所在位置的土压强度最大值为荷载，根据面板上拉筋的位置和根数，将面板简化为两端外伸的简支板计算。当墙高小于 8m 时，墙面板可设计为一种型式；如墙高大于 8m 时，可设计成两种厚度或同一厚度而配筋不同的面板。

（3）拉筋长度设计。拉筋的长度应保证在拉筋的设计拉力下不被拔出。拉筋总长度由有效段长和无效段长组成。

1) 拉筋无效段长度。拉筋无效段长度为拉筋在滑动区的长度，按 $0.3H$ 折线法确定其值。

当 $h_i \leqslant H/2$ 时

$$L_{fi} = 0.3H$$

当 $h_i > H/2$ 时

$$L_{fi} = 0.6(H - h_i)$$

式中　h_i——墙顶距第 i 层墙面板中心高度；

　　　H——全墙高度；

　　　L_{fi}——拉筋无效段长度。

2) 拉筋有效段长度。

a. 钢、钢筋混凝土拉筋。拉筋有效段长度应根据填料及荷载在该层拉筋上产生的有效摩阻力与相应拉筋设计拉力相平衡而求得，其计算公式为

$$L_{ai} = \frac{T_i}{2\mu'\beta p_{vi}} \qquad (3.1-100)$$

其中

$$T_i = Kp_i s_x s_y$$

式中　L_{ai}——拉筋有效段长度；

　　　μ'——填料与拉筋之间的摩擦系数，由试验确定，无试验资料时，可参阅表 3.1-22；

　　　β——拉筋宽度；

　　　p_{vi}——第 i 层拉筋上的竖向土压强度；

　　　T_i——第 i 层拉筋设计拉力；

　　　K——安全系数，一般取 1.5～2.0；

　　　p_i——第 i 层拉筋对应的墙面板中心处水平土压力强度；

　s_x、s_y——拉筋之间水平与竖向间距。

拉筋长度的实际采用值，除按式（3.1-100）计算外，还应考虑以下原则：

墙高大于 3m 时，拉筋最小长度应大于 $0.8H$，且不小于 5m。当采用不等长拉筋时，每段同等长度拉筋的长度不小于 3m，一座挡土墙的拉筋不宜多于 3 种长度。相邻不等长的拉筋长度差不宜小于 1.0m。

墙高低于 3m 时，拉筋最小长度不应小于 4m，且应采用等长拉筋。

采用钢筋混凝土板作为拉筋时，每节长度不宜大于 3m。

表 3.1-22　填料的设计参数[2]

填料类型	重度（kN/m³）	计算内摩擦角（°）	似摩擦系数
中低液限黏性土	17～20	25～40	0.25～0.40
砂性土	18～20	25	0.35～0.45
砂砾	18～21	35～40	0.40～0.50

注　1. 黏性土计算内摩擦角为换算内摩擦角。

　　　2. 似摩擦系数为土与拉筋之间的摩擦系数。

　　　3. 有肋钢带的似摩擦系数提高 0.1。

　　　4. 高挡土墙的计算内摩擦角和似摩擦系数取低值。

b. 拉筋为聚丙烯土工带。采用聚丙烯土工带为拉筋时，有效长度的计算公式为

$$L_{ai} = \frac{T_i}{2n\mu'\beta p_{vi}} \qquad (3.1-101)$$

式中　n——拉筋根数；

　　　其他参数同式（3.1-100）。

（4）拉筋截面设计。由于拉筋的设计拉力已知，根据拉筋材料及其抗拉强度设计值，就不难确定拉筋面积的大小。

钢板做拉筋时，其计算公式为

$$A \geqslant \frac{T_i}{f} \qquad (3.1-102)$$

式中　f——钢板抗拉强度设计值；

　　　A——钢板拉筋截面面积，还应考虑足够的腐蚀厚度。

钢筋混凝土拉筋，应按中心受拉构件计算，即

$$A_s \geqslant \frac{T_i}{f_y} \qquad (3.1-103)$$

按式（3.1-103）计算求得的钢筋直径应增加 2mm，作为预留腐蚀量。为防止钢筋混凝土拉筋被压裂，拉筋内应布置直径 4mm 的防裂钢丝。

聚丙烯土工带按中心受拉构件计算。通常根据试验，测得每根拉筋极限断裂拉力，取其 1/5～1/7 为每根拉筋的设计拉力。最后，根据设计拉力求得每米拉筋的实际根数。

（5）拉筋抗拔稳定系数。全墙抗拔稳定系数的计算公式为

$$K_b = \frac{\sum S_{fi}}{\sum E_i} \geqslant 2 \qquad (3.1-104)$$

式中　K_b——全墙抗拔稳定系数；

　　$\sum S_{fi}$——各层拉筋所产生的摩擦力总和；

　　$\sum E_i$——各层拉筋承担的水平拉力总和。

对于单块拉筋板条稳定验算，其稳定安全系数一般工程不小于 1.5；对于重要工程不小于 2.0。

（6）全墙整体稳定验算。把拉筋的末端连线与墙面板之间的填料视为一整体墙，按一般重力式挡土墙的设计方法，验算全墙的抗滑稳定、抗倾稳定和地基应力验算。由于加筋土挡土墙的特性、体积庞大，因抗倾覆、抗滑动稳定不足而破坏的情况很少发生。一般情况下可不进行验算。抗滑、抗倾覆稳定的安全系数同重力式挡土墙。

墙面板下的基底应进行地基承载力验算，以确定基础的宽度。加筋土挡土墙下有软弱下卧层时，应验算下卧层的承载力，并同时按圆弧滑动面进行地基稳定性验算。加筋挡土墙如位于不稳定的山坡或河岸斜坡上时，应考虑加筋土体与地基土壤一起滑动的整体稳定。

（7）土压力计算。

1）作用于加筋土挡土墙上的土压力强度 p，由填料和墙顶面以上活载所产生的土压力之和：

a. 墙后填料作用于墙面板上的土压力强度 p，由于加筋土为各向异性复合材料体，计算理论还不成熟。国内外实测资料表明：土压力值接近静止土压力，而应力图形成折线分布如图 3.1-9 所示。

当 $h_i \leqslant \dfrac{H}{2}$ 时

$$p = K_0 \gamma h_i \qquad (3.1-105)$$

当 $h_i > \dfrac{H}{2}$ 时

$$p = 0.5 K_0 \gamma H \qquad (3.1-106)$$

其中
$$K_0 = 1 - \sin\varphi$$

式中　p——距墙顶 h_1 处主动水平土压力强度；

　　　γ——填料的重度；

　　　h_i——墙顶距第 i 层墙面板中心高度；

　　　H——全墙高；

　　　K_0——静止土压力系数；

　　　φ——填料有效内摩擦角。

b. 墙顶面上荷载产生的土压力强度 p_2 由实测知，离墙顶面愈深，荷载的影响愈小。为简化计算，其值可由荷载引起的竖向土压力强度与静止土压力系数乘积而得。竖向土压力强度可按应力扩散角法计算，即

$$p_2 = K_0 \frac{\gamma h_0 L_0}{L_i'} \qquad (3.1-107)$$

式中　L_0——荷载换算土柱宽度；

　　　h_0——荷载换算土柱高度；

　　　L_i'——第 i 层拉筋深处，荷载在土中的扩散宽度。

若扩散分布线与墙面相交时，交点以下荷载扩散宽度，只计算墙面与另一侧分布线间的水平距离，其值为：当 $h_i \leqslant \alpha\tan60°$ 时，$L_i' = L_0 + 2h_i\tan30°$；当 $h_i > \alpha\tan60°$ 时，$L_i' = \alpha + L_0 + h_i\tan30°$。其中 α 为荷载内边缘至墙背的距离。

也可采用条形荷载作用下土中侧压力计算公式

$$p_2 = \frac{\gamma h_0}{\pi} \left[\frac{\alpha h_i}{\alpha^2 + h_i^2} + \frac{h_i(\alpha + L_0)}{(\alpha + L_0)^2 + h_i^2} + \arctan\frac{\alpha + L_0}{h_i} - \arctan\frac{\alpha}{h_i} \right]$$

$$(3.1-108)$$

2）作用于拉筋所在位置的竖向压力强度 p_v 等于填料自重应力与荷载引起的压应力之和，即

$$p_v = p_{vi} - p_{v2} \qquad (3.1-109)$$

a. 墙后填料的自重应力为

$$p_{vi} = \gamma h_i \qquad (3.1-110)$$

b. 荷载作用下拉筋上的竖向压应力采用扩散角法计算（扩散角一般取 30°），即

$$p_{v2} = \frac{\gamma h_0 L_0}{L_2'} \qquad (3.1-111)$$

3.1.5　挡土墙的细部构造

3.1.5.1　排水设施

挡土墙后填土内常有地下水，不仅增加了挡土墙的水平外荷载，而且使回填土的抗剪强度降低，加大了主动土压力系数从而增大了土压力。为了挡土墙的安全，应做好回填土内的排水。挡土墙后设置排水，应与水利水电枢纽工程的整体排水设施相协调。位于枢纽上游面上的挡土墙，排水设施的设置应综合考虑墙前水位的变化及其对挡土墙稳定的影响。位于枢纽下游面上的挡土墙，为了减少墙后水压，应在墙身设排水孔，并在墙后、墙基内设置排水。

1. 墙身排水

为使挡土墙后积水易于排出，通常在墙身布置适当数量的排水孔。孔眼尺寸一般为 5cm×10cm、10cm×10cm、15cm×20cm 或直径为 5~10cm 的圆孔。孔眼间距为 2~3m，最低的一排排水孔应高出地面（图 3.1-45）。如墙后渗水量较大，应加密排水孔、加大排水孔尺寸或增设纵向排水措施。

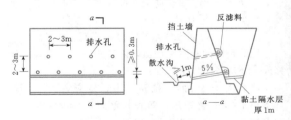

图 3.1-45　墙身排水孔的设置

为了防止墙后积水渗入地基，应在最低排水孔底部铺设黏土层并加以夯实；在墙前的回填土也应分层夯实，防止渗水。在排水孔附近用粗颗粒材料覆盖，铺设反滤层，以避免排水孔被堵塞。

在填土表面宜铺设防水层，一般可铺厚 30cm 的黏土并夯实。表面做成缓坡，以利排水；或在黏土层上设一层水泥砂浆，表面再涂一层薄沥青。当墙后有山坡时，应在坡脚下设置截水沟。

2. 墙后排水

为了降低挡土墙后渗流浸润面，主要有下列几种排水型式。

（1）层状排水（图 3.1-46）。层状排水布置于挡土墙基础板的面上，由 2~3 层颗粒逐渐增大的透水材料组成。这几层材料将渗透水引向排水管。这种排水型式对降低渗流的浸润面很有效，但所用的材料较多。

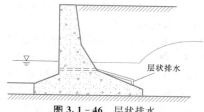

图 3.1-46　层状排水

（2）斜向式管道排水（图 3.1-47）。斜向式管道排水系布置于挡土墙墙背表面，或设在墙背与基础板交界处。这种型式所需排水材料较少。

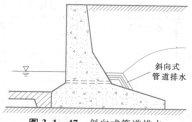

图 3.1-47　斜向式管道排水

（3）悬吊式管道排水（图 3.1-48）。悬吊式管道排水系布置在渗透土层内，由一条排水管和沿其全部润周铺设的反滤层构成，其排水能力大，还有若干排水管把它和排水孔连接起来。

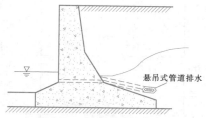

图 3.1-48　悬吊式管道排水

（4）带状排水（图 3.1-49）。带状排水一般用于混凝土坝连接结构的下游挡土墙的基础板上，排水带纵横交错，其横断面与斜向式管道排水类似，个别情况下可由均一材料构成的堆体形成，水沿排水管和排水材料中排出。

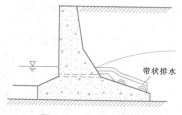

图 3.1-49　带状排水

（5）排水堆体（图 3.1-50）。排水堆体是设在挡土墙后的粗颗粒土壤堆体。堆体材料的渗透系数应大于回填土的渗透系数的 10～15 倍。堆体高度可根据墙前水位变动时墙后浸润面有一定的下降速度来确定。

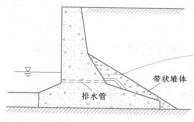

图 3.1-50　排水堆体

3. 挡土墙基础排水

为了减小挡土墙基底的渗透压力，主要有以下三种基础排水型式（图 3.1-51）：层状排水、带状排水和垂直排水。

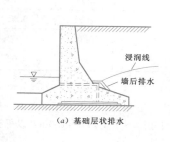

（a）基础层状排水

（b）基础带状排水

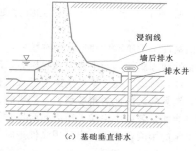

（c）基础垂直排水

图 3.1-51　基础排水设施主要类型

4. 排水设施的型式选择

排水设施的型式选择，应考虑墙后绕流渗透的特点、地质条件、当地可作排水材料的情况、施工条件及运行条件等，进行综合的技术经济比较而确定。

在弱透水岩石地基上，当墙后回填土为砂性土时，以采用斜向式管道排水或悬吊式管道排水较为合理。

在墙后回填弱透水土（亚砂土、亚黏土）时，或回填砂土而墙前水位可能发生很大变化时,为使墙后地下水浸润面能在墙前水位下降时迅速降低,应在一定的高程设置排水及水平排水孔或排水堆体。特别是在墙前水位变化较大(如 10~15m 以上)时,用排水堆体更为有效。

在非岩基上,采用层状排水较为合理。岩基上则以采用带状排水设施更好。地基土壤为层状构造时,可用垂直排水设施以降低墙底的渗透压力。

5. 排水设施中的反滤层

在渗透水向排水设施逸出的地带,渗透流速有很大增长。为了防止发生管涌,排水设施要设置反滤层。反滤层由一层或多层无黏性土构成并按粒度大小随渗透方向增大的顺序铺筑(图 3.1-52)。只要反滤层粒径尺寸选择正确,在渗流比降较大时,土壤也不会发生管涌。

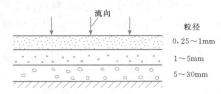

图 3.1-52 排水设施中的反滤层

选择反滤层各层级配应满足下列条件:每层内的颗粒不得出现位移;各层颗粒不得穿越相邻的较粗颗粒层的空隙;所保护土壤的颗粒不得经反滤层逸出;滤层中有纵向水流时,各相邻滤层接触处不得被冲刷,滤层不被淤塞。

3.1.5.2 挡土墙背后填料的选择

由土压力理论和公式可见,填土的重度越大,则主动土压力越大;填土的内摩擦角越大,则主动土压力越小。所以,在选择填料时,应从填料的重度和内摩擦角哪一个因素对减小主动土压力更为有效来考虑。

因黏性土的压实性和透水性都较差,又常具有吸水膨胀性和冻胀性,产生侧向膨胀压力,影响挡土墙的稳定性,所以,墙后填土应选用透水性较好的、内摩擦角较大的无黏性的粗粒填料,如粗砂、砂砾、块石等,能够显著减小主动土压力,而且它们的内摩擦角受浸水的影响也很小。当采用黏性土时,应适当混以块石。墙后填土必须分层夯实,保证质量。

3.1.5.3 基础埋置深度

挡土墙的基础埋置深度(当地基面是倾斜的情况下,基础埋置深度从最浅处的墙趾处计算),应结合不同类型挡土墙结构特性和要求,综合考虑地基地质(土壤的承载力、岩石的风化程度)、河道水文、水流冲刷情况、冻结深度等因素,提出以下要求。

1. 冲刷深度的要求

为了保证墙基稳定,基础底面应设置在设计洪水冲刷线以下一定的深度,一般规定为 1~2m。在渠底有衬砌的情况下,基底面应在衬砌面以下 1m。

2. 冻结深度的要求

为了保证挡土墙不因地表的冻胀现象而遭破坏,在冰冻地区,除岩石、砾石、粗砂等非冻胀性地基外,基底部应埋置在冻结线以下(表 3.1-23),并且不小于 0.25m。

表 3.1-23 全国一些城市最大冻结深度表[1]

城市	最大冻结深度(m)	城市	最大冻结深度(m)
海拉尔	2.41	北京	0.85
克山	2.33	兰州	0.84
玉门	2.18	延安	0.79
哈尔滨	1.99	太原	0.77
齐齐哈尔	>1.86	唐山	0.62
长春	1.62	保定	0.55
大同	>1.50	石家庄	0.53
通辽	1.49	甘孜	>0.50
敦煌	1.44	西安	0.45
沈阳	>1.39	济南	0.39
西宁	1.34	安阳	0.34
乌鲁木齐	1.33	拉萨	0.24
张掖	1.23	徐州	0.23
四平	1.20	洛阳	0.21
呼和浩特	1.14	宝鸡	0.20
鞍山	1.08	郑州	0.18
锦州	1.07	蚌埠	0.15
阜新	1.04	合肥	0.11
银川	1.03	南京	0.09
哈密	0.92	上海	0.06

3. 其他要求

在无冲刷无冰冻情况下,挡土墙基础底面一般应设在天然地面或河底以下至少 0.5~1.0m,以保证地基具有一定的稳定性。

挡土墙设在岩基上时,应清除风化层,把基础嵌入新鲜的岩层内。当基底岩层为石灰岩、砂岩及玄武岩时,嵌入深度取为 0.25m;当为页岩、砂岩交互层等时,嵌入深度取为 0.60m;当为千枚岩等松软岩石时,嵌入深度取为 1m;当为砂夹砾石等时,嵌入深度取为大于 1m。

3.1.5.4 混凝土和钢筋混凝土挡土墙的分缝和止水

为了避免地基不均匀沉陷而引起混凝土和钢筋混凝土墙身开裂，一般根据地基地质条件的变化、墙高和墙身断面的变化等情况而设置沉降缝。同时为了防止墙体材料干缩和温度变化而产生裂缝，需要设置伸缩缝。设计时，一般将沉降缝与伸缩缝合并设置，沿挡土墙轴线，每隔 10～20m 设置一道横缝。

沉降缝与伸缩缝的缝宽 2～3cm，缝内填塞沥青麻筋或沥青木板等材料，填料距挡土墙断面边界深度不小于 0.2m。

在挡水部分的伸缩缝内设置止水，止水带可以采用塑料止水或其他金属材料止水。

3.2 抗 滑 桩

3.2.1 概述

3.2.1.1 抗滑桩的类型、特点及适用条件

抗滑桩是一种在滑坡整治中用于承受侧向荷载，防止滑坡体发生滑动变形和破坏的抗滑支挡结构，一般设置于滑坡的中前缘部位，大多完全埋置于地下，有时也露出地面，桩底须埋置在滑动面以下一定深度的稳定地层中。其优点如下：

(1) 抗滑能力强，圬工数量小，在滑坡推力大、滑动带深的情况下，能够克服一般抗滑挡土墙难以克服的困难。

(2) 桩位灵活，可以设在滑坡体中最有利于抗滑的部位，可以单独使用，也可与其他建筑物配合使用。

(3) 配筋合理，可以沿桩长根据弯矩大小合理地布置钢筋，如钢筋混凝土抗滑桩，则优于管形状、打入桩。

(4) 施工方便，设备简单。采用混凝土或少筋混凝土护壁，安全、可靠。

(5) 间隔开挖桩孔，不易恶化滑坡状态，有利于抢修工程。

(6) 通过开挖桩孔，可直接揭露校核地质情况，进而修正原设计方案，使其更符合实际。

(7) 施工影响范围小，对外界干扰小。

抗滑桩的类型：①按桩身材质分为木桩、钢管桩、钢筋混凝土桩等；②按桩身截面形式分为圆形桩、管桩、方形桩、矩形桩等；③按成桩工艺分为钻孔桩和挖孔桩；④按桩的受力状态分为全埋式桩、悬臂桩和埋入式桩；⑤按桩身刚度与桩周岩土强度对比及桩身变形分为刚性桩和弹性桩；⑥按桩体组合形式

分为单桩、排架桩、刚架桩等；⑦按桩头约束条件分为普通桩和锚索桩等。

另外，抗滑桩按桩身的制作方法可以分为灌注桩、预制桩和搅拌桩三大类。

1. 灌注桩

灌注桩是采用机械或人工方法成孔，在孔内下设钢筋笼和浇筑混凝土所形成的桩。灌注桩包括机械成孔灌注桩、人工挖孔灌注桩和沉管灌注桩三大类。

(1) 机械成孔灌注桩。根据钻孔设备的不同，机械成孔灌注桩可分为钻孔桩（含正循环和反循环钻成孔桩）、冲击成孔桩、挖掘成孔桩、螺旋成孔桩、钻孔压浆成孔桩五类。

机械成孔灌注桩主要特点：

1) 属非挤土或少量挤土桩，施工时基本无噪声、无振动、无地面隆起或侧移、无浓烟排放，对环境影响小，对周围建筑物、路面和地下设施的危害小。

2) 可采用较大的桩径和桩长，单桩承载能力高。

3) 桩径、桩长以及桩顶、桩底高程可根据需要选择和调整，易于适应持力层面高低不平的变化，可设计成变截面桩、异型桩，也可沿深度变化配筋量。

4) 桩身刚度大，除能承受较大的竖向荷载外还能承受较大的横向荷载。

5) 钻、冲击、挖掘孔过程中，能进一步核查地质情况，根据要求调整桩长和桩径。

6) 避免了搬运、吊置、锤击等作业对桩身的不利影响。

7) 施工设备比较简单、轻便，开工快，所需工期较短。

8) 可穿过各种软硬夹层，也可将预制桩置于坚实土层或嵌入基岩。

9) 施工方法、工艺、机具及桩身材料的种类多，而且日新月异。

10) 施工过程隐蔽，工艺复杂，成桩质量受人为因素和工艺因素的影响较大，施工质量较难控制。

11) 除沉管灌注桩外，成孔作业时需要出土，尤其是湿作业时要用泥浆护壁，排浆、排渣等问题对环境有一定的影响，需妥善解决。

机械成孔灌注桩适用于各种土层、风化岩层，以及地质情况复杂、夹层多、风化不均、软硬变化较大的地层。桩径和桩深较大，而且不受地下水位的限制，可在地下水丰富的地层中成孔，其中冲孔灌注桩还能穿透旧基础、大孤石等障碍物。

(2) 人工挖孔灌注桩。根据截面形状的不同，可分为方桩、圆桩和变截面桩三类。

人工挖孔灌注桩主要特点：

1) 桩身截面大，单桩承载力高，结构传力明确，

沉降量小。

2）施工机具设备简单，占地面积小，操作简单。

3）施工无振动、无噪声、无泥浆污染，对周围的建筑物影响小。

4）可采用明浇方法浇注混凝土，避免了水下浇注的不利影响，不用凿桩头。

5）施工质量可全面直接检查，持力层可以准确判断，成桩质量可靠。

6）成桩截面灵活，可设计成圆形、方形、矩形、孔底扩大形等不同形式。

7）施工速度快，工程造价低。

人工挖孔灌注桩适用于无地下水或者地下水较少的人工填土、黏土、粉质黏土和含少量砂、砂卵石、姜卵石的黏土层；不宜在有流沙、地下水位较高、涌水量大的冲积地带以及近代沉积的含水量高的淤泥、淤泥质土层采用；人工挖孔桩适用于直径 1.0m 以上的桩，桩径一般为 1～3m（最大桩径已达到 7m）；深度一般不宜超过 25m（国内最深已达 80m）。

（3）沉管灌注桩。根据沉桩方式的不同，沉管灌注桩可分为锤击沉管灌注桩、钻孔扩底沉管灌注桩和振动冲击沉管灌注桩三类。

沉管灌注桩主要特点：

1）施工设备简单，成桩速度快，工期短。

2）孔形完整性好，成桩质量高，节省材料。

3）不用冲洗液，无泥浆排放问题，现场整洁。

4）对地层和环境有挤土和振动影响。

5）在软土中成桩易产生缩颈缺陷。

沉管灌注桩适用于一般黏性土、粉土、淤泥质土、松散至中密的砂土及人工填土层，不宜用于标准贯入击数 N 值大于 12 的砂土和 N 值大于 15 的黏性土以及碎石土及厚度较大的高流塑淤泥层。

在实际工程中灌注桩的运用较为广泛，其选取条件可参见表 3.2-1。

2．预制桩

预制桩即采用钢、预制或预应力钢筋混凝土作为成桩材料的抗滑桩，根据桩身材料的不同，预制桩可分为钢桩、预制钢筋混凝土桩两类。

（1）钢桩。根据材料形状的不同，钢桩可分为钢管桩、H 型钢桩和钢板桩三类。

钢桩的主要特点：

1）能承受强大的冲击力。

2）承载力大，由于母材是钢材，其屈服强度高。

3）水平阻力大，抗横向力强，钢桩断面刚度大，能承受很大的水平力。

4）设计灵活性大，可根据需要，变更钢桩的钢材的厚度及外形。

5）桩长容易调节。

6）接缝安全，适于长尺寸施工。

7）与上部结构容易结合。

8）打桩时排土量少，对边坡扰动少。

9）搬运、堆放操作容易。

10）工期短、施工安全。

钢桩适用于人工挖孔困难、施工场地狭窄，难以进行大型机械施工的滑坡体。

（2）预制钢筋混凝土桩。预制钢筋混凝土桩是将钢筋混凝土预制成（可加预应力）桩身材料，通过直接打入或预钻孔打入边坡的抗滑桩。

预制钢筋混凝土桩的主要特点：

1）可以不用现场加工钢筋和灌注混凝土。

2）需要有适当的起吊设备和较大的施工场面。

3）施工速度快，工期短。

预制钢筋混凝土桩适用于无现场制作钢筋笼和灌注混凝土条件，需要进行快速施工，并且有大型起吊设备和较大的施工场面的滑坡体。

3．搅拌桩

根据桩身材料的不同，搅拌桩可分为水泥土搅拌桩和加劲水泥土搅拌桩两类。

搅拌桩主要有以下特点：

（1）仅有少量挤土，施工时无振动，无噪音，不需要泥浆护壁，不产生废水污染，无大量废土外运。

（2）渗透小，能防渗止水。

（3）桩间距可灵活布置，几乎不受限制。

（4）水泥渗入比可随工程需要和土的性质而变化。

（5）可与其他桩型配合使用。

（6）可根据加劲材料的不同，设计成柔性或刚性桩。

（7）施工速度快，造价低。

搅拌桩适用于淤泥、淤泥质土、含水率较高的软土层和适用于要求施工时无振动、无泥浆、无废土外运的情况下加固边坡。

3.2.1.2 抗滑桩设计的基本内容和一般要求

1．基本内容

（1）确定抗滑桩由于滑坡体位移所承受的滑坡推力及弯矩值。

（2）根据地质和施工条件，选取抗滑桩的型式，如采用机械成孔或人工挖孔，桩体采用钢筋混凝土或钢材等。

（3）确定抗滑桩的桩距，即选取合理的桩距，桩距过大，土体可能从桩间挤出，桩距过小，则桩数增加，投资增大，工期延长。

表 3.2-1

灌 注 桩 的 选 取 条 件

成孔方法	桩径 (cm)	桩长 (m)	穿越土层								桩端进入持力层			地下水位		对环境影响	
			一般性黏土及填土	黄土 非自重湿陷	黄土 自重湿陷	淤泥和淤泥质土	粉土	砂土	碎石土	硬黏土	密实砂土	碎石土	软岩和风化岩	以上	以下	振动和噪声	排浆
长螺旋钻成孔	30~80	≤30	○	○	△	×	○	△	×	○	○	×	×	○	×	无	无
短螺旋钻成孔	30~150	≤30	○	○	×	×	○	△	×	○	○	×	×	○	×	无	无
机动洛阳铲成孔	30~50	≤20	○	○	△	×	○	△	×	○	○	×	×	○	×	无	无
潜水电钻成孔	50~200	≤50	○	△	×	○	○	○	×	○	○	△	×	○	○	无	无
正循环回转钻成孔	50~100	≤70	○	△	×	○	○	△	×	○	○	△	△	○	○	无	有
反循环回转钻成孔	60~300	≤70	○	×	×	○	○	○	△	○	○	△	△	○	○	无	有
旋挖成孔	50~150	≤50	○	○	×	○	△	△	△	○	○	△	○	○	○	无	有
抓斗挖槽机成孔	翼宽 60~120 翼长 120~300		○	○	×	○	△	○	×	○	○	×	○	○	○	无	有
钢丝绳冲击钻成孔	60~130	≤70	○	×	×	×	○	○	○	○	○	○	○	○	○	有	有
钻孔扩底灌注桩	桩身 60~120 底 100~160	≤20	○	○	×	△	○	○	×	○	×	×	△	○	○	无	无
振动沉管灌注桩	27~40	≤20	○	×	×	△	△	△	×	○	○	△	×	○	○	有	无
锤击沉管灌注桩	30~50	≤20	○	×	×	△	△	△	×	○	○	×	×	○	○	有	无
锤击振动沉管成孔	27~40	≤24	○	○	×	△	△	△	×	○	○	○	×	○	○	有	无
全套管法灌注桩	80~160	≤50	○	○	×	△	○	○	△	○	○	○	△	○	○	无	无
冲抓成孔灌注桩	70~120	≤40	○	×	×	△	○	△	×	○	○	△	△	○	○	有	有
人工挖孔桩	≥100	≤30	○	○	○	×	△	○	△	○	○	○	○	○	△	无	无

注 摘自《水利水电工程施工手册》(第 1 卷 地基与基础工程)。○—比较合适; △—有可能采用; ×—不宜采用。

（4）根据地质条件及滑坡推力确定抗滑桩截面尺寸、桩长，并对所选的抗滑桩进行内力、锚固深度计算，选择合适的锚固深度，锚固深度过浅，则桩容易被推倒、拔出或与滑动体一起滑动，过深则施工困难，工期较长。

（5）进行桩体设计，即对抗滑桩进行配筋计算，确定配筋型式。

（6）反算加抗滑桩后的边坡抗滑稳定安全系数，并对经抗滑桩处理后的边坡稳定性进行评价分析。

（7）确定施工方案。

2．一般要求

（1）坡体稳定。设桩后能提高滑坡体的稳定性，抗滑稳定安全系数应达到规范要求；避免滑体土不越过桩顶和不从桩间挤出；不产生新的深层滑动。

（2）桩身稳定。桩身要有足够的强度和稳定性。桩的断面和配筋合理，能满足桩身内力和变形的要求。

（3）桩周稳定。桩周的地基抗力在容许范围内，抗滑桩及滑坡体的变形在容许范围内。

（4）安全经济。抗滑桩的间距、尺寸、埋深等应适当，保证安全，方便施工，工程量最小。

（5）环境协调。

3.2.1.3　抗滑桩设计的一般步骤

（1）首先查清滑坡的原因、性质、范围、厚度，分析滑坡的稳定状态、发展趋势。

（2）根据滑坡地质剖面及滑动面处岩、土的抗剪强度指标，计算滑坡推力。

（3）根据地形、地质及施工条件等确定桩的型式、布设位置及范围。

（4）根据滑坡推力大小、地形及地质条件，拟定桩长、锚固深度、桩截面尺寸及桩间距。

（5）确定桩的计算宽度（限于圆桩），并根据滑坡体的地质条件，选定地基参数，如承载力、变形模量等。

（6）根据选定的地基参数及桩的截面型式、尺寸，计算桩的变形系数、计算锚固深度，据此判断按刚性桩或弹性桩来设计。

（7）根据桩底的边界条件采用相应的公式计算桩身各截面的变位、内力及侧壁应力等，并计算最大剪力、弯矩及其部位。

（8）校核地基强度。若桩身作用于地基的弹性应力超过或者小于地层的容许值较多时，则应调整桩的埋深、桩的截面尺寸或桩的间距。

（9）根据计算结果，绘制桩身的剪力和弯矩图，并进行配筋设计。

（10）确定施工方案。

3.2.2　抗滑桩设计荷载的确定

3.2.2.1　滑坡推力的确定

1．滑坡推力的计算

滑坡推力与滑坡的性质、滑坡体的厚度、滑动面的形状、土体或岩体性质、地下水位、外荷载等有关。一般先用工程地质法的各种手段，对滑坡体的稳定性进行分析，然后以岩土力学的方法进行稳定计算。首先在滑坡地段选择一个或几个顺滑坡主轴方向的地质纵断面作为代表，再按滑动面坡度和地质性质的不同，由后向前，依次计算该块的滑坡推力。滑坡推力按传递系数法进行计算。

如图 3.2-1 所示，假定 a、b、c、d 组成的第 n 块滑动块体，在作用面 ac 上，作用着上一块传递来的滑坡推力 E_{n-1}，本滑块自重为 W_n，可将它分解为垂直于滑动面和平行于滑动面的力 N_n、T_n，则用于滑动面的不平衡力 E_n 可表示为

$$E_n = \Psi_n E_{n-1} + T_n - N_n \tan\varphi_n - c_n L_n$$

$$(3.2-1)$$

$$\Psi_n = \cos(\alpha_{n-1} - \alpha_n) - \sin(\alpha_{n-1} - \alpha_n)\tan\varphi_n$$

$$(3.2-2)$$

式中　Ψ_n——传递系数；

φ_n——第 n 块滑动面上的内摩擦角，（°）；

c_n——第 n 块滑动面上的单位黏聚力，kPa；

L_n——第 n 块滑动面的长度，m。

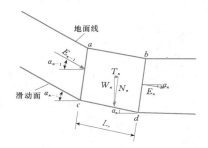

图 3.2-1　第 n 块滑动块体力系图

整个滑动块体的滑坡推力即为逐段求出每一分块的滑坡推力，直至滑出点，滑出点分块的滑坡推力值即为整个滑动块体的滑坡推力。

2．滑坡推力的分布

滑坡推力分布及其作用点的位置与滑坡的类型、地质条件、滑动面性状、变形特征及地基系数等因素有关。

一般情况下，滑坡体沿断面高度均匀往下变形，如地基系数为常数，滑坡推力呈均匀分布；如地基系

数沿断面高度呈线性变化，则滑坡推力呈三角形分布；如地基系数在顶部呈线性变化，在底部为常数，则滑坡推力呈梯形变化。

在实际工程中，当滑坡为堆积层、破碎岩层时，下滑力自上而下可按三角形考虑；当滑坡体的变形为均匀向下蠕动，滑坡体由黏土、土夹石等组成时，滑坡推力近似按矩形考虑；介于两者之间的情况，滑坡推力可假定为梯形。

3.2.2.2 地基反力的确定

抗滑桩受到滑坡推力作用后，通过抗滑桩将滑坡推力传递到滑动面以下桩周岩、土中。此时桩下部的岩、土受力后产生变形，当应力与应变成正比例增加时属弹性阶段；超过弹性极限状态后应力增加不多而变形骤增时，属塑性阶段；当应力不再增大而变形不止时则达到破坏阶段。

1. 桩周岩、土地基抗力的计算

当变形在弹性阶段时按弹性抗力计算；当岩、土变形在塑性阶段时，抗力可近似地按该地层的地基系数乘以相应的与变形方向一致的岩、土在弹性极限状态时的压缩变形值，或用该地层的侧向允许承载力代替；如沿桩身的岩、土处于塑性变形阶段的范围较大或岩体松散时，则全桩可用极限平衡法计算抗滑桩基础的抗力值。

在弹性范围内，桩周岩、土体抗力与变形成正比。根据弹性力学，用地基系数法计算抗滑桩受到滑坡推力作用时，桩底岩、土的弹性抗力值及其分布。假定桩底地层为一弹性介质，桩为弹性构件，则作用于桩侧任意一点 y 处的弹性抗力 σ_v 的计算公式为

$$\sigma_v = KB_PX_y \qquad (3.2-3)$$

式中　X_y——地层 y 处的水平位置值，m；

B_P——桩的计算宽度，m；

K——嵌固段地基系数（或抗滑桩嵌固段地基水平抗力系数或水平基床系数），kPa/m。

2. 地基系数的变化规律及其适用条件

一般情况下，地基系数 K 可随深度 y 按幂函数规律变化，其表达式为

$$K = m(y_0 + y)^n \qquad (3.2-4)$$

式中　m——地基系数随深度变化的比例系数；

n——与岩、土特性有关的参数；

y_0——与岩、土类别有关的常数，m。

不同 n 值，地基系数 K 随深度 y 的变化如图 3.2-2 所示。

当 $n=0$ 时，K 值为常数，其图形为矩形［图 3.2-2（a）］，按这种规律的计算方法，称为"K"

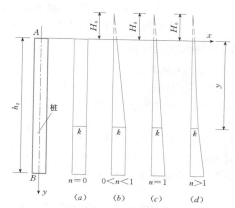

图 3.2-2　地基系数 K 随深度 y 的变化图

法，适用于较完整的硬质岩层、未扰动的硬黏土或性质相近的半岩质地层。

当 $0<n<1$ 时，K 值随深度为外凸的抛物线变化［图 3.2-2（b）］，按这种规律变化的计算方法，称为"C"法。

当 $n=1$ 时，K 值随深度为梯形变化［图 3.2-2（c）］，按这种规律变化的计算方法，称为"m"法，适用于一般硬塑～半坚硬的砂黏土、碎石土或风化破碎成土状的软质岩层，以及密实度随深度增加而增加的地层。

当 $n>1$ 时，K 值随深度为内凹的抛物线变化［图 3.2-2（d）］。

3.2.2.3 荷载及其组合

1. 抗滑桩的受力

（1）滑坡体对桩产生的主动岩、土压力（有地下水时，计入孔隙水压力）。

（2）滑动面以上岩土对桩产生的被动岩、土压力。

（3）滑动面以下锚固端横向抗力。

（4）抗滑桩锚固端桩侧摩阻力。

（5）抗滑桩底受到地基反力和抗滑桩自重，计算中可不做考虑。

2. 抗滑桩的外荷载

抗滑桩承受的外荷载，主要是作用在桩后的横向滑坡推力（有地下水时，计入孔隙水压力），其次是桩前岩、土体抗力，一般情况下，在桩前岩、土体剩余抗滑力，被动土压力或弹性抗力中选择小者。通常将桩后滑面以上的滑坡推力当作外荷载，滑面以下桩前后及滑面以上桩前土体产生的弹性抗力当作内力考虑。

3. 荷载组合

一般情况下，抗滑桩的荷载组合为：横向滑坡推

力＋孔隙水压力＋桩前岩、土体抗力（桩前岩、土体剩余抗滑力，被动土压力或弹性抗力中选择小者）。

3.2.3 抗滑桩的设计

3.2.3.1 抗滑桩的布设

一般应根据滑坡的地质情况、滑坡推力大小、滑动面的坡度、滑坡体的厚度和施工条件等因素综合考虑确定。

抗滑桩的桩位应设在滑坡体较薄、锚固段地基强度较高的地段，其平面布置、桩间距、桩长和截面尺寸等的确定，应综合考虑达到经济合理。桩间距宜为 6～10m。

一般情况，滑坡的上部、滑动面较陡、滑动体张拉裂缝较多及滑动面较深、下滑力大的地方不宜设桩；桩宜设置在滑坡下部下滑力较小、滑动面深度适中、锚固段地基抵抗力大的地段。土质滑床时，设桩处的滑面坡度不应大于 15°。

桩的布设方向应与滑坡体的滑动方向垂直或接近垂直，一般布设一排。对于滑动面深厚、下滑力较大、截面较小的桩也可布置成两排或多排。

当下滑力特别大时，在平面上可把桩按"品"字形交错布置成梅花形，必要时，可将桩顶采用梁连接起来，以增加桩的抗滑力。

桩的间距与滑动体的成分、岩土体的物理力学性质、下滑力的大小及抗滑桩的尺寸等许多因素有关，目前尚无成熟的计算方法。一般情况下，以桩间土体与两桩侧面所产生的摩阻力不小于桩间的滑坡推力为控制进行估算，可根据滑体土性取桩宽（或桩径）的 3～5 倍（或 5～10m）；滑体完整（岩块）、密实或下滑力较小的，桩间距可取大些，反之取小些；主滑轴附近取小些、两边可适当大些。为了防止滑体从桩间挤出，应在桩间设钢筋混凝土或浆砌块石拱形挡板。在重要建筑物区，抗滑桩之间应用钢筋混凝土联系梁相连接，增加整体稳定性。

抗滑桩锚固段长度与滑坡推力大小、地基强度、桩的刚度、桩身截面宽度和桩距等有关。锚固段须嵌入滑床桩长的 1/3～1/2，其侧壁应力尽量接近或达到锚固段地层的允许应力，具体视锚固段地基强度而定。对于滑带埋深大于 25m 的滑坡，采用抗滑桩阻滑时，应充分论证其可行性。

3.2.3.2 桩型的选择及其计算宽度

抗滑桩型的选择，主要包括成孔方式、桩身材料和桩截面的选择三部分。

在对抗滑桩型进行成孔方式、桩身材料选择时，需要考虑滑坡类型、滑动体的地质条件、施工条件及投资等多方面因素。

抗滑桩的截面形状对桩的抗滑作用影响较大，目前主要有方桩和圆桩两类，受力条件以采用正面一边较短、侧面一边较长的矩形截面较好。抗滑桩的截面尺寸应根据滑坡推力的大小、桩距及锚固段的侧壁容许压应力等因素综合考虑。

当采用人工挖孔桩时，桩截面的最小宽度不宜小于 1.5m，常用尺寸为 2m×3m、3m×4m 等。

当采用机械成孔时，桩截面一般为圆形，设计要把圆形截面换算成相当的矩形截面。常用的圆形机械成孔桩的截面尺寸为 110～1500mm。

此外，在水平荷载下，桩侧岩、土体的受力状态为复杂的空间问题，为简化计算按平面问题考虑，应将桩的实际宽度换算成与平面受力条件相当的宽度。对于矩形桩，桩正面计算宽度 $B_p=b+1$，b 为矩形桩的实际正边长度；对于圆形桩，桩正面计算宽度 $B_p=0.9(d+1)$，d 为圆形桩的直径。

在抗滑桩计算中，只有在计算桩侧弹性抗力时，才用桩的正面计算宽度；在计算桩底反力时，仍然采用桩的实际宽度，即不考虑受力换算系数。

3.2.3.3 桩的锚固深度及桩底支承条件

1. 桩的锚固深度

抗滑桩锚固深度的计算，主要应根据地基的侧向容许承载力确定，当桩的变位需要控制时，应考虑最大变位不超过容许值。

（1）比较完整的岩质地层。桩的最大侧压应力 σ_{max}（kPa）应不大于地基的侧向容许承载力。桩为矩形截面时，地基的侧向容许承载力的计算公式为

$$\sigma_{max} \leqslant KCR \qquad (3.2-5)$$

式中　K——根据岩层构造在水平方向的岩石允许承压力换算系数，可采用 0.5～1.0；

　　　C——折减系数，根据岩层的裂隙、风化及软化程度，可采用 0.3～0.5；

　　　R——岩石单轴抗压极限强度，kPa。

（2）一般土层及严重风化破碎岩层。桩身对地层的侧压应力 σ_{max} 应符合的条件为

$$\sigma_{max} \leqslant \frac{4}{\cos\varphi}(\gamma h \tan\varphi + c) \qquad (3.2-6)$$

式中　γ——地层岩（土）的容重，kN/m³；

　　　φ——地层岩（土）的内摩擦角，（°）；

　　　c——地层岩（土）的黏聚力，kPa；

　　　h——地面至计算点的距离，m。

一般验算桩身侧压应力最大处，若不符合式（3.2-6）的要求，则需要调整桩的锚固深度或桩的截面尺寸、间距，直至满足为止。

上述公式只能作为确定桩的锚固深度及校核地基强度时参考用。常用的锚固深度，从以往的实践经验

看，对于土层或软质岩层约为 $1/3 \sim 1/2$ 桩长比较合适；但对于完整、较坚硬的岩层可以采用 $1/4$ 桩长。

2. 抗滑桩的支承条件

（1）桩顶支承条件。一般情况，桩顶可视为自由支承。当桩顶有锚索、刚度很大的承台或联系大梁时，桩顶也可视为滑动铰支承、铰支承或固定支承。

（2）桩底支承条件。由于滑坡类型和锚固程度不同，抗滑桩的桩底支承可以分为自由支承、铰支承、固端支承三种。

1）自由支承。当桩基为土层或破碎岩体时，在滑坡推力作用下，桩底有明显位移和转动。在这种条件下，桩底按自由支承处理，此时桩底支承端 B 的弯矩 $M_B=0$，剪力 $Q_B=0$。

2）铰支承。当桩基为完整坚硬基岩，但锚固长度不深时，桩底按铰支承处理，此时桩底支承端 B 的水平位移 $x_B=0$，弯矩 $M_B=0$。

3）固端支承。当桩基为完整坚硬基岩，且锚固长度较深时，桩底按固端支承处理，此时桩底支承端 B 的水平位移 $x_B=0$，转角 $\varphi_B=0$。

3.2.3.4 抗滑桩的内力和变位计算

在进行抗滑桩设计时，首先确定边坡的抗滑稳定安全系数、滑坡推力、边界条件、岩土物理力学参数，然后根据滑坡类型、滑坡的地质、施工条件、工程投资等选择抗滑桩的型式、桩间距、截面尺寸。

根据具体的滑坡体和抗滑桩类型、支撑条件选择地基系数法、悬臂桩法或有限元法计算抗滑桩锚固段桩身任一截面的应力、位移、弯矩、剪力值。

3.2.3.5 桩的配筋计算和构造要求

1. 抗滑桩的配筋计算

根据《水工混凝土结构设计规范》（DL/T 5057—2009）的计算公式对抗滑桩进行配筋计算，求出相对受压区计算高度 ξ，并使 $\xi \leqslant \xi_b = 0.550$（保证为适筋破坏）；根据计算的相对受压区计算高度 ξ，计算桩截面的受压区高度 $x(x = \xi h_0)$ 和受拉区高度 $(h_0 - x)$ 来配置钢筋。

配筋计算为

$$\xi = \frac{f_y A_s - f'_y A'_s}{f_c b h_0} \leqslant \xi_b \qquad (3.2-7)$$

$$x = \xi h_0 \qquad (3.2-8)$$

$$\alpha_s = \xi(1 - 0.5\xi) \qquad (3.2-9)$$

$$M_u = f_c \alpha_s b h_0^2 + f_y A_s(h_0 - a') \qquad (3.2-10)$$

$$M \leqslant M_u / \gamma_d \qquad (3.2-11)$$

$$V = \left(0.7 f_t b h_0 + f_{yv} \frac{A_{sv}}{s} h_0\right) \frac{1}{\gamma_d} \qquad (3.2-12)$$

式中　ξ——混凝土相对受压区计算高度；

ξ_b——混凝土相对界限受压区计算高度，取 0.550；

x——混凝土受压区计算高度；

h_0——桩截面有效高度；

f_y——钢筋抗拉强度设计值；

f'_y——钢筋抗压强度设计值；

γ_d——结构系数，1.2；

f_c——混凝土轴心抗压强度设计值；

f_t——混凝土轴心抗拉强度设计值；

b——矩形截面宽度；

α_s——截面抵抗矩系数；

A_s——受拉区纵向截面面积；

A'_s——受压区纵向截面面积；

a'——受压钢筋合力点至受压区边缘的距离；

M_u——弯矩承载力；

M——弯矩设计值；

V——斜截面上的剪力设计值；

f_{yv}——箍筋抗拉强度设计值；

A_{sv}——箍筋截面面积。

2. 抗滑桩的构造要求

（1）混凝土。混凝土强度等级不宜低于 C20，一般采用 C30。地下水或环境有侵蚀性时，水泥应按有关规定选用。

（2）混凝土保护层。由于抗滑桩为地下建筑物，为保证钢筋（或钢材）不锈蚀，以及钢筋和混凝土间有足够的黏着力，其钢筋的混凝土保护层厚度不宜小于 7cm，若有地下水侵蚀时，应适当加厚。

（3）纵向受力钢筋。

1）纵向受力钢筋宜采用单根排列，若采用钢筋束时，每束不宜多于 3 根。若单排布置困难时，可设置两排或三排，排钢筋净距不宜小于 1.5 倍钢筋直径，一般控制在 $120 \sim 200$mm 之内；必要时，抗滑桩内可加型钢、轻型或重型钢轨处理等。

2）纵向受力钢筋直径不宜小于 16mm，钢筋净距不宜小于 1.5 倍钢筋直径和 1.5 倍最大粗骨料直径，同时不小于 80mm。

3）桩内不宜配置弯起钢筋，可采用调整箍筋的直径、间距和桩身截面尺寸等措施，以满足斜截面的抗剪强度。

4）桩的两侧及受压边，应适当配置纵向构造钢筋，其间距宜为 $400 \sim 500$mm，直径不宜小于 12mm。桩的受压边两侧，应配置架立钢筋，其直径不宜小于 16mm。

（4）箍筋。箍筋应采用封闭式，肢数不宜多于 4

163

肢，其直径不应小于 10mm，不宜大于 16mm。间距不应大于 500mm。

3.2.4 抗滑桩的计算方法

3.2.4.1 概述

目前对于滑动面以上桩前滑体所产生的作用的考虑方法不同，可归纳为地基系数法、悬臂桩法、有限元法三种。

（1）地基系数法（图 3.2-3）。即将滑动面以上桩身所承受的滑坡推力作为已知的设计荷载，然后根据滑动面上、下地层的地基系数，把整根桩当作地基上的梁来计算，因而对滑动面的存在及影响没有考虑，直至求出的桩前岩土体弹性抗力不大于桩前剩余下滑力。

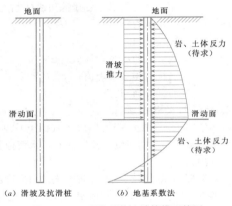

（a）滑坡及抗滑桩　　　　（b）地基系数法

图 3.2-3　地基系数法计算模型简图

（2）悬臂桩法（图 3.2-4）。即将滑动面以上的桩身所承受的滑坡推力和桩前滑动体所产生的剩余滑坡推力或被动土压力视为已知外力，并假定两力分布规律相同，将此两力作为作用滑动面以上桩身的设计荷载，然后根据滑动面以下岩、土的地基系数计算锚固段的桩壁应力以及桩身各截面的变形及内力。

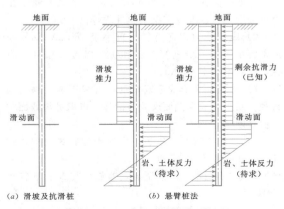

（a）滑坡及抗滑桩　　　　（b）悬臂桩法

图 3.2-4　悬臂桩法计算模型简图

（3）有限元法（图 3.2-5）。即根据桩的材料和桩周围岩、土的物理力学参数，把桩和岩、土作为一个共同体，在荷载作用下进行变形和应力分析，并求出桩和岩、土中各部分在滑坡推力作用下的位移和应力。

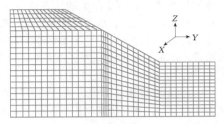

图 3.2-5　有限元法计算模型简图

3.2.4.2 地基系数法

1. 刚性桩与弹性桩的区分

抗滑桩受滑坡推力作用，将产生一定的变形，即桩的相对位置发生改变。根据桩和桩周岩（土）的性质和桩的几何性质，其变形可有两种情况（图 3.2-6）。一种是桩的位置虽发生了偏离，但是桩轴仍保持原有的线型，变形是由于桩周的岩土变形所致，这种桩犹如刚体仅产生了转动，称之为刚性桩。另一种是桩的位置和桩轴线型同时发生改变，即桩轴和桩周岩土同时发生变形，这种桩称之为弹性桩。

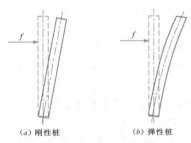

（a）刚性桩　　　　（b）弹性桩

图 3.2-6　刚性桩与弹性桩受力示意图

抗滑桩属刚性桩或弹性桩，除按桩周围岩、土的性质及其松散程度定性外，当埋入滑动面以下的计算深度（桩的锚固深度 h_2 与桩的变形系数 α 或 β 的乘积）为某一临界值时，可视为桩的刚度为无限大，其在水平荷载作用下的极限承载力，只取决于地层的弹性抗力的大小，而与桩的刚度无关。为此，通常将该临界值作为判断桩为刚性桩或弹性桩的标准。临界值规定如下：

（1）按"m"法计算。当 $\alpha h_2 \leqslant 2.5$ 属刚性桩；当 $\alpha h_2 > 2.5$ 属弹性桩。

（2）按"K"法计算。当 $\beta h_2 \leqslant 1.0$ 属刚性桩；当 $\beta h_2 > 1.0$ 属弹性桩。

其中，h_2 为桩的锚固深度，m；α、β 为桩的变形

系数，m^{-1}；其值分别为

$$\alpha = \sqrt[5]{\frac{mB_P}{EI}} \qquad (3.2-13)$$

$$\beta = \sqrt[4]{\frac{KB_P}{4EI}} \qquad (3.2-14)$$

式中　K——沿深度不变的水平地基系数，kPa/m；

m——水平地基系数随深度增加的比例系数，kPa/m²；

E——桩的弹性模量，kPa；

I——桩的惯性矩，m⁴；

B_P——桩的计算宽度，m，对于方桩 $B_P=b+1$，对于圆桩 $B_P=0.9$ $(d+1)$，b 为方桩实际宽度，d 为圆桩直径。

2. 地基系数的确定

在抗滑桩计算中的地基系数，目前一般采用下述两种假定：

地层为较完整的岩层时，地基系数采用常数，不随深度而变化。此常数通常以符号"K"表示，相应的计算方法称之为"K"法。

地基为密实土层或严重风化破碎岩层时，地基系数采用随深度而呈直线规律的变化。由于地基系数随深度而变化的比例系数（常数）通常以符号"m"表示，故相应的计算方法称之为"m"法。

m、K 值应通过试验确定。当无试验资料时，表3.2-2 和表3.2-3 可作为参考。

表 3.2-2　抗滑桩土质地基系数（随深度增加的比例系数）[21]

序号	土 体 名 称	竖直方向 m_0（kPa/m²）	水平方向 m（kPa/m²）
1	$0.75<I_L<1.00$ 的软塑黏土及粉质黏土；淤泥	1000~2000	500~1400
2	$0.50<I_L<0.75$ 的软塑粉质黏土及黏土	2000~4000	1000~2800
3	硬塑粉质黏土及黏土；细砂和中砂	4000~6000	2000~4200
4	坚硬的粉质黏土及黏土；粗砂	6000~10000	3000~7000
5	砾砂；碎石土、卵石土	10000~20000	5000~14000
6	密实的大漂石	80000~120000	40000~84000

注　I_L 为土的液性指数，其土质地基系数 m_0 和 m 值的条件，相应于桩顶位移的 0.6~1.0cm。

表 3.2-3　岩石物理力学指标与抗滑桩地基系数[21]

地 层 种 类	内摩擦角	弹性模量 E_0（kPa）	泊松比 μ	地基系数 K（×10⁶kPa/m）
细粒花岗岩、正长岩	80°以上	5430~6900	0.25~0.30	2.0~2.5
辉绿岩、玢岩		6700~7870	0.28	2.5
中粒花岗岩	80°以上	5430~6500	0.25	1.8~2.0
粗粒正长岩、坚硬白云岩		6560~7000		
坚硬石灰岩	80°	4400~10000	0.25~0.30	1.2~2.0
坚硬砂岩、大理岩		4660~5430		
粗粒花岗岩、花岗片麻岩		5430~6000		
较坚硬石灰岩	75°~80°	4400~9000	0.25~0.30	0.8~1.2
较坚硬砂岩		4460~5000		
不坚硬花岗岩		5430~6000		
坚硬页岩	70°~75°	2000~5500	0.15~0.30	0.4~0.8
普通石灰岩		4400~8000	0.25~0.30	
普通砂岩		4600~5000	0.25~0.30	
坚硬泥灰岩	70°	800~1200	0.29~0.38	0.3~0.4
较坚硬页岩		1980~3600	0.25~0.30	
不坚硬石灰岩		4400~6000	0.25~0.30	
不坚硬砂岩		1000~2780	0.25~0.30	

地 层 种 类	内摩擦角	弹性模量 E_0 (kPa)	泊松比 μ	地基系数 K ($\times 10^6$ kPa/m)
较坚硬泥灰岩		$700 \sim 900$	$0.29 \sim 0.38$	
普通页岩	$65°$	$1900 \sim 3000$	$0.15 \sim 0.20$	$0.2 \sim 0.3$
软石灰岩		$4400 \sim 5000$	0.25	
不坚硬泥灰岩		$30 \sim 500$	$0.29 \sim 0.38$	
硬化黏土	$45°$	$10 \sim 300$	$0.30 \sim 0.37$	$0.06 \sim 0.12$
软片岩		$500 \sim 700$	$0.15 \sim 0.18$	
硬煤		$50 \sim 300$	$0.30 \sim 0.40$	
密实黏土		$10 \sim 300$	$0.30 \sim 0.37$	
普通煤	$30° \sim 45°$	$50 \sim 300$	$0.30 \sim 0.40$	$0.03 \sim 0.06$
胶结卵石		$50 \sim 100$	—	
掺石土		$50 \sim 100$	—	

3. 刚性桩的计算

对于刚性桩，在极限水平荷载作用下，桩周岩（土）沿桩身均达到极限平衡状态，因此刚性桩可按假设桩周岩（土）均达到极限状态的极限地基反力法（即极限平衡法）进行计算。

极限地基反力法的基本假定：①假定岩、土处于极限状态；②假定极限反力 P 是桩入岩、土深度的函数；③假定极限反力 P 与桩的挠度 y 与无关。

（1）滑动面处地基系数的确定。

地基系数的计算公式为
$$K = A + my \qquad (3.2-15)$$
滑动面处的地基系数的计算公式为
$$K = A' + my \qquad (3.2-16)$$
A 和 A' 值可由换算法求得［图 3.2-7 和式（3.2-17）］

$$\left.\begin{array}{l} A = d_1 m = \dfrac{\gamma_1}{\gamma_2} a_1 m \\[2mm] A' = d_2 m = \dfrac{\gamma_1}{\gamma_2} a_2 m \end{array}\right\} \qquad (3.2-17)$$

式中 a_1、a_2——桩前、后滑体的厚度，m；

d_1、d_2——桩前、后滑体的换算高度，m；

A、A'——桩前、后滑动面处的地基系数，kPa/m；

γ_1、γ_2——滑动面上、下岩（土）容重，t/m³。

当 $a_1 = a_2$ 时，$A = A'$；当 $a_1 < a_2$ 时，$A < A'$；当 $a_1 = 0$ 时，$A = 0$。

（2）桩身内力计算。在滑坡推力作用下，当桩埋入土层或软质岩层中时，将绕桩身某点转动；当桩埋入完整、坚硬岩石的表层时，将绕桩底转动。

当桩身为同一地层，滑动面以下为同一 m 值，桩底为自由端时，假定滑动面处岩、土的地基系数为 A、A'，如图 3.2-8 所示。

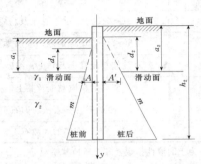

图 3.2-7 地基系数 $K = A + my$ 示意图

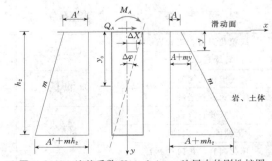

图 3.2-8 地基系数 $K = A + my$ 地层中的刚性桩图

$$\Delta x = (y_0 - y)\Delta\varphi$$

当 $y \leqslant y_0$ 时

$$\left.\begin{array}{l} \sigma_y = (A + my)(y_0 - y)\Delta\varphi \\[2mm] Q_y = Q_A - \dfrac{1}{2}B_P A \Delta\varphi y (2y_0 - y) - \\[2mm] \qquad \dfrac{1}{6}B_P m \Delta\varphi y^2 (3y_0 - 2y) \\[2mm] M_y = M_A + Q_A y - \dfrac{1}{6}B_P A \Delta\varphi y^2 (3y_0 - y) - \\[2mm] \qquad \dfrac{1}{12}B_P m \Delta\varphi y^3 (2y_0 - y) \end{array}\right\}$$

$$(3.2-18)$$

当 $y \geqslant y_0$ 时

$$\sigma_y = (A' + my)(y_0 - y)\Delta\varphi$$

$$Q_y = Q_A - \frac{1}{2}B_P A'\Delta\varphi y(2y_0 - y) -$$
$$\frac{1}{6}B_P m\Delta\varphi y^2(3y_0 - 2y) + \frac{1}{2}B_P A'\Delta\varphi(y - y_0)^2$$

$$M_y = M_A + Q_A y - \frac{1}{6}B_P A'\Delta\varphi y^2(3y_0 - y) -$$
$$\frac{1}{12}B_P m\Delta\varphi y^3(2y_0 - y) + \frac{1}{6}B_P A'\Delta\varphi(y - y_0)^3$$

$$(3.2-19)$$

由 $\sum H = 0$ 得

$$Q_A = \frac{1}{2}B_P A'\Delta\varphi y_0^2 + \frac{1}{6}B_P m\Delta\varphi h_2^2(3y_0 - 2h_0) -$$
$$\frac{1}{2}B_P A'\Delta\varphi(h_2 - y_0)^2 \qquad (3.2-20)$$

由 $\sum H = 0$ 得

$$M_A + Q_A h_2 = \frac{1}{6}B_P A'\Delta\varphi y_0^2(3h_2 - y_0) - \frac{1}{6}B_P A'\Delta\varphi \times$$
$$(h_2 - y_0)^2 + \frac{1}{12}B_P m\Delta\varphi h_2^3(2y_2 - h_2)$$

$$(3.2-21)$$

式中 Δx、σ_y、M_y、Q_y——桩身任一截面的位移、侧应力、弯矩、剪力，m、kPa、kN·m、kN；

$\Delta\varphi$——桩的旋转角度，rad；

y——滑动面至桩计算截面的距离，m；

y_0——滑动面至桩旋转中心的距离，m；

h_2——滑动面以下桩的长度，m；

B_P——桩的正面计算宽度，m。

将式（3.2-20）和式（3.2-21）联解可得 y_0 的方程为

$$2Q_A(A' - A)y_0^3 + 6M_A(A' - A)y_0^2 - 2y_0 h_2 \times$$
$$[3A'(2M_A + Q_A h_2) + mh_2(3M_A + 2Q_A h_2)] +$$
$$h_2^2[2A'(3M_A + 2Q_A h_2) + mh_2(4M_A + 3Q_A h_2)] = 0$$

$$(3.2-22)$$

式（3.2-18）～式（3.2-22）适用于滑动面处的地基系为：$A = 0$，A' 为常数；$A = A'$ 或 $A \neq A'$；$m = 0$（"K"法）。

4. 弹性桩的计算

在水平荷载作用下，弹性桩的内力和变形特性类似于弹性地基梁，其破坏主要是由于桩顶水平位移过大和桩前浅层地基上的局部破坏导致桩身在其最大弯矩点屈服，因此极限地基反力法不适用于弹性桩，弹性桩一般采取弹性地基反力法或 $P-y$ 曲线法计算。主要计算方法如下：

（1）"m"法。弹性桩内力及变形如图 3.2-9 所示。

滑动面以下桩身任一截面的变位和内力的计算公

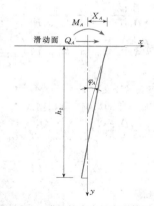

图 3.2-9 弹性桩内力及变形简图

式为

$$x_y = x_A A_1 + \frac{\varphi_A}{\alpha}B_1 + \frac{M_A}{\alpha^2 EI}C_1 + \frac{Q_A}{\alpha^3 EI}D_1$$

$$\varphi_y = \alpha\left(x_A A_2 + \frac{\varphi_A}{\alpha}B_2 + \frac{M_A}{\alpha^2 EI}C_2 + \frac{Q_A}{\alpha^3 EI}D_2\right)$$

$$M_y = \alpha^2 EI\left(x_A A_3 + \frac{\varphi_A}{\alpha}B_3 + \frac{M_A}{\alpha^2 EI}C_3 + \frac{Q_A}{\alpha^3 EI}D_3\right)$$

$$Q_y = \alpha^3 EI\left(x_A A_4 + \frac{\varphi_A}{\alpha}B_4 + \frac{M_A}{\alpha^2 EI}C_4 + \frac{Q_A}{\alpha^3 EI}D_4\right)$$

$$\sigma_y = myx$$

$$(3.2-23)$$

式中 x_y、φ_y、M_y、Q_y——锚固段桩身任一截面的位移、转角、弯矩、剪力，m、rad、kN·m、kN；

x_A、φ_A、M_A、Q_A——滑动面处桩的位移、转角、弯矩、剪力，m、rad、kN·m、kN；

A_i、B_i、C_i、D_i——随桩的换算深度 αh_2 而异的"m"法的影响系数（可查表3.2-4）；

E——桩体材料的弹性模量，kPa；

I——桩的截面惯性矩，m⁴；

α——桩的变形系数，m⁻¹。

式（3.2-23）为"m"法的一般表达式。计算时，必须先求得滑动面处的 x_A 和 φ_A，才能求桩身任一截面的位移、转角、弯矩、剪力和地基岩、土对该截面的侧向应力。

滑动面处的 x_A 和 φ_A 可根据下列边界条件确定：

1）当桩底为固端时 $x_B = 0$，$\varphi_B = 0$，$M_B \neq 0$，$Q_B \neq 0$，则根据式（3.2-23）得

$$x_A = \frac{M_A}{\alpha^2 EI}\left(\frac{B_1 C_2 - C_1 B_2}{A_1 B_2 - B_1 A_2}\right) + \frac{Q_A}{\alpha^3 EI}\left(\frac{B_1 D_2 - D_1 B_2}{A_1 B_2 - B_1 A_2}\right)$$

$$\varphi_A = \frac{M_A}{\alpha^2 EI}\left(\frac{C_1 A_2 - A_1 C_2}{A_1 B_2 - B_1 A_2}\right) + \frac{Q_A}{\alpha^3 EI}\left(\frac{D_1 A_2 - A_1 D_2}{A_1 B_2 - B_1 A_2}\right)$$

$$(3.2 - 24)$$

2）当桩底为铰支时 $x_B = 0$、$M_B = 0$、$\varphi_B \neq 0$、$Q_B \neq 0$，不考虑桩底弯矩的影响，则根据式（3.2-23）得

$$x_A = \frac{M_A}{\alpha^2 EI}\left(\frac{C_1 B_3 - B_1 C_3}{B_1 A_3 - A_1 B_3}\right) + \frac{Q_A}{\alpha^3 EI}\left(\frac{D_1 B_3 - B_1 D_3}{B_1 A_3 - A_1 B_3}\right)$$

$$\varphi_A = \frac{M_A}{\alpha^2 EI}\left(\frac{A_1 C_3 - C_1 A_3}{B_1 A_3 - A_1 B_3}\right) + \frac{Q_A}{\alpha^3 EI}\left(\frac{A_1 D_3 - D_1 A_3}{B_1 A_3 - A_1 B_3}\right)$$

$$(3.2 - 25)$$

3）当桩底为自由端时 $M_B = 0$、$Q_B = 0$、$\varphi_B \neq 0$、$x_B \neq 0$，则根据式（3.2-23）得

$$x_A = \frac{M_A}{\alpha^2 EI}\left(\frac{B_3 C_4 - C_3 B_4}{A_3 B_4 - B_4 A_4}\right) + \frac{Q_A}{\alpha^3 EI}\left(\frac{B_3 D_4 - B_4 D_3}{A_3 B_4 - B_4 A_4}\right)$$

$$\varphi_A = \frac{M_A}{\alpha^2 EI}\left(\frac{C_3 A_4 - A_3 C_4}{A_3 B_4 - B_4 A_4}\right) + \frac{Q_A}{\alpha^3 EI}\left(\frac{D_3 A_4 - A_3 D_4}{A_3 B_4 - B_4 A_4}\right)$$

$$(3.2 - 26)$$

根据具体边界条件，将式（3.2-24）～式（3.2-26）代入式（3.2-23），即可求得滑动面以下桩身任一截面的变位和内力。

表 3.2 - 4　　　　　　　弹性桩 "m" 法初参数解的计算系数表[14]

换算深度 $h = ay$	A_1	B_1	C_1	D_1	A_2	B_2	C_2	D_2
0.0	1.00000	0.00000	0.00000	0.00000	0.00000	1.00000	0.00000	0.00000
0.1	1.00000	0.10000	0.00500	0.00017	0.00000	1.00000	0.10000	0.00500
0.2	1.00000	0.20000	0.02000	0.00133	−0.00007	1.00000	0.20000	0.02000
0.3	0.99998	0.30000	0.04500	0.00450	−0.00034	0.99996	0.30000	0.04500
0.4	0.99991	0.39999	0.08000	0.01067	−0.00107	0.99983	0.39998	0.08000
0.5	0.99974	0.49996	0.12500	0.02083	−0.00260	0.99948	0.49994	0.12499
0.6	0.99935	0.59987	0.17998	0.03600	−0.00540	0.99870	0.59981	0.17998
0.7	0.99860	0.69967	0.24495	0.05716	−0.01000	0.99720	0.69951	0.24494
0.8	0.99727	0.79927	0.31988	0.08532	−0.01707	0.99454	0.79891	0.31983
0.9	0.99508	0.89852	0.40472	0.12146	−0.02733	0.99016	0.89779	0.40462
1.0	0.99167	0.99722	0.49941	0.16657	−0.04167	0.98333	0.99583	0.49921
1.1	0.98658	1.09508	0.60384	0.22163	−0.06096	0.97317	1.09262	0.60346
1.2	0.97927	1.19171	0.71787	0.28758	−0.08632	0.95855	1.18756	0.71716
1.3	0.96908	1.28660	0.84127	0.36536	−0.11883	0.93817	1.27990	0.84002
1.4	0.95523	1.37910	0.97373	0.45588	−0.15973	0.91047	1.36865	0.97163
1.5	0.93681	1.46839	1.11484	0.55997	−0.21030	0.87365	1.45259	1.11145
1.6	0.91280	1.55346	1.26403	0.67842	−0.27194	0.82565	1.53020	1.25872
1.7	0.88201	1.63307	1.42061	0.81193	−0.34604	0.76413	1.59963	1.41247
1.8	0.84313	1.70575	1.58362	0.96109	−0.43412	0.68645	1.65867	1.57150
1.9	0.79467	1.76972	1.75190	1.12637	−0.53768	0.58967	1.70468	1.73422
2.0	0.73502	1.82294	1.92402	1.30801	−0.65822	0.47061	1.73457	1.89872
2.2	0.57491	1.88709	2.27042	1.72042	−0.95616	0.15127	1.73110	2.22299
2.4	0.34691	1.87450	2.60882	2.19535	−1.33889	−0.30273	1.61286	2.51874
2.6	0.33150	1.75473	2.90670	2.72365	−1.81479	−0.92660	1.33485	2.74972
2.8	−0.38548	1.49037	3.12843	3.28769	−2.38756	−1.75483	0.84177	2.86653
3.0	−0.92809	1.03679	3.22471	3.85838	−3.05319	−2.82410	0.06837	2.80406
3.5	−2.92799	−1.27172	2.46304	4.97982	−4.98062	−6.70806	−3.58647	1.27018
4.0	−5.85333	−5.94097	−0.92677	4.54780	−6.53316	−12.15810	−10.60840	−3.76647

换算深度 $h=\alpha y$	A_3	B_3	C_3	D_3	A_4	B_4	C_4	D_4
0.0	0.00000	0.00000	1.00000	0.00000	0.00000	0.00000	0.00000	1.00000
0.1	−0.00017	−0.00001	1.00000	0.10000	−0.00500	−0.00033	−0.00010	1.00000
0.2	−0.00133	−0.00013	0.99999	0.20000	−0.02000	−0.00267	−0.00020	0.99999
0.3	−0.00450	−0.00067	0.99994	0.30000	−0.04500	−0.00900	−0.00101	0.99992
0.4	−0.01067	−0.00213	0.99974	0.39998	−0.08000	−0.02133	−0.00320	0.99966
0.5	−0.02083	−0.00521	0.99922	0.49991	−0.12499	−0.04167	−0.00781	0.99896
0.6	−0.03600	−0.01080	0.99806	0.59974	−0.17997	−0.07199	−0.01620	0.99741
0.7	−0.05716	−0.02001	0.99580	0.69935	−0.24490	−0.11433	−0.03001	0.99440
0.8	−0.08532	−0.03412	0.99181	0.79854	−0.31975	−0.17060	−0.05120	0.98908
0.9	−0.12144	−0.05466	0.98524	0.89705	−0.40443	−0.24284	−0.08198	0.98032
1.0	−0.16652	−0.08329	0.97501	0.99445	−0.49881	−0.33298	−0.12493	0.96667
1.1	−0.22152	−0.12192	0.95975	1.09016	−0.60268	−0.44292	−0.18285	0.94634
1.2	−0.28737	−0.17260	0.93783	1.18342	−0.71573	−0.57450	−0.25886	0.91712
1.3	−0.36496	−0.23760	0.90727	1.27320	−0.83753	−0.72950	−0.35631	0.87638
1.4	−0.45515	−0.31933	0.86573	1.35821	−0.96746	−0.90954	−0.47883	0.82102
1.5	−0.55870	−0.42039	0.81054	1.43680	−1.10468	−1.11609	−0.63027	0.74745
1.6	−0.67629	−0.54348	0.73859	1.50695	−1.24808	−1.35042	−0.81466	0.65156
1.7	−0.80848	−0.69144	0.64637	1.56621	−1.39623	−1.61346	−1.03616	0.52871
1.8	−0.95564	−0.86715	0.52997	1.61162	−1.54726	−1.90577	−1.29909	0.37368
1.9	−1.11796	−1.07357	0.38503	1.63969	−1.69889	−2.22745	−1.60770	0.18071
2.0	−1.29535	−1.31361	0.20676	1.64628	−1.84818	−2.57798	−1.96620	−0.05652
2.2	−1.69334	−1.90567	−0.27087	1.57538	−2.12481	−3.35952	−2.84858	−0.69158
2.4	−2.14117	−2.66329	−0.94885	1.35201	−2.33901	−4.22811	−3.97323	−1.59151
2.6	−2.62126	−3.59987	−1.87734	0.91679	−2.43695	−5.14023	−5.35541	−2.82106
2.8	−3.10341	−4.71748	−3.10791	0.19729	−2.34558	−6.02299	−6.99007	−4.44491
3.0	−3.54058	−5.99979	−4.68788	−0.89126	−1.96928	−6.76460	−8.84029	−6.51972
3.5	−3.91921	−9.54367	−10.34040	−5.85402	1.07408	−6.78895	−13.69240	−13.82610
4.0	−1.61428	−11.73070	−17.91860	−15.07555	9.24368	−0.35762	−15.61050	−23.14040

（2）"K"法。用"K"法计算滑动面以下桩身任一截面的变位和内力的公式为

$$x_y = x_A \varphi_1 + \frac{\varphi_A}{\beta}\varphi_2 + \frac{M_A}{\beta^2 EI}\varphi_3 + \frac{Q_A}{\beta^3 EI}\varphi_4$$

$$\varphi_y = \beta\left(-4x_A\varphi_4 + \frac{\varphi_A}{\beta}\varphi_1 + \frac{M_A}{\beta^2 EI}\varphi_2 + \frac{Q_A}{\beta^3 EI}\varphi_3\right)$$

$$\frac{M_y}{\beta^2 EI} = -4x_A\varphi_3 - 4\frac{\varphi_A}{\beta}\varphi_4 + \frac{M_A}{\beta^2 EI}\varphi_1 + \frac{Q_A}{\beta^3 EI}\varphi_2$$

$$\frac{Q_y}{\beta^2 EI} = -4x_A\varphi_2 - 4\frac{\varphi_A}{\beta}\varphi_3 - 4\frac{M_A}{\beta^2 EI}\varphi_4 + \frac{Q_A}{\beta^3 EI}\varphi_1$$

$$\sigma_y = Kx_y$$

$$(3.2-27)$$

其中

$$\varphi_1 = \cos\beta y\, \text{ch}\beta y$$

$$\varphi_2 = \frac{1}{2}(\sin\beta y\, \text{ch}\beta y + \cos\beta y\, \text{sh}\beta y)$$

$$\varphi_3 = \frac{1}{2}\sin\beta y\, \text{sh}\beta y$$

$$\varphi_4 = \frac{1}{4}(\sin\beta y\, \text{ch}\beta y - \cos\beta y\, \text{sh}\beta y)$$

式中 φ_1、φ_2、φ_3、φ_4——"K"法的影响函数值（可查表3.2−5）。

式（3.2−27）为"K"法的一般表达式。计算时，必须先求得滑动面处的 x_A 和 φ_A，才能求桩身任

一截面的位移、转角、弯矩、剪力和地基岩、土对该截面的侧向应力。

滑动面处的 x_A 和 φ_A 可根据下列边界条件确定：

1）当桩底为固端时 $x_B=0$、$\varphi_B=0$、$M_B\neq0$、$Q_B\neq0$，则根据式（3.2-27）得

$$
\left.
\begin{aligned}
x_A &= \frac{M_A}{\beta^2 EI}\left(\frac{\varphi_2^2-\varphi_1\varphi_3}{4\varphi_4\varphi_2+\varphi_1^2}\right)+\frac{Q_A}{\beta^3 EI}\left(\frac{\varphi_2\varphi_3-\varphi_1\varphi_4}{4\varphi_4\varphi_2+\varphi_1^2}\right) \\
\varphi_A &= -\frac{M_A}{\beta^2 EI}\left(\frac{\varphi_1\varphi_2+4\varphi_3\varphi_4}{4\varphi_4\varphi_2+\varphi_1^2}\right)-\frac{Q_A}{\beta^3 EI}\left(\frac{\varphi_1\varphi_3+4\varphi_4^2}{4\varphi_4\varphi_2+\varphi_1^2}\right)
\end{aligned}
\right\}
$$

$$（3.2-28）$$

2）当桩底为铰支时 $x_B=0$、$M_B=0$、$\varphi_B\neq0$、$Q_B\neq0$，不考虑桩底弯矩的影响，则根据式（3.2-27）得

$$
\left.
\begin{aligned}
x_A &= \frac{M_A}{\beta^2 EI}\left(\frac{4\varphi_3\varphi_4+\varphi_1\varphi_2}{4\varphi_2\varphi_3-4\varphi_1\varphi_4}\right)+\frac{Q_A}{\beta^3 EI}\left(\frac{4\varphi_4^2+\varphi_2^2}{4\varphi_2\varphi_3-4\varphi_1\varphi_4}\right) \\
\varphi_A &= -\frac{M_A}{\beta^2 EI}\left(\frac{\varphi_1^2+4\varphi_3^2}{4\varphi_2\varphi_3-4\varphi_1\varphi_4}\right)-\frac{Q_A}{\beta^3 EI}\left(\frac{4\varphi_3\varphi_4+\varphi_1\varphi_2}{4\varphi_2\varphi_3-4\varphi_1\varphi_4}\right)
\end{aligned}
\right\}
$$

$$（3.2-29）$$

3）当桩底为自由时 $M_B=0$、$Q_B=0$、$\varphi_B\neq0$、$x_B\neq0$，则根据式（3.2-27）得

$$
\left.
\begin{aligned}
x_A &= \frac{M_A}{\beta^2 EI}\left(\frac{4\varphi_4^2+\varphi_1\varphi_3}{4\varphi_3^2-4\varphi_2\varphi_4}\right)+\frac{Q_A}{\beta^3 EI}\left(\frac{\varphi_2\varphi_3-\varphi_1\varphi_4}{4\varphi_3^2-4\varphi_2\varphi_4}\right) \\
\varphi_A &= -\frac{M_A}{\beta^2 EI}\left(\frac{4\varphi_3\varphi_4+\varphi_1\varphi_2}{4\varphi_3^2-4\varphi_2\varphi_4}\right)-\frac{Q_A}{\beta^3 EI}\left(\frac{\varphi_2^2-\varphi_1\varphi_3}{4\varphi_3^2-4\varphi_2\varphi_4}\right)
\end{aligned}
\right\}
$$

$$（3.2-30）$$

根据具体边界条件，将式（3.2-28）~式（3.2-30）代入式（3.2-27），即可求得滑动面以下桩身任一截面的变位和内力。

表 3.2-5 　　　　　　　　　　"K"法的影响函数值[14]

βy	φ_1	φ_2	φ_3	φ_4	βy	φ_1	φ_2	φ_3	φ_4
0.00	1	0	0	0	0.78	0.9384	0.7704	0.3030	0.0790
0.05	1.0000	0.0500	0.0013	0	0.80	0.9318	0.7891	0.3186	0.0852
0.10	1.0000	0.1000	0.0050	0.0002	0.82	0.9247	0.3077	0.3345	0.0917
0.15	0.9999	0.1500	0.0113	0.0006	0.84	0.9171	0.8261	0.3509	0.0986
0.20	0.9997	0.2000	0.0200	0.0014	0.86	0.9090	0.8443	0.3676	0.1057
0.25	0.9993	0.2500	0.0313	0.0026	0.88	0.9002	0.8624	0.3846	0.1133
0.30	0.9987	0.2999	0.0450	0.0045	0.90	0.8931	0.8804	0.4021	0.1211
0.35	0.9975	0.3498	0.0613	0.0072	0.92	0.8808	0.8981	0.4199	0.1293
0.40	0.9957	0.3997	0.0800	0.0107	0.94	0.8701	0.9156	0.4380	0.1379
0.45	0.9932	0.4494	0.1012	0.0152	0.96	0.8587	0.9329	0.4565	0.1469
0.50	0.9895	0.4990	0.1249	0.0208	0.98	0.8466	0.9499	0.4753	0.1562
0.52	0.9878	0.5188	0.1351	0.0234	1.00	0.8337	0.9668	0.4945	0.1659
0.54	0.9858	0.5385	0.1457	0.0262	1.01	0.8270	0.9750	0.5042	0.1709
0.56	0.9836	0.5582	0.1567	0.0293	1.02	0.8201	0.9833	0.5140	0.1760
0.58	0.9811	0.5778	0.1680	0.0325	1.03	0.8129	0.9914	0.5238	0.1812
0.60	0.9784	0.5974	0.1798	0.0360	1.04	0.8056	0.9995	0.5338	0.1865
0.62	0.9754	0.6170	0.1919	0.0397	1.05	0.7980	1.0076	0.5438	0.1918
0.64	0.9721	0.6364	0.2044	0.0437	1.06	0.7902	1.0155	0.5540	0.1973
0.66	0.9684	0.6559	0.2174	0.0479	1.07	0.7822	1.0233	0.5641	0.2029
0.68	0.9644	0.6752	0.2307	0.0524	1.08	0.7740	1.0311	0.5744	0.2086
0.70	0.9600	0.6944	0.2444	0.0571	1.09	0.7655	1.0388	0.5848	0.2144
0.72	0.9552	0.7136	0.2584	0.0621	1.10	0.7568	1.0465	0.5952	0.2203
0.74	0.9501	0.7326	0.2729	0.0675	1.11	0.7479	1.0540	0.6057	0.2263
0.76	0.9444	0.7516	0.2878	0.0730	1.12	0.7387	1.0613	0.6163	0.2324

βy	φ_1	φ_2	φ_3	φ_4	βy	φ_1	φ_2	φ_3	φ_4
1.13	0.7293	1.0687	0.6269	0.2386	1.49	0.1882	1.2468	1.0495	0.5384
1.14	0.7196	1.0760	0.6376	0.2449	1.50	0.1664	1.2486	1.0620	0.5490
1.15	0.7097	1.0831	0.6484	0.2514	1.51	0.1442	1.2501	1.0745	0.5597
1.16	0.6995	1.0902	0.6593	0.2579	1.52	0.1216	1.2515	1.0870	0.5705
1.17	0.6891	1.0971	0.6702	0.2646	1.53	0.0980	1.2526	1.0995	0.5814
1.18	0.6784	1.1040	0.6813	0.2713	1.54	0.0746	1.2534	1.1121	0.5925
1.19	0.6674	1.1107	0.6923	0.2782	1.55	0.0512	1.2541	1.1246	0.6036
1.20	0.6561	1.1173	0.7035	0.2852	1.56	0.0268	1.2545	1.1371	0.6149
1.21	0.6446	1.1238	0.7147	0.2923	1.57	0.0020	1.2546	1.1497	0.6264
1.22	0.6330	1.1306	0.7259	0.2997	$\pi/2$	0	1.2546	1.1507	0.6273
1.23	0.6206	1.1365	0.7373	0.3068	1.53	−0.0233	1.2545	1.1622	0.6380
1.24	0.6082	1.1426	0.7487	0.3142	1.59	−0.0490	1.2542	1.1748	0.6496
1.25	0.5955	1.1486	0.7601	0.3218	1.60	−0.0753	1.2535	1.1873	0.6615
1.26	0.5824	1.1545	0.7716	0.3294	1.61	−0.1019	1.2526	1.1998	0.6734
1.27	0.5691	1.1602	0.7832	0.3372	1.62	−0.1291	1.2515	1.2124	0.6854
1.28	0.5555	1.1659	0.7948	0.3451	1.63	−0.1568	1.2501	1.2249	0.6976
1.29	0.5415	1.1714	0.8065	0.3531	1.64	−0.1849	1.2484	1.2374	0.7999
1.30	0.5272	1.1767	0.8183	0.3612	1.65	−0.2136	1.2464	1.2498	0.7224
1.31	0.5126	1.1819	0.8301	0.3695	1.66	−0.2427	1.2441	1.2623	0.7349
1.32	0.4977	1.1870	0.8419	0.3778	1.67	−0.2724	1.2415	1.2747	0.7476
1.33	0.4824	1.1919	0.8538	0.3863	1.68	−0.3026	1.2386	1.2871	0.7604
1.34	0.4668	1.1966	0.8657	0.3949	1.69	−0.3332	1.2354	1.2995	0.7734
1.35	0.4508	1.2012	0.8777	0.4036	1.70	−0.3644	1.2322	1.3118	0.7865
1.36	0.4345	1.2057	0.8898	0.4124	1.71	−0.3961	1.2282	1.3241	0.7996
1.37	0.4178	1.2099	0.9018	0.4214	1.72	−0.4284	1.2240	1.3364	0.8129
1.38	0.4008	1.2140	0.9140	0.4305	1.73	−0.4612	1.2196	1.3486	0.8263
1.39	0.3833	1.2179	0.9261	0.4397	1.74	−0.4945	1.2148	1.3608	0.8399
1.40	0.3656	1.2217	0.9383	0.4490	1.75	−0.5284	1.2097	1.3729	0.8535
1.41	0.3474	1.2252	0.9506	0.4585	1.76	−0.5628	1.2042	1.3850	0.8673
1.42	0.3289	1.2286	0.9628	0.4680	1.77	−0.5977	1.1984	1.3970	0.8812
1.43	0.3100	1.2318	0.9751	0.4777	1.78	−0.6333	1.1923	1.4089	0.8953
1.44	0.2907	1.2348	0.9865	0.4875	1.79	−0.6694	1.1857	1.4208	0.9094
1.45	0.2710	1.2376	0.9998	0.4974	1.80	−0.7060	1.1789	1.4326	0.9237
1.46	0.2509	1.2402	1.0122	0.5075	1.81	−0.7433	1.1716	1.4444	0.9381
1.47	0.2304	1.2426	1.0246	0.5177	1.82	−0.7811	1.1640	1.4561	0.9526
1.48	0.2095	1.2448	1.0371	0.5280	1.83	−0.8195	1.1560	1.4677	0.9672

βy	φ_1	φ_2	φ_3	φ_4	βy	φ_1	φ_2	φ_3	φ_4
1.84	−0.8584	1.1476	1.4792	0.9819	2.20	−2.6882	0.5351	1.8018	1.5791
1.85	−0.8989	1.1389	1.4906	0.9968	2.21	−2.7518	0.5079	1.8070	1.5971
1.86	−0.9382	1.1297	1.5020	1.0117	2.22	−2.8160	0.4801	1.8120	1.6152
1.87	−0.9790	1.1201	1.5132	1.0268	2.23	−2.8810	0.4516	1.8166	1.6333
1.88	−1.0203	1.1101	1.5244	1.0420	2.24	−2.9466	0.4224	1.8210	1.6515
1.89	−1.0623	1.0997	1.5354	1.0573	2.25	−3.0131	0.3926	1.8251	1.6698
1.90	−1.1049	1.0888	1.5464	1.0727	2.26	−3.0802	0.3621	1.8288	1.6880
1.91	−1.1481	1.0776	1.5572	1.0882	2.27	−3.1481	0.3310	1.8323	1.7063
1.92	−1.1920	1.0659	1.5679	1.1038	2.28	−3.2167	0.2992	1.8355	1.7247
1.93	−1.2364	1.0538	1.5785	1.1196	2.29	−3.2861	0.2667	1.8383	1.7430
1.94	−1.2815	1.0411	1.5890	1.1354	2.30	−3.3562	0.2335	1.8408	1.7614
1.95	−1.3273	1.0281	1.5993	1.1514	2.31	−3.4270	0.1996	1.8430	1.7798
1.96	−1.3736	1.0146	1.6095	1.1674	2.32	−3.4986	0.1649	1.8448	1.7983
1.97	−1.4207	1.0007	1.6196	1.1635	2.33	−3.5708	0.1296	1.8462	1.8167
1.98	−1.4683	0.9862	1.6296	1.1998	2.34	−3.6439	0.0935	1.8473	1.8352
1.99	−1.5166	0.9713	1.6393	1.2161	2.35	−3.7177	0.0567	1.8481	1.8537
2.00	−1.5656	0.9558	1.6490	1.2325	2.36	−3.7922	0.0191	1.8485	1.8722
2.01	−1.6153	0.9399	1.6584	1.2491	2.37	−3.8675	−0.0192	1.8485	1.8906
2.02	−1.6656	0.9235	1.6678	1.2658	2.38	−3.9435	−0.0583	1.8481	1.9091
2.03	−1.7165	0.9066	1.6769	1.2825	2.39	−4.0202	−0.0981	1.8473	1.9276
2.04	−1.7682	0.8892	1.6859	1.2993	2.40	−4.0976	−0.1386	1.8461	1.9461
2.05	−1.8205	0.8713	1.6947	1.3162	2.41	−4.1759	−0.1800	1.8446	1.9645
2.06	−1.8734	0.8528	1.7033	1.3332	2.42	−4.2548	−0.2221	1.8425	1.9830
2.07	−1.9271	0.8338	1.7117	1.3502	2.43	−4.3345	−0.2651	1.8401	2.0014
2.08	−1.9815	0.8142	1.7200	1.3674	2.44	−4.4150	−0.3089	1.8373	2.0198
2.09	−2.0365	0.7939	1.7280	1.3845	2.45	−4.4961	−0.3534	1.8339	2.0388
2.10	−2.0923	0.7735	1.7359	1.4020	2.46	−4.5780	−0.3988	1.8302	2.0564
2.11	−2.1487	0.7523	1.7435	1.4194	2.47	−4.6606	−0.4450	1.8259	2.0747
2.12	−2.2058	0.7306	1.7509	1.4368	2.48	−4.7439	−0.4920	1.8213	2.0930
2.13	−2.2636	0.7082	1.7581	1.4544	2.49	−4.8280	−0.5399	1.8161	2.1111
2.14	−2.3221	0.6853	1.7651	1.4720	2.50	−4.9128	−0.5885	1.8105	2.1293
2.15	−2.3814	0.6618	1.7718	1.4897	2.51	−4.9984	−0.6381	1.8043	2.1474
2.16	−2.4413	0.6376	1.7783	1.5074	2.52	−5.0846	−0.6885	1.7977	2.1654
2.17	−2.5020	0.6129	1.7846	1.5253	2.53	−5.1716	−0.7398	1.7906	2.1833
2.18	−2.5633	0.5876	1.7906	1.5431	2.54	−5.2593	−0.7920	1.7829	2.2012
2.19	−2.6254	0.5616	1.7963	1.5611	2.55	−5.3477	−0.8459	1.7747	2.2190

βy	φ_1	φ_2	φ_3	φ_4	βy	φ_1	φ_2	φ_3	φ_4
2.56	−5.4368	−0.8989	1.7660	2.2367	2.92	−9.0703	−3.4872	1.0158	2.7653
2.57	−5.5266	−0.9538	1.7567	2.2543	2.93	−9.1811	−3.5784	0.9805	2.7753
2.58	−5.6172	−1.0095	1.7469	2.2718	2.94	−9.2923	−3.6707	0.9443	2.7849
2.59	−5.7084	−1.0661	1.7365	2.2892	2.95	−9.4039	−3.7642	0.9071	2.7942
2.60	−5.8003	−1.1236	1.7256	2.3065	2.96	−9.5158	−3.8588	0.8690	2.8031
2.61	−5.3929	−1.1821	1.7141	2.3237	2.97	−9.6281	−3.9545	0.8299	2.8115
2.62	−5.9862	−1.2415	1.7019	2.3408	2.98	−9.7407	−4.0514	0.7899	2.8196
2.63	−6.0302	−1.3018	1.6892	2.3578	2.99	−9.8536	−4.1193	0.7489	2.8273
2.64	−6.1748	−1.3631	1.6759	2.3746	3.00	−9.9669	−4.2485	0.7069	2.8346
2.65	−6.2701	−1.4253	1.6620	2.3913	3.01	−10.0804	−4.3487	0.6639	2.8414
2.66	−6.6661	−1.4885	1.6474	2.4078	3.02	−10.1943	−4.4591	0.6199	2.8479
2.67	−6.4628	−1.5527	1.6322	2.4242	3.03	−10.3083	−4.5526	0.5749	2.8538
2.68	−6.5600	−1.6177	1.6163	2.4405	3.04	−10.4225	−4.6562	0.5289	2.8594
2.69	−6.6580	−1.5838	1.6327	2.4566	3.05	−10.5317	−4.7611	0.4817	2.8644
2.70	−6.7565	−1.7500	1.5827	2.4725	3.06	−10.6516	−4.8670	0.4336	2.8690
2.71	−6.8558	−1.8190	1.5648	2.4882	3.07	−10.7665	−4.9741	0.3844	2.8731
2.72	−6.9556	−1.8881	1.5463	2.5037	3.08	−10.8815	−5.0823	0.3341	2.8767
2.73	−7.0560	−1.9581	1.5271	2.5191	3.09	−10.9966	−5.1917	0.2828	2.8798
2.74	−7.1571	−2.0292	1.5071	2.5343	3.10	−11.1119	−5.3023	0.2303	2.8823
2.75	−7.2559	−2.1012	1.4865	2.5493	3.11	−11.2272	−5.4139	0.1767	2.8844
2.76	−7.3611	−2.1743	1.4651	2.5640	3.12	−11.3427	−5.5268	0.1220	2.8859
2.77	−7.4639	−2.2484	1.4430	2.5786	3.13	−11.4580	−5.6408	0.0662	2.8868
2.78	−7.5673	−2.3236	1.4201	2.5929	3.14	−11.5736	−5.7560	0.0092	2.8872
2.79	−7.6714	−2.3998	1.3965	2.6070	π	−11.5919	−5.7744	0	2.8872
2.80	−7.7759	−2.4770	1.3721	2.6208	3.15	−11.6890	−5.8722	−1.0490	2.8870
2.81	−7.8810	−2.5553	1.3470	2.6344	3.16	−11.8045	−5.9898	−0.1083	2.8862
2.82	−7.9866	−2.6347	1.3210	2.6477	3.17	−11.9200	−6.1084	−0.1688	2.8848
2.83	−8.0929	−2.7151	1.2943	2.6608	3.18	−12.0353	−6.2281	−0.2305	2.8828
2.84	−8.1995	−2.7965	1.2667	2.6736	3.19	−12.1506	−6.3491	0.2934	2.8802
2.85	−8.3067	−2.8790	1.2383	2.6862	3.20	−12.2656	−6.4711	−0.3574	2.8769
2.86	−8.4144	−2.9627	1.2091	2.6984	3.21	−12.3807	−6.5943	−0.4227	2.8731
2.87	−8.5225	−3.0473	1.1791	2.7103	3.22	−12.4956	−6.7188	−0.4894	2.8685
2.88	−8.6312	−3.1331	1.1482	2.7220	3.23	−12.6101	−6.8442	0.5571	2.8633
2.89	−8.7404	−3.2200	1.1164	2.7333	3.24	−12.7373	−6.9710	−0.6262	2.8573
2.90	−8.8471	−3.3079	1.0838	2.7443	3.25	−12.8388	−7.0988	0.6966	2.8507
2.91	−8.9598	−3.3969	1.0503	2.7550	3.26	−12.9527	−7.2277	−0.7682	2.8434

βy	φ_1	φ_2	φ_3	φ_4	βy	φ_1	φ_2	φ_3	φ_4
3.27	-13.0662	-7.3578	-0.8411	2.8354	4.80	5.3164	-27.6052	-30.2589	-16.4694
3.28	-13.1795	-7.4891	-0.9154	2.8266	5.10	30.9997	-22.4661	-37.9619	-26.7317
3.29	-13.2934	-7.2614	-0.9909	2.8171	5.40	70.2637	-7.6440	-42.7727	-38.9524
3.30	-13.4041	-7.7549	-1.0678	2.8068	5.70	124.7352	21.2199	-41.1454	-51.7563
3.31	-13.5168	-7.8895	-1.1460	2.7957	6.00	193.6813	68.6578	-28.2116	-62.5106
3.32	-13.6285	-8.0252	-1.2256	2.7839	2π	267.6972	133.8476	0	-66.9238
3.33	-13.7395	-8.1620	-1.3065	2.7712	6.60	349.2554	231.3801	57.2528	-58.687
3.34	-13.8501	-8.3000	-1.3888	2.7577	6.90	404.7145	347.3499	143.4927	-30.1819
3.35	-13.9601	-8.4390	-1.4725	2.7434	7.20	407.4216	469.4772	265.7664	31.0281
3.36	-14.0695	-8.5792	-1.5577	2.7282	7.50	31.3700	580.6710	423.9858	133.6506
3.37	-14.1784	-8.7205	-1.6441	2.7122	7.80	65.8475	642.1835	609.2596	288.1681
3.38	-14.2866	-8.8627	-1.7321	2.6953	8.00	-216.8647	628.8779	737.3101	422.8713
3.39	-14.3941	-9.0062	-1.8214	2.6776	8.30	-867.9091	473.5998	907.5542	670.7544
3.40	-14.5008	-9.1507	-1.9121	2.6589	8.60	-1843.2880	75.6088	997.2527	959.4484
3.70	-17.1662	-13.9315	-5.3544	1.7049	8.90	-3172.6917	-66.9794	918.3664	1252.3561
4.00	-17.8499	-19.2524	-10.8265	-0.7073	9.20	-4824.0587	-1860.5365	551.4928	1481.7611
4.30	-14.7722	-24.2669	-16.8773	-4.7501	3π	-6195.8239	-3097.9120	0	1548.9560
4.60	5.5791	-27.5057	-24.7177	-10.9638	9.70	-7851.7063	-5034.4714	-1108.6183	1408.6174
$3\pi/2$	0	-27.3317	-27.8272	-13.9159	10.00	-9240.8733	-7616.1462	-2995.7095	812.3636

3.2.4.3 悬臂桩法

1. 基本法

(1) 计算假定。

1) 将抗滑桩视为一悬臂梁结构。

2) 同桩周地层相比较，假定桩为刚性的。

3) 忽略桩与周围岩、土间的摩擦力、黏聚力。

4) 锚固段地层的侧壁应力呈直线变化，其中：滑动面和桩底基岩的侧壁应力发挥一致，并等于侧壁容许应力；滑动面以下一定深度内的侧壁应力假定相同，并且这些等压段内的应力之和等于受荷段荷载。

(2) 基本公式。

1) 当荷载按矩形分布时（图 3.2 - 10）。

由 $\sum H = 0$ 得

$$E'_T - \sigma y_m B_P = 0 \qquad (3.2-31)$$

由 $\sum H = 0$ 得

$$E'_T \left(\frac{h_1}{2} + y_m + \frac{h_3}{2} \right) - \sigma y_m B_P \left(\frac{y_m}{2} + \frac{h_3}{2} \right) - \frac{1}{6} \sigma B_P h_3^2 = 0 \qquad (3.2-32)$$

由几何关系得

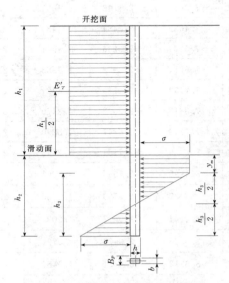

图 3.2 - 10 荷载矩形分布时计算简图

$$h_2 = y_m + h_3 \qquad (3.2-33)$$

联解式（3.2-31）～式（3.2-33）可得 σ、y_m、

h_3，即

$$\sigma = \frac{4E'_T}{B_P\left[\sqrt{(3h_1+2h_2)^2+8h_2^2}-(3h_1+2h_2)\right]}$$

$$y_m = \frac{\sqrt{(3h_1+2h_2)^2+8h_2^2}-(3h_1+2h_2)}{4}$$

$$h_3 = \frac{3h_1+6h_2-\sqrt{(3h_1+2h_2)^2+8h_2^2}}{4}$$

$$(3.2-34)$$

式中 E'_T——荷载，即每根桩承受的剩余下滑力水平分值，kN；

h_1——桩的受荷段长度（抵抗长度），m；

h_2——桩的滑动面以下长度，m；

y_m——锚固段地层达 $[\sigma]$ 区的厚度，m；

h_3——锚固段地层弹性区厚度，m；

σ——锚固段地层的容许应力，kPa；

B_P——桩计算宽度。

当 $\sigma = [\sigma]$ 时可得最小锚固深度为

$$h_{2\,min} = \frac{E'_T}{[\sigma]B_P}+\sqrt{\frac{3E'_T}{[\sigma]B_P}\left(\frac{E'_T}{[\sigma]B_P}+h_1\right)}$$

$$(3.2-35)$$

2）当荷载按三角形分布时（图 3.2-11）。

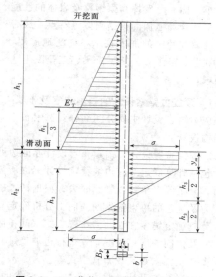

图 3.2-11 荷载三角形分布时计算简图

由 $\sum H = 0$ 得

$$E'_T - \sigma y_m B_P = 0 \qquad (3.2-36)$$

由 $\sum H = 0$ 得

$$E'_T\left(\frac{h_1}{3}+y_m+\frac{h_3}{2}\right)-\sigma y_m B_P\left(\frac{y_m}{2}+\frac{h_3}{2}\right)-\frac{1}{6}\sigma B_P h_3^2 = 0$$

$$(3.2-37)$$

由几何关系得

$$h_2 = y_m + h_3 \qquad (3.2-38)$$

联解式（3.2-36）~式（3.2-38）可得 σ、y_m、h_3，即

$$\sigma = \frac{2E'_T}{B_P\left[\sqrt{(h_1+h_2)^2+2h_2^2}-(h_1+h_2)\right]}$$

$$y_m = \frac{\sqrt{(h_1+h_2)^2+2h_2^2}-(h_1+h_2)}{2}$$

$$h_3 = \frac{h_1+3h_2-\sqrt{(h_1+h_2)^2+2h_2^2}}{2}$$

$$(3.2-39)$$

式中 E'_T——荷载，即每根桩承受的剩余下滑力水平分值，kN；

h_1——桩的受荷段长度（抵抗长度），m；

h_2——桩的滑动面以下长度，m；

y_m——锚固段地层达 $[\sigma]$ 区的厚度，m；

h_3——锚固段地层弹性区厚度，m；

σ——锚固段地层的容许应力，kPa；

B_P——桩计算宽度。

当 $\sigma = [\sigma]$ 时可得最小锚固深度为

$$h_{2\,min} = \frac{E'_T}{[\sigma]B_P}+\sqrt{\frac{E'_T}{[\sigma]B_P}\left(\frac{3E'_T}{[\sigma]B_P}+2h_1\right)}$$

$$(3.2-40)$$

2. 简化算法

为了避免主观确定弹性抗力系数等问题，从边坡抗滑稳定和悬臂桩的基本原理出发，通过反向思维推求悬臂桩的简化计算方法。

（1）计算假定。

1）假定抗滑桩为一悬臂梁，不考虑桩后岩、土体对桩的支撑作用。

2）假定在边坡破坏的瞬间，桩周岩、土对桩的作用合力为 F，其水平方向的夹角为 β，则桩反过来给边坡一个反力的抗力 F'，且 $F'=F$。

3）假定桩周岩、土对桩的作用合力 P 的作用点为桩的中点。

（2）计算原理。根据抗滑桩截面及配筋，确定抗滑桩的极限承载力 P，使 $P=F'$，并将求得的抗滑桩的极限承载力 P 加到边坡稳定计算中，求出边坡稳定所增加的抗滑稳定安全系数 ΔK。

（3）计算公式。根据边坡抗滑稳定基本公式

$$K = \frac{R}{F_0} \qquad (3.2-41)$$

根据边坡抗滑稳定基本公式推求增加抗滑桩后增加的抗滑稳定安全系数 ΔK，即

$$\Delta K = \frac{R+P}{F_0}-\frac{R}{F_0} = \frac{P}{F_0} \qquad (3.2-42)$$

通过各种稳定状况下的目标抗滑稳定安全系数（如：$[K]=1.05$，1.15 等）与实际计算所得的抗滑

稳定安全系数 K 和滑坡推力（下滑力）F_0，计算出所需增加的边坡抗滑稳定安全系数 ΔK，从而推算出抗滑桩所需提供的抗滑力 P，即

$$P = \Delta K F_0 = ([K] - K) F_0 \quad (3.2 - 43)$$

式中　F_0——滑动体的滑坡推力（下滑力），kN；

　　　R——滑动体的抗滑力，kN。

根据计算所得的 P 对抗滑桩进行配筋计算。

抗滑桩的锚固段的计算同悬臂桩基本法。

3.2.4.4 有限元法

与地基系数法和悬臂桩法相比，有限单元法能同时考虑影响桩基工作性能的所有主要因素，如土的非线性性质、固结时间效应、动力效应以及桩的特殊边界约束条件等，它远比传统的数值分析方法、荷载传递分析方法、弹性理论法和剪切变形传递计算法等优越得多，此外有限元法可以考虑实际的三维效应，并可计算桩中和沿桩周的应力和变形。

利用有限元法进行抗滑桩的数值模拟与分析，必然会遇到诸如如何考虑混凝土中的钢筋、如何考虑土体与抗滑桩的相互作用、如何考虑土体的变形和物理力学指标等问题。

在利用有限元法对抗滑桩进行计算时可采用体积配筋率代替截面配筋率、利用非线性弹簧单元（此种单元只能承受压力，当产生拉力后自动退出计算）模拟周围土体和桩的相互作用、考虑桩的大变形效应。

1. 求解方法

本质上说，只要结构本身是稳定体系，无论是变刚度迭代求解，或常刚度迭代法，其结果均是近似唯一的，其差别通常只是体现在数值求解误差上。完全 Newton—Raphson 法虽然在每一个荷载子步间刚度矩阵是变化的，但由于采用了切线刚度，求解过程对变形历程的跟踪更好，若与线性搜索技术和增量求解技术结合，其求解效率更高。

2. 荷载子步数划分

由于位移提升是一次完成，所以，划分合理的荷载子步数将减缓非线性程度，过多的子步数会造成数值累计误差加大，求解效率降低，过少的子步数对非线性收敛不利。通常将荷载划分成 $15\sim30$ 个子步，求解精度和求解效率均可以较好兼顾。

3. 收敛准则

非线性计算常用的收敛准则有位移收敛准则和力收敛准则。

位移收敛准则要求第 i 次迭代产生的位移增量 $\Delta u^{(i)}$ 和总位移精确值 $^{t+\Delta t}\Delta u^{\mathrm{T}}$ 之比在一定精度内，即

$$\frac{\|^{t+\Delta t}u^{(i+1)} - ^{t+\Delta t}u^{(i)}\|_2}{\|^{t+\Delta t}u^{\mathrm{T}}\|_2} = \frac{\|\Delta u^{(i)}\|_2}{\|^{t+\Delta t}u^{\mathrm{T}}\|_2} \leqslant \varepsilon_a$$

$$(3.2 - 44)$$

式中　$\|\ \|_2$——矢量的二范数；

　　　ε_a——给定的位移精度。

由于每个子步求解结束之前，结构的位移总量为变化量，所以，通常用 $^{t+\Delta t}\Delta u^{\mathrm{T}}$ 作为精度的判断基数，即要求

$$\frac{\|\Delta u^{(i)}\|_2}{\|^{t+\Delta t}u^{\mathrm{T}}\|_2} \leqslant \varepsilon_a \quad (3.2 - 45)$$

相应的力收敛准则为

$$\frac{\|^{t+\Delta t}f^{(i+1)} - ^{t+\Delta t}f^{(i)}\|_2}{\|^{t+\Delta t}f^{(i)}\|_2} \leqslant \varepsilon_a \quad (3.2 - 46)$$

在桩结构计算中，通常采用力收敛准则就可以保证结果的收敛精度，当然也可以采用位移收敛准则，或者混合收敛准则。其中，力收敛准则的控制精度一般为 $2\%\sim5\%$。

3.3　预应力锚索

3.3.1　概述

预应力锚索是通过内锚固段固定后，在外锚头进行张拉，将预应力线材的张拉应力施加于岩体或结构物上的一种加固措施。由于预应力锚索具有对被锚固体扰动小、能充分发挥高强钢材及岩体的性能、节省材料、主动合理地加固被锚固体等特点，成为当今一项较为高效和经济的加固技术，广泛地应用于水电、矿山、铁路、隧道、公路、桥梁、工业民用建筑等各工程领域。

3.3.1.1　预应力锚索设计的基本内容及步骤

预应力锚索设计主要分两部分：锚索布置设计与锚索结构设计。

（1）锚索布置设计。锚索布置设计亦即边坡锚固设计，包括计算确定对应边坡稳定设计标准所需的总锚固力；分析确定单束锚索锚固力；根据计算确定的总锚固力及选定的单束锚索的锚固力分析确定总锚索数量；分析确定锚索在坡面的布置方式（间排距、进锚方向）及锚固深度；根据布置进行边坡稳定复核并根据需要调整锚索数量或布置型式等。

（2）锚索结构设计。锚索基本结构型式的选定；内锚固段长度的计算确定；外锚头计算；锚索架立结构的设计与布置（间距）；锚索结构的防腐保护设计；张拉程序的确定；锚索的监测设计等。

（3）编制施工技术要求和特殊情况的技术处理预案以及锚固后的工程安全评价及总结。

3.3.1.2　预应力锚索设计的一般步骤

根据边坡工程及锚索结构的特点，预应力锚索设计一般遵循以下步骤：

（1）根据边坡稳定分析及初步拟定的锚固布置方案，计算确定边坡加固总锚固力。

（2）锚索选型。

（3）单束锚索锚固力确定。

（4）锚索结构设计，包括锚索杆体设计、内锚固段设计、外锚头设计、防腐保护设计等。

（5）锚索布置设计，包括坡面布置位置确定、范围、孔排距、深度等。

（6）锚固监测设计。

（7）编制施工技术要求和特殊情况的技术处理预案。

（8）锚固后的工程安全评价及总结。

预应力锚索设计，特别是应用于边坡加固工程的预应力锚索设计，一般应遵循动态设计的原则，在设计过程中，根据边坡锚索布置后的稳定复核情况、实施过程中新揭露的地质情况以及内外监测资料等动态调整锚索设计，以达到经济合理的目的。

3.3.2 边坡预应力锚固设计

3.3.2.1 锚固力的确定

预应力锚索加固的作用主要有两类：解决被锚固结构的稳定问题；改善被锚固体的应力状态或变形问题。前者需要通过稳定计算确定被锚固结构达到稳定设计标准时所需的锚固力；后者需要通过反复计算施加不同锚固力、不同施加方式、不同施加次序等条件下边坡体的不同应力状态和变形性态，最终通过安全与经济比较后综合确定锚固布置方案。

边坡加固总锚固力 $\sum \Delta R$ 与边坡的天然稳定状态及拟达到的稳定状态设计安全系数 F_s 有关。设边坡天然状况下的安全系数为 F，则

$$F = \sum R / \sum S$$
$$F_s = (\sum R + \sum \Delta R) / \sum S$$
$$\sum \Delta R = \sum S (F_s - F)$$

式中　$\sum R$——边坡原抗滑力之和；

　　　$\sum S$——边坡原下滑力之和。

可见，总锚固力的计算是边坡稳定分析的一部分，具体的计算可参见本手册第 1 章、第 2 章相关内容。本节仅就有关注意事项阐述如下：

（1）边坡的总锚固力不是一个定值。不同布置方案下的锚索因其对边坡的作用效果不同，据其计算出的总锚固力也不同。实际推求总锚固力的方法是：先根据锚索的初步布置方案，将锚固力作为一种外荷施加在边坡上，试算边坡的稳定安全系数，并不断调整锚索的布置，在最终达到布置合理、锚固力较小的经济布置方案下确定边坡的总锚固力。

（2）对于形态复杂的边坡应分区计算边坡的锚固

力，并根据不同区域的锚固力进行锚索布置设计。形态复杂的边坡采用条分法计算时，容易引起条块底面或分条间应力的突变，在计算程序上难以收敛，而且也难以反映边坡的真实稳定状态，进行分区段计算比较符合边坡的实际情况。

（3）当边坡采用多措施综合方案加固时，应考虑锚索加固力与其他被动加固措施（如砂浆锚杆、抗滑桩、抗剪洞等）加固力的叠加效应，必要时应采用应力应变分析法以变形协调为准则计算在共同作用下各自承担的加固力，并复核各自的应力状态。

为了能够使各种加固措施能联合协调发挥抗滑力，锚索的张拉应预留一定设计变形量，使边坡发生微小变形、各种被动加固措施发挥设计抗滑力时，锚索刚好达到设计锚固力状态，否则，边坡发生变形，被动加固措施发挥设计加固力时，锚索虽然因超量变形比张拉锁定时提供了更大的抗滑力，但已经超过了锚索本身的设计承载能力状态（超过了锚索结构本身的安全系数）。

（4）边坡总锚固力的计算应考虑群锚效应。群锚效应是由于锚索布置较密且受施工手段限制，锚索无法同时张拉造成的。群锚效应的产生将减小实际作用在边坡上的总锚固力。在计算边坡总锚固力及进行坡面锚杆布置时，必须考虑此影响。

（5）对新开挖的边坡尚应分析开挖与锚固过程中边坡的稳定性及某个时段的锚固力。

（6）区分设计锚固力与锁定锚固力的差别，根据边（滑）坡体结构和变形状况，确定锚索的锁定锚固力。一般情况下：①当滑坡体结构完整性较好时，锁定锚固力可达设计锚固力的 100%；②当滑坡体蠕滑明显，预应力锚索与抗滑桩相结合时，锁定锚固力应为设计锚固力的 50%～80%；③当滑坡体具崩滑性时，锁定锚固力应为设计锚固力的 30%～70%。

（7）当边坡上有建筑物时（如桥梁墩基），应校核锚固后边坡位移是否满足建筑物对边坡的位移限制要求。

（8）边坡的稳定安全系数与锚索体系的安全系数无关，根据边坡拟达到的安全系数计算的总锚固力亦与锚索体系的安全系数无关。一般地，边坡的稳定安全系数是人们考虑与边坡有关的各种因素下，通过力学分析对其稳定性的一个综合评价；锚索体系的安全系数是人们在考虑锚筋的强度利用系数、黏结浆材（或其他摩擦抗滑方式）、锚夹具等因素下对单根锚杆的安全的评价。

（9）在计算边坡达到设计稳定安全系数所需要的锚固力时，锚索对边坡的锚固力应按抗滑力考虑。锚索预应力是锚索对边坡岩体的作用，属于主动加固力，根据力的分解，预应力可分为两部分作用：一是与滑面正交的法向力乘以摩擦系数得出的摩擦阻力，

二是平行滑面逆向滑动方向的预加拉力。也有公式将两者均作为边坡抗滑力（均在边坡安全系数计算公式分子上），有公式将前者作为抗滑力（放在分子上），后者作为减少的下滑力（分母上的一个负值）。对预应力这两部分作用的不同认识，使得在相同的锚固工程量下将得出不同的安全系数或在相同的安全系数下，求出不同的拟锚固工程量。

为与我国众多相关规范一致，本手册中预应力锚固力按抗滑力考虑。

（10）边坡稳定分析及锚固力计算一般应采用不少于两种方法进行相互验证。对于大型或复杂边坡，尚应进行数值分析。

3.3.2.2 预应力锚索的布置

锚索的布置根据边坡的形态、软弱结构面（层面）的位置、产状和力学性质，及边坡可能的失稳模式与边坡稳定分析得出的总锚固力等综合确定。在边坡支护设计时，进行锚固布置设计的目的就是以最小的锚固工程量，获得最大的锚固支护效果。

边坡锚固布置主要包括以下一些内容。

1. 锚索的位置

对于某个特定的边坡，锚索布置的位置主要根据边坡破坏模式及机理确定，使得布置在边坡"关键部位"的锚索能够发挥最大的作用效能。对滑动破坏的边坡，锚索宜布置在边坡的中、下部。这样，一是可确保无论是牵动型破坏还是推移型破坏，边坡都具有整体稳定性；二是中下部边坡风化卸荷岩体较薄，可减小锚索的深度，节省锚索工程量。对于坡面较陡的滑动边坡，尚应在坡顶布置 1～2 排锁口锚杆，以限制卸荷裂隙的发展。对倾倒型破坏边坡，锚索宜布置在边坡的中、上部，以增加锚索的作用力矩，从而提高锚固力的效能。几种典型边坡的锚索布置位置如图 3.3-1 所示。

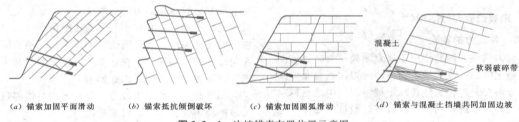

（a）锚索加固平面滑动　　（b）锚索抵抗倾倒破坏　　（c）锚索加固圆弧滑动　　（d）锚索与混凝土挡墙共同加固边坡

图 3.3-1　边坡锚索布置位置示意图

当边坡潜在滑面为不连续面或不规则面时，根据潜在滑面的推力曲线确定锚索的布置是更为精确的做法。

用于改善边坡应力状态的锚索，其布置应根据应力分析成果确定。

对于有些边坡或滑坡，在某些情况下不宜采用预应力锚索，如水位以下及水位变动区、边（滑）坡土体为欠固结土或对锚索可能产生横向荷载的地区、对锚索具有强腐蚀性环境的地区等。若采用锚索加固，应进行专门的研究论证。

2. 锚索的最优锚固角度

规范中最优锚固角实际是一个经验值。调整锚杆安装角度，可使逆滑动方向的分力和滑面法方向分力乘以滑面摩擦系数产生的摩擦阻力之和达到最大，如图 3.3-2 所示。

图 3.3-2 中，α 为锚索同滑动面的夹角；β 为锚索同水平面的夹角；θ 为滑动面的倾角，它们的关系为

$$\theta = \alpha \pm \beta \qquad (3.3-1)$$

由图 3.3-2 可知，由锚索提供的抗力为

$$P_{抗} = P\sin\alpha\tan\varphi + P\cos\alpha \qquad (3.3-2)$$

式中　φ——滑动面上的摩擦角。

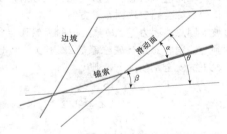

图 3.3-2　边坡锚索锚固角示意图

当 $\alpha = \varphi$ 时，可得最大抗滑力为 $P_{抗\max} = P/\cos\varphi$，但此时锚索最长，不经济。

经过综合比较，当 $\alpha_{优} = 45° + \varphi/2$ 时，得到最优的锚固角度，因此最优的锚固角为

$$\beta_{优} = \theta - (45° + \varphi/2) \qquad (3.3-3)$$

锚固角 $\beta \leqslant -5°$ 或 $\beta \geqslant 5°$ 的规定主要是考虑水平孔灌浆难以保证全孔密实，影响锚索的耐久性，但若受坡面布置、施工条件或结构本身要求的限制，也可采用水平锚索，但必须采取适当措施，保证锚孔浆液的密实性。如三峡船闸高边坡锚索布置为水平，灌浆采用压力灌浆并进行屏浆与闭浆，使锚孔浆液的密实性得到了保证。

3. 锚索的深度

对于锚固深度的规定，一般均要求锚索内锚固段锚固于潜在滑面以下的稳定岩体中，一般穿过潜在滑面的长度不小于2m。对于风化卸荷岩体、倾倒体等无明显滑面的边坡，锚固深度一般应超过根据程序搜索的最深滑面下方，超过长度不小于3m，且内锚固段长度应取按规范计算的大值。在边坡锚索布置间距

较小时，无论是采用拉力型锚索，还是采用压力型锚索，内锚固段岩体均会产生应力集中现象，为避免这种影响，锚索内锚固段应错开布置。图3.3-3为某边坡锚索的典型布置，其锚索内锚固段在空间上采用了相间布置。

实际上有些边坡的滑面不明显，或滑面是一个较厚条带，或滑带的牵动带也属于破碎岩体，另外，对

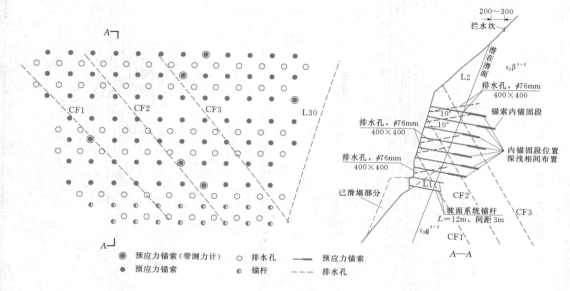

图 3.3-3 某边坡锚索典型布置图

于拉力性锚索，其锚固应力主要集中在内锚固段的前2m内，所以，应根据具体情况选择内锚固段的长度。

即使采用内锚固段相间布置，确保内锚固段穿过潜在滑面不小于2m安全距离的要求仍是要遵守的。为此，相间布置时部分锚索需要额外增加长度，相应地增加了工程量及施工难度，但边坡的受力将更为科学合理。

4. 锚索的间距

锚索的间距根据边坡稳定需要的总锚固力及所选型的单根锚索所提供的锚固力确定。但受群锚效应的影响，当锚索间距过小时，锚索的作用效能将下降。为此，有关规范规定，锚索的间距一般为4~10m，最小间距不宜小于2.5m，当经试验验证或计算分析边坡的群锚效应不明显时，可适当减小锚索的布置间距。锚索4~10m的布置间距是工程经验及国内外规范的常规做法，但也允许在某些情况下可布置得更密些，如三峡工程经过现场试验测试1000kN级预应力锚索的影响半径为0.5~1.5m，3000kN级预应力锚索的影响半径为1.5~2.5m，所以三峡船闸高边坡部分坡段预应力锚索的最小布置间距是3m×3m或2m×4m，经过近10年的运行观测，目前边坡稳定状态良好。

锚索孔位在坡面的布置形式可选用方形、梅花形、矩形等。

5. 锚索布置与其他结构的关系

边坡加固一般为多种措施的综合加固方案。在进行锚索布置时，不仅要考虑上述的因素，还必须考虑锚固与其他措施的相互关系。图3.3-3所示的边坡加固方案是以锚索为主，兼有岩体排水孔、坡顶截水沟、普通锚杆、仪器监测的综合加固手段。

3.3.3 预应力锚索的结构设计

3.3.3.1 预应力锚索的结构型式

预应力锚索一般由内锚固段、张拉段和外锚头三部分构成，锚索索体材料可根据锚固工程的性质、部位、规模选择采用低松弛高强度钢绞线，无黏结预应力筋，精轧螺纹钢筋或普通预应力钢筋。锚索的结构型式根据锚索内锚固段的受力特点可分为：拉力集中型锚索、拉力分散型锚索、压力集中型锚索、压力分散型锚索、拉压分散复合型锚索等，各型锚索的典型结构示意图及特点见表3.3-1，内锚固段应力如图3.3-4所示。

表 3.3-1 各型锚索典型结构示意图及特点表

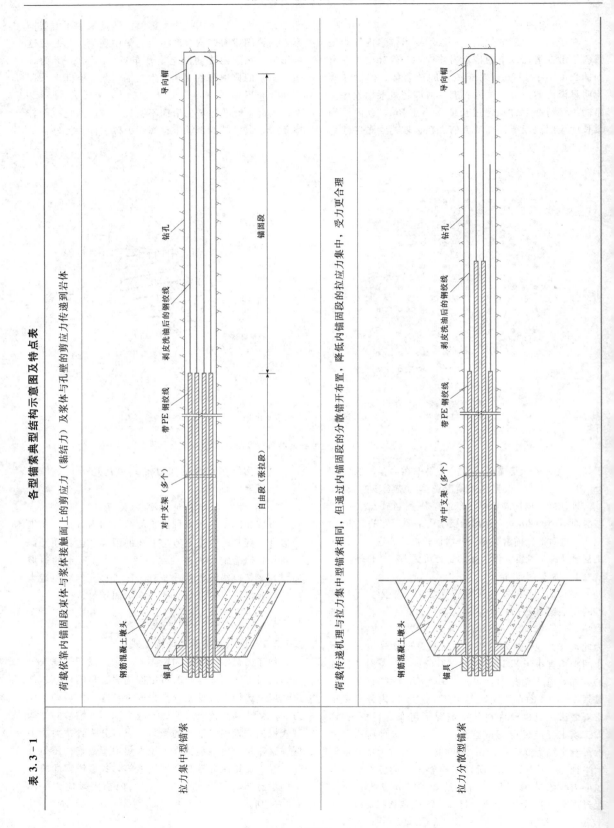

| 拉力集中型锚索 | 荷载依靠内锚固段束体与浆体接触面上的剪应力（黏结力）及浆体与孔壁的剪应力传递到岩体 |
| 拉力分散型锚索 | 荷载传递机理与拉力集中型锚索相同，但通过内锚固段的分散错开布置，降低内锚固段的拉应力集中，受力更合理 |

续表

<table>
<tr><td rowspan="2">压力集中型锚索</td><td>荷载通过 P 锚传递至承压板，由承压板以压力型式传递至浆体，浆体通过剪应力传递至孔壁，可避免拉力型锚索造成的浆体开裂</td></tr>
<tr><td>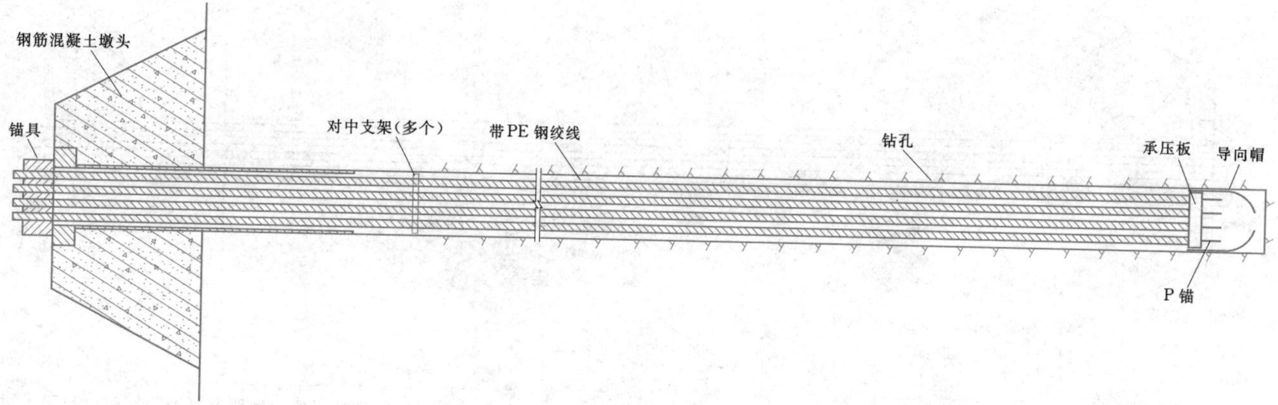
钢筋混凝土墩头
锚具
对中支架(多个)
带PE 钢绞线
钻孔
承压板
导向帽
P 锚</td></tr>
<tr><td rowspan="2">压力分散型锚索</td><td>荷载传递机理与压力集中型锚索相同，但通过内锚固段的分散错开布置，降低内锚固段的压应力集中，受力更合理，对地层的适用范围更广泛</td></tr>
<tr><td>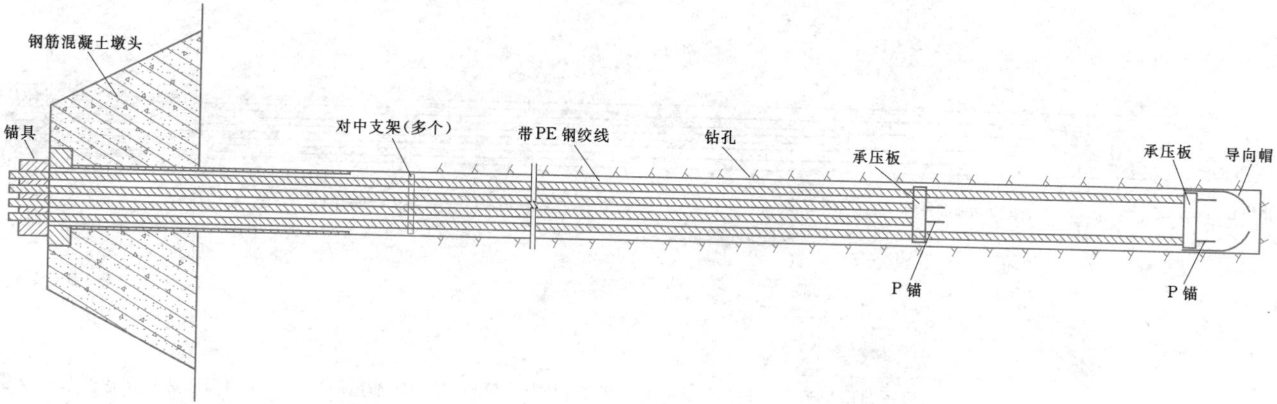
钢筋混凝土墩头
锚具
对中支架(多个)
带PE 钢绞线
钻孔
承压板
P 锚
承压板
导向帽
P 锚</td></tr>
</table>

续表

拉压分散型锚索

荷载在内锚固段由分散的压应力与分散的拉应力复合承担，内锚固段的应力分布更均匀，地层适用性更强

对穿锚索

无内锚固段，在两端设置外锚头，锚孔为通透孔，便于两边施工

注 本表图中省略了灌浆管、保护套等等附属结构。

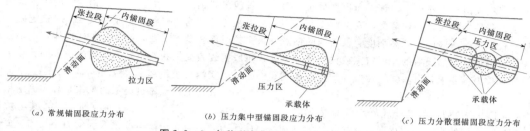

(a) 常规锚固段应力分布　　　(b) 压力集中型锚固段应力分布　　　(c) 压力分散型锚固段应力分布

图 3.3-4　各种型式内锚固段应力分布示意图

此外，根据锚索张拉段黏结特点可分为有黏结预应力锚索和无黏结预应力锚索；根据锚索内锚固段提供的锚固特点可分为机械式锚索与胶结式锚索。

1. 拉力型锚索和压力型锚索

压力型锚索可防止内锚固段胶结材料裂缝而降低锚索的使用寿命，多数用在无黏结结构中。由于拉力型结构简单易行，而压力型相对较复杂，因此拉力型锚索应用较多。

在使用过程中，根据具体情况，为进一步避免内锚固段胶结体材料产生裂缝，往往结合具体结构采用分散型，即形成：拉力分散、压力分散和拉压分散型结构。

2. 有黏结预应力锚索和无黏结预应力锚索

以往我国主要使用有黏结锚索。20 世纪 90 年代，随着带 PE 的无黏结钢绞线的引进和大量生产，越来越多的工程中开始使用无黏结预应力锚索。

由于有黏结锚索在跨越边坡结构面处易产生应力集中，胶结材料易产生裂缝，降低了锚索的耐久性。同时内锚固段与张拉段要分别进行灌浆，锚索结构携带的灌浆管路较多，有的锚索全程不带波纹管保护，锚索耐久性不高；有的锚索全程带波纹管，锚束结构相对较粗，钻孔孔径相应加大。在内外锚段的分隔止浆结构上，又分为冲气囊式和止浆包式（还有其他简易型式），加工复杂，效果较差。特别是内、外锚段分两段各一次注浆，由于段长较大，水泥浆收缩易产生空腔，大大降低锚索耐久性，因此更多的工程中转向使用无黏结锚索。

相对而言，无黏结锚索张拉段可自由移动，无应力集中，其最大的好处是取消止浆环，一次性全孔段注浆，加快了施工进度，同时利用二次补充注浆，大大减少空腔的存在，使锚索的耐久性提高。根据耐久性要求的不同，无黏结锚索可分为全程带波纹管和只内锚固段带波纹管。

值得强调的是，为保证锚索的耐久性，任何锚索采用一次注浆后的二次补注浆是十分必要的（即便有微膨胀）。

3. 机械式锚索与胶结式锚索

各类机械式（如镦头锚式）锚固结构在 20 世纪 60～70 年代以前使用较多，结构复杂，70 年代后，随着各种锚夹具的不断研发及锚固技术的不断发展，镦头式锚固结构已逐步淡出该领域，目前广泛使用的是各类胶结式结构。

3.3.3.2　锚索的选型

锚索的选型主要是根据边坡岩土体的性状、设计工作年限、地下水的腐蚀环境、施工场地及条件等选出适合边坡的锚索结构型式。

锚索选型的一个重要内容是确定单根锚索的吨位，一般情况下，大吨位锚索较小吨位锚索经济性能要好，所以在边坡岩土体允许的情况下，应优先选用大吨位锚索。岩质边坡具有内锚固段能提供较大的锚固力、坡面岩体能承受较大的外锚头集中压力及边坡岩体的压缩变形较小等特点，可选用大吨位锚索，而土质边坡因不具备这些条件，一般选用较低吨位的锚索。

胶结式锚固具有提供安全、耐久的锚固力的特性，以及广泛的适用性，一般情况下，内锚固段应优先选择胶结式。对于各种岩体，只要钻孔能够成孔或经过简单预灌浆处理能够成孔，就可采用胶结式内锚固段。此外，通过加长内锚固段长、增大孔径或扩成倒锥形孔、孔壁加糙等，也可提高内锚固段的锚固力。胶结式内锚固段的结构，一般情况下可采用简单易用的拉力型，当单根锚索张拉力较大，或当内锚固段岩体较破碎或为软岩等对内锚固段区域的应力条件有特殊要求时，也可采用拉力分散型、普通压力型、压力分散型或其他结构型式的内锚固段。

当抢险工程需要迅速提供预应力支护或其他原因而难以采用胶结式时，也可选用机械式内锚固段。当选用机械式内锚固段时，单根锚索的设计张拉力不大于 1000kN，锚固区的围岩应较完整，其抗压强度应大于 60MPa。

预应力锚索的外锚头一般采用机械式，由专门厂家采用金属材料制造。目前外锚头的主要型式有 OVM 锚、DM 锚、GZM 锚、LM 锚、HM 锚和 YFM 锚等。就外锚固端的锚夹具而言，要求硬度适当，制造工艺精良，可以承受较大的锁定荷载，且锚索锁定后，在长期荷载作用下，预应力损失最小。并要求在锚索张拉锁定时，操作简便，安全可靠。

锚索杆体材料一般应选择高强度、低松弛的钢丝或钢绞线。根据边坡加固后的变形特点或设计对锚索需要补偿张拉力等要求，可将索体做成黏结式或无黏结式。

《水电工程预应力锚固设计规范》（DL/T 5176—2003）规定：在设计张拉作用下，钢材强度的利用系数宜为 0.60～0.65。它关系到锚索的安全裕度及经济性，钢材利用系数低，锚索的安全裕度就大，相应耗钢量增加。

对于锚固力较大的预应力锚索，均由多股高强钢丝或多股钢绞线组成。对多股钢绞线同步张拉时，受力很难保证均匀一致。多股钢绞线同时锁定后，由于张拉时伸长量不一致，锚夹片工作性能不同，锁定后每股钢绞线受拉状态也是不均匀的。丰满大坝基础加固试验实测每股钢绞线受力的不均匀系数为 0.91～1.03，其他工程也做过类似的工作，其实测结果见表 3.3-2。从表 3.3-2 中所列数据可见，其不均匀程度更差。为防止由于每股钢绞线受力不均匀，而使受力较大的首先拉断，继而全部相继拉断的结果出现，在设计时要考虑一定的安全裕度。此外，还应考虑预应力锚索长期在高应力状态工作下应力腐蚀的影响，以及被锚固体变形的不确定性等因素。

表 3.3-2　各工程实测钢绞线受力不均匀系数

工程名称	白山水电站地下厂房	白山水电站 15 号坝段锚固	丰满水电站坝基加固	镜泊湖水电站进水口加固	小浪底水利枢纽试验洞
不均匀系数	0.40～1.67	0.70～1.17	0.80～1.17	0.87～1.13	0.40～1.67

基于上述原因，国内外的锚固工程都将锚束材料的抗拉强度标准值的 60%～65% 作为锚束允许设计应力。例如，日本锚固协会的 VSL 锚固设计施工规范中规定：对于永久性锚固工程，锚束材料允许的设计应力为 $0.60\sigma_b$。国内外绝大多数锚固工程都是以 $0.60～0.65\sigma_b$ 作为设计允许的应力标准进行控制的，见表 3.3-3。实践证明，这一规定是合理的。

表 3.3-3　国内部分工程锚索强度利用系数[19]

序号	工程名称	设计强度系数	超张拉强度系数	超张拉强度提高系数
1	梅山水库	0.65	0.75	1.154
2	双牌水电站	0.63	0.725	1.151
3	陈村水电站	0.55	0.71	1.291
4	镜泊湖水电站	0.60	0.75	1.250
5	碧口水电站	0.60	0.70	1.167
6	洪门水电站	0.61	0.71	1.164
7	丰满水电站	0.64	0.67	1.047
8	铜街子水电站	0.66	0.70	1.061
9	天生桥水电站	0.60	0.67	1.117
10	漫湾水电站	0.60～0.65	0.66～0.72	1.100
11	水口水电站	0.63	0.66	1.050
12	三峡工程前期	0.55～0.61	0.63～0.70	1.150
13	三峡工程后期	0.55	0.61	1.100
	平　　均	0.61	0.69	1.140

目前，锚索一般采用高强度、低松弛预应力钢丝或钢绞线制成。我国目前使用的高强钢丝强度主要为 1570MPa；钢绞线强度主要为 1570MPa、1860MPa、2000MPa 三种，常用的有 1860MPa、2000MPa。低松弛指在高应力状态的松弛性能大大降低，如在 70% 公称最大力作用 1000h 后的应力松弛率仅为 2.5%，比常规钢材同等条件下的 8% 的松弛率大大降低。国外有统计资料证实，采用高强度、低松弛预应力钢丝或钢绞线可同比节省钢材 14% 左右。我国常用的预应力钢丝、预应力钢绞线的力学性能指标见

表 3.3-4～表 3.3-6。

根据上述确定的钢材强度利用系数及我国预应力

钢材的强度指标,边坡锚固中常用锚索的选型参数见表 3.3-7。

表 3.3-4　　　　　　　　消除应力光圆及螺旋肋钢丝的力学性能

公称直径 d_n (mm)	抗拉强度 σ_b (MPa) 不小于	规定非比例伸长应力 $\sigma_{p0.2}$ (MPa) 不小于 WLR	规定非比例伸长应力 $\sigma_{p0.2}$ (MPa) 不小于 WNR	最大力下总伸长率 ($L_0=200mm$) δ_{gt} (%) 不小于	弯曲次数 (次/180°) 不小于	弯曲半径 R (mm)	初始应力相当于公称抗拉强度的百分数 (%)	1000h后应力松弛率 r (%) 不大于 WLR (低松弛钢丝)	1000h后应力松弛率 r (%) 不大于 WNR (普通松弛钢丝)
							对所有规格	对所有规格	对所有规格
4.00	1470	1290	1250		3	10			
4.80	1570	1380	1330						
	1670	1470	1410						
5.00	1770	1560	1500		4	15			
	1860	1640	1580						
6.00	1470	1290	1250	3.5	4	15	60	1.0	4.5
6.25	1570	1380	1330						
	1670	1470	1410		4	20	70	2.0	8
7.00	1770	1560	1500		4	20			
8.00	1470	1290	1250		4	20	80	4.5	12
9.00	1570	1380	1330		4	25			
10.00	1470	1290	1250		4	25			
12.00					4	30			

注　摘自《预应力混凝土用钢丝》(GB/T 5223—2002)。

表 3.3-5　　　　　　　　消除应力的刻痕钢丝的力学性能

公称直径 d_n (mm)	抗拉强度 σ_b (MPa) 不小于	规定非比例伸长应力 $\sigma_{p0.2}$ (MPa) 不小于 WLR	规定非比例伸长应力 $\sigma_{p0.2}$ (MPa) 不小于 WNR	最大力下总伸长率 ($L_0=200mm$) δ_{gt} (%) 不小于	弯曲次数 (次/180°) 不小于	弯曲半径 R (mm)	初始应力相当于公称抗拉强度的百分数 (%)	1000h后应力松弛率 r (%) 不大于 WLR (低松弛钢丝)	1000h后应力松弛率 r (%) 不大于 WNR (普通松弛钢丝)
							对所有规格	对所有规格	对所有规格
≤5.0	1470	1290	1250						
	1570	1380	1330				60	1.5	5
	1670	1470	1410			15			
	1770	1560	1500						
	1860	1640	1580	3.5	3		70	2.5	8
>5.0	1470	1290	1250						
	1570	1380	1330						
	1670	1470	1410			20			
	1770	1560	1500				80	4.5	12

注　摘自《预应力混凝土用钢丝》(GB/T 5223—2002)。

表 3.3－6 **1×7 结构钢绞线力学性能**

钢绞线结构	钢绞线公称直径 D_n（mm）	抗拉强度 R_m（MPa）不小于	整根钢绞线的最大力 F_m（kN）不小于	规定非比例延伸力 $F_{p0.2}$①（kN）不小于	最大力总伸长率（$L_0 \geqslant 500$mm）A_{gt}（%）不小于	应力松弛性能	
						初始负荷相当于公称最大力的百分数（%）	1000h 后应力松弛率 r（%）不大于
						对所有规格	
1×7	9.50	1720	94.3	84.9	3.5	60	1.0
		1860	102	91.8			
		1960	107	96.3			
	11.10	1720	128	115			
		1860	138	124			
		1960	145	131			
	12.70	1270	170	153			
		1860	184	166			
		1960	193	174			
	15.20	1470	206	185		70	2.5
		1570	220	198			
		1670	234	211			
		1720	241	217			
		1860	260	234			
		1960	274	247			
	15.70	1770	266	239		80	4.5
		1860	279	251			
	17.80	1720	327	294			
		1860	353	318			
(1×7) C	12.70	1860	208	187			
	15.20	1820	300	270			
	18.00	1720	384	346			

注 摘自《预应力混凝土用钢绞线》（GB/T 5224—2003）。

① 规定非比例延伸力 $F_{p0.2}$ 值不小于整根钢绞线公称最大力 F_m 的 90%。

表 3.3－7 **边坡锚固常用锚索参数表**

锚索级别（kN）	钢绞线级别（MPa）	公称直径（mm）	公称面积（mm²）	钢绞线根数（根）	设计强度利用系数	超张拉力（kN）	超张拉力系数
1000	1860	15.2	140	6	0.64	110	0.70
1500	1860	15.2	140	9	0.64	160	0.68
2000	1860	15.2	140	12	0.64	210	0.67
2500	1860	15.2	140	16	0.60	290	0.70
3000	1860	15.2	140	19	0.61	345	0.70
4000	1860	15.2	140	25	0.61	450	0.69
5000	1860	15.2	140	32	0.60	580	0.70
6000	1860	15.2	140	38	0.61	680	0.69

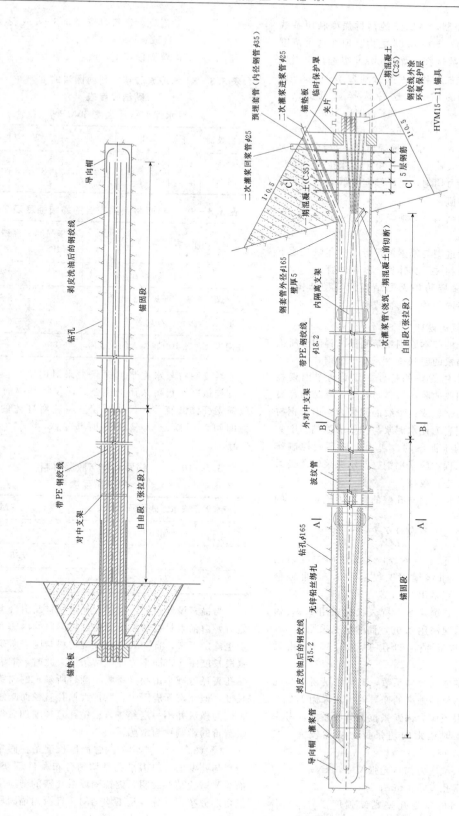

图 3.3-5 多层防护无黏结锚索典型结构图（以 2000kN 级锚索为例，mm，
图中 A—A、B—B、C—C 剖面见图 3.3-11 锚索细部结构图）

按表 3.3-7 控制，各锚索的钢材强度利用系数均在规范[20]规定的 0.60～0.65 之内。但在这个范围内有多种钢绞线根数选择，如 3000kN 级选择 18 根、19 根时，其对应的强度利用系数分别为 0.64、0.61，且随着锚索级别的增大，这种选择愈宽泛，如 6000kN 级选择 36 根、37 根、38 根时，其对应的强度利用系数分别为 0.64、0.62、0.61。根据工程界的认识趋势，表 3.3-7 中均选择低值，以获得较大的安全裕度。对于大吨位锚索，由于在张拉时，更难以保证各绞线间受力均匀，更应倾向取低值，甚至低于规范规定的最小值。

对于新型锚索结构，必须经过现场验证后，方可在锚固工程中应用。

防腐结构设计选型与锚索的设计工作年限及地下水的腐蚀环境密切相关，具体见 3.3.4 内容。

图 3.3-5 为多层防护无黏结锚索典型结构图，是近年来应用较多的一种结构型式。

3.3.3.3 内锚固段的设计

内锚固段设计的基本原则就是确保内锚固段所提供的锚固力大于锚索的超张拉力。对于胶结式内锚固段，主要是确定内锚固段的长度。其受两个因素控制：一个是内锚固段的胶结材料与孔壁的黏结力；另一个是胶结材料与钢丝或钢绞线的握裹力。由于钢材与水泥浆之间的握裹力比水泥浆与孔壁的黏结强度大很多，所以钢材与水泥浆的握裹力一般不起控制作用，但对于重要工程，应采用钢材与水泥浆的握裹力来对内锚固段长度进行校核。

内锚固段按胶结材料与孔壁的黏结力确定长度的计算公式为

$$L_1 \geqslant \frac{\gamma_0 \psi \gamma_d \gamma_c \gamma_p p_m}{\pi DC} \qquad (3.3-4)$$

式中 γ_0——结构重要性系数，Ⅰ级锚固工程采用 1.1，Ⅱ级锚固工程采用 1.0，Ⅲ级锚固工程采用 0.9；

ψ——设计状况系数，持久状况采用 1.0，短暂状况采用 0.95，偶然状况采用 0.85；

γ_d——结构系数，仰孔采用 1.3，俯孔采用 1.0；

γ_c——黏结强度分项系数，考虑胶结材料与孔壁的黏结强度的变异较大，采用 1.2；

γ_p——单根预应力锚索张拉力分项系数，考虑施工时锚索的超张拉力变异较大，采用 1.15；

p_m——单根预应力锚索超张拉力，kN；

D——锚索孔直径，mm；

c——胶结材料与孔壁黏结强度，MPa，当

缺乏试验资料时按表 3.3-8 或表 3.3-9 选取；

L_1——内锚固段长度，m。

表 3.3-8 水泥浆胶结材料同围岩的黏结强度表

（水泥浆抗压强度 30MPa）

围岩级别	Ⅰ	Ⅱ	Ⅲ	Ⅳ	Ⅴ
黏结力 c（MPa）	1.5	1.5～1.2	1.2～0.8	0.8～0.3	≤0.3

表 3.3-9 树脂材料同围岩的黏结强度表

围岩类型	抗压强度（MPa）	黏结力 c（MPa）
黏土岩、粉砂岩	5	1.2～1.6
煤、页岩、泥灰岩、砂岩	14	1.6～3.0
砂岩、石灰岩	50	3.0～5.0
花岗岩及各种类似花岗岩的火成岩	100	5.0～7.0

当按钢材与水泥浆的握裹力来对内锚固段长度进行校核时，仍可采用上述公式，仅将其中的 D 换成锚索杆体的直径，C 换成胶凝材料对杆体的黏结力即可，当缺乏试验资料时按表 3.3-10 选取 C 值。

表 3.3-10 锚索杆体与胶凝材料的黏结强度表

水泥浆或水泥砂浆强度等级	黏结力 c（MPa）
M25	2.75
M30	2.95
M35	3.40

当锚索设计条件、直径、胶凝材料及围岩类别确定后，由锚索材料与胶凝材料计算确定的内锚固段长度也确定下来，且一般较由胶凝材料与围岩所确定的锚段长度短些，即不为控制性条件。此时，增大锚索钻孔直径可减小由胶凝材料与围岩所确定的内锚固段长度，但在实际应用中，以扩大钻孔直径而减短锚索长度的做法并不一定经济，因钻孔直径增加对整个锚索造价的影响更为敏感。

式（3.3-4）得出的内锚固段长度是在假定胶结材料与孔壁的剪应力沿孔壁均匀分布条件下获得的。而光弹试验结果表明，内锚固段沿孔壁的剪应力呈倒三角形分布，其分布是不均匀的，且沿内锚固段长度

迅速递减，并不是内锚固段越长，其抗拔力越大。当内锚固段长到一定程度，拉拔力提高并不显著，如图3.3-6所示。三峡工程进行的现场岩锚试验也证明，内锚固段的轴力主要分布在接近张拉段的2m内锚固段附近，随后迅速衰竭，所以内锚固段在达到一定长度后，再增加长度，其提高的锚固力是微乎其微的，如图3.3-7所示。

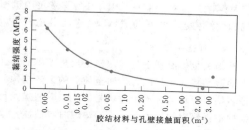

图3.3-6 孔壁和水泥浆的黏结强度
与孔壁接触面积的关系

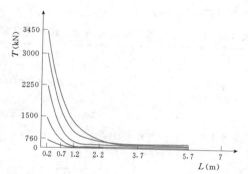

图3.3-7 内锚固段轴力沿内锚固段的分布关系
（三峡工程3000kN岩锚试验）

根据数值模拟分析及试验：在张拉力不断增加的情况下，内锚固段前部首先超过极限承载能力，开裂破坏，随后张拉力向根部传递，破坏随之由前部向根部逐渐推进，发生渐进式破坏，如图3.3-8所示。所以，简单地通过延长内锚固段长度来提高锚固力是非常危险的，按全长剪应力均匀分布计算出的内锚固段长度，实际起作用的仅是前部的部分段长，延长内锚固段长仅是延长了渐进式破坏的过程，并没有提高单根锚索的锚固力。

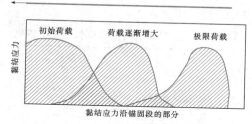

图3.3-8 内锚固段渐进式破坏示意图

国际预应力混凝土协会实用规范（FIP）也特别规定，内锚固段长度不宜超过10m。如果10m的内锚固段长度尚不能满足工程需要，可采用改善内锚固段结构的办法（如扩孔、增设内锚板等）提高锚固力。

此外，内锚固段长度还与内锚固段胶结材料的性能、围岩条件、荷载施加条件等有关，一般胶凝材料应采用硅酸盐水泥或普通硅酸盐水泥；当地下水有腐蚀性时，应采用特种水泥，以确保胶凝材料本身不腐蚀锚索杆体材料或对地下水有一定的防腐作用。水泥浆胶结材料的抗压强度等级一般不应低于M35；树脂材料的抗压强度不应小于50MPa。例如丰满大坝基础加固的6000kN预应力锚杆，内锚固段的胶结材料采用的就是水泥浆，水泥为硅酸盐525水泥，水灰比为0.38，掺入10%的EA型复合膨胀剂和0.6%的UNF-5高效减水剂，7d强度可达55.3MPa，28d强度为81.3MPa。三峡工程锚索经现场试验确定的内锚固段胶凝材料配方见表3.3-11。

表3.3-11　　　　　三峡工程锚索内锚固段胶凝材料配方表

浆材类型	设计强度	水泥品种	水灰比	外加剂掺量（%）	
				AEA膨胀剂（内掺）	GYA高效减水剂（先掺）
水泥浆	R_{28}350	525普硅	0.38	8	0.3
	$R_7$350	525普硅	0.33	8	0.7
	$R_3$300	525普硅	0.36	8	0.7
水泥砂浆	R_{28}300	425普硅	0.45	8	—
	$R_7$300	525普硅	0.38	8	0.7
	R_{28}250	425普硅	0.50	8	

在选择胶结材料的强度指标时，还应考虑围岩条件。围岩条件好，可选用较高强度的配合比，并可选择树脂材料作为胶结材料，这样可充分发挥树脂材料与围岩黏结力较高的优势。在围岩条件软弱、破碎或风化严重时，高强度胶结材料将失去意义，应选择较低强度的配合比，但不能低于 35MPa。

根据以上公式计算并类比国内外的工程经验，内锚固段长度推荐值见表 3.3 - 12。

表 3.3 - 12　常用锚索内锚固段长度推荐值表

锚索吨位	内锚固段长度（m）
<1000kN 级	4～5
1000～2000kN 级	5～6
2000～3000kN 级	6～7
>3000kN 级	7～8

影响内锚固段长度的因素众多，所以对于重要工程，内锚固段长度还应通过现场拉拔试验进行验证。

拉力分散型或压力分散型锚索是将内锚固段内分成几个锚固单元，每个锚固单元的计算仍可参照上述原则确定。

机械式内锚固段由生产厂家采用金属材料制成。典型的机械式内锚固段主要部件有外夹片、锥筒、锚塞、托圈、套管弹簧和垫圈等，详见图 3.3 - 9。

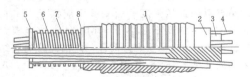

图 3.3 - 9　某型号机械式内锚头结构示意图
1—外夹片；2—锥筒；3—六棱锚塞；4—钢绞线；
5—托圈；6—套筒；7—顶簧；8—垫圈

采用机械式内锚固段时，其结构尺寸应与锚孔直径有较好的配合。应保证安装后，其外夹片与孔壁呈整合状曲面接触。锚索张拉后，外夹片的齿纹与孔壁紧密咬合，并保证作用在孔壁上的压力分布均匀，在超张拉力作用下，内锚固段不产生滑移。

机械式内锚固段的锚固力按锚头材料性能、设计机械性能、内锚固段围岩条件、锚头尺寸与孔径的匹配程度等确定。锚头生产厂家一般会对每种型号锚头对应的围岩条件提供一个建议的锚固力参考值，在实际应用中，一般根据这个参考值并参照已建工程经验确定其锚固力。对于重要工程，还应对选定的机械式内锚固段结构进行现场拉拔试验，验证其锚固力。

3.3.3.4　外锚头的设计

外锚头包括混凝土垫墩、钢垫板和工作锚具。混凝土垫墩是将锚索预应力传递至坡面的土建结构。为保证将锚固力均匀传递给边坡岩体，垫墩型式及尺寸应根据单根锚索的最大张拉力、垫墩材料性质、锚孔周围的地质情况及其力学性质，综合选定。一般可选的锚头型式有四棱台形、十字形、相互连接的格构形或板形；有条件时，宜优先采用预制型锚头。各型锚头可参照表 3.3 - 13 选择。

表 3.3 - 13　锚索外锚头类型及适用条件表

结构型式	适用条件	备注
格构形（框架）板形	风化较严重、地下水丰富、软质岩、土质边坡	多雨地区格构宜作成截流沟式
横向格构（地梁）	软硬岩体相间、土质边坡	
单锚墩（四棱台形、十字形）	硬质岩、块状或整体性好的岩体	坡面平整时，可优先采用预制型

对于岩质边坡，四棱台形是最常用的型式。其受力类似于桩帽，可按钢筋混凝土结构规范计算确定。边坡工程中常用的三种锚索锚头尺寸及配筋可参照表 3.3 - 14 设计。

外锚头的工作锚具均有厂家制造并由厂家自行命

表 3.3 - 14　三种常用棱台混凝土垫墩尺寸及配筋参考表

锚索级别	底面积（m×m）	顶面积（m×m）	高（m）	配筋
1000kN	0.8×0.8	0.4×0.4	0.4	两层钢筋网φ8mm@50mm
2000kN	1.0×1.0	0.5×0.5	0.5	三层钢筋网φ8mm@50mm
3000kN	1.2×1.2	0.6×0.6	0.6	四层钢筋网φ8mm@50mm

名，如国内的 OVM 锚、DM 锚等，国外的如瑞士的 VSL 锚、德国的 DYWIDAG 锚等。

国内广泛使用的 OVM 锚具由夹片、锚板、锚垫板以及螺旋筋四部分组成，如图 3.3 - 10 所示，有关参数见表 3.3 - 15。夹片是锚固体系的关键部件，其型式是二片式，用优质合金钢制造。OVM. M13 系列

锚具用于锚固 $\phi12.7mm$、$\phi12.9mm$ 钢绞线；OVM. M15 系列锚具用于锚固 $\phi15.2mm$、$\phi15.7mm$ 钢绞线；OVM. M18 系列锚具用于锚固 $\phi17.8mm$ 钢绞线；OVM. M22、OVM. M28 锚具分别用于外径 $\phi21.8mm$ 和 $\phi28.6mm$ 钢绞线的单根锚固和张拉。

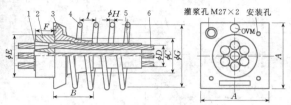

图 3.3-10　OVM 锚具示意图

1—夹片；2—锚板；3—锚垫板；4—螺旋筋；
5—波纹管；6—预应力筋

3.3.3.5　张拉力的控制与张拉程序的设计

锚索的设计张拉力及超张拉力根据上述原则确定后，锚索的张拉一般按如下程序进行：逐根预紧→分级张拉→超张拉锁定→补偿张拉（仅在需要时）。

各级张拉的要求及作用如下：

（1）逐根预紧。锚索由多股钢丝或钢绞线组成，为使各股钢丝或钢绞线在同一长度时施加张拉力，保证各股钢丝或钢绞线均匀受力，在正式张拉前应按 20% 的设计张拉力对各股钢丝或钢绞线进行预张拉。逐根预紧一般根据钢绞线在锚具的排列位置，对称预紧，一般一遍完成，有时，为获得更均匀的受力，也可多遍预紧。

表 3.3-15　　　　　　OVM. M13、OVM. M15 系列锚具参数表

| 型　号 | 锚　垫　板 | | 波纹管 | 锚板 | 螺　旋　筋 | | | | 张拉千斤顶型号 |
	$A \times B \times \phi C$（mm×mm×mm）	安装孔孔距（mm）	D（内径，mm）	$\phi E \times F$（mm×mm）	ϕG（mm）	ϕH（mm）	I（mm）	N（圈）	
OVM. M15—1	80×80×ϕ14			ϕ46×48	ϕ80	ϕ6	30	4	YDC240QX
OVM. M13—1	80×80×ϕ14			ϕ43×43	ϕ80	ϕ6	30	3	YDC240QX
OVM. M15—2	115×100×ϕ80	80	45	ϕ85×48	ϕ115	ϕ8	40	4	YCW100B
OVM. M13—2	115×100×ϕ80	80	45	ϕ75×50	ϕ110	ϕ6	30	4	YCW100B
OVM. M15—3	135×110×ϕ83	95	50	ϕ85×48	ϕ130	ϕ10	50	4	YCW100B
OVM. M13—3	120×130×ϕ80	85	45	ϕ80×50	ϕ120	ϕ10	50	4	YCW100B
OVM. M15—4	165×120×ϕ93	120	55	ϕ100×48	ϕ150	ϕ12	50	4	YCW100B
OVM. M13—4	135×130×ϕ80	95	50	ϕ90×50	ϕ135	ϕ10	50	4	YCW100B
OVM. M15—5	180×130×ϕ93	135	55	ϕ115×48	ϕ170	ϕ12	50	4	YCW100B/150B
OVM. M13—5	145×130×ϕ80	105	50	ϕ100×55	ϕ145	ϕ12	50	4	YCW100B
OVM. M15—6	210×160×ϕ108	145	70	ϕ126×48	ϕ200	ϕ12	50	4	YCW150B
OVM. M13—6/7	165×130×ϕ94	120	60	ϕ115×55	ϕ165	ϕ12	50	4	YCW100B
OVM. M15—7	210×160×ϕ108	145	70	ϕ128×50	ϕ200	ϕ12	50	4	YCW150B/250B
OVM. M13—8	190×150×ϕ100	135	60	ϕ130×55	ϕ175	ϕ12	50	4	YCW150B
OVM. M15—8	220×160×ϕ125	160	80	ϕ143×53	ϕ216	ϕ14	50	4	YCW250B
OVM. M13—9	190×150×ϕ108	135	70	ϕ137×60	ϕ190	ϕ14	50	4	YCW150B
OVM. M15—9	240×180×ϕ125	180	80	ϕ152×53	ϕ240	ϕ14	50	5	YCW250B
OVM. M13—10/11	216×180×ϕ134	160	80	ϕ157×60	ϕ216	ϕ14	50	5	YCW150B
OVM. M15—10	270×210×ϕ140	200	90	ϕ166×55	ϕ270	ϕ14	50	5	YCW250B
OVM. M13—12	216×180×ϕ134	160	80	ϕ157×60	ϕ216	ϕ14	50	5	YCW150B
OVM. M15—11	270×210×ϕ140	200	90	ϕ166×57	ϕ270	ϕ16	60	5	YCW250B
OVM. M13—13	230×180×ϕ136	190	80	ϕ157×60	ϕ230	ϕ16	60	5	YCW250B

型　号	锚　垫　板		波纹管	锚板	螺　旋　筋				张拉千斤顶型号
	$A \times B \times \phi C$（mm×mm×mm）	安装孔孔距（mm）	D（内径，mm）	$\phi E \times F$（mm×mm）	ϕG（mm）	ϕH（mm）	I（mm）	N（圈）	
OVM. M15—12	270×210×ϕ140	200	90	ϕ166×60	ϕ270	ϕ16	60	5	YCW250/350B
OVM. M13—14	230×180×ϕ136	190	80	ϕ165×65	ϕ230	ϕ16	60	5	YCW250B
OVM. M15—13	270×210×ϕ140	200	90	ϕ166×62	ϕ270	ϕ16	60	5	YCW350B
OVM. M13—15/16	240×245×ϕ140	200	90	ϕ195×70	ϕ240	ϕ16	60	5	YCW250B
OVM. M15—14	295×220×ϕ152	210	90	ϕ175×62	ϕ235	ϕ16	60	5	YCW350B
OVM. M13—17	240×245×ϕ140	200	90	ϕ195×70	ϕ240	ϕ18	60	5	YCW250B
OVM. M15—15	300×240×ϕ170	225	90	ϕ195×65	ϕ300	ϕ16	60	5	YCW350B
OVM. M13—18/19	270×245×ϕ154	200	90	ϕ195×70	ϕ265	ϕ18	60	5	YCW250B
OVM. M15—16	300×240×ϕ170	225	90	ϕ195×65	ϕ300	ϕ18	60	5	YCW350/400B
OVM. M13—20	290×340×ϕ176	220	90	ϕ217×70	ϕ290	ϕ18	60	5	YCW350B
OVM. M15—17	300×240×ϕ170	225	90	ϕ195×70	ϕ300	ϕ18	60	5	YCW350/400B
OVM. M13—21/22	290×340×ϕ178	220	90	ϕ217×80	ϕ290	ϕ18	60	5	YCW350B
OVM. M15—18	310×250×ϕ174	230	100	ϕ205×70	ϕ310	ϕ18	60	5	YCW400B
OVM. M13—23/24	300×355×ϕ185	220	100	ϕ230×80	ϕ310	ϕ18	60	6	YCW400B
OVM. M15—19	310×250×ϕ174	230	100	ϕ205×73	ϕ310	ϕ18	60	6	YCW400/500B
OVM. M13—25/26	300×355×ϕ185	220	100	ϕ230×85	ϕ310	ϕ18	60	6	YCW400B
OVM. M15—20	320×280×ϕ188	230	120	ϕ224×75	ϕ320	ϕ20	60	6	YCW500B
OVM. M13—27	300×355×ϕ185	220	100	ϕ230×85	ϕ310	ϕ20	60	6	YCW400B
OVM. M15—21/22	320×260×ϕ188	230	120	ϕ224×78	ϕ320	ϕ20	60	6	YCW500B
OVM. M13—28/29	315×370×ϕ190	230	105	ϕ245×85	ϕ315	ϕ20	60	6	YCW400B
OVM. M15—23/24	350×295×ϕ210	260	120	ϕ244×82	ϕ350	ϕ20	60	6	YCW650A
OVM. M13—30/31	315×370×ϕ190	230	105	ϕ245×95	ϕ315	ϕ20	60	6	YCW500B
OVM. M15—25/26/27	350×295×ϕ210	260	120	ϕ244×85	ϕ350	ϕ20	60	6	YCW650A
OVM. M13—32/33	370×470×ϕ216	280	120	ϕ270×110	ϕ370	ϕ20	60	7	YCW500B
OVM. M15—28/29	390×346×ϕ222	290	130	ϕ260×88	ϕ390	ϕ20	60	7	YCW650A
OVM. M13—34	370×470×ϕ216	280	120	ϕ270×110	ϕ370	ϕ20	60	7	YCW500B
OVM. M15—30/31	390×346×ϕ222	290	130	ϕ260×90	ϕ390	ϕ20	60	7	YCW650A
OVM. M13—35/36	370×470×ϕ216	280	120	ϕ270×110	ϕ370	ϕ20	60	7	YCW500B
OVM. M15—32/33/34	465×390×ϕ246	350	140	ϕ296×95	ϕ465	ϕ20	60	8	YCW650/900A
OVM. M13—37	370×470×ϕ216	280	120	ϕ270×110	ϕ370	ϕ20	60	7	YCW650A
OVM. M15—35/36/37	465×390×ϕ246	350	140	ϕ296×100	ϕ465	ϕ20	60	8	YCW650/900A
OVM. M13—38/39	390×500×ϕ240	290	130	ϕ310×120	ϕ390	ϕ20	60	7	YCW650A
OVM. M15—38/39	500×450×ϕ286	376	160	ϕ324×105	ϕ500	ϕ20	60	8	YCW900A

型　号	锚　垫　板		波纹管	锚板	螺　旋　筋					张拉千斤顶型号
	$A \times B \times \phi C$ (mm×mm×mm)	安装孔孔距 (mm)	D (内径，mm)	$\phi E \times F$ (mm×mm)	ϕG (mm)	ϕH (mm)	I (mm)	N (圈)		
OVM. M13—40/41/42	390×500×ϕ240	290	130	ϕ310×120	ϕ390	ϕ20	60	7		YCW650A
OVM. M15—40/41/42	500×450×ϕ286	376	160	ϕ324×112	ϕ500	ϕ22	60	8		YCW900A
OVM. M13—43/44	390×500×ϕ240	290	130	ϕ310×130	ϕ390	ϕ22	60	7		YCW650A
OVM. M15—43/44/45	500×450×ϕ286	376	160	ϕ324×112	ϕ500	ϕ22	60	8		YCW900/1200A
OVM. M13—45/46/47	465×500×ϕ250	340	140	ϕ330×130	ϕ465	ϕ22	60	8		YCW900A
OVM. M15—46/47	540×510×ϕ295	400	160	ϕ344×115	ϕ540	ϕ22	60	8		YCW1200A
OVM. M13—48/49	465×500×ϕ250	340	140	ϕ330×132	ϕ465	ϕ22	60	8		YCW900A
OVM. M15—48/49	540×510×ϕ295	400	160	ϕ344×116	ϕ540	ϕ22	60	8		YCW1200A
OVM. M13—50/51/52	465×500×ϕ250	340	140	ϕ330×135	ϕ465	ϕ22	60	8		YCW900A
OVM. M15—50/51/52	540×510×ϕ295	400	160	ϕ344×120	ϕ540	ϕ22	60	8		YCW1200A
OVM. M13—53/54	465×500×ϕ250	340	140	ϕ330×140	ϕ465	ϕ22	60	8		YCW900A
OVM. M15—53/54/55	540×510×ϕ295	400	160	ϕ344×130	ϕ540	ϕ22	60	8		YCW1200A
OVM. M13—55	465×500×ϕ250	340	140	ϕ330×140	ϕ465	ϕ22	60	8		YCW900A

注 OVM. M15—1、OVM. M13—1 配套锚垫板尺寸可以根据用户的要求特殊设计。

（2）分级张拉。锚索设计张拉荷载一般较大，而岩体及锚索各部位的变形都有一个适应的过程。为使锚索及岩体变形协调、充分，减少预应力损失，锚索张拉分多级施加，不宜一次张拉至超张拉荷载。每级张拉时，升荷速率每分钟不宜超过设计张拉力的1/10，达到本级张拉力后，应持荷 5min。

（3）超张拉锁定。为消除由于锚索与孔壁的摩擦、锚具的压缩和锚束的回缩而引起的预应力损失，锁定时将张拉力提高至70%钢材抗拉强度标准值，并应持荷 10min 后锁定。

（4）补偿张拉。补偿张拉仅当预应力损失超过设计张拉力的 10% 时进行。补偿张拉应在锁定值基础上一次张拉至超张拉荷载，最多进行两次。

预应力损失的原因是多样的，其中重要的一种原因是坡面锚索布置间距过密，因群锚效应明显引起临近锚索预应力松弛。为减小群锚效应，全坡面锚索的张拉程序亦应进行规划设计。理想的张拉模式是全坡面锚索同时张拉，但在实际工程中，一般不具备这种施工条件。一种可行的张拉方式是对坡面的每根锚索按设计张拉力分级，采用大循环的方式进行张拉，即对全部锚索逐根施加第一级荷载并锁定后，再对全部锚索逐根施加第二级荷载，以此类推，直到全部锚索达到超张拉荷载。这一张拉程序可使围岩在张拉过程中变形充分，减少锚索的预应力松弛。其主要缺点是：张拉时间长，施工比较麻烦，也容易损坏夹片，从而影响锚索的锁定效果。安排张拉程序时，一定要注意简便，既要达到减少预应力锚索预应力损失的目的，又要方便施工。在图 3.3-3 所示的边坡锚固方案中，为使坡面上各束锚索间应力尽量均匀，锚索张拉时采用先自下而上，再自上而下逐层半数施工方案，即施工脚手架搭设上升时，每层仅施工编号为奇数的锚索；施工脚手架拆除下降时，再施工每层编号为偶数的锚索。同层锚索（同为奇数或偶数）施工时，也应左、右穿插施工。

对于拉力分散型锚索及压力分散型锚索，张拉程序更为复杂。拉力（压力）分散型锚索由几个锚固单元组成，每个锚固单元的张拉段长度均不相同。当按照各锚固单元受荷相同（非同时张拉方式）的目标张拉时，各锚固单元的变形随锚固单元而异；当按照变形相等（同时张拉方式）的目标张拉时，各个锚固单元上布置的钢绞线受力不同。按照各锚固单元上钢绞线等强的原则（应力相等），通常采用非同时张拉方式进行这种锚索的张拉。其基本原理和操作方式是从最大变形量的锚固单元（最大自由长度）起按次序先后张拉，在到达了最小变形的锚固单元（最小自由长度）后，再同时张拉全部锚固单元。详细的张拉程序可参见程良奎等著的《岩土锚固》。

3.3.3.6 预应力锚索的细部构造

不同的锚索结构有不同的细部构造，现以构造较为复杂的多层防护无黏结锚索为例，介绍其细部构造，锚索各细部构造如图3.3-11所示。

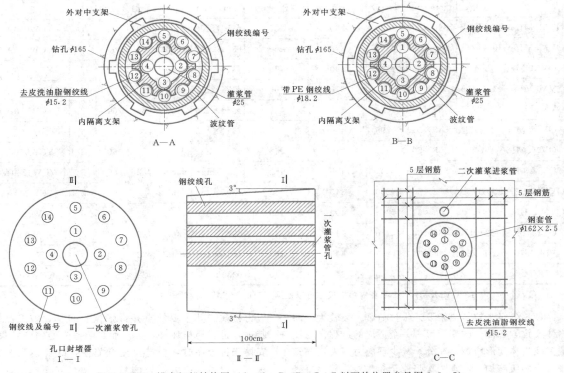

图 3.3-11 锚索细部结构图（A—A、B—B、C—C 剖面的位置参见图 3.3-5）

1. 导向帽

导向帽为 PE 塑料成品制件。套在内锚固段根部并与波纹管套接在一起，防止锚索在穿孔过程中松散或卡在孔壁裂隙内。底部开孔，在一次注浆时，部分浆液扩散至波纹管外，确保波纹管内、外均得到浆液。

2. 波纹管

波纹管金属成品或 PE 塑料成品。波纹管按照相邻咬口之间波纹的数量分为单波纹与双波纹；按照径向刚度分为标准型和增强型。波纹管可接长，用大一号同类波纹管作为接头管，接头管的长度可取 200～300mm。波纹管根部与导向帽连接，外部与锚索孔口钢套管套接，对钢绞线形成防腐隔离保护。在强腐蚀状态下的预应力筋，建议使用 PE 塑料波纹管。

3. 对中支架与隔离支架

对中支架与隔离支架为 PE 塑料成品。波纹管外的一般叫外对中支架，外对中支架的作用是将锚索支撑于钻孔的轴线上，以保证波纹管四周有均匀厚度的水泥浆。外对中支架在工厂一般制成带状，

施工时剪成波纹管外径周长段长，直接包裹在波纹管外并用无锌铅丝绑扎。当波纹管和对中支架为同一厂家生产时，对中支架的内卡槽可以与波纹管外波纹相互咬合，固定效果更佳。波纹管内的叫隔离支架或架线环，其作用是避免绞线扭缠并保证每根绞线外的水泥浆握裹厚度。当锚索绞线根数较少时，隔离支架一般为内、外圈带绞线槽的圆环；当绞线根数较多时，隔离支架一般做成蜂窝煤状。当锚索设计无波纹管时，隔离支架稍加改进，兼有对中支架作用。

对中支架与隔离支架一般成对放置。规范规定：对于陡倾角方向布置的锚索，隔离架间距不宜大于 4m；对于缓倾角方向布置的锚索，隔离架间距不宜大于 2m。隔离架中应预留灌浆管和排气管的通道。内锚固段隔离支架间距一般 1～2m，两隔离支架间钢绞线用无锌铅丝绑扎，使内锚固段钢绞线成连续的枣核状，以增加锚固力。

4. 一次灌浆管与孔口封堵器

一次灌浆管一般采用不小于 $\phi25mm$ 的 PE 塑料管。当钻孔下倾时，灌浆管穿至距导向帽底部

10cm 处；当钻孔上仰时，灌浆管穿过孔口封堵器10cm 即可。孔口封闭器为一次灌浆时孔口的临时封堵工具，待浆液初凝后拆除。孔口封闭器一般在现场采用木材加工，为坡角 3°的 10cm 厚柱台，径面上钻设可以穿过钢绞线及灌浆管的孔，灌浆时，堵塞在钻孔的孔口，确保孔内起压，保证浆体的密实性。

5. 二次进浆管与二次回浆管

由于水泥浆的泌水收缩，锚索孔口一般会留下注浆空隙；此外，锚索张拉对钢绞线外 PE 护套的影响在孔口段尤为明显，一般会造成 PE 护套外水泥浆体的开裂，而此处受外界环境影响较大，为确保孔口段的防腐性能，设二次注浆系统，它实际是对孔口段的补注，与全黏结锚索的二次灌浆意义不同。

6. 锚垫板与钢套管

锚垫板与钢套管是确保将锚固力传递到混凝土垫墩的构件。锚垫板一般与钢套管焊接成 II 形，并在钢套管上焊接二次进浆管与二次回浆管。若采用 OVM 成套产品，如图 3.3-10 所示，则锚垫板与钢套管已成为连成一体的铸件。

7. 墩头一期混凝土与配筋

详见外锚头设计。

8. 墩头二期混凝土与临时保护罩

锚索张拉锁定后，若确定不再进行补充张拉或放松，应尽快割除外露钢绞线浇筑二期混凝土进行永久保护。若可能在一段时间后进行补充张拉，则应安装临时保护罩。临时保护罩为内径大于锚具的钢桶，以螺栓固定在锚垫板上，通过注油孔及排气孔向桶内充满防腐油脂。

3.3.4 预应力锚索的防腐设计

预应力锚索的腐蚀是影响锚索耐久性和锚固效果的主要因素之一。由于岩土预应力锚索加固属于地下工程，锚索长期处于潮湿的环境中，而且长期处于高应力状态下，很容易受外界环境的影响而产生腐蚀破坏。锚束体产生腐蚀后，其材料的物理性能和机械性能将会发生变化，有关力学指标将会随着降低，从而影响锚固的效果，严重时将导致工程失事。因此，预应力锚索的防腐是岩土锚固设计的重要内容。

3.3.4.1 锚索腐蚀的几种基本类型

锚索的腐蚀与环境因素及材料因素有关。环境因素主要包括：氧化剂与溶解氧；pH 值；溶解盐；温度及其他。材料因素主要包括：钢材材质；晶体结构；表面状态。

通常岩土预应力锚索的腐蚀有下列几种基本类型。

（1）锚索的锈蚀（化学腐蚀）。

（2）锚索的电化学腐蚀。

（3）锚索的电腐蚀。

（4）锚束体的应力腐蚀等。

最重要的腐蚀为环境化学成分对锚索的腐蚀及 pH 值的影响。

3.3.4.2 锚索防腐的基本方法

预应力锚索的腐蚀问题，仍是一个比较复杂的课题，其影响因素很多，腐蚀机理比较复杂。所以，在锚索的防腐设计中，要认真地分析锚索所处的工作环境及其在特定环境条件下的腐蚀机理，针对不同的腐蚀情况进行防腐处理。

目前，国内外关于锚索防腐主要是采用防腐材料进行防护（其基本原则是采用双层或多层防护）及锚索环境控制和电化学防腐。其主要方法如下：

（1）在锚索防腐材料方面。利用各种材料做自由隔离层。

1）管道。采用钢制波纹管、聚乙烯（PE）波纹管、聚乙烯和聚丙烯（PP）塑料管保护锚束体，管内一般充填水泥浆或防腐剂。

2）护套。采用高密度聚乙烯（HDPE）、聚丙烯（PP）护套保护钢丝或钢绞线，套内一般充填油脂或环氧涂层。

3）金属镀层及非金属护面。预应力钢丝或钢绞线材料表面采用金属镀层防腐，金属可用惰性金属，如铜、不锈钢及易置换金属（如锌等）。还可在单根钢丝或绞线表面采用水泥浆、有机烃基硅酸锌混合物等无机物护面。钢绞线表面采用与护套相容的环氧树脂、油脂等有机物护面。

4）喷层。把钢丝浸沉在熔融金属中或向钢丝表面喷涂锌或铅，也可通过铝酸盐或铬酸盐处理。

5）涂层。在锚索钢材表面涂抹特殊的水乳性涂料，如可溶性油漆，进行临时性防腐，在灌浆前用水冲掉。

6）织物。用保护织物或塑料薄膜增强各种沥青材料，外缠绝缘胶带保护。缠绝缘胶可用聚乙烯或浸渍玻璃纤维织物制作。

7）油脂、石蜡、沥青和焦油沥青。用这些材料来提供钢材和护套之间的润滑和保证钢材与水、气隔离。

8）水泥浆或水泥砂浆。大多数情况下使用灰浆来包裹钢材，既可起到防腐作用，同时又可作为锚索与地层的固定材料。从防腐的角度出发，最好使用水泥砂浆，使硬化的灰浆本身不会受到介质的直接腐蚀。在硫酸盐含量大的地层，必须调整灰浆的成分，来抵抗腐蚀的影响。通过外加剂降低水灰比，有助于提高灰浆的抗腐能力。必须尽量避免使用快硬剂，因为其在大多数情况下都会加速腐蚀。

9）双层套管。在锚索孔口段采用对孔口管外喷涂环氧层或另加设一层套管（波纹管）加强锚头的防腐。

（2）在环境控制方面。这方面要做到完全防腐很困难，目前主要是在一定程度上控制有害离子的含量。

1）确保浆体厚度、密实度及碱性。梅山大坝对采用的 3200kN 级预应力锚索的防腐试验表明：当水泥结石 pH 值大于 12，空隙率小于 14%，$w/c \leqslant 0.4$，只要有 20～25mm 厚的保护层，即具有足够的抗蚀能力。

2）控制危害离子。水泥砂浆或水泥浆是较好的防腐材料，已被工程实践证明，除应保证灌浆质量及浆体有效保护厚度外，还应注意使用材料和外加剂及各种添加剂的化学成分，其氯离子、硫酸根离子等含量应小于 0.02%。

（3）锚索除锈。锚索使用前进行严格除锈。

（4）电力及电化学防腐。电力及电化学防腐主要是进行阴极防腐，即在锚索体表面提供一个足够的直流电，使锚束相对于一个明显的阳极而成为阴极，可通过在锚索上连接活性金属来实现。还包括分引和排除杂散电流的各种接地电线保护。

《水电工程预应力锚固设计规范》（DL/T 5176—2003）[19] 规定：预应力锚索可按表 3.3-16 中的标准进行防腐、防锈处理。

表 3.3-16　　　　　　　　　　　预应力锚束体的防腐、防锈标准

工作环境	预应力锚索工作时间	
	临 时 性 锚 索	永 久 性 锚 索
无侵蚀性	按 A 级进行防护	张拉后 15d 内，按 C 级进行耐久性防护
中等侵蚀性	张拉前按 A 级或 B 级进行防护	张拉前按 A 级或 B 级进行防护；张拉后按 C 级进行耐久性防护
强侵蚀性	张拉前按 A 级进行防护；张拉后按 C 级进行耐久性防护	张拉前按 B 级进行防护；张拉后按 C 级进行耐久性防护

注　A 级防护材料为液态防护材料，如石灰水、防腐油；B 级防护材料为塑态防护材料，如凝胶、树脂、防锈油脂等；C 级防护材料为固态防护材料，如水泥浆、水泥砂浆、波纹管及其他措施。

此外，《水电工程预应力锚固设计规范》（DL/T 5176—2003）[19] 规范还有以下几点要求：

（1）锚束体防腐、防锈处理时，所使用的材料及其附加剂中不得含有硝酸盐、亚硫酸盐、硫氰酸盐。氯离子含量不得超过水泥重量的 0.02%。

（2）预应力锚索采用水泥砂浆或水泥浆作为封孔灌浆或胶结材料时，其中掺入的减水剂、早强剂、膨胀剂中对钢材有腐蚀作用的物质也应符合上条要求。

（3）无黏结预应力锚索内锚固段所使用的胶结材料应满足上述规定。对于张拉段也必须采用水泥浆或水泥砂浆进行全孔段封闭灌浆防护。

（4）永久性预应力锚索封孔灌浆后，对于外锚头应用水泥砂浆包裹封闭，对于观测的预应力锚索，应设置密封的保护罩。

3.3.5　预应力锚索的失效及预防

预应力锚索作为一种边坡加固措施，从边坡加固综合方案制定、锚索结构设计到施工安装，每个环节出现问题均可引起锚索的失效。根据锚索的受荷特点及与边坡的关系，并以锚索结构为主线，锚索的失效可分为以下几种主要类型：锚索受荷超限失效、锚索结构破坏失效、腐蚀性破坏失效等，在设计时应注意预防。

锚索受荷超限失效现象为：锚索结构位移持续增大而不收敛，锚头处锚筋断裂，锚筋、夹片甚至锚头飞出等。其根本原因是锚索承受的荷载超过锚索的极限承载能力而发生破坏。具体的原因可分为两类：①由于设计不当造成锚索的总设计锚固力小于边坡治理方案中应该由锚索承担的下滑力，或虽然设计锚索的总锚固力满足要求，但由于边坡形态的差异造成个别部位锚索的实际受荷不均而超过锚索结构极限承载力；②由于施工原因造成锚索的实际承载能力小于设计值，如内锚固段长度不足或孔径偏小，造成承载能力下降，或由于排气不充分或注浆压力不足，造成内锚固段孔内注浆不密实甚至出现注浆空洞，这种注浆缺陷，将导致锚索的承载力会降低。

锚索结构破坏失效主要表现在外部结构，主要有：外墩头、地梁、框架结构裂缝、变形超限甚至断裂，锚垫板变形异常、锚头沉陷。其主要原因是外锚头结构设计强度不足或由于施工过程中对混凝土振捣不密实、配合比不合理、养护措施不到位及偷工减料等造成实际强度不足；另外单束锚索设计锚固力太大或外墩头下部局部存在地质缺陷而使地基承载力不足造成墩头内陷变形等。

腐蚀性破坏失效表现为：位移增大，最终锚筋断裂；或锚头锁定能力减弱，预应力逐渐减小。对于单根锚索而言，腐蚀性破坏往往类似于脆性破坏，破坏较突然，但对于整体锚固工程而言，锚索不可能同时腐蚀破坏，前期锚索破坏存在应力的重新调整与分配过程，直至最终达到整体破坏。腐蚀破坏是锚索失效中较多的破坏型式，锚索从索体材料、锚具、夹片到内锚固段、张拉段、外锚头及 3.3.4 "预应力锚索的防腐设计"中所列的各种防腐材料的缺陷或锚索地质环境的变化都可能造成锚索腐蚀破坏。国际后张预应力协会（FIP）地锚工作小组收集到了 35 例预应力锚杆（索）腐蚀破坏实例，并对其破坏的原因进行了统计分析；永久锚杆（索）腐蚀破坏占 69%，临时锚杆占 31%；锚杆使用期在 2 年以内和 2 年以上发生腐蚀断裂的各占一半。为防止预应力锚索在施工运行期发生腐蚀破坏失效，应从锚索施工工艺、锚索体结构型式、预应力锚索施工用相应材料等方面进行研究，以解决锚索破坏失效和锚固耐久性的问题。

根据上述各种锚索破坏失效的现象及原因分析，在设计及施工中有针对性地进行侧重考虑和采取措施就是防患于未然的最好预防措施。

3.3.6 预应力锚索的试验与监测

3.3.6.1 锚索的试验

（1）为验证锚固设计的合理性，重要锚固工程，在施工初期宜进行如下项目的现场试验：

胶结材料与被锚固介质的黏结强度；预应力锚索的预应力损失试验；预应力锚索数量较多、间距较近、锚固部位的岩体质量较差、单束锚索张拉力较大的重要锚固工程，宜进行锚固力相互影响现场试验；预应力锚索防护材料的化学成分及其稳定性检测，其试验可在室内进行。

上述试验内容与数量根据设计需要确定。

（2）锚固力非破坏性试验，应符合下列规定：

1）非破坏性试验应在有代表性的锚索中进行。

2）方法。按设计拟定的张拉程序，逐级施加张拉力。每级荷载施加后持荷 5min，进行相应的观测。

当张拉力达设计张拉力的 110% 时，停止加载，即认为锚索锚固力满足设计要求。

（3）锚固力破坏性试验，应符合下列规定：

1）破坏性试验不得在实际锚固工程部位进行。

2）选择与加固工程地质条件相似的现场，按设计拟定的张拉程序和工艺条件造孔、安装锚杆，待内锚固段就位或达养护期限后，安装孔口设备和测量仪器。

3）方法。按设计拟定的张拉程序，逐级施加张拉力。每级荷载施加后持荷 5min，进行相应的观测。当内锚固段产生连续位移，或有 30% 的钢绞线拉断，即认为预应力锚索已达破坏状态。

（4）成孔试验。选择有代表性的地段进行试验，主要是比选合适的钻机与锚孔偏斜纠正措施。

（5）预应力损失试验。观测锁定损失与一定时间周期性内的沿时损失，为锚索设计提供资料。

目前关于锚索预应力损失有两种方法来获得：公式计算法；观测试验法。值得强调的是，预应力锚索的预应力损失是客观存在的，其影响因素很多，且十分复杂，因此计算往往形成较大的误差。而锚索的预应力损失量的大小很大程度上与锚索的施工质量及被锚固岩体的结构与质量关系密切，夹片上的一个微小的灰尘或油膜都能引起锚索的显著滑移，因此，严格施工是减小锚索预应力损失的关键。

3.3.6.2 预应力锚索的监测

锚索加固一般吨位较高，且主要用于工程中的复杂或关键部位，其安全性举足轻重，同时边坡预应力锚固属隐蔽性工程，影响锚固效果的因素很多，设计时很难做到完全弄清。预应力锚固原位监测的主要作用是：通过监测对锚索加固工程安全作出定量评价；对施工期工程安全预报；及时了解锚索工作性态；根据监测数据验证设计合理性，进一步促进预应力锚固设计水平的提高及锚索加固技术的发展与进步。

根据应用阶段不同，预应力锚固监测分两阶段：施工期监测与锚索后期运行监测。

根据监测对象不同，预应力锚固监测分两部分：锚索体本身的监测与被锚固体的监测，也即锚索本身工作状态监测与锚固效果监测。

预应力锚索本身监测包括：锚索张拉力，预应力材料的伸长量，预应力损失，各股钢绞线的受力状态，应力不均匀程度等。

被锚固体的监测包括：被锚固体的变形与位移。

由于锚索所处工作阶段不同，相应的监测内容稍有变化，见表 3.3-17。

表 3.3 - 17　预应力锚索原位监测内容和项目表

锚索工作阶段	监测内容		监测项目
施工阶段	锚束体	工作状态施工质量	1. 锚束张拉力 2. 锚索伸长值 3. 预应力损失
	锚固体	加固效果	被锚固体应力、变形
运行阶段	锚束体	工作状态	预应力变化
	锚固体	工程安全状况	被锚固体应力、变形

监测的主要手段是监测仪器，下面对常用监测仪器种类及选型作一简要介绍。

1. 测力传感器

监测预应力锚索施加预应力大小，锁定后以及长期工作过程中预应力保持状态，是评价锚固效果和工程安全程序的重要手段。监测仪器类型主要有：

（1）应变式测力传感器。这种测力传感器的元件为电阻应变片，通过测力器可直接读出预应力值。

（2）钢弦应变计式测力传感器。这种测力传感器是通过钢弦的频率变化来测定锚索的受力状态。其特点是读数易于调节，观测较为简单，可在恶劣环境下工作，可供永久观测使用。

（3）轮辐式测力器。

（4）直读式测力传感器。

（5）液压压力计。

锚索测力计是应用较广的一种测力传感器，它不仅可以监测锚索的工作状态，还可以通过锚索的工作状态间接反映边坡的运行状态。目前应用较多的钢弦应变计式测力，早期曾应用液压压力计，由于存在漏油失效问题，目前已使用较少。三峡船闸高边坡曾选择 103 束锚索安装了 113 台锚索测力计（部分对穿型锚索两端安装了锚索测力计），图 3.3 - 12 中的 SF17GP01 为典型的锚索测力计监测的预应力损失变化曲线。

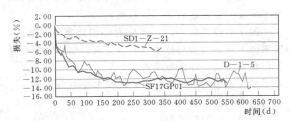

图 3.3 - 12　三峡船闸高边坡典型锚索测力计预应力损失曲线

由 SF17GP01 典型锚索测力计监测的预应力损失曲线及其他监测的统计规律，一般有：锚索在张拉锁定后，整体上会产生一定预应力损失，但损失量值不大，一般在 $-3\%\sim-15\%$ 之间，占 93.1%；平均值为 -7.48%。预应力损失过程呈 3 个阶段：①急剧损失期，时间 $6\sim15d$，损失值 $-2\%\sim-5\%$；②一般损失期，时间 $2\sim6$ 个月，损失值 $-3\%\sim-5\%$；③缓慢损失期，一般损失期以后进入缓慢损失期，该期锚索应力趋于稳定。

锚索监测失效的案例在三峡船闸高边坡也曾发现过，主要是监测一段时间后，由于老式的测力计漏油等原因，无法再继续进行监测。

2. 应变计（片）

可安装或贴在钢绞线上，直接监测钢绞线的应变。

此外，被加固对象的监测仪器很多，主要有位移计、收敛计、水准仪、测斜仪等，通过被加固对象的监测也可分析锚索的受力或变形状态。

施工期监测与后期运行监测，均应选在锚固区的关键部位，有条件时，施工监测与永久监测宜结合进行。各种监测仪器应选择轻便灵巧，观测快捷，经久耐用的产品，信息反馈应迅速。

3.4　微型桩与锚固洞

3.4.1　微型桩

3.4.1.1　类型、特点及适用条件

微型桩一般指桩径较小，长细比较大，采用钻孔、压力注浆工艺施工的直径小于 0.3m 的灌注桩或者直径小于 0.15m 的挤土桩。在英国、美国等国家又将微型桩称为"加筋桩"或"锚筋桩"。

根据成孔方式的不同，微型桩可分为灌注桩和复合桩两大类，其中灌注桩是指采用钻孔方式成孔，然后采用通长钢筋和混凝土或水泥浆组成桩身的微型桩；复合桩是指由钢筋混凝土或钢组成桩体，通过打入方式形成的微型桩。

根据其结构布置型式可将微型桩分为：独立微型桩、平面桁架微型桩和空间桁架微型桩，如图 3.4 - 1 ～图 3.4 - 3 所示。

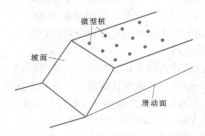

图 3.4 - 1　独立微型桩示意图

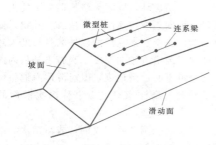

图 3.4-2 平面桁架微型桩示意图

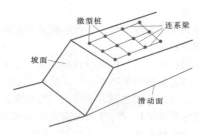

图 3.4-3 空间桁架微型桩示意图

微型桩的主要特征是桩径较小,不受空间的限制。

微型桩适用于桩基岩、土体可承受较大弯矩和剪力,桩与桩周岩、土体形成的复合结构有足够的刚度,可以有效地控制边坡的变形,同时空间或施工场地受限的边坡。

3.4.1.2 设计计算

国内应用微型桩的历史较短,对其承载力的认识还不充分,也没有一个成熟的计算理论,在设计中大多采用常规桩基和抗滑桩的设计方法,同时也可参考《桩基工程手册》(史佩栋主编,人民交通出版社,2008)中介绍的"日本网状结构微型桩设计"及"澳大利亚微型桩设计"。

3.4.1.3 构造要求

在进行微型桩设计时,应符合以下构造要求:

(1)微型桩的直径宜为 150～300mm,桩长不宜超过 30m,桩的布置可采用直桩型或网桩结构斜桩型。

(2)微型桩桩身混凝土强度等级应不小于 C20,钢筋笼外径宜小于设计桩径 40～60mm。主筋不宜少于 3 根。对于软弱基础,主要承受竖向荷载时的钢筋长度不得小于 1/2 桩长;主要承受水平荷载时应全长配筋。

---

❶ 1kgf≈9.8N。

3.4.2 抗剪洞与锚固洞

3.4.2.1 类型、特点及适用条件

抗剪洞又称抗剪键,主要用于坚硬岩体内可能发生沿软弱结构面剪切破坏时的加固。将潜在软弱结构面用混凝土或钢筋混凝土置换,增加沿软弱结构面的抗剪强度,从而增加边坡的稳定性。抗剪洞沿潜在软弱结构面走向水平布置。

抗剪洞在拱坝坝肩边坡的加固中应用较多,李家峡、小湾、锦屏一级、拉西瓦等水电站拱坝坝肩均采用了抗剪洞进行加固。

锚固洞是指采用混凝土或钢筋混凝土回填穿过潜在滑动面而形成的一种用于阻止边坡滑动的加固结构。通常用于岩体坚硬完整的边坡滑面较陡部位,洞轴方向应与滑体的滑动方向平行。锚固洞经常与抗滑桩或预应力锚索结合,对边坡实施加固。

3.4.2.2 设计计算

抗剪洞和锚固洞的设计断面应结合稳定计算确定。抗剪洞与锚固洞除计算主滑面抗滑稳定外,还应核算边坡在洞体上盘或下盘岩土体内沿次级滑面和沿混凝土与岩土体界面处发生剪切滑动的可能。

抗剪洞和锚固洞给边坡提供的抗力以及其自身的结构设计目前还没有非常成熟的计算方法。目前常采用以下方法计算。

1. 刚体极限平衡法

在计算边坡稳定时,将置换混凝土的抗剪能力(混凝土的抗剪面积乘以其抗剪强度)与滑面自身的抗滑能力叠加作为边坡的抗滑力。

关于混凝土抗剪强度的取值,我国规范没有明确的规定。拉西瓦工程拱坝坝肩边坡稳定计算中混凝土抗剪强度取值参考了龙羊峡工程的经验。在抗剪断计算中 $C=0.15R$,R 为混凝土标号,90 天龄期 250 号,所以 $C=0.15R_{250}=37.5 \text{kgf}❶/\text{cm}^2$,考虑到施工质量等问题,250 号相当 200 号,所以设计按 $C=0.15R_{200}=30 \text{kgf}/\text{cm}^2$ 取值。在抗剪计算中 C 值为混凝土允许剪应力。200 号混凝土相当于《水工混凝土结构设计规范》(DL/T 5057—2009)中规定的 C18 混凝土。

其回填钢筋混凝土计算应满足 DL/T 5057 的有关规定。

2. 有限元法

建立边坡三维有限元整体模型,模拟抗剪洞或锚固洞。计算抗剪洞或锚固洞在边坡中的应力应变状态

及边坡的整体稳定性，从而确定抗剪洞或锚固洞的断面和布置型式。混凝土的抗剪参数可以参考上述取值。

3.4.2.3 构造要求

1. 抗剪洞

当岩质边坡潜在滑面上下盘岩体完整时，沿平行潜在滑面走向布置抗剪洞（或称抗剪键）。此时洞体除要满足抗剪稳定要求的断面外，还应在滑面上下两盘内有一定厚度和高度，形成短桩状，以避免形成"滚轴"效应，或发生越过洞体顶部的剪切滑动破坏。抗剪洞洞体在滑面上下盘坚硬岩体内的嵌固深度均不应小于 3m。

对于陡倾角的滑面，滑面应位于抗剪洞直墙段的上部；对于缓倾角的滑面，滑面宜通过抗剪洞的形心。抗剪洞的布置参见图 3.4-4 和图 3.4-5。

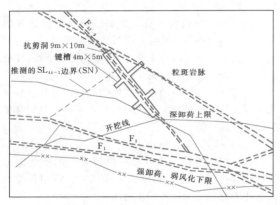

图 3.4-4 抗剪洞典型布置图

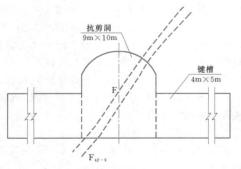

图 3.4-5 抗剪洞典型剖面图

抗剪洞顶部混凝土要求浇筑密实并必须对顶拱进行回填灌浆，必要时可对洞周实施固结灌浆，使混凝土与周围岩体紧密结合。

2. 锚固洞

锚固洞洞轴方向平行于滑动方向，为避免在滑体的作用下受拉剪破坏，同时为浇筑混凝土施工方便并保证质量，可向边坡内侧倾斜开挖成斜井状，使洞轴线尽量与滑面正交。潜在滑面以外洞身长度大致等于该处滑体水平或沿洞轴向厚度，当施工是从内向外开挖时，洞身可不必达到地表，但对滑体内地质情况的了解不够清楚，要注意对上盘岩体内次滑面的稳定核算。

对于利用勘探洞和施工支洞，或与排水洞结合的锚固洞应作为辅助加固措施对待，经抗弯、抗剪、抗拉计算验证后，与其他抗滑加固措施一起进入抗滑稳定分析计算。

锚固洞顶部混凝土浇筑、回填灌浆和固结灌浆的要求与抗剪洞相同。

锚固洞在稳定岩体内洞身长度一般不小于 2 倍洞径。锚固洞之间的间距不应小于 3 倍的洞径。

在采取锚固洞的加固方案时，可以根据工程的具体情况考虑采用锚固洞与抗滑桩联合和锚固洞与预应力锚索联合的加固方式。

3.4.2.4 设计注意事项

抗剪洞与锚固洞设计应注意以下事项：

（1）对于初始稳定边坡，当可能发生深层软弱结构面滑动而结构面上下盘为坚硬完整岩体时，可采用抗剪洞加固。抗剪洞沿潜在滑面走向水平布置，将潜在滑动带用混凝土或钢筋混凝土置换。

（2）锚固洞宜用于岩体坚硬完整的边坡滑面较陡部位，洞轴方向应与滑体的滑动方向平行。为避免在滑体作用下受拉剪破坏，宜布置成向坡内倾斜，使其轴线尽量与滑面正交。对于利用已有勘探洞、施工支洞等改造形成的或与排水洞等结合使用的锚固洞，宜作为加固措施之一，与其他加固措施共同参与抗滑稳定计算。

（3）抗剪洞与锚固洞均应核算边坡在洞体上盘或下盘岩土体内沿次级滑面和沿混凝土与岩土体界面处发生剪切滑动的可能。

（4）抗剪洞与锚固洞设计断面应结合边坡稳定计算确定，其回填钢筋混凝土计算应满足 DL/T 5057 的有关规定。

（5）抗剪洞与锚固洞必须对顶拱进行回填灌浆，必要时对洞周可进行固结灌浆。

（6）抗剪洞洞体在滑面上下盘坚硬岩体内的嵌固深度均不应小于 3m。锚固洞在稳定岩体内应有足够嵌固长度，一般不小于 2 倍洞径。

【工程实例】

1. 漫湾水电站

在漫湾水电站边坡工程中，采用各种不同断面的锚固洞 64 个,形成较大的抗剪力。在左岸边坡滑坡以前,已完成 2m×2m 断面小锚固洞 18 个,每个洞可承受剪力 9000kN。此外,还利用地质探洞回填等增加一部分剪力。由于锚固洞具有一定的倾斜度,防止了混凝土与洞壁结合不实的可能性,同时采取洞桩组合结构的受力条件远较传统悬臂结构合理,可望提供较大的抗力。

2. 龙滩水电站

为加固处理右岸坝肩边坡复杂块体群,采用了锚固洞+抗剪洞方案,沿垂直块体滑动面方向布置了 16 条主洞,作为锚固洞。沿平行块体滑动面的水平方向布置 11 个抗剪洞,断面主要为 2.5m×3.0m、4.0m×5.0m、5.0m×6.0m 三种,锚固洞倾斜度为 0°~25°。

3.5 其他支挡结构

3.5.1 土钉墙

3.5.1.1 特点及适用条件

1. 特点

土钉墙是一种用于加固原位土体和增强边坡稳定性的支挡技术,它是在原位土中设置较为密集的土钉(即锚杆),并在土坡表面构筑钢筋网喷射混凝土面层,通过土钉、面层和被加固土体的共同作用,形成一个能自稳的和能支挡墙后土体的支挡结构(图 3.5-1)。土钉的主要作用是约束和加固原位土体,通过土钉与土体的相互作用,提高土体自身的结构强度,从而提高边坡的稳定性和承受超载的能力。由于土钉墙经济可靠且施工简便而得到广泛应用。

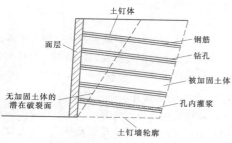

图 3.5-1 土钉墙示意图

与其他支护类型相比,土钉墙具有以下一些优点:

(1) 能合理利用土体的自承能力,将土体作为支护结构不可分割的部分。

(2) 结构轻巧,柔性大,有良好的抗震性能。

(3) 施工灵活,可根据现场监测的土体变形数据,及时调整土钉的长度和间距,一旦发现异常情况,能及时采取加固措施,避免出现大的事故。

(4) 土钉的长度一般较短(2~15m),直径较小,所需机具也较轻便。土钉施工不需单独占用场地,对其他施工工序的干扰小。

(5) 施工快,可边开挖边逐层分段施工,不占或少占单独作业时间。

(6) 工程造价较低,经济。据国内外资料,土钉墙支护的工程造价比其他支护类型的工程造价低 20%~30%。

2. 适用条件

适用土钉支护的土体包括:地下水位以上或经过降排水措施后的素填土、普通黏性土、弱胶结的砂土和砾石土,具有天然黏聚力的粉土及低塑性土,以及风化岩层等。有资料表明,在不均匀系数小于 2 的砂土和相对密度小于 30% 的砂性土边坡内使用土钉是不经济的,在塑性指数高于 20% 的高塑性土中和不排水剪强度小于 48kPa 的软黏土中通常也不使用土钉。

土钉墙不宜用于含水丰富的粉细砂层、砂砾卵石层和淤泥质土,不得用于没有自稳能力的淤泥及饱和软弱土层。

高度大于 15m 的边坡工程和对变形有严格要求的边坡工程不宜采用土钉墙加固技术。

3. 适用范围

土钉墙可应用于基础托换、基坑或竖井加固、斜坡挡土墙、稳定边坡面和与锚杆结合合作斜面保护等(图 3.5-2);构筑永久性挡土结构,例如路堑土坡挡墙、桥台挡墙,隧道口部的正面和侧面挡墙等。土钉墙还可应用于土体开挖过程中或主体工程施工前的临时性支护,如高层建筑的深基坑开挖支护等。

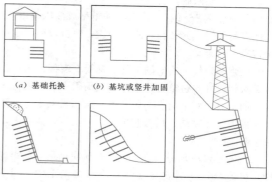

(a) 基础托换　　*(b)* 基坑或竖井加固

(c) 斜坡挡土墙　　*(d)* 稳定边坡面　　*(e)* 与锚杆结合合作斜面保护

图 3.5-2 土钉墙的应用

3.5.1.2 土钉墙的基本构造

土钉墙主要由土钉、面层和排水系统三部分组成。

1. 土钉

最常用的土钉类型是钻孔注浆钉（图 3.5 - 3），即先在土中成孔，置入变形钢筋，然后沿全长注浆填孔，这样整个土钉体由土钉钢筋和外裹的水泥砂浆（有时用细石混凝土或水泥浆）组成。为了使土钉钢筋周围有足够的浆体保护层，一般沿钉长每隔 2.5～3m 设对中支架。

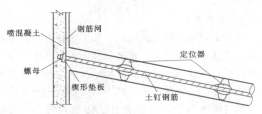

图 3.5 - 3　钻孔注浆钉构造

土钉钢筋直径多在 25～35mm 之间，置于直径 75～150mm 或更大的钻孔中。注浆方式有重力注浆和低压注浆。重力注浆时，土钉需向下倾斜 15°～30°。低压注浆（≤0.5MPa）时，需设置止浆塞和排气管。也可用二次挤裂注浆等增大界面黏结力的方法。

对于端部做有螺纹并通过螺母、垫板与面层相连的土钉，在注浆硬结后宜用扳手拧紧螺母使在钉中产生一定的预应力（约为土钉设计拉力的 10%，一般不超过 20%）。

土钉类型有击入钉、注浆击入钉、高压喷射注浆击入钉和气动射钉等。

击入钉可用角钢（L50×50×5 或 L60×60×6）、圆钢或钢管等。击入钉不注浆，与土体的接触面积小，钉长又受限制，所以布置较密，每平方米竖向投影面积内可达 2～4 根，用振动冲击钻或液压锤击入。其优点是不需预先钻孔，施工快速，但击入钉不适用于密实胶结土。

注浆击入钉，用周围带孔的钢管，端部密闭，击入后从管内并透过壁孔将浆体渗到周围土体；用特殊加工的土钉，在轴向有一条孔槽，能在贯入土体后注浆与周围土体黏结；用带有扩大端的土钉，能在击入后注浆。

高压喷射注浆击入钉，中间有纵向小孔，利用高频（可到 70Hz）冲击振动锤将土钉击入土中，同时以 20MPa 的压力，将水泥浆从土钉端部的小孔中射出，或通过焊于土钉上的一个薄壁钢管射出，水泥浆

射流在土钉进入土体的过程中起到润滑作用并且能透入周围土体，提高与土体的黏结力。

气动射钉，用高压气体作动力，将土钉射入土中。钉径为 25mm 和 38mm，每小时可击入 15 根以上，但其长度仅为 3m 和 6m。

2. 面层

土钉支护的面层通常用 50～150mm 厚的网喷混凝土做成，钢筋直径为 6～10mm，网格大小 200～300mm。土钉外端与面层采用螺母、垫板方式连接，也可以将土钉钢筋通过井字形短钢筋相互焊接到钢筋网上，连接处应加设钢筋网以增加喷射混凝土的承压强度。土钉支护中的面层不是主要受力部件，不需很厚，也可以用预制混凝土板拼起来作为面层。

对于永久性土钉支护，面层喷射混凝土的厚度一般为 150～250mm，分几次喷成（图 3.5 - 4），永久性土钉金属外露部分应涂环氧树脂防锈。

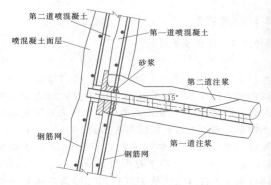

图 3.5 - 4　喷射混凝土面层做法

近年来也有用土工织物与土钉结合作为土钉支护面层的做法，土工织物覆盖在土坡上，用土钉固定，使坡体表层土体受压。

3. 排水系统

为了防止地表水渗水对喷混凝土面层产生渗透压力，降低强度和土与土钉之间的黏结力，土钉支护必须有良好的排水系统。

3.5.1.3 土钉墙的设计

土钉墙设计包括以下内容：

（1）确定土钉墙的结构尺寸及分段施工高度。

（2）设计土钉的长度、间距及布置、孔径、钢筋直径等。

（3）进行内部稳定性分析计算及辅助计算。

（4）设计面层和注浆参数。

（5）必要时，进行土钉墙变形分析。

（6）进行构造设计。

根据设计内容，可按下列步骤进行土钉墙设计：

（1）根据土钉墙工程边坡的高度、工程地质条件及工程性质初步确定土钉墙的结构尺寸，土钉间距和布置方式，分段开挖长度和高度。

（2）根据土钉抗拔力试验结果或土体抗剪强度，并参考类似工程经验，确定土钉类型、直径和长度。

（3）进行整体稳定性分析和土钉抗拔力验算。当整体稳定性不能满足要求时，修改参数重复计算，直至取得满意的结果。

（4）进行施工图设计、构造设计。

1. 确定土钉墙的结构尺寸及分段施工高度

土钉墙均为分层分段施工，每层开挖的最大高度取决于该土体自身的稳定性。在砂性土中，每层开挖高度一般为 0.5～2.0m，在黏性土中可以增大一些。开挖高度一般与土钉竖向间距相同，常用 1.0～1.5m；每层开挖的纵向长度，取决对土体维持稳定的最长时间和施工流程的相互衔接，一般多用 10m。

2. 确定土钉参数

土钉的设计参数一般可按以下原则取值（李子军等，2001）：

（1）土钉布置。大量的实测结果表明：上层土钉能有效地控制基坑变形，上层和下层土钉所受的拉力相对较小而中部土钉所受拉力最大。为此，在设计土钉墙时，应考虑土钉墙与土体的共同作用，将土钉墙与主体作为一个复合式的挡土结构来处理，土钉长度和布置设计应使应力分布均匀。

（2）土钉长度。抗拔试验表明，采用相同的施工工艺，在同类土质条件下，对高度小于 12m 的土坡，当土钉长度达到 1 倍土坡垂直高度时，再增加长度，对承载力提高不明显。对钻孔注浆型土钉，用于粒状土陡坡加固时，土钉长度一般（0.5～0.8）H（H为边坡垂直高度）；用于冰渍物或泥灰岩边坡时，土钉长度一般取（0.5～0.6）H。

（3）土钉孔径及间距布置。上钉孔径 d_n 可根据成孔机械选定。在条件允许时适当加大孔径，可以大大提高土钉支护的稳定性。国内采用的土钉钻孔直径一般为 100～200mm。土钉间距包括水平间距（行距）S_x 和垂直间距（列距）S_y。对钻孔注浆型土钉，可按 6～12 倍土钉钻孔直径 d_n 选定土钉行距和列距，且应满足

$$S_x S_y = k d_n l \quad (3.5-1)$$

式中 S_x、S_y——土钉行距和列距，通常在 1.2～2.0m 范围内；

k——注浆工艺系数，对一次性压力注浆工艺，取 1.5～2.5；

l——土钉长度。

（4）土钉主筋直径。为了增强土钉钢筋与砂浆

（纯水泥浆）的握裹力和抗拉强度，土钉钢筋一般采用Ⅱ级以上变形钢筋，钢筋直径一般为 16～32mm，常用 25mm。土钉主筋直径 d_s 的估算公式为

$$d_s = (20～25) \times 10^3 \times (S_x S_y)^{1/2} \quad (3.5-2)$$

（5）土钉倾角。土钉倾角可在 0°～25°范围内，但在 10°～15°范围内最佳。

3. 土钉抗力及其设计

土钉的实际受力状态非常复杂，一般情况下，土钉中产生拉应力、剪应力和弯矩，土钉通过这个复杂的受力状态对土钉墙稳定性起作用。但要知道土钉具体的受力在实际工作中往往比较困难，因此，在大多数设计方法中，都仅仅考虑土钉为受拉作用，不考虑其抗弯刚度，所以按总安全系数作极限状态稳定性分析时（陈肇元，崔京浩，1997），土体破坏面上土钉拉力由下列三种情况确定，并取其较小值：

（1）土钉受拉破坏，此时钉中拉力达到屈服强度，有

$$T_R = \frac{\pi d^2}{4} \times f_{yk} \quad (3.5-3)$$

（2）土钉受拉拔出破坏，土钉从破坏面内侧稳定土体中拔出，有

$$T_R = \pi D L_{ei} \times \tau_{uk} \quad (3.5-4)$$

（3）土钉受拉拔出破坏，土钉从破坏面外侧的失稳土体中拔出，有

$$T_R = \pi D (L - L_{ei}) \tau_{uk} + R \quad (3.5-5)$$

式中 d、f_{yk}——土钉钢筋直径和屈服强度标准值；

L_{ei}——土钉伸入稳定土体中的长度；

D——土钉孔径；

τ_{uk}——土钉界面黏结强度标准值；

L——土钉长度；

R——支护面层能够给予土钉端部的拉力，取决于土钉与面层的联结强度以及面层的抗弯、抗剪能力。

建设部科学技术委员会（1996）制定的《土钉支护设计与施工技术条例》讨论稿中给出土钉—土接触面黏结强度参考值。如表 3.5-1 所示，可用于初步设计。

表 3.5-1　土钉—土接触面黏结强度参考值

土质	砂土	黏性土	黏土	填土	软土
T_R（kPa）	100～200	40～8	60～100	30～60	15～10

土钉受弯会使设计工作更为复杂，而受弯刚度对安全系数的影响一般不超过 10%～15%，而且受弯作用只有当支护接近破坏时才发挥出来，因此计算时可忽略土钉受弯作用，仅考虑土钉受拉。

4. 内部稳定分析

内部稳定性分析常采用的是极限平衡分析法，具有代表性的是下面两种方法。

（1）圆弧滑裂面分析方法（陈肇元，崔京浩，1997）。工程设计常采用圆弧滑裂面，用普通条分法进行分析（图 3.5-5）。取单位长度支护计算，并假定破坏面，将作用于破坏面上的剪力与抗剪力对圆心取矩，得稳定性安全系数，即

$$M_R = \sum (W_i + Q_i)\cos\alpha_i \tan\varphi_j + (T_{Rk}/S_h)\sin\beta_i \tan\varphi_j + c_j(\Delta_i/\cos\alpha_i) + (T_{Rk}/S_h)\cos\beta_i \quad (3.5-6)$$

$$K = M_R / \sum [(W_i + Q_i)\sin\alpha_i] \quad (3.5-7)$$

其中　　　　　　　$\beta_i = \alpha_i + \theta_i$

式中　W_i、Q_i——第 i 块土条自重和该土条地表荷载；

　　　T_{Rk}——第 k 层土钉的抗拉能力（忽略抗剪）；

　　　S_h——土钉水平间距；

　　　Δ_i——土条宽度；

　　　α_i、β_i——第 i 块土条下部圆弧滑裂面切线与水平线的夹角和与土钉的夹角；

　　　θ_i——土钉倾角；

　　　c_j、φ_j——第 j 块土条的凝聚力和内摩擦角。

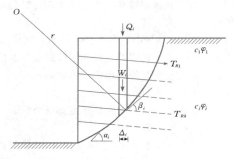

图 3.5-5 圆弧滑裂面分析方法

（2）双楔体分析方法。该法假定滑裂面为如图 3.5-6 所示的两个楔块，上部楔块以主动土压力型式将下滑力传到下部楔体。

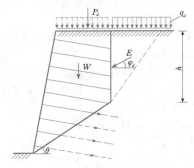

图 3.5-6 双楔体分析方法

5. 土钉墙的构造

土钉墙一般用于高度 15m 以下的边坡，常用高度 5~12m，墙面坡度不宜大于 1:0.1。

土钉墙均是分层分段开挖，每层开挖高度一般为 0.5~2.0m，常与土钉间距相同。每层开挖的纵向长度，由施工方案确定，常用 10m 长。

土钉常均匀布置在坡面中，间距宜为 1~2m。

最常用的注浆材料为水泥浆和水泥砂浆，水泥浆常用配合比为水：水泥＝（0.40~0.45）：1，水泥砂浆常用配合比为水：水泥：砂＝（0.40~0.45）：1:1。必要时浆材中可加入外加剂。

喷射混凝土面层厚度一般为 80~200mm，常用 100mm，喷射混凝土强度不宜小于 C15。面层中配置 6~8mm 的钢筋网，网格尺寸为 200~300mm。

为保证土钉与喷射混凝土面层的连接和锚固，常采用设置承压垫板和焊接钢筋骨架等方法，垫板下常配置分布钢筋和加强钢筋，以分散喷射混凝土面层的应力。承压板尺寸一般为 200mm×200mm，厚度为 8~15mm。

沿土钉长度方向应设置定位器，定位器间距宜为 1~2m。

土钉支护设计初始参数如表 3.5-2 所示，可在进行初步设计时使用。

表 3.5-2　　　　　　　　　　　**土钉支护设计初始参数**[13]

序号	名　称	参　数　值	备　注
1	土钉长 L（m）	$(0.6~1.0)H$	H 为开挖深度，对饱和软黏土 $L \geqslant 2H$
2	间距 $S_v S_h$（m）	1.0~2.0	对于硬土和密实砂质土可取 $S_v(S_h) \geqslant 2m$；对软黏土和松散砂取 $S_v(S_h) \geqslant 1m$
3	倾角 α（°）	0~20	重力注浆取大值
4	土钉钢筋直径 d（mm）	20~35	Ⅲ级或Ⅱ级钢均可
5	土钉孔直径 D（mm）	75~200	成孔条件好的土质可取大值

续表

序号	名　称	参　数　值	备　注
6	注浆压力（MPa）	0.5	
7	喷射混凝土厚度 h_s（mm） 喷射混凝土强度（MPa） 网筋直径 d（mm） 网筋间距 a（mm）	50～150 C20 6～8 200～300	Ⅲ级钢，与钉筋焊接
8	坡顶最小荷载 q_{min}（MPa）	10	坡顶堆载超过该值时，按实际值选取

土钉可为永久性土钉和临时性土钉。对于永久性土钉来说，要做好防腐工作，因此其构造与临时性土钉有所不同。打入式土钉一般用于临时性工程，其端头构造与注浆土钉相似。其典型构造如图 3.5-7 所示。

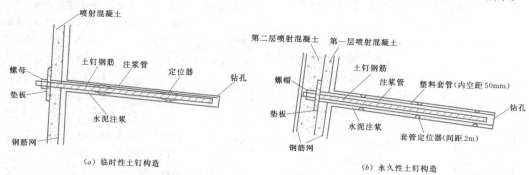

（a）临时性土钉构造　　　　　　　　　　　（b）永久性土钉构造

图 3.5-7　土钉的典型构造

3.5.2　锚杆（索）挡墙

1. 锚杆挡墙支护结构类型及选取

锚杆（索）挡墙支护结构一般是由锚杆（索）、肋柱（立柱或格构梁）和挡板等组成。

根据结构型式的不同，锚杆挡墙可分为板肋式锚杆挡墙、格构式锚杆挡墙和排桩式锚杆挡墙（此时立柱为桩）。

下列情况下的边坡宜采用排桩式锚杆挡墙支护：位于滑坡区或切坡后可能引发滑坡的边坡，切坡后可能沿外倾软弱结构面滑动，破坏后果严重的边坡；高度较大、稳定性较差的土质边坡；坍塌区内有重要建筑物基础的Ⅳ类岩质边坡和土质边坡。

在施工期稳定性较好的边坡可采用板肋式或格构式锚杆挡墙。

对填方锚杆挡墙，在设计和施工时应采取有效措施防止新填方土体造成的锚杆附加拉应力过大现象。

2. 锚杆挡墙支护结构计算

坡顶无建（构）筑物且不需要进行边坡变形控制的锚杆挡墙，其侧向岩土压力的计算公式为

$$E'_{ah} = E_{ah}\beta_2 \qquad (3.5-8)$$

式中　E'_{ah} ——侧向岩土压力合力水平分力修正值，kN；

　　　　E_{ah} ——侧向主动岩土压力合力水平分力设计值，kN；

　　　　β_2 ——锚杆挡墙侧向岩土压力修正系数，根据岩土类别和锚杆类型按表 3.5-3 确定。

表 3.5-3　　　　　　　　　　锚杆挡墙侧向岩土压力修正系数 β_2

锚杆类型 岩土类别	非预应力锚杆			预应力锚杆	
	土层锚杆	自由段为土层的岩石锚杆	自由段为岩层的岩石锚杆	自由段为土层时	自由段为岩层时
β_2	1.1～1.2	1.1～1.2	1.0	1.2～1.3	1.1

注　当锚杆变形计算值较小时取大值，较大时取小值。

填方锚杆挡墙和单排锚杆的土层锚杆挡墙的侧压力，可近似按库仑理论取为三角形分布。

对岩质边坡以及坚硬、硬塑状黏土和密实、中密砂土类边坡，当作为采用逆作法施工的、柔性结构的

多层锚杆挡墙时，侧压力分布可近似按图 3.5 - 8 确定，图中 e_{hk} 的计算公式如下：

对岩质边坡

$$e_{hk} = \frac{E_{hk}}{0.9H} \qquad (3.5-9)$$

对土质边坡

$$e_{hk} = \frac{E_{hk}}{0.875H} \qquad (3.5-10)$$

式中 e_{hk}——侧向岩土压力水平分力标准值，kPa；

E_{hk}——侧向岩土压力合力水平分力标准值，kN/m^2；

H——挡墙高度，m。

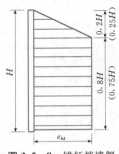

图 3.5 - 8 锚杆挡墙侧压力分布图（括号内数值适用于土质边坡）

求出了侧向岩土压力水平分力标准值，就可以根据锚杆的受荷范围求出锚杆所受的水平拉力标准值，进行锚杆设计。

对板肋式和排桩式锚杆挡墙，立柱荷载设计值取立桩受荷范围内的最不利荷载组合值。

对岩质边坡以及坚硬、硬塑状黏土和密实、中密砂土类边坡的锚杆挡墙、立柱可按支承于刚性锚杆上的连续梁计算内力；当锚杆变形较大时立桩宜按支承于弹性锚杆上的连续梁计算内力。立柱下端根据嵌固程度，可按铰接端或固定端考虑；当立柱位于强风化岩层以及坚硬、硬塑状黏土和密实、中密砂土边坡内时，其嵌入深度可按等值梁法计算。

除坚硬、硬塑状黏土和密实、中密砂土类外的土质边坡锚杆挡墙，结构内力计算宜按弹性支点法计算。当锚固点水平变形较小时，结构内力可按静力平衡法或等值梁法计算。

根据挡板与立柱联结构造的不同，挡板可简化为支撑在立柱上的水平连续板、简支板或双铰拱板；设计荷载可取板所处位置的岩土压力值。岩质边坡挡墙以及坚硬、硬塑状黏土和密实、中密砂土等并且排水良好的挖方土质边坡挡墙，可考虑两立柱间岩土形成荷载拱效应。

当锚固点变形较小时，钢筋混凝土格构式锚杆挡墙可简化为支撑在锚固点上的井字梁进行内力计算；当锚固点变形较大时，应考虑变形对格构式挡墙内力的影响。

3. 锚杆的截面及长度计算

锚杆应按轴心受拉构件设计，其所需钢筋面积的计算公式为

$$A_S = \frac{KN}{f_y} \qquad (3.5-11)$$

式中 A_S——钢筋的截面面积，m^2；

N——锚杆轴向拉力，N；

K——荷载安全系数，可采用 2.0；

f_y——钢筋的抗拉设计强度；Pa。

锚杆长度包括非锚固段长度和有效锚固长度。非锚固段长度应根据肋柱与主动破裂面或滑动面的实际距离确定。有效锚固长度应根据锚杆的拉力，按式 (3.5-12) 计算，并应按式 (3.5-14) 验算锚杆与砂浆之间的容许黏结力。有效锚固长度在岩层中不宜小于 4m，但也不宜大于 10m。

$$L \geqslant \frac{N}{\pi D [\tau]} \qquad (3.5-12)$$

$$[\tau] = \frac{\tau}{K} \qquad (3.5-13)$$

式中 L——锚杆的有效锚固长度，m；

N——锚杆轴向拉力，MN；

D——锚孔直径，m；

$[\tau]$——锚孔壁对砂浆的允许剪应力，MPa；

τ——锚孔壁对砂浆的极限剪应力，MPa；

K——安全系数，可采用 2.5。

$$L = \frac{N}{n \pi d \beta [c]} \qquad (3.5-14)$$

式中 N——锚杆轴向拉力，MN；

n——锚杆钢筋根数；

d——锚孔钢筋直径，m；

$[c]$——砂浆与锚杆间的允许黏结力，MPa；

β——考虑成束钢筋系数，对单根钢筋 $\beta = 1.0$，两根一束 $\beta = 0.85$，三根一束 $\beta = 0.7$。

锚孔壁对砂浆的极限剪应力，应进行现场拉拔试验确定。当无试验资料时，可参考表 3.5 - 4 选用，但应在施工时进行拉拔试验验证。

表 3.5 - 4 锚孔壁对砂浆的极限剪应力[21]

地 层 类 别	极限剪应力 τ（MPa）
风化砂页岩互层、碳质页岩、泥质页岩	0.15～0.25
细砂及粉砂质泥岩	0.25～0.40
薄层灰岩夹页岩	0.40～0.60
薄层灰岩夹石灰质页岩、风化灰岩	0.60～0.80

4. 锚杆挡墙支护结构的构造要求

立柱的间距采用 2～8m。立柱、挡板和格构梁的混凝土强度等级不应低于 C20。

锚孔注浆材料一般采用水泥砂浆，其强度等级不应低于 M30。锚杆必须待锚孔砂浆达到设计强度的 70% 以上后，方可安装肋柱或墙面板。

锚杆上下排垂直间距不小于 2.5m，水平间距不小于 2m；当垂直间距小于 2.5m 或水平间距小于 2m 或锚固段岩土层稳定性较差时，锚杆采用长短相间的方式进行布置。第一排锚杆锚固体上覆土层的厚度不小于 4m，上覆岩层的厚度不小于 2m。第一锚点位置可设于坡顶下 1.5～2m 处。锚杆的倾角宜为 10°～35°。锚杆布置尽量与边坡走向垂直，并与结构面呈较大倾角相交。立柱位于土层时，在立柱底部附近设置锚杆。

立柱的截面尺寸除应满足强度、刚度和抗裂要求外，还应满足挡板（或拱板）的支座宽度、锚杆钻孔和锚固等要求。肋柱截面宽度不宜小于 300mm，截面高度不宜小于 400mm；钻孔桩直径不宜小于 500mm，人工挖孔桩直径不宜小于 800mm。立桩基础应置于稳定的地层内，可采用独立基础、条形基础或桩基础等型式。

对永久性边坡，现浇挡板和拱板厚度不宜小于 200mm。

格构梁截面宽度和截面高度不宜小于 300mm。

永久性锚杆挡板现浇混凝土构件温度伸缩缝的间距不宜大于 20～25m。

锚杆挡墙立柱的顶部宜设置钢筋混凝土构造连梁。

当锚杆挡墙的锚固区作用有建（构）筑物基础传递的较大荷载时，除应验算挡墙整体稳定外，还应适当加长锚杆，并采用长短相间的设置方法。

面板设泄水孔。对岩质边坡，泄水孔优先设置于裂痕发育、渗水严重的部位。泄水孔边长或直径不小于 100mm，外倾坡度不小于 5%，间距为 2～3m，梅花形布置。最下一排泄水孔高于地面或排水沟底面 200mm 以上。在泄水孔进水侧设置反滤层或反滤包。反滤层厚度不小于 500mm，反滤包尺寸不小于 500mm×500mm×500mm。反滤层顶部和底部设厚度不小于 300mm 的黏土隔水层。坡脚设排水沟，坡顶潜在塌滑区后缘设置截水沟，坡顶设护栏。

3.5.3 抗滑挡土墙

在 20 世纪 60 年代抗滑桩出现以前抗滑挡土墙曾是治理滑坡的主要支挡措施。即使在抗滑桩应用之后，在一些中、小型滑坡治理中仍广为采用。

3.5.3.1 抗滑挡土墙的特点

（1）墙高不能任意设定，必须验算滑坡在墙后形成新滑面从墙顶滑出的可能性（称为"越顶验算"），以保证抗滑效果。

（2）一般挡土墙的墙基放在稳定地层上满足承载力要求即可，抗滑挡土墙的墙基必须放在滑动带以下一定深度，并考虑滑动面向下发展加深从墙底滑出（所谓"挡墙坐船"）的可能性。当滑床为土层时，挡墙埋入滑带下的深度为 1.5～2.0m；当滑床为岩层时，埋深为 0.5～1.0m。同时，地基应满足承载力的要求。

（3）一般挡土墙承受的土压力为主动土压力，其大小和方向与土体种类、破裂面位置、墙高、墙背形状及粗糙度有关，荷载呈三角形分布，合力作用点在墙高的下 1/3 处。而抗滑挡土墙上的滑坡推力的大小与墙高、形状及滑面位置无关，荷载分布为矩形或梯形，一般比主动土压力大，加之墙基埋入滑面下一定深度，故其合力作用点高，倾覆力矩大，墙趾应力较大。为增加其抗倾覆力矩，常将墙的胸坡放缓到 1:0.3～1:1；墙底作成向内倾 1:0.1～1:0.2 的倒坡；墙后留卸荷平台与盲沟连用以节省圬工，或扩大墙趾，如图 3.5-9 所示。

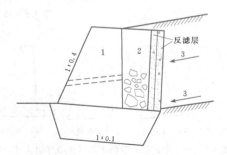

图 3.5-9　抗滑挡土墙结构示意图
1—墙体；2—墙后排水；3—滑坡推力

（4）抗滑挡土墙对墙后纵向盲沟的要求高。因为一般滑坡均有地下水作用，墙后不能形成积水，以免软化墙基，影响墙的稳定。当地下水位高时，还应设置支撑盲沟或仰孔排水。

（5）抗滑挡土墙应垂直滑坡的主滑方向布设，以发挥最好的抗滑效果。

（6）抗滑挡土墙的验算内容同一般挡土墙，包括抗滑、抗倾覆、基底应力和墙身截面等验算，但应注意各层滑动面处的墙身验算，因滑面处剪力较大。

（7）抗滑挡土墙的施工有特殊的要求，由于位于滑坡前缘，截面较大，挖基会影响滑坡的稳定性，因此不允许全面开挖，大拉槽施工时，必须分段跳槽开挖，开挖一段立即砌筑一段，以便及时形成抵抗力。并应从滑坡两侧滑坡推力小的地段先施工，逐步向中轴线推进，以免已有工程因应力集中而破坏。

3.5.3.2 抗滑挡土墙的型式

工程中常采用的抗滑挡土墙分类见表3.5-5，断面型式如图3.5-10所示。

重力式抗滑挡土墙是目前整治小型滑坡中应用广泛且较为有效的措施之一，按墙背型式划分如图3.5-11所示。

表 3.5-5　　　　抗滑挡土墙类型

分类依据	类　　　型
结构型式	重力式抗滑挡土墙
	锚杆式抗滑挡土墙
	加筋土抗滑挡土墙
	板桩式抗滑挡土墙
	预应力锚杆式抗滑挡土墙
工程材料	浆砌块（条）石抗滑挡土墙
	混凝土抗滑挡土墙
	钢筋混凝土抗滑挡土墙
	加筋土抗滑挡土墙

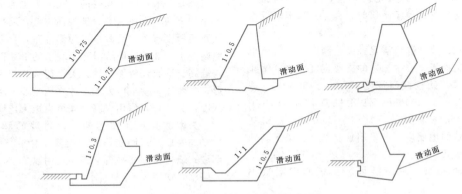

图 3.5-10 抗滑挡土墙常用断面型式

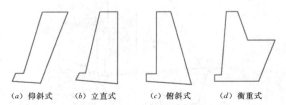

（a）仰斜式　（b）立直式　（c）俯斜式　（d）衡重式

图 3.5-11 重力式抗滑挡土墙（按墙背型式分类）

3.5.3.3 设置要求

（1）重力式抗滑挡土墙适用于规模小、厚度薄、滑坡推力不大于150kN/m的滑坡治理工程。

（2）一般布置在滑坡前缘区域；当避免或减少对滑坡体前缘开挖时，可设置补偿式抗滑挡土墙；当滑体长度大但厚度薄时宜沿滑坡倾向分级设置挡土墙。如图3.5-12所示。

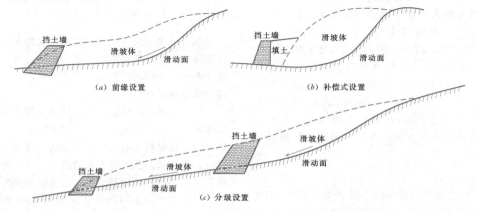

（a）前缘设置　　　　　　　　（b）补偿式设置

（c）分级设置

图 3.5-12 抗滑挡土墙布置示意图

（3）坡面无建筑物或其他用地，而地质和地形条件有利时，挡土墙宜设置为向坡体上部凸出的弧形或折线形，以提高整体稳定性。

（4）挡土墙墙高不宜超过 8m。墙高超过 8m 应采用特殊型式挡土墙或每隔 4～5m 设置厚度不小于 0.5m 的配比适量构造钢筋的混凝土构造层。

（5）墙后填料选用透水性较强的填料，当采用黏土作为填料时，宜掺入适量的石块且夯实，密实度不小于 85%。

（6）挡土墙一般与其他治理工程措施配合使用，根据地质和地形条件设计多个方案，通过技术经济比选确定最优设计方案，以达到最佳工程效果。

3.5.3.4 抗滑挡墙设计注意事项

抗滑挡墙设计时应注意以下事项：

（1）应根据边坡稳定分析，结合考虑排水、减载、加固等其他治理措施进行设计，以满足边坡整体稳定性要求。

（2）挡墙所承受的岩土压力，应按滑坡剩余下滑力和主动土压力分别计算，取其最大值。

（3）作用在挡土墙上的荷载力系及其组合视挡土墙型式不同，应分别考虑。基本荷载应考虑墙背承受由填料自重产生的侧压力、墙身自重、墙顶有效荷载、基底法向反力及摩擦力及常水位时静水压力和浮力；附加荷载考虑库水位的静水压力和浮力、库水位降落时的水压力和波浪压力等；特殊荷载考虑地震力及临时荷载。

（4）墙身所受的浮力应根据地基渗水情况按下列原则确定：位于砂类土、碎石类土和节理很发育的岩石地基，按计算水位的 100% 计算；位于完整岩石地基，其基础与岩石间灌注混凝土，按计算水位的 50% 计算；不能肯定地基土是否透水时，宜按计算水位的 100% 计算。

（5）水下边坡挡墙设计应考虑水位升降变化引起的边坡内不利水压力的作用，应研究设置挡墙内侧排水降压措施的必要性。水下边坡还应考虑基础和墙体的抗冲刷保护措施。

（6）应根据边坡组成与成因类型、边坡高度和稳定性，选择支挡结构型式。

（7）当挡墙作为独立的抗滑治理措施时，仅适用于小型浅层滑坡；当滑体厚度小于 6m 时，可采用重力式挡墙；滑体厚度超过 6m 时宜采用锚杆式挡墙。

（8）采用重力式挡墙时，岩质边坡墙高不宜大于 10m。对变形有严格要求的边坡和坡脚开挖危及边坡稳定性的边坡，不宜采用重力式挡墙。

（9）扶壁式挡墙适用于土质填方边坡，其墙高不宜大于 10m。扶壁式挡墙的基础应置于稳定的岩土层内。

（10）各种挡墙结构应预留穿越墙体的排水孔，将墙后边坡内的地下水排出墙外。

3.5.4 格构锚固

3.5.4.1 概述

格构锚固是一种利用浆砌块石、现浇钢筋混凝土或预制预应力混凝土形成的格构进行坡面防护，并利用锚杆或锚索固定支点的综合支护措施。它是一种将格构梁护坡与锚固工程相结合的支挡结构，既能保证深层加固又可兼顾浅层护坡，具有结构物轻、材料用量省、施工安全快速、后期维护方便，以及可与其他措施结合使用的特点。

格构锚固一般用来保护土质边坡、松散堆积体滑坡或其他不稳定边坡的浅表层坡体并增强坡体的整体性，防止坡体的风化。格构中间往往用来种草，以减少地表水对坡面的冲刷，减少水土流失，从而达到护坡和美化环境的目的。

3.5.4.2 格构锚固的设计

1. 设计要求

格构设计应与美化环境相结合，利用框格护坡，并在框格之间种植花草达到美化环境的目的。同时，应与移民迁建城市规划、建设相结合，在防护工程前沿，可规划为道路、广场或其他建设用地，在护坡工程体内，预留管网通道。

格构设计时应根据滑坡特征，选定不同的护坡材料：

（1）当滑坡稳定性较好，但前缘表层开挖失稳，出现坍滑时，可采用浆砌块石格构护坡，并用锚杆固定。

（2）当滑坡稳定性差，可用现浇钢筋混凝土格构＋锚杆（索）进行滑坡防护，须穿过滑带对滑坡阻滑。

（3）当滑坡稳定性差，下滑力较大时，可采用混凝土格构＋预应力锚索进行防护，并须穿过滑带对滑坡阻滑。

2. 设计流程

格构锚固技术设计流程参见图 3.5－13。

3. 格构锚固的设计

（1）进行滑坡稳定性分析计算，确定滑坡推力，作为设计依据。

（2）对于整体稳定性好，并满足设计安全系数要求的滑坡，可采用浆砌块石格构进行护坡。采用经验类比法进行设计，前缘形成坡度不宜大于 35°，即 1∶1.5。当边坡高度超过 30m 时，须设马道放坡，马

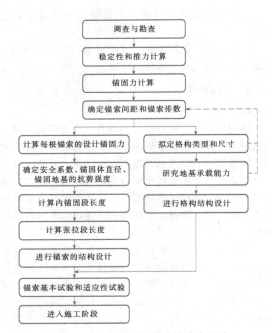

图 3.5 - 13 格构锚固技术设计流程图

道宽 2~3m。

（3）对于滑坡整体稳定性好，但前缘出现溜滑或坍滑，或坡度大于 35°时，可采用现浇钢筋混凝土格构进行护坡，并用锚杆（管）进行固定。采用经验类比和极限平衡法相结合的方法进行设计，锚杆（管）须穿过潜在滑面 1.5~2.0m，采用全黏结灌浆。

（4）对于滑坡整体稳定性差，且坡面须防护时，可采用现浇钢筋混凝土格构与锚杆或锚索进行防护。采用预应力锚索相同的锚固力计算公式确定锚固荷载，推荐单束锚杆或锚索设计吨位。采用简支梁或多跨连续梁公式计算两锚杆之间格构内力。

1）格构弯矩设计值的确定。按典型剖面承受的土压力和锚杆设计锚固力计算。

2）钢筋混凝土格构强度判定。格构提供的弯矩为

$$M = f_y A_{S1} \gamma_s h_0 + f'_y A'_{S1}(h_0 - a') \quad (3.5 - 15)$$

若 $\quad M > K M_{max} \quad (3.5 - 16)$

则格构强度满足设计要求。

式中 M_{max} ——格构承受的弯矩设计值，10^{-6} kN • m；

       K ——安全系数，取值为 1.5；

       f_y、f'_y ——钢筋抗拉、抗压强度，N/mm²；

       A_{S1}、A'_{S1} ——受拉钢筋、受压钢筋截面面积，mm²；

       γ_s ——受拉区混凝土塑性影响系数；

       h_0 ——截面有效高度，mm；

       a' ——纵向受压钢筋合力砂浆保护层厚度，mm。

（5）对于滑坡整体稳定性差，滑坡推力过大，且前沿坡面须防护时，可采用预制预应力钢筋混凝土格构与锚索进行防护。采用预应力锚索相同的锚固力计算公式确定锚固荷载，并推荐单束锚索的设计吨位。

（6）当格构梁承受较大滑坡推力时，宜按"倒梁法"进行设计，且预应力格构梁与滑体土的接触压应力应小于地基承载力的特征值。

3.5.4.3 格构锚固的类型、特点及适用条件

格构锚固的护坡材料一般为浆砌块石、现浇钢筋混凝土或预制预应力混凝土，锚固材料有锚杆、锚管或预应力锚索。一般可根据滑坡结构特征，选定不同的护坡加固材料。目前可以见到的型式有以下几种[8]。

1. 浆砌块石格构锚固

（1）浆砌块石格构锚固是采用浆砌块石格构护坡，锚杆固定，起到固定表层的作用，适用于整体稳定性较好、前缘坡度较小的边坡。浆砌块石格构的型式一般采用矩形、菱形、人字形或弧形（图 3.5 - 14）。

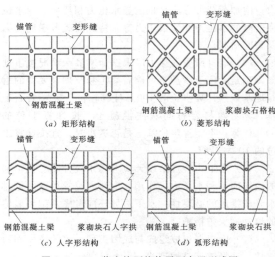

图 3.5 - 14 浆砌块石格构平面布置型式图

1）矩形。矩形指顺边坡倾向和沿边坡走向设置方格状浆砌块石。格构水平间距应小于 3.0m。

2）菱形。菱形指沿平整边坡坡面斜向设置浆砌块石。格构间距应小于 3.0m。

3）人字形。人字形指顺边坡倾向设置浆砌块石条带，沿条带之间向上设置人字形浆砌块石拱；格构

横向间距应小于 3.0m。

4) 弧形。弧形指顺边坡倾向设置浆砌块石条带，沿条带之间向上设置弧形浆砌块石拱。格构横向间距应小于 3.0m。

(2) 浆砌块石设计。浆砌块石格构设计以类比法为主。采用断面高×宽不宜小于 300mm×200mm，最大不超过 450mm×350mm。水泥砂浆采用 M7.5，格构框条宜采用里肋式或柱肋式，并每 10～20m 设一变形缝。

(3) 边坡坡度。浆砌块石格构边坡坡面应平整，坡度不宜大于 35°。当边坡高于 30m 时，应设置马道。

(4) 锚杆（管）。为了保证格构的稳定性，可根据岩土体结构和强度在格构节点设置锚杆，长度宜大于 4m，全黏结灌浆。若岩土体较为破碎和易溜滑时，可采用锚管加固，全黏结灌浆，注浆压力宜为 0.5～1.0MPa。锚杆（管）埋置于浆砌块石格构中（图 3.5-15）。

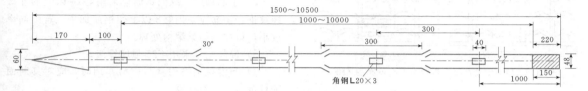

图 3.5-15　格构锚杆（管）结构图（单位：mm）

(5) 培土植草。为美化环境和表面防护，可在格构间培土和植草。

2. 钢筋混凝土格构锚固

(1) 特点及适用条件。钢筋混凝土格构锚固是指在边坡表面现浇钢筋混凝土格构梁并视情况用锚杆或预应力锚索来固定的锚固方式。其特点是布置机动灵活，与坡面密贴，可较好地适应地形变化，对基础变形的协调能力强。如图 3.5-16 所示。

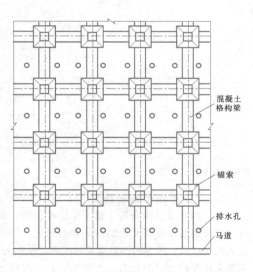

(a) 格构立面图

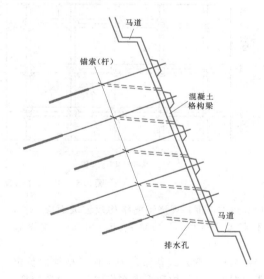

(b) 格构及锚索坡面图

图 3.5-16　钢筋混凝土格构锚固布置图

该方法可适用于各类边坡，在浅层稳定性差但整体稳定性较好的边坡中采用较多，也可在坡度较大的边坡整治中采用。混凝土格构应能在边坡表面上保持其自身稳定，并与所布置的锚杆或锚索相连接。

(2) 结构型式。现浇钢筋混凝土格构梁的结构型式一般采用矩形、菱形、人字形或弧形等（图 3.5-17）。

1) 矩形。矩形指顺边坡倾向和沿边坡走向设置方格状钢筋混凝土梁。格构水平间距应小于 5.0m。

2) 菱形。菱形指沿平整边坡坡面斜向设置钢筋混凝土。格构间距应小于 5.0m。

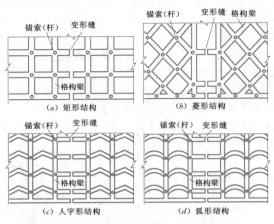

图 3.5－17 钢筋混凝土格构梁平面布置型式图

3）人字形。人字形指顺边坡倾向设置钢筋混凝土条带，沿条带之间向上设置人字形钢筋混凝土，若岩土体完整性好时，亦可浆砌块石拱；格构水平间距

应小于 4.5m。

4）弧形。弧形指顺边坡倾向设置浆砌钢筋混凝土，沿条带之间向上设置弧形钢筋混凝土，若岩土体完整性好时，亦可浆砌块石拱。格构水平间距应小于 4.5m。

（3）钢筋混凝土断面与配筋。

1）钢筋混凝土断面设计应采用简支梁法进行弯矩计算，并采用类比法校核。断面不宜小于 300mm×250mm（高×宽），最大不超过 500mm×400mm。

2）主筋确定。纵向钢筋应采用Φ14 以上的Ⅱ级螺纹钢，箍筋应采用Φ8 以上的钢筋加工。若配筋率过小，可按少筋梁结构处理。

3）混凝土。采用 C25 强度等级。

4）当混凝土格构参与抗滑作用时，应对其断面进行抗弯、抗剪计算。

钢筋混凝土格构护坡典型设计如图 3.5－18 所示[9]。

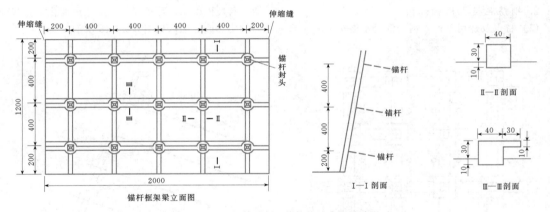

图 3.5－18 钢筋混凝土格构护坡典型设计图

（4）边坡坡度。现浇钢筋格构边坡坡面应平整，坡度不宜大于 70°。当边坡高于 30m 时，应设置马道。

（5）锚杆（管）或锚索。为了保证格构的稳定性，可根据岩土体结构和强度在格构节点设置锚杆。锚杆应采用 φ25～40mm 的 HRB335～HRB400 级螺纹钢加工，长度宜为 4m 以上，全黏结灌浆，并与钢筋笼点焊连接。若岩土体较为破碎和易溜滑时，可采用锚管加固，锚管用 φ50mm 钢管加工，全黏结灌浆，注浆压力宜为 0.5～1.0MPa，并与钢筋笼点焊连接。锚杆（管）埋置于浆砌块石格构中，均应穿过潜在滑动面。φ50mm 钢管设计拉拔力可取为 100～140kN。当滑坡整体稳定性差或下滑力较大时，应采用预应力锚索进行加固。

3. 预应力锚索格构锚固

（1）特点及适用条件。对于稳定性很差、单用锚杆不能满足坡体加固要求的高陡岩石边坡；以及厚度较大的滑坡体，因加固不稳定坡体所需的锚固力较大，需要采用预应力锚索加固。为避免锚索施加较大的预应力时钢筋混凝土格构梁被拉裂而造成刚度降低，一般采用预制的预应力混凝土格构梁加固，因预制预应力混凝土构件能比钢筋混凝土构件传递更大的锚固力。其加固机理是：张拉锚索产生锚固力，锚固力通过预制预应力混凝土构件传递给坡面，从而保持边坡的稳定。此时预应力锚索既固定格构又加固坡体。

与普通钢筋混凝土构件相比，制作预应力混凝土梁时，在梁的受拉部位预加一定的应力，这样可以保证在锚索张拉后形成全截面受压，或控制梁截面的应力不超过混凝土材料的设计抗拉强度，从而避免梁体开裂，提高梁的整体刚度。同时，由于预应力混凝土构件改善了梁的截面性能，还可降低梁的厚度或减少受力钢筋，提高材料利用率，因此采用预应力混凝土构件更经济。另外，由于预应力混凝土构件在工程处理区域以外加工预制，不需在现场养护，能避免施工干扰，缩短工期；而且边坡开挖以后能迅速安装预制件，并及时进行张拉锚固，避免了边坡开挖后因长时间暴露可能引起的变形，既能保证施工的安全性，又能有效遏制边坡的变形。

（2）结构设计。用预应力锚索加固坡体，用锚杆固定格构，预应力锚索、锚杆的长度视工程具体情况确定。预应力锚索格构护坡典型设计如图 3.5 - 19 所示[9]。

根据计算和美观综合考虑，格构中的框架梁和垫墩主要尺寸可参考表 3.5 - 6。

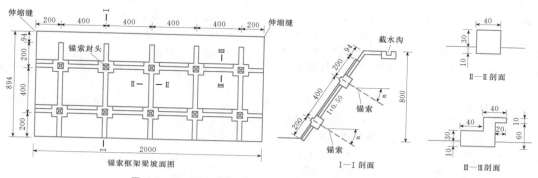

图 3.5 - 19　预应力锚索格构护坡典型设计图（单位：mm）

表 3.5 - 6　　　　　　　　　　　　格构主要尺寸推荐表[9]

序号	吨　位	框架梁尺寸（cm×cm）			垫墩尺寸（cm×cm）		
		碎石土	强风化岩石	弱风化岩石	碎石土	强风化岩石	弱风化岩石
1	＞1500kN 级	60×60	50×50	40×40	150×150	120×120	100×100
2	1000～1500kN 级	50×50	50×50	40×40	120×120	100×100	80×80
3	500～1000kN 级	50×50	40×40	40×40	100×100	100×100	60×60
4	＜500kN 级	40×40	40×40	40×40	100×100	80×80	60×60

注　1. 一般锚索框架梁断面尺寸不宜小于 40cm×40cm，以满足配筋需要。

　　2. 当坡面为顺层边坡且岩石较完整时，可不设置框架梁，仅采用地梁或垫墩型式。

　　3. 预应力较小的锚杆框架梁可采用 40cm×40cm 的断面。

4. 预制预应力混凝土（PC）格构锚固

当锚固需要的力很大时，为避免钢筋混凝土格构梁被拉裂而造成刚度降低，可采用预制预应力混凝土格构梁。预制预应力混凝土格构锚固是一种快速、便捷的护坡加固方法，它是利用锚杆（或锚索）把预先在工厂预制好的预应力混凝土格构（即 PC 格构）固定在待加固的边坡面上。框格运送到现场即可从边坡上部依次安放并随即给锚杆（锚索）施加预应力，避免了开挖边坡因长时间暴露可能引起的变形。预制构件中的预应力锚索采用具有再次张拉功能的永久锚索，随着时间的推移，即使由于预应力钢绞线松弛以及地基蠕变变形，锚固力下降，也能再次进行补偿张拉，从而减少预应力损失。同时，由于预应力混凝土构件改善了梁的截面性能，还可降低梁的厚度或减少受力钢筋，提高材料利用率。另外，由于构件自重较轻，方便作业，能大大缩短现场施加预应力的周期。因此，该方法在国外（特别是在日本）得到广泛使用。

PC 格构锚固集整体加固与柔性支撑于一体，利用预制的预应力混凝土构件与施加在构件上的预应力锚索组合作用，适用于边坡整体稳定性差，且滑坡体较厚，下滑力较大的松散堆积层滑坡前缘的支挡加固。

预制的预应力混凝土框格形式主要有十字形、菱形、正方形等（图 3.5 - 20），平面尺寸常有 300cm、250cm 和 200cm 三种规格，每种规格中又根据锚杆的设计抗拔力有 35cm、40cm、45cm、50cm、55cm 五种厚度。最大可承受的锚杆抗拔力为 980kN。

213

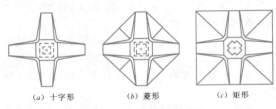

(a) 十字形　　(b) 菱形　　(c) 矩形

图 3.5-20　PC 格构的类型

5. Q&S 框架锚固

Q&S（Quick&Strong）框架锚固是一种利用 Q&S 框架护坡、预应力锚索补强的加固措施。Q&S 框架是将预先在工厂加工组装好的矩形钢筋笼按矩形或菱形布置于边坡上，然后在钢筋笼上喷射混凝土形成。

Q&S 框架的构件的特点是连续的折叠式框架，构件能任意地变形，有较强的抵抗岩土体变形的能力，且自重较轻，作业方便，是一种经济、快速的护坡加固方法。

目前，边坡支挡加固措施正向复合型、轻型化、小型化和机械化施工方向发展，格构锚固正好顺应了这一发展趋势，已被广泛应用于水电、水利、矿山、铁路、公路及城市建设的边坡工程和路堤防护、边坡防治等方面，并取得了良好的效果。在三峡水库边坡的防治应用中还制定了相应的技术规定。

3.5.4.4　格构施工注意事项

1. 浆砌块石格构

（1）浆砌块石格构应嵌置于边坡中，嵌置深度大于截面高度的 2/3。

（2）浆砌块石格构护坡坡面应平整、密实，无表层溜滑体和蠕滑体。

（3）格构可采用毛石或条石，但毛石最小厚度应大于 150mm，条石以 300mm×300mm×900mm 为宜，强度 MU30；用水泥砂浆浆砌，砂浆强度 M7.5。

（4）每隔 10~25m 宽度设置伸缩缝，缝宽 20~30mm，填塞沥青麻筋或沥青木板。

2. 现浇钢筋混凝土格构

（1）钢筋混凝土格构可嵌置于边坡中或上覆在边坡上。

（2）钢筋混凝土格构护坡坡面应平整、夯实，无溜滑体、蠕滑体和松动岩块。

（3）格构钢筋应专门建库堆放，避免污染和锈蚀；水泥宜使用 425 号普通硅酸盐水泥，避免使用受潮或过期水泥。

（4）应对边坡开挖的岩性及结构进行编录和综合分析，将开挖的岩性与设计对比。出入较大时，应进行设计变更。

（5）开挖的弃渣应按设计或建设单位的要求堆放，不得造成次生灾害。

（6）钢筋可在现场进行制作与安装，但钢筋的数量、配置按设计确定。

（7）混凝土的浇筑应架设模板，模板应加支撑固定。与岩石接触处不架设模板，混凝土紧贴岩体浇筑。

（8）混凝土灌注过程中，当必须留置施工缝时，应留置在两相邻锚杆（管）作用的中心部位。

（9）对已浇筑完毕的格构，应及时派专人进行养护，养护期应在 7d 以上。

3. 锚杆（管）施工

（1）用凿岩机或轻型钻机造孔，孔径由设计确定。

（2）锚杆（管）杆体在入孔前应除锈、除油，平直，每隔 1~2m 应设对中支架。

（3）砂浆配合比宜为：灰砂比 1:1~1:2，水灰比 0.38~0.45。砂浆强度不应低于 M25。

（4）注浆后，应将注浆管拔出，压力注浆应加止浆环。

3.5.5　预应力锚索抗滑桩

3.5.5.1　特点及适用条件

预应力锚索抗滑桩是抗滑桩和预应力锚索的有机结合，其原理是在抗滑桩顶部设置一排或多排预应力锚索，通过锚索施加预应力来改善抗滑桩的受力条件，减小桩身弯矩和剪力，从而减少桩的截面和埋置深度。其结构如图 3.5-21 所示。

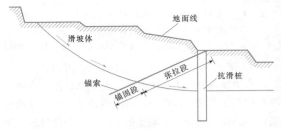

图 3.5-21　预应力锚索抗滑桩结构示意图

从桩的受力机制看，普通抗滑桩为被动受力，即抗滑桩不能主动施加抵抗力，而是当滑坡推力作用于桩身以后，桩才逐渐具备抗滑能力，并主要靠桩身埋在滑面以下部分的地基反力来平衡滑坡推力，从而实现治滑的目的。而预应力锚索桩为主动受力，属"主动型"抗滑结构，它通过锚索施加预应力后，使得抗滑桩的变位受到有效控制，减小了滑体位移量，从而使桩前土体强度得到充分发挥，并且预应力锚索和抗滑桩能较快发挥作用，可快速起到止滑的作用，从而使滑坡体上已有的建筑物在较短的时间内、较小的变形条件下快速地稳定下来。

预应力锚索抗滑桩与普通抗滑桩相比具有以下优点：①可大大减少桩身尺寸和锚固深度，节省材料和造价；②降低了施工难度，施工速度快，可缩短工期；③布设灵活，可通过调整锚索作用点位置，使得抗滑桩内力分布更趋合理，从而达到节省工程造价的目的；④能较快稳定滑坡；⑤施工时对滑体的扰动小，有利于滑体的稳定。

预应力锚索抗滑桩改变了传统抗滑桩的受力状态，变被动支护为主动施加预应力，具有"柔性结构、受力明确、主动支护、经济合理"的特点，因此在滑坡治理中应用日益广泛。

3.5.5.2 设计计算

预应力锚索抗滑桩的设计计算包括锚索和抗滑桩的设计计算。对于锚索主要是锚索设计拉力和预应力的计算；对于抗滑桩主要是确定在预应力锚索和滑坡推力共同作用下的内力和变形。

预应力锚索抗滑桩的计算首先确定桩位、桩长、桩的埋深及桩截面，其次是确定桩上预应力锚索的设计拉力、预应力、锚孔直径、锚固深度及锚头类型，然后将锚索拉力视为外力作用在桩顶，滑坡推力及桩前滑面以上岩土抗力（或剩余抗滑力）按地层条件考虑其分布型式，最后计算出桩身内力并进行配筋计算。滑面以上桩身内力按一般静力学方法计算，滑面以下桩身内力及侧应力计算同一般抗滑桩。

1. 基本计算原理

根据预应力锚索抗滑桩的实际受力过程和条件，一般分为两个主要的计算阶段。第一阶段为抗滑桩施工完毕至锚索张拉到设计值的阶段。此时锚索由于张拉端最终锚固于桩上而使桩承受锚索预应力的作用，锚索相当于施加一个集中荷载于抗滑桩上。由于抗滑桩与桩后的岩土体紧密接触，所以滑面以上桩段在承受锚索预应力作用发生变形时也会受到其后岩土体的变形反力作用，也应将其视为弹性地基梁模型，抗滑桩无论是滑面以上还是滑面以下均按弹性地基梁模型进行计算。第二阶段为锚索张拉完毕后滑坡推力逐渐作用到抗滑桩上的阶段，此时锚索与桩作为一个整体共同承受滑坡推力的作用，锚索与桩的变形相协调。在该阶段由于桩后岩土体的不断变形而将滑坡推力传递到锚索抗滑桩上，此时滑面以上的桩段在不考虑桩前岩土体的作用时可视为在桩顶弹性嵌固的静力承载结构，不再按弹性地基梁模型进行计算，而滑面以下的桩段仍应按弹性地基梁计算。

2. 计算基本假定

（1）桩与锚索按弹性结构进行计算。

（2）桩与周围岩土体紧密结合，预应力锚索在弹性范围内工作，忽略锚索的松弛变形。

（3）锚索桩所承受的滑坡推力按桩"中—中"的滑体推力进行计算，可依据具体情况将其简化为三角形、矩形或梯形分布荷载，不考虑桩与周围岩土的摩擦力以及桩底反力等的作用，滑动面在整个工作过程中不会改变。

（4）锚索与桩的变形相协调，即锚索伸长量在水平方向的分量与锚索作用点处抗滑桩在同样力系作用下的位移量相等。

3. 锚索预应力的计算方法

在预应力锚索抗滑桩的设计计算中，锚索预应力的取值对抗滑桩的内力计算影响较大，故锚索预应力的计算是预应力锚索抗滑桩设计计算的关键。目前关于锚索预应力值的计算方法，大致有以下几种：

（1）根据作用在桩上的滑坡推力 E' 及桩前滑面以上岩土抗力 E'_P，计算出滑面处的剪力 Q_0，再确定锚索设计拉力 T。由于预应力锚索抗滑桩一般设计为柔性桩，桩顶位移控制在 3cm 左右，锚索相当于一个铰性支点。其受力类似于上端铰支、下端弹性固结或简支的梁式结构，滑坡推力分布近似矩形，E' 和 E'_P 之合力作用点大致在锚索抗滑桩桩身的中间。所以一般情况下，锚索的设计拉力为 $(1/2 \sim 4/7)Q_0$。该方法与由控制桩顶水平位移方法计算出来的结果很相近。

（2）根据锚索与桩变形协调条件（图 3.5-22），锚索伸长量 Δi 与锚索所在点的桩的水平位移之间存在变形协调条件，即

$$\Delta i = (f_i + X')\cos\theta_i \qquad (3.5-17)$$

式中　X'——张拉状态下桩的位移，亦即施加预应力过程中桩体向滑坡推力反方向的位移；

　　　　f_i——桩顶水平位移；

　　　　θ_i——锚索在工作状态时与水平面的夹角。

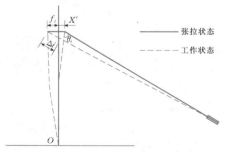

图 3.5-22　锚索与桩的变形协调条件示意图

然后，将锚索张拉的预应力按锚索设计拉力的 $60\%\sim80\%$ 考虑，利用变形协调条件即可求解锚索拉力。不过，计算出的锚索预应力和设计拉力应根据桩顶位移控制标准进行校核。当桩顶位移不能满足要求时，必须调整锚索的预应力值和锚索拉力设计值重新计算直到满足要求为止。

（3）用控制桩顶位移的方法计算锚索的拉力 T。一般认为桩顶的位移应该控制在 $0.01h_T$（h_T 为桩长）以内，当周边建筑物对抗滑桩的变形较敏感时，则应控制在 $0.005h_T$ 以内。锚索的预应力一般按锚索设计拉力的 $60\%\sim80\%$ 考虑。

（4）根据桩在滑面处弯矩为零的条件来确定锚索预应力。即根据锚索与桩的协调变形机理，假定桩在滑面处的弯矩为零，即 $M_0=0$，然后根据等值梁法，将受荷段视为在 O 点铰支、其余锚索作用点为链杆支撑的超静定梁，如图3.5－23所示，利用结构力学中的弯矩分配法进行链杆支撑力的计算，则所得的支撑反力即为锚索中的总水平拉力 T_i。由于锚索与桩的变形协调，在锚索中增加的水平拉力为 ΔT_i，可计算出每束锚索应施加的预应力 T_{i0}，即 $T_{i0}=T_i-\Delta T_i$。

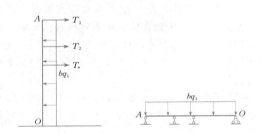

图3.5－23 锚索总水平拉力计算示意图

（5）根据作用于桩上的滑坡推力及锚索拉力使得桩正负弯矩大致相等的条件求解锚索总拉力 T_i。再根据锚索与桩的变形协调原理求出滑坡推力作用下锚索中增加的拉力 ΔT_i，则锚索所需施加的预应力 T_{i0} 为

$$T_{i0}=T_i-\Delta T_i。$$

3.5.6 柔性防护

3.5.6.1 主动防护网

主动防护系统是通过锚杆和支撑绳以固定方式将以钢丝绳网为主的各类柔性网覆盖在有潜在地质灾害的边坡坡面或岩石上，以限制坡面岩石的风化剥蚀或崩塌，从而实现其防护目的（图3.5－24）。主动防护网的材质主要有钢丝绳网和TECCO高强度钢丝格栅，目前常用的主动防护网类型有GAR、GPS、GTC三种类型。

图3.5－24 主动防护网应用实例

柔性主动防护系统一般由锚杆、支撑绳、钢丝绳网、格栅、缝合绳构成（图3.5－25）。该系统通过固定在锚杆或支撑绳上并施以一定预张拉的钢绳网，以及在用作风化剥落、溜塌或坍落防护中抑制细小颗粒、洒落或土体流失时铺以金属网或土工格栅，对整个边坡形成连续支撑。其预张拉作业使系统紧贴坡面形成了局部岩坡，也可在土体移动或发生细小位移后将其裹缚于原位附近，从而实现主动防护的功能。

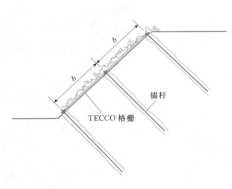

（a）GTC主动防护系统代表性断面图

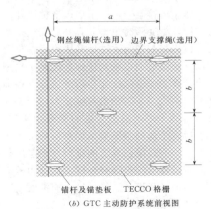

（b）GTC主动防护系统前视图

图3.5－25 GTC主动防护系统结构示意图

a—锚杆横向距离；b—锚杆纵向距离

1. 作用机理

其作用机理类似于喷锚和土钉墙等面层护坡体系，但因其柔性特征能使系统将局部集中荷载向四周均匀传递以充分发挥整个系统的防护能力，即局部受载，整体作用，从而使系统能承受较大的荷载并降低单根锚杆的锚固力要求。此外，由于系统的开放性，地下水可以自由排泄，避免了由于地下水压力的升高而引起的边坡失稳问题；该系统除对稳定边坡有一定贡献外，同时还能抑制边坡遭受进一步的风化剥蚀，且对坡面形态特征无特殊要求，不破坏和改变坡面原有地貌形态和植被生长条件。同时，其开放特征非常适合后期实施人工坡面绿化，与植物配套实现植物防护，使植物根系的固土作用与坡面防护系统结为一体，从而抑制坡面破坏和水土流失，实现边坡防护和环境保护的目的。

2. 特点

主动防护系统具有高柔性、高防护强度、易铺展性等优点，具有能适应坡面地形、安装程序标准化、系统化的特点。

3. 分类及适用范围

几种常用的柔性主动防护系统分类及适用范围见表3.5-7。

表3.5-7　　　　几种常用的柔性主动防护系统分类及适用范围

型号	网型	固定方式	适用范围
GAR1	钢丝绳网	边沿锚固＋边沿或纵向支撑绳＋缝合绳	大块落石防护，一般仅适合于整体稳定性较好的边坡。对危岩崩落或移动后可能引起其后侧岩土体稳定性恶化，可能进一步诱发大规模变形破坏的边坡不宜采用；对于存在块体尺寸小于网孔尺寸（300mm）并会形成危害的落石边坡不适用；当边坡上存在巨块状危石时，其崩落可能导致系统的坠拉破坏，必须对这样的巨块进行加固后才能采用
GAR2	钢丝绳网	系统锚固＋纵横向支撑绳＋缝合绳	小块崩落体并不存在危害的岩石边坡，植被发育较好的土石体边坡加固
GPS1	钢丝绳网＋格栅	边沿锚固＋边沿或纵向支撑绳＋缝合绳	与GAR1基本相同，但能对小块落石实施有效防护
GPS2	钢丝绳网＋格栅	系统锚固＋纵横向支撑绳＋缝合绳	与GAR2基本相同，但并无其条件限制
GTC—65A	TECCO—65格栅	预应力钢筋锚杆＋孔口凹坑＋缝合绳或缝合丝	坡面加固，类似于GPS2和GAR2钢绳网主动加固系统，抑制崩塌和风化剥蚀、溜塌的发生，限制局部或少量落石运动范围，能满足可达100年的更长的防腐寿命要求
GTC—65B	TECCO—65格栅	边沿（或上沿）钢丝绳锚杆＋支撑绳＋缝合绳或缝合丝	围护作用，类似于GPS1和GAR1钢丝绳网围护系统，限制落石运动范围，部分抑制崩塌的发生，能满足可达100年的更长的防腐寿命要求。不适于体积大于1m³大块石防护

3.5.6.2 被动防护系统

被动防护系统是一种由钢柱和钢绳网联结组合构成一个整体，对所防护的区域形成面防护的柔性拦石网（图3.5-26）。该方法能拦截和堆存落石，阻止崩塌岩体下坠滚落至防护区域，从而起到边坡防护作用。

被动防护系统一般由钢丝绳网或环形网（需拦截小块落石时附加一层铁丝格栅）、固定系统（锚杆、拉锚绳、基座、支撑绳）、减压环和钢柱等四个主要部分组成，系统的柔性主要来自于钢丝绳网、支撑绳和减压环等结构，且钢柱与基座间亦采用可动铰联结以确保整个系统的柔性匹配。目前RXI类被动防护

图3.5-26　被动防护网应用实例

系统应用最为广泛（图 3.5 - 27）。

1. 适用条件

被动防护系统适用于岩体交互发育、坡面整体性

差、有岩崩可能、下部有较重要的防护对象的边坡。它对崩塌落石发生区域集中、频率较高或坡面施工作业难度较大的高陡边坡是一种非常有效而经济的方法。

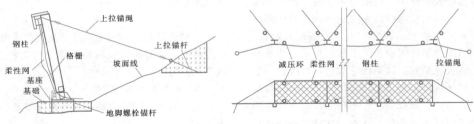

图 3.5 - 27　RXI 类被动防护系统结构示意图

2. 作用机理

当落石冲击拦石网时，其冲击力通过网的柔性得以消散，并将剩余荷载从冲击点向绳网系统周边逐级加载，最终传到锚固基岩和地层，由锚杆及其基础承

受的最终剩余荷载已达很小的程度。

3. 分类及适用范围

几种常用的柔性被动防护系统的分类及适用范围见表 3.5 - 8。

表 3.5 - 8　几种常用的柔性被动防护系统的分类及适用范围

类别	型　号	主　要　构　成	防护能级（kJ）
RX 及 RXI	RX—025	钢柱＋支撑绳＋拉锚系统＋钢丝绳网＋缝合绳＋减压环	250
	RX—050		500
	RX—075		750
	RXI—025	钢柱＋支撑绳＋拉锚系统＋环形网＋减压环	250
	RXI—050		500
	RXI—075		750
	RXI—100	钢柱＋支撑绳＋拉锚系统＋环形网＋缝合绳＋减压环	1000
	RXI—150		1500
	RXI—200		2000
	RXI—300		3000
AX 及 AXI	AX—015	钢柱＋支撑绳＋钢丝绳网＋缝合绳＋减压环	150
	AX—030		300
	AXI—015	钢柱＋支撑绳＋环形网＋缝合绳	150
	AXI—030	钢柱＋支撑绳＋环形网＋缝合绳＋减压环	300
CX 及 CXI	CX—030	钢柱＋支撑绳＋拉锚系统＋钢丝绳网＋缝合绳＋减压环	300
	CX—050		500
	CXI—030	钢柱＋支撑绳＋拉锚系统＋环形网＋减压环	300
	CXI—050	钢柱＋支撑绳＋拉锚系统＋环形网＋缝合绳＋减压环	500

3.5.6.3　三维植被网（防侵蚀网）

三维植被网护坡是指利用活性植物并结合土工合成材料等工程材料，在坡面构建一个具有自身生长能力的防护系统，是通过植物的生长对边坡进行加固的一门新技术（图 3.5 - 28）。根据边坡地形地貌、土质和区域气

候的特点，在边坡表面覆盖一层土工合成材料并按一定的组合与间距种植多种植物。通过植物的生长活动达到根系加筋、茎叶防冲蚀的目的，经过生态护坡技术处理，可在坡面形成茂密的植被覆盖，在表土层形成盘错节的根系，有效抑制暴雨径流对边坡的侵蚀，增加土

体的抗剪强度，减小孔隙水压力和土体自重力，从而大幅度提高边坡的稳定性和抗冲刷能力。

图 3.5-28 三维植被网示意图

利用三维植被网护坡不仅能提高边坡的整体性和局部稳定性，而且还有利于边坡植被的生长，同时工程造价也较低，符合边坡工程的发展方向，在我国水土保持中有一定的应用价值。

1. 作用机理

三维植被网又称防侵蚀网，通常以热塑树脂为原料。结构分为上、下两层，上层为一个经双面拉伸的高模量基础层，强度足以防止植被网的变形，并能有效防止水土流失；下层由一层弹性的、规则的、凹凸不平的网包组成。其材质疏松柔韧，留有 90% 以上的空间可填充土壤及砂粒，将草籽及表层土壤牢牢护在立体网中间，并具有很好地适应坡面变化的贴伏性能。

三维植被网通过致密的覆盖起到对坡面地表土壤的加筋锚固，并与其上生长的庞大的植物根系一起，共同防止边坡表层土壤直接遭受雨水的冲蚀，降低暴雨径流的冲刷能量和地表径流速度，从而减少土壤的

流失，最终限制边坡浅表层滑动的发生。

2. 特点

三维植被网护坡技术综合了土工网和植物护坡的优点，起到了复合护坡的作用。它具有以下特点：

（1）固土效果好。

（2）抗冲刷能力强。三维网垫及植物根系可起到浅层加筋的作用，这种复合体系具有极强的抗冲刷能力，能够达到有效防护边坡的目的。而且边坡的植被覆盖率越高，抗冲刷能力越强。

（3）便于施工。

3. 适用条件

设计稳定的土质和岩质边坡，特别是土质贫瘠的边坡和土石混填的边坡可以起到固土防冲并改善植草质量的良好效果。根据三维植被网护坡在我国的应用经验，一般适用于以下不同地区和不同类型的边坡。

（1）应用地区。各地区均可应用，但在干旱、半干旱地区应保证养护用水的持续供给。

（2）边坡状况。各类土质边坡均可应用，包括路堤和路堑边坡，强风化岩石路堑边坡也可应用，土石混合路堤边坡经处理后方可采用。常用坡率 1:1.5，一般不超过 1:1.25，坡率大于 1:1.0 时慎用。要求每级坡高不超过 10m，且边坡自身必须稳定。

（3）施工季节。施工宜在春季和秋季进行，应尽量避免在暴雨季节施工。

4. 三维植被网护坡典型设计图

三维植被网护坡典型设计如图 3.5-29 所示。

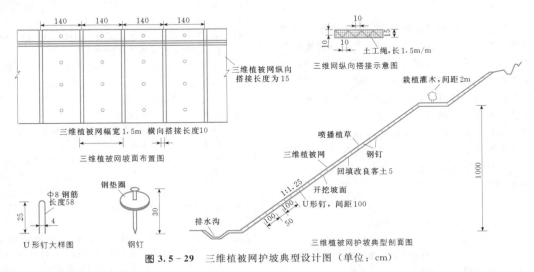

图 3.5-29 三维植被网护坡典型设计图（单位：cm）

5. 施工方法

三维植被网护坡施工工序为：准备工作→铺网→覆土→播种→前期养护。

（1）准备工作。

1）平整坡面。为保证三维植被网与坡面的紧密结合，交验后的坡面应人工整平，主要包括清除岩块、植物、垃圾和其他可能引起三维植被网在坡面被顶起的阻碍物。

2）客土改良。对路堤填土土质条件差、不利于草根生长的坡面采用回填改良客土，回填客土厚度为 50～75mm，并用水润湿让坡面自然沉降至稳定。若土壤 pH 值不适宜，尚需改良其酸碱度。为保证改良效果，pH 值改良应在播种前一个月进行。

3）开挖沟槽。在坡顶及坡底沿边坡走向开挖矩形沟槽，沟宽 30cm，沟深不少于 20cm。坡面顶沟离坡面 30cm，用以固定三维植被网。

4）排水设施。边坡排水系统设置是否完善和合理直接影响到边坡植草的生长环境，关系到三维植被网最终能否发挥浅层护坡的效果。对于长而高的边坡，坡顶、坡脚及平台均需设置排水沟，并应根据坡面水流量的大小考虑是否设置坡面排水沟。一般坡面排水沟横向间距为 40～50m。

（2）铺网。三维植被网的裁剪长度一般比坡面长 130cm，顺坡铺设。铺网时，应使其尽量与坡面贴附紧密，防止悬空，并保持平整，不产生褶皱。网与网之间要重叠搭接，搭接宽度 10cm。

固定三维植被网建议采用 U 形钉或聚乙烯塑料钉，也可采用钢钉（但需配以垫圈）。钉长为 20～45cm，松土用长钉。钉的间距一般为 90～150cm（包括搭接处），在沟槽内也应按约 75cm 的间距设钉。

（3）覆土。覆土以肥沃表土为宜，对于瘠薄土应填有机肥、泥炭、化肥等以提高其肥力。为保证覆土充满网包，且不压包，应分层多次填土洒水浸润，直至网包层不外露为止。

（4）播种。应根据气候区划进行草种选型，草种应具有优良的抗逆性，并采用两种以上的草种进行混播。播种方法可采用人工撒播，也可采用液压喷播。采用人工撒播后，应撒 5～10mm 细粒土。雨季施工时，为防止雨水冲走草种，应加盖无纺布，促进草种发芽生长。也可采用稻草、秸秆编织席覆盖。

（5）前期养护。播种后应加强病虫害防治和洒水养护。应定期喷洒广谱药剂，及时防治各种病虫害的发生。洒水养护期限视坡面植被生长状况而定，一般不少于 45 天。

参 考 文 献

［1］ 华东水利学院. 水工设计手册：第七卷［M］. 北京：水利电力出版社，1989.

［2］ 尉希成，周美玲. 支挡结构设计手册［M］. 北京：中国建筑工业出版社，2004.

［3］ 管枫年，薛广瑞，王殿印. 水工挡土墙设计［M］. 北京：中国水利水电出版社，1996.

［4］ 河海大学，大连理工大学，西安理工大学，清华大学. 水工钢筋混凝土结构学［M］. 北京：中国水利水电出版社，1996.

［5］ 顾晓鲁，钱鸿缙，刘慧珊，汪时敏. 地基与基础［M］. 北京：中国建筑工业出版社，2003.

［6］ 梁钟玻，等. 土力学及路基［M］. 北京：中国铁道出版社，1980.

［7］ 史佩栋，等. 桩基工程手册［M］. 北京：人民交通出版社，2008.

［8］ 铁道部第二勘测设计院. 抗滑桩设计与计算［M］. 北京：中国铁道出版社，1983.

［9］ 郑颖人，陈祖煜，等. 边坡与滑坡工程治理［M］. 北京：人民交通出版社，2007.

［10］ 陈祖煜，等. 土质边坡稳定分析——原理·方法·程序［M］. 北京：中国水利水电出版社，2003.

［11］ 程良奎，范景伦，韩军，许建平. 岩土锚固［M］. 北京：中国建筑工业出版社，2003.

［12］ 程良奎，杨志银. 喷射混凝土与土钉墙［M］. 北京：中国建筑工业出版社，1998.

［13］ 梁炯鋆. 锚固与注浆技术手册［M］. 北京：中国电力出版社，1999.

［14］ 交通部第二公路勘察设计院. 公路设计手册——路基［M］. 北京：人民交通出版社，1996.

［15］ SL 379—2007 水工挡土墙设计规范［S］. 北京：中国水利水电出版社，2007.

［16］ DL 5077—1997 水工建筑物荷载设计规范［S］. 北京：中国电力出版社，1997.

［17］ DL 5073—2000 水工建筑物抗震设计规范［S］. 北京：中国电力出版社，2000.

［18］ DL/T 5057—2009 水工混凝土结构设计规范［S］. 北京：中国电力出版社，2009.

［19］ DL/T 5176—2003 水电工程预应力锚固设计规范［S］. 北京：中国电力出版社，2003.

［20］ SL 212—98 水工预应力锚固设计规范［S］. 北京：中国水利水电出版社，1998.

［21］ TB 10025—2006 铁路路基支挡结构设计规范［S］. 北京：中国铁道出版社，2001.

［22］ 曹兴松，周德培. 软岩高边坡预应力锚索抗滑桩的设计计算［J］. 山地学报. 2005，23（4）：447－452.

［23］ 李德营，殷坤龙，等. 预应力锚索抗滑桩中锚索预应力的计算方法及对比研究［J］. 安全与环境工程，2007，14（2）：72－75.

［24］ 许英姿，唐辉明. 格构锚固措施及其在滑坡治理中的应用［J］. 地质科技情报，2001，20（2）：91－94.

［25］ 冯君，等. 微型桩体系加固顺层岩质边坡的内力计算模式［J］. 岩石力学与工程学报，2006，25（2）：284－288.

第 4 章

边坡工程动态设计

　　本章为《水工设计手册》（第 2 版）新编章节，共分 6 节。主要包括概述、边坡工程动态设计方法、施工地质勘察及反馈设计、边坡工程监测及反馈设计、边坡施工信息收集及反馈设计、边坡工程动态设计实例等内容。介绍了边坡工程动态设计思路与工作流程；设计条件及边坡变形与稳定性复核；设计方案修改与补充；地质信息、监测信息、施工信息收集的内容、分析方法及反馈设计原则与流程。编写中力求言简意赅，对相关基本理论与技术方法不作详细介绍，具体应用时可参考有关规程规范与专业文献。边坡动态设计实例一节，选择了三峡、龙滩、小湾、龙羊峡等国内边坡工程动态设计比较有代表性的工程，结合各工程的特点，详细介绍了边坡动态设计的应用过程与效果，可供参考。目前边坡工程动态设计尚未形成完善的理论与方法体系，仍需在以后的工程实践中总结提炼。编写中引用了大量专业文献资料，由于编写者较多，参考文献难免遗漏，还望原著（作）者谅解，谨致敬意。

章主编　赵海斌

章主审　朱建业　万宗礼　肖　峰

本章各节编写及审稿人员

节次	编　写　人	审稿人
4.1	赵海斌	
4.2	赵海斌　梅松华	
4.3	王国进　赵海斌　王恭兴	朱建业
4.4	赵海斌　王国进　王恭兴	万宗礼
4.5	王国进　赵海斌	肖　峰
4.6	赵海斌　蒋中明　李洪斌 赵红敏　王国进　尉军耀	

第4章 边坡工程动态设计

4.1 概　述

边坡工程稳定性，不但与地层岩性、岩体结构、地质环境以及各种作用等诸多自然因素有关，还与边坡开挖工序、开挖方法及加固方法等很多人为因素有关。由于边坡地质条件的复杂性、影响边坡稳定因素的不确定性和现有技术手段的限制，对边坡进行治理，尤其是对一些大型复杂边坡进行治理，其设计和施工方案往往会随着有关信息的不断获取与认识的深入需要调整，以期达到最佳治理效果。施工期调整或变更设计方案，一是因为边坡施工开挖所揭露的地质条件与原设计的初始条件可能有较大偏差，出现新的地质问题、原有加固措施不足或不适宜等情况；二是对边坡变形与内力的监测可以帮助设计人员更准确地判断边坡的稳定状态、变形趋势以及加固治理效果，分析原设计方案的可靠性与合理性；三是根据施工过程中获取的有关施工信息和质量检测信息，可以间接分析有关地质条件和工程措施的可行性，更好地确定施工方法和施工工艺，并为可能的补救方案设计提供依据。大量工程实践表明，边坡工程中存在着许多不确定的自然因素及风险，合理的设计方案不可能一次性地确定下来，往往需要根据具体情况的变化不断修正。否则，可能造成施工的盲目性，甚至危及工程安全或造成不必要的浪费。在经验和教训的基础上，工程界提出了边坡工程动态设计法的概念。

动态设计是根据不断获得的信息和设计条件变化而修正完善设计的过程或方法。在《水电水利工程边坡设计规范》（DL 5353—2006）中，边坡工程动态设计的定义是：根据边坡施工过程中的勘察资料，结合永久监测或临时监测系统反馈信息进行边坡稳定性复核计算和修正原设计的设计方法。并规定：边坡施工过程中，应结合地质预测预报、地质编录和监测分析反馈资料，根据工程实际，在边坡变形稳定分析的基础上，修改和调整设计参数，实现边坡工程全过程动态设计。《水利水电工程边坡设计规范》（SL 386—2007）对动态设计思想的表达是：应重视施工期地质和安全监测的反馈资料分析，结合实际情况的变化，

修正设计；强调设计者重视施工期间的资料收集、分析，提高设计质量。同样，在其他有关边坡工程技术规范中，对动态设计法也有相应的解释、规定和强调，即充分利用施工期获得的信息完善和修正设计。边坡工程所涉及的地质结构和岩土材料都是自然形成的，不能人为选定和控制，只能通过勘察查明。然而，现有勘察技术与手段尚难以完全查清边坡的复杂地质条件，施工中可能出现的地质问题难以准确预测。在边坡工程设计中，不可避免地存在许多不确定性因素，包括岩土结构与特性、地下渗流、地质作用、外部荷载等，以及计算模式与计算参数的不确定性。正是由于边坡工程设计条件的不确定性以及设计计算的不唯一性，更要注重施工过程中的信息收集，利用反馈信息不断校核和完善设计，即动态设计。实践表明，边坡工程动态设计不仅是边坡工程设计施工过程中应坚持的一种理念，而且是一种行之有效的方法。

与传统的定式（或静态）设计相比，边坡工程动态设计将边坡开挖施工作为勘察工作的延续和补充，有效地将勘察、设计、施工及监测工作紧密结合，是一种全过程的动态设计。实行边坡工程动态设计，其优点是：充分利用施工过程获取的各类信息，及时发现工程中出现的问题，不断更新设计依据与设计条件，完善和优化设计施工方案，从而更好地保障边坡工程安全可靠、经济合理。为充分发挥边坡工程动态设计的作用，在工作过程中应坚持信息化、安全性和最优化原则。

信息化原则是边坡工程动态设计的基本要求。边坡工程前期勘察设计研究成果一般用于宏观总体控制，要预测和解决工程施工过程中可能出现的问题，还必须充分收集掌握施工期各种相关信息。随着边坡施工的进行，可以不断地获取和积累工程地质信息、工程设计信息、施工技术信息、环境影响信息、岩土体变形与防护结构应力等监测信息。通过对这些信息的分析反馈，及时修改和调整设计方案，同时指导施工、规避风险、减少安全事故。边坡动态设计实质是信息化设计，其信息主要来源有三类：一是边坡施工期详细勘察、补充勘察以及边坡开挖揭露的地质信

息；二是边坡工程监测信息；三是施工环境、条件、工艺、进度及施工检测等信息。

安全性原则是边坡工程动态设计的首要前提。边坡工程设计的任务是保障施工安全和边坡长期稳定。边坡是工程活动中最基本的地质环境之一，也是工程建设中最常见的岩土工程型式。各类土木工程中遇到的边坡工程越来越多，且规模越来越大，问题越来越复杂。众所周知，边坡失稳不仅严重危及人们的生命、财产安全，还会造成不良的社会影响，已成为全球性主要工程地质灾害之一。因此，在边坡工程设计和施工时，应以安全性为首要原则，坚持安全第一。

最优化原则是边坡工程动态设计的主要目的之一。优化设计是在给定的条件下作出最好的决策，比选最优的方案，达到预定的目的。边坡工程动态设计中，应在安全第一的原则下，从技术指标、经济指标和对环境的影响程度等方面进行方案的综合分析比选，从而使设计方案最优化。

目前，动态设计方法已在岩土工程设计中广泛应用，并得到普遍认同。虽然边坡工程动态设计是解决复杂边坡工程问题最有效的途径，但是动态设计的基本理论和方法尚不够完善，仍有待于进一步研究和发展。本章的编写主要是总结现有边坡工程动态设计的一些做法，为工程技术人员提供参考。

4.2 边坡工程动态设计方法

4.2.1 动态设计思路与工作流程

4.2.1.1 动态设计思路

边坡工程动态设计一般是指施工图设计（或招标设计）以后进行的补充、调整设计，是以完整的施工图设计为基础，适用于边坡工程施工阶段。要做好动态设计，设计人员首先应树立动态设计理念，并将观念灌输给参建各方，以得到支持与配合；其次要有明确的工作思路。在边坡工程可行性研究设计阶段，应提出对施工方案的技术要求和监测要求，强调掌握边坡施工现场的地质条件、施工情况和变形、应力监测等反馈信息。在施工阶段，设计者应掌握施工开挖中反映的边坡真实地质特征、环境影响因素以及边坡安全监测成果等，并以此为依据判断原设计方案的可行性与合理性，及时提出修正、补充设计，供建设主管单位决策。为做好动态设计，应特别注重地质工作、监测和施工信息收集等工作的统一协调，同时，加强信息交流。边坡工程动态设计的工作思路如下：

（1）对工程边坡，在招标和施工图设计阶段应充分掌握边坡工程地质条件和问题，对工程边坡可能出现的变形破坏类型、产生原因等进行客观分析，确定合理的、有针对性的治理方案。施工前对边坡工程的认识，只是基于某些勘察结果的一种推测与判断，设计中应留有余地，并在技术要求中加以说明，强调施工期信息收集内容与方法以及施工安全注意事项。

（2）施工开始后，应注重各类信息的及时收集、整理和分析判断。施工过程不仅是施工单位对设计的实施过程，同时也是设计人员对设计方案的合理性进行检验的过程。施工开挖使边坡设计范围内的地质情况得到了更充分的揭露，可以更加准确地判定影响边坡稳定的控制性因素。安全监测信息是判断边坡性态变化的重要依据，可据此分析原处治方案的可行性。施工信息可以帮助设计人员判断施工方法与工艺的适宜性，评价施工质量。根据三类信息反馈分析，及时修正和完善设计，达到既安全又经济的目的。

（3）在边坡工程动态设计中，设计人员应把握好设计条件的变化、设计参数的选取、计算方法的运用、计算模式的选择、最不利工况的估计、基础资料的分析、安全系数的选择以及设计方案与施工方案的确定。各种方案的采用应做到动态思维、快速反应、措施得力、确保安全、经济合理。

（4）施工完成后，对勘察、设计、施工及监测所获得的经验数据进行整理分析，准备工程安全鉴定与验收资料。对于大型复杂工程，必要时，应对边坡施工后的稳定性作进一步的判定，对边坡的变形破坏特征进行深入研究，提出运行期监测的重点内容和工程维护要求。同时，应及时总结经验，分析不足，为其他类似工程提供借鉴。

边坡动态设计实际上是及时发现问题、及时解决问题的过程，同时也是设计方案不断修正完善的过程。从最初的方案设计、施工图设计，到完工验收，任何一项设计内容都可能因为对问题认识的进一步深入而有所变化。在处理问题时，需要设计人员的创造性思维。现阶段边坡动态设计应重视边坡处理的概念设计。工程边坡概念设计是以满足功能要求和安全、经济、环保为设计概念，并以其为主线贯穿边坡工程全部设计过程的设计方法。边坡概念设计是完整而全面的设计过程，它通过设计概念要求设计人员对最初的感性认识和动态思维上升到统一的理性思维从而完成整个设计。目前，由于边坡设计中的不确定性特征，边坡设计仍处于工程经验多于理性认识的阶段，或者说接近半经验、半理论阶段。因此，工程经验和专家经验是边坡设计的重要基础，建立在工程经验和理论基础上的概念设计在边坡设计中处于重要位置。

在边坡工程设计中，设计人员应该注意和强调的是：对于地质条件复杂的边坡工程，前期地质勘察只能查明主要地质条件和认识主要地质问题，其岩土体特性是通过有限的试验成果和工程类比获得的，工程施工后，地质情况可能会出现新的变化；另外，工程边坡是自然条件与人类活动相结合的产物，施工程序、方法、工艺、质量对边坡的稳定性有重要影响，施工方法不当和质量低劣还可能引起新的边坡稳定问题。因此，在边坡施工期必须根据最新的地质资料、动态监测资料与施工反馈信息进行边坡全过程动态设计。

边坡工程动态设计是一种有效的设计方法。实践证明，边坡工程动态设计可以达到以下目的：

（1）提高设计方案的可靠性和合理性。治理边坡时，由于坡体地质结构的复杂性，一般在勘察和设计阶段对边坡的认识总是有限的，基于这些有限认识而设计的治理方案很难做到准确合理；随着施工开挖的逐步进行，真实而详细的工程地质条件逐步显现，如果在施工过程中根据新获取的信息及时修正完善设计，则能使方案更趋可靠、合理。

（2）提高施工的安全性。边坡工程动态设计法强调施工期对边坡的变形与内力进行监测，并根据监测结果对施工的安全性进行评价。这样，可以及时发现边坡工程的安全问题，进行预测预报，以便采取有效的处治措施，可以使施工的安全性得到较大的提高。

（3）降低工程造价、节约投资成本。目前，边坡工程仍处于半经验、半理论设计阶段，安全是第一原则，同时应做到经济合理。采用动态设计法可以通过循序渐进、逐步逼近的多次设计使设计方案更符合边坡治理的需要，做到既安全，又经济。

4.2.1.2　动态设计流程

动态设计是通过获取新的信息，复核工程设计条件和设计参数，不断修改完善设计的过程。对于复杂边坡工程，目前的做法是：利用施工期获得的信息来复核设计条件、验证或补充设计依据、调整修改设计方案。当设计方案要较大调整时，需要多方案的技术、经济比较。边坡动态设计是一个复杂的过程（图4.2-1）。总体上，边坡动态设计过程可分为3个环节。

边坡动态设计的首要环节是信息的收集，信息收集范围主要包括地质信息、监测信息和施工信息3个方面。地质资料是边坡工程设计的基础，但现有地质勘察手段要查明复杂多变的地质条件难度很大。现行规范规定：地质情况复杂的高边坡，应在施工开挖中补充"施工勘察"，收集地质资料，查对核实地质勘察结论，这样可有效避免勘察结论失误而造成工程事故。特别是对地质条件十分复杂和前期勘察设计周期

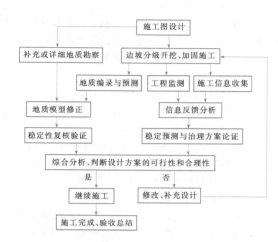

图 4.2-1　边坡工程动态设计流程

较短的工程，开工以后，首先应考虑开展必要的补充勘察或详细勘查。这样可以进一步修正地质结论和地质模型，复核边坡的稳定性，论证原设计方案的可行性和合理性。施工地质编录是施工勘察的重要内容，也是动态设计工作的重要环节。通过现场地质素描和统计，可以更准确认识边坡地质构造和岩体结构特征，以便修正边坡地质模型，进而复核边坡的稳定性和加固参数。鉴于工程边坡完工后，坡面大都被覆盖，因此，地质编录还是运行期边坡有关问题论证的重要资料。对于大型复杂边坡工程，现场监测信息是边坡动态设计极其重要的信息来源，它是验证和优化工程设计的重要依据；同时对保证施工进度、排危应急抢险、确保工程安全施工有重要的指导作用。现场监测是一项技术复杂的工作，在施工图设计中应该做出详细的监测设计，在设计文件中应对整个监测的方案、程序、内容、技术要求等作出明确规定。工程监测一般应与边坡土建施工同步进行，有条件时，还可在边坡开挖前先期进行，以便获得边坡施工全过程监测信息。施工信息（包括现场检测信息）是边坡动态设计不可忽视的信息组成部分，如开挖与锚固施工的钻孔情况、岩体爆破松动、灌浆量以及施工质量检测结果。这些资料可为边坡动态设计提供有益的指导，同时也是改进施工技术、调整施工工艺的重要依据。

边坡动态设计的第二环节是信息处理与设计条件的复核。获得上述信息后，一方面，设计者应及时分析地质条件与边坡工程问题，修正地质模型，并开展必要的力学分析，进行稳定性复核验证；另一方面，应结合监测信息和施工信息反馈分析，对边坡施工期稳定性进行预测分析，对施工技术方案进行论证，包括爆破影响、治理方案和加固措施的可靠性等。

边坡动态设计的第三环节是综合分析判断与修改设计。在上述信息反馈分析的基础上，综合分析判断原设计方案的可行性和合理性。此环节应特别注重各专业的配合，必要时应借助专家经验。如果得出的是肯定的结论，则边坡施工继续；如果原设计方案不能满足边坡稳定要求与施工安全要求，就必须修正、调整设计，再按变更方案施工。有时，甚至需要停工或处理已出现的问题后，再继续施工。

边坡动态设计 3 个环节的工作内容与工作进程，因具体工程而异。总的原则是：发现问题，及时处理，强调信息收集处理的及时性与准确性。对于大型复杂边坡工程，有时会经历 3 个环节的多次循环。一般做法是：在各级边坡的施工中，将新的地质资料及时与原设计依据的地质勘察成果相比较，判断是否有较大的差异或新的地质问题；同时，及时整理分析监测资料和施工资料，以此判断工程的安全性和设计方案的合理性。经分析判断，当边坡存在施工安全问题时，应立即采取处理措施；发现原方案存在加固措施不足、施工方法不当或明显不合理性时，均应修正、优化设计，并按新的设计方案往后施工。设计人员应紧密跟踪边坡施工过程，及时做好安全预报和信息反馈设计，直到各级边坡施工完成。在整个边坡施工过程中，必须建立沟通协调机制，保证设计、地质、施工、监测技术人员加强配合，及时反馈信息供工程建设主管单位决策。

4.2.2　设计条件的复核

4.2.2.1　工程条件

边坡设计的工程条件主要包括工程地质条件和边坡工程如何适应枢纽布置或其他建筑物。边坡工程地质条件是控制边坡坡形和稳定的内在因素，而且这些因素在前期设计阶段往往难以完全查清，必须结合施工地质进行复核。边坡工程的地质条件复核一般应包含下列地质信息：

（1）边坡类型。

（2）边坡的形状、规模、地形地貌。

（3）岩土体的性质，结构面性状、分布及其组合。

（4）边坡的风化卸荷特征。

（5）高陡岩石边坡原岩应力。

（6）边坡水文地质条件及其动态特征变化规律。

（7）边坡当前的稳定状态。

（8）边坡变形失稳的边界条件。

（9）边坡的可能失稳模式。

（10）边坡滑动破坏可能的剪出口位置。

边坡工程地质条件的复核，主要手段是施工期边坡地质调查分析。通过工程地质条件复核，可以进一步发现边坡工程地质问题，从而为是否需要开展相关问题深入研究提供依据。同时，工程地质条件复核结果也是下步边坡变形与稳定性复核以及设计方案修改的重要依据。因此，设计人员应十分重视施工地质分析研究成果，按照保证施工安全、施工进度并且经济合理的原则，通过综合分析判断是否需要调整设计参数和施工方案，针对异常情况，提出最恰当的处理方案。

边坡工程是为了满足工程建设或防灾减灾的需要而对自然边坡进行改造。工程枢纽区，根据边坡对工程的影响可分为永久边坡和临时边坡。根据边坡与工程的关系，可分为建筑物地基边坡和建筑物邻近边坡。比较常见的边坡工程有：水电水利枢纽区的工程边坡、公路边坡、铁路边坡、矿山边坡、各类市政与工业民用建筑物旁的边坡。边坡工程设计应综合考虑边坡的地形地质条件、建筑物与边坡的相互关系、施工技术措施及难易程度等工程条件。对于工程边坡的设计，建筑物与边坡的相互影响是边坡工程设计中应考虑的主要条件之一。枢纽建筑物的布置对工程边坡的坡形与变形稳定既有特殊要求，又有直接影响。一方面，在满足枢纽建筑物设计的前提下，应分析工程边坡的安全稳定问题；另一方面，若满足工程边坡稳定，相关建筑物布置可能需要调整；而且，有时会随着边坡地质条件的变化出现新的矛盾与问题。一般情况下，在建筑物布置允许的前提下，宜调整建筑物的布置，以确保工程边坡稳定，节省投资。在工程建设中，当严重的高边坡稳定问题可能影响枢纽布置方案或选址、选线以及施工方案的选择和确定时，必须在整个工程规划中对边坡问题加以着重考虑。例如，我国黄河拉西瓦坝坝，由于左岸Ⅱ号变形体的存在而将坝线上移；雅砻江锦屏一级水电站三滩坝址因右岸变形体的存在而被放弃；在公路、铁路选线中，因边坡问题而改变方案也不乏其例。在施工期，如果枢纽建筑物的调整，可能影响边坡稳定时，必须及时对边坡设计条件进行复核，验证边坡的稳定性或修改设计方案；当枢纽建筑物对工程边坡有特殊要求时，应结合施工过程中获得的信息复核边坡与建筑物的相互影响，及时调整边坡加固处理方案，以保证工程施工安全和未来运行要求。例如，三峡永久船闸边坡、龙滩左岸进水口边坡等都对边坡的变形有严格的要求，因此，控制边坡变形是主要问题，必须采取有效的加固措施使边坡变形控制在允许范围内。

工程条件复核是边坡动态设计的主要内容，也是实现边坡工程动态设计目标的前提。工程边坡是人类活动的产物，防止灾害和工程建设可控是边坡工程设计的首要任务。边坡动态设计中，工程条件的复核与确认是保障边坡工程安全和枢纽工程正常建设、运行的重要环节。

4.2.2.2 荷载条件

工程边坡除受自重作用外，还受自然荷载和工程荷载的影响。在可行性研究（或初步设计）阶段，边坡工程设计荷载条件一般是根据边坡勘察结果和推测的工程运行工况拟定的。在施工阶段，应根据工程条件的变化对边坡荷载作用及组合进行复核。边坡工程设计中通常考虑下列荷载的作用：

（1）自重。包括天然状态、饱和或非饱和状态的岩土体重度。

（2）地下水作用。包括裂（孔）隙水静水压力、动水压力、浮托力。

（3）外水压力。当边坡处于水下且存在相对不透水岩层时，边坡将受外水压力作用。

（4）地应力。边坡岩体初始应力，对开挖边坡岩体卸荷回弹有重要影响。

（5）工程荷载。坡上建筑物增大垂直荷载，或相关建筑物的侧向荷载，如拱坝坝肩推力。

（6）振动力。包括地震或人工爆破振动对边坡产生的附加荷载。

（7）加固力。指加固结构作用在边坡潜在滑面以下稳定岩土体中的力，或支挡结构对潜在失稳岩土体提供的反力。

这些作用在边坡上荷载通常是不确定的和变化的。在边坡施工中，对某些荷载会有更深入的认识和更准确的掌握。如水荷载可通过渗流观测加以论证；地应力可以通过变形量测进行反馈分析；振动力可以通过测试反馈加以控制。对于"加固力"，目前认识各异。理论上，边坡工程处理措施主要是维持边坡体力学平衡状态，具体实施可分为支挡结构、岩土体改良和排水。毫无疑问，对于有明确潜在失稳边界（滑动面）的岩土体，支挡结构能提供维持边坡稳定的支挡力；对于失稳边界不确定的情况，传统的"加固力"概念已不适用，应考虑岩土体改良措施。边坡岩土体改良是通过工程措施改变其物理力学性质，如锚固、灌浆和排水等。在动态设计中，应结合工程条件的变化复核边坡各部位荷载条件与受力状态，以便对边坡的变形与稳定性做出合理的评价。

4.2.2.3 岩土力学参数

岩土力学参数是边坡稳定性计算必需的基础数据，它直接影响理论计算分析结果。合理地确定岩土力学参数是一个很复杂的岩土力学问题。目前，岩土力学参数的研究一般按照认识边坡地质背景、

确定边坡变形破坏模式与边界条件、制定试验方案、确定试验条件、开展室内和现场试验，并结合经验分析法、工程类比法、反分析法综合确定岩土力学参数。虽然经过上述研究步骤，可以取得比较合理的岩土力学参数，但是仍存在很大局限和不少误差。一是由于前期勘察难以充分揭示边坡的地质条件，岩土力学参数研究仅针对已查明的地层岩性和可能出现的地质问题，并且是有限的；二是由于岩土力学性质的复杂性与试验技术限制，要获得可靠的岩土力学参数还有很大困难。施工阶段，对边坡工程的认识始终处于动态发展过程，在此过程中，各种工程条件的变化必然会导致对岩土体力学性质认识的相应变化。随着边坡开挖的进行，地质条件更加明晰，可逐步验证或刷新前期地质勘察研究成果，地质与试验人员可以更清楚地了解边坡的地质背景、变形破坏边界条件和荷载条件，从而制定更合理的试验方案，进行补充试验，并采用现有技术手段综合研究岩土力学参数，验证复核前期研究成果。另外，边坡工程施工对边坡岩体的性态有较大影响，如岩质边坡一般采用钻爆法进行开挖施工，而爆破是一种低频脉冲荷载，对边坡岩体可以产生各种动态力学效应，从而影响岩体的完整性及边坡的稳定性，这种影响效应只能在施工期进行研究。

在边坡动态设计过程中，应该根据地质环境条件的变化，考虑各种工程地质因素及相应的物理力学效应以及施工影响，采用多种手段研究边坡岩土力学指标，进一步复核边坡工程设计的岩土力学参数。岩土力学参数研究手段主要有：试验方法、经验分析法、工程类比法、反分析法、不确定性分析法、数值仿真"试验"法等，具体参见本卷第1章1.4节相关内容。边坡动态设计中，可选择适当的方法来复核岩土力学参数。具体应用时，应当注意各种方法的适用性和局限性。

试验方法是确定岩土力学性质参数最直接的方法。在边坡工程前期设计阶段，由于试验取样、制件难度较大，一般开展的试验工作量很有限。对于大型复杂边坡，在施工期，宜利用开挖面取样、制件方便补充适量的岩体试验；特别是对于新揭露的地质条件，如控制性岩体结构面、软弱破碎岩体。施工期岩土力学试验，一方面可以增加试验样本，提高统计分析精度，复核前期试验成果；另一方面可补充研究特殊地质体性质。

经验分析法主要是通过对众多试验资料进行回归分析，得到量化经验公式来确定岩体力学参数。如：Kim & Gao H（1995）通过 RQD 来确定岩体变形模量与岩石弹性模量之比和岩石的单轴抗压强度、节理

间距及岩体开挖尺寸等因素之间的经验关系式；Bie-niawski（1976）和 Serafim & Pereira（1994）建立了岩体变形模量与工程岩体质量指标 RMR 之间的关系式；Barton 等（1994）研究了 Q 分类系统得分值与变形模量之间的变化范围；Palmstrom（1996）提出了根据节理面的蚀变状况和粗糙度、节理尺寸和连续性好坏、岩石块体平均大小，预测岩体抗压强度折减系数的公式；Hoek-Brown 岩体强度准则更是在国际上得到广泛应用。目前，这些方法均适宜于结合施工地质资料复核岩土力学参数。

工程类比法是根据工程特征和地质条件的相似性进行类推给出岩土力学参数。其优点是大量成功的经验为依据，对于边坡工程设计有很好的参考价值。但应注意，由于边坡岩体结构及其所处环境的复杂多变，一般情况下，不同边坡岩体性质的相似程度不高，采用这种方法可能存在很大的不经济性和风险性。

反分析法是根据某些已知信息反求岩土体的力学参数。对于边坡工程，目前有两种常用方法：一是实测位移反分析法；二是极限状态反分析法。在边坡施工期，可以利用相关实测位移（变形）资料，采用数值方法反演岩土力学参数，如根据第一阶段开挖测量的位移对主要力学参数进行反分析，再将反演结果代入进行匡算，以预测下一阶段开挖引起的位移。如果预测值与实测值的差超过允许值，则对第二阶段开挖后的测量值再次进行反演，并对第三阶段开挖位移进行匡算预测。按照此法反复进行直至认为预测值与实测值接近到可接受程度，才认为所得到的参数已经比较符合实际情况。极限状态反分析法是利用边坡岩体所处的预估稳定状态，采用极限平衡公式反求滑动面的强度参数，其前提是可以预计边坡岩体的稳定状态。对已初现破坏前兆的边坡，该方法得出的结果准确性较高。反分析方法在边坡工程设计中应用较多，通常可以起到补充和验证作用。

数值仿真"试验"法，是以岩体力学物理试验模型为对象，建立数值仿真模型；以室内岩块与结构面试验成果为材料力学参数输入值，采用数值计算模拟物理试验过程，从而更广泛更深入地研究岩体的力学性质。采用数值模拟方法可以在综合考虑小试件试验成果和现场岩体结构面统计资料的基础上，通过对不同尺度岩体进行等效计算确定宏观岩体的力学参数，可以较全面地考虑影响岩体力学参数的主要因素，方便地研究不同尺度岩体的性质，并可以代替部分大型现场试验，具有方便高效、经济实用的特点。

4.2.3 边坡变形与稳定性复核

边坡施工后，边坡工程设计条件得以更充分揭示，其变形破坏边界条件可能更清楚；同时，还可通过监测检测充分掌握施工开挖卸荷、爆破振动、边坡支护与加固措施、施工顺序和工艺、边坡防排水措施效果以及相关建筑物的影响等综合信息。此时，在复核岩土力学参数的基础上，对边坡变形与稳定进行复核非常必要。

目前，衡量边坡稳定的主要指标是工程边坡的安全度和边坡变形稳定趋势；而决定是否修改或补充设计的主要依据除了工程设计条件变化外，最关键的是边坡变形与稳定状态的预测结果。

边坡变形与稳定性复核的方法主要有：理论计算、经验类比、监测反馈分析。对于大型枢纽工程边坡，一般应综合利用这些方法，对边坡的变形与稳定进行论证，以此作为边坡工程修正或补充设计依据。

理论计算是最直接的定量分析方法。当边坡设计工程条件发生变化时，必须重新确定边坡稳定性分析的边界条件、复核计算参数，并进行稳定分析计算。根据计算结果，对边坡变形与稳定性进行综合评价，以确认原设计方案的可靠性和合理性、或需要修正、补充设计。

经验类比法是依据更新后的工程条件，采用工程类比和专家经验，判断边坡变形与稳定状态，确认原设计方案是否可行或需修正、补充设计。该方法简单直接，既可参照成功的经验，也可汲取失败的教训。对于施工中出现的险情，可以采用经验类比法进行快速反应，尽快拿出处置方案。

监测反馈分析法是将施工过程中获得边坡位移、应力及地质环境监测结果反馈设计中，通过综合分析来复核预测边坡变形与稳定性。该方法可以直接根据位移监测信息分析边坡的变形与稳定性状况；同时，也可以根据支护结构的受力监测信息分析加固措施的合理性以及坡体的稳定状态；还可利用环境量监测信息分析工程边坡所处环境变化及其影响，并预测边坡变形与稳定状态。对于复杂工程边坡，在施工期或前期，应当建立完善的监测系统，以便及时掌握边坡的变形与稳定状态。

4.2.4 风险分析与决策

4.2.4.1 风险分析

在边坡动态设计中，风险分析与决策是一项重要工作内容。边坡治理决策属于风险型决策，边坡风险性评价结果是边坡工程决策的重要依据。由于边坡工程中存在诸多不确定性因素，边坡工程设计中必然存在一定程度的风险。风险是边坡发生破坏的概率，是边坡工程预期效果评价中较为不利的一面。边坡风险分析可以综合各种可能性，用统计的观点来观察和分析边坡工程，从而使考虑问题更全面、设计更合理、处理效果更好。

对工程边坡，风险包括发生破坏的可能性及其边坡破坏后对工程和环境产生不良后果两方面。如 p 代表发生破坏的概率，c 代表破坏产生的后果，风险可表示为

$$R = f(p, c) \qquad (4.2-1)$$

通过风险识别、风险估计和风险评价，从而对边坡作出全面、综合的分析，得到较完整的工程系统信息，进而作出优的过程决策。

边坡风险性评价主要是基于边坡稳定性的认识和对边坡失稳后影响的判断。边坡风险评价可分为定量评价（半定量）和定性评价。国外在边坡风险评价方面研究较早，甚至建立了一些标准（例如，澳大利亚和新西兰，1995；加拿大，1991），国内在边坡工程风险评价中由于受统计资料和标准的限制，一般只是采用定性风险评价。

边坡的规模、边坡的潜在失稳破坏型式、可能造成的危害是进行边坡风险评价的主要因素。由于边坡规模大小不一，边坡类型各异，可能出现的破坏型式也不同，边坡造成的危害程度不一样。在风险评价时，首先应根据具体情况对边坡的危险性进行分级，一般可划分为 5 个级别：

（1）无危险性。边坡在任何可预见的情况下根本不可能破坏。

（2）低危险性。边坡在极不利条件下，可能破坏，但破坏规模较小。

（3）中等危险性。在某种预计的严峻条件下，边坡很可能破坏，且破坏规模可能比较大。

（4）高危险性。在一般不利条件下，边坡几乎肯定破坏，且规模大；或者在某种预计的严峻条件下，边坡可能破坏，但规模和影响范围巨大。

（5）极高危险性。边坡不能维持自稳，且破坏规模很大。

按照边坡的危险性程度和破坏造成的后果，边坡的风险性可划分为 5 个等级：

（1）无风险。边坡稳定，或边坡破坏不会对人类活动造成影响；如坚硬土中的低切方边坡和坚硬完整岩石边坡。

（2）低风险。边坡破坏的可能性较小，不直接危及生命财产和工程性能，造成故障易于排除；如低切方土质边坡和整体稳定的岩质边坡，出现小规模掉块或局部侵蚀崩塌。

（3）中等风险。边坡在某种条件下，可能破坏，

虽然对工程有影响，但不直接危及生命财产安全；如坡度较陡土坡和裂隙岩体边坡，局部发生崩塌、滑动。

（4）高风险。边坡在不利条件下很可能破坏，且直接影响工程运营，但不一定危及生命财产安全；如残坡积土、崩坡积土中的中陡边坡，破碎岩石边坡，易产生整体滑动破坏。

（5）极高风险。边坡肯定破坏，且直接危及生命财产安全；如规模大的超高陡土坡、软弱夹层发育的顺向岩石边坡、可能复活的古滑坡。

事实上，边坡的风险等级是边坡失稳破坏发生概率和边坡失稳后带来的后果严重程度的综合反映。因此，边坡的风险等级的评定需要进行两方面的分析工作，即：边坡稳定性的可靠度分析（或失效概率分析）和边坡失稳后的灾害后果评估（包括生命财产直接经济损失和间接经济损失）。边坡稳定性的可靠度分析方法主要包括基于各种极限平衡分析方法的蒙特卡洛法和一次二阶矩法以及基于一次二阶矩的改进方法等，具体算法和计算步骤可参考陈祖煜编写的《土质边坡稳定性分析—原理·方法·程序》。一旦计算出边坡稳定性的可靠度后，结合边坡灾害后果评估结果，即可对边坡进行风险等级划分。对于中等风险以下的边坡，一般采取适当的防护措施，即避免风险，但对于中等风险以上的边坡，应进行专门研究设计，采取安全度较大的加固处理措施。

边坡风险分析的基本步骤如下：

（1）风险辨识。分析边坡工程所有的潜在风险因素，并进行归类整理和筛选，重点考虑那些对目标参数影响较大的风险因素。

（2）风险估计。对风险因素的发生概率和后果进行估计，给出风险的概率分布。

（3）风险评价。对目标参数的风险结果参照一定标准进行评判。

边坡风险估计方法分定性和定量分析两种。定性风险分析的主要手段有以下 3 个方面：

（1）按发生概率予以量化。

（2）使用失效树（Fault Tree）的推理方法。

（3）专家系统。专家评估可以和上述两种定性分析工作相结合，进一步提高定性风险分析的可靠度。

定量风险分析方法的步骤如下：

（1）建立边坡灾害模型。该模型应尽可能包含边坡区的地质条件，各种可能诱发边坡失稳的内在和外在因素，以及边坡区周围的工厂、居民区和交通设施等。

（2）列出所有可能的边坡破坏模式和计算相应的破坏概率。这是定量分析的一个重要内容，即可靠度

分析。

（3）建立边坡失稳后果模型。评估边坡在特定失稳破坏模式下的灾害后果。

（4）计算风险个体的单一风险和边坡失稳影响范围内的整体风险。

4.2.4.2 风险决策

决策是人们为了达到某种预定目的，在若干可供选择的行动方案中，决定最优方案的过程。风险决策是指存在一些不可控制的因素，有出现几种不同结果的可能性，要冒一定风险的决策。边坡治理的目的是工程安全可靠、经济合理、环境友好。为达到此目的，必须对边坡治理方案和时机进行选择。在边坡工程治理决策过程中包括了对边坡地质环境条件的认识、对边坡稳定的评价、对边坡风险的估计、对治理方案的优化、对治理时机的选择、对施工工期的计划以及对施工质量的控制和治理效果的评测，其中涉及众多不确定性因素。一个决策方案往往对应几个相互排斥的可能状态，每一种状态都以一定的可能性（概率）出现，并对应特定结果，因此，边坡工程治理决策是一种风险型决策。

根据工程的特征和以往工程建设经验，边坡治理决策的基本步骤可概括如下：

（1）在已有资料的基础上，宏观分析边坡工程的规模、分布和主要特征，在整体工程计划中作出准备。

（2）利用边坡开挖揭示的地质条件，结合全面调查结果，进行边坡稳定性评价，对可变更开挖方案的边坡作出早期决策。

（3）对潜在不稳定边坡，在边坡稳定性评价和风险估计的基础上，提出若干可行性治理方案。

（4）结合工程建设的总体要求，对各种方案进行技术、经济和环境效果比较。

（5）根据决策者所考虑的决策目标和所选择的决策准则，采用某种风险决策方法优选出最满意的治理方案。

风险型决策的目的是如何使收益期望值最大，或者损失期望值最小。期望值是一种方案的损益值与相应概率的乘积之和。对于风险型决策问题，其常用的决策方法主要有树型决策法、最大可能法、期望值法、灵敏度分析法和效用分析法等。树型决策法是研究风险型决策问题经常采取的决策方法。

所谓决策树就是用数树分叉形态表示各种方案的期望值，剪掉期望值小的方案枝，剩下的最后方案即是最佳方案。决策树由决策结点、方案枝、状态结点、概率枝和结果点等要素构成。

树型决策法的一般步骤如下：

（1）画出决策树。把一个具体的决策问题，由决策点逐渐展开为方案分支、状态结点，以及概率分支、结果点等。图 4.2－2 为边坡风险决策分析树模型示意，图中 a_1、a_2、…、a_m 为各备选方案；r_1、r_2、…、r_n 为各方案可能产生的失效模式；$p(r_j|a_i)$ 为方案 a_i 下失效模式 r_j 发生的概率；$C(a_i,r_j)$ 为治理方案 a_i 下、其结果 r_j 发生时所造成的损失。

（2）计算期望益损值。在决策树中，由树梢开始，经树枝、树干、逐渐向树根，依次计算各个方案的期望益损值。各方案条件下（如 a_1）期望损失的计算公式为

$$E(C_{a1}) = C(a_1,r_1) \cdot p(r_1|a_1) + C(a_1,r_2) \cdot p(r_2|a_1)$$

式中　$E(C_{a1})$——方案 a_1 的期望损失。

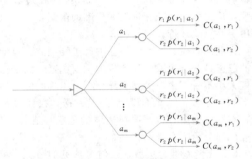

图 4.2－2 边坡风险决策分析树模型

（3）剪枝。将各个方案的期望益损值分别标注在其对应的状态结点上，进行比较优选，将优胜者填入决策点，用"‖"号剪掉舍弃方案，保留被选取的最优方案。

决策分析的目标就是做出最优决定，极少情况下，决策者才有可能在了解确切的经济价值情况下进行方案比较；多数情况下是在不确定性条件下做出方案决策的。一般当给定方案的可能效益值 u_1、u_2、…、u_n，仅能用各自的概率 p_1、p_2、…、p_n 来说明，因此较大程度上，方案的选择取决于决策者的性格、经验和对风险厌恶的程度，最好的决策方案对不同的人和在不同时间意味着不同结果，但在进行边坡工程决策时还应遵循一定的决策准则。最小化准则是最为常用的一种，最小代价准则要求在进行工程资决策时以灾害风险损失和工程投资费用之和最小作为决策准则。

只要已知每一后果的效益，每一方案的期望损失可由下式给出

$$E(U_i) = \sum_{j=1}^{n} p_{ij} u_{ij} \quad (i = 1, 2, \cdots, m) \quad (4.2-2)$$

式中 u_{ij}——与方案 i 有关的第 j 项结果的费用；

U_i——方案 i 的费用。

因此，需使期望费用最小

$$E(U_{opt}) = \min_i \left\{ \sum_{j=1}^{n} p_{ij} u_{ij} \right\} \quad (i = 1, 2, \cdots, m)$$

$$(4.2-3)$$

如各个后果用 d_{ij} 表示，则有

$$E(U_i) = \sum_{j=1}^{n} p_{ij} u(d_{ij}) \quad (i = 1, 2, \cdots, m)$$

$$(4.2-4)$$

式中 $u(d_{ij})$——相应费用的函数表达式。

边坡工程的风险灾害损失评价直接影响到边坡方案的最终选择，进行风险决策时，首先需要精确地进行边坡灾害风险评价，这是正确进行风险决策的前提。对于大型边坡工程来说，目前精确定量化边坡经济风险评价还存在一定困难，但对于小型边坡来说，由于其灾害影响范围小，灾害风险损失较容易量化，其经济风险的评价误差在可接受范围之内，可作为方案的决策依据，具体的边坡灾害风险损失可以采用风险灾害评价理论进行计算。

边坡治理决策过程需要工程技术人员和工程管理人员的共同参与，融合多学科的技术研究成果，才能达到预期的目标。其中，边坡稳定性评价和风险估计是边坡治理决策的基础；选择最优的治理措施和合适的处理时机是决策的主要内容。

目前，风险分析与决策是边坡工程研究的热点，本节简要介绍了风险分析与决策的基本概念、方法，具体应用时可参考有关专著和论文。

4.2.5 设计方案修改与补充设计

在边坡工程设计条件、变形与稳定性复核后，应确认边坡设计方案是否需要进行修改或补充设计。一般情况下，当原设计条件变化不大时，只需对原设计方案进行适当修改，或进一步优化设计；当设计条件变化较大，甚至出现新的地质问题时，需要补充设计；有时，当工程开工后，发现边坡设计方案难以满足工程建设要求时，需要对工程边坡进行重新设计。对于岩土工程设计，在施工阶段，所作的修改设计或补充设计可以统称为变更设计。由于岩土工程设计的不确定性，变更设计应在前期设计中加以考虑，并在工程概算中留有余地。

边坡工程设计包括坡型设计和治理加固设计。具体而言，可分为开挖、加固措施、排水措施、环境保护、监测系统及施工方法设计。为满足安全、经济、

环保的要求，每一项设计内容都可能随设计条件的变化而变动。一般情况下，可能只需要对某项措施进行修改就可以解决问题；当边坡施工过程中发现重大地质问题或发生地质灾害时，甚至整体设计方案推倒重来，如施工中出现大的滑坡。

边坡设计方案的修改是不改变设计原则和总体方案的基础上对原方案进行调整。修改设计包括对某个或多个单项设计内容进行修改，如开挖坡比适当调整、支护加固参数改变、排水措施修改、环保措施调整补充、监测仪器的增减、施工流程与工艺的调整等。这种设计方案的修改是根据设计条件的变化达到最优设计，其工程量可能有增有减。对于大多数边坡工程，修改设计是实施动态设计的主要型式，其结果是设计更安全可靠、经济合理。例如，边坡开挖中，出现变形过大或局部开裂，此时，应分析原因，对加固方案进行修改，调整支护参数。

补充设计是针对新出现的问题与工程建设需要进行分析、拟定设计方案，并进行论证。补充设计是一项综合设计，虽然一般不划分阶段，但需要经历设计工作的各个环节。首先是设计条件和设计参数的确定，然后是计算分析、方案拟定和施工图设计。这种情况比较多，如：工程边坡在施工中出现新的破坏，此时设计条件可能已经发生了大的变化，原方案已不能实施，需要补充设计。又如：某工程边坡采用的桩板墙进行加固处理，技术上方案是可行的，但开挖后，建设单位认为施工时间太长、造价高，提出要补充设计，经论证，采用锚固方案工期短、费用低。

4.3 施工地质勘察及反馈设计

4.3.1 施工地质的内容与方法

4.3.1.1 施工地质的内容

由于自然界地质环境的复杂多变，工程边坡进入施工阶段后，随着开挖揭示的地质条件越来越接近客观真实，其认识逐步深化，可能与前期设计阶段有限的地质勘察获取的相关情况有一定差异。这就需要随边坡的开挖支护过程开展施工期地质勘察研究。

施工地质的目的在于检验前期勘察的地质资料与结论，补充论证专门性工程地质问题，并提供信息化动态设计所需的工程地质资料。

随着边坡工程开挖的不断进行，岩土体固有的面目逐渐暴露。因此，整个施工期间均要进行地质编录和观测，不断积累资料。通过地质编录和观测，可获得许多直观的地质资料，检验修正前期勘察成果，预测不良地质现象；同时，为边坡稳定计算复核提供详

尽的地质参数，进而为边坡治理方案的设计优化、施工方法调整提供更直接的依据；并且，为工程验收和运行期研究有关问题提供地质资料。

边坡施工地质包括一般性施工地质和专门性工程地质勘察两大类。

1. 一般性施工地质内容

一般性施工地质应包括下列内容：

(1) 搜集边坡施工过程中揭露的地质现象，检验前期的勘察成果。

(2) 编录和测绘工程边坡及相关建筑物的地质现象。

(3) 进行地质观测和预报可能出现的地质问题。

(4) 进行工程边坡加固和工程地质问题处理措施研究，提出优化设计和施工方案的地质建议。

(5) 提出专门性工程地质问题专项勘察建议。

(6) 提出边坡工程补充监测内容、布置和技术要求建议。

(7) 进行与地质有关的工程验收。

2. 专门性工程地质内容

当存在危害工程安全的不稳定边坡时，专门性工程地质应包括下列内容：

(1) 复核影响边坡稳定的工程地质条件和失稳的边界条件以及潜在滑动面的物理力学性质参数。

(2) 复核失稳的可能性及其对工程的影响。

(3) 对可能失稳的边坡，应对其施工方案和防护措施提出建议。

(4) 当施工中出现新的地质问题，需要查明其详细情况时，应进行工程地质测绘，平面测绘比例尺可选用 1：500～1：2000，剖面测绘比例尺可选用 1：200～1：1000，并应布置专门的勘探和试验。

4.3.1.2　施工地质方法

边坡施工地质方法包括现场地质巡视调查、地质编录与地质分析预报等，必要时，可补充专门工程地质测绘、勘探与测试。

1. 地质巡视调查

在施工过程中，按照规范要求的频率，进行边坡人工巡视地质调查，调查内容根据岩质边坡与土质边坡的不同侧重点而有所不同。

岩质边坡地质巡视内容应包括基本地质条件，并应侧重以下方面：

(1) 施工开挖进度，施工程序、方法、工艺及其对边坡稳定的影响，爆破半孔率。

(2) 断层、裂隙、褶曲、活断层活动迹象。

(3) 结构面的组合特征及其与边坡坡面的关系，特别是顺坡长大结构面的展布，初步分析判断边坡可能失稳的部位及规模。

(4) 边坡的岩体结构类型、风化分带、卸荷带的发育深度，软弱层带、膨胀岩、盐渍岩等特殊岩体的分布。

(5) 较大的岩溶洞穴发育情况及其对边坡稳定的影响。

(6) 地下水出露位置、出露型式（潮湿、渗水、滴水、线状流水、涌水）、流量、补排条件及其动态变化，暴雨、久雨、冻融对地下水动态和边坡稳定的影响。

(7) 收集边坡变形监测资料。

(8) 边坡岩体出现裂缝的位置，裂缝展布特征及岩体变形与失稳情况。

(9) 边坡临时及永久处理措施的实施情况。

土质边坡地质巡视应侧重以下方面：

(1) 施工进度、程序、方法、工艺及其对边坡稳定的影响。

(2) 软土、粉土、细砂土、膨胀土、湿陷性土、分散性土、盐渍土、冻土、填土等的性状、分布情况及变化趋势，不同土层界面的位置及特征。

(3) 地下水出露位置、出露型式、流量、管涌、流土等情况，暴雨、久雨、冻融对地下水动态和边坡稳定的影响。

(4) 土体含水量的变化、渗透性和外渗条件，渗水对土体膨胀、冻胀、盐胀、湿陷的影响。

(5) 边坡变形、失稳和老滑坡复活情况，地表水对坡面的冲刷。

(6) 边坡处理措施的实施情况。

2. 施工地质编录

施工中应进行连续的施工地质编录工作，主要记录施工过程中遇到的重要地质现象、不良地质问题的处理情况、施工地质重要事件及有关施工的重要决定。特别是注意记录难以用符号在图幅上表示的一切重要地质情况。要特别重视文字编录工作，文字记录宁繁勿简。施工中可能是平常的措施、决定，在今后运行期工程整修时就是重要的参考资料。

岩质边坡地质编录应包括下列内容：

(1) 工程边坡相邻地段的地形地貌，边坡坡向、坡度、高度，马道高程及宽度，编录部位的坐标或桩号、高程。

(2) 地层代号、岩性特征、岩性界线、单层厚度、岩层产状及其与边坡的关系，软弱层带的产状、厚度、延伸情况、结构特征、破碎与泥化情况及界面起伏特征。

(3) 断层、裂隙、褶曲、活断层活动迹象。

(4) 结构面的出露位置、产状、性状、长度、厚度、间距、延伸情况及其透水性，充填物的成分、密实情况、胶结特征，结构面的交切组合型式及其与坡面的关系，特别是顺坡软弱结构面的分布与延伸情况。

（5）风化分带、岩体结构类型、卸荷带发育深度。

（6）岩溶洞穴与溶蚀裂隙的位置、出露高程、大小、形态及发育情况，洞穴充填物及其密实程度。

（7）地下水的出露位置、型式、流量、水温和水质。

（8）边坡变形（松弛、开裂、倾倒）与失稳的位置、体积、几何边界及控制因素。

（9）边坡稳定程度工程地质分区。

（10）爆破松动范围。

（11）开挖、减载、喷锚、支挡、灌浆、截水、排水、植被保护等处理措施的实施情况。

（12）节理统计点、勘探孔（洞）、取样点、试验点、监测点的实际位置。

土质边坡地质编录应包括下列内容：

（1）工程边坡相邻地段的地形地貌，边坡坡向、坡度、高度，马道高程及宽度，编录部位的坐标或桩号、高程。

（2）土的成因类型及时代，分层名称、土层特性、层理、分层厚度及分布，特别是软土、粉土、细砂土、膨胀土、湿陷性土、分散性土、盐渍土、冻土、填土的性状和分布情况，以及卵石、漂石和块石层的分布及架空现象。

（3）生物洞穴、人工洞穴、古文化层的位置及范围，植物根系大小、深度及密度。

（4）边坡渗水的位置、流量、水温、水质。

（5）管涌、流土的位置、特征。

（6）边坡变形、失稳的类型、位置、几何边界和体积，裂缝出露的位置、形态、规模、发展情况。

（7）开挖、减载、喷锚、支挡、排水、植被保护等处理措施实施情况。

（8）探孔（洞）、取样点、试验点、监测点的位置。

边坡地质编录应填写施工地质编录综合描述卡，编录与测绘应完成边坡工程地质图或坡面展示图，边坡典型工程地质纵、横剖面图，边坡重点处理地段地质图或展示图、素描图。坡度小于30°，宜实测地质平面图；坡度大于30°，宜实测地质展示图。地质平面图可根据地质展示图编制。内容宜符合相关规范的规定。

在施工中可大量采用摄影，但摄影时应有参照比例尺，应注意做好编号及文字说明，相片要及时整理

编辑成册，以免日后造成混乱。录像可以反映一些动态的地质现象。地质编录与测绘时，宜对下列地质现象和地段进行摄影或录像：

（1）工程边坡全貌。

（2）主要岩（土）层分界线、结构面、软弱层带。

（3）典型风化、卸荷现象。

（4）岩溶洞穴、溶蚀裂隙、生物洞穴、裂缝等。

（5）边坡渗水、涌水、管涌、流土等现象。

（6）边坡岩（土）体松弛、变形、失稳现象，不利块体等。

（7）边坡典型处理措施的实施情况。

（8）现场测试和长期观测网点。

3. 施工地质测绘、素描

边坡开挖后应进行地质测绘、素描。主要有各类断面、纵横地质剖面图、展示图等。施工期地质测绘、素描，应根据工程所揭露具体地质条件确定采用什么形式的图件，比例尺一般1∶50～1∶500。图件的重点内容是反映不良地质现象。这些图件不但可用于边坡设计分析，还将用于运行期工程维护。

以往地质素描以人工描述为主，目前边坡摄影地质编录方法已经比较成熟，这是一种省时、省力、更准确的素描方法，可以推广应用。

4. 施工地质日志

施工期应编写施工地质日志，日志记录施工有关的主要事件。地质日志应用专门的记录本逐日编写，记录施工地质工作内容、与设计施工协商技术交往内容、地质人员内部技术讨论主要情况结论、施工中出现的有关重要情况、重要技术函件等。地质日志应不厌其烦，重点是与地质有关的工程处理、安全和长期运行等事件，特别是一些在地质勘察报告中未反映的地质情况和事件。

5. 采集标本

边坡施工中，应采集代表性岩土标本存档备查。对重要地质现象，如控制边坡稳定的断层构造岩、裂隙充填物、软弱层带物质及滑带土、断层破碎带、蚀变带物质，特殊性岩土，持力层重要层位均应采集适量标本，以便今后长期查证。

6. 施工现场试验测试工作

施工期主要是进行简易试验，如波速测试、轻型触探、点荷载试验，以确定岩体质量。对于高陡边坡，复核岩土物理力学参数可进行补充物理力学试验；必要时，进行一些专门性试验，如控制边坡稳定的地质结构面或受施工影响后性状恶化的软弱结面的物理力学试验。

7. 施工地质监测

对施工开挖过程中及竣工后可能产生变形的部位及时提出保护或监测建议，根据开挖情况，提出工程长期安全运行的监测项目、观测内容、方法和观测技术要求的建议。施工期地质监测也是保证施工和工程安全方法之一，通过监测，及时整理有关资料，并进行分析预报，作为施工措施选择的参考依据。

8. 施工期间的补充地质勘察工作

对边坡稳定性影响较大，前期勘察阶段遗漏掉的复杂地质问题，必须进行补充勘察。具体工作方法应根据实际情况确定，最好能利用已有勘察成果与边坡工程施工相结合。

4.3.2 施工地质资料的收集与分析

4.3.2.1 资料收集内容

施工地质资料收集与分析是边坡动态设计的重要工作内容。在边坡开挖过程中及开挖完成后，应及时、准确收集有关地质资料，并进行分类整理，分阶段编制施工地质技术成果。

在前期地质资料收集的基础上，边坡施工地质资料收集应包括如下内容：

(1) 施工地质日志、施工地质巡视卡。

(2) 地质编录、测绘成果，各类原始图件、记录卡片。

(3) 地质预报文字材料。

(4) 单元（项）验收的施工地质说明、附图和验收文件。

(5) 地质观测、试验资料。

(6) 地质照片、录影资料。

(7) 标本及有关地质实物资料。

(8) 施工开挖、加固处理、工程监理、工程监测检测中与地质有关的资料。

(9) 其他相关资料：与地质有关的商务资料、工作大纲、会议记录、咨询意见、设计文件等。

4.3.2.2 边坡工程地质分析评价

1. 评价内容

在上述资料的收集过程中，应及时进行地质资料分析。通过收集到的地质资料，进行边坡变形与稳定性复核和预测。地质分析由整体到局部，再由局部修正整体，反复循环，不断提高分析预测结果的准确性。地质资料分析应结合设计资料、施工资料以及监测检测资料对边坡的稳定性进行综合分析评价。

边坡的工程地质评价一般应包括下列内容：

(1) 边坡高度、几何形态和工程地质条件。

(2) 边坡的整体稳定性与局部稳定性及变形分析。

(3) 潜在不稳定岩土体的位置、范围、规模及破坏机制。

(4) 不良地质问题处理建议。

(5) 需要后续处理的地质问题和观测内容。

影响边坡稳定的因素十分复杂，归纳起来可分为两个方面：内在因素和外在因素。内在因素包括：边坡岩土体类型、岩土体结构、地应力等；外在因素包括：水的作用、地震作用、边坡形态及人类活动等因素。影响边坡稳定最根本的因素为内在因素，它们决定了边坡的变形失稳模式和规模，对边坡稳定性起着控制性作用。外在因素只有通过内在因素才能对边坡起破坏作用，促进边坡变形失稳的发生和发展，但外在因素变化很大、时效性很强时，往往也会成为导致边坡失稳的直接诱因。

2. 内在因素

(1) 岩土体类型。岩土体类型按组成物质的不同和差异，宏观上可分为土质类和岩质类。土质类主要是由土、砂、碎石、块石、孤石及全风化岩体等组成的均质、非均质材料。岩质类按饱和单轴抗压强度可分为极坚硬岩、坚硬岩、中硬岩、软岩和极软岩。土质边坡的稳定性主要取决于土质类材料的抗剪强度，其抗剪强度的高低就材料本身而言，主要取决于黏粒、碎石和孤石的含量；黏粒含量越高、碎石和孤石含量越少则抗剪强度越低；反之则强度指标越高。因此，就材料强度而言，堆积体边坡稳定程度高于碎石质边坡，碎石质边坡又高于砾质土边坡，砾质土边坡高于粉（黏）土边坡。具相同结构特征和岩体结构特征的岩质边坡，其稳定程度随着岩质强度的增加而提高。

(2) 岩土体结构。土质类边坡结构密实度也是影响复合质材料抗剪强度指标的重要因素。结构越疏松，抗剪强度指标就越低，边坡稳定程度越差；结构越紧密，抗剪强度指标就越高，边坡稳定程度越好。当边坡具有多元结构特征时，尤其是颗粒相对较细的物质分布在边坡的中下部时，该土层成为制约边坡稳定的主导因素，即边坡稳定程度取决于该土层的物理力学指标。

岩体的结构类型一般可分为块状结构、层状结构、镶嵌结构、碎裂结构和散体结构。由于岩体强度较高，岩质边坡稳定程度主要取决于边坡结构及岩体结构面的性状和规模。顺向坡，当结构面倾角小于坡角时，结构面被坡面切断，上部岩体失去支撑而临空，边坡的稳定性最差，极易发生顺层滑坡。逆向坡，一般情况下边坡稳定条件较好，如果结构面陡倾，有可能会产生崩塌破坏和倾倒变形；如果下部有软岩，则更容易出现倾倒或蠕滑变形。斜向坡，主要是可能出现楔体变形破坏。横向坡，边坡稳定条件最好。

当岩体中存在结构面及其组合构成了对边坡稳定不利的分离块体时，结构面规模控制边坡变形失稳的规模，而结构面性状则控制边坡的稳定程度。由断层、顺层挤压错动面构成的分离块体，尤其是有连续断层泥或充填泥质的长大卸荷裂隙分布时，稳定程度最差，失稳规模最大；由成组节理裂隙构成的分离块体，由于节理裂隙延伸长度短小，组成大规模分离块体时，必定有部分岩桥起抗滑作用，边坡稳定程度主要取决于节理裂隙的连通率、张开程度、充填物性状、起伏差及岩桥强度。当坡体结构具备"上硬下软"的二元结构特征时，下部软弱夹层易被压缩，并产生蠕变，导致上部岩体（硬岩）拉裂，最终产生滑动或崩塌失稳。

（3）地应力。边坡所在地区岩体坚硬完整、地应力较高时，由于卸荷作用与应力重分布，表层岩体严重卸荷松弛，并改造或产生陡倾角的拉张裂隙和顺坡中缓倾角剪切裂隙，边坡稳定条件较差。一旦开挖触及较深部岩体时，由于卸荷回弹，必将引起有限变形问题，边坡开挖面附近岩体势必出现表层剥落、松动、张裂，甚至岩爆等现象，岩体的物理力学性质将发生变化。

3. 外在因素

（1）水的作用。水的作用包括地下水、地表水及大气降雨入渗、泄洪雨雾入渗等。

水对边坡稳定的影响十分显著，众多边坡的失稳多发生在降雨、暴雨后。水是边坡失稳的主要外在因素之一，其对边坡稳定的影响主要包括以下3个方面：①水的软化作用，对软岩、极软岩、软弱夹层及土质类材料的细粒（尤其是黏、粉粒）部分有软化、泥化作用，使岩土体和结构面强度显著降低；②产生动水压力和静水压力，由于雨水渗入、河水位上涨、水库蓄水或运行期库水位涨落等，地下水位变化，会改变坡体的内、外水压力；③雨水有可能诱发地质灾害，在具备丰富的松散物质来源、较大汇水面积及前缘地形坡度较陡的区域，在土体基本处于饱水状态下，暴雨极有可能诱发形成泥石流。

（2）地震作用。地震也是诱发边坡破坏的重要外在因素之一。地震对边坡稳定的影响主要表现在：①在坡体内产生影响边坡稳定的附加作用力，包括铅直和水平向的不利外力作用；②振动作用引起岩土体结构的松动和强度的降低，促进裂隙的产生和发展。

（3）边坡形态。边坡形态主要指坡高、坡角、坡面形态、边坡临空程度及开挖体型等。

坡高：随坡高增加，边坡内各处的应力值均呈线性增大，边坡稳定程度降低。

坡角：随坡角变陡，张力带的范围有所扩大，坡脚应力集中带最大剪应力值也随之增高。坡底的宽度对坡脚的应力状态也有一定影响，坡脚最大剪应力随底宽缩小而急剧增高。最大剪应力的增高将导致边坡稳定程度的降低。

坡面形态：边坡的平面形态对其应力状态也有明显的影响，平面形态上的凹形坡由于受到沿边坡走向方向的侧向支撑，应力集中程度明显减缓，稳定条件较好；凸形坡应力集中现象明显，稳定条件差。

边坡临空程度：边坡的临空面越多，变形程度越严重，一方面失去部分阻滑力和空间效应；另一方面边坡岩土体更易卸荷松弛，边坡稳定程度降低。

开挖体型：开挖体型复杂，应力重分布不利，可能在多个部位出现应力集中带，加剧边坡岩体的卸荷松弛，边坡失稳模式呈多样化，稳定程度降低。因此，边坡开挖体型总体应平顺，并与周边协调衔接，以利于边坡稳定。

（4）人类活动。人为因素主要包括边坡的开挖与支护顺序、爆破、施工用水管理、边坡的加载、卸载等。

合理的开挖与及时的支护，有利于边坡稳定，如对边坡稳定条件较差的部位采用间隔分段开挖、地下水丰富地区或水对边坡稳定起控制作用地段超前排水等；大开挖或支护严重滞后的行为，将可能造成边坡在施工期失稳破坏。

开挖爆破对边坡稳定的影响主要是振动作用，爆破裂隙影响边坡岩体的完整性，失控的爆破有时会直接造成塌方事故，因此，为有利于边坡稳定，应实施有效的爆破控制，如预裂爆破，以合理的单耗、总起爆药量等进行控制。

施工用水管理不善，乱排放的水渗入边坡岩土体中，将恶化边坡稳定条件。在边坡施工中，必须严格施工用水管理，合理排放，以确保边坡稳定。

施工期，需要在边坡上布置临时建筑物和堆（转）存建筑材料时，会增加边坡上的外部荷载，使边坡稳定程度降低。工程开挖的大量弃渣需堆放于渣场，渣场一般位于缓坡平台部位，下部边坡较陡时，大量堆渣增加的荷载将导致新的边坡变形稳定问题。渣场位于冲沟中时，如果渣物乱堆放，可能出现渣场边坡稳定问题；在汛期，严重时可能形成泥石流。此外，工程需要在缓坡地带（阻滑段）进行开挖或取土、取石，减小了阻滑段的阻滑力，也有可能导致边坡变形失稳。

4.3.3　施工地质预报与反馈设计

4.3.3.1　施工地质预报

施工地质预报是在已有地质资料的基础上对后续

可能遇到的地质条件与问题的分析预测。工程边坡在每级开挖过程中，可以不断获得新的地质资料，通过分析，应及时对边坡变形稳定状态进行预报。

遇到下列现象时，应分析原因、性质和可能的危害，并及时进行预报。

(1) 边坡上不断出现小塌方、掉块、小错动、弯折、倾倒、反翘等现象，且有加剧趋势。

(2) 边坡上出现新的张裂缝或剪切裂缝，下部隆起、胀裂。

(3) 坡面开裂、爆破孔错位、原有裂隙扩展和错动。

(4) 坡面渗水加快，沿软弱结构面的湿度增加。

(5) 地下水位、出露点的流量突变，出现新的渗水点，水质由清变浑。

(6) 边坡变形监测数据出现异常。

(7) 土质边坡出现管涌、流土等现象。

边坡施工地质预报应包括下列内容：

(1) 边坡中可能失稳岩土体的位置、体积、几何边界和力学参数。

(2) 边坡可能的变形和破坏型式、发展趋势及危害程度。

(3) 进行边坡稳定性分区，对边坡稳定性差的部位，提出处理措施的建议。

(4) 综合分析前期及施工期地质成果，提出修改设计和优化边坡处理的建议。

4.3.3.2 边坡稳定性评价预测方法

边坡工程中地质分析与预测的目的，是为了对下一阶段施工时边坡的稳定性作出评价和预测。评价预测方法可概括为过程机制分析法、理论计算法和工程地质类比法。

1. 过程机制分析法

过程机制分析法是应用边坡变形、破坏的基本规律，通过追溯边坡演变的全过程，对边坡稳定性现状、发展的总趋势和区域性特征作出评价和预测。

(1) 根据阶段性规律预测边坡所处演化阶段和发展趋势。首先，根据边坡外形，坡体结构、边坡环境地质条件，确定边坡可能的变形破坏地质力学模式、变形破坏机制以及主控条件；然后，通过施工地质资料的收集，查明边坡现有的变形迹象，阐明其形成演变机制，参照各类变形模式演变图和阶段划分的地质依据，确定边坡所处演变阶段。对于一些重要的边坡，通过施工地质资料的收集，查明边坡类型和变形机制模式，建立相对应的力学和数学模型，采用物理或数值再现模拟。将模拟成果与实际情况进行对照，验证其可靠性，以此作为边坡演变阶段和发展趋势预

测的依据。

(2) 根据周期性规律判定促进边坡演变的主导因素。促使边坡变形破坏的各种因素，在地质历史进程中都有其各自的周期性变化规律，因而边坡演变也会具有周期性变化规律，并且必然受主导因素的周期性变化规律所制约。根据周期分析，可以判定影响边坡变形、破坏的主导因素，为预测、预报和边坡治理提供依据。

(3) 根据区域性规律阐明边坡稳定性分区特征。在地质条件、地貌条件以及气候条件相似地区，边坡演变规律也会具有相似性。因而研究边坡演变的区域性规律，进行合理区划工作，具有重要理论和实践意义。

2. 理论计算分析法

理论计算分析法是将土力学、岩石力学、弹塑性力学、断裂力学、损伤力学等多种力学和数学计算方法应用于边坡稳定性的定量评价和预测。

3. 工程地质类比法

工程地质类比法是目前很通用的一种方法。其实质是把已有的天然斜坡或人工边坡的研究和设计经验应用到条件相似的新斜坡的研究及人工边坡的设计中去。工程经验包括边坡开挖坡角、坡高的经验，边坡变形破坏型式以及发展变化规律的经验，边坡治理经验等。在进行类比时，不但要考虑边坡结构特征的相似性，还要考虑边坡所处自然环境的相似性，以及促使边坡演变的主导因素和边坡发展阶段的相似性。

4.3.3.3 地质信息反馈设计

边坡地质信息反馈设计，是指将边坡施工中获得的新地质条件与原设计输入的地质条件进行比较，进而依据新的地质条件调整优化设计方案的过程。边坡地质反馈设计强调全过程地质工作与设计的协调、不同工作步骤的协调。边坡动态设计是核心，地质信息收集是手段，地质预测是关键，预测的中心工作是工程地质分析。

要做好地质信息反馈设计，首要的是查明边坡工程地质条件，分析工程地质问题。边坡工程地质条件是指与工程边坡有关的地质条件的总和，包括地形地貌、岩土体的类型及其工程地质性质、地质构造、水文地质条件、物理地质作用及天然建筑材料等方面。边坡工程地质问题是与边坡工程活动有关的岩土体变形与稳定问题，它影响边坡及其相关建筑物修建的技术可行性、经济合理性和安全可靠性。边坡工程地质工作的主要任务是对人类工程活动可能遇到或引起的边坡工程地质问题作出预测和确切评价，从地质方面保证工程建设目标的实现。

边坡设计的工程地质条件输入主要包括：地层岩

性、地质构造、岩土体结构、岩土体性质及参数、地下水作用、地震作用、地应力以及与地质体有关的其他条件。在边坡施工过程中，这些条件随着边坡开挖而逐渐明晰，较前期勘察成果可能有所变化，并可能发现新的地质条件、出现新的地质问题，这就要求在做好施工地质工作的基础上，及时将新的地质信息反馈到边坡设计中，以便确认原设计方案、施工方法的可行性，或提出更合理的设计方案。

地质反馈设计中，当施工地质预测结果与原设计输入条件基本一致时，只需要利用监测、施工反馈信息验证设计方案的合理性与施工方法的正确性；当施工地质预测结果与原设计输入条件有较大差异时，应根据新的地质条件重新评价边坡的变形与稳定性，对设计方案进行调整或补充设计，并提出施工技术要求；当施工地质预测预报边坡出现变形破坏时，应及时停止施工，进行应急处理，对边坡工程进行重新设计。

4.4 边坡工程监测及反馈设计

4.4.1 边坡工程监测内容与方法

由于边坡地质条件的复杂性，以及影响边坡稳定的因素存在不确定性，设计研究中，很难真实模拟边坡的地质结构及其实际工作状态。因此，有必要在施工期和运行期对边坡进行原位监测，运用监测手段跟踪边坡的工作状态，评价边坡变形与稳定性和加固处理效果。边坡工程监测的目的，除了保障工程安全外，同时满足信息化设计与施工的需要，应用监测反馈信息检验边坡设计和调整、优化设计。

对于大型复杂边坡，监测设计是边坡工程设计的重要内容；监测实施是边坡工程施工的重要环节。监测工作对正确评估边坡的安全状态、指导施工、反馈和修改设计以及改进边坡设计方法等方面具有非常重要的意义。监测技术的引入，使边坡工程的设计与施工在安全性和经济性的协调统一中起到了不可或缺的作用。

4.4.1.1 监测项目与内容

边坡工程监测项目按照不同工程阶段，结合地质条件与支护结构设计、施工方法、工程的重要性以及经济性等方面选定。主要监测项目包括边坡表面变形监测、应力应变监测、渗流监测、环境影响因素监测、爆破影响监测和巡视检查等。目前，水电水利枢纽工程边坡监测项目与内容见表 4.4-1。

表 4.4-1　　　　水电水利枢纽工程边坡监测项目与内容一览表

监测手段	监测项目	监测内容	施工期	运行期
仪器监测	边坡表面变形监测	表面水平位移	√	√
		表面垂直位移	√	√
		表面倾斜	√	√
		断层、裂缝变形	√	√
	边坡深部变形监测	深部水平位移	√	√
		深部垂直位移	√	√
		断层、裂缝变形	√	√
	支护结构受力状态监测	锚杆应力	√	√
		锚索荷载	√	√
		支护压力	√	√
	渗流监测	渗流量	+	√
		渗透压力（孔隙水压力）	√	√
		地下水位	√	√
	环境影响因素监测	库（河）水位	+	√
		降雨量	√	√
		水质分析	√	√
		入渗过程	+	√
		地温	√	√

监测手段	监测项目	监测内容	施工期	运行期
仪器监测	爆破影响监测	岩体质点振动速度、加速度	√	
		岩体动应变	√	
	岩体松动范围监测	岩体声波速度变化	√	
	岩体破裂监测	岩体声发射、微地震波	√	√
	雾化影响监测	雨量		√
		入渗过程		√
		岩体变形、支护荷载		√
巡视检查		各种迹象	√	√

注　√—必测项目，十—选测项目。

边坡监测网由监测线（剖面）和监测点组成，由点、线、面形成三维监测网，全方位监测边坡岩土体的变形、支护荷载的相关因子和环境因素的变化，以满足安全评价和监测预报的具体要求。对于重点监测部位，采用重点断面和辅助断面相结合布置监测仪器；对于一般监测部位，按监测点布置。重点断面监测点的布置以地表监测与岩体内部监测相结合，掌握监测物理量在空间的变化。

边坡监测项目以变形监测为主，地表变形监测网

和钻孔深部位移监测是安全监测的主要手段。为了满足边坡稳定性研究和安全度评价的需要，在重点断面布置渗流、支护结构受力监测以及其他环境影响因素监测。

4.4.1.2　监测方法

边坡工程监测方法大体上可分为两大类：外部观测法和内部观测法。外观法以坡体表面位移为观测对象；内观法是在坡体内部埋设仪器，监测坡体各种物理量变化。目前，边坡工程监测常用方法见表 4.4-2。

表 4.4-2　　　　　　　　边坡工程监测常用方法一览表

分　类	监测项目与内容	监测方法及监测仪器
变形监测	地表水平位移监测	边角网、边角前方交会法、直接测距、一机多天线 GPS 测量系统
	地表垂直位移监测	几何水准、精密三角高程测量、GPS
	深部及平洞水平位移监测	钻孔测斜仪（便携、固定）、多点位移计、垂线坐标仪（倒垂）、滑动测微计
	深部及平洞垂直位移监测	静力水准仪、几何水准
	岩体倾斜监测	倾斜仪、正倒垂线
	裂缝监测	测缝计、裂缝计
	地表和平洞岩体变形	砂浆条带、测缝计、收敛计、水平变形测量仪
渗流监测	地下水位	水位观测孔、水位计
	渗压	渗压计、测压管法
	渗流量	量水堰
	地表径流	流速法、量水堰
	降雨量及入渗过程	雨量计、渗压计
	水质监测	水化学分析仪
支护荷载监测	锚杆应力	锚杆应力计、钢筋计
	锚索荷载	锚索测力计
专项监测	爆破影响监测	测振仪、声波仪
	岩体破裂监测	声发射仪、微震监测系统
	岩石松动监测	声波仪、地震波仪
	雾化影响监测	雨量计
	强震监测	地震仪

4.4.2 监测资料收集

4.4.2.1 收集内容与途径

随着边坡开挖与支护施工的展开，相关监测设施应逐步实施并及时投入观测。相应地，监测资料的收集也应随之展开。监测资料整理分析和反馈是安全监测工作中必不可少、不可分割的组成部分，是进行安全监控、动态跟踪优化设计、指导施工和安全评价的关键环节。

边坡工程安全监测资料的收集包括监测数据的采集、人工巡视检查记录、其他相关资料收集三部分。按有关规程规范的频次和技术要求进行的监测数据采集记录是资料收集的一项基本内容；人工巡视检查对任何岩土工程都是必不可少的，必须认真实施和记录，作为监测资料的一个基本组成部分；另外，监测资料整理分析还要采用或参考其他相关数据、记录、文件、图表等信息资料，如边坡工程地质、设计、施工资料。因数据采集的环节较多，数据有可能出现不同类型的偏差和误差，因此在使用这些数据之前必须作可靠性检查，包括一致性检查、相关性检查和必要的统计学检验，还应作误差分析和误差处理，以便消除数据的偏误，保证数据的可靠性和有效性；再在此基础上进行初步定性分析、定量正分析和反分析等相关工作。

4.4.2.2 边坡工程监测数据的采集

目前，边坡工程监测以仪器观测为主，各类迹象观察为辅。在施工期，当仪器（或测点）安装埋设后，即可进行相应的观测，一般采用人工观测或半自动监测，使用规范的表格进行记录；同时，应做好有关迹象的观察，如裂缝扩展、渗水点出露描述等。在运行期，有条件的可以采用自动监测或远程监控，并建立相应的信息采集分析系统。边坡工程监测数据的采集，应严格有关规程规范或设计要求进行，以确保数据的连续性和有效性。

4.4.2.3 现场巡视资料的收集

现场巡视是边坡监测的重要手段，主要是定期对边坡出现的宏观变形迹象和与变形有关的异常现象进行调查记录。前者包括：边坡地表或排水洞有无新裂缝发生，原有裂缝有无扩大、延伸，断层有无错动现象，地表有无隆起或下陷，建筑物是否变形，支挡结构是否出现裂缝等；后者主要为：地声，生态异常，排截水沟是否通畅，排水孔是否正常，是否有新的地下水露头，原有的渗水量和水质有无变化，安全监测设施有无损坏等。记录内容包括：检查时间、参加检查人员、检查的目的和内容、检查中发现的情况。

4.4.2.4 边坡工程监测其他相关资料收集

边坡工程监测其他相关资料收集包括：

（1）监测仪器设备及安装的考证资料。监测设备的考证表、仪器规格和数量、仪器安装埋设记录、仪器检验和电缆连接记录、仪器出厂说明书、仪器率定资料等。

（2）监测仪器附近的施工资料。

（3）监测工程有关的地质设计资料。如设计图纸、参数、计算书、施工组织设计、地质勘测及详查的资料报告和技术文件等。

（4）设计、计算分析、模型试验、前期监测工作提出的成果报告、技术警戒值、安全判据及其他技术指标和文件资料。

（5）有关的工程类比资料、规范规程及有关文件等。

4.4.3 监测资料的整编分析

4.4.3.1 监测资料整理分析基本要求

（1）监测资料整理分析是边坡工程监测工作的重要组成部分，必须充分重视。要将其纳入整体安全监测计划，配置必需的软硬件设备，选用合格称职的技术人员，认真执行有关规范规程和技术要求，遵照全面质量管理的原则。

（2）边坡施工过程是边坡工程设计最难把握的工况之一。监测仪器安装埋设完成后，应及时取得各监测项目的初始值；对施工期取得的监测资料应进行快速整理、分析，并及时反馈。在正常情况，监测资料的校核、整理和初步分析必须当日完成。在边坡出现破坏迹象时，对监测资料分析成果的要求是刻不容缓、及时跟踪。

（3）监测资料整理分析必须保证数据成果的准确可靠为基本前提。原始资料在现场校核检验后，不得随意修改。粗差的辨识和剔除必须谨慎，严格按照有关规定要求进行。经整理和整编后的监测资料和数据库不应修改。引用的分析方法应该做到基本理论正确，方法步骤合理，经过实际工程的验证，并得到相关专家的认同。采用的计算机程序一般应通过鉴定，并得到同行公认，经过实际工程使用考验。监测资料整理分析的数据、资料、成果和报告等必须认真执行验收校审制度，并及时归档。

（4）监测资料整理分析成果应以解决工程实际问题为基本目的，不片面强调理论、模型和方法的先进完善。成果报告的内容应以满足有关工程规范要求，回答解决工程面临的安全问题为限，不要求做更广泛的商榷探讨。

（5）监测数据和相关资料的收集要尽可能充实完

整，对各种监测资料成果应认真进行对比研究，并宜采用多种分析方法做出分析比较和印证，以克服单项成果和单一方法的片面与不足。

（6）边坡变形往往是边坡失稳的前兆，边坡位移、变形速率、加速度等变化情况，可以更直接、快速地反映边坡的安全性状。因此，根据监测资料分析边坡安全性状时，宜以变形监测作为主要控制指标，按照累计位移、变形速率、加速度等变化情况，并结合其他监测资料，综合评价边坡安全性状。

4.4.3.2　监测资料整理分析的方法

根据实际需要，监测资料分析有简有繁，依据其分析内容可分为两类：一是初步分析；二是系统全面的综合分析。在日常监测过程中，有无异常观测值可通过初步分析进行验证。在工程出现异常和险情的时段、工程竣工验收和安全鉴定等时段、附近工程维修和扩建等外界荷载条件发生显著变化的重点时段，通常需要对监测资料进行较深入系统的综合分析，用以查找存在的安全隐患和原因，分析监测资料变化规律和趋势，预测未来时段的安全稳定状态，为可能采取的工程决策提供技术支持。

监测资料的分析方法可分为以下几类：

（1）常规分析方法。如比较法、作图法、特征值法和测值因素分析法等。

（2）数值计算方法。如统计分析方法、有限元正反分析法等。

（3）数学物理模型分析方法。如统计分析模型、确定性模型和混合型模型等。

（4）应用某一领域专业知识和理论的分析方法。如边坡安全预报的经验方法：斋藤法、黄金分割法等。

其中，常规分析方法是一般设计人员都能掌握实用的；而其他方法应用于专题性分析研究。常规分析方法具有原理简单、结果直观、能快速反应出问题等优点，在工程中得到广泛的应用。监测资料常规分析方法主要有：

（1）比较法。是通过对比分析检验监测物理量值的大小及其变化规律是否合理，或建筑物所处的状态的对比分析方法。比较法通常有：监测值与技术警戒值相比较；监测物理量的相互对比；监测成果与理论分析（或试验）成果相对照。工程实践中则常与作图法、特征统计法和回归分析法等配合使用，即通过对所得图形、主要特征值或回归方程的对比分析做出检验结论。

（2）作图法。是根据分析的要求，画出相应的过程线图、相关图、分布图以及综合过程线等。由图可直观地了解和分析观测值的变化大小及其规律，影响观测值的荷载因素及其对观测值的影响程度，观测值有无异常。

（3）特征值统计法。是根据揭示监测物理量变化规律特点的数值，借助于特征值的统计与比较来辨识监测物理量的变化规律是否合理，并得出分析结论的方法。岩土工程常用的特征值一般是监测物理量的最大值和最小值，变化趋势和变幅，岩土体变形趋于稳定所需的时间，以及出现最大值和最小值的工况、部位和方向等。

（4）测值影响因素分析法。是综合分析各种影响因素及其效应，确定主要因素，以对监测资料进行合理解释评价。在监测资料分析中，应事先收集整理开挖卸荷、爆破振动、塌方失稳、空间效应、时间效应、各类不良地质条件、地下水作用、灌浆、预应力锚索加固等各种因素对测值的影响及其作用效应，经综合分析后，对监测资料的规律性、异常现象产生原因做出合理解释。通过影响因素分析，找出主要影响因素，并提出相应的控制措施。

在实际的监测成果分析过程中为了更深刻地透析监测数据，往往需要多种分析方法综合应用。

4.4.3.3　成果表示形式

边坡工程监测资料分析成果表示形式主要有监测成果曲线和监测成果表格两种。

1. 监测成果曲线

边坡的性状和变化要通过监测物理量的空间分布和随时间的变化考察，即通过整理各种物理量沿不同深度、不同方向的分布曲线和物理量随时间变化的过程曲线来反映。

（1）位移（变形）曲线。岩土边坡破坏的主要型式是变形发展，所以位移监测是岩土边坡监测中最重要的监测项目。一般要整理的位移曲线较多，常用的位移（变形）曲线有：位移—深度曲线、位移—时间过程曲线、位移方向—深度曲线。

（2）渗压—时间曲线。用渗压计可以测量地下水的渗透压力，通过压力值可以求出地下水位。

（3）锚索荷载—时间曲线，锚杆应力—时间曲线。

（4）裂缝开合度—时间曲线。利用测缝计可以测量边坡上的裂缝、断层、夹层等部位的开合和错位。

（5）收敛变形—时间曲线。

（6）水位—时间曲线。如果边坡靠近江河和水库，河水位或库水位的变化对边坡稳定性影响很大，水位—时间过程曲线有助于分析边坡的位移、渗压变化。

（7）倾角—时间曲线。可以形象地表现出边坡倾倒变形各个阶段及其特征。

（8）声波速度—深度曲线。可用来判断边坡岩层松动带层的深度。

2. 监测成果表

（1）监测仪器埋设情况表。内容包括仪器名称、生产厂家、仪器（或测点）编号、测点位置（或坐标）、埋设时间以及备注等。

（2）监测仪器数量统计表。

（3）监测成果统计表和分析表。

4.4.3.4　边坡稳定状态的评价

根据监测资料对边坡稳定状态进行评价是一个十分复杂的问题，它涉及多方面的因素，如边坡的地形、工程地质及水文地质方面的历史和现状，自然（如降雨、地震）和人为活动（如施工开挖、爆破振动、水库蓄水和放水）等因素的影响。在此仅着重介绍如何根据现场位移监测资料对边坡稳定状态进行评价。

1. 相对稳定的判识

当位移—深度曲线为稳定位移曲线，且位移—时间过程曲线没有明显位移持续增长，只随时间呈小的波动变化时，可考虑边坡处于相对稳定状态。稳定位移曲线的"稳定"是指相对稳定而言，并非一成不变，这种位移变化的特点：一是呈缓慢的蠕变型式；二是呈波动变化。造成曲线波动变化的主要外因，是降雨过程引起的地表水、地下水和江河水位的变化、施工爆破的影响以及地震等。这些因素可能导致瞬时或暂时的位移突变，但当外因一旦消失，位移即趋于稳定。

2. 变形失稳发展程度与阶段划分及判识

边坡变形失稳是在各种内外因素共同作用下逐渐发展的，其阶段一般可划分成平稳、缓增启动、变形加速、失稳或收敛趋稳和变形稳定等阶段。变形加速后如果影响因素消失或采取了及时有效的工程措施，将进入收敛趋稳阶段，达到新的稳定平衡；反之则变形进一步加速发展进入发生失稳破坏的另一条路径。

边坡处于稳定状态时，各监测效应量随时间的变化均比较平缓。当边坡处于非稳态条件时，会以变形的方式进行调整。在变形缓增启动阶段，各监测效应量随时间的变化逐渐增加，规律开始趋向一致，此阶段时间长短不一，在后期一般出现变形异常拐点，但现象易被忽视且较难发现，其成果分析应注意对各项资料进行相关分析、对数学模型在时间序列上适当后延、结合地质宏观调查和其他类似工程经验综合判识，力争及时捕捉到变形异常启动点，此阶段是采取有针对性工程处理措施的最佳时机，且有效而经济。若随着边坡变形的进一步发展，自身抵抗变形的能力不断削弱，时间效应上变形速率继续增大，此时各监测效应量随时间的变化斜率变陡或突变，出现加速突变点，进入变形加速阶段。在本阶段，边坡局部开始出现宏观变形失稳迹象（诸如裂缝出现、局部坍塌等），一般应直接进入抢险程序，停工观察或应急处理。出现突变后边坡变形仍将持续发展一定阶段，若外部因素作用得以改善或采取了及时有效的工程措施，变形会逐渐趋缓，出现减速收敛点，进入变形收敛阶段，表明所采取的边坡工程治理措施已发挥作用，否则应重新检验措施的有效性。为满足边坡最终的稳定安全要求，在变形收敛阶段一般尚需继续跟踪监测和完善治理措施，随着进一步的工程治理措施发挥作用，边坡变形进一步收敛，出现收敛稳定点，步入新的稳定阶段，根据边坡的岩土性质可能出现持续时间长短不一的时效变形。如果变形发展得不到抑制而继续加速变化，当变形总量或速率大于临界值时，边坡将失稳破坏，出现整体宏观失稳表象（诸如滑坡体前后缘裂缝贯通错台、侧缘形成并剪错、地下水出露点水体变浑浊）甚至整体性塌滑或滑坡。边坡变形发展阶段划分及特征点情况的典型特征曲线见图4.4-1。

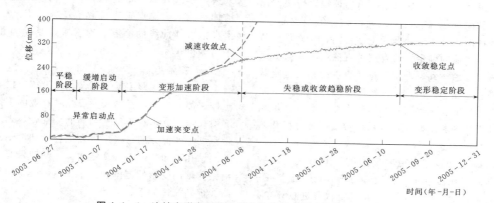

图 4.4-1　边坡变形发展阶段划分及特征点情况的典型特征曲线

3. 出现潜在滑动破坏危险的判识

当位移—深度曲线在某点出现明显拐点，表明在该深度附近出现了位移突变，可认为边坡已出现滑动和滑动面，应考虑未来可能失稳，并呈滑动破坏。从位移—深度曲线图可以确定滑动面位置、滑动带厚度、滑动位移大小、平均速率和滑动方向等，同时应根据钻孔柱状图或地质剖面图查明滑动面的性质（浅层或深层、沿断层面或层面、还是沿堆积层与基岩交界面）。

当滑动面出现后，可绘制滑动面或地表处的位移时间过程曲线，看位移是否持续增长、呈起伏变化或趋于稳定；绘制不同时间的相对位移曲线，看相对位移是急剧变化还是缓慢变化；绘制不同时间位移方向—深度曲线，看位移方向是急剧变化还是缓慢变化或不变；在上述基础上，结合累积位移—深度曲线对边坡体的滑动特征作出初步判断。

边坡失稳一般是个渐进过程，它总是在各种内外因素共同作用下，最终在边坡表部出现一些宏观的特征，通过巡视检查，下列现象可以作为判断边坡出现失稳的征兆之一：

（1）边坡滑动范围内的前后缘裂缝贯通且有错台、侧缘形成且剪错变形。

（2）边坡滑动范围的前缘出现坍塌、滚石现象，湿地增多。

（3）边坡岩石发出响声，甚至冒气（似冒烟）。

（4）地下水出露点水体变浑浊、地表水沿裂缝很快漏失、原有泉水干涸、新的泉水点出现等。

4. 允许临界位移（或速率）值的确定

允许临界位移（或速率）值是边坡出现破坏前的最大位移（或速率）值。随着边坡变形的发展，自身抵抗变形的能力不断削弱，时间效应上变形速率相应增大。当变形量和变形速率大于某一允许值时，破坏开始。通过边坡位移监测值（或计算速率）和允许临界位移（或速率）的对比分析可对边坡稳定性态作出评价。滑动面位移（或速率）允许临界值很难规定，对各种各样的边坡不能一概而论。目前，允许临界位移（或速率）值的确定大致有三种方法：①在监测过程中，前面已经达到（发生）过且表现为相对稳定状态的位移（或速率）值，一般可以借鉴作为后来（未来）允许达到的安全界限；②工程类比，根据条件相似的边坡工程经验来确定；③结合数值仿真分析和监控模型来确定。

允许临界位移（或速率）值实际上对应于监控指标的确定。在对监测数据进行初步分析及定量正、反分析的基础上，必然要对边坡安全状态进行评价，这就涉及监测效应量的控制标准（即监控指标）问

题。监控指标可通过监测量的数学模型考虑一定的置信区间构成实用的监控表达式求得，也可根据数学模型代入可能最不利原因量组合推求出极限值来表达，还可以采用被监测对象的稳定、强度等安全度的反算求来求出监测效应量的临界值。但由于边坡工程的复杂性和不确定性，地质条件概化困难，失稳机理不同，目前边坡监控指标更多的局限在定性判据方面的研究，很难制定统一的失稳评判准则。监控指标的确定，有赖于大量分析样本的获取和统计分析。

4.4.3.5 典型监测资料分析成果的基本判识

1. 外部变形

外部变形监测目前仍采用较为成熟和有效的表面变形监测点（包括 GPS），一般主要分析其绝对、相对变形、方位角以及倾伏角变化等。绝对变形衡量总体变形的大小和程度。相对变形衡量某一时段变形的变化速率，与周围建筑物、地质条件、施工开挖和降雨量等因素直接相关，一般侧重分析其在平面上和高程上的差异。方位角衡量平面变形的方向，与地质构造、开挖体型、施工过程等因素相关，一般侧重分析其在平面上和高程上的一致性和协调性。倾伏角衡量合位移中铅直向变形和水平向变形的比例，与地质构造、施工过程等因素相关，一般侧重分析其在高程上的协调性和变形性质。

综合相关项目可以分析得出边坡宏观变形规律、潜在失稳模式、潜在滑动面的前缘和后缘，结合深部变形还可推求出滑动面的深度，为边坡的稳定性分析和工程措施的实施提供重要依据。图 4.4-2 为某工程边坡典型牵引式失稳模式表面变形特征曲线，可以看出，低高程测点比高高程测点位移大、位移突变随高程的增加拐点逐渐滞后，变形收敛也遵循类似规律。图 4.4-3 为某工程边坡典型推移式失稳模式表面变形特征曲线，可以看出，潜在滑坡体后缘同一测点垂直位移大于水平位移，越靠近潜在滑坡体前缘的测点无论水平还是垂直位移均小于后缘。

2. 深部变形

边坡深部变形主要采用钻孔埋设相应仪器监测岩土体内部的变形，目前较为成熟和有效的手段是采用测斜孔来监测垂直于钻孔轴向的变形，寻求潜在滑动带深度、变形方向；采用多点位移计和滑动测微计来监测钻孔轴向变形，寻求结构面、卸荷带等的分布或沿钻孔轴向变形的范围和大小。这两类常用仪器位移曲线识别简述如下。

（1）钻孔测斜仪。

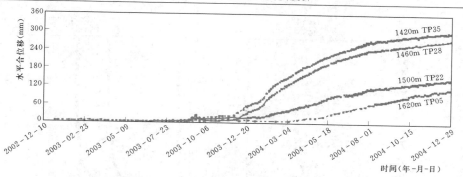

图 4.4 - 2　牵引式失稳模式表面变形特征曲线

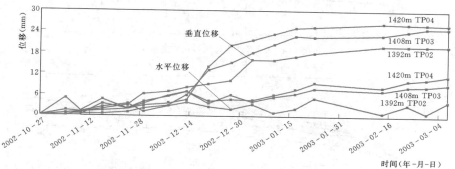

图 4.4 - 3　推移式失稳模式表面变形特征曲线

1) 相对稳定位移曲线。相对稳定位移曲线一般指边坡没有出现明显滑动面，其相对位移—孔深变化曲线一般没有规律，累计位移—孔深变化曲线的特点是缓慢蠕变型式或波动变化。造成波动变化主要是外在因素，且是瞬时或暂时的。一旦影响消失，位移即趋于稳定。相对稳定位移测斜孔典型曲线如图 4.4 - 4 所示。

2) 滑动位移曲线。滑动位移曲线一般指边坡已经出现了滑动面，通常这个滑动"面"是以具有一定厚度的滑动"带"的型式出现，其相对位移—孔深曲

线在滑动面以"波峰"型式出现，累计位移—孔深曲线在滑动面处以"台阶"型式出现。滑动位移测斜孔典型曲线如图 4.4 - 5 所示。

（2）多点位移计。

1) 相对稳定位移曲线。相对稳定位移曲线一般指边坡没有出现构造面的开闭、岩体卸荷作用不明显或没有明显滑动面，其相对位移—时间曲线中各测点位移之间较为接近，位移总体量级不大，在初期变形随时间变化较快后即趋于平缓。相对稳定位移典型曲线如图 4.4 - 6 所示。

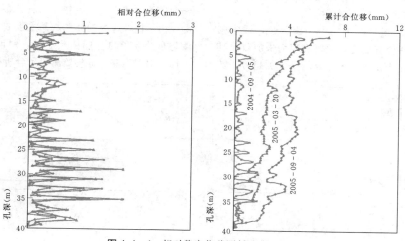

图 4.4 - 4　相对稳定位移测斜孔典型曲线

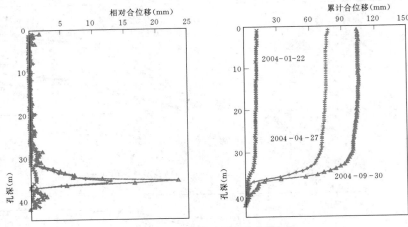

图 4.4 - 5　滑动位移测斜孔典型曲线

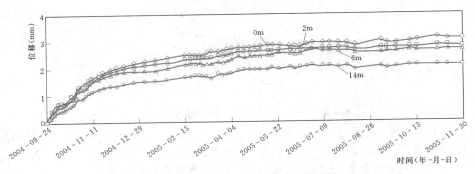

图 4.4 - 6　相对稳定位移多点位移计典型曲线

2）开挖卸荷回弹位移曲线。开挖卸荷回弹位移曲线一般出现在较陡开挖的岩质边坡上，岩体变形主要为开挖卸荷导致向临空面的位移。位移的变化与开挖深度紧密相关，位移曲线拐点均出现在每级坡的开挖爆破期。随着开挖高程的下降，其相对位移—时间曲线呈典型"台阶状"变化。开挖卸荷回弹位移多点位移计典型曲线如图 4.4 - 7 所示。

3）加载影响曲线。对于锚索加固部位，锚索张拉前后，岩体位移会有变化，主要表现为未加载时其相对位移—时间曲线在初期各测点均呈增加趋势，随

着预应力锚索的张拉加载，边坡浅表部位受到压紧密实，其浅表部测点位移逐渐减小后变形趋于稳定。加载影响多点位移计典型曲线如图 4.4 - 8 所示。

3. 锚固效应

由于预应力锚索（杆）施工快速、对边坡扰动小以及主动加荷等优点，锚索加固边坡应用日趋普遍。锚固效果监测主要包括锚索（杆）荷载和锚杆应力监测。由于锚杆应力的监测成果主要是确定锚杆设置深度与布设数量的合理性及效果，判识方法相对简单。下面仅对锚索测力计的监测成果分析和判识作一简介。

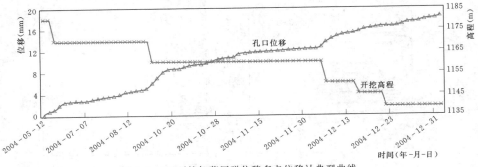

图 4.4 - 7　开挖卸荷回弹位移多点位移计典型曲线

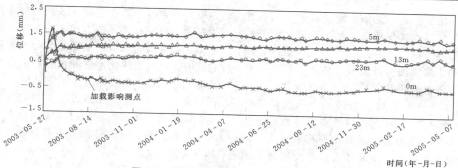

图 4.4-8 加载影响多点位移计典型曲线

（1）衰减稳定型荷载曲线。对于边坡支护后即基本趋于稳定部位，锚索锁定后测力计读数反映的预应力荷载变化大致可分为速降松弛、缓衰波动和平稳变化三个典型阶段。该类型特征曲线表明：在现有条件下，边坡已基本稳定，衰减稳定型锚索荷载典型特征曲线分别如图 4.4-9 和图 4.4-10 所示。

第一阶段速降松弛为预应力快速损失阶段，预应力变化特征表现为损失较快，损失量仅次于锁定损失，这种损失主要是钢绞线和锚头夹具松弛、锚固范围内的表层岩土体压缩等所引起的。这一阶段的历时与岩体完整性和抗压强度的大小有关，对于岩质边坡历时较短，持续时间一般 5～10d；对于土质边坡历时相对稍长，持续时间大约 15～25d。

第二阶段缓衰波动为预应力调整变化阶段，预应力变化特征表现为预应力值衰减出现小幅的频繁波动。无论是岩质边坡还是土质类边坡，这一阶段都是必经阶段，且历时较长，持续时间一般 3～6 个月。出现上述波动变化特征的原因在于：岩土体及锚索钢绞线内部应力调整，产生压缩、回弹反复过程，并受邻近部位的施工、爆破作业、相邻锚索张拉以及温度、降雨等环境因素变化等共同作用影响。

第三阶段平稳变化为预应力基本不再损失阶段，锚固体系受力平衡调整完成、预应力变化趋于平稳。这一阶段也会出现沿某一荷载水平的小幅波动，但一般均小于第二阶段衰减量的平均值。锚索荷载曲线有两种变化趋势：一是硬岩岩体向临空面的变形逐渐减小达到新的平衡状态，锚索预应力呈平缓下降；二是软岩、土类介质仍有一定的蠕变，锚索预应力呈略增趋势。

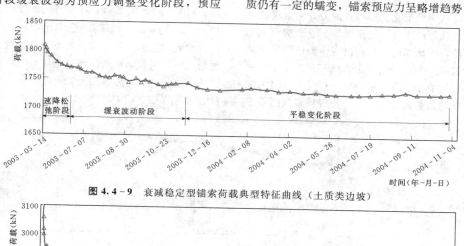

图 4.4-9 衰减稳定型锚索荷载典型特征曲线（土质类边坡）

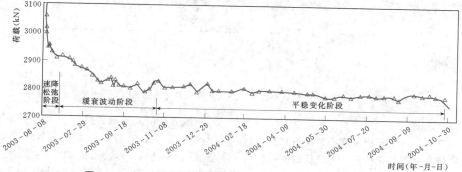

图 4.4-10 衰减稳定型锚索荷载典型特征曲线（岩质类边坡）

（2）台阶增长型荷载曲线。对于高陡岩质开挖边坡，锚索锁定后，其荷载会受到下阶段边坡开挖卸荷回弹变形的影响。其荷载典型变化特征为：随着开挖高程的下降，测力计读数反映的预应力荷载变化基本和开挖过程变化对应呈台阶状增长；在边坡下挖过程中，锚索荷载呈现增长；开挖停顿时（出渣与支护作业等），锚索荷载基本维持稳定或波动。开挖下降同一高差时，随开挖高程的降低，锚索荷载的增量明显加大，最终随着施工开挖和支护

结束，锚索荷载趋于稳定。该类特征曲线表明：锚索荷载只要没有超过锚索的破断强度，锚索对边坡起到了有效加固和抑制变形作用，当荷载增长速度过快时，可适当优化边坡开挖程序或适量增加支护措施，以保证边坡稳定。为了使锚索荷载不超过其破断荷载，对于可能出现此类变形特征的部位，可适当降低安装张拉吨位，以保证锚索有协调合理的变形增长空间。台阶增长型锚索荷载典型特征曲线如图 4.4 - 11 所示。

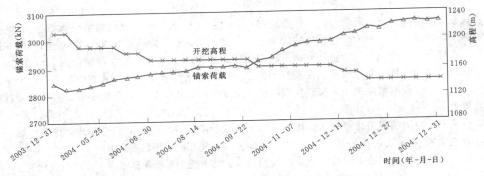

图 4.4 - 11 台阶增长型锚索荷载典型特征曲线

（3）超载破断型荷载曲线。锚索锁定后，若相应部位边坡出现持续变形，且未能及时处理或措施未达预期要求，则锚索钢绞线最终可能超过承载极限而出现破断。其荷载典型变化特征是：测力计读数反映的预应力荷载变化历经平稳、稳定增加、急剧增长和破断四个典型阶段。破断时，锚索出现内锚固段松动或拔出、钢绞线断丝和外锚墩周边岩体开裂等现象，表明相应部位边坡的支护力不足，有出现局部失稳的危险，需立即采取紧急处理措施。当出现较多监测锚索

破断时，预示可能发生整体失稳趋势，必须立即启动抢险或预警体系。某工程典型超载破断型锚索荷载典型特征曲线如图 4.4 - 12 所示，该监测锚索由 7 束 1860MPa 强度等级的钢绞线组成，设计荷载 1000kN，当荷载达到 1.35 倍设计锁定荷载时，出现荷载曲线的急剧下降，检查后发现钢绞线已断丝。一般情况下，当锚索荷载出现稳定增长时，应对相关测成果进行分析，并预测是否可能发生超载破坏，以便及早采取处理措施。

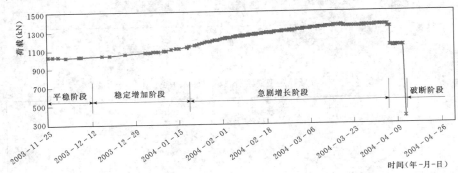

图 4.4 - 12 超载破断型锚索荷载典型特征曲线

4. 水环境变化

边坡水环境量监测主要记录降雨、江河水位、地下水位、渗流量和水质变化情况，为其他监测效应量分析提供可能的量化依据。

地下水位监测成果分析主要包括绘制水位—时间过程线、水位—降水量相关曲线和监测断面水位—孔深曲线；渗流量监测成果分析主要包括绘制水量—时间过程线、水量—降水量相关曲线；水质

监测主要分析地下水的物理性质、pH 值、溶解气体以及耗氧量、生物原生质、总碱度、总硬度及主要离子、矿化度等，用以判识是否可能发生的机械或化学管涌，地下水是否对边坡支护结构具有腐蚀作用等。通过对降雨、地下水位和渗流等综合分析，可了解边坡渗控措施的效果。图 4.4 - 13 为典型地下水位—降雨量—时间关系曲线。由过程曲线可以看出：地下水位与降雨表现为相关性较好的波动变化，水位变化略滞后于降雨；随着边坡表面裂缝封闭和地下排水洞的形成，地下水位总体呈逐渐降低，表明边坡渗排措施实施后对降低地下水位的作用较为明显。

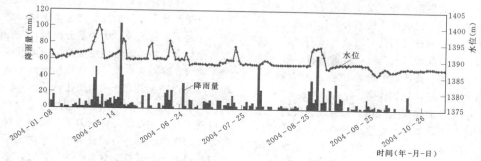

图 4.4 - 13　典型地下水位—降雨量—时间关系曲线

4.4.4　边坡监测反馈设计

4.4.4.1　监测反馈设计概念

边坡工程监测反馈设计，是根据监测信息资料，指导边坡设计方案的修改与优化。从广义上讲，边坡工程监测反馈设计的作用主要包括以下三方面内容：

（1）前期指导后期。即利用边坡工程前期勘测设计阶段的监测结果，指导后期或施工期的边坡工程设计；如龙滩工程左岸蠕变体边坡，开工前进行了长达 12 年的监测。

（2）施工过程监测反馈。即在边坡施工过程中进行监测，及时进行监测资料整理分析、反馈，据此修改设计，指导施工。目前，大型边坡工程基本上实行这种做法。

（3）总结经验，改进设计。即利用某工程监测资料，指导今后其他类似工程的设计和施工。边坡工程类比法设计中，已有类似边坡工程监测成果是主要收集的资料之一。

边坡施工期监测反馈设计法与传统设计法的根本区别在于：它倡导的是动态设计思想，即通过施工过程监测，及时调整、修改并最终确定设计方案和施工工序。这一设计思想不仅针对边坡工程，对于建筑物基础、地下洞室围岩等情况复杂多变、事先难以确定的岩土工程，可以解决常规设计方法难于解决的工程设计施工问题。

边坡监测反馈设计从边坡工程安全稳定性判断、验证和预报开始，是前期设计安全稳定性评价的延续和发展。一般情况下，对判明为不稳定的边坡工程，在进行安全预报的同时，应研究安全防范和支护加固措施，以保证工程安全，减少或避免可能发生的各种损失；对判明处于安全稳定状态的边坡工程，也应根据监测资料分析，进一步研究调整修改支护加固方式，优化施工方案，以加快施工进度，降低工程造价。在边坡各种支护加固措施实施后，往往还要通过监测资料评价加固效果，以决定是否进一步补充其他工程措施。

要做好边坡监测反馈设计，首先，应建立完善的监测系统，并有效实施；其次，应形成监测信息反馈与设计、施工的良好互动，及时地把监测成果应用于边坡的设计优化和施工控制中；第三，应建立业主、设计、施工、监理和科研（监测）多方会商、快速反应机制，以便对重大问题及时决策。

4.4.4.2　监测反馈设计的基本内容

边坡工程中监测反馈设计的内容取决于边坡工程的具体要求，主要是为了解决边坡工程设计施工中所面临的问题，包括本工程存在的迫切需要解决的技术难题和同类工程中普遍存在的技术问题。由于不同边坡工程之间的差异性和复杂多变性，对监测反馈的要求往往随工程而异。另外，监测反馈分析的项目还要受到工程条件、现有技术水平和经费的限制。一般情况下，监测反馈设计的基本内容如下：

（1）验证设计计算分析结果。这主要包括边坡岩土体的变形（位移）量、支护结构的受力大小（锚固应力、土压力）。有时，需要根据监测位移量进行参数反演，验证原设计参数，再进行正分析对比。

（2）验证和评判设计方案。在边坡工程中埋设的永久期观测仪器，有相当大一部分是为了验证和评价设计方案而设置的。在监测资料分析和反馈中，应对以上仪器监测资料和需评判的设计项目进行详尽的分析研究，以达到监测设计的目的和要求。对一些采用新技术的设计项目，往往需要通过监测资料反馈，进行评判校核。例如，龙滩水电站进水口高边坡，下部设计为直立边坡，进水口坝段与边坡紧贴，并有 9 条引水洞穿过，形成罕见的坝、坡、洞相互作用的复杂体系。为论证这一方案的可行性和合理性，设置了完整的监测系统，根据施工期监测资料，采用多种方法对位移、应力及可能破坏机理进行反馈分析。监测反馈分析的成果说明了修改后的设计方案是合理的，加固后的边坡稳定性可以得到保障。

（3）检验支护加固措施效果。目前，边坡岩土体支护加固方法较多，各种措施使用的合理性和效果如何，理论上仍只能在一些假定上进行估算，很难准确评价。比较有效的方法是实施原位监测，通过施工过程中获得的监测资料来检验、评价支护加固效果，并及时调整、优化支护加固措施。

（4）对运行工况的监测反馈预测分析。对于水电水利工程边坡，存在汛前和汛期、第一次蓄水前后、定期安全检查、工程验收和永久运行等关键时段，均要求对监测资料进行全面的反馈分析。通过反馈分析，回答设计、施工、运行关心的技术问题，查找工程中可能存在的隐患，并提出维护处理意见。

（5）评价边坡影响因素的作用效应。边坡的稳定性不仅受内在和外部多种因素的影响，外因通过内因起作用。在边坡监测系统设计中，往往考虑了外部影响因素的监测，如雨量、地下水位、水库水位、振动、温度等。这些因素的作用效应如何，理论上只能近似分析，通过监测则可以较准确判断其影响大小。因此，在监测反馈设计中，应特别注意边坡监测物理量与环境影响因素的关联分析，以便判断影响边坡变形、稳定的主要因素及效应，从而采取相应的措施控制边坡稳定。

4.4.4.3　监测反馈分析的方法和步骤

1. 监测反馈分析的方法

目前，边坡工程安全监测资料的反馈分析主要有三种方法：工程类比反馈分析法、监控量测反馈分析法和理论验算反馈分析法。

（1）工程类比反馈分析法。工程类比反馈分析法是一种经验性方法，它是目前许多岩土工程中实际采用的反馈分析法。该方法包括直接和间接工程类比反馈分析法。直接工程类比法的基本做法是通过与相似工程的监测成果对比分析，查找和发现现有工程的问题和缺点，并依据规程规范和相近工程的成功经验，

选择和修改设计施工方案。这一方法要求监测人员手边有较丰富完整的相似工程资料，也要求监测人员有较丰富的工程及现场反馈的实践经验。相似工程的条件主要有三类：一是工程条件，如：边坡工程的规模、尺寸和断面形状，支护参数，结构类型，施工方法，工程用途，使用年限，工程等级等；二是地质条件和岩土体特性，如：地层岩性、地质构造、岩土体物理力学参数、岩体地应力、岩体结构类型、结构面特性、地下水情况及岩体质量分级等；三是监测和边坡失稳信息，如：安全监控指标、边坡可能失稳的机理、诱因、形态和规模、监测物理量的量值、变化规律、发展趋势、失稳征兆的类比性等。

通过以上三类相似条件的详尽对比分析后，往往可以发现与已建相似工程的差异，得出对现有设计施工方案的修改意见。对比分析中，有时还需引入其他监测反馈方法，进行综合分析。必要时，需要对重点部位进行局部或整体校核验算。局部验算是对所存在的危岩体和险坡段的验算，整体验算是对典型断面或边坡整体的验算。因此，工程类比法也可看作是一种综合分析方法。

边坡工程间接类比法的基础是各种边坡工程地质分类和岩体质量分级方法。目前，国内边坡工程常用的分类方法有：水电水利工程边坡分类、边坡结构分类、边坡变形破坏及滑坡分类、边坡岩体质量分类（包括 Q 系统、RMR、SMR 和 CSMR）。根据边坡及岩体质量分类成果，结合监测结果和参考其他可类比资料，调整修改设计方法、计算参数、施工方法和施工工艺。在各种分类中，一般都对各类岩土体构成的边坡建议了设计方法、计算参数、施工方法和施工工艺，供选择参考。

（2）监控量测反馈分析法。监控量测反馈分析法是直接采用安全监测资料，依据警戒界限法等基本方法，对边坡工程的安全稳定性进行评判，对支护加固措施的效果进行检验反馈分析的方法。

（3）理论验算反馈分析法。理论验算反馈分析法包括统计分析法和数值模型分析法两种方法。

统计分析法主要采用统计回归方法对监测资料进行分析，找出监测物理量的变化规律和因子相关性，预测边坡变形趋势和变形量级，确定边坡可能的变形规律与破坏时间。本节后面提到的统计模型是该方法的进一步拓展。

数值模型分析法包括反分析和反馈正分析两部分。数值模型也叫计算机模拟分析模型，它以计算机为手段，通过数值计算和图像显示的方法，达到对边坡工程问题和物理问题研究的目的。反分析是根据分阶段取得的监测资料，按照初选的物理力学模型，采

用数值模拟进行力学参数反分析，得出设计施工所必须、而前期工作难以明确给出的物理力学参数。如果在反分析和下阶段深入反馈分析中发现初选的物理力学模型不能反映工程实际，则应通过较高层次的反分析技术，进行物理力学模型的校正和修改工作，直到与工程实际相符为止。反馈正分析是按反分析确定的参数和物理力学模型，采用数值模型重新进行正分析。利用正分析的成果，进行设计施工运行方案的修改和优化。反馈正分析也是边坡安全预测预报中一种比较实用的分析方法。反馈正分析中，应考虑实际工程地质条件和设计施工条件的变化，对数值模型进行不断修正，这样成果的准确性更高。

工程实践表明，对于一些重要的或经验分析难以胜任的工程，应该采用理论反馈分析方法，才能达到优化设计和指导施工的目的。目前，岩土工程中应用的数值仿真分析实际上是理论反馈分析中数值模型方法的进一步发展。

2. 边坡监测反馈分析的实施步骤

边坡监测反馈分析是实施边坡工程监测的核心内容，是传统监测资料整理分析的提高和发展。目前，这方面的工作方法仍在探索和发展中，其经验和成果都不是很充分。在边坡设计施工中，要做好监测反馈分析，必须进行周密的部署，审慎地选择制定技术路线、反馈方法和实施细则，并严格遵照执行，才有可能达到预期的效果。监测反馈工作一般可按下列步骤实施：

（1）监测反馈分析工作规划。内容包括：根据工作的要求，选定可开展的反馈分析项目；确定监测系统的布置、仪器埋设和监测要求；根据工程需要，制定监测反馈分析的时间、方法、作业方式等；搜集和准备反馈项目相关的地质、设计、施工等资料。

（2）收集边坡工程勘测、设计、试验资料及有关工程经验资料，对主要监测参数进行前期设计，确定监测实施方案，并在施工过程中进行补充、调整或优化。

（3）按照监测设计要求，进行监测仪器的布设、监测数据的采集、常规监测资料的整理和分析工作。对于大型边坡工程，宜建立监测信息系统。

（4）根据监测资料，进行边坡工程的稳定分析和安全预测预报，并以此为前提，开展监测反馈分析工作。根据工程实际情况，可选择工程类比反馈分析法、监控量测反馈分析法和理论反馈分析法，并根据反馈分析成果，对设计、施工和运行方案提出修改建议，校验加固支护工程措施的效果。

3. 监测信息反馈内容与形式

监测信息反馈内容应包括（但不限于）如下内容：

（1）边坡监测实施进度、质量情况，监测仪器及监测工作情况。

（2）边坡工程施工情况或运行条件的变化情况。

（3）巡视检查的主要成果。

（4）阶段性监测资料特征值统计，异常值分析及处理情况。

（5）资料分析主要内容及结论。

（6）对边坡工作性态综合评估。

（7）对监测工作实施、边坡设计和支护措施等方面的建议。

监测资料分析要根据边坡及相关建筑物的特点，选取典型部位的资料加以分析，应反映边坡岩土体的地质特征，并判断其所处状态。资料分析时，要注意边坡监测物理量与环境因素（如水位、温度、振动等）的关系，与相应设计工况下的设计计算值进行对比分析，以判断边坡的稳定性。对于边坡工程加固措施，应根据各部位的监测资料分析其是否发挥了预期的作用，以校核设计。监测资料分析成果应尽可能做到系统、准确，以便全面反映边坡在施工过程和运行状态的性态变化。

监测信息反馈应采取固定、灵活的形式及时反馈，常用的方式有：

（1）常规监测报告。按照设计要求，以定期的形式进行信息反馈，分为周报、月报和年报。

（2）监测简（快）报。当边坡出现工程问题，如边坡坍塌、裂缝、明显变形，或监测成果出现异常、有加密监测时，需要及时提供监测简（快）报。

（3）专题监测报告或监测成果综合分析报告。在工程各阶段（如蓄水安全鉴定、不同高程蓄水位、发电、工程竣工）和重大专题技术论证及专家咨询时，需要进行监测资料的综合分析，并提出综合分析报告。

4.4.4.4 边坡安全监控模型

边坡安全监控是对工程边坡性态不间断地实时监测，并根据反馈信息对边坡工程中异常部位实施相应措施的闭合控制作用。监控数学模型是根据边坡安全监测数据，用数学方法研究其内外因素数量关系，以描述和研究边坡应力位移状态及其变化规律。利用监控数学模型可以根据实测数据对边坡工程未来变形稳定状态进行分析预测，评价边坡工程治理效果是否达到预期目的或需要补充加固。边坡监控数学模型分析预测结果是指导边坡动态设计的重要依据。

综合目前国内外边坡工程安全监控方面研究进展，边坡安全监控数学模型和方法主要可分为四大类，包括确定性模型、概率统计模型、非线性模型、宏观预测预报模型，以及由此产生的混合性模型。

1. 确定性模型

确定性模型是把有关被监控对象及其环境的各类

参数用测定的量予以数值化，用严格的推理方法，特别是数学和物理方法进行精确分析，得出明确的预报判断。此类模型主要特点在于能模拟边坡岩土体的物理演化机理，多用于大型工程边坡预测预报。

确定性模型的建立过程中要用到确定性方法，如有限元等数值算法或解析法，计算求得所研究问题的解，然后结合实测值进行优化拟合，实现对物理力学参数和其他拟合待定参数的调整，建立确定性模型，以进行安全监控和反馈分析。因要与实测值拟合，所选择的有限元等确定性算法应在原设计计算模型的基础上作进一步改进修正，以反映工程重要影响因素。所采用的物理力学参数指标也要经过反分析优选，以符合工程实际。

在边坡或滑坡安全监控方面，1965 年提出的斋藤迪孝法依据蠕变理论三阶段变形曲线，结合室内试验研究和野外宏观变形分析，提出来基于蠕变第 Ⅱ、Ⅲ 阶段的边坡失稳的时间预报理论方法；岳启伦（1989）依据滑坡位移—时间曲线，提出了匀加速度变化蠕变第 Ⅲ 阶段的滑坡临滑时间预报公式；张倬元和黄润秋（1988）通过对国内外 10 余个具有完整系统历时状态曲线滑坡的分析研究，指出尽管边坡失稳的地质条件、边坡失稳规模的大小和滑动时间的长短都存在差异，但是边坡的变形破坏过程都存在一个共同的突变点，这个突变点符合自然界事物的演变规律——黄金分割定律；廖小平和徐峻龄（1994，1998）基于边坡活动的力学机理提出了边坡失稳的时间预测预报的滑体变形功率理论。

2. 概率统计模型

统计模型是利用大量的重复观测结果，采用统计方法，通过变形与变形因素之间的相关性，建立荷载或环境量（如水位、温度）与变形之间的数学模型，并依据此进行变形预测，或者依据变形随时间空间变化特征建立统计模型。前者以多元回归分析模型、逐步回归分析模型和岭回归分析模型等为主；后者有趋势分析法、时间序列分析法、灰色 GM 模型法、模糊聚类分析模型、动态响应分析等方法。

应用统计数学理论，建立边坡变形参数和时间关系的边坡预测预报模型，是目前边坡变形预测预报研究的热点，主要包括回归分析预测法、时间序列分析法（滤波分析）、灰色 GM 模型法、马尔可夫链预测、斜坡蠕滑预报模型、灰色位移矢量角法和指数平滑法等。晏同珍（1987）应用灰色理论，将 Verhulst 模型引入边坡失稳的预测领域，其前提认为滑坡体的孕育、发展、成熟、衰老和消亡过程具有 Verhulst 模型的生物生长机制，其动态演变的位移—时间曲线为 S 形增长曲线；孙景恒（1993）认为边坡失稳破坏的发展过程曲线同生物生长过程 Pearl 曲线是有相似的演变机理，可以采用 Pearl 生长模型对边坡变形失稳时间进行预报；蒋刚（2000）等将灰色理论引入边坡变形的预测预报；巫德斌、徐卫亚等（2003）将优化的灰色模型应用于岩石高边坡的变形预测；门玉明等（1997）将指数平滑法应用于滑坡预报中；刘造保、徐卫亚（2008）等应用参数反分析方法建立起优化的指数平滑模型，并应用于边坡的安全监控中；节斌等（2003）综合运用非线性回归和时间序列分析研究边坡变形。

3. 非线性模型

非线性模型是利用现代非线性科学理论，如分形理论、混沌理论、非线性动力学理论和神经网络理论，探索边坡变形失稳孕育过程的动力学特征。非线性科学的应用研究主要集中于边坡变形的预测预报，代表性的预报模型包括非线性动力学模型、BP 神经网络模型、突变理论模型、协同预测模型、动态分维跟踪预报模型和位移动力学分析法等。

秦四清（1993）以非线性动力学理论为基础，提出了边坡变形预测的非线性动力学模型，根据滑坡监测系统的长期监测资料，可以反演建立滑坡孕育过程的非线性动力学方程组，在此基础上，就可以对滑坡进行时间预报；刘鼎文（1989）应用突变理论对长江新滩滑坡进行检验性预测，其对典型位移监测点的预测预报具有较高的精度；秦四清（1993）将灰色理论、模糊数学和突变理论融为一体，提出了灰色尖点突变预测模型和灰色—模糊尖点突变预测模型，并应用这些模型对洒勒山滑坡、新滩滑坡和滇西地震试验场东侧滑坡进行了检验性预测，其剧滑时间预报误差均在工程上可以接受的范围内；易顺民（1995，1996）应用分形理论研究了区域性滑坡活动的自相似结构特征，发现在滑坡活动的高潮期到来前具有明显的降维现象；吴中如（1996，1997）依据关联维数和李雅普诺夫函数的分析原理，以碧口水电站青崖岭滑坡位移监测数据为例，提出了用 Renyi 熵和李雅普诺夫函数作为滑坡变形失稳预测判剧进行滑坡稳定状态变化趋势预测预报的方法；黄国明（1997）建立了滑坡蠕滑的相空间预测模型；郑明新等（1998）采用分形理论，依据黄茨滑坡和新滩滑坡监测资料，提出了滑坡动态位移分维及其速度分维的预测模型和滑坡大滑的分维预报公式，发现当滑坡位移分维和位移速度分维接近于 1 时，滑坡进入剧烈变形阶段预示着剧滑即将发生；徐卫亚等（1999）应用人工神经网络 BP 算法考虑边坡岩体力学参数、开挖信息、降雨信息以及其他外部信息建立边坡的神经网络预测模型，并将其应用与三峡永久船闸高边坡变形预测分析；邓跃进（1998）应用模糊人工神经网络进行边坡位移量预报，发现人工神经网络可以很好体现多种外在因素与边坡位移之间的不确定关系，预报精度较高；张玉祥（1998）以隔河岩水库引水隧洞的变形监测为例，采用人工神经网络进行建模预测，实际预测效果很好；赵洪波、冯夏庭等（2003）建立了边坡变形预测的支持向量机模型进行分析和应用。

4. 宏观预测预报模型

边坡岩体构造的复杂性与不确定性，决定了其上各点位移的大小、趋势等均可能存在很大差异，为避免以点代面的现象并消除某些特殊因素的干扰，目前国内外许多学者都倡导将边坡变形破坏的宏观信息与其监测资料有机结合起来，根据边坡体的各种变形破坏迹象以及诱发因素等进行边坡变形的宏观预报。边坡变形的宏观监控模型是以边坡最初开始变形直至最终破坏过程中所表现出来的各种前兆、迹象等为依据，以模糊评判、加权平均等方法为主建立的与各类边坡变形特征相适应的预测预报监控模型。根据宏观预报监控模型可以识别边坡所处的变形阶段。

5. 监控模型的应用

国内外专家学者已经提出了很多边坡安全监控数学模型，并且已应用于工程实际中，但这些理论和方法普遍存在不足之处。例如：以蠕变理论为基础的斋藤模型和苏爱军模型等，很难确定蠕变曲线的加速蠕变阶段；统计预报模型多以变形时间关系曲线的数学处理和统计拟合为主，对与预测信息密切相关的一些基本问题，如观测数据的分析、预处理、预报时序资料的识别和选择、干扰信息的剔除与有用信息的增强等考虑不足；非线性模型目前多以验证性预报来论证其可行性，理论上证明虽然存在一定优越性，但仍需经过工程实践的考验和论证。由于边坡变形演化过程的复杂性和不确定性，加之这些理论和方法的适用性和局限性，某种理论模型往往仅适用于某一类型边坡或适用其某一阶段。目前，尚无成熟统一的监控模型，在各种模型的实际应用中，应结合工程实践进行研究，并不断改进和完善。

边坡安全监控数学模型研究与工程应用，首先需要考虑各类模型的特点、适用条件和应用范围（表4.4-3）。总的来说，适用性的考量可从工程类别、工程阶段（施工、运行）、预测时间尺度、预测精度等方面进行。

表 4.4-3 　　　　　　　　　　**边坡工程安全监控模型和方法总结**

数学模型方法	模型类别	适用条件	应用范围	特　点
曲线拟合方法（指数、对数、多项式等）	静态模型、先验模型、线性模型	变形短期、成因分析	应力、变形、渗流等	环境因素变化敏感、样本数据量大
经验方法：斋藤迪考法、福囿法、Voight 法等	经验模型	短期、加速蠕变阶段	变形	以蠕变理论为基础，建立加速变形的经验公式，精度有一定的限制
生物生长模型：Pearl 模型、Verhulst 模型、Verhulst 反函数模型	经验模型	短期、变形加速阶段	变形	基于生物生长理论
多元线性回归方法	静态模型、先验模型、线性模型	短期、成因分析	应力、变形、渗流等	环境因素变化敏感、样本数据量大
灰色预测方法	后验模型、非线性模型	变形短期、中长期预测	应力、变形等	模型预测精度取决于模型参数的取值、可用于小样本数据
时间序列方法	动态模型、随机性模型	变形短期	应力、变形等	满足一定的统计规律、数据呈随机性；对于数据样本有一定的要求
神经网络方法	非线性模型	变形短期、中长期预测	应力、应变、渗流等	模拟人工智能、不寻求自变量和因变量的函数显式关系
混沌理论方法	混沌模型（介于确定性与随机性）	短期、变形呈混沌特性	应力、应变	基于现代非线性动力理论
突变理论	突变模型	短期、变形呈分叉特性	应力、应变	基于现代非线性动力理论；可用于危岩体的应力、变形预测

理论上，各种监控数学模型与方法都可从不同程度、不同深度上应用于边坡监测数据分析与预测。不同方法由于研究的角度、模型建立的出发点、采用的数据形式以及适用条件不同，因而有其各自的应用特点：

（1）回归分析法等数理统计分析主要研究与描述变量的统计相关关系，适用于大样本，对过去、现在和未来发展模式一致性的预测，但不能较好实时地反映变形的动态特性。

（2）灰色预测模型，方法灵活，数据样本较小时，能克服回归分析法不足，可针对小数据量的时间序列，对原始数列采用累加生成法变为生成序列，因此有减弱随机性、增加规律性的作用。灰色系统模型法是基于系统因子之间发展态势的相似性，致力于少量数据所表现出来的现实规律的研究，它适用于贫信息条件下的分析和预测。

（3）时序分析法用于变形分析具有较好效果，对一个变形观测量（如：位移）的时间序列，通过建立一阶或二阶灰微分方程提取变形的趋势项，然后再采用时序分析中的自回归滑动平均模型 ARMA，这种组合建模的方法，可分性好且具有将非平稳相关时序转化为独立的平稳时序显著优点；具有同时进行平滑、滤波和推估的作用；模型参数聚集了系统输出的特征和状态；这种组合模型是基于输出的等价系统的理想动态模型，该法在模型适用性、时序间距等方面有待于进一步研究。

（4）人工神经网络是一种模仿和延伸人脑功能的新型信息处理系统，是由大量的简单处理单元连接而成的自适应非线性动力学系统，具有巨型并行性、分布式存储、自适应学习和自组织等功能。系统可以从大量存在的知识样本中，通过学习提取出有效的知识和规则，在边坡变形分析及时空预测取得了初步成效。

（5）以非线性动力学理论为基础的非线性动力学模型时间序列预测法，预测效果良好，具有一定的实用价值。但是由于变形体变形机制的复杂性及外界环境的多变性，要建立非线性动力学方程并非易事，主要是系统参数的选择往往受到实际监测资料的限制，资料本身的误差给模型带来误差，有必要进一步地改进反演建模方法，且模型应用上亟待深化。

（6）把变形体视为一个动态系统，将一组观测值作为系统的输入，可以用卡尔曼滤波模型来描述系统的状态。动态系统由状态方程和观测方程描述，以监测点的位置、速率和加速率参数为状态向量，可构造一个典型的运动模型。状态方程中要加进系统的动态噪声。卡尔曼滤波的优点是不需保留用过的观测值序列，按照一套递推算法，把参数估计和预测有机地结合起来。除观测值的随机模型外，动态噪声向量的协方差阵估计和初始周期状态向量及其协方差阵的确定值得注意。采用自适应卡尔曼滤波可较好地解决动态噪声协方差的实时估计问题。卡尔曼滤波特别适合监测数据的动态处理；也可用于静态点场、似静态点场在周期的观测中显著性变化点的检验识别。

4.4.4.5 安全预报与预警

1. 安全预报的标准

安全预报标准主要针对监测物理量来制定。目前，安全预报主要依据以下物理量：

（1）边坡位移（或变形）的大小。

（2）边坡位移（变形）速率。

（3）宏观变形破坏前兆。

（4）渗透压力的大小。

（5）支护结构荷载。

（6）岩体声发射次数。

（7）安全系数和破坏概率（可靠度）。

（8）类比分析预报判据。

由于边坡的稳定性受边坡形态、边界条件、地层岩性、岩体结构、荷载作用以及环境因素的影响，安全预报的标准或临界值很难确定，需要有大量监测资料的积累。在前期，一般采用工程类比判据，结合现场巡视结果进行预报。对于重要边坡，应建立起三维数值仿真模拟，确定其变形破坏模式、变形破坏的宏观形迹及其量级、破坏短临前兆及其时效、破坏时位移速率及其阈值，建立边坡失稳综合预报判据和预报模型。利用监测数据对所建立的模型进行分析比较，不断完善，提高预测预报的准确性。

通常，预测预报采用最广泛的是依据边坡位移大小来进行预报。预报用的位移，通常是取自边坡后缘拉裂缝的位移或滑动面的位移。因为边坡的稳定性受边坡本身的形态、边界条件、岩性、岩层产状、岩体构造、环境影响、荷载作用的影响，安全预报标准或允许临界（位移）值是很难确定的，要用一个位移允许值来适合各种边坡更是不可能的。在有监测资料时，先前已经达到（发生）过且表现为相对稳定状态的位移（或速率）值，在条件没有明显变化情况下，一般可以作为随后（未来）允许达到的一种安全界限。上述采用位移的"先验法"得出允许临界值的方法同样可以用于渗压、抗滑桩或预应力锚索的荷载以及声发射等临界值的确定。

2. 安全预警条件

安全预警是以监测数据与安全预警标准为基础重点，进行实时（适时）监控和预警。当监测数据出现异常时，应及时加以分析，对数据的真实性进行检查，鉴别是仪器故障预警、还是测值超限预警。随着边坡性态的变化，必要时应在适当位置调整或增加仪器观测点，以增大预警系统的可靠性和有效性，保证工程安全。

在下列条件下，应进行公共安全预警：

（1）边坡实测位移超过限值，且现场察看到明显变形迹象，应进行预警。

（2）边坡位移速率持续增大，且超过限值，应进行预警。

（3）根据多年特征值统计确定极大、极小限值，若监测值超过极大、极小限值，应进行预警。

（4）当支护结构荷载超过材料强度，且边坡位移（变形）有明显变化时，应进行预警。

（5）当环境量（库水位、地下水位、降雨、震动等）变化增大，且位移、应力变化速率接近限值时，应进行预警。

3. 预警等级

预警一般分三个等级：

（1）一级预警。当一个效应量出现异常，且实测值大于3倍均方差控制的限值时，可作为一级，并向主管部门报告，及时分析异常原因，观察其发展趋势。

（2）二级预警。当多个效应量出现异常，且实测值大于3倍均方差控制的限值时，可作为二级预警，并向主管部门报告。此时应研究异常原因，采取工程措施。

（3）三级预警。当多个效应量出现异常，实测值大于3倍均方差控制的限值时，且变化速率在加快，这种情况可作为三级预警，表明事故发生不可避免。此时，应启动紧急安全预案，做好人员、设备撤退和疏散，尽量减少损失。

4.5　边坡施工信息收集及反馈设计

4.5.1　边坡施工信息收集的内容与方法

边坡施工信息是指与施工环境、施工条件、施工进度、施工工艺、施工材料、施工机械及施工质量检测有关的信息。边坡施工信息从某种意义上说是决定边坡工程是否能满足设计要求和工程安全稳定的重要外部因素，同时，施工信息也是边坡工程监测信息分析和解释的客观因素，并且利用施工信息还可以验证与判别有关地质情况，因此，施工信息的收集具有极其重要的作用。边坡施工过程中，设计工程师应积极与施工人员配合，及时准确收集各类施工信息，以便及时反馈到边坡动态设计中，调整优化设计施工方案。当出现险情时，应采取应急措施。

边坡施工信息的收集一般包括以下内容：

（1）施工场地周边环境、边坡施工与邻近建筑物的关联、地表水截排、地下水的出露等。

（2）施工场地布置，如施工交通、材料设备的堆放、弃方的转运。

（3）钻爆方式与参数，爆破参数的适宜性，包括爆破效果、坡面岩体的损伤情况、爆破对已有建筑物的影响。

（4）施工机械的效率，设备的数量、运转状况及其对计划进度的影响。

（5）爆破和支护造孔钻进情况，是否存在卡钻、掉钻现象。

（6）施工进度预测，是否满足计划进度、或提前、或滞后。

（7）施工程序的合理性与施工方法的适用性是否满足原设计要求。

（8）施工质量检测结果，包括原材料检验、岩体质量检测、支护结构成型质量检测等。

（9）边坡施工各工序分项验收资料。

（10）施工中出现的各种险情，包括岩体开裂变形、局部滑塌、流土、大量涌水等情况。

边坡施工信息收集主要来源两个方面：一是设计人员应定期进行施工场地巡视，及时获得有关施工信息；二是施工单位应及时把施工环境条件的变化、施工参数和工艺调整、施工检测结果反馈给设计单位。设计人员应结合施工巡视情况，及时查阅如下资料：

（1）施工记录信息。包括施工日志、质量检查记录、材料设备进场记录、用工记录等。

（2）施工技术资料信息。包括主要原材料、成品、半成品、构配件、设备等出厂质量证明和试（检）验报告，施工试验记录，预检记录，隐蔽工程验收记录，基础、结构验收记录，设备安装工程记录，施工项目管理规划，技术交底资料，工程质量检验评定资料，竣工验收资料，设计变更，洽商记录，竣工图等。

（3）计划统计信息。包括施工进度计划、施工分析计划、工程统计计划、劳动力需用量计划、主要材料需用量计划、构件和半成品需用量计划、设备需用量计划、施工机械需用量计划、资金需用量计划。

（4）成本控制信息。包括承包成本表、责任目标成本表、降低成本计划表和实际成本分析表。

（5）目标控制信息。包括进度控制信息、质量控制信息、费用控制信息、安全文明施工控制信息等。

（6）现场管理和工程协调信息。包括施工平面图、现场管理信息、内部关系协调信息、外部关系协调信息等。

（7）商务信息。包括投标信息、合同管理信息、结算信息、索赔信息等。

（8）交工验收信息。包括施工项目质量合格证书、单位工程交工质量核定表、交工验收证明书、施工技术资料移交表、回访与保修等。

应特别注意的是，边坡工程大部分属于隐蔽工程，如坡体内部地质结构、灌浆、锚杆（索）施工、排水结构等；施工后，除非采用特殊的方式，一般不能再从表面上判断其内部工程质量。因此，设计人员一定要注意施工资料收集的及时性。

4.5.2 边坡施工质量检测

4.5.2.1 爆破振动检测

边坡的开挖应根据工程地质条件和所处环境等确定开挖方式。对于软岩和强风化岩石，凡能用机械直接开挖的，应采用机械开挖。不能使用机械或人工直接开挖的石方，则用爆破法开挖。工程爆破将对附近岩体和周边建筑物产生振动作用。为确保爆破开挖施工中边坡的安全性，尽量减小爆破对坡体岩体的损伤，应进行爆破振动检测。

开挖梯段应分别测试预裂爆破及梯段爆破的质点振动速度。爆破地震波效应试验，可采用质点振动速度观测方法，参考下述经验公式：

$$V = K \left(\frac{W^{1/3}}{D} \right)^{\alpha} \qquad (4.5-1)$$

式中 V——质点振动速度，cm/s；

W——爆破装药量，集中起爆时，取总药量；分段延迟起爆采用最大一段装药量，kg；

D——建筑物与爆破区的距离，或药量分布几何中心至测试点距离，m；

K、α——与场地地质条件、岩体特性、爆破条件以及爆破区与观测点相对位置等有关的常数，由专项爆破试验测定。

新浇混凝土及基础灌浆的质点振动速度不得大于安全值。当质点振速大于安全值时，应暂停爆破作业；在有混凝土浇筑区、灌浆区、预应力锚索（杆）区爆破作业时，要监测这些区域离爆破中心点最近点的质点振动速度。

爆破振动影响主要分析质点振动速度和振动加速度，绘制质点振动速度—时间过程曲线（图4.5-1），通过类比法或结合变形、声波监测成果综合确定边坡开挖爆破振动的控制参数，优化爆破工艺，减小爆破作用对边坡稳定的影响。

一般情况下，可依据声波测试得到的波速—孔深曲线来判识岩体质量与开挖爆破作用对岩体扰动的影响程度和范围，通常是以曲线拐点位置作为爆破松动及其影响分界深度，典型声波波速—孔深曲线见图4.5-2。

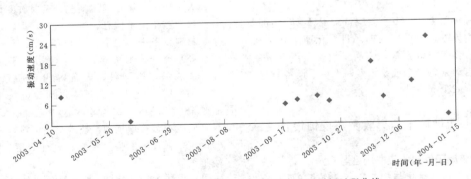

图 4.5-1 某工程边坡开挖爆破垂直振动速度—时间过程曲线

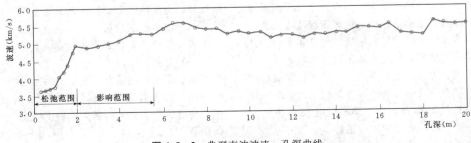

图 4.5-2 典型声波波速—孔深曲线

4.5.2.2　岩体质量检测

目前，岩体质量检测主要是从弹性波纵波波速测试来分析，并通过建立波速与岩体变形模量之间的数学关系，进一步确定与核实岩体的质量类别。鉴于爆破振动对岩体质量的影响，一般应在爆前、爆后分别测试，据此评判爆破施工是否符合标准，以便提出处理意见，研究修改下一梯段爆破参数。

测试方法分单孔测试和跨孔测试，以了解沿孔深方向或孔间岩体的质量状况，并推测相应方向的岩体裂隙分布情况，同时判断爆破对岩体的损伤与影响程度。爆前、爆后波速测试孔必须相同，爆后波速测试应先扫孔后测试。

典型爆破影响深度统计及波速变化率沿孔深的变化典型曲线分别见图 4.5-3 和图 4.5-4。

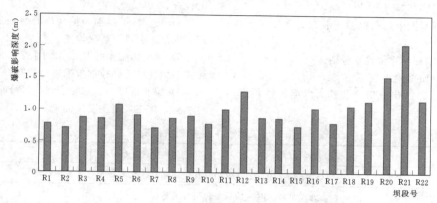

图 4.5-3　典型爆破影响深度统计直方图

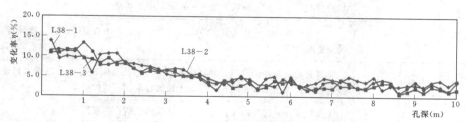

图 4.5-4　波速变化率沿孔深的变化典型曲线

检验控制爆破的效果，一般看开挖轮廓面上残留炮孔半圆痕迹均匀分布情况、残留炮孔痕迹保存率、节理裂隙的张开程度、相邻炮孔间岩面的不平整度、炮孔壁的爆破裂隙情况。

4.5.2.3　施工质量检测

边坡施工质量检测分开挖质量和支护加固质量两部分，质量检查资料均应全面收集，包括工艺试验、生产性试验及工序检验、完工验收等成果资料，以便对工程边坡治理效果进行分析评价。

1. 开挖质量检查

开挖前，须根据施工图纸和施工控制网、点进行测量定线，测放开口轮廓位置，并测量开挖范围的原始地形图，其比例一般不小于 1∶200，最小不小于 1∶500；施工过程中根据需要，测放、检查开挖断面及高程，其纵、横剖面的比例一般为 1∶500；开挖到位后，应进行纵横断面测量，并加密各建筑物建基面水准测点，标明建基面超欠挖部位。由施工测量对

开挖断面进行全面校测，定期检查开挖剖面规格，开挖轮廓尺寸及超欠挖是否满足要求，并在建筑物轮廓控制点处做出标志，标明高程、坐标等数据。检查建基面上松动岩块是否已经清除，爆破质量是否符合标准，以便提出处理意见，研究修改下一梯段爆破参数。在开挖过程中，定期检查边坡软弱岩层及破碎带等不稳定岩体的处理质量，并复查确认安全。

建筑物的建基面开挖验收之前，还要对其范围内的断层破碎带、蚀变带的处理及位于该范围内的残留孔、勘探孔、勘探洞的回填进行检查，看是否按施工详图或相关的技术要求进行施工，质量是否达到相关要求。

开挖质量检查主要包括下列项目：

（1）开挖轮廓尺寸及超、欠挖，平整度。

（2）开挖轮廓面上残留孔痕迹分布情况，残孔保存率。

（3）弹性波纵波波速，爆前、爆后波速及变化率。

2．支护措施质量检查

边坡支护类型包括喷射混凝土、砂浆锚杆、预应力锚索、护坡结构及抗滑支挡结构等。主要检测内容包括：原材料、半成品和成品的质量检查。

（1）喷混凝土的质量检验包括：

1）喷层厚度。

2）喷射混凝土与岩石间的黏结力以及喷层之间的黏结力，须钻取芯样作抗拉试验。

3）喷射混凝土中是否鼓皮、剥落、强度偏低或有无其他缺陷。

（2）砂浆锚杆的质量检验包括：

1）锚杆材质检验。

2）锚杆孔的钻孔规格（孔径、深度和倾斜度）抽查。

3）锚杆注浆密实度检测。

（3）预应力锚索的质量检验包括：

1）每批钢丝和钢绞线、锚夹具到货后的材质检验。

2）预应力锚索安装前，每个锚束孔钻孔规格的检测和清孔质量的检查。

3）预应力锚束安装入孔前，每根锚束制作质量的检查。

4）锚固段灌浆前，抽样检验浆液试验成果和对现场灌浆工艺进行逐项检查。

5）预应力锚束张拉工作结束后，对每根锚束的张拉应力和补偿张拉的效果进行检查。

6）锚头混凝土、水泥灌浆材料检验。

锚索施工质量主要检测项目见表 4.5 - 1。

表 4.5 - 1　　　　　　　　　　　　锚索施工质量主要检测项目表

项次	项　目	质　量　检　查　项　目
1	锚索孔	①钻孔直径；②方位角及孔位偏差；③孔斜；④造孔超深偏差
2	地质缺陷处理	处理是否及时，质量是否符合要求
3	编束、穿索	①钢绞线材质；②锚索平顺程度，进浆、排气管畅通情况，结构有无损坏，外露段保护情况；③锚索孔清孔及杂物、岩屑和积水情况
4	锚固段灌浆	①灌浆材料、配合比、强度等级；②灌浆压力，闭浆时间，进、排浆量；③回浆比重与进浆比重
5	外锚头混凝土浇筑	①岩石清洗及松动情况；②锚垫板外平面与孔口管及孔中心线垂直角误差，钢筋、模板规格尺寸、安装位置；③混凝土振捣密实度，试件强度
6	张拉	①张拉程序；②每级张拉力与理论计算伸长值；③张拉升荷速率
7	张拉段灌浆	①灌浆材料、配合比、强度等级；②灌浆压力，闭浆时间，且进、排浆量及比重；③特殊处理
8	外锚头保护	是否符合要求

（4）护坡、抗滑支挡结构质量检测。挡墙、抗滑桩等支挡结构施工质量检测内容随构造物所处位置、结构型式和所用材料不同而异，应根据具体情况按相关标准、规范选定试验检测项目。以下列出一般性常规支挡结构试验检测的主要内容：

1）施工准备阶段的检测项目包括：水泥性能试验；粗细骨料试验；混凝土配合比试验；砌体材料性能试验；墙后填料击实试验；钢材性能试验；钢材连接性能试验。

2）施工过程中的试验检测项目包括：基础开挖尺寸和标高检测；地基承载力试验检测；钻孔位置、直径、深度检测；钢筋位置、尺寸和标高检测；墙身位置、尺寸和标高检测；混凝土强度抽样试验；砂浆强度抽样试验。

3）施工完成后的试验检测项目包括：支挡结构总体检验；支挡结构使用性能监测；支挡结构变形监测。

4.5.3　边坡施工信息反馈设计

边坡施工信息反馈设计，是指将边坡施工中实际获得的施工环境、条件、程序、方法、进度、材料、机械及施工质量信息与业经审定的施工组织设计方案进行比较，分析施工因素对边坡变形与稳定影响，进而及时调整优化设计方案、改进施工方法或采取补救措施的过程。

以往，边坡施工信息反馈设计容易被忽视，主要原因是设计与施工的脱节。在实际边坡工程中，由于施工原因造成边坡失稳或治理效果不能满足设计要求，故而进行大的设计变更，其事例屡见不鲜。因此，在边坡动态设计中，应高度重视边坡施工信息的反馈，以达到最终加固治理的目的。施工过程中，必要时，要调整施工步序和参数，采取一些可靠的方法来控制边坡的变形与稳定。

边坡施工信息反馈指导设计主要有以下几个方面：

(1) 从施工钻进、开挖及相关灌注施工中，可以了解有关地质情况，如掉钻、卡钻现象，灌浆量，土石分界线等，可以分析原勘察结果是否存在异常。

(2) 监测资料异常的解析，是否受施工因素影响。

(3) 施工对边坡岩体损伤，是否需要采取措施。

(4) 施工方案是否可行，施工进度能否满足要求，是否需要调整施工组织设计。

(5) 施工质量检测信息，如出现质量低劣，如何采取补救措施。

在岩质边坡的开挖施工中，尽量缓解或减少爆破振动对边坡岩体的影响是保证边坡稳定的重要环节。施工组织设计，应通过优化爆破参数，采用预裂爆破、光面爆破、减振爆破等控制爆破技术，以及合理地设定爆破振动的安全判据和控制标准，达到良好的爆破减震效果。值得一提的是，当需要对边坡坡面以下的岩体进行钻孔、爆破时，尤其要注意避免对边坡岩体的损伤。坡面上开洞，要先做好锁口，采取短进尺弱爆破掘进。当边坡坡脚岩性软弱、易于风化或受到水力冲刷时，应研究设置适当的坡脚支挡结构或抗冲保护措施，以保持坡脚的稳定性。

边坡加固处理措施较多，如削坡减载、预应力锚固、喷锚支护、防渗排水、抗滑桩、抗剪洞、锚固洞和混凝土支挡结构等。但是，不恰当的施工方法可能导致稳定边坡的失稳，甚至诱发施工安全事故。对处于临界稳定条件的边坡，需要采取适当的施工程序、施工工艺、施工措施才能确保施工安全。在边坡设计研究中，除需进行必要的方案比较、计算分析和安全评价外，还需对所使用的材料、施工程序和措施、工程质量、运行维护等提出相应的控制和检验要求，这些要求应符合各个领域勘察、设计、施工、管理及维护等标准的有关规定。如：某水电站边坡的开口线和坡脚位置已经确定，无法放缓坡度时，采用悬臂桩进行边坡加固。该边坡为堆积体，悬臂抗滑桩规模大，悬臂高达 30m，为此，桩身布置有预应力锚索，预应力锚索对改善桩体应力条件和保证边坡稳定起到了重要作用。

就喷锚支护而言，选择和把握合理的支护时机是非常重要的。边坡稳定状况不同，开挖锚喷支护的施工顺序也有差别，对于尽量小心开挖（风镐或人工撬挖）或采取严格控制爆破后仍然可能导致边坡失稳的，要采取预加固措施，在开挖爆破之前，加固潜在的

不稳定岩体。对于不良地质岩体、局部稳定性差的边坡，支护加固措施应及时跟进。对于地质条件尚好、边坡能够维持一定自稳时间的，可采取适时支护。通常在考虑施工条件、施工进度并在保证边坡岩体稳定安全的情况下，选择合理支护时机。对于高边坡，一般要求自上而下，边开挖边支护，支护完成时间滞后开挖不超过 2 个梯段；对于地质条件好、开挖边缓，能够保持长期稳定的边坡，可采用不支护或仅随机支护，支护时机的选择具有较大的余地。

对于稳定性较差的边坡，边坡顶部外边缘要先形成排水沟，甚至要先完成排水洞、排水孔幕的施工之后，才能进行开挖。边坡开挖要尽量避免在雨季施工，并力争一次处理完毕。雨季施工时应采用临时封闭措施。排水孔、排水洞可能导致边坡岩体局部渗透梯度增大，不利于破碎岩体的渗透稳定性。为此，在排水孔、排水洞等相应部位要设备必要的反滤保护措施。

当边坡变形过大，变形速率过快，周边环境出现沉降开裂等险情时应暂停施工，根据险情原因选用如下应急措施：

(1) 坡脚被动区临时压重。

(2) 坡顶主动区卸载，并严格控制卸载程序。

(3) 做好临时排水、封面处理。

(4) 采用临时支护结构加固。

(5) 对险情段加强监测。

(6) 依据反馈信息，开展勘察和设计资料复审，按施工的现状工况验算。

4.6 边坡工程动态设计实例

4.6.1 三峡水利枢纽船闸边坡治理动态设计

4.6.1.1 船闸边坡工程概况

长江三峡水利枢纽船闸工程位于坝址左岸坛子岭以北约 200m 的山体中，为双线五级船闸。船闸轴线走向 111°，主体段长 1621m，系在花岗岩山体中深切开挖修建而成。船闸开挖形成人工高边坡，边坡最大开挖高度 170m，一般坡高 100～160m，而边坡高度连续超过 120m 的范围，长约 460m。闸室边墙部位为 40～70m 的直立坡，两线船闸间保留高 40～70m、宽 55～57m 的岩体中间隔墩。闸首和闸室采用衬砌式钢筋混凝土结构，小部分采用衬砌式钢筋混凝土结构与重力式混凝土结构组成的混合式结构。在中隔墩和两侧边墙岩体内各布置一条输水隧洞，并在闸室两侧高边坡岩体内部各设有 7 层排水洞与排水孔组成的排水帷幕。横断面形似 W，见图 4.6-1。

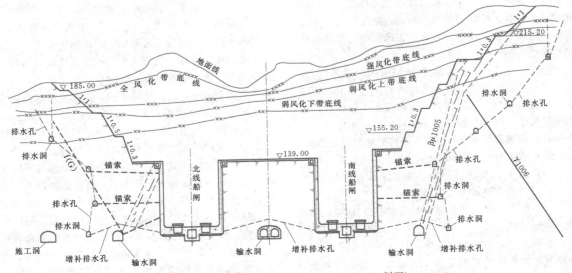

图 4.6 - 1 船闸典型横剖面开挖图（15＋850 剖面）

作为紧靠双线五级船闸的边坡，不仅要确保整体和局部稳定，而且对长期变形也必须严格控制，以满足船闸人字门正常运行的要求。针对双线五级船闸高边坡的特殊性和重要性，采取了山体内排水，地表水堵、截、排，安装预应力锚索和高强锚杆，喷混凝土支护等措施。在施工中，严格控制施工程序，采用整套控制爆破技术，加强原型监测和反馈分析，并实行动态设计等综合措施。船闸施工分两期进行：一期主要是闸室墙顶高程以上边坡的揭顶开挖、边坡两侧山体中的排水洞井开挖及相关的支护；二期主要是闸室的开挖、支护及混凝土工程。主体段明挖 3700 万 m^3，洞挖 96 万 m^3，预应力锚索 4200 多束，高强锚杆达 10 万多根。自 1999 年 4 月开挖基本结束后，岩体变形开始趋于稳定。船闸于 2003 年 6 月 1 日投入运行，通过对埋设在船闸各个部位的 3268 支各类监测仪器原型监测资料的综合分析，各项监测指标正常，闸室充水过程中闸首的位移不大于 0.5mm，完全满足船闸人字门正常运用的要求，保证了长江黄金水道的正常通航。

4.6.1.2 船闸高边坡工程地质条件

船闸区的主体山脊大岭，走向约 340°，高程 250.00～266.00m。大岭以西，山脊高程 210.00～250.00m，山坡坡度 20°～30°，地势北高南低，发育有大小 4 条冲沟；大岭以东，山脊高程从 250.00m 逐渐降至 130.00m，山坡坡度除大岭东坡为 30°～40°外，其他均小于 20°，地势南高北低，发育 4 条支沟，汇入许家冲。

船闸区岩石以闪云斜长花岗岩（γ_{NPt}）为主，其中含有范围不大的片岩捕房体（ex）和数量不多的中细粒花岗岩脉（γ）、伟晶岩脉（ρ）、辉绿岩脉（β_μ）及石英脉。岩脉一般与围岩呈突变紧密接触，少数呈裂隙状接触。

船闸区的闪云斜长花岗岩自上而下分为全风化（Ⅳ）、强风化带（Ⅲ）、弱风化带（Ⅱ）和微（新）风化带（Ⅰ）；其中，弱风化带又分为两个亚带，弱上风化带（Ⅱ₁）和弱下风化带（Ⅱ₂）。由于船闸区自上游至下游各闸室的覆盖层厚度不同及各风化带厚度发育不一，使得五个闸室闸顶处于不同风化带中。

闸室段共出露大小断层 280 条，其中直立坡及闸室底板上共出露断层 176 条。按走向可分为四组：NNW 组、NE～NEE 组、NNE 组、NWW 组。NNW 组共 133 条，占断层总数的 47.5%，该组断层大多为裂隙性断层，宽度大多在 0.2～0.5m 之间，性状较好。NE～NEE 组共 93 条，占断层总数的 33.2%，较发育，该组断层大多为裂隙性断层，宽度小于 0.5m；少量断层规模较大，如 f_{1050}、F_{215}、f_{1096}、F_{10} 等，一般胶结较差～差。NNE 组共 33 条，占断层总数的 11.8%，较不发育，该组断层一般胶结较好。NWW 组共 17 条，占断层总数的 6.1%，不发育，该组断层大部分为裂隙性断层，宽度小于 0.5m，一般胶结较差，断层走向与船闸轴线交角较小，对边坡稳定较为不利，以断层 f_{1441} 最为典型。船闸二期工程闸室段实测裂隙 52337 条。按走向可分为四组：NE～NEE 组、NNW 组、NNE 组、NW～NNW 组。裂隙发育主要特点有：具有明显的不均匀性，以陡倾角裂隙为主，顺边坡走向方向的裂隙水平线密度随开挖深度无明显变化，裂隙迹长大多小于 10m 等。

船闸区岩体结构复杂，包含了六种类型：整体结构、块状结构、次块状结构、镶嵌结构、碎裂结构和散体结构。

4.6.1.3 船闸边坡动态设计方法

1. 动态设计总体思路

由于船闸高边坡工程的复杂性及人们认识的局限性，在 1993 年 5 月完成的三峡工程 175.00m 正常蓄水位前期设计报告中，对船闸高边坡提出了以满足船闸结构布置要求和使边坡达到基本自稳进行开挖，以截、防、排水系统为主，以岩锚加固为辅进行加固处理的高边坡开挖及加固方案，排水和岩锚支护根据施工地质勘测和监测分析动态优化。随后在 1994 年 11 月长江委完成的《长江三峡水利枢纽船闸高边坡设计基本方案专题报告》中将此细化为七条高边坡设计原则，其中，专门强调"全过程贯穿动态设计思想"。据此，确定了船闸边坡动态设计总体思路，其程序图见图 4.6-2。

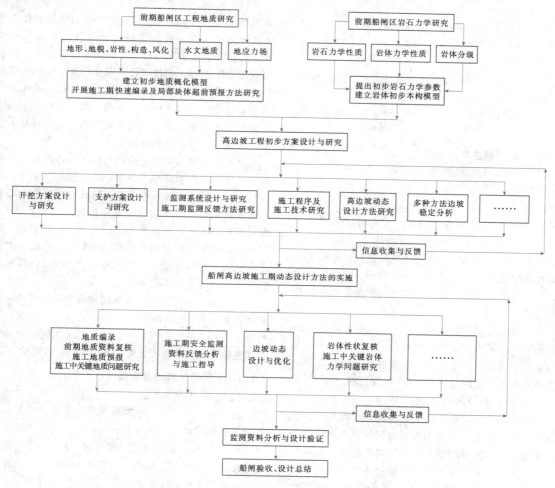

图 4.6-2 船闸边坡动态设计程序概化图

2. 动态设计方法与步骤

影响边坡设计的不可预见因素很多，因此依据前期资料所得出的设计方案，在具体实施中可能在某些地方过于安全，造成浪费，而在另一些地方又可能达不到设计的安全度，导致失事及给后期补救带来更大损失。因此，针对船闸边坡设计，根据各阶段的最新研究成果，及时修改设计，特别是通过施工过程中的安全监测和施工中揭露的具体地质情况及其变化，不断反馈给设计，及时调整原定设计方案，通过不断优化，逐步完善设计，最终使边坡工程达到安全、经济、合理的目标。船闸边坡动态设计的基本方法与步骤如下：

（1）根据前期勘察成果，进行边坡分析计算及试验研究，了解高边坡的基本力学行为，在反复论证的基础上确定初步设计方案。

（2）按照前期设计方案，进行高边坡工程施工。

（3）施工过程中，一是通过安全监测手段获取高边坡性态变化，并及时整理、分析监测资料，反馈设计（监测资料分析简报）；二是进行施工地质编录，配合先进的快速成像技术、数字技术等，及时形成设计可用资料，并对未开挖区实施超前预报（施工地质简报）；三是通过设计人员现场跟踪，了解施工过程中的具体情况；四是主动收集施工单位反馈施工信息或施工意见。

（4）设计人员针对新的技术成果资料与信息，重新核定、分析和修改原设计方案，确定新的设计方案，付诸实施。

（5）新设计方案实施过程中，根据进一步获取信息，再次核定、分析和修改设计方案。

（6）重复进行第（2）～（5）步工作，直至工程竣工。

4.6.1.4 施工期主要问题研究

根据动态设计原则及实施步骤，对船闸施工期的重大问题进行专题研究，并根据研究成果指导、优化设计，主要的专题研究有：

（1）f_{1239} 块体处理专题研究。针对闸室入槽开挖后揭露的第一个大于 $10000m^3$ 的块体，即 f_{1239} 块体，进行预报、勘察、设计、施工专题研究。通过研究查清了块体的边界条件，提出了力学参数、稳定分析方法、设计标准及处理方案，为随后块体的动态预报及处理提供了范例。

（2）闸室直立墙块体处理研究。入槽开挖进行到一定阶段，对闸室直立墙出露的众多块体进行阶段性总结研究，通过研究对块体的分布规律、规模、稳定性及加固处理方案及施工情况进行了阶段性总结，为块体加固处理设计提供了可靠的依据。

（3）中隔墩顶面找平混凝土裂缝处理研究。随着闸室入槽开挖的加深，中隔墩三面卸荷的效果愈加明显，中隔墩顶面卸荷表现为找平混凝土开裂。为对裂缝进行分析及处理，开展了中隔墩岩体变形和裂缝分析研究，统计分析了裂缝分布、开裂原因及处理措施，为中隔离墩的动态加固处理奠定了基础。

（4）船闸中隔墩岩体力学特性综合研究。以中隔墩顶裂缝研究为基础，通过多种勘测及分析手段，对中隔墩卸荷后的岩体力学性状进行综合研究，根据多种测试成果将中隔墩岩体分为三个带，即两个卸荷松弛带和一个非松弛带，研究表明，松弛带岩体的力学强度和弹性性能比原岩有所降低，但始终保持了较好的整体性和弹性性质。

（5）地下排水系统效果专题研究。对两侧山体的各 7 层排水洞及排水孔幕组成的地下排水系统效果进行调查与研究，明确了加强排水的部位，为增加排水孔提供了理论基础。

（6）边坡洞井稳定研究。船闸区布置有 36 个闸门竖井，竖井开挖尺寸最大达 $18.4m×11.5m$，竖井与闸室间岩体仅剩 19m。为确保竖井及边坡岩体的稳定，进行了专题研究，为竖井周围岩体处理方案制定提供理论基础。

（7）船闸边坡变形与稳定反馈分析及预报研究。根据整个边坡的实际资料，通过研究对边坡岩体进行了工程地质分区，建立了稳定性计算的地质概化模型，给出了岩体不同区段、不同卸荷带的力学参数及结构面力学参数，为稳定及变形分析提供了符合实际的模型。在此基础上，利用反演分析理论，分析并预报船闸边坡开挖后的变形及稳定。预报结果与实测变形量值基本一致，消除了对边坡变形及稳定存在的疑虑，保证了工程的顺利进展。

（8）地下输水系统衬砌缺陷渗漏处理研究。地下输水系统位于边坡深部岩体中，地下输水系统衬砌成后，检查发现部分区段存在分缝止水、蜂窝、结构缝渗水等缺陷，这些渗水将恶化原地下水设计条件，为对此进行处理，开展专题研究，经多方案对比，确定在原底层排水洞及闸室底板排水廊道中增设覆盖水系统的排水幕系统，可将衬砌缺陷渗水迅速导排，保证了原设计条件不受影响。

（9）地下水腐蚀性及其析出物分析专题研究。对船闸南北坡山体排水洞地下水析出物进行了研究，取样分析了施工前后地下水化学成分变化情况，对地下水的腐蚀性和析出物成分来源进行了分析研究和评价。

4.6.1.5 船闸边坡设计方案修改与优化

1. 边坡开挖

边坡开挖过程中，根据施工揭露的地质情况，通过动态优化设计，及时调整开挖设计方案。主要有：

（1）将施工详图设计的闸室 40～70m 直立坡竖直开挖改为逐级后靠的小台阶开挖方案，在直立墙开挖中共增加 3～4 级宽度为 30cm 的小台阶，以方便施工。

（2）原设计闸室半重力式闸墙基础采用微新岩体方案改为利用弱风化下部岩体方案，以节省开挖工程量。

（3）一闸室中隔墩南侧原高程 165.00～170.00m 平台降为高程 160.00～165.00m；将五闸室中隔墩北侧原高程 85.00m 平台降为高程 75.00～80.00m；将五闸首北坡原高程 65.00～75.00m 平台降为高程 68.00m。

（4）将边坡面出露的 f_{1050}、F_{10} 等断层带进行了掏槽开挖；对位于闸室底板分流口处开挖形态进行了不断修正。

2．边坡锚索加固

（1）中隔墩部位，岩体屈服区范围较大，且布置有船闸阀门井和闸首等结构，虽然后期荷载条件相对简单，但开挖过程中多向卸荷使岩体应力状态与变形复杂化。因此，先仅对断层、阀门井及闸首部位系统布置 2~3 排对穿预应力锚索，施工中根据工程具体地质条件和边坡具体情况，对中隔墩岩体针对性地布置随机或系统锚索。

（2）根据施工揭露的边坡不稳定块体的具体情况，针对性地布置系统与随机锚索加固。

3．边坡锚杆加固

（1）高边坡一期工程中，原设计采用系统锚杆加固。施工中，根据开挖揭露的边坡岩体条件，改为 2 排系统锚杆进行边坡马道锁口后，其余锚杆仅针对边坡岩体破碎区进行系统或随机加固，节省锚杆 2 万余米。该方案还应用于二期斜坡支护工程中。

（2）高边坡二期工程直立闸槽开挖过程中，针对直立坡口岩体卸荷作用强烈的特点，增设 2~3 排深锚杆锁口，取得了良好的效果。

（3）针对边坡断层交切带和岩体破碎区，布置系统与随机锚杆加固。

4．边坡不稳定块体处理

边坡中不稳定块体的处理，原设计方案中，根据前期地勘资料，针对边坡中定位、半定位及随机块体，预列一定的处理工程量。施工中，根据具体情况，按图 4.6-3 的程序针对性地采取处理措施：对于小于 100m³ 的块体，由于其埋深一般较浅，但数量众多，为满足施工安全和进度要求，设计预先制定典型支护模式，由监理工程师和施工单位根据具体情况进行处理；对大于 100m³ 的块体，在地质编录后以地质简报的方式分批及时预报，逐一分析后，及时提出处理措施。根据块体的特征、出露位置，块体的处理措施可选择以下几种：

（1）顶部或侧面采取系统的混凝土封闭（必要时挂铁丝网或钢筋网），以减少降水入渗。

（2）锁口锚杆。直立坡顶部系统布置 3 排深 8~14m 的 ϕ32mm 锚杆，加固坡口爆破松动带。

（3）岩体锚固。对 100m³ 以下的块体采用锚杆加固，100m³ 以上的块体采用预应力锚索加固。如前述的 f_{1239} 部位、f_5 部位等部位的特大型块体等均采用了大量预应力锚索进行加固处理。

（4）挖除或置换。对于严重松动或有软弱构造带的块体采取挖除或置换，如一闸首的 f_{1050} 断层部位处理。

（5）排水。对于大型块体或薄高型块体采用降低水压力处理，一般和锚固支护措施一并使用，如 f_{1239} 块体。

（6）调整结构型式。对于半重力式墙下的块体，若常规支护措施不能满足稳定要求时，通过改变上部结构型式以达到减荷的目的，如取消重力墙后的填土或局部改用轻型结构等。

（7）对出现大于 1000m³ 的块体，在处理措施确定后，并及时布置监测仪器进行全面监控。

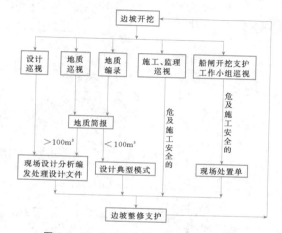

图 4.6-3　边坡块体处理动态设计程序图

5．边坡地下排水

（1）事先根据地下渗流场数值分析成果，设计布置高边坡地下排水洞和排水孔。施工中，根据地下水监测情况及设计先后适时组织 2 次现场检查情况，在边坡较高的二至三闸室段 1~4 层地下排水洞内随机针对洞壁渗水面、点情况增设了向山体内侧的缓倾排水孔，加强地下排水。

（2）根据输水洞裂缝，存在内水外渗的具体情况，设计进一步研究，提出在船闸两侧底层山体排水洞和船闸基础排水廊道内增设低高程排水孔，加强地下排水。

在船闸边坡实施过程中，根据监测获得的数据，及时修改设计或调整施工方案，忠实地贯彻了船闸边坡动态设计的总体思想，确保了边坡的成型及顺利施工。监测数据显示，自 1999 年 4 月开挖基本结束以来，边坡岩体变形开始趋于稳定。截至 2008 年 11 月 11 日，三峡水库试验性蓄水高程 172.70m，测得南北坡岩体向闸室中心线方向的最大位移分别为 68.01mm 和 56.14mm；南北坡直立墙最大位移分别为 43.95mm 和 33.86mm；中隔墩南、北侧最大位移分别为 23.01mm 和 30.67mm。船闸投入运用后，闸室充水过程中船闸首的位移不大于 0.5mm，完全满足船闸人字门正常运用的要求。

图 4.6-4～图 4.6-6 为典型部位边坡或块体的变形历时曲线，图 4.6-7 为地下水位变幅历时曲线。资料分析表明，变形均在设计预测范围之内，证明边坡变形已趋于稳定或收敛。

三峡船闸边坡规模大、形态复杂、开挖量大，呈现出明显的卸荷和非均质特征；施工中，多项目交叉，难度大、干扰多、工期紧。针对船闸边坡的特点及困难，在船闸实施过程中，设计制定并执行了动态设计思想，确保了船闸边坡的顺利实施。实践证明，三峡船闸边坡动态设计是岩土工程贯彻动态设计理念并成功的一个典型范例，对边坡岩土工程的发展具有重要的指导意义。

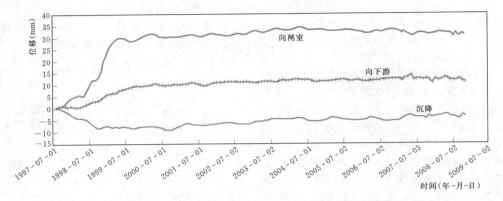

图 4.6-4　15—15 断面中隔墩顶北侧高程 160.00mTP/BM68GP01 位移过程线

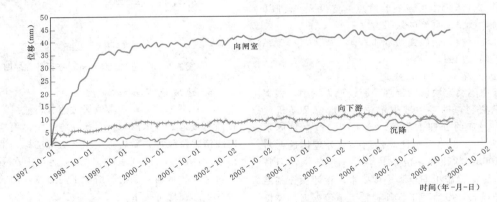

图 4.6-5　13—13 南坡直立坡 168.00m 马道 TP/BM94GP02 位移过程线

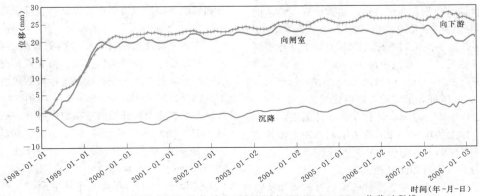

图 4.6-6　中隔墩北侧 f_5 块体处表面变形测点 TP/BM119GP01 位移过程线

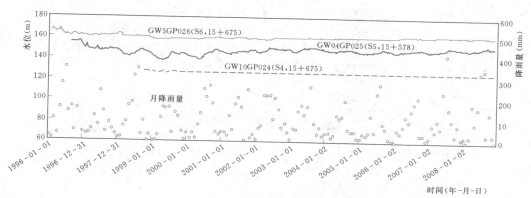

图 4.6-7 南坡 4～6 层排水洞测压管水位过程线

4.6.2 龙滩水电站左岸进水口边坡治理动态设计

4.6.2.1 进水口高边坡工程概况

龙滩水电站位于红水河流域中游，电站装机 9 台，总装机容量 6300MW。枢纽布置主要建筑物有：碾压混凝土重力坝、左岸地下引水发电系统、右岸两级垂直升船机和航道。正常蓄水位 400.00m，最大坝高 216.5m。该电站是一座以发电为主兼有防洪、航运等综合利用效益的大型工程。

左岸地下厂房进水口布置区，紧靠已发生弯曲倾倒变形的自然边坡，其倾倒变形的垂直深度约 30～76m，体积约 1160 万 m^3。进水口开挖后，与左岸导流洞进口开挖区连成一片，形成长约 500m、最大开挖坡高达 425m、坡面面积达 27 万 m^2 的典型的反倾向层状结构岩质高边坡（图 4.6-8）。开挖边坡上游与弯曲倾倒蠕变岩体边坡连成一体，坡脚开挖 9 条直径为 12～13m 的引水洞。进水口坝段紧靠坡脚，大坝的稳定与边坡岩体的稳定密切相关，甚至可以认为边坡岩体已成为大坝结构的组成部分。蠕变岩体边坡与进水口开挖边坡的稳定直接关系到水电站的顺利建设和安全运行。

图 4.6-8 龙滩水电站进水口边坡开挖图

在前期勘测设计研究中，针对困扰枢纽布置方案选择的蠕变体边坡和进水口高边坡工程问题，从最初的坝线选择、发电厂房"5+4"方案（即坝后布置 5 台发电机组，左岸地下布置 4 台机组的枢纽布置方案）和"4+5"，到最终选定的"0+9"布置方案，始终无法避开高边坡问题。围绕这一关键问题，从尽量避开蠕变体，到逐步认识蠕变体；从进水口布置调整，到开挖坡型、轮廓优化；先后进行了大量的科研试验和分析论证，取得了丰硕的研究成果，为工程实施做了有价值的技术储备。经多年研究和科技攻关，确定了左岸进水口边坡设计原则、设计标准和开挖、加固支护方案。

初步设计中，为满足水电站进水口结构布置要求和保证边坡基本自稳为原则进行开挖设计，将 F_{98} 断层上盘潜在不稳定体全部挖除。边坡处理采用岩锚加固措施和截、防、排水措施。要求排水洞提前形成，强调每级坡超前锚固。对开挖和加固施工程序提出了具体要求。边坡开挖支护典型剖面见图 4.6-9。

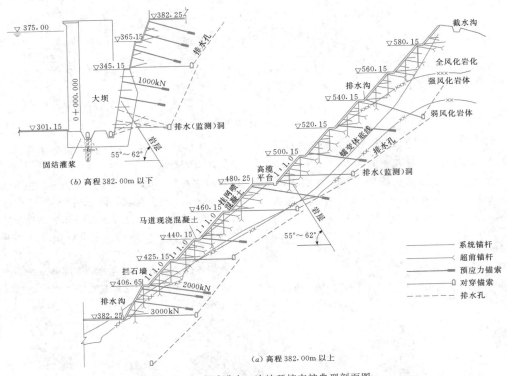

图 4.6-9 龙滩进水口边坡开挖支护典型剖面图

龙滩水电站进水口高边坡规模大，地质条件较为复杂，是一典型的反倾向层状岩质高陡边坡。工程结构上，进水口坝段紧靠坡脚岩体，坡脚软弱岩层（T_2b^{18}）中 9 条引水隧洞平行穿过。边坡、大坝、引水隧洞及其他结构物相互并存，构成复杂的相互作用关系。按设计方案，开挖边坡表面呈不规则形貌特征。高程 382.00m 以下坡比 1∶0.5 左右，最大垂直开挖深度 150m，最大水平开挖深度 180m，开挖量 400 万 m^3。根据工期安排，进水口边坡从开挖、加固处理到竣工，计划工期仅 27 个月。其间，导流洞、引水洞开挖同步进行，交叉作业，施工干扰大。工程边坡在短期内完成大开挖，使得卸载作用强烈。坡脚约 50%的岩体被挖除，采空率高，削弱了坡脚岩体的支撑作用。运行期，为确保大坝、引水洞、进水口长期正常运行和使用，对边坡变形和稳定要求高，尤其在坝后坡（4～9 号机坝段）边坡岩体变形量不得超出结构物允许变形量。因此，进水口边坡的稳定性及处理措施是工程的重大关键技术问题之一。

4.6.2.2　进水口边坡工程地质条件

1. 左岸倾倒蠕变岩体

左岸倾倒蠕变岩体分布于坝址上游左岸，岩层走向与河谷岸坡近于平行，倾向山里，正常倾角 60°，岸坡坡角 28°～37°。岩层软硬相间，层间错动发育，且存在顺坡向的结构面；坡脚罗楼组地层泥化夹层发育，加之 F_{63}、F_{69}、F_{147} 断层和冲沟切割，进一步破坏了层状岩体的连续性。这种薄板状多层结构的反倾向边坡岩体，在地质时期内，遭受长期风化，在自重等综合营力作用下，向岸坡方向缓慢弯曲、折断、倾倒，以致局部崩塌和滑坡。倾倒蠕变岩体是在上述特定地质条件下，岩体综合变形的结果。依其变形程度，大致以③号冲沟为界，平面上划分为 A 区（包括 A_1、A_2、A_3 小区）和 B 区（包括 B_1、B_2、B_3 小区）；剖面上由表及里分为Ⅰ带、Ⅱ带和Ⅲ带。蠕变岩体平面分区和剖面分带见图 4.6-10、图 4.6-11。

A 区边坡主要由板纳组地层构成，岩体蠕变后，岩层倾角由表及里逐步过渡至正常倾角，岩体中一般

图 4.6-10 蠕变岩体位置及平面分区图

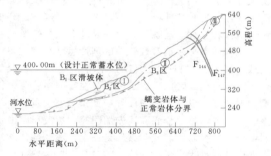

图 4.6-11 蠕变岩体剖面分带示意图

不存在连续的贯穿性弯曲折断面，体积 356 万 m³。A₁ 区有 F₉₈ 顺坡向断层切割，体积 176 万 m³，其中上盘岩体已构成潜在滑体，潜在滑体体积 80 万～90 万 m³。A₂ 区则以发育 20～30m 深厚岩崩积体为其特征。A₃ 区位于蠕变岩体与正常岩体接触边缘过渡带，岩体蠕变轻微。

B 区边坡坡脚由抗风化能力相对较弱的罗楼组地层组成，岩体蠕变程度较 A 区严重，体积约 932 万 m³。在 F₁₄₇ 断层南侧蠕变岩体与正常岩体呈突变接触，已形成贯穿性、连续性较好、粗糙不平、锯齿状的顺坡向折断错滑面和折断面，折断面与折断错滑面倾角 21°～40°。B₁ 区为浅表层滑坡体，分布高程 245.00m～375.00m，体积 52 万 m³。B₂ 区以 T₂b¹⁴～¹⁵ 层砂岩与 B₃ 区分界，以下为 B₂ 区，以上（含 T₂b¹⁴～¹⁵ 层）为 B₃ 区。B₂ 区分布高程 245.00～415.00m，以连续的倾倒折断错滑面为其主要特征，其折断错滑面宽 0.2～1.3m，充填碎块石夹泥或岩屑夹泥，充填物的颗粒构成有随高程升高而变粗的趋势，沿折断错滑面顺坡向有明显的错位，错动距离约

0.4～2.5m。B₃ 区分布高程 390.00～650.00m，以倾倒、刚性折断及挠曲变形为其主要特征，其倾倒折断面与 B₂ 区折断错滑面有明显差异，沿折断面及其破碎带内岩体有明显架空现象，虽少量夹泥，但相互间多呈刚性接触，上、下岩层不连续，重力错位 4～20cm，并有地下水大量渗出，最大流量约 180L/min。

Ⅰ 带为倾倒松动带，岩层弯曲折断角（变位后的岩层层面切线与正常岩层层面的夹角），在泥板岩中为 20°～60°，砂岩中大于 10°。岩层以倾倒变位为主，重力折断、张裂架空、旋转错位明显。岩体破碎呈散体状，全、强风化，节理裂隙充填次生泥。地震波波速 v_p 仅 500～1500m/s。水平发育深度 23～76m，体积约占总体积的 52%，滑坡及岩崩积体多发生于该带。

Ⅱ 带为弯曲折断带，泥板岩中弯曲折断角 10°～20°，砂岩中 5°～10°。岩体呈强～弱风化状，节理裂隙发育，充填次生泥。砂岩中仍有张裂、架空和重力错位，泥板岩中可见重力挤压现象。地震波波速 1500～2500m/s。水平发育深度 6～53m，占总体积的 30%。

Ⅲ 带为过渡带，岩层弯曲角 5°～10°，无明显的张裂面，为轻微连续的挠曲变形。岩体呈弱～微风化状，地震波波速接近正常岩体，体积占总体积的 18%。

2. 进水口布置区

进水口坝段开挖边坡位于蠕变体下游，紧邻蠕变体 A₁ 区下部。该区自然地形坡角 35°～43°，局部达 49°，残坡积层厚 1～5m。

出露地层为板纳组 T₂b¹⁴～³⁸ 层，以砂岩、粉砂岩为主，砂岩、粉砂岩、泥板岩互层夹极少量硅质泥质灰岩。泥板岩主要集中于 T₂b¹⁸ 层，位于开挖边坡陡坡段下部或坡脚，该层劈理发育，岩石强度相对较低（饱和抗压强度 23～80MPa），且处于坡脚应力集中部位。T₂b¹⁴～¹⁷、T₂b²³、T₂b²⁵ 层为厚层砂岩（饱和抗压强度大于 130MPa），其中 T₂b²³、T₂b²⁵ 层位于边坡中部，对边坡稳定有利。

进水口布置区岩层产状 N8°～15°W，NE∠55°～62°。边坡岩体中主要的软弱结构面是陡倾角的断层、层间错动和层面以及优势节理面，缓倾角结构面一般不发育，但在 F₁ 断层附近局部存在缓倾角节理密集带，密集带影响宽度约 20m 左右。主要断层有 F₆₃、F₆₉、F₁₁₉、F₁、F₄ 等，破坏了边坡岩层的连续性，但对边坡整体抗滑稳定性影响不大。唯优势节理面与一些随机小断层相互组合，会在坡面上形成一些规模较小的潜在不稳定块体。

层间错动和层面是边坡岩体中广泛发育的弱面。边坡 T₂b¹⁸～³⁸ 层的弱风化及其以上岩体中，层间错动

平均发育密度约为 4m/条，累计破碎带宽约 5m（破碎带中夹泥含量约 18%），占岩层总厚度的 1.7%。进水口反倾向层状结构岩质开挖坡陡坡段的 $T_2b^{19\sim22}$ 层微风化至新鲜岩体中，层间错动密度为 $2\sim2.5$m/条，累计破碎带宽约 0.5m，占该段岩层总厚度的 1.5%。

本区岩体风化深度一般为：强风化深度 $10\sim20$m，弱风化深度 $35\sim50$m。地下水为基岩裂隙潜水，受大气降水补给，沿层面、断裂向河床排泄。地下水位枯水期埋深 $60\sim80$m，平均水力坡降 $0.5\sim0.6$，地下水位随季节变幅达 $20\sim40$m。

4.6.2.3 进水口高边坡动态设计方法

进水口高边坡是龙滩水电站枢纽工程的重要组成部分。虽然在施工前已进行了大量的勘测、试验和设计研究工作，并取得了相应的成果，但是由于地质条件的隐蔽性、复杂性以及勘探测试条件的局限性，致使地质勘探和测试资料不可能全面揭示边坡的本来面貌，加上施工过程中的不确定因素过多，使得这类问题的力学分析难度比较大，也很难与实际情况相符。随着边坡施工的进行，地质情况逐渐明晰，甚至会出现新的未预料的地质条件与问题。因此，在前期设计中留有余地，充分考虑了通过施工期的安全监测和施工地质反馈，及时调整和优化设计，达到既安全又经济的目的。坚持动态设计的思想是龙滩水电站左岸进水口高边坡遵循的基本原则，且贯穿于整个工程建设的全过程。在动态设计中，特别强调以下三方面：

（1）重视地质资料和监测资料的及时收集、分析、判断。龙滩水电站左岸进水口边坡开挖面大，施工进度快。有关动态设计信息的收集，要求及时、快速、准确。其中，较难的是施工地质和安全监测信息的快速反馈。为此，从进水口边坡和相关建筑物施工伊始，就对施工地质和安全监测工作专门部署与落实。施工地质工作由设计单位负责，安全监测委托专业队伍负责实施。为实现地质资料的快速收集处理，中南勘测设计研究院开展了地质快速编录新技术研究，成功研制了施工地质数码摄影快速编录系统，取得了良好的效果。该系统解决了传统的施工地质编录方法工效低、精度差、劳动强度大、安全隐患多和施工干扰等问题。实现了在计算机上完成地质编录的构造线素描、产状量测、图形图像数据处理，全面提高了施工地质编录在数据采集、数据处理与管理方面的工作效率，并结合边坡稳定分析，及时反馈地质分析结果。左岸进水口边坡布置了完整的监测系统，包括地表位移监测、深部岩体位移监测、锚固结构应力监测和地下水位及降雨监测。地表位移监测布置了 9 条与河床方向平行的地表水平位移和垂直位移监测线路；岩体深部监测共布置了 17 个断面，其中蠕变岩体非开挖区内布置了 2 个，以多点位移计为主；工程边坡区共布置了 15 条监测断面，主要有多点位移计、测斜管、锚杆应力计、锚索测力计以及地下水位长期观测孔等。监测系统施工随边坡开挖加固跟进，并及时获取有关监测数据。施工前期，监测成果采用快报、周报、月报和年报的形式及时反馈；后期，建立了边坡监测信息分析反馈系统。施工过程中，结合监测资料，开展了边坡施工数值仿真分析，进一步强化了监测信息的分析反馈。

（2）重视高边坡处理的概念设计。龙滩水电站左岸进水口边坡工程由于地质条件的复杂性、工程结构的特殊性，对某些问题的认识会随着工程进展而深入。边坡工程设计方案可能因为对问题认识的进一步深入而有所变化。其中，对某些问题的分析处理，需要设计人员的创造性思维。首先进水口边坡工程必须满足枢纽布置和功能要求，并贯彻安全、经济、环保设计概念；其次，动态设计中，要求对工程问题的感性认识和动态思维上升到统一的理性思维来完成整个设计。由于进水口高边坡设计的非结构化、非参数化、非规范化的特征，决定了建立在工程经验和理论基础上的概念设计在边坡设计中处于重要位置。

（3）强调超前锚固和优先加固控制边坡稳定的薄弱部位。边坡岩体的变形破坏是一个从薄弱部位逐步发展突破的过程，优先加固突破口和变形敏感部位是加固支护设计的重中之重。由于龙滩水电站进水口边坡岩体结构和开挖体型复杂，马道外边线部位、断裂构造带、软弱层带、洞口等均容易产生变形破坏。如处理不慎，可能造成边坡的局部失稳或大范围的变形破坏，因此，对优势结构面及易变形破坏部位必须重点加固或超前加固。

鉴于龙滩水电站左岸进水口高边坡的特点和存在的问题，在初步设计中，根据前期地质勘察和稳定分析成果，拟定了基本设计方案；其后，根据最新的研究成果，及时调整设计，完成了施工图设计，组织边坡工程施工。在施工过程中，一方面要将开挖揭露的实际地质条件和安全监测信息，及时反馈给设计人员；另一方面，设计人员要求常驻工地，跟踪施工，掌握第一手资料，根据收集的各类动态信息，认真分析，准确预测，及时消除可能存在的安全隐患，优化完善设计。若地质条件较预期优，则可适当减少开挖支护量，避免浪费；若地质条件变差，则应引起足够的重视，防止坡体局部失稳或变形过大造成较大的事故和缺陷处理费用。施工期动态设计概化程序见图 4.6-12。

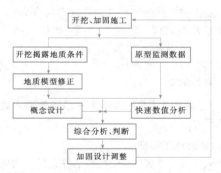

图 4.6-12　施工期动态设计概化程序图

4.6.2.4　进水口边坡设计方案修改与优化

1. 高程 580.00m 以上裂缝的处理

2001 年 11 月 6 日，在进行高程 500.00～480.00m 之间开挖时，高程 580.00m 以上坡面和马道内侧产生裂缝，最大缝宽 7mm，开裂速率约 1～2mm/d。现场巡视观察，裂缝有以下特征：裂缝大致沿开挖后蠕变体与正常岩体的交界面发育；坡面上斜裂缝基本顺岩层走向延伸；马道上的裂缝出现内低、外高错台，表现为裂缝外侧岩体向临空侧位移；裂缝主要发育在高程 580.00m 以上坡面及马道上，以下坡面仅有局部微裂缝（喷混凝土与马道现浇混凝土接触处）。

根据以上特征，结合开挖后揭露地质条件、排水洞（高程 560.00m）内情况、监测数据，经综合分析判断，裂缝产生的主要原因是：松散的蠕变岩体与正常岩体之间的不均一变形。随下切开挖，这一不均一变形进一步加剧，导致蠕变体与正常岩体交界处开裂；快速下切开挖（平均每月下降 27.5m）、爆破、降雨作用加速了岩体变形。裂缝仅出现在浅表层，不至于形成滑动破坏。

在对高程 580.00m 以上坡面开裂、变形分析的基础上，随即对边坡设计进行了调整：增设了部分锚索，控制裂缝扩展；增设排水盲洞和排水幕孔，排除蠕变体与正常岩体交界面处的渗水；及时封闭裂缝；严格控制下步开挖爆破，减小振动影响；补充监测，重点监测蠕变体与正常岩体交界处的变形。上述措施实施后，未见裂缝进一步扩展，监测数据表明边坡稳定。

2. 高程 480.00～382.00m 之间 F_{63} 下游侧系统锚杆长度的优化调整

该段边坡位于坝后坡（高程 382.00～295.00m）陡坡段上部。施工详图设计中，系统锚杆为 $\phi32$、长度为 10m 和 8m，间隔布置。根据高程 480.00m、460.00m、425.00m、382.00m 排水洞、高程 480.00

～460.00m 揭露的地质条件和监测成果，结合施工阶段调整地质参数后的有限元计算成果，认为锚杆参数可以优化。经论证，将 $\phi32$、长度为 10m 的锚杆调整为 $\phi25$、长度为 5m。该项优化节约工程投资约 200 万元。实施后，监测数据表明该部位变形量、锚索应力在控制范围内。

3. 高程 382.00～301.00m 之间坝头坡预应力锚索参数的优化调整

为确保 F_{119} 断层上下盘岩体的完整性，控制残留蠕变岩体的变形，原设计布置了 2000kN 级的预应力锚索，间距为 4m×5m。边坡开挖揭露蠕变岩体与正常岩体交界面上移，经分析，可将 2000kN 级锚索调整为 1000kN 级，同时，根据排水洞揭露残存蠕变岩体深度，将锚索长度也相应作了调整，减少了 1000 万 kN·m 锚索量。

4. 1 号机进山洞口不稳定块体处理

在 1 号机进山洞口坡高程 280.00～382.00m 之间，由 F_{138}、F_{58}、F_{26}、F_7 断层切割，构成了宽度 65m、高度约 35m、最大体积达 7.4 万 m³ 的镶嵌状不稳定块体。原设计主要采用超前钢筋桩、预应力锚索进行加固。该部位排水洞提前开挖后，进一步明确了 F_{138} 主滑面的产状和性状，同时也发现零星发育有倾向坡外的中缓倾裂隙性小断层。根据开挖揭露的地质信息分析，该部位断层纵横交错、相互切割形成一系列规模不等的块体群，彼此嵌套或邻接，一旦其中某一处块体失稳将会导致连锁反应，对边坡稳定不利。为此，在施工过程中进行了边坡局部稳定性分析，并对块体加固方案进行了论证和调整。

从治理措施角度讲，该块体能彻底挖除最为理想，但考虑高程 382.00m 施工主干道路已形成，且受地形与建筑物布置的限制，挖除方案已不现实，只能采取适当的支护加固措施。经分析，为保证块体在各工况下的稳定，须对该块体施加至少 20.185 万 kN 的有效锚固力。为减少施工干扰、加快施工进度，选取预应力锚索和钢筋桩的组合加固方案。在块体范围内布置了 10 余排 2000kN 级的预应力端头型锚索，均穿过底滑面断层 F_{138}，预应力锚索给块体增加的支护力达到 17.5 万 kN；在高程 310.00m、325.00m 马道布置 4 排钢筋桩，每级 2 排，长度分 25m、30m 两种，同样要求穿过底滑面断层 F_{138}，块体范围内的钢筋桩能提供支护力 7.4 万 kN；两者合计为 24.9 万 kN，能满足块体的稳定要求。支护措施的布置参见本手册图 1.6-3。为保证浅表层岩体的完整性和局部小块体的稳定，给大块体的处理创造了条件，在开挖过程中采取了超前锚固措施。在不同高程马道平台上增设了多排竖直钢筋桩，并要求在平台出露后随即实施，在下梯段开挖前完成。这一措施减少了下梯段爆破对表层小块体的影响，控制了裂隙性小断层的松动变形；并且采用桩体自带注浆管和有压灌浆工艺，还可对裂隙岩体起到固结作用。

为确保施工安全，对大块体加固施工程序作了调整，采用先锚后挖方法。边坡开挖至高程 325.00m，完成其上加固施工后，再进行高程 325.00～310.00m 之间的开挖；高程 310.00m 以上加固完成后，进行高程 310.00～295.00m 之间的开挖；依次开挖至高程 276.00m 后，按原设计方案进行施工。

为了解掌握块体的加固治理效果，特针对块体布置了一个典型监测断面，监测仪器包括多点位移计、锚索测力计与锚杆应力计及地下水位观测孔等。通过四年多的监测信息采集、分析，从多点位移计 M^4_{12-2}（位移过程曲线参见图 1.6－4）与锚索测力计 D^P_{12-3}（荷载过程曲线参见图 1.6－5）监测结果看，数据变化逐渐趋于平稳，表明块体稳定，块体的加固施工控制达到预期效果。

5. 局部开挖方案的调整

边坡开挖前，经现场实地查勘，在缆机平台侧坡顶部的山脊处，为方便施工，对此部位开挖进行局部调整。在高程 560.00m 处设置了宽 25～40m、长约 80m 的大平台，一方面为施工设备、建筑材料、锚索加工提供了场地；另一方面起到坡顶卸载的作用；再者，运行期可作为观光平台。

6. 排水措施调整

根据坡面喷混凝土覆盖后雨季坡面渗水出露情况，在渗水出露处，增设了仰角 15°、长度 25～20m、直径 110mm 的排水孔。排水洞开挖后，为排除倾倒折断带等连续界面上的集水，在垂直排水洞轴线方向，增设了断面较小的排水盲洞。

7. 其他调整和优化

在施工过程中，除上述较大调整和优化外，还根据软硬相间层状岩体成孔困难、锚索体下索时卡索现象、锚索锚固端止浆困难等问题，对锚索结构进行了优化，保证了工程质量，方便了施工。考虑工期紧，软硬相间层状反倾向结构边坡易产生倾倒变形的特点，将锚索注浆早期强度提高，加快了施工进度。为解决岸坡施工与引水发电系统施工交叉的矛盾，加快工程进度，将引水洞从坡内开挖至坡面的施工程序，改为边坡形成后，从坡面进洞。

龙滩水电站左岸进水口边坡工程于 2001 年 7 月开始开挖和加固施工。在施工过程中，坚持动态设计理念，根据揭露地质条件、监测数据和施工信息，及时调整加固措施和施工程序。至 2003 年 10 月，边坡工程施工基本完成；2006 年 9 月 30 日电站下闸蓄水，2007 年 5 月第一台机组发电。左岸进水口高边坡经过几个雨季和水库蓄水运行的考验，原型监测表明，边坡处于稳定状态。

4.6.3　小湾水电站右岸坝前进水口正面岩质边坡治理动态设计

4.6.3.1　边坡工程概况

小湾水电站进水口正面边坡岩性主要为角闪斜长片麻岩。高程 1220.00～1245.00m 开挖坡比为 1∶0.65；高程 1220.00m 以下垂直开挖。在高程 1210.00m 以上分布有部分弱风化、卸荷岩体，少量强风化岩体；以下主要为微风化未卸荷岩体，岩体坚硬完整。

根据该地段基本地质条件绘制的进水口边坡结构面赤平投影图（图 4.6－13）。正面边坡部位虽有倾坡外的中缓倾角结构面发育，但其走向与边坡走向的夹角多大于 20°，且中缓倾角结构面的延伸长度有限，故不存在整体平面型滑动的可能。根据结构面产状与边坡之间的关系，正面边坡存在由特定的结构面 f_3 与其他结构面组合构成的块体可能产生规模较大的楔形体滑动破坏，有两种组合型式：① 由 f_3 与走向 NNE 陡倾角的Ⅳ级结构面或 SN，E∠32°～45°卸荷裂隙组合构成的楔形体滑动变形破坏；② 由 SN，E∠32°～45°和 N68°～90°W，NE∠30°～45°两组卸荷节理裂隙构成的楔形体滑动变形破坏。

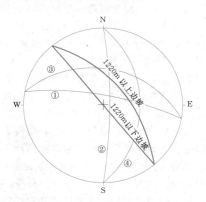

图 4.6－13　水电站进水口正面边坡结构面赤平投影图

根据坝区地应力测试成果，坝址位于中高地应力区。进水口水平开挖深度约 100～200m，加之正面边坡高陡（高程 1220.00m 以下为 81m 的直立开挖边坡），在开挖后存在应力释放导致的有限变形稳定问题。实际边坡开挖后，在直立边坡段较完整的岩体表层可观察到明显的"葱皮"现象，另外在电站进水口岩柱开挖时，岩柱表层见到近水平的裂缝，且随时间的延长，张开宽度明显增大。

4.6.3.2　边坡施工期信息分析

1. 楔形体施工地质信息及变形监测分析

小湾水电站进水口边坡的稳定受断层 f_3 等不利结构面的控制，稳定性较差，支护工程量较大。为此，在不同设计阶段，对各种边界条件下选取了不同的力学参数并采用多种分析方法进行了大量的稳定分析与敏感性研究。

研究表明，f_3 断层抗剪强度参数（f，c）分别取（0.32，0.05MPa）、（0.45，0.05MPa）和（0.50，0.07MPa）时，平面稳定分析所需的加固力总量逐级减少约 16% 和 70%，影响极大。此外，锚固方位布设与边坡走向夹角越小越有利（并非逆 f_3 断层倾向有利），其作用兼顾了底滑面和侧滑面的双重作用；锚索倾角越平缓则效果越好，有必要在可能情况下尽量减缓锚索倾角，并兼顾锚固效果与材料消耗的优化。

地下水作用对楔体稳定条件有重要影响，不利水头作用条件下甚至可能出现单滑面效应，从而使楔体空间稳定条件向平面稳定条件转化。尽管水电站进水口边坡部位的天然地下水位较高，但随着施工向下开挖将逐步得到降低，稳定分析与加固布设仍以常规假定作为基础，并兼顾持续暴雨短暂工况条件下避免单面滑动的可能性。

鉴于 f_3 断层产状和性状、侧向切割面位置与性状，以及地下水作用均对楔体稳定有极端重要的影响，不同条件下支护造价存在巨大差别。为此，确立信息化治理的动态设计理念，跟踪开挖，采取针对性和适应性工程措施。

随着现场开挖的逐步进行，f_3 断层在进水口正面边坡的出露情况日趋清晰，据此，对 f_3 的发育范围、产状等边界条件及参数取值进行客观合理的分析，对实际揭露的以 f_3 为底滑面、f_{89-1} 为侧滑面、f_5 为后缘拉裂面的楔形体边界（图 4.6-14），分别进行了开挖临空面方向、f_3 真倾方向的二维刚体极限平衡分析，并建立三维模型进行了空间稳定分析。

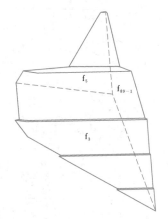

图 4.6-14　水电站进水口楔形体稳定计算典型轴测图

水电站进水口正面边坡楔形体部位的表面变形监测表明：在岩体开挖卸荷作用下，最大累计位移为 44.5mm，后期位移已经平稳。典型表面变形监测点水平合位移—时间曲线见图 4.6-15。

水电站进水口正面边坡楔形体部位的多点位移计有 4 套，最大位移为 22mm，后期位移平稳，典型多点位移计各测点位移—时间曲线见图 4.6-16。由曲线可以看出，不同深度测点变形量值很接近，表明楔形体范围在施工期存在深部变形，且变形深度至少大于 17m。

从位于楔形体部位的 7 台锚索测力计的监测成果来看，锚索荷载相对于锁定荷载均呈增加趋势，现存锚固荷载介于 98%～111% 设计锁定荷载，表明锚索锚固深度及支护设计对潜在的变形深度的考虑是合适的，后期荷载已经平稳。典型锚索测力计荷载—时间曲线见图 4.6-17。

综上所述，各项监测成果显示正面边坡变形较大的部位在空间上集中在上游侧和中上部高程，其主要原因是该部位开挖切割较深和楔形体变形共同作用。几乎所有的监测锚索均出现荷载增加趋势，说明原设计针对 f_3 断层控制块体的抗滑加固方案符合实际需要，锚孔深度与锚固数量合适。

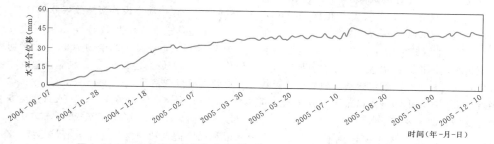

图 4.6-15　边坡楔形体部位典型表面变形监测点水平合位移—时间曲线

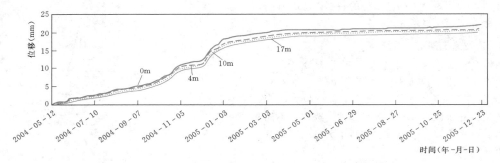

图4.6-16 正面边坡楔形体部位典型多点位移计位移—时间曲线

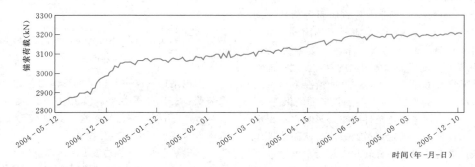

图4.6-17 正面边坡楔形体部位典型锚索测力计荷载—时间曲线

2. 楔形体范围外边坡监测信息分析

开挖下切过程中，开挖卸荷回弹引起的有限变形问题逐渐显现出来，加上开挖爆破振动的影响，在水电站进水口正面边坡3、4号引水管道高程1220.00～1245.00m之间及与坝肩槽连接段局部边坡上发现了裂缝。针对边坡的变形开裂现象，一方面加快实施抑制变形的支护措施；另一方面分析裂缝具体成因，并根据监测反馈资料，对出现裂缝部位以及开挖切割较深的部位进行局部的支护加强。

4.6.3.3 边坡治理措施的动态设计

1. 水电站进水口正面边坡楔形体加固措施动态调整

根据施工揭露的地质信息与边坡稳定性分析结果，在水电站进水口正面边坡楔形体范围内布置3000kN级预应力锚索100根（最大孔深约65m），1800kN级63根，1000kN级70根。其中，100根3000kN级锚索位控制楔体稳定，其余为限制变形和控制局部随机小块体稳定的锚索。该支护工程量较前期大量节省，获得显著社会经济效益。地质信息反馈动态治理取得成功。水电站进水口正面边坡楔体加固最终实施的支护见图4.6-18。

2. 边坡变形抑制措施的设计调整

除楔形体抗滑锚固外，根据变形监测资料和有限元分析结果，采取了如下变形抑制措施：

（1）中、低吨位（1800kN级、1000kN级）锚索沿高程分段约束布设，特别针对陡坡起始高程以下布置抑制变形措施。在楔形体范围以外的坡面尤其是开挖切割较深的部位，通过条带状布置对坡面进行支护以抑制边坡的整体变形及卸荷松弛。最终，在水电站进水口正面边坡（除楔形体范围外）实施了抑制变形的锚索共1800kN级104根、1000kN级14根。

（2）预应力锚杆、系统砂浆锚杆的局部抑制变形措施。对锚索难以完全涉及的局部浅表变形和局部小块体，采用一定数量的预应力锚杆和系统锚杆进行支护。

（3）坡面挂网喷护封闭措施。通过系统的坡面挂网喷护，防止边坡的浅表变形和局部小块体塌滑。

4.6.3.4 边坡动态设计实施效果分析

水电站进水口高程1245.00m以下边坡开挖历时约16个月，开挖陡坡高度约106m，水平切割深度平均约150m、最大近200m。总结施工过程中监测的变形及裂缝发现情况，可以得出如下结论：

（1）典型监测成果表明，进水口边坡变形经历典型3个阶段，即开挖初期至2004年11月，边坡变形和锚索荷载随开挖呈现缓慢增长趋势，在10月中下旬，变形速率有所加大，巡视检查发现边坡裂缝。

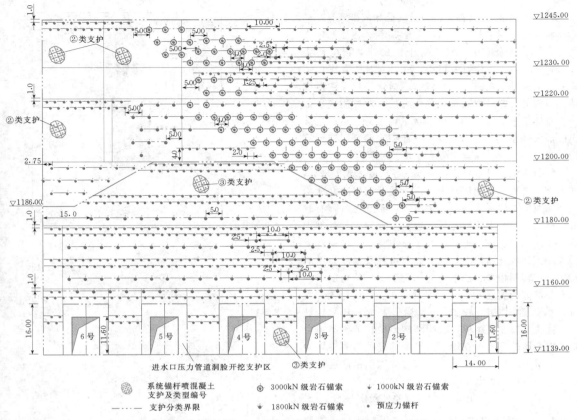

图 4.6-18 水电站进水口正面边坡最终实施的支护立视图（单位：m）

2004 年 12 月～2005 年 1 月，由于此段边坡开挖下降较快，变形和锚索荷载在短时期内增长较快；2005 年 2 月以后，随着边坡开挖支护的完成和进水塔的浇筑，变形和锚索荷载变化速率很快收敛，趋于平稳。

（2）变形方向。外观点的变形方向总体朝向临空面方向，与地质结构控制的块体滑动方向关联不大，变形主要受开挖卸载应力释放的程度控制。

（3）变形量级。外观点的累计水平位移值一般小于 1.5～4.0cm，最大值小于 6.2cm，发生在高程 1200.00m 马道。多点位移计揭示的最大位移值发生在直立边坡起始段的高程 1200.00～1175.00m 附近，水平位移最大值约 4.4cm，总计 14 套多点位移计中有 6 套的位移值超过 2cm；与计算模拟成果相比，约相当于计算值的 1/3。

（4）变形速率。变形速率开始加大发生的时机与计算模拟较吻合，主要出现在高程 1180.00m 以下开始开挖之后，这也是岩柱保留开始槽塞爆破的起始高程，槽塞爆破振动对边坡的影响相对较大。

（5）变形深度。多点位移计监测成果显示，变形主要发生在 10～20m 深度以内。从另一个角度验证了变形

主要受开挖卸载、应力释放控制的宏观判断是正确的。

（6）变形的空间特征。整个正面边坡因地质条件、开挖切割深度、开挖顺序、支护强度与时机的不同，所显示的变形程度具有不均匀性，除局部特征差异外亦显示出一定程度的规律性。正面边坡变形从量级与速率上均呈现上游部位大于下游部位的特征，这与上游部位地质地貌及开挖体形的应力集中效应有关；变形的深度与绝对值总体呈上部高程大于下部高程的一般规律，符合结构特征；而变形速率则一定程度相反，呈现下部高程大于上部高程的一般规律，符合开挖及应力释放规律。

（7）裂缝分布特征。正面边坡与连接段边坡上发现的裂缝主要呈近 EW 向展布，连接段边坡裂缝的卸荷松弛特征较为明显，正面边坡裂缝的位置以进口前沿面的近跨中部位较为集中、两侧支座受到保留岩体的约束作用，且上游侧约束大于下游侧、底高程约束大于高高程部位；同时正面边坡高程 1220.00m 以上存在一定程度的楔体下错初期变形迹象，周边尚未发现与之关联和对应的裂缝分布。针对这些裂缝分布部位，以控制变形为主、兼顾局部楔体滑动，均已作相

应的支护加强处理。

(8) 从边坡 32 台锚索测力计的监测成果来看，锚索荷载相对于锁定荷载增加的约有 20 台，占监测锚索的 62.5%，其余锚索荷载相对于锁定荷载损失约为 0.2%~4.6%，荷载损失很小，可以判定所有工作锚索基本上全部处在有效工作状态，锚索设置深度对楔体抗滑部分已穿过滑面锚入稳定岩层，对控制变形部分也总体超过了卸荷影响区；从量级来看，正面边坡上的最大锚索内力小于 122% 设计锁定荷载，与计算模拟成果相比较，锚索荷载增量处于正常的可控状态。

综合水电站进水口正面边坡的各项监测成果来看，随着施工进程、开挖切割加深，边坡开挖出现卸荷松弛影响及应力的逐步释放，边坡变形与开挖过程有较好的相关性，施工开挖是导致边坡变形的主要外部因素。监测成果还显示正面边坡变形在空间上集中在上游侧，该部位开挖切割较深，卸荷松弛及地应力影响都较开挖切割相对较浅的下游部位要大。从地质条件上看，该部位靠近 F_7，受其影响而次生结构面较为发育，不稳定块体组合较多，同时受 f_3 控制的不稳定楔形块体也主要在上游侧，表明结构面构成的不利组合是边坡变形的主要内在因素。绝大部分的监测锚索均出现荷载增加趋势，说明设计布置的锚固措施有效且深度控制合理。水电站进水口正面边坡无论变形还是锚索荷载均已稳定，边坡总体处于整体稳定状态。

4.6.4 小湾水电站左岸坝前饮水沟堆积体土质边坡治理动态设计

4.6.4.1 边坡工程概况

饮水沟堆积体位于左岸坝前饮水沟下游侧山坡地段，紧临坝基，规模巨大。在堆积体影响范围内布置有拱坝、缆机、供料平台、左岸混凝土拌和系统、泄洪洞进口、导流洞进口、上游围堰等重要建筑物（图 4.6-19），其施工期和运行期的整体稳定性对小湾水电站工程至关重要。同时，由于其工程规模及潜在失稳体积较大，不同的处理方案对边坡工程的安全性和经济性影响都十分重大，必须对其稳定性及工程措施进行深入的分析研究。为此，首先对堆积体的成因机制和失稳模式进行深入研究；然后，结合建筑物的布置情况，对堆积体的开挖进行规划，在此基础上制定出开挖比选方案，对各种开挖方案进行全面的稳定分析，并研究相应的加固措施，同时针对关键措施进行重点研究，从而形成综合处理比选方案；再通过对各方案在安全可靠性、工程投资、施工难度及工期进度等方面进行综合比较后确定优势方案，据此作进一步的优化设计。

根据建筑物的布置情况，拟定三种主要开挖方案

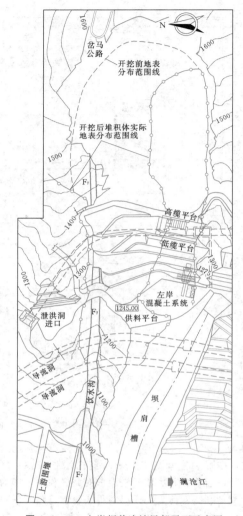

图 4.6-19 左岸坝前边坡局部平面示意图

进行研究。第一种为全挖方案，以尽量满足开挖后的边坡能自稳、辅以少量加固措施为原则进行开挖设计布置，以网喷混凝土或混凝土网格梁植草护坡、地表排水和低吨位锚索进行表面和局部稳定防护的综合处理措施；第二种为弱开挖强支护方式方案，通过以锚固为主、结合排水满足边坡稳定控制标准的开挖原则进行设计布置，并分别研究地下洞桩联合结构加固为主和预应力网板锚索加固为主的两种工程措施，以提高堆积体的整体抗滑稳定安全系数；第三种为强开挖弱支护方案，以削坡减载为主、结合排水，直接减小堆积体体积和下滑力，并通过动态信息反馈的边坡稳定条件进行针对性处理，堆积体边坡加固手段依据动态信息反馈情况确定处理工程量和处理时机，辅以网喷混凝土或混凝土网格梁植草护坡、地表排水和低吨

位锚索进行表面和局部稳定防护的综合处理措施。

全挖方案设计、施工简单，治理效果可靠，施工安全有保障，在解决了堆积体整体稳定问题的同时提高了堆积体局部稳定性，可确保主体工程施工期和运行期的安全。但该方案开挖工程量巨大，边坡明挖方量达 704 万 m^3（其中堆积体 363 万 m^3，坡积体 156 万 m^3，岩体 184 万 m^3），工期进度问题突出。

弱开挖强支护方案，以洞桩联合体为主要加固手段。由于洞桩设置于地下，可以最大限度地减小地面开挖和运输的干扰，但必须在缆机平台开挖前，完成一定数量的洞桩联合体，在堆积体内开挖大规模的洞井群，施工难度巨大，施工进度不能满足施工总进度要求。此外，洞桩方案只能解决堆积体的整体稳定问题，不能兼顾堆积体表面的局部稳定问题。

强开挖弱支护方案施工相对较简单，可以减少开挖量，按照信息化动态治理理念，能够协调开挖与支护的矛盾，为加快施工进度创造条件。根据监控信息反馈，视开挖过程中堆积体的变形状况确定支护时机和逐步实施支护工程，以达到同时满足施工期安全和永久运行期安全的目的。

因此，针对三个开挖规划方案，从安全和经济双重因素考虑，选择强开挖弱支护、地下排水系统先行方案，采用动态设计与信息化施工进行治理。

4.6.4.2 边坡地质条件

堆积体平面形态似舌形。自然山坡坡度约 32°～35°，局部地段有陡坎。南侧边界部位地形为相对凸起的山脊（2 号山梁），基岩裸露，北侧为现代冲沟（饮水沟）凹地。堆积体前缘高程约 1130.00m，宽度较小，以下基岩裸露，地形坡度陡峻，河谷岸边地段直立。后缘高程约 1590.00m，宽度较大，平均宽约190m，长约 700m。高程 1590.00m 以上为坡积层。堆积体铅直厚度一般为 30～37m，最大为 60.63m。南北方向长约 80～200m，东西方向斜长 745～830m，最大高差约 460m，总体积约 540 万 m^3，其中水库正常蓄水位以下 40 万 m^3。高程 1590.00m 以上地形平缓。

在堆积体的压密固结过程中，已产生过较大的变形。边坡开挖后，堆积体出露的最低高程为 1170.00m，在该部位可见到近水平裂隙较发育。在两侧缘部位，可见到接触带土体的镜面和近水平擦痕，也证明堆积体曾经产生过剪切变形。

堆积体部位下伏基岩岩性为黑云花岗片麻岩夹片岩，主要为弱、微风化岩体，仅在局部地段分布有少量强风化岩体，且厚度较小，岩体整体抗剪强度较高。在基岩中不存在贯通的或延伸相对较长的Ⅳ级及以上顺坡中缓倾角结构面，其顺坡中缓倾角结构面主

要为节理和剪切裂隙，其延伸相对短小，发育间距较大。因此，堆积体在下伏基岩内破坏的可能性很小，其变形破坏面主要在堆积体内部和堆积体与下伏基岩接触带。

下伏基岩面的总体形态为：在横剖面上（上、下游方向）两侧陡峻，坡度大于 45°，中间为总体平缓但有起伏的槽地；在纵剖面上是向西倾斜并呈台坎状的斜坡，平均坡度约 25°～30°；下伏基岩面不仅向河床方向倾斜，并向饮水沟方向缓倾。下伏基岩中，片麻岩属坚硬岩石，片岩在新鲜岩体中仍属坚硬岩石，但在风化卸荷带中易软化成为软弱夹层。岩层产状为 N85°W，NE∠75°～80°（与河流方向近垂直）。存在少部分倾倒变形岩体，但厚度较小，表浅部位岩体均存在不同程度的卸荷松弛，节理裂隙微张～张开，岩体透水性较强。高缆平台上游侧部位（高程 1374.00m）基岩面见图 4.6－20。

堆积体部位地下水类型主要为基岩裂隙潜水和上层滞水，基岩裂隙潜水水面一般位于基岩面以下 19～58m。在堆积体与基岩接触面附近存在上层滞水，由于堆积层透水性的非均匀性和相对隔水层的非连续性，上层滞水的分布具有非连续性的特点，其水层厚度也不均匀。上层滞水未在堆积体前缘部位出露，大部分汇入饮水沟中或补给基岩裂隙潜水。天然状态下在饮水沟沟心下游侧高程约 1185.00m 处有泉群出露。

研究表明，堆积体局部潜在失稳破坏机制以推移式为主导，而对于整体潜在失稳破坏机制主要为沿接触面的自下而上牵引式渐进变形破坏，高程 1380.00～1245.00m 部位边坡的安全度相对高程 1380.00m 以上部位边坡的安全度低，下部边坡出现变形后将扩展影响到上部高程边坡。

根据堆积体的物质组成、边界条件、稳定条件及堆积体范围内建筑物在空间上的分布特点，对边坡进行宏观分区，按高程分为高程 1380.00m 以上段、高程 1245.00～1380.00m 段及高程 1245.00m 以下段，在边坡走向上分为北区和南区。

高程 1380.00m 以上北区主要为块石、碎石质土或砂质粉土，细颗粒物质含量相对较多；高程 1380.00m 以上南区主要为倾倒崩塌原地堆积的岩块、块石，局部有架空现象，细颗粒物质较少；高程 1380.00m 以下地段主要为块石、特大孤石夹碎石质土或碎石层，局部有架空现象。

堆积体整体稳定主要受抗剪断强度低的接触带土层控制，并取决于下伏基岩面的形态。下伏基岩在横剖面上（上、下游方向）两侧陡峻，坡度大于 45°，中间为总体平缓但有起伏呈台坎状的古槽地，因此，在横剖面上开挖线基本平顺的条件下，边坡不致出现

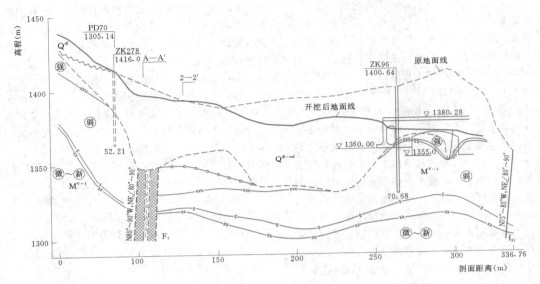

图 4.6－20　高缆平台上游侧部位（高程 1374.00m）基岩面

上、下游方向的滑动。在纵剖面上是向西倾斜并呈阶梯似台坎状的斜坡，台坎大致分布在高程 1230.00～1250.00m、高程 1440.00～1480.00m、高程 1560.00～1590.00m 等几个缓坡地段，平均坡度约 25°～30°，缓坡基岩上的堆积体为阻滑段，对稳定有利。高程 1240.00m 以上地段，堆积物嵌在一个开口小、向河床方向缓倾的槽地中，该槽地两侧的岩埂对边坡整体稳定起重要作用。

高程 1245.00m 以下南区布置有拱坝，对堆积体的南区必然切脚。高程 1310.00～1380.0m 南区布置有缆机基础，高程 1245.00～1290.00m 南区布置有混凝土系统，高程 1245.00m 南区布置有供料平台，高程 1380.00m 和高程 1245.00m 分别有高线公路和坝顶公路穿过，高程 1245.00～1380.0m 部位为满足建筑物需要势必要深挖，尤其在高程 1245.00m 水平开挖最大深度将达 135m 左右，该地段的南侧岩埂也将受到较大的切脚影响。高程 1380.00m 以上没有建筑物布置需要，主要是满足边坡自身稳定及削坡减载的要求。

4.6.4.3　边坡施工期信息分析

从 2002 年 3 月开工，开口线高程约 1645.00m，至 2003 年 12 月开挖至高程 1260.00m，除下游侧边界部位高程 1460.00～1500.00m 及堆积体上游侧高程 1565.00～1586.00m 出现局部小范围的塌滑外，边坡整体处于稳定状态，并已完成高程 1380.00m 出渣公路坡脚位置的 54 根 1000kN 级预应力锚索张拉锁定。堆积体上游侧部位基本未开挖，下游侧边界各高程开挖的最大水平深度为：高程 1500.00m 为

54m，高程 1380.00m 为 53m，高程 1324.00m 为 64m，高程 1290.00m 为 87m，高程 1274.00m 为 92m，其中高程 1245.00m 平台有混凝土拌和系统布置、山梁部位最大开挖水平深度为 135m。

2003 年 12 月 17 日，现场巡视检查发现堆积体与岩石界面上游侧部位在高程 1400.00～1540.00m 间出现裂缝，之后，连续降雨，在堆积体下游侧高程 1290.00～1310.00m 岩土分界面处出现裂缝，并沿堆积体下游侧边界上、下延伸；高程 1396.00m 的 4 号锚索测力计荷载增大速率加快；高程 1260.00m 以上岩土分界面处已经剪切错台 0.1m 以上，并在前沿位置出现局部塌方。

到 2004 年 1 月中下旬，变形的侧边界基本上形成。主要变形范围分布在高程 1245.00～1460.00m 之间，左右两侧主要分布于堆积体与基岩接触带附近。南侧边坡变形较快，裂缝沿片理面发展较为连续，而北侧边坡受基岩面起伏控制变形相对较慢；高程 1380.00m 以下变形较大，而高程 1380.00m 以上变形相对较小。堆积体裂缝和北侧裂缝则表现为张拉性质。表面变形监测成果表明，边坡整体向西（河床方向）发生变形，并略呈向沟心趋势，与边坡整体倾向一致，变形矢量场与堆积体底界形态较协调吻合。

出现的蠕滑变形是开挖边坡本身稳定安全度偏低、边坡开挖切脚爆破、降雨等外界因素综合影响的结果，其蠕滑变形特征表现为渐进性、自下而上牵引式的逐步扩展。

鉴于监测资料与现场调查显示堆积体边坡已开始

出现蠕滑变形失稳迹象并有加速发展的趋势，必须立即启动预案进行及时支护。当时左岸坝肩场内交通已基本形成，一方面已具备暂停开挖，进行全面支护的条件；另一方面位于堆积体以下的坝肩槽开挖可以利用已形成的交通系统与堆积体的支护同时进行。

根据现场调查判断并结合监测资料分析，跟踪进行稳定复核计算与分析，在变形较大的关键部位立即布设58根施工速度较快的预应力锚索进行加固，以尽快控制堆积体的变形发展。在这些锚索已张拉的条件下局部变形趋势已有所减缓，说明措施及时有效。

4.6.4.4 边坡治理措施动态设计

1. 一阶段治理动态设计

2004年汛前，锚索张拉完成接近120万kN（其中高程1380.00m以下约90万kN位于牵引诱发区），高程1245.00m以下抗滑支挡反压结构已基本完成，桩井回填开始发挥对整体稳定的截面阻滑作用，但反压效果尚未显现，排水系统基本形成。

在一阶段完成汛前加固措施的基础上，对于继续采取锚索治理（方案A），还是锚索结合预案布设高程1355.00m附近抗滑刚架桩（方案B）两个方案进行了超前分析论证。从控制性滑面计算成果看出，南侧剖面稳定性较差，但滑块较小、所需锚固力也小，反压的刚性结构在工程措施中已具较大比例；而北侧稳定程度稍高，但滑块较大、所需锚固力远比南侧大，鉴于该区涉及的反压措施比例稍小、且实施抗滑桩比锚索更具直观可靠性，有必要对北侧采取侧重刚性结构

的永久性加强处理措施。从可靠程度、施工难度与干扰方面进行了综合比较，方案B较具可实施性。

图4.6-21和图4.6-22，分别为一阶段治理高程1245.00m坡脚的抗滑支挡反压补偿体系平剖面，剖面下游侧为桩板墙联合受力结构、上游侧为底拱基础与上部挡墙的联合受力结构，均与锚索结构共同工作。

2. 二阶段治理动态设计

在一阶段治理取得预期成效的基础上，二阶段加固措施侧重在大江截流前完成支挡反压和剩余锚索施工，并根据不断揭露的地质条件对局部锚索布置作调整和加强。

2004年大江截流前夕，锚索张拉累计完成约190万kN；高程1245.00m坡脚抗滑支挡反压结构回填接近高程1274.00m，开始发挥强力补偿作用；地下排水洞开挖结束，排水网络基本形成。

整体稳定的计算成果表明，安全系数较小的潜在滑面主要在高程1245.00m左右出露，所需锚固力也最大，是各剖面的控制性滑面。由于高程1245.00m桩板墙支挡结构实施完成后能提供较大的抗滑作用，故边坡治理方案的优化比较论证主要以高程1274.00m以上的危险滑面作为控制依据。

对二阶段治理效果的稳定分析，基于牵引式、渐进性失稳破坏模式，对各剖面采用阶梯式搜索滑面模式，主要计算潜在滑面前缘出露在不同高程，后缘基本以实际发现裂缝分布位置取定（即北区高程1540.00m、南区高程1480.00m附近）。

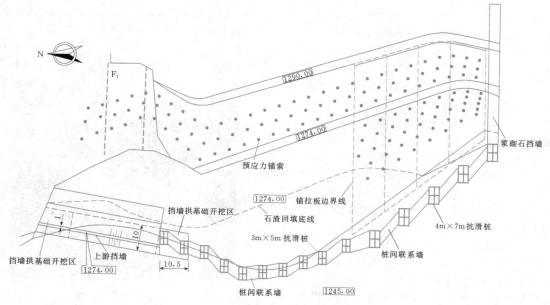

图4.6-21　一阶段加固坡脚平面布置（单位：m）

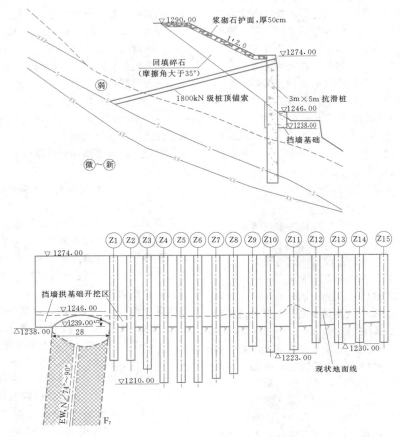

图 4.6 - 22　一阶段加固坡脚剖面图（单位：m）

不同剖面计算成果反映，北侧滑块高差较大，高程 1245.00m 桩板墙后反压作用不太明显；南侧滑块高差较小，反压作用十分明显。鉴于北区剖面所需加固力还比较大，考虑对边坡主滑块采用石渣反压，按现状的高程 1274.00m、预案的高程 1310.00m 及其中间高程 1290.00m 的体型进行比较计算，以寻求合理反压高程。计算成果表明，反压提高至高程 1290.00m 后，主滑块的安全度显著提高，所需加固力减少较多；若再提高至高程 1310.00m，压脚阻滑效果则不明显。因此，综合择定后续措施为：反压高程置于高程 1290.00m，预应力锚固布置根据计算成果的分区段要求进行补充、调整和优化。

3. 三阶段治理动态设计

综合考虑失稳模式、整体稳定条件及分区特点，三阶段完善治理措施主要在边坡主变形区北坡布设了 4 榀抗滑刚架桩，在变形影响区南坡增设 45 根预应力锚索和 6 榀抗滑刚架桩，以满足永久性安全稳定的

要求。饮水沟堆积体开挖完成及治理完成后的饮水沟堆积体分别见图 4.6 - 23 和图 4.6 - 24。

图 4.6 - 23　开挖至高程 1245.00m 的
饮水沟堆积体边坡

图 4.6-24 治理完成后的饮水沟堆积体

4.6.4.5 动态设计效果

1. 抢险加固阶段

2004 年汛前, 共张拉堆积体锚索 674 根, 其中高程 1380.00m 以上 169 根, 高程 1380.00m 以下 505 根, 锚索加固荷载—时间过程曲线见图 4.6-25。

外部变形特征: 随着高程的增加, 变形启动和加速有逐渐滞后现象, 水平位移增量和速率逐段减小、倾伏角由缓变陡, 影响范围内较高部位的垂直位移大于低高程部位, 变形在空间上显示出自下而上、由南向北发展的牵引式特点。随着蠕滑变形初期布设锚索的实施, 低高程部位变形趋势已有所减缓, 但堆积体仍处于整体蠕滑发展阶段, 高程较大部位呈加速发展趋势。典型外观点的位移—时间曲线见图 4.6-26。

深部变形特征: 如图 4.6-27 所示, 低高程深部位移随着锚索的逐步实施已开始逐渐减小, 但较高高程深部位移仍在持续增长, 其变形规律在空间上与表面变形特征吻合。

锚索加固效果分析: 根据牵引失稳模式和变形南侧大于北侧的情况, 锚索主要分布在南侧区。堆积体边坡变形区域共计张拉抢险锚索 674 根, 安装锚索测力计 15 台, 有 8 台自锁定以来呈现增长趋势, 特别是受下部牵引和上部推移共同作用, 大部分监测锚索荷载增长较快, 平均增长速率约 1.6~2.5kN/d, 其中有 2 根锚索出现钢绞线局部断丝现象, 典型荷载见图 4.6-28。由此可以看出, 抢险加固阶段治理锚索对抑制边坡变形发挥了重要作用, 锚固位置选取和实施顺序安排控制了关键部位, 锚固深度设置合适。

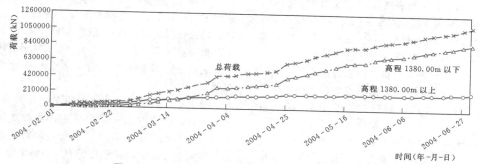

图 4.6-25 抢险加固阶段锚索加固荷载—时间过程曲线

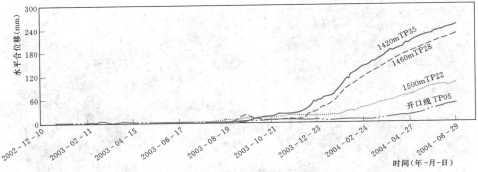

图 4.6 - 26　抢险加固阶段各变形区典型外观点位移—时间曲线

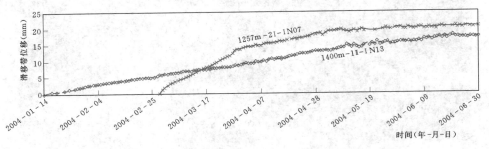

图 4.6 - 27　抢险加固阶段不同高程测斜孔滑移带位移—时间曲线

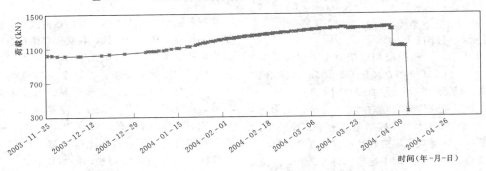

图 4.6 - 28　抢险加固阶段Ⅳ区典型锚索破断荷载—时间曲线

2. 综合治理阶段

2004 年大江截流前，累计实施锚索 1120 根（高程 1380.00m 以上 282 根，高程 1380.00m 以下 763 根，抗滑桩锚索 75 根），张拉有效锚固荷载约 190 万 kN，锚索张拉荷载—时间曲线见图 4.6 - 29。高程 1245.00m 抗滑桩已逐步实施完成，基本反压至高程 1274.00m；排水洞累计完成 2955.2m（相当于设计总量 85%）。

随着本阶段锚索和抗滑桩的逐步实施，各变形区位移已逐步趋于收敛，低高程的测点变形已逐步趋于平稳，高高程测点收敛略滞后，见图 4.6 - 30～图 4.6 - 32。

外部变形特征：从高程上看，各区变形已趋于收敛，但高高程部位收敛速度滞后于低高程部位；从平面上来看，同一高程区域其变形速率衰减南区快于北区，此特征一定程度与南区最先蠕变，在平面上南区牵引北区的模式相关。经综合治理，开始进入受到措施约束的有限的压密固结阶段。

深部变形特征：如图 4.6 - 33 所示，随着锚索和抗滑桩的逐步实施，各高程的深部滑动带位移速率已逐步趋缓，低高程部位甚至已经基本平稳，高高程部位深部位移速率收敛略为滞后，深部变形规律在空间上和表面变形特征基本吻合，多点位移计变形规律类似。

锚索加固效果分析：本阶段末累计安装 29 台锚索测力计，监测成果表明约有 94.2% 的加固锚索处于正常工作状态，随着边坡各变形区的位移逐步收敛，绝大部分锚索荷载已趋于平稳。典型锚索荷载与时间曲线见图 4.6 - 34。

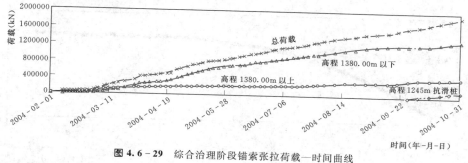

图 4.6 - 29　综合治理阶段锚索张拉荷载—时间曲线

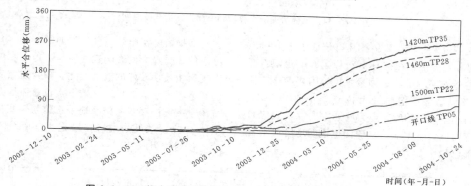

图 4.6 - 30　综合治理阶段各变形区典型表面点位移—时间曲线

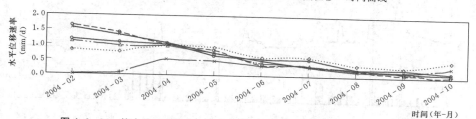

图 4.6 - 31　综合治理阶段各变形区域表面点水平位移月平均速率—时间曲线

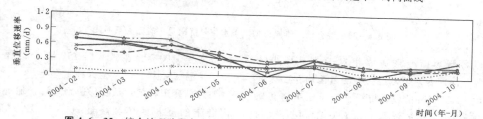

图 4.6 - 32　综合治理阶段各变形区域表面点垂直位移月平均速率—时间曲线

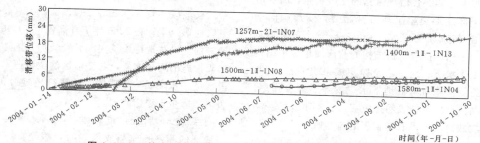

图 4.6 - 33　综合治理阶段不同高程测斜孔滑移带位移—时间曲线

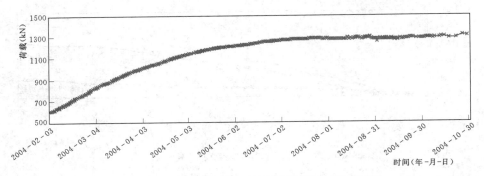

图 4.6 - 34　综合治理阶段典型锚索测力计荷载—时间曲线

抗滑支挡效果分析：测斜孔孔口位移小于 10mm，孔内无明显相对变形，在桩身 40m 以上有一定倾斜变形，抗滑桩随着回填反压、锚索张拉等因素，孔口位移有齿状增长趋势；钢筋最大拉应力小于 40MPa，最大压应力小于 −25MPa，应力状态主要以自重应力为主，而弯曲应力不明显，从侧面也说明本阶段本部位边坡变形已趋小。

渗排措施实施效果分析：如图 4.6 - 35 所示，部分水位孔受降雨的影响较为明显，地下水位与降雨量表现为相关性较好的波动变化，随着边坡表面裂缝封闭和地下排水洞的形成，地下水位总体逐渐降低；随着渗排措施的逐步实施，地下水位与蠕变初期相比降低约 4.0m，表明边坡渗控措施实施后对降低地下水位的作用较为明显。

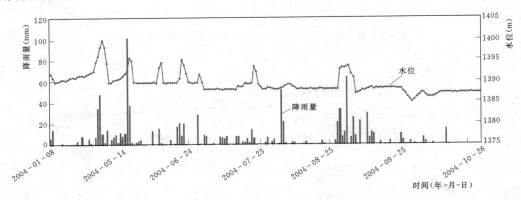

图 4.6 - 35　综合治理阶段典型地下水位—降雨量—时间关系曲线

本阶段各区表面变形速率相对于 2 月减小约 72%～94%；深部变形监测成果表明各区均存在深部变形，高程 1245.00m 的坡脚抗滑支挡反压结构和高程 1380.00m 以上实施的锚索发挥了关键作用，限制了变形的扩展，随综合治理措施的逐步实施，出现滑面特征的深部变形速率呈现衰减趋势，变形趋向平稳；加固锚索基本处于正常工作状态，绝大部分锚索荷载已趋于平稳；抗滑支挡结构的监测成果显示结构处于正常工作状态；地下水位监测成果表明排水洞、孔和坡面封闭措施对降低地下水位发挥了重要作用。综合各监测分析成果，表明边坡变形在本阶段已基本进入变形收敛阶段，采取的工程措施有效。

3. 完善治理阶段

本阶段共计布置 1800kN 级锚索 30 根，抗滑刚架桩高程 1500.00m 附近 6 榀（12 根）、高程 1350.00m 附近 4 榀（8 根），均已全部施工完毕。

外部变形特征：从变形速率来看，随着各阶段加固措施的逐步实施，截至 2005 年 12 月底，高程 1480.00m 以下区水平合位移和垂直位移平均变形速率均已经减小到 0.05mm/d 以下，高程 1480.00m 以上区变形速率，在 2005 年 7 月高程 1500.00m 附近刚架桩的上排抗滑桩施工完成后衰减加快。随着各阶段加固措施的逐步实施，各变形区的位移速率相对二段有进一步降低，变形历时曲线已出现收敛稳定点，边坡变形步入稳定阶段。

深部变形特征：堆积体各变形区域具有深层滑动特征的测斜孔监测成果表明，截至 2005 年 12 月为止，各变形区域深层滑动变形速率介于 0.01～

0.05mm/d，各测斜孔滑动带位移已近平稳，表明边坡深层滑动变形已经稳定，堆积体各变形区多点位移计变形已平缓，不同测点变形速率介于0.01～0.03mm/d之间，表明边坡深层变形已经稳定。

锚固效果分析：堆积体边坡范围内共计布置锚索测力计43台，监测成果表明锚索荷载大于85%的设计锁定荷载的监测锚索约占总量的90%，这个比例基本代表了加固锚索的工作状态。各变形区域锚索锚固力大小的分布和边坡变形的规律完全吻合，依变形启动顺序和牵引与影响区域分布的不同，锚索锚固力分布由主到次依次减小。

抗滑支挡效果分析：从抗滑桩体系变形特征来看，高程1245.00m抗滑桩桩顶的表面变形监测点水平合位移介于7～21mm，其位移方向均介于230°～270°之间，垂直位移均小于10mm；上游侧挡墙表面变形监测点水平合位移约30mm，位移方向介于270°～280°之间。高程1245.00m抗滑桩桩身测斜孔监测成果表明孔内无相对变形，孔口累计位移介于10～15mm，变形规律和量级同其顶部表面变形监测点基本吻合；从抗滑桩体系结构内力来看，各排抗滑桩钢筋拉应力增量介于10～45MPa之间，压应力介于−2～−70MPa之间；桩身测缝计接缝受压闭合最大不超过−1mm；接缝张开不超过2mm；位于回填石渣和桩身内侧之间的压应力计最大压应力小于1MPa。从抗滑桩体系预应力荷载来看，锚索锁定后荷载衰减小于−6%，在2005年3月以后荷载变化很平稳，表明抗滑桩变形较小，同桩顶表面变形监测点、钢筋应力、接缝开合度等监测资料相互验证较好。各排抗滑桩桩顶变形小而平稳，表明抗滑桩刚度足够；结构钢筋拉、压应力均较小，桩身和岩壁之间接缝开合度变化也很小，表明抗滑桩强度足够。

综上所述，随着治理措施的逐步实施，各区域的表面变形已经收敛趋稳，深部位移特征也已收敛稳定，90%以上的锚索工作正常，支护效果良好，抗滑支挡及反压体系变形较小，且已稳定，支挡结构刚度、强度有充分保证，钢筋应力远小于屈服强度，边坡截排水措施实施后对降低地下水位的作用较为明显。综合表明堆积体边坡已进入变形稳定阶段，综合治理取得良好效果。

4.6.5 龙羊峡水电站虎山坡滑坡治理动态设计

4.6.5.1 虎山坡滑坡工程概况

龙羊峡水电站为黄河干流上游已建的第一座梯级电站，也是龙头水库电站，位于青海省共和县与贵南县交界处的黄河干流上，距西宁市公路里程147km。工程任务以发电为主，兼顾防洪、灌溉等综合利用效益。枢纽主要由混凝土重力拱坝，左、右岸重力墩，左、右岸副坝，溢洪道、中、深、底孔四层泄水建筑物，坝内引水钢管、坝后主副厂房等组成。水库正常蓄水位2600.00m，相应库容247亿m³，水电站总装机容量1280MW，保证出力589.8MW，年发电量59.42亿kW·h；坝高178m，是当时在建的国内最高拱坝。

龙羊峡水电站工程于1976年开始施工筹建，1979年12月29日截流，1986年10月下闸蓄水，1987年9月第一台机组发电，1993年主体工程完工，2001年6月工程通过竣工验收。下闸蓄水以来，由于上游来水持续偏枯，水库长期处于较低水位运行，直至2005年11月，库水位达到历史最高的2597.62m，相应蓄水量238亿m³。

虎山坡不稳定岩体位于水电站下游消能区右岸，距水电站厂房250～630m，上游以F_7断层发育的南大山水沟为界，下游至消能区出口处，前沿长度约380m，不稳定岩体分布高程自2530.00～2666.00m，由Ⅰ号塌滑体、古滑坡堆积体以及Ⅱ号不稳定岩体三部分组成，总方量约280万m³。虎山坡不稳定岩体平面位置示意见图4.6-36。

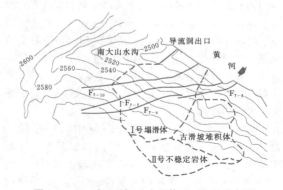

图 4.6-36 虎山坡不稳定岩体平面位置示意图

龙羊峡水电站施工期间，由于导流洞洞口开挖及导流洞泄水回流冲蚀淘刷，右岸导流洞出口上方岸坡表部岩体曾多次发生坍塌，并逐渐向坡顶和岸里方向发展。1986年10月水库下闸蓄水后，右岸底孔于1987年2月15日首次泄水，当泄量为600～850m³/s时，在该区高程2550.00m（高于水面约100m）以下的雾化雨强度大于300mm/d，受雾雨影响，在泄洪两个月后塌滑范围向下游虎山坡急剧发展，且在其坡顶岸里部位相继出现裂缝，形成了虎山坡Ⅰ号不稳定岩体。

1989年7月12日底孔第二次泄流，流量增加至854～1600m³/s，此时虎山坡不稳定岩体上受水雾影

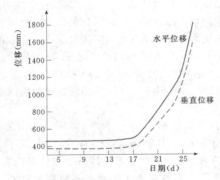

图 4.6 - 37 虎山坡位移历时曲线（1989 年 7 月）

响的范围及雾化强度均较第一次泄洪时增大。7 月 17 日 Ⅰ号塌滑体内各位移监测点进入加速蠕变阶段（见图 4.6 - 37），17～23 日的位移速率为 40～98.8mm/d，24 日后位移速率达 122.6～332.2mm/d，至 7 月 26 日下午 6 时，即底孔第二次泄洪 14d 后，Ⅰ号不稳定岩体失稳塌滑。塌滑方量约 87 万 m³，其中约 70 万 m³ 残留于滑床之上，17 万 m³ 脱离滑床，主要堆积于岸坡下部及导流洞淘刷形成的河湾处，少量进入河道，使水电站尾水位瞬时抬高约 0.2m。这次失稳过程西北勘测设计研究院有严密的监测和预报，并判断为分块解体下滑机制，不会对厂房尾水造成严重影响。实际下滑时间比预报仅推迟了 6h，塌滑对水电站发电及泄水均未造成任何影响。Ⅰ号不稳定岩体塌滑后，底孔继续泄流至 10 月，其中 8 月 24～29 日右岸深、底孔同时泄水，流量达到 1600m³/s，Ⅰ号塌滑体没有再次塌滑。

1989 年 9 月 18～29 日，左岸中孔泄流量达 1175m³/s，泄流落点下移，在雾雨降水及泄流冲蚀淘刷作用下，Ⅰ号塌滑体下游及古滑坡体顶部靠岸里 100m 范围内相继出现不同宽度的 J₈、J₉、J₁₀ 等张拉裂隙，形成了 Ⅱ号不稳定岩体。Ⅱ号不稳定岩体位于古滑坡体和 Ⅰ号塌滑体后缘，F_{306} 断层结构面以上，沿 F_{306} 断层产状延伸至地表，总方量达 190 万 m³，其中在 J_8 外的方量约 60 万 m³。

4.6.5.2 虎山坡滑坡地质条件

虎山坡不稳定岩体由三叠系变质砂岩夹板岩组成，下伏为印支期花岗岩。

F_{306} 断层构成虎山坡不稳定岩体的底滑面，分布在三叠系砂板岩中，是厚层和薄层不同的沉积浅变质砂板岩层在褶皱过程中沿层间挤压错动而产生的构造结构面。分布范围上下游延伸长度约 300m，自坡体中部高程 2530.00m 出露至高程 2620.00m 尖灭。其产状为：走向 NE5°～20°，倾向 NW，倾

角 29°～31°。破碎带宽 3～30cm，充填有碎裂岩、糜棱岩和泥。

普遍发育于本地区的 NNW 组、NE 组陡倾裂隙和小断层分别构成后缘及侧向拉裂面。

虎山坡不稳定岩体的底部为龙羊峡水电站下游泄洪消能区，工程地质条件差，抗冲能力低，存在不少纵横交错的断层，其中以宽达 100m 的 F_7 断层带为最大，其影响带宽约 70～100m，同时还存在着不少影响岸坡稳定的断层软弱带，如 F_{56}、A_2、F_{120} 等。由 F_{56} 断层、F_{7-6} 断层以及与边坡面组合构成的三角岩体（即 F_{56} 以外三角岩体），因 NE 向断层 F_{41}、F_{108} 和 A_2 岩脉等陡倾断裂切割，岩体极为破碎，在中、底孔泄流时的强大水雾作用下和水流淘刷下，岸坡岩体不断向外倾倒、坍塌，形成了高 15～35m 的近乎直立的陡坡。

虎山坡中上部规模较大的中缓倾角 F_{306} 结构面、宽达 100m 的侧向 F_7 断层和后缘的陡倾角裂隙的存在，是不稳定岩体失稳的内在原因。龙羊峡地区为高寒大陆性气候，干旱少雨，年平均降雨量约 270mm，虎山坡地段岩体地下水为基岩裂隙潜水，依靠大气降水补给，水位埋藏深。因此，这种干旱的气候和不丰富的地下水使 F_{306} 结构面长期处于干燥状态，故对水的作用十分敏感。当泄水建筑物泄洪时，陡然增大的泄洪雾雨由于其强度大、且历时相对较长，致使 F_{306} 底滑面浸水软化，恶化了岩体的自然赋存条件，极大地改变了边坡岩体的水文地质条件，成为虎山坡不稳定岩体塌滑的主要外因。

4.6.5.3 虎山坡滑坡治理设计概况

虎山坡 Ⅰ号塌滑体在剧烈塌滑前，有长期地表位移监测资料，塌滑前后有实测的地形资料，下伏滑面有勘探平洞查证，并有塌滑带及滑体的物理力学试验成果，给滑动机制的分析提供了基本资料。

根据虎山坡不稳定岩体的底滑面及塌滑变形特点，设计采用刚体极限平衡传递系数法进行稳定计算，并进行了渗透水压力对虎山坡稳定性影响的敏感性分析。根据虎山坡不稳定岩体塌滑前及塌滑过程中实际位移方向（塌滑后与 F_{306} 结构面的真倾角方向一致，即 NW285°），并结合滑带土扰动和原状样室内剪切试验成果进行底滑面参数反算，最终根据反算结果分段选取底滑面参数（见表 4.6 - 1）。底滑面参数沿整个结构面具有综合概念，即各段内的整个滑面上 c 值或 f 值相同。由于当时没有边坡设计方面的规范标准，参考相关规范并经分析后确定的抗滑稳定安全标准见表 4.6 - 2。

表 4.6-1　　虎山坡稳定性分析底滑面
分段参数表

部　位	参　数	c (kPa)	f
Ⅰ号塌滑体	后缘陡面	50	0.55
	F_{306}结构面	30	0.48
Ⅱ号不稳定岩体	F_{306}结构面	30	0.50

表 4.6-2　　　　抗滑稳定设计标准

荷载组合	安全系数	K_f	K_c
基本组合自重		1.10	1.30
特殊组合（1）自重＋渗透水压力		1.00	1.10
特殊组合（2）自重＋地震		1.00	1.10

根据虎山坡不稳定岩体的自身特点，设计主要采取开挖减载、地表地下排水及与锚固相结合的综合处理措施。整个处理工程分上部滑坡体及不稳定岩体处理工程、中部 F_{56} 以外岩体防护工程及坡脚防冲墙工程。虎山坡处理方案见图 4.6-38、图 4.6-39。

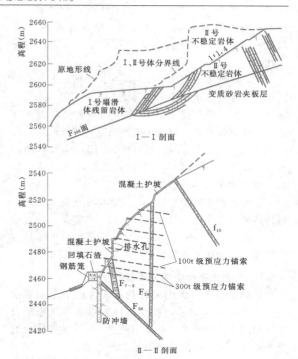

图 4.6-39　虎山坡处理方案剖面图

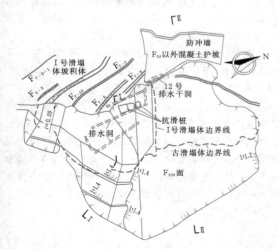

图 4.6-38　虎山坡处理方案平面图

（1）根据上部滑坡体及不稳定岩体的自身特点和稳定分析结果，对Ⅰ号塌滑体、Ⅱ号不稳定岩体和古滑坡堆积体分别采取了不同的处理措施。Ⅰ号塌滑体经塌滑错动后，其残留岩体的孔隙率增大，排水能力有所增强，但塌滑体在长期残留过程中会出现二次压密，使其排水能力受阻。由于Ⅰ号塌滑体的整体性和稳定性均较差，又位于泄洪雾雨影响最强的部位，经分析比较，采用锚固措施的代价和施工难度均较大，因此对其处理措施采取了削头减载为主，对剩余塌滑体采用地表防渗排水和地下排水洞排水，并在局部稳

定性较差的塌滑体内设两根 $3m \times 5m$ 抗滑桩的综合处理措施。

Ⅱ号不稳定岩体完整性较好，自身排水能力较差，且后缘有 J_8、J_{10}、J_{11} 等裂缝存在，水流易于渗入而形成渗透水压力，因此Ⅱ号不稳定岩体处理以表面防渗排水和地下排水为主，并结合Ⅰ号塌滑体开挖适当削坡减载。

古滑坡堆积体方量约 20 万 m^3，属散体结构，透水性较好，不会因聚积很高的孔隙水而产生一次性整体下滑，但受雾雨冲刷影响时会产生小范围的经常性塌落，为安全起见，设计采取了将古滑坡全部挖除的措施。

上部滑坡体及不稳定岩体处理工程共开挖石方 141.26 万 m^3，Ⅰ号塌滑体、Ⅱ号不稳定岩体底滑面 F_{306} 以下设排水洞、洞内设辐射状排水孔（穿过 F_{306} 面 50cm），渗水由排水洞汇集后排出洞外。

（2）中部 F_{56} 断层以外与坡面构成的三角岩体处于泄水雾雨溅落区，在 1989 年 7 月 26 日，Ⅰ号塌滑体边坡崩塌、错动时，形成陡立的岸坡，F_{56} 断层顶部错动拉裂缝宽达 $50 \sim 70cm$，三角岩体内裂缝十分发育，宽度大、延伸长。在水电站泄水形成的强降雨冲刷作用下，会造成岸坡不断坍塌削弱坡脚，影响到顶部岩体的稳定。对该部位岩体处理则主要以防止雾雨冲刷和保持边坡整体稳定为主，处理措施主要是坡面混凝土护坡，在混凝土护坡上布设 27 根 3000kN

级和 60 根 1000kN 级预应力锚索，锚索深入 F_{56} 断层以里一定安全长度，并长短交替布置；坡面设置排水孔。

（3）防冲墙工程主要是为了保护消能区右岸坡脚及深部岩体在水电站泄水情况下不被强烈的动水淘刷而冲蚀、坍塌，实质上是 F_{56} 以外三角岩体防护向深部的延伸。防冲墙长度和深度按消能区冲坑的扩展范围和深度进行设计，墙长 140m，厚 3m，高 40～45m，墙底高程低于冲坑底坡线 5m 以上。其中约 25m 墙高为水下施工而成。

防冲墙所在部位断层交错、岩体比较破碎，为了维持防冲墙在泄水时脉动压力作用下的稳定，特在墙后均匀设置了 25 条 10～20m 长的钢筋混凝土锚拉洞使防冲墙与山体紧密锚固。

4.6.5.4 虎山坡滑坡施工期信息分析

1994 年 5 月，虎山坡处理工程开始了上部明挖施工。1995 年 4 月底，按照设计方案基本开挖至设计体型的 Ⅰ 号塌滑体、Ⅱ 号不稳定岩体永久开挖边进行混凝土喷护，因施工用水沿开挖坡面漫流，在塌滑体内裂缝中形成了静水压力，因不稳定岩体的后缘拉裂缝产生后，历年降雨渗水已使滑坡体底滑面 F_{306} 的力学参数降低；加之古滑坡堆积体继续开挖，使位于其后的 Ⅱ 号不稳定岩体的前缘支撑减弱，导致 1995 年 5 月以后 Ⅱ 号不稳定岩体蠕滑速率明显加快。表现为山顶 J_8、J_{11} 等裂缝的变形量增大，虎 6-1 地勘支洞内 F_{306} 断层有明显的错动变形痕迹。在此期间，5-3 号和 6-1 号地勘洞顶 F_{306} 面出露部位渗水加速，并在洞内汇成小的径流，表明不稳定岩体内渗入水量较多。

鉴于古滑体顶部的 Ⅱ 号不稳定岩体的变形量不断加大，已对施工安全构成一定威胁。为保证虎山坡施工及龙羊峡电站运行安全，1995 年 6 月中旬，提出将该部位 Ⅱ 号不稳定岩体全部挖除，古滑体暂停开挖的应急方案。

根据对虎山坡不稳定岩体连续观测成果的分析，特别是处理工程开工后陆续建立起来的一些观测点的观测成果分析，可以明显看出，在工程处理之前，不稳定岩体就处于缓慢的蠕滑变形状态。1995 年 4 月 30 日，混凝土喷护施工用水进入塌滑体之后，加速了岩体蠕变。其中，设置于 Ⅱ 号不稳定岩体和古滑坡堆积体分界部位后缘的 H 点的水平位移速率由 1995 年 5 月 3 日之前的平均 0.02mm/d 增大到 5 月底的 1.36mm/d。6 月下旬到 7 月上旬，原位监测点 H、D_9、D_{10} 的变位速率进一步增大，H 点的速率达到 4.45mm/d，Ⅱ 号不稳定岩体前缘的 D_{10} 点最大速率

达 9.22mm/d。同时，地表原有裂缝简易位移观测成果也显示出，裂缝张开量进一步加大，长度增加。在原 2 号地勘洞内发现岩体沿 T_{40} 和 T_{48} 有新的滑移拉裂，其中 T_{40}（J_8）层面列席水平张开 5cm，垂直下陷 7cm，T_{48}（J_{11}）层间挤压带水平张开 8cm，垂直下陷 12cm。据此分析，Ⅱ 号不稳定岩体后缘的 J_6、J_8、J_{11} 等三条裂缝的深部已经发展到 F_{306} 结构面。J_6、J_8、J_{11} 等裂缝和 F_{306} 结构面分别构成了 Ⅱ 号不稳定岩体的后缘拉裂面和底滑面。

4.6.5.5 虎山坡滑坡治理措施动态设计

根据对虎山坡上部岩体变形监测资料的分析，于 1995 年 8 月提出了虎山坡不稳定岩体上部处理方案设计修改，并经过上级审查同意，对设计方案调整如下：

（1）作为施工应急安全措施，将古滑坡堆积体以上的 Ⅱ 号不稳定岩体沿 F_{306} 结构面全部挖除。

（2）根据 1995 年 3～4 月开挖施工中对古滑体的进一步揭示，古滑体很破碎，以土和小粒径石块为主，大尺寸块石较少，虽然 1989 年汛期龙羊峡电站中孔泄洪时，在泄洪水雾的作用下，古滑坡未发生整体下滑。但考虑到龙羊峡水电站的重要地位，为防止古滑坡体可能产生的塌滑对抬高电站尾水位的影响，建议古滑坡体高程 2590.00m 以上全部予以挖除。

（3）调整 Ⅱ 号不稳定岩体的开挖范围，将 Ⅰ 号塌滑体及其后缘的 Ⅱ 号不稳定岩体的开挖坡度变缓，即有 1:1.2 变为 1:1.4，开挖坡度变缓后，只保留 19～22 号抗滑桩即可满足抗滑稳定标准，因此取消 1～18 号抗滑桩；设计调整后，对已开挖至 F_{306} 结构面的部位，因已经不存在不稳定岩体，该部位开挖面上混凝土喷护也取消；开挖坡比调整后，Ⅱ 号不稳定岩体以下排水洞除 7 号支洞外全部取消，只保留 Ⅰ 号塌滑体以下排水洞，并将原 5 号地勘洞部分改建为排水洞。

治理后的效果图见图 4.6-40。

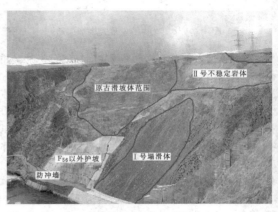

图 4.6-40 虎山坡处理后的照片

参 考 文 献

[1] 唐辉明，陈建平，刘佑荣，等. 公路高边坡岩土工程信息化设计的理论与方法 [M]. 武汉：中国地质大学出版社，2003.

[2] 邹丽春，王国进，汤献良，等. 复杂高边坡整治理论与工程实践 [M]. 北京：中国水利水电出版社，2006.

[3] 二滩水电开发有限责任公司. 岩土工程安全监测手册 [M]. 北京：中国水利水电出版社，1999.

[4] 孙玉科，杨志法，丁恩保，等. 中国露天矿边坡稳定性研究 [M]. 北京：中国科学技术出版社，1999.

[5] 陈效国. 黄河枢纽工程技术 [M]. 郑州：黄河水利出版社，1997.

[6] 河海大学，中南勘测设计研究院. 混凝土重力坝、边坡与地下洞室围岩安全监控数学模型研究 [R]. 2009.

[7] DL 5353—2006 水电水利工程边坡设计规范 [S]. 北京：中国电力出版社，2007.

[8] SL 386—2007 水利水电工程边坡设计规范 [S]. 北京：中国水利水电出版社，2007.

[9] GB 50487—2008 水利水电工程地质勘察规范 [S]. 北京：中国计划出版社，2009.

[10] JTG D30—2004 公路路基设计规范 [S]. 北京：人民交通出版社，2004.

[11] DLT 5337—2006 水电水利工程边坡工程地质勘察技术规程 [S]. 北京：中国电力出版社，2006.

[12] GB 50330—2002 建筑边坡工程技术规范 [S]. 北京：中国建筑工业出版社，2002.

[13] 周建平，陈观福，赵全胜. 水电工程边坡设计及施工技术综述 [J]. 水力发电，2007 (02).

[14] 黄昌乾，丁恩保. 边坡工程常用稳定性分析方法 [J]. 水电站设计，1993，15 (1)：53-58.

[15] 李东升，朱正伟，刘东燕. 基于风险评价的边坡防灾决策分析 [J]. 沈阳建筑大学学报（自然科学版），2006，22 (6).

第5章

地 质 灾 害 防 治

　　本章为《水工设计手册》（第2版）新编章节，共分5节。5.1节主要介绍地质灾害概念、分类、水利水电工程中常见地质灾害、地质灾害防治基本原则与要求；5.2节介绍滑坡的基本特性、滑坡分类与分级、滑坡勘查、滑坡稳定性分析与评价、滑坡防治、滑坡监测预警；5.3节介绍崩塌的定义、崩塌分类与分级、崩塌地质测绘与调查、崩塌稳定性分析、滚石运动特征分析、崩塌治理设计；5.4节介绍泥石流的定义、泥石流沟识别、泥石流分类和危害性分级、泥石流调查、泥石流活动性与危险性评估、泥石流治理工程勘查、泥石流防治、泥石流监测预警；5.5节介绍了堰塞湖定义及形成原因、堰塞湖风险等级、堰塞湖应急处置洪水标准及安全标准、堰塞湖处置基础资料及获取、堰塞湖溃坝分析、堰塞湖风险评价、堰塞湖应急处置、堰塞湖后续处置、堰塞湖监测与预测等。

章主编　杨　建

章主审　朱建业　万宗礼　杨　建

本章各节编写及审稿人员

节次	编　写　人	审稿人
5.1	许　强	朱建业 万宗礼 杨　建 杨启贵
5.2	许　强　汤明高	
5.3	裴向军	
5.4	唐　川	
5.5	杨启贵　周和清　刘　锐	

第5章 地质灾害防治

5.1 概　述

5.1.1 地质灾害概念

地质灾害是指在地球发展演化过程中，由内、外动力地质作用或人类活动引发并造成不同程度人员伤亡或财产损毁的灾害性地质事件。地质灾害具有两方面内涵，即致灾动力条件和灾害事件后果。如果某一地质过程仅仅使地质环境恶化，没有造成人类生命财产损失或破坏生产、生活环境，只能称之地质现象或地质事件。

5.1.2 地质灾害分类

我国地质灾害种类繁多、分布广泛且频繁发生。除现代火山灾害外，其他皆相当严重。按破坏型式、动力作用、物质组成和破坏速率可将地质灾害划分为11大类55种，见表5.1-1。

表5.1-1　　　　　　　　　　　我国地质灾害的主要类型

灾 害 大 类	灾　　　　　种	
	突　变　型	渐　变　型
地壳活动灾害	地震、火山喷发	断层错动
斜坡岩土体运动灾害	崩塌、滑坡、泥石流	潜在不稳定斜坡
地面变形灾害	地面塌陷、非构造地裂缝	地面沉降
土地退化灾害		水土流失、荒漠化、盐碱（渍）化、沼泽化、潜育化
海洋（岸）动力灾害	风暴潮、水下滑坡、潮流砂坝、浅层气害	海面上升、海水入侵、海岸侵蚀、港口淤积
矿山与地下工程灾害	洞井塌方、冒顶、岩爆、有害气体突水、瓦斯突出和爆炸	危岩塑性变形（偏帮、鼓底）、煤层自燃、矿井地下热灾（高温、温泉）
城市地质灾害		建筑地基与基坑变形、垃圾堆积
特殊岩土灾害	黄土湿陷、砂土液化、冻融泥流、冰山和雪崩	膨胀土胀缩、冻土冻融、淤泥触变
水土环境与地球化学异常		地下水质污染、农田土地污染、地方病
水源枯竭灾害		河水漏失、泉水干涸、地下含水层疏干
河湖（水库）灾害	塌岸、溃决、水库诱发地震	淤积、浸没、渗漏

注　据国土资源部地质环境管理局资料，略改编。

就成因而论，主要由自然变异导致的地质灾害称自然地质灾害；主要由人为作用诱发的地质灾害则称人为地质灾害。

就地质环境或地质体变化的速度而言，可将地质灾害分为突发型与渐变型两大类。前者如崩塌、滑坡、泥石流等，即习惯上的狭义地质灾害；后者如水土流失、土地沙漠化等，又称环境地质灾害。

根据地质灾害发生区的地理或地貌特征，可分山地地质灾害与平原地质灾害，前者如崩塌、滑坡、泥石流等；后者如地面沉降等。

5.1.3 水利水电工程中常见地质灾害

在水利水电工程中的枢纽区和其他临时建设场所，常见的地质灾害有地表斜坡灾害和地下工程灾害。地表斜坡灾害主要包括由自然因素（自重、地下水或地表水）或人类工程活动（人工开挖、爆破、弃渣堆放等）引发的滑坡、崩塌和泥石流等灾害。地下工程灾害主要包括地下开挖引发的边墙和顶拱塌落、岩爆、软岩塑性变形、突（透）水突泥、瓦斯突出等灾害。

在水利水电工程的库区，除常见的滑坡、崩塌、泥石流等斜坡灾害外，还存在与水库蓄水直接相关的水库诱发地震、库岸坍塌、浸没以及由库区内大型崩塌滑坡引发的涌浪等灾害。

水库诱发地震是指由于水库蓄水而诱发地震的地质现象。一般来说，水库诱发地震时，库水位的升降与发震频率、强度有一定的相关性，水库诱发地震的深度一般不超过 10km，震级也相对较小，烈度一般不超过当地地震基本烈度，对工程建筑物和当地人民的生产生活不会构成明显的危害。

浸没是水库蓄水致使地下水位升高而引起的地质灾害，包括库岸浸水沉陷；土壤沼泽化、次生盐渍化；矿坑充水；道路翻浆等。浸没灾害在平原区水库相对较严重，在山区型水库中一般较轻微。

大量的实践表明，在上述各类灾害中，对水利水电工程（尤其是山区水利水电工程）危害最大、最为常见的还是滑坡、崩塌、泥石流灾害。为此，本章重点阐述这三类灾害的勘查评价、防治设计和监测预警的技术方法。

针对近年来地质灾害引发的堰塞湖时有发生，本章对堰塞湖的分析、评价和处置技术也进行了专门阐述。

5.1.4　地质灾害防治基本原则与要求

5.1.4.1　基本原则

2003 年国务院公布的《地质灾害防治条例》，主要确立了如下三项原则：

（1）预防为主、避让与治理相结合，全面规划、突出重点。

（2）自然因素造成的地质灾害，由各级人民政府负责治理；人为因素引发的地质灾害，谁引发、谁治理。

（3）统一管理，分工协作。

5.1.4.2　一般程序和要求

按国土资源部的要求，地质灾害防治工程分为如下几个阶段：勘查阶段（包括规划勘查、初步勘查、详细勘查和施工勘查）；设计阶段（包括可研方案设计、初步设计、施工图设计、设计变更）；施工阶段〔包括工程施工和竣工验收（初步验收和最终验收）〕，监测（包括监测预警、施工监测及效果监测）。地质灾害防治工程阶段划分、一般程序和主要要求，见表 5.1-2 和表 5.1-3。

表 5.1-2　地质灾害防治工程阶段和程序

阶段	一 般 程 序			
勘查	规划勘查	初步勘查	详细勘查	施工勘查
设计	—	可行性方案设计	初步设计	施工图设计	设计变更
施工	—	—		工程施工	竣工验收
监测	监测预警			施工监测	效果监测

表 5.1-3　地质灾害防治主要阶段及要求

阶　段		基 本 要 求
勘查阶段	规划勘查	广泛收集资料，踏勘或少量勘查，概略查明灾害体地质环境、地质特征及稳定性，分析论证防治的紧迫性（危险性）和重要性（危害性），提出意向性防治方案，分析防治效果和效益（社会的、经济的、技术的），提出纳入防治规划及其勘查建议，为编制防治规划提供依据
	初步勘查	在前一阶段勘查成果的基础上，初步查明灾害体及周边地质环境、地质特征及其稳定性，为防治工程技术可行性、经济合理性的进一步分析、论证提供地质依据，为防治工程多方案设计、比选提供地质依据
	详细勘查	在初步勘查成果的基础上，详细、准确查明灾害体及周边地质环境、地质特征及其稳定性，以及防治工程场地和基础的地质特征与地质问题，为防治工程设计在技术上的可靠性、先进性和经济上的合理性提供地质依据，满足防治工程施工图设计的需要
	施工勘查	进行施工地质工作，消除施工中的地质隐患，优化工程设计，选择合理的施工方法，指导工程安全施工、安全运行和充分发挥工程效益

续表

阶　段		基　本　要　求
设计阶段	可行性研究（设计）	根据防治目标，在已审定的勘查报告基础上进行编制。应对多种设计方案的技术、经济、社会和环境效益等进行论证，工程估算
	初步设计	对防治方案的任务进行分解，提出具体工程实现步骤和有关工程参数，编制相应的报告及图件，工程概算
	施工图设计	对初步设计确定的工程图进一步细化，编制以结构为主体的细部图等工程图件及说明，工程预算
应急勘查与设计		地质灾害防治工程设计中的特殊内容，可根据实际情况简化上述阶段。应急防治须与后续的正常防治相适应，并为正常防治提供基础

5.2　滑　坡

5.2.1　滑坡的基本特性

滑坡（landslide）是斜坡岩（土）体在重力作用下沿着软弱结构面（带）整体（或分散）地向下滑动的地质现象。其特点是滑体在向下滑动时始终与下伏滑床保持接触，一般来说水平移动分量大于垂直移动分量。在强震条件下，在地震水平惯性力作用下，斜坡岩土体也可表现出抛射、凌空飞跃等现象。在我国，随着大型工程建设的全面推进，人类工程活动诱发的滑坡灾害已越来越多。

在地质上与滑坡属同义词的还有斜坡运动（slope movement）、块体运动（mass movement）或块体消耗（mass wasting）。

5.2.1.1　滑坡及要素

联合国教科文组织（UNESCO）世界滑坡目录工作组（Working Party on World Landslide Inventory）对滑坡的描述术语及滑坡运动速度、成因、地质条件、活动性等分类提出了建议方法[21]。根据世界滑坡目录工作组的建议，并结合我国滑坡描述的习惯，滑坡要素和特征见图 5.2 - 1[24]和表 5.2 - 1。

5.2.1.2　滑坡的活动性

世界滑坡目录工作组为了规范和统一滑坡活动性

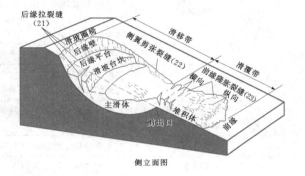

侧立面图

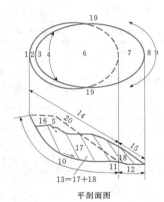

平剖面图

图 5.2 - 1　滑坡要素示意图

表 5.2 - 1　　　　　　　　　　　　滑坡要素及其特征

	滑坡要素	特　征　描　述
1	滑坡圈椅（冠）	指滑坡后缘壁（2）最高处附近停留于原位未发生变位的岩土体，一般呈圈椅状
2	后缘壁（主断壁或滑坡壁）	指滑坡后部边缘未受扰动岩土体前缘的一个陡面，由于滑坡体整体向下滑动脱离外围未受扰动岩土体而形成。后壁出露高度从数厘米至上百米不等，在形态上大都呈陡壁状，坡度大多在 50°～80°
3	洼地（拉陷槽）	指由于滑坡体（13）向下和向前发生位移后，在滑坡体与滑坡后缘壁之间被拉开、或有次一级的块体沉陷而形成的封闭空间。大型或巨型滑坡洼地在滑动方向上的宽度可达数十米，甚至上百米。有时由于两侧出口封闭地表水汇积后，在滑坡洼地形成沼泽地，甚至积水成湖（被称为滑坡湖）

	滑 坡 要 素	特 征 描 述
4	后缘平台	滑坡体向前向下滑动后，坡体后缘表面坡度变缓而呈台地状，称为后缘平台
5	滑坡台坎（次断壁）	滑坡体在滑动时常被解体为几段，每段滑块的前缘都有可能因差异滑动而形成具有一定高差的台坎，称之为滑坡台坎
6	主滑区	指位于滑坡后缘壁（2）与剪出口（11）之间的滑坡区域
7	堆积区	指位于剪出口（11）与滑坡前缘（8）之间的滑坡区域
8	前缘	指位于滑坡最前端的那一部分滑体与外围未扰动岩土体之间的界线
9	滑舌	指位于滑坡最前端的那一部分滑体，往往凸出呈"舌"状
10	滑动面与滑坡床（滑床）	滑动面指原始地面（20）以下构成（或曾经构成）滑坡体下部边界的面。有的滑动面平整、光滑被称为滑动镜面或滑坡镜面。有时可见擦痕和擦沟，根据擦痕或擦沟方向可以判断滑动方向。在滑坡变形的初期，滑坡通常还未形成滑动面。随着滑坡的变形，在滑动面附近由于最大剪应力集中而发生剪切变形的带称为滑动变形带（滑带）。滑坡床（滑床）指滑动面以下未受扰动的岩土体
11	剪出口	滑动面（10）前端与原坡面（20）的交线称为滑动面剪出口，有时被覆盖
12	滑覆面	指滑坡体从剪出口滑出后，继续滑动而停积的原始地面。它对滑坡体的运动特征有着直接的影响
13	滑坡体（主滑体＋堆积体）	指由于滑坡运动而从斜坡上原来位置变了位的全部岩土体，包括主滑体（17）和堆积体（18）
14	滑移带	滑坡体位于原地面（20）以下的区域
15	滑覆带	滑坡体位于原地面（20）以上和从剪出口滑出后继续滑动的区域
16	后缘反倾平台	指由于滑动变形，有时后缘平台（4）甚至会呈现反倾坡内的状态
17	主滑体	指滑坡体位于后缘壁与剪出口之间，且原地面（20）以下的部分
18	堆积体	指滑坡体位于原地面（20）以上，从剪出口滑出后继续滑动的部分
19	侧缘壁（侧翼）	滑动面两侧未产生明显变位的岩（土）体，如使用"左"、"右"，则是立于滑坡后缘（冠部）面向滑坡而言
20	原地面	指滑坡发生之前的斜坡地面
21	后缘拉裂缝（弧形裂缝）	在滑坡初期或前期，滑体滑动（或蠕动）变形导致滑坡中后部岩土体被拉裂而形成的裂缝，有时为下错台坎。当分散的裂缝逐渐贯通后往往呈弧形且多级分布。古（老）滑坡在复活之前，由于原裂缝已被掩盖，有时可见拉陷槽或洼地
22	侧翼剪张裂缝	当滑坡变形到一定程度，滑坡两侧边界附近岩土体受剪应力作用而形成的一系列裂缝，往往呈雁列式断续向坡前延伸，继续发展会逐渐贯通
23	前缘隆胀裂缝	当滑坡变形发展到中后期，由于后缘滑体的挤压作用，滑坡前缘岩土体滑移受阻在剪出口附近产生隆胀变形而形成的横向或纵向的裂缝，纵向裂缝往往呈放射状。如果滑坡前缘临空条件较好，可能不会出现这类裂缝，但往往可见与地面平行的剪切错动变形（或称之为剪出口）

的描述，提出了滑坡活动性的描述方法，具体将滑坡活动性分为活动性状态（state of activity）以描述滑坡何时活动，活动性分布（distribution of activity）以描述滑坡何处活动，以及活动性方式（style of activity）以描述一个滑坡内部包括何种活动方式。所建议的各种活动状态、活动分布和活动方式见表 5.2-2 和图 5.2-2～图 5.2-5。

1. 滑坡的活动状态

活动的滑坡是指在本水文年内发生并持续活动着的滑坡。上一水文年（季节循环）发生而在本年内未活动的滑坡为暂停的（suspended）滑坡。多个水文年前发生，发生后又未活动过的为静止（inactive）或不活动的滑坡。其又可细分为多种活动状态。其中休眠（dormant）滑坡是引起滑坡活动的作用依然存

表 5.2 - 2　　　　　　　　　　　　　　　　　**滑 坡 的 活 动 性**

活 动 性 状 态	活 动 性 分 布	活 动 性 方 式
活动的（active） 复活的（reactive） 暂停的（suspended） 不活动的（静止的，inactive） 休眠的（dormant） 遗弃的（abandoned） 稳定的（stabilized） 残余的（relic）	缩减（小）的（diminishing） 扩大的（enlarging） 前伸（展）的（advancing） 后退（延）的（retrogressing） 展宽的（widening） 约束的（confining） 移（活）动的（moving）	复杂的（complex） 复合的（composite） 多次的（multiple） 继承的（successive） 单次的（single）

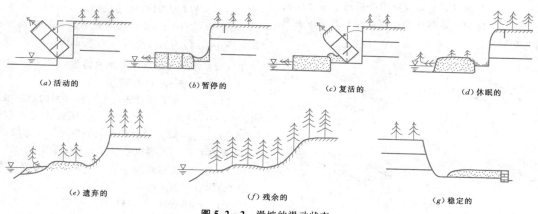

图 5.2 - 2　滑坡的滑动状态

在而滑坡已多年未活动过。遗弃（abandoned）滑坡则是引起活动的作用已经不复存在，例如原来侧蚀坡脚的河流已经改道，在原坡脚下遗留着冲积物［图5.2 - 2（e）］。此类活动性的滑坡大致相当于过去通称的老滑坡。如果滑坡趾部经工程加固（有支挡结构且该结构无因滑坡滑动产生的变形迹象）则为稳定滑坡［图5.2 - 2（g）］。滑坡初始滑动之后数千年内仍可以从地貌形态上辨识出来，但数千年来已不再活动，地表完全为植被所覆盖，则为残余（relic）滑坡。已静止多年的滑坡重新活动则称为复活（reactive）滑坡，复活滑坡可以沿原破坏面（滑动面）整体复活或仅局部重新活动。例如三峡库区云阳鸡扒子滑坡就是宝塔老滑坡的右翼部分复活。沿原有破坏面（滑面）复活的滑坡与初次形成的滑坡之间滑面抗剪强度参数是不同的。初次滑动滑面上抗剪强度参数接近其峰值，而复活滑坡则为其残余值。

滑坡的各种活动状态可以用滑移体位移—时间曲线（图5.2 - 3）予以表示。此图可以很好地表示出缓慢滑动滑坡（蠕变型、渐变型滑坡）的活动状态的变化全过程。

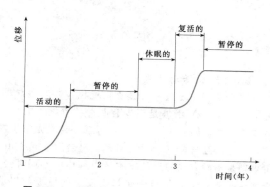

图 5.2 - 3　滑坡各种活动状态的位移—时间曲线

2．滑坡活动的分布特征

用以描述滑坡哪一部分（何地）活动，是活动限于滑移体内部或是破坏面（滑面）有所扩展，产生了新滑移体而使滑移体总量有所增加。当活动限于滑移体内部则为缩减（小）的（diminishing）滑坡［图5.2 - 4（d）］，而如破坏面有所扩展则为扩大的（enlarging）滑坡［图5.2 - 4（c）］。其又可根据滑面扩展方向不同再细分为多种。前伸（展）的（advancing）滑坡其扩展方向与滑坡前进方向一致［图5.2 -

4（*a*）]；后退的（retrogressing）滑坡弃扩展方向则与滑坡前进方向相反[图5.2-4（*b*）]。这两种滑坡与我们过去通用的推移式和牵引式滑坡分别对应。如破坏面扩展方向与滑坡扩展方向垂直，亦即向两翼扩展，则为展宽的（widening）滑坡[图5.2-4（*f*）]。还有一种特殊的活动性分布称为约束的（confining）滑坡，是后缘已经下滑而前缘破坏面尚未剪断贯通，这一部分约束了滑坡的整体滑落，后缘滑落部分挤压前缘部分，使即将整体滑落的趾部出现隆起[图5.2-4（*e*）]。这种现象多出现在黏性土滑坡，此隆起通称为鼓丘，因为鼓丘是冰川地貌的专用术语，为了避免混淆建议改为隆起丘，它可反映出受后缘下滑挤压而隆起的过程。隆起丘是破坏面即将贯通滑坡整体下滑的前兆变形迹象。

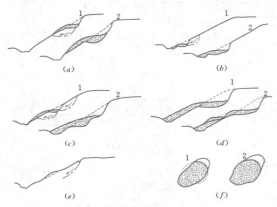

图5.2-4 滑坡的活动性分布
1—活动前；2—活动后

3. 滑坡的活动方式

图5.2-5描述了一个滑坡可能包含的运动方式。复杂（complex）滑坡是至少有两种相继发生的运动方式的滑坡，如图5.2-5（*a*）所示，岩体先发生倾倒，部分倾倒岩体又产生了滑动。复合（composite）滑坡则是不同方式的运动发生在滑移体的不同部位。继承（successive）滑坡则是指新发生的滑坡与以前发生的滑坡活动方式相同但并不与之共有一个破坏面。单次（single）滑坡则指滑移体仅产生了一次单一的整体运动。多次（multiple）滑坡是指同一运动方式的重复多次发生。因为岩质斜坡变形破坏机制很复杂，所以除顺层以外的岩质滑坡多为复杂或复合，尤其是大型或特大型滑坡多是多种运动型式的复合。

4. 滑坡的速度

国内外有多种滑速等级分类方案，根据我国的实践经验，并参照国际等级分类方案，可以最高滑速档次作为我国的分类方案[1]。分类中以人是否能直接察

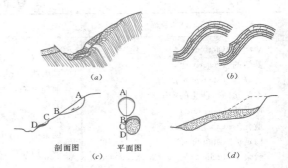

图5.2-5 滑坡的活动方式

觉（>1m/s）、人的奔跑速度（>5m/s）、汽车常规平均速度（>10m/s）以及转化为碎屑流的临界速度（>25m/s）作为划分标准，具体见表5.2-3。

5.2.1.3 滑坡发育条件与诱发因素

1. 基本条件（图5.2-6）

（1）地形地貌。滑坡发生几率最大的地形坡度是10°~45°；特殊成因下，小于10°的近水平斜坡也可发生滑坡；45°以上的急陡坡是崩塌易发生的坡形。

使滑移控制面得以暴露或剪出的临空面，称为有效临空面。包括前缘临空、一侧临空（河流拐弯处）或两侧临空（条形山脊）。

（2）地层岩性。滑坡广泛分布的区域内，一定可以发现滑坡的发生与某些岩层密切相关，滑坡多分布于这些岩层的界线之上。通常把这类岩层称为"易滑地层"或"易滑岩组"，如三峡库区的巴东组T_2b、四川省的昔格达等就是典型的易滑地层。软弱岩层（如泥页岩、千枚岩、煤层）和硬岩中的软弱夹层（如泥化夹层）在含水量较丰富时都容易成为"易滑地层"。据铁道部门对四川盆地红层滑坡的统计，当地层顺坡倾角在13°左右为易滑坡地层。

（3）地质构造。深大断裂带通过的区域，滑坡常密集分布。受断裂带强烈作用的斜坡，岩层节理裂隙发育，为滑坡周界的形成提供了条件，同时为地表水的入渗提供了通道。滑坡发育过程中利用的软弱结构面称为优势结构面，如松散堆积层与基岩的界面（基覆界面）；不同岩性的岩层分界面；岩层的层理面、岩层内部的节理裂隙面；构造性断层、挤压带和错动面等。

2. 主要诱发因素（图5.2-6）

（1）降雨对滑坡的影响。在水利水电工程中，降雨对斜坡岩土体的地下水动力场会产生明显的影响，并由此导致斜坡的变形甚至失稳破坏，形成地质灾害。具体地讲，降雨对地质灾害的诱发作用主要体现为物理化学效应和力学效应两个方面，而力学效应又可进一步细分为饱水加载效应、静水压力效应。

表 5.2-3　　　　　　　　　　　滑坡滑速等级分类方案对比表[1]

滑速等级	速度（按平均速度）	IAEG 滑坡委员会推荐（最大速度）	滑速档次分类方案（按最大速度）		
			档次	等级	备　注
极快的	3m/s	>5m/s	高速档次	超高速>25～30m/s	可能转化为碎屑流
				极高速>10m/s	汽车一般速度
很快的	0.3m/min	>3m/min		高速>5m/s	人奔跑速度
			快速档次	很快的>1m/s	
快的	1.5m/d	>43m/d		快速>1cm/s	
				次快速>1mm/s	人有直接感觉
中等的	1.5m/月	>3m/月	中速档次	中速>1mm/min	
				次快速>1mm/h	可察觉变形破裂生长情况
慢的	1.5m/a	>1.6m/a		慢速>1mm/d	
很慢的	0.06m/a	>0.01m/a	慢速档次	很慢的>0.016m/a	仪器判定或根据累积
极慢的	<0.06m/a	<0.016m/a		极慢的<0.016m/a	变形破裂迹象

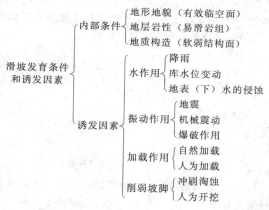

图 5.2-6　滑坡形成条件和诱发因素分类

1）物理化学效应。降雨入渗使滑坡体物质（尤其滑带土）软化，抗剪强度降低，称作软化效应。试验结果表明，饱水情况下土体的抗剪强度参数仅为天然状态下的 70%左右。此外，饱和土体的稠度会随着含水率变化而变化，变为可塑状态、流塑状态甚至流体状态，因此会发生蠕滑或流动。同时，地下水对斜坡土体的溶蚀、淘蚀、溶解、水合、水解、氧化—还原、酸性侵蚀、化学沉淀、离子交换、硫酸盐还原、富集与超渗透等物理化学作用都会对土体的强度产生影响。

2）饱水加载效应。降雨入渗，使滑体原来处于干燥或非饱和状态的土体部分甚至全部饱水，土体重度增加变为饱和重度，下滑力增大。

3）静（裂隙）水压力效应。存在竖向张裂缝的岩质斜坡，在降雨过程中雨水灌入裂缝使裂缝在短时间内充水形成一定的水头，产生静水压力，相当于在坡体后缘裂缝内施加了一个水平推力 p_w'。如果竖向裂缝与底部的一组结构面（通常会成为滑动面）贯通，地下水还会沿该组结构面入渗，并在底部产生垂直于结构面的扬压力 p_w，对潜在不稳定块体进行顶托，减小了块体的抗力，见图 5.2-7。暴雨期间，在 p_w 和 p_w' 的联合作用下，后缘拉裂缝充水产生的高水头水平推力起主导作用，同时伴随拉裂缝中水头高度的抬高而扬压力增大，当后缘拉裂缝快速充水超过一定临界高度时，在近水平岩层中都可能发生滑坡，这种滑坡被称为平推式滑坡。但滑动岩体被整体推出后，后缘裂缝迅速变宽，水头快速下降，扬压力也因此快速降低、消散，滑动岩块也因此减速自行制动。因此，平推式滑坡滑距一般仅为数米至数十米。此类滑坡在四川盆地和三峡库区的近水平红层斜坡中已经发现数十处，其最大体积达 2500 万 m^3。

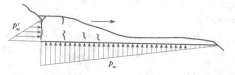

图 5.2-7　近水平岩层滑坡静水压力示意图

（2）水库蓄水对滑坡的影响。河道上修建大坝后，由于水库水位的抬高引起库区边坡地下水位的上升以及水库调度运营引起的水位骤降，都将不同程度地降低边坡的稳定性，导致库区部分边坡发生滑坡。水库库岸滑坡的危害主要包括两个方面：一是大量的岩土体滑入水库，减少了有效库容，甚至形成坝前坝，使水库不能继续使用；二是如果滑坡体高速滑入水库，会造成巨大的涌浪，直接危及大坝安全及电站的运营。

琼斯（Jones）等调查了 Roosevelt 湖附近地区 1941～1953 年发生的一些滑坡，结果发现：有 49% 发生在 1941～1942 年的蓄水初期，30% 发生在水位骤降 10～20m 的情况下，其余为发生在其他时间的小型滑坡。在日本，大约 60% 的水库滑坡发生在库水位骤降时期，其余 40% 发生在水位上升时期，包括初期蓄水。

水库滑坡的稳定系数是库水位的函数（见图 5.2-8）。假定水库水位上升时水渗入滑体达库水位一样的高度，从图 5.2-8 中可以看到，随库水位从零上升到超常水位时，稳定系数的变化为 J→E→D→C→B→A，即先减小后增大，且水位在正常水位（Ⅲ）和限制水位（Ⅱ）之间时得最小值（0.95）。它指出了水位上升时产生的最危险水位。

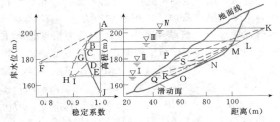

图 5.2-8 斜坡的稳定性系数随水库蓄水量的变化而改变的情况（据中村浩之，1990）

一般而言，当库水位降落速率超过 3m/d 时，稳定系数在很短时间内急剧减小，而当降落速率变小时，稳定系数的减小是逐渐下降的。库水位降落时稳定系数的减小比其上升时更大。因此，在可能产生滑坡的库岸，要加强水库管理，尽可能避免急剧降低水位，保持最大消落速率为 2m/d 左右是适宜的。对即将发生滑坡的库岸，规定消落速率为 0.5～1.0m/d 是合适的。

除水的物理化学效应外，库水位升降诱发滑坡发生的原因主要体现在如下两个效应，即悬浮减重效应和动水（渗透）压力效应。

1）悬浮减重效应。随着库水位上升，坡内地下水位上升，使坡脚完全处于地表水体以下，即处于重力水饱和状态。从土力学角度分析，坡体重度转化为浮重度，坡脚总重量减轻。从应力角度分析，当空隙饱水时，水对固体骨架产生一种正应力，其矢量指向空隙壁面，此即空隙水压力，在土体中则为孔隙水压力。孔隙水压力对岩土骨架起浮托作用（悬浮减重），

从而削减了通过骨架起作用的有效应力，其关系式为

$$\sigma' = \sigma - u$$

式中 σ'、σ——有效应力和总应力。

显然，在饱和岩土体中，当总应力一致时，孔隙水压力的增减，势必相应地减增有效应力，从而影响岩土体的强度和稳定性，这就是有效应力原理。

孔隙水压力对岩土体强度的影响，可以采用莫尔—库仑破坏准则来描述：

$$\tau_f = (\sigma_n - u)\tan\varphi + c$$

式中 τ_f——抗剪强度；

σ_n——正应力。

由于孔隙水压力的存在削减了有效正应力，使潜在滑面上抗剪强度降低，以致失稳滑动。特别是如图 5.2-9 所示"靠椅状"滑坡，水库充水，前部抗滑体浸没，有效应力降低抗滑力大大降低，而后半部的滑动力则未减小或稍有减小，从而产生了水库充水诱发的滑坡。如 1963 年的意大利瓦依昂滑坡和 2003 年 7 月三峡千将坪滑坡，其滑动面均呈上陡下缓的"靠椅状"，且都是在水库水位上升阶段发生的，滑坡机理用悬浮减重效应很容易得到解释。

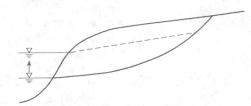

图 5.2-9 水库充水诱发滑坡示意图

2）动水（渗透）压力效应。渗透压力普遍作用于渗流场中的所有土粒上，它由孔隙水压力转化而来，亦即渗透水流的外力转化为均匀分布的内力或体积力。坡体中地下水位线越陡，水力梯度越大，则渗透压力（动水压力）越大，所以在水库由正常高水位快速消落期间，所产生的高渗透压力往往会引起滑坡或斜坡变形加剧。大量实例表明，库水位下降过程中坡体的稳定性会发生明显的变化，尤其是滑动面（基岩和覆盖层界面）为倾向坡外的"平板状"（如顺层古滑坡）时，其反应甚至比水库蓄水还更为强烈。究其原因，主要是饱水加载效应和动水压力效应在库水位下降过程中发挥了巨大的作用。因为坡体内地下水位的变化速度远远跟不上地表水（库水位）的下降速度，地下水位的水力梯度明显增大，动水压力明显增大（图 5.2-10）。同时，大部分坡体仍处于饱水状态，其重度也仍基本为饱水重度。两种效应的同时作用导致坡体稳定性急剧下降，斜坡变形响应强烈。

（3）地震对滑坡的触发作用。一方面表现为震裂

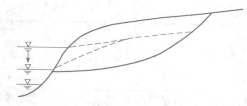

图 5.2-10　水库水位快速消落产生
高动水压力示意图

松动效应；另一方面主要表现为地震水平加速度作用效应。一次强震作用，可能会诱发大量的崩塌、滑坡。例如，遥感解译结果表明，2008 年"5·12"汶川特大地震共诱发了大大小小的崩滑灾害约 6 万处。在高山峡谷地区，地震诱发的大规模崩塌、滑坡，还会堆积于河道形成滑坡坝和堰塞湖，由此进一步形成淹没和洪涝灾害。地震诱发大量崩塌、滑坡所产生的巨量松散固体物源，堆积于沟道和斜坡上，同时极震区大范围山体表层被震裂松动，为泥石流的暴发提供了丰富的物源。因此，在强震后的数年乃至数十年内，若遇强降雨天气，震区都容易暴发泥石流灾害。另一方面，堆积于沟道或斜坡表明的巨量松散物质，部分甚至大多数都会通过泥石流或坡面侵蚀等逐渐被

水流搬运至主河道，对河道形成严重的淤埋和壅高，对震区水利水电工程、交通基础设施以及其他恢复重建工程构成严重威胁，并可能造成重大损失，应引起高度重视。

（4）人类活动。人类活动对斜坡稳定性有着巨大影响，尤其是坡脚开挖和坡体后缘加（堆）载。在坡体中后部加（堆）载，相当于人为增加坡体下滑力；而在前缘坡脚进行开挖、削方，相当于人为减小坡体的抗滑力，并增大临空条件，这两种工程行为都将降低坡体的稳定性，促使斜坡变形，甚至诱发滑坡。如天生桥二级水电站进水口引渠施工期滑坡，就是人工开挖揭露出易滑的夹泥层，使之具有滑动条件，同时坡顶堆渣加载，并有水管排水更进一步使稳定性遭到恶化，最终发生滑坡。云南小湾水电站饮水沟堆积体在施工过程中产生明显变形，也是因坡脚开挖增大临空条件，降低抗滑力造成的。因此，在水利水电工程施工过程中，应注意施工顺序，规范工程活动，避免不合理的堆载和坡脚开挖。

5.2.1.4　滑坡的野外简单识别标志

滑坡可通过如表 5.2-4 所列几类典型标志来识别。

表 5.2-4　　　　　　　　　　　　**滑 坡 简 易 识 别 标 志**

滑坡类型	标志		特 征 描 述	等级
	类别	亚类		
古（老）滑坡	形态	宏观形态	1. 圈椅状地形	B
			2. 双沟同源	B
			3. 坡体后缘出现洼地或拉陷槽	C
			4. 大平台地形（与外围不一致、非河流阶地、非构造平台或风化差异平台）	C
			5. 不正常河流弯道	C
		微观形态	6. 反倾坡内台面地形	C
			7. 小台阶与平台相间	C
			8. 马刀树、醉汉林	C
	地层	老地层变动	9. 明显的产状变动（除了构造作用等别的原因）	B
			10. 架空、松弛、破碎	C
			11. 大段孤立岩体掩覆在新地层之上	A
			12. 大段变形岩体位于土状堆积物之中	B
		新地层变动	13. 变形、变位岩体被新地层掩覆	C
			14. 山体后部洼地内出现局部湖相地层	B
			15. 变形、变位岩体上掩覆湖相地层	C
			16. 河流上游方出现湖相地层	C

续表

滑坡类型	标志		特 征 描 述	等级
	类别	亚类		
古（老）滑坡	变形迹象等		17. 后缘见弧形拉裂缝，前缘隆起	A
			18. 前方或两侧陡壁可见滑动擦痕、镜面（非构造成因）	A
			19. 建筑物开裂、倾斜、下座，公路、管线等下错沉陷	B
			20. 构成坡体的岩土结构零散、强度低，开挖时易坍塌	C
			21. 斜坡前部地下水呈线状出露	C
			22. 古墓、古建筑变形，古树等被掩埋	C
	历史记载访问材料		23. 发生过滑坡的记载或口述	A
			24. 发生过变形的记载或口述	C
新滑坡	地表变形		1. 后缘出现弧形拉裂缝甚至多条，或见多级下错台坎	A
			2. 前缘可见隆起变形，并出现纵向、横向的隆胀裂缝	A
			3. 两侧可见顺坡向的裂缝，并可见顺坡向的擦痕	A
	地物变形		4. 坡体上房屋建筑等普遍开裂、倾斜、下座变形	B
			5. 坡体上公路、挡墙、管线等下沉，甚至被错断	B
			6. 坡上引水渠渗漏，修复后复而又漏	B
			7. 坡体后缘陡坎崩塌不断，前缘临空陡坡偶见局部坍塌等	C
	地貌标志		8. 坡体上树木东倒西歪，电杆、烟囱、高塔歪斜	B
			9. 坡体后缘和两侧出现陡坎，前部呈大肚状	C
			10. 坡体植被分布与周界外出现明显分界	C
	水文地质标志		11. 坡体前缘突然出现泉水，泉点线状分布、泉水浑浊	B
	简易监测		12. 地面裂缝、下错台坎、建筑物裂缝逐日逐月变大；纸条被拉裂、封堵后裂缝又被拉开等；雨季或汛期变形加剧	A

注 一般情况下，属 A 级标志可单独判断为滑坡；2 个 B 级标志，或一个 B 级标志、2 个 C 级标志，或 4 个 C 级标志可判别为滑坡。标志愈多，则判别的可靠性愈高。

5.2.2 滑坡分类与分级

5.2.2.1 滑坡分类

（1）根据滑坡体的物质组成和结构型式，可按表 5.2-5 进行分类。

（2）根据滑坡体厚度、运移型式、成因、稳定程度、形成年代和规模等因素，可按表 5.2-6 进行分类。

（3）斜坡运动型式的国际分类。国际工程地质与环境协会（IAEG）滑坡委员会目前普遍采用了瓦恩斯（Varnes，1978）的斜坡移动分类作为国际标准方案。该分类方案主要将斜坡岩土体的运动方式分为崩落、倾倒、滑动、侧向扩离、流动以及复合运动等。而将组成斜坡的物质分为岩质、土质两大类。土质又可进一步细分为粗颗粒土（碎石土、碎屑）和细粒土

两大类。然后将斜坡的物质组成与运动方式相组合，形成表 5.2-7 所示的斜坡运动分类体系。

5.2.2.2 滑坡分级

（1）根据滑坡造成的后果分级。根据国务院《地质灾害防治条例》（2003），滑坡按照人员伤亡、经济损失的大小，分为四个等级：

1）特大型：因灾死亡 30 人以上，或直接经济损失 1000 万元以上的。

2）大型：因灾死亡 10 人以上 30 人以下，或直接经济损失 500 万元以上 1000 万元以下的。

3）中型：因灾死亡 3 人以上 10 人以下，或直接经济损失 100 万元以上 500 万元以下的。

4）小型：因灾死亡 3 人以下，或直接经济损失 100 万元以下的。

表 5.2 - 5　　　　　　　　　　　　　　滑坡物质组成和结构型式分类[27]

类型	亚类	特征描述
土质滑坡	滑坡堆积体滑坡	由前期滑坡形成的块碎石堆积体，沿下伏基岩或体内滑动
	崩塌堆积体滑坡	由前期崩塌等形成的块碎石堆积体，沿下伏基岩或体内滑动
	崩滑堆积体滑坡	由前期崩滑等形成的块碎石堆积体，沿下伏基岩或体内滑动
	黄土滑坡	由黄土构成，大多发生在黄土体中，或沿下伏基岩面滑动
	黏土滑坡	由具有特殊性质的黏土构成。如昔格达组、成都黏土等
	残坡积层滑坡	由基岩风化壳、残坡积土等构成，通常为浅表层滑动
	人工填土滑坡	由人工开挖堆填弃渣构成，次生滑坡
	其他成因松散堆积层滑坡	在泥石流堆积、冲洪积、冰水堆积等其他堆积层中产生的滑坡
岩质滑坡	近水平层状滑坡	由基岩构成，沿缓倾岩层或裂隙滑动，滑动面倾角≤10°
	顺层滑坡	由基岩构成，沿顺坡岩层滑动
	切层滑坡	由基岩构成，常沿倾向山外的软弱面滑动。滑动面与岩层层面相切，且滑动面倾角大于岩层倾角
	反倾岩层滑坡	由基岩构成，沿倾向坡外的软弱面滑动，岩层倾向山内，滑动面与岩层层面相反
	楔形体滑坡	在花岗岩、厚层灰岩等整体结构岩体中，沿多组弱面切割成的楔形体滑动

表 5.2 - 6　　　　　　　　　　　　　　滑坡其他因素分类[27]（有改动）

因素	名称	特征说明
滑体厚度	浅层滑坡	滑体厚度≤10m
	中层滑坡	10m＜滑体厚度≤25m
	深层滑坡	25m＜滑体厚度≤50m
	超深层滑坡	滑体厚度＞50m
运移型式	推移式滑坡	岩土体滑动的力源主要来自于中上部。上部岩层滑动，挤压下部产生变形，滑动速度较快，滑体表面波状起伏，前缘往往有隆起丘，多发生于滑动面为后陡前缓的斜坡地段
	牵引式滑坡	斜坡前缘临空条件较好。下部先滑，上部失去支撑而变形滑动。由此而产生逐级后退式滑动，因此又称为渐进后退式（retreogressive）滑坡。一般速度较慢，多具上小下大的塔式外貌，横向张性裂隙发育，往往据多级滑动特征，表面多呈阶梯状或陡坎状
发生原因	工程滑坡	由于开挖、加载或灌溉等人类工程活动引起滑坡。还可细分为： （1）工程新滑坡：稳定斜坡因工程活动诱发的滑坡； （2）工程复活古滑坡：原已存在的滑坡，因工程扰动引起滑坡复活
	自然滑坡	分为自重作用滑坡、降雨诱发型滑坡、地震诱发型滑坡
现今稳定程度	活动滑坡	发生后仍继续活动的滑坡。后壁及两侧有新鲜擦痕，滑体内有开裂、鼓起或前缘有挤出等变形迹象
	不活动滑坡	发生后已停止发展，一般情况下不可能重新活动，坡体上植被较盛，常有老建筑
发生年代	新滑坡	现今正在发生滑动的滑坡
	老滑坡	全新世以来发生滑动，现今整体稳定的滑坡
	古滑坡	全新世以前发生滑动的，现今整体稳定的滑坡
滑体体积（万 m³）	小型滑坡	＜10
	中型滑坡	10～100
	大型滑坡	100～1000
	特大型滑坡	1000～10000
	巨型滑坡	＞10000

表 5.2－7　　国际斜坡运动分类及示意图

运动型式	物　质　种　类		
	岩质	工　程　土	
		粗粒土	细粒土
崩塌（落）	岩崩	碎屑崩落	土崩落
倾倒	岩石倾倒	碎屑倾倒	土倾倒
滑动 平面型滑动	岩质滑坡	碎屑滑坡	土质滑坡

续表

运动型式		物　质　种　类		
		岩质	工　程　土	
			粗粒土	细粒土
滑动	旋转型滑动	岩质旋转型滑动	碎石土旋转型滑动	土质旋转型滑动
	侧向扩离	岩石扩离 1—基座；2—软弱层；3—小滑块	碎屑扩离	土质扩离
	流动	岩石流（深部蠕动）	碎屑流	土溜（流）
	复合	1.8km滑坡或泥石流 崩塌		弧形滑动 砂土 黏土 黏土 土溜（流） 梯田 潴泊 黄土

（2）根据危害对象和受灾程度分级。参照国土资源行业标准（原地质矿产行业标准）《滑坡防治工程勘查规范》（DZ/T 0218—2006）和《滑坡防治工程设计与施工技术规范》（DZ/T 0219—2006），根据滑坡危害对象和受灾程度，将滑坡分为Ⅰ级、Ⅱ级、Ⅲ级，具体见表5.2-8。

表 5.2-8　　国土资源行业滑坡危害等级划分

级　别		Ⅰ	Ⅱ	Ⅲ
危害对象	威胁人数（人）	>1000	1000~500	<500
	城镇	县级和县级以上城市	主要集镇	一般集镇
	交通道路	一、二级铁路；高速公路	三级铁路；一、二级公路；重要桥梁、国道专项设施	铁路支线；三级以下公路；省道及一般专项设施
	水利水电	大型以上水库，重大水利水电工程	中型水库，省级重要水利水电工程	小型水库，县级水利水电工程
	矿山	能源矿山，如煤矿	大型工矿企业；非金属矿山，如建筑材料	县级或中型工矿企业；金属矿山，稀有、稀土矿
受灾程度	威胁人数（人）	>1000	500~1000	<500
	直接经济损失（万元）	>1000	1000~500	<500
	潜在经济损失（万元）	>10000	10000~5000	<5000

5.2.3　滑坡勘查

5.2.3.1　滑坡地质条件复杂程度分级

滑坡地质条件复杂程度分级见表5.2-9。

表 5.2-9　滑坡地质条件复杂程度分级表

等级	特　征　及　依　据
简单	单斜地层，岩层平缓，岩性岩相变化不大，地质界线清楚；围岩露头良好，岩体工程地质质量好；地形起伏小，地貌类型单一；第四系沉积相单一，阶地结构好；重力地质作用弱，风化卸荷裂隙不发育，风化层厚度薄
复杂	褶皱和断层发育，岩性岩相变化大，地质界线不清楚；地质露头出露差，岩体工程地质质量差；地形起伏大，地貌类型多变；卸荷裂隙发育，风化层厚度大，植被发育，堆积层厚度巨大；水文地质条件变化大

5.2.3.2　勘查范围和比例尺

一般包括滑坡可能发展的整个范围及其相邻的稳定地段。可根据滑坡规模选用比例尺，见表5.2-10。

表 5.2-10　滑坡工程地质测绘比例尺建议

滑坡长度或宽度（m）	平面测绘比例尺	剖面测量比例尺
≤500	1:500~1:100	1:500~1:100
500~1000	1:1000~1:250	1:1000~1:250
≥1000	1:2500~1:500	1:2500~1:500

5.2.3.3　工程地质测绘与调查

（1）测绘范围。

1）外围环境地质调查，宜采用小比例尺填图，以查明与滑坡成生有关的地质环境和小区域内滑坡发育规律为准。

2）测绘范围应为其初步判断长宽的1.5~3倍，同时应包含可能危害及次生灾害范围。在某些情况下，纵向拓宽至坡顶、谷肩、谷底、岩性或坡度等重要变化处，横向应包括地下水露头及重要的地质构造等。

（2）测绘精度。

1）地形图测量，必须是符合精度要求的同等或大于测绘比例尺的地形图。

2）地质测绘精度，实测地质体的最小尺寸一般为相应图上的2mm。对于具有重要意义的地质现象，在图上宽度不足2mm时，可扩大比例尺表示，并注明其实际数据。地质点位、地质界线的误差，应不超过相应比例尺图上的2mm。

（3）地质剖面测量。实测地层剖面，选择地层岩性出露完整、受动力地质作用影响轻微露头条件较好的剖面线路，实测工程地质剖面，以岩性、颜色及层理划分工程地质岩带，以掌握调查区内正常层序和地层岩性特征。

（4）测绘方法。测绘方法宜采用穿越法和追索法相结合。对于重要的边界条件、裂缝、软夹层，采用界线追索。在覆盖或现象不明显地段，应有人工揭露点，以保证测绘精度和查明主要地质问题。

（5）观测点的布置。

1）观测点布置的目的要明确，密度要合理，以达到最佳调查测绘效果为准。对于主要的地质现象，应有足够的调查点控制，如崩滑边界点、地质构造点、裂缝等。观测点间距，一般为 2～5cm（图面上的间距），可根据具体情况确定疏密。

2）观测点分类编号，在实地用红漆标志，在野外手图上标出点号，在现场用卡片详细记录。

3）野外观测点一般分为以下几种：地层岩性点、地貌点、地质构造点、裂隙统计点、水文地质点、岸坡调查点、地质灾害点（包括崩滑边界点、崩滑裂缝点、崩滑特征点、崩滑壁调查点、滑带调查点）等。

（6）野外记录的要求。

1）必须采用专门的卡片记录观测点，分类系统编号，卡片编号与实地红油漆点号一致。

2）记录必须与野外草图相符，凡图上表示的地质现象，均必须有记录。

3）描述应全面，不漏项，突出重点。尽量用地质素描和照片充实记录。

4）重视点与点之间的观察，进行路线描述和记录。

（7）地质界线的勾绘。根据观测点，在野外实地勾绘地质草图，如实地反映客观情况，接图部分的地质界线必须吻合。

（8）野外验收。外业工作结束，原始资料整理完毕之后，应组织对原始资料进行野外验收。

（9）成果整理。测绘工作结束后，在全面系统的资料整理和初步分析研究的基础上，应整理提交下列主要原始成果：

1）野外测绘实际材料图。

2）野外地质草图。

3）实测地层柱状图（结合勘探工作）。

4）实测地层剖面图（结合勘探工作）。

5）各类观测点的记录卡片。

6）槽探素描图（结合勘探工作）。

7）地质照片图册。

8）文字总结。

5.2.3.4 工程地质勘探

1. 勘探目的和内容

（1）查明滑坡体（滑体、滑带、滑床）的空间分布、组合特征、物质组成。

（2）查明滑坡内地下水含水层的层数、分布、来源、动态及各个含水层间的水力联系，并作简易水文地质观测。

（3）采取岩土试样。

2. 勘探方法

滑坡勘探方法及适用条件见表 5.2-11。

表 5.2-11　　滑坡勘探方法及适用条件

勘探方法		适用条件及部位
钻探		用于了解滑坡内部的构造，确定滑动面的范围、深度和数量，观测滑坡深部的滑动动态，查明地下水层位及分布，进行水文地质观测
山地工程	槽（坑）探	用于确定滑坡周界和滑坡壁、前缘的产状，有时也作为现场大面积剪切试验的试坑。能直接观测到各种地质现象，取得的资料真实可靠，开挖所需设备较简单，取样鉴定方便
	井探	用于观测滑坡体的变化，滑动带的特征及采取原状土样等。深井常布置在滑坡体中前部主轴附近。采用深井时，应结合滑坡的整治措施综合考虑
	洞探	用于了解关键性的地质资料（滑坡的内部特征）。当滑坡体厚度大，地质条件复杂时采用。洞口常选在滑坡两侧沟壁或滑坡前缘，平洞常为排泄地下水整治工程措施的一部分，并兼做观测洞
物探		用于了解滑坡区含水层，富水带的分布和埋藏深度，用于探测滑坡区基岩的埋深，断裂破碎带范围，滑动面位置、形状等

3. 勘探网点布设

（1）主勘探线（剖面）的布设。

1）主勘探线（剖面）为整个勘查工作的重点，应在遥感解译和现场踏勘以后，在地面测绘和物探工作的基础上进行布设。

2）主勘探线应布设在主要变形块体上，纵贯整个滑体，与调查认定的中轴线重合或平行，并与变形破坏方向平行，其起点、终点均要进入稳定岩（土）体范围内 10～50m。

3）主勘探线上所投入的工程量及点位布设，应尽量满足本剖面勘查和试验的需要，应达到能进行稳定性评价的要求，应投入物探、坑槽探、钻探、平洞、竖井并进行现场试验。

4）主勘探剖面上投入的工程量和点位布设，应尽量兼顾到长期监测的需要，以便充分利用勘探工程立即进行变形监测，或在平洞、斜洞内进行滑坡体底部变形监测等。如可能，平洞、斜洞的布设宜与防治工程的布置、施工结合起来。

5）若滑坡主要变形滑体在两个以上，主勘探线最好布置两条以上。

6）主勘探线上不宜少于 4 个钻孔。其中，作稳定性分析的块体内至少有 3 个钻孔，后缘边界以外稳定岩（土）体上至少有 1 个钻孔。

7）对于大型滑坡，主勘探剖面上应尽可能反映每一个滑坡地貌要素，诸如后缘陷落带、横向滑坡梁、纵向滑坡梁、滑坡平台、滑坡隆起带、次一级滑坡等。勘查重点为中部及前缘，根据情况布置平洞、斜洞、钻探、物探和地下水观测等。滑坡横向勘查钻孔布设力求控制滑面横断面形态（圆弧、平斜面、阶梯状、波状、楔形滑面等），从滑坡中轴线向两侧依据地貌和物探资料进行布设。

（2）副勘探线（剖面）的布设。

1）副勘探线一般平行主勘探线，分布在主勘探线两侧，间距为 30～80m。在主勘探线以外还有较小滑体时，副勘探线应沿其中心布设，在需要或条件允许的情况下，可尽量达到稳定性计算剖面和监测剖面的勘查要求。

2）副勘探线上的勘探点一般应与主勘探线上的勘探点位置相对应，横向上构成垂直于勘探线的数条横贯滑体的横勘探剖面，探查滑坡体的横向变化特征，形成控制整个滑坡体的勘探网。

3）副勘探线上投入的总工作量，一般比主勘探线减少 1/3～1/4。主要减少平洞、竖井等重型山地工程。

（3）勘探点的布设。

1）勘探点应布设在勘查对象的关键部位和治理工程设计部位，除反映地质情况外，尽可能兼顾采样、现场试验和稳定性监测。

2）勘探点的布设服从勘探线，尽量限制在勘探线的范围内。若由于地质或其他重要原因必须偏离勘探线时，应尽可能控制在 10m 范围之内。对于必须查明的重大地质问题，可以单独投入勘探点而不受勘探线的限制。

3）若应用跨孔（洞）探测手段，勘探点间距应小于物探跨孔探测距离。

4）勘探点线间距，详见表 5.2－12。

表 5.2－12　　　　　　　　　　　　　　勘 探 点 线 间 距 布 置

勘查等级	纵勘探线间距（m）	主勘探线勘探点间距（m）	副勘探线勘探点间距（m）
Ⅰ	60～80	30～50	40～60
Ⅱ	70～90	40～60	50～70
Ⅲ	80～100	50～70	60～80

5.2.3.5　取样、测试与试验

（1）试验应采取室内试验与现场试验配合进行，测试内容以满足滑坡体稳定性评价及治理工程设计需要为目的。

（2）滑体及滑带土试样应尽可能在探井、平洞采集原状样，或通过钻孔用薄壁取土器静力压入法采集原状样。当无法采取原状土样时，可取保持天然含水量的扰动土样做重塑土样试验。

（3）滑带土的 c、φ 值测试采用与滑坡受力条件相似的室内快剪、饱和快剪或固结快剪、饱和固结快剪，获得峰值及残余抗剪强度，有条件时进行滑动面重合剪切试验，滑带土厚度大于 20cm 时，建议做三轴压缩试验；进行滑坡堆积体各类岩土的室内原状样直剪、压缩等试验，确定土的 c、φ 值、压缩模量等物理力学指标。试验项目，参照表 5.2－13（引自《三峡库区三期地质灾害防治工程地质勘察技术要求》，2004 年）和表 5.2－14。

（4）勘查等级Ⅱ级以上的滑坡滑动面（带），建议进行原位大型抗剪强度试验。试验工作量参照表 5.2－15。

（5）为查明滑体岩土渗透性和地下水动态，可进行必要的钻孔注水或抽水试验，以及地下水动态简易观测，其数量见表 5.2－16。

（6）进行现场试坑渗水试验和密度试验，数量按各类土层 6 组计。

（7）进行地下水、地表水化学简分析和混凝土侵蚀性试验，数量 3～5 组。

（8）滑带土可进行适量的矿物、化学分析和电镜扫描等试验。

5.2.4　滑坡稳定性分析与评价

5.2.4.1　滑坡稳定性状态划分

在《滑坡防治工程勘查规范》（DZ/T 0218—2006）中，将滑坡稳定性状态划分稳定、基本稳定、欠稳定、不稳定四级，各级所对应的稳定系数见表 5.2－17。

表 5.2-13　　　　　　　　　岩土物理力学性质室内试验项目一览表

试 验 项 目		符号	单位	滑带土	滑床	滑体	备 注
物理性质	天然含水量	w	%	√		√	
	密度（天然，饱水）	ρ	g/cm³	√		√	
	比重	d_w	g/cm³	√		√	
	重度	γ	kN/m³			√	
	孔隙比	e		√		√	
	塑限	w_P	%	√			
	液限	w_L	%	√			
土石比						√	
颗粒成分				√			
矿物成分和微结构				√			
抗剪强度	快剪	c, φ	kPa, (°)	√			1. 根据滑带土自然状况等特性，选做①＋②＋⑤或③＋④＋⑤； 2. 抗剪强度试验均要求做峰值强度、残余强度测试
	饱和快剪　①	c, φ	kPa, (°)	√			
	固结快剪　②	c, φ	kPa, (°)	√			
	饱和固结快剪　③	c, φ	kPa, (°)	√			
	重复剪　④	c, φ	kPa, (°)	○			
	三轴压缩　⑤	c, φ	kPa, (°)	○			
直剪						√	确定抗剪强度参数（c，φ）和压缩系数、压缩模量等
三轴压缩					√	√	
压缩					√	√	
抗压强度（干、湿）		R, R_c	MPa		√		岩体
渗透试验	水平渗透系数	K	cm/s cm/d			√	
	垂直渗透系数	k	cm/s cm/d	√		√	
化学成分				○			
易溶盐				○			
膨胀性				○			
有机质				○			
其他							

注 1. "√"表示应做的试验，"○"表示根据需要做的试验。

2. 水质分析根据需要确定。

3. 室内试验岩土样采取，按《原状土取样技术标准》（JGJ 89—92）执行。

5.2.4.2　滑坡稳定性定性分析

1. 根据滑坡工程地质特征评价滑坡稳定性

通过滑坡发育阶段、特征、控制滑坡稳定性的内部条件和外界影响因素的综合分析，可定性判断滑坡的稳定性程度。在《水电水利工程边坡工程地质勘查技术规程》（DL/T 5337—2006）和《水电水利工程边坡设计规范》（DL/T 5353—2006）中，将滑坡发育阶段划分为蠕动阶段、挤压阶段、滑动阶段、剧滑阶段和稳定压密阶段，不同发育阶段对应不同的稳定性状态，具体见第 2 章表 2.1-10。

在《滑坡防治工程勘查规范》（DZ/T 0218—2006）中，提出了采用地质分析方法，通过分析影响滑坡稳定性的主要地质环境因素和内外动力地质作用，并结合宏观变形破坏迹象，定性综合评判滑坡的稳定性，具体见表 5.2-18。

表 5.2－14　　　　　　　　　　**不同情况下选择剪切试验方法建议**

滑坡的运动状态或滑带土的岩性结构	宜采用剪切试验的方法	备　注
目前正处于运动阶段的滑坡，滑动带为黏性土或残积土	宜采用残余剪或多次快剪求滑带土的残余抗剪强度。因为滑坡滑动使滑带土的结构遭受破坏，强度逐渐衰减	试验方法的选择，必须以能否真实地模拟滑坡的性质为原则。如已经产生的滑坡，则宜采用多次剪；至于采用几次剪为准，则视滑坡变形大小而定，可以使用 2～3 次中的任一次结果，并不一定采用最后的残余强度值；在重塑土多次剪切时，增加一个考虑今后含水量变化时，最不利含水状态的剪切试验
滑带土为流塑状态的滑坡泥	采用浸水饱和快剪为宜。因为此时上部土层所构成的垂直荷载没有成为滑带土内颗粒间的有效应力	
滑带土潮湿度不大，且具有明显的滑动面	可采用滑面重合剪	
滑动带为角砾土或岩层接触面	最好采用野外大面积剪切	
还未产生滑坡的自然斜坡，当其潜在滑动带为不透水且有相当饱和度的黏土层	采用固结快剪或三轴剪切试验为宜	

表 5.2－15　　　　　　　　　　**岩土室内与现场试验数量**

勘查等级	滑带及其上、下各主要岩土层室内物理力学性质试验数量（组）	滑带土现场原位剪切试验数量（组）
Ⅰ	6～10	4～6（天然与饱和各半）
Ⅱ	6～8	2～4（天然与饱和各半）
Ⅲ	6	根据需要确定

表 5.2－16　　　　　　**钻孔注（抽）水试验和地下水简易观测孔累计数量**

勘查等级	钻孔分层（段）注水或抽水试验（孔）	钻孔地下水动态简易观测（孔）
Ⅰ	5	9（主勘探线上及其两侧各一条勘探线上各 3 孔）
Ⅱ	3	5～7（主勘探线上 3 孔，两侧各 1 条勘探线上各 1～2 孔）
Ⅲ	2	3（主勘探线上）

表 5.2－17　　　　　　　　　　**滑 坡 稳 定 状 态 划 分**

滑坡稳定系数	$F<1.00$	$1.00{\leqslant}F<1.05$	$1.05{\leqslant}F<1.15$	$F{\geqslant}1.15$
滑坡稳定状态	不稳定	欠稳定	基本稳定	稳定

表 5.2－18　　　　　　　　　　**滑 坡 稳 定 性 评 判 标 准**

稳定性状态	定量评价标准	定 性 判 别 标 准
稳定	$F{\geqslant}1.15$	滑坡外貌特征后期改造很大，滑坡洼地基本难以辨认，滑体地面坡度平缓（≤10°），前缘临空低缓（高度一般小于 5m，坡度小于 15°），滑体内冲沟切割已至滑床；滑面起伏较大，且倾角平缓（≤10°），滑面饱和阻抗比大于 0.8；滑坡残体透水性良好，滑出口一带泉群分布且流量较大；滑距较远，能量已充分释放，残体处于稳定状态；滑坡周围无新的堆积物加载来源，滑坡前缘已形成河流侵蚀的稳定坡型或有河流堆积。经分析和实地调查，找不出可导致整体复活的主要动力因素，人类工程活动程度很弱或不存在

稳定性状态	定量评价标准	定 性 判 别 标 准
基本稳定	1.05≤F<1.15	滑坡外貌特征后期改造较大，滑坡洼地能辨认但不明显或略有封闭，滑体地面平均坡度较缓（10°~20°），滑坡前缘临空比较低缓（高度15~30m，坡度15°~20°），滑体内沟谷已切至滑床；滑面形态起伏，滑面平均倾角不大于20°，滑面阻抗比0.6~0.8；滑坡残体透水性良好；滑距较远，能量已充分释放；滑坡周围无新的堆积物加载来源，滑坡前缘已形成河流侵蚀的稳定坡型。经分析和实地调查，在特殊工况条件下其整体稳定性会有所降低，但仅可能产生局部变形破坏
欠稳定	1.00≤F<1.05	滑坡外貌特征后期改造不大，后缘滑坡洼地封闭或半封闭；滑体平均坡度中等（10°~20°），滑坡前缘临空较陡（高度30~50m，坡度20°~30°），滑体内沟谷切割中等；滑面形态为靠椅状或平面状，滑面平均倾角20°~30°，滑面阻抗比0.4~0.6；滑坡残体透水性一般，滑距不太远，能量释放不充分；滑坡后缘有加载堆积或有一定数量的危岩体为加载来源，滑坡前缘受冲刷尚未形成稳定坡型，且有局部坍塌产生，整体尚无明显变形迹象。经实地调查和定性分析，在一般工况条件下是稳定的，但安全储备不高，在特殊工况条件下有可能整体失稳
不稳定	F<1.00	滑坡外貌特征明显，滑坡洼地一般封闭明显；滑体坡面平均坡度较陡（>30°），滑坡前缘临空较陡（高度大于50m，坡度大于30°），滑体内沟谷切割较浅；滑面呈靠椅状或平面状，滑面平均倾角大于30°，滑面阻抗比小于0.4，滑体结构松散，透水性差；滑距短，滑坡残体保留较多，剪出口以下脱离滑床的体积较少；滑坡有加载来源；滑坡前缘受冲刷，有坍塌产生；滑体上近期有明显变形破坏迹象。变形迹象为滑坡变形配套产物：后缘弧形裂缝或塌陷，两侧羽状剪张裂缝，前缘鼓胀、鼓丘等。经实地调查和分析，滑体目前接近于临界状态，且正在向不稳定方向发展，在特殊工况下有可能大规模失稳

2. 根据滑坡变形—时间曲线评价滑坡稳定性

许强等[26]提出了根据斜坡变形的时间和空间演化规律来综合判定滑坡稳定性。大量滑坡实例的监测数据表明：在重力作用下，土质斜坡或具有时效变形的岩质斜坡，其变形—时间曲线具有如图5.2-11所示的三阶段演化特征，即斜坡从开始出现肉眼可观察到的变形到最终的失稳破坏一般需经历初始变形、等速变形和加速变形三个演化阶段。在正常情况下，只有斜坡变形进入加速变形阶段才有发生滑坡的可能，因此，加速变形阶段对滑坡的预警预报和防治具有重要的意义。为此，又将加速变形阶段进一步细分为初加速、中加速和加加速（临滑）三个亚阶段。

图5.2-11的变形—时间曲线蕴涵了深刻的力学意义，我们可根据滑坡的变形—时间曲线来定性地评价某一时刻滑坡的稳定性状况。在初始变形阶段，斜坡的变形速率v从0开始先增大然后逐渐减小；相应的加速度a则有一个由0增大到一定值后很快降为0甚至为负值的过程，反映出初始变形阶段斜坡受外界因素影响变形突然启动后又迅速减弱的特点。而在等速变形阶段，变形速率v基本维持在某一恒定值，加

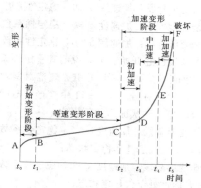

图5.2-11 斜坡变形—时间曲线的三阶段演化特征

速度a基本等于0。进入加速变形阶段后，变形速率以较明显的速度增大，临滑前骤然剧增，直至失稳破坏，加速度a始终大于0，且在不断增大。换句话说，在斜坡变形演化过程中，加速度a呈现出如下变化规律：

初始变形阶段：加速度$a<0$；

等速变形阶段：加速度$a≈0$；

加速变形阶段：加速度$a>0$。

对于如图 5.2-12 所示的具有平面滑动特征的滑坡体，其变形过程中的加速度可表示为

$$a = \frac{P}{m}$$

式中　a——加速度；

　　　m——滑体质量；

　　　P——滑体所受的荷载作用。

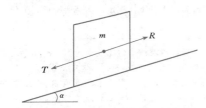

图 5.2-12　平面滑动滑坡稳定性分析

通常，P 又可表示为

$$P = \sum T_i - \sum R_i$$

式中　R_i——滑体中 i 条块沿潜在滑面上的抗滑力；

　　　T_i——滑体中 i 条块的滑动力（下滑力）。

斜坡稳定性通常以稳定性系数 F 表示，其定义为：滑体沿潜在滑面上的抗滑力 R 与滑动力 T 之比，即

$$F = \frac{R}{T}$$

因此，滑坡稳定性系数 F 与图 5.2-11 中 S—t 曲线中加速度 a 就会有如下对应关系：

初始变形阶段：加速度 $a < 0$，稳定性系数 $F > 1$；

等速变形阶段：加速度 $a \approx 0$，稳定性系数 $F \approx 1$；

加速变形阶段：加速度 $a > 0$，稳定性系数 $F < 1$。

既然斜坡已经开始变形，说明其稳定性系数虽大于 1，但数值不会太大，参考相关规范对斜坡稳定性的划分标准，可对与图 5.2-11 中变形—时间曲线对应的各阶段稳定性状况作如下规定：

初始变形阶段：加速度 $a < 0$，稳定性系数 $1.05 \leqslant F < 1.15$，斜坡处于基本稳定状态；

等速变形阶段：加速度 $a \approx 0$，稳定性系数 $1.00 \leqslant F < 1.05$，斜坡处于欠稳定状态；

加速变形阶段：加速度 $a > 0$，稳定性系数 $F < 1.00$，斜坡处于不稳定状态。

3. 根据滑坡空间裂缝的分期配套特征评价滑坡稳定性

大量滑坡实例表明，不同成因类型的滑坡，在不同变形阶段会在滑坡体不同部位产生拉应力、压应力、剪应力等局部应力集中，并在相应部位产生与其力学性质对应的裂缝。如果将这些裂缝据实描绘在滑坡体的工程地质平面图上，将会看到这些裂缝的发育分布

会表现出一定的宏观规律性，其中最明显的就是分期配套特性。滑坡裂缝体系的分期是指裂缝的发生、扩展与斜坡的演化阶段相对应，对于同一成因类型的斜坡，不同变形阶段裂缝出现的顺序、位置及规模具有一定的规律。配套是指裂缝的产生、发展不是随机散乱的，而是有机联系的，在时间和空间上是配套的。大量的滑坡实例表明，可按受力条件将滑坡分为推移式和渐进后退式两种来阐述裂缝的分期配套特性。

（1）推移式滑坡裂缝体系的分期配套特性。推移式滑坡的滑动面一般呈前缓后陡的形态，滑坡中前段为抗滑段，后段为下滑段。促使斜坡变形破坏的"力源"主要来自于坡体后缘的下滑段（图 5.2-13）。因此，在坡体变形过程中，其后段因存在较大的下滑推力而首先发生拉裂和滑动变形，并在滑坡体后缘产生拉张裂缝。随着时间的延续，后段岩土体的变形不断向前和两侧（平面）以及坡体内部（剖面）发展，变形量级也不断增大，并推挤中前部抗滑段的岩土体产生变形。在此过程中，其地表裂缝体系往往显示出如下分期配套特性（图 5.2-14）。

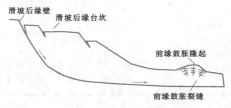

图 5.2-13　推移式滑坡典型剖面结构图

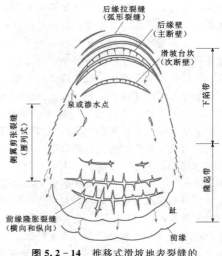

**图 5.2-14　推移式滑坡地表裂缝的
分期配套体系**

1）后缘拉裂缝形成。斜坡在重力或外部营力作用下，稳定性逐渐降低。当稳定性降低到一定程度

后，坡体开始出现变形。推移式滑坡的中后段滑面倾角往往较陡，滑体所产生的下滑力往往远大于相应段滑面所能提供的抗滑力，由此在坡体中后段产生下滑推力，并形成后缘拉张应力区。因此，推移式滑坡的变形一般首先出现在坡体后缘，且主要表现为沿滑动面的下滑变形。下滑变形的水平分量使坡体后缘出现基本平行于坡体走向的拉张裂缝，而竖直分量则使坡体后缘岩土体产生下座变形。随着变形的不断发展，一方面拉张裂缝数量增多，分布范围增大。另一方面，各断续裂缝长度不断延伸增长，宽度和深度加大，并在地表相互连接，形成坡体后缘的弧形拉裂缝。在拉张变形发展的同时，下座变形也在同步进行，当变形达到一定程度后，在滑坡体后缘往往会形成多级弧形拉裂缝和下错台坎，在地貌上表现为多级断壁。从地表看，滑坡中后段主要表现为拉裂和下陷的变形破坏迹象。

2) 中段侧翼剪张裂缝产生。滑坡体后段发生下滑变形并逐渐向前滑移的过程中，随着变形量级的增大，后段的滑移变形及所产生的推力将逐渐传递到坡体中段，并推动滑坡中段向前产生滑移变形。中段滑体被动向前滑移时，将在其两侧边界出现剪应力集中现象，并由此形成剪切错动带，产生侧翼剪张裂缝（图5.2-14）。随着中段滑体不断向前滑移，侧翼剪张裂缝呈雁行排列的方式不断向前扩展、延伸，直至坡体前部。一般条件下，侧翼剪张裂缝往往在滑坡体的两侧同步对称出现。如果滑坡体滑动过程中具有一定的旋转性，或坡体各部位滑移速率不均衡，也会在滑坡体一侧先产生，然后再在另一侧出现。

3) 前缘隆胀裂缝形成。如果滑坡体前缘临空条件不够好，或滑动面在前部具有较长的平缓段甚至反翘段，滑体在由后向前的滑移过程中，将会受到前部抗滑段的阻挡，并在阻挡部位产生压应力集中现象。随着滑移变形量不断增大，其变形和推力不断向前传递，无法继续前行的岩土体只能以隆胀的型式协调不断从后面传来的变形，并由此在坡体前缘产生隆起带。隆起的岩土体在纵向（顺滑动方向）受中后部推挤力的作用产生放射状的纵向隆胀裂缝，而在横向上岩土体因弯曲变形而形成横向隆胀裂缝。

当上述整套裂缝都已出现，并形成基本圈闭的地表裂缝形态时，表明坡体滑动面已基本贯通，坡体整体失稳破坏的条件已经具备，滑坡即将发生。

（2）渐进后退式滑坡裂缝体系的分期配套特性。当坡体滑动面倾角相对较均匀、平缓，或前缘临空条件较好（如坡体前缘为一陡坎），或前缘受流水冲刷掏蚀、库水位变动、人工切脚等因素影响时，在重力作用下坡体的变形往往首先发生在前缘。前缘岩

土体发生局部垮塌或滑移变形后，形成新的临空面，并由此导致紧邻前缘的岩土体又发生局部垮塌或滑移变形……以此类推，在宏观上表现出从前向后扩展的"渐进后退式"滑动模式（图5.2-15）。渐进后退式滑坡地表裂缝体系一般具有如下的分期配套特性（图5.2-16）。

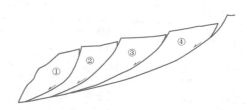

图5.2-15 渐进后退式滑坡典型剖面结构图
（数字表示滑块滑动的顺序）

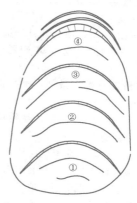

图5.2-16 渐进后退式滑坡地表裂缝的分期配套体系
（数字表示滑块滑动的顺序）

1) 前缘及临空面附近拉张裂缝产生。当坡体前缘临空条件较好，尤其是坡脚受流（库）水侵蚀、人工开挖切脚等因素的影响时，在坡体前缘坡顶部位出现拉应力集中，并产生向临空方向的拉裂—错落变形，出现横向拉张裂缝。

2) 前缘局部塌滑、裂缝向后扩展。随着变形的不断增加，前缘裂缝不断增长、加宽、加深，形成前缘次级滑块（图5.2-15、图5.2-16中的第①滑块）。随着前缘次级滑块不断向前滑移，其将逐渐脱离母体，为其后缘岩土体的变形提供了新的临空条件。紧邻该滑块的坡体失去前缘岩土体的支撑，逐渐产生新的变形，形成拉张裂缝，并向后扩展，形成第二个次级滑块②，以此类推，逐渐形成从前至后的多级弧形拉裂缝、下错台坎和多级滑块。

当坡体从前向后的滑移变形扩展到后缘一定部位时，受斜坡体地质结构和物质组成等因素的限制，变

形将停止向后的继续扩展，进一步的变形主要表现为呈叠瓦式向前滑移，直至最后的整体失稳破坏。当然，如果整个坡体的坡度较大，或岩土体力学参数较低，坡体稳定性较差时，也有可能出现从前向后各次级滑块各自依次独立滑动，而不一定以整体滑动的型式出现。

针对某一具体斜坡，应通过对斜坡变形—时间曲线特点、各类斜坡变形破坏模式与阶段划分、滑坡平面裂缝的分期配套特性等几方面的综合分析，才能较为准确地评价斜坡的稳定性状况。表 5.2-19 是对上述评价方法进行抽象、简化所得到的滑坡稳定性宏观综合评价表。利用该表，可较为准确地定性判断和评价斜坡的稳定性状况，并给出对应的稳定性系数。

表 5.2-19　　　　　　　　　　　　　　滑坡稳定性宏观综合评价表

变形—时间演化	变形破坏模式 （剖面）	裂缝分期配套特性 （平面）	宏观稳定性	稳定性系数
初始变形阶段	变形开始	平面上出现拉张裂缝	基本稳定	$1.05 \leqslant K_s < 1.15$
等速变形阶段	变形扩展	裂缝向两侧和向前（推移式）或向后（渐进后退式）扩展	欠稳定	$1.00 \leqslant K_s < 1.05$
加速变形阶段	滑动面贯通	平面裂缝圈闭	不稳定	$K_s < 1.00$

5.2.4.3　滑坡稳定性定量计算

1. 分析模型

（1）正确选择有代表性的计算剖面，一主一辅，主剖面应选择勘探剖面（线），正确划分主滑段、抗滑段和牵引段。

（2）根据滑面（带）条件，按平面、圆弧、折线，选用正确的计算模型。

（3）当有局部滑动可能时，除验算整体稳定性外，尚应验算局部稳定。

（4）有地下水时，土质滑坡应计入浮托力和渗透压力；岩质滑坡应计入扬压力和裂隙水压力。

（5）计算中应该考虑降雨、地震、人类活动等因素对滑坡稳定性的影响。

2. 参数选取

一般根据室内与现场试验结果，结合地区经验，进行反演分析综合确定。

（1）试验。可采用表 5.2-13 和表 5.2-14 所述的方法确定。

（2）经验类比。类比是一种从工程地质条件入手，通过滑坡现场调查分析寻求可与既有处理成功的滑坡相比拟的各种计算数据的方法。

经验值是指在不同地区，不同类型滑坡分析过程中所积累的试验数据和反算数据。如表 5.2-20 和表 5.2-21［引自《三峡库区三期地质灾害防治工程地质勘察技术要求》，2004 年］。

（3）综合反算法。

1）一般应根据已经滑动或有明显变形的滑坡，采用双剖面法进行联合反算，条件不具备时可采用单剖面进行计算，这时应根据室内与现场原状滑动面（带）土的抗剪强度的试验结果及经验数据，给定黏聚力 c 或内摩擦角 φ，反求另一值。

暂时稳定～变形状态：稳定性系数 $K_s = 1.05 \sim 1.00$；变形～滑动状态：$K_s = 1.00 \sim 0.95$；加速变形状态：$K_s = 0.95 \sim 0.90$。

2）应充分考虑滑坡出现滑动或变形时所处的工况和变形演化阶段。

3）反演公式采用。

黏聚力 c：

$$c = \frac{K_s \sum W_i \sin a_i - \tan\varphi \sum W_i \cos a_i}{L} \quad (5.2-1)$$

内摩擦角 φ：

$$\varphi = \arctan\left(\frac{K_s \sum W_i \sin a_i - cL}{\sum W_i \cos \alpha_i}\right) \quad (5.2-2)$$

式中　K_s——不同状态下的稳定性系数取值；

　　　W_i——第 i 滑块重力；

　　　α_i——第 i 滑块滑面倾角；

　　　L——第 i 滑块滑面长度。

3. 荷载组合与工况

（1）水利水电行业荷载组合与工况见表 5.2-22。

1）自重作用。

① 地下水位以上采用天然重度；地下水位以下时，根据计算方法选择。在边界面上和计算的分条、分块面上以面力计算水压时采用饱和重度；以体力法计算水压力时采用浮重度，同时在滑面上扣除自坡外水位起算的静水压力；降雨情况下的非饱和岩土体采用具有一定含水量的重度，根据测试或估算确定。

②坡体上建筑物，包括加固治理结构物，可作为自重也可作为一项荷载计。

2）地下水作用。

① 应考虑地下水渗流产生的动水压力、稳定水位面以下水对岩土体的浮托力和裂隙充水产生的静水压力。

表 5.2-20　　　　　　　　　　　　　　　滑带土物理力学经验参数表

滑带土名称	密度（g/cm³）	天然含水量（%）	塑性指数 I_P	φ	c（kPa）
灰黑色碳质页岩风化黏性土	2.04～2.13	18.4～23.0	15.3～18.6	4°～7°24′	0～28
灰色碳质页岩风化黏性土	2.18	20.4	14	8°03′～12°25′	9～10
煤泥				5°10′～7°10′	10
黑灰色、黄褐色泥质页岩风化黏性土				18°45′～27°48′	12～15
青灰色泥质页岩风化黏性土			13.1	10°	5
紫红色泥质页岩风化黏性土	2.0～2.08	19.0～33.4	11.2～20.9	3°20′～7°30′	6～15
紫红色黏土		20	18.5	13°	10
棕红色黏土（第三系风化物）	1.89	31.1		7°	13
灰绿色黏性土	2.03	23.2	10.9	8°49′	10
杂色黏性土（白垩系风化物）	1.95	30	14.2	8°	5
白色及黄褐色黏土				0	21
黄土质砂黏土（重型）	2.05～2.08	20～22		12°～16°	11～15
棕黄色黄土质砂黏土	1.92～1.98	21.5～22.2		13°30′～16°12′	21～24
暗红色第三系红黏土	1.9～2.1			10°	10～15
黑云母片岩	2.2			19°～25°	0～16
银灰色绢云母片岩	2.1	15.7～17.1		10°19′～24°42′	0
暗红色黏土夹角砾				18°～20°	15～20
石墨化千枚岩风化角砾	2	20		15°06′～17°45′	0
灰色玄武岩风化残积物	2	29		16°～25°	5～20
灰白色花岗岩风化残积物	2.07	22.7	19.1	15°～50′	75

② 滑坡体地下水位应根据水文地质资料和地下水长期观测资料确定。采用地下水最高水位作为持久状态水位，以特大暴雨或久雨、或可能的泄流雾雨发生的暂态高水位作为短暂状态水位。

③ 对具有疏排地下水设施的滑坡，应首先确定经疏排作用后的地下水位线，再确定地下水压力。为提高计算可靠性，应视工程具体情况，乘以大于1的增大系数。将局部排水失效和施工期排水设施不完善作为短暂工况。

④ 水库蓄水后岸坡内地下水宜根据实测值确定；当缺少实测值或水库尚未蓄水时，可根据水库浸没计算确定。应注意研究施工和运行期间河水、库水和地下水条件的变化及其对岩土体物理力学特性的影响。

⑤ 降雨或泄流雨雾引起地下水短期壅高、水库水位骤降情况进行滑坡稳定性分析时，渗透系数应采用小值平均值，地下水位宜按不稳定渗流估算确定。

⑥ 对于经受泄洪雨雾作用的滑坡，应首先根据经验和工程类比确定泄洪雨雾的影响范围和雨雾强度

分布，来确定暂态水压力值。

3）加固力作用。

① 加固力指采用加固结构将不稳定岩土体（或潜在不稳定岩土体，下同）固定到滑面以下稳定岩土体的力。

② 计算稳定性系数时，加固力应按增加的抗滑力考虑。

4）地震作用。在地震基本烈度为Ⅶ度及以上的地区，需计算地震作用力的影响（见表5.2-23），重要工程应实测。

（2）国土资源行业荷载组合与工况见表5.2-24。

1）荷载：

①滑坡体自重。

②滑坡体上建（构）筑物等附加荷载。

③地下水产生的荷载，包括动水（渗透）压力、静水压力等。

④地震荷载。

⑤动荷载，如行车、振动等偶然荷载。

⑥库水位升降。

表 5.2-21

滑带土物理力学经验参数表

序号	滑带土性质	天然重度 (kN/m³)	含水量 (%)	液限 (%)	塑限 (%)	塑性指数 I_P	部位	c (kPa)	φ	备注
1	黑灰色及黑色碳质页岩风化之粉质黏土	20.9	18.4	6.0	21.0	15.0		0	7°24'	宝成线
2	灰黑色碳质页岩风化之黏性土、粉土	20.0	23.0	38.1	19.5	18.6	中部	19.6	4°00'	反算、多次剪
							下部	27.5	7°00'	宝成线
3	黑灰色及黄褐色泥质页岩风化之粉质黏土						中上部	24.5	27°48'	
							中部	11.8	18°05'	
							中下部	16.7	20°40'	宝成线
							下部	21.6	22°45'	
4	灰色碳质页岩风化之粉质黏土	21.4	20.4	28.4	14.4	14.0	深层	9.8	12°25'	反算、多次剪、宝成线
							浅层	8.8	8°03'	
5	青灰碳质页岩风化之粉质黏土			28.8	15.7	13.1		4.9	10°00'	宝成线
6	紫红色泥质页岩风化之粉质砂土	20.4	19.0	35.4	14.5	20.9	中部	14.7	7°30'	反算、多次剪、宝成线
7	紫红色泥质页岩风化之粉质黏土与黏土	19.6	21.2	27.6	16.4	11.2		9.8	6°40'	宝成线
			33.4	43.0	25.0	18.0	下部	5.9	3°20'	
8	紫红色粉质黏土		28.0					9.8	6°00'	西南地区
9	紫红色黏土		20.9	33.9	15.4	18.5		9.8	13°00'	西南地区
10	棕红色粉质黏土夹角砾	18.5	30.1					12	7°00'	反算、华北地区
11	暗红色黏土夹角砾						中部	14.7	18°00'	西南地区
							下部	19.6	20°00'	
12	灰绿色粉质黏土	19.9	23.2	29.9	19.0	10.9		10.3	8°49'	西南地区
13	杂色粉质黏土	19.1	30.0	33.5	20.0	13.5		10.3	8°00'	西南地区
14	紫红色泥岩及页岩风化物		20.0	26.7	13.4	13.3		0	16°00'	反算、成昆线
15	黄土质粉质黏土	20.1	22.0			13.1	下部	23.5	16°12'	陇海线卧龙寺
16	黄土质重粉质黏土	20.4	20.0			13.3	中部	20.6	13°30'	
								10.8	12°00'	

续表

序号	滑带土性质	天然重度 (kN/m³)	含水量 (%)	液限 (%)	塑限 (%)	塑性指数 I_P	部位	c (kPa)	φ	备注
17	棕黄色黄土质粉质黏土	19.4	21.5			13.1	下部	23.5	16°12′	宝成线
		18.8	22.2			13.3	中部	20.6	13°30′	
18	棕黄色黄土质粉质黏土，暗红色红黏土	18.6					上部	9.8	10°00′	天兰线
		20.6					下部	14.7	10°00′	
19	白色及黄褐色黏土							20.8	0	反算，西南地区
20	泥质页岩风化残积土，软塑（顺层滑坡）		26.8	36.1	19.1	17.0		3.9	8°58′	残余值，旱图岭
21	灰白色黏土、软塑，蒙脱石为主（裂土滑坡）		40.6	72.9	34.9	38.0	浅层	8.8	3°50′	残余强度，雅雀岭
22	粉质黏土、静水沉积物，软塑（堆积土滑坡）		20.4	28.4	14.4	14.0		0	10°06′	残余强度，宝成线
23	粉质黏土（堆积土滑坡）		20.8	35.4	18.8	16.6	上部	7.8	10°54′	残余强度，宝成线
24	棕色黏土含煤粉（黄土滑坡）		34.4	47.6	29.2	8.4	下滑面	11.8	8°18′	残余强度，某电厂
							中滑面	19.6	8°06′	
25	破碎岩层沿基岩面滑动（破碎岩层滑坡）		21.9	31.4	17.2	14.2		4.9	12°06′	残余强度，酒店塘
26	青色泥岩、沿最深坡脚处的灰白色高岭土滑动（岩石滑坡）		25.3	31.9	19.2	2.7		3.9	12°00′	残余强度，某厂滑坡
27	砂岩岩泥岩顶面的泥化层滑动、系层间错动（岩石顺层滑坡）		21.0	37.6	18.9	18.7		6.9	16°00′	残余强度，永加线
28	灰岩岩层间错动带、底部黏土富集，呈软泥状（岩石顺层滑坡）		28.4	41.3	22.0	18.4		10.8	8°24′	残余强度，贵昆线大海哨
29	泥页岩破碎风化物（岩石顺层滑坡）		15.4	26.3	12.7	13.6		2.9	13°30′	残余值，成昆线
30	黄绿色可塑状含砾黏土	20.97	19.97				天然	10.0	21°00′	水田湾滑坡
							浸水	8.0	19°00′	
31	褐黄色～褐红色含碎石粉质黏土	20.70	22.05				天然	10.0	18°00′	南沱滑坡
							浸水	8.0	16°00′	

续表

序号	滑带土性质	天然重度 (kN/m³)	含水量 (%)	液限 (%)	塑限 (%)	塑性指数 I_P	部位	c (kPa)	φ	备注
32	褐红色含碎石粉质黏土，硬可塑状	18.00	27.2				天然	5	18°00'	吴家湾滑坡
							浸水	8	16°50'	
33	褐黄色粉质黏土夹少量碎石	21.95	18.95				天然	1	22°00'	龚家院子滑坡
							浸水	8	18°50'	
34	褐红色含碎石黏土，碎石含量10%～20%	21.10	20.35				天然	8	18°00'	黄桷岭滑坡
35	灰褐色含砾黏土	20.50	20.85				浸水	10	20°00'	白砂坪滑坡
36	黄色黏土或深灰色黏土夹碎石	20.63	20.33				天然	8	18°00'	谭家湾滑坡
							浸水	10	16°00'	
37	砾质黏土，可塑状							10	16°00'	金钗湾东滑坡，反算
38	砾质粉质黏土	16.7		30.89	17.96			15	19°00'	金钗湾西滑坡，反算
39	含碎石黏土							12	21°00″	金钗湾南潜在滑移体，反算
40	含碎石黏土							12	21°00'	金钗湾南潜在滑移体，反算
41	黄～灰绿色粉质黏土							天然：30 饱水：24	天然： 21°00' 饱水： 17°00'	干拌坪滑坡、青干河大桥，左岸
42	黄绿色含砾质土粒	18.2	13.3	39.3	18.5			10	18°00'	杨家坪组团滑坡，反算
43	棕黄色含砾质黏土	20.5	14.9	38.2	13.2		1号滑坡	12	24°00'	邓家坡滑坡，反算
44	砾质黏土，透水性板弱	17.8	16.4	42.3	26.0	16.3		12	18°50'	归州新镇4、7号滑坡
45	紫红色～棕黄含砾质黏土或砾质黏土	16.1	25.5	37.0	21.6		崩滑平台	12	12°50'	云阳新县城寨坝滑坡
	黏土夹碎砾石层，性状较弱	17.30	31.99				次级滑坡	15	13°30'	

表 5.2-22　　　　　　　　　　　　**荷载组合与工况表**

类型	荷载组合	工　况
基本组合	自重＋岸边外水压力＋地下水压力＋加固力	正常运行工况
		施工期缺少或部分缺少加固力；缺少排水设施或施工期用水形成地下水增高；运行期暴雨或久雨、或可能的泄流雾化雨，以及地下排水失效形成的地下水增高；水库水位骤降等工况
偶然组合	基本组合＋地震	遭遇地震、水库紧急放空等工况

表 5.2-23　　　　**水平地震力系数**

设计烈度	Ⅶ	Ⅷ	Ⅸ
K_h	0.1	0.2	0.4

表 5.2-24　　　　**荷载组合与工况表**

类型	工况	荷　载　组　合
基本组合	工况 1	自重＋附加荷载
	工况 2	自重＋附加荷载＋地下水
偶然组合	工况 3	自重＋附加荷载＋地下水＋暴雨
		自重＋附加荷载＋地下水＋地震
		自重＋附加荷载＋地下水＋库水升降
		自重＋附加荷载＋地下水＋动荷载
	工况 4	自重＋附加荷载＋地下水＋暴雨＋地震
		自重＋附加荷载＋地下水＋暴雨＋库水升降
		自重＋附加荷载＋地下水＋暴雨＋动荷载

2）荷载强度标准，见表 5.2-25。

① 暴雨强度按 10～100 年的重现期计。

② 地震荷载按 50 年超越概率 10％的地震加速度设计。Ⅰ级防治工程按 100 年超越概率 10％的地震加速度校核。

③ 库水位按坝前高程计，并根据不同地段作调整，即接洪水线。

4. 设计安全系数

各行业对边坡（滑坡）工程设计安全系数的取值规定有所不同，实际工程中应根据工程定位按相应行业规范选用。

（1）水电行业，边坡（滑坡）工程设计安全系数见表 5.2-26。

（2）水利行业，边坡（滑坡）工程设计安全系数见表 5.2-27。

（3）国土资源行业，滑坡防治工程设计安全系数见表 5.2-28。

5. 常用分析方法

滑坡稳定性定量分析一般采用极限平衡分析法，且应根据滑动面类型和性质选择适宜的方法，见表 5.2-29。

表 5.2-25　　　　　　　　　　　　**荷载强度标准表**

工程级别	暴雨强度重现期（年）		地震荷载（年超越概率）（年）	
	设计	校核	设计	校核
Ⅰ	50	100	50	100
Ⅱ	20	50		50
Ⅲ	10	20		

表 5.2-26　　　　　　　　　　　　**水电工程边坡（滑坡）设计安全系数**

类别及工况 \ 级别	A 类（枢纽工程区边坡）			B 类（水库边坡）		
	持久状况	短暂状况	偶然状况	持久状况	短暂状况	偶然状况
Ⅰ	1.30～1.25	1.20～1.15	1.10～1.05	1.25～1.15	1.15～1.05	1.05
Ⅱ	1.25～1.15	1.15～1.05	1.05	1.15～1.05	1.10～1.05	1.05～1.00
Ⅲ	1.15～1.05	1.10～1.05	1.00	1.10～1.00	1.05～1.00	≤1.00

注　引自《水电水利工程边坡设计规范》（DL/T 5353—2006）。

表 5.2-27 水利工程边坡 (滑坡) 设计安全系数

运用条件	边 坡 级 别				
	1	2	3	4	5
正常运用条件	1.30～1.25	1.25～1.20	1.20～1.15	1.15～1.10	1.10～1.05
非常运用条件Ⅰ	1.25～1.20	1.20～1.15	1.15～1.10	1.10～1.05	
非常运用条件Ⅱ	1.15～1.10	1.10～1.05		1.05～1.00	

注 引自《水利水电工程边坡设计规范》(SL 386—2007)。

表 5.2-28 滑坡防治工程设计安全系数

类型	工 程 级 别 与 工 况											
	Ⅰ				Ⅱ				Ⅲ			
	设计		校核		设计		校核		设计		校核	
	工况 1	工况 2	工况 3	工况 4	工况 1	工况 2	工况 3	工况 4	工况 1	工况 2	工况 3	工况 4
抗滑动	1.30～1.40	1.20～1.30	1.10～1.15	1.10～1.15	1.25～1.30	1.15～1.30	1.05～1.10	1.05～1.10	1.15～1.20	1.10～1.20	1.02～1.05	1.02～1.05
抗倾倒	1.70～2.00	1.50～1.70	1.30～1.50	1.30～1.50	1.60～1.90	1.40～1.60	1.20～1.40	1.20～1.40	1.50～1.80	1.30～1.50	1.10～1.30	1.10～1.30
抗剪断	2.20～2.50	1.90～2.20	1.40～1.50	1.40～1.50	2.10～2.40	1.80～2.10	1.20～1.40	1.20～1.40	2.00～2.30	1.70～2.00	1.20～1.30	1.20～1.30

注 引自《滑坡防治工程设计与施工技术规范》(DZ/T 0219—2006)。

滑坡稳定性分析是一项比较复杂的技术工作,分析中最好结合有限元法、有限差分法、离散元法等方法,进行综合考虑。

5.2.5 滑坡防治

滑坡灾害以预防为主,定性要准,治理要早,措施到位,养护要勤。防治原则如下:

(1) 预防为主,治理为辅,防、治、养相结合,做到早防、根治、勤养。在水利水电工程中,为了尽量减少和避免斜坡出现变形甚至是滑坡的发生,在枢纽区和临时建设工程区,应尽量规范人类工程活动,注意施工顺序,应尽量减少对稳定性不够好的斜坡的坡脚开挖和后缘堆载。为了减少库水位正常调度对库区斜坡稳定性的影响,应尽量控制库水位的升降速度。

(2) 中、小型滑坡以整治为主,坚持"预防为主,宜早 (治) 不宜晚 (治)"和"彻底根治,不留后患"的原则。大、中型性质复杂的滑坡,应采取一次根治与分期整治相结合的原则,缓慢变形滑坡,应作出全面的整治规划,进行分期治理,并注意观测每期治理工程的效果,据以确定下一步措施。

(3) 整治滑坡要全面规划,选择最佳方案,精心施工,精心养护。统筹考虑,照顾全局,严格要求,保证质量。

(4) 对待滑坡,应高度重视,着眼预防,治早治小,措施得力,坚决果断。

滑坡治理措施见表 5.2-30 [国际地质科学联合会 (IUGS) 滑坡工作组整治委员会]。

5.2.5.1 减载与反压

滑坡动力 (特别是推移式滑坡) 主要来源于滑坡近后缘段即头部,而近前缘段即滑坡足部则为抗滑段或抗力体。削减产生滑动力的物质、增加抗力体的物质即可大大提高滑坡的稳定性 (图 5.2-17)。如果由于斜坡坡度过于陡峻而易于失稳,此时可采用减缓斜坡总坡度的方法提高其稳定性,即"坡率法",改变斜坡几何形态技术上简单易行且加固效果好,特别适于滑面深埋,抗力体、主滑段划分明显的滑坡,整治效果主要取决于削方减载和回填压脚的位置。

1. 削方减载工程

(1) 削方减载一般包括滑坡后缘减载、表层滑体或变形体清除、削坡降低坡度以及设置马道等。削方减载对于滑坡稳定系数的提高值可以作为设计依据。

(2) 当开挖高度大时,宜沿滑坡倾向设置多级马道,沿马道应设置横向排水沟。边坡开挖设计时,应确定纵向排水沟位置,并与已有或规划排水系统衔接。

(3) 削方减载后形成的边坡高度大于 8m 时,开挖应采用分段开挖,边开挖边护坡,只有在护坡之后才允许开挖至下一个工作平台,不应一次开挖到底。根据岩土体实际情况,分段工作高度宜 3～8m。

表 5.2 - 29　　稳定性分析常用方法

方法	基本原理	计　算　公　式	力　学　简　图	适用条件
1. 瑞典条分法	假设圆弧滑裂面，滑动土体呈刚性转动，忽略条间力，滑动面上力和力矩平衡	①稳定性系数： $$K_S = \frac{\sum\{[W_i(\cos\alpha_i - A\sin\alpha_i) - N_{wi} - R_{Di}]\tan\varphi_i + C_iL_i\}}{\sum[W_i(\sin\alpha_i + A\cos\alpha_i) + T_{Di}]}$$ 孔隙水压力： $$N_{wi} = \gamma_w h_{iw} L_i \cos\alpha_i$$ 渗透压力平行滑面分力： $$T_{Di} = \gamma_w h_{iw} L_i \sin\beta_i \cos(\alpha_i - \beta_i)$$ 渗透压力垂直滑面分力： $$R_{Di} = \gamma_w h_{iw} L_i \sin\beta_i \sin(\alpha_i - \beta_i)$$ 地震水平作用力系数： $$A = G_Z K_h$$ 式中，G_Z 为综合修正系数（一般取 0.25）；K_h 为水平地震系数（烈度为Ⅶ、Ⅷ、Ⅸ分别取 0.1、0.2和0.4）。 ②滑坡推力： $$P = (K_f - K_S)\sum(T_i\cos\alpha_i)$$ 式中，T_i 为第 i 滑块重力沿滑面切线方向的分力；α_i 为第 i 滑块滑面倾角；K_f 为安全系数。		堆积土或层状滑坡、圆弧滑动面
2. 毕肖普分条法	在瑞典条分法的基础上考虑条块间水平作用力，仍属于圆弧条分法的范畴	①稳定性系数： 令 $$\Delta H_i = 0$$ 则 $$K_S = \frac{\sum\frac{1}{m_{\theta i}}[c_ib_i + (W_i + \Delta H_i)\tan\varphi_i]}{\sum W_i\sin\theta_i}$$ $$K_S = \frac{\sum\frac{1}{m_{\theta i}}(c_ib_i + W_i\tan\varphi_i)}{\sum W_i\sin\theta_i}$$ 其中 $m_{\theta i} = \cos\theta_i + \dfrac{\sin\theta_i\tan\varphi_i}{K_S}$，参数 $m_{\theta i}$ 包含有稳定安全系数 K_S，需要迭代求解。 ②滑坡推力同瑞典条分法		堆积土或层状滑坡、圆弧滑动面

317

续表

方法	基本原理	计 算 公 式	力 学 简 图	适用条件
3. 传递系数法（也称不平衡推力法）	假定条块间作用于滑动面平行方向，用点位置在 1/2 高处，考虑水平力	详见下文公式		任意形状滑动面

① 稳定性系数：

$$K_S = \frac{\sum\limits_{i=1}^{n-1}\left\{\left[(W_i((1-r_U)\cos\alpha_i - A\sin\alpha_i) - R_{Di})\tan\varphi_i + C_iL_i\right]\prod\limits_{j=1}^{n-1}\psi_j\right\} + R_n}{\sum\limits_{i=1}^{n-1}\left\{\left[W_i(\sin\alpha_i + A\cos\alpha_i) + T_{Di}\right]\prod\limits_{j=1}^{n-1}\psi_j\right\} + T_n}$$

$$R_n = \{W_n[(1-r_U)\cos\alpha_n - A\sin\alpha_n] - R_{Dn}\}\tan\varphi_n + C_nL_n$$

$$T_n = W_n(\sin\alpha_n + A\cos\alpha_n) + T_{Dn}$$

$$\prod\limits_{j=1}^{n-1}\psi_j = \psi_i\psi_{i+1}\psi_{i+2}\cdots\psi_{n-1}$$

式中，ψ_j 为第 i 块段的剩余下滑力传递至第 $i+1$ 块段时的传递系数 $(j=i)$，即

$$\psi_i = \cos(\alpha_i - \alpha_{i+1}) - \sin(\alpha_i - \alpha_{i+1})\tan\varphi_{i+1}$$

② 滑坡推力：

$$P_i = P_{i-1}\psi + K_jT_i - R_i$$

下滑力：

$$T_i = W_i(\sin\alpha_i + A\cos\alpha_i) + \gamma_w h_{iw}L_i\cos\alpha_i\sin\beta_i\cos(\alpha_i - \beta_i)$$

抗滑力：

$$R_i = [W_i(\cos\alpha_i - A\sin\alpha_i) - N_{wi} - \gamma_w h_{iw}L_i\cos\alpha_i\sin\beta_i\sin(\alpha_i - \beta_i)]\tan\varphi_i + c_iL_i$$

传递系数：

$$\psi = \cos(\alpha_{i-1} - \alpha_i) - \sin(\alpha_{i-1} - \alpha_i)\tan\varphi_i$$

孔隙水压力：

$$N_{wi} = \gamma_w h_{iw}L_i$$

渗透压力垂直滑面分力：

$$TD_i = \gamma_w h_{iw}L_i\cos\alpha_i\sin\beta_i\cos(\alpha_i - \beta_i)$$

渗透压力平行滑面的分力：

$$RD_i = \gamma_w h_{iw}L_i\cos\alpha_i\sin\beta_i\sin(\alpha_i - \beta_i)$$

当采用孔隙压力比时，抗滑力：

$$R_i = \{W_i[(1-r_U)\cos\alpha_i - A\sin\alpha_i] - \gamma_w h_{iw}L_i\}\tan\varphi_i + c_iL_i$$

式中，r_U 为孔隙压力比

续表

方法	基本原理	计算公式	力学简图	适用条件
4. 詹布法	假定条块间作用力的位置，条块满足静力和极限平衡条件，同时满足整体力矩平衡条件	①稳定性系数： $$K_S = \dfrac{\sum\left[c_i b_i + (W_i + \Delta H_i)\tan\varphi_i\right]\dfrac{1}{\cos\theta_i\, m_{\alpha i}}}{\sum(W_i + \Delta H_i)\tan\theta_i}$$ 其中 $$m_{\alpha i} = \cos\theta_i + \dfrac{\sin\theta_i \tan\varphi_i}{K_S}$$ 需要迭代求解。 ②滑坡推力同传递系数法	ΔX_i；H_{i+1}；P_{i+1}；$\frac{1}{2}$；T_i；N_i；θ_i；W_i；O_i；i；H_i；P_i；$\frac{1}{2}$；$T_i=(c_i l_i + N_i\tan\varphi_i)/K_s$；$\Delta H_i = H_{i+1}-H_i$；$\Delta P_i = P_{i+1}-P_i$；$P_n=0$；$P_0=0$；$P_{n-1}$；①②③	任意形状滑动面
5. 岩质滑坡计算模型	块体极限平衡法	①稳定性系数： $$K_S = \dfrac{[W(\cos\alpha - A\sin\alpha) - V\sin\alpha - U]\tan\varphi + cL}{W(\sin\alpha + A\cos\alpha) + V\cos\alpha}$$ 后缘裂缝静水压力 V： $$V = \frac{1}{2}\gamma_w H^2$$ 沿滑面扬压力 U： $$U = \frac{1}{2}\gamma_w LH$$ ②滑坡推力： $$P = K_f W\sin\alpha - (W\cos\alpha\tan\varphi + cL)$$	滑坡后缘；后缘裂缝；静水压力 V；H；滑体；A；W；扬压力 U；滑面；L；滑坡前缘；地下水位；α	岩质滑坡，滑动面为单一平面

表 5.2-30　　　　　　　　　　　　　滑 坡 治 理 措 施 简 表

1　改变斜坡几何形态（Modification of slope geometry）	3.4　被动桩、墩、沉井
1.1　削减推动滑坡产生区的物质（或以轻材料置换）	3.5　原地浇筑混凝土连续墙
1.2　增加维持滑坡稳定区的物质（反压马道）	3.6　有聚合物或金属条或板片等加筋材料的挡土墙（加筋土挡墙）
1.3　减缓斜坡总坡度	3.7　粗颗粒材料构成的支撑护坡墙（力学效果）
2　排水（Drainages）	3.8　岩石坡面防护网
2.1　地表排水：将水引出滑动区之外（集水明渠或管道）	3.9　崩塌落石阻滞或拦截系统（拦截落石的沟槽、堤、栅栏或钢绳网）
2.2　充填有自由排水土工材料（粗粒料或土工聚合物）的浅或深排水暗沟	3.10　预防侵蚀的石块或混凝土块体
2.3　粗颗粒材料构筑成的支撑护坡墙（水文效果）	4　斜坡内部加强（Internal slope reinforcement）
2.4　垂直（小口径）钻孔抽取地下水或自由排水	4.1　岩石锚固
2.5　垂直（大口径）钻孔重力排水	4.2　微型桩（micropiles）
2.6　近水平或近垂直的排水钻孔	4.3　土锚钉
2.7　真空排水	4.4　锚索（有或无预应力）
2.8　虹吸排水	4.5　灌浆
2.9　电渗析排水	4.6　块石桩或石灰桩、水泥桩
2.10　种植植被排水（蒸腾排水效果）	4.7　热处理
3　支挡结构物（Retaining structures）	4.8　冻结
3.1　重力式挡土墙	4.9　电渗锚固
3.2　木笼块石墙	4.10　种植植被（根强的力学效果）
3.3　鼠笼墙（钢丝笼内充以卵石）	

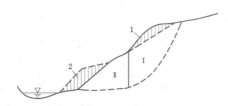

图 5.2-17　减载反压示意图

Ⅰ—主滑段；Ⅱ—抗滑段；1—削方区；2—反压区

（4）边坡高度大于 8m，宜采用喷锚网、钢筋混凝土格构等护坡。如果高边坡设有马道，坡顶开口线与马道之间，马道与坡脚之间，也可采用格构护坡。

（5）边坡高度小于 8m，可以一次开挖到底，采用浆砌块石挡墙等护坡。

（6）当堆积体或土质边坡高度超过 10m 时，应设马道放坡，马道宽 2~3m。当岩质边坡高度超过 20m 时，应设马道放坡，马道宽 1.5~3.0m。

（7）为了减少超挖及对边坡的扰动，机械开挖应预留 0.5~1.0m 保护层，人工开挖至设计位置。

（8）采用爆破方法对后缘滑体或危岩体进行削方减载，应专门对周围环境进行调查，对爆破振动对整体稳定性影响和爆破飞石对周围环境危害做出评估。

（9）在清除表层危岩体和确保施工安全的情况下，宜采用导爆索进行光面爆破或预裂爆破。凿岩一般 3~4m，由上至下一次成型。以机械浅孔台阶爆破为主，并对超、欠挖部分进行修整成型。

（10）块石爆破采用岩体内浅孔爆破与块体表面聚能爆破相结合的方式。对于块体厚度大于 1.5m，又易于凿岩的块石，以块体内浅孔爆破为主；厚度小于 1.5m，凿岩施工条件极差的块石，以表面聚能爆破为主；厚度在 1.5m 左右，宽厚比近于 1 的块石，可以两种方法并用。

2.回填压脚工程

（1）回填压脚是通过采用土石等材料堆填滑坡体前缘，以增加滑坡抗滑能力，提高其稳定性。

（2）回填体应经过专门设计，其对滑坡稳定系数的提高值可作为工程设计依据。未经专门设计的回填体，其对安全系数的提高值不得作为设计依据，可作为安全储备加以考虑。

（3）回填压脚填料宜采用碎石土，碎石土中碎石粒径小于 8cm，碎石土中碎石含量为 30%~80%。碎石土最优含水量应做现场碾压试验，含水量与最优含水量误差应小于3％。

（4）碎石土应碾压，无法碾压时应夯实，距表层0～80cm填料压实度不小于93％，距表层80cm以下填料压实度大于90％。

（5）库（江）水位变动带的回填压脚应对回填体进行地下水渗流和库岸冲刷处理，设置反滤层和进行防冲刷护坡。

5.2.5.2　排水

1. 地表排水[❶]

地表排水工程包括滑坡体外拦截旁引地下水的截水沟和滑坡体内防止入渗和截集引出地表水的排水沟。地表排水技术简单易行且加固效果好，工程造价低，因而应用极广，几乎所有滑坡整治工程都包含地表排水工程。运用得当仅用地表排水即可稳定滑坡。

（1）布置，见图5.2-18。

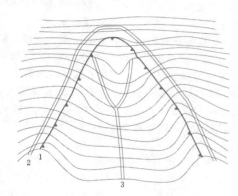

图 5.2-18　地表排水布置示意图
1—滑坡边界；2—截水沟；3—排水沟

（2）断面型式。可选择矩形、梯形、复合型、U形等断面的排水沟（图5.2-19）。梯形、矩形断面排水沟易于施工，维修清理方便，具有较大的水力半径和输移力，应优先考虑。

(a) 矩形断面　　*(b) 梯形断面*　　*(c) 复合型断面*
图 5.2-19　排水沟断面形状示意图

（3）流量计算。

1）地表排水工程设计频率、地表水汇流量计算可根据中国水利水电科学研究院水文研究所小汇水面积设计流量公式计算。计算公式为

$$Q_p = 0.278\phi S_p F / \tau^n \qquad (5.2-3)$$

式中　Q_p——设计频率地表水汇流量，m^3/s；

　　　ϕ——径流系数；

　　　S_p——设计降雨雨强，mm/h；

　　　F——汇水面积，km^2；

　　　τ——流域汇流时间，h；

　　　n——降雨强度衰减系数。

2）当缺乏必要的流域资料时，可按经验公式进行计算，如中国公路科学研究所经验公式：

当 $F \geqslant 3\text{km}^2$ 时

$$Q_p = \phi S_p F^{2/3} \qquad (5.2-4)$$

当 $F < 3\text{km}^2$ 时

$$Q_p = \phi S_p F \qquad (5.2-5)$$

式中　Q_p——设计频率地表水汇流量，m^3/s；

　　　S_p——设计降雨雨强，mm/h；

　　　ϕ——径流系数；

　　　F——汇水面积，km^2。

（4）水力计算。首先对排水系统各主、支沟段控制的汇流面积进行分割，并根据设计降雨强度、校核标准分别计算各主、支沟段汇流量和输水量，在此基础上确定排水沟断面或校核已有排水沟过流能力。

1）排水沟过流量计算公式：

$$Q = WC\sqrt{Ri} \qquad (5.2-6)$$

式中　Q——过流量，m^3/s；

　　　i——水力坡降，（°）；

　　　W——过流断面面积，m^2；

　　　R——水力半径，m；

　　　C——流速系数，m/s。

C宜采用下列二式计算：

①巴甫洛夫斯基公式：

$$C = R^y / n \qquad (5.2-7)$$

其中，y 为与 n，R 有关的指数。

$$y = 2.5\sqrt{n} - 0.13 - 0.75\sqrt{R}(\sqrt{n} - 0.10) \qquad (5.2-8)$$

②曼宁公式：

$$C = R^{1/6} / n \qquad (5.2-9)$$

式中　n——糙率，即管渠粗糙系数，可按表5.2-31选用。

2）管渠的水力半径，应按下列公式计算：

$$R = \frac{W}{X} \qquad (5.2-10)$$

式中　W——过水断面面积，m^2；

---

❶　该节主要内容引自《滑坡防治工程设计与施工技术规范》（DZ/T 0219—2006）。

X——湿周，m，即断面中水力与固体边界相接触部分的周长。

表 5.2-31　　　管 渠 粗 糙 系 数

管渠类别	粗糙系数 n
石棉水泥管	0.012
木槽	0.012～0.014
陶土管、铸铁管	0.013
混凝土管、钢筋混凝土管、水泥砂浆抹面渠道	0.013～0.014
浆砌砖渠道	0.015
浆砌块石渠道	0.017
干砌块石渠道	0.020～0.025
土明渠（包括带草皮）	0.025～0.030

3）弯道半径：排水沟弯曲段的弯曲半径，不得小于最小容许半径及沟底宽度的 5 倍。排水沟的安全超高，不宜小于 0.4m，最小不小于 0.3m，在弯曲段凹岸应考虑水位壅高的影响。

容许半径可按下式计算：

$$R_{\min} = 1.1v^2 A^{1/2} + 12 \qquad (5.2-11)$$

式中　$R_{\min}$——最小容许半径，m；

v——沟道中水流流速，m/s；

A——沟道过水断面面积，m^2。

（5）选材。宜用浆砌片石或块石，地质条件较差时可用毛石混凝土或素混凝土。排水沟砌筑砂浆标号宜用 M5～M10，对坚硬块片石砌筑排水沟用比砌筑砂浆高 1 级标号砂浆进行勾缝，应以勾阴缝为主。毛石混凝土或素混凝土标号宜用 C10～C15。

（6）注意事项。

1）外围截水沟应设置在滑坡体或老滑坡后缘最远处裂缝 5m 以外的稳定斜坡面上。平面上依地形而定，多呈人字形展布。沟底比降无特殊要求，以顺利排除拦截地表水为原则。根据外围坡体结构，截水沟

迎水面需设置泄水孔，尺寸推荐为 100mm×100mm～300mm×300mm。

2）当排水沟通过裂缝时，应设置成叠瓦式的沟槽，可用土工合成材料或钢筋混凝土预制板做成。

3）有明显开裂变形的坡体应及时用黏土或水泥浆填实裂缝，整平积水坑、洼地，使落到地表的雨水能迅速向排水沟汇集排走。

4）滑坡体内水田改旱地耕作。若有积水池、塘、库，应停止运营。滑坡体上方（外围），若分布有可能影响滑坡的积水池、塘、库，宜停止运营，否则，其底和周边均须实施防渗工程。

5）排水沟进出口平面布置，宜采用喇叭口或八字形导流翼墙。导流翼墙长度可取设计水深的 3～4 倍。

6）排水沟断面变化采用渐变段衔接，长度可取水面宽度之差的 5～20 倍。

7）排水沟纵坡变化处，应避免上游产生壅水。断面变化宜改变沟道宽度，深度保持不变。

8）排水沟设计纵坡，应根据沟线、地形、地质以及与山洪沟连接条件等因素确定。当自然纵坡大于 1:20 或局部高差较大时，可设置陡坡或跌水。

9）跌水和陡坡进出口段，应设导流翼墙与上、下游沟渠护壁连接，对梯形断面沟道，多做成渐变收缩扭曲面；对矩形断面沟道，多做成八字墙型式。

10）陡坡和缓坡连接剖面曲线应根据水力学计算确定，跌水和陡坡段下游应采用消能和防冲措施。跌水高差在 5m 以内时，宜采用单级跌水，跌水高差大于 5m 时宜采用多级跌水。

11）陡坡和缓坡段沟底及边墙应设伸缩缝，缝间距 15～20m，伸缩缝处沟底应设齿前墙，伸缩缝内应设止水或反滤盲沟或同时采用。

2. 地下排水

（1）渗水盲沟和支撑盲沟。盲沟按其作用又分为渗水盲沟和支撑盲沟，见图 5.2-20。

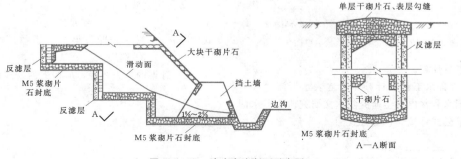

图 5.2-20　渗水盲沟断面示意图

当滑坡体内有积水湿地和泉水露头时，可将排水沟上端做成渗水盲沟，伸进湿地内，达到疏干湿地内上层滞水的目的。

对于规模较小、滑面埋深较小的滑坡，采用支撑盲沟排除滑坡体地下水，具有施工简便、效果明显的优点，并将起到抗滑支撑的作用。

1）支撑盲沟长度计算公式：

$$L = \frac{K_S T\cos\alpha - T\sin\alpha\tan\varphi}{\gamma hb\tan\varphi} \quad (5.2-12)$$

式中　L——支撑盲沟长度，m；

T——作用于盲沟上的滑坡推力，kN；

α——支撑盲沟后的滑坡滑动面倾角，(°)；

h、b——支撑盲沟的高和宽，m；

γ——盲沟内填料重度，采用浮重度，kN/m³；

φ——盲沟基础与地基内摩擦角，(°)；

K_S——设计安全系数，取值 1.3。

2）支撑盲沟出水量计算公式。

当设计盲沟长度大于 50m 时：

$$Q = LK\ \frac{H^2 - h^2}{2R} \quad (5.2-13)$$

当设计盲沟长度小于 50m 时：

$$Q = 0.685K\ \frac{H^2 - h^2}{\lg\dfrac{R}{0.25L}} \quad (5.2-14)$$

式中　Q——盲沟出水量，m³/d；

L——盲沟长度，m；

K——渗透系数，m/d；

H——含水层厚度，m；

h——动水位至含水层底板的高度，m；

R——影响半径，m。

（2）排水隧洞。当地下水埋深达到 10～15m 或更深时，采用盲沟施工开挖困难，土方量大，需大量支撑材料，造价昂贵，此时应考虑采用排水洞结合排水钻孔的方法排除滑坡体内的地下水。当滑坡体上已建成永久性设施不便拆迁，不能明挖时，也多采用地下排水洞方法排水。排水洞，又分为水平排水洞（排水隧洞、排水廊道）和竖向排水洞（集水井）。水平排水洞，根据其功能又可分为截水隧洞和排水隧洞。

考虑滑面可能向下发展的界限，排水洞必须设置在滑床中的稳定岩层内，以免滑坡体滑动而被破坏。排水洞造价较高，施工难度较大，工期较长，其布设位置也往往受限制，因此，在设计时必须有滑坡的详细工程地质和水文地质资料，准确查明地下水分布、流向、水量大小和不同含水层之间的水力联系等，才能达到较好的效果。

排水隧洞的纵坡以不小于 5‰为宜，其衬砌厚度的计算与隧道相同。排水隧洞的开挖净空决定于施工方法和施工机具的选择，一般不低于 1.7m，不窄于 1.2m，衬砌厚度主要决定于地层压力和岩性特征。采用混凝土衬砌时可参考下列数值：

1）完整岩层，岩石坚固系数 $f \geqslant 5$，边墙直立或外直内斜，可局部衬砌或不衬砌。

2）节理较多，但强度较高的地层，$f = 2～5$，边墙直立或外直内斜，拱圈衬砌厚度 $t = 0.2～0.25$m。

3）破碎岩层，$t = 0.3$m。

4）严重风化破碎岩层，$f = 1.0$，拱圈衬砌厚度 $t = 0.35$m。

5）断层破碎带、砂层、土层、堆积层、滑坡中及不良地质地段，$f < 1.0$，拱圈衬砌厚度 $t = 0.4$m，同时基础应加深，边墙多是内直外斜或曲墙，卵形衬砌，常用钢筋混凝土衬砌。

每隔 10～30m 和岩土分界处，断面形状变化处都应设 2cm 宽的沉降缝和伸缩缝，并用沥青麻筋填塞。

排水隧洞常与集水井、渗管、钻孔和检查井联合使用。检查井的作用是核对水文地质资料以指导施工、出渣、通风、进料，一般设在转弯和变坡处。排水隧洞的检查井一般较深，衬砌厚度需作单独的计算。

水平排水隧洞的水力学计算较为复杂，目前还没有成熟的计算方法。截排水隧洞排水能力可由下式计算（图 5.2-21）：

图 5.2-21　排水隧洞剖面示意图（单位：mm）

$$Q = \frac{1.36K(2H - S_w)S_w}{\lg\dfrac{d}{\pi r_w} + \dfrac{1.36b_1b_2}{db}} \quad (5.2-15)$$

式中　Q——单井涌水量，m³/d；

K——渗透系数，m/d；

H——水头或潜水含水层厚度，m；

S_w——排水孔中水位降深，m；

d——井距之半，m；

r_w——井之半径，m；

b_1——井排至排泄边界的距离，m；

b_2——井排至补给边界的距离，m。

（3）排水孔。排水孔又分为（近）水平钻孔排水、竖向钻孔排水和放射状斜向钻孔排水。水平钻孔排水实际上是小仰斜角度的钻孔排水。钻孔打到滑坡含水层内将地下水排出，是斜坡的重要排水措施之一。滑坡水平钻孔排水的设计原则：

在掌握滑坡区的水文地质条件及地形地貌特征的基础上，针对滑坡区内的地下水分布特点及水量大小，即可根据下述原则进行水平钻孔排水的设计。

1）根据水文地质条件，确定水平钻孔的布置方式。当滑坡地下水水量不大又比较分散时，水平钻孔可根据地下水的分布情况，有针对性地布置水平孔，其主要起疏水作用，故称之为疏水或泄水钻孔。疏水钻孔不一定常年有水排出。当滑坡地下水主要为滑坡区以外的地下水补给，而且水力联系又比较清楚时，为避免地下水进入滑坡范围，可采用截水方式，用排水平洞和水平钻孔联合截水，效果较好。对于滑坡范围内比较集中的地下水，如在湿地和泉点出露的区域，可将水平钻孔直接打到含水部位，将地下水排出。需注意的是，水平钻孔单独使用时，其方向应与滑坡滑动方向一致，以免破坏。

2）正确选择水平排水钻孔孔口位置，需考虑如下因素：

① 使钻进方向与岩层倾向形成的交角，对钻孔方向的影响最小。

② 便于搬运钻机，场地平整工作量小，不能因平整场地而过多开挖坡脚引起边坡坍塌。

③ 接近水源，同时孔口标高又不低于最高洪水位，以免水倒灌入滑坡体。

④ 离高压电线有一定距离，保证施工安全，仰角适当，以 5°～10°为宜。

3）水平排水钻孔的密度和深度，主要取决于含水层层数、厚度、水量大小及渗透系数。水平排水钻孔一般设在含水层底部，隔水顶板以上，敷设滤水管后，周围地下水便会向渗管集中，逐渐形成一个暂时稳定的降雨漏槽。钻孔的间距应根据含水层的渗透系数或抽水试验结果，作出降落曲线，按照排水设计要求，将降落曲线叠加，初步确定钻孔间距，然后施钻，并进行地下水水位变化观测，根据实际观测结果修正设计。钻孔水平间距一般为 5～10m。钻孔深度，可根据滑坡形态、地貌特点和含水层而定，一般不宜超过 60m。

4）仰角。水平排水钻孔的仰角一般取为 5°～

15°。仰角超过 15°，当含水层粉细砂颗粒较多时，容易造成地层流失；仰角太小，又容易造成滤水管淤塞。

竖向和斜向排水钻孔群通常是与排水平洞联合布置的，一般沿水平排水洞走向，成排布置在洞顶。其间距可根据地下水水量和分布确定，一般为 5～10m。与水平排水钻孔相同，竖向和斜向排水钻孔也需要在孔内放置滤水管，也称花管。滤水管直径根据孔径大小确定，多为 60～90mm。滤水管上需按照一定的行距和间距布置渗水孔。渗水孔的行距一般为 25～30mm，间距 35mm 左右，直径 10～12mm，呈梅花形布置。滤水管外包裹滤网或土工布。此外，还应在滤水管与钻孔套管之间的环形空间回填砂砾料作为透水层或反滤层。

5.2.5.3　抗滑桩

抗滑桩是一种防止滑坡体发生滑动变形和破坏的工程结构，一般设置于滑坡的中前缘部位，大多完全埋置于地下，有时也露出地面，桩底须埋置在滑动面以下一定深度的稳定地层中。抗滑桩用于滑坡防治，具有如下优点：

（1）抗滑能力强，圬工数量小，在滑坡推力大、滑动带深的情况下，能够克服一般抗滑挡土墙难以克服的困难。

（2）桩位灵活，可以设在滑坡体中最有利于抗滑的部位，可以单独使用，也可与其他构筑物配合使用。

（3）配筋合理，可以沿桩长根据弯矩大小合理地布置钢筋，如钢筋混凝土抗滑桩，则优于管形状打入桩。

（4）施工方便，设备简单。采用混凝土或少筋混凝土护壁，安全、可靠。

（5）间隔开挖桩孔，不易恶化滑坡状态，有利于抢修工程。

（6）通过开挖桩孔，可直接揭露校核地质情况，修正原设计方案。

（7）施工影响范围小，对外界干扰小。

抗滑桩的具体设计要求和流程参见本卷第 3 章 3.2 节。

5.2.5.4　预应力锚索

预应力锚索是锚固工程中对滑坡体主动抗滑的一种技术，通过预应力的施加增强滑带的法向应力和减少滑体下滑力以有效地增强滑坡体的稳定性。预应力锚索设计可参见本卷第 3 章 3.3 节相关内容。

5.2.5.5　格构锚固

格构锚固参见本卷第 3 章 3.5 节相关内容。

5.2.5.6　重力式抗滑挡土墙

重力式抗滑挡土墙是目前整治小型滑坡中应用广泛且较为有效的措施之一。具体可参见本卷第3章3.5节相关内容。

5.2.5.7　注浆加固

1. 一般要求

（1）注浆加固适用于以岩石为主的滑坡、崩塌堆积体、岩溶角砾岩堆积体和松动岩体等。

（2）注浆加固可作为滑坡体滑带改良的一种技术。通过对滑带压力注浆，从而提高其抗剪强度，提高滑体稳定性。滑带改良后，滑坡的安全系数评价应采用抗剪断标准。

（3）注浆前必须进行注浆试验和效果评价，注浆后必须进行开挖或钻孔取样检验。

2. 注浆加固设计与施工

（1）注浆通过钻孔进行。钻孔深度取决于滑体厚度和滑面埋深，以提高滑带抗剪强度为目的的灌浆应穿过滑带至少3m。

（2）钻孔应呈梅花状分布，孔间距为注浆半径的2/3。注浆半径应通过现场试验确定，宜为$1.0\sim3.0m$（图5.2-22）。

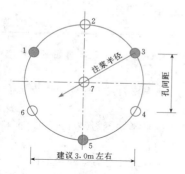

图5.2-22　注浆加固试验钻孔平面布置示意图
1、3、5—注浆孔；2、4、6、7—观测孔

（3）造孔采用机械回转或潜孔锤钻进，严禁采用泥浆护壁。土体宜干钻，岩体可采用清水或空气钻进。

（4）钻孔设计孔径为$91\sim127mm$，宜用127mm开孔。

（5）做好地质编录，尤其是对洞穴、塌孔、掉块、漏水等各种情况进行详细编录。

（6）注浆所用水泥标号不应低于425号，水灰比采用逐级变换方式，宜用$5:1\sim2:1$开灌，然后根据耗浆量逐渐变换水灰比，最后为$0.5:1$，具体参数通过现场灌浆试验确定。

（7）若岩土体空隙大时，可改用水泥砂浆。砂为天然砂或人工砂，要求有机物含量不宜大于3%，SO_3含量宜小于1%。

（8）注浆压力以不掀动岩体为原则。采用$1.0\sim8.0MPa$。注浆采用不同级别压力，宜按1.0MPa、2.0MPa、2.5MPa、3.0MPa、3.5MPa、4.0MPa、5.0MPa、6.0MPa、8.0MPa逐级增大。

（9）当注浆在规定压力下，注浆孔（段）注入率小于0.4L/min，并稳定30min时即可结束。

（10）双管法灌浆。浆液从内管压入，外管返浆。浆液注入后，通过返浆管检查止浆效果、测压及控制注浆压力，主要是通过胶塞挤压变形止浆。

（11）单管法灌浆。利用高压灌浆管直接向试段输浆，可利用胶塞止浆。

（12）采用自上而下分段注浆法。每段4m，孔口至地下$1\sim2m$留空。

3. 注浆效果检验

（1）设置测试孔用声波法对注浆前后的岩土体性状进行检测，作垂向单孔和水平跨孔检测。要求：

1）跨孔间距宜为注浆孔间距的$1\sim2$倍。

2）注浆前须对岩土体进行声波测试，提供加固前波速；灌浆后28d，应对岩土体进行波速测试，提供灌浆后波速的增加值。根据需要，亦可增加灌浆后7d声波测试。

（2）用钻探取样进行室内岩土体力学参数试验。

5.2.5.8　植物防护

（1）植物防护工程通过种植草、灌木、树，或铺设工厂生产的绿化植生带等对滑坡表层进行防护，以防治表层溜塌，减少地表水入渗和冲刷等。宜与格构、格栅等防护工程结合使用。

（2）植物防护工程可作为美化滑坡防治工程及环境的一种工程措施加以采用。

（3）在顺层滑坡、残积土滑坡中，采用植树等植物防护措施时，应论证滑坡由于植物根系与水的作用加剧顺层或沿基岩顺坡滑动的可能性。

（4）植物防护一般不作为滑坡稳定性计算因素参与设计，仅在表层土体溜塌和美化环境中加以考虑。

5.2.6　滑坡监测预警

5.2.6.1　监测内容

滑坡监测内容包括变形监测、影响因素监测和前兆异常监测三类，如图5.2-23所示。变形监测包括位移监测（绝对位移和相对位移）、倾斜监测等；影响因素包括降雨量、库水、地下水等；前兆异常又包括地下水异常、动物异常等。针对不同类型的滑坡，应选择具有代表性的监测内容和监测指标。

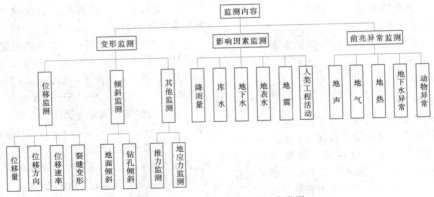

图 5.2 - 23　监测内容和指标分类图

（1）降雨型滑坡。降雨型土质滑坡，除了布置位移和倾斜监测外，还应重点监测降雨、地下水和库水动态变化。降雨型岩质滑坡，除了位移、倾斜、降雨、地下水监测外，还应对地表水、裂隙充水情况和充水高度进行监测。

（2）库水型滑坡。除了布置必要的位移和倾斜监测外，还应重点监测水库水位变化、降雨、地下水动态变化。

（3）工程活动诱发型滑坡（包括开挖、洞掘、后缘堆载等）。除布置必要的位移、倾斜、降雨和地下水等监测外，还应对工程活动情况进行监测。

5.2.6.2　监测频率

监测频率见表 5.2 - 32。

表 5.2 - 32　　　　　　　　　监　测　频　率

状态	稳定性较好	稳定性中等	稳定性较差	汛期/雨季/正在变形滑坡
监测频率	1次/月	1次/15d	1次/2d	1次/d 或 1次/h，甚或连续监测

5.2.6.3　监测方法

根据不同的监测内容可选择采用大地测量法、全球定位系统（GPS）测量、近景摄影测量、测斜法、测缝法、简易监测法等。

表 5.2 - 33 列出了滑坡变形监测的主要内容和常用方法，工程中应根据不同类型滑坡的特点，本着少而精的原则选用。

5.2.6.4　监测点网布设

根据滑坡成因机理、变形破坏模式以及范围大小、形状、地形地貌特征、通视条件和监测要求布设。监测网是由监测线（监测剖面）、监测点组成的三维立体监测体系，监测网的布设应能达到系统监测滑坡的变形量、变形方向（位移矢量），掌握其时空动态和发展趋势，满足预警预报精度等要求。

1. 测点

测点应根据测线建立的变形地段及其特征进行布设，在测线上或测线两侧 5m 范围内布设为宜。以绝对位移监测点为主，在沿测线的裂缝、滑带、软弱带上布设相对位移监测点，并利用钻孔、平洞、竖井等勘探工程布设深部位移监测点。每个测点，均应有自己独立的监测、预警功能。

测点不要求平均布设。但对如下部位应增设测点和监测项目：

1）变形速率较大或不稳定滑块与起始变形滑块（滑源区等）。

2）初始变形滑块（滑坡主滑段、推移滑动段、牵引滑动段等）。

3）对滑坡稳定性起关键作用的滑块（滑坡阻滑段、隆起丘等）。

4）易产生变形的部位（前缘剪出口、后缘拉裂缝、临空面等）。

5）控制变形部位（滑带、软弱带、裂缝等）。

2. 测线

测线应穿过滑坡的不同变形地段，并尽可能照顾滑坡的群体性和次生复活特征，还应兼顾外围小型滑坡和次生复活的滑坡。测线两端应进入滑坡外围稳定的岩土体中。纵向测线与滑坡的主要变形方向相一致；有两个或两个以上变形方向时，应布设相应的测线；当滑坡呈旋转变形时，纵向测线可呈扇形或放射状布置。横向测线一般与纵向测线相垂直。在以上原则下，同时测线应充分利用勘探剖面和稳定性计算剖面，充分利用钻孔、平洞、竖井等勘探工程。

表 5.2-33
滑坡变形监测主要内容和常用方法

监测内容	监测方法	常用监测仪器	监测特点	监测方法适用性
地表变形监测 — 滑坡变形绝对位移监测	(常规)大地测量法(两方向或三方向前方交会法、双边距离交会法、视准线法、测距法、小角法、几何水准法和精密三角高程测量法等)	高精度测角、测距光学仪器和光电测量仪器,包括经纬仪、水准仪、测距仪等	监测滑坡二维(X、Y)、三维(X、Y、Z)绝对位移量。量程不受限制,能大范围全面控制滑坡的变形。但受地形、视通条件的限制和气象条件(风、雨、雪、雾等)影响,外业工作量大、周期长	适用于所有滑坡不同变形阶段的监测,是一切监测工作的基础
	全球定位系统(GPS)测量法	单频、双频GPS接收机等	可实现与大地测量法相同的监测内容,能同时测出滑坡三维位移量及其速率,且不受视通条件和气象条件影响,精度在不断提高。缺点是价格昂贵	同大地测量法
	近景摄影测量法	陆摄经纬仪等	将仪器安置在两个不同位置的测点上,同时对滑坡监测点摄影、构成立体图像。利用立体坐标仪量测图像上各测点的三维坐标。外业工作简便,获得的图像是滑坡变形的真实记录,可随时进行比较。缺点是精度不及常规测量法大,内业工作量大,受地形限制	主要适用于变形速率较大的滑坡监测,特别适用于陡崖危岩体的变形监测
	遥感(RS)法	地球卫星、飞机和相应的摄影、测量装置	利用地球卫星、飞机等局部脚性的拍摄滑坡的变形	适用于大范围、区域性的滑坡的变形监测
	地面倾斜法	地面倾斜仪等	监测滑坡地表倾倒变化及其方向,精度高	主要适用于倾倒和角变化的变形监测(特别是岩质滑坡),同变形阶段的监测,不适用于顺层滑坡变形监测
滑坡变形相对位移监测	简易监测法	钢尺、水泥砂浆片、玻璃片等	在滑坡裂缝、滑面、软弱面两侧设标记或埋桩(混凝土桩、石桩等)、插筋(钢筋、木筋等)或在裂缝上贴水泥砂浆片、玻璃片等,用钢尺定时量测其变化,简便易行、投入快,成本低、直观性强,但精度较差	适用于各种滑坡、崩塌的不同变形阶段的监测,特别适用于群测群防的变形监测
	测缝法 — 机测法	双向或三向测缝计、收敛计、伸缩计等	监测对象和监测内容同简易监测法,成果资料直观可靠,精度高	同简易监测法,是滑坡变形监测的主要和重要方法
	电测法	电感调频式位移计、能频率测试仪和位移自动巡回检测系统等	监测对象和监测变化未表征的电性,该法以传感器的变形情况,精度高、自动化,数据采集快,可远距离传输,并将数据微机化。但对监测环境(气象等)有一定的选择性	同简易监测法,特别适用于滑坡变形加速和临近破坏的滑坡、崩塌的变形监测

续表

监测内容		监测方法	常用监测仪器	监 测 特 点	监测方法适用性
滑坡变形监测	地下变形相对位移监测	深部横向位移监测法（备注）	钻孔倾斜仪	监测滑坡内任一深度滑面向（水平）位移，以及滑面的倾斜率等。精度高、资料可靠，测读方便。因量程有限，故当变形加剧、变形量过大时，常无法监测	适用于所有滑坡、崩塌的变形监测，特别适用于变形缓慢与匀速变形阶段的监测。是滑坡、崩塌深部变形监测的主要和重要方法
		测斜法	地下倾斜仪、多点倒锤仪	在平洞内、竖井中监测不同深度崩滑面、软弱带的变形情况。精度高、效果好，但成本相对较高	适用于不同滑坡、崩塌、特别是岩质滑坡的变形监测，但在其临近失稳时慎用
		测缝法（人工测、自动测、遥测）	基本同地表测缝法，还有用多点位移计等	基本同地表测缝法。人工测设在平洞、竖井中进行；自动测和遥测将仪器埋设于地下。精度高、效果好，缺点是仪器易受地下水、气等的影响和危害	基本同地表测缝法
		重锤法	重锤、极坐标盘、坐标仪等	在平洞内监测滑面、软弱带的变形。水平位移、直观、可靠，但仪器受地下水、气等的影响和危害	适用于不同滑坡、崩塌的变形监测，但在其临近失稳时慎用
		沉降法	下沉仪、收敛仪、静力水准仪、水管倾斜计等	在平洞内监测滑面（带）上部相对于下部岩体的垂向变形情况，以及软弱带垂向收缩变化。但仪器受地下水、气等的影响和危害	同重锤法
与滑坡有关的物理量监测		声发射监测法	声发射仪、地表仪等	监测岩滑音频度（单位时间内声发射事件次数）、大事件（单位时间内振幅较大的声发射事件次数）、岩音能率（单位时间内发射释放能量的相对累计值）。用以判断岩质滑坡变形情况和稳定情况。灵敏度高、操作简便、能实现有线自动巡回自动检测	适用于岩质滑坡加速变形。不适用于崩塌阶段的监测
		应力、应变监测法	地应力计、压缩应力计、管式应变计、锚索（杆）测力计等	埋设于钻孔、平洞、竖井内，应变情况、区分应力、拉应力区等。测力用于预应力锚固工程锚固内检测	适用于不同滑坡内不同深度应力，监测滑坡不同深度应力。应力计也可埋设于地表，监测滑坡的稳定性。调整传感器的埋设方向。均可以自动测和遥测
		深部横向推力监测法	钢弦式传感器、分布式光纤压力传感器、频率仪等	利用钻孔在滑坡的不同深度埋设压力传感器，了解其变化，监测滑坡横向及其方向，还可用于垂直压力的监测。调整滑坡的埋设方向，均可自动测和遥测	适用于不同滑坡的变形监测，也可以为防治工程设计提供滑坡推力数据

续表

监测内容	监测方法	常用监测仪器	监测特点	监测方法适用性
与滑坡形成和变形相关活动因素监测	地下水动态监测法	测盅、水位自动记录仪、孔隙水压力计、钻孔渗压计、测流仪、水温计、测流堰	监测滑坡内及周边泉、井、钻孔、平洞、竖井等地下水水位、水量、水温和地下水孔隙水压力等动态，掌握地下水变化规律，分析地下水、地表水、库水、大气降水之间的关系，进行其与滑坡变形的相关分析	地下水不具普遍性。当滑坡成和变形破坏与地下水具有相关性，且在雨季或地表水、库水位拾升时对滑坡内具有地下水活动时，应予以监测
	地表水动态监测法	水位标尺、水位自动记录仪	监测与滑坡相关的江、河或水库等地表水体的水位、流量等，分析其与地下水、大气降雨的联系，分析地表水冲蚀与滑坡变形的关系等	主要在地表水、地下水有力关系，且对滑坡的形成、变形有相关系时
	水质动态监测	取水样设备和相关设备	监测滑坡内及周边地下水、地表水化学成分的变化情况，分析其与滑坡变形的相关关系。分析内容一般为：总固形物、总硬度、暂时硬度、pH值、侵蚀性 CO_2、Ca^{2+}、Mg^{2+}、Na^+、K^+、HCO_3^-、SO_4^-、Cl^-、耗氧量等，并根据地质环境条件增减监测内容	根据需要确定
	气象监测	温度计、雨量计、风速仪等气象监测常规仪器	监测降雨量、气温等，必要时监测流速、变形与滑坡形成、变形的关系	降雨是滑坡变形和变形的主要环境因素，故一般以降雨为主的气象监测（或收集降雨资料），进行地下气象监测的滑坡则必须进行气象监测（或收集资料）
	地震监测	地震仪等	监测滑坡内及外围地震强度、发震时间、震中位置、震源深度、地震烈度等，评价地震作用对滑坡形成、变形和稳定性的影响	地震对滑坡的形成、变形和稳定性起重要作用，但基于我国设有专门地震台网，故应以收集资料为主
	人类工程活动监测		监测开挖、削坡、加载、洞藏、水利设施运营等对滑坡形成、变形的影响	一般都应进行
滑坡宏观变形破坏迹象（观）测		（监）（观）测手段与方法	定时、定线路、定点调查滑坡区及周围出现的宏观变形破坏现象（裂缝的发生和发展、地面隆起、沉降、膨胀、剥落、开裂等），建筑物现象（地声、地裂、变形等），地下水或地表变形异常，动物异常等，并作详细记录。在滑坡进入加速变形阶段后，应将地表裂缝发育分布及扩展、延伸等情况及时反映到大比例尺的工程地质平面图上，并随时作裂缝的空间分配套分析。有平洞等地下工程时，还应进行地下宏观变形调查	适用于一切滑坡，尤其是崩塌变形的监测，临滑阶段的监测，是掌握滑坡变形破坏和裂缝发育空间分布规律的主要和重要手段

注　据《崩塌、滑坡、泥石流监测规范》（DZ/T 0221—2006）。

测线确定后,应根据滑坡的地质结构、形成机理、变形特征等,分析、建立沿测线在平面、垂向上所表征的变形地段及其特征。

3. 测网

滑坡变形监测网的布设型式可分为如下几种(图5.2-24)。

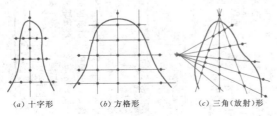

(a) 十字形   *(b)* 方格形   *(c)* 三角(放射)形

图 5.2-24 监测点网布设示意图

(1) 十字形。纵向和横向测线构成十字形。根据实际情况可以布设成"丰"、"卄"或"卅"字形。这种网型适用于范围不大、平面狭窄、主要活动方向明显的滑坡。

(2) 方格形。两条或两条以上纵向和横向测线近直交布设,组成方格网。这种网型测点分布的规律性强,监测精度高,适用于滑坡地质结构复杂,或群发性滑坡。

(3) 三角(放射)形。各测点的连线和延长线交会后呈三角形或放射状。这种网型测点的分布规律性差,不均匀,距测站近的测点的监测精度较高。

(4) 任意形。在滑坡范围内根据需要设置若干测点,在滑坡外围设置测站点,用三角交会法、GPS法等监测测点的位移情况。适用于自然条件、地形条件复杂的滑坡的变形监测。

(5) 对标形。在裂缝、滑带等两侧,布设对标或安设专门仪器,监测对标的位移情况,标与标之间可不相互联系,后缘缝的对标中的一个尽可能布设在稳定的岩土体上。在其他网型布设困难时,可用此网型监测滑坡重点部位的绝对位移和相对位移。

(6) 多层形。除在地表布设线、测点外,利用钻孔、平洞、竖井等地下工程布设点,监测不同高程,不同层位滑坡的变形情况。

5.2.6.5 监测数据采集与整理

1. 数据采集

(1) 及时。应该按照一定的监测频率或预报需要及时采集监测数据。

(2) 全面。每次都应收集与监测滑坡和影响因素有关的所有数据。

(3) 准确。确保每一项记录准确无误。现场如发现明显错误,应进行重测;并尽可能地消除人为和机械误差。

2. 数据整理

(1) 建立监测数据库。根据监测资料类别分别建立相应的监测数据库。包括地质条件数据库、滑坡特征数据库和监测数据库等。

(2) 建立数据分析处理系统。可采用相应的数据处理软件包,也可以手工进行数据处理:误差消除→统计分析→曲线绘制(拟合、平滑、滤波)等。

(3) 根据预警预报的需要,按小时、日、旬、月、季、半年或年,分门别类地绘制各类监测曲线,编制图件,以供分析:

1) 对绝对位移监测资料应编制水平位移、垂向位移矢量图及累计水平位移、垂向位移矢量图,以及上述两种位移量叠加在一起(合位移)的综合性分析图,位移(某一监测点或多监测点水平位移、垂向位移等)历时曲线图。相对位移监测,编制相对位移分布图、相对位移历时曲线图等。

2) 对地面倾斜监测资料应编制地面倾斜分布图、倾斜历时曲线图。地下倾斜监测,编制钻孔等地下位移与深度关系曲线图、变化值与深度关系曲线图及位移历时曲线图等。

3) 对声发射等物理量监测资料等应编制地声(噪音)总量与地应力、地温等历时曲线图和分布图等。

4) 对地表水、地下水、库水等监测资料应编制地表水位、流量历时曲线图,地下水位历时曲线图、库水位历时曲线图、土体含水量历时曲线图、孔隙水压力历时曲线图、泉水流量历时曲线图等。

5) 对气象监测资料应编制降雨历时曲线图、气温历时曲线图、蒸发量历时曲线图,以及不同降雨强度等值线图等。

6) 为进行相关分析,还应编制:滑坡变形位移量(包括绝对和相对)与降雨量变化关系曲线图,变形位移量与库水(或地下水位)变化关系曲线;倾斜位移量(包括地表和地下)与降雨量变化关系曲线图,倾斜位移量与库水(或地下水位)变化关系曲线图;滑坡区地下水位、土体含水量、降雨量变化关系曲线图,泉水流量与降雨量变化关系曲线图,地表水位、流量与降雨量变化关系曲线图等。

3. 常用监测曲线

以四川省丹巴县城后山滑坡、三峡和二滩水电站库区滑坡监测曲线为例,简要说明几种常见监测曲线的实际意义。

(1) 变形速率—时间曲线。变形速率一般是指每隔一定的时间间隔(按小时、天、月、季、年等为单位)监测一次所得到的滑坡位移量。变形速率—时间曲线表示滑坡监测点的变形速率随时间发展变化的曲线,往往呈锯齿状,从这种呈波动起伏的监测曲线中分析坡体的总体变化趋势，掌握滑坡的宏观变形演化规律（图5.2-25）。

（2）累计位移—时间曲线。累计位移是指将前期每次所监测到的位移（变形速率）进行累加，由此得到某一时刻滑坡的总体位移量。累计位移—时间曲线表示累计位移随时间变化的曲线，其消除了位移（位移速率）—时间曲线上的振动，往往比较平滑（图5.2-26）。

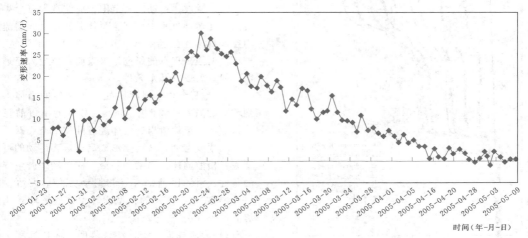

图5.2-25 四川省丹巴县城后山滑坡6号监测点变形速率—时间曲线

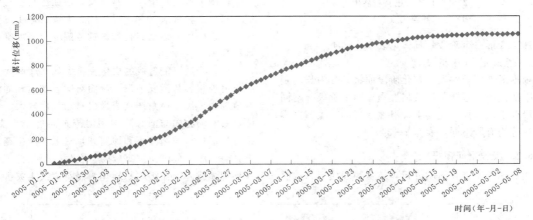

图5.2-26 四川省丹巴县城后山滑坡6号监测点累计位移—时间曲线

（3）钻孔倾斜仪监测曲线。根据钻孔倾斜监测资料，可以作出不同监测时间段（按小时、天、月等单位为时间间隔）的位移随钻孔深度变化曲线，每条曲线都是从滑坡体地表至沿钻孔至深处每一位置某一监测时刻的位移的连线，因此其表示的是滑坡体表面至深处不同点位移的空间分布规律（图5.2-27）。

（4）滑坡变形与降雨量的关系曲线。将位移（累计位移或变形速率）—时间曲线与降雨量历程图进行对比分析，可以找出滑坡变形与降雨的相关关系，并由此分析变形的影响因素（图5.2-28）。

（5）滑坡变形与库水位的关系曲线。对比分析滑坡变形（累计位移或变形速率）与库水位变化关系曲线，可了解滑坡的变形与水库蓄水或者库水位升降速度之间的关系（图5.2-29）。

（6）地下水位—时间曲线。地下水位—时间曲线表示滑坡体内地下水位随时间的变化曲线。通过分析可以了解滑坡区地下水位的变化特征，尤其是降雨、库水位升降期间地下水与滑坡变形、推力等之间的关系，有助于了解滑坡变形和稳定性的发展趋势。

5.2.6.6 滑坡时间预报

1. 滑坡变形演化阶段

斜坡变形在时间上一般可分为初始变形、等速变

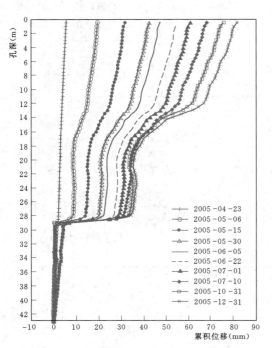

图 5.2 - 27　四川省丹巴县城后山滑坡
ZK12 钻孔倾斜仪监测曲线

形和加速变形三个阶段，具体见表 5.2 - 34。

2. 滑坡时间预报尺度

根据滑坡所处的发展演化阶段而将其分为长期预报、中期预报、短期预报及临滑预报四个阶段，不同时间尺度下的预报精度要求、滑坡预报的对象、内容和方法等均有所不同（表 5.2 - 34）。

5.2.6.7　滑坡空间预报

通过现场调查和地质分析，结合物理模拟和数值

模拟等手段，分析预测滑坡发生范围、变形破坏方式、运动方向和路线、成灾范围、堆积形态与规模等。

滑坡灾害成灾范围应包括：

（1）滑坡体发生滑动的范围。

（2）滑坡体运动所及范围。应注意大方量高位岩质滑坡在运动过程中可能会解体并转化为碎屑流，沿沟谷作高速远程运动，使滑坡的危害范围明显加大，破坏性增强。现有的研究结果表明：形成高速远程滑坡一般具备以下几个条件。

1）地形条件：滑源区处于较高位的山体上，与到坡脚的高差一般大于 200m。如果剪出口前缘为陡坎状地形，突然滑出的岩体经过陡坎临空飞跃后，速度会大幅度增加，从而使形成高速远程运动的可能性增大。松散固体物源沿沟谷沿（流）动是产生碎屑流的条件，滑源区前部存在与滑动方向呈大角度相交（一般需超过 120°）的大型沟谷也是使滑坡转化为碎屑流的条件。

2）滑体规模：统计结果表明，高速远程滑坡—碎屑流的体积一般都大于 100 万 m^3。

伴随高速远程滑坡—碎屑流，往往还具有气浪效应、折射回弹效应、多冲程效应、大块石弹跳飞溅效应等，使碎屑流运动路径和影响范围变得更加复杂和难以预测。

（3）滑坡可能造成的次生灾害。如水库区大方量高位滑坡很容易激发涌浪，从而对库区航运和涌浪影响范围内人民生命财产造成损失；当规模较大的滑坡体，其滑动方向与前缘峡谷型河流走向近于直交时，很容易形成滑坡堵江坝和堰塞湖，对上游产生淹没灾害，对下游形成洪涝灾害威胁。在强降雨条件下，滑坡堆积体或碎屑流很容易转化为泥石流次生灾害，进

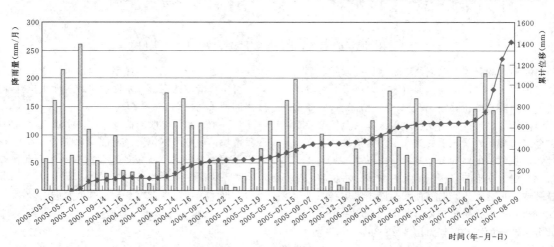

图 5.2 - 28　三峡库区秭归县白水河滑坡累计位移—时间曲线与降雨量关系

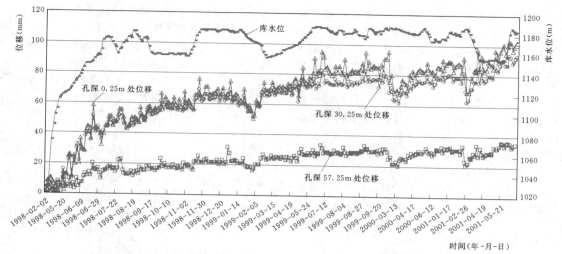

图 5.2 - 29　二滩水库金龙山谷坡Ⅱ区 45 号监测孔滑面位移与库水位关系

表 5.2 - 34　　斜坡变形演化阶段及相应预警预报内容

斜坡变形演化阶段			预警级别	预报尺度	时间界限	预报对象	预测内容
Ⅰ	AB	初始变形阶段	—	长期预报（背景预测）	几年至几十年	区域性滑坡预测为主，兼顾重点个体滑坡预测	个体滑坡侧重于稳定性评价及危险性预测
Ⅱ	BC	等速变形阶段	注意级（蓝色）	中期预报（险情预测）	几月至几年	以单体滑坡预测为主，兼顾重点滑坡群的预测	滑坡发生的险情预测及可能的危害预测
Ⅲ	CD	初加速 加速变形阶段	警示级（黄色）		开始出现变形增长现象的单体滑坡	滑坡险情和危害预测，滑坡的发展趋势进行预测
	DE	中加速	警戒级（橙色）	短期预报（防灾预测）	几天至几月	具有明显变形增长现象的单体滑坡	短期防灾预测，滑坡短期变形趋势作出判断
	EF	加加速	警报级（红色）	临滑预报（预警预测）	几小时至几天	具有陡然增加特征和较明显的滑坡前兆现象的单体滑坡	滑坡的具体发生时间预测及滑坡的临滑预警预报

一步增大灾害损失。

（4）在恶劣条件下（如地震）的放大效应所波及的范围。2008 年"5·12"汶川地震结果表明，在强震条件下，岩土体往往会表现为水平抛射、临空飞跃等运动特征，使滑坡的运动和堆积范围明显被放大。

5.2.6.8　滑坡发生时间的预测预报

目前，国内外学者已先后提出了约 40 种滑坡预测预报模型和方法，包括确定性预报模型、统计预报模型、非线性预报模型三类[35]。确定性预报模型是把各类参数予以数值化，用数理力学或试验方法，对滑坡稳定性作出明确判断。统计预报模型是运用数理统计方法和模型，着重于滑坡及地质环境和外界作用因素间关系的调查统计，获得规律，拟合不同滑坡位移—时间曲线，进行外推预报。非线性预报模型是引用非线性科学理论而提出的滑坡预报模型。大量的滑坡预报实例检验和验证结果表明，上述滑坡预报模型并不具有"普适性"和"先验性"，在实践中应结合实际情况选用和慎用。下面推荐几类具有一定可操作性的滑坡中长期和短临预报模型和方法。

1. 滑坡中、长期预测预报模型与方法

（1）基于极限平衡理论的预测评价。斜坡的变形破坏是一个复杂地质力学过程。在这个发展演化过程中，伴随着变形的不断发展，斜坡的稳定性不断降低。描述斜坡稳定性的具体指标为稳定性系数，可以通过极限平衡理论的多种稳定性计算方法作定量计算。因此，斜坡的稳定性系数可以作为斜坡中长期预测预报的一个重要指标。不过，斜坡的稳定性只能从宏观上反映斜坡的演化阶段，不能直接计算和预测预报滑坡的具体时间。

（2）外推预测法（回归分析法、神经网络法）。在斜坡演化的各个阶段，随时通过对已有的监测数据进行外推，预测今后的发展演化趋势，是滑坡预测预报的常用做法。从数学的角度讲，外推预测主要有两种：一种为利用函数表达式（如多项式、指数函数等）对已有监测数据进行回归拟合，构建斜坡演化的回归方程，并据此进行外推预测；另一种为人工神经网络方法。神经网络方法主要是模拟人类分析和解决问题的思路和工作方式，首先构造一个由多个神经元组成的网络系统，用此模拟人脑的神经细胞。通过对已有监测数据的"学习"并将学习结果存储"记忆"，然后根据新的要求，实现联想预测。实践结果表明，对于规律性较强的监测数据，神经网络具有较强的外推预测能力。

但是，仅对监测数据进行外推预测，是不能直接确定滑坡发生时间的，这就需要根据滑坡发生时监测曲线的一些基本特征或与外推预测方法的配套判据等的配合，才能预报滑坡发生时间。

（3）黄金分割数法。张倬元、黄润秋[27]通过对国内外数十个岩体失稳实例的位移观测曲线进行研究和统计分析发现，斜坡随时间发展演化的三阶段曲线中，线性阶段所用的时间与线性和非线性阶段所用时间的总和之间呈黄金分割数关系。具体可表达为如下公式：

$$\frac{T_1}{T_1 + T_2} = 0.618 \qquad (5.2-16)$$

式中　T_1——斜坡演化过程中线性阶段的历时；

　　　T_2——非线性阶段的历时。

监测资料表明，斜坡演化过程中的黄金分割数具有一定的普适性，其不仅适用于变形，也适用于能反映斜坡发展演化状态的其他状态变量，如声发射频率等。对于变形曲线而言，式中的线性阶段对应于等速变形阶段，非线性阶段对应于加速变形阶段。因此，黄金分割数法可表述为：斜坡演化过程中等速变形阶段历时是等速变形阶段与加速变形阶段总历时的0.618倍。因此，如果有自斜坡等速变形以来的监测数据，一旦斜坡演化进入加速变形阶段，便可利用黄金分割数法概略地估算出滑坡发生时间，可以不必等到斜坡进入临滑阶段才进行预测预报。

如果斜坡演化还未进入加速变形阶段，要预报滑坡发生的具体时间是很难的，甚至是不可能的。

2. 短期、临滑预测预报模型与方法

（1）斎藤迪孝预报模型。日本学者斎藤迪孝[1]提出，当坡体进入加速变形阶段，可根据位移—时间曲线作出预报。取斜坡位移—时间曲线上三个点 t_1、t_2、t_3，使其 t_2-t_1 和 t_3-t_2 两段之间的位移量相等，滑坡发生破坏时间 t_r 的计算公式为

$$t_r - t_1 = \frac{\frac{1}{2}(t_2-t_1)^2}{(t_2-t_1) - \frac{1}{2}(t_3-t_1)} \qquad (5.2-17)$$

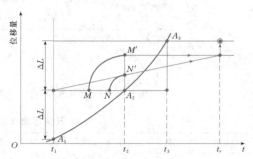

图 5.2 - 30　根据加速变形阶段曲线推算滑坡
发生时间图解（斎藤迪孝法）
M—t_1 与 t_2 的中点；N—t_1 与 t_3 的中点

斎藤迪孝法仅适用于滑坡进入加速变形阶段后的时间预报。式（5.2-17）也可用如图 5.2-30 所示的作图法直接求出滑坡发生时间 t_r。图中，MM'、NN' 为以 A_2 为圆心的圆弧。

（2）灰色系统预报模型。灰色系统理论是我国学者邓聚龙教授 1982 年创立的一门新兴交叉学科，它以"部分信息已知，部分信息未知"的"小样本"、"贫信息"不确定系统为研究开发对象，主要通过对"部分"已知信息的生成、开发，提取有价值的信息，实现对系统运行行为的正确认识和有效控制。灰色预报模型的基本思想是把滑坡看作一个灰色系统，依据滑坡随时间变化的监测时序数据，通过适当的数据处理，使之变为一递增时间序列，然后用适当的曲线逼近，以此作为预报模型对系统进行预测预报[38]。

（3）Verhulst 预报模型。Verhulst 模型是德国生物学家费尔哈斯（Verhulst）1837 年提出的一种生物生长模型。基于滑坡的变形、发展、成熟和破坏的过程与生物繁殖、生长、成熟、消亡的发展演变过程具有相似性。晏同珍[39]等考虑到滑坡的演变也有一个变形、发展、成熟到破坏的过程，两者在发展演变上具有相似性。于是将这一模型引进到滑坡的变形和时间的预测预报中。

国内一些工程师在工程实践中也总结出土质滑坡的"滑坡监控预报法"[58]。是指"变形机制分析—地表位移监测—数学模型拟合—位移异常判断—临滑预报"全过程。在坡体变形机制研究基础上建立反映位移的监测点，定时实施监测，当判断坡体处于加速变形阶段时监测频次采用2h一次。生成累计位移时间曲线，采用多项式、指数、乘幂等数学模型去拟合，求得最佳预报模型，在监测曲线上寻找异常特征点，两者相结合发出临滑预报。高阶多项式预报模型的累积位移—时间方程为

$$S = 2 \times 10^{-7} t^6 - 4 \times 10^{-5} t^5 + 0.0039 t^4 - 0.1713 t^3 + 3.4544 t^2 - 27.341 t + 158.15$$

对上述方程求一阶导数，可求出位移速率 V，表

达式为

$$V = \frac{\partial S}{\partial t} = 12 \times 10^{-7} t^5 - 20 \times 10^{-5} t^4 + 0.0156 t^3 - 0.5139 t^2 + 6.9088 t - 27.341$$

该方法是一种简洁、适用、快速滑坡临滑预报方法，在紫坪铺工程导流洞边坡多次滑坡时提前几小时作出了准确预报。避免了人员伤亡和设备财产损失。

5.2.6.9　滑坡预警预报判据

滑坡预警预报判据是指用于判定斜坡体进入临界失稳状态的指标或外界诱发因素可能导致滑坡发生的临界指标。目前，国内外学者已提出了10余种滑坡预警预报判据（表5.2-35）。

表5.2-35　　　　滑坡预报判据总结（引自文献［35］，有改动）

判据名称	判据值或范围	适用条件	备　　注
稳定性系数 K	$K \leqslant 1$	长期预报	
可靠概率 P_s	$P_s \leqslant 95\%$	长期预报	
声发射参数	$K = \dfrac{A_0}{A} \leqslant 1$	长期预报	A_0 为岩土破坏时声发射记数最大值；A 为实际观测值
塑性应变 ε_t^p	$\varepsilon_t^p \to \infty$	小变形滑坡中长期预报	滑面或滑线上所有点的值均趋于无穷大，参见文献［40，41］
塑性应变率 $d\varepsilon_t^p/dt$	$d\varepsilon_t^p/dt \to \infty$	小变形滑坡中长期预报	滑面或滑线上所有点的值均趋于无穷大，参见文献［40，41］
位移加速度 a	位移加速度骤然急剧增加	临滑预报	参见文献［42］
蠕变曲线切线角 α	$\alpha \geqslant 85°$	临滑预报	切线角大于85°时进入临滑阶段，滑动前切线角约等于89°，参见文献［33］
位移矢量角	突然增大或减小	临滑预报	堆积层滑坡位移矢量角锐减，参见文献［44］
分维值 D	1	中长期预报	D 趋近1意味着滑坡发生，参见文献［44］

1. 变形判据

近年来，国内外很多学者一直企图寻找能反映斜坡从变形到失稳破坏（滑坡）的临界总位移量或临界位移速率。对于临界位移速率和临界总位移量，有以下几方面的认识可供参考和借鉴：

（1）滑坡体具有非常明显的个性特征，各个滑坡都有其自身的临界位移速率和总位移量，没有一个统一的量值供滑坡预警预报时采纳和使用。如四川北川县白什乡滑坡（2007年），等速变形阶段的变形速率基本维持在 $60 \sim 80 \text{mm/d}$，加速变形阶段的位移速率约 300mm/d，而失稳破坏前变形速率超过 2000mm/d，所监测到的总位移量超过40m。而一般滑坡失稳

前临界位移速率仅为几毫米至数十毫米，临界总位移量一般为 $1 \sim 2\text{m}$。

（2）大量的蠕变试验和斜坡变形监测资料表明，在常规重力作用下，根据其所受外力的大小岩土体的蠕变行为主要表现为稳定型、渐变型和突发型三类（见图5.2-31）。在重力作用下，滑坡的变形也具有类似特点。渐变型滑坡是指土质或滑动条件不好的岩质斜坡（如反倾岩质斜坡），一般需经长时间的变形与应变能积累和滑动面的孕育，才可产生整体失稳破坏。突发型滑坡是指临空条件和滑移条件较好的岩质滑坡（如被开挖切脚的顺层岩质滑坡），其一般只需经历短时间的变形，便可产生突发性的失稳破坏。突

发型岩质滑坡从变形开始到最终的失稳破坏所经历的时间往往要比土质滑坡所用时间短得多,一般仅持续数天至数月,有的甚至仅几十分钟。突发型滑坡发生前总位移量一般远小于渐变型滑坡,但其临界位移速率又往往远大于渐变型滑坡。稳定型滑坡是指稳定性相对较好的斜坡体,在外界因素影响下突然启动变形,随后在自重作用下又逐渐恢复其稳定性,变形随时间增长达到一定程度后趋于稳定。因此,在制定滑坡的变形预警判据时,应综合考虑坡体的物质组成、结构特征、临空条件、宏观变形迹象和失稳破坏类型。

2. 降雨量判据

统计资料表明,某一个地区当一次降雨量超过某一临界值时,可能会发生群发性滑坡,如四川地区1981年强降雨和2007年的几次强降雨都诱发了大量

群发性滑坡。表5.2-36列出了从文献中查到的国内外不同地区滑坡临界降雨量值。

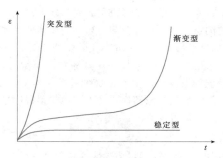

图 5.2 - 31 常规重力作用下岩土体的蠕变曲线示意图

表 5.2 - 36 国内外暴雨触发滑坡的临界降雨强度及临界降雨量值

国家和地区		要素	一次降雨过程累积降雨量（mm）	时降雨强度（mm/h）	日降雨强度（mm/d）
巴西			250～300		
美国			＞250		
加拿大			150～300		
中国	香港		＞250		＞100
	四川盆地		200～350	＞70	＞200
	云阳奉节地区		280～300		140～150
	三峡库区	堆积层滑坡	50～100	6	30
		中—厚层堆积层滑坡和破碎岩石滑坡	150～200	10	120
		厚层大型堆积层滑坡和基岩滑坡	250～330	13	150

一般来说,滑坡与降雨之间具有如下几个方面的相关关系:

(1) 斜坡失稳与总降雨量、降雨强度以及降雨持续时间都有着直接的关系。一般而言,单次降雨总量超过150mm,小时降雨量大于75mm就较容易诱发滑坡的发生。

(2) 降雨对滑坡的影响与具体地区有关。四川盆地滑坡（主要是红层地区）临界日降雨强度在200mm/d左右,香港地区临界日降雨强度为100mm/d,三峡库区临界日降雨量约120mm/d。如果在汛期,连续几次降雨时间间隔较短（小于5d）,则临界日降雨量可能会相应降低。如2007年四川达州地区7月初产生的群发性滑坡,其日降雨量仅为100～120mm/d。

(3) 对同一类型不同规模的滑坡,规模大的滑坡

所需临界降雨量大。在四川盆地,累积降雨量在50～160mm、日降雨量在20mm以上时,就可能出现小型浅层滑坡;当累积降雨量在150mm以上,日降雨量大于100mm时,随着降雨量的增加,滑坡的数量也增多,中等规模的堆积层滑坡和破碎岩土滑坡开始出现;当一次暴雨过程的累积降雨量超过350mm,日降雨量大于200mm时,滑坡开始大量发生,并可能产生大型和巨型滑坡。

(4) 岩质与土质滑坡所需临界降雨量也有差别。降雨诱发岩质滑坡主要原因是基岩裂隙充水,高水头所产生的高水压力"推动"岩块滑动;而降雨诱发土质滑坡的成因机理主要是雨水入渗坡体内部使地下水位抬升并由此导致的饱水效应和软化效应。因此,降雨过程持续时间短、雨量集中的降雨过程容易诱发岩质滑坡的发生;降雨过程持续时间长、总降雨量大的

降雨过程容易诱发土质滑坡。并且，降雨诱发滑坡都具有一定的滞后性，但岩质滑坡滞后时间较土质滑坡短，岩质滑坡一般在降雨过程中期、降雨强度大的时段发生；而土质滑坡一般在降雨过程后期，甚至在雨停后 1~2d 内，等雨水充分渗入坡体并使其大部分处于饱水状态，以及滑面被全面软化时才发生滑坡。

（5）降雨型式（暴雨型和久雨型）对触发滑坡的降雨量有明显的影响。在同样的地质地貌条件下，两种降雨型式中暴雨型滑坡的累积降雨量偏低（比久雨型约低 50mm），日降雨量明显偏高；久雨型滑坡的累积降雨量明显偏高，日降雨量则偏低。而且，两种

雨型随着累积降雨量的增加，触发滑坡的日降雨量都有减少的趋势。

3. 临滑前兆异常

与地震、火山等相似，斜坡失稳破坏前（尤其是大规模整体滑动前）也会出现前兆异常特征，这些信息在滑坡临滑前表现直观，易于捕捉，所以用于滑坡的临滑预报可能有效（表 5.2-37），可分为如下几类：

（1）地形变异常。

（2）地声、地热、地气异常。

（3）动物异常。

（4）地下水异常。

表 5.2-37　　　　　　　　　　　　滑坡临滑前兆异常信息

滑坡名称	临滑前兆异常信息
湖北秭归新滩滑坡	1983 年滑坡前缘斜坡柳林至湖北省西陵峡岩崩调查工作处招待所一线泉水变浑，水量增大，湿地面积突然增大，在滑体上段姜家坡望人角一带（高程 520.00m）70 万 m³ 土石下滑前 5min 左右，斜坡突然喷射超高压泥沙水流（或气流）三丈余高
广元县大石区滑坡	滑坡前，发现大、小猴子下山糟蹋庄稼，抢吃山粮。同时发现蛇和老鼠爬树，过后不几天发生大滑坡
贵州平溪特大滑坡	2003 年 5 月 11 日发生，发生前半小时内听见狗狂吠
鹤哥山崩	据记载"1599 年（明万历二十七年）狄道城东五里外，地名鹤哥山崩稍北拥出小山五座，分袭地陷没坟墓未崩之先土民夜闻山中鼓吹之声不数日而山崩焉"
三峡库区千将坪滑坡	滑坡在 2003 年 7 月 14 日发生，发生前数天内，青干河滑坡部位突然鱼群聚集，致使周围渔民纷纷聚集于此打鱼
砂岭滑坡	滑坡发生前有明显的变形，滑坡前缘开始有小的滑动，滑坡体上农田普遍开裂，裂缝最宽达 1m。且地下泉水变大水质变浑和冒气，有的地方还出现新泉。动物也有异常，诸如猪翻圈，耕牛惊叫，老鼠搬家等
石柱县盈丰大滑坡	滑坡前，滑体上出现猪拱地，翻圈外逃，耕牛惊叫，老鼠搬家等动物反常现象
四川青神县白菜滑坡	1980 年四川青神县白菜崩滑体崩滑前，正在耕田的牛，骤然惊慌乱跑，不听主人呼叫，之后约一刻钟暴发了一场大滑大崩灾害
四川省马头嘴滑坡	1981 年 7 月 16 日 4 时地裂缝迅速扩大，随着一声巨响滑坡开始滑动。滑坡发生前地声明显，滑坡前滑体上曾有牛不进圈等动物异常前兆，滑坡后也有鼠爬竹子等动物异常现象
天宝滑坡	滑坡在大滑动前一天听到地下像打闷雷的声响，猪牛不宁，不停嚎叫，扯人裤脚。1982 年 7 月 17 日 7 时，滑坡前缘开始滑动，8~9 时，房屋普遍开裂。11 时，开始大滑动
西藏易贡滑坡	2000 年西藏易贡滑坡发生前数日，见扎隆沟内水流变黑，并散发出一股难闻的味道
云阳大滑坡	滑坡前，滑体前缘龙头处出现小股承压自喷浑泉，喷射水头高达 2~3m，出现狗哭泣，只喝水不吃食，悲伤得死去活来，两天后发生大于 1000 万 m³ 的滑坡
中江县滑坡	滑坡前一个星期，老鼠上山偷吃玉米，2~3d 吃光了 3~4 亩地玉米，白天定居树上
资中枣树公社滑坡	滑坡前 3d，地面鼓包开裂，冒出浑水；滑前 1~2d，发现家蜂陆续飞逃，大雀鸟叼着没长毛的小鸟强行搬迁，次日发生滑坡
旺苍县滑坡	1981 年 8 月旺苍县许多滑坡滑动前出现猪、牛在圈内惊恐不安，大声惨叫，次日发生滑坡。王家沟滑坡前，地面溢出红泥浆水，涌出浑泉，湿地遍布
南江县大滑坡	1974 年 9 月 14 日大滑坡前 1d，于滑体前缘突然冒出一股泉水，14 日 7 时泉水流量增大，水变浑，至 8~9 时出现喷泉，9 时 20 分就发生大滑坡
攀钢石灰石矿滑坡	1981 年滑前亦听到岩体位移的错断声

续表

滑坡名称	临 滑 前 兆 异 常 信 息
四川越西铁西滑坡	1980 年滑前起动均听到闷雷式隆隆声
恩施杨家滑坡	1980 年滑坡滑前 1d，滑体中部碗口粗浑水上涌 12h 才消失
利川石坪寨滑坡	1982 年滑前 3d，滑体中部冒出脸盆粗二股含泥浑泉；同年巴东罗圈岩崩滑坡，滑前 12h 在前缘多处冒浑水
陕西宁强石家坡滑坡	1981 年滑坡前，前缘出现了高压射流的泥气流喷发，几小时后即发生了高速滑坡

5.2.6.10　滑坡综合预报

1. 加强地质工作，注重宏观变形破坏迹象和机理分析

在查明滑坡地形地貌、地层岩性、坡体结构以及水文地质条件等的基础上，分析滑坡变形破坏模式和成因机制；在进行滑坡监测时，除采用监测仪器进行各测点的专业监测外，尤其应加强对滑坡体宏观变形破坏迹象的调查，掌握滑坡体的空间变形破坏规律、判断演化阶段和可能的发展趋势。

2. 注意滑坡变形分区

受地形地貌、地质结构、外界因素等影响，同一滑坡不同部位、不同区段其变形量的大小、变形规律可能会有所差别。根据监测和宏观变形破坏迹象及成因机制，进行变形分区。各个区段选取 1～2 个关键监测点作为预测预报的依据。一般而言，位于滑坡后缘弧形拉裂缝附近的监测点基本可以代表整个滑坡的变形特征，是滑坡预测预警的关键监测点。当然，对于推移式滑坡，其前缘隆起部位的监测点也是非常具有代表性的关键监测点。

3. 注重滑坡变形破坏时间和空间演化规律

斜坡变形时间演化规律指变形曲线的三阶段演化规律。斜坡变形进入加速变形阶段是斜坡整体失稳（滑坡）发生的前提条件。一旦进入加速变形阶段，就应引起高度重视，加强监测预警。斜坡变形空间演化规律指裂缝体系的分期配套特性。形成圈闭的裂缝配套体系是整体下滑的基本条件。

4. 注意外界因素对斜坡变形的影响

强降雨、库水位变动、人类工程活动等外界因素将对斜坡的变形演化会产生重要的影响，其不仅使变形监测曲线出现振荡，周期性的外界因素还可能使变形曲线呈现出"阶跃型"的特点。对于阶跃型变形曲线，有时判断其发展演化阶段仍很困难，尤其是阶跃出现后又还未恢复到平稳期时，很难确定究竟是斜坡演化的一个"阶跃"，还是斜坡已经进入加速变形阶段？可从以下角度考虑和分析此类问题：

（1）进行外界影响因素与滑坡变形监测结果的相关性分析，找出变形曲线产生阶跃的直接原因。如果通过相关性分析，认为坡体变形的急剧变化是由降雨、库水位变动等原因造成，则只需加强监测，待相关因素的影响消除后看其进一步的发展趋势。反之，如果没有明显的外界因素导致坡体变形急剧增加，而是由自身演化导致的，则可能说明其已真正进入加速变形阶段，应提高警惕，加强监测预警。

（2）加强变形监测曲线与斜坡宏观变形迹象的对比分析，尤其应加强对裂缝体系分期配套特征的分析。斜坡进入加速变形阶段在时间上的表现应是变形速率持续增加，在空间上的表现应该是形成圈闭的裂缝体系，两者应同时满足。

5. 注重定量预报与定性分析的结合，进行滑坡综合预报

斜坡发展演化具有非常强的个性特征，而现在提出的滑坡定量预报模型，大多依赖于对监测结果的数学推演，缺乏与滑坡体直接关联和对滑坡个性特征的把握。因此，目前滑坡的定量预报模型存在适宜性差、预报准确度不高、预报不具针对性等缺点。如果要深究起来，滑坡定量预报还存在许多具体细节问题没有很好解决。比如：在多个监测点中，究竟选取哪个监测点的监测数据作为预报依据？在一个监测时间序列中，究竟选取哪个时间段、多长时间段的监测数据作为预报依据？在位移切线角计算时如何统一纵横坐标系？等等。这些细节问题直接影响了预报结果的可信度和准确度。因此，滑坡预测预报应注意将定量预报、定性预报、数值模型预报三者有机结合，进行总体分析，宏观把握，实现滑坡的综合预测预报。

6. 注意滑坡的动态预测

斜坡的发展变化是一个复杂的动态演化过程。在滑坡监测预警过程中，应随时根据坡体的动态变化特点，进行动态的监测预警。越到斜坡演化后期，尤其是进入加速变形阶段和临滑阶段，应加密观测，实时掌握坡体变形动态，并根据新的时、空演化规律，及时作出综合预测和预警。

表 5.2-38 为三峡库区滑坡灾害监测预警四级预警级别划分的综合判定（引自《三峡库区滑坡灾害预警预报手册》），供参考。

表 5.2-38

滑坡灾害监测预警四级预警级别划分的综合判定

变形演化阶段		初始变形阶段	等速变形阶段	加速变形阶段	加速变形中期阶段	临滑阶段
预警级别	名称	一	注意级	警示级	警戒级	警报级
	颜色	一	蓝色	黄色	橙色	红色
对应变形阶段		初始变形阶段及等速变形段初期	等速变形段中后期	加速变形初始阶段（初加速）	加速变形中期阶段（中加速）	加速变形突增（临滑）阶段（加加速）
变形基本特征		斜坡开始出现轻微的变形，变形速率缓慢增加	斜坡开始出现明显的变形，但平均速率基本保持不变	变形速率开始增加	变形速率持续稳定地增长、宏观上显示出整体滑动迹象	变形速率持续增长，小崩、小塌不断
变形监测曲线		变形速率切线角 α 由大变小，甚至曲线下弯	变形曲线有所波动，但切线角 α 近于恒定值，总体趋势为一微向上的倾斜直线	变形曲线逐渐呈现增长趋势，切线角 α 由恒定逐渐变陡，但增幅较小，曲线开始上弯	变形曲线持续稳定地增长、切线角 α 明显变陡，曲线明显上弯	变形曲线骤然快速增长，且有不断加剧的趋势，切线角 α 逐渐接近 90°，变形曲线趋于陡立
推移式滑坡 宏观变形破坏迹象（裂缝产生、发展、演化以及裂缝体系的分期配套）		在坡体中后部出现拉张裂缝，裂缝短小、断续分布，方向性不明显。地表若为松散岩土体，则裂缝可能首先生于滑坡区建构筑体，如房屋墙体、地坪、挡墙等出现开裂，错动和轻微下沉等迹象	地表裂缝逐渐增多，长度大，并逐渐向前扩展，后缘开始出现下座变形；侧翼剪张裂缝开始产生并逐渐向前缘扩展、延伸	后缘弧形拉张裂缝趋于连接，开始加大加深；侧翼扭张剪张裂缝逐渐向坡体中前部扩展延伸；前缘开始出现鼓胀、隆起，产生临空，如果前缘错动面（剪出口）见剪切错动出现	张裂缝相互连接，侧翼剪张裂缝明显加快、加深，出现纵向放射状张裂缝和横向坡胀裂缝，滑坡边界基本相互贯通，滑坡圈闭边界已形成	由裂缝体系构成的滑坡圈闭边界和滑坡底滑面完全形成。如果斜坡整体滑移受其边界限（如前后缘临空条件差反翘等），前缘将出现临界滑移，滑后缘可能会出现后缘裂缝逐渐闭合，前缘外发等现象。坡体前缘小崩、小塌不断
牵引式滑坡 宏观变形破坏迹象（裂缝产生、发展、演化以及裂缝体系的分期配套）		在坡体前缘，尤其是其临空面附近的地表是首先出现拉张裂缝，裂缝短小、断续分布	前缘地表裂缝增多、长度增大，逐渐向后扩展。侧翼剪张裂缝出现并逐渐向后缘延伸，并沿治坡多产生下错台坎	横张裂缝扩展到坡体后缘边界，并逐渐向后形成弧形拉张裂缝；侧翼剪张裂缝逐渐向后缘扩展延伸。前缘裂缝逐渐贯通并前缘后裂缝贯通滑塌	可能会产生由前向后的逐级滑塌后退现象；后缘弧形拉张裂缝已完全形成，并贯通、滑圈闭闭合边界形成。如果前缘跨塌、滑移受阻，整个滑坡体可能会向推移式转化	由裂缝体系构成的滑坡圈闭闭合边界和滑坡底滑面完全形成。可能阐述从前向后逐渐滑塌破坏

续表

变形演化阶段		初始变形阶段	等速变形阶段	加速变形阶段	加速变形中期阶段	临滑阶段
宏观变形破坏迹象	位移矢量	位移矢量方向零乱、量值差别大	位移矢量方向逐渐趋于一，指向主滑方向，位移量值是后部大，前部大、中部小、两侧小	各部位监测点位移差别逐渐缩小	各部位监测点目方向基本统一，指向主滑方向，位移量值差别更小	各部位监测点位移矢量方向和量值均趋于一致
	隆起与沉陷	无明显隆起和沉陷或偶见沉陷和隆起	后缘局部沉陷前缘局部隆起	后缘沉陷、前缘隆起象比较明显	后缘沉陷，前缘隆起现象显著	滑体后部急剧下沉，前缘出现放包、隆起开裂；滑坡的剪出口位置、出现剪及其影响地带、出现剪出、膨胀和松动带
	崩塌	几乎不发生或很少发生	崩塌偶尔发生	崩塌时有发生象本变	崩塌常有发生、发生频率增加	滑体崩滑不断、频次渐高、规模渐大、崩滑活动频率急剧加快
	地表及地下水				滑坡体及前缘泉点数目增加或减少以及出现湿地、水位跃变、水质、水量、水温、水量增大，泉水变浑，温度上升为温泉甚至出现喷泉等	滑坡后部水田，水池的突然下降和干枯，水的颜色发生变化、水温变化，如出现新泉或泉水衰竭
	地声					出现岩土体移动、破裂、摩擦发出的声响，建筑物倒塌、滚石发出的声响
	地气					滑坡区冒出冷风、尘烟，有味或无味的热气
宏观前兆异常	动物异常					蛇鼠出洞，鸡飞，犬吠、家蜂外逃，耕牛惊叫，老鼠搬家、麻雀搬迁，鱼群聚集及猪牛鸡狗惊恐不安等现象。通常动物出现异常早，紧随其后的是蜂、鸟、鸡、鸭、猫等小动物出现异常；当出现大牲畜如牛，马，猪等时间时，才出现大动物行为异常，如狗，猪、牛等

340

变形演化阶段		初始变形阶段	等速变形阶段	加速变形阶段	加速变形中期阶段	临滑阶段
预报判据	变形速率	变形速率时大时小，无明显规律性	变形速率呈有规律的波动，但平均和宏观变形速率基本相等	变形速率开始逐渐增加	变形速率出现较快增长趋势	变形速率持续快速增长
	位移矢量角	位移矢量角逐渐减小至0	位移矢量角等值增大	位移矢量角由等值增大开始非等值增大	位移矢量角非等值增大幅度渐增和加速度渐增	位移矢量角衾然增大或减小
	稳定性系数	$K>1.05$	$1.0\leq K\leq1.05$	$0.95\leq K<1.0$		$K<0.95$
滑坡对外界影响因素的变形响应	降雨	滑坡变形与降雨正相关关系。每次大的降雨后，位移-时间曲线出现一次正向波动，但都存在一定的滞后，且具有可逆性。降雨（汛期）过后，变形又回复到平稳状态，宏观上仍保持固定的变形速率		滑坡的变形对降雨事件很敏感，呈线性相关关系。即使是小的降雨量，也会在位移速率-时间曲线上有明显的反映。每年汛期，滑坡位移-时间曲线出现一次阶跃，且存在一定的滞后。每次降雨事件都会有所增加。一次临界降雨可能诱发滑坡		
	库水位变化	滑坡变形与库水位变化存在一定的相关关系，库水位骤升骤降时，且位移量有所增加。一般而言，滑坡滞后降雨现象较明显。一般而言，斜坡变形对库水位上升更敏感		滑坡的变形对库水位变动较敏感，滑坡位移-时间曲线出现一次阶跃，且存在一定的滞后，且不可逆。一般而言，滑坡变形对库水位上升更敏感。每次库水位变动过后，滑坡变形速率都会有所增加。快速大幅度的库水位升降可能诱发滑坡		
预报模型和方法	神经网络模型	适合于滑坡长期变形趋势预测。通过对已有监测数据的学习，外推预测滑坡的发展演化趋势				
	黄金分割法	适合于滑坡等速变形阶段的历时，可用于滑坡中长期预报		$$\dfrac{T_1}{T_1+T_2}=0.618$$ 式中，T_1 为滑坡等速变形阶段的历时；T_2 为滑坡进入加速变形阶段直至滑坡发生时的总历时。		
	斋藤迪孝法			$$t_r-t_1=\dfrac{\frac{1}{2}(t_2-t_1)^2}{(t_2-t_1)-\frac{1}{2}(t_3-t_1)}$$ 式中，t_r 为滑坡发生破坏时间；t_1、t_2、t_3 为滑坡位移-时间曲线上三个点，且 t_2-t_1 和 t_3-t_2 两段之间的位移量相等。 适合于滑坡短临预报		

续表

变形演化阶段		初始变形阶段	等速变形阶段	加速变形阶段	加速变形中期阶段	临滑阶段
预报模型和方法	灰色系统模型			式中，$X^{(1)}(k)$ 为一次累加生成数据；$X^{(0)}(1)$ 为位移时序初值；u，a 为模型中待定系数；Δt 为位移序列时间间隔。适合于滑坡短临预报。	$$k = -\frac{\ln\frac{X^{(1)}(k)-u/a}{X^{(0)}(1)-u/a}+1}{a}; \quad t = k\Delta t$$	
	Verhulst模型			式中，a，b 为模型中待定系数；$X^{(1)}$ 为位移时序资料的初值；Δt 为位移序列时间间隔。适合于滑坡短临预报。	$$t = \left\{\frac{1}{a}\ln\left(\frac{a}{bX^{(1)}}-1\right)\right\}\Delta t$$	
	协同模型			式中，a，b 为模型中待定系数（一般恒定为1）；u_0 为位移时序资料的初值；t_0 为时序号初始数。适合于滑坡短临预报。	$$t = \frac{1}{2a}\ln\left(\frac{a-bu_0^2}{2bu_0^2}\right)+t_0$$	
减灾措施			(1) 开展滑坡的专业监测工作；(2) 实施群测群防，落实搬迁避让计划	(1) 加密滑坡专业监测；(2) 划定滑坡危险区和影响区，发放防灾明白卡，对处于危险区的居民应急速撤离避让；(3) 制定防灾预案	(1) 发布橙色警报；(2) 进行滑坡涌浪预测、划定滑坡危险区和影响区；(3) 启动防灾预案；(4) 24h不间断监测巡视，遇紧急情况随时向指挥中心报告	(1) 发布红色警报；(2) 封锁涌浪预测范围内的水域；(3) 撤离危险区和影响区的所有人员；(4) 组织应急抢险施工队伍

5.3 崩　　塌

大多水电站位于河谷深切、岸坡高陡地域。大多数边坡岩体结构面发育，在长期风化、卸荷作用下，岩体变形破坏强烈，在高陡的边坡下部修建水电工程，必然会面临崩塌危岩带来的潜在威胁。很小范围的人为、自然因素（如降雨、地震、渐进性的风化等）就可能导致崩塌失稳，给水电施工安全及电站运行带来威胁、破坏，甚至灾难性后果。

5.3.1 崩塌的定义

崩塌与落石、坍塌、塌岸等地质灾害既有区别又有联系（表 5.3-1）。

表 5.3-1　　崩塌、落石、坍塌与塌岸

崩塌	崩塌是指陡峻边坡所发生的一种突然而急剧的动力地质现象，即在地势陡峻、地质条件复杂的边坡上，其岩体、土体在自重和外力的作用下，突然脱离母岩（土）体而急剧地坠落、倒塌或滑移呈翻滚、跳跃状破坏。崩塌后，变形体各部分的相对位置紊乱，互无联系，较小的块体翻滚较近，较大的块体翻滚较远，堆积成倒石锥或岩锥
落石	落石系指在悬崖或陡坡上，个别岩块（有时伴随若干小块）在自重和外力的作用下，突然脱离母岩（土）体而急剧下落。落石与崩塌的形成条件与产生原因虽有差别，但性质相似，唯其规模较小，也可以将其列为崩塌的亚类
坍塌	坍塌系指边坡的坡度与岩（土）体所能维持的天然休止角不适应而产生的破坏现象，其主要特点是整个边坡不稳定，直至边坡与岩（土）体的天然休止角相适应为止。相比较而言，坍塌发生的时间要比崩塌发生的时间长
塌岸	塌岸系指在库水位变化和波浪等水动力作用下，岸坡失稳破坏，使库岸岸线后退的地质现象

5.3.2 崩塌分类与分级

5.3.2.1 崩塌分类

崩塌按成因机理可分为倾倒式、滑移式、鼓胀式、拉裂式和错断式（表 5.3-2）；按破坏模式可分为滑塌式、倒塌式和坠落式（表 5.3-3）。

5.3.2.2 崩塌危害等级

崩塌危害损失分级见表 5.3-4。

表 5.3-2　　崩塌按形成机理分类表

类型	岩　性	结　构　面	地貌	受力状态	起始运动型式
倾倒式	黄土、直立岩层	多为垂直节理、直立层面	峡谷、直立岸坡、悬崖	主要受倾倒力矩作用	倾倒
滑移式	多为软硬相间的岩层	有倾向临空面的结构面	陡坡通常大于 55°	滑移面主要受剪切力	滑移
鼓胀式	黄土、黏土、坚硬岩层下伏软弱岩层	上部垂直节理，下部为近水平的结构面	陡坡	下部软岩受垂直挤压	鼓胀伴有下沉、滑移、倾倒
拉裂式	多见于软硬相间的岩层	多为风化裂隙和垂直拉张裂隙	上部突出的悬崖	拉张	拉裂
错断式	坚硬岩层、黄土	垂直裂隙发育，通常无倾向临空的结构面	大于 45° 的陡坡	自重引起的剪切力	错落

注　引自《滑坡防治工程勘查规范》（DZ/T 0218—2006）。

表 5.3-3　　崩塌按破坏模式分类表

危岩类型	滑塌式	倒塌式	坠落式
破坏模式	危岩体后部存在与边坡倾斜方向一致的、贯通或断续贯通的破裂面，倾角较缓，破裂面的剪出部位多数出现在陡崖，也可能出现在危岩体基座岩土体中，危岩体沿着破坏面滑移失稳	危岩体后部存在与边坡走向一致的或断续贯通的破裂面，危岩体底部局部临空，危岩体重心多数情况下出现在基座临空支点外侧，危岩体沿着支点向临空方向倒塌破坏	危岩体上部受结构面切割脱离母岩，下部与后部母岩尚未完全脱离。危岩体底部临空

续表

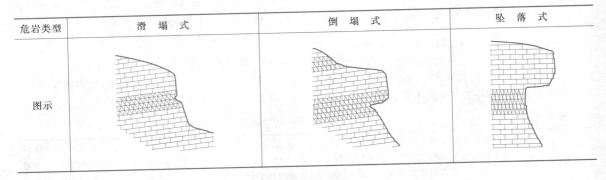

危岩类型	滑 塌 式	倒 塌 式	坠 落 式
图示			

表 5.3 - 4　　　　　　　　　　　　　　　崩 塌 危 害 损 失 分 级

分　　级		I	II	III
危害人数（人）		>1000	1000~500	<500
经济损失	直接经济损失（万元）	>1000	1000~500	<500
	预测灾害损失（万元）	>10000	10000~5000	<5000

5.3.2.3　崩塌体规模分级

崩塌体规模分级（型）见表 5.3 - 5。

5.3.2.4　崩塌体地质复杂程度的划分

崩滑体地质复杂程度的分级见表 5.3 - 6。

表 5.3 - 5　　　　　　　　　　　　　崩 塌 体 规 模 分 级 （型）

分　　级	I	II	III	
	特大型	大型	中型	小型
崩塌（万 m³）	>100	100~10	10~1	<1

表 5.3 - 6　　　　　　　　　　　　　崩 滑 体 地 质 复 杂 程 度 分 级

分　　级	I	II	III
崩塌体组合情况	呈群体，且次级崩塌体发育	呈群体	单一
潜在崩滑面（带）数量	多于 3 层（个）	3~2 层（个）	1 层（个）
崩滑体厚度（m）	>25	25~10	<10
崩塌体稳定性	临崩、临滑状态	不稳定	潜在不稳定
地形条件	复杂	较复杂	简单
水文地质条件	复杂	较复杂	简单

5.3.3　崩塌地质测绘与调查

5.3.3.1　崩塌地质测绘与调查的内容

（1）组成崩塌危岩的岩体结构特征，包括地层岩性及其刚度和组合。

（2）岩体结构面特征，包括结构面类型、性质、产状、规模、充填物和充水情况。卸荷裂隙产状、规模和分布。卸荷裂隙与岩体结构面的关系。崩塌控制性结构面和控制性裂隙产状、规模和特征。

（3）崩塌体基座或下卧软弱层岩性、产状、分布等特征，崩塌体之下卧层风化程度或天然洞穴（溶洞

等）或矿产开采情况，崩塌斜坡坡脚天然河水冲刷、淘蚀或人为破坏情况。

（4）崩塌类型或变形破坏方式，区分出坠落式、倒塌式或滑塌式等。

（5）崩塌规模和范围，崩塌堆积体的组成、规模和范围。

5.3.3.2　崩塌地质测绘与调查的方法与要求

（1）以地面测绘为主，辅以坑槽探工作，拟设工程部位必须要有勘查工作控制。

（2）当采用常规地质测绘和调查，难以查明高陡

344

斜坡崩塌、危岩体三维形态和控制性结构面、裂缝、软弱夹层的规模、分布等特征时，可采用陆地摄影测量、三维岩体激光扫描等方法。

（3）测图要求。

1）平面图：工作范围长大于500m、宽大于500m，全域用1∶1000～1∶2000比例尺测图。拟设被动防护工程部位用1∶500比例尺测图。危岩带（危岩体）及拟设主动防护部位用1∶500～1∶200比例尺测图。1处灾害点若有两处及两处以上危岩离得较远的，需用小比例尺图表示整个项目危岩的分布范围、相关关系及威胁对象，然后再分别按要求测图。

2）剖面图：表示危岩与威胁对象关系的剖面比例尺与全域平面图比例尺匹配（相同）；拟设工程部位及危岩用1∶200或更大比例尺实测。

3）立面图：主要针对危岩及危岩带，用1∶200或更大比例尺测图。

（4）工程地质测绘要求。明确测绘范围、测绘内容、测绘精度，对每一处危岩块体（单体）要调查清楚，包括节理裂隙、不同结构面、规模等，并要进行编号、附上相应的照片。调查落石具体位置、运动轨迹、弹跳高度，划分危岩区范围。用测图相应比例尺作底图。

（5）建筑材料调查与评价。与工程有关的各类建筑材料的调查与评价，包括储量、材质、距离、开采条件、运输条件、具体位置、工程用各类材料估算、各类材料运到工地的价格估算。必要时可适当布置工作量控制。

5.3.4　崩塌稳定性分析

崩塌稳定性分析包括定性评价、半定量快速评价和定量评价三个方面。

5.3.4.1　崩塌稳定性的定性分析

定性研究是整个稳定评价中的基础，包括工程地质条件分析法、工程地质类比法（表5.3－7）和图解法。

崩塌稳定性分析图解法在全空间赤平投影的基础上，利用常用的投影网（吴氏网）的下半球投影来代替全空间赤平投影，表5.3－8是半球投影分析节理岩体滑塌体的原理和方法。

以表5.3－9所列岩体的几组结构面为例，对其中边坡 S—S′（边坡倾向北西方向，边坡坡度为1∶0.3）滑塌体的出露情况进行分析（见表5.3－10）。

经过分析滑塌体的构成见表5.3－11。

5.3.4.2　崩塌危岩体稳定性的半定量快速评价

崩塌危岩体稳定性快速评价是在快速评价指标体系建立的基础上进行的。在对崩塌危岩体发育的工程地质条件准确认识的基础上，定性地分析崩塌危岩体稳定性的影响因素及其相互作用对崩塌危岩体稳定性的影响程度，遵循系统性、代表性、层次性和可操作性原则，选择评价指标，建立评价指标体系，采用定性分析和半定量分析相结合的稳定性评价方法，对崩塌危岩体稳定性作出快速判断。表5.3－12是崩塌危岩体稳定性的半定量快速评价的原理和方法。

5.3.4.3　崩塌危岩体稳定性定量计算

崩塌体稳定性定量计算考虑的工况与荷载组合见表5.3－13，稳定性计算方法见表5.3－14。

5.3.4.4　崩塌稳定性分级评价指标

综合基本工况（天然）与特殊工况（暴雨、地震）的崩塌稳定性分级，提出了如表5.3－15的崩塌稳定性分级评价指标。

5.3.5　滚石运动特征分析

崩塌危岩体失稳后，滚石在边坡运动，最受关注的是滚石冲撞建（构）筑物的动能，因此需要计算分析滚石运动加速度、滚石与坡面碰撞过程运动、滚石在平台的运动过程、滚石与坡面树木的碰撞过程的影响因素和运动速率的变化。这些关系如表5.3－16所示。

表5.3－7　崩滑体工程地质条件分析法与工程地质类比法

分析方法	方　法　说　明
工程地质条件分析法	（1）高陡的地形地貌条件。 （2）潜在崩塌体为各种不稳定结构面切割的条件。 （3）大气降雨、地表水、地下水、风化作用、地震和人为因素
工程地质类比法	（1）岩性的相似性是成岩条件的相似，如陆相砂岩和海相砂岩有很大区别。又如形成的地质时代不同，岩石性质也不同，所以考虑成岩条件及地质时代是岩性对比的重要问题。 （2）岩体结构的相似性。这里应注意的是结构面的组合关系，如一组结构面组成的边坡之间可以对比，二组的同二组的对比。在对比中还要考虑结构面的成因性质等。 （3）边坡类型的相似性。这是在岩性、岩体结构相似的条件下的对比条件。如水上边坡可与河流岸坡对比。水下边坡可与河流水下边坡对比，一般开挖边坡可与公路、铁路边坡对比。依据对比情况，分析选择边坡的坡度角是比较合理的

表 5.3 - 8　　　　　　　　　**半球投影分析节理岩体滑塌体的原理和方法**

半球投影分析原理说明	图　示
（1）按照赤平投影原理是把结构面置于球心进行投影。由结构面切割投影球形成的各种切割锥，对球心来说是对称的，如图（a）。图中的切割锥 A、B、C、D 与切割锥 A′、B′、C′、D′的形状、大小是相等的，并且均由相应的结构面所构成。因此，所有结构面及其在投影球中构成的切割锥情况，可用半球中的结构面和切割锥来表示。图（a）中的切割锥 A（由 A_1＋A_2 组成），由于一部分 A_1 位于下半球，而另一部分 A_2 位于上半球（赤平面以上），则可在下半球用 A_1＋ A_2' 表示，如图（b）所示。虽然上、下半球中对称的切割锥，其形状、大小相等，并由相应的结构面所构成。但从图（a）中可以看出，切割锥所处结构面的上下盘却并不相同，如下半球切割锥 D 由结构面 P_k 的上盘和结构面 P_l 的下盘所构成，而在上半球的 D′则由结构面 P_k 的下盘和 P 的上盘所构成。因此，可以确定：下半球中切割锥所处结构面的上下盘情况是切割锥的实际情况，若用下半球中的切割表示上半球相对应的切割锥时，则应把切割锥在下半球所处结构面的上下盘位置，加以变换。由此可知，图（b）中 A_1 和 A_2' 两部分所表示的切割锥 A 是由结构面 P_l 的上盘和结构面 P_l 的下盘所构成（因 A_2' 是表示切割锥 A 在上半球的那部分，故应将下半球中所表示的上盘换成下盘）	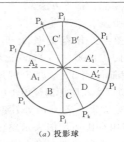 （a）投影球  （b）下半球切割锥
（2）构成切割锥的棱边是由构成切割锥的各结构面相交而成，在投影球中是从投影球心指向四周。下半球切割锥的各棱边均指向（指向赤平面以下），而上半球切割锥的棱边则指向上（指向赤平面以上）。因此，按上述的同样道理，下半球切割锥的棱边均指向下，而用下半球切割锥表示相应上半球切割锥时，棱边则应与在下半球中的实际指向相反，而指向上。如右图所示。由 A_1 和 A_2' 两部分所表示的切割锥 A 的棱边是指向下棱边 1 和指向上的棱边 4（因 A_2' 表示切割锥 A 在上半球的那部分，故应将下半球向下的棱边改为向上）	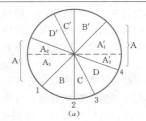 （a） 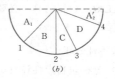 （b）
（3）各组结构面在投影球中构成各种型式的切割锥。只要某一切割锥的结构面和棱边中有一组结构面的倾向或一条棱边指向赤平面下，该切割锥便会形成不稳定的滑塌体。按其滑塌型式滑塌体可分为坠落、单滑面和双滑面滑动三种。亦即不论切割锥的可能型式是坠落、沿单滑面或双滑面滑动，其滑动方向均指向赤平面（即水平面）之下。所以采用下半球投影可使岩体稳定性分析更加直观。 　　单滑面切割锥，必然位于滑动面 P_i 之上，其他结构面 P_j 之下或之上，但其滑动方向皆为沿 P_i 面之倾向 g_i。因而单滑面滑塌体的赤平投影由包括滑动面 P_i 结构面倾向 g_i 在内，位于滑面 P_i 之上盘的投影区域，如右下图中阴影部分	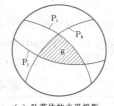 （a）坠落体的赤平投影 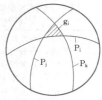 （b）单滑面滑塌体赤平投影

半球投影分析原理说明	图　　示
（4）沿双滑面滑动的切割锥，其滑动方向为 g_{ij}，即 P_i、P_j 二面的交线方向。滑动切割锥必然位于交线 g_{ij} 之上，P_i、P_j 二面之上或其中一面之上，另一面之下。此外，双滑面滑塌体的赤平投影区域为包含结构面 P_i，P_j 二面交线 g_{ij}，位于二面之上，或一面之上，一面之下的投影区域，如右图所示的阴影部分	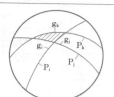 双滑面滑塌体的赤平投影
（5）当某一上述滑塌型式的切割锥（坠落、单滑面或双滑面）的一部分位于赤平面之下，而另一部分位于赤平面之上时，如图 (b) 所示的切割锥 A，在半球中的投影不能构成由结构面（不考虑赤平面圆周）圈成的封闭曲边形（右图中阴影 A_1''），但根据前述原理，该切割锥在下半球投影中所缺部分（即切割锥位于上半球那部分 A_2 的投影）为赤平圆内与投影区域 A_1'' 相对一侧的投影区域月 A_2''。因而赤平投影中投影区 A_1'' 与 A_2'' 之和，为该切割锥 A（$A＝A_1+A_2$）的全部投影区域	 (a)　　　(b)　　　(c) 部分位于上半球，部分位于下半球的切割锥 A 及其赤平投影
（6）右图中之 (a)、(b)、(c) 所示的阴影部分的投影区，即分别为部分位于赤平面之上，部分位于赤平面之下的坠落 G，单滑面 I 和双滑面 IJ 滑塌体的全部投影区域	 (a)　　　(b)　　　(c) 部分位于上半球，部分位于下半球 滑塌体的赤平投影

表 5.3 - 9　　　　岩体结构面组的产状

结构面组 P_i	结构面倾向 β_i	结构面倾角 α_i	结构面组 P_i	结构面倾向 β_i	结构面倾角 α_i
P_1	250°	30°	P_3	330°	60°
P_2	15°	38°	P_4	135°	70°

表 5.3 - 10　　　　边坡稳定性图解分析的方法和步骤

边坡稳定性图解说明	图　　示
（1）做出下半球赤平投影，标出 g_i 和 g_{ij} 如右图所示，作结构面组 P_1、P_2、P_3 和 P_4 的投影，标出单滑面的滑动方向 g_1、g_2、g_3、g_4 和双滑面的滑动方向 g_{12}、g_{13}、g_{14}、g_{23}、g_{24}、g_{34} 以及坠落方向 g	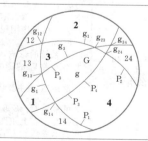
（2）标出坠落、单滑面、双滑面滑塌体的投影，标出所有滑塌型式（坠落，单滑面和双滑面）的投影；直接坠落投影区 G，单滑面投影区 1、2、3、4 和双滑面投影 12、13、14、23、24、34。刚好把赤平圆内投影区全部标完，且互不重复	
（3）确定构成滑塌体的结构面和棱边。从岩体投影图中，可分析构成各类滑塌体的结构面和相应的棱边。如坠落滑塌体由结构面 P_1、P_2、P_3、P_4 的下盘构成，其相应的棱边为 g_{13}、g_{14}、g_{24}、g_{23}，又如单滑面滑塌体 4 由结构面 P_1、P_2 的下盘和 P_4 的上盘构成，其相应的棱边为 g_{14}、g_{24}、g_{12}（因单滑面切割锥 4 的一部分在下半球，一部分在上半球。故在上半球的棱边的投影位于切割锥投影区 4 相对一侧的投影区内，即 g_{12}，并需变为负号，以表示棱边方向是投影球心指向上）	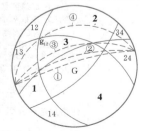

表 5.3-11　　　　　　　　　　　　滑 塌 体 的 构 成

滑塌体		滑塌方向	构成滑塌体的结构面				构成滑塌体的棱边					
			P_1	P_2	P_3	P_4	g_{12}	g_{13}	g_{14}	g_{23}	g_{24}	g_{34}
坠落 g		g						g_{13}	g_{14}	g_{23}	g_{24}	
沿单滑面滑动	1	g_1	上	下	下	下		g_{13}	g_{14}			$-g_{34}$
	2	g_2	下	上	上	下	g_{12}			g_{23}		g_{34}
	3	g_3	下	下	上		g_{12}	g_{13}		g_{23}		
	4	g_4	下	下		上	$-g_{12}$		g_{14}		g_{24}	
沿双滑面滑动	12	g_{12}	上	上		下	g_{12}		$-g_{14}$		$-g_{24}$	
	13	g_{13}	上		上	下	g_{12}	g_{13}			$-g_{24}$	$-g_{34}$
	14	g_{14}	上		下	上	$-g_{12}$		g_{14}			g_{34}
	23	g_{23}		上	上	下		$-g_{13}$		g_{23}		g_{34}
	24	g_{24}		下		上	$-g_{12}$				g_{24}	g_{34}
	34	g_{34}			上	上		$-g_{13}$	$-g_{14}$			g_{34}

注　1."上"，"下"表示 P_i 面的上盘或下盘。

　　2. g_{ij} 指向赤平面以上为（一），以下为（＋）。

表 5.3-12　　　　　　崩塌危岩体稳定性的半定量快速评价的原理和方法

1. 危岩体稳定性快速评价指标体系	（1）崩塌危岩体稳定性快速评价指标体系的初步建立	1）崩塌危岩体稳定性的主要影响因素。 主要因素：主控结构面倾角、基座情况、地形坡度、凹腔状态、岩体结构和卸荷松弛状态； 外界因素：降雨、人工爆破和地震
		2）崩塌危岩体稳定性快速评价指标的选择：①主控结构面的倾角；②崩塌危岩体基座情况；③地形坡度；④凹腔状态；⑤岩体结构；⑥卸荷松弛状态；⑦诱发因素：a. 震动因素，b. 降雨
		3）崩塌危岩体稳定性快速评价指标体系。 崩塌将危岩体主控结构面倾角（F_1）、基座情况（F_2）、地形坡度（F_3）、凹腔状态（F_4）、岩体结构（F_5）和卸荷松弛状态（F_6）等 6 个因素作为崩塌危岩体稳定性快速评价指标，它们相互作用共同组成崩塌危岩体快速评价指标体系
	（2）相互作用关系矩阵的引入	1）相互作用关系矩阵原理。 主对角线上的为主要因素，其他则为相互作用。矩阵行上每一个元素值表示一因素对另一因素的影响，行上各个元素码值合计值表示该因素对系统的总影响，可为"因"；矩阵列上各个码值表示其他因素对该因素的影响，列上码值之和表示系统对该因素的影响，可为"果"。 各因素产生的影响（因）和所受的影响（果）是不相同的，可采用约翰·亨得森提出的"专家—半定量取值方法"，该方法根据相互作用的强度分级给矩阵元素赋从 0～4 的不同整数值，其中 0 表示无相互影响，1 表示弱相互影响，2 表示中等相互影响，3 表示强烈相互影响，4 表示极强相互影响。 根据相互作用关系原理，可将研究对象视为一个有机的系统。主对角线表示系统的主要影响因素，主对角线以外元素表示因素之间的相互作用关系。主对角线上元素值为空，表示各因素不能影响其自身，只能通过与其他因素相互作用来影响系统，根据专家—半定量取值方法，相互作用程度取为 0、1、2、3 或 4。图中 I_{ij} 表示主要因素 P_i 对主要因素 P_j 的影响。 记 $F_i(C_i,E_i)$ 为主要因素 F_i 与系统的相互作用。C_i 为第 i 行非主对角线元素值之和，表示主要因素 F_i 对系统的影响，称为因，$C_i=I_{i1}+I_{i2}+\cdots+I_{in}$；$E_i$ 为第 i 列非主对角线元素之和，表示系统对主要因素 F_i 的影响，称为果，$E_i=I_{1i}+I_{2i}+\cdots+I_{mi}$。 设存 N 个主要因素，则 C_i 和 E_i 的最大值均为 $4(N-1)$，则满足：$\sum_{i=1}^{n} C_i = \sum_{i=1}^{n} E_i$ 可根据 C、E 取值绘制 $F_i(C_i,E_i)$ 在 C—E 坐标系的分布图，图中点的位置表示每个因素的相互作用程度。右上角图更为清楚地表示了因素相互作用关系。在 C—E 因素点分布图中，参数相互作用强度表示参数相互作用对系统的影响强度，可通过 $C=E$ 直线测量。$PII=(C+E)/\sqrt{2}$；参数控制表示参数对系统的重要程度，可通过对该点到 $C=E$ 的距离测量获得，$PD=(C-E)/\sqrt{2}$。 在实际应用中，通常计算所有参与评价的因素的活动性指数（k_i），即每一因素的因果值总和占系统总因果值的百分数，$k_i = (C_i+E_i)/\sum_{i=1}^{n}(C_i+E_i) = (C_i+E_i)/2\sum_{i=1,j=1}^{n} I_{ij}$。活动性指数越高表明该因素对系统的整体行为贡献越显著 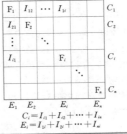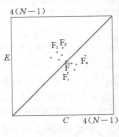

<table>
<tr><td rowspan="10">1. 危岩体稳定性快速评价指标体系</td><td rowspan="10">（2）相互作用关系矩阵的引入</td><td colspan="6">2）快速评价指标相互作用关系矩阵的建立。</td></tr>
</table>

主控结构面倾角 F_1	主控结构面倾角越大，基座可能越硬	主控结构面倾角影响边坡稳定坡度	主控结构面越陡，越易形成凹腔	主控结构面产状对岩体结构有显著影响	主控结构张开越大，岩体卸荷松弛越强
基座软硬影响崩塌危岩体主控结构面倾角	基座情况 F_2	存在软弱基座的崩塌危岩体地形坡度一般较缓	软弱基座常形成很深的凹腔	软弱基座使得岩体结构破碎	高陡边坡存在软岩，岩体卸荷越强
地形坡度对主控结构面倾角有一定影响	地形坡度对基座情况无影响	地形坡度 F_3	陡崖下部形成凹腔的可能性大	地形较缓的边坡岩体相对破碎	地形坡度影响卸荷松弛状态
凹腔越深，在重力等作用下，后缘追踪卸荷裂隙形成的张性主控结构面倾角越大	凹腔状态对基座情况无影响	凹腔状态对地形坡度无影响	凹腔状态 F_4	凹腔越深，在重力等作用下，崩塌危岩体结构面越发育，岩体越破碎	凹腔深浅与卸荷松弛状态关系密切
岩体越完整，主控结构面倾角越大	岩体结构与基座情况关系密切	岩体结构显著影响地形坡度	岩体越破碎，因差异风化形成的凹腔越深	岩体结构 F_5	岩体越破碎，卸荷松弛深度越大
卸荷松弛深度越大，越易形成陡倾结构面	卸荷松弛状态对基座情况无影响	卸荷松弛状态对地形坡度有一定影响	岩体卸荷深度越大，容易形成很深的凹腔	掩体卸荷越强烈，岩体越破碎	卸荷松弛状态 F_6

3）评价指标相互作用关系及其对崩塌危岩体稳定性影响分析。

崩塌危岩体稳定性评价指标相互作用关系矩阵赋值

I_{ij}	I_{i1}	I_{i2}	I_{i3}	I_{i4}	I_{i5}	I_{i6}	C_i	$C_i + E_i$	$C_i - E_i$	$k_i(\%)$	PII	PD
I_{1i}	F_1	2	1	4	3	4	14	23	5	17.16	16.27	3.54
I_{2i}	0	F_2	2	4	3	1	10	16	4	11.94	11.32	2.83
I_{3i}	1	0	F_3	3	4	0	8	14	2	10.45	9.90	1.41
I_{4i}	2	0	0	F_4	2	3	7	25	-11	18.66	17.68	-7.78
I_{5i}	3	4	2	4	F_5	4	17	33	1	24.63	23.34	0.71
I_{6i}	3	0	1	3	4	F_6	11	23	-1	17.16	16.27	-0.71
E_i	9	6	6	18	16	12		134		100.00		

1.危岩体稳定性快速评价指标体系	（3）崩塌危岩体稳定性快速评价指标体系的建立	稳定性快速评价中评价指标的权重系数： $k(F_1,F_2,F_3,F_4,F_5,F_6)=(17.16,11.94,10.45,18.66,24.63,17.16)$ $k_1+k_2+\cdots+k_6=100$

2. 崩塌危岩体稳定性快速评价方法研究

（1）评价指标量化取值研究

采用半定量专家取值法对不同级别或条件下的评价指标给出估值，建立了三级取值标准：0 代表"低贡献"，1 代表"贡献"，2 代表"大的贡献"。因此大的估值被赋予可能崩塌危岩体变形或失稳的情况。

F₁（主控结构面倾角）

取值	取值准则
0	缓倾，$\leqslant 25°$
1	中倾，$25°\sim 65°$
2	陡倾，$\geqslant 65°$

F₂（基座情况）

取值	取值准则
0	硬岩
1	中硬岩
2	软岩或软弱夹层

F₃（地形坡度）

取值	取值准则
0	缓，$\leqslant 25°$
1	中等，$25°\sim 65°$
2	陡，$\geqslant 65°$

F₄（凹腔状态）

取值	取值准则
0	浅
1	中等
2	深

F₅（岩体结构）

取值	取值准则
0	整体、块状结构
1	次块、镶嵌结构
2	碎裂、松弛结构

F₆（卸荷松弛状态）

取值	取值准则
0	微卸荷
1	弱卸荷
2	强卸荷

（2）崩塌危岩体稳定性快速评价方法的建立

1) 崩塌危岩体不稳定指数的计算。

根据评价指标对崩塌危岩体稳定性的影响程度和评价指标取值标准，通过定性分析确定评价指标的单因素分级指数。在此基础上，计算出崩塌危岩体的稳定程度：$UMII=\lambda_i\sum_{i=1}^{n}k_iP_i$。式中，$P_i=F_i/2$，$F_i$ 表示第 i 个评价指标单因素分级指数；k_i 表示评价指标权重；λ_i 表示降雨和震动修正系数。$UMII$ 是根据多个影响因子计算得到的用于评价某块（区）崩塌危岩体稳定程度的一个无量纲数值，称为崩塌危岩体不稳定指数 $UMII$。

降雨和震动条件下评价指标修正系数

评价指标	λ_5	评价指标基本状况
岩体结构 类型 F₅	1	整体块状结构、块状结构
	1.2	次块状结构、镶嵌结构
	1.5	松弛结构、碎裂结构

2) 崩塌危岩体稳定程度分级。

崩塌危岩体稳定性分级表

崩塌危岩体不稳定指数 $UMII$	稳定性程度	类别
< 33.3	稳定一般	Ⅲ
$33.3\sim 66.7$	稳定性较差	Ⅱ

表 5.3－13 崩塌体稳定性计算所采用的工况和荷载组合

工况一	天然	考虑自重和天然状态下裂隙水压力，对坠落式崩塌危岩体不考虑裂隙水压力
工况二	天然＋暴雨	考虑自重和暴雨时裂隙水压力
工况三	天然＋地震	考虑自重、天然状态下裂隙水压力和地震力，对坠落式崩塌危岩体不考虑裂隙水压力

表 5.3－14 崩塌危岩体稳定性计算方法

失稳方式	稳 定 系 数 K_f		危岩计算模型
坠落式	工况一	$$K_f = \dfrac{W\cos\beta\tan\varphi + c\dfrac{H}{\sin\beta}}{W\sin\beta}$$	
	工况三	$$K_f = \dfrac{(W\cos\beta - P\sin\beta)\tan\varphi + c\dfrac{H}{\sin\beta}}{W\sin\beta + P\cos\beta}$$	
滑塌式	工况一	$$K_f = \dfrac{(W\cos\beta - Q)\tan\varphi + c\dfrac{H}{\sin\beta}}{W\sin\beta}, \quad Q = \dfrac{1}{18}\gamma_w e^2$$	
	工况二	$$K_f = \dfrac{(W\cos\beta - Q)\tan\varphi + c\dfrac{H}{\sin\beta}}{W\sin\beta}, \quad Q = \dfrac{2}{9}\gamma_w e^2$$	
	工况三	$$K_f = \dfrac{(W\cos\beta - P\sin\beta - Q)\tan\varphi + c\dfrac{H}{\sin\beta}}{W\sin\beta + P\cos\beta}, \quad Q = \dfrac{1}{18}\gamma_w e^2$$	
倒塌式	工况二	$$K_f = \dfrac{M_{抗倾}}{M_{倾覆}}$$ ①崩塌危岩体的重心位于倾覆点外侧时： $$M_{倾覆} = Wa + Q\left(\dfrac{1}{3}\dfrac{e_1}{\sin\beta} + \dfrac{H-e}{\sin\beta}\right)$$ $$Q = \dfrac{2}{9}\gamma_w \dfrac{e^2}{\sin\beta}$$ $$M_{抗倾} = \dfrac{1}{2}[\sigma_1]\dfrac{(H-e)^2}{\sin^2\beta}$$ ②崩塌危岩体重心位于倾覆点内侧时： $$M_{倾覆} = Q\left(\dfrac{1}{3}\dfrac{e_1}{\sin\beta} + \dfrac{H-e}{\sin\beta}\right)$$ $$Q = \dfrac{2}{9}\gamma_w \dfrac{e^2}{\sin\beta}$$ $$M_{抗倾} = Wa + \dfrac{1}{2}[\sigma_1]\dfrac{(H-e)^2}{\sin^2\beta}$$		

351

失稳方式		稳 定 系 数 K_f	危岩计算模型
倒塌式	工况三	③崩塌危岩体的重心位于倾覆点外侧时： $M_{倾覆} = Wa + Ph_0 + Q\left(\dfrac{1}{3}\dfrac{e_1}{\sin\beta} + \dfrac{H-e}{\sin\beta}\right)$ $Q = \dfrac{1}{18}\gamma_w\dfrac{e^2}{\sin\beta}$ $M_{抗倾} = \dfrac{1}{2}[\sigma_1]\dfrac{(H-e)^2}{\sin^2\beta}$ ④崩塌危岩体重心位于倾覆点内侧时： $M_{倾覆} = Ph_0 + Q\left(\dfrac{1}{3}\dfrac{e_1}{\sin\beta} + \dfrac{H-e}{\sin\beta}\right)$ $Q = \dfrac{2}{9}\gamma_w\dfrac{e^2}{\sin\beta}$ $M_{抗倾} = Wa + \dfrac{1}{2}[\sigma_1]\dfrac{(H-e)^2}{\sin^2\beta}$	

表中各式符号：

W 为崩塌危岩体重力，kN；P 为崩塌危岩块体承受的水平地震力，kN；由 $P=\xi W$ 计算，ζ 为水平地震系数；H 为崩塌危岩体高度，m；β 为破裂面倾角，（°）；c、φ 为裂隙面的等效黏聚力（kPa）和内摩擦角（°），$c = \dfrac{(H-e)c_0 + ec_1}{H}$；$\varphi = \dfrac{(H-e)\varphi_0 + e\varphi_1}{H}$；$c_0$、$\varphi_0$ 为崩塌危岩体岩石黏聚力（kPa）和内摩擦角（°）的 0.7 倍；c_1、φ_1 为崩塌危岩体后部主控裂隙面的黏聚力（kPa）和内摩擦角（°）；e 为裂隙深度，m；e_1 为裂隙充水深度，m；Q 为裂隙中静水压力，kN；a 为崩塌危岩体重心作用点距倾覆点的水平距离，m；h_0 为地震力距倾覆点的垂直距离，m；$[\sigma_1]$ 为崩塌危岩体岩石抗拉强度标准值（kPa）的 0.7 倍

表 5.3－15　　　　　　　　　　　　崩塌稳定性分级评价指标

稳定性 分级	定　　义	稳定性系数 K_f	
		基本工况	特殊工况
稳定的	在基本工况条件下和特殊工况条件下，都是稳定的	$K_f>1.2$	$K_f>1.1$
基本稳定的	在基本工况条件下是稳定的，在特殊工况条件下其稳定性有所降低，有可能产生局部变形，整体仍然是稳定的，但安全储备不高	$1.2>K_f\geqslant1.1$	$1.1>K_f\geqslant1.05$
潜在 不稳定的	目前状态下是稳定的，但安全储备不高，略高于临界状态。在基本工况条件下其向不稳定方向发展，在特殊工况条件下有可能整体失稳	$1.1>K_f\geqslant1.05$	$1.05>K_f\geqslant1.0$
不稳定的	目前状态下即接近于临界状态，且向不稳定方向发展。在特殊工况条件下将整体失稳，且失稳诱发临界值较低	$1.05>K_f\geqslant1.0$	$K_f<1.0$

表 5.3 - 16　　　　　　　　　　　　　**滚石运动特征分析方法**

内容	影　响　因　素	计　算　方　法
滚石运动加速度	（1）影响滚石运动加速度的因素中，边坡坡度是主要的因子；滚石形状居第二位；以下依次为边坡覆盖层及植被特征、坡面长度、滚石质量和滚石初始启动方式。 （2）边坡坡度、滚石形状和覆盖层与植被特征对滚石运动加速度的影响最为显著；而其他因素对滚石的运动加速度基本没有影响；边坡坡度、滚石形状和覆盖层与植被特征是滚石运动加速度的决定性因素	滚石运动加速度与决定性因素之间的关系： $$\hat{y}_1 = -1.5222 + 0.0891x_1 + 0.0728x_2 + 0.1358x_3$$ 式中，$\hat{y}_1$ 为滚石运动平均加速度；x_1 为边坡覆盖层和植被特征，覆盖层厚（>1m），植被发育；覆盖较厚（0.5~1m），植被较发育；局部有覆盖层、局部基岩裸露，植被不发育和基岩出露，基本或无植被系数值分别为 1、2、3 和 4；x_2 为边坡坡度；x_3 为滚石形状：长条形、方形、球形和薄片状时形状系数值分别为 1、2、3 和 4
滚石与坡面碰撞过程	（1）碰撞过程速率变化。恢复系数是指在碰撞过程中某一物理量的恢复程度。对于速率而言，就是碰撞后速率与碰撞前速率的比值。可以看出：当边坡覆盖层厚（>1m），植被发育，滚石碰撞前后的恢复系数为 0.40~0.55；边坡覆盖较厚（0.5~1m）植被较发育时为 0.50~0.60；局部有覆盖层、局部基岩裸露，植被不发育时为 0.60~0.70；边坡基岩出露，基本或无植被时为 0.70~0.80。 （2）碰撞过程动能损失。坡表覆盖层及植被特征是影响滚石与坡表碰撞前后动能损失的主要因素；当边坡覆盖层厚（>1m），植被发育，滚石碰撞前后动能损失 0.70~0.85，平均 0.77；边坡覆盖较厚（0.5~1m），植被较发育时为 0.65~0.75，平均 0.70；局部有覆盖层、局部基岩裸露，植被不发育时为 0.50~0.60，平均 0.55；边坡基岩出露，基本或无植被时取 0.35~0.55，平均 0.40。 （3）影响碰撞恢复系数的诸因素中，边坡覆盖层是主要的因子；其于五个因素对碰撞恢复系数的影响都很小，是次要因子。 （4）边坡覆盖层和植被特征对滚石碰撞速度恢复系数有特别显著的影响，其余因素对滚石碰撞速度恢复系数基本没有影响；边坡覆盖层和植被特征是滚石碰撞速度恢复系数的决定性因素	速率碰撞恢复系数与主要影响因素关系： $$y_2 = 0.3650 + 0.0992x_1$$ 式中，y_2 为速率碰撞恢复速度；x_1 为边坡覆盖层和植被特征，覆盖层厚（>1m），植被发育；覆盖较厚（0.5~1m），植被较发育；局部有覆盖层、局部基岩裸露，植被不发育和基岩出露，基本或无植被系数值分别为 1、2、3 和 4

内容	影 响 因 素	计 算 方 法
滚石在平台 运动过程	(1) 定义滚石在平台上运动为岩块在平台表面以及平台竖直方向空间范围内运动的所有过程。因此，在一般情况下，滚石在平台上的水平距离由第一次碰撞前在平台上飞跃的水平位移、两次碰撞之间水平位移和碰撞结束后滚动的位移三部分组成。 (2) 滚石的停留位置与其质量近似为幂函数关系，滚石质量越大，在平台上运动的距离越大，其停留位置距坡脚越远。 (3) 在滚石质量相同条件下，滚落高度越高，滚石在平台运动的距离越远	滚石在平台上运动的水平运动距离计算式： $$S = S_0 + S_1 + S_2 = v_0'\cos\beta \frac{\sqrt{v_0'^2 \sin^2\beta + 2gh} - v_0'\sin\beta}{g} -$$ $$\frac{h}{\tan\alpha} + \frac{2v_{0h}v_{0v}R_{1t}R_{1n}[1-(R_{1t}R_{1n})^m]}{g(1-R_{1t}R_{1n})}$$ 式中，S_0、S_1、S_2 为第一次碰撞前在平台上的水平距离、滚石在两次碰撞之间的水平距离和滚石在平台滚动过程的运动距离。其余如图所示。 滚石在平台上运动的运动距离也可采用如下经验公式计算： $$\hat{y} = e^{-2.778 + 0.151\ln x_1 + 0.354\ln x_2 + 1.43\ln x_3 + 0.06\ln x_4}$$ 式中，x_1、x_2、x_3、x_4 为滚石质量、形状系数、滚石到达平台时的速度以及平台表面的粗糙程度。滚石形状系数：长条形、方形、球形和薄片状时形状系数值分别为 1、2、3 和 4；平台表面的粗糙程度：表面为含块碎石粉土，取为 2；表面为块碎石取为 4
滚石与树木 碰撞过程	(1) 滚石碰撞树木的概率。假定：①由于树木直径有大有小，并不能完全确定，因此假定忽略树木直径；②滚石在边坡运动方向不确定；③滚石最多与某排树木中的一棵树木发生碰撞。 (2) 滚石与树木至少碰撞 k 次所需的树木排数主要取决于滚石的直径和每排单棵树木的间距。 (3) 滚石与树木碰撞大幅度地降低了滚石的运动速度，树木对滚石的拦挡效应是非常显著的。 (4) 为滚石与树木每碰撞一次，碰撞后的速度为碰撞前一次的 54.97%，动能为 30.54%	(1) 滚石与单排树木的碰撞概率。设树木之间的间距为 m，滚石的直径为 d［滚石为方形、长条和薄片状时，以最短边（薄边）长度为准］，滚石与树木可能发生碰撞的概率 P 为 $$P = \frac{d}{m}$$ (2) 滚石与多排树木碰撞次数概率。 设每排单棵树木之间的间距仍为 m，滚石的直径仍为 d，两排树木之间的间距为 a，树木为 n 排。滚石恰好与树木发生 n 次碰撞的概率为 $$P_n(n) = C_n^n \left(\frac{d}{m}\right)^n \left(1 - \frac{d}{m}\right)^0$$ (3) 滚石与树木至少发生 k 次碰撞概率： $$P_n(k) + P_n(k+1) + \cdots + P_n(n-1) + P_n(n) =$$ $$1 - P_n(0) - P_n(1) - \cdots - P_i$$ (4) 滚石至少与树木碰撞 k 次的树木排数分析当 n 足够大，$\left(1-\frac{d}{m}\right)^{n-k}$ 趋于 0 时，$P_n(k)$ 趋于零，$P_n(0)$、$P_n(1)$、$P_n(2)$、$\cdots$、$P_n(k-1)$ 都趋于 0，滚石与树木发生 k 次碰撞的概率 $P_n(k) + P_n(k+1) + \cdots + P_n(n-1) + P_n(n)$ 趋于 1

5.3.6 崩塌治理设计

5.3.6.1 崩塌治理设计一般原则

崩塌治理设计,可分为可行性方案设计、初步设计和施工图设计三个阶段,其中规模小、地质条件清楚的崩塌,可简化设计阶段。具体步骤如下:

(1)须在已审定的崩塌工程地质勘查报告基础上进行编制。

(2)从技术可行、经济合理、社会、环境等方面,对治理进行两个以上方案分析论证,进行投资估算,确定优化方案。

(3)论证崩塌的危害性和实施工程的必要性,对崩塌发生时可能对生命财产造成的直接和间接损失进行分析统计。

(4)根据工程地质勘查报告,合理确定有关岩土体的物理、力学参数,建立和完善崩塌地质力学模型。

(5)根据崩塌治理的级别,可能的失稳破坏类型,考虑有关工况选定设计安全系数,结合拟布置的工程位置,专门对崩塌的稳定性进行计算。

(6)根据推荐方案,补充必要的设计参数,进行结构设计。

(7)对各工程单元充分计算,进行结构设计。

(8)对崩塌治理涉及的各工程单元进行施工图设计,并编制相应的施工图设计说明书。

5.3.6.2 崩塌治理方法

崩塌地质灾害防护措施可分为主动治理、被动防护与预警、预报,总结归纳见图 5.3-1,治理措施见表 5.3-17。

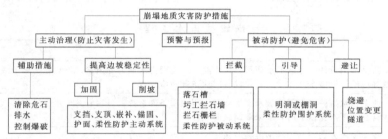

图 5.3-1 崩塌治理方法及其分类

表 5.3-17

崩 塌 治 理 措 施

治理方式	治理方法	方 法 说 明
主动治理	清除危石	清除基岩坡面上受节理裂隙切割所形成的危石、各类搬运作用在坡面上形成的孤石和浮石,常用的清除方法包括爆破、人工和机械方法
	支顶与嵌补	利用支顶结构的支承作用来平衡危岩的坠落、错落或倾倒趋势,提高危岩的稳定性。常见的结构型式有由圬工砌筑或型钢构成的墩式结构或框架式两类,按与危岩下部坡面关系,可分为与坡面无接触的直立墩式结构和直接附与坡面的扶壁式结构两类。 嵌补是对外悬或坡面凹腔形成的危岩采用浆砌片石、混凝土或水泥砂浆填筑,以提高危岩稳定性的一种方法,嵌补结构必须要有稳定的基础,且必须与坡面紧密结合
	排水	排水的主要目的在于提高边坡稳定性,特别是对侵蚀作用比较敏感的边坡,其效果尤为明显。因此,在各类边坡防护工程中,通常都应作为一种辅助措施予以考虑,但它通常并不能完全取代其他工程措施的作用
	锚固	锚固方法是边坡治理中的一种常见手段,对可确定的危石加固是一种较好的选择,技术成熟,结构简单,不明显改变环境
被动防护	落石槽	当坡脚场地宽阔,即建设设施能够退离坡脚足够距离时,由于无需采用太多的辅助工程措施,这种方法或许是最为简单有效而经济的落石防护措施
	圬工拦石墙	修建于落石路径上(坡脚或坡面上)的圬工拦挡结构,拦石墙通常由浆砌片石或现浇混凝土构成,在实践中,为了减小结构尺寸并提高其抗冲击能力,常在墙背回填砂砾等缓冲材料
	拦石栅栏	常见于铁路沿线的简易拦石结构,常用型钢或废旧钢轨及钢筋构成,也可采用木结构来作为短期或临时防护,结构简单,造价低,有时也设于拦石墙上以提高拦截高度

5.3.6.3 崩塌治理常用方法

(1)崩塌体边坡排水工程。崩塌体排水可分为坡表排水与坡体排水,各种方法见图 5.3-2 和表 5.3-18。

(2)预应力锚杆(索)。将拉力传递到稳定的岩层

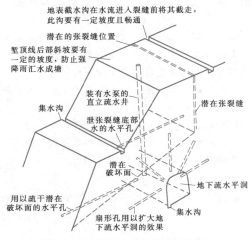

地表截水沟在水流进入裂缝前将其截走，此沟要有一定坡度且畅通

潜在的张裂缝位置

堑顶线后部斜坡要有一定的坡度，防止强降雨汇水成塘

装有水泵的直立疏水井

集水沟

泄张裂缝底部水的水平孔

潜在张裂缝

潜在破坏面

用以疏干潜在破坏面的水平孔

地下疏水平洞

扇形孔用以扩大地下疏水平洞的效果

集水沟

图 5.3-2　崩塌边坡排水工程示意图

或土体的锚固体系。它通常包括杆体（由钢绞线、钢筋、特制钢管等筋材组成）、注浆体、锚具、套管和可能使用的连接器。表 5.3-19 为预应力锚杆（索）的分类。预应力锚杆（索）类型及选择见表 5.3-20。

（3）柔性防护网。柔性防护网分为主动防护网与被动防护网两大类。

柔性主动防护系统由锚杆、支撑绳、钢丝绳网、格栅、缝合绳构成，参见图 3.5-25。

按柔性网的不同分为钢丝绳网和 TECCO 高强度钢丝格栅两大类，目前常用的主动防护网类型有 GAR、GPS、GTC 三种类型，见表 5.3-21。

被动防护系统主要由柔性网、支撑系统、固定与连接系统和减压环四部分构成。目前 RXI 类被动防护系统应用最为广泛（参见图 3.5-27），几种常用的柔性被动防护系统分类及适用范围见表 5.3-22。

表 5.3-18　　崩塌截排水工程

治理方法	方法说明
坡表截排水沟	截排水沟设计应考虑汇水面积、排水路径、沟渠排水能力等因素。不宜在边坡上或边坡顶部设置沉淀池等可能造成渗水的设施，必须设置时应做好防渗处理
地下排水措施	地下排水措施宜根据边坡水文地质和工程地质条件选择，可用管井、水平排水管或排水截槽等。当排水管在地下水位以上时，应采取措施防止渗漏
坡体泄水孔	崩塌区潜在破坏面内裂隙发育、渗水严重部位的泄水孔边长或直径不宜小于 100mm，外倾坡度不宜小于 5%。最下一排泄水孔应高于地面或排水沟底面不小于 200mm。在地下水较多或有大股水流处，泄水孔应加密。在泄水孔进水侧应设置反滤层或反滤包
坡面封闭	坡顶面开口张裂隙的封堵应采用韧性的不透水材料，如黏土等将其封堵，但避免使用混凝土或灰浆回填，避免形成一个不透水的隔水坝，因而在边坡中形成高水压

表 5.3-19　　预应力锚杆（索）的分类

按单孔施加预应力（单孔加力）	按预应力锚索材料	按束体内锚段与周围介质固结方法	按束体内锚段固定方式	按锚索束体的可拆除性	按内锚段基本受力状态
巨型锚索：>8MN 大型锚索：3～8MN 中型锚索：1～3MN 小型锚索：<1MN	预应力锚索 预应力锚杆	黏结式 机械式	拉力集中型 压力集中型 拉力分散型 压力分散型 拉压分散型	可拆除锚索 不可拆除锚索	压力型 拉力型 拉压复合型

表 5.3-20　　预应力锚杆（索）类型及选择

锚杆（索）类型	适用条件
拉力集中型	锚固地层为岩体或土体；单锚拉力设计值 200～10000kN；对位移控制要求严格的工程；锚杆（索）的长度可达 100m 或更大
荷载分散型	锚固地层为软岩或土层；单锚拉力设计值 600～3000kN；采用集中拉力型锚索无法满足高拉力设计值的软弱地层锚固工程；锚索长度可达 50m；还可适用于严重腐蚀性环境，或有拆除芯体要求的锚固工程
全长黏结型锚杆	岩体或土体加固；对位移控制不严格的工程；单锚拉力设计值较小 30～350kN；锚杆长度 2～12m

表 5.3－21 　　　　　　　　　　　　　几种常用的柔性主动防护系统分类及适用范围

型号	网型	固定方式	适用范围
GAR₁	钢丝绳网	边沿锚固＋边沿或纵向支撑绳＋缝合绳	大块落石防护，一般仅适合于整体稳定性较好的边坡。对危岩崩落或移动后可能引起其后侧岩土体稳定性恶化，可能进一步诱发大规模变形破坏的边坡不宜采用；对于存在块体尺寸小于网孔尺寸（300mm）并会形成危害的落石边坡不适用；当边坡上存在巨块状危石时，其崩落可能导致系统的坠拉破坏，必须对这样的巨块进行加固后才能采用
GAR₂	钢丝绳网	系统锚固＋纵横向支撑绳＋缝合绳	小块崩落体并不存在危害的岩石边坡，植被发育较好的土石体边坡加固
GPS₁	钢丝绳网＋格栅	边沿锚固＋边沿或纵向支撑绳＋缝合绳	与 GAR₁ 基本相同，但能对小块落石实施有效防护
GPS₂	钢丝绳网＋格栅	系统锚固＋纵横向支撑绳＋缝合绳	与 GAR₂ 基本相同，但并无其条件限制
GTC—65A	TECCO—65 格栅	预应力钢筋锚杆＋孔口凹坑＋缝合绳或缝合丝	坡面加固，类似于 GPS₂ 和 GAR₂ 钢绳网主动加固系统，抑制崩塌和风化剥落、溜塌的发生，限制局部或少量落石运动范围，能满足可达 100 年的更长的防腐寿命要求
GTC—65B	TECCO—65 格栅	边沿（或上沿）钢丝绳锚杆＋支撑绳＋缝合绳或缝合丝	围护作用，类似于 GPS₁ 和 GAR₁ 钢丝绳网围护系统，限制落石运动范围，部分抑制崩塌的发生，能满足可达 100 年的更长的防腐寿命要求。不适于体积大于 1m³ 大块石防护

表 5.3－22 　　　　　　　　　　　　　几种常用的柔性被动防护系统分类及适用范围

类别	型号	主要构成	防护能级（kJ）
RX 及 RXI	RX—025	钢柱＋支撑绳＋拉锚系统＋钢丝绳网＋缝合绳＋减压环	250
	RX—050		500
	RX—075		750
	RXI—025	钢柱＋支撑绳＋拉锚系统＋环形网＋减压环	250
	RXI—050		500
	RXI—075		750
	RXI—100	钢柱＋支撑绳＋拉锚系统＋环形网＋缝合绳＋减压环	1000
	RXI—150		1500
	RXI—200		2000
	RXI—300		3000
AX 及 AXI	AX—015	钢柱＋支撑绳＋钢丝绳网＋缝合绳＋减压环	150
	AX—030		300
	AXI—015	钢柱＋支撑绳＋环形网＋缝合绳	150
	AXI—030	钢柱＋支撑绳＋环形网＋缝合绳＋减压环	300
CX 及 CXI	CX—030	同 RX—025	300
	CX—050		500
	CXI—030	同 RXI—025	300
	CXI—050	同 RXI—075	500

5.4 泥 石 流

5.4.1 泥石流的定义

泥石流是指斜坡上或沟谷中含有大量泥沙、石块的固、液相混合的特殊洪流，是地质不良的山区常见的地质灾害现象，它常在暴雨（或融雪、冰川、水体溃决）激发下产生。泥石流具有暴发突然、来势凶猛、运动快速、能量巨大、冲击力强、破坏性大和过程短暂等特点，它暴发时，山谷轰鸣，地面震动，浓稠的流体汹涌澎湃，沿着山谷或坡面顺势而下，将大量泥沙、石块冲出山外或坡脚，在平缓宽阔的堆积区横冲直撞、漫流堆积，往往在顷刻之间造成人员伤亡和财产损失[9,21]。

泥石流按其发生位置分坡面泥石流和沟谷泥石流。坡面泥石流是山地分布最广，出现频率最高的灾害现象，这类泥石流规模不大，但由于它常发生在建筑物背后或交通线所通过的坡面，往往造成灾害。沟谷泥石流是沿沟谷发生的泥石流。一条完整的泥石流沟，就是一个完整的小流域，从上游到下游一般由清水汇流区、泥石流形成区、泥石流流通区、泥石流堆积区四个部分组成[22]。

我国西南地区泥石流较为发育。多数水利水电工程都修建在地形陡峻的山区，尤其是一些小型水利水电工程在山区分布广泛，而符合水电站要求的地形地貌区往往又是泥石流孕育和活动的主要场所。泥石流灾害成为水利水电工程建设中一个突出的问题。1979年四川渡口市（现攀枝花市）新庄电站，被泥石流危害造成停电事故，经济损失达800万元。1983年四川普格县白水河电站被泥石流淤埋厂房、电机、毁坏职工宿舍等，造成停电70d，直接经济损失达103万元。1976年甘肃省宕昌县一场泥石流就冲毁5个小型水电站[54]。2009年7月31日，四川省凉山彝族自治州西溪河流域金阳县地洛电站施工区暴发泥石流，致9人死亡、一个炸药库被毁、钢筋加工场地部分被埋、两条施工道路完全冲断、电站施工被迫停止的严重后果[55]。2009年四川省甘孜州康定县舍联乡"7·23"特大泥石流灾害中，54人遇难，职工营地遭到毁灭性破坏，生产设备、办公设备、施工材料全被泥石流冲毁或掩埋[56]。

泥石流对水电站工程的破坏方式主要包括：①泥石流冲入库坝引起涌浪，对坝体造成冲击，形成溃坝；②泥石流携带的大量泥沙进入库区后会造成电站水库的库容减小，同时还会影响发电机组的正常运行；③泥石流会对厂房区枢纽工程形成淤埋或直接冲击破坏，导致人员伤亡和财产损失；④大型或特大型泥石流可以一次造成多处水电工程（尤其是小型水电站）破坏和瘫痪。

5.4.2 泥石流沟识别

在水利水电工程选址和建设过程中，如何对工程区内分布的潜在泥石流沟进行识别，对工程的布置和安全性具有重要作用。鉴于水利水电工程选址对地形地貌的特殊要求，多数工程布置区往往人烟稀少，对区内泥石流的暴发历史和泥石流沟基础资料的掌握甚少，故这些区域内的泥石流更具有隐蔽性。通常情况下，泥石流形成需要具备物源、地形和水源等基本条件，因而，在对工程区沟道开展调查时可以从三个主要方面来判断一条沟谷是否是泥石流沟[9]：

（1）物源。泥石流的形成，必须有一定量的松散土、石参与。沟谷两侧山体破碎、疏散物质数量较多，沟谷两边滑坡、垮塌现象明显，植被不发育，水土流失、坡面侵蚀作用强烈的沟谷，易发生泥石流。

（2）地形地貌。能够汇集较大水量、保持较高水流速度的沟谷，才能容纳、搬运大量的土、石，沟谷上游三面环山、山坡陡峻，沟域平面形态呈漏斗状、勺状、树叶状，中游山谷狭窄、下游沟口地势开阔，沟谷上、下游高差大于300m，沟谷两侧斜坡坡度大于25°的地形条件，有利于泥石流形成。

（3）水源。水为泥石流的形成提供了动力条件。局地暴雨多发区域，有溃坝危险的水库、塘坝下游，冰雪季节性消融区，具备在短时间内产生大量流水的条件，有利于泥石流的形成。其中，局地性暴雨多发区，泥石流发生频率最高。如果一条沟在物源、地形、水源三个方面都有利于泥石流的形成，这条沟就基本可以判定为泥石流沟。但泥石流发生频率、规模大小、黏稠程度，会随着上述因素的变化而发生变化。已经发生过泥石流的沟谷，今后仍有发生泥石流的危险，但其重现期有长有短，短则每年都可能发生，长则50年甚至更长时间后才再次暴发。

山洪与泥石流同样发生在山区，两者形态相似，但性质有很大的区别。山洪虽然流体混浊，但含砂量小，重度小于1.3t/m³，流动时形态与一般水流相似，连续流动，大石块在洪水里滚动，向下移动。在山口形成的堆积扇上淤积的泥沙有分选性，离山口越近石块越大，离山口越远石块越小。泥石流含砂量大，重度不小于1.3t/m³，流体黏稠如泥浆，流体中大小石块随浆体一起运动，出山口后泥沙迅速沉积，在沟口形成泥沙与大小石块一起的混杂堆积物。泥石流比山洪重度大，流动时能量大，破坏力强，直行前进的能力很强，在弯道凹岸或泥石流的正面冲撞处能爬上数米甚至十几米高的沟岸或山坡，造成意外的损失。

通常情况下，沟口堆积扇可能是泥石流堆积扇，也可能是冲洪积扇。在堆积特征、物质组成和沉积特征方面都有着明显的区别，这些特征往往是识别泥石流沟的最好办法（表5.4－1）。

表 5.4－1　　　　　　　冲洪积扇和泥石流堆积扇的识别特征表[30]

冲 积 扇	洪 积 扇	泥石流堆积扇
由河流搬运作用而成，泥沙粒径上游粗、下游细，磨圆度高，层次清晰，砾石通常呈叠瓦状排列	山区洪流作用形成，规模视洪流大小不同而异。分选性差、磨圆度差、层次不明显、孔隙度及透水性较大	成整体停积、分散堆积两种；粗大颗粒在扇缘停积，无分选性，常见龙头堆积与侧堤堆积，沟槽绕龙头堆积两侧发展，有明显的受阻绕流特征，流路不稳；扇形地形态不完全符合统计规律，流路呈随机性，扇纵、横面不甚连续，常呈锯齿状
沉积特征：冲积扇常具有二元结构特征。洪积扇的粗大颗粒堆积在扇面顶部及出山口附近，向边缘逐步变细，有分选性；常可分为砾石相、亚黏土砂相、亚砂土黏土相的相变特征；多具透镜状结构；垂直等高线发展，流路较稳		

5.4.3　泥石流分类和危害性分级

5.4.3.1　泥石流分类

泥石流的类型不同，其对水利水电工程的危害方式、破坏能力及影响程度均不同。如黏性泥石流对水利水电工程的危害多以淤埋为主；稀性泥石流对水利水电工程的危害多以冲刷为主，故对泥石流的类型进行确定并提出针对性的防治措施极为重要。

泥石流的分类方式有很多，当前最常用的分类方式有以下几种：①按环境，分为地带性泥石流和非地带性泥石流；②按活动产出的环境，分为坡面型泥石流和沟谷型泥石流；③按物质组成，分为泥流、泥石流和水石流；④按固体物质提供方式，分为滑坡泥石流、崩塌泥石流和侵蚀泥石流；⑤按动力学特征，分为土力类泥石流和水力类泥石流；⑥按诱发因素，分为暴雨泥石流、融冰泥石流等；⑦按发育阶段，分为发展期泥石流、旺盛期泥石流、衰退期泥石流和停歇期泥石流；⑧按规模，分为特大型、大型、中型、小型泥石流。

（1）按泥石流的成因分类（见表5.4－2）。

表 5.4－2　　　　　　　　按泥石流成因分类表

自然演变型	区域地质环境差，地表松散物稳定性较低，生态环境脆弱的某些山区在长期的自然演变过程中，由于水动力作用而发生的一种泥沙（地表松散物）集中搬运现象
人类不合理活动型	人类活动对环境的干预所造成的负面结果，在一定条件下将形成人为的泥石流。常见的人类不合理活动有： （1）工业、矿山、交通、城镇建设弃渣不当，环境意识不足，管理水平低。 （2）切坡、陡坡开荒、过度放牧、过度砍伐森林等落后生产模式。 （3）建筑标准较低的堤、坝、水渠、支挡等水工和土工建筑物。 （4）陡坡面上植被单一，缺乏科学的多层次立体防护
混合型	自然演变＋人类不合理活动

注　根据文献[9]和文献[22]整理所得。

（2）根据泥石流形成的物源和水源补给特征，泥石流的类型可分为以下几种（表5.4－3）。

（3）按泥石流活动产出的环境，可将泥石流分为坡面泥石流和沟谷泥石流（表5.4－4）。

表 5.4－3　　　　　　　　按水源和泥石流物源成因分类表[30]

水 体 供 给		土 体 供 给	
泥石流类型	特　征	泥石流类型	特　征
暴雨泥石流	泥石流一般在充分的前期降雨和当场暴雨激发作用下形成，激发雨量和雨强因不同沟谷而异	混合型泥石流 坡面侵蚀型泥石流	坡面侵蚀、冲沟侵蚀和浅层坍滑提供泥石流形成的主要土体。固体物质多集中于沟道中，在一定水分条件下形成泥石流

续表

水　体　供　给		土　体　供　给	
泥石流类型	特　征	泥石流类型	特　征
冰川泥石流	泥石流形成的主要水源为融雪水、冰崩和冰川融水。冰雪融水冲蚀沟床，侵蚀岸坡而引发泥石流。有时也有降雨的共同作用	崩滑型泥石流	固体物质主要由滑坡崩塌等重力侵蚀提供，也有滑坡直接转化为泥石流
		冰碛型泥石流	形成泥石流的固体物质主要是冰碛物
		火山泥石流	形成泥石流的固体物质主要是火山碎屑堆积物
溃决泥石流	由于水流冲刷、地震、堤坝自身不稳定性引起的各种拦水堤坝溃决和形成堰塞湖的滑坡坝、终碛堤溃决，造成突发性高强度洪水冲蚀而引发泥石流	弃渣泥石流	形成泥石流的松散固体物质主要由开渠、筑路、矿山开挖的弃渣提供，是一种典型的人为泥石流

表 5.4－4　　　　　**按泥石流活动产出环境分类表**[30]

类　型	特　征
坡面型泥石流	(1) 主要发生在 25°～30° 的山坡坡面上，无恒定地域与明显沟槽，只有活动周界；是水土流失剧烈的表现形式。 (2) 在同一坡面上可多处同时发生，成梳状排列，突发性强，无固定流路，往往可以进一步发育为沟谷型泥石流。 (3) 物源以地表覆盖层为主，活动规模小，破坏机制更接近于塌滑。 (4) 发生时空不易识别，成灾规模及损失范围小，总量小，但分布空间广
沟谷型泥石流	(1) 有明显的坡面和沟槽汇流过程，松散物来自坡面和沟槽两岸及沟床堆积物的再搬运，除在堆积扇上流路不确定外，在山口以上基本上集中归槽；以流域为周界，受沟谷制约。 (2) 以沟槽为中心，物源区松散堆积体分布在沟槽两岸及河床上，崩塌、滑坡、沟蚀作用强烈，活动规模大，泥石流的形成、堆积和流通区较明显，由洪水、泥沙两种汇流形成，更接近于洪水。 (3) 根据山口大河所在区段的地形特征又可分为峡谷区泥石流沟和宽谷区泥石流沟。 (4) 发生时空有一定规律性，可识别，成灾规模及损失范围大；总量大，有一定的可知性，可防范

（4）按泥石流体中的物质组成，可将泥石流分为泥流型、泥石型和水石（砂）型（表 5.4－5）。

（5）按泥石流体的性质特征，可将泥石流分为稀性泥石流和黏性泥石流（表 5.4－6）。

表 5.4－5　　　　　**按泥石流物质组成分类表**[30]

分类指标	泥　流　型	泥　石　型	水石（砂）型
重度（t/m³）	≥1.60	≥1.30	≥1.30
物质组成	粉砂、黏粒为主，粒度均匀，98% 的小于 2.0mm	可含黏、粉、砂、砾、卵、漂各级粒度，很不均匀	粉砂、黏粒含量极少，多为大于 2.0mm 各级粒度，粒度很不均匀（水砂流较均匀）
流体属性	多为非牛顿体，有黏性，黏度大于 0.3～0.15Pa·s	多为非牛顿体，少部分可以是牛顿体。有黏性的，也有无黏性的	为牛顿体，无黏性
残留表观	有浓泥浆残留	表面不干净，表面有泥浆残留	表面较干净，无泥浆残留
沟槽坡度	较缓	较陡（>10%）	较陡（>10%）
分布地域	多集中分布在黄土及火山灰地区	广见于各类地质体及堆积体中	多见于火成岩及碳酸盐地区

表 5.4-6 　　　　　　　　　　按泥石流流体性质特征分类表[30]

性　质	稀 性 泥 石 流	黏 性 泥 石 流
流体的组成及特性	浆体是由不含或少含黏性物质组成，黏度值小于0.3Pa·s，不形成网格结构，不会产生屈服应力，为牛顿体	浆体是由富含黏性物质（黏土、<0.01mm的粉砂）组成，黏度值大于0.3Pa·s，形成网格结构，产生屈服应力，为非牛顿体
非浆体部分的组成	非浆体部分的粗颗粒物质由大小石块、砾石、粗砂及少量粉砂黏土组成	非浆体部分的粗颗粒物质由大于0.01mm粉砂、砾石、块石等固体物质组成
流动状态	紊动强烈，固液两相不等速运动，有垂直交换，有股流和散流现象，泥石流体中固体物质易出、易纳，表现为冲、淤变化大，无泥浆残留现象	呈伪一相层状流，有时呈整体运动，无垂直交换，浆体浓稠，浮托力大，流体具有明显的铺床减阻作用和阵发性运动，流体直进性强，弯道爬高明显，浆体与石块掺混好，石块无易出、易纳特性，沿程冲、淤变化小，由于黏附性能好，沿流程有残留物
堆积特征	堆积物有一定分选性，平面上呈龙头状堆积和侧堤式条带状堆积，沉积物以粗粒物质为主，在弯道处可见典型的泥石流凹岸淤、凸岸冲的现象，泥石流过后即可通行	呈无分选泥砾混杂堆积，平面上呈舌状，仍能保留流动时的结构特征，沉积物内部无明显层理，但剖面上可明显分辨不同场次泥石流的沉积层面，沉积物内部有气泡，某些河段可见泥球，沉积物渗水性弱，泥石流过后易干涸
重度（t/m³）	1.3～1.6	1.6～2.3

（6）按泥石流发生频率，可将泥石流分为高频泥石流、中频泥石流、低频泥石流和极低频泥石流（表5.4-7）。

5.4.3.2　泥石流暴发规模分级

按泥石流一次堆积物体积的大小可分为特大型、大型、中型和小型四个级别（表5.4-8）。

5.4.3.3　泥石流活动性及危害程度分级

目前泥石流危险性的划分主要根据泥石流活动情况及可能出现的灾情，将其危险性现状分为大、中、小三个级别（表5.4-9）。

表 5.4-7 　　　　　　　　　　按泥石流发生频率分类表[30]

高频泥石流	中频泥石流	低频泥石流	极低频泥石流
一年多次至5年1次	1次/（5～20年）	1次/（20～50年）	1次/>50年

表 5.4-8 　　　　　　　　　　泥石流暴发规模分级表[30]

分级指标	特大型	大型	中型	小型
泥石流一次堆积总量（万m³）	>100	10～100	1～10	<1
泥石流洪峰流量（m³/s）	>200	100～200	50～100	<50

表 5.4-9 　　　　　　　　　　泥石流活动性分级表[30]

泥石流活动特点	灾情预测	活动性分级
能发生小规模的极低至低频率泥石流	致灾轻微，不会造成重大灾害和严重危害	低
能够间歇性发生中等规模的泥石流，较易由工程治理所控制	致灾轻微，较少造成重大灾害和严重危害	中
能发生大规模的高、中、低频率的泥石流	致灾较重，可造成大、中型灾害和危害	高
能够发生特大规模的高、中、低、极低频率的泥石流	致灾严重，来势凶猛，冲击破坏力大，可造成特大灾难和严重危害	极高

泥石流的灾情与危害程度分级是根据泥石流灾害一次造成的死亡人数或直接经济损失为依据进行划分的，共分为特大型、大型、中型和小型四个等级（表5.4-10）。

表5.4-10 泥石流灾害灾情与危害程度分级表

指　标		特大型（特大）	重大型（大）	较大型（中）	一般型（小）
伤亡人数	死亡（人）	>30	30～10	10～3	<3
直接经济损失	（万元）	>1000	1000～500	500～50	<50
直接威胁人数	（人）	>1000	500～1000	100～500	<100

注 1. 根据《泥石流灾害防治工程勘查规范》（DZ/T 0220—2006）整理。
　　2. 潜在危险性等级的两项指标不在一个级次时，按从高原则确定灾度等级。

5.4.4 泥石流调查

就水利水电工程而言，对泥石流的调查主要围绕工程区范围内的潜在泥石流沟展开，以确定泥石流沟道的地形地貌特征、工程地质条件、泥石流流体性质等，计算泥石流特征值和动力学参数，判断对工程的危害，同时对泥石流险情、灾情、危害性作出判断，进而开展泥石流危险性评价，为水利水电工程施工和运营安全提供基础。

5.4.4.1 自然地理特征

对泥石流自然地理特征的调查主要围绕泥石流的地形、降雨等自然地理要素展开调查，分析它们与泥石流形成与活动之间的关系。

（1）地形地貌。在地形图上或通过遥感影像及航片等计算流域面积、流域形状、主沟长度、沟床纵比降、流域高差、谷坡坡度、沟谷纵横断面形状、水系结构和沟谷密度等地形要素。

（2）气候。收集、查取或观测各种降雨、气温、蒸发、湿度资料。降雨资料主要包括多年平均降雨量、降雨年际变率、年内降雨量的分配（各月、半年）、年降雨日数、降雨地区变异系数和最大降雨强度，尤其是与暴发泥石流密切相关的暴雨日数及频率、各种时段（24h、60min、10min）的最大降雨量。

（3）水文。圈定流域汇水面积，分析流域的汇流特点，推算各种流量、径流特性及主河水文特性等数据。

（4）植被与土壤。调查流域植被类型与覆盖度，植被破坏情况，土地利用类型，土壤的自然特性及侵蚀程度等。

5.4.4.2 工程地质条件

（1）地质构造。断层、裂隙、岩层产状调查、测量及填图。

（2）地层岩性。出露地层及岩性，岩石风化状况及填图。

（3）地震。历史上地震发生状况及烈度和影响范围。

（4）新构造运动。有无活动断层、新断裂等，若有需查明断层带宽度及活动特征并填图。

（5）不良物理地质现象。崩塌、滑坡发育状况及其位置，并填在工作图上，现场确定崩塌、滑坡对泥石流形成的影响程度。

（6）调查松散固体物质储量。①崩塌、滑坡体积量测或估算；②坡面松散碎屑物质体积量测或估算；③沟床松散堆积物体积量测或估算；④泥石流堆积扇（锥）体积的量测与估算；⑤能够参与泥石流活动的松散碎屑物的计算或估算。

（7）水文地质。调查地下水尤其是第四系潜水及其出露的井泉，岩溶负地形及其消水能力。

5.4.4.3 泥石流流体调查

1. 泥浆取样及方法

在泥石流形成区、流通区和堆积区分别取样分析，分析泥石流固体成分颗粒级配，了解泥石流形成、运动、堆积这一系列过程中的固体物质粒度变化情况，为防治工程设计提供参数。

（1）取代表性土样作泥石流流体重度（γ_c）和颗粒分析试验。

（2）取样做试验或用比拟法确定固体颗粒密度（γ_H）。

（3）对大型重点控制性泥石流沟，取主要补给区的土样作天然含水量（w_n）和天然密度等试验，必要时取泥石流堆积物土样作黏度（η）和静切力（τ）试验。

（4）在黄土和黏土地区，以泥石流堆积物作工程地基时，取泥石流堆积物土样做物理力学性质、湿陷性或湿化性试验。

取样对取样点及所取样品的要求主要有以下几方面：

（1）实测取样。在观测站于泥石流暴发时取样。

（2）在沟槽边岸人工取样。用绳索套上铁桶抛入沟槽泥石流流体中，在沟岸上提取，或直接下到河滩边汲取。此法简单，但沟中样品不易取到，还要特别注意人身安全。

（3）机械取样。先在取样断面架设缆索，悬挂滑车，用铅鱼将取样器沉入泥石流流体中，可选取断面线上任一部位的泥石流样品。此法要求设备复杂，所取样品代表性强，是目前最理想的取样手段。

（4）取土样搅拌法。在泥石流发生后，于沟床或沟边堆积物中清除表面杂质，挖取具有代表性的细颗粒 2～3kg，投入桶内，加水搅拌成泥浆，存放一段时间（24h 以上），观察浆体无固液两相物质分离现象，即可当作试验用的泥石流浆体样品。

2. 泥石流流体重度（γ_c）的测定

（1）现场调查试验法。现场请当地曾亲眼看见过该沟泥石流暴发的老居民多人次，在需要测试的沟段，选取有代表性的堆积物搅拌成暴发时的泥石流流体状态，进行样品鉴定，然后分别测出样品的总质量和总体积，按式（5.4-1）求出泥石流流体重[30]。

$$\gamma_c = \frac{G_c}{V} \tag{5.4-1}$$

式中　γ_c——泥石流流体重度，t/m^3；

　　　G_c——样品的总质量，t；

　　　V——样品的总体积，m^3。

（2）形态调查法。在泥石流沟现场请当地亲眼目睹过该沟泥石流暴发或受过灾害的村民，描述泥石流流体特征和流体运动状况。然后按表 5.4-11 的特征确定泥石流流体重度。

表 5.4-11　　　　　　　　　泥石流流体稠度特征表[30]

稠度特征	稀浆状	稠浆状	稀粥状	稠粥状
重度 γ_c（t/m^3）	1.30～1.40	1.40～1.60	1.60～1.80	1.80～2.30

在使用上述办法时，应慎重。泥石流流体重度应根据调查分析和试验结果作综合研究后确定。

3. 颗粒级配分析

（1）体积法。在需要试验的沟段，选择有代表性的试验点，清除表层杂质，量取 $1m^2$、深约 $0.5～1.0m$ 的取样坑，取出其全部土、砂、石，从中挑出粒径大于 200mm 以上的石块单个分别称重，其余按粒径筛为 200～150mm、150～100mm、100～50mm、50～20mm、20mm 以下若干级，每级分组称重，计算分组质量与总质量之比，绘制颗粒级配曲线，求算颗粒级配特征值。此方法较准确。

（2）方格网法。在取样地段，选出代表性沟段画出 100 个 $1m×1m$ 的小方格，取每个小方格交点上的一石块（剔除个别大孤石）来做统计。量取每个石块的三边尺寸长（L）、宽（b）、高（h），计算三边尺寸的几何均值 $d_{cp} = \sqrt[3]{Lbh}$ 或算术平均值 $d_{cp} = (L+b+h)/3$，作为该石块的平均直径。然后按粒径大小分成若干个粒径组，称出各粒径组的质量与总质量之比，绘制颗粒级配曲线，求算颗粒级配特征值。此法较简单，但精度较差。

4. 泥石流流体的黏度（η）和静切力（τ）测试

取泥石流浆体，使用标准黏度计或旋转黏度计和泥浆静切力计测试。

（1）泥石流黏度（η）的测试。

1）漏斗黏度计测定法。用量杯取通过筛网（小于 0.2mm）的泥浆 $700cm^3$ 于漏斗中，让泥浆经内径为 5mm 的管子从漏斗流出，注满 $500cm^3$ 容器所需的时间（s），即为测得的泥浆黏度。

2）旋转黏度计测定法。通过圆筒在流体中作同心圆旋转，测定其扭矩；也可连续改变旋转的角速度，测定各剪切速率下的剪应力，从而测得流体的流变曲线。可采用标准漏斗 1006 型黏度计或同轴圆心旋转式黏度计测定，并根据有关公式可求得流体的黏度。

3）形态调查法。现场调查、观察形成泥石流的山坡、沟床的土壤特征和访问老居民所见的暴发泥石流时的流体形态描述，按表 5.4-12 定泥石流黏度。此法简单，但具有很大的经验性。应根据调查分析和试验结果综合比选确定。

表 5.4-12　　　　　　　　泥石流稠度、土壤与黏度对照表[30]

土壤特征	轻质砂黏土	粉土及重质砂黏土	粉土及重质砂黏土	粉土及重质砂黏土	黏土
泥石流体稠度	稀浆状	稠浆状	稀泥状	稠泥状	稀粥状
黏度（$Pa \cdot s$）	0.3～0.8	0.5～1.0	0.9～1.5	1.0～2.0	1.2～2.5

（2）泥石流静切力（τ）测试。主要采用 1007 型静切力计测量。将过筛的泥浆倒入外筒，把带钢丝的悬柱挂在支架上，钢丝要悬中，泥浆面和悬柱顶面相平。静止 1min 或 10min，分别测定钢丝扭转角度，此读数乘以钢丝系数即为 1min 或 10min 的剪切力。

5.4.4.4 泥石流特征值的计算

1. 泥石流流量计算公式

泥石流流量包括泥石流峰值流量和一次泥石流输砂量，是泥石流防治的基本参数。泥石流峰值流量的计算主要有形态调查法和雨洪法两种。

（1）形态调查法[30]。在泥石流沟道中选择 2～3 个测流断面。断面选在沟道顺直、断面变化不大、无阻塞、无回流、上下沟槽无冲淤变化、具有清晰泥痕的沟段。仔细查找泥石流过境后留下的痕迹，然后确定泥位。最后测量这些断面上的泥石流流面比降（若不能由痕迹确定，则用沟床比降代替）、泥位高度 H_c（或水力半径）和泥石流过流断面面积等参数。用相应的泥石流流速计算公式，求出断面平均流速 v_c 后，即可用式（5.4-2）求泥石流断面峰值流量 Q_c。

$$Q_c = W_c v_c \qquad (5.4-2)$$

式中　W_c——泥石流过流断面面积，m^2；

　　　v_c——泥石流断面平均流速，m/s。

（2）雨洪法[30]。在泥石流与暴雨同频率、且同步发生，计算断面的暴雨洪水设计流量全部转变成泥石流流量的假设下建立的计算方法。其计算步骤是先按水文方法计算出断面不同频率下的小流域暴雨洪峰流量，然后选用堵塞系数，按式（5.4-3）计算泥石流流量。

$$Q_c = (1+\Phi)Q_P D_c \qquad (5.4-3)$$

式中　Q_c——频率为 P 的泥石流洪峰值流量，m^3/s；

　　　Φ——泥石流泥沙修正系数，可按式（5.4-4）计算；

　　　Q_P——频率为 P 的暴雨洪水设计流量，根据各省水文手册中给出的计算公式计算，也可以用式（5.4-5）进行计算，m^3/s；

　　　D_c——泥石流堵塞系数，可通过查表 5.4-13 获得，有实测资料时，也可按式（5.4-6）和式（5.4-7）估算。

$$\Phi = \frac{\gamma_c - \gamma_W}{\gamma_H - \gamma_c} \qquad (5.4-4)$$

式中　γ_c——泥石流重度，t/m^3；

　　　γ_W——清水的重度，t/m^3；

　　　γ_H——泥石流中固体物质比重，t/m^3。

$$Q_P = 0.278riF \quad （适合小流域）\qquad (5.4-5)$$

式中　r——按小时平均雨强（mm/h）设计，用实测最大小时雨强校核；

　　　i——产流系数，一般 $=0.5\sim0.9$；

　　　F——流域面积，km^2。

$$Q_c = 0.87t^{0.24} \qquad (5.4-6)$$

$$D_c = \frac{58}{Q_c^{0.21}} \qquad (5.4-7)$$

式中　t——堵塞时间，s。

泥石流堵塞系数 D_c 值见表 5.4-13。

表 5.4-13　　　　　　　　　　泥石流堵塞系数 D_c 值[30]

堵塞程度	特　　征	堵塞系数 D_c
严重	河槽弯曲，河段宽窄不均，卡口、陡坎多。大部分支沟交汇角度大，形成区集中。物质组成黏性大，稠度高，沟槽堵塞严重，阵流间隔时间长	>2.5
中等	沟槽较顺直，沟段宽窄较均匀，陡坎、卡口不多。主支沟交角多小于 60°，形成区不太集中。河床堵塞情况一般，流体多呈稠浆—稀粥状	1.5～2.5
轻微	沟槽顺直均匀，主支沟交汇角小，基本无卡口、陡坎，形成区分散。物质组成黏度小，阵流的间隔时间短而少	<1.5

（3）一次泥石流冲出总量计算[30]。一次泥石流总量 Q 可通过计算法和实测法确定。实测法精度高，但因往往不具备测量条件，往往只是一个粗略的概算。如果泥石流系单峰连续流，则对一般暴雨或融水形成的水体冲刷类泥石流，可根据泥石流历时 T(s)（半小时左右或者更少，一般不超过 45～60min）和最大流量 Q_c（m^3/s）进行计算，按泥石流暴涨暴落的特点，将其过程线概化成五角形，按式（5.4-8）计算 Q(m^3)。

$$Q = \frac{19TQ_c}{72} = 0.264TQ_c \qquad (5.4-8)$$

如果泥石流属黏性连续流或溃决性泥石流，并在开始时出现断流，结束时泥石流流量很小，则可以把过程线概化成三角形，则

$$Q = 0.5TQ_c \qquad (5.4-9)$$

一次泥石流冲出的固体物质总量 Q_H（m^3）可按

式（5.4-10）计算[30]：

$$Q_H = \frac{Q(\gamma_c - \gamma_w)}{\gamma_H - \gamma_w} \quad (5.4-10)$$

2. 泥石流流速计算公式

泥石流流速是决定泥石流动力学性质的最重要参数之一。目前泥石流流速计算公式为半经验或经验公式，概括起来一般分为稀性泥石流流速、黏性泥石流流速和泥石流中大石块运动速度计算公式三类。

（1）稀性泥石流流速计算公式。西南地区（铁道部第二勘察设计院）公式[30]：

$$v_c = \frac{1}{\sqrt{\gamma_H \phi + 1}} \frac{1}{n} R^{\frac{2}{3}} I_c^{\frac{1}{2}} \quad (5.4-11)$$

式中　v_c——泥石流断面平均流速，m/s；
　　　γ_H——泥石流固体物质重度，t/m³；

$\dfrac{1}{n}$——清水河床糙率系数，可查水文手册；

　　　R——河床断面的水力半径，m，一般可用平均水深 H 代替；

　　　I_c——泥石流水力坡度，‰，一般可用沟床纵坡代替；

　　　ϕ——泥石流泥沙修正系数，可查表5.4-14。

泥石流流体水力半径 R 的计算也可按式（5.4-12）计算：

$$R = \frac{w}{P} \quad (5.4-12)$$

式中　w——过流断面面积，m²；

　　　P——湿周（湿周通常情况下是指断面上水体与河床接触的那部分长度），m。

表 5.4-14　泥石流重度 γ_c、泥石流固体物质重度 γ_H 与泥石流泥沙修正系数 ϕ 对照表[31]

γ_H \ γ_c	1.3	1.4	1.5	1.6	1.7	1.8	1.9	2.0	2.1	2.2	2.3
2.4	0.272	0.400	0.556	0.750	1.000	1.330	1.80	2.50	3.67	6.00	13.00
2.5	0.250	0.364	0.500	0.667	0.875	1.140	1.50	2.00	2.75	4.00	6.50
2.6	0.231	0.333	0.454	0.600	0.778	1.000	1.28	1.67	2.20	3.00	4.33
2.7	0.214	0.308	0.416	0.545	0.700	0.890	1.12	1.43	1.83	2.40	3.25

（2）黏性泥石流流速计算公式。综合西藏古乡沟、东川蒋家沟、武都火烧沟的通用公式[30]：

$$v_c = \frac{1}{n_c} H_c^{\frac{2}{3}} I_c^{\frac{1}{2}} \quad (5.4-13)$$

式中　v_c——泥石流断面平均流速，m/s；

　　　n_c——黏性泥石流的河床糙率，用内插法由表5.4-15查得；

　　　I_c——泥石流水力坡度，‰，一般可用沟床纵坡代替。

3. 泥石流中石块运动速度计算公式[30]

在缺乏大量实验数据和实测数据的情况下，以堆积后的泥石流冲出物最大粒径推求石块运动速度，其经验公式：

$$v_s = \alpha \sqrt{d_{max}} \quad (5.4-14)$$

式中　v_s——泥石流中大石块的移动速度，m/s；

　　　d_{max}——泥石流堆积物中最大石块的粒径，m；

　　　α——全面考虑的摩擦系数（泥石流重度、石块密度、石块形状系数、沟床比降等因素），$3.5 \leqslant \alpha \leqslant 4.5$，平均 $\alpha = 4.0$。

有关单位根据不同地区泥石流特征，对如何计算泥石流流速、泥石流中块石速度总结出不同的经验公式，详见《泥石流灾害防治工程勘查规范》（DZ/T 0220—2006）。不同地区可选用不同的经验公式进行计算。

5.4.4.5　泥石流动力学参数的计算[30]

1. 泥石流冲击力计算公式

泥石流冲击力是泥石流防治工程设计的重要参数，分为流体整体冲压力和个别石块的冲击力两种。

（1）泥石流体整体冲压力计算公式。

铁二院（成昆、东川两线）公式：

$$\delta = \lambda \frac{\gamma_c}{g} v_c^2 \sin\alpha \quad (5.4-15)$$

式中　δ——泥石流体整体冲击压力，Pa；

　　　g——重力加速度，m/s²，取 $g = 9.8$ m/s²；

　　　α——建筑物受力面与泥石流冲击力方向的夹角，（°）；

　　　λ——建筑物形状系数，圆形建筑物 $\lambda = 1.0$，矩形建筑物 $\lambda = 1.33$，方形建筑物 $\lambda = 1.47$；

　　　其余系数意义同上。

（2）泥石流体中大石块的冲击力（F）计算公式。对梁的冲击力可通过式（5.4-16）和式（5.4-17）计算：

$$F = \sqrt{\frac{3EJ v_s^2 W}{g L^3}} \sin\alpha \quad （概化为悬臂梁的型式）$$

$$(5.4-16)$$

表 5.4 - 15　　　　　　　　　　　　　　泥 石 流 河 床 糙 率 n_c[30]

序号	泥石流体特征	沟床状况	糙率值 n_c	$\dfrac{1}{n_c}$
1	流体呈整体运动；石块粒径大小悬殊，一般在 30~50cm，2~5m 粒径的石块约占 20%；龙头由大石块组成，在弯道或河床展宽处易停积，后续流可超越而过，龙头流速小于龙身流速、堆积呈垄岗状	河床极粗糙，沟内有巨石和挟带的树木堆积，多弯道和大跌水，沟内不能通行，人迹罕见，沟床流通段纵坡在 100‰~150‰，阻力特征属高阻型	平均 0.270 $H_c<2m$ 时, 0.445	3.57 2.25
2	流体呈整体运动，石块较大，一般石块粒径 20~30cm，含少量粒径 2~3m 的大石块；流体搅拌较为均匀；龙头紊动强烈，有黑色烟雾及火花；龙头和龙身流速基本一致；停积后呈垄岗状堆积	河床比较粗糙，凹凸不平，石块较多，有弯道、跌水；沟床流通段纵坡 70‰~100‰，阻力特征属高阻型	$H_c<1.5m$ 时, 平均 0.040; $H_c\geqslant1.5m$ 时, 0.050~0.100, 平均 0.067	20~30 25 10~20 15
3	流体搅拌十分均匀；石块粒径一般在 10cm 左右，挟有个别 2~3m 的大石块；龙头和龙身物质组成差别不大；在运动过程中龙头紊动十分强烈，浪花飞溅，停积后浆体与石块不分离，向四周扩散呈叶片状	沟床稳定，河床物质均匀，粒径 10cm 左右；受洪水冲刷沟底不平、粗糙，流水沟两侧较平顺、干而粗糙；流通段沟底纵坡 55‰~70‰，阻力特征属中阻型或高阻型	0.1m<H_c<0.5m, 0.043; 0.5m<H_c<2.0m, 0.077; 2.0m<H_c<4.0m, 0.100	23 13 10
4		泥石流铺床后原河床黏附一层泥浆体，使干而粗糙的河床变得光滑平顺，利于泥石流运动，阻力特征属低阻型	0.1<H_c<0.5m, 0.022; 0.0<H_c<2.0m, 0.033; 2.0<H_c<4.0m, 0.050	46 26 20

$$F = \sqrt{\frac{48EJv_s^2W}{gL^3}}\sin\alpha \quad (\text{概化为简支梁的型式})$$

$$(5.4 - 17)$$

式中　F——大石块的冲击力，N/m²；

　　　E——构件弹性模量，Pa；

　　　J——构件截面中心轴的惯性矩，m⁴；

　　　L——构件长度，m；

　　　v_s——石块运动速度，m/s；

　　　W——石块重量，t；

　　　α——大石块运动方向与构件受力面的夹角，(°)。

2. 泥石流冲起高度计算公式

(1) 泥石流最大冲起高度 ΔH 为

$$\Delta H = \frac{v_c^2}{2g} \quad (5.4 - 18)$$

(2) 泥石流在爬高过程中由于受到沟床阻力的影响，其爬高 ΔH 为

$$\Delta H = \frac{bv_c^2}{2g} \approx 0.8\,\frac{v_c^2}{g} \quad (5.4 - 19)$$

式中　b——迎面坡度的函数。

3. 泥石流的弯道超高

(1) 由于泥石流流速快，惯性大，故在弯道凹岸处有比水流更加显著的弯道超高现象。

根据弯道泥面横比降动力平衡条件，推导出计算弯道超高的公式：

$$\Delta h = 2.3\,\frac{v_c^2}{g}\lg\frac{R_2}{R_1} \quad (5.4 - 20)$$

式中　Δh——弯道超高，m；

　　　R_2——凹岸曲率半径，m；

　　　R_1——凸岸曲率半径，m；

　　　v_c——泥石流流速，m/s。

(2) 日本（高桥保）公式：

$$\Delta h = \frac{2B_c v_c^2}{R_c g} \quad (5.4 - 21)$$

式中　B_c——泥石流表面宽度，m；

　　　R_c——河流曲率半径，m。

有关单位根据不同地区泥石流特征，对如何计算

泥石流流速、泥石流中块石速度冲击力、爬高、弯道超高等总结出不同的经验公式,详见《泥石流灾害防治工程勘查规范》(DZ/T 0220—2006)。不同地区可选用不同的经验公式进行计算。

5.4.4.6 施工条件

结合可能采取的泥石流防治工程,调查施工场地、工地临时建筑和施工道路的地形地貌;调查泥石流防治工程周围所需的天然建筑材料的分布情况,对砂石、块石、毛石质量和储量进行评估;调查泥石流防治工程周围的水源状况并采样分析,对防治工程及生活用水的水质水量进行评价。

5.4.4.7 人为活动

围绕为形成泥石流提供水动力条件和松散固体物质的人为活动展开。

(1)水土流失。主要调查破坏植被、毁林开荒、陡坡垦殖、过度放牧等造成的水土流失状况。

(2)弃土弃渣。主要调查筑路弃土及其挡渣措施。

(3)水利工程。对已有水利水电工程,主要调查输水线路及其渗漏状况、小水库土坝及其安全性。对规划新建的水利水电工程,要结合工程布局和施工量、弃渣堆放场等进行泥石流活动的趋势预测。

5.4.4.8 活动性、险情、灾情

调查了解历次泥石流残留在沟道中的各种痕迹和堆积物特征,推断其活动历史、期次、规模,目前所处发育阶段(形成期、发展期、衰退期、停歇期)。泥石流沟发展阶段的识别可根据表 5.4 - 16 进行判别。

表 5.4 - 16 　　　　　　　　　　　泥石流沟发展阶段的识别表[30]

识别标记		形成期(青年期)	发展期(壮年期)	衰退期(老年期)	停歇期
主支流关系		主沟侵蚀速度不大于支沟侵蚀速度	主沟侵蚀速度大于支沟侵蚀速度	主沟侵蚀速度小于支沟侵蚀速度	主支沟侵蚀速度均等
沟口地段		沟口出现扇形堆积地或扇形地处于发展中	沟口扇形堆积地形发育,扇缘及扇高在明显增长中	沟口扇形堆积在萎缩中	沟口扇形地貌稳定
主河河型		堆积扇发育逐步挤压主河,河型间或发生变形,无较大变形	主河河型受堆积扇发展控制,河型受迫弯曲变形,或被暂时性堵塞	主河河型基本稳定	主河河型稳定
主河主流		仅主流受迫偏移,对岸尚未构成威胁	主流明显被挤偏移,冲刷对岸河堤、河滩	主流稳定或向恢复变形前的方向发展	主流稳定
新老扇形地关系		新老扇叠置不明显或为外延式叠置,呈叠瓦状	新老扇叠置覆盖外延,新扇规模逐步增大	新老扇呈后退式覆盖,新扇规模逐步变小	无新堆积扇发生
扇面变幅(m)		+0.2~+0.5	>+0.5	-0.2~+0.2	无或成负值
松散物贮量(万 m³/km²)		5~10	>10	1~5	<1
松散物存在状态	高度(m)	10~30,高边坡堆积	>30,高边坡堆积	<30,边坡堆积	<5
	坡度(°)	32~25	>32	15~25	≤15
泥沙补给		不良地质现象在扩展中	不良地质现象发育	不良地质现象在缩小控制中	不良地质现象逐步稳定
沟槽变形	(纵)	中强切蚀,溯源冲刷,沟槽不稳	强切蚀、溯源冲刷发育,沟槽不稳	中弱切蚀、溯源冲刷不发育,沟槽趋稳	平衡稳定
	(横)	纵向切蚀为主	纵向切蚀为主,横向切蚀发育	横向切蚀为主	无变化
沟坡		变陡	陡峻	变缓	缓
沟形		裁弯取直、变窄	顺直束窄	弯曲展宽	自然弯曲、展宽、河槽固定
植被(%)		覆盖率在下降,为30~10	以荒坡为主,覆盖率小于10	覆盖率在增长,为30~60	覆盖率较高,大于60
触发雨量		逐步变小	较小	较大并逐步增大	

调查了解泥石流危害的对象（城镇居民点、交通干线及工农业设施等）、危害型式（淤埋和漫流、冲刷和磨蚀、撞击和爬高、堵塞或挤压河道）；初步圈定泥石流可能危害的地区（可分主要危险区和一般危险区），分析预测今后一定时期内泥石流的发展趋势和可能造成的危害。

灾情的调查方法是通过访问当地老人，查询古书和历史资料，根据植被、地形等情况推断近年来泥石流的活动情况。具体内容有：灾害状况、发生灾害时的气象状况、受灾实况和泥沙冲出量等。这些资料将成为今后泥沙治理时安排施工顺序的有用资料。

5.4.4.9　危害性

（1）危害方式与范围。调查泥石流侵蚀（冲击、冲刷）的部位、方式、范围和强度。泥石流淤埋的部位、规模、范围和速率，泥石流淤堵主沟的原因、部位、断流和溃决情况，泥石流完全堵塞或部分堵塞主河的原因、现状、历史情况及溃决洪水对下游的水毁灾害。确定泥石流危险区范围可参考表 5.4-17。

表 5.4-17　　　　　泥石流活动危险区域划分表[30]

危险分区	判　别　特　征
极危险区	（1）泥石流、洪水能直接到达的地区：历史最高泥位或水位线、泛滥线以下地区。 （2）河沟两岸已知的及预测可能发生崩塌、滑坡的地区：有变形迹象的崩塌、滑坡区域内和滑坡前缘可能到达的区域内。 （3）堆积扇挤压大河或大河被堵塞后诱发的大河上、下游的可能受灾地区
危险区	（1）最高泥位或水位线以上加堵塞后的壅高水位以下的淹没区，溃坝后泥石流可能到达的地区。 （2）河沟两岸崩坍、滑坡后缘裂隙以上 50～100m 范围内，或按实地地形确定。 （3）大河因泥石流堵江后在极危险区以外的周边地区仍可能发生灾害的区域
影响区	高于危险区与危险区相邻的地区，它不会直接与泥石流遭遇，但却有可能间接受到泥石流危害的牵连而发生某些级别灾害的地区
安全区	极危险区、危险区、影响区以外的地区为安全区

（2）灾害损失。调查每次泥石流危害对象，造成的人员伤亡、财产损失和直接经济损失，估算间接经济损失并评估对当地社会、经济的影响；预测今后可能造成的危害。估计受潜在泥石流威胁的对象、范围和程度。对规划新建的水利水电工程，主要围绕工程区范围内的工程的布置，施工场地、配套设施等，对泥石流可能造成的危害加以调查和危害判定。

5.4.5　泥石流活动性与危险性评估

开展泥石流的活动性和危险性评估可为水利水电工程设施的布设提供重要依据。泥石流的活动性对水利水电工程的影响主要表现在泥石流发生的频率和泥石流的破坏强度，泥石流发生的频率越高、破坏强度越大，其对水利水电工程的危害概率和破坏强度也就越高（大）。泥石流的危险性评估可以大致确定在不同频率条件下泥石流可能危害的范围。在泥石流可能影响到的危险区内，尽量不要布设工程设施，应尽量使工程设施避开泥石流可能威胁到的区域。

5.4.5.1　泥石流活动性评估

1.　区域性泥石流活动性调查评判

根据对暴雨资料的统计分析，按 24h 雨量（H_{24}）等值线图分区，并结合前述泥石流形成的相关地质环境条件进行区域性泥石流活动综合评判量化，按表 5.4-18 中的项目进行统计分析，确定泥石流活动性分区。

表中 R 为暴雨强度指标。可根据《泥石流灾害防治工程勘查规范》（DZ/T 0220—2006）推荐的公式进行计算[30]：

$$R = K \left(\frac{H_{24}}{H_{24(D)}} + \frac{H_1}{H_{1(D)}} + \frac{H_{1/6}}{H_{1/6(D)}} \right) \quad (5.4-22)$$

式中　　　K——前期降雨量修正系数，无前期降雨时：$K=1$；有前期降雨时：$K>1$；但目前尚无可信的成果可供应用，现阶段可暂时假定：$K=1.1～1.2$；

　　H_{24}、H_1、$H_{1/6}$——24h、1h 和 10min 最大降雨量，mm；

　　$H_{24(D)}$、$H_{1(D)}$、$H_{1/6(D)}$——该地区可能发生泥石流的24h、1h、10min 的界限雨值（表 5.4-19）。

根据统计分析结果：

$R<3.1$，安全雨情。

$R \geqslant 3.1$，可能发生泥石流的雨情。

$R=3.1～4.2$，发生几率小于 0.2。

$R=4.2～10$，发生几率 0.2～0.8。

表 5.4-18   **区域性泥石流活动综合评分表**[30]

地面条件类型	极易活动区	评分	易活动区	评分	轻微活动区	评分	不易活动区	评分
综合雨情	$R>10$	4	$R=4.2\sim10$	3	$R=3.1\sim4.2$	2	$R<3.1$	1
阶梯地形	二个阶梯的连接地带	4	阶梯内中高山区	3	阶梯内低山区	2	阶梯内丘陵区	1
构造活动影响	大	4	中	3	小	2	无	1
地震	$M_S\geqslant7$ 级	4	$M_S=7\sim5$ 级	3	$M_S<5$ 级	2	无	1
岩性	软岩、黄土	4	软、硬相间	3	风化和节理发育的硬岩	2	质地良好的硬岩	1
松散物（万 m^3/km^2）	很丰富 >10	4	丰富 $10\sim5$	3	较少 $5\sim1$	2	少 <1	1
植被覆盖率（%）	<10	4	$10\sim30$	3	$30\sim60$	2	>60	1

表 5.4-19   **可能发生泥石流的 $H_{24(D)}$、$H_{1(D)}$、$H_{1/6(D)}$ 的界限值表**[30]

年均降雨（mm）	$H_{24(D)}$（mm）	$H_{1(D)}$（mm）	$H_{1/6(D)}$（mm）	代表地区（以当地统计结果为准）
>1200	100	40	12	浙江、福建、台湾、广东、广西、江西、湖南、湖北、安徽、云南西部、西藏东南部等山区
$1200\sim800$	60	20	10	四川、贵州、云南东部和中部、陕西南部、山西东部、辽东、黑龙江、吉林、辽西、冀北部、西部等山区
$800\sim500$	30	15	6	陕西北部、甘肃、内蒙古、京郊、宁夏、山西、新疆部分、四川西北部、西藏等山区
<500	25	15	5	青海、新疆、西藏及甘肃、宁夏两省区的黄河以西地区

$R>10$，发生几率大于 0.8。

按表 5.4-18 得到的区域性泥石流活动量化值分级按以下标准划分：

极易活动区：总分 28~22 分。

易活动区：总分 21~15 分。

轻微活动区：总分 14~8 分。

不易活动区：总分小于 8 分。

2. 单沟泥石流活动性调查评判

（1）单沟泥石流活动性调查判别调查范围。主要以泥石流发育的小流域周界为调查单元。主河有可能被堵塞时，则应扩大到可能淹没的范围和主河下游可能受溃坝水流波及的地区。

（2）调查的主要内容。参见《泥石流灾害防治工程勘查规范》（DZ/T 0220—2006）附录 H《泥石流调查表》中的项目进行调查。在一般调查内容中突出以下重点，主要包括以下一些内容：

1）确认诱发泥石流的外动力。暴雨、地震、冰雪融化、堤坝溃决。其中，暴雨资料包括气象部门或泥石流监测专用雨量站提供的该沟或紧临地区的年、

日、时和 10min 最大降雨量和多年平均雨量，前期降雨及前期累计降雨量等。对冰川泥石流地区，应增加日温度、冰雪可融化的体积、冰川移动速度、可能溃决水体的最大流量的调查。

2）沟槽输移特性。实测或在地形图上量取河沟纵坡、产砂区和流通区沟槽横断面、泥沙沿程补给长度比、各区段运动的巨石最大粒径和巨石平均粒径、现场调查沟谷堵塞程度、两岸残留泥痕。

3）地质环境。根据地质构造图了解震级和区域构造情况、按《泥石流灾害防治工程勘查规范》（DZ/T 0220—2006）附录 G《泥石流易发程度和流域环境动态因数综合分级评判表》中的要求实地调查核实，并按流域环境动态因数综合分级确定构造影响程度。现场调查流域内的岩性，按软岩、黄土、硬岩、软硬岩互层、风化节理发育的硬岩等五类划分。

4）松散物源。调查崩塌、滑坡、水土流失（自然的、人为的）等的发育程度，不稳定松散堆积体的处数、体积、所在位置、产状、静储量、动储量、平均厚度，弃渣类型及堆放型式等。

5）泥石流活动史。调查发生年代、受灾对象、灾害型式、灾害损失、相应雨情、沟口堆积扇活动程度及挤压大河程度，并分析当前所处的泥石流发育阶段（见表 5.4 - 18）。

（3）单沟泥石流活动强度按表 5.4 - 20 进行判别。

6）防治措施现状。调查防治建筑物的类型、建设年代、工程效果及损毁情况。

表 5.4 - 20　　泥石流活动强度判别表[30]

活动强度	堆积扇规模	主河河型变化	主流偏移程度	泥沙补给长度比（%）	松散物贮量（万 m³/km²）	松散体变形量	暴雨强度指标 R
很强	很大	被逼弯	弯曲	>60	>10	很大	>10
强	较大	微弯	偏移	60～30	10～5	较大	4.2～10
较强	较小	无变化	大水偏	30～10	5～1	较小	3.1～4.2
弱	小或无	无变化	不偏	<10	<1	小或无	<3.1

5.4.5.2　泥石流活动的危险性评估

1. 泥石流活动危险程度的判别

泥石流危险程度评估的核心是通过调查分析确定泥石流活动度或灾害发生的几率。暴雨泥石流活动危险程度或灾害发生几率的判别式[30]为

$$危险程度或灾害发生几率（D）=\frac{泥石流的致灾能力（F）}{受灾体的承（抗）灾能力（E）}$$

泥石流的致灾能力可以通过对泥石流活动的强度、规模、发生频率、堵塞程度等外动力参数进行综合量化分析后取值。受灾体的承（抗）灾能力：包括人、财产、建筑物、土地资源等，在综合量化分析抗灾能力时取建筑物的设计标准、工程质量、所在区位条件、有无防护建筑物及效果等参数进行综合量化分析后取值。

$D<1$ 受灾体处于安全工作状态，成灾可能性很小。

$D>1$ 受灾体处于危险工作状态，成灾可能性很大。

$D=1$ 受灾体处于灾变的临界工作状态，成灾与否的几率各占 50%，要警惕可能成灾的那部分。

2. 泥石流的综合致灾能力（F）评价

泥石流的综合致灾能力按表 5.4 - 21 中 4 个因素分级量化总分 F 值判别。

综合致灾能力的判别标准按 4 个因素分级量化总分 F 值判别：

$F=16～13$ 综合致灾能力很强。

$F=12～10$ 综合致灾能力强。

$F=9～7$ 综合致灾能力较强。

$F=6～4$ 综合致灾能力弱。

表 5.4 - 21　　泥石流综合致灾能力分级量化表[30]

活动强度	很强	4	强	3	较强	2	弱	1	按表 5.4 - 22 确定
活动规模	特大型	4	大型	3	中型	2	小型	1	按表 5.4 - 8 确定
发生频率	极低频	4	低频	3	中频	2	高频	1	按表 5.4 - 7 确定
堵塞程度	严重	4	中等	3	轻微	2	无堵塞	1	按表 5.4 - 13 确定

3. 受灾体（建筑物）的综合承（抗）灾能力（E）评价

受灾体（建筑物）的综合承（抗）灾能力按表 5.4 - 22 中 4 个因素分级量化总分 E 值判别。

综合承（抗）灾能力的判别标准按 4 个因素分级量化总分 E 值判别：

$E=16～13$ 综合承（抗）灾能力好。

$E=12～10$ 综合承（抗）灾能力较好。

$E=9～7$ 综合承（抗）灾能力差。

$E=6～4$ 综合承（抗）灾能力很差。

表 5.4 - 22　　受灾体（建筑物）的综合承（抗）灾能力分级量化表[30]

设计标准	<5 年一遇	1	5～10 年一遇	2	10～50 年一遇	3	>50 年一遇	4
工程质量	较差有严重隐患	1	合格，有隐患	2	合格	3	良	4
区位条件①	极危险区	1	危险区	2	影响区	3	安全区	4
工程效果	较差或工程失效	1	存在较大问题	2	存在部分问题	3	较好	4

①　区位条件可按表 5.4 - 17 泥石流活动危险区域划分表进行确定。

5.4.6 泥石流治理工程勘查

5.4.6.1 工程地质勘查

（1）遥感解译。从卫星图像和航空相片解译泥石流的区域性宏观分布、地貌和地质条件；有条件时可用不同时相的影像图解译，对比泥石流发展过程、演化趋势，应尽可能采用高精度遥感图像；编制遥感图像解译图，航片比例尺宜为 $1:8000\sim1:34000$。

（2）填图要求。所划分的单元在图上标注的尺寸最小为 2mm。对小于 2mm 的重要单元，可采用扩大比例尺或符号的方法表示。

（3）地质地貌测绘。对全流域及沟口以下可能受泥石流影响的地段，填绘与泥石流形成和活动有关的地质地貌要素，编制相应地貌图与地质图，填绘纵剖面图与横断面图。测绘内容主要是流域外围的地形地貌、岩性结构、松散堆积层成因类型、厚度及斜坡稳定性等。同时结合钻探、物探和坑槽探成果，沿工程轴线实测并绘制工程地质剖面。

5.4.6.2 水文勘查

（1）暴雨洪水。泥石流小流域一般无实测洪水资料，可根据较长的实测暴雨资料推求某一频率的设计洪峰流量。对缺乏实测暴雨资料的流域，可采用理论公式和该地区的经验公式计算不同频率的洪峰流量。有关计算公式见"水文计算手册"。

（2）溃决洪水。包括水库溃决洪水、冰湖溃决洪水和堵河（沟）溃决洪水。溃决洪水流量据溃决前水头、溃口宽度、坝体长度、溃决类型（全堤溃决或局部溃决，一溃到底或不到底）采用理论公式计算或据经验公式估算，并结合实际调查进行校核。

（3）冰雪消融洪水。冰雪消融洪水可根据径流量与气温、冰雪面积的经验公式来计算；在高寒山区，一般流域均缺乏气温等资料，常采用形态调查法来测定；下游有水文观测资料的流域，可用类比法或流量分割法来确定。

5.4.6.3 泥石流流体勘查

（1）泥痕测绘。选择代表性沟道，量测沟谷弯曲处泥石流爬高泥痕、狭窄处最高泥痕及较稳定沟道处泥痕。据泥痕高度及沟道断面，计算过流断面面积，据上、下断面泥痕点计算泥位纵坡，作为计算泥石流流速、流量的基础数据。

（2）泥石流流体试验。在泥石流堆积区选择未受到人为干扰的泥石流堆积物作为试验样品，通过试验得到泥石流的堆积物组成特征、不同粒径颗粒物质的含量等，可为泥石流的静力学计算与分析提供参数。泥石流流体试验主要包括三个内容：

1）浆体重度测定。泥石流流体重度可根据泥石流体样品采用称重法测定。泥石流体样品一般难以采到，可了解目击者回忆，根据泥痕和堆积物特征进行配制，采用体积比法测定。

2）粒度分析。对泥石流体样品中粒径大于 2mm 的粗颗粒进行筛分，粒径小于 2mm 的细颗粒用比重计法或吸管法测定颗粒成分。对泥石流体中固体物质的颗粒成分，从堆积体中取样测定。取样数量应结合粒径来确定。

3）黏度和静切力测定（必要时进行）。用泥石流浆体或人工配制的泥浆样品模拟泥石流浆体，其黏度可采用标准漏斗 1006 型黏度计或同轴圆心旋转式黏度计测定；其静切力可采用 1007 型静切力计量测。

（3）泥石流动力学参数计算。通过计算泥石流动力学参数可为分析泥石流的运动特征及形成机制提供重要参数，主要包括以下四个方面的计算内容：

1）流速。据勘查所得泥石流流体水力半径、纵坡、沟床糙率及重度等参数计算；也可按泥石流的性质和所在地域选取相应的经验公式，稀性泥石流流速的计算公式推荐采用式（5.4-11）；黏性泥石流流速计算公式推荐采用式（5.4-13）进行计算。

2）流量。泥石流流量可采用形态调查法（据泥痕勘测所得的过流断面面积乘以流速）或雨洪法（按暴雨洪水流量乘以泥石流修正系数）确定。暴雨洪水流量可采用式（5.4-3）和式（5.4-5）进行计算。

3）冲击力。泥石流整体冲击力采用式（5.4-15）计算，泥石流中大石块冲击力采用式（5.4-16）～式（5.4-17）计算。泥石流中大石块冲击力的计算方法较多，除采用所列公式外，还可采用其他公式加以印证。

4）弯道超高与冲高。泥石流流动在弯曲沟道外侧产生的超高值和泥石流正面遇阻的冲起高度可应用式（5.4-18）～式（5.4-21）进行计算。

（4）堆积物试验。通过调查、试验，按《土工试验方法标准》（GB/T 50123—1999）确定泥石流堆积物的固体颗粒比重、土体重度、颗粒级配、天然含水量、界限含水量、天然孔隙比、压缩系数、渗透系数、抗剪强度和抗压强度等参数，供治理工程比选和设计使用。

（5）泥石流的形成区、流通区和堆积区测绘。工程治理区实测剖面至少按一纵三横控制；重点区应有 1～3 个探槽或探坑（井）控制。

5.4.6.4 勘探试验

（1）勘探。勘探工程主要布置在泥石流堆积区和可能采取防治工程的地段。勘探工程以钻探为主，辅以物探和坑槽探等轻型山地工程。受交通、环境条件的限制，在泥石流形成区，一般不采用钻探工程。当存在可能成为固体物源的滑坡或潜在不稳定斜坡而必须采用时，勘探线及钻孔布置可参照有关规定执行。

（2）钻探。泥石流防治工程场址，主勘探线钻孔应尽可能在工程地质测绘和地球物理勘探成果的指导下布设，孔距应能控制沟槽起伏和基岩构造线，间距一般 30～50m。由于松散堆积层深厚不必揭穿其厚度时，孔深应是设计建筑物最大高度的 0.5～1.5 倍；基岩浅埋时，孔深应进入基岩弱风化层 5～10m。

（3）物探。在施工条件较差、难以布置或不必布置钻探工程的泥石流形成区、流通区、堆积区，可布置 1～2 条物探剖面，对松散堆积层的岩性、厚度、分层、基岩面深度及起伏进行推断。

（4）坑槽探。结合钻探和物探工程，在重点地段布置一定探坑或探槽，揭露泥石流在形成区、流通区和堆积区不同部位的物质沉积规律和粒度级配变化。了解松散层岩性、结构、厚度和基岩岩性、结构、风化程度及节理裂隙发育状况。现场采集具有代表性的原状岩、土试样。

（5）试验。对坝高超过 10m 以上的实体拦挡工程宜进行抽水或注水试验，获取相关水文地质参数。在孔内或坑槽内采取岩样、土样和水样，进行分析测试，获取岩土体的物理力学性质参数。水样一般只作简分析，为拟建防治工程则应增加侵蚀性测定内容。

（6）对各类防治工程提供以下主要设计参数：

1）各类拦挡坝。覆盖层和基岩的重度、承载力标准值、抗剪强度，基面摩擦系数，泥石流的性质与类型、发生频次，泥石流体的重度和物质组成，泥石流体的流速、流量和设计暴雨洪水频率，泥石流回淤坡度和固体物质颗粒成分，沟床清水冲刷线。

2）其他工程。桩林——锚固段基岩深度、风化程度和力学性质；排导槽、渡槽——泥石流运动的最小坡度、冲击力、弯道超高和冲高；导流堤、护岸堤和防冲墩——基岩的埋藏深度和性质、泥石流冲击力和弯道超高、墙背摩擦角；停淤场——淤积总量、淤积总高度和分期淤积高度。

5.4.6.5　施工环境勘查

（1）结合可能采取的泥石流防治工程，调绘施工场地、工地临时建筑和施工道路的地形地貌，并进行地质灾害危险性评估，测图范围和精度视现场情况而定。

（2）了解泥石流防治工程周围的天然建筑材料分布情况，对砂石料质量和储量进行评价。如天然骨料缺少或不符合工程质量要求，须对就近的料场或人工料源进行初查。

（3）了解泥石流防治工程周围的水源状况并采样分析，对防治工程及生活用水的水质水量进行评价，提出供水方案建议。

5.4.6.6　监测

在勘查阶段，只要求进行简便的常规监测。必要时，根据流域大小，在流域内设置 1～3 个控制性自记式雨量观测点，定时巡视观测；观测点的设置要避免风力影响和高大树木的遮掩。有条件时，可进行泥位和流速观测。出现泥石流临灾征兆时，应及时报告有关部门进行预警预报。

5.4.7　泥石流防治

就水利水电工程而言，在工程区内遇到不可避免的泥石流沟时，就需要开展泥石流防治，其目的是减轻泥石流灾害可能造成的危害。泥石流防治的原则主要有以下几点：

（1）根据泥石流的发生条件、活动特点及危害状况，全流域统一规划。针对重点，因害设防。

（2）以防为主，防治结合，分阶段实施，近期防灾，远期逐步根治。

（3）因地制宜，讲求实效，以技术成熟、经济节省的中小型工程为主。

（4）以社会和环境效益为主，发挥最大经济效益。

泥石流治理需上、中、下游全面规划，各沟段也需有侧重。如上游水源区宜造水源涵养林、修建调洪水库和引水渠等措施，以减少水量，抑制形成泥石流的水动力和阻滞泥沙输移，如建造多树种多层次的立体防护林、坡面截水沟、沟谷区的拦砂坝、导流堤、护岸、护底工程等；中游土源区宜营造水土保持林、修建拦砂坝、谷坊、护坡、挡土墙等工程，固定沟床、稳定边坡，减少松散土体来源，控制形成泥石流的土体物质；下游营造防护林带，对规模巨大、势能大的泥石流，宜采取修建排导沟、急流槽、明洞渡槽和停淤场，畅排泥石流或停积部分泥石流体，以控制泥石流的危害。各类防治措施分类见表 5.4-23。

5.4.7.1　泥石流拦砂坝工程

1. 拦砂坝的作用

（1）拦砂坝建成后，可以控制或提高沟床局部地段的侵蚀基准面，防止淤积区内沟床下切。稳定岸坡崩塌和滑坡体的移动，对泥石流形成与发展将起到抑制作用。

（2）随着拦砂坝高度与库容的增加，将在坝址以上拦截大量泥沙，从而可以改变泥石流性质，减少泥石流的下泄规模。

表 5.4-23 泥石流防治措施分类表[8]

总项目	分类项目	具体项目	主 要 作 用
工程措施	治水工程	蓄水工程	调蓄洪水，消除或削减洪峰
		引、排水工程	引、排洪水，削减或控制下泄水量
		截水工程	拦截滑坡或水土流失严重地段的地表径流
		防御工程	控制冰雪融化，防治冰湖溃决，用炭黑等方法提前融化冰雪，防治高温时出现大量冰雪融化加剧或消除冰碛堤
	治土工程	拦砂坝、谷坊工程	拦蓄泥沙、固定沟床、稳定滑坡、提高支沟侵蚀基准面
		挡土墙工程	稳定滑坡或崩塌体
		护坡、护岸工程	加固边坡、岸坡，以免遭受冲刷
		变坡工程	防止坡面冲刷
		潜坝工程	固定沟床，防止下切
	排导工程	导流堤工程	排导泥石流，防止泥石流冲淤危害
		顺水坝工程	调整泥石流流向，顺利排导泥石流
		排导沟工程	排泄泥石流，防止泥石流漫淤成灾
		渡槽、急流槽工程	从交通路线的下方或上方排泄泥石流，保障线路畅通
		明混凝土工程	交通路线以明混凝土型式从泥石流沟下面通过，保证畅通
		改沟工程	把泥石流出口改到相邻的沟道，保证该沟下游的安全
	拦蓄工程	蓄淤场工程	利用开阔低洼地，蓄积泥石流
		拦泥库工程	利用平坦谷地，蓄积泥石流
		水田改旱地工程	减少水渗透量，防止山体滑坡
		渠道防渗工程	防止渠水渗漏，稳定边坡
		坡地改梯田工程	防止坡面侵蚀和水土流失
		田间排水、截水工程	排导坡面径流，防止侵蚀
		夯实地面裂缝、田边筑埂工程	防止水下渗，拦截泥沙，稳定边坡
生物措施	林业工程	水源涵养林	改良土壤，削减径流
		水土保持林	保水保土，减少水土流失
		护床防冲林	保护沟床，防止冲刷和下切
		护堤固滩林	加固河堤，保护滩地，防风固沙
	农业工程	梯田耕地	水土保持，减少水土流失
		立体种植	扩大植被覆盖率，截持降雨，减少地表径流
		免耕种植	促使雨水快速渗透，减少土壤侵蚀
		选择作物	选择保水保土作物，减少水土流失
	牧业工程	适度放牧	保持牧草覆盖率，减少水土流失
		圈养	护养草场，减轻水土流失
		分区轮牧	防止草场退化和水土保持能力
		改良牧草	增加植被覆盖面积，减轻水土流失
		选择保水保土牧草	提高保水保土能力，削减土壤侵蚀

（3）拦砂坝建成后，将使沟床拓宽，坡度减缓。可以减小流体流速，也可使流体主流线控制在沟道中间，减轻山洪泥石流对岸坡坡脚的侵蚀速度。

（4）拦砂坝下游沟床，因水头集中，水流速度加快，有利于输沙与排泄。

2. 拦砂坝类型

按所处地形、地质条件、采用材料和设计、施工要求，将拦砂坝分为不同类型。常用坝体型式有重力坝、拱坝、平板坝、爆破筑坝和格栅坝等。按建筑材料分，常用的有浆砌石重力坝、混凝土（含钢筋混凝土）坝、钢结构坝、干砌石坝和土坝等。

（1）浆砌石重力坝。浆砌石重力坝是我国泥石流防治中最常用的一种坝型。适用于各种类型和规模的泥石流防治。坝高不受限制。在石料充足地区，可就地取材，施工技术条件简单，工程投资较少。

（2）干砌石坝。干砌石坝适用于规模较小的泥石流防治，要求断面尺寸大，坝前应填土防渗和减缓冲击，过流部分应采用一定厚度（>1.0m）浆砌块石护面。坝顶最好不过流，而另外设置排导槽（溢洪道）过流。此类坝型包括定向爆破砌筑的堆石坝。

（3）混凝土或浆砌石拱坝。当地缺少石料、两侧沟壁地质条件又较好时，可采用节省材料的拱坝拦截泥石流。坝的高度及跨度不宜太大，并常用同心等半径圆周拱。此类坝的缺点是抗冲击及震动较差，不适宜含巨大漂砾的泥石流沟防治。

（4）土坝。土坝多适用于泥流或含漂砾很小、规模又不很大的泥石流沟防治。优点是能就地取材、结构简单、施工方便。缺点是不能过流，需另行设置溢洪道，而且需要经常维护。若需坝面过流，则坝顶及下游坝面需用浆砌块石或混凝土板护砌，并设置坝下防冲消能；在坝体上游应设黏土隔水墙，减少坝体内的渗水压力（图 5.4-1）。

图 5.4-1 护面土坝剖面示意图
（据廖育民[9]，2003）

（5）格栅坝。主要适用于稀性泥石流及水石流防治，目前已修建的有钢结构或钢筋混凝土结构两大类，坝高多为 3～10m 的中小型坝。具有节省建筑材料、施工快速（可装配施工）、使用期长等优点。

（6）钢筋混凝土板支墩坝。适用于无石料来源、泥石流的规模较小、漂砾含量很少的泥石流地区。坝顶可以溢流，坝体两侧的钢筋混凝土板与支墩的连接为自由式，坝体内可用沟道内砂砾土回填，可据需要设置一定数量排水孔（管）。

3. 拦砂坝的平面布置

（1）拦砂坝最好布置在泥石流形成区的下部，或置于泥石流形成区和流通区的衔接部位。

（2）从地形上讲，拦砂坝应设置于沟床的颈部（峡谷入口处）。坝址处两岸坡体稳定，无危岩、崩滑体存在。沟床基岩出露、坚固完整，具有很强的承载能力。在基岩窄口或跌坎处建坝，可节省工程投资，对排泄和消能都十分有利。

（3）拦砂坝宜设置在能较好控制主、支沟泥石流活动的沟谷地段。

（4）拦砂坝宜设置在靠近沟岸崩塌滑坡活动的下游地段，应能使拦砂坝在崩滑体坡脚的回淤厚度满足稳定崩塌滑坡的要求。

（5）从沟床冲刷下切段下游开始，逐级向上游设置拦砂坝，使坝上游沟床被淤积抬高及展宽，从而达到防止沟床继续被冲刷，进而阻止沟岸滑坡活动的发展。

（6）拦砂坝应设置在有大量漂砾分布及活动的沟谷下游，拦砂坝高度应满足回淤后长度能覆盖所有漂砾，使漂砾能稳定在拦砂坝库内。

（7）拦砂坝在平面布置上，坝轴线尽可能按直线布置，并与流体主流线方向垂直。溢流口应居于沟道中间位置，溢流宽度和下游沟槽宽度保持一致，非溢部分应对称。坝下游设置消能工，可采用潜槛或消力池构成的软基消能工。

（8）若拦砂坝本身不过流时，应在坝的一侧设置排洪道工程。

4. 拦砂坝荷载

作用在拦砂坝上的基本荷载，包括坝体自重、泥石流体压力及冲击力、堆积物的土压力、水压力和扬压力等。泥石流拦砂坝的荷载计算方法有多种，推荐《泥石流灾害防治工程设计规范》（DZ/T 0239—2004）中的荷载计算公式在水利水电治理工程中应用。

（1）单宽坝体自重 W_b[31]：
$$W_b = V_b \gamma_b \qquad (5.4-23)$$
式中　V_b——单宽坝体体积；

　　　γ_b——坝体材料密度，浆砌块石 $\gamma_b = 2.4 t/m^3$。

（2）土体重 W_s 及泥石流体重 W_f：W_s 是溢流面以下堆积物垂直作用于上游坝面及伸延基础面上的重力，对于不同密度堆积土层，应分层计算，并求其和。W_f 为泥石流体作用在坝体上的重力，为流体积与其密度乘积。

（3）流体侧压力 F_d[31]：流体侧压力就是流体作

用于坝体迎水面上的水平压力。对于稀性泥石流体的侧压力 F_{dl}：

$$F_{dl} = \frac{1}{2}\gamma_{ys}h_s^2\tan^2\left(45° - \frac{\varphi_{ys}}{2}\right) \qquad (5.4-24)$$

$$\gamma_{ys} = \gamma_{ds} - (1-n)\gamma_w$$

式中　γ_{ds}——干砂密度；

　　　γ_w——水体密度；

　　　n——孔隙率；

　　　h_s——稀性泥石流堆积厚度；

　　　φ_{ys}——浮砂内摩擦角。

对于黏性泥石流体的侧压力 F_{ul}，按土力学原理计算：

$$F_{ul} = \frac{1}{2}\gamma_c H_c^2\tan^2\left(45° - \frac{\varphi_a}{2}\right) \qquad (5.4-25)$$

式中　γ_c——黏性泥石流密度；

　　　H_c——流体深度；

　　　φ_a——泥石流体的内摩擦角，一般为 $4°\sim10°$。

对于水流而言，侧压力 F_{ul} 按水力学计算，即：

$$F_{ul} = \frac{1}{2}\gamma_w H_w^2$$

式中　γ_w、H_w——水体的密度及水深。

（4）扬压力 F_y：坝下扬压力取决于库内水深 H_w，迎水面坝踵处的扬压力，可近似按溢流口高度乘以 $0\sim0.7$ 的折减系数而得。

（5）泥石流冲击力 F_c[31]：泥石流的冲击力包括泥石流体的动压力荷载及流体中大石块的冲击力荷载两种。对于泥石流体动压力荷载 F_{cl}：

$$F_{cl} = \frac{k\gamma_c}{g}v_c^2 \qquad (5.4-26)$$

式中　γ_c、v_c——泥石流体的密度和流速；

　　　k——泥石流不均匀系数，其值为 $2.5\sim4.0$ 之间，亦有专家建议用泥深代替 k 值。

对于泥石流体中大石块的冲击力 F_{c_2} 的计算公式，有很多种，建议按以下公式计算：

$$F_{c_2} = \frac{Wv_s}{gT} \qquad (5.4-27)$$

式中　W——大石块的重量；

　　　T——大石块与坝体的撞击历时；

　　　v_s——大石块的运动速度。按简支梁或悬臂梁的情况计算：

$$F_{c_2} = \sqrt{\frac{48EJv_s^2W}{gL^3}}\sin\alpha（简支梁） \qquad (5.4-28)$$

或

$$F_{c_2} = \sqrt{\frac{3EJv_s^2W}{gL^3}}\sin\alpha（悬臂梁） \qquad (5.4-29)$$

式中　E——构件弹性模量，Pa；

　　　J——构件截面中心轴的惯性矩，m⁴；

　　　L——构件长度，m；

　　　v_s——石块运动速度，m/s；

　　　W——石块重量，kN；

　　　α——大石块运动方向与构件受力面的夹角，(°)。

作用在拦砂坝的其他特殊荷载，如地震力、温度应力、冰冻胀压力计算可参阅有关专门规范。

5. 荷载组合

根据不同泥石流类型，过流方式及库内淤积情况，荷载组合如图 5.4-2 所示。

对稀性或黏性泥石流荷载组合，均可分为空库过流、未满库过流及满库过流三种情况，共计 10 种组合类型。当坝高、断面尺寸、坝体排水布设、基础形状大小均相同时，经对比计算分析，可以得出以下结论：

（1）对任何一种泥石流来说，空库过流时的荷载组合对坝体安全威胁最大。特别是对稀性泥石流过坝危险性更大。相反，库满过流则偏于安全。对于未淤满库过流，则介于空库与满库之间。

（2）当过流方式相同，稀性泥石流比黏性泥石流对坝体安全的威胁更大。

（3）当不同密度堆积物成层分布时，若下层为黏性泥石流堆积，则对坝体安全有利。若整个堆积物均为黏性泥石流堆积物，坝体会更安全。

6. 拦砂坝结构设计参数计算

拦砂坝结构设计参数的确定推荐王礼先（1991）提出的计算方法[8]。

拦砂坝高与间距。拦砂坝的高度除受控于坝址段地形、地质条件外，还与拦砂效益、施工期限、坝下消能等多种因素有关。一般说来，坝体越高，拦砂库容越大，固床护坡效果越明显。但工程量和投资则随之急增。故宜选择合理坝高。

（1）按工程使用期多年累计淤积库容确定坝高，算式为[8]

$$V_S = \sum_{i=1}^{n}V_{si} = nV_{sy} \qquad (5.4-30)$$

式中　V_S——多年泥沙累计淤积量；

　　　n——有效使用年数；

　　　i——年序；

　　　V_{si}——i 年时的淤积量；

　　　V_{sy}——多年平均来砂量。

（2）按预防一次或多次典型泥石流泥沙来量确定坝高，算式为[8]

$$V_S = \sum_{i=1}^{n}V_{si} \qquad (5.4-31)$$

式中　n——次数；

其他符号意义同前。

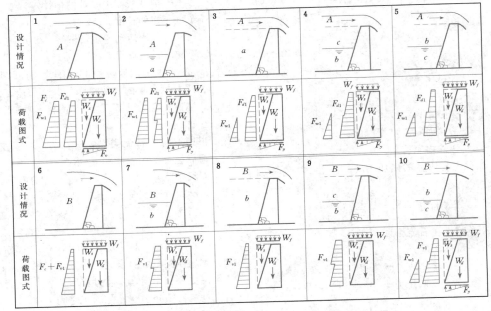

图 5.4 - 2　泥石流拦砂坝 10 种荷载组合图（据廖育民[9]，2003）

A—稀性泥石流；a—稀性泥石流堆积物；B—黏性泥石流；b—黏性泥石流堆积物；c—非泥石流堆积物；
1、6—空库；2、7—未满库；3、4、5、8、9、10—满库

（3）按坝高与库容关系曲线拐点法确定：该方法与确定水库坝高类似，不同点是水库水面基本是水平的，而拦砂库表面则是与泥石流性质有关的斜线或折线。因此计算得到的总库容大于同等坝高的水库库容。

（4）对以稳定沟岸崩滑坡体为主的拦砂坝高，可按回淤长度或回淤纵坡及需压埋崩滑体坡脚的泥沙厚度确定。即淤积厚度下的泥沙所具有的抗滑力，应大于或等于崩滑体的下滑力。相应计算泥沙厚度 H_s 的公式为[10]

$$H_s^2 \geqslant \frac{2Wf}{\gamma_s \tan^2 \left(45° + \dfrac{\varphi}{2}\right)} \qquad (5.4-32)$$

式中　W——高出崩滑动面延长线的淤积物单宽重量；
　　　f——淤积物内摩擦系数；
　　　γ_s——淤积物密度；
　　　φ——淤积物内摩擦角。

拦砂坝的高度 H 可按下式计算[8]：

$$H = H_s + H_1 + L(i - i_0) \qquad (5.4-33)$$

式中　H_1——崩滑坡体临空面距沟底的平均高度；
　　　L——回淤长度；
　　　i——原沟床纵坡；
　　　i_0——淤积后的沟床纵坡；
　　　H_s——泥沙淤积厚度。

（5）根据坝址和库区地形地质条件，按实际所需

拦淤大小确定坝高。

（6）当单个坝库不能满足防治泥石流的要求时，则可采用梯级坝系。在布置中，各单个坝体之间应相互协调配合，使梯级坝系能构成有机整体。梯级坝系总高度和拦淤量应为各单个坝有效高度和拦淤量之和。

鉴于泥石流拦砂坝坝下消能防冲和坝面抗磨损技术问题，一直未能得到很好解决。故从维护坝体安全和工程失效后可能引发不良后果考虑，在泥石流沟内的松散层上修建的单个拦砂坝高，最好小于 30m。梯级坝系中的单个溢流坝，应低于 10m。位于强地震区和具备潜在危险（如冰湖溃决、大型滑坡）的泥石流沟，更应限制坝的高度。

（7）拦砂坝的间距，由坝高和回淤坡度确定。在布置时，可先根据地形、地质条件确定坝的位置，然后计算坝高。亦可先选定坝高，然后计算坝间距离。

拦砂坝建成后，沟床泥沙的回淤坡度 i_0 与泥石流活动强度有关。可采用比拟法，对已建拦砂坝的实际淤积坡度与原沟床坡度 i 进行比较确定。即[8]

$$i_0 = ci \qquad (5.4-34)$$

式中　c——比例系数，一般为 0.5～0.9 之间，若泥石流为衰减期，坝高又较大时，则用表内的下限值。反之，选用上限值。

7. 拦砂坝横断面设计

拦砂坝结构设计中，坝体坡率计算往往较为复杂

推荐采用《泥石流灾害防治工程设计规范》（DZ/T 0239—2004）中的参数对比法确定坝体结构尺寸。

（1）拦砂坝断面型式。对重力拦砂坝的抗滑、抗倾覆稳定、结构应力比较有利的合理断面是三角形或梯形。在水利水电工程实际应用中，坝的横断面基本型式见图5.4-3。坝体结构尺寸，可按《泥石流灾害防治工程设计规范》（DZ/T 0239—2004）中的参考值确定。

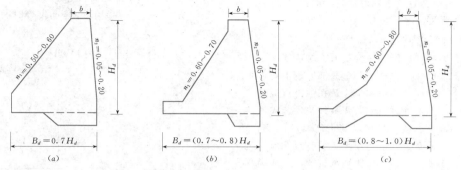

图 5.4 - 3 重力拦砂坝横断面示意图［引自《泥石流灾害防治工程设计规范》[8]（DZ/T 0239—2004）］

坝高 $H<10m$，底宽 $B=0.7H$；上游面边坡 $n_1=0.5\sim0.6$；下游面边坡 $n_2=0.05\sim0.20$。

坝高 $H=10\sim30m$，底宽 $B=(0.7\sim0.8)H$；上游面边坡 $n_1=0.60\sim0.70$；下游面边坡 $n_2=0.05\sim0.20$。

坝高 $H>30m$，底宽 $B=(0.8\sim1.0)H$；上游面边坡 $n_1=0.60\sim0.80$；下游面边坡 $n_2=0.05\sim0.20$。

为了增加坝体的稳定，坝基底板可适当增长，底板厚度 $\delta=(0.05\sim0.10)H$，坝顶上、下游面均以直面相连接。

（2）坝体其他尺寸控制。

1）非溢流坝坝顶高度 H：等于溢流坝高 H_d 与设计过流泥深 H_c 和相应标准安全超高 H_a 之和。可根据廖育民（2003）提出的计算公式进行确定[9]：

$$H=H_d+H_c+H_a \qquad (5.4-35)$$

2）坝顶宽度 b：应按运行管理、交通、防灾抢险和坝体再次加高的需要综合确定。对低坝，b 的最小值应在 $1.2\sim1.5m$，高坝坝顶宽在 $3.0\sim4.5m$ 之间。

3）坝身排水孔：对于一般单个排水孔尺寸，可用 $0.5m\times0.5m$。孔洞横向间距一般为 $4\sim5$ 倍孔径，纵向间距为 $3\sim4$ 倍孔径。上下层之间可按品字形分布。起调节流量作用的大排水孔，孔径应大于 $1.5\sim2.0$ 倍最大漂砾直径。

4）坝顶溢流口宽度，可按相应设计流量计算。为减少过坝泥石流对坝下游冲刷和对坝面严重磨损，应尽量扩大溢流宽度，以减小过坝单宽流量。

5）坝下齿墙：坝下齿墙起增大抗滑、截止渗流和防止坝下冲刷等作用。齿墙深视地基条件而定，最大可达 $3\sim5m$。齿墙为下窄上宽梯形断面，下齿宽度

多为 $0.10\sim0.15$ 倍坝底宽度。上齿宽度为下齿宽度 $2\sim3$ 倍。

8. 拦砂坝稳定性验算

拦砂坝稳定性验算，主要包括抗滑、抗倾覆稳定、坝体和坝基应力及下游抗冲刷稳定计算。拦砂坝类型不同，其结构计算方法亦不一样。这里介绍重力拦砂坝稳定性验算，对其他型式拦砂坝计算，可参阅有关资料。对重力拦砂坝稳定性验算，推荐采用《泥石流灾害防治工程设计规范》[31]（DZ/T 0239—2004）中提出的计算方法与公式。

（1）抗滑稳定性验算[31]：

$$k_c=\frac{f\sum N}{\sum P} \qquad (5.4-36)$$

式中 k_c——抗滑安全系数，可按防治工程安全等级和荷载组合取值；

$\sum N$——垂直方向作用力总和，kN；

$\sum P$——水平方向作用力总和，kN。

（2）抗倾覆验算[8]：

$$k_0=\frac{\sum M_N}{\sum M_P} \qquad (5.4-37)$$

式中 k_0——抗倾覆安全系数，可按防治工程安全等级和荷载组合取值；

$\sum M_N$——抗倾力矩总和，kN·m；

$\sum M_P$——倾覆力矩总和，kN·m。

（3）地基承载力应满足下式[31]：

$$\sigma_{\max}\leqslant[\sigma] \quad \sigma_{\min}\geqslant0 \qquad (5.4-38)$$

其中

$$\sigma_{\max}=\frac{\sum N}{B}\left(1+\frac{6e_0}{B}\right) \qquad (5.4-39)$$

$$\sigma_{\min}=\frac{\sum N}{B}\left(1-\frac{6e_0}{B}\right) \qquad (5.4-40)$$

式中 $\sigma_{\max}$——最大地基应力，kN/m^2；

$\sigma_{\min}$——最小地基应力，kN/m^2；

$\sum N$——垂直力总和，kN；

B——坝底宽度，m；

e_0——偏心距，m；

$[\sigma]$——地基容许承载力，kN/m^2。

（4）坝身强度计算，可按结构力学公式计算。

9. 拦砂坝消能防冲工程

过坝后，因落差增大，导致重力下落速度和动能剧增。对坝下沟床和坝脚产生严重局部冲刷下切，是造成坝体失事重要原因。特别是建筑在砂砾石地基上的坝体，更易因坝下冲刷引起底部被掏空，造成坝体倾覆破坏。冲刷坑深度和长度既与沟床基准面变化、堆积物组成和性质有关，也与坝高、泥石流性质、过坝单宽流量大小关系密切。据实地调查统计，冲刷深度一般均在 3m 以下。泥石流坝下消能防冲，按冲刷形成原因，首先应采取对应措施，防止沟床基准面下降，使坝下冲刷坑向坝体发展得到控制。其次，按"以柔克刚"原则，在坝下游形成一定厚度柔性垫层，使过坝流体消能减速，并增强沟床防流体和大石块冲砸能力，以降低冲刷下切。坝下游消能主要采用以下措施：

（1）副坝消能工程。在主坝下游另建一座或几座低拦砂坝（称副坝），使主副坝之间形成一个消力池，以达到减弱过坝流体冲、砸能力，控制冲刷坑动态变形和向坝体发展。主副坝间距、主坝下游泥深和坝趾被埋泥沙厚度，是下游控制消能关键因素，也与副坝高度选择有关。主坝高度大、过流量大，坝下游沟床坡度也大，则副坝高度要增大。坝下冲刷深度与形态，和主、副坝间距大小有关。当间距较短时，冲刷坑将向坝基方向伸展，将会危及主坝安全，十分危险，应特别注意。主副坝之间重叠高度，多采用经验公式计算，一般取主坝高的 $1/3 \sim 1/4$，最小高度应大于 1.5m。主副坝间距，应大于主坝高加坝顶泥深之和，或者借用水力学原理进行计算。大量工程实践证明，处理好副坝下游的消能防冲也是十分重要的。若副坝不安全，主坝安全也无法保证。对副坝下游消能防冲处理，一方面可根据需要设置第二、第三级副坝，使副坝高度降低（最好是起潜坝的作用）。另一方面可采用灌注桩解决坝下防冲等问题。

在拦砂坝下的射流范围外的适当位置设副坝，以砂石垫层的柔性消力池的方法来吸收与缓和泥石流的冲击力，以防止深冲刷的破坏作用。

采用利地格（Riediger）公式进行计算坝下冲刷深度和冲刷长度。

坝下冲刷深度（图 5.4 - 4）：

$$h_p = h_0 \frac{\rho_c}{3\rho_0 - 2\rho_c} \qquad (5.4-41)$$

式中　h_p——泥石流坝下冲刷深度，m；

ρ_c——坝上游泥石流容重，t/m^3；

ρ_0——下游侧泥石流容重，t/m^3；

h_0——上下游泥石流容重相等时的冲刷深度，$h_0 = 2h_2$；

h_2——上下游泥位差，m。

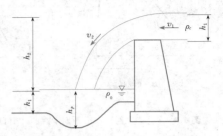

图 5.4 - 4　越坝泥石流冲刷示意图[5]

坝下冲刷长度（图 5.4 - 5）：

$$L = L_1 + L_2 + L_3 + L_4 =$$

$$v_1 \sqrt{\frac{2(h_2 - h_1)}{g}} + h_p \frac{v_1}{\sqrt{2(h_2 - h_1)}} +$$

$$\frac{h_2}{\cot \arctan \sqrt{2(h_2 - h_1)}} + n(h_p - h_1)$$

$$(5.4-42)$$

式中　L——冲刷长度，m；

v_1——越坝泥石流水平流速，m/s；

h_2——上下游水位差，m；

h_1——坝顶上游溢流水深，m；

n——冲刷坑边坡坡度；

其余符号意义同前。

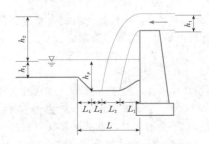

图 5.4 - 5　坝下冲刷长度示意图[5]

副坝与主坝的重合高度 h_t（图 5.4 - 6）为

$$h_t = (0.33 \sim 0.25)H \qquad (5.4-43)$$

式中　H——主坝高度，m；

h_t——副坝高度，m。

主坝与副坝的最近距离 l 为

$$l = L - n(h_p - h_1) \qquad (5.4-44)$$

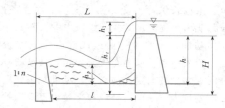

图 5.4-6 副坝和主坝重合高度示意图[5]

（2）潜坝工程。在主坝下游沟床适当位置（冲刷坑以外）布设潜坝（或齿墙）稳定沟床基准面，控制主坝下游冲刷坑的发展。潜坝与主坝间距，应大于坝下游冲刷坑尺寸；潜坝埋置深度应根据流体对沟床冲刷深度变化和下游沟床演变情况综合确定。当沟床较宽时，潜坝埋深可采用 1.5～2.5m。对较窄沟床，沟床物质粒径不大时，埋深可达 3m 以上。为减缓沟床上泥流体流速和冲刷，可根据需要设置多道潜坝。当沟床冲淤变化较大，可对主坝和潜坝下的砂砾石地基采用水泥灌浆固结加固。四川冕宁盐井沟泥石流防治中，对主坝和潜坝下砂砾石地基就采用了水泥灌浆固结加固技术。不仅使砂砾石固结，而且使地基渗透系数大大降低，承载能力得到很大提高。工程已正常运行了 10 多年，坝下沟床冲刷下切很少，取得了良好效果。

（3）拱基或桥式拱形基础工程。将拦砂坝建成拱基坝或桥式拱形基础重力坝，使坝体自身具有较好的受力条件和自保能力。当坝基部分被冲刷掏空时，不会对坝体安全构成威胁。四川金川八步里沟于 1983 年建成拱基组合式圬工重力坝，就是利用拱基支承，妥善地解决了坝下游冲刷及消能问题。拱基形及桥式拱形坝对中高坝及多种类型的泥石流都比较适用。但当泥石流（或沟床）为细颗粒物质组成时，则拦蓄条件欠佳。

（4）护坦工程。当过坝泥石流规模不大，砂石粒径、坝高很小时，可在坝下游设置护坦工程防止冲刷。护坦厚度可按弹性地基梁或板计算，应能抵挡流体冲击力，一般采用厚度为 1～3m 左右。若考虑护坦下游冲刷，则护坦长度越长就越安全。护坦通常按水平布设，并与下游沟床一致。当沟床坡度较陡时，亦可降坡，但应加大主坝基础埋深。护坦尾部和副坝和潜坝工程一样，多会出现不同程度冲刷，故需设置齿墙。在齿墙下游面应紧贴沟床布设一定长度石笼或用大石块铺砌的海漫等。此外也还可采取与水利工程类似的其他固床工程，使坝下游沟床冲刷下切得到控制。

5.4.7.2 泥石流排导槽工程

排导槽是一种槽形线性过流建筑物，其作用是提高输沙能力，增大输沙粒径，防止沟谷纵、横向变形，将泥石流在控制条件下安全顺利地排泄到指定区域，控制泥石流对通过区或堆积区的危害。一般布设于泥石流沟流通段及堆积区。泥石流排导槽工程具有结构简单、施工和维护方便、造价低、效益明显等优点。排导槽工程虽可加大泥石流流速、改变其流向，使流体运动受到约束，但不能改变泥石流发生、发展条件，制约泥石流发生。排导槽工程可单独使用，也可在综合防治工程中与拦蓄工程配合使用。当地形等条件对排泄泥石流有利时，可优先考虑布设该项工程，将泥石流安全顺畅地排至被保护区以外预定地域。泥石流的排导槽工程应具备以下地形条件：

（1）具有一定宽度长条形地段，满足排导槽工程过流断面需要，使泥石流在流动过程中不产生漫溢。

（2）排导槽工程布设区应有足够的地形坡度，或采取一定工程措施后，能开挖出足够陡的纵坡，使泥石流在运行过程中不产生危害建筑物安全的淤积或冲刷破坏。

（3）排导槽工程布设场地顺直，或通过截弯取直后能达到比较顺直，利于泥石流排泄。

（4）排导槽工程尾部应有充足停淤场所，或被排泄的泥沙、石块能较快地由大河等水流挟带至下游。在排导槽尾部能与其大河交接处形成一定落差，以防大河河床抬高或河水位大涨大落，导致排导槽等内严重淤积、堵塞，使排泄能力减弱或失效。

（5）排导槽纵向轴线布置力求顺直与河沟主流中心线一致，尽可能利用天然沟道随弯就势。出口段与主河应锐角相交。排导槽纵坡设计最好采用等宽度一坡到底。必须设计变坡、变宽度槽段，两段纵坡变化幅度不应太大，并应做水力检算。

根据流通段沟道特征，可按《泥石流灾害防治工程设计规范》（DZ/T 0239—2004）[31]中提出的计算公式，用类比法来计算排导槽横断面积。

$$\frac{A_x}{A_L} = \frac{n_x}{n_L} \frac{H_L^{2/3}}{H_x^{2/3}} \frac{I_L^{1/2}}{I_x^{1/2}} \qquad (5.4-45)$$

式中　A_x——排导槽断面面积，m^2；

　　　A_L——流通区沟道断面面积，m^2；

　　　I_x——排导槽纵坡降，‰；

　　　I_L——流通区沟道纵坡降，‰；

　　　H_x——排导槽设计泥石流厚度，m；

　　　H_L——流通区沟道泥石流厚度，m。

1. 排导槽的主要类型

排导槽可分尖底槽、平底槽和 V 形固床槽。而尖底槽又有 V 形和圆形之分。平底槽则有梯形与矩形之别。V 形固床槽则呈阶梯门坎形。

（1）尖底槽（V 底形、圆底形、弓底形）。用于泥石流堆积区，有改善流速，引导流向，排泄固体物质，防止泥石流淤积为害之独特功能。尖底槽断面型式如图 5.4-7 所示。

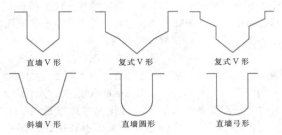

图 5.4-7 尖底槽主要断面型式
（据王继康[5]，1996）

（2）平底槽（梯形、矩形）。平底槽主要是用于清水排洪道和引水渠道，但这类平底槽很不利于排泄泥石流的固体物质，很多工程实例表明，采用平底槽排泄泥石流是不可取的。其断面型式如图 5.4-8 所示。

图 5.4-8 平底槽主要断面型式
（据王继康[5]，1996）

（3）V 形固床槽（阶梯门坎形）。V 形固床槽主要用于泥石流集中形成区，引排上游清水区洪水，以免通过泥石流形成区时切蚀沟槽、侧蚀沟岸或冲刷坡脚。起到固定沟床、稳定山体、减少崩塌、滑坡和河床堆积物参与泥石流活动、控制泥石流规模和发展走势、减轻泥石流危害的作用。V 形固床槽如图 5.4-9 所示。

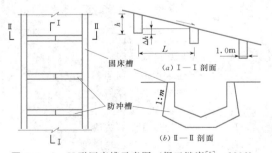

（a）Ⅰ—Ⅰ剖面

（b）Ⅱ—Ⅱ剖面

图 5.4-9 V 形固床槽示意图（据王继康[5]，1996）

2. 排导槽纵横坡度关系及水力学特征

（1）排导槽纵断面。排导槽纵断面设计关键是选择合理的纵坡和断面宽深比，为排泄泥石流创造必要水力条件，使排导槽达到既能顺利排走相应规模泥石流，又不至于在槽内产生较大冲淤变化。排导槽纵坡

原则上应沿槽长保持不变。在特定地形地质条件下，其纵坡只能由小逐渐增大。若纵坡由大突然减小，则将因流体动能消失过大，而造成槽内严重停淤和堵塞。在山前大型堆积扇上布置排导槽，其纵坡只能随堆积扇的天然纵坡而定。但对于小型堆积扇，扇缘与基准面落差较大，一般可考虑在上游山口筑坝抬高沟槽或在下游开挖降低沟槽，亦可采取两者结合方法增大纵坡。排导槽纵坡应满足以下条件：

1）排导槽纵坡应大于该沟泥石流运动最小坡度 θ_m，其计算公式如下。

对于黏性泥石流[9]：

$$\tan\theta_m > \frac{(\gamma_s - \gamma_y)\tan\varphi_m}{\gamma_s} + \frac{\tau_0}{C_v H_c \gamma_s \cos\theta} \quad (5.4-46)$$

对于稀性泥石流[9]：

$$\tan\theta_m > \frac{(\gamma_s - \gamma_y)C_v H_c \gamma_s \cos\theta_m \tan\varphi_m + \tau_0}{\gamma_c H_c \cos\theta_m} \quad (5.4-47)$$

式中　θ_m——泥石流运动最小坡度角，（°）；

　　　　τ_0——泥石流浆体静剪切强度，Pa；

　　　　H_c——泥石流泥深，m；

　　　　φ_m——泥石流中土体动摩擦角，（°）；

　　　　γ_s——土体密度，t/m³；

　　　　γ_y——泥石流中土体重度，t/m³；

　　　　C_v——泥石流中土体体积浓度；

　　　　γ_c——泥石流体密度，t/m³。

2）选择的纵坡应与泥石流沟流通段沟床纵坡基本保持一致，不宜过于偏大或偏小，这样就能达到有效泄洪防淤和防冲刷目的。

3）按照选择的纵坡及其对应的断面宽深比，根据泥石流的不同规模验算排导槽内产生的流速，该值应小于或等于排导槽所能允许的防冲刷流速。

4）按照沟床冲淤基本平衡的原则进行类比，选择纵坡；或借用已经过实际运行证明是合理的排导槽纵坡进行选择。

（2）排导槽横断面。排导槽横断面应满足不同规模泥石流过流能力和具有最佳水力特性，能安全排导设计峰值流量的泥石流。即在可能最大纵坡条件下，设计相应横断面，使泄流槽具有与流通段相适应的挟沙能力和排泄规模。满足束流攻沙，提高泥石流单宽流量输沙能力的宽深比有若干组，泄流槽横断面设计，就是选择一组宽深比和纵坡组合，既能满足排导槽长期不淤的要求，又能达到工程造价最经济。泄流槽宽深比不应太小，宜采用 1:1~1:1.5。就水力条件而言，宽深比超过一定程度，无论怎样再压缩槽宽、加大槽深，也难以增加水力半径和流速，故挟沙能力亦不再提高。在此种情况下，就必须与其他工程

措施（如拦蓄工程等）配合使用。

1）横断面型式选择。排导槽横断面有不同的型式（图5.4-10），根据不同的泥石流类型与规模确定相应的横断面形状。梯形和矩形断面适用于各种类型和规模的山洪泥石流，槽底宽度不受限制。三角形断面适用于排泄规模不大的黏性泥石流，宽度不宜超过5m。弧形底部复式断面和梯形复式断面适用于间歇发生、规模变化悬殊的泥石流。

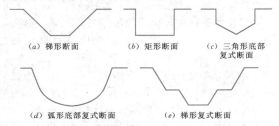

图 5.4-10 排导槽横断面分类图（据王继康[9]，1996）

2）横断面尺寸的选择。通常采用泥石流沟流通段的形态特征与急流槽相对应的值进行类比确定。通过试算，选择一组泄流槽宽深比，使其以较大的泥石流深度保持相等或稍大的流速。即保持相当或稍大的挟沙能力，使由流通区下泄的同等规模泥石流，不在急流槽内停淤。

3）排导槽深度的确定[31]。直线排导槽深为最大设计泥深、常年槽内淤积总厚及安全超高三者之和。排导槽深度可按下式计算确定［图5.4-11（a）］：

$$H = H_c + \Delta H \qquad (5.4-48)$$

式中　　H——排导槽深度，m；

　　　　H_c——设计泥深，m；

　　　　ΔH——排导槽安全超高，m，一般取 $\Delta H = 0.5 \sim 1.0$m。

排导槽弯道段，深度 H_w 还应考虑泥石流弯道超高，H_w 按下式计算［图5.4-11（b）］：

$$H_w = H + \Delta H_w \qquad (5.4-49)$$

式中　　H_w——排导槽弯道深度，m；

　　　　ΔH_w——泥石流弯道超高，m。

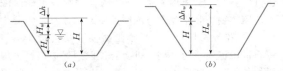

图 5.4-11 排导槽深度计算示意图[31]

（3）排导槽特点结构模式与排防机理。

1）排导槽特点。排导槽特点是窄、深、尖。这是在总结研究20世纪70年代以前大量使用宽、浅、平的梯形、矩形排导槽教训及通过试建一批V形泥

石流排导槽获得成功经验的基础上，针对泥石流的冲、淤危害，以排泄泥石流固体物质为目标，根据束水冲沙原理，而提出的新结构。这种排导槽，具有明显固定输沙中心和良好固体物质运动条件。实践证明，V形排导槽是能有效排泄各种不同量级泥石流固体物质而又不至于堆积淤塞的理想的泥石流排导槽。

2）排导槽结构。在排导槽设计中，当加大排导槽纵坡、束窄过流宽度、增大泥深达到减少停淤的同时，却又增大了山洪及稀性泥石流体对槽身的冲刷危害。因此要求排导槽结构既能保证槽内停淤量很少，又不至于产生较大冲刷破坏，保证排导槽运行安全。主要结构型式有以下几种：

a. 整体式坞工结构。两槽壁和槽底多用钢筋混凝土或水泥砂浆砌石筑成空间整体结构。适用于泥石流规模不大，槽宽小于5m的排导槽。平底槽容易产生淤积。钝角三角形或圆弧形槽底有利于泥石流全过程流量排泄和常流水对沟槽的冲洗。

b. 分离式坞工结构。把侧墙与槽底护砌分开。槽的侧墙可由混凝土或浆砌石挡土墙或护坡组成，槽底可用混凝土、浆砌石全面护砌，或间隔布设防冲肋槛而成。此类结构多适用于河床基础较好，泥石流暴发规模大，槽底较宽的排导槽。除这些条件外，若槽的侧墙基础加深有困难，埋设深基础不经济，槽底全铺砌造价过高时，采用沟底加防冲肋槛是相当经济的。防冲肋槛与墙基应连成整体，槛顶可与沟底齐平。

c. 具有侧向刺槛（丁坝）的防护结构。当槽底为较宽的天然沟床，并设有防冲肋槛时，为防止山洪泥石流对排导槽导流堤产生冲刷，而在靠堤身一侧沿水流方向设置多道刺槛，约束山洪泥石流按规定的方向流动。刺槛可用浆砌石或混凝土等材料构成，底部最好与防冲肋槛上部联为一体。刺槛高度应小于堤高的1/3。长度应视槽宽而定，原则上应保证束窄后的横断面仍能通过设计流量，刺槛的回淤长度，应满足被保护堤堰基础的防冲刷要求。当导流槽底为天然沟床时，若其陡坡地段又为大片巨砾所覆盖，则可将巨砾间的缝隙用细石混凝土或水泥砂浆填实，使巨砾于沟床整体稳定性增大。若泥石流沟常流水极小，泥石流为黏性（如甘肃武都泥弯沟等），排导槽的底部与堤身均可不必护砌。实践证明：黏性泥石流在排导槽内流动时，不仅冲刷能力很小，而且还会在堤的迎水面黏附一层泥流体，使土堤得到保护。当泥石流间断发生时，黏附层将会逐渐增厚，使土堤表面形成一个厚而坚硬的保护层。

3）排导槽平面模式。泥石流沟堆积区的天然平面模式呈扇形向下游展布，由归槽水流展宽成散乱漫流，明显降低水流输沙条件而产生堆积。反之，如将

排导槽平面布设成倒喇叭形模式。从平面上改变堆积区为形成区、流通区的水流条件。重新组合动力束流，增大水深，加大流速，防止漫流改道，形成集水归槽，束水冲沙，归顺固体物质列队运行的作用。图5.4-12为V形槽平面模式。

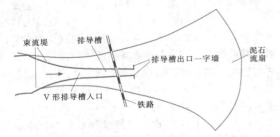

图 5.4-12 V形槽平面模式（据王继康[5]，1996）

4）排导槽纵坡模式。泥石流沟的天然纵坡模式，一般都是上陡下缓，呈凹形坡。由于地形坡度变缓，水力要素下降，泥石流流速衰减，泥沙石停淤形成泥石流扇。因此，排导槽纵坡设计，最好是上缓下陡或一坡到底。若受地形控制，纵坡需设计成上陡下缓时，则必须从平面上配套设计成倒喇叭形模式，使之能随着纵坡的变缓而过流断面宽度相应减小，以增大水深，加大流速，保持缓坡段与陡坡段流速有同等的输沙能力和流通效应。图5.4-13为排导槽纵坡模式。

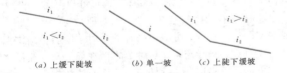

图 5.4-13 排导槽纵坡模式（据王继康[5]，1996）

5）排导槽横断面模式。泥石流沟的天然沟槽横断面模式，基本上由形成区的狭窄V形逐渐转换成堆积区的宽、浅、平梯（矩）形。由集中深水流渐变成宽浅漫流。由冲蚀搬运过程演化成停淤堆积过程。起由量到质的变化。这种天然泥石流沟槽断面的冲淤规律，完全符合排导槽窄、深、尖的冲与梯（矩）形槽宽、浅、平的淤的特点。图5.4-14为V形排导槽横断面图。

6）V形排导槽排防机理。从防治泥石流的意义上讲，V形排导槽完全改变了平底槽流通效应，其机理是：

a. 排导槽在横断面结构上构成了一个固定的最低点，也是泥石流的最大水深和最大流速所在点和固体物质集中点。成为一个固定的动力束流、集中冲沙的中心。

b. 排导槽底能架空大石块，使大石块凌空呈梁

（a）斜边墙 　　　（b）直边墙

图 5.4-14 V形排导槽横断面图（据王继康[5]，1996）

式点接触状态，以线摩擦和滚动摩擦型式运动。沟心尖底部位的泥石流浆体的润滑浮托作用强。因而阻力小，速度大，这是排泄泥石流固体物质成功之关键。

c. 排导槽底是由纵、横向两斜面构成，松散固体物质在斜坡上始终处于不稳定状态，泥石流体在斜面上运动时，具有重力沿斜坡合力方向挤向沟心最低点的集流中心，呈立体束流现象。从而形成排导槽的三维空间重力束流作用，使泥石流输移能力更加稳定强劲，流通效应更佳。反之，泥石流体在平底槽内的水深基本上是平摊等深，形不成集流冲沙中心和立体重力束流，加之槽底和粗大石块又是平面接触，底部泥浆润滑作用微弱等原因，故平底槽阻力大，速度小。特别在频繁的中、小泥石流时，泥石流浓度偏稀，水流宽浅散乱，容易在平底槽内产生偏流和分流的绕道停淤现象。造成泥石流固体物质在槽内溯源叠加式堆积，进而恢复到天然沟道的堆积特征。故其排泄防淤效果极差。这是平底（梯形、矩形）槽不能排泄泥石流的根本原因。

3. 排导槽工程设计技术要点

（1）排导槽平面设计。

1）平面布置。平面设计应由上而下，随纵坡的变缓，逐渐收缩槽宽，呈倒喇叭形，验算水文泥沙控制断面设在出口最窄处。上游入口用15°～20°扩散角束流堤顺接原沟槽，防止上游沟槽漫流改道，连接部要圆顺渐变，从平面上形成束水攻沙，稳定主流动力线，理顺粗大石块列队归槽，控制大石块并行堵塞。

2）出口走向。排导槽出口走向应与下游大河主流方向斜交。交角以不大于60°为佳。有利于输送泥石流固体物质，避免泥石流堵河阻水的危害。

3）排导槽长度。排导槽上游要顺接沟槽，不使泥石流漫流改道为原则。下游长度除因保护建筑物需要加长外，一般则不宜过长，并适当抬高出口，为出口留有充分堆积场所和发挥排导槽出口能量集中的特点，使之能自由冲刷，降低出口排水基面，在泥石流堆积区拉沟成槽，以利排导，防止泥石流出槽后漫流堆积。严禁排导槽伸入下游大河最高洪水位，预防受洪水顶托回淤。

4) 弯曲半径。排导槽平面布设要尽量顺直。必须弯曲时，曲线半径不要小于槽底宽度的 10～20 倍。

(2) 排导槽纵坡设计。

1) 排导槽纵断面。纵断面应由上而下设计成上缓下陡或一坡到底，有利于泥石流固体物质排泄。若受地形坡度限制，需设计成上陡下缓时，必须按输沙平衡原理，从平面上配套设计成槽宽逐渐向下游收缩的倒喇叭形，使水深逐步加大，保持缓坡段与陡坡段具有相同的水力输沙功能和排淤效果。纵坡值通常用 30‰～300‰。阈值为 10‰～350‰纵坡设计可略缓于泥石流扇纵坡，使出口抬高出地面 1m 左右，有利于排泄和减轻磨蚀。

2) 坡度连接。当相邻纵坡设计的代数差大于等于 50‰时，纵坡设计用竖曲线连接。竖曲线半径尽量大，使泥石流体有较好的流势和减轻泥石流固体物质在变坡点对槽底的局部冲击作用。

3) 增坡。当纵坡过缓时，可设拦渣坝，提高泥石流位能，增大势能，以增强排导。或用人工增坡，加大局部河段纵坡，增强输送能力，提高排淤效果。

利用 V 形槽横坡加强纵坡。V 形纵、横坡度与流通效应成正比关系。纵坡一定，加大横坡也有增排效应。因此，要注意选择有效的横坡设计值。

4) V 形槽出入口。排导槽入口以 15°～20°扩散角曲线顺接沟槽两岸，连接处须牢固可靠，以防淘刷改道。槽前接堤迎水面防护基础埋深 1～2m。槽的入口垂裙埋深 1～2m。出口设一字墙，拦挡槽后填土，出口垂裙深度视地质、地形和流速确定，一般埋深 2.5～4.0m。图 5.4-15 为排导槽出口平面布置示意图；图 5.4-16 为排导槽出口一字墙图；图 5.4-17 为排导槽变高度边墙出口图。

图 5.4-15　排导槽出口平面布置示意图
（据王继康[5]，1996）

图 5.4-16　排导槽出口一字墙图
（据王继康[5]，1996）

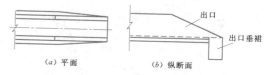

图 5.4-17　排导槽变高度边墙出口图
（据王继康[5]，1996）

5) 注意事项。禁止在排导槽出口纵坡延长线以下 1.5～2.0m 深度范围内设防冲消能措施，以免受阻形成顶托、漫流回淤影响排泄效果。

6) 排导槽槽顶，在桥下一般应留有 1.5～2.0m 的净空，满足泥石流的特殊要求。

(3) 排导槽横断面设计[5]。通常情况下，排导槽底部由含纵、横坡度的两个斜面组成重力束流坡，其结构尺寸根据两者的关系式确定，即 $I_束 = \sqrt{I_纵^2 + I_横^2}$（‰）。根据经验，当 $350 \leqslant I_束 \leqslant 200$（‰）；$350 \leqslant I_纵 \leqslant 10$（‰）；$300 \leqslant I_横 \leqslant 100$（‰）时，排导槽的排导效果最佳。

(4) 排导槽槽宽设计。排导槽宽度设计，要有适度的深宽比控制，槽底过宽，水深就小，不利于排泄，槽底磨蚀范围大、维修养护工作量大。槽宽亦不能过小，过小将影响泥石流体内最大石块并排运行，导致堵塞漫流危害。因此，排导槽出口槽宽设计最小不得小于 2.5 倍泥石流流体的最大石块直径。深、宽比 1:1～1:3 为宜。

(5) 排导槽边墙设计。排导槽边墙分直墙式和斜墙式。设计边墙应视地质、地形、水文、泥沙情况，综合经济技术比选而定。通常直边墙受力较大，适宜在曲线外侧和填方地段。具降低泥石流弯道超高值的作用、抗侧压力较好的优点。斜边墙适宜于挖方和直线段，按护墙受力设计，有省圬工的优越性。

(6) 排导槽主要尺寸与圬工规格。排导槽主要尺寸与圬工规格（图 5.4-18）取决于泥石流流速，具体规定如下：

1) 当 $v_c < 8m/s$ 时，沟心最大厚度用 0.6m。边墙顶宽用 0.5m。槽底用 M10 级水泥砂浆砌片石、块石镶面。边墙用 M5.0 级水泥砂浆砌片石；沟心设马鞍面。

2) 当 $8 \leqslant v_c \leqslant 12m/s$ 时，沟心最大厚度用 0.8m。边墙顶宽用 0.6m，槽底用 M10 级水泥砂浆砌片石，并在沟心 0.4B 槽宽范围内用坚硬块石镶面，或用 C15 级混凝土，钢纤维混凝土护面 0.2m，并在沟心 0.4B 槽宽范围内设纵向旧钢轨滑床防磨蚀，钢轨底面向上，增大防磨面积，轨距 5～10cm。边墙用 M7.5 级水泥砂浆砌片石。

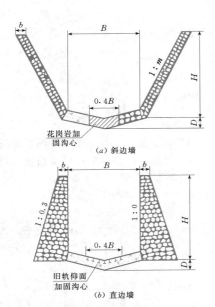

图 5.4-18 排导槽主要尺寸与圬工规格图
(据王继康[5]，1996)

3）当 $v_c > 12\text{m/s}$ 时，沟心最大厚度用 1.0m。边墙顶宽用 0.7m。槽底用 C20 级混凝土、钢纤维混凝土护面 0.3m，沟心 $0.4B$ 槽宽范围内用坚硬块石或铸石镶面，或设纵向旧钢轨滑床防磨蚀，钢轨底面向上，增大防磨面积，轨距 5～7cm，或采用钢板防护沟心。边墙用 M10 级水泥砂浆砌片石。

（7）排导槽实践经验。根据成昆线 200 余条排导槽十多年来的实践证明，排泄泥石流固体物质效果是好的，但较普遍存在问题是沟底磨蚀大。为克服这一缺陷，建议：

1）排导槽纵坡设计，可略小于堆积扇纵坡，以减小流速和磨蚀力。

2）排导槽横坡适当用陡些，使固体物质尽量集中，以缩小磨蚀范围。

3）集中力量加强沟心 $0.4B$ 范围内的防磨蚀措施和在沟心设马鞍面，尽可能减小维修养护范围。

4．排导槽设计水力要素表使用说明

为方便在水利水电工程应用中更好对排导槽设计进行计算，推荐使用王继康（1996）提出的泥石流流速公式。

黏性泥石流：
$$v_c = KR^{\frac{2}{3}} I^{\frac{1}{5}} \quad (5.4-50)$$

稀性泥石流：
$$v_c = \frac{1}{a} \frac{1}{n} R^{\frac{2}{3}} I^{\frac{1}{2}} \quad (5.4-51)$$

式中 I——排导槽底纵向和横向设计坡度，‰；

v_c——排导槽设计流速，m/s；

K——黏性泥石流流速系数，可通过查表得到；

$1/n$——排导槽清水流糙率（一般为 40）；

R——排导槽水力半径，m；

a——泥石流阻力系数，$a = \sqrt{\gamma_H \phi + 1}$。

上述经验公式仅适用于我国西南、西北地区，其他地区宜根据不同条件选取不同经验公式计算。

5.4.7.3 渡槽工程

渡槽是泥石流导流工程的一个特殊类型，其长度远比排导槽短，而纵坡则又大得很多。渡槽通常建于泥石流沟的流通段或流通一堆积段，与山区铁路、公路、水渠、管道及其他线形设施形成立体交叉。泥石流以急流的型式在被保护设施上空的渡槽内排泄，其流速与输移能力较高，是防治小型泥石流危害的一种常用排导措施。由于泥石流渡槽为一种凌空架设结构物，槽体依靠墩、墙支撑，槽身为空腹，结构脆弱、构造复杂、施工困难，跨度、过流断面型式受泥石流固体物质运动特殊要求和泥石流不确定性因素影响。因此，渡槽规模常受地形、地质和泥石流流体特性所控制，通常只适宜于架空地势较为优越的中、小型泥石流沟。一般在线路通过泥石流沟时，上游沟槽明显，易于引导，建筑物处于浅挖方、半挖方、桥（涵）下净空不够以及下游沟槽坡度平缓，排导泥石流不通畅时，用以抬高排泄泥石流的基面，借此提高位能，增强排导势能为目的的凌空排导工程。当泥石流明洞（棚洞）式渡槽，洞顶有回填土时，为非凌空架构建筑物，可按排导槽进行设计。

1．渡槽类型特征与适用条件

（1）泥石流渡槽类型特征。泥石流渡槽工程类型较多，但还在试用阶段，规模一般都较小，费用也比较高。目前常用的有如下几种。

1）按渡槽结构型式分。

a．梁式渡槽。简支梁（板）式；连续梁式。

b．拱式渡槽。单拱式；连续式；双曲拱式。

c．框架式渡槽。整体浇灌式；拼装焊接式。

2）按渡槽建筑材料分。

a．钢筋混凝土渡槽。

b．圬工渡槽（石砌、砖砌、混凝土）。

c．钢材渡槽。

3）按渡槽过流断面形状分。

a．V 形断面渡槽。渡槽纵坡适应范围较大，适应泥石流流体性质较强。主要优点是：集中防磨范围小，无需预留残留层厚度的加高高度，无清淤工作，施工方便。

b．矩形断面渡槽。渡槽纵坡要求较大，一般应大于150‰。适宜于颗粒细小的稀性泥石流。施工方便。需设计全槽底防磨加强措施、预留残留层加高高度和清淤条件。

c. 箱形断面渡槽。渡槽纵坡要求比矩形槽更大，净空亦要更高。适宜于颗粒细小的水石流。特点是结构性能较好。全槽底均需防磨加强措施，要预留足够的残留层厚度和方便的清淤设施。

d. 半圆形断面渡槽。渡槽纵坡适应范围大，流体性质适应性强，利于排泄泥石流固体物质，槽底圆形加固防磨范围比V形大，无需预留残留层厚度和清淤条件。但施工难度大，不易推行。

各种渡槽过流断面形状见图5.4-19。

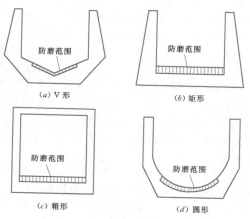

(a) V形　　　　(b) 矩形

(c) 箱形　　　　(d) 圆形

图5.4-19　渡槽过流断面形状示意图
（据王继康[5]，1996）

（2）渡槽适用条件。

1）地形条件。渡槽架设在被保护设施上空，地形要求有足够高差。沟道出口应高于线路标高，满足渡槽设立体交叉净空要求。渡槽进出口位置能布设顺畅，地基有足够的承载力和抗冲刷能力。渡槽出口能临空，便于泥石流顺畅排泄。

2）当深长路堑截断单个山坡型稀性泥石流沟，或半路堑截断稳定的老泥石流堆积扇上发育的稀性泥石流沟时，若泥石流沟底标高能满足槽下限界要求，则可设置渡槽。

3）对于泥石流等形成的地上沟床，若沟底标高能满足槽下限界要求，加高沟岸又能防治淤涨漫流时，亦可采用渡槽排泄。

4）渡槽适用于坡度很陡的山坡型稀性泥石流沟，泥石流规模不宜过大，应属中小型，或具备山洪泥石流能交替出现的泥石流沟。对于沟道变化急剧，泥石流规模、密度、含巨砾很大的黏性泥石流沟和含巨砾很多的水石流沟，不宜采用或应慎用渡槽排泄。

2. 选定泥石流渡槽的特定技术条件

选定泥石流渡槽的基本技术要求是要有足够的地形高差，良好的地基基础，确切的泥石流数据。

（1）地形条件。

1）工程线路通过泥石流沟是浅路堑或半路堑，可利用地形高差架空作渡槽。

2）用桥（涵）跨越泥石流沟，桥（涵）下净空严重不足，下游又无地形条件可用开挖满足净空者，可在桥前设拦砂坝，提高沟槽床面，人工造就地形高差，用泥石流凌空渡槽通过。

3）桥（涵）前，泥石流沟槽弯曲，排泄不畅，易堵塞，净空又偏低，可利用地形高差截弯取值，改移泥石流沟道，作泥石流架空渡槽。

4）桥（涵）进口紧靠陡壁跌水，地形高差较大，泥石流体能飞溅跌落桥上、路基时，可利用地形作架空渡槽排泄泥石流。

5）工程区内泥石流沟当为半挖半填，下游沟床平缓、桥（涵）下净空不足，排泄不畅，清淤困难时，可提高沟床架空作多线泥石流渡槽。

6）渡槽末端孔跨的槽下净空必须满足通过车辆和建筑限界的最低高度要求。

（2）地质条件。

1）刚性渡槽，地基条件要好。如拱式、框架式和连续梁式渡槽，不允许地基变形，也可就地取材。

2）地基条件较差者，宜用简支梁式或板梁式渡槽。

3）地基基础太差者要慎用或不宜采用。如高填方、淤泥地基。否则地基要作特殊处理后方可作架空泥石流渡槽。

（3）泥石流特征条件。

1）泥石流渡槽设计的流量、流速、密度、泥深、最大颗粒直径、堵塞系数以及残留层厚度等基本数据，必须科学、准确、可靠。

2）泥石流处于急剧发展阶段，其前景无法控制，规模较大的高频泥石流沟，不宜采用泥石流架空渡槽，应以较长的明洞渡槽通过为佳。

3）根据泥石流过坝后的跌落冲刷深度和射流长度，对泥石流渡槽进口处的挡墙和出口处悬空跌落部位进行处理。

3. 泥石流渡槽设计要点

泥石流渡槽是排导槽、拦砂坝、桥梁三位一体的混合构造物，三者既有共性，又有特殊性，本手册着重讨论其特殊性要求，共性部分可参考桥梁设计相关内容。泥石流渡槽最佳设计是：水文泥沙数据准确可靠、结构稳定安全、进口流向通顺、槽内只排不淤、出口跌落冲刷无害。

（1）泥石流渡槽平面设计。泥石流渡槽由连接段、槽身、出口段等三部分组成（图 5.4-20），各部分特点和要求，分述如下：

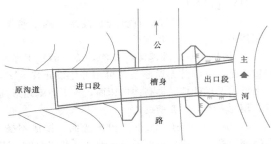

图 5.4-20 泥石流渡槽平面布置示意图
（据王继康[5]，1996）

1）渡槽与泥石流沟应顺直、平滑地连接。渡槽进口连接段，不宜布设在原沟道的急弯或束窄段。在可能条件下，连接段应布设成直线。若上游自然沟道与渡槽同宽，则连接段不需太长，只要紧密顺接即可。当渡槽宽度小于沟床宽度时，则连接段长度应大于槽宽的 10～15 倍。连接段首先应布设为上宽下窄的喇叭形或圆弧形逐渐收缩到与渡槽宽度一致的渐变段，然后再以与渡槽过流断面形状一致的、长度为 1～2 倍渡槽长的直线形过渡连接段与渡槽入口衔接。

2）槽身部分应为等断面直线段，其长度应包括跨越建筑物的横向宽度及相应的延伸长度（约为 1～1.5 倍槽宽）。

3）渡槽出口段应与槽身连接成直线，要避免在槽尾附近就地散流停淤成新的堆积扇。最好能将泥石流直接泄入大河（凹岸一侧）或荒废凹地。

4）渡槽的出流口最好能与地面或大河水面之间有一定的高差，以防止出流口以下淤积或洪水位阻碍渡槽的正常排泄，甚至因溯源淤积而使渡槽过流能力很快减弱。

5）渡槽的出口段若紧靠大河冲刷岸坡，要防止河水进一步加大冲刷，对渡槽安全构成威胁。

（2）渡槽横断面设计。

1）渡槽纵坡。

a. 渡槽纵坡设计必须满足槽下梁底最低净空要求（可按隧道限界规定）。

b. 槽身纵坡应设计成单一的坡度，不应有多坡段变坡点，避免泥石流在变坡点产生不稳定的冲击作用和不确定的冲击荷载。

c. 当设计泥石流流速大于泥石流流体内的最大颗粒的起动流速［可通过式（5.4-14）计算获得］时，即 $v_c > v_s$，在设计的槽身纵坡条件下，泥石流不会在槽内淤积。

d. 渡槽槽身边墙高度应留有高出设计泥石流水深 1.0m 的安全超高，并用高一级设计泥石流流量校核其风险度。

2）渡槽断面。

a. V 形断面。理论研究与工程实践经验表明，V 形断面具有最适合于排泄泥石流固体物质、集中加固防磨蚀范围最小、施工容易、纵坡适应范围大等优点。V 形断面在西南用得多，效果显著。

b. 平底槽形断面（矩形、梯形、箱形）。平底槽排泄泥石流固体物质条件最差，尤其对中、小泥石流与大泥石流后期，容易在槽内发生淤积。因此，槽身边墙高度设计对黏性泥石流应预留残留层高度，对稀性泥石流要考虑中、低水位后的清淤工作。否则，必须加大渡槽纵坡。一般纵坡设计应大于 150‰，渡槽出口悬空，才能顺利排泄泥石流而不淤积。但若渡槽出口不能悬空，而是原地面接原沟时，则渡槽纵坡设计还应加大到 180‰～230‰，方能排泄泥石流顺畅。加之平底槽防磨蚀范围大，要在整个平底槽范围内都应加强防磨措施。故平底槽断面没有 V 形排导槽断面优越。只有在坡度很大时才宜采用。平底槽在西北泥流地区用得较多，对陡纵坡度，效果也不错。

c. 半圆形底断面（弧形、锅底形）。圆形底槽排泄泥石流固体物质条件与 V 形排导槽相似，但缺点主要是施工困难，防磨范围略大于 V 形排导槽。因不易推广，目前还没有实例。

（3）泥石流渡槽结构设计。

1）结构型式。泥石流渡槽为一空间结构，最常用的结构型式为拱式和梁式渡槽两种（图 5.4-21）。渡槽的上部构造应根据槽下的净空高度、当地建筑材料及实际地形等不同条件，采用不同的结构型式。

拱式结构渡槽。优点是可充分利用当地材料，用钢材少，超负荷能力较强，易于加宽或加深。在路堑两侧地质条件较差处，能更好地发挥支挡防护作用，施工较简单。故实际工程中采用较多。但拱式结构渡槽因要求建筑空间高度、墩台尺寸较大受到一定限制。按使用材料不同，又可分为石拱、混凝土拱、钢筋混凝土双拱。按照起拱线的不同，还可分为坦拱、半圆拱、卵形拱等。

梁式结构渡槽。适用于通过的泥石流流量较小，槽宽不大，槽底板与侧壁构成整体结构的渡槽。或在良好的石质路堑两侧边坡较陡、半路堑外侧地形悬空等条件下选用梁式结构渡槽。梁式结构渡槽可分为以底板为承重结构、两侧槽壁只承受侧压力的板式渡槽；以槽壁为承重结构、槽底板支承在槽壁下面的壁

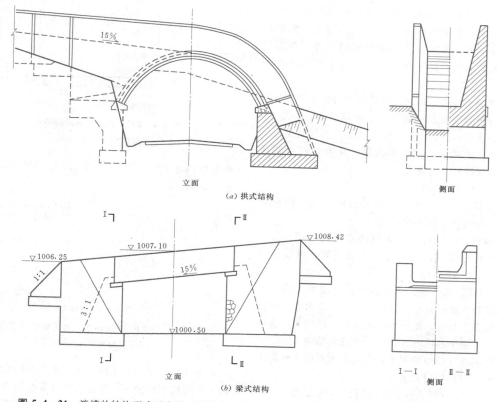

图 5.4－21 渡槽的结构型式示意图（据廖育民[9]，2002）（单位：高程：m；建筑物尺寸：cm）

梁式渡槽，槽宽小于 4～6m。优点是节省材料。当渡槽宽度较大时，多采用肋板梁、T 形梁或其他梁式结构。

渡槽下部构造承载着上部全部重力及水平推力（含土体推力），故受力较大，因此墩台多采用重力式。在挡土一侧，构造如 U 形桥台，在不挡土一侧，则与桥墩类似。外侧墩台高度小，则可主要承载推力。当外侧地形受到限制时，亦可采用柱式或排架式墩台，此时渡槽的推力，将由内侧墩台承载，排架上用滚动支座，并在排架与内侧墩台间设置拉杆。

2）细部结构。

a. 基础。一般应采用整体连续式条形基础，或支承墩、柱及排架等支承型式。基础应对称布设，埋设深度应满足抗冲刷、抗冻融要求，应置于新鲜基岩或密实、坚硬的石质土层上，否则应另作加固处理。

b. 渡槽进出口段与槽身之间应设置沉陷缝或伸缩缝，并对缝隙作防渗处理（如灌注沥青麻丝等）。

c. 渡槽进出口段的边跨支墩，承受很大的推力，故应采用重力式结构，并设置槽底止推装置。

d. 泥石流对渡槽的过流面产生很大的冲击和磨损作用，故需增加 5～10cm 厚的耐磨保护层。

3）荷载组合。

a. 槽身重力。

b. 满槽时泥石流流体重力。

c. 含大漂砾泥石流体作整体运动时的冲击力，其冲击系数按泥石流总重量计算取 1.3；拱形渡槽的拱顶至泄床面之间有填料，其厚度超过 1m 时，可不计算冲击力。

d. 墩身重力（包括基础）。

e. 槽身横向风力（顺河谷风力很大时，应考虑）。

f. 地震力和温度应力。

荷载组合应按地域条件、设计标准、结构类型，参照有关规范分别计算其最不利的组合型式与控制条件。

4）渡槽结构。

a. 拱式渡槽。拱式渡槽受力条件好，超负荷能力很强，最适合于泥石流渡槽荷载的多不确定性因素，对路堑边坡和上游拦挡有较强的支持作用，还能就地取材，节约钢料，常是优先采用的构造物。但它对地基的承载力要求较高。也可用双曲拱来减轻渡槽重量。

b. 梁式渡槽。梁式渡槽，泄床与边墙形成整体结构，采用高等级的钢筋混凝土整体施工，泄床加强防磨蚀措施。梁式渡槽对地基要求较低，可用桩基、扩大基础以及排架墩、空心墩等来减轻对地基的要求。

c. 框架式渡槽。框架式渡槽要求整体性强，采用高标号的钢筋混凝土整体施工，地基要好，半路堑、外侧地形悬空、内侧陡壁、作框架紧接山坡型泥石流沟较理想。如采用厂制构件拼装，注意连接点的强度，渡槽规模宜小不宜大。

5）渡槽防水处理。

a. 渡槽进、出口和槽身连接处应设置沉降缝和伸缩缝，伸缩缝应作防渗处理。

b. 渡槽跨端梁缝应有良好防水密封处理，以免渗漏锈蚀墩台和妨碍槽下作业以及钢轨、电缆等的安全。

6）渡槽防磨措施。泥石流渡槽的最低要求是只能排不能淤，淤则漫槽，其危害远比磨损为大。要排就必然要产生磨损，而渡槽防磨又比一般的泥石流排导槽重要。由于渡槽槽身是悬空受荷载结构，磨蚀过多，将影响槽身结构的安全，因此，泥石流渡槽防磨措施应比一般排导槽要求要高。

a. 采用 10～15mm 厚度的钢板铺底防磨。排导槽在沟心 0.4B 槽宽范围内，将钢板四周和板中间预焊带钩的锚固栓，在灌注渡槽槽身梁时埋入防磨层内，在两斜面钢板交接的沟心，用焊接将板缝焊牢，这种防磨措施重量轻，整体性强，排导效果好。图 5.4-22 为 V 形槽钢板防磨示意图。

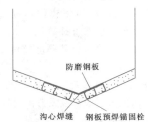

图 5.4-22 V 形槽钢板防磨示意图
（据王继康[5]，1996）

平底槽则用同法将槽底全部用钢板平铺。用料没有 V 形槽省，效果也没有排导槽好，原因在于固体物质和水都不能集中所致。图 5.4-23 为平底槽钢板防磨示意图。

b. 采用废旧钢轨滑床防磨。排导槽在沟心 0.4B（槽宽）范围内，用废旧钢轨将轨底面向上密布成钢轨滑床，轨距以混凝土碎石能下落捣固为准。在灌注渡槽槽身梁时埋入防磨层内。这种防磨措施在铁

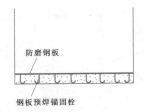

图 5.4-23 平底槽钢板防磨示意图
（据王继康[5]，1996）

路上使用有条件。图 5.4-24 为 V 形槽钢轨滑床防磨示意图。

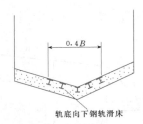

图 5.4-24 V 形槽钢轨滑床防磨示意图
（据王继康[5]，1996）

平底槽可用同法在槽底全部用废旧钢轨将轨底面向上密成钢轨滑床，灌注在槽身防磨层内。平底槽用料大，排导效果差。图 5.4-25 为平底槽钢轨滑床防磨示意图[9]。

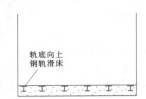

图 5.4-25 平底槽钢轨滑床防磨示意图
（据王继康[5]，1996）

5.4.7.4 明洞工程

泥石流明洞与渡槽类似，均属排导工程。往往当渡槽的宽度超过它的跨度后，就被称为明洞。明洞顶上一般都有 1m 以上的土层覆盖，故保持了沟床自然形态。排泄的最大泥石流流量及漂砾直径均大于渡槽。

1. 明洞的适用条件

（1）泥石流规模大，流体中含有大石块较多的沟谷，当沟口高差满足线路净高要求时，可采用明洞排泄。

（2）泥石流沟床纵坡很大，修建渡槽又在构造上有困难，亦可采用明洞。

（3）线路在堆积扇底下穿过，标高又略低于洞顶，且泥石流淤积、漫流不很严重（或可控制），还可明挖施工者，应采用浅埋明洞。

（4）线路经过流通区沟底穿过，若能满足洞顶标高要求，又可明挖施工者，可在流通区范围内采用明洞通过，这样可以缩短两端隧道长度。

明洞在我国铁路及公路泥石流防治中使用较多，仅西北地区的青藏、宝成、宝天、天兰及南疆等铁路线上，就已修建明洞渡槽12座。在甘川、甘陕和青藏公路线上，亦建有十多座穿过泥石流沟的明洞渡槽。在成昆铁路及云南东川支线等，亦有很多明洞工程，为防治泥石流危害发挥了很大的作用。

2. 明洞的平面布置

（1）明洞洞口位置确定。洞口应避开泥石流分叉及漫流改道的影响范围，洞口高程、位置还应使洞外跨越沟谷的桥梁有足够的净空高度，以利于山洪泥石流的排泄；防止泥石流漫堤灌入洞内。洞身宜适当加长，为明洞两端导流堤以后加高留有一定宽度。

（2）明洞洞身位置选择。

1）立面上洞顶应浅埋。如沟底低于洞顶，可在不减缓沟床纵坡的条件下，提高上游沟床，保持洞顶上部回填土厚不小于1.0m。

2）明洞应避免外侧临空及洪水冲刷危害洞身的稳定。

3）洞顶应设置在沟床冲刷深度以下1～2m，否则需对顶部采取防护措施。

3. 明洞的结构

（1）泥石流明洞要求结构具有整体性，能承受较大土体偏压和动水压力偏压。

（2）明洞顶部圬工应具有足够的强度和耐磨性能，以抵抗泥石流撞击与冲刷。

（3）加强明洞的防水排水措施，上游墙身应设置泄水孔或排水洞，减轻地下水的动水压力，防止渗漏。

5.4.7.5 泥石流停淤场工程

泥石流停淤场工程是指在一定时间内将流动的泥石流体引入预定的平坦开阔洼地或邻近流域内低洼地，使泥石流固体物质自然减速停淤的工程措施。停淤工程可大大削减下泄流体中的固体物质总量及洪峰流量，减少下游排导工程及沟槽内的淤积量。

停淤场属不固定的临时性工程，设计标准一般要求较低。可按一次或多次拦截泥石流固体物质总量作为设计控制指标，通常采用逐段或逐级加高方式，分期实施。停淤场一般设置在泥石流沟流通段下游的堆积区，可以是大型堆积扇两侧、扇面的低洼地、开阔平缓的泥石流沟谷滩地、扇尾至主河间的平缓开阔阶地或邻近流域内荒废洼地等。实践表明，只要有足够停淤面积，停淤效益是比较好的。对黏性泥石流停淤作用更为显著。停淤场缺点是占用大量土地，短期内对开发利用不利。停淤场的停淤总量是有限的，一定年限后就需重建。只要规划布置合理，就可很快地将淤高、展宽后的停淤场改造成肥沃的高产良田。云南东川蒋家沟下游沟道停淤场的改造利用就是一个很成功典范。农民们自愿从山上搬下山开发停淤场，促进了对山坡生态环境保护。很快脱贫致富。

1. 停淤场的类型与布置

（1）停淤场的类型。按其所处平面位置分为四种：

1）沟道停淤场。利用宽阔、平缓的泥石流沟道漫滩及一部分河流阶地，停淤大量的泥石流固体物质。一般与沟道平行，呈条带状。优点是不侵占耕地，抬高了沟床的高程，拓展了沟床宽度，为今后开发利用创造了条件。缺点是压缩了常流水沟床宽度，对排泄规模大的泥石流不利。

2）堆积扇停淤场。利用泥石流堆积扇的一部分或大部分低凹地作为泥石流体固体物质的堆积地。停淤场的大小和使用时间，将根据堆积扇的形状大小，扇面坡度，扇体与主河的相互影响关系及其发展趋势，土地开发利用状况等条件而定。若堆积扇发育于开阔的主河漫滩上，则停淤场面积和停淤泥沙量，将随河漫滩扩大而增加。

3）跨流域停淤场。利用邻近流域内荒废低洼地作为泥石流体固体物质停淤场地。此类停淤场不仅需要具备适宜地形地质条件，能够通过相应的拦挡排导工程，将泥石流体顺畅地引入邻近流域内指定低洼地，同时还需进行多方案经济合理比较。

4）围堰式停淤场。在泥石流沟下游，将已废弃的低洼老沟道或干涸湖沼洼地低矮缺口（含出水口）等地段，采用围堰等工程封闭起来，使泥石流引入后停淤此处。

（2）停淤场布置。停淤场布置因泥石流沟、堆积扇等地形条件而异，布置应遵循以下原则：

1）停淤场应布置在有足够停淤面积和停淤厚度的荒废洼地，在停淤场使用期间，泥石流体应能保持自流方式，逐渐在场面上停淤。

2）新停淤场应避开已建的公共设施，少占或不占农用耕地及草场。停淤场停止使用后，应具备综合开发利用价值。

3）停淤场需保证有足够的安全性，要防止山洪泥石流暴发时，对停淤场的强烈冲刷及堵塞溃决引起下游造成新的灾害。

4）对于沟道停淤场，首先选择合适的引流口位置及高程，满足泥石流能以自流方式进入停淤场地。引流口最好选择在沟道跌水坎的上游，两岸岩体坚硬完整狭窄地段或布置在弯道凹岸一侧。应严格控制进入停淤场的泥石流规模、流速及流向，使泥石流在停淤场内以漫流型式沿一定方向减速停淤。在沟岸一侧应修筑导流挡墙，防止泥石流倒流至沟道内。在停淤场的末端设置集流槽，将未停积的泥石流及高含砂水流排入下游。

5）由于泥石流在堆积扇上流动时摆动较大，故需按漫流停淤方式对相关工程进行布置。根据泥石流性质和堆积扇形态特征，确定停淤范围大小。调整出山口外沟床纵坡，束窄过流断面，加大泥深，造成漫流停淤。修建引导槽，将泥石流引入场内，并沿槽两侧和尾部开溢流口，增大停淤量。

6）围堰式停淤场无规则形状，构筑的围堤高度和长度将决定泥石流停淤总量的大小。堤下土体透水性不宜太强，土体密实性和强度要求达到围堰基础要求，否则应加固处理，以保证围堰稳定与安全。

7）在布设跨流域停淤场时，首先应在泥石流沟内选好适宜拦砂坝和跨流域排导工程位置，提供泥石流跨流域流动的条件，使其能顺畅地流入预定停淤场地。然后再按停淤场有关要求布置停淤场地。

停淤场停淤总量的大小，与泥石流性质、类型、流动型式、停淤场原始地形条件关系密切，往往对有关参数和总量很难判断准确，故最后多以实测值为准。对于围堰式停淤场，先将最终淤积顶面取平，然后按实际地形计算不规则形体体积即为总停淤量。停淤场使用年限与泥石流规模、暴发次数、停淤场容积等直接相关。首先应正确估计其年平均停淤量，再按停淤场总容除以年平均停淤量即得使用年限。从防灾的角度停淤场标准不宜过高，其使用年限一般以10～20年之间为宜。

2. 停淤场工程结构物

停淤场内工程结构物因停淤场类型而异，共同的结构物包括：拦砂坝、引流口、围堤（堵截堤）、分流口、集流沟和导流堤等。

（1）拦砂坝工程。位于停淤场引水口一侧泥石流沟道上，主要起拦截主沟部分或全部泥石流，抬高沟床高程，迫使泥石流进入停淤场。该项工程多属使用期长的永久性工程，故常用坞工或混凝土重力式结构，应按过流拦砂坝工程要求设计。

（2）引流口工程。位于拦砂坝一侧或两侧，控制泥石流流量与流向，使其顺畅地进入停淤场内。引流口按所处位置高低，可分为固定式或临时性引流口。

固定式引流口所处位置较高，在停淤场整个使用期间，都能将泥石流引入场内，因此不需更换或

重建。

临时引流口会随着停淤场内淤积量增大而改变其位置。通过调整引流口方向及长度，使泥石流在不同位置流动或停淤。引流口既可与拦砂坝连接一体，亦可采用与坝体分离的型式。对于固定引流口可用坞工开敞式溢流堰或切口式溢流堰。

（3）围堤（堵截堤）工程。围堤分布在整个停淤场内，起沿途拦截泥石流，控制其流动范围，防止其出规定区间。围堤在使用期间，主要承受泥石流体动静压力和堆积物土压力。对于土体围堤应保持有足够堤高，防止泥石流翻越堤顶时拉槽毁坏。土堤应严格夯实，使其具有一定防渗和抗湿陷能力。围堤一般按临时工程设计，如下游有重要保护对象时，则可按永久性工程设计。堆积扇上围堤长度方向应与扇面等高线平行，或呈不大的交角，以达到拦截泥石流体最佳效果。否则拦淤泥沙量将减少，仅起引流作用。

（4）分流口工程。分流口布置在围堤末端或其他部位，主要是将未停积的泥石流体排入下一道围堤范围内继续停淤。分流口可做成梯形、矩形等过流断面，采用坞工或铅丝笼、编篱石笼等护砌防冲。断面大小应根据排泄流量确定。

（5）集流沟工程。集流沟位于停淤场末端，主要功能是将剩余流体或水流汇集并排入主河，可按排导槽工程相关要求设计。

（6）导流堤工程。导流堤是设置在泥石流主沟或停淤场一侧，起拦挡、导流及保护堤内现有建筑与农田等安全的作用。多为永久性或半永久性工程，堤高和断面尺寸等均应按国家规定防洪标准进行设计，其相关要求与排导槽工程类同。

5.4.7.6　泥石流沟坡整治工程

泥石流沟坡整治工程是对泥石流沟道、岸坡不稳定地段进行整治。通过修建相应工程措施，防止或减轻沟床、岸坡遭受严重侵蚀，使沟床、岸坡上松散固体能保持稳定平衡状态，以减少泥石流规模，甚至阻止其发生。对流路不顺、变化大的沟谷段进行整治，使泥石流能沿规定流路顺畅排泄。

1. 沟道整治工程

沟道整治工程，主要是对沟道易冲刷侵蚀地段进行整治，可分为两类治理措施。

（1）拦砂坝固床稳坡工程。在不稳定（冲刷下切）沟道或紧靠岸坡崩滑体地段下游，设置一定高度拦砂坝，抬高沟床，减缓纵坡。利用拦蓄的泥沙堵埋崩滑体剪出口，或保护坡脚，使沟床、岸坡达到稳定。对纵坡较大的泥石流沟谷而言，采用梯级谷坊坝群稳定沟床，比用单个高坝，技术要求简单，经济效

益更好。

（2）护底工程。护底工程主要是防止沟床不被严重冲刷侵蚀，达到稳定沟底的目的。一般采用沟床铺砌或加肋板等措施。沟床铺砌工程，多采用水泥砂浆砌块石铺砌或混凝土板铺砌沟底。在次要地段，亦可采用干砌块石铺砌。对有大量漂石密布的陡坡沟床地段，还可采用水泥砂浆或细石混凝土将漂砾间缝隙填实，使其联结成整体，同样能达到良好的固床效果。肋板工程，包括潜坝与齿墙工程，是在沟道内按照沟床纵坡变化，以一定间距设置多个与流向基本垂直的肋板，防止沟床被冲刷。一般采用浆砌石或钢筋混凝土砌筑。基础埋深应大于冲刷线，或者大于 1.5m。顶面应与沟底齐平，或不高出沟底面 0.5m，顶面宽度应不小于 1.0m。在沟岸两端连接处应设置边墙（坝肩），高度应大于设计泥深，以防止流体冲刷岸坡。肋板中间应低于两端，以减少水流摆动。

2. 护坡工程

护坡工程主要是防止坡脚被冲刷及岸坡坍塌等，一般采用水泥砂浆砌石护坡，或用铅丝笼、木笼或干砌石等护坡。护坡高度应大于设计最高泥位。顶部护砌厚度最小应大于 50cm，下部应大于 100cm。基础埋设深度应在冲刷线以下，最小应大于 1.5m。石笼直径一般为 1.0m 左右，下部直径需大于 1.0m。对崩滑体岸坡，可采用水泥砂浆砌石或混凝土挡墙支挡，按水工挡土墙要求进行设计。若崩滑体系由坡脚被冲刷侵蚀所引起，则在地形条件允许情况下，可将流水沟道改线，使流水沟道避开崩滑坡体，则崩滑体很快就会稳定下来。此外可采用削坡减载、坡地改梯地、植树造林等水土保持措施，对岸坡加以保护。还可利用坡面排水（沟）工程、等高线壕沟工程等拦排地表雨水，使坡体保持稳定。

3. 调治工程

（1）通过疏浚、裁弯取直、丁坝导流等工程措施，规整泥石流流路，改善其排泄条件，使泥石流对沟岸坡脚不产生大的局部冲刷。

（2）充分利用上游或邻近区内的清水流量，将支沟注入的泥石流稀释，并排泄至保护区以外。

（3）在上游清水区设置调节水库，并用人工渠道将水逐渐排入下游，使水土分家，以减轻或免除对中下游沟床和岸坡崩滑体坡脚的冲刷，防止泥石流的形成与危害。

5.4.8 泥石流监测预警

5.4.8.1 泥石流监测

在水利水电工程区内，泥石流防治工程并不能完全消除泥石流危害，因此，除了开展必要的泥石流防治工程外，还需辅以泥石流监测预警，在泥石流发生前作出迅速响应，尽量避免不必要的人员伤亡和财产损失。泥石流预警预报监测方法有多种，水利水电工程区应用较多的主要有降雨监测、泥位或流速监测和地下水位监测三种。

1. 降雨监测

降雨监测是泥石流监测预报的基础。包括对区域降雨天气过程监测和流域内降雨过程监测。

区域内降雨天气过程的监测是对预报区域大范围内降雨天气过程的监测，为泥石流预报提供较大尺度区域降雨参数，主要由气象部门利用卫星云图和气象雷达实施。通过对短期、中期和长期气象预报，进而开展泥石流监测预报。如短期预报时根据每小时雨量图、雨势情报，对泥石流发生的危险前兆，由监测仪器等作出判断。

流域内降雨过程监测是对泥石流流域内降雨过程的监测。根据流域大小，在流域内设立 1~3 个控制性自记式雨量观测站，定期巡视观测。对降雨监测数据进行分析处理，供泥石流预报使用。根据实时监测的流域雨量，与该地区泥石流发生的临界雨量值加以比较，来判断是否会发生泥石流。我国暴雨泥石流区的临界雨量值见表 5.4 - 24。

表 5.4 - 24　　　　　　　　　　　我国暴雨泥石流区的临界雨量阈值[11]

主 区	副 区	24h雨量（mm）	1h雨量（mm）
I₁ （华南江淮区）	华南南岭武夷山、台湾海南副区	200~300	≥60
	湘赣雪峰山、幕阜山副区	150~300	≥50
	鄂东皖南大别山、武当山副区	100~300	≥50
I₂ （华北东北区）	鲁东泰山、崂山副区	200~300	≥60
	冀北晋东七老图山、太行山副区	100~300	≥50
	辽宁龙岗山和千山副区	200~300	≥50
	黑龙江吉林小兴安岭副区	200~300	≥40
	内蒙古大兴安岭副区	100~200	≥40

主　区	副　区	24h 雨量（mm）	1h 雨量（mm）
I₃ （西南区）	滇东、贵州大娄山副区	100～300	≥50
	川东、陕南大巴山、秦岭副区	100～300	≥40
	滇西南高黎贡山、哀牢山副区	50～200	≥30
	滇北、川西横断山、陇南岷山副区	35～200	≥30
	藏东、川西北念青唐古拉山、砂鲁里山副区	30～100	≥25
	藏中冈底斯山副区	25～50	≥20
I₄ （西北区）	晋中五台山、中条山副区	100～300	≥50
	晋西、陕北吕梁山、火焰山副区	100～300	≥40
	陇东、陕中、宁南六盘山副区	100～300	≥30
	宁夏贺兰山副区	100～300	≥30
	陇中屈吴山副区	50～200	≥30
	陇西、青海东祁连山西倾山副区	25～200	≥20
	新疆天山山脉副区	25～50	≥20

2．泥位、流速监测

泥位观测站应尽可能设在两岸稳定、顺直的泥石流流通沟床段。观测断面应在 2 个以上。用断面法观测泥位涨落过程，精度要求达到 0.1m。有条件时也可以采用有线或无线传感器或探头进行遥测。流速观测应与泥位观测同时进行，数字记录要和泥位相对应。一般采用水面浮标测速法观测。

3．地下水位监测

观测测流断面处水位和清水流量，估算出径流量、径流强度和径流的日、季、年分配情况。要查明由地表径流和地下径流作为补充水体补给的各泥石流河床段特征，并计算地表径流、地下径流分别加入河床清水总流量的各自相对量。建立观测径流场，用来计算坡地径流。同时，用来观测坡地径流对片蚀的影响、原始侵蚀和浅沟的形成。将暴雨和季节性融雪资料（在高山为冰川和万年雪堆融化资料）与测流断面处及径流场内的水位和流量资料相对比，可得到坡地上和河床内来水量不同时，汇流区各带的降雨量与径流量之间的定量关系式。并可估算出不同流量的渗透损失和蒸发损失。

5.4.8.2　泥石流预报

1．根据预报灾害的孕灾体分类

孕灾体是指产生泥石流灾害的地理单元。地理单元可以是一个行政区域，也可以是一个水系或一条泥石流沟（坡面）。根据孕灾体的不同，将泥石流预报分成区域预报和单沟预报。

区域预报是对一个较大区域内泥石流活动状况和发生情况的预报，帮助政府制定泥石流减灾规划和减灾决策，从宏观上指导减灾。区域预报一般是针对一个行政区域进行预报，包括铁路、公路部门对线路进行的线路预报。

单沟预报是针对某条泥石流沟（坡面）的泥石流活动进行预报，指导该沟（坡面）泥石流减灾，这些沟谷（坡面）内往往有重要的保护对象。

2．根据预报的时空关系分类

根据泥石流预报的时空关系，可将泥石流预报分成空间预报和时间预报。

空间预报指通过划分泥石流沟、危险度评价和编制危险区划图来确定泥石流危害地区和危害部位。空间预报包括单沟空间预报和区域空间预报。泥石流空间预报对土地利用规划、山区城镇建设规划和工程建设规划等经济建设布局具有重要指导意义。

时间预报是对某一区域或沟谷在某一时段内将要发生泥石流灾害的预报。包括区域时间预报和单沟时间预报。

3．根据预报的时间段分类

根据发出预报至灾害发生的时间长短，将泥石流预报分为长期预报、中期预报、短期预报和短临预报。

长期预报时间一般为 3 个月以上，中期预报时间一般为 3d～3 个月，短期预报的预报时间一般为 6h～3d，短临预报时间一般为 6h 以内。

4．根据预报的性质和用途分类

根据泥石流预报性质和用途可将泥石流预报分成

背景预测、预案预报、判定预报和确定预报。

背景预测是根据某区域或沟谷内泥石流发育条件分析，对该区域或沟谷内较长时间段泥石流活动状况的预测，以指导该区域或沟谷内土地利用规划和工程建设规划等经济建设布局。

预案预报是对某区域或沟谷当年、当月、当旬或几天内有无泥石流活动可能的预报，以指导泥石流危险区做好减灾预案。

判定预报是根据降雨过程判定在几小时至几天内某区域或沟谷有无泥石流发生的可能，指导小区域或沟谷内泥石流减灾。

确定预报是根据对降雨监测或实地人工监测等，确定在数小时内将暴发泥石流的临灾预报，预报结果直接通知到危险区的人员，并组织人员撤离和疏散。

5. 根据预报的泥石流要素分类

根据预报的泥石流要素可将泥石流预报分成流速预报、流量预报和规模预报等。

流速和流量预报都是对通过某一断面的沟谷泥石流流速和流量进行预报。一般是针对某一重现期泥石流要素进行预报，计算泥石流泛滥范围和划分危险区，为泥石流减灾工程设计和服务。

规模预报是对泥石流沟一次泥石流过程冲出物总量和堆积总量的预报，对泥石流减灾工程设计、泥石流堆积区土地利用规划等都有重要意义。

6. 根据预报的灾害结果分类

根据预报的灾害结果可将泥石流预报分成泛滥范围（危险范围）预报和灾害损失预报。

泥石流泛滥范围预报是泥石流流域土地利用规划、危险性分区、安全区和避难场所划定和选择的重要依据。

灾害损失预报是对泥石流灾害可能造成损失的预报，是政府减灾和救灾部门制定减灾和救灾预案的重要依据。

7. 根据预报方法分类

泥石流预报方法种类繁多，但归纳起来可以分成定性预报和定量预报两大类。

定性预报是通过对泥石流发生条件的定性评估来评价区域或沟谷泥石流活动状况。一般用于中、长期泥石流预报。定量预报是通过对泥石流发育的环境条件和激发因素进行量化分析，确定泥石流活动状况或发生泥石流的概率。一般用于泥石流短期预报和短临预报，给出泥石流发生与否的判定性预报和确定性预报。

定量预报又可以分为基于降雨统计的统计预报和基于泥石流形成机理的机理预报。统计预报是对发生

的泥石流历史事件进行统计分析，确定临界降雨量，作为泥石流预报依据。是目前研究和应用最多的一种预报方法。

机理预报是以泥石流形成机理为基础，根据流域内土体力学特征变化过程预报泥石流是否发生。目前，泥石流形成机理研究尚不成熟，机理预报尚处于探索阶段。

根据不同分类依据，可将泥石流预报分成许多类型。不同类型的预报存在相互交叉和包容关系。综合分析后建立了泥石流预报分类树（图5.4-26），以反映泥石流预报类型及相互间关系。实际应用，可根据不同地区、防护对象重要程度等选择一种或多种方法，对泥石流灾害进行预报，为防灾、减灾服务。

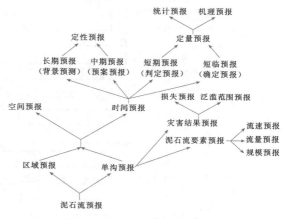

图 5.4-26 泥石流预报分类结构树
（据韦方强等[57]，2004）

5.5 堰 塞 湖

5.5.1 堰塞湖定义及形成原因

5.5.1.1 堰塞湖定义

堰塞湖是河谷岸坡在外力作用下产生滑坡、崩塌、泥石流，以及火山喷发等活动产生的堆积物阻塞河谷，导致上游壅水而形成的湖泊。阻塞河道的堆积物也称堰塞体或堰塞坝。堰塞湖是一种自然现象，对人类造成威胁时，也就成为一种地质灾害。

5.5.1.2 堰塞湖成因及危害

堰塞湖按成因划分，主要有滑坡类、冰川融雪类及火山类等三种类型，均具有突发和不可控的特点。其中，以滑坡类最为常见。

滑坡类堰塞湖生成的内因是具有发生滑坡的地质、地貌和河床水动力河谷斜坡；外因是具有促使滑

坡、崩塌发生的诱发因素,包括地震、降雨、水位变化、不当人工活动等。形成滑坡类堰塞湖最常见的诱发因素是地震和降雨,通过国内外大量堰塞湖的资料统计,90%的堰塞湖是由地震和降雨造成的。

堰塞体由滑坡所形成的基本特征是滑动面剪出口位于河床堆积层之上或稍偏下,河床堆积层不足以阻挡滑坡体下滑,滑坡以一定的速度向河床方向运动,由于受对面岸坡的阻挡停积于河床上形成堰塞体。若滑坡前缘物质过江形成堰塞体,而后部物质因受堰塞体的阻力而停积于斜坡上,则后者仍有一定的势能,在堰塞体受自然或人为活动作用而降低高度后,可能再次滑动。

滑坡类堰塞体形成主要有 4 种模式,见表 5.5-1。

堰塞湖按诱发因素不同,可细分为地震堰塞湖、降雨堰塞湖、火山堰塞湖、冰川堰塞湖以及人为因素诱发堰塞湖等。

表 5.5-1　　　　　　　　　　　　　**堰塞体形成主要模式**

模式	特 征	示意平面图	示意剖面图	典型实例
I	滑坡、崩塌体、泥石流以较高的速度越过河床冲向对岸斜坡有一定爬高,爬高是堆石坝的最大坝高			唐古栋滑坡、麦地坡滑坡、公棚海子滑坡、石家坡滑坡、旱阳滑坡
II	滑坡以整体或碎屑流的型式和一定的速度冲入河床,沿河谷向上、下游流动了一段距离,形成宽厚的堆石坝			扣山滑坡、新西兰韦克瑞莫纳滑坡、禄劝滑坡、易贡湖泥石流
III	两岸相对的斜坡体同时发生破坏失稳,向河谷运动,首首相接堵塞河床			观音岩—银屏岩崩
IV	滑坡分股进入河床,形成两座或两座以上坝体,至少有一座坝体完全堵江			鸡冠岭山崩、叠溪—较场台地滑坡

注　1 为河床;2 为滑坡体及滑动方向;3 为两岸斜坡;4 为河流。

(1)地震堰塞湖。地震型堰塞湖是由于地震引发河道两侧山体滑坡、崩塌或泥石流,其堆积体落入河道、河谷形成拦水堤坝,上游河水聚集壅高成湖的现象。我国是地震多发区,地震堰塞湖大多分布于西南地区的四川、云南、西藏等高山峡谷区和西北地区的新疆、甘肃、宁夏和陕西等黄土高原地区,台湾也时有发生。其中西南高山峡谷区由于地质构造运动强烈,地震活动频繁,河流下切强烈,河谷狭窄,容易出现大型堰塞湖。

据不完全统计,截至 2010 年我国有记载的地震型堰塞湖有 300 余处,其中比较著名的有:①1786年 6 月 1 日,四川康定—泸定发生 7.5 地震,滑坡入江阻塞大渡河形成堰塞湖,10 日后堰塞坝突然溃决,高 10 余米的水头倾泻而下,沿岸村镇被摧毁殆尽,致使 10 万余人刚避过地震却又丧生于洪水;②1856 年 6 月 10 日,重庆黔江发生 6.25 级地震,山崩堵塞溪口形成小南海堰塞湖,坝长 1170m,高67.5m,宽 1040m;③1920 年 12 月 16 日,宁夏海原8.5 级地震,诱发滑坡 657 处,形成 41 个堰塞湖,其中最大的长 5km,宽 380m,高 30 余 m,据估计死伤达 10 万余人;④1933 年 8 月 25 日四川叠溪 7.5 级地震,在岷江上游形成银瓶崖、大桥和叠溪 3 个堰塞湖,致使江水断流,在震后 45d,因余震和暴雨触发,高 160m 的堰塞体溃决,洪峰一直冲到 260km 远的灌县(现都江堰),将沿岸茂县、汶川和灌县的大部分村镇一扫而光,致使 2500 多人死亡;⑤1950 年

8月15日，西藏墨脱8.6级地震，因更邦拉山近千米高的山体滑入雅鲁藏布江中，在几百米宽的江面上筑起了一道几十米高的堰塞体，十几个小时之后，堰塞体被冲垮，数亿立方米的洪水泄向下游，吞没千百人的生命；⑥1999年9月21日，台湾发生7.3级地震，形成草岭及九份二山两处堰塞湖；⑦"5·12"汶川8.0级特大地震造成滑坡、崩塌堵江形成堰塞湖多达136处，其中位于四川北川县城上游3.2km的涪江支流通口河峡谷中的唐家山堰塞湖是最大的一座，堰塞体横河方向长612m，顺河方向长803m，坝高82～124m，体积2037万 m^3，上游集雨面积3550km²，最大可蓄水量3.16亿 m^3，下游有四川省第二大城市绵阳等重要城市，有运输大动脉宝成铁路、能源大通道兰成渝成品油输油管道等重要基础设施，"悬湖"之水严重威胁着下游绵阳、遂宁130多万人民的生命和沿途重要基础设施的安全，危险性是极高危险级，引起国内外极度关注。

（2）降雨堰塞湖。降雨堰塞湖是由于暴雨（或长降雨）、降雪或冰雪融化导致山体饱水失稳，产生滑坡、泥石流等地质灾害体，其堆积物阻塞河道形成的堰塞湖。如台湾台北市的梦幻湖，海拔870m，面积0.3hm²，深度不及1m，形成年代约为5600年前，在现今梦幻湖南端的上边坡因降雨诱发土石崩塌，堵塞狭窄的山谷形成堰塞湖。2007年7月25日，江坪河水电站左岸梅家台山体因暴雨发生大面积滑坡，约72万 m^3 坡积体滑入河床，在河床中形成高30～50m的堰塞体，堰塞体顺河床方向底宽约260m，在其上游形成库容约为1680万 m^3 的堰塞湖。

（3）火山堰塞湖。由火山爆发产生的熔岩流形成的堰塞湖。我国有多座著名的熔岩堰塞湖，如：①黑龙江省东南部的镜泊湖，它是经5次火山爆发由熔岩流堵塞河道形成的；②黑龙江省的五大连池，由14座火山爆发形成，在河道上形成了5个一连串的堰塞湖；③新疆的天山天池，湖面呈半月形，长3400m，最宽处1500m，最深105m，有"天山明珠"的盛誉；④达里诺尔湖，位于内蒙古自治区克什克腾旗的咸水内流湖，为一熔岩堰塞湖，面积22833hm²，平均水深约5m，最深处达13m，蓄水量超过16亿 m^3，湖水主要源于公格尔河，此外沿湖区有断裂带涌泉补给水源。

在国外由熔岩流形成的堰塞湖例子有：①富士五湖，是由富士山火山喷发而形成的堰塞湖；②吕宋岛中部的贝湖，面积949km²，平均水深仅2m，也是一个火山堰塞湖。

（4）冰川堰塞湖。由冰川消退时产生冰凌形成的堰塞湖。我国的黄河、黑龙江、松花江都易形成这种

堰塞湖。我国黄河每值冬春季节，在多湾多滩的河段，以及下游气温低于上游气温的河段（如黄河下游的某些河段，宁夏到内蒙古的自南向北的河段都存在有这种温差现象）易发生冰凌插塞堆积现象，严重时便形成了冰碛堰塞湖，对上下游构成威胁。冰凌堆积体又称"冰坝"。如2004年2月阿尼玛卿雪山发生冰崩，形成横向5km、纵向3km、平均厚度300m的冰雪大坝，坝前形成长300m、宽70m、水深5m的堰塞湖，2005年7月4日14时左右，冰崩堰塞湖冰坝垮坝。

无论哪种诱发因素导致的堰塞湖，其形成一般需具备以下条件：①形成区内有河流经过；②河道两侧有堰塞物源如山体或冰川，而且稳定性较差；③稳定性较差的堰塞物质源失稳并堵塞河道。

堰塞体堵塞河道后，上游河道随着水位迅速上升形成堰塞湖，阻断交通，给上下游抢险救灾和人民的生产生活带来极大不便；而且，由于天然堆积的堰塞体结构松散，极易产生溃坝形成洪水，对下游造成灾难；另外，堰塞湖蓄水后导致堰塞湖库岸稳定次生灾害，溃坝后在下游产生冲刷或淤积，带来系列的地质环境问题。

5.5.1.3 堰塞体的工程问题

堰塞体为快速堆积所致，物质组成相对松散，结构杂乱，存在因力学稳定不够造成溃坝的现象，更易因过水冲刷产生溃坝。由于其结构松散，物质组成中通常含有较多的细粒，因渗透稳定问题导致溃坝也较常见。

绝大多数堰塞体的保存时间不超过一年，而形成时往往处于恶劣的环境，通常难于对物质组成进行勘探，一般只能结合滑坡形成机理分析，依据技术人员的经验快速判断物质结构组成和稳定破坏型式。

（1）稳定性。力学稳定包括堰塞体的整体稳定和上下游坝坡稳定两个方面。对规模较小的堰塞体，由于上下游坝坡为自然堆积，通常坝坡处于临界稳定；对于较大规模的堰塞体，整体稳定通常不存在问题，上下游的坝坡稳定通过自然调整，一般也不是突出问题。力学稳定宜进行计算分析确定。其力学参数通常难以通过试验取得，可采用几组参数进行敏感性分析。

（2）冲刷稳定。堰塞体水流漫顶、开渠泄流都会遇到散粒体冲刷问题。冲刷破坏是堰塞体发生最多的破坏型式。堰塞体属典型的散粒材料，散粒材料的抗冲能力低，但定量评价散粒材料的冲刷稳定是目前理论界和工程界都未妥善解决的问题。在堰塞体处置过程中，通常难以开展水动力学试验，主要依赖经验

判断冲刷稳定。

（3）渗透变形。堰塞体的主体一般是滑坡崩塌堆积物，但上游坝坡附近通常有堰塞沉积物、底部河床的冲积物以及表部后期的泥石流堆积物。因而，堰塞体常具有多成因的物质组成和结构特征，存在渗透变形破坏问题。渗透变形破坏的型式有流土、管涌、流土—管涌复合型，有时在堰塞体内架空严重地带甚至还会出现管道流破坏。上游坝坡附近的堰塞沉积物一般以流土破坏为主，底部冲积物一般以管涌为主，崩塌堆积体视内部不同层带的物质组成和结构特征的差异，上述几种渗透变形破坏均可出现。此外，不同成因堆积体之间由于渗透系数的差异，还可造成接触冲刷。

（4）不均匀沉降。堰塞体内部结构疏松，密实度差，一般呈松散—稍密状态，物理力学性质差，变形模量较低，会引起较大的沉降变形，尤其是上游坡附近的堰塞沉积物，若沉积较厚，在库水压力及坝体自重作用下，沉降变形很大，影响堆积体安全。同时堰塞体由于物质组成、结构特征的不均一性及不同部位堆积体厚度的不同，将会造成严重的不均匀沉降问题，从而引起堰塞体开裂，影响其稳定。

（5）砂土液化。砂土液化是堰塞体另一个重要工程地质问题。堰塞体下部河床冲积层及上游坡附近的堰塞沉积层等可能存在液化的砂土层，在进行风险分析时，须进行砂土液化评价。因在地震等动荷载作用下，上述砂土层的液化与否直接关系到堰塞体的安全与稳定。目前对液化趋势和性质的判别，大多根据堆积体内的有效粒径、不均匀系数、渗透系数、相对密度、砂土厚度、地下水位以及动剪应变等因素进行综合评价。

5.5.2　堰塞湖风险等级

堰塞湖出现后对上下游会造成不同程度的威胁，为避免或减轻灾害，需根据堰塞湖的风险程度采取不同的处理措施。2008年"5·12"大地震后，编制了系统评价堰塞湖风险等级的规范《堰塞湖风险等级划分标准》（SL 450—2009），本手册按此规范进行阐述。堰塞湖风险等级需根据堰塞体危险性级别和溃决损失严重性判别。堰塞体危险性级别根据堰塞湖规模、堰塞体物质组成和堰塞体高度判别；溃决损失根据堰塞湖影响区的风险人口、城镇和设施的重要性等情况判别。

5.5.2.1　堰塞湖规模

堰塞湖的规模根据可能最高湖水位对应的库容划分为大型、中型、小（1）型和小（2）型，划分标准详见表5.5-2。

表5.5-2　　堰塞湖规模划分标准

堰塞湖规模	堰塞湖库容（亿 m³）
大型	≥1.0
中型	0.1～1.0
小（1）型	0.01～0.1
小（2）型	<0.01

5.5.2.2　堰塞体危险分级

堰塞体危险程度根据堰塞湖规模、堰塞体物质组成和堰塞体高度划分为极高危险、高危险、中危险和低危险，划分标准见表5.5-3。

表5.5-3　　堰塞体危险性分级标准

堰塞体危险性级别	分级指标		
	堰塞湖规模	堰塞体物质组成	堰塞体高度（m）
极高危险	大型	以土质为主	≥70
高危险	中型	土含大块石	30～70
中危险	小（1）型	大块石含土	15～30
低危险	小（2）型	以大块石为主	<15

当3个分级指标所属级别相差两级或以上，且最高级别指标只有1个时，应将3个分级指标中所属最高危险级别降低一级，作为该堰塞体的危险性级别。其余情况均应将分级指标中所属最高危险性级别作为该堰塞体的危险性级别。

根据堰塞湖处理条件、堰塞体上游汇流面积、水位上涨速度、堰塞体的物质组成及其宽高比和堰塞体异常渗流等因素，可在表5.5-3基础上适当调整堰塞体危险性级别。

5.5.2.3　堰塞体溃决损失判别

根据堰塞湖影响区的风险人口、重要城镇、公共或重要设施等情况，将堰塞体溃决损失严重性级别划分为极严重、严重、较严重和一般。分级指标见表5.5-4，堰塞体溃决损失以表5.5-4中单项分级指标中所属溃决损失严重性最高的一级作为该堰塞体溃决损失严重性的级别。

根据堰塞体溃决的泄流条件、影响区的地形条件、应急处置交通条件、人员疏散条件等因素，可在表5.5-4基础上调整堰塞湖溃决损失严重性级别。

5.5.2.4　堰塞湖风险等级

堰塞湖风险等级根据堰塞体危险性级别和溃决损失严重性级别，分为极高风险（Ⅰ级）、高风险（Ⅱ级）、中风险（Ⅲ级）和低风险（Ⅳ级），具体划分标准见表5.5-5。

表 5.5－4   **堰塞体溃决损失严重性与分级指标**

溃决损失严重性级别	分级指标		
	风险人口（万人）	重要城镇	公共或重要设施
极严重	≥100	地级市政府所在地	国家重要交通、输电、油气干线及厂矿企业和基础设施、大型水利工程或大规模化工厂、农药厂和剧毒化工厂
严重	10～100	县、县级市政府所在地	省级重要交通、输电、油气干线及厂矿企业、中型水利工程或较大规模化工厂、农药厂
较严重	1～10	乡镇政府所在地	市级重要交通、输电、油气干线及厂矿企业或一般化工厂和农药厂
一般	<1	乡村以下居民点	一般重要设施及以下

表 5.5－5   **堰塞湖风险等级划分表**

堰塞湖风险等级	堰塞体危险性级别	溃决损失严重性级别
Ⅰ	极高危险	极严重、严重
	高危险、中危险	极严重
Ⅱ	极高危险	较严重、一般
	高危险	严重、较严重
	中危险	严重
	低危险	极严重、严重
Ⅲ	高危险	一般
	中危险	较严重、一般
	低危险	较严重
Ⅳ	低危险	一般

表 5.5－6   **堰塞湖应急处置期洪水标准**

堰塞湖风险等级	洪水重现期（年）
Ⅰ	≥5
Ⅱ	3～5
Ⅲ	2～3
Ⅳ	<2

表 5.5－7   **堰塞湖后续处置期洪水标准**

堰塞湖风险等级	洪水重现期（年）
Ⅰ	≥20
Ⅱ	10～20
Ⅲ	5～10
Ⅳ	<5

5.5.3   堰塞湖应急处置洪水标准及安全标准

5.5.3.1   应急处置洪水标准

堰塞湖应急处置洪水标准应根据不同时段确定，一般分应急处置期和后续处置期，各时段的洪水标准应有所差别。应急处置期洪水标准应综合考虑所处季节、降雨和流域资料、影响对象的重要程度、可施工时段、可利用的施工资源、交通运输条件等确定，应急处置期洪水标准可参照表 5.5－6 确定。实施堰塞湖应急处置后，残留堰塞体后续处置期的洪水标准按表 5.5－7 确定。

5.5.3.2   堰塞体应急处置安全标准

为确保应急处置人员、设备转移和下游影响范围人员撤退，对堰塞湖应急处置时，一般应设定预警水位。预警水位可按以下几种情况具体分析研究：

（1）堰塞体可能溃坝时，预警水位由可能溃坝水位、库水位上升速度、作业人员撤离时间、堰塞体沉陷和预警超高等因素确定。当堰塞体内存在的软弱带、局部薄弱及渗透变形等缺陷，水位上涨时产生堰塞体滑坡或堰塞体渗透破坏，可能导致堰塞体整体失稳时，根据软弱带、局部薄弱及渗透变形区等缺陷的分布位置确定其可能溃坝水位。

（2）当堰塞体存在漫顶风险时，堰塞体应急处置的预警水位可根据堰塞体挡水段堰顶高程、库水位上升速度、作业人员撤离时间、堰塞体沉陷和预警超高等因素分析确定。

（3）当采用引冲槽作为应急处置措施时，预警水位可根据槽底高程、库水位上升速度、作业人员撤离时间、堰塞体沉陷和预警超高等因素分析确定。

上述三种情况下的预警水位均涉及预警超高、最大波浪爬高、风壅水面高度和水位加高等因素，一般应通过计算分析确定。条件受限时，预警超高也可根据堰塞湖风险等级按表 5.5－8 确定。水位加高值可根据堰塞湖风险等级按表 5.5－9 确定。

表 5.5－8　堰塞体应急处置预警超高值

堰塞湖风险等级	Ⅰ	Ⅱ	Ⅲ	Ⅳ
预警超高（m）	3.0～2.5	2.5～2.0	2.0～1.5	1.5～1.0

表 5.5－9　堰塞体应急处置水位加高值

堰塞湖风险等级	Ⅰ	Ⅱ	Ⅲ	Ⅳ
水位加高（m）	1.5	1.0	0.7	0.5

堰塞体沉陷量应根据堰塞体岩、土成分及其密实程度等情况计算分析确定；资料缺乏时，可按堰塞体高度的 1‰～3‰估算。

后续处置时堰塞体挡水部分最低处的堰顶高程应满足按相应洪水标准泄流能力时的静水位加堰顶超高要求，堰顶超高应考虑最大波浪爬高、最大风壅水面高度、堰塞体沉陷量和水位加高值等因素计算分析确定。

地震产生的堰塞体，确定堰顶超高时应计入余震沉陷的影响；当堰塞湖内存在滑坡、崩塌体时，堰顶超高应考虑滑坡或崩塌等引起的涌浪影响。

应急处置时应根据堰塞体物质组成，分析研究其整体稳定性，堰塞体的整体稳定性主要体现在边坡的抗滑稳定性。分析计算边坡抗滑稳定时，可采用简化毕肖普法或瑞典圆弧法进行计算，简化毕肖普法抗滑稳定安全系数应不小于表 5.5－10 规定的数值。采用瑞典圆弧法计算堰塞体边坡抗滑稳定安全系数时，最小安全系数应比表 5.5－10 规定的数值减小 8％。

表 5.5－10　简化毕肖普法整体抗滑稳定最小安全系数

运用条件	堰塞湖风险等级			
	Ⅰ	Ⅱ	Ⅲ	Ⅳ
正常情况	1.30	1.25	1.20	1.15
非常情况	1.20	1.15	1.15	1.10

注 1. 正常情况是指预警水位形成稳定渗流的情况或正常情况加余震。

2. 非常情况是指堰塞湖水位的非常降落或正常情况遇地震等情况。

5.5.4　堰塞湖处置基础资料及获取

由于堰塞湖突发性的特点，一般无系统的资料可供利用。在堰塞湖形成后，关心的问题是堰塞湖有多大、河流来水量如何、湖水上涨速度、上下游影响区域有多大、堰塞体的物质组成及稳定情况等，因此，快速收集和分析所在河段上下游水文、地质及当地社会经济资料，为制定抢险方案提供必要的资料数据，具有特别重要的作用。

5.5.4.1　水文气象资料

应尽可能地收集以下水文气象资料：

（1）堰塞湖所在区域的气温、降雨、风、雾和冰情等气象资料。

（2）流域自然地理概况、流域与河道特性、堰塞体上游集水面积、流域内水文站分布及暴雨洪水特性等水文资料。对没有测站的流域，应收集相关流域资料。

（3）提出设计洪水计算成果，需水库调节计算时，还需提出洪水过程线。

5.5.4.2　地形地貌资料

为了确定堰塞湖库容和进行洪水演进分析，需利用各种可能的信息渠道，收集已有各种精度的地形资料。

（1）尽可能收集已有地形资料及大地测量控制系统，有条件时可收集堰塞湖出现前、后的航空摄影测量、卫星遥感测量等资料。

（2）条件许可时应尽快实测堰塞体及周边范围的地形，分析堰塞体的体型，包括堰塞体长度、宽度、高度、体积和形态等。

（3）统一地形资料坐标和高程系统。

（4）根据已有地形资料拟定堰塞湖库容曲线。

在进行堰塞湖应急处置时，对地形资料的精度不应要求达到正常的工程建设期的精度。堰塞体的形态是至关重要的资料，一般应通过实测取得；上下游影响区的地形资料宜通过收集已有资料取得，若无满足要求的资料而必须实测时，最有效的途径是通过遥感技术快速获得。

5.5.4.3　地质资料

地质资料是判断堰塞湖风险程度、取舍处置方案的重要资料。获取地质资料最关键的目标是判断堰塞体物质组成。由于处置时效要求紧迫，一般不可能进行现场勘探，应特别注重堰塞体局部区域的地质特征规律分析和堰塞体形成（滑坡形成及运移规律）分析。

（1）收集堰塞湖所在大地构造部位、主要断裂构造及其活动性等区域地质概况资料，以及附近场区已有地震安全性评价资料。

（2）根据《中国地震动参数区划图》（GB 18306）和附近场区已有地震安全性评价资料拟定所在区域的

地震动参数。

(3) 收集并调查堰塞体上、下游影响范围崩塌、滑坡、危岩体及泥石流的分布，以及可能失稳边坡的地形地貌、地层岩性、地质构造及水文地质条件等，确定可能失稳边坡的分布范围、体积和边界条件，泥石流的活动特性及其规模。

(4) 调查堰塞体区的基本地质条件，包括地层岩性、地质构造、水文地质条件、物理地质现象等。

(5) 调查堰塞体和堰基的结构、物质组成、物理力学性质、水文地质特性，分析堰塞体的形成机制。

(6) 通过调查和经验类比提出堰塞体和有关滑坡、边坡稳定分析计算所需岩土物理力学参数建议值。有条件时可进行必要的地质勘探（包括物探）和试验。

5.5.4.4 其他资料

(1) 收集堰塞湖影响范围内的社会经济指标及人文状况等资料。

(2) 调查和收集堰塞湖库区淹没的实物指标及下游影响区的范围、人口数量与城乡分布、重要设施分布及其防洪标准等资料。

(3) 调查了解堰塞湖形成前、后交通状况。

(4) 收集应急处置施工场地和水、电、物资供应等施工条件资料。

5.5.5 堰塞湖溃坝分析

根据统计资料，大多数堰塞湖在形成后将发生溃决。对于存在溃决隐患的堰塞湖，需进行堰塞湖溃决洪水计算分析，包括坝址流量过程和坝下游洪水演进过程计算，据此为堰塞湖应急处置除险方案和坝下游人员转移避险方案的制定提供依据。

5.5.5.1 堰塞体主要溃决型式

由于堰塞体组成材料疏松且不均匀，又缺乏必要的溢洪设施，大多数堰塞体在形成后会发生溃决。与人工土石坝溃决型式相类似，堰塞体溃决型式主要有漫顶、堰塞体或基础渗漏及管涌、滑坡等。另外还有在堰塞湖尚未达到危险水位的情况下，人们为降低风险提前采用爆破或人工开挖等手段使堰塞体破坏，或者降低其高度，从而释放湖水或降低水位。据有关学者的统计分析，在202座堰塞体溃决案例中，有197座因漫溢溃决，4座因管涌溃决，1座因下游面冲刷而破坏，漫溢溃决占绝对多数。

堰塞体溃决历时取决于堰塞体的抗冲能力、坝体体积及所在流域水文特征。据有关统计，国内外97个案例中，有21%的堰塞体在形成后1d内溃决，48%在10d内溃决，78%在形成后6个月内溃决，88%在形成1年内溃决。但是也有少数堰塞体存在几十年、几百年甚至上千年。

5.5.5.2 堰塞体溃决过程

统计资料表明，漫顶溃决是堰塞体主要溃决型式，其次为管涌、渗透破坏和坝体失稳。

(1) 漫顶溃决。堰塞体的溃决过程取决于堰塞体物质组成、渗透性、外形轮廓与尺寸、堰塞湖库容、上游来流情况及坝基状况等。对漫顶溢流的情况，当堰塞体主要由大块石或弱风化碎裂岩等物质组成时，抗水流冲蚀能力较强，发生漫溢后堰塞体能承受一定的水头不致发生溃决，但是当水位继续上升并超过某一极限水头时将引发堰塞体局部或全部的突然坍塌，造成快速溃决。相反，当堰塞体含细粒较多时，抗水流冲蚀能力相对较弱，出现漫顶后，漫溢水流将逐渐冲蚀堰塞体下游坡及堰顶，造成下游坡的不断后退与堰顶高程的逐渐降低。冲蚀过程刚开始时比较缓慢，随着溃口的逐渐扩大和漫溢水头的增大，溃决过程也将迅速加快。当堰塞体断面被削弱到一定程度时，在特定的水流条件下可能发生剩余堰体的突然溃决。

考虑到堰塞体物质组成的特殊性，与人工土石坝相比，一般堰塞体漫顶溃决具有以下特征：

1) 堰塞体过流后，堰塞体物质将较易被冲刷挟带。

2) 溃口形状不规则，最终尺寸不易确定，溃口的发展模式难以预测。

3) 溃决后库容可能仍很大。

4) 溃决过程夹杂大量的土石，使得下游河床抬高。

5) 漫顶溃决后，溃口处左右坡面的稳定性差。

上述特征主要是由天然堰塞体物质组成的不均匀性引起的。堰塞体物质的粒径较大，其抗冲蚀较强；粒径较小且级配范围较窄，抗冲蚀性较差。同时，由于土石体的粒径或岩体的完整性在平面和立面的差异，导致最终的溃决深度和平面范围难以准确预测。对于大多数堰塞体来说，溃决后溃口的底部高程往往没有达到原来河床的高程，所以溃决后堰塞湖的库容可能仍然较大，坝体溃决后剩余部分的稳定性还需进一步评估。但也有例外，如2000年5月产生的西藏易贡堰塞湖，溃决后的河床高程较原河床高程还低。同时，由于堰塞体的体积较大，溃决后大量的堰塞体物质被水流挟带到下游的河床，导致下游河床抬高。例如唐家山堰塞湖溃泄后，下游苦竹坝水电站附近的河床被抬高近30m。另外，堰塞体物质组成较松散，但在固结、降雨或者气候的影响下，剩余土体的密度将会随时间变大，从而其抗冲蚀性能得以逐渐提高，因此，堰塞体本身的抗冲蚀性随时间变化也是其不同于人工土石坝之处。

（2）渗透破坏溃决。堰塞体由于是快速堆积所致，堰塞体材料相对较松散。同时，由于河床淤积物被冲击抛出或挤出，以及滑坡物质中本身具有的风化物，导致物质组成复杂，物质分布极不均匀，级配不良。当上游水位上升后，坝体内浸润线不断抬高，坝基和坝体内的渗透比降也逐渐增大，当渗流产生的渗透比降大于坝体材料的临界渗透比降时，坝体内将产生渗透破坏。在渗透力的作用下，坝体材料中的细颗粒被渗透水流逐渐带走发生管涌。管涌不断发展后渗漏通道将越来越大，渗透水流的冲蚀能力也不断增强，形成贯穿坝体的漏洞。漏洞中的渗透水流不仅将继续对周围坝体材料产生冲刷，使漏洞直径变大，同时渗水集中后还将造成对坡面的水流冲刷。1966 年苏联中南部 Lsfayram say 河上雅什库滑坡堰塞体的管涌破坏就是一个例子。

（3）失稳溃决。堰塞体形成后，上游水位上升，如持续时间又较长，则堰塞体浸润线以下部分将呈饱和状态，抗剪强度降低，相应的下滑力增大。另外，渗流产生的渗透力，也进一步增加了滑动体的滑动力。在这种情况下将有可能发生堰塞体坝坡的失稳坍塌从而导致溃决。此外，如坝基强度不够或存在淤泥等软弱地质缺陷等，也会引起坝坡的突然破坏导致溃决。

由于堰塞体结构的复杂性，在第一时间掌握堰塞体材料的物理力学性质对于快速评估堰塞体的稳定性具有至关重要的作用。基于掌握的堰塞体材料的物理性质，对堰塞体的抗冲蚀性进行分类，可有效地评估堰塞体溃决的速度。同时基于材料的抗冲蚀性，可以为以后堰塞体溃决过程的反演计算提供理论基础。

5.5.5.3　溃坝洪水研究现状

专门针对堰塞体开展的溃坝研究尚未见系统的文献报道。由于堰塞体属天然的土石坝，与人工土石坝虽有诸多的不同特性，但宏观而言，两者又有很多的相似性。借鉴人工土石坝溃坝研究成果，对堰塞体溃坝分析有直接的指导作用。

土石坝溃坝的发生、发展和溃决程度受到多种因素（如溃坝原因，坝体结构、尺寸和材料，水库库容及下游水位等）的影响，研究难度非常大。尽管如此，从 20 世纪 60 年代开始，随着人们对大坝安全越来越重视，各国相继开展了土石坝溃坝方面的研究。进入到 80 年代以后，这一研究得到了进一步加强与发展。

土石坝的溃决属于逐渐溃决，理论分析、试验研究和数值模拟是溃坝研究的主要手段。坝体被洪水逐渐冲溃，是水体与坝体物质之间相互作用的过程，持续时间较长。一方面坝体填筑材料受水流冲刷作用，溃口不断展宽，溃口的底部高程不断下降，溃口横断面面积不断扩大；另一方面由于溃口的发展造成溃坝洪水流量不断变化，同时被冲刷的坝体材料进入到水流中也将引起水流结构和挟沙能力等的变化。

1．理论分析

溃坝研究从数学物理问题分析的角度可归结为求解控制水流运动的圣维南方程组的黎曼问题。1871 年圣维南提出的明渠非恒定流控制方程组（圣维南方程组），为溃坝问题的水力学分析奠定了理论基础。

1892 年 Rittor 假设下游为干河床，忽略河床起伏和河床剪切摩擦作用，利用圣维南方程组的特征型式，第一次得到了矩形断面瞬时全溃问题的简化解（Rittor 解），但此解析解并不符合实际，由于河床摩阻作用，波峰向下游运动的速度和剖面与 Rittor 解存在误差。1949 年和 1957 年 Stoker 在 Courant 和 Friederich 的研究成果基础上，忽略河床起伏和摩阻作用，将坝址流态分为连续波流、临界流、不连续波流八种流态，将 Rittor 解扩展到下游有水的情形。

1970 年 Su 将 Dressler 的摄动解推广到不同断面明渠中，给出了矩形、三角形、抛物线形断面明渠考虑摩阻作用时水面曲线和平均速度分布的一阶摄动解。1980 年 Chen 等研究了考虑摩阻作用时有限长水库的溃坝问题。1980 年林秉南利用特征理论和黎曼方法获得了有限长水库抛物线形断面明渠平底瞬时全溃问题的解析解。1982 年和 1984 年 Hunt 将溃坝波近似地看作运动波来研究倾斜河床的溃坝问题。1982 年陆吉康等利用特征理论和黎曼方法研究了抛物线形断面倾斜明渠考虑摩阻作用的瞬时全溃问题的解析解。

在研究倾斜底坡的溃坝问题方面，Su 利用扰动系列，获得逆行波峰达到上游边界的有效时间的近似解。Hunt 对陡坡河床下游洪水波覆盖的有效距离接近坝址以上 4 倍水库长度的地区给出了一个纯运动波解。Smith 对倾斜平面下缓慢的黏滞性稳定三维流给出了一个相似解，适用于海洋深处的水流。

由于圣维南方程组的拟线性及水流的不连续性，溃坝问题的分析求解难度较大，目前溃坝问题的解析解仅限于几个很简单的实例，即使对一维溃坝问题解析解的研究也不是很深入。因此，溃坝机理的研究将是今后溃坝问题研究的一个重点和难点。

2．试验研究

从工程实际应用的角度来看，溃坝的实体模型试验研究是必不可少的，特别是大型的工程，模型试的参数是工程设计和施工的主要依据，同时模型试验的结果可用来验证数值模拟计算方法的可行性。在过去几十年中，世界上有很多国家先后进行了大量坝高2～6m的溃坝试验。

在溃口形成与发展模型试验方面，美国和奥地利在20世纪五六十年代进行了大量的室内试验。美国学者曾进行了一系列土石坝溃决的水槽试验，甚至还在现场做过1∶2的大模型试验。奥地利学者也对堆石坝溃决问题进行了大量室内试验，其最大模型高达5.5m，试验成果表明，上述试验的溃决时间比尺基本一致，而对于相同的护坡，坡度减缓时，冲开初始坡的临界水头将显著增加。20世纪90年代开始，欧美国家将溃坝研究重点逐渐转移到溃坝机理上，包括美国国家大坝安全计划（NDSP）、欧洲IMPACT项目等。1998年由欧盟支持的CADAM项目和随后的IMPACT项目都对土坝的溃坝机理进行了大量的模型试验研究，IMPACT项目共进行了5次大尺度现场试验（坝高4～6m）及22组室内小比尺试验（模型比尺1∶10～1∶7.5）。试验中针对不同坝型（均质坝、心墙坝）、不同坝体几何形状（不同坝坡、不同顶宽）、不同筑坝材料（非黏性材料、黏性材料）、不同材料性能（粒径级配、压实程度、含水量）、不同溃决模式（漫顶、管涌）等影响因素进行了详细研究。

自20世纪70年代起，国内进行了一些自溃坝的模型试验研究。河南省曾针对鸭河口水库进行了30多次自溃坝试验，模型比尺从1∶2～1∶32。通过试验，对引冲式自溃坝口门形成时间及下切率进行了详细的研究，并总结出了口门形成时间及下切率与模型比尺的关系式。浙江省水利科学研究所于1978年针对南山水库在现场进行了坝体冲刷性能试验，测量了引冲槽溃决水头和溃坝历时以及坝体段的冲刷速率和冲刷过程，认为影响坝体段的冲刷速率的因素除水头外，主要取决于防渗墙型式及厚度，之后又通过一系列小比尺室内试验得出了冲刷率与模型比尺之间的关系。

溃坝试验提高了人们对土石坝溃坝过程及溃坝机理的认识和掌握，同时也给溃坝过程数学模型的率定和验证提供了试验数据。这其中具有代表性的成果是美国和欧洲研究者提出的土石坝漫溃冲蚀机理——"陡坎"冲刷（headcut erosion），研究者认为对大部分土石坝，尤其是筑坝材料含有黏性土料的大坝，"陡坎"冲刷才是对漫溃过程起主导作用的冲刷机理。"陡坎"（headcut）是指地面（河床面）在高程上突降，类似于瀑布状的地貌形态（图5.5-1）。

美国农业部下属的水利工程研究处（HERU）进行了一系列大尺度的土石坝漫溃试验，以模拟不同材

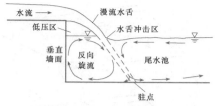

图 5.5-1 "陡坎"示意图

料土石坝的漫顶冲刷。通过对试验过程的观察和试验数据的分析，提出了土石坝溃坝过程（图5.5-2）。首先，漫顶水流在坝下游坡面上产生细冲沟似的冲刷。冲刷不断发展，形成一个细冲沟网，并最终发展成一个较大的沟壑。沟壑最初包含多个阶梯状的小"陡坎"，并随时间不断向上游后退，同时不断扩宽，最后发展成一个大的"陡坎"。在水流的作用下，"陡坎"逐渐向上游发展，直到土石坝坝顶的上游边缘。此后一旦"陡坎"继续向上游发展将引起溃口处坝顶的降低，溃口流量也将迅速增加，最终导致大坝的完全溃决。溃坝过程中沟壑的扩宽和"陡坎"向上游的发展是由"陡坎"下游射流冲击区周围的水流紊动和水流剪应力造成的。水流不断淘蚀"陡坎"底部，引起垂直墙面的失稳而坍塌，从而导致溃口的扩宽和"陡坎"向上游不断发展。

目前对"陡坎"冲刷已经开展了一些研究，并取得了一些初步成果。但总体来说，这项研究尚处于起步阶段，"陡坎"的形成、发展和冲刷机理还不是很清楚，目前还尚无获得广泛认可的"陡坎"冲刷模型。

3. 土石坝溃口过程模拟

为探讨溃坝内在机理、预测坝体溃决过程和洪水过程线，土石坝溃口模型逐步发展起来。在土石坝溃口过程的数学模拟上，目前开发的众多模型可大致分为基于物理和基于参数机理两大类。

第一类模型是基于物理过程的模型，主要基于土体冲刷模型、水力学原理、泥沙起动原理和土体的力学性能指标等，构建一个时变过程以预测坝体溃决过程和溃坝洪水过程。比较典型的有BEED模型、BREACH模型、BRES模型和Zhu（2006）模型等，以下主要列举BEED和BREACH模型进行介绍。

BEED模型是Singh和Scarlatos于1986年开发的用来计算溃坝溃口发展过程、洪水演进和泥沙推移过程的模型。本模型由六个部分组成：①水库水量动态平衡；②溃口几何尺寸；③溃槽内的水力学过程；④溃口变化过程；⑤洪水演进；⑥泥沙推移过程。模型中溃口的形状假设为梯形，溃口的发展过程取决于冲蚀速率和溃口侧向边坡自身的稳定性，流量计算采用堰流公式。

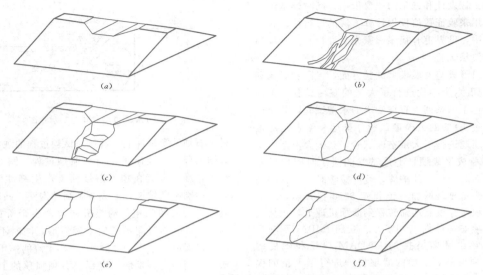

图 5.5 - 2 美国农业部漫顶溃坝试验中观察到的溃坝过程
[(a) ～ (f) 代表溃坝过程的顺序]

BREACH 模型是由 Fread 于 1984 年开发的用来计算溃坝洪水过程线的模型。此模型不仅可用于人工土石坝的溃决模拟，还可以用于天然堰塞体的溃决模拟，既可用来模拟管涌溃坝也可模拟漫顶溃坝。对于漫顶溃决，流量的计算采用堰流公式。对于管涌溃决，流量的计算采用孔口出流公式。溃口初始采用矩形形状，然后在水流的冲蚀下逐渐发展，当溃口侧向边坡超过临界稳定状态后，侧坡开始倒塌，这时溃口由矩形变为梯形。此外，模型中还考虑了坝体溃口的突然增大的情况。

这类模型在结构上较复杂，能较准确和详细地模拟溃坝过程，但同时也受当前对土石坝溃坝过程和机理认识程度的限制。上述基于物理机理的溃坝模型，都需要把最终的溃决深度作为输入变量。同时几乎所有的溃坝模型只能模拟均质坝，对于堰塞体来说，组成材料具有高度的不均质性，所以人工土石坝溃决模型对堰塞体来说不一定适用。另外，多数模型都没有定量考虑土体本身的抗冲蚀能力，更没有考虑土体抗冲蚀性沿空间的变异性。所以要建立基于物理机理的溃坝模型就需要对土体的抗冲蚀性有更全面的认识。

第二类模型是基于参数的模型，主要利用一些关键参数，如坝高、库容、溃口宽度、溃口深度、溃决历时等，通过简单的时变过程（如溃口尺寸的线性发展理论）得出溃口的发展过程，假设溃口随时间按线性或非线性变化，再结合水力学基本原理计算出坝址流量过程，如美国国家气象局的 DAMBRK 模型和 SMPDBK 模型。还有一些模型通过建立库容和坝高

等关键参数与溃口发展速度、最大溃坝洪水流量之间的回归方程来模拟溃坝过程。总体而言，基于参数的模型型式比较简单，未涉及实际溃坝机理，对数据输入要求较少，使用方便。

由于土石坝的溃决过程非常复杂，不确定性因素多，在此基础上发展起来的溃坝模拟技术也还有许多不够完善的地方。比如，现有模型的模拟对象大多为由非黏性土料填筑的土石坝，对实际工程中更为广泛的黏性土土石坝研究不够；几乎所有的溃坝模型都还仅限于均质坝，坝体的复合结构（心墙、材料分区等）、坝体表面护坡尚难较好地模拟；绝大多数模型都没能区分溃坝水流对坝体的冲蚀速度和水流的输沙能力二者的区别；坝体冲蚀速度与筑坝材料特性及溃坝水流特征参数之间还没有建立起合理的、被大家广泛认可的关系式。

4. 溃坝洪水模拟研究

在溃坝洪水模拟方面，早期所进行的研究大多是基于对历史溃坝资料的分析，通过某些假定（如坝体瞬间全溃等），建立溃坝峰值流量、口门最终宽度等溃坝参数与库容、坝前水头、坝高等之间的经验关系式，以及溃坝洪水波向下游的演进过程。后期，随着水动力模型的发展和计算机模拟技术水平的提高，溃坝洪水数值模拟模型逐步发展起来。

（1）经验公式。采用经验公式进行溃坝洪水计算较为简便，且对资料要求较少，其缺点是经验公式一般只能计算坝体瞬间溃决情况；但对于实际工程中发生较多的坝体逐步溃决难以模拟，且计算结果中能给

出水力要素成果较少，使经验公式应用于溃坝洪水计算受到较多限制。溃坝洪水计算经验公式主要包括溃口洪峰流量计算和坝下游演进计算两部分。

1) 溃口洪峰流量计算经验公式。对于坝体瞬间全溃或部分溃决条件下的坝址洪峰流量，国内外提出了较多的经验公式，如圣维南公式、美国水道实验站经验公式、斯托克法、正负波相交法、波额流量法、肖克利奇法、中国铁道部第三设计院经验公式、辽宁省水文总站经验公式及谢任之教授于 1982 年提出的"统一公式"等。但各种方法均有其一定的适用条件，如圣维南公式要求矩形河床，坝下干涸等；斯托克法要求下游有一定静止水深等；正负波相交法适用于下游水深较大，坝下水流为缓流的情况；波额流法适当考虑下游水深的影响，并假定坝址上下游为平底无阻力河槽等；辽宁省水文总站经验公式要求溃前库区流速及下泄流量均忽略不计的条件等。表 5.5-11 列举了部分溃坝洪峰流量计算经验公式。

表 5.5-11 部分溃坝洪峰流量计算经验公式

序号	公式名称	表达式
1	美国水道实验站公式	$Q_m = \dfrac{8}{27} \sqrt{g} \left(\dfrac{BH_0}{bh}\right)^{0.28} bh^{1.5}$
2	谢任之公式	$Q_m = \lambda B_0 \sqrt{g} H_0^{1.5}$
3	辽宁省水文总站公式	$Q_m = 0.206 \sqrt{g} B H^{1.5}$
4	中国铁道部第三设计院公式	$Q_m = K_{np} b \sqrt{g} (H_0 - H_2)^{1.5}$
5	Schuster 公式	$Q_m = 0.063 (pE)^{0.42}$
备注	\multicolumn{2}{l}{λ 为流量系数；B_0 为坝址处河谷宽度；H_0 为坝前上游水深；b 为溃口平均宽度；B 为坝址断面平均宽度；H_2 为坝址下游水深；pE 为库区水体势能；$K_{np} = 1.35 b/B$}

可进行局部溃决溃口宽度估算的经验公式主要有：

铁道部科学研究院公式：

$$b_m = K \left(W^{\frac{1}{4}} B^{\frac{1}{7}} H_0^{\frac{1}{2}}\right) \quad (5.5-1)$$

黄河水利委员会公式：

$$b_m = K \left(W^{\frac{1}{2}} B^{\frac{1}{2}} H_0\right)^{\frac{1}{2}} \quad (5.5-2)$$

谢任之公式：

$$b_m = \frac{KWH_0}{3E} \quad (5.5-3)$$

式中 K——坝体土质有关的系数；

W——水库蓄水量；

B——坝顶宽度；

H_0——坝前水深；

E——坝址横断面面积。

根据现场调查、附近区域地质勘察资料及参考类似地层岩体风化状况，考虑抗冲刷能力，判断溃口底高程。根据过水断面范围内的物质组成，可以分析溃口边坡坡度。有了溃口宽度、溃口底高程、溃口边坡坡度等三个要素，就可以得到溃口断面形状及尺寸。

另外，瞬时垂向局部溃决洪峰流量计算公式还有：

美国水道实验站公式：

$$Q_m = \frac{8}{27} \sqrt{g} \left(\frac{B_0 H_0}{b_m h}\right)^{0.28} b_m h^{1.5} \quad (5.5-4)$$

黄河水利委员会公式：

$$Q_m = \frac{8}{27} \sqrt{g} \left(\frac{B_0}{b_m}\right)^{0.4} \left(\frac{11 H_0 - 10 h}{H_0}\right)^{0.3} b_m h^{1.5} \quad (5.5-5)$$

其中 $\qquad\qquad h = H_0 - h_d$

式中 Q_m——坝址处最大洪峰流量，$\mathrm{m^3/s}$；

h——溃口顶上水深，m；

h_d——残留坝体高度；

b_m——溃口宽度，m；

B_0——坝址河谷宽度，m；

H_0——坝前水深，m。

2) 溃坝洪水的下游演进计算经验公式。溃坝洪水的下游演进计算是评估溃坝灾害损失的依据，与溃坝型式、溃决洪水过程线、溃坝洪峰流量、入库流量过程、下游水位、下游河道断面形态及沿程各处距离坝址的距离等因素有关。一般采用非恒定流数学模型进行溃坝洪水的下游演进计算。

若坝下游资料较缺乏时，对于下游沿程最大流量估算常采用李斯特万公式进行：

$$Q_{xm} = \frac{WQ_m}{W + Q_m XK} \quad (5.5-6)$$

式中 Q_{xm}——坝下游 x 处最大流量；

Q_m——坝址溃决最大流量；

W——溃坝下泄总水量；

X——下游断面至坝址距离；

K——河谷断面系数。

下游距坝址某处的洪峰高度 H_{mx} 采用以下公式估算：

$$H_{mx} = H_{10} \left[1 + \frac{4\alpha^2 (2n+1) H_0^{2n+1}}{n(n+1)^2 i_0 V^2} x\right]^{\frac{1}{2n+1}} \quad (5.5-7)$$

其中 $\qquad\qquad \alpha = \dfrac{A}{H}$

式中 H_{mx}——距坝址 x 处洪峰高度；

H_{10}——溃坝最大水深;

α——河谷断面系数;

A——断面面积;

H——断面高度;

i_0——河床比降;

V——库容;

x——下游距坝址距离。

(2) 溃坝洪水数学模型。随着计算机性能和数值计算方法的迅速发展,数值模拟溃坝洪水的演进越来越成为研究溃坝洪水传播的主要手段。在 20 世纪中后期,土石坝的溃坝洪水模拟研究取得了较大进展,产生了如美国的 DAMBRK、荷兰的 DELFT、丹麦的 DHI 等一系列溃坝洪水计算模型。

目前在国外应用较广泛的模型是美国国家气象局开发的溃坝与洪水演进模型,该模型有三个数学模型及相应的计算程序:即 DAMBRK——溃坝及溃坝洪水波动力演算模型;BREACH——土坝缺口侵蚀模型;SMPDBK——简化溃坝模型。DAMBRK 溃坝及洪水演算模型由两部分组成:一是溃决洪水计算,包括溃决洪水流量过程线以及坝址溃坝水位计算;二是溃决洪水在下游的传播与演进模拟。在我国,系统研究溃坝数值模型始于 20 世纪 70 年代,以后针对国内一些水库的实际问题开展了溃坝洪水数学模型研究。

一维水动力学模型是计算溃坝洪水下游演进的主要技术手段。在掌握坝下游水文特性、主要控制水文资料、河道地形或大断面等资料时,可采用一维水动力学模型进行溃坝洪水的下游演进计算。一维水动力学模型基本方程包括水流连续方程和运动方程:

水流连续方程:

$$B \frac{\partial Z}{\partial t} + \frac{\partial Q}{\partial X} + q_l = 0 \qquad (5.5-8)$$

水流运动方程:

$$\frac{\partial Q}{\partial t} + \frac{\partial}{\partial X}\left(\alpha_l \frac{Q^2}{A}\right) + u_l q_l = -gA\left(\frac{\partial Z}{\partial X} + S_f\right)$$

$$(5.5-9)$$

式中　X——流程,m;

　　　t——时间,s;

　　　Z——水位,m;

　　　Q——流量,m³/s;

　　　A——过水断面面积,m²;

　　　B——河宽,m;

　　　S_f——水力坡度;

　　　q_l——单位流程上的侧向出流量,m³/s,负值表示流入;

　　　u_l——单位流程上的侧向出流流速在主流方向的分量,m;

α_l——动量修正系数。

通常,可采用有限差分法、有限体积法等数值方法进行非恒定水流模型基本方程进行离散和求解。

5.5.5.4　堰塞体溃坝洪水计算

溃坝洪水计算成果直接关系到下游人民生命财产的安全和应急避险转移人口的多少,但目前溃坝洪水计算的方法尚不成熟,条件许可,应采用多种方法进行溃坝洪水计算和对比分析,以最大程度提高成果的可靠性。在进行溃坝洪水计算时,要结合堰塞体组成情况分析部分溃决、全溃的可能性,并提供堰塞体不同溃决程度条件下的溃坝洪水过程,为下游应急处置提供依据。

坝址溃坝洪峰流量取决于起溃水位(决定可泄水量大小)、溃坝历时和溃口形状及其发展过程等因素。起溃水位越高、溃决历时越短、溃口宽度和深度发展越快,坝址洪峰流量越大。因此,通过开挖泄流渠等措施有效降低起溃水位和可泄水量,可以明显降低坝址洪峰流量,有效减轻溃坝洪水对下游的威胁。

堰塞体溃决洪水计算的主要任务:①计算堰塞体坝址在某种溃决型式下的流量和水位过程线;②进行溃坝洪水向下游演进的计算,给出沿程各处的流量、水位、流速过程线和洪峰水位、流量到达时间。据此为堰塞湖应急处置除险方案和坝下游人员转移避险的方案制定提供相关依据。

1. 基本资料

进行堰塞体溃决洪水计算时,需要收集的基本资料主要包括:

(1) 地形资料,如水库地形图及相应的坝址水位库容关系曲线,坝址下游河道纵、横断面等资料。考虑到堰塞湖应急处置的特点,有条件时应充分运用遥感影像资料及数字化处理,以达到快速获取资料的目的。

(2) 水文资料,包括坝址流域面积、控制性水文站水位、流量、暴雨等历史统计资料,及不同频率的入库洪水过程线;如果下游有较大支流入汇时,还需要收集下游支流的洪水过程;坝下游计算出口边界断面处的水位流量关系曲线,如缺乏这一资料,则可以采用明渠均匀流公式结合断面水力要素进行假定。

(3) 坝下游河道糙率系数,一般而言,较难收集到堰塞体所在地区河流的实测水文资料对数学模型糙率系数进行验证,较可行的方法是借鉴同流域其他类似河流的糙率取值;同时,为保证计算结果的可靠性,应尽可能对糙率的敏感性进行计算分析。

(4) 坝下游河道防洪能力,包括下游城镇防洪标准及相应流量与洪水位、两岸河道堤防等级及高程情况、保护范围及人口等资料。这是进行溃坝洪水风险及灾害评估的基础资料之一。

（5）坝下游重要设施基本情况，若坝下游有其他在建或已建梯级水库，则需要收集这些水库的坝体结构型式、库容关系曲线、泄流能力、运行方式等；若坝下游有铁路、桥梁等重要交通设施，则需收集这些设施距堰塞体的距离及建筑物结构型式、高程等资料。

2. 溃口假定

根据已有研究成果，溃坝洪水的危害取决于溃决型式、起溃水位（决定可溃库容及上下游水头的大小）、溃口尺寸及溃决历时等方面。

（1）溃决型式确定。堰塞体溃决型式一般从规模上分为全溃或局部溃；从时间上分为瞬时溃或逐渐溃。根据已有堰塞体溃决的统计资料，堰塞体溃决方式一般为逐渐溃决。

（2）起溃水位确定。假定溃坝发生在非汛期，来流相对较小，起溃水位可假定为堰塞体当前最高水位；假定溃坝发生在汛期，需要确定可能遭遇的洪水频率，起溃水位需要由可能入库频率洪水进行调洪演算后确定。

（3）溃口尺寸确定。溃口尺寸主要指可能的口门形状、溃口深度和溃口宽度，口门形状可近似为矩形或梯形。口门最终尺寸应根据堰塞体物质组成、结构、地质条件综合拟定。口门从初始口门形态逐步发展至最终口门形态的过程可近似按线性化处理。估算溃口宽度的经验公式有铁道部科学研究院、黄河水利委员会和谢任之公式等。

（4）溃决历时确定。溃决历时受堰塞体物质组成、上游来流、溃决时坝前水位等多方面因素影响，难以事先估计。据统计资料，大多数溃决历时为0～3h。实际中，可假定不同的溃决历时，以分析各种可能情况下溃坝洪水的危害。

3. 计算手段

对于规模较小、潜在危害不大的堰塞湖，在资料较为缺乏时，可采用经验公式估算溃坝流量；对规模较大且下游有重要城镇或设施的堰塞湖，尽可能采用数学模型进行溃坝洪水与洪水演进计算。模型按堰塞湖上、下游河段联合建立方程组，也可上、下游河段分别建立。

在资料满足要求时，根据调洪演算和堰流公式等手段，假设不同的溃口形状、溃决历时、溃口发展过程，按照水量平衡原理，计算坝址溃坝流量过程。资料满足要求时，可针对库尾至坝址河段，采用数学模型进行溃坝洪水计算。

在《堰塞湖应急处置技术导则》（SL 451—2009）中明确指出："堰塞湖下游影响范围的确定应以溃坝洪水数学模型为基础，溃坝洪水分析计算宜根据河道水文地形条件进行非稳定流计算。"再根据溃坝洪水分析计算成果，预测洪水淹没区域及影响范围。

5.5.6 堰塞湖风险评价

堰塞湖形成后，应及时进行风险评价，分析堰塞体危险性级别，评估堰塞湖上下游影响，提出堰塞湖的风险等级，为制定堰塞湖处置方案提供科学依据。

5.5.6.1 堰塞体危险性级别评价

1. 堰塞体危险性级别初步评价

通过分析堰塞体高度、厚度、坡比，以及物质组成、颗粒大小、密实程度等因素，可以宏观判断堰塞体的抗滑稳定条件及发生管涌破坏的可能性。在资料缺乏的情况下，可采用地貌无量纲堆积体指数法（DBI），初步评估堰塞体的稳定性。

地貌无量纲堆积体指数法（DBI）是佛罗伦萨大学教授 L. Ermini 等提出的估算堰塞体稳定性的一个经验方法，它考虑了堰塞体体积、流域面积和堰塞体高度三个参数，反映了堰塞体自重、河流的流量和水能以及堰塞体遭遇漫顶和管涌破坏对稳定性的影响，是在堰塞湖形成之初资料缺乏时快速评价堰塞体的一种评估方法。

地貌无量纲堆积体指数法（DBI）计算公式如下：

$$DBI = \lg \frac{A_b H_d}{V_d} \qquad (5.5-10)$$

式中　V_d——堰塞体体积；

A_b——流域面积；

H_d——坝高。

堰塞体稳定性判断标准为：① $DBI < 2.75$，稳定；② $2.75 < DBI < 3.08$，介于稳定与不稳定之间；③ $DBI > 3.08$，不稳定。

DBI 方法是一种经验方法，未能反映堰塞体的材料特性，且会出现滑坡、泥石流等不同原因形成的相同参数的堰塞体稳定性相同的假象，因此使用时应注意其局限性，只可用于快速估计堰塞体的稳定情况，稳定性评价仍应以物理力学方法为主。

2. 堰塞体稳定性计算分析

为客观评价堰塞体的稳定性，有必要对堰塞体典型断面分别进行针对当前状况和冲刷趋于稳定后遭遇一定频率洪水条件的状况进行稳定计算分析。

（1）计算方法和断面。由于制定堰塞体应急处理方案时，通常未能取得堰塞体材料的物理力学实测参数，进行稳定计算时不必过分强调计算方法的精确性，应多进行敏感性分析。制定永久处置时，应按现行规范规定的方法并取得相应的物理力学参数。

应急处置时，堰塞体稳定分析一般可采用陈祖煜编制的《土质边坡稳定分析程序— STAB2008》，强度指标采用有效应力法和总应力法，坝体抗滑稳定计算采用刚体极限平衡法，采用计及条块间作用力的简化毕肖普法，也可以采用其他可靠的计算方法。

稳定分析计算时，计算剖面一般应选择相对坡高较大、坡度较陡的断面。计算剖面上的浸润线可简化为上下游水位之间的连线，有条件时，宜进行渗流场分析。

（2）计算工况。拟定计算工况时，应考虑河道行洪标准、河流沿岸城镇及村庄的防洪标准，区分不同条件：

工况一：目前河道天然水位状况。

工况二：目前河道天然水位状况遭遇地震（或余震）。

工况三：设计洪水。

工况四：设计洪水＋地震。

（3）计算参数。堰塞体的物理力学参数应由经验丰富的地质工程师以现场查勘结合类似条件的工程实例提出建议值，并进行一定的参数敏感性分析。

3. 堰塞体抗冲刷能力分析方法

堰塞湖过流后，除呈现稀性泥石流破坏外，沿过流通道通常表现出三种冲刷型式：①下切冲刷，使床面加深加宽；②弯道凹岸冲刷扩大岸线；③溯源冲刷，使临时跌坎后退。这三种冲刷型式共存将会导致堰塞体冲刷下切速度加剧。

根据堰塞体级配组成，按照国内外散体颗粒起动流速经验公式进行堰塞体物质冲刷能力初步分析。

泥沙起动流速—沙莫夫公式：

$$u_c = 1.14 \sqrt{\frac{\gamma_s - \gamma}{\gamma} gd} \left(\frac{h}{d}\right)^{\frac{1}{6}} \quad (5.5-11)$$

泥沙起动流速—唐存本公式：

$$u_c = 1.53 \sqrt{\frac{\gamma_s - \gamma}{\gamma} gd} \left(\frac{h}{d}\right)^{\frac{1}{6}} \quad (5.5-12)$$

泥沙起动流速—张瑞谨公式：

$$u_c = 1.34 \sqrt{\frac{\gamma_s - \gamma}{\gamma} gd} \left(\frac{h}{d}\right)^{\frac{1}{7}} \quad (5.5-13)$$

基岩抗冲流速公式：

$$v = (5 \sim 7) \sqrt{d} \quad (5.5-14)$$

泥沙起动流速—伊兹巴斯公式：

$$u_c = K \sqrt{\frac{\gamma_s - \gamma}{\gamma} 2gd} \quad (5.5-15)$$

以上式中 γ_s ——泥沙颗粒（或块石）容重；

γ ——水的容重；

d ——泥沙颗粒（或块石）粒径；

g ——重力加速度；

h ——水深。

根据各家公式，可以计算出不同粒径颗粒、不同水深的起动流速，见表 5.5-12、表 5.5-13。结合堰塞体组成、堰塞体过流流速等情况，可初步判断堰塞体出现溃决的可能性。当流速超过起动流速时，堰塞体可能会发生急剧冲刷，导致溃决。

表 5.5-12　　堰体物质抗冲能力分析

计算公式	粒径（mm）	水深（m）	起动流速（m/s）
沙莫夫公式	20	1	1.24
唐存本公式	20	1	1.67
张瑞谨公式	20	1	1.33
沙莫夫公式	20	2	1.40
唐存本公式	20	2	1.87
张瑞谨公式	20	2	1.47
沙莫夫公式	20	3	1.49
唐存本公式	20	3	2.01
张瑞谨公式	20	3	1.56
沙莫夫公式	200	1	2.68
唐存本公式	200	1	3.60
张瑞谨公式	200	1	3.03
沙莫夫公式	200	2	3.01
唐存本公式	200	2	4.04
张瑞谨公式	200	2	3.35
沙莫夫公式	200	3	3.22
唐存本公式	200	3	4.32
张瑞谨公式	200	3	3.55

表 5.5-13　　堰体物质抗冲能力分析

计算公式	粒径（m）	抗冲（起动）流速（m/s）
基岩抗冲流速公式	1.0	7.00
伊兹巴斯起动流速公式	1.0	7.51
基岩抗冲流速公式	1.5	8.57
伊兹巴斯起动流速公式	1.5	9.20
基岩抗冲流速公式	2.0	9.90
伊兹巴斯起动流速公式	2.0	10.63

4. 其他稳定性分析

渗流稳定性应考虑堰塞体组成物质的渗透特性、上下游水头、堰塞体厚度等因素。泄流槽岸坡稳定性应考虑岸坡物质组成、岸坡坡比、坡高等因素，结合当地自然坡的稳定坡比资料进行定性分析；条件许可时，应进行计算分析。对堰塞湖影响区域内规模较大的滑坡体（或潜在滑塌体），应进行稳定性分析，并判别因阻流、涌浪等对堰塞体的影响。

5.5.6.2 上、下游影响评估

高危险及以上级别的堰塞体，应在上、下游影响初步调查的基础上，对堰塞湖上、下游淹没及影响范围内的人口和重要城镇、重要设施以及有毒、有害、放射性等危险品的生产与仓储设施等产生的影响进行评估，以确定堰塞湖上、下游可能的受灾范围及灾害严重程度，为制定堰塞湖应急处置方案提供依据。

堰塞湖上下游影响评估主要依据包括：堰塞湖库容、上游来水流量、溃坝洪水分析及区域地质资料。利用堰塞体上游集水面积、河道比降、降水等水文气象资料，可计算分析堰塞湖上游来水量及流量。通过分析堰塞体可能的溃决型式、起溃水位、溃口断面、溃决历时等因素，以及可能采取的工程措施，可进行溃坝洪水计算分析，得到溃决洪水洪峰流量。利用堰塞湖库容、上游来水及下泄洪水等资料，经过调洪计算，可以分析堰塞湖可能出现的水位。

堰塞湖上游受灾范围可根据堰塞湖可能出现的水位采用水平延伸法确定。下游影响范围的确定应以溃坝洪水计算为基础，应利用溃坝洪水分析计算得到的溃坝洪峰流量推求下游河道各断面水位，预测洪水淹没区域及影响范围。条件许可，应绘制堰塞湖上、下游受灾区风险图，并据此统计影响区域受灾人口及重要设施，分析可能出现风险及危害程度，包括交通受阻情况分析；分析水位上涨导致的浸没及边坡失稳危害。

5.5.6.3 堰塞湖风险综合评价

堰塞湖风险等级应根据堰塞体危险性评价和上、下游影响评估结果综合确定，以《堰塞湖风险等级划分标准》（SL 450—2009）推荐的查表法为主，也可采用该标准附录 A 的数值分析法。

1. 查表法确定堰塞湖风险等级

查表法是基于堰塞体危险性和堰塞湖溃决损失严重性两方面对堰塞湖风险等级进行评判。其中堰塞体危险性级别是根据堰塞体物质组成、高度和堰塞湖库容三项指标进行判别，堰塞湖失事后果严重性是根据堰塞湖影响区风险人口、重要城镇和公共或危险设施情况进行判别。

2. 数值分析方法确定堰塞湖风险等级

由于堰塞湖问题的复杂性和堰塞湖安全风险影响因素的不确定性，堰塞湖风险等级评判过程中有时指标的相对重要性会发生变化，有时仅依据堰塞体物质组成、堰塞体高度、堰塞湖库容、堰塞湖下游影响区风险人口、重要城镇和公共或重要设施六个静态指标不足以客观反映堰塞湖的风险等级，需要考虑堰塞湖处置面临的外部条件如有无强余震、有无滑坡等以及堰塞湖蓄水量、水位上涨速度等因素，可采用数值分析方法对堰塞体的风险等级进行评判。

堰塞湖风险等级划分的数值分析方法中的指标重要性系数反映单项指标个体对等级评判总体的影响，各项指标重要性系数应反映多数经验丰富专家根据已有经验和面对个体特点对指标相对重要性做出的综合判断，具体值的确定可根据情况灵活选用各种方法，如专家打分法、调查统计法、层次分析法等。堰塞体的风险等级采用模糊数学方法进行评判，其最终等级的确定采用最大隶属度原则，当计算得到的对相邻等级的隶属度接近相等（即计算得到的对相邻等级隶属度之差非常小）时，应取其中的最高风险等级。具体计算方法参照《堰塞湖风险等级划分标准》（SL 450—2009）附录 A。

5.5.7 堰塞湖应急处置

堰塞湖应急处置方案应根据堰塞湖风险级别由相应的政府部门主导组织编制。应急处置方案应经决策部门批准后组织实施，技术方案出现重大变更时，应报决策部门重新批准。

应急处置技术方案编制单位应具有相关资质，具备编制处理方案和提供现场技术服务的能力，并对技术方案负责。应急处置方案应达到能立即组织实施的深度。

呈报决策部门的技术方案报告应包括概况、水文、地形地质、溃坝洪水分析计算、堰塞湖风险等级评价、处理方案（包括工程措施与非工程措施）及其风险分析、施工组织设计等内容。

5.5.7.1 应急处置方案

1. 方案编制原则

由于堰塞湖的形成条件、坝体特征、水雨情、上下游情况和交通条件等诸多因素存在差异，应急处理方案应针对具体的条件采用不同的措施。总体而言，应遵循着以下原则：

（1）应急处置方案应以避免人员伤亡，减少财产损失，保证重要设施的安全，降低堰塞湖风险为目的。

（2）工程措施与非工程措施并重，除险与避险并重，同时制定工程排险方案和人员转移避险方案。工程措施应便于快速实施，因势利导，顺势而为，方案稳妥可靠，工序简单，相互间交叉和干扰少，能形成

多工作面平行作业的局面；非工程措施应考虑当地的实际情况，便于实施。由于抢险工作条件恶劣，同时时效性要求极强，除险与避险措施均应有必要的保证裕度，工程措施应向最佳方向努力，避险措施应按不利因素考虑。

（3）应急处置应在灾难性后果发生前完成，争取主动处理，降低处理的难度和风险。在非汛期形成的堰塞湖，应在汛前完成应急处置，并满足应急度汛要求。在制定处理方案时，应争取规避最不利工况，尽量在洪水到来前完成处理任务，避免洪水与堰塞湖高水位叠加造成溃坝风险。

（4）在处置过程中应根据实际情况及时对工程处置方案进行动态调整。由于影响除险方案实施的不确定性因素较多，人员、机械、天气、后勤保障等均可能成为目标实现的控制环节。为应对不可预见因素的影响，实现除险目标应有预备方案，当实施推荐方案遇到困难时，应能迅速改用预备方案，以免影响除险目标的实现。

2. 应急处置措施

应急处置措施包括工程措施和非工程措施，两者互为保障、相辅相成，不可偏废。条件允许时，应对堰塞体在各种情况下的可能溃坝水位和预警水位进行分析研究，并对工程措施和非工程措施进行方案比较。工程措施应包括堰塞体、淹没区滑坡与崩塌体、下游河道内建筑物和可能淹没区内设施等处理方案。非工程措施应包括上下游人员转移避险、通讯保障系统以及必要的设备、物资供应、运输保障措施和会商决策机制等。

5.5.7.2 工程措施

应急处置的工程措施主要有以下几类，制定工程措施时应根据堰塞湖的具体情况，因地制宜，选用一种或多种组合措施。

（1）湖水排泄措施。在可控的原则下逐渐扩大泄水能力下泄湖水，一方面逐渐降低堰塞湖水位和减少堰塞湖的水量，达到避免突然溃坝之目的；另一方面通过下泄湖水的冲刷，形成有一定行洪能力的新河道，消除或减轻堰塞湖对上、下游的威胁。

（2）下游建透水坝壅水防冲。

（3）下游河道与影响区内设施防护。

（4）堰塞湖区因水位变化和下游河道因洪水冲刷可能引起的地质灾害体的防护。

1. 湖水排泄措施

（1）湖水排泄措施分类及原则。根据工程具体情况不同，湖水排泄措施分为堰塞体开渠泄流、引流冲刷、上游垭口疏通排洪、湖水机械抽排、虹吸管抽

排、新建泄洪洞等湖水排泄措施。湖水排泄措施的选择应遵循以下原则：

1）当堰塞体体积较大、不易拆除，其构成物质以土石混合物为主，具备水力快速冲刷条件时，经论证可在堰塞体上开挖引冲槽，利用引冲槽过水后水流的冲刷逐步扩大过流断面，增大泄流能力，降低堰塞湖水位。当堰塞体危险等级为高危险级及以上级别，且堰塞体高度大于30m时，为防止引冲槽泄流时堰塞体快速溃决对下游造成重大破坏，采用引冲槽方案应进行详细的论证。

2）当堰塞体体积较大、不易拆除，但其构成物质以大块石为主，不具备快速水力冲刷条件时，可采取机械开挖或机械开挖结合爆破形成泄流渠。因泄流渠的断面在泄流前后一般变化不大，应按设计洪水标准拟定设计断面。

3）当堰塞体体积较小，具备较短时间内拆除的可能性时，可对堰塞体进行机械或爆破拆除，恢复河道行洪断面。制定方案时，应进行防护设计，保证拆除时堰塞湖溃决不会对施工人员、设备及下游造成灾难后后果。

4）对库容较小且来水量较小的堰塞湖，可采用机械抽排、虹吸管抽排等措施。虹吸管的虹吸高度一般不超过8.0m，虹吸管流量采用有压流短管流量公式进行估算。

5）若上游库区有天然垭口或堰塞体上存在天然泄流通道时，应研究利用的可能性，并对其可靠性、稳定性进行评估。

6）当堰体上难以实施工程措施，且有条件选择较短线路布置泄洪洞并有较充裕的施工时间时，可采用泄洪洞泄水。泄洪洞进出口布置应避开不稳定堆积体或泥石流，以防被堵塞。

（2）引冲槽及泄流渠选线布置原则。引冲槽、泄流渠是降低堰塞湖水位的常用工程措施，其选线布置原则如下：

1）选线布置应与选定应急处置方式的水力学条件相适应。

2）引冲槽出口设置应有利于产生溯源冲刷。

3）泄流渠应布置在堰塞体或两岸抗冲能力较强的部位，线路顺直，适合快速施工，在冲刷后应能保证两岸边坡稳定。

（3）引冲槽设计。引冲槽引流冲刷的原理是：人工形成的小断面泄流渠诱导水流通行，具有一定水头的水体所具有的势能在泄流过程中沿程冲刷渠道并挟带泥石，随着水流流速和流量的增大，水流的搬运能力越来越大，将逐渐切深加宽泄流渠道，不断扩大泄流渠断面；随着泄流渠的过流断面增大，泄流量也随

之增大，水流的搬运能力进一步增强，又更进一步地切深加宽泄流渠过流断面，直到冲刷至抗冲能力相对应的岩土体，形成稳定的新渠道。

水流搬运能力是随流速的增大而增大。根据葛路特、伊斯巴什等学者的试验研究，在河床上搬运单个的推移质直径与水流速度的平方成正比，即 $v=(4.89\sim6.82)\sqrt{d}$。又因沙石重量与其粒径的三次方成正比，因此推移质的重量与水流速度的六次方成正比，即 $M=Cv^6$，此即为流体力学的艾里定律。当水流速度增加 n 倍，水流能够带走的颗粒的重量是 n^6 倍，即当流速增加 1 倍时，水流能够移动的颗粒重量就可增加 64 倍。

引冲槽面设计应遵循如下原则：

1）引冲槽初始断面根据可能达到的施工强度和满足最低水力冲刷条件综合确定。拟定相同开口线和坡比、不同渠底高程的若干个开挖方案，在实施过程中动态调整。

2）引冲槽设计断面宜呈窄深状，结构简单，最低槽底高程满足应急处置期设计洪水标准的过流能力要求。

3）引冲槽断面设计应与施工设备匹配。

4）引冲槽的边坡应保证在施工过程中的稳定。

5）引冲槽的纵坡应结合地形拟定，从上游至下游纵坡宜逐渐变陡，沿程的冲刷将以逐渐加大的型式出现，控制冲刷速度，防止突溃。

（4）泄流渠设计。泄流渠断面及水力设计应遵循如下原则：

1）泄流渠过流能力应满足应急处置期设计洪水标准要求。断面宜采用宽浅型的复式断面，并采取控制进口高程、进口设逆坡、中后段采用复式断面等措施，防止剧烈冲刷。

2）泄流渠的边坡和底部应具有一定的抗冲刷能力，避免堰塞体因泄流渠过流而发生突溃。

3）泄流渠水力学和结构计算应符合有关规范要求。

2. 堰塞体加固及拆除

为保证应急处置措施的安全实施，必要时可对堰塞体进行临时加固。如需长期保留，也可对堰塞体进行永久加固。由于堰塞体物质组成的复杂性，一般而言，堰塞体加固的难度大、效果差，应进行详细论证。

因堰塞体过流后水能的冲刷将带走部分或全部堆积物，需要完全拆除堰塞体的实例并不多。当出现引冲槽方案不能实施、泄流渠方案又不能完全避免灾难性后果，或堰塞体方量不大时，可经论证后采用拆除

方案。在确定对堰塞体进行拆除前，应分析上游来水情况、堰塞体物质组成状况、拆除期间的施工安全风险，选择拆除时机和拆除方案。拆除堰塞体时，应由上至下、逐层、逐段进行。当需要采用爆破拆除时，应进行爆破专项设计。

3. 应急处置施工组织

应急处置施工组织设计的内容包括施工方法、施工布置、施工进度、资源配置、对外交通、通信保障、后勤保障及安全措施等，并在实施过程中根据现场条件动态调整。施工方法应力求简单、快速。

施工工期应根据水文、气象条件和险情状况等综合分析确定，并应以完工日期为控制目标安排施工工期。计算有效工期时，可根据抢险的重要程度，不剔除正常的节假日，并可按 24h 连续作业安排施工强度。施工设备配置应综合交通运输条件和现场布置条件选择确定；由于抢险工程不可控因素多，人员和设备配置时，必须较常规施工有较大的富余度。

堰塞湖一般出现在特殊的环境，交通和后勤保障与正常施工项目有明显的差别。确定交通方案时，应通过陆路、水路及空中运输条件综合分析，以可靠性为优先原则选定方案，必要时可选用空中运输方案。抢险施工期，应建立并保证运输通道、信息通道的畅通，保障人员、设备、材料及后勤的及时补给，并充分考虑余震、降雨、融雪等引发的次生灾害对后勤保障的影响，制定备选方案和应急措施。

4. 安全保障和预警预报

制定应急处置方案时，除进行施工组织设计外，还应建立监测巡查制度，制定安全保障措施。

（1）制定安全预案，进行安全监测，建立预警制度。

（2）对堰塞体及周边环境进行巡查，在重要和关键部位设置安全哨，在边坡等直接危及人身安全的部位设置简易安全监测设备，发现险情及时报告并处置。

（3）落实现场不安全因素出现后的紧急避险撤离路线和安全避险位置及措施。当余震发生、暴雨来临应暂停施工，人员撤离到安全地带避险；施工过程中若出现堰塞体异常的变形和渗漏等现象，若属危及施工安全的重大险情，施工人员应及时撤离。当采用引流冲刷方案时，引流过程中人员应撤离至安全区避险。

（4）对爆破器材、油料等危险品的运输、存储和使用，建立可行和严格的管理制度。

5.5.7.3 非工程措施

大型堰塞湖水位上涨或者堰塞体一旦溃决，将严

重威胁上、下游沿岸人民的生命安全。统计数据表明，93％的堰塞湖均发生溃决。历史资料记载，1786年康定大地震大渡河堰塞湖溃决，死亡 10 万人。1933 年叠溪大地震叠溪堰塞湖溃决，死亡 2 万余人。

在工程排险方案实施前、实施过程中及实施后存在着下列风险：

（1）强降雨导致湖水在工程措施未实施或实施过程中出现漫顶溢流溃坝。

（2）堰塞体物质组成无法准确预测，可能出现高水位堰塞体失稳，或泄流渠溯源冲刷效果不理想未能在主汛期前排除险情，导致进入主汛期后遭遇大洪水出现快速溃坝。

（3）强余震、古滑坡复活等因素单独或组合出现导致堰塞体突然失稳。

只要堰塞湖内水能没有释放到安全量级，堰塞体溃决的风险就存在，溃决洪水对下游人民的生命安全威胁就没有解除。为确保人民生命安全，必须同步实施工程措施除险和非工程避险措施。

非工程措施应与工程措施相结合是堰塞湖应急处置的一条基本原则。在堰塞湖形成后的初期，或由于恶劣的环境条件导致无法进行工程除险时，堰塞湖应急处置甚至只能依靠非工程措施避险；即使进行工程措施除险，也必须有必要的非工程措施相配套。

非工程措施应包括：确定应急避险范围，制定应急避险预案和应急避险的保障措施。非工程措施应报相关主管部门审批，并作为组织实施的技术依据。

1. 应急避险范围

在堰塞湖应急处置期，应分析上游来水量大小及堰塞湖的规模等级，结合上游河道地形条件、城镇、厂矿企业、居民区、重要设施及滑坡分布情况综合考虑上游避险范围；上游避险范围应为最高可能水位对应的淹没区。对中型及以上规模的堰塞湖，按蓄水计算或调洪计算确定上游应急避险范围。

下游应急避险范围为堰塞体过流后下游河道超出防洪标准的过水区及可能引起的塌岸、滑坡气浪冲击等次生灾害影响范围。下游淹没影响范围应在分析堰塞体溃坝型式的基础上，以溃坝洪水计算成果为基本依据确定。

在确定堰塞体上下游避险范围后，应根据水情预报成果，结合交通情况，测算避险时段，供决策部门参考使用。

2. 应急避险预案

对于风险等级为 Ⅰ 级、Ⅱ 级的堰塞湖，应制定应急避险技术方案。根据溃坝可能性分析，人员避险方案应分别提出部分溃决、全溃等不同溃坝模式下的人员转移方案，以可能性较大的方案作为推荐实施方案，其余方案提前做好预案并进行必要的演练。

按水情预测的上游来水情况、上游水位上升速度、堰塞体上下游边坡稳定状况、堰塞体渗水量等确定应急响应的等级。应急响应等级可采用黄色预警、橙色预警、红色预警等。

（1）黄色预警下，应急避险范围内的所有单位、部门和人员按预案措施进入防范状态。

（2）橙色预警下，应急避险范围内的所有单位、乡镇、社区、学校应停工、停课，转移、保护重要设备设施，人员按照预案程序进入疏散准备状态。

（3）红色预警下，应急避险范围内的所有人员按照预案程序进行紧急疏散、转移。

避险时机的选择应与预警、预报相结合考虑。预警方式应及时、准确、有效、可靠。避险技术方案宜比选避险路径，确定安置地点和生活保障方式，落实人员转移相关责任单位。对于应急处置过程中可能出现的次生险情，应制定有效的避险措施。随着险情的排除或减缓，应及时降低应急响应等级，直至解除应急响应。

避险警报发出后，应使用热线电话、手机短信、广播电台、电视台、高音喇叭、广播等一种或多种辅助方式向社会公告相关信息。

3. 应急避险保障措施

为保证工程除险措施和人员避险措施安全实施，必须建立可靠的保障体系，包括：快速决策与响应机制、水雨情预测预报体系、安全监测系统、通信保障系统、防溃坝专家会商决策机制等。

应急避险是一项复杂的社会工程，体系复杂，涉及面广，所有应急措施均应落实责任单位和责任人。在应急避险预案制定后，应采用多种方式做好宣传工作，进行必要的避险演习。

实施应急避险时，应确保避险人员有组织地及时转移，落实生活和医疗保障措施，确保不出现人员回流；及时监控水源和水质安全，适时启用备用水源或采取临时供水措施。

5.5.8 堰塞湖后续处置

完成堰塞湖应急处置后应进行应急处置初步评估，进行堰塞体残留坝体及泄流通道的综合评估，并对后续处置工作提出建议。

初步评估的结论经应急处置指挥机构审定后，可作为解除或降低险情的依据及后续处置的依据。应急处置和后续处置完成后，参建单位应及时向有关主管部门移交资料。

5.5.8.1 初步评估

初步评估主要对堰塞体残留部分的稳定性、泄流通道的稳定性和行洪能力等问题及时进行初步评价。堰塞体残留部分稳定初步评价包括抗滑稳定、渗流稳定及抗冲刷能力等，必要时对残留体的应力、变形情况进行分析。泄流通道稳定性初步评价包括泄流通道两侧与河床两岸边坡的稳定性和抗冲刷能力，并对其发展、变化进行判断。泄流通道行洪能力初步评价包括不同标准洪水时的水位、流速、流量、流态等。

初步评估工作完成后，应形成报告，由应急处置指挥机构组织审定。

5.5.8.2 综合评估

综合评估包括以下内容：

（1）变形监测和渗流监测资料综合分析及评价。

（2）残留堰塞体物质组成及物理力学特性。

（3）残留堰塞体及泄流通道两侧边坡稳定性的定性分析及评价。

（4）泄流渠抗冲刷稳定性分析及评价。

（5）滑坡后缘山体变形破坏特征及稳定性分析与评价。

（6）堰塞体上、下游河床演变分析，包括溃决前后堰塞体及下游河道地形变化分析、未来下游河道演变分析和新河道抗冲刷稳定性分析及评价。

（7）近坝上游可能失稳滑坡体稳定性及泥石流活动性分析及评价。

（8）后续处置建议。

后续处置建议包括以下内容：①对不稳定滑坡体和泥石流的加固或处理措施；②增强残留堰塞体稳定性及河道行洪能力的工程措施；③对泄流通道的整治加固措施。

5.5.8.3 后续处置

后续处置洪水标准、残留堰塞体稳定应满足《堰塞湖风险等级划分标准》（SL 450—2009）规定。后续处置泄流通道的泄流能力应满足相应的洪水标准要求，可对应急处置期泄洪通道进行必要的整治。若其泄流能力仍不满足洪水标准要求，应布置其他泄流通道。并对堰塞湖可能产生危害的滑坡体、崩塌体和泥石流的处理措施进行研究。条件具备时，对不稳定滑坡体、崩塌体和泥石流进行治理。

应急处置后，应对残留堰塞体和滑坡体、崩塌体持续进行必要的安全监测。根据后续处置效果和堰塞湖实际情况，研究提出后期整治建议。

5.5.9 监测与预测

5.5.9.1 水文应急监测

水文应急监测应包括以下主要内容：

（1）堰塞湖应急水文勘测。

（2）水文监测站网布设。

（3）水文应急监测方案。

（4）水文信息传输。

（5）水文监测资料的快速整编。

堰塞湖应急水文勘测应包括以下主要内容：

（1）堰塞湖回水长度、水面平均宽度、平均水深、堰前水位至堰塞体特征点高差等。

（2）堰塞湖上、下游河段的典型断面测量。

（3）进、出堰塞湖的流量和相应水位、蓄水量。

水文监测站网应充分利用现有的水文测站。当现有的水文测站或其观测项目不能满足水文预测、溃口洪水过程监测和应急处置的要求时，应增建水文站点。监测站网与观测项目可根据应急处置进展情况和监测设备运行条件实时调整，临时监测站点可在堰塞湖应急处置完成后根据需要撤销或保留。

水文应急监测方案应与应急处置总体安排相协调，利用先进观测设备和技术手段，监测方法应便捷、快速、安全。降雨量、水位观测宜采用自动测报方式。信息传输通信应根据区域地形、信道条件等结合通信方式特点分析确定。通信应有主、备用信道，互为备份。

应急测报数据传输组网结构应根据网络规模、信息流程、信息量、节点间信息交换的频度和节点的地理位置等要求，选择联网信道和数据传输规程，配置备用信道，实现与水文信息网和应急处置指挥机构的互联。

水文监测资料的整编方法应根据测验情况、测站特性合理选用。应急处置工作结束后应立即对水文监测资料进行整编，针对应急监测的特点整编方法可适当简化。整编成果应对照各水文要素间的关系及其变化规律、上下游过程对照、水量平衡等方法检查成果的合理性。在条件许可时，宜实测堰塞湖溃决过程中的水位、流量和溃口演变过程。

5.5.9.2 水情预测

应根据堰塞湖应急处置对水情预测的要求，编制相应的水情预测方案，水情预测方案应进行评定。当堰塞湖所在流域缺乏水文资料时，可利用邻近地区实测暴雨洪水资料，编制其预测方案，综合分析比较后修正移用，也可利用堰塞湖应急监测水文资料、水位容积关系等进行预估。

应根据所在地区暴雨特性、上游径流和气象预报资料开展水情预测工作。编制水情预测方案采用的方法、系统数学模型或经验相关关系等应符合流域水文特性。洪水预测应采用多种方案和途径，在进行现时校正和综合分析判断的基础上，确定洪水预测数据。

堰塞湖应急处置水情预测应建立预警机制,根据水情预测信息和堰塞体溃口洪水过程制定警报发布级别,建立警报系统。

5.5.9.3 安全监测

安全监测范围包括堰塞体、库区潜在滑坡体、两岸山体滑塌后的边坡、下游受溃坝洪水影响较大的重要基础设施和认为有必要进行安全监测的建筑物。

堰塞湖应急处置安全监测手段为巡视检查和仪器监测,应能做到快速处理、快速分析和快速评价。巡视检查内容包括堰塞体变形和渗流。巡视检查宜每天一次,在高水位时应增加次数,发现异常情况应连续监测,及时上报。

仪器监测主要对象包括堰塞体的变形、裂缝、滑坡、渗流和堰塞体两岸及近坝区边坡的稳定、地下水等。监测仪器的选择应可靠、适用,便于安装和观测。对应急处置期可能出现的地震、暴雨等恶劣环境应有较强适应性,监测宜采用遥测。对早期实施监测极为困难的高危险与极高危险的堰塞体,在未能实施有效监测前,可选用航空遥测的方法。

参 考 文 献

[1] 张倬元,王士天,王兰生,黄润秋,许强,陶连金. 工程地质分析原理(第三版)[M]. 北京:地质出版社,2009.

[2] 黄润秋,许强,戚国庆,等. 降雨及库水诱发滑坡的评价与预测 [M]. 北京:科学出版社,2007.

[3] 许强,黄润秋,汤明高. 山区河道型水库塌岸研究 [M]. 北京:科学出版社,2009.

[4] 赵明阶,何光春,王多垠. 边坡工程处治技术 [M]. 北京:人民交通出版社,2003.

[5] 王继康,黄荣鉴,丁秀燕. 泥石流防治工程技术 [M]. 北京:中国铁道出版社,1996.

[6] 王光曦,王继康,王林海. 泥石流防治 [M]. 北京:中国铁道出版社,1983.

[7] 吴积善. 泥石流及其综合治理 [M]. 北京:科学出版社,1993.

[8] 王礼先. 水土保持工程学 [M]. 北京:中国林业出版社,1991.

[9] 廖育民. 地质灾害预报预警与应急指挥及综合防治实务全书 [M]. 哈尔滨:哈尔滨地图出版社,2003.

[10] 杜容桓,康志成. 云南小江泥石流综合考察与防治规划研究 [M]. 重庆:科学技术文献出版社重庆分社,1987.

[11] 唐川,朱静. 云南滑坡泥石流研究 [M]. 北京:商务印书馆,2003.

[12] 成都理工大学地质灾害防治与地质环境保护国家重点实验室. 地质灾害防治工程(地质灾害防治工程资质单位管理暨专业技术培训班教材)[R]. 2004.

[13] 中国科学院成都山地灾害与环境研究所. 泥石流研究与防治 [M]. 成都:四川科学出版社,1989.

[14] 三峡库区地质灾害防治工作领导小组办公室. 成都理工大学地质灾害防治与地质环境保护国家重点实验室. 三峡库区滑坡灾害预警预报手册 [R]. 2007.

[15] 三峡库区地质灾害防治工作指挥部. 三峡库区三期地质灾害防治工程详细地质勘查技术要求 [R]. 2004.

[16] 三峡库区地质灾害防治工作指挥部. 三峡库区三期地质灾害防治工程设计技术要求 [R]. 2004.

[17] 地质勘查与地质灾害监测评估防治技术实用手册 [M]. 北京:世图音像电子出版社,2002.

[18] 华东水利学院主编. 水工设计手册 [M]. 北京:水利电力出版社,1983.

[19] 胡厚田编著. 崩塌与落石 [M]. 北京:中国铁道出版社,1989.

[20] 阳友奎,等. 坡面地质灾害柔性防护的理论与实践 [M]. 北京:科学出版社,2005.

[21] 唐邦兴. 中国泥石流灾害 [M]. 北京:商务印书馆,2002.

[22] C·M·弗莱斯曼. 泥石流 [M]. 北京:科学出版社,1986.

[23] 曾廉. 崩塌与防治 [M]. 成都:西南交通大学出版社,1990.

[24] 谢任之. 溃坝水力学 [M]. 济南:山东科学技术出版社,1993.

[25] DL/T 5337—2006 水利水电工程边坡工程地质勘查技术规程 [S]. 2006.

[26] DL/T 5353—2006 水利水电工程边坡设计规范 [S]. 2006.

[27] DZ/T 0218—2006 滑坡防治工程勘查规范 [S]. 2006.

[28] DZ/T 0219—2006 滑坡防治工程设计与施工技术规范 [S]. 2006.

[29] DZ/T 0221—2006 崩塌、滑坡、泥石流监测规范 [S]. 2006.

[30] DZ/T 0220—2006 泥石流灾害防治工程勘查规范 [S]. 2006.

[31] DZ/T 0239—2004 泥石流灾害防治工程设计规范 [S]. 2004.

[32] SL 450—2009 堰塞湖风险等级划分标准 [S]. 2009.

[33] SL 451—2009 堰塞湖应急处置技术导则 [S]. 2009.

[34] 张倬元,董孝壁,刘汉超. 世界滑坡目录工作组建议的滑坡术语 [J]. 地质灾害与环境保护,1995,6(1):1-6.

[35] 许强,黄润秋,李秀珍. 滑坡时间预测预报研究进展 [J]. 地球科学进展,2004,19(3).

[36] 许强,汤明高,徐开祥,等. 滑坡时空演化规律与预警预报研究 [J]. 岩石力学与工程学报,2008,27(6).

[37] 张倬元，黄润秋. 岩体破坏事件预测的黄金分割数法 [M]. 全国第三次工程地质大会论文集. 成都：成都科技大学出版社，1988.

[38] 陈明东. 边坡变形破坏灰色预报的原理与方法 [D]. 成都：成都地质学院硕士学位论文，1987.

[39] 晏同珍. 滑坡动态规律及预测应用 [C] // 全国第三次工程地质大会论文集. 成都：成都科技大学出版社，1988.

[40] 廖小平. 滑坡破坏时间预报新理论探讨 [J]. 地质灾害与环境保护，1994，5（3）.

[41] 徐峻龄，等. 黄茨大型滑坡的预报及其理论和方法 [J]. 中国地质灾害与防治学报，1996，7（3）.

[42] 许强，曾裕平. 具有蠕变特点滑坡的加速度变化特征及临滑预警指标研究 [J]. 岩石力学与工程学报，2009，28（6）：1099-1106.

[43] 许强，曾裕平，等. 一种改进的切线角及对应的滑坡预警判据 [J]. 地质通报，2009，28（4）：501-505.

[44] 阳吉宝. 堆积层滑坡临滑预报的新判据 [J]. 工程地质学报，1995，3（2）.

[45] 李天斌. 滑坡实时跟踪预报 [M]. 成都：成都科技出版社，1999.

[46] 中村洁之. 论水库滑坡 [J]. 水土保持通报，1990，101（1）.

[47] 杨淑碧，董孝壁. 重庆市中心区危岩稳定性研究 [M]. 成都：成都科技大学出版社，1994.

[48] 陈洪凯，唐红梅. 三峡库区危岩稳定性计算方法及应用 [J]. 岩石力学与工程学报，2004（23）.

[49] 黄达，黄润秋，周江平，裴向军，刘卫华. 雅砻江锦屏一级水电站坝区右岸高位边坡危岩体稳定性研究 [J]. 岩石力学与工程学报，2007，26（1）：175-181.

[50] 刘卫华. 高陡边坡危岩体稳定性、运动特征及防治对策 [D]. 成都：成都理工大学博士学位论文，2008.

[51] 亚南，王兰生，赵其华，等. 崩塌落石运动学的模拟研究 [J]. 地质灾害与环境保护，1996.

[52] 赵旭，刘汉东. 运动学在边坡落石计算中的应用 [J]. 华北水利水电学院学报，2004，25（2）.

[53] 黄润秋，刘卫华，裴向军，等. 滚石运动特征试验研究 [J]. 岩土工程学报，2007，29（9）.

[54] 谭万沛. 中国泥石流危害的现状 [J]. 水土保持通报，1989，9（6）：10-14.

[55] 陈兴长，崔鹏，葛永刚，裴来政，方华. 四川省西溪河地洛水电工程区"7.31"泥石流灾害 [J]. 2010，28（1）：116-122.

[56] 田玉平，张占国. 灾难，康定不会忘记——"7.23"泥石流纪实 [J]. 四川水力发电，2009，28（5）：135-139.

[57] 韦方强，崔鹏，钟敦伦. 泥石流预报分类及其研究现状和发展方向 [J]. 自然灾害学报，2004，13（5）：10-15.

[58] 彭仕雄，宋彦刚，许德华，杨建. 紫坪铺工程导流洞边坡多次滑坡的成功预报 [J]. 水利水电技术，2002，（11）.

[59] 刘宁. 巨型滑坡堵江堰塞湖处置的技术认知 [J]. 中国水利，2008，16：1-7.

[60] 林秉南，龚振瀛，王连祥. 突泄坝址过程线简化分析 [J]. 清华大学学报，1980，20（1）：17-31.

[61] 杨武承. 引冲式自溃坝下切率规律的试验研究 [J]. 水利水电技术，1985，3.

[62] 朱勇辉，廖鸿志，吴中如. 土坝溃决模型及其发展 [J]. 水力发电学报，2003，2.

[63] 水利部长江水利委员会. 唐家山堰塞湖应急除险工程技术总结 [R]. 武汉：2008.

[64] Wetmore, J N and Fread, D L. The NWS simplified dam break flood forecasting model. National Weather Service Report, NOAA, Silver Spring, Maryland, USA. 1991.

《水工设计手册》（第2版）编辑出版人员名单

总责任编辑　王国仪

副总责任编辑　穆励生　王春学　黄会明　孙春亮

　　　　　　　阳　淼　王志媛　王照瑜

第10卷　《边坡工程与地质灾害防治》

责任编辑　王照瑜　殷海军

文字编辑　王照瑜　殷海军

封面设计　王　鹏　芦　博

版式设计　王　鹏　王国华

描图设计　王　鹏　樊啟玲

责任校对　张　莉　黄淑娜　梁晓静　黄　梅

出版印刷　焦　岩　孙长福　刘　萍

排　　版　中国水利水电出版社微机排版中心